"十三五"国家重点出版物出版规划项目
国家科技基础性工作专项重点项目
国家社会公益研究专项项目
中国农业科学院科技创新工程

中国土壤剖面数据集
·内蒙古卷

主　编　张维理

本卷主编　张认连　郑海春　龙怀玉　张　晶

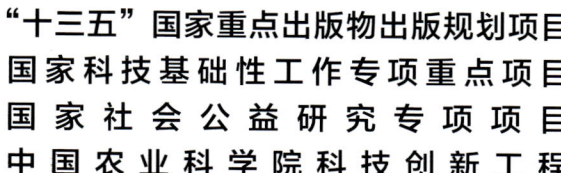
浙江科学技术出版社·杭州

版权所有　侵权必究

图书在版编目（CIP）数据

中国土壤剖面数据集. 内蒙古卷 / 张维理主编；张认连等本卷主编. -- 杭州：浙江科学技术出版社，2024. 6. -- ISBN 978-7-5739-1275-6

Ⅰ. S152.2

中国国家版本馆CIP数据核字第2024562LX3号

书　　名	中国土壤剖面数据集·内蒙古卷	
主　　编	张维理	
本卷主编	张认连　郑海春　龙怀玉　张　晶	
出版发行	浙江科学技术出版社	
	杭州市拱墅区环城北路177号　邮政编码：310006	
	办公室电话：0571-85152719	
	销售部电话：0571-85176040	
排　　版	杭州万方图书有限公司	
印　　刷	浙江新华数码印务有限公司	
经　　销	全国各地新华书店	
开　　本	787mm×1092mm　1/8	印　张　65.5
字　　数	1157千字	
版　　次	2024年6月第1版	印　次　2024年6月第1次印刷
书　　号	ISBN 978-7-5739-1275-6	定　价　500.00元
地图审核号	GS浙（2024）312号	
策划组稿	詹　喜　章建林　　责任编辑　周乔俐	
责任校对	李亚学　　　　　　　责任美编　金　晖　　责任印务　叶文炀	

如发现印、装问题，请与承印厂联系。电话：0571-85155604

《中国土壤剖面数据集》
编委会

主　　任　赵其国

副 主 任　张维理

委　　员　(按姓氏笔画排序)

　　　　　毛达如　　史学正　　刘　旭　　刘先林　　刘更另
　　　　　孙　睿　　孙九林　　孙铁珩　　杨　鹏　　张洪江
　　　　　张维理　　周健民　　赵其国　　陶　澍　　黄鸿翔
　　　　　黄德明　　傅伯杰

《中国土壤剖面数据集·内蒙古卷》
编写人员

主　　编　张维理

本卷主编　张认连　　郑海春　　龙怀玉　　张　晶

本卷编委　(按姓氏笔画排序)

　　　　　龙怀玉　　田有国　　红　梅　　纪　磊　　李焕春
　　　　　妥德宝　　张　晶　　张认连　　张怀志　　张继宗
　　　　　张维理　　武淑霞　　岳现录　　金　轲　　郑　硕
　　　　　郑海春　　赵沛义　　郐翻身　　徐爱国　　高　娃
　　　　　冀宏杰

土壤大数据整合与数字制图

设　　计　张维理

制　　作　徐爱国　　张认连　　冀宏杰

程序编制　贾　萌　　吴章生　　严　豪

地图编辑　中国地图出版社集团有限公司

内容提要

本数据集以分县主要土壤类型与土壤剖面点分布图、土壤剖面理化性状表的形式，提供了我国各地详尽的土壤资源与质量的科学数据。全集共 25 卷，收录了全国 2200 多个县（市、区）的分县土壤图和 6 万多个土壤剖面的分层理化性状数据。根据各省级行政区土壤剖面数量和地域关联特征，既有一个省（自治区）的单卷，也有多个省（自治区、直辖市、特别行政区）的合订卷。各卷内容包含分县主要土类说明、主要土壤类型与土壤剖面点分布图、中心区气候特征图表，还含有全国和各卷所涉省级行政区的土壤图、土壤有机质含量图与地势图，以便读者在全国、省级和县级不同视角和尺度上，了解土壤资源与质量状况及其空间分布特征，以及土壤类型、土壤肥力与气候条件、地势、地貌之间的相互关联。

内蒙古自治区地处我国北部，地势由东北向西南斜伸，呈狭长形。地貌以蒙古高原为主体，具有复杂多样的形态。除东南部外，基本为高原，占本自治区总土地面积的 50% 左右，由呼伦贝尔高平原、锡林郭勒高平原、巴彦淖尔-阿拉善及鄂尔多斯高平原组成，平均海拔约 1000m。内蒙古自治区多属温带大陆性气候，有降水量少而不均、风大、寒暑变化剧烈的特点；日照充足，大部分地区年日照时数大于 2700h。主要土壤类型有栗钙土、风沙土、棕钙土、灰棕漠土、草甸土、暗棕壤、棕色针叶林土、黑钙土、灰漠土、石质土、灰色森林土、粗骨土、栗褐土、沼泽土、潮土、草甸盐土、灰褐土、黑土、棕壤、灌淤土、褐土、灰钙土、林灌草甸土、碱土、新积土、山地草甸土、漠境盐土等 27 个土类。本卷收录了内蒙古自治区 82 个县（市、区）3517 个典型土壤剖面的分层理化性状数据，便于读者了解内蒙古自治区主要土壤类型的分布特征及剖面特征，可作为农业、林业、环境、气象、国土、水利、经济等领域的科研、管理、技术人员的工具书和参考书，也适合高等院校相关专业研究生参考使用。

序

万物土中生，有土斯有粮。土为万物之本，土壤的重要性是怎么强调都不为过的。现在，土壤相关数据已成为农业、林业、环境、气象、国土、水利等各部门、各行业的基础数据。土壤研究最基础、最重要的表现形式是土壤剖面数据，其反映了不同层次的土壤理化性状。然而，长期以来，我国一直缺乏一套完整的系统性表现全国各区域土壤性状的剖面数据。

中华人民共和国成立以来，我国曾开展了两次全国性土壤普查，其中20世纪70年代末开始的全国第二次土壤普查是迄今为止最完整的。当时全国挖掘了550余万个剖面，各地分县完成了大比例尺土壤图，数据完整且可靠性高；然而，限于种种因素，当时仅完成了全国范围小比例尺土壤类型图和养分图的汇总，未及时完成全国土壤剖面库的整理。这些纸质资料散落于各地，并且年代久远，面临丢失、损毁的风险。这些宝贵数据具有时空尺度的唯一性，一旦出现问题，将对国家和社会各层面造成无法挽回的损失。

自2001年起，在国家社会公益研究专项项目资助下，张维理研究员带领团队，在全国范围开始对分散存留各地的土壤调查资料进行抢救性收集和整理。2006年，科技部启动了国家科技基础性工作专项项目，"我国1∶5万土壤图籍编撰及高精度数字土壤构建"项目被列入首批重点项目并连续获得两期资助。该项目由中国农业科学院农业资源与农业区划研究所牵头，全国近20个科研单位（两期）共同承担任务，极大地加快了土壤数据抢救的进程，为编制本数据集奠定了基础。在参与本数据集编制的土壤科技工作者20年的持续努力下，在2019年度国家出版基金的资助下，在中国农业科学院科技创新工程的持续支持下，本数据集终于得以面世。

本数据集以涵盖全国2200多个县的土壤剖面分层数据为主体，首次同时展示了分县土壤图与典型土壤剖面分布图，描述了影响土壤发生的气候特征、主要土类的性状等，内容丰富，兼具专业性和科普性。全集共25卷，既有一个省、自治区的单卷，也有多个省、自治区、直辖市、特别行政区的合订卷。鉴于其数据的完整性、系统性、科学性，本数据集可成为我国资源环境领域的必备工具书之一。

本数据集至少可以应用于以下几个方面：

第一，直接服务于农业生产，保障粮食安全和食品安全。全国分县的不同土壤类型分层养分数据、土壤质地信息，可为科学施肥、土壤培肥与耕作措施的制定提供决策依据。

第二，为水利、环境、建筑、旅游等行业提供便捷、直观的土壤分层次基础信息。信息后标有剖面点经纬度，便于查询获取。

第三，对于土壤质量演变、耕地地力演变、碳储量、面源污染、气候变化等多学科研究具有土壤科学起始点数据意义。

我国疆域辽阔，编制本数据集需要对各地分县完成的大比例尺土壤图和土壤调查资料进行数字化整合，创建覆盖我国全域的高精度数字土壤，再进行分县土壤剖面表的提取与分县土壤图的缩编。本数据集的总数据处理量达到 TB 级且数据来源多而复杂、专业性强、处理难度大，按常规方法，需数万人历时多年方能处理完成。张维理研究员创造性地将数据科学、人工智能与人机交互设计原理引入土壤学范畴，首创土壤大数据方法，以土壤科学需求设计统领其他各层级设计，以智能化、自动化、人机交互式的数据分析流程替代人工流程，高效、精准地完成了土壤大数据的时空整合和表达，这一巨著才得以面世。作为两期项目的专家组组长，我亲历了整个项目的全过程，对张维理研究员勇于创新、踏实、勤奋、务实、敬业、有担当的优秀品质印象深刻，也深感钦佩！

本数据集的完成前后历时 20 年之久，直接参与数据收集、编撰人数近百人，涉及我国各省（自治区、直辖市）的土壤肥料相关单位。正是他们的付出和努力，才使得本数据集得以面世。衷心希望本数据集能在农业、林业、环境、气象、国土、水利以及肥料工业等领域发挥积极作用，更好地服务于我国经济和社会发展。

中国科学院院士 赵其国

2021 年 12 月

前 言

土壤是农业的基础，是陆地生态系统生命过程的基础，也是维持地球上能量与水的交换、生命元素循环的重要基础。《中国土壤剖面数据集》首次以分县土壤图和土壤剖面理化性状表的形式，提供了我国陆域全覆盖的土壤资源与质量的科学数据，为农业、林业、环境、气象、国土、水利等部门和相关行业精准了解各地土壤资源分布与质量状况，科学利用土壤资源，发展绿色农业、特色农业和节水农业，进行耕地保育、科学施肥、面源污染防治和基本农田保护等提供了科学依据；也为农业科学、环境科学及地学、气象、测绘、水利等多个学科领域的科研工作者研究陆地生态系统生产力演变、地球物质循环、气候与环境变化提供了基础数据。

编入本数据集的分县土壤图和土壤剖面理化性状表主要源于对全国第二次土壤普查（以下简称"二普"）调查资料的收集、整理、提取与汇总。二普是我国现代规模最大的以查清土壤资源和土壤肥力为主要目标的土壤资源综合调查，既完成了我国迄今为止最详尽的土壤分类调查，也首次在全国范围进行了较高密度的土壤采样化验，开启了我国用土壤理化性状量化指标描述土壤资源与质量状况的时代。二普地面调查采样实施于1979—1987年，通过550万个土壤剖面观测和采样，分县完成了1∶5万比例尺土壤图绘制和10万余个土壤剖面的分层采样、化验、记录，其中的土壤质量稳定性要素，如土体构造、质地、母质、成土条件、土壤类型等时效性长，CRT值（土壤特性响应时间，characteristic response time）达上千年，可长久使用；土壤有机质含量，氮、磷、钾含量，酸碱度，耕层厚度等土壤质量变化性要素为了解土壤与环境质量演变提供了重要信息。无论从数量还是质量上看，二普获取的土壤科学数据至今都是我国最详尽、最有价值的土壤资源基础数据，其精度与质量超过许多发达国家的土壤资源基础数据。

20世纪末期以来，全球性人口和经济快速增长导致的人均土地资源与水资源紧缺、环境污染、气候变化、粮食安全危机，使科学界对土壤及其形成过程的关注度不断提高，关注重点也从了解土壤与环境质量现状转变为弄清演变趋势、引致变化的内在机理和驱动因素。土壤圈处于地球大气圈、水圈、生物圈和岩石圈的交会处。土壤层中的生物过程和物质循环过程既活跃，又具有一定的稳定性，能较好地反映地球水圈、土壤圈、大气圈、生物圈及岩石圈五大圈层动态交互作用的结果。只要对近年来国际上关于碳足迹、气候变化的研究进展稍加关注，就可知晓具有时空维度的土壤科学数据对于阐明土壤与环境过程并弄清其驱动因素、预测未来土壤与环境质量变化具有无可替代的作用。本数据集编入的土壤质量数据既是我国在全国范围内首次完成的土壤理化性状的科学记载，也是40多年前对我国土壤质量变化性要素的客观记录，能帮助我们了解改革开放以来经济、农业高速发展以及农用化学品投入量高速增长对土壤与环境质量的影响，对了解我国土壤与环境质量时空演变亦具有起始点土壤科学数据的意义。本数据集编入的起始点数据使我们对全国土壤及相关过程的认识延伸了40多年。历史上的土壤调查结果不能被新的调查结果替代，这一不可替代性使得本数据集将成为我国农业与环境领域最具影响力的工具书和参考书之一。

本数据集既是我国老一辈土壤与农业科研工作者在全国土壤普查工作中取得的成果，也是数据集编制人员长期以来默默耕耘的结晶。二普完成的大比例尺土壤图件和土壤剖面理化性状主要为手绘纸质图件和非正式出版的铅印或油印资料，份数少且由各地自行保存。二普结束后，随着各地机构调整与人员变动，土壤调查资料被损毁或丢失严重，难以发挥作用。在我国多位知名科学家的倡议和推动下，"十一五"期间，"我国1∶5万土壤图籍编撰及高精度数字土壤构建"项目（2006—2017）被列为国家科技基础性工作专项重点项目。其目的是对各地宝贵的土壤科学数据进行抢救性收集、数字化和整合，提升我国科学研究与管理基础数据的条件。为实现这一目标，项目组研究人员首先对各地分散存留的纸质分县土壤调查资料进行了全面的收集、修复和整理。针对国际范围内缺少对异源、异质、异构、异形土壤大数据的提取、整合方法的难题，项目组研究人员积极探索、勇于创新，融合应用土壤学、地理信息系统技术、数据科学、人工智能、人机交互设计方法，创建了土壤大数据方法，以层级化的流程设计实现土壤科学层面的需求设计统领体系架构、数据流程及模块设计，以独立于数据流程的监控设计实现土壤科学家对全流程的掌控和人工干预，以智能化、人机交互式数据流程替代人工流程，优质、高效地完成了对各地异源土壤资料的审核、提取、过滤、分类、整合与表达，完成了覆盖我国全陆域的1∶5万比例尺土壤图绘制与土壤剖面点空间数据库建设工作。为满足各行各业准确了解我国各地土壤资源与质量状况的广泛需求，编者通过对1∶5万比例尺土壤图数据的缩编表达与10万余个土壤剖面理化性状数据的进一步提取，最终完成了本数据集的编制。

本数据集共25卷，收录了全国2200多个县（市、区）的分县土壤图和6万多个土壤剖面的理化性状数据。根据各省级行政区土壤剖面数量的多寡和地域关联特征，既有一个省（自治区）的单卷，也有多个省（自治区、直辖市、特别行政区）的合订卷。为便于读者了解全国及各省级行政区土壤资源与质量的分布特征，特别编制了全国及各省级行政区土壤图、土壤有机质含量图与地势图三个序图，读者可以方便地查询全国及各省级行政区任何地区拥有的主要土壤类型，了解其土壤有机质含量及地势、地貌特征。在各分卷中，分县土壤资源与质量性状由主要土类说明、中心区气候特征图表、分县主要土壤类型与土壤剖面点分布图以及土壤剖面理化性状表共同呈现。

本数据集既可作为工具书、参考书，供农业、林业、环境、气象、国土、水利、经济等领域的管理人员和技术人员使用，也适合高等院校相关专业研究生参考使用。

我国幅员辽阔，从收集、整理全国分县土壤调查资料，到完成覆盖我国全境的1∶5万比例尺土壤图籍，再到完成本数据集的编制，来自全国近20家研究机构的科研人员组成项目组，辛苦工作了20多年。其间，本项工作得到了国家社会公益研究专项项目、国家科技基础性工作专项重点项目的长期、连续资助和在项目实施年限上给予的充分理解，同时得到了中国农业科学院科技创新工程的资助，全国50多家国家级及省级土壤、测绘、农业科研与管理机构的大力支持以及我国老一辈土壤科学家自始至终的关心和鼓励。在整个项目实施期间，有9位院士和7位长期从事土壤科学、农业资源环境研究的专家给予了直接和全程的指导。近20年间，项目组研究人员一方面要承担艰难而繁重的科研任务，另一方面要顶着多年没有科研产出的压力，没有他们的坚持和付出，就没有本数据集的面世。在此，谨向所有参加数据集编制的科研人员及对本项工作给予支持的部门和人员一并表示衷心的感谢！

由于本数据集包含的数据量庞大，且不限于土壤学本身，尽管我们在编撰过程中极尽斟酌，仍难免存在不足之处，敬请读者批评指正，以便今后修订完善。

中国农业科学院研究员 张维理

2021 年 12 月

目 录

第一编 编制说明与序图

编制说明

编制目的	002
土壤数据基础知识	002
数据集内容	005
土壤数据来源	005
编制方法——土壤大数据方法	006
中国土壤图、中国土壤有机质含量图与中国地势图编制	007
分省土壤图、分省土壤有机质含量图与分省地势图编制	009
县域中心区气候特征图表编制	011
分县主要土壤类型与土壤剖面点分布图编制	012
分县土壤剖面理化性状表编制	012
土壤专题图与土壤剖面数据可靠性检验	017
参编单位	019

序 图

中国土壤图	020
中国土壤有机质含量图	022
中国地势图	024
内蒙古自治区土壤图	026
内蒙古自治区土壤有机质含量图	028
内蒙古自治区地势图	030

第二编　分县土壤图与土壤剖面数据

呼 和 浩 特 市

市辖区 ……………………… 034	和林格尔县 …………………… 058
土默特左旗 …………………… 040	清水河县 ……………………… 064
托克托县 ……………………… 045	武川县 ………………………… 069

包 头 市

市辖区 ………………………… 073	固阳县 ………………………… 082
土默特右旗 …………………… 077	

乌 海 市

市辖区 ………………………… 088

赤 峰 市

市辖区 ………………………… 091	克什克腾旗 …………………… 126
阿鲁科尔沁旗 ………………… 098	翁牛特旗 ……………………… 132
巴林左旗 ……………………… 105	喀喇沁旗 ……………………… 139
巴林右旗 ……………………… 113	宁城县 ………………………… 144
林西县 ………………………… 119	敖汉旗 ………………………… 149

通 辽 市

市辖区 ………………………… 155	库伦旗 ………………………… 174
科尔沁左翼中旗 ……………… 160	奈曼旗 ………………………… 179
科尔沁左翼后旗 ……………… 166	扎鲁特旗 ……………………… 184
开鲁县 ………………………… 170	

鄂 尔 多 斯 市

东胜区 ………………………… 192	鄂托克旗 ……………………… 212
康巴什区、伊金霍洛旗 ……… 197	杭锦旗 ………………………… 224
达拉特旗 ……………………… 201	乌审旗 ………………………… 232
准格尔旗 ……………………… 207	

呼 伦 贝 尔 市

市辖区	238	新巴尔虎左旗	271
扎赉诺尔区、满洲里市	243	新巴尔虎右旗	276
阿荣旗	248	牙克石市	281
鄂伦春自治旗	253	扎兰屯市	285
鄂温克族自治旗	260	额尔古纳市	289
陈巴尔虎旗	265	根河市	293

巴 彦 淖 尔 市

市辖区	297	乌拉特前旗	312
五原县	304	乌拉特后旗	317
磴口县	309	杭锦后旗	320

乌 兰 察 布 市

市辖区	323	察哈尔右翼前旗	359
卓资县	327	察哈尔右翼中旗	363
化德县	334	察哈尔右翼后旗	370
商都县	341	四子王旗	378
兴和县	347	丰镇市	383
凉城县	352		

兴 安 盟

乌兰浩特市	387	科尔沁右翼中旗	398
阿尔山市	391	扎赉特旗	405
科尔沁右翼前旗	394	突泉县	412

锡 林 郭 勒 盟

锡林浩特市	416	太仆寺旗	443
阿巴嘎旗	420	镶黄旗	447
苏尼特左旗	427	正镶白旗	454
苏尼特右旗	433	正蓝旗	461
西乌珠穆沁旗	437	多伦县	466

阿 拉 善 盟

阿拉善左旗 ················ 472　　额济纳旗 ················ 484

阿拉善右旗 ················ 480

附　　录

附录 1　内蒙古自治区县级行政区及分县主要土壤类型与土壤剖面点分布图地域名对照表 ················ 492

附录 2　专题图基础地理要素图例 ················ 494

附录 3　土壤图土类图例 ················ 495

附录 4　中国主要土壤类型简表 ················ 497

附录 5　内蒙古自治区主要土壤类型表 ················ 502

附录 6　分省土壤有机质含量图有机质含量分级图例 ················ 503

附录 7　内蒙古自治区典型剖面 0—20cm 土层土壤理化性状中位数与平均数 ················ 504

附录 8　内蒙古自治区主要土地利用类型 0—30cm 土层土壤有机质含量 ················ 505

附录 9　内蒙古自治区耕地、园地、林地和草地中主要土壤类型占比 ················ 506

附录 10　《中国土壤剖面数据集》参编单位 ················ 507

参考文献 ················ 509

中国土壤剖面数据集·内蒙古卷

第一编 | 编制说明与序图

编 制 说 明

编制目的

土壤是农业的基础，也是维持地球碳、氮、硫、磷等重要生命元素正常循环的基础。肥沃的土壤促进了人类文明的诞生和繁荣。科学研究表明，地球上种类繁多、形态各异的土壤是在气候、生物、地形、时间、成土母质五大成土因素共同作用下形成的。北京社稷坛铺设的青、白、红、黑、黄五种不同颜色的土壤（五色土），分别代表我国东、西、南、北、中五大区域的典型土壤。不同类型的土壤性状差别很大。例如，南方红壤呈酸性，易缺乏钾离子、钙离子、镁离子等阳离子，农业生产上要注意调酸和补充富含钾、钙、镁的肥料；而西部土壤有机质含量低，施用有机肥料和秸秆还田对提高地力至关重要。我国人均土地资源紧缺，要实现粮食安全、环境安全和可持续发展，需要精准掌握各地土壤资源与质量状况，做到因土制宜，科学管理。

《中国土壤剖面数据集》是国家自然资源基本资料之一，其首次以分县土壤图和土壤剖面理化性状表的形式，提供了我国各地详尽的土壤资源与质量科学数据，为农业、林业、环境、气象、国土、水利等部门了解各地土壤质量状况，科学利用土壤资源，发展绿色农业、特色农业和节水农业，进行耕地保育、科学施肥、面源污染防治和基本农田保护提供了基础数据，也为农业科学、环境科学及地学、气象、测绘、水利多个学科领域的科研工作者研究陆地生态系统生产力及其演变、地球物质循环、气候与环境变化提供了科学依据。

本数据集编入的土壤质量数据亦是我国在全国范围内首次完成的土壤理化性状的科学记载，对了解我国土壤与环境质量时空演变具有起始点数据的意义。通过这些数据，科研工作者可以追溯我国全国范围土壤与环境相关过程至20世纪80年代，分析和了解导致土壤质量变化的环境和人为因素，并对土壤与环境质量演变趋势进行预报与预警。历史上的土壤调查结果不能被新的调查结果替代，这一不可替代性使得本数据集将成为我国农业与环境领域最具影响力的工具书和参考书之一。

土壤数据基础知识

本数据集收录的土壤数据源于土壤调查。为便于读者了解和应用这些数据，本节对土壤调查的目标、内容与主要方法，土壤数据的时空维度特征，土壤数据的应用领域与时效性做一简要介绍。

（一）土壤调查的目标、内容与主要方法

土壤调查的主要目标是查清一个区域内土壤资源与质量状况及其空间分布特征。19世纪末期至20世纪中后期，各国土壤调查的主要目标是查清土壤类型及分布特征[1-2]。由于不同土壤类型最典型的区别是成土过程中形成的土壤剖面特征，因而在传统的土壤调查中，需要在调查区域内进行多点采样，并在每个采样点对0—1—2m深土体的土壤剖面进行分层采样、观测、理化性状分析，记录剖面各分层土壤理化性状，据此进行土壤

分类、命名，并最终依据多点调查结果完成土壤图的绘制。

20世纪末期以来，全球人口及经济快速增长导致人均土地资源和水资源紧缺、环境污染、气候变化与粮食安全危机，不同行业及学科领域对土壤生产功能和环境功能的关注度不断提高，土壤调查的核心内容也逐步从查清土壤类型分布特征转为土壤功能调查。土壤功能调查的目标是了解土壤生产力、土壤环境质量和土壤健康质量等。例如，为了耕地保育和科学施肥，需要进行土壤有效养分含量状况、土壤障碍因素调查；为了了解环境质量，需要进行土壤污染状况、土壤环境容量调查；为了发展节水农业，需要进行土壤保水性状调查；为了控制水污染，需要进行流域农田土壤氮、磷流失特征与风险调查。土壤功能调查的内容主要为可量化的，或含义单一且明确，易于被其他学科和行业认知的土壤功能性指标，如土壤有机碳含量、土壤重金属含量、土壤质地类型、耕层厚度等。在土壤功能调查中，也需要在调查区进行多点采样，并根据调查目标的不同，选择适宜的采样深度。例如，当调查目标是了解土壤有效养分供应量或农田土壤污染物含量时，通常仅对耕层土壤进行采样；当调查目标是了解土壤保水性能、土壤水土流失与养分流失性状时，则需要对较深的土壤剖面进行分层采样和观测。

较早的土壤调查主要通过地面多点采样来了解一个区域土壤资源与质量性状的空间分布特征。近年来，随着遥感技术、地理信息系统（GIS）技术、模拟技术与大数据技术的发展，土壤质量相关数据（如数字高程、土地覆盖、植被数据等）产生量急剧增长，这使得在大区域尺度内通过多类型相关信息精确地捕捉和表达土壤质量性状以及相关过程成为可能。在国际上，地面采样调查与辅助信息结合的方法——数字土壤制图方法（digital soil mapping）已成为土壤调查的重要方法[3]。该方法能利用采样设计、辅助信息、推理模型与地统计检验，大幅度减少地面采样和土壤理化性状测试分析的工作量。与传统方法相比，采用数字土壤制图方法进行土壤调查，可缩短调查周期，降低调查成本，提高用土壤专题地图表征土壤资源与质量性状空间分布特征的可靠性和精度，从而提高土壤调查的效率与质量。

（二）土壤数据的时空维度特征

在现代社会，农业、环境等领域的专业工作者要了解最新的土壤调查结果，更需要掌握未来土壤质量变化趋势，以便根据变化趋势、自然与人为要素对土壤质量的影响，制定具有针对性的政策与技术措施，实现高产、稳产和环境安全。要精确进行土壤与环境质量预测和预警，就需要对重要的土壤质量性状进行周期性的采样、调查、记录，构建具有时空维度的土壤质量数据。这意味着历史上完成的土壤调查不能被新的调查所替代，所以其结果十分宝贵。

土壤数据最重要的特征之一是时空维度特征。通过历史上的土壤调查结果记录，构建具有时间序列的土壤质量科学数据，能将土壤质量现状与土壤质量演变过程相关联，并以此对土壤质量演变趋势和导致其变化的因素进行分析、预测。而土壤数据标有空间坐标，便于科研工作者将土壤调查结果与其他类别的要素和过程，如与气候、地形、土地利用情况有关的变化信息，以及随施肥投入农田的碳、氮、硫、磷数据等相关联，从而进一步提高分析的精度和预测、预报的可靠性。

土壤圈处于地球大气圈、水圈、生物圈和岩石圈的交会处。土壤层中的生物过程和物质循环过程既活跃，又具有一定的稳定性，能较好地反映地球水圈、土壤圈、大气圈、生物圈及岩石圈五大圈层动态交互作用的结果。具有时空维度的土壤科学数据对于阐明土壤与环境过程并弄清其驱动因素、预测未来土壤与环境质量变化具有不可替代的作用。

近年来，具有地理坐标的土壤剖面点数据受到科学界的广泛关注。剖面数据记载了土体构造、剖面分层土壤理化性状，是了解成土过程的基础，也是构建推理模型，量化表征区域尺度土壤过程、流域水土流失与氮磷流失特征、碳氮循环与环境质量演变的基础。在过去的半个世纪中，尽管完成了大量的土壤剖面调查，但由于在较早的土壤调查中尚未使用全球定位系统（GPS）设备，各国在构建地理坐标的土壤剖面点数据库上差别较大。目前，美国完成了约2万个有地理位点标识的土壤剖面数据[4]，澳大利亚已完成约16万个有地理坐标的土壤剖面数据[5]，欧盟各成员国共享使用的土壤剖面数据库含4000个剖面的分层土壤理化性状数据[6]。本数据集则汇集了我国总计6万多个有地理坐标的土壤剖面数据。

（三）土壤数据的应用领域与时效性

表1汇总了本数据集编入的土壤理化性状及其主要影响因素与过程、时间变化特征、所关联的土壤质量性状和应用领域。

表 1　土壤理化性状及其主要影响因素与过程、时间变化特征、所关联的土壤质量性状和应用领域

土壤理化性状	主要影响因素与过程	时间变化特征	所关联的土壤质量性状	应用领域
土壤类型	成土过程	变化慢	土壤肥力与环境质量	农业、水利、环境、建筑、肥料工业等
剖面深度（指剖面各土层厚度的总和）	成土过程	变化慢	土壤肥力、土壤环境容量、土壤保水和保肥性能、土壤持水性能	农业、环境等
土体构造（指土壤剖面各发生层有规律的组合，是土壤剖面最重要的特征）	成土过程	变化慢	土壤肥力、土壤环境容量、土壤保水和保肥性能、土壤持水性能、土壤透水性能	农业、水利、环境等
母质	成土因素	变化慢	土壤肥力、土壤矿物组成、矿质养分含量、土壤质地	农业、水利、环境、肥料工业等
质地	成土过程、母质	变化慢	土壤肥力、土壤环境容量、土壤持水性能、土壤耕性、土壤有机碳与养分含量、土壤重金属吸附性能	农业、水利、环境、建筑等
颜色	土壤氧化还原、淋溶等成土过程，土壤有机质累积过程	变化较慢	土壤肥力、土壤有机碳与养分含量	农业
土壤结构	成土过程、耕作措施	耕层：变化快；深层：变化慢	土壤水分、通气与养分供应状况，土壤持水性能、土壤透水性能、土壤阳离子交换量、土壤孔隙度、土壤松紧度、土壤耕性等多个土壤肥力相关性状	农业
有机质含量	成土过程、质地、土地利用、施肥、轮作等	变化较慢	与多项土壤肥力与环境指标密切相关，是土壤肥力最重要的指标	农业、环境、肥料工业等
全氮含量	成土过程、土地利用、施肥、轮作等	变化较慢	土壤肥力、土壤供氮性能	农业、环境等
全磷含量	成土过程、母质等	变化较慢	土壤肥力、土壤供磷性能	农业、环境等
全钾含量	成土过程、母质等	变化较慢	土壤肥力、土壤供钾性能	农业、环境等
pH	成土过程、酸雨、土壤调理剂施用等	变化快	土壤肥力、土壤养分有效性、土壤结构及重金属吸附性能	农业、环境、肥料工业等
碱解氮含量	土地利用、施肥等	变化快	土壤供氮性能、土壤氮素流失特征	农业、环境、肥料工业等
有效磷含量	土地利用、施肥等	变化快	土壤供磷性能、土壤磷素流失特征	农业、环境、肥料工业等
速效钾含量	土地利用、施肥等	变化快	土壤供钾性能、土壤钾素流失特征	农业、环境、肥料工业等
阳离子交换量	成土过程、黏粒、有机质含量、盐分含量	变化较慢	土壤供肥和保肥性能、土壤重金属吸附性能	农业、环境等

在表1中，主要影响因素与过程指对某项理化性状起主要作用的过程和因素。例如，土壤类型、土壤剖面深度、土体构造、母质、土壤质地类型主要由成土过程或成土条件决定；土壤有机质含量和土壤全氮含量则受成土过程、施肥及轮作等农业技术措施的共同影响；在耕地土壤上，施肥等农业技术措施对土壤碱解氮、有效磷、速效钾等土壤有效养分含量的影响很大。

土壤理化性状的现势性主要取决于其影响因素与过程的时间尺度。自然条件下，成土过程通常需要数万年。受成土过程影响的土壤类型、土层厚度、土体构造、土壤质地类型、母质等土壤理化性状变化很慢，CRT 值（土壤特性响应时间，characteristic response time）达上千年，可称为土壤稳定性要素或慢变化性状，其相关数据时效性很长，可长久使用。而农田土壤有效养分含量、酸碱度、耕层厚度等土壤质量性状受施肥和耕作等农业措施影响大，变化较快。例如，农田土壤有效磷、速效钾养分含量，在大量施用磷肥、钾肥条件下，10 余年后可成倍提升。这些土壤理化性状亦可称为土壤变化性要素或快变化性状。

不同土壤理化性状的应用范围既取决于其现势性、时空维度特征，又取决于其所关联的土壤质量性状。土壤剖面深度、土体构造、质地、有机质含量等与土壤持水、保肥、通气和透水性能密切相关，可供农业、水利、环境、金融等行业用于农田稳产、高产性能，农田排灌设施规划与灌溉定额编制，农田水土流失风险分级，流域农田蓄水容量与降雨后流失水量分级，农田水、旱灾害风险分级，农田环境容量测算等各方面的地力评价。土壤有效养分含量、pH 与土壤需肥性状和调酸性状密切相关，可供农业、肥料生产和销售部门用于科学施肥和土壤改良。土体构造和质地、土壤结构、土壤有效养分含量还影响流域农田土壤养分流失特征，农业和环境部门在进行农业面源污染防控时，可利用这些土壤性状与其他要素共同编制流域污染源解析与控制类型区分布图，以便对农业面源污染采取分类型、分区段的源头控制措施。土壤有机质含量变化也是了解气候变化和碳减排措施效果的基础，对于环境管控和环境外交具有重要意义。

数据集内容

本数据集全集共 25 卷，收录了我国 2200 多个县（市、区）的分县土壤图和 6 万多个土壤剖面的理化性状数据。根据各省级行政区土壤剖面数量的多寡和地域关联特征，既有一个省（自治区）的单卷，也有多个省（自治区、直辖市、特别行政区）的合订卷。

为便于读者了解各地土壤资源与质量分布概况及其主要特征，编者为各分卷编制了省级行政区的土壤图、土壤有机质含量图与地势图三图。读者可通过分省三图查询各省级行政区任何地区拥有的主要土壤类型，了解其土壤有机质含量及其地势、地貌特征。此外，编者还编制了全国土壤图、土壤有机质含量图与地势图三图附于各分卷，供读者比较和了解各省级行政区土壤资源及质量特征同全国其他地区的区别和关联。

各分卷的第二部分为分县土壤图与土壤剖面数据。在每个省级行政区内，各分县按四部分展示土壤及其相关信息，即分县主要土类说明、本区域中心区气候特征、主要土壤类型与土壤剖面点分布图以及土壤剖面理化性状表。在本卷目录中，分县按民政部于 2022 年 3 月发布的《2021 年中华人民共和国行政区划代码》中的地级、县级行政区顺序排序。各分卷目录中仅收录了县域内有土壤剖面数据的县级行政区，无土壤剖面数据的县级行政区未纳入分卷目录中，并在附录 1 中对其进行了标注。

土壤数据来源

编入数据集的分县土壤图与土壤剖面理化性状数据主要源于全国第二次土壤普查（以下简称"二普"）。二普是我国现代规模最大的、以查清土壤类型和土壤肥力为主要目标的土壤资源综合调查。二普之前，我国土壤调查以观测性调查和定性评价为主，很少有采样化验。在总结之前国内外土壤调查经验的基础上，二普不仅完成了我国迄今为止最为详尽的土壤分类调查，也首次在全国范围进行了高密度土壤采样化验，开启了我国用土壤理化性状量化指标描述土壤资源与质量状况的时代。

二普地面采样调查实施于 1979—1987 年，调查区域基本覆盖我国全陆域。二普不仅地面采样密度高，科学性和系统性也比较突出。全国百余名长期从事土壤研究的科研工作者共同制定了全国土壤分类系统和统一的土壤调查技术规程[7]。在地面调查中，各地以 1∶1 万比例尺地形图作为工作底图，以乡为调查单元进行野外采样作业，全国共挖取土壤观察剖面 550 余万个，记录了 1—2m 深土体各发生层形态和特征，并根据土壤分类标准对土壤进行了分类和命名。对边远区、高寒区和无人区应用遥感解译方法，填补了之前土壤调查及成图中上述地区土壤数据的空白。在大量剖面土体观测和采样调查的基础上，完成了全国绝大部分分县 1∶5 万比例尺土壤图的绘制，牧区和边疆地区完成了1∶20万—1∶10万比例尺土壤图的绘制。二普还完成了10余万个典型剖面的分层采样，化验分析了剖面分层质地，有机质含量，大量、中量和微量元素含量，pH，阳离子交换量，土壤矿物组成等多项土壤理化性状，编制了分县土壤志。二普通过野外实地调查、采样和测试获取的土壤科学数据，至今仍是我国最详尽、最有实用价值的土壤资源基础数据，其精度与质量超过许多发达国家的土壤资源基础数据[8]。

如图1所示，收录于本数据集的土壤质量数据是对我国40多年前土壤质量状况的客观记录，亦是我国在全国范围内首次完成的土壤理化性状的科学记载，其中的土壤稳定性要素现势性较长，可在今后若干年间长期使用；而土壤变化性要素对了解我国土壤与环境过程的作用亦不可替代。这些数据使我们用现代科学手段研究各地土壤及相关过程的历史可上溯至20世纪80年代。

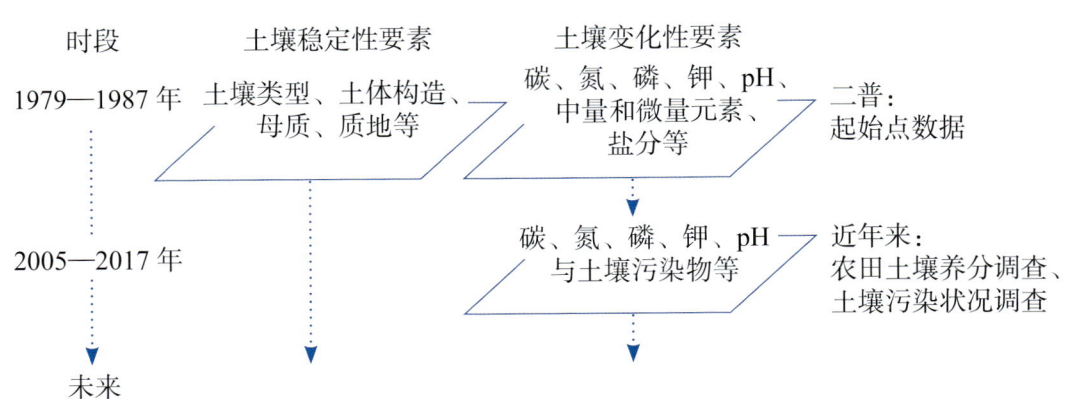

图1　全国性土壤调查所覆盖的时段

受历史条件限制，二普完成的大比例尺土壤图和土壤剖面理化性状主要为手绘纸质图件、非正式出版的铅印或油印资料，份数少且由各地自行保存。二普结束后，随着各地机构调整与人员变动，土壤调查资料被损毁或丢失严重。2000年以来，编者开始对各地分散存留的纸质分县土壤调查资料进行系统性收集、修复与整理，通过对宝贵的土壤科学数据的提取、整合和表达，我国科学研究与管理基础数据的水平得到了提升。本数据集收录的分县土壤图和剖面数据主要源于对全国分县土壤图、分县土种志和分省土种志的整理、提取、汇总与表达（表2）。

表2　数据集主要土壤资料与数据来源

资料类型	资料名称及数量
土壤图（纸质）	1∶5万分县土壤图，总计约1600个县
	1∶100万—1∶50万省级土壤图，总计570个县
土壤剖面资料（纸质）	分县土种志：约2200册，计约2200个县；分省土种志：28册
土壤有机质含量图（纸质）	全国、分省土壤有机质含量图
农区土壤耕层采样数据（电子）	2005—2017年在全国农区采集的、含GPS坐标定位的1000万个采样点耕层有机质含量数据

为编制全国与分省土壤有机质含量分布图，本数据集还使用了我国于二普期间完成的全国、分省土壤有机质含量图纸质图件和于2005—2017年在全国采集的1000万个具有GPS坐标定位的采样点耕层有机质含量数据[9]。

编制方法——土壤大数据方法

我国幅员辽阔，不同地区土壤的土壤类型及其质量状况和分布特征差别较大，各地土壤调查技术条件和水平差别也较大，因此各地分县完成的图件和剖面资料在形式和内容上有较大差异。在用异源土壤数据生成新数据时，新数据的科学性既取决于各异源数据本身的科学性和可靠性，也取决于数据整合采用方法的科学性和可靠性。例如，对分县剖面资料进行整合时，对国标上未出现过的土壤类型名进行归并需要有土壤分类学上的依据；用新的土壤调查数据对原有土壤有机质含量图进行更新，也需要有进行合并表达的科学依据。编制本数据集需要对海量异源数据进行提取、分析、整合、缩编与表达，数据分析流程复杂。同时，在数据分析过程中，土壤专业问题，非标准化数据问题，计算机硬、软件平台系统问题和数据分析员、程序员疏漏问题等可能引致多类别数据分析错误。若既要准确无误地完成各项数据分析技术任务，又要在繁复的数据分析流程中有效贯彻科学原则、实现数据分析科学目标，这就需要一套科学的方法体系。为此，本数据集编者通过研究异源非标准土壤数据特征，融合应用土壤学、数据科学、人工智能、人机交互设计方法与地理信息系统技术，创建了土壤大数据方法[10-11]。

土壤大数据方法是专门供土壤科研工作者使用的一种设计方法，是对经典土壤学研究方法的补充，主要适用于对海量异源土壤数据信息的提取、筛选、分析与表达。通过土壤大数据方法的使用，科研工作者能够分析、认识和阐明土壤性状及相关过程和规律。土壤大数据方法的主要设计规则为以层级化的流程设计实现土壤科学层面的需求设计统领体系架构设计，界定各分段流程目标和关联，部署低层级分段流程、模型和功能模块；以独立于数据流程的监控设计实现土壤科学家对全流程的掌控和人工干预。土壤大数据方法的设计内容包括数据科学分析目标与科学基础界定、数据流程体系架构、流程及软件工具设计、数据流程监控设计。设计中，所有节点均采用双命名制命名，即对流程中各节点数据同时进行土壤科学内涵命名和函数代码命名。应用以上设计方法编制设计文档，能在庞杂的异源、异质、异形、异构大数据分析中，实现以科学目标引领数据分析流程，以自动化、人工智能、人机交互式的数据流程替代人工流程，提高大数据分析效率。

在本数据集编制过程中，编者需要完成图件与资料数字化、矢量化，元数据构建，信息提取、过滤、分类、赋码，土壤空间数据逻辑结构、存储结构归一化，统计检验，数据整合、缩编表达、输出等多项数据分析任务，分段流程达1500余个，需要存储的重要节点数据超过2000个，数据量超过20TB。采用土壤大数据方法，编者自主设计和完成了6个土壤大数据分析工具软件包，其中包含157个功能模块（表3），设计文档的科学和工程目标实现率超过99%，为准确、高效完成数据集编制提供了保障，也为土壤学研究提供了新的方法。

表3 系列化土壤大数据分析软件包及其主要功能与模块数

软件包	主要功能	模块数/个
IMAT2.0（intelligent mapping tools）智能化制图工具	异源土壤空间数据的要素提取、过滤、分类、赋码、坐标转换，空间库要素与字段的编辑，图幅与图层的编辑，土壤要素空间库外挂属性表编辑与管理等	35
IMAT-big（intelligent mapping tools for big data）智能化大数据制图工具	超大土壤及相关要素空间数据的要素筛选、图层拆分、数据整合、节点监控、逻辑结构重组等分析	37
IMAP（intelligent map presentation）智能化地图表达工具	土壤大数据地图制图表达与输出	30
ISPA（intelligent soil profile data analysis）智能化土壤剖面数据分析	异源土壤剖面数据的信息提取、过滤、赋码、坐标匹配、检验、整合与统计等	22
ISPP（intelligent soil profile presentation）智能化土壤剖面表达	土壤剖面图表及辅助信息的表达	12
IMAT-SOM（intelligent mapping tools-SOM）土壤有机质制图工具	异源土壤有机质数据整合与表达	21

中国土壤图、中国土壤有机质含量图与中国地势图编制

编制全国三图的目的是便于读者在全国视角和尺度上了解我国各地区土壤资源与质量状况空间分布特征，土壤类型和土壤肥力与地势、地貌之间的相互关联。其中，土壤图用于展示土壤资源分布状况及与成土过程相关的土壤质量状况；土壤有机质含量图用于直观反映土壤肥力情况；地势图便于读者了解不同类型和肥力水平土壤的地势、地貌特征。全国三图的制图比例尺为1∶1300万。

全国三图中采用的境界、城市等基础地理信息要素源于中国地图出版社出版的《第一次全国地理国情普查地图集》[12]和《中国地图集》[13]。全国三图中，境界、水系、居民地、地级以上城市等基础地理信息要素的图示与图例表达见附录2。

（一）中国土壤图

由于制图比例尺小，中国土壤图是在二普完成的1∶400万比例尺全国土壤图的基础上进行矢量化和缩编表达获得的。在缩编表达过程中，土壤类型仅保留了我国土壤分类系统中的第三层级——土类。

在土壤图中，土类颜色主要根据不同土类在其成土因素、发育程度下形成的典型颜色进行设计（附录3）。红色系供土壤富铝化程度高的土壤选用，如红壤、砖红壤、赤红壤等；黄色系、棕色系供干旱区发育程度低的土壤选用，如黄绵土、灰漠土、灰棕漠土等。受灌水、耕作和地下水影响大的土壤采用绿色系，如水稻土、灌淤土、潮土、草甸土等，表示土壤肥力较高，绿色植物生长茂盛；黑土、黑钙土、栗钙土、棕壤、褐土、黄棕壤、紫色土等分别选用深棕色系、褐色系、紫色系；盐土、碱土、沼泽土等植物生长有障碍的土类采用暗色系，如暗紫色系、灰褐色系、青灰色系等，表示土壤生产力低下，植物生长较差。这一颜色设计与国标相关规定一致[14]。

在图例中，按照我国主要土壤类型从南到北、从东向西的地带性分布规律对土类进行排序，附录4所列中国主要土壤类型的排序也按此规则编排。

（二）中国土壤有机质含量图

土壤有机质含量是指土壤中各种含碳有机物质的总和。土壤有机质主要包括土壤腐殖质、半分解的动植物残体、与土壤黏粒和细粉粒紧密结合的有机物质、土壤微生物体所含的有机物质等。以动植物残体形式进入土壤的有机物质成为土壤生物的食物，供养土壤生物的生命活动；在土壤生物，特别是土壤微生物作用下生成的土壤腐殖质，能够促进土壤团聚体形成，提高土壤保水、保肥、供水、供肥性能，提高土壤肥力，并大幅度提高耕地土壤高产、稳产性能。因此，土壤有机质含量是最重要的土壤质量指标之一。土壤有机质碳量是大气总碳量的2倍，是地球植被总碳量的3倍，参与地球陆域碳循环总碳量中80%的碳以土壤有机质碳的形式存在。研究显示，土壤有机质含量实质上是土壤有机碳投入和分解之间动态平衡的表现，影响这一平衡的主要因素为气候、土壤质地与土地利用方式，施肥和耕作等农业技术措施对其影响则相对较小。当影响平衡的主要因素未发生变化时，土壤有机质含量也比较稳定[15]。

中国土壤有机质含量图由各分省土壤有机质含量图（0—30cm土层）合并编制生成。制图用源数据和编制方法在分省土壤有机质含量图编制说明中加以叙述。

为展示全国范围的土壤有机质含量空间分布特征，编者在中国土壤有机质含量图的图示和图例表达中采用了有机质含量范围的非等距划分分级方式，将我国土壤有机质含量分为7个等级（表4），各分级所占我国陆域面积的比例也列于表中。其中，占我国陆域面积29%的"很低"和"低"两个分级的土壤（有机质含量小于10g/kg）主要分布于西北干旱地区，而"较高""高""很高"三个分级的土壤（有机质含量大于25g/kg）主要分布于东北、西南地区，这些地区森林覆盖率较高，雨量充沛，温度适宜，有利于土壤有机质的累积。

表4　中国土壤有机质含量（0—30cm土层）分级

分级	分级释义	有机质含量/（g/kg）	换算系数	有机碳含量/（g/kg）	占陆域面积/%
1	很低	≤ 5	1.724	≤ 2.9	5
2	低	5—10（含）	1.724	2.9—5.8（含）	24
3	较低	10—15（含）	1.724	5.8—8.7（含）	18
4	中	15—25（含）	1.724	8.7—14.5（含）	19
5	较高	25—35（含）	1.724	14.5—20.3（含）	9
6	高	35—45（含）	1.724	20.3—26.1（含）	16
7	很高	> 45	1.724	> 26.1	6

(三)中国地势图

地势图是表示制图区域地貌特征的专题地图,强调表现地面的高低起伏、倾斜程度及其区域对比关系,以及与地形密切相关的河流、湖泊等水系要素分布特征,显示出制图区域山河分布的脉络体系、结构形式、各种地貌类型的形态特征。地势是影响土壤类型的重要因素,地势图也是编制土壤图、气候图、植被图等的基础。

中国地势图的地貌晕渲图采用SRTM3 DEM(shuttle radar topography mission, digital elevation model, 2003)数据,考虑我国地势呈三级阶梯状分布的特点,按0—50—100—200—500—800—1000—1200—1500—2000—2500—3000—3500—5000m及以上设计高度表,以深绿色—黄绿色—棕色—紫色色调的象征色表示海拔由低向高过渡。其他矢量数据来源于中国地图出版社编制的1:400万《中国地形图》[16]。河流参照中国地图出版社编制的《中国河流、水运资料图》进行选取、表达,三级及以上河流全部选取,二级及以上河流标注名称,低级别河流适当选取以反映区域水系特点;成图面积4mm²以上湖泊和水库全部表示,但仅标注大型湖泊名称,小面积湖泊适当选取以反映区域特点,如青藏高原湖泊群分布;山脉、山峰参照中国地图出版社编制的《中国山脉资料图》选取,三级及以上山脉全部选取、表达,二级山脉主峰及知名山峰标注名称和高程,我国主要高原、平原、盆地和沙漠均选取、表达;自然地理要素分级参考中国地图出版社采用的地图编制分级系统;根据版面载负量情况选取省会、部分地级市和少量县级居民点(主要位于西部地区),居民地主要用于定位参照。

分省土壤图、分省土壤有机质含量图与分省地势图编制

编制分省土壤图、分省土壤有机质含量图与分省地势图三图的主要目的是使读者了解各省级行政区内不同地区土壤类型、土壤肥力与地貌的主要分布特征及其相互关联。其中,土壤图用于展示土壤资源分布状况及与成土过程相关的土壤质量状况;土壤有机质含量图用于直观反映土壤肥力情况;地势图便于读者了解不同类型和肥力水平土壤的地势、地貌特征。为便于比较,每个省级行政区的分省三图采用的比例尺相同,制图则采用幅面固定、各省级行政区制图比例尺自适应方法。

分省三图中采用的境界、城市等基础地理信息要素源于中国地图出版社出版的《第一次全国地理国情普查地图集》[12]和《中国地图集》[13]。分省三图中,境界、水系、居民地、地级以上城市等基础地理信息要素的图示与图例表达见附录2。

(一)分省土壤图

为编制数据集用分省土壤图,编者对二普完成的纸质分省土壤图(原图比例尺主要为1:50万)进行了地理校正、空间要素提取、图层与分级码标准化、土壤学专业校正、属性表制作、挂接和专题图缩编表达。在缩编表达过程中,制图比例尺一般在1:200万—1:100万之间。由于制图比例尺较小,土壤类型仅保留了我国土壤分类系统中的第三层级——土类。各土类颜色与中国土壤图中采用的土类颜色相同(附录3)。在分省土壤图中,按照我国主要土壤类型从南到北、自东向西的分布规律对图例中的土壤类型进行排序。附录4所列中国主要土壤类型的排序也按此规则编排。附录5列出了内蒙古自治区主要土壤类型及其占省级行政区域面积百分比。

(二)分省土壤有机质含量图

1. 数据源说明

本数据集中,土壤剖面理化性状表给出了有确切时间和空间坐标的剖面信息。分省土壤有机质含量图的主要作用是便于读者直观了解各省级行政区最重要的土壤肥力指标——土壤有机质含量的空间分布特征。

二普中，受当时技术条件限制，全国仅完成了比例尺为1∶400万的纸质土壤有机质含量分布图的绘制，19个省、自治区、直辖市完成了比例尺为1∶250万—1∶50万的纸质分省土壤有机质含量分布图的绘制。直接采用小比例尺纸质图矢量化生成的土壤有机质含量等级划线图作为分省土壤有机质含量图，存在有机质含量分级的级差大、信息均化、图斑大、制图精度不够等问题，难以精细表现一个省级行政区域内土壤有机质含量的空间分布特征。

2005—2017年，我国在农区进行了测土施肥，农田耕层采样点达到1000万个。这批数据的主要优点是采样密度大且有空间坐标，通过对这批数据进行空间插值分析，可较精细地展示各地农田土壤有机质含量分布特征；其缺点是采样点主要集中在占陆域面积不到20%的农田，仅采用这批数据难以绘制覆盖全域的土壤有机质含量分布图。考虑到土壤，尤其是林地、草地土壤的有机质含量变化较慢，在制图中采用了混合时段数据合并表达的方式。对无测土数据的林地、草地等，仍然采用从小比例尺土壤有机质含量等级划线图中提取的数据；对有测土数据的农田，则采用2005—2017年间耕层采样数据，对原有数据进行了更新。通过对两源数据的提取、土层转换、合并、插值，最终生成各省级行政区土壤有机质含量分布图（土层厚度0—30cm），这样既可较精细展示出各省级行政区土壤有机质含量的空间分布特征，也能保证所做专题图有很强的现势性。

三个数据源制图表达结果比较显示，采用异源数据合并表达的方式制图，各分省图展示的有机质含量空间分布特征与二普小比例尺图相近，但制图精度有较大改进，一个省级行政区域内土壤有机质含量的空间分布特征更为清晰（表5）。

表5　三个数据源制图表达结果比较

数据源	土壤有机质含量图制图表达效果	
	优点	存在问题
采用二普完成的手绘图	小比例尺手绘图中，土壤有机质含量地带性分布特征十分明显；基本无数据空区	局部地区图斑大，制图精度不够
采用新的测土数据插值生成	有数据的区域制图精度高	占陆域面积约80%的林地、草地和一些县域无新的测土数据，难以通过采样点插值生成覆盖全域的有机质含量图
异源数据合并表达	基本无数据空区；制图精度有较大改进；小比例尺图中土壤有机质含量的地带性分布特征被保留	用混合时段数据表达全陆域土壤有机质含量分布状况，其中林地、草地数据主要源于20世纪80年代采样数据，农田数据更新至2017年

表6汇总了分省土壤有机质含量图的主要制图信息。制图采用异源数据合并表达的方式，生成的分省土壤有机质含量图所代表的时间段为1979—2017年，图中核算土壤有机质含量的土层厚度为0—30cm。

表6　分省土壤有机质含量图制图信息

制图数据	异源数据合并表达
采样时间	草地、林地及其他非农田土壤采样时间段为1979—1987年，农田土壤采样时间段为2005—2017年
土层厚度	0—30cm（对采样深度不足0—30cm的耕层采样数据，用剖面数据进行了土层厚度转换，统一转换为0—30cm）
制图方法	普通克利金插值（ordinary Kriging）
网格尺寸	200m

2. 制图表达说明

我国地域辽阔，各地土壤有机质含量差异极大。西北部地区降水量少，土壤粗砂粒含量高，风沙土、漠土大量分布，占我国陆域总面积的12.6%，其0—30cm土层内有机质平均含量不到10g/kg；东北部地区雨量充沛，气候、植被有利于土壤有机碳累积，其0—30cm土层有机质平均含量在40g/kg以上。另外，一些省级行政区的土壤有机质含量变化范围很宽，如内蒙古土壤有机质含量主要为4—70g/kg；而北京、山东等地土壤有机质含量变化范围很窄，为7—17g/kg。

为使各省级行政区域内土壤有机质含量空间分布特征均能得到充分展示，编者在分省土壤有机质含量图的图示和图例表达中对有机质含量范围进行等距划分分级，根据各省级行政区土壤有机质含量分布特征，将有机质含量分为7—14个等级。各分级的颜色设计及其RGB与CMYK色码见附录6。

（三）分省地势图

根据各省级行政区的成图比例尺和地形特点，选取合适精度的数字高程模型（DEM）栅格数据，确定设色原则和色层表进行分层设色，编制彩色晕渲的分省地势图。图中的河流水系及山峰、山脉等地理要素基于中国地图出版社研制的多尺度中国地图数据库选取，按各省级行政区地图设定的投影参数和比例尺投影转换后进行数据融合处理，再进行图形化编辑和地图整饰，最后输出成图。各省级行政区的彩色地貌晕渲图，按0—50—200—500—1000—1500—2000—3000—4000—5000—6000m及以上设计统一的高度表，但对一些低海拔平原地区，如天津、山东、上海等省、直辖市，则增添了20m等高距。确定统一的设色原则，建立色层表，以深绿色—黄绿色—棕色—紫色色调的象征色过渡方式表示海拔由低向高过渡，低海拔地区以绿色为主，中海拔地区以棕色为主，高海拔地区的高寒地带则用冷色调紫色。地势图中的其他地理要素，地级市及以上级别居民地全部选取，县级居民地根据图面载负量情况酌情选取；河流按等级选取以反映地域水系结构特点，主要河流加注名称；成图面积4mm^{2}以上的湖泊和水库全部选取，大型湖泊、水库加注名称，适当选取小面积湖泊以反映区域分布特点；山脉按等级选取，仅标注主要山脉主峰和知名山峰。

县域中心区气候特征图表编制

气候是五大成土因素之一，也是土壤质量的重要影响因素。为便于读者了解各地土壤资源与质量状况及其与气候特征的关联，编者编制了各县域中心区（位于各县域中心点、代表面积约为400km^{2}的区域）气候特征值表、月平均气温与月平均降水量分布图。各县域中心区气候特征值是通过对160个中国地面国际交换站的气象年值、月值以及日值数据的计算和空间分析获得的。气象数据的相关用语也采用中国地面国际交换站所用的表达方式。鉴于各地气候特征值需要依据多年气象观测数据分析和提取，而二普采样时段为1979—1987年，因此采用了1971—2000年共计30年的年值、月值和日值气象数据，气象数据时段覆盖二普采样时段。

在分县气候特征值编制过程中，先从相应的各数据源中提取出各站点年值、月值以及日值数据，再按照表7所示计算方法，计算160个站点的各项气候特征值并对其分别进行插值计算，获得覆盖我国全域、网格尺寸约为20km的网格化气候特征年值与月值数据，最后再与县域中心点图层叠加，提取出各县中心区气候特征值。各县所处气候带则是通过县域中心点图层与中国气候区划图叠加后提取获得的[17]。

表7 县域中心区气候特征值的计算方法与数据来源

县域中心区气候特征	计算方法	气象数据来源
年平均气温 /℃	30年的年值平均	中国地面国际交换站气候标准值年值数据集（160个站点，1971—2000年）
年平均最高气温 /℃		
年平均最低气温 /℃		
年降水量 /mm		
年平均相对湿度 /%		
年日照时数 /h		
月平均气温 /℃	30年的月值平均	中国地面国际交换站气候标准值月值数据集（160个站点，1971—2000年）
月平均降水量 /mm		
≥10℃的积温 /℃	一年中日平均气温≥10℃的温度值加和	中国地面国际交换站气候资料日值数据集（160个站点，1971—2000年）
干燥度	修正的谢良尼诺夫公式： 干燥度 $= 0.16 \times \dfrac{\text{全年} \geq 10℃\text{的积温}}{\text{全年} \geq 10℃\text{期间的降水量}}$	
气候带	提取	1：3200万中国气候区划图

分县主要土壤类型与土壤剖面点分布图编制

编制分县主要土壤类型与土壤剖面点分布图的主要目的是使读者在一个较小的图幅上也能大致了解一个县域内主要土壤类型概况。编者通过对全国1∶5万土壤图的缩编表达，为有土壤剖面数据的县级行政区编制了分县主要土壤类型图。受地图幅面限制，在分县土壤图中，仅保留了我国土壤分类系统中的第三层级——土类，通过缩编滤掉了亚类、土属、土种信息。

各分县主要土壤类型与土壤剖面点分布图的制图采用幅面固定、制图比例尺自适应的方法，制图比例尺一般为1∶35万—1∶20万，自适应制图由编制者自行设计的软件模块自动完成。

在分县主要土壤类型与土壤剖面点分布图中，各土类颜色与中国土壤图中采用的土类颜色相同（附录3）。图中各土类在图例中的排序则按各土类占本县县域面积比例从大到小的顺序排列，便于读者了解本县内主要土壤类型的分布。

在分县主要土壤类型与土壤剖面点分布图中，为便于读者查找，剖面点按照其在图面的位置，先左后右、先上后下顺序编码，编码过程也由ISPP软件包（表3）中的模块自动完成。

分县主要土壤类型与土壤剖面点分布图中的基础地理底图来源于国家基础地理信息中心提供的1∶25万DLG（公众版）数据（使用许可协议编号：非2011-1011），基础地理信息要素的图示与图例表达主要参照相关国标（详见附录2）。为保证本数据集中主要土壤类型与土壤剖面点分布图的内容和土壤剖面数据表对应，分县主要土壤类型与土壤剖面点分布图中的市级界线、县级界线均采用二普时的普查界线，并以此作为分县主要土壤类型与土壤剖面点分布图的分幅标准。为兼顾地名位置定位准确性和图书实用性，地图中乡镇级及以上居民地分别根据新版《中华人民共和国行政区划简册》和各省级行政区地图册进行了更新，现势性截至2021年12月。为更好地表现全书的系统性与协调性，在地图下方加注说明县级行政区划变更情况，部分市辖区图幅的图名根据图上县级居民点进行了更新。

二普后，随着城市化的加快，城市周边土地利用情况变化很大，居民地面积大幅增加，导致一些分县土壤图中的土壤面积占县域面积比例和分县主要土类说明中的一些土类面积占县域面积比例较二普时均有下降。在一些大城市周边县（市、区），土地利用情况的变化使各类土壤总面积不到县域面积的60%。

二普时，分县完成了1∶5万比例尺土壤图编绘后，还通过省级汇总和缩编制图，完成了1∶50万比例尺省级土壤图。在省级汇总中，对一些分县土壤图中原有土壤类型名进行了修订。例如，浙江在进行省级汇总时，将分县土壤图中原命名为侵蚀型红壤亚类的大部分土属划归粗骨土类；安徽、湖北等省在省级汇总时将黏盘黄棕壤亚类改为黄褐土类。在对二普调查成果的数字整合中，编者仅收集到约1600个县的大比例尺土壤图（表2）。对大比例尺图数据缺失的县，则以省级土壤图裁切方式进行了补全。这种补全虽有利于完成覆盖我国全域的高、中精度土壤图，但也引起了在一个省级行政区里源于分县和分省的两类土壤图中土壤分类命名不统一的问题，编者在尽量保持调查资料原始记载的前提下，对这类问题进行了力所能及的修订。

分县土壤剖面理化性状表编制

分县土壤剖面理化性状表是本数据集的主体内容。前文已对各项土壤理化性状应用范围以及从分县纸质土种志中进行信息提取、表达和制作的方法做了说明，本节仅对土壤理化性状测试方法、剖面点坐标匹配方法与土壤剖面分类名的修订加以说明。

（一）土壤理化性状测定方法

本数据集所列土壤理化性状的测定方法见表8。其中，土壤有机质含量，土壤氮、磷、钾全量与有效态含量，pH，土壤阳离子交换量的测定方法以及土壤分类方法均为国标方法。剖面理化性状表中的土壤全氮、全磷、全钾、碱解氮、有效磷、速效钾含量均以N、P、K纯养分量计。

在二普中，我国大多数地区土壤质地分级采用了卡庆斯基制，仅极少数地区采用了国际制。其中，卡庆斯基制采用了简制,将土壤质地分为3组9种类型;国际制将土壤质地分为12种类型(表9)。由于两种分级制中的质地分级名并无重复,因此在分县土壤剖面理化性状表中未对两种分级制的分级名进行合并。

表8 土壤理化性状的测定方法

土壤理化性状	测定方法
有机质	湿灰化或干灰化消化后,重铬酸钾滴定法测定(丘林法)
全氮	凯氏定氮法测定
全磷	酸溶或碱熔消化后,钼锑抗比色法测定
全钾	碱熔或酸溶消化后,火焰光度法或四苯硼钠比浊法测定
pH	水浸提法,水土比为5:1或2:1
碱解氮	扩散吸收法(康惠法)测定
有效磷	中性及石灰性土壤:Olsen法测定;酸性土壤:Bray法测定
速效钾	醋酸铵浸提后,火焰光度法或四苯硼钠比浊法测定
阳离子交换量	醋酸铵法测定

表9 卡庆斯基制与国际制土壤质地分级名

等级序号	卡庆斯基制[1]土壤质地分级名	等级序号	国际制[2]土壤质地分级名
1	松砂土	1	砂土
2	紧砂土	2	壤质砂土
		3	砂质壤土
3	砂壤土	4	壤土
4	轻壤土	5	粉砂质壤土
5	中壤土	6	砂质黏壤土
		7	黏壤土
6	重壤土	8	粉砂质黏壤土
7	轻黏土	9	砂质黏土
		10	壤质黏土
8	中黏土	11	粉砂质黏土
9	重黏土	12	黏土

注:1)卡庆斯基制指按卡庆斯基粒径分级的质地分类。该分类制有简制和详制两种。简制有3组9种质地,其主要特点是将土粒分为物理性黏粒和物理性砂粒两级;按物理性黏粒或物理性砂粒的数量进行质地分类,而不是按照砂粒、粉粒、黏粒三个粒级的质量比分组。详制是在简制的基础上,把9种质地进一步细分为39种质地类别,把含量最多和次多的粒组作为冠词,顺序放在简制名前面,主要用于土壤基层分类及大比例尺制图。卡庆斯基还提出根据石砾含量而定的附加分类,也可作为质地分类的冠词,主要应用于山地土壤的质地分类。
2)国际制土壤质地分类在第二届国际土壤学会上通过,根据砂粒(粒径0.02—2mm)、粉粒(粒径0.002—0.02mm)、黏粒(粒径小于0.002mm)三粒组含量的比例,通过国际制土壤质地分类三角图,以黏粒含量为主要标准,小于15%者为砂土质地组和壤土质地组,15%—25%者为黏壤组,黏粒含量大于25%者为黏土组,划定12种质地类别。

(二)土壤剖面点的坐标匹配

含地理坐标的剖面数据可直观展示该土壤剖面点所代表土壤的土层厚度、土体构造及理化性状等特征,也是构建推理模型,进行土壤及其理化性状数字制图的基础。

二普完成的分县土种志中虽无典型剖面地理坐标记载,却有关于剖面采样地点、景观和土壤剖面分类命名的详细记录,如乡镇名、村名、高程和土类、亚类、土属、土种名等。从1:5万土壤类型图与1:5万基础地理信息数据库中也能提取出上述信息。在1∶5万比例尺空间数据库中，空间对象分辨率可达到100m×100m精度，折合为1hm²。在全国性土壤调查中，对于选择、确定典型剖面采样点点位，通常要求其所代表的土壤类型在面积上能代表采样点周围100亩（1亩≈666.7m²）以上的土壤，通过这种匹配方法获得的点位对实际采样点点位有较高的代表性。

为了使分县土种志中记载的剖面数据获得坐标，编者构建了多要素土壤剖面点坐标匹配模型，无空间坐标的土壤剖面从1∶5万土壤类型图和基础地理信息数据库中获得空间坐标。坐标匹配模型工作机制如图2所示。首先，从分县土种志中提取出A源数据，即每个剖面隶属的土类、亚类、土属、土种名及剖面采样点地名、采样点高程等多要素信息；然后，用分县1∶5万土壤图与多要素基础地理信息数据库叠加，生成含土类、亚类、土属、土种名和村名、乡镇名、高程等要素信息的空间数据，即B源数据；最后，利用多要素匹配模型，逐县对A、B两源数据进行匹配。当A源数据中某剖面点土类、亚类、土属、土种名和采样点地名、高程与B源数据中某土壤要素空间对象的四个土壤分类名、地名、高程等多要素信息一致时，该剖面点获得B源数据中土壤要素空间对象中心点坐标。若一个县域内，某剖面点与B源数据中多个空间对象存在配对关系，则取其中面积最大的空间对象的中心点坐标。

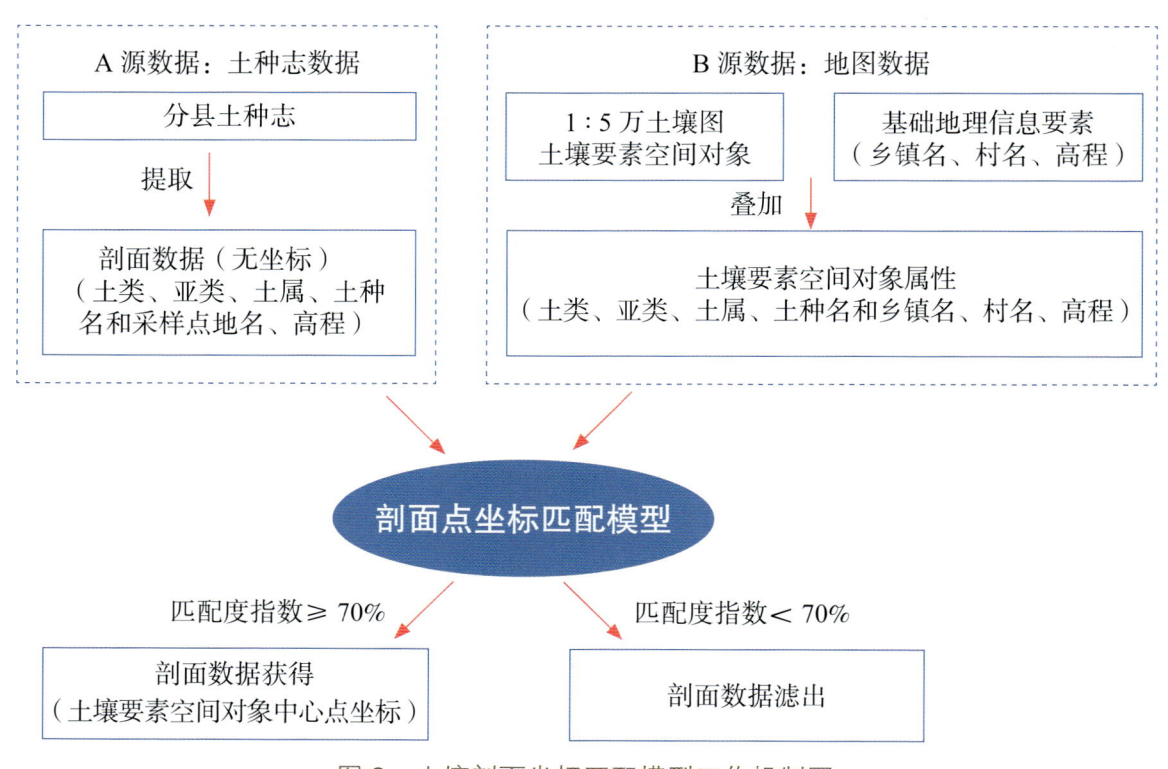

图2　土壤剖面坐标匹配模型工作机制图

为衡量每个土壤剖面坐标匹配的质量，在匹配模型中植入了匹配度评价模型，分析和提取每个土壤剖面点坐标匹配中多要素信息的吻合度。匹配度指数较高，代表两源数据中的土类、亚类、土属、土种名和地名、高程等多要素信息一致性高；匹配度指数较低，代表A、B两源多要素信息存在一些不一致性；匹配度指数小于70%的剖面数据会被滤出，该剖面也会从分县土壤剖面理化性状表中删除（表10）。利用坐标匹配模型，从分县土种志中提取出的10万余个剖面数据中，有6万多个获得了地理坐标并被收录于本数据集的分县土壤剖面理化性状表中，有约3万个由于匹配度指数较低被滤出。

表10　坐标匹配的匹配度指数及释义

匹配度指数 / %	释义
90—100	匹配度高：A（分县土种志）、B（地图）两源数据中乡镇名、村名和三个以上土壤分类名（土类、亚类、土属、土种）、高程均一致
80—90	匹配度较高：A、B两源数据中乡镇名、村名和两个土壤分类名（土类、亚类）、高程一致
70—80	具有一定匹配度：A、B两源数据中乡镇名、村名、土类名、高程一致
＜70	匹配度较低：A、B两源数据中地名和土类名不能全匹配

为检验通过匹配模型获得地理坐标的剖面对当地土壤类型是否具有代表性，编者自2008年以来，在河北、

山东、黑龙江、宁夏、海南等地挖取了300余个校验剖面，进行了比对研究。比对研究结果显示，校验剖面与二普完成的剖面记载在土壤类型、土体构造、母质、质地等土壤质量慢变化性状上都有很好的一致性。

（三）土壤剖面分类名的修订

分县土壤剖面理化性状表列出了每个土壤剖面的分类名。土壤分类名是对某一类土壤资源的抽象概括和表达，表述了各类土壤的主要成土过程以及各类土壤综合性的典型特征。如黑土是指在温带半湿润地区草甸草原植被条件下形成的具有深厚均匀腐殖质层的土壤，呈黑色，富含有机质和各种养分；褐土是指在暖温带半湿润地区形成的具有弱腐殖质表层和黏化层的土壤，盐基饱和度较高，呈棕褐色。土壤分类名既具有典型性，又具有综合性，是土壤最基本的属性。

二普中，我国基于全国第一次土壤普查经验制定了六等级土壤分类系统，这也是目前的国标系统。该系统中的六等级分别为土纲、亚纲、土类、亚类、土属和土种，从高级到低级，不同层级之间为隶属关系。其中，土纲用于界定水、温等主要的土壤成土条件，亚纲用来进一步区分土纲内成土条件与过程的差异，土类反映成土条件引致的最典型土壤特征，亚类反映土类内成土条件引致剖面特征的进一步分异，土属反映母质等成土条件引致亚类剖面的分异，土种反映同一土属中土壤的分异或当地群众对该土壤的命名。

在对各地土壤调查数据进行全国汇总时，编者发现，从全国2200多个分县土壤剖面资料中提取出的土壤分类名与我国在1998—2009年发布的三版《中国土壤分类与代码》国标差异较大[18-20]。国标发布的土类、亚类、土属、土种名数量分别为60个、229个、663个和3246个，而从2200多个分县土壤图件与剖面资料中提取出的土类、亚类、土属、土种名数量分别为312个、1520个、12150个和43200个。对国标上从未出现的土壤类型名进行审核和归并需要有土壤分类学上的依据。通过对俄罗斯、美国、加拿大、澳大利亚、德国、英国等各国土壤分类研究及发展状况的研究，编者总结了我国和其他世界各国过去半个世纪中在土壤分类方面的经验，确定了土壤剖面分类名的修订原则[1]。

研究显示，我国国标分类系统中的第三层级——土类（附录4），能很好地反映我国主要土壤类型形态上的典型特征。通过土类及其隶属的12大土纲可清晰展现出我国60个土类受温度、海拔、降雨、土壤发育度、地下水盐运动、耕种垦殖等主要成土条件影响而形成的地带性分布特征。另外，土类本身属于高层级分类，数目有限，命名符合汉语语言特征，易于专业及非专业人员掌握。通过土类名，读者能够辨识各种土壤类型，了解其成土过程、土壤质量与肥力特征。因此，在土壤剖面分类名的修订中，应重视维护土类名的稳定性。根据这一原则，在对分县资料中土壤分类名的编审中，编者将国标发布的60个土类名进行了归并，对亚类及以下的中、低级分类名则在尽量保留现场获取的一手土壤调查信息的前提下进行适度归并与整合。

为便于读者了解我国目前采用的土壤分类名与国际土壤学会推荐的土壤分类名（world reference base for soil resources，WRB）[21]之间的关联，附录4中还给出了由史学正研究员通过剖面比对建立的WRB土组名与我国60个土类名的关联及WRB土组名对我国土类名的最大可参比性[22]。

（四）剖面土层代码

在形成过程中，由于物质迁移和转化，土壤会分化成一系列组成、性质和形态各不相同的层次，称为发生层或土层。土壤剖面各土层的顺序和变化情况，反映了土壤形成过程及土壤性质。

目前各国尚无统一的土层命名。1967年国际土壤学会提出将土壤剖面划分成O层（有机层）、A层（腐殖质层）、E层（淋溶层）、B层（淀积层）、C层（母质层）和R层（基岩）等6个主要土层。全国土壤普查办公室编制出版的《中国土种志》（6卷）[23-28]、《中国土壤》[29]则将自然土壤剖面划分成O层（凋落物有机质层）、A层（表层）、B层（淀积层）、C层（母质层）、D层（岩石碎屑层）和R层（坚硬岩石层）等6个主要土层；将旱地农田土壤划分成A（耕层）、C_1（心土层）和C_2（底土层）等几个主要土层；将水田土壤划分成Aa（耕作层）、Ap（犁底层）、P（渗育层）、W（潴育层）和G（潜育层）等5个主要土层。

由于分县土种志中，土层代码和释义与以上文献给出的土层码不尽相同，因此在数据集编制中，编者主要保留了2200多个分县土种志中实际采用的土层代码和释义（表11）。为便于读者参考，编者在附录4中列出了引自《中国土壤》部分土类典型剖面的土体构造及其关联的土层代码[29]。

表 11　土壤剖面土层代码和释义[1]

代码		释义
自然土壤与旱地土壤	Ao	位于土表的枯枝落叶层
	A	自然土壤指表土层，耕地土壤指耕作层
	B	心土层，受成土作用形成的淋溶淀积层
	C	底土层，受成土作用少的母质层，较紧实，通常不受耕作、施肥影响
	D	未风化的母岩层，岩石碎屑层
水田土壤	A	耕作层，亦称淹育层和作物栽培层
	P	犁底层，位于耕作层下，经机械耕作和黏粒淀积，结构较为紧实
	W[2]	潴育层，位于犁底层下，水田在干湿交替作用下，铁、锰淋溶淀积形成斑纹层，使水稻土有较好的通透性，渗水而不漏水，渍水而不滞水
	G	潜育层，存在于水稻土、沼泽土和泥炭土中。土体长期积水，通透性不良，在还原状态下形成青灰色土层又叫青泥层，作物受还原性物质危害。若在其他土层出现，可用 g 表示，如 Pg、Wg
	E	漂洗层，侧渗作用下黏粒、有机质被淋洗，铁质溶脱，形成灰白色或白色漂洗层

注：1）表中土层代码和释义主要根据全国各分县土种志中实际采用代码和释义进行综合与汇总。土体构造中，两个字母并列表示过渡层土壤，例如 AB 层、BC 层等。

2）一些地区将潴育层细分为 W_1（渗育层）和 W_2（淀积层）两层。渗育层指有明显水化铁层，多见黄色锈斑；淀积层指明显有铁锰淀斑或铁锰结核的土层。

（五）其他

分县土壤剖面理化性状表中，空格代表本项无数据。

若土壤剖面的土层码为数字，则表示调查中未对该剖面的各分层进行土层代码赋码。对这类剖面，编者按从地表至底土顺序赋土层序号 1、2、3……。土层序号不具有土壤发生学上的含义，仅表达每一土层的顺序。

分县土壤剖面理化性状表中土层厚度的上、下边界表示该土层采样范围。例如：土层厚度为 0—17cm，表示土层采自剖面 0—17cm 部位；土层厚度为 50—100cm 表示采自剖面 50—100cm 部位。一些剖面底土的土层厚度仅有上界而无下界。例如：85—，表示该土层采自剖面 85cm 至更深部位。

个别剖面上、下土层的上、下边界相互不衔接，例如：两个土层厚度分别为 0—10cm、30—35cm，表示该剖面的采样为不连贯采样，每个土层只选取了该土层的代表性层段。

一些剖面分层样本上、下土层的上、下边界相互不衔接，例如：按从地表至底土顺序，6 个土层采样范围分别为 0—13cm、13—18cm、18—40cm、18—32cm、32—100cm、50—100cm，其中第三个土层 18—40cm 为额外增加的采样层。在土壤调查中，当调查者认为需要对某些区域或土类的特定土层进行单独采样和分析时，往往会出现这一情形。为了最大限度保持第一手调查资料的完整性，编者将这类土层也编入了分县土壤剖面理化性状表中。

本卷收录的内蒙古自治区典型土壤剖面共计 3517 个。通过对剖面数据的土层厚度转换，附录 7 给出了这些典型剖面 0—20cm 土层土壤理化性状中位数与平均数。二普剖面采样为典型土类采样，而非网格化采样。0—20cm 土层土壤理化性状中位数与平均数不代表本自治区土壤理化性状平均状况。但二普是我国最早的大样本量调查，附录 7 所示的 0—20cm 土层土壤理化性状中位数与平均数对了解内蒙古自治区 20 世纪 80 年代土壤肥力性状具有一定参考价值。

附录 8 列出了内蒙古自治区耕地、园地、林地、草地和湿地 0—30cm 土层土壤有机质含量的平均值。该值由内蒙古自治区土壤有机质含量图和自然资源部土地科学数据中心编制的 2019 年 1∶100 万比例尺全国土地利用缩编图通过叠加、计算生成。其中，耕地包括水田、水浇地和旱地三种土地利用类型；园地包括果园、茶园和其他园地三种土地利用类型；林地包括有林地、灌木林地和其他林地三种土地利用类型；草地包括天然牧草地、人工牧草地和其他草地三种土地利用类型；湿地包括沼泽地、沿海滩涂和内陆滩涂三种土地利用类型。鉴于内蒙古自治区土壤有机质含量图源于大样本量地面采样，土壤有机质含量亦为变化较慢的土壤质量性状[15]，附录8对了解内蒙古自治区耕地、园地、林地、草地和湿地的土壤有机质含量状况及演变具有较高的参考价值。为便于读者了解内蒙古自治区耕地、园地、林地和草地四种土地利用类型中受成土过程影响而形成的各主要土壤类型及其在各土地利用类型中的占比情况，附录9给出了主要土壤类型在这四种土地利用类型中的占比。

土壤专题图与土壤剖面数据可靠性检验

该检验目的是对数据集中的土壤专题图和土壤剖面数据能否真实反映土壤资源与土壤理化性状及其空间分布特征给出科学、客观的评价。另外，数据集中的土壤专题图和土壤剖面数据主要源于1979—1987年的二普和2005—2017年在全国测土配方施肥项目中的土壤养分调查，因此，该检验也是对我国两次全国性土壤调查所获成果的质量评估。

对土壤专题图及含地理坐标的剖面数据的检验涉及地图制图学、测绘科学、土壤学、地统计学等多学科内容，而对于不同的学科，数据检验的目标和内容也不同。对于地图制图，精度检验十分重要；而在土壤学范畴，可靠性检验更为重要。精度检验方面，本数据集剖面坐标是通过1∶5万比例尺地图数据匹配获得，匹配用地图精度直接影响剖面数据坐标精度。可靠性检验方面，土壤专题图和土壤剖面数据均属于土壤学范畴，还需要从土壤学角度给出科学评价。借助目前仍在发展中的地统计方法，编者最终给出了合理的可靠性检验方法。为便于读者理解，本节将重点说明两点：一是地图精度与土壤专题图制图的关联；二是土壤专题图和剖面数据的地统计检验结果。

在地图制图中，地图精度用于衡量某一地物点或地物轮廓点的平面位置和高程位置偏离其真实位置的平均误差。这里的地物点或地物轮廓点可以是测量控制点、水准点、道路交叉点、境界线方向变化点、山脚点、山顶等。地图精度与地图投影、比例尺、制作方法和工艺有关。地图比例尺不同，误差控制要求也不同。一般来说，地图比例尺越大，误差越小，精度越高。换言之，地图精度或比例尺主要反映对地图中基础地理信息要素，如测量控制点、河流、道路、等高线、境界的误差控制要求。

在土壤专题图制图中，需要用基础地理信息要素标识土壤要素空间位置。在较早的土壤调查中，没有GPS设备，通常用纸质地形图为底图标识采样点位置。地面土壤采样调查完成后，根据底图标记的采样点位置和实测获得的土壤要素值，由经验丰富的土壤科学家依据土壤及相关要素的空间分布、空间相关性和空间依赖性规律进行人工综合判图，在底图上手工完成土壤专题图的勾绘和制图。我国的二普与欧美各国在20世纪80年代之前进行的全国性土壤调查基本均采用这一方法进行土壤专题图编绘。二普为大样本量土壤调查，采样密度高，采用1∶1万大比例尺地形图为工作底图，全国共挖取土壤观察剖面550余万个，采集0—20cm土壤表层样本200余万个，通过综合判图和人工勾绘，最终完成分县1∶5万比例尺土壤图和各类土壤养分含量图的编制。土壤专题图比例尺不代表地图中对土壤要素的误差控制要求，客观上，地面采样中应用大比例尺的工作底图，采样密度高，土壤采样点均衡分布于调查区域中，以此为依据编制的土壤专题图能精细地表达调查区域内土壤要素的空间变化特征。采样密度低的土壤调查结果则不适合编制大比例尺土壤专题图。

近年来，随着GPS和GIS技术的发展，地统计方法已较多用于反映和研究土壤要素的空间变化规律。地统计方法不仅提供了利用含地理坐标的土壤采样点数据制作土壤专题图的地统计模型，还提供了对模拟结果进行不确定性检验的方法。地统计检验的主要目的是了解模拟结果对真实情况反演的客观性和可靠性，而不是评价地图中土壤要素的精度或误差控制。检验结果既受地面采样原则、采样量的影响，也受所选模型类型、建模过程中是否引入协变量等因素的影响。

由于二普完成的土壤图和养分含量图中没有采样点标注，难以对其进行地统计检验。为此，编者同时对我国在全国测土配方施肥项目中完成的有GPS定位坐标的农田耕层土壤有机质含量数据进行了地统计分析和检验。与二普相似，全国测土配方施肥项目也按网格化均匀分布原则进行大样本量、高密度土壤采样，全国总计完成1000万个农田土壤耕层样本的采集。

检验方法为：首先，在我国东、南、西、北、中不同地域选取7个代表性片区，每片区包含地域相连、域内无大面积剖面点缺失的多个行政县，且含土壤剖面点500个以上。其次，提取7个片区源于二普剖面0—

20cm土层和源于2005—2017年0—20cm农田耕层采样的土壤有机质含量数据。二普剖面数据的采样特征为在优先选取典型土壤类型的前提下，尽量均衡分布；样本量较小，全国有6万多个具有匹配坐标的剖面。2005—2017年农田养分调查数据为网格化均衡分布的大样本量，全国完成了1000万个有GPS定位坐标的耕层样本。最后，用普通克利金插值（ordinary Kriging）方法进行地统计分析和检验。在每片区剖面点和耕层采样点的数据中分别随机选取80%作为训练样本集，20%作为验证样本集，同时进行建模；将验证样本预测值与实测值进行线性回归，计算R^2（决定系数）和RMSE（均方根误差），以此评价两组数据表达土壤要素空间分布特征的可靠性和误差。选择土壤有机质含量作为检验指标的原因为该指标是最重要的土壤质量性状之一，且可量化表达，便于进行地统计检验。

二普剖面数据的检验结果显示，在7个代表性片区，剖面点数据表达的有机质含量分布状况可靠性均达极显著水平（表12）。这表明，尽管二普典型剖面数据为非网格化采样，含地理坐标样本量较少，需采用匹配坐标替代原点坐标，但在一个由多县组成的片区内，当剖面样本量达到一定数量后，即使未引入可极大改进R^2的地形、土地利用类型等辅助变量，用普通克利金插值仍然能比较真实、可靠地反演土壤要素空间分布特征。2005—2017年耕层采样点数据的检验结果显示，与二普剖面点数据相比，大部分片区的有机质含量分布数据R^2更大（达到中等相关至强相关），RMSE更小，可靠性和预测精度明显更优，这说明就表征土壤要素空间分布特征而言，网格化均衡分布的大样本量采样得到的数据可靠性和精度相对较高。这为二普大比例尺土壤专题图数据（土壤图和土壤pH、有机质、氮、磷、钾养分含量图）的地统计检验特征提供了佐证。二普大比例尺土壤专题图数据均源于网格化均衡分布的大样本量地面调查，其可靠性和精度应优于二普剖面点数据。

两组数据地统计检验结果还显示，尽管相隔近30年，两时段调查的土壤有机质含量也有一定变化，但各片区土壤有机质含量的空间分布规律总体相近。图3展示了东北片区两组数据通过普通克利金插值获得的土壤有机质含量分布图。可以看出，尽管二普土壤剖面样本数（546）远少于农田耕层土壤样本数（45182），20%校验集所获R^2较低，预测值与实测值偏差较大，但两组数据展示的土壤有机质含量空间分布格局相近，均为东北角最高，西南角最低。另外，该片区2005—2017年的农田耕层有机质含量均值为36.41g/kg，低于1979—1987年的二普采样结果（40.53g/kg），这一结果与东北地区所做长期定位试验结论一致。这表明，本数据集剖面数据可为了解土壤质量时空演变规律提供可靠的数据支持[9]。

表12　二普典型土壤剖面数据和2005—2017年耕层采样点数据的地统计检验结果

编号	片区名	县数	面积/km²	二普剖面土壤有机质含量[1]			耕层土壤有机质含量[2]		
				样本量	R^2 [3]	RMSE[3]	样本量	R^2 [3]	RMSE[3]
1	东北片区	19	72353	546	0.329**	14.77	45182	0.689**	6.32
2	冀鲁豫片区	64	50071	881	0.363**	5.65	256341	0.429**	3.47
3	江浙片区	53	63003	1312	0.334**	8.83	51759	0.666**	4.05
4	湖北片区	10	21044	515	0.286**	20.21	60545	0.281**	11.09
5	四川片区	39	98052	1283	0.380**	9.20	206682	0.344**	7.08
6	粤闽赣片区	27	58745	801	0.223**	13.33	51759	0.285**	6.42
7	陕甘片区	47	109010	990	0.296**	7.20	256341	0.558**	2.48

注：1）数据源于二普土壤剖面（1979—1987年采样，0—20cm土层）数据库，土壤有机质含量单位为g/kg。
2）数据源于2005—2017年农田耕层（0—20cm）土壤养分调查数据库，土壤有机质含量单位为g/kg。
3）20%验证样本所获预测值与实测值的线性回归R^2（决定系数，其中**表示1%水平显著）和RMSE（均方根误差）。

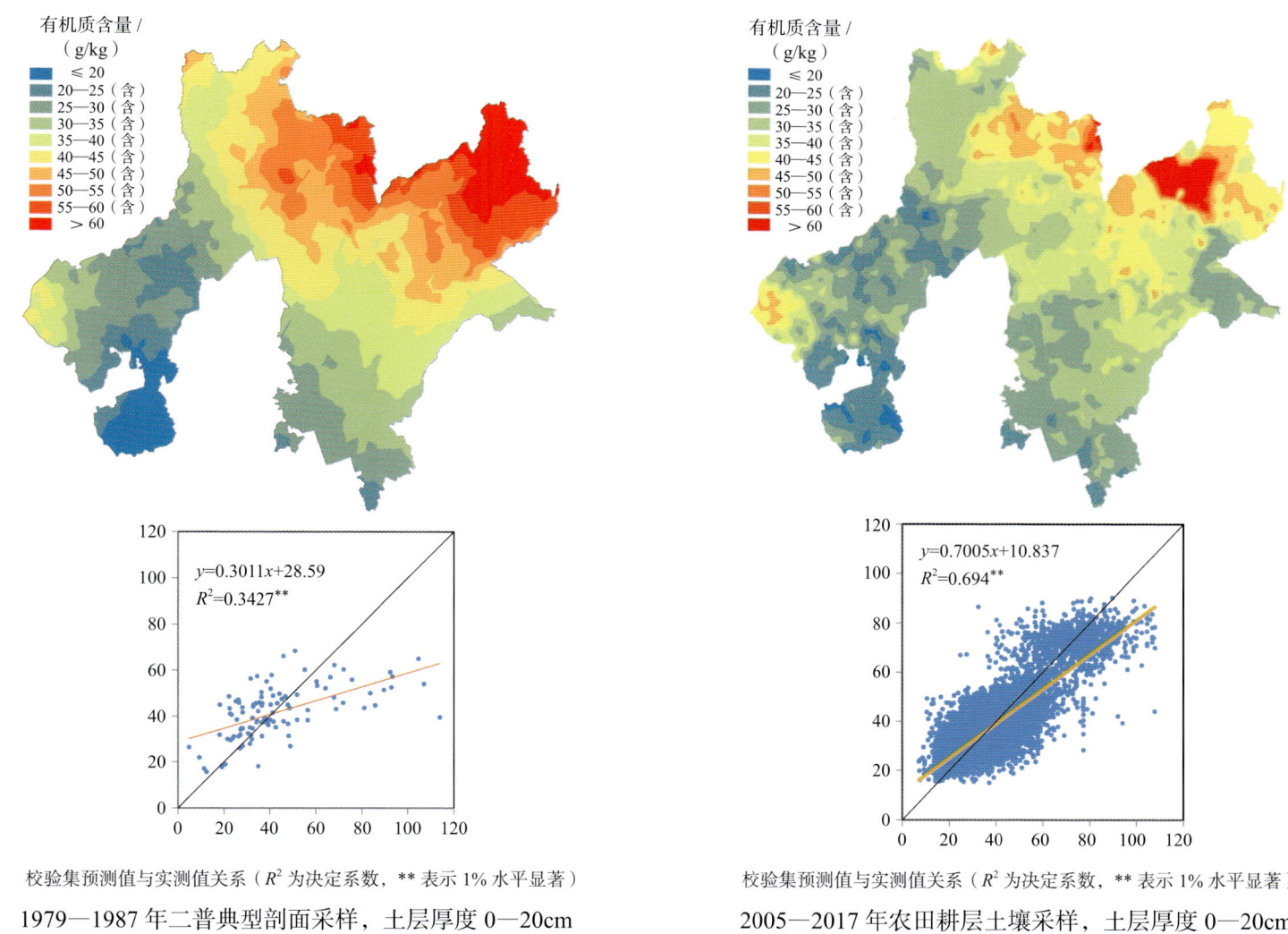

图3　东北片区土壤有机质含量分布图及地统计检验结果

参编单位

《中国土壤剖面数据集》的编制工作始于1998年。其编制过程主要分为以下两个阶段：

第一阶段为全国1∶5万土壤图编制和中国剖面数据库构建阶段。20世纪末，随着现代科学研究与管理对土壤时空信息的迫切需要和大数据技术的发展，利用土壤调查结果构建我国土壤资源与质量时空数据库日益显现出可行性和必要性。1998年，我国土壤科技工作者开始对二普分县土壤图件和资料进行系统收集和整理，这项工作曾得到国家社会公益性研究专项的资助。"十一五"期间，"我国1∶5万土壤图籍编撰及高精度数字土壤构建"被列为国家科技基础性工作专项重点项目。在全国各地农业、国土、档案等多家单位的大力配合和各地土壤科技工作者的支持下，项目组汇聚全国土壤科学、农业、测绘与环境领域多家专业科研院所的科研力量，深入31个省、自治区、直辖市以及数百个县的原始图件与资料存放部门，完成了2200多个县的分县大比例尺纸质土壤图与土种志的收集。同时，项目组还收集了31个省、自治区、直辖市的分省土壤图、土壤有机质含量图等多类别土壤专题图和分省土壤调查资料，并在此基础上，项目组研究人员通过融合多学科方法创建土壤大数据方法，以方法创新带动异源非标准海量土壤信息的时空整合与表达，至2017年，完成了我国1∶5万土壤图的整合表达和中国土壤剖面数据库的构建，为编制《中国土壤剖面数据集》奠定了科学基础、方法基础和数据基础。

第二阶段为《中国土壤剖面数据集》编制阶段。为满足我国农业、林业、环境、气象、国土、水利等各部门对公众版土壤资源与质量信息的迫切需求，项目组于2017年启动了数据集编制工作。在数据集编制过程中，项目组一方面利用土壤大数据方法进行数据的审核、土壤专题图的缩编与剖面数据表的表达等多项工作，另一方面组织了各省级土壤专业科研院所参与各分卷内容的审核和修订工作。数据集的编制还得到了中国农业科学院科技创新工程的资助。

本数据集的最终面世离不开多家科研单位在过去20多年时间里的共同付出。这些单位包括国家科技基础性工作专项重点项目"我国1∶5万土壤图籍编撰及高精度数字土壤构建""我国1∶5万土壤图籍编撰及高精度数字土壤构建二期工程"主持与参加单位、参加数据集各分卷审核和修订工作的土壤专业科研单位以及参与分县大比例尺纸质土壤图与土种志收集的各地相关管理与科研部门（附录10）。

（张维理、徐爱国、张认连、冀宏杰）

序 图

中国土壤图
1:13 000 000

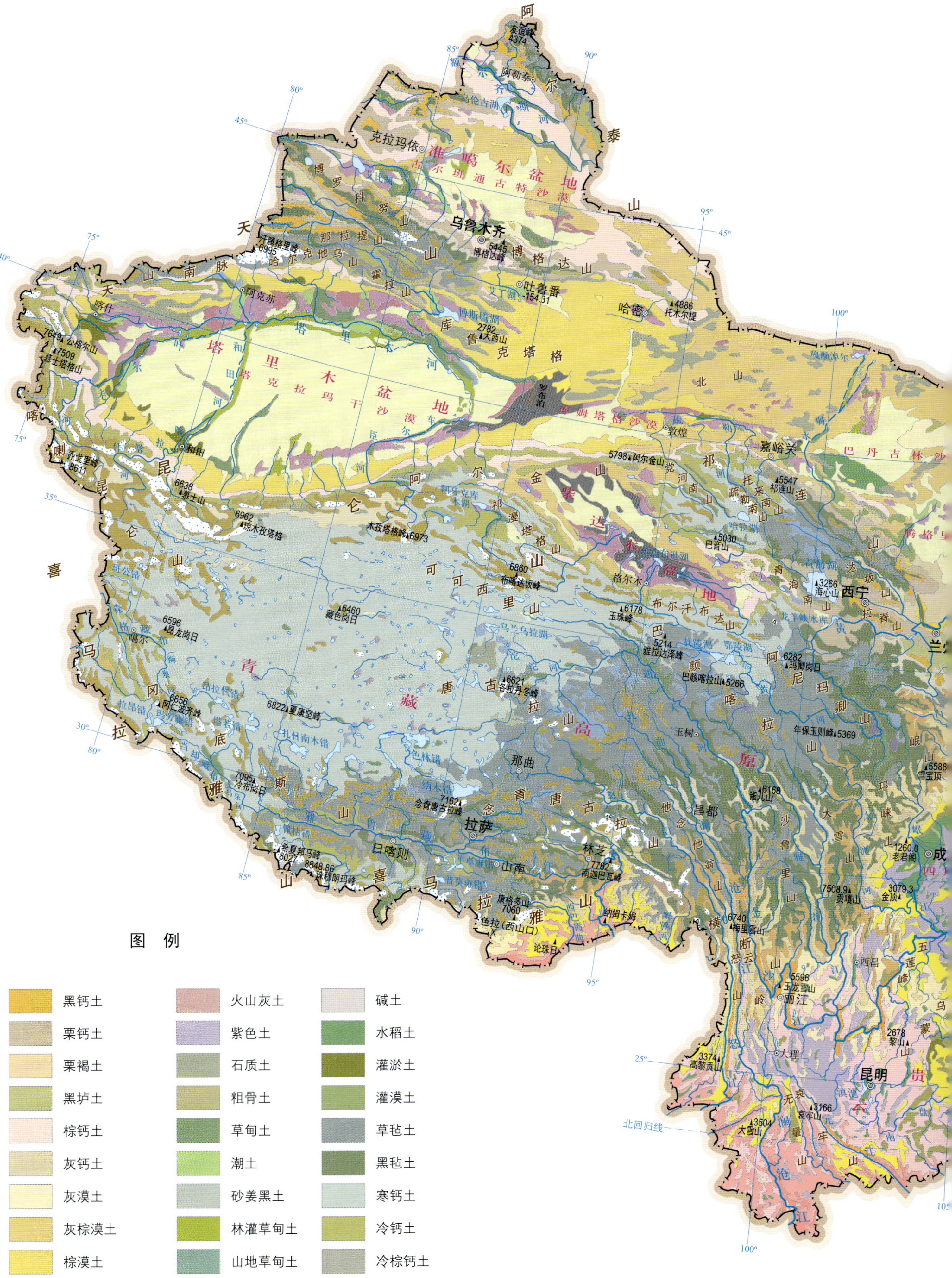

图 例

砖红壤	黑钙土	火山灰土	碱土
赤红壤	栗钙土	紫色土	水稻土
红壤	栗褐土	石质土	灌淤土
黄壤	黑垆土	粗骨土	灌漠土
黄棕壤	棕钙土	草甸土	草毡土
黄褐土	灰钙土	潮土	黑毡土
棕壤	灰漠土	砂姜黑土	寒钙土
暗棕壤	灰棕漠土	林灌草甸土	冷钙土
白浆土	棕漠土	山地草甸土	冷棕钙土
棕色针叶林土	黄绵土	沼泽土	寒漠土
燥红土	红黏土	泥炭土	冷漠土
褐土	新积土	草甸盐土	寒冻土
灰褐土	龟裂土	滨海盐土	
黑土	风沙土	漠境盐土	
灰色森林土	石灰（岩）土	寒原盐土	

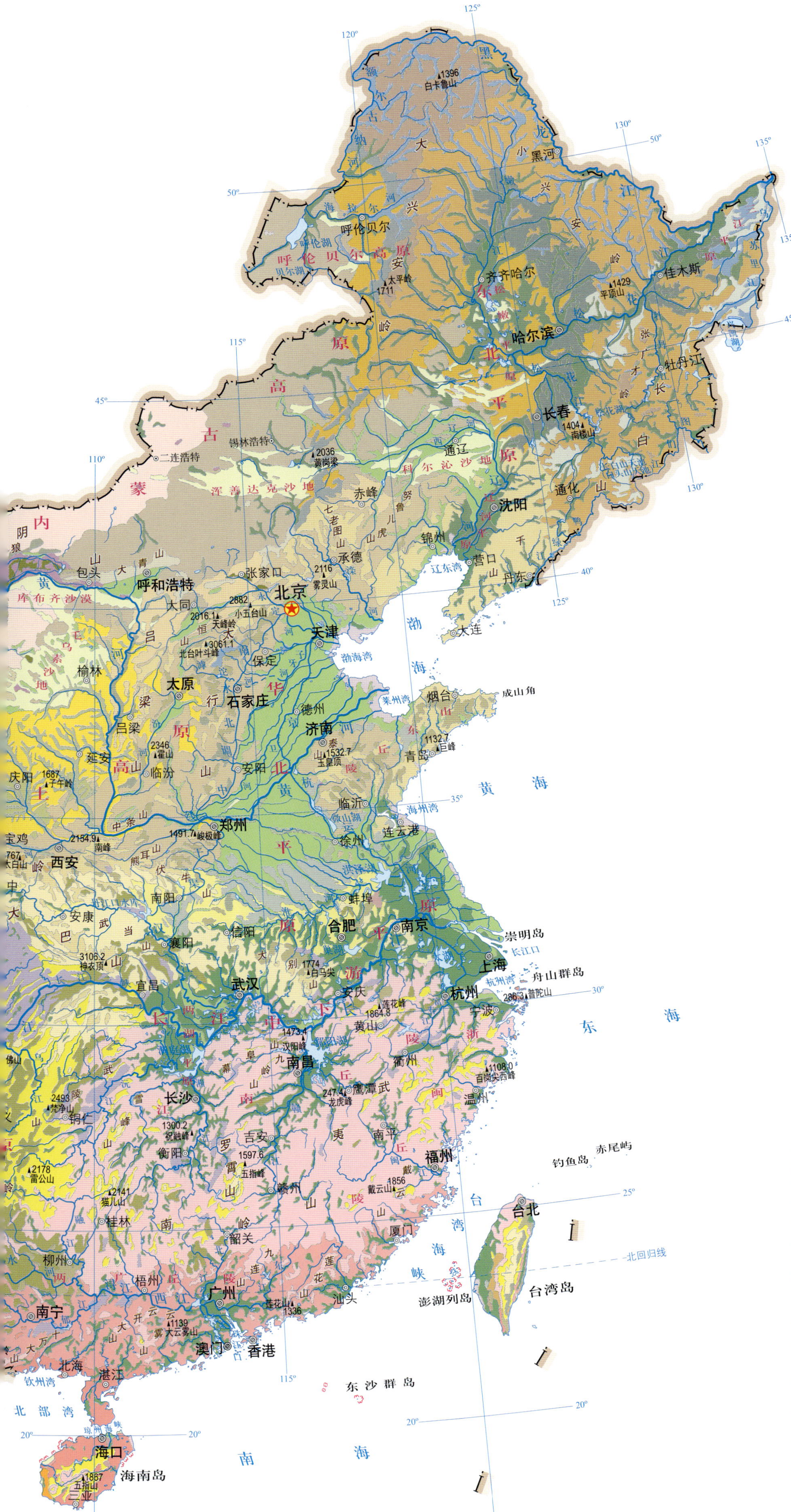

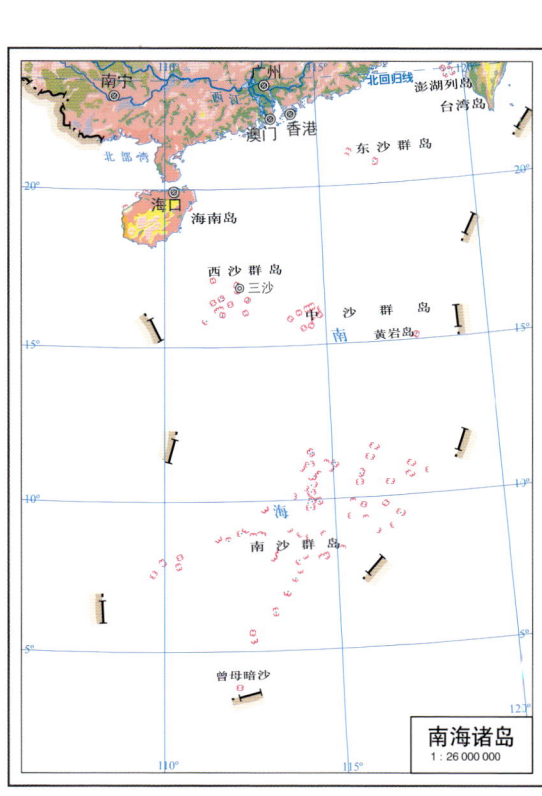

中国土壤有机质含量图
1 : 13 000 000

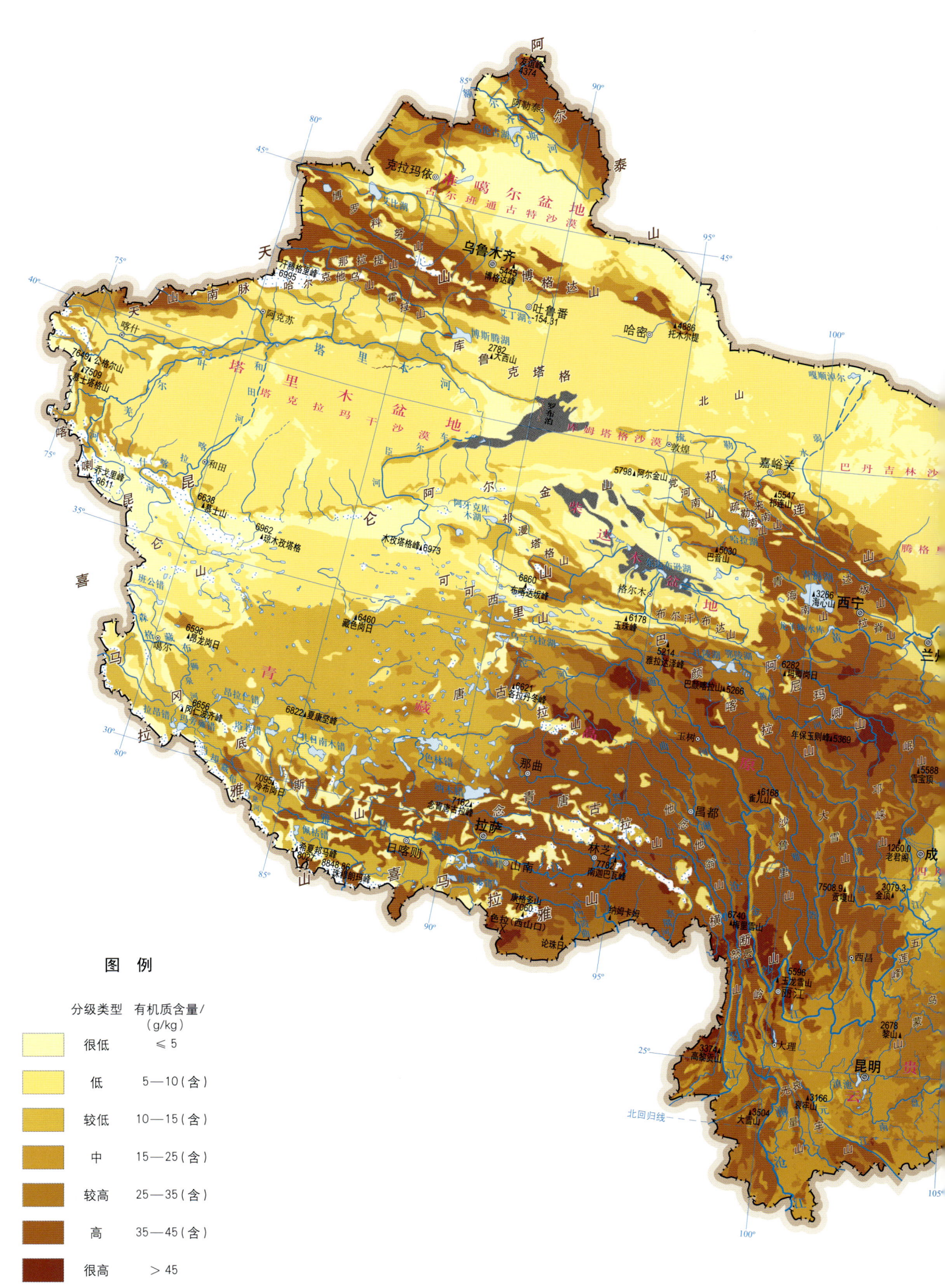

图 例

分级类型	有机质含量/(g/kg)
很低	≤ 5
低	5—10（含）
较低	10—15（含）
中	15—25（含）
较高	25—35（含）
高	35—45（含）
很高	> 45

注：土层厚度为 0—30 cm。

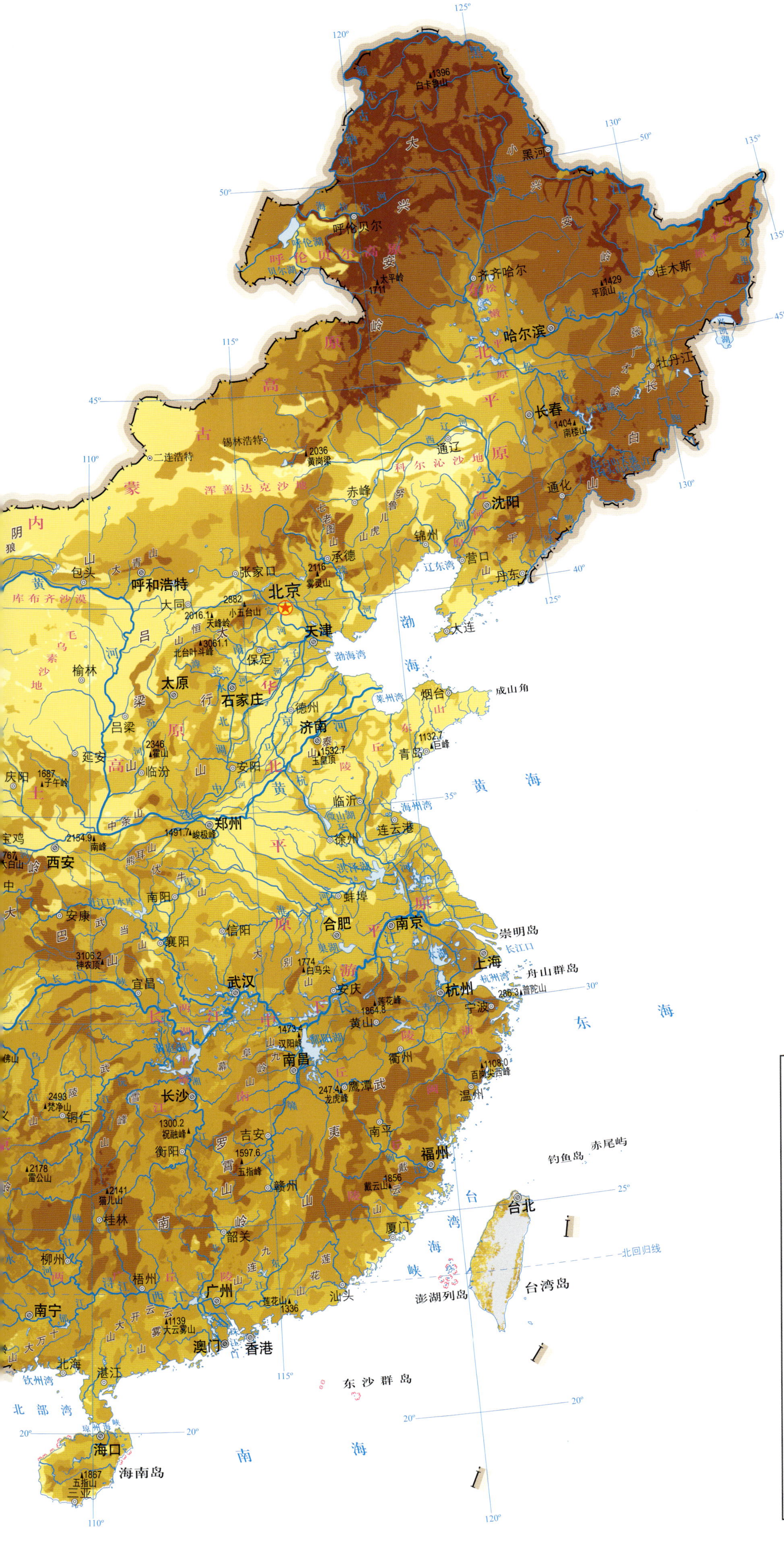

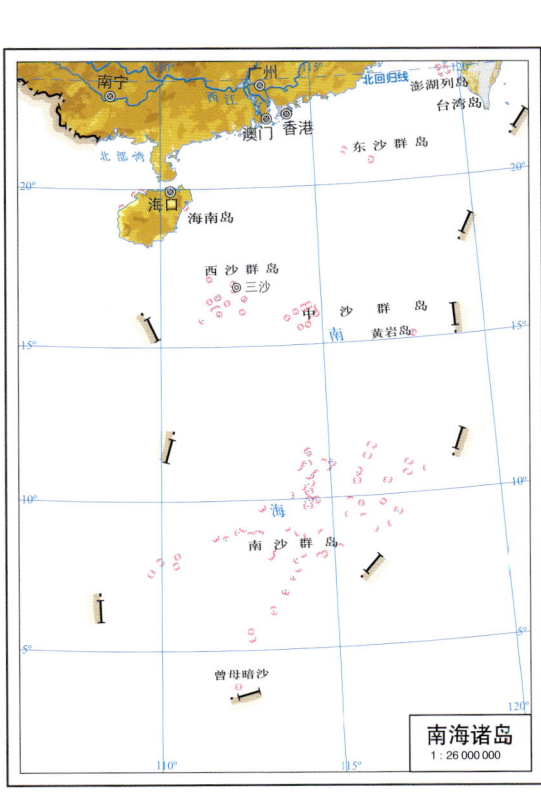

南海诸岛
1:26 000 000

中国地势图

1 : 13 000 000

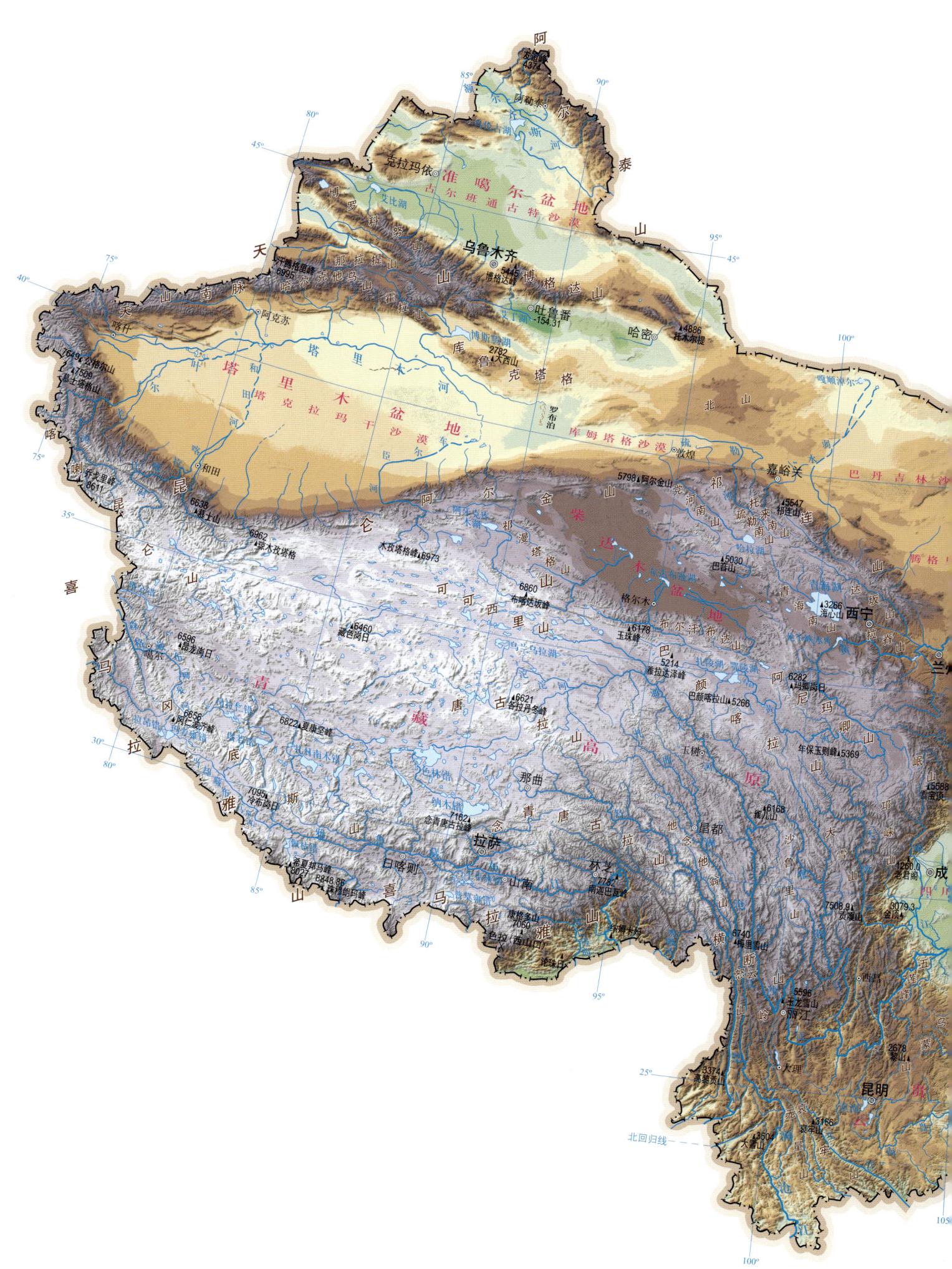

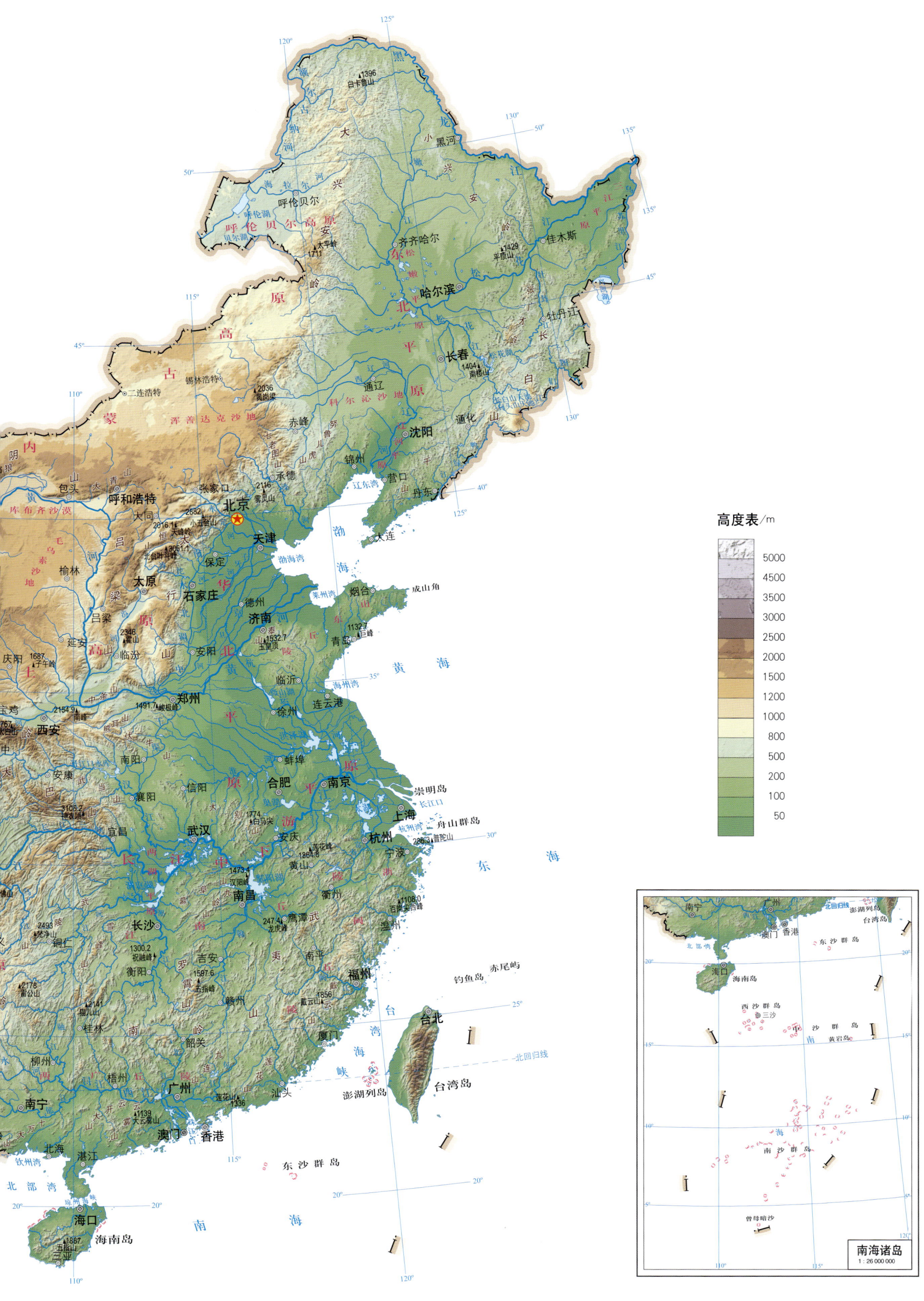

内蒙古自治区土壤图
1∶5 000 000

图 例

	棕壤		龟裂土
	暗棕壤		风沙土
	棕色针叶林土		石质土
	褐土		粗骨土
	灰褐土		草甸土
	黑土		潮土
	灰色森林土		林灌草甸土
	黑钙土		山地草甸土
	栗钙土		沼泽土
	栗褐土		泥炭土
	棕钙土		草甸盐土
	灰钙土		漠境盐土
	灰漠土		碱土
	灰棕漠土		灌淤土
	新积土		黑毡土

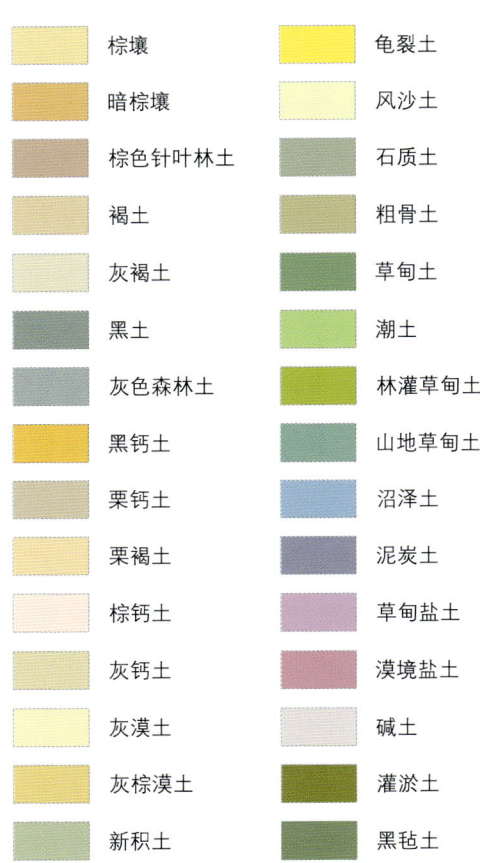

内蒙古自治区土壤有机质含量图
1∶5 000 000

图 例

有机质含量/(g/kg)
- ≤ 4
- 4—10（含）
- 10—16（含）
- 16—22（含）
- 22—28（含）
- 28—34（含）
- 34—40（含）
- 40—46（含）
- 46—52（含）
- 52—58（含）
- 58—64（含）
- 64—70（含）
- > 70

注：土层厚度为 0—30cm。

内蒙古自治区地势图
1∶5 000 000

中国土壤剖面数据集·内蒙古卷

第二编 | 分县土壤图与土壤剖面数据

呼 和 浩 特 市

市 辖 区

主要土类说明

灰褐土是呼和浩特市主要土壤类型，占本市地域面积的35%。灰褐土分布在温带半干旱地区海拔1400—1900m的山地阴坡。自然植被为落叶阔叶林和针阔叶混交林，其中乔木以山杨、白桦为主，林间灌木以虎榛子、绣线菊为主，草本植物以羊草、铁杆蒿、木茼蒿为主。成土特征表现为表层腐殖质累积明显和淋溶过程弱化。该土壤呈中性至碱性，pH多为6.8—8.5。地表有明显的枯枝落叶层，腐殖质层有机质含量为30—130g/kg，颜色较暗，有弱黏淀特征。B层呈棕褐色，偶见钙积层在60—100cm处出现。

黑垆土是呼和浩特市第二大土壤类型，占本市地域面积的34%。黑垆土是在黄土高原上，由黄土发育而成的土壤。该土壤有机质含量低，但腐殖质层深厚。土体原位黏化，但无明显的黏化层，具假菌丝状石灰累积。

草甸土是呼和浩特市第三大土壤类型，占本市地域面积的15%。因所处地带地下水位较高，潜水参与土壤形成过程，受地下水升降与浸润作用，成土过程具有明显的腐殖质累积和铁锰氧化还原特征，土体出现锈色斑纹层。

潮土占本市地域面积的9%。潮土见于近代河流冲积平原或低平阶地，地下水位高，潜水参与成土过程。在潮土成土过程中，底土氧化还原交替作用，形成锈色斑纹和小型铁子。在长期耕作条件下，表层有机质含量为10—15g/kg。剖面构型为 A_{11}-A_{12}-Cu 或 A_{11}-C-Cu。

小于本市地域面积3%的土壤类型有草甸盐土。

本区域中心区气候特征

本区域中心区气候特征值
Regional climate characteristics in central area of the region

气候带：中温带亚干旱气候 Climate region: Mid temperate subarid climate	
年平均气温 /℃ Annual average temperature /℃	6.3
年平均最高气温 /℃ Annual average maximum temperature /℃	13.0
年平均最低气温 /℃ Annual average minimum temperature /℃	0.3
年降水量 /mm Annual precipitation /mm	379
≥10℃的积温 /℃ Daily temperature accumulated in a year（≥10℃）/℃	4228
年日照时数 /h Annual sunshine /h	2881
年平均相对湿度 /% Annual average relative humidity /%	53
干燥度 Dryness	0.99

本区域中心区月平均气温与月平均降水量
Monthly temperature and precipitation in central area of the region

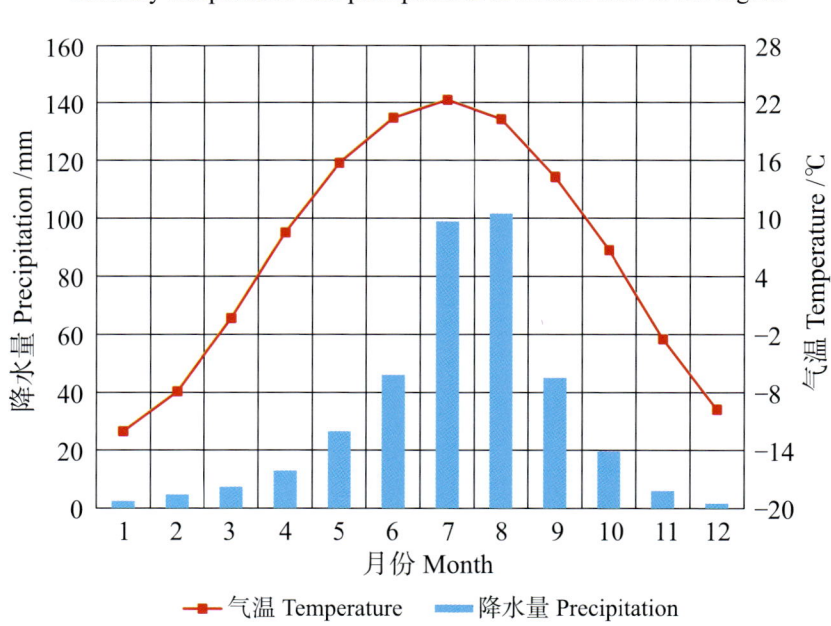

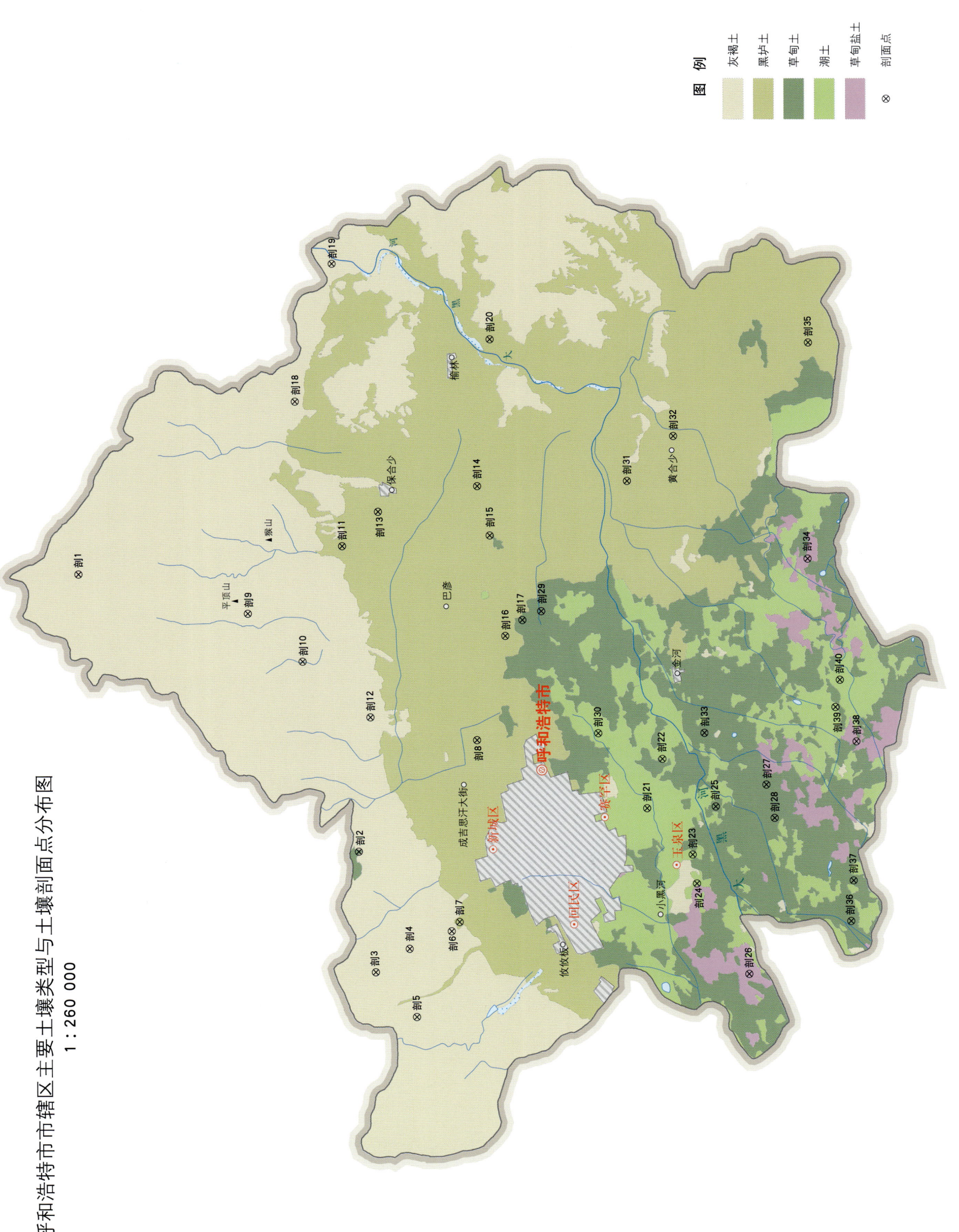

呼和浩特市土壤剖面理化性状表

剖面号 Soil profile	土纲 Soil order	土类 Soil great group	亚类 Soil subgroup	土属 Soil genus	土种 Soil species	土层码 Layer code	土层厚度 Depth/cm	颜色 Soil color	质地 Soil texture	土壤结构 Soil structure	pH	有机质 OM/(g/kg)	全氮 TN/(g/kg)	全磷 TP/(g/kg)	全钾 TK/(g/kg)	阳离子交换量CEC/(cmol/kg)	土壤母质 Parent material	剖面点坐标 Profile coordinate	匹配指数 Matching index/%
剖1	半淋溶土	灰褐土	生草灰褐土	坚硬岩生草灰褐土	中体含砾坚硬岩生草灰褐土	1	2–14	黑灰色	中壤土	小块状	7.7	62.0	2.99	0.76		21.0	基性岩、酸性岩、中性岩	E 111°52′36.1″ N 41°05′42.0″	94
						2	14–30	灰灰色	中壤土	小块状	7.8	50.1	2.40	0.89		18.6			
						3	30–47	浅棕褐色	中壤土	小团块状	7.9	56.9	2.64	0.11		18.4			
							47–52												
剖2	半水成土	草甸土	灌淤草甸土	灌淤草甸土	厚层灌淤中壤土	1	0–33	灰黑色	重壤土	小团块状	8.2	29.6	1.54	0.76				E 111°39′52.4″ N 40°56′09.2″	88
						2	33–56	浅黄色	重壤土	小块状	8.6	30.3	1.59	0.72					
						3	56–92	灰黄色	重壤土	块状	8.8	23.4	1.23	0.66					
						4	92–134	浅黄色	中壤土	粒状									
						5	134–162	灰黑色	黏土	块状									
剖3	半淋溶土	灰褐土	淋溶灰褐土	钙质岩淋溶灰褐土	中体含钙质岩淋溶灰褐土	1	0–2										石灰岩、大理岩	E 111°34′26.8″ N 40°55′37.2″	80
						2	2–20	暗黄色	轻壤土	粒状	7.9	51.8	2.32	0.40		16.9			
						3	20–40	浅黄色	中壤土	粒状	8.0	20.5	0.95	0.28		7.5			
						4	40–58	灰棕色	紫砂土		8.9	2.7	0.22	0.12		1.5			
剖4	半淋溶土	灰褐土	灰褐土	坚硬岩灰褐土	中体坚硬岩灰褐土	1	0–25	浅灰色	中壤土	小粒状	8.2	46.6	1.96	0.50		20.0	基性岩、酸性岩坡积物	E 111°35′29.0″ N 40°54′26.6″	78
						2	25–48	灰灰色	中壤土	团块状	8.1	11.8	0.78	0.38		20.1			
						3	48–55												
剖5	半淋溶土	灰褐土	灰褐土	钙质岩灰褐土	薄层灌淤灰褐土	1	0–25	暗黄色	砂壤土	小粒状	8.2	24.1	0.83	0.22			钙质岩	E 111°32′25.1″ N 40°54′13.0″	85
						2	25–35	浅黄色	中壤土	小粒状	8.0	8.7	0.82	0.35					
剖6	半淋溶土	灰褐土	灰褐土	泥质岩灰褐土	厚体含砾泥质岩灰褐土	1	0–18	灰棕色	轻壤土	粒状	8.1	19.2	0.84	1.02		40.7	泥岩、页岩、红土	E 111°36′15.1″ N 40°52′59.2″	94
						2	18–40	浅黄色	中壤土	团块状	8.2	7.2	0.39	1.11		40.3			
						3	40–100	棕色	轻壤土	小块状	8.1	5.9	0.23	1.19		36.8			
剖7	钙层土	黑垆土	黑垆土	黑垆土	薄体黑垆土	1	0–35	浅灰色	中壤土	团粒状	8.5	18.9	0.96	0.83		15.7	洪冲积物	E 111°36′40.0″ N 40°52′42.6″	80
						2	35–57	浅灰色	中壤土	小粒状	8.8	5.8	0.26	0.58		5.7			
						3	57–120	浅灰色	中壤土	团块状	8.8	3.7	0.20	0.53		8.5			
剖8	钙层土	黑垆土	黑垆土	灌淤黑垆土	厚层灌淤黑垆土	1	0–18	浅灰色	中壤土	片状	8.5	21.7	1.14	0.72			洪冲积物	E 111°44′53.9″ N 40°52′02.3″	75
						2	18–39	灰黄色	重壤土	小块状	8.4	19.5	1.05	0.72					
						3	39–75	浅黄色	中壤土	粒状	8.4	21.9	1.04	0.73					
						4	75–110												
							0–3												
剖9	半淋溶土	灰褐土	淋溶灰褐土	坚硬岩淋溶灰褐土	中体坚硬岩淋溶灰褐土	1	3–24	暗黄色	中壤土	小粒状	8.3	43.8	2.37	1.01		16.8	基性岩、酸性岩、中性岩残积物	E 111°50′44.5″ N 40°59′53.2″	80
						2	24–43	暗棕色	中壤土	粒状	8.6	22.5	1.17	0.65		13.3			
						3	43–60												
剖10	半淋溶土	灰褐土	淋溶灰褐土	砂砾岩淋溶灰褐土	厚体砂砾岩淋溶灰褐土	1	0–20	暗黄色	轻壤土	小粒状	8.3	28.1	0.89	0.20			砂岩、砾岩松散堆积物	E 111°48′32.0″ N 40°58′00.8″	74
						2	20–50	棕黄色	中壤土	小粒状	8.6	35.5	0.93	0.20					
						3	50–90	浅黄色	中壤土	小粒状		60.8	1.63	0.20					
						4	90–100												
剖11	钙层土	黑垆土	黑垆土	黑垆土	中层黑砂黑垆土	1	0–24	灰黄色	砂壤土	小粒状	8.5	5.7	0.27	0.32		5.0	洪冲积物	E 111°53′44.2″ N 40°56′35.9″	83
						2	24–50	浅黄色	砂壤土	小粒状	8.6	5.6	0.27	0.32		5.8			
						3	50–70	棕黄色	轻壤土	小粒状	8.5	5.1	0.37	0.33		5.6			
						4	70–124	棕黄色	轻壤土	小粒状	8.6	3.6	0.29	0.50		6.9			
剖12	半淋溶土	灰褐土	灰褐土	砂砾岩灰褐土	厚体砂砾岩灰褐土	1	0–30	浅灰色	轻壤土	小粒状		15.7	0.49	0.55			砂岩、砾岩残积物或坡积物	E 111°45′59.0″ N 40°55′42.2″	92
						2	30–50	浅灰色	轻壤土	小粒状		5.8	0.17	0.56					
						3	50–95	浅棕色	轻壤土	粒状		4.5	0.84	0.59					

续表 Continued

剖面号 Soil profile	土纲 Soil order	土类 Soil great group	亚类 Soil subgroup	土属 Soil genus	土种 Soil species	土层码 Layer code	土层厚度 Depth/cm	颜色 Soil color	质地 Soil texture	土壤结构 Soil structure	pH	有机质 OM/(g/kg)	全氮 TN/(g/kg)	全磷 TP/(g/kg)	全钾 TK/(g/kg)	阳离子交换量CEC/(cmol/kg)	土壤母质 Parent material	剖面点坐标 Profile coordinate	匹配指数 Matching index/%
剖13	钙层土	黑垆土	黑垆土	侵蚀黑垆土	深位侵蚀黑垆砂壤土	1	0—19	浅棕色	砂壤土	粒状	8.6	8.7	0.36	0.35		10.5	洪积物	E 111°55′16.3″ N 40°55′21.0″	97
						2	19—40	暗棕色	轻壤土	粒状	8.6	6.6	0.42	0.30		13.6			
						3	40—90	灰白色	轻黏土	小块状	8.7	2.7		0.40		5.0			
剖14	钙层土	黑垆土	黑垆土	黑垆土	厚层黑垆砂壤土	1	0—20	浅灰色	砂壤土	小粒状	8.5	11.0	0.14	0.59		8.1	洪冲积物	E 111°56′22.6″ N 40°51′55.1″	93
						2	20—45	浅黄色	轻壤土	粒状	8.4	12.9	0.51			9.9			
						3	45—83	棕黄色	轻壤土	粒状	8.4	10.5	0.67	0.59		10.4			
						4	83—120	棕黄色	轻壤土	小团粒状	8.4	12.6	0.55	0.59		9.9			
剖15	钙层土	黑垆土	黑垆土	黑垆土	厚层黑垆轻壤土	1	0—20	浅灰黑色	轻黏土	小团粒状	8.1	50.4	0.66	1.05		34.1	洪冲积物	E 111°54′09.0″ N 40°51′30.2″	91
						2	20—110	灰色	轻壤土	团粒状	8.2	33.8	2.52	0.93		24.8			
						3	110—130	浅棕色	砂壤土	粒状	8.5	8.3	1.47	0.71		10.2			
剖16	钙层土	黑垆土	洪淤土	厚体洪淤土	1	0—20	浅黄色	轻壤土	粒状	8.4	10.3	0.35	0.69		10.9	洪冲积物	E 111°49′35.8″ N 40°51′00.7″	70
						2	20—35	棕黄色	轻壤土	粒状	8.3	10.9	0.59	0.62		12.3			
						3	35—80	浅黄色	中壤土	小块状	8.6	12.8	0.56	0.62		12.1			
剖17	半水成土	草甸土	脱潜育草甸土	脱潜育黏底砂土	1	0—30	浅灰色	砂壤土	小粒状	8.5	8.0	0.64	0.33				E 111°50′18.6″ N 40°50′25.1″	88
						2	30—65	灰黄黑色	轻黏土	团粒状	8.6	6.9	0.37	0.37					
						3	65—88	灰黄色	重壤土	块状	8.5	4.8	0.45	0.42					
						4	88—101	灰黄色	轻壤土	小块状			0.22						
剖18	半淋溶土	灰褐土	灰褐土	褐黄土	壤质褐黄土	1	0—20	浅灰色	轻壤土	粒状、块状	8.5	10.1	0.42	0.41		11.7	黄土、黄土状母质	E 112°00′18.4″ N 40°58′09.5″	76
						2	20—50	棕黄色	中壤土	小块状	8.6	8.1	0.47	0.41		11.3			
						3	50—74	浅黄色	中壤土	粒状	8.5	8.7	0.44	0.42		11.1			
						4	74—144	浅黄色	中壤土	团块状	8.5	9.0	0.45	0.43		13.2			
剖19	半淋溶土	灰褐土	褐淤土	褐淤土	1	0—14	灰褐色	重壤土	块状	8.7	44.7	2.38	0.17				E 112°06′30.7″ N 40°56′49.0″	77
						2	14—32	浅灰色	中壤土	块状	8.6	71.7	2.48	0.89		19.4			
剖20	钙层土	黑垆土	灌淤黑垆土	厚层灌淤中壤土	1	0—20	浅灰色	中壤土	团块状	8.4	32.9	1.77	0.69			洪冲积物	E 112°03′00.7″ N 40°51′24.5″	94
						2	20—50	灰色	重壤土	块状	8.3	33.2	1.73	0.78					
						3	50—80	浅棕色	轻壤土	团粒状	8.3	39.7	2.08	0.87					
						4	80—130	浅棕色	中壤土	小块状	8.0	45.9	2.46	0.86					
剖21	半水成土	潮土	潮土	黏底硬二合土	1	0—19	灰棕色	重壤土	小团块状	8.6	24.1	1.38	0.77				E 111°41′43.8″ N 40°46′12.0″	98
						2	19—62	灰黄色	中壤土	粒状	9.6	19.1	1.02	0.69		7.5			
						3	62—94	浅黄色	轻壤土	小块状	9.4	25.2	1.32	0.84					
						4	94—143	浅黄色	中壤土	块状									
剖22	半水成土	潮土	潮土	硬二合土	1	0—50	灰棕色	中壤土	小块状	8.7	8.6	0.61	0.51				E 111°43′58.4″ N 40°45′39.6″	90
						2	50—100	浅黄色	中壤土	小粒状	8.4	10.8	0.64	0.56					
						3	100—190	棕黄色	中壤土	块状	8.4	13.7	0.67	0.59					
剖23	半水成土	潮土	潮土	胶泥	壤体胶泥	1	0—32	灰黑色	中壤土	块状	10.0	14.6	0.63	0.61			洪冲积物	E 111°39′36.4″ N 40°44′39.1″	83
						2	32—86	浅黄色	中壤土	小块状	9.4	7.7	0.41	0.57					
						3	86—98	灰黄黑色	重壤土	小块状	8.8	4.2	0.24	0.42					
剖24	半水成土	潮土	潮土	胶泥	浅位灌沼泽壤土	1	0—20	灰黑色	重壤土	团粒状	8.6	34.0	2.78	0.82				E 111°38′17.5″ N 40°44′31.2″	80
						2	20—42	灰蓝色	重壤土	团块状	8.4	18.6	1.05	0.68					
						3	42—59	棕黄色	重壤土	小块状	8.4	23.6	1.29	0.61					
						4	59—87	浅黄色	重壤土	块状		7.8	0.39	0.72					
						5	87—166	浅灰黄色	重壤土	团块状	8.5	30.0	1.37	0.70					
剖25	半水成土	草甸土	灌淤草甸土	灌淤草甸土	厚层灌淤中壤土	1	0—20	浅灰黑色	中壤土	块状	8.8	14.1	0.78	0.56				E 111°41′46.7″ N 40°43′50.2″	92
						2	20—76	浅灰黄色	中壤土	小块状	8.2	5.7	0.25	0.42					
						3	76—114												

续表 Continued

剖面号 Soil profile	土纲 Soil order	土类 Soil great group	亚类 Soil subgroup	土属 Soil genus	土种 Soil species	土层码 Layer code	土层厚度 Depth/cm	颜色 Soil color	质地 Soil texture	土壤结构 Soil structure	pH	有机质 OM/(g/kg)	全氮 TN/(g/kg)	全磷 TP/(g/kg)	全钾 TK/(g/kg)	阳离子交换量CEC/(cmol/kg)	土壤母质 Parent material	剖面点坐标 Profile coordinate	匹配指数 Matching index/%
剖26	盐碱土	草甸盐土	草甸盐土	氯化物草甸盐土	氯化物草甸盐土	1	0—5		轻壤土		9.9	10.1	0.57	0.59	9.5	9.7		E 111°34′13.4″ N 40°42′45.0″	77
						2	5—10		中壤土		8.7	16.6	1.20	0.60	18.1	12.4			
						3	10—20	浅灰色	中壤土	片状	9.8	7.7	0.45	0.57	20.3	11.3			
						4	20—50	灰黄色	中壤土	小块状	9.8	9.9	0.44	0.56	18.3	11.0			
						5	50—100	浅黄色	中壤土	团粒状	8.9	10.9	0.51	0.63	18.3	14.0			
						6	100—150	灰黑色	轻壤土	团粒状	8.3	7.2	0.35	0.51	17.4	9.5			
						7	150—200		中壤土		9.8	8.9	0.43	0.58	17.5	11.5			
剖27	半水成土	草甸土	盐化草甸土	苏打盐化草甸土	中苏打盐化二合土	1	0—5		轻壤土		8.5	27.6	1.62	0.71	18.8	19.5		E 111°42′44.6″ N 40°42′05.0″	75
						2	5—20	浅灰色	轻壤土	粒状	9.0	8.9	0.56	0.58	17.0	8.5			
						3	20—50		重壤土	小块状	8.6	14.6	0.92	0.59	15.1	12.9			
						4	50—100	灰黄色	重壤土	粒状	8.8	5.9	0.38	0.62	17.8	8.3			
						5	100—150		重壤土		8.7	11.9	0.63	0.53	13.8	14.4			
						6	150—200		中壤土		8.8	9.3	0.46	0.45	13.3	10.4			
						7	200—250		轻壤土		8.7	8.0	0.43	0.42	11.5	10.1			
剖28	半水成土	草甸土	盐化草甸土	苏打氯化物盐化草甸土	中苏打氯化物二合土	1	0—5		中壤土		8.8	17.1	0.88	0.57	17.1	10.0		E 111°41′13.9″ N 40°41′48.8″	83
						2	5—20	灰黄色	轻壤土	粒状	9.0	8.4	0.45	0.48	16.0	6.6			
						3	20—50	浅灰色	中壤土	小片状	9.2	6.2	0.28	0.43	16.2	8.3			
						4	50—100	褐黄色	重壤土	团粒状	8.9	3.5	0.26	0.38	12.4	8.9			
						5	100—150		重壤土	团粒状	8.8	4.7	0.24	0.41	11.6	9.7			
						6	150—200	灰黑色	中壤土		8.8	3.4	0.17	0.47	13.5	9.1			
						7	200—250		轻壤土		8.8	2.7	0.14	0.53	15.3	8.5			
剖29	半水成土	草甸土	脱潜育草甸土	脱潜育二合土	脱潜育二合土	1	0—37	浅灰色	中壤土	粒状	8.6	12.7	0.59	0.56				E 111°50′42.0″ N 40°49′46.2″	70
						2	37—52	灰黄色	中壤土	粒状	8.7	5.4	0.31	0.49					
						3	52—87	浅灰色	轻壤土	小块状	8.4	8.3	0.38	0.55					
						4	87—112	浅灰色	中壤土	小块状	8.4	11.7	0.62	0.62					
剖30	半水成土	潮土	潮土	沫土	沫土	1	0—35		砂壤土	小团块状	9.2	6.0	0.35	0.75		3.3		E 111°41′09.7″ N 40°47′51.4″	73
						2	35—79	浅灰黑色	轻壤土	粒状	9.0	10.4	0.47	0.56		7.5			
						3	79—125	灰黄色	中壤土	团粒状	8.8	7.7	0.42	0.49		8.7			
						4	125—184	浅黄色	中壤土	粒状									
						5	184—205	浅黄色	中壤土	小粒状									
						6	205—233	灰黑色	重壤土	小块状									
剖31	钙层土	黑垆土	黑垆土	石质灯土	薄体含砾石质灯土	1	0—17	浅黄黄色	砂壤土	小块状	8.6	6.0	0.28	0.38	15.7	7.8	石质残积物	E 111°56′33.0″ N 40°46′45.5″	82
						2	17—26	浅灰色	轻壤土	粒状	8.6	2.6	0.11	0.35	14.8	7.7			
						3	26—38	棕黄色	夹砾石土	块状	8.3	6.2	0.40	0.31	16.8	7.2			
剖32	钙层土	黑垆土	黑垆土	洪淤土	厚体含砾洪淤砂壤土	1	0—30	浅黄色	砂壤土	块状		16.2	0.57	0.67	13.1	6.1	洪冲积物	E 111°45′09.7″ N 40°45′08.3″	83
						2	30—55	灰黄色	轻壤土	块状		10.3	0.46	0.72	15.6	5.1			
						3	55—80	浅黑色	砂壤土	粒状		8.9	0.43	0.72					
						4	80—130	灰黑色	中壤土										
剖33	半水成土	草甸土	盐化草甸土	苏打盐化草甸土	重苏打盐化二合土	1	0—5		轻壤土		8.8	8.7	0.55	0.65	15.7	7.8		E 111°45′07.9″ N 40°44′11.8″	86
						2	5—20	浅棕黄色	轻壤土	片状	8.9	9.7	0.49	0.56	14.8	7.7			
						3	20—50	浅灰色	中壤土	粒状	9.2	5.0	0.33	0.40	16.8	7.2			
						4	50—100	灰黄色	砂壤土	小粒状	9.4	3.9	0.24	0.43	13.1	6.1			
						5	100—150	灰黄色	砂壤土	小块状	9.5	3.7	0.13	0.46	15.6	5.1			
						6	150—200		砂壤土		9.5	2.3	0.21	0.54	19.7	4.8			
						7	200—250		轻壤土		9.4	2.1	0.14	0.41	15.2	6.3			

续表 Continued

剖面号 Soil profile	土纲 Soil order	土类 Soil great group	亚类 Soil subgroup	土属 Soil genus	土种 Soil species	土层码 Layer code	土层厚度 Depth/cm	颜色 Soil color	质地 Soil texture	土壤结构 Soil structure	pH	有机质 OM/(g/kg)	全氮 TN/(g/kg)	全磷 TP/(g/kg)	全钾 TK/(g/kg)	阳离子交换量CEC/(cmol/kg)	土壤母质 Parent material	剖面点坐标 Profile coordinate	匹配指数 Matching index/%
剖34	盐碱土	草甸盐土	草甸盐土	苏打盐土	苏打盐土	1	0—5		轻黏土		9.8	25.1	1.38	0.93	9.9	21.9		E 111°52′57.0″ N 40°40′34.0″	78
						2	5—20	浅黄色	轻黏土	小块状	10.0	20.8	1.19	0.79	16.2	23.4			
						3	20—50	浅灰色	中壤土	团粒状	10.1	7.4	0.31	0.61	13.0	14.4			
						4	50—100	灰黄色	轻黏土	碎粒状	10.1	6.9	0.31	0.51	15.5	13.2			
						5	100—150	浅灰色	重壤土	小块状	9.9	3.5	1.78	0.51	17.2	5.5			
						6	150—200		重壤土		9.7	3.1	0.17	0.55	15.4	10.5			
						7	200—250		重壤土		9.5	3.8	0.18	0.76		10.2			
剖35	钙层土	黑垆土	黑垆土	黄土	中蚀黄土	1	0—20	浅黄色	轻黏土	小粒状	8.2	14.9	0.88	0.60		16.7	黄土，黄土状母质	E 112°02′42.0″ N 40°40′26.8″	90
						2	20—40	浅黄色	轻黏土	粒状	8.5	7.4	0.38	0.54	12.8				
						3	40—65	栗黄色	轻黏土	小块状	8.4	10.2	0.63	0.55	17.9				
						4	65—110	栗黄色	重壤土	块状	8.4	10.5	0.68	0.55	17.3				
剖36	半水成土	草甸土	盐化草甸土	苏打硫酸盐盐化草甸土	轻苏打硫酸盐盐化草甸土	1	0—5		中壤土		10.2	12.6	0.73	0.69	11.1	15.5		E 111°36′33.1″ N 40°39′13.0″	86
						2	5—10		重壤土		9.9	19.6	1.05	0.72	15.1	20.1			
						3	10—20	深灰色	重壤土	粒状	9.7	15.4	0.75	0.64	11.6	19.4			
						4	20—50	灰棕色	中壤土	粒状	9.7	8.5	0.47	0.58	10.6	11.4			
						5	50—100	浅灰色	轻壤土	粒状	9.6	5.2	0.33	0.54	8.9	10.0			
						6	100—150		砂壤土		9.3	7.3	0.46	0.57	10.3	11.6			
						7	150—200		砂壤土		9.5	3.7	0.25	0.58	10.5	7.3			
剖37	半水成土	草甸土	盐化草甸土	苏打硫酸盐盐化草甸土	重苏打硫酸盐盐化草甸土	1	0—5		轻壤土		9.5	22.5	1.17	0.64	11.1	11.2		E 111°38′21.1″ N 40°39′07.2″	80
						2	5—20	浅棕色	中壤土	粒状	9.1	8.6	0.45	0.56	16.2	8.5			
						3	20—50	浅黄色	中壤土	团粒状	8.8	12.9	0.74	0.59	15.9	12.3			
						4	50—100	灰棕色	中壤土	小块状	8.8	11.2	0.49	0.50	13.7	12.4			
						5	100—150		重壤土		8.8	12.0	0.63	0.57	14.2	12.1			
						6	150—200		重壤土		8.7	9.7	0.61	0.40	11.0	10.8			
剖38	盐碱土	草甸盐土	草甸盐土	苏打盐土	苏打盐土	1	0—5	浅褐黄色	中壤土		10.0	19.1	0.97	0.67	17.1	9.6		E 111°44′40.3″ N 40°38′57.7″	82
						2	5—20	灰褐色	轻壤土	团粒状	10.0	9.9	0.44	0.58	18.2	9.7			
						3	20—50	浅黄色	中壤土	团粒状	9.6	8.8	0.56	0.53	10.6	9.7			
						4	50—100	灰黑色	重壤土	块状	9.2	10.8	0.60	0.62	14.1	9.9			
						5	100—150	灰黄色	中壤土	块状	9.1	9.7	0.43	0.48	12.0	11.7			
						6	150—200	灰黑色	重壤土	块状	9.0	6.6	0.40	0.45	12.2	10.2			
						7	200—250		重壤土		8.8	3.6	0.27	0.53	15.4	12.5			
剖39	半水成土	潮土	潮土	二合土	二合土	1	0—5	浅黄色	轻壤土		9.1	15.8	0.73	0.54		8.7		E 111°46′13.8″ N 40°40′40.3″	88
						2	5—20	灰黄色	中壤土	小粒状	9.0	12.3	0.58	0.45		8.7			
						3	20—50	浅黄色	中壤土	粒状	8.9	4.0	0.17	0.44		6.5			
						4	50—100	浅黄色	砂壤土	小粒状	8.8	2.5	0.13	0.45					
剖40	半水成土	潮土	潮土	砂土	通体砂土	1	0—42	灰黄色	砂壤土	小团块状	8.7	6.3	0.40	0.41				E 111°47′27.2″ N 40°39′30.6″	82
						2	42—79	浅黄色	中壤土	小粒状	8.8	4.6	0.25	0.72					
						3	79—102	浅黄色	紫砂土		9.0	3.3	0.14	0.57					

土默特左旗

主要土类说明

草甸土是土默特左旗主要土壤类型，占本旗地域面积的51%。草甸土主要分布在黄河、大黑河灌区和什拉乌素河流域的大面积冲积平原。草甸土属于非地带性土壤，成土过程主要为腐殖质累积过程和潜育化过程。草甸土剖面发育较稳定，从上到下由草根盘结层、腐殖质层、锈色斑纹层、潜育层等构成。在河流和灌渠两岸、封闭洼地、湖泊周围，草甸土常伴有不同程度的盐化现象，其地下水位一般为1—3m，矿化度为0.6g/L，全剖面呈碱性至强碱性。

灰褐土是土默特左旗第二大土壤类型，占本旗地域面积的44%。灰褐土主要分布在本旗北部的大青山中低山山地和山前洪积扇中上部，属于阴山山地的垂直带土壤。自然植被为落叶阔叶林和针阔叶混交林，乔木以山杨、白桦为主。成土母质类型繁多，有花岗岩、闪长岩、辉长岩、泥质岩、砂砾岩、石灰岩和大理岩，还有红土、洪冲积物、黄土及黄土状母质。成土过程为淋溶过程（包括弱黏化过程和脱盐基过程）和腐殖质累积过程，但由于本旗处在森林与草原之间的过渡地带，绝大部分呈现疏林和草灌景观，加上降水量逐年减少，大气干旱不断增强，所以淋溶程度也有所减弱。稀有的常绿针叶树种逐渐被落叶阔叶树种和草灌代替，腐殖化作用相应减弱，土壤剖面中部的黏化淀积层不明显，形成A层直接过渡为AC层的特征。该土壤表层有机质含量较高，颜色较暗，表层或中下层有明显的石灰反应，有不同程度的碳酸钙累积。

小于本旗地域面积3%的土壤类型有草甸盐土、栗钙土、沼泽土。

本区域中心区气候特征

本区域中心区气候特征值
Regional climate characteristics in central area of the region

气候带：中温带亚干旱气候 Climate region: Mid temperate subarid climate	
年平均气温 /℃ Annual average temperature /℃	6.6
年平均最高气温 /℃ Annual average maximum temperature /℃	13.3
年平均最低气温 /℃ Annual average minimum temperature /℃	0.4
年降水量 /mm Annual precipitation /mm	378
≥10℃的积温 /℃ Daily temperature accumulated in a year（≥10℃）/℃	4229
年日照时数 /h Annual sunshine /h	2867
年平均相对湿度 /% Annual average relative humidity /%	53
干燥度 Dryness	1.03

本区域中心区月平均气温与月平均降水量
Monthly temperature and precipitation in central area of the region

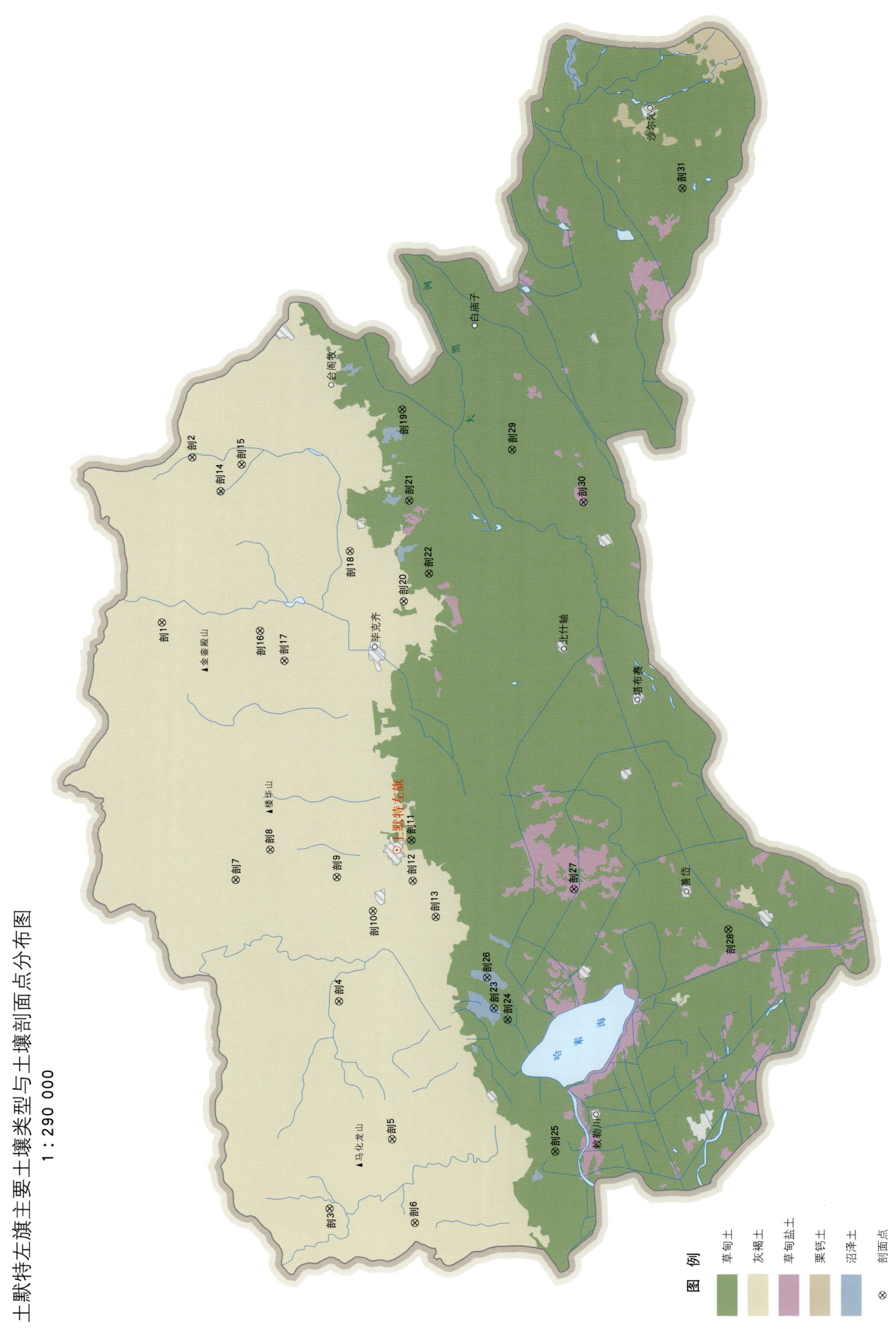

土默特左旗土壤剖面理化性状表

剖面号 Soil profile	土纲 Soil order	土类 Soil great group	亚类 Soil subgroup	土属 Soil genus	土种 Soil species	土层码 Layer code	土层厚度 Depth/cm	颜色 Soil color	质地 Soil texture	土壤结构 Soil structure	pH	有机质 OM/(g/kg)	全氮 TN/(g/kg)	全磷 TP/(g/kg)	全钾 TK/(g/kg)	阳离子交换量CEC/(cmol/kg)	土壤母质 Parent material	剖面点坐标 Profile coordinate	匹配指数 Matching index/%
剖1	半淋溶土	灰褐土	灰褐土	褐红土	黏质厚层褐红土	1	0—25	红棕色	中壤土	小粒状							泥岩	E 111°18′41.8″ N 40°52′04.4″	80
						2	25—50	浅红棕色	重壤土	碎块状									
						3	50—70	棕色	中壤土	块状									
剖2	半淋溶土	灰褐土	淋溶灰褐土	淋溶灰褐土	淋溶暗灰褐土	1	0—5	灰棕色	中壤土	粒状	7.6	93.0	4.42	0.69	20.7	30.9	酸性岩风化物	E 111°26′51.7″ N 40°50′54.9″	87
						2	5—30	褐棕色		团块状	7.8	61.2	3.32	0.63	20.6	26.4			
						3	30—63	暗褐色											
						4	63—												
剖3	半淋溶土	灰褐土	灰褐土	暗灰褐土	薄体砾质暗灰褐土	1	0—30	棕灰色	轻壤土	小粒状							酸性岩残积物、坡积物	E 110°49′43.7″ N 40°45′42.8″	80
						2	30—50												
剖4	半淋溶土	灰褐土	灰褐土	褐黄土	轻度侵蚀褐黄土	1	0—22	浅黄色	轻壤土	小粒状							黄土、黄土状母质	E 110°59′54.2″ N 40°45′22.3″	80
						2	22—90	浅棕色	轻壤土	小粒状									
						3	90—120	棕黄色	轻壤土	小粒状									
						4	120—160	浅黄色											
剖5	半淋溶土	灰褐土	灰褐土	黑灰褐土	薄体砾质黑灰褐土	1	0—21	黑灰色	轻壤土	小粒状							中性岩残积物、坡积物	E 110°53′08.5″ N 40°43′21.0″	99
						2	21—30												
剖6	半淋溶土	灰褐土	淋溶灰褐土	淋溶黑灰褐土	淋溶黑灰褐土	1	0—3	黑色	轻壤土	团粒状	7.7	130.0	7.13	1.22	20.5	30.4	中性结晶岩残积物、坡积物	E 110°49′03.0″ N 40°42′28.8″	93
						2	3—20	暗棕色	轻壤土	小粒状	7.8	117.7	6.37	1.40	19.2	29.4			
						3	20—60	暗棕色	轻壤土										
						4	60—												
剖7	半淋溶土	灰褐土	灰褐土	褐黄土	褐黄土	1	10—20	灰褐色	中壤土		8.5	11.4	0.61	0.50	20.7	11.5	黄土、黄土状母质	E 111°05′55.0″ N 40°49′16.7″	83
						2	35—45	灰色	中壤土	小粒状	8.6	13.5	0.77	0.50	21.2	15.4			
						3	75—85		轻壤土	粒状	8.4	15.7	0.93	0.57	21.5	12.5			
剖8	半淋溶土	灰褐土	灰褐土	砂灰褐土	薄体砾质灰褐土	1	0—15	暗褐色	砂壤土	碎块状							砂岩、砂砾岩残积物或坡积物	E 111°07′24.2″ N 40°47′58.9″	97
						2	15—45	灰褐色	中壤土	粒状									
						3	45—												
剖9	半淋溶土	灰褐土	灰褐土	灰褐土	薄体砾质灰褐土	1	0—20	棕гг色	轻壤土	粒状							基性岩残积物或坡积物	E 111°06′02.9″ N 40°45′27.4″	94
						2	20—30	棕色	砂粒土										
剖10	半淋溶土	灰褐土	淋溶灰褐土	淋溶棕灰褐土	厚层淋溶棕灰褐土	1	0—16	暗棕色	砂壤土	小粒状							泥质岩、变质岩残积物或坡积物	E 111°04′21.7″ N 40°44′05.3″	88
						2	16—40	暗灰色	砂壤土	小粒状									
						3	40—82	灰白色	中壤土	碎块状									
						4	82—95												
剖11	半水成土	草甸土	浅色草甸土	灌淤草甸土	厚层灌淤草甸土	1	0—20	棕灰色	中壤土	粒状		28.0	1.20	0.96	22.1	6.8	沉积物	E 111°07′54.1″ N 40°42′37.4″	84
						2	20—70	灰棕色	重壤土	团块状		15.7	0.70	0.07	22.6	8.3			
						3	70—130	灰棕色	中壤土	块状		17.7	0.90	0.79	23.2	5.9			
剖12	半淋溶土	灰褐土	灰褐土	灌淤灰褐土	厚层灌淤灰褐土	1	0—20	灰栗色	中壤土	团块状								E 111°05′52.2″ N 40°42′34.7″	98
						2	20—43	棕黄色	粉砂壤土	小粒状									
						3	43—90	暗棕灰色	中壤土	团块状									
						4	90—110	黄灰色	轻壤土	粒状									
剖13	半淋溶土	灰褐土	灰褐土	灌淤灰褐土	厚层灌淤灰褐土	1	5—15	中壤土		中壤土	8.6	30.9	1.78	0.73	24.2	15.7		E 111°04′04.7″ N 40°41′42.4″	72
						2	55—65		中壤土		8.8	17.9	0.98	0.67	25.1	15.4			

续表 Continued

剖面号 Soil profile	土纲 Soil order	土类 Soil great group	亚类 Soil subgroup	土属 Soil genus	土种 Soil species	土层码 Layer code	土层厚度 Depth/cm	颜色 Soil color	质地 Soil texture	土壤结构 Soil structure	pH	有机质 OM/(g/kg)	全氮 TN/(g/kg)	全磷 TP/(g/kg)	全钾 TK/(g/kg)	阳离子交换量 CEC/(cmol/kg)	土壤母质 Parent material	剖面点坐标 Profile coordinate	匹配指数 Matching index/%
剖14	半淋溶土	灰褐土	淋溶灰褐土	淋溶灰褐土	砾质薄体淋溶灰褐土	1	0—5	灰褐色	轻壤土	团粒状							基性结晶岩坡积物	E 111°25′11.1″ N 40°49′50.9″	90
						2	5—20	棕灰色	轻壤土	粒状									
						3	20—45	黄棕色	轻壤土	小粒状									
剖15	半淋溶土	灰褐土	淋溶灰褐土	淋溶灰褐红土	厚层黏质淋溶灰褐红土	4	45—												
						1	0—20	褐红色	轻壤土	小粒状							泥岩	E 111°26′30.1″ N 40°49′02.3″	100
						2	20—44	棕红色	轻壤土	小粒状									
						3	44—88	浅棕红色	中壤土	碎块状									
剖16	半淋溶土	灰褐土	浅灰褐土	浅灰褐土	浅灰褐土	1	17—27		轻壤土		8.2	44.3	2.10	0.22	20.8	17.9	碳酸岩、大理岩残积物或坡积物	E 111°18′17.1″ N 40°48′21.5″	88
						2	34—45		轻壤土		8.1	27.7	1.67	0.41	18.8	20.9			
剖17	半淋溶土	灰褐土	浅灰褐土	浅灰褐土	浅灰褐土	1	0—5										碳酸岩、大理岩残积物或坡积物	E 111°16′47.4″ N 40°47′26.3″	82
						2	5—30	棕褐色	轻壤土	粒状									
						3	30—50	黄棕色	轻壤土	小粒状									
剖18	半淋溶土	灰褐土	灰褐土	洪积褐褐土	砾质厚层褐褐土	1	0—5										洪冲积物	E 111°22′13.4″ N 40°44′57.1″	79
						2	0—20	灰褐色	砂壤土	粒状									
						3	20—45	褐黄色	砂壤土	碎块状									
						4	45—70	浅灰褐色	砂壤土	无明显结构									
剖19	半水成土	草甸土	盐化草甸土	盐化黑土	中盐化黑土	1	0—20	棕灰色	中壤土	粒状	9.0	9.1	0.59	0.56	16.9	10.7	沉积物	E 111°29′13.6″ N 40°42′57.6″	96
						2	0—48	黄灰色	中壤土	粒状	10.0	8.8	0.48	0.55	16.8	11.2			
						3	48—82	黄棕色	中壤土	粒状	10.0	4.1	0.32	0.52	16.8	11.2			
						4	82—110	暗棕灰色	中壤土	块状	10.0					9.5			
						5	110—145	棕灰色	中黏土	块状	10.0					9.1			
						6	145—280	灰白色	轻黏土	粒状	9.7					15.9			
						7	280—		轻黏土	块状	9.6					21.7			
剖20	半淋溶土	灰褐土	灰褐土	洪积褐褐土	厚层褐褐土	1	0—20	暗栗色	中壤土	团粒状							洪冲积物	E 111°19′45.1″ N 40°42′54.7″	76
						2	20—40	灰棕色	轻壤土	碎块状									
						3	40—54	浅灰棕色	砂灰土	粒状									
						4	54—	棕褐色											
剖21	半水成土	草甸土	盐化草甸土	盐化黑土	轻盐化黑土	1	0—5	棕黄色	中壤土	粒状	8.3	13.7	0.81	0.65	21.4	10.2	沉积物	E 111°24′42.8″ N 40°42′41.8″	79
						2	5—18	暗棕灰色	重壤土	块状	8.8	17.0	1.00	0.74	17.8	15.9			
						3	18—59	暗棕灰色	重黏土	块状	9.2	19.3	1.03	0.83	21.9	10.2			
						4	59—116	灰白色	轻壤土	块状	9.0					11.7			
						5	116—163	灰黄棕色	轻黏土	块状	8.6					6.0			
						6	163—225	浅黄棕色	砂壤土	小粒状	8.6					9.7			
剖22	半水成土	草甸土	盐化草甸土	盐化砂土	中盐化砂土	1	0—23	灰黄棕色	轻壤土	小粒状	9.3	8.7	0.50	0.61	19.0	8.0	沉积物	E 111°21′06.8″ N 40°41′57.1″	74
						2	23—65	灰棕色	轻壤土	小粒状	9.8	10.0	0.97	0.58	16.9	7.2			
						3	65—170	浅灰棕色	轻壤土	粒状	9.8	8.0	0.40	0.55	18.5	8.1			
						4	170—220	青灰色	砂壤土	粒状	9.8					5.5			
剖23	水成土	沼泽土	泥炭沼泽土	泥炭沼泽土	埋藏泥炭沼泽土	1	0—23	黑褐色	中壤土	无明显结构	8.3	216.1	8.29	0.64	13.4			E 110°59′35.2″ N 40°39′30.2″	92
						2	23—54	黑黑色	轻壤土	粒状	7.8	219.9	8.22	0.60	13.8				
						3	54—80	灰色	中壤土	粒状	8.7	17.0	0.90	0.61	16.9	8.7			
剖24	半水成土	草甸土	浅色草甸土	脱沼泽草甸土	脱沼泽草甸土	1	0—20	灰色	中壤土	小粒状	8.8	8.0	0.60	0.57	17.8	5.7		E 110°59′01.7″ N 40°38′58.9″	83
						2	20—60	棕灰色	松砂土	小粒状	9.3					0.8			
						3	60—90	浅灰色	重壤土	无明显结构	8.8					5.0			
						4	90—130	暗灰色		块状									
						5	130—200	棕黄色	松砂土	无明显结构	9.0					0.9			

续表 Continued

剖面号 Soil profile	土纲 Soil order	土类 Soil great group	亚类 Soil subgroup	土属 Soil genus	土种 Soil species	土层码 Layer code	土层厚度 Depth/cm	颜色 Soil color	质地 Soil texture	土壤结构 Soil structure	pH	有机质 OM/(g/kg)	全氮 TN/(g/kg)	全磷 TP/(g/kg)	全钾 TK/(g/kg)	阳离子交换量CEC/(cmol/kg)	土壤母质 Parent material	剖面点坐标 Profile coordinate	匹配指数 Matching index/%
剖25	半水成土	草甸土	盐化草甸土	盐化两黄土	轻盐化两黄土	1	0—14	浅黄棕色	轻壤土	小粒状	8.9	8.8	0.48	0.57	17.2	2.2	沉积物	E 110°52′34.0″ N 40°37′10.2″	85
						2	14—50	黄棕色	中壤土	粒状	9.6	7.5	0.42	0.54	17.2	4.0			
						3	50—115	黄棕色	中壤土	粒状	9.9	8.2	0.42	0.51	16.8	1.5			
						4	115—170	浅黄棕色	轻壤土	小粒状	10.1					1.7			
						5	170—220	棕灰色	砂壤土	无明显结构	9.8					1.0			
						6	220—240	棕灰色	中壤土	粒状	9.5					1.5			
剖26	水成土	沼泽土	泥炭沼泽土	泥炭沼泽土	厚层泥炭沼泽土	1	0—29	棕灰色	中壤土	粒状	8.0	125.7	5.90	0.72	15.8			E 111°01′04.8″ N 40°39′45.4″	71
						2	29—70	暗棕灰色	砂壤土	粒状	6.2	165.3	6.68	0.58	18.7				
						3	70—88	黄棕色	砂壤土	粒状									
						4	88—127	灰蓝色	轻壤土	无明显结构									
剖27	盐碱土	草甸盐土	草甸盐土	黑油盐土	中黑油盐土	1	0—25	灰黑色	重壤土	粒状	8.3	11.4	0.80	0.51	19.1	10.5		E 111°05′29.0″ N 40°36′28.8″	77
						2	25—95	灰黑色	中壤土	粒状	9.0	10.0	0.64	0.50	19.4	12.5			
						3	95—120	灰棕黄色	中壤土	片状	9.4	9.7	0.63	0.67	18.2	14.7			
						4	120—145	浅黄棕色	重壤土	片状、块状	9.8					13.9			
						5	145—150		中壤土		9.8					8.2			
						6	150—200				9.7					8.5			
剖28	半水成土	草甸土	浅色草甸土	黑土	硬黑土	1	0—25	浅棕灰色	中壤土	粒状	8.8	15.0	0.84	0.59	20.3	16.9	沉积物	E 111°03′29.9″ N 40°30′37.8″	79
						2	25—46	暗棕灰色	轻壤土	粒状	8.8	20.2	1.11	0.61	22.2	26.5			
						3	46—93	灰棕色	中黏土	小块状	8.8					29.6			
						4	93—122	灰棕色	轻黏土	块状	8.7					21.2			
						5	122—170	灰棕色	重壤土	块状	8.7					27.1			
剖29	半水成土	草甸土	盐化草甸土	盐化砂土	轻盐化砂土	1	0—24	灰褐色	轻壤土	无明显结构	9.1	3.3	0.17	0.54	18.0	2.0	沉积物	E 111°27′13.7″ N 40°38′48.1″	98
						2	24—50	棕灰色	砂壤土	粒状	8.9	9.6	0.48	0.50	18.4	2.0			
						3	50—104	红棕色	中壤土	小块状	9.0	6.7	0.31	0.51	17.7	2.2			
						4	104—170	灰褐色	中黏土	小块状	8.8					12.0			
						5	170—200	灰棕色	轻壤土	无明显结构	8.7					15.9			
剖30	盐碱土	草甸盐土	草甸盐土	马尿盐土	重马尿盐土	1	0—5	黄色	轻壤土	粒状	10.1	7.7	0.42	0.79	18.5	2.0	沉积物	E 111°24′38.5″ N 40°36′06.1″	85
						2	5—22	黄棕色	砂壤土	小块状	10.4	6.3	0.38	0.73	19.3	2.5			
						3	22—42	浅灰棕色	中黏土	粒状	10.3	6.5	0.30	0.57	17.4	2.0			
						4	42—76	暗灰棕色	轻壤土	粒状	9.9					2.2			
						5	76—97	灰棕色	轻壤土	粒状	9.6					2.7			
剖31	半水成土	草甸土	盐化草甸土	盐化沫尔土	轻盐化沫尔土	1	0—5	黄棕灰色	轻壤土	屑粒状	9.3	7.7	0.36	0.24	18.5	7.0	沉积物	E 111°40′08.6″ N 40°32′19.8″	75
						2	5—20	黄棕色	砂壤土	屑粒状	9.6	2.8	0.17	0.57	18.4	6.4			
						3	20—50	浅黄棕色	砂壤土	屑粒状	10.1	2.8	0.13	0.56	17.1	6.2			
						4	50—100	暗黄棕色	砂壤土	无明显结构	10.2					6.7			
						5	100—150		砂壤土		10.2					6.4			
						6	150—200		砂壤土		10.0					6.4			

托克托县

主要土类说明

草甸土是托克托县主要土壤类型，占本县地域面积的48%。草甸土属于非地带性土壤，主要分布在黄河、大黑河流域呼托公路两侧。自然植被以草甸草原植被为主，常见的有芦苇、山苦荬、蒿类等。成土母质为洪积物、冲积物和湖积物。发育于冲积物的草甸土，剖面构型有明显的质地层次，地下水位较高，为1—3m，常随季节而变化。该土壤剖面中部处于氧化还原交替状态，具有潜育化过程，出现锈色斑纹；剖面下部水分长期饱和，以还原状态为主，形成了青灰色潜育层。草甸土剖面从上到下由草根盘结层、腐殖质层、锈色斑纹层和潜育层构成。腐殖质层一般厚20—50cm，颜色较浅，有机质含量在10g/kg左右。同时，草甸土常伴有不同程度的盐化现象，尤其在河渠两岸和低洼地带。

潮土是托克托县第二大土壤类型，占本县地域面积的19%。潮土见于近代河流冲积平原或低平阶地，地下水位高，潜水参与成土过程。在潮土成土过程中，底土氧化还原交替作用，形成锈色斑纹和小型铁子。剖面构型为 A_{11}-A_{12}-Cu 或 A_{11}-C-Cu。

草甸盐土是托克托县第三大土壤类型，占本县地域面积的13%。草甸盐土发生于半湿润至半干旱地区，高矿化地下水经毛管作用上升至地表，使其盐分累积量大于6g/kg，属盐土范畴。该土壤具明显的Az-C剖面构型，其易溶盐组成中所含的氯化物与硫酸盐比例有所差异。

风沙土占本县地域面积的12%。风沙土发生于半干旱、干旱漠境地区及滨海地区，是在风沙移动堆积形成的多种形态的风沙沉积物上发育的初育土。由于成土时间短暂，该土壤无剖面发育，具C、（A）-C或A-C剖面构型，反映了风沙移动堆积与固定的不同阶段。

栗褐土占本县地域面积的6%，主要分布在本县东部冲积平原与和林格尔县丘陵山前冲积、洪积倾斜平原的交汇地带以及湖积台地的边缘地带，北麓属蛮汉山灰褐土带的边缘部分，地形为丘陵坡地和平坦小丘地。栗褐土是褐土与栗钙土之间的过渡土壤类型，通体有石灰反应。栗褐土剖面由腐殖质层、钙积层和母质层构成，剖面分化不明显。腐殖质层呈浅褐色或浅栗色，深厚多孔，质地为砂壤土至轻壤土。钙积层呈浅棕褐色，碳酸钙淀积形态为假菌丝状或点状。母质层为洪冲积物、黄土状母质或杂色泥岩。

小于本县地域面积3%的土壤类型有沼泽土、灰褐土。

本区域中心区气候特征

本区域中心区气候特征值
Regional climate characteristics in central area of the region

气候带：中温带亚干旱气候 Climate region: Mid temperate subarid climate	
年平均气温 /℃ Annual average temperature /℃	6.8
年平均最高气温 /℃ Annual average maximum temperature /℃	13.6
年平均最低气温 /℃ Annual average minimum temperature /℃	0.6
年降水量 /mm Annual precipitation /mm	385
≥10℃的积温 /℃ Daily temperature accumulated in a year（≥10℃）/℃	4056
年日照时数 /h Annual sunshine /h	2821
年平均相对湿度 /% Annual average relative humidity /%	53
干燥度 Dryness	1.05

本区域中心区月平均气温与月平均降水量
Monthly temperature and precipitation in central area of the region

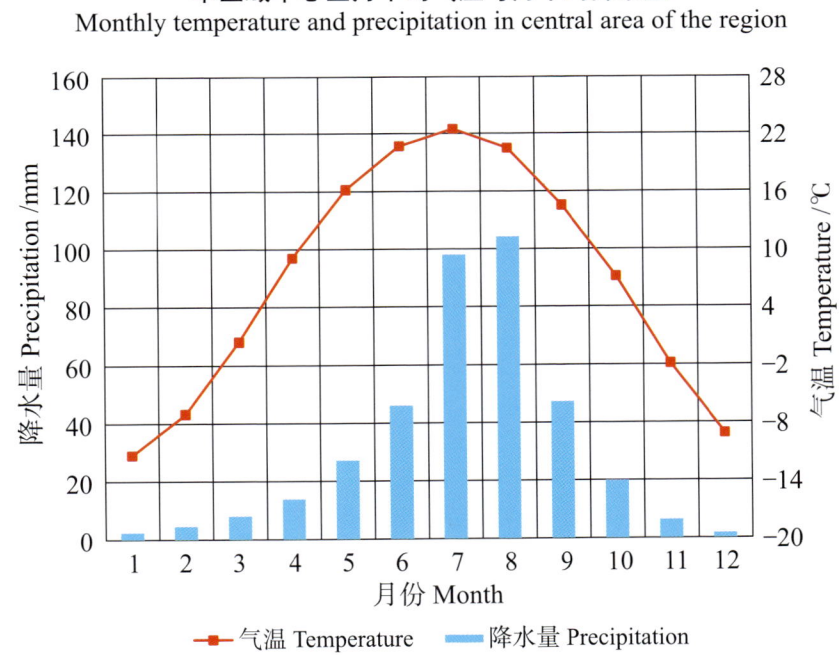

托克托县主要土壤类型与土壤剖面点分布图
1∶200 000

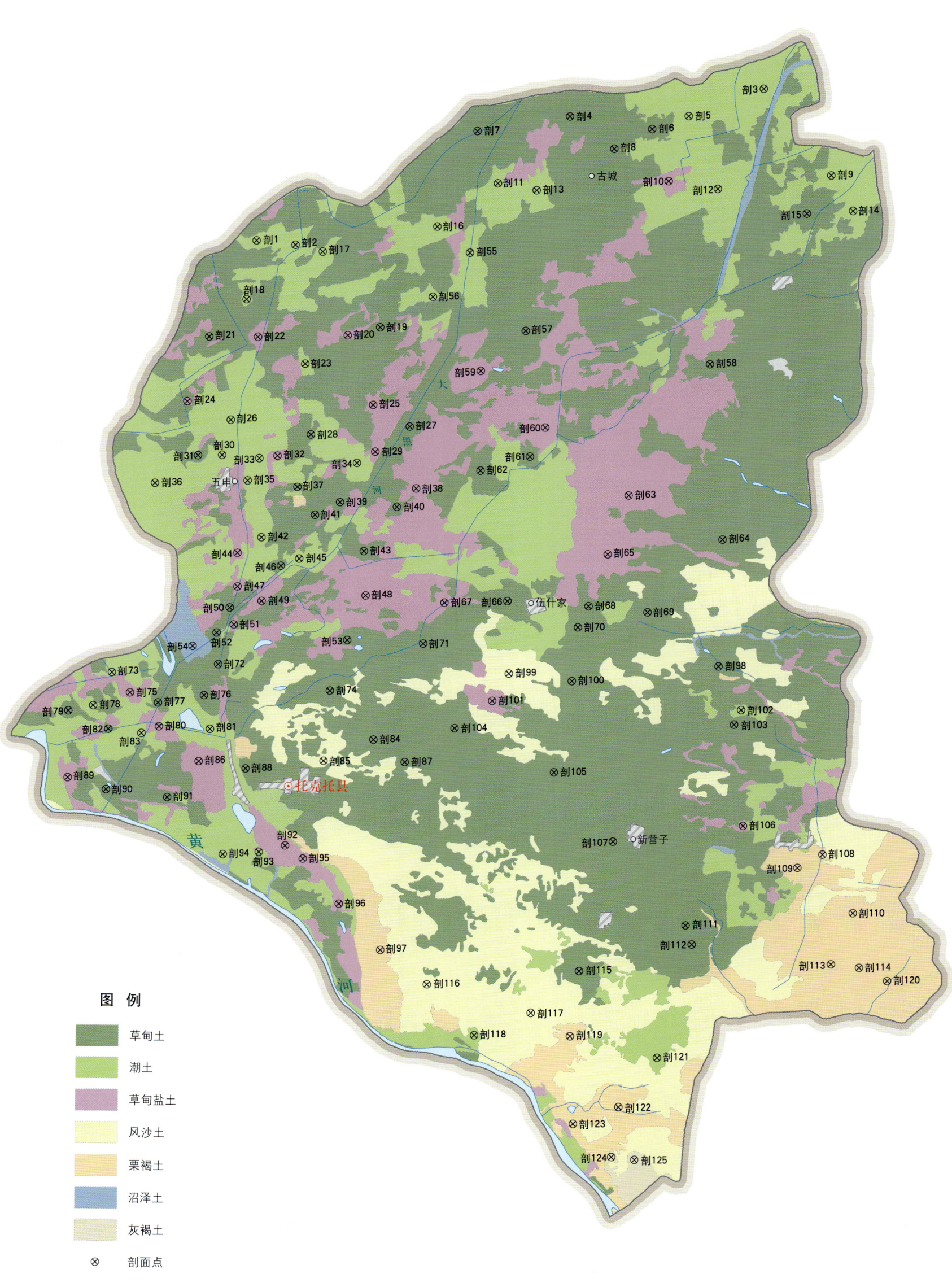

托克托县土壤剖面理化性状表

剖面号	土纲	土类	亚类	土属	土种	土层码	土层厚度/cm	颜色	质地	土壤结构	pH	有机质(g/kg)	全氮(g/kg)	全磷(g/kg)	全钾(g/kg)	有效磷(mg/kg)	速效钾(mg/kg)	阳离子交换量CEC/(cmol/kg)	土壤母质	剖面点坐标	匹配指数/%
剖1	半水成土	潮土	潮土	二合土	砂底二合土	1	0—20	灰棕色	轻壤土	小粒状	8.3	20.8	1.16	0.65	19.5		95	18.2	冲积物	E 111°09′33.9″ N 40°30′15.5″	81
						2	20—60	暗灰棕色	轻壤土	片状	8.3	25.5	1.59	0.71	21.6		90				
						3	60—120	灰黄色	砂土	无明显结构	8.8	7.0	0.45	0.60	19.1		58				
						4	120—156	灰黄色	砂壤土	无明显结构	9.0	5.0	0.34	0.52	19.1		49				
						5	156—176	灰棕色	重壤土	块状	8.8	36.4	2.18	0.88	20.7		240				
						6	176—220	灰棕色	中壤土	粒状	9.5	7.2	0.58	0.65	19.5		113				
剖2	半水成土	潮土	潮土	沫土	黏底沫土	1	0—18				9.3	2.6	0.18						冲积物	E 111°10′51.3″ N 40°30′09.0″	80
						2	18—60		轻壤土		8.7	5.7	0.36		18.3		126				
剖3	半水成土	潮土	潮土	沫土	砂底沫土	1	0—40		砂壤土		9.0	14.1	0.76	0.33	17.4		99	6.4	冲积物	E 111°26′24.2″ N 40°34′03.6″	90
						2	40—92		砂壤土		8.8	2.6	0.16	0.34	16.8		86				
						3	92—150							0.47							
剖4	半水成土	草甸土	盐化草甸土	苏打白盐化草甸土	轻苏打白盐化二合土	1	0—34	灰黄色	中壤土	块状									冲积物	E 111°19′58.1″ N 40°33′22.2″	80
						2	34—98	黑黄色	中壤土	块状											
						3	98—150		中壤土	块状											
剖5	半水成土	潮土	潮土	砂土	砂土	1	0—30		砂土	无明显结构									冲积物	E 111°23′54.6″ N 40°33′22.2″	86
						2	30—70	浅黄色	砂土	无明显结构											
						3	70—120	浅黄色	砂土	无明显结构											
剖6	半水成土	草甸土	盐化草甸土	白盐化草甸土	轻白盐化黏底沫土	1	0—20	浅黄色	砂壤土		8.2	32.3	1.63	0.84	20.3				冲积物	E 111°22′41.9″ N 40°33′02.9″	90
						2	20—80		轻壤土		8.4	27.1	1.43	0.80	20.7						
						3	80—140		中壤土		8.1	15.6	0.44	0.56	17.7						
						4	140—170		重黏土		8.3	10.4	0.36	0.51	16.8						
						5	170—200				8.8	9.0	0.51	0.60	19.9						
剖7	半水成土	草甸土	盐化草甸土	白盐化草甸土	轻白盐化二合土	1	0—35		轻壤土		9.3	21.3	1.21	0.91	22.0				冲积物	E 111°16′53.8″ N 40°33′00.3″	99
						2	35—150		轻壤土		9.8	12.0	0.64	0.61	22.4						
剖8	半水成土	草甸土	盐化草甸土	白盐化草甸土	轻白盐化硬二合土	1	0—15		中壤土		8.4	17.1	0.92	0.70	19.9				冲积物	E 111°21′26.2″ N 40°32′33.2″	82
						2	15—30		中壤土		9.3	16.8	0.86	0.84	22.4						
						3	40—50		中壤土		9.5	12.8	0.59	0.79	21.6						
						4	60—70		重壤土		9.1	9.8	0.61	0.69	20.7						
						5	80—90		轻黏土		9.2	8.0	0.42	0.64	20.7						
剖9	半水成土	潮土	潮土	砂土	砂土	1	0—30		砂土		9.1	3.6	0.19	0.46	19.5				冲积物	E 111°28′38.1″ N 40°31′52.7″	81
						2	30—60		砂土		9.6	2.0	0.13	0.86	17.8						
						3	60—100		砂土		9.8	1.5	0.13	0.43	17.4						
						4	100—150		轻壤土		10.0	7.7	0.46	0.74	21.1						
剖10	盐碱土	草甸盐土	苏打盐土	苏打黑盐土	苏打黑砂盐土	1	0—5		轻壤土										冲积物	E 111°23′14.3″ N 40°31′44.4″	92
						2	5—20		轻壤土												
						3	20—50		轻壤土								122				
						4	50—100		轻壤土												
						5	100—150		轻壤土												
剖11	半水成土	潮土	潮土	二合土	二合土	1	0—20	灰棕色	轻壤土	小粒状	8.8	22.7	1.25	0.74	20.7	11.0			冲积物	E 111°17′34.4″ N 40°31′41.5″	77
						2	20—60	灰棕色	轻壤土	小粒状	9.0	13.2	0.74	0.65	19.9						
						3	60—180	浅黄棕色	轻壤土	粒状	9.5	17.0	0.89	0.64	20.3						
						4	180—240	暗棕色	重壤土	块状	9.5	4.4	1.05	0.74	21.2						
						5	240—260	暗棕色	重壤土		9.3	22.5	1.20	0.81	19.9						

续表 Continued

剖面号 Soil profile	土纲 Soil order	土类 Soil great group	亚类 Soil subgroup	土属 Soil genus	土种 Soil species	土层码 Layer code	土层厚度 Depth/cm	颜色 Soil color	质地 Soil texture	土壤结构 Soil structure	pH	有机质 OM/(g/kg)	全氮 TN/(g/kg)	全磷 TP/(g/kg)	全钾 TK/(g/kg)	有效磷 AP/(mg/kg)	速效钾 AK/(mg/kg)	阳离子交换量CEC/(cmol/kg)	土壤母质 Parent material	剖面点坐标 Profile coordinate	匹配指数 Matching index/%
剖12	半水成土	潮土	潮土	沫土	沫土	1	0—30	灰黄色	砂壤土	无明显结构	9.1	6.8	0.37	0.60	18.3		49	10.2	冲积物	E 111°24′52.7″ N 40°31′32.5″	96
						2	30—68	灰黄色	砂壤土	无明显结构	9.2	7.5	0.39	0.55	17.8		45				
						3	68—86	暗黄棕色	轻壤土	粒状	9.2	19.7	1.12	0.64	18.3		108				
						4	86—110	黄棕色	轻壤土	粒状	9.6	12.8	0.77	0.60	19.5		113				
						5	110—150	暗黄棕色	砂壤土	小块状	9.5	4.7	0.23	0.54	18.3		44				
剖13	半水成土	潮土	潮土	沫土	黏体沫土	1	0—30	暗黄色	砂壤土	小块状	9.6	8.2	0.37	0.57	19.1		244	20.4	冲积物	E 111°18′51.5″ N 40°31′31.1″	74
						2	30—150	暗灰棕色	轻壤土	块状	9.7	17.7	1.34	0.69	19.9		194				
剖14	半水成土	潮土	潮土	沫土	砂体沫土	1	0—25	灰黄色	轻壤土	小粒状	9.4	6.8	0.40	0.48	17.8		145		冲积物	E 111°29′21.4″ N 40°30′59.2″	96
						2	25—65	浅灰黄色	粉砂轻壤土	无明显结构	9.5	4.4	0.27	0.33	16.2		95				
						3	65—140		砂土		9.6	2.7	0.14	0.46	16.6		86				
剖15	半水成土	草甸土	盐化草甸土	白盐化草甸土	轻白盐化砂土	1	0—30	浅灰黄色	砂土	无明显结构									冲积物	E 111°27′49.5″ N 40°30′55.4″	100
						2	30—85	灰黄色	砂土	无明显结构											
						3	85—150	暗灰黄色	砂土	无明显结构											
剖16	半水成土	潮土	潮土	沫土	夹黏沫土	1	0—30	棕色	砂壤土	无明显结构	8.5	13.7	0.76	0.60	19.9				冲积物	E 111°15′33.5″ N 40°30′36.7″	90
						2	30—60	暗棕色	重壤土	块状	8.2	34.1	1.80	0.79	21.8						
						3	60—105	灰棕色	轻壤土	小粒状	8.4	9.4	0.55	0.57	19.1						
						4	105—140	暗棕色	中壤土	块状	8.5	17.3	1.04	0.54	22.0						
						5	140—230	灰黄色	砂壤土	无明显结构	8.8	6.9	0.31	0.56	19.9						
剖17	半水成土	潮土	潮土	二合土	夹黏二合土	1	0—30	暗棕色	轻壤土	粒状									冲积物	E 111°11′45.6″ N 40°29′58.9″	92
						2	30—51	黄棕色	重壤土	块状											
						3	51—71	暗棕色	轻壤土	粒状											
						4	71—150		中壤土												
剖18	半水成土	潮土	潮土	砂壤土		1	0—59	灰黄色	砂壤土										冲积物	E 111°09′14.4″ N 40°28′47.3″	95
						2	59—85	暗灰黄色	轻壤土												
						3	85—150	浅灰黄色	砂壤土												
剖19	半水成土	草甸盐土	盐化草甸土	白盐化草甸土	轻白盐化二合土	1	0—30		重壤土	小块状	8.3	29.8	1.57	0.84	19.9				冲积物	E 111°13′40.1″ N 40°28′04.8″	88
						2	30—60	黄棕色	重壤土	块状	8.5	12.4	7.26	0.77	20.7						
						3	60—100	浅黄棕色	轻壤土	小块状	8.3	2.2	0.43	0.56	18.3						
						4	100—150	浅灰黄色	轻壤土	无明显结构											
剖20	半水成土	草甸土	草甸盐土	白盐土	中白盐二合土	1	0—33	黄黄色	轻壤土	片状	8.6	21.4	1.17	0.71	19.7				冲积物	E 111°12′35.6″ N 40°27′52.6″	75
						2	33—45	灰棕色	中壤土	块状	8.6	16.2	0.91	0.65	19.1						
						3	45—75	黄棕色	轻壤土	块状	8.7	14.3	0.71	0.63	16.6						
						4	75—130	灰棕色	重壤土	块状	8.6	13.7	0.97	0.64	19.9						
						5	130—170	灰棕色	中壤土	块状	8.6	13.7	0.50	0.64	19.9						
剖21	半水成土	草甸土	盐化草甸土	白盐化草甸土	重白盐化二合土	1	0—15	灰棕色	中壤土		9.9	13.0	0.67	1.05	24.9				冲积物	E 111°08′00.1″ N 40°27′50.4″	87
						2	15—34	黄棕色	中壤土		10.1	12.1	0.58	3.17	19.5						
						3	34—75	灰黄色	中壤土		9.9	9.8	0.49	2.46	24.1						
剖22	盐碱土	草甸盐土	草甸盐土	白盐土	中白盐二合土	1	0—28	灰棕色	中壤土	无明显结构	9.2	17.0	0.77	0.50	18.3		95	17.8	冲积物	E 111°09′37.1″ N 40°27′50.0″	88
						2	28—72		中壤土		9.0	35.7	1.96	0.69	20.7		185				
						3	72—150		中壤土		9.8	4.5	0.20	0.53	18.9		49				
剖23	半水成土	潮土	潮土	二合土	砂底夹黏二合土	1	0—35				9.9								冲积物	E 111°11′11.4″ N 40°27′09.4″	77
						2	35—56				10.2	6.2	0.32	0.79	19.1		90				
						3	56—87														
						4	87—150														

续表 Continued

剖面号 Soil profile	土纲 Soil order	土类 Soil great group	亚类 Soil subgroup	土属 Soil genus	土种 Soil species	土层码 Layer code	土层厚度 Depth/cm	颜色 Soil color	质地 Soil texture	土壤结构 Soil structure	pH	有机质 OM/(g/kg)	全氮 TN/(g/kg)	全磷 TP/(g/kg)	全钾 TK/(g/kg)	有效磷 AP/(mg/kg)	速效钾 AK/(mg/kg)	阳离子交换量CEC/(cmol/kg)	土壤母质 Parent material	剖面点坐标 Profile coordinate	匹配指数 Matching index/%
剖24	盐碱土	草甸盐土	草甸盐土	黑盐土	重黑盐沫土	1	0—27	浅棕黄色	砂壤土	粒状	8.0	9.3	0.57	0.64	19.9				冲积物	E 111°07′17.0″ N 40°26′12.1″	90
						2	27—49	浅黄色	砂壤土	粒状	8.4	7.1	0.50	0.57	18.7						
						3	49—60	浅黄色	砂壤土	粒状	8.5	2.2	1.33	0.60	18.7						
						4	60—95	浅灰黄色	轻壤土	粒状	8.2	7.6	0.56	0.60	20.3						
						5	95—150	浅棕黄色	轻壤土	片状	8.7	7.1	0.36	0.59	20.5						
剖25	盐碱土	草甸盐土	苏打盐土	苏打白盐土	苏打白盐硬体硬二合土	1	5—15		中壤土		10.1	11.8	0.78	0.83	19.9				冲积物	E 111°13′26.4″ N 40°26′07.1″	93
						2	20—25		中壤土		10.3	2.7	0.21	0.70	17.4						
						3	30—45		中壤土		10.1	8.5	0.49	0.57	17.4						
						4	60—90		中壤土		10.4	3.5	0.25	0.53	17.8						
						5	110—140		中壤土		10.4	3.0	0.19	0.56	17.0						
						6	150—160				9.4	3.7	0.18	0.65	17.8						
剖26	半水成土	潮土	潮土	沫土	黏底沫土	1	0—21	灰棕色	砂壤土	无明显结构									冲积物	E 111°08′43.4″ N 40°25′44.4″	99
						2	21—66	暗黄色	砂壤土	无明显结构											
						3	66—79	灰黄色	轻壤土	小粒状											
						4	79—104	暗黄色	重壤土	粒状											
						5	104—123	浅棕黄色	中壤土	小粒状											
						6	123—250	灰黄色	轻壤土												
剖27	半水成土	草甸土	盐化草甸土	白盐化草甸土	中白盐化黏体硬二合土	1	0—20		砂壤土	粒状	8.5	26.7	1.44	0.83	19.9				冲积物	E 111°14′39.8″ N 40°25′34.7″	83
						2	20—40		砂壤土	粒状	9.0	14.3	0.74	0.64	19.1						
						3	40—76		轻壤土	粒状	8.6	11.1	0.55	0.72	19.1						
						4	76—130		重壤土		9.3	10.2	0.55	0.68	18.7						
剖28	半水成土	草甸土	盐化草甸土	黑盐化草甸土	中黑盐化黏底二合土	1	0—60	暗灰棕色	轻壤土	粒状	8.8	17.0	0.96	0.59	18.7	10.3			冲积物	E 111°11′22.9″ N 40°25′22.1″	76
						2	60—120	黄棕色	中壤土		9.9	2.9	0.21	0.57	18.3	7.9	10				
						3	120—220	浅棕黄色	重壤土		9.9	3.0	0.23	0.68	18.7	7.5	4				
剖29	盐碱土	草甸盐土	草甸盐土	黑盐土	轻黑盐砂体二合土	1	0—5		轻壤土		9.6	10.4	0.57	0.59	17.8				冲积物	E 111°13′31.1″ N 40°24′56.5″	85
						2	5—20		砂壤土		10.2	7.5	0.42	0.57	18.7						
						3	20—50		中壤土		10.3	2.9	0.22	0.39	18.3						
						4	50—100		中壤土		10.1	4.7	0.18	0.49	18.3						
						5	100—150		中壤土		10.1	2.3	0.16	0.54	17.8						
剖30	半水成土	潮土	潮土	二合土	黏底二合土	1	0—5		砂壤土		9.9	6.3	0.57	0.55	20.3				冲积物	E 111°08′26.5″ N 40°24′51.1″	97
						2	20—50		重壤土		10.1	6.8	0.42	0.54	20.9						
						3	50—100		重壤土		10.4	8.6	0.47	0.57	19.1						
						4	100—150		轻黏土		10.4	11.1	0.59	0.65	20.3						
						5	150—200		中壤土		10.2	18.6	0.92	0.77	22.0						
						6	200—250		中壤土		10.3	2.6	0.20	0.37	17.4						
剖31	半水成土	草甸土	盐化草甸土	苏打白盐化草甸土	中苏打白盐化黏底沫土	1	0—5		砂壤土		9.8	20.2	1.01	0.83	20.9				冲积物	E 111°07′38.6″ N 40°24′50.8″	72
						2	5—20		重壤土		9.9	15.3	0.76	0.76	19.9						
						3	20—50		重壤土		9.9	12.1	0.65	0.77	21.2						
						4	50—100		轻壤土		9.0	9.5	0.47	0.63	19.1						
						5	100—150		中壤土		9.2	8.7	0.46	0.65	19.5						
						6	150—200		中壤土		9.7	8.0	0.54	0.70	19.5						
剖32	盐碱土	草甸盐土	草甸盐土	黑盐土	重黑盐硬二合土	1	0—27		中壤土										冲积物	E 111°10′16.7″ N 40°24′50.0″	84
						2	27—49		重壤土												
						3	49—68		重壤土												
						4	68—95		重壤土												
						5	95—150		重壤土												

续表 Continued

剖面号 Soil profile	土纲 Soil order	土类 Soil great group	亚类 Soil subgroup	土属 Soil genus	土种 Soil species	土层码 Layer code	土层厚度 Depth/cm	颜色 Soil color	质地 Soil texture	土壤结构 Soil structure	pH	有机质 OM/(g/kg)	全氮 TN/(g/kg)	全磷 TP/(g/kg)	全钾 TK/(g/kg)	有效磷 AP/(mg/kg)	速效钾 AK/(mg/kg)	阳离子交换量CEC/(cmol/kg)	土壤母质 Parent material	剖面点坐标 Profile coordinate	匹配指数 Matching index/%
剖33	半水成土	潮土	潮土	硬二合土	硬二合土	1	0—20	暗灰棕色	中壤土	粒状	8.8	22.7	1.30	0.71	20.1		131		冲积物	E 111°09′40.7″ N 40°24′46.4″	77
						2	20—58	暗灰棕色	中壤土	片状	8.8	30.4	1.66	0.73	19.9		158				
						3	58—100	暗黄棕色	中壤土	粒状	9.1	9.8	0.58	0.62	19.9		113				
						4	100—140	浅黄棕色	砂砾壤土	无明显结构	9.5	4.1	0.20	0.49	18.3		40				
剖34	半水成土	潮土	潮土	二合土	黏底二合土	1	0—20	浅灰黄色	轻壤土	小粒状									冲积物	E 111°12′54.7″ N 40°24′39.6″	82
						2	20—60	灰黄色	轻壤土	小粒状											
						3	60—100	暗黄棕色	重壤土	块状											
						4	100—150	暗黄色	中壤土	块状											
剖35	半水成土	潮土	潮土	硬二合土	夹砂硬二合土	1	0—30	灰黄棕色	砂土	粒状									冲积物	E 111°09′17.6″ N 40°24′12.6″	83
						2	30—60	灰黄棕色	重壤土	无明显结构											
						3	60—90	暗黄棕色	重壤土	片状											
						4	90—120	灰黄棕色	中壤土	块状											
						5	120—160	灰黄棕色	轻壤土	粒状											
剖36	半水成土	潮土	潮土	硬二合土	梨体硬二合土	1	0—30	暗黄棕色	重壤土	粒状	9.9	10.2	0.65	0.69	19.5				冲积物	E 111°06′13.0″ N 40°24′08.6″	77
						2	30—62	暗黄棕色	重壤土	粒状	9.8	13.0	0.69	0.64	19.9						
						3	62—90	暗灰棕色	重壤土	片状	9.9	13.7	1.46	0.71	19.9						
						4	90—130	浅黄棕色	重壤土	块状	9.9	6.3	0.38	0.61	17.8						
						5	130—170	浅黄棕色	中壤土	小块结构	10.1	2.9	0.11	0.54	18.3						
剖37	半水成土	草甸土	盐化草甸土	苏打白盐化草甸土	中苏打白盐化黏底二合土	1	0—43	灰黄色	中壤土	块状	10.1	7.1	0.45	0.53	17.6				冲积物	E 111°10′56.3″ N 40°24′03.2″	85
						2	43—90	黄灰棕色	重壤土	片状	9.5	6.7	0.44	0.65	17.3						
						3	90—150	暗黄棕色	中壤土	粒状	10.0	5.5	0.30	0.53	19.1						
						4	150—200	浅黄棕色	重壤土	粒状	9.9	4.1	0.18	0.52	19.1						
剖38	盐碱土	草甸盐土	苏打盐土	苏打白盐土	苏打白盐黏底二合土	1	0—5	灰黄棕色	中壤土	粒状	10.5	5.6	0.28	0.62	19.1				冲积物	E 111°14′52.8″ N 40°24′01.4″	76
						2	5—20	暗黄棕色	重壤土	粒状	10.4	5.2	0.23	0.64	18.3						
						3	20—50	暗黄棕色	中壤土	粒状	10.4	6.6	0.37	0.52	19.1						
						4	50—100	暗黄棕色	中壤土	粒状	10.4	5.2	0.24	0.55	22.0						
						5	100—150	灰棕色	中壤土	粒状	10.4	8.7	0.47	0.67	19.1						
剖39	半水成土	草甸土	盐化草甸土	白盐化草甸土	轻白盐化夹黏二合土	1	0—5	灰黄棕色	中壤土	块状	8.7	11.9	0.40	0.69	18.7				冲积物	E 111°12′21.2″ N 40°23′40.2″	86
						2	5—20	暗灰棕色	重壤土	片状	8.7	6.6	0.34	0.55	19.5						
						3	20—50	暗黄棕色	重壤土	粒状	8.6	6.4	0.25	0.57	20.7						
						4	50—100	暗黄棕色	中壤土	块状	8.6	5.4	0.27	0.62	19.5						
						5	100—150	灰黄棕色	轻壤土	无明显结构	8.6	3.9	0.19	0.56	17.4						
剖40	半水成土	草甸土	盐化草甸土	苏打白盐化草甸土	中苏打白盐化黏底二合土	1	0—21	暗灰棕色	中壤土	块状	9.6	13.9	0.80	0.73	18.7				冲积物	E 111°14′14.3″ N 40°23′33.4″	86
						2	21—45	灰棕色	中壤土	块状	10.1	6.2	0.29	0.62	17.8						
						3	45—78	灰黄色	中壤土	块状	10.3	4.1	0.17	0.47	16.6						
						4	78—120	灰黄色	砂壤土	无明显结构	10.2	3.3	0.20	0.49	16.6						
剖41	半水成土	草甸土	盐化草甸土	苏打白盐化草甸土	轻苏打白盐化黏底二合土	1	0—20	灰黄色	轻壤土	块状	9.2	9.3	0.51	0.67	19.3				冲积物	E 111°11′31.6″ N 40°23′21.1″	74
						2	20—100	暗黄棕色	重壤土	块状	9.4	8.4	0.48	0.57	19.1						
						3	100—130	暗黄棕色	重黏土		9.9	5.9	0.34	0.50	19.1						
						4	130—145	灰棕色	重黏土		9.8	4.7	0.37	0.45	19.5						
						5	145—165	灰棕色	中壤土	团粒状	9.6	2.4	0.16	0.66	19.1						
剖42	半水成土	潮土	潮土	硬二合土	黏底硬二合土	1	0—32	灰棕色	中壤土	块状	8.2	19.0	1.16	0.69	19.9				冲积物	E 111°09′45.3″ N 40°22′47.0″	76
						2	32—60	黄棕色	中壤土	块状	8.7	22.5	1.26	0.75	20.7						
						3	60—105	暗黄棕色	重壤土	块状	9.4	30.3	1.84	0.80	20.7						
						4	105—160	黄棕色	轻黏土		9.8	7.7	0.53	0.64	19.9						

续表 Continued

剖面号 Soil profile	土纲 Soil order	土类 Soil great group	亚类 Soil subgroup	土属 Soil genus	土种 Soil species	土层码 Layer code	土层厚度 Depth/cm	颜色 Soil color	质地 Soil texture	土壤结构 Soil structure	pH	有机质 OM/(g/kg)	全氮 TN/(g/kg)	全磷 TP/(g/kg)	全钾 TK/(g/kg)	有效磷 AP/(mg/kg)	速效钾 AK/(mg/kg)	阳离子交换量CEC/(cmol/kg)	土壤母质 Parent material	剖面点坐标 Profile coordinate	匹配指数 Matching index/%
剖43	半水成土	草甸土	盐化草甸土	苏打黑盐化土	轻苏打黑盐化沫土	1	0—25	暗黄棕色	砂壤土	无明显结构	9.8	7.3	0.48						冲积物	E 111°13′08.8″ N 40°22′26.4″	91
						2	25—55	暗灰黄色	砂壤土	无明显结构	9.7	6.0	0.36								
						3	55—140	灰黄色	砂壤土	无明显结构											
剖44	盐碱土	草甸盐土	草甸盐土	白盐土	中白盐黏底硬二合土	1	0—15		轻壤土		9.6	12.8	0.72	0.65	19.9				冲积物	E 111°08′57.5″ N 40°22′23.5″	98
						2	15—30		重壤土		9.9	12.3	0.61	0.66	19.1						
						3	30—60		轻壤土		9.2	10.5	0.56	0.62	18.3						
						4	60—100		重壤土		8.2	9.6	0.51	0.62	18.4						
						5	100—150		重壤土		9.5	3.6	0.15	0.57	16.6						
						6	150—208				9.8	3.4	0.19	0.41	17.4						
剖45	半水成土	潮土	潮土	硬二合土	砂底硬二合土	1	0—20		中壤土		8.9	24.6	1.37	0.72	19.9		167	36.8	冲积物	E 111°11′00.2″ N 40°22′14.7″	72
						2	20—60		中壤土		8.6	8.0	0.51	0.52	19.1		49				
						3	60—90		砂土		8.6	16.4	1.02	0.69	19.5		113				
						4	90—120		砂壤土		8.6	27.1	1.55	0.73	20.7		194				
						5	120—160		轻壤土		8.8	4.6	0.30	0.58	17.4		49				
剖46	半水成土	草甸土	盐化草甸土	苏打白盐化土	中苏打白盐化砂底二合土	1	0—30		中壤土	粒状									冲积物	E 111°10′24.2″ N 40°22′03.7″	71
						2	30—60	暗黄棕色	轻壤土	块状											
						3	60—100	灰黄色	砂土	无明显结构											
						4	100—155	浅黄棕色	砂壤土	块状											
剖47	盐碱土	草甸盐土	草甸盐土	黑盐土	重黑盐黏底硬二合土	1	0—20	棕黄色	中壤土	块状	10.1	5.2	0.45	0.59	17.4				冲积物	E 111°08′57.8″ N 40°21′32.0″	95
						2	20—45		中壤土	块状	10.0	5.0	0.37	0.59	17.0						
						3	45—100		轻壤土	块状	9.9	5.4	0.32	0.60	19.1						
						4	100—240		砂土	无明显结构	9.7	2.4	0.20	0.54	16.6						
剖48	盐碱土	草甸盐土	苏打盐土	苏打黑盐土	苏打黑盐二合土	1	0—20		中壤土		8.7	11.6	0.63	0.54	17.4				冲积物	E 111°13′12.7″ N 40°21′18.7″	71
						2	20—30	浅灰黄色	中壤土	块状	9.0	11.1	0.62	0.59	18.3						
						3	30—100	灰黄色	重壤土	块状	9.4	10.4	0.49	0.50	20.3						
						4	100—150	灰黄棕色	中壤土	块状	9.3	8.9	0.40	0.54	17.4						
						5	150—160	暗黄棕色	中壤土	块状	9.5	7.0	0.31	0.46	19.1						
剖49	盐碱土	草甸盐土	草甸盐土	黑盐土	重黑盐黏底硬体二合土	1	0—15		中壤土		9.5	12.5	0.78	0.65	20.7				冲积物	E 111°09′46.4″ N 40°21′10.1″	77
						2	15—26		重壤土		10.2	6.8	0.38	0.65	20.7						
						3	26—50		重壤土		10.2	8.8	0.46	0.69	21.2						
						4	50—100		中壤土		10.3	2.2	0.18	0.41	16.6						
						5	100—150		轻壤土		10.2	1.2	0.07	0.64	20.7						
剖50	半水成土	草甸土	盐化草甸土	黑盐化黏土	轻黑盐黏体硬二合土	1	0—30		中壤土		8.7	30.1	1.67	0.80	20.7				冲积物	E 111°08′42.7″ N 40°20′60.0″	79
						2	30—42	暗黄棕色	重壤土		9.5	6.6	0.44	0.58	19.1						
						3	42—71	暗灰黄色	中壤土		9.7	5.7	0.28	0.56	19.9						
						4	71—140	浅灰黄色	轻壤土		9.6	4.2	0.21	0.52	18.3						
剖51	盐碱土	草甸盐土	草甸盐土	白盐土	重白盐沫土	1	0—20	暗灰黄色	砂壤土	粒状									冲积物	E 111°08′51.0″ N 40°20′34.4″	100
						2	20—70	浅黄棕色	中壤土	粒状											
						3	70—110	暗灰黄色	重壤土	片状											
剖52	半水成土	草甸土	盐化草甸土	黑盐化草甸土	中黑盐化黏底沫土	3	110—140	暗黄棕色	重壤土	片状									冲积物	E 111°08′17.2″ N 40°20′22.2″	94
						4	140—225	浅灰黄色	重壤土	粒状											
						5	225—240	浅黄棕色	轻壤土	块状											

续表 Continued

剖面号 Soil profile	土纲 Soil order	土类 Soil great group	亚类 Soil subgroup	土属 Soil genus	土种 Soil species	土层码 Layer code	土层厚度 Depth/cm	颜色 Soil color	质地 Soil texture	土壤结构 Soil structure	pH	有机质 OM/(g/kg)	全氮 TN/(g/kg)	全磷 TP/(g/kg)	全钾 TK/(g/kg)	有效磷 AP/(mg/kg)	速效钾 AK/(mg/kg)	阳离子交换量CEC/(cmol/kg)	土壤母质 Parent material	剖面点坐标 Profile coordinate	匹配指数 Matching index/%
剖53	半水成土	草甸土	脱潜育草甸土	脱潜育黄干泥	深位黄干泥黏土	1	0—29	暗灰色	重壤土	块状									冲积物、湖积物	E 111°12′36.4″ N 40°20′11.4″	80
						2	29—67	浅灰黄色	轻壤土	块状											
						3	67—80	灰黄色	轻壤土	无明显结构											
						4	80—150	白色	轻壤土												
剖54	水成土	沼泽土	草甸沼泽土	草甸沼泽土	草甸沼泽土	1	0—20	黑灰棕色	重壤土	粒状	9.0	30.1	1.61	0.81	21.6				冲积物	E 111°07′29.5″ N 40°20′01.6″	89
						2	20—130	棕色	重壤土	块状	8.9	8.4	0.57	0.62	20.7		253	13.0			
						3	130—150	灰黄色	中壤土		8.8	6.4	0.69	0.59	19.1		240				
剖55	半水成土	潮土		二合土	黏底夹砂二合土	1	0—40	暗黄棕色	轻壤土	小粒状							117		冲积物	E 111°16′38.6″ N 40°29′57.5″	75
						2	40—69	砂土	砂土	无明显结构											
						3	69—121	灰棕色	重壤土	粒状											
						4	121—150	浅黄棕色	砂壤土	无明显结构											
剖56	半水成土	潮土		二合土	黏底夹砂二合土	1	0—30		砂土										冲积物	E 111°15′24.8″ N 40°28′51.2″	89
						2	30—50		重壤土												
						3	50—100														
剖57	半水成土	草甸土	盐化草甸土	白盐化草甸土	轻白盐化沫土	1	0—20	灰黄色	砂壤土	粒状	9.0	10.8	0.59	0.47	21.6				冲积物	E 111°18′29.9″ N 40°27′59.4″	82
						2	20—60	暗黄棕色	砂壤土	块状	9.5	4.8	0.30	0.56	20.7						
						3	60—100	浅黄棕色	砂壤土	块状	9.4	2.4	0.15	0.59	17.4						
						4	100—150	浅黄棕色	轻壤土		10.0	2.3	0.15	0.45	19.9						
剖58	半水成土	草甸土	苏打盐化草甸土	苏打白盐化	重苏打白盐化沫土	1	0—26	暗黄棕色	砂壤土	粒状	9.9	9.1	0.58	0.49	16.6	3.5			冲积物	E 111°24′36.7″ N 40°27′08.6″	98
						2	26—54	暗黄棕色	砂壤土	无明显结构	9.9	3.2	0.28	0.49	17.4						
						3	54—89	浅黄棕色	砂壤土	无明显结构	10.0	2.9	0.23	0.47	17.0						
						4	89—150	灰黄色	砂壤土	无明显结构	9.9	2.2	0.14	0.44	17.8						
剖59	盐碱土	草甸盐土	草甸盐土	白盐土	轻白盐土	1	0—22		重壤土		8.7	10.5	0.59	0.58	19.1				冲积物	E 111°17′00.6″ N 40°26′58.6″	82
						2	22—70		砂壤土		8.9	9.6	0.58	0.62	20.7						
						3	70—91		砂壤土		10.1	9.0	0.39	0.65	19.1						
						4	91—126		重壤土		10.2	8.2	0.37	0.61	18.3						
						5	126—190		中壤土		9.8	6.8	0.66	0.68	20.7						
						6	190—210		中壤土		8.8	6.2	0.37	0.56	18.7						
剖60	盐碱土	苏打盐土	苏打白盐土	苏打白盐化二合土	1		0—50	黄棕色	轻壤土	粒状	8.5	10.8	0.50	0.59	18.7				冲积物	E 111°19′08.8″ N 40°25′33.2″	81
						2	50—74	黄棕色	砂壤土	粒状	8.6	15.8	0.95	0.50	20.7						
						3	74—92	浅黄棕色	砂壤土	粒状	8.5	16.4	0.91	0.61	19.5						
						4	92—106	浅黄棕色	砂壤土	粒状	8.4	6.4	0.43	0.63	19.1						
						5	106—150	灰黄色	砂壤土	粒状	8.5	3.4	0.22	0.77	16.6						
剖61	半水成土	草甸土	盐化草甸土	白盐化草甸土	中白盐化裸砂土	1	0—25		砂壤土		8.6	10.2	0.53	0.59	19.5				冲积物	E 111°18′38.5″ N 40°24′49.3″	86
						2	25—51		砂壤土		9.2	9.5	0.58	0.59	21.0						
						3	51—150		砂壤土		9.4	8.9	0.57	0.59	19.1						
剖62	半水成土	草甸土	盐化草甸土	白盐化草甸土	中白盐化沫土	1	0—5		轻壤土		9.0	13.6	0.76	0.54	18.7				冲积物	E 111°17′00.2″ N 40°24′28.1″	86
						2	5—10		轻壤土		9.1	9.5	0.51	0.55	17.4						
						3	20—50		轻壤土		8.8	8.8	0.54	0.65	17.4						
						4	50—100		轻壤土		8.5	7.7	0.43	0.54	19.1						
						5	100—150				8.5	5.2	0.43	0.41	17.0						
剖63	盐碱土	草甸盐土	苏打盐土	苏打白盐土	苏打白盐沫土	1	0—5		轻壤土										冲积物	E 111°21′54.7″ N 40°23′51.0″	78
						2	5—20		轻壤土												
						3	20—50		轻壤土												
						4	50—100		轻壤土												
						5	100—150		轻壤土												

续表 Continued

剖面号 Soil profile	土纲 Soil order	土类 Soil great group	亚类 Soil subgroup	土属 Soil genus	土种 Soil species	土层码 Layer code	土层厚度 Depth/cm	颜色 Soil color	质地 Soil texture	土壤结构 Soil structure	pH	有机质 OM/(g/kg)	全氮 TN/(g/kg)	全磷 TP/(g/kg)	全钾 TK/(g/kg)	有效磷 AP/(mg/kg)	速效钾 AK/(mg/kg)	阳离子交换量 CEC/(cmol/kg)	土壤母质 Parent material	剖面点坐标 Profile coordinate	匹配指数 Matching index/%
剖64	半成土	草甸土	脱潜育草甸土	脱潜育黄干泥	深位黄干泥壤土	1	0—20	黄棕色	砂壤土	粒状	8.8	2.7	0.18	0.25	18.3	2.5	67	6.1	冲积物、湖积物	E 111°25′01.9″ N 40°22′44.4″	88
						2	20—60	黄棕色	轻壤土	块状	8.7	4.1	0.25	0.39	17.4	2.0	49				
						3	60—150	黄棕色	中壤土	块状	8.7	2.7	0.21	0.36	15.4		49				
剖65	盐碱土	草甸盐土	苏打盐土	苏打盐土	苏打白盐壤体砂土	1	0—20				9.8	3.6	0.19	0.49	16.6				冲积物	E 111°21′13.3″ N 40°22′22.1″	72
						2	20—50				9.5	4.7	0.48	0.62	18.3						
						3	50—100				9.0	7.2	0.48	0.52	18.0						
剖66	半成土	草甸土	盐化草甸土	白盐化草甸土	重白盐化沫土	1	0—5				8.9	10.0	0.91						冲积物	E 111°17′54.6″ N 40°21′10.8″	77
						2	5—20				9.6	3.0	0.11								
						3	20—50				9.4	2.9	0.14								
						4	50—100				9.4	2.8	0.15								
剖67	盐碱土	草甸盐土	苏打盐土	苏打盐土	苏打盐砂土	1	0—5		砂土		10.5	5.2	0.32	0.54	19.1				冲积物	E 111°15′49.3″ N 40°21′08.3″	99
						2	5—20		砂土		10.3	2.4	0.20	0.54	18.3						
						3	20—50		砂土		10.1	2.9	0.12	0.45	17.0						
						4	50—100		砂土		10.1	2.8	0.18	0.38	17.8						
						5	100—150		中壤土		10.0	2.2	0.18	0.43	19.1						
剖68	半成土	草甸土	盐化草甸土	苏打黑盐化草甸土	中苏打黑盐化沫土	1	0—30	浅灰黄色	砂土	无明显结构									冲积物	E 111°20′35.9″ N 40°21′03.2″	91
						2	30—60	暗黄棕色	中壤土	块状											
						3	60—150	浅灰棕色	轻壤土	块状											
剖69	半成土	草甸土	脱潜育草甸土	脱潜育黄干泥	浅位黄干泥壤土	1	0—36	灰黄色	砂壤土	无明显结构	8.8	7.7	0.41	0.39	17.8	3.5	104	5.2	冲积物、湖积物	E 111°22′32.9″ N 40°20′53.9″	72
						2	36—150	白色	中壤土	片状	8.7	6.9	0.40	0.46	16.6	2.0	86				
剖70	半成土	草甸土	盐化草甸土	白盐化草甸土	中白盐化砂土	1	0—5		砂土		9.0	6.2	0.37	0.39	16.6				冲积物	E 111°20′14.6″ N 40°20′31.2″	73
						2	20—50				8.5	5.9	0.32	0.32	17.4						
剖71	半成土	草甸土	脱潜育草甸土	脱潜育黄干泥	深位黄干泥壤土	1	0—50				8.9	4.6	0.24	0.24	17.4	3.2	115		冲积物、湖积物	E 111°15′07.6″ N 40°20′06.4″	84
						2	50—100				8.7	7.2	0.37	0.36	16.6	2.1	80				
						3	100—150														
剖72	半成土	草甸土	盐化草甸土	白盐化草甸土	轻白盐化黏体沫土	1	0—20		砂壤土		8.4	9.1	0.38	0.52	19.7				冲积物	E 111°08′20.2″ N 40°19′34.2″	94
						2	20—40		轻壤土		9.0	9.0	0.57	0.56	19.9						
						3	40—100		中壤土		8.8	5.8	0.26	0.47	17.4						
						4	100—150		重壤土		8.5	5.6	0.36	0.76	20.7						
						5	150—180		中壤土		8.4	4.8	0.37	0.74	17.4						
剖73	半成土	潮土	潮土	胶泥	摊底胶泥	1	0—33	灰棕色	重壤土	小块状	9.0	9.6	0.77	0.65	23.5		185	23.5	冲积物	E 111°04′49.3″ N 40°19′21.6″	96
						2	33—60	灰棕色	重壤土	小块状		7.3	0.49	0.67	21.6		135				
						3	60—76	灰黄色	中壤土	无明显结构	9.0	3.6	0.30	0.71	19.5		76				
						4	76—98	灰黄色	中壤土	无明显结构	8.9	3.4	0.23	0.63	18.3		54				
						5	98—150	灰黄色	中壤土		8.8	5.4	0.34	0.64	19.1		104				
剖74	半成土	草甸土	盐化草甸土	黑盐化草甸土	中黑盐化砂土	1	0—21	灰黄色	砂土		9.2	6.5	0.29	0.44	16.6				冲积物	E 111°12′02.5″ N 40°18′54.7″	92
						2	21—165		中壤土		8.8	3.0	0.15	0.35	17.4						
						3	165—				8.7	6.1	0.37	0.43	19.9						
剖75	盐碱土	草甸盐土	草甸盐土	黑盐土	中黑盐胶泥	1	0—5		重壤土		9.3	16.6	0.65	0.65	16.6				冲积物	E 111°05′25.7″ N 40°18′50.8″	83
						2	5—20		重壤土		9.2	7.5	0.46	0.63	19.9						
						3	20—50		重壤土		9.1	7.8	0.44	0.59	20.9						
						4	50—100		重壤土		9.1	6.7	0.38	0.62	20.7						
						5	100—150		重壤土		8.8	7.2	0.39	0.65	20.7						

续表 Continued

剖面号 Soil profile	土纲 Soil order	土类 Soil great group	亚类 Soil subgroup	土属 Soil genus	土种 Soil species	土层码 Layer code	土层厚度 Depth/cm	颜色 Soil color	质地 Soil texture	土壤结构 Soil structure	pH	有机质 OM/(g/kg)	全氮 TN/(g/kg)	全磷 TP/(g/kg)	全钾 TK/(g/kg)	有效磷 AP/(mg/kg)	速效钾 AK/(mg/kg)	阳离子交换量CEC/(cmol/kg)	土壤母质 Parent material	剖面点坐标 Profile coordinate	匹配指数 Matching index/%
剖76	半水成土	草甸土	盐化草甸土	白盐化草甸土	轻白盐化黏底硬二合土	1	0–20				8.6	28.9	1.50	0.87	16.6				冲积物	E 111°07′52.7″ N 40°18′47.2″	78
						2	20–50				8.5	26.1	1.46	0.73	22.4						
						3	50–100				8.6	24.4	1.08	0.69	18.3						
						4	100–150				8.6	14.2	0.80	0.64	19.9						
剖77	半水成土	草甸土	盐化草甸土	黑盐化草甸土	轻黑盐化黏土	1	0–22	暗红棕色	中壤土	块状	8.8	13.7	0.91	0.72	23.2				冲积物	E 111°06′21.2″ N 40°18′35.6″	95
						2	22–46	红棕色	中壤土	块状	8.8	10.4	0.72	0.69	23.2						
						3	46–68	灰棕色	轻黏土	块状	8.9	6.4	0.46	0.71	20.7						
						4	68–90	红棕色	轻黏土	块状	8.8	9.5	0.63	0.73	22.4						
						5	90–100	浅黄棕色	中壤土	粒状											
剖78	半水成土	潮土	潮土	二合土	黏体二合土	1	0–28	浅灰黄色	轻壤土	片状									冲积物	E 111°04′12.9″ N 40°18′31.0″	94
						2	28–35	浅灰棕色	轻壤土	片状											
						3	35–72	浅黄棕色	黏土	块状											
						4	72–150	浅黄棕色	中壤土	粉末状											
剖79	半水成土	草甸土	盐化草甸土	黑盐化草甸土	轻碱盐化黑硬二合土	1	0–30	浅黄棕色	黏土	块状									冲积物	E 111°03′23.2″ N 40°18′23.3″	73
						2	30–60	红棕色	中壤土	块状											
						3	60–85	浅棕色	中壤土	粉末状											
						4	85–150														
剖80	盐碱土	草甸盐土	苏打盐土	苏打白盐土	苏打白盐黏土	1	0–5		轻黏土	粒状	8.9	16.0	1.03	0.73	21.4		281	11.2	冲积物	E 111°06′23.4″ N 40°17′59.6″	80
						2	5–15		黏土	粒状	9.6	12.5	0.79	0.74	20.1		185				
						3	20–40		重壤土	粒状	9.7	10.4	0.71	0.68	21.4		154				
						4	50–90		重壤土	粒状	9.8	8.4	0.56	0.73	20.3		95				
						5	110–140		中壤土	小粒状	9.6	5.8	0.33	0.75	17.6		58				
						6	150–180		轻黏土	块状	9.2	3.9	0.25	0.72	20.7						
剖81	半水成土	潮土	潮土	胶泥	胶泥	1	0–18	暗灰棕色	重黏土	粒状	9.4	10.1	1.74	0.88	20.3				冲积物	E 111°08′04.7″ N 40°17′56.2″	78
						2	18–42	灰棕色	重壤土	粒状	10.1	8.2	0.40	0.61	19.9						
						3	42–92	暗灰棕色	重壤土	粒状	10.2	7.3	0.32	0.53	19.9						
						4	92–120	灰黄棕色	重壤土	粒状	10.2	4.7	0.22	0.53	17.0						
						5	120–160	黄棕色	中壤土	小粒状	10.2	4.3	0.19	0.48	16.6						
剖82	半水成土	草甸土	盐化草甸土	苏打白盐化草甸土	中苏打白盐化壤体胶泥	1	0–30	黄棕色	重壤土	块状									冲积物	E 111°04′43.0″ N 40°17′55.7″	70
						2	30–62	浅棕黄色	轻壤土	粒状	8.2	10.1	0.68	0.61	23.6						
						3	62–97	浅黄棕色	重壤土	片状	8.7	2.1	0.17	0.55	17.4						
						4	97–150	黄棕色	重壤土	片状	8.7	3.9	0.31	0.56	18.7						
剖83	半水成土	潮土	潮土	胶泥	壤体胶泥	1	0–30	红棕色	重黏土	块状	9.9	7.6	0.55	0.55	19.9				冲积物	E 111°05′48.5″ N 40°17′49.6″	95
						2	30–85	浅黄棕色	重壤土	块状	10.0	6.6	0.41	0.55	18.0						
						3	85–120	浅黄棕色	中壤土	块状	9.2	3.9	0.28	0.45	21.0						
剖84	半水成土	草甸土	盐化草甸土	白盐化草甸土	轻白盐化砂土	1	0–30												风积物	E 111°13′29.3″ N 40°17′40.9″	85
						2	30–85														
						3	85–150														
剖85	初育土	风沙土	固定风沙土	固定沙丘土	固定沙丘土	1	0–150		砂土											E 111°11′50.3″ N 40°17′08.9″	80
剖86	盐碱土	草甸盐土	草甸盐土	黑盐土	中黑盐夹胶泥	1			重黏土		8.7	10.0	0.51	0.61	17.6				冲积物	E 111°07′42.6″ N 40°17′07.4″	71
						2			轻壤土		8.7	6.5	0.35	0.65	18.3						
						3			重黏土		8.7	7.3	0.43	0.62	19.9						
						4					8.7	7.7	0.51	0.69	20.7						
						5					8.7	6.5	0.34	0.57	18.7						

续表 Continued

剖面号 Soil profile	土纲 Soil order	土类 Soil great group	亚类 Soil subgroup	土属 Soil genus	土种 Soil species	土层码 Layer code	土层厚度 Depth/cm	颜色 Soil color	质地 Soil texture	土壤结构 Soil structure	pH	有机质 OM/(g/kg)	全氮 TN/(g/kg)	全磷 TP/(g/kg)	全钾 TK/(g/kg)	有效磷 AP/(mg/kg)	速效钾 AK/(mg/kg)	阳离子交换量CEC/(cmol/kg)	土壤母质 Parent material	剖面点坐标 Profile coordinate	匹配指数 Matching index/%
剖87	半水成土	草甸土	盐化草甸土	黑盐化草甸土	轻黑盐化沫土	1	0—20		砂壤土		8.6	10.2	0.66	0.68	21.6				冲积物	E 111°14′31.9″ N 40°17′07.4″	92
						2	20—76		砂壤土		8.7	6.2	0.39	0.83	15.9						
						3	76—100		砂壤土		8.7	3.8	0.26	0.36	17.0						
						4	100—120		轻壤土		8.8	2.2	0.18	0.36	17.4						
						5	120—150														
剖88	半水成土	草甸土	脱潜育草甸土	脱潜育沫土	脱潜育沫土	1	0—18		砂壤土		8.7	4.1	0.23	0.49	17.8	2.5	120		冲积物、湖积物	E 111°09′15.8″ N 40°16′56.6″	86
						2	18—69		砂壤土		8.9	3.6	0.23	0.46	17.8	2.0	110				
						3	69—120		砂壤土		9.3	2.7	0.20	0.42	17.4	1.8	100				
剖89	盐碱土	草甸盐土	草甸盐土	白盐化草甸土	中黑盐夹壤胶泥	1	0—30		重壤土										冲积物	E 111°03′22.7″ N 40°16′42.2″	97
						2	30—50	灰棕色	轻壤土	块状								10.5			
						3	50—150		重壤土												
剖90	半水成土	草甸土	盐化草甸土	白盐化草甸土	中白盐化黏土	1	0—27	黄棕色		块状									冲积物	E 111°04′38.7″ N 40°16′24.2″	84
						2	27—62	浅棕色		块状											
						3	62—150														
剖91	半水成土	草甸土	盐化草甸土	白盐化草甸土	白盐化黏土	1	20—50		中壤土		8.6	10.2	0.79	0.59	24.5				冲积物	E 111°06′40.7″ N 40°16′12.7″	72
						2	50—90		重壤土		8.6	10.3	0.78	0.53	24.1						
						3	90—120		重壤土		8.9	7.5	0.53	0.59	21.2						
剖92	盐碱土	草甸盐土	草甸盐土	白盐土	重白盐夹砸二合土	1	0—5		中壤土										冲积物	E 111°10′35.1″ N 40°14′59.7″	92
						2	5—30		重壤土												
						3	30—48		轻壤土												
						4	48—92		中壤土												
						5	92—110		轻壤土												
						6	110—170		轻壤土												
剖93	半水成土	潮土	潮土	胶泥	夹壤胶泥	1	0—30		中壤土		9.3	13.4	0.77	0.76	21.6				冲积物	E 111°09′43.2″ N 40°14′49.9″	100
						2	30—61		轻壤土		9.7	13.2	0.77	0.76	20.9						
						3	61—98		轻壤土		9.8	12.5	0.65	0.70	18.7						
						4	98—120		重壤土		9.8	6.2	0.35	0.62	19.9						
						5	120—150		轻壤土		9.7	4.9	0.23	0.54	17.4						
剖94	半水成土	潮土	潮土	二合土	夹黏二合土	1	0—23		重壤土		8.8	16.2	1.01	0.67	19.1	11.0	126		冲积物	E 111°08′31.6″ N 40°14′46.0″	94
						2	23—52		重壤土		8.7	18.7	1.01	0.63	19.1						
						3	52—80		中壤土		8.7	10.4	0.52	0.64	1.7						
						4	80—124		重壤土		8.6	10.3	0.17	0.84	19.9						
						5	124—240		轻壤土		8.8	10.2	0.67	0.61	19.5						
剖95	盐碱土	草甸盐土	草甸盐土	白盐土	轻白盐夹二合土	1	0—30	浅黄色	轻壤土	粒状	9.0	11.6	0.60	0.58	19.5	3.0	40		冲积物	E 111°11′10.3″ N 40°14′40.2″	98
						2	30—60	浅黄色	重壤土	粒状	9.6	7.9	0.47	0.65	21.2		40				
						3	60—90	暗灰黄色	砂壤土	粒状	9.6	7.5	0.45	0.62	20.7		40				
剖96	盐碱土	草甸盐土	草甸盐土	白盐土	中白黏化土	1	0—5		重壤土		9.6	6.4	0.36	0.58	19.1				冲积物	E 111°12′22.3″ N 40°13′31.4″	71
						2	5—20		中壤土		9.3	2.8	0.18	0.58	17.4						
						3	20—80		重壤土		8.8	2.2	0.25	0.56	19.5						
						4	80—120		重壤土		8.4	4.3	0.22	0.44	17.0						
						5	120—136		轻壤土		8.4	3.4	0.13	0.46	15.8						
						6	136—150		轻壤土												
剖97	钙层土	栗褐土	栗褐土	黄壚土	中蚀黄土	1	0—18	浅黄色	轻壤土	粒状		3.4	0.16	0.39	17.8		40		黄土	E 111°13′44.8″ N 40°12′21.2″	74
						2	18—56		砂壤土	粒状		2.2									
						3	56—71		轻壤土	无明显结构		3.1	0.09	0.34	15.4		38	5.2			
						4	71—150				8.4										

续表 Continued

剖面号 Soil profile	土纲 Soil order	土类 Soil great group	亚类 Soil subgroup	土属 Soil genus	土种 Soil species	土层码 Layer code	土层厚度 Depth/cm	颜色 Soil color	质地 Soil texture	土壤结构 Soil structure	pH	有机质 OM/(g/kg)	全氮 TN/(g/kg)	全磷 TP/(g/kg)	全钾 TK/(g/kg)	有效磷 AP/(mg/kg)	速效钾 AK/(mg/kg)	阳离子交换量CEC/(cmol/kg)	土壤母质 Parent material	剖面点坐标 Profile coordinate	匹配指数 Matching index/%
剖98	半水成土	草甸土	脱潜育草甸土	脱潜育黄砂土	脱潜育壤体砂土	1	0—29	浅黄棕色	砂土	无明显结构	8.5	3.4	0.22	0.34	17.4	3.0	61	2.6	冲积物、湖积物	E 111°24′54.4″ N 40°19′32.9″	94
						2	29—58	暗黄棕色	砂壤土	粒状	8.5	7.5	0.42	0.42	17.0		45				
						3	58—127	浅黄色	砂壤土	粒状	8.5	5.0	0.26	0.45	17.0		40				
						4	127—150	灰黄色	轻壤土	粒状											
剖99	初育土	风沙土	固定风沙土	固定沙黄砂土	固定沙丘土	1	0—150		砂土										风积物	E 111°17′57.8″ N 40°19′21.4″	93
剖100	半水成土	草甸土	脱潜育草甸土	脱潜育沫土	脱潜育夹黏沫土	1	0—30	暗黄棕色	砂壤土	块状	8.8	3.3	0.19	0.33	17.4	2.0	95	27.1	冲积物、湖积物	E 111°20′02.8″ N 40°19′10.2″	96
						2	30—50	暗灰黄色	重壤土	块状	9.7	6.2	0.32	0.47	18.7		140				
						3	50—150	浅黄色	砂壤土	块状	9.4	3.0	0.17	0.34	17.4		76				
剖101	盐碱土	草甸盐土	白盐土	白盐土	中白盐沫土	1	0—22	灰黄色	砂土	块状									冲积物	E 111°17′25.1″ N 40°18′40.0″	98
						2	22—70	灰黄色	砂壤土	块状											
						3	70—91	浅灰黄色	重壤土	片状											
						4	91—126	暗黄棕色	中壤土	片状											
						5	126—210	暗黄棕色	中壤土	块状											
						6	190—210														
剖102	半水成土	草甸土	潮土	砂土	夹黄砂土	1	0—35	浅黄棕色	砂土	无明显结构	8.6	3.9	0.23	0.24	17.0				冲积物	E 111°25′39.0″ N 40°18′26.6″	76
						2	35—75	暗黄棕色	砂壤土	小粒状	8.5	9.5	0.65	0.37	16.6						
						3	75—112	暗黄棕色	砂土		8.5	6.9	0.51	0.41	16.6						
						4	112—150	灰黄色	砂壤土		8.5	3.4	0.25	0.41	15.8						
剖103	半水成土	草甸土	脱潜育黄干泥	脱潜育黄干泥	深位黄干泥砂土	1	0—18	灰黄色	砂土	无明显结构	9.2	5.2	0.36	0.30	17.4	3.5	86	1.5	冲积物、湖积物	E 111°25′25.3″ N 40°18′04.7″	86
						2	18—51	浅灰黄色	砂壤土	粒状	8.5	6.6	0.55	0.69	17.4	2.1	86				
						3	51—150	黄灰色	砂壤土	片状	9.2	2.7	0.21	0.38	16.3		67				
剖104	半水成土	草甸土	脱潜育黄干泥	脱潜育黄干泥	浅位黄干泥黏土	1	0—28	灰黄色	砂土	块状	8.7	8.5	0.50	0.52	18.3	3.0	194	12.0	冲积物、湖积物	E 111°16′10.2″ N 40°17′58.9″	98
						2	28—109	灰黄色	砂壤土	粒状	9.2	5.0	0.32	0.45	17.8	2.0	131				
						3	109—150	灰黄色	轻壤土	块状	9.2	4.3	0.26	0.42	18.3		113				
剖105	半水成土	草甸土	脱潜育二合土	脱潜育二合土	脱潜育二合土	1	0—20	浅棕色	轻壤土	块状		5.2	0.35	0.45	18.1				冲积物、湖积物	E 111°19′27.8″ N 40°16′52.3″	89
						2	20—80	浅棕色	砂壤土	粒状	10.1	3.5	0.22	0.42	18.1						
						3	80—150	黄黄色	重壤土	块状	9.9	8.9	0.46	0.51	18.7						
剖106	盐碱土	草甸盐土	苏打白盐土	苏打白盐土	苏打白盐壤土	1	0—5				8.9	4.8	0.29	0.45	18.7				冲积物	E 111°25′43.3″ N 40°15′31.7″	71
						2	5—20				10.0										
						3	20—50														
						4	50—100														
剖107	半水成土	草甸土	脱潜育草甸土	脱潜育沫土	脱潜育沫土	1	0—17	浅棕色	砂壤土	粒状	8.9	4.3	0.38	0.45	18.3	3.5	131	9.5	冲积物、湖积物	E 111°21′25.2″ N 40°15′07.2″	98
						2	17—72	浅黄棕色	砂壤土	粒状	8.9	4.8	0.35	0.47	18.8	3.0	131				
						3	72—120	暗黄棕色	砂土	粒状	9.1	2.5	0.19	0.42	17.8	2.0	76				
剖108	钙层土	栗褐土	黄圹土	黄圹土	黄砂土	1	0—20	浅棕色	砂壤土	粒状	8.4	5.8	0.33	0.38	17.8	3.0	135	8.6	黄土	E 111°28′21.0″ N 40°14′48.5″	81
						2	20—90	浅棕色	轻壤土	粒状	8.9	4.9	0.36	0.35	16.6						
						3	90—150	浅棕色	轻壤土	粒状	8.9	5.5	0.35	0.31	15.8						
剖109	钙层土	栗褐土	洪淤土	洪淤土	厚体砂底洪淤土	1	0—20	浅黄棕色	砂壤土	小粒状	8.5	4.1	0.28	0.40	17.4		104	8.8	洪冲积物	E 111°27′31.3″ N 40°14′28.3″	93
						2	20—90	浅黄棕色	砂壤土	粒状	8.5	3.5	0.27	0.46	17.4		81				
						3	90—140	灰黄棕色	砂壤土	无明显结构											
剖110	钙层土	栗褐土	洪淤土	洪淤土	厚洪淤砂壤土	1	0—30	浅黄棕色	砂壤土		8.6	4.6	0.26						洪冲积物	E 111°29′20.8″ N 40°13′19.6″	92
						2	30—90	浅黄棕色	砂壤土		8.6	4.0									
						3	90—130	灰黄色	砂壤土		8.9	3.2	0.18								

续表 Continued

剖面号 Soil profile	土纲 Soil order	土类 Soil great group	亚类 Soil subgroup	土属 Soil genus	土种 Soil species	土层码 Layer code	土层厚度 Depth/cm	颜色 Soil color	质地 Soil texture	土壤结构 Soil structure	pH	有机质 OM/(g/kg)	全氮 TN/(g/kg)	全磷 TP/(g/kg)	全钾 TK/(g/kg)	有效磷 AP/(mg/kg)	速效钾 AK/(mg/kg)	阴离子交换量CEC/(cmol/kg)	土壤母质 Parent material	剖面点坐标 Profile coordinate	匹配指数 Matching index/%
剖111	半水成土	草甸土	脱潜育草甸土	脱潜育硬二合土	脱潜育砂底硬二合土	1	0—20	浅棕色	中壤土	块状	8.7	7.3	0.46	0.59	19.4	3.0	130	15.0	冲积物、湖积物	E 111°23′49.9″ N 40°13′00.1″	75
						2	20—60	黄棕色	中壤土	粒状	8.7	7.6	0.38	0.43	22.0	2.5	115				
						3	60—90	暗黄棕色	砂土		8.7	3.5	0.22	0.31	18.2		105				
						4	90—150	灰棕色	砂土		8.7	3.6	0.40	0.36	17.4						
剖112	半水成土	草甸土	脱潜草甸土	脱潜草沫土	脱潜育砂体沫土	1	0—30	灰黄棕色	砂壤土	无明显结构									冲积物、湖积物	E 111°24′02.2″ N 40°12′31.0″	96
						2	30—90	浅灰黄色	砂壤土	粒状											
						3	90—150	浅灰黄色	砂壤土	粒状											
剖113	钙层土	栗褐土	栗褐土	黄垆土	重蚀黄土	1	0—15	暗灰棕色	砂壤土	粒状									黄土	E 111°28′38.6″ N 40°12′01.8″	95
						2	15—150	暗红棕色	砂壤土	粒状											
剖114	钙层土	栗褐土	栗褐土	黄垆土	轻蚀黄土	1	0—20	浅灰棕色	轻壤土	粒状	8.3	6.8	0.43	1.38	17.0	3.5	95	6.2	黄土	E 111°29′33.7″ N 40°11′56.4″	91
						2	20—70	暗黄棕色	轻壤土	粒状	8.3	5.5	0.36	1.27	16.6		67				
						3	70—150	黄棕色	轻壤土	粒状	8.3	6.5	3.75	1.38	17.4		76				
剖115	半水成土	草甸土	脱潜育草甸土	脱潜育黄干泥	浅位黄干泥砂土	1	0—20	灰黄色	砂壤土	无明显结构	9.1	8.4	0.40	0.27	16.6	5.5	100	8.5	冲积物、湖积物	E 111°20′19.3″ N 40°11′50.3″	72
						2	20—45	浅灰黄色	砂壤土	粒状	8.9	8.0	0.44	0.29	18.4	4.2	80				
						3	45—150	白色	砂壤土	片状	9.1	3.0	0.11	0.28	15.4						
剖116	初育土	风沙土	半固定沙丘土	半固定沙丘风沙土	半固定沙丘土	1	0—46		砂土										风积物	E 111°15′17.6″ N 40°11′29.0″	97
						2	46—103		砂土												
						3	103—150		砂土												
剖117	初育土	风沙土	固定风沙土	固定沙丘风沙土	固定沙丘土	1	0—150		砂土										风积物	E 111°18′43.9″ N 40°10′46.6″	72
剖118	半水成土	潮土	潮土	二合土	砂底二合土	1	0—34	灰黄色		无明显结构	9.2	16.4	1.68	0.83	19.1	3.0	390	50.6	冲积物	E 111°16′51.6″ N 40°10′13.1″	95
						2	34—76	棕黄色		粒状	9.5	4.4	0.32	0.47	22.0		145				
						3	76—150	浅红棕色	重壤土		9.8		0.47	0.69	19.9		294				
剖119	钙层土	栗褐土	栗褐土	红垆土	红砂土	1	0—27	灰黄色	砂壤土	粒状	8.8	3.3	0.24	0.49	17.8		100	12.0	红色或杂色泥岩	E 111°20′02.0″ N 40°10′12.0″	73
						2	27—60	暗黄棕色	砂壤土	粒状	9.0	2.1	0.16	0.44	17.0						
						3	60—150	浅红棕色	轻壤土		8.9	1.5	0.13	0.45	16.6						
剖120	钙层土	栗褐土	栗褐土	黄垆土	重蚀黄土	1	0—30	黄棕色	砂壤土	粒状	9.4	4.9	0.41	0.52	17.4		63		黄土	E 111°30′29.9″ N 40°11′36.2″	71
						2	30—85	暗黄棕色	砂壤土	块状	9.1	1.2	0.15	0.70	19.9		31				
						3	85—150	灰黄棕色	砂壤土	块状											
剖121	半水成土	潮土	潮土	二合土	夹砂二合土	1	0—30	灰褐色	砂壤土	块状	9.4	4.9	0.41	0.52	18.3		40	12.0	冲积物	E 111°22′54.8″ N 40°09′40.0″	81
						2	30—60	暗黄棕色	轻壤土	小粒状	9.1	1.2	0.15	0.70	19.9		31				
						3	60—100														
剖122	钙层土	栗褐土	栗褐土	黄垆土	覆砂黄土	1	0—20	黄棕色	砂壤土	块状	8.3	3.6	0.31	0.29	17.4	2.0	63	7.7	黄土	E 111°21′38.3″ N 40°08′26.1″	92
						2	20—85	暗黄棕色	轻壤土	块状	8.3	11.1	0.72	0.64	20.7		167				
						3	85—150	暗黄棕色	砂壤土	块状	8.3	4.5	0.38	0.38	16.6		49				
剖123	钙层土	栗褐土	栗褐土	黄垆土	黄砂土	1	0—21	灰黄棕色	轻壤土	块状									黄土	E 111°20′08.8″ N 40°08′00.9″	76
						2	21—54	暗黄棕色	砂壤土	块状											
						3	54—150	灰黄棕色	轻壤土	块状											
剖124	半淋溶土	灰褐土	灰褐土	泥岩灰褐土	薄体砾岩灰褐土	1	0—18	灰褐色	轻壤土	小粒状	9.4	4.9	0.41	0.52	18.3		40		泥质砂砾岩	E 111°22′54.8″ N 40°09′40.0″	91
						2	18—28	浅黄棕色	轻壤土	粒状	9.1	1.2	0.15	0.70	19.9		31				
						3	28—150	暗棕红色	砂壤土	无明显结构											
剖125	半淋溶土	灰褐土	灰褐土	砂砾岩灰褐土	薄体砂砾岩灰褐土	1	0—17	灰黄色	砂壤土	粒状	9.3	5.8	0.39	0.39	18.7		67		砂砾岩	E 111°21′24.8″ N 40°07′11.4″	97
						2	17—28	浅灰黄色	轻壤土	无明显结构	9.7	1.7	0.16	0.34	27.0		49			E 111°22′10.6″ N 40°07′07.3″	
						3	28—150	浅黄棕色	砂石土	无明显结构	9.1	1.7	0.11	0.24	34.9		58				

和林格尔县

主要土类说明

栗褐土是和林格尔县主要土壤类型，占本县地域面积的 63%。栗褐土主要分布在海拔 1000—1500m 的山地丘陵和滩川盆地。自然植被主要有针茅、蒿类、百里香、羊草、狼毒、白草等。成土母质类型较为复杂，主要为基性岩、酸性岩的残积物、坡积物、洪冲积物、湖积物、淤积物，其次为红色泥岩、砂砾岩、黄土状风积物等。成土过程为腐殖质累积过程和钙积过程。栗褐土剖面由腐殖质层、钙积层和母质层三个基本层次构成。但本县气候较干旱，植被覆盖百分率较低，腐殖质累积较少，钙积层不明显，层次过渡不清晰，因此具有典型代表性的形态特征剖面的栗褐土很少。本县栗褐土分为淡栗褐土、潮栗褐土等亚类。

灰褐土是和林格尔县第二大土壤类型，占本县地域面积的 15%。灰褐土分布在本县东南部海拔 1400—2028m 的中低山地以及丘陵边缘、山前洪积扇的中上部，位于森林植被与草原植被之间的过渡地带。成土母质多为岩石风化物。成土过程为腐殖质累积过程和钙积过程。本县森林生态系统较弱，加上气候干旱，降水量呈逐年减少趋势，导致土壤淋溶程度也相应减弱。本县灰褐土仅有灰褐土一个亚类。

风沙土是和林格尔县第三大土壤类型，占本县地域面积的 8%。风沙土发生于半干旱、干旱漠境地区及滨海地区，是在风沙移动堆积形成的多种形态的风沙沉积物上发育的初育土。由于成土时间短暂，该土壤无剖面发育，属 C、(A)-C 或 A-C 剖面构型，反映了风沙移动堆积与固定的不同阶段。

潮土占本县地域面积的 7%，主要分布在茶坊河、宝贝河、马场河、古力半几河、浑河流域的冲积平原及河谷阶地漫滩，山前冲积扇的边缘地带也有少量分布。成土过程主要为腐殖质累积过程和潜育化过程。受地下水位变化的影响，区域水分蒸发强烈，土体内可溶盐不断累积，形成盐化潮土，全剖面呈碱性。

石质土占本县地域面积的 5%，分布在羊群沟、新店子等地的部分土石山区。自然植被主要为虎榛子、沙棘等灌丛植物和针茅等草本植物。

小于本县地域面积 3% 的土壤类型有沼泽土、草甸盐土。

本区域中心区气候特征

本区域中心区气候特征值
Regional climate characteristics in central area of the region

气候带：中温带亚干旱气候 Climate region: Mid temperate subarid climate	
年平均气温 /℃ Annual average temperature /℃	7.0
年平均最高气温 /℃ Annual average maximum temperature /℃	13.8
年平均最低气温 /℃ Annual average minimum temperature /℃	0.8
年降水量 /mm Annual precipitation /mm	391
≥10℃的积温 /℃ Daily temperature accumulated in a year (≥10℃) /℃	3857
年日照时数 /h Annual sunshine /h	2777
年平均相对湿度 /% Annual average relative humidity /%	53
干燥度 Dryness	1.06

本区域中心区月平均气温与月平均降水量
Monthly temperature and precipitation in central area of the region

和林格尔县主要土壤类型与土壤剖面点分布图
1∶330 000

图 例

- 栗褐土
- 灰褐土
- 风沙土
- 潮土
- 石质土
- 沼泽土
- 草甸盐土
- ⊗ 剖面点

和林格尔县土壤剖面理化性状表

剖面号 Soil profile	土纲 Soil order	土类 Soil great group	亚类 Soil subgroup	土属 Soil genus	土种 Soil species	土层码 Layer code	土层厚度 Depth/cm	颜色 Soil color	质地 Soil texture	土壤结构 Soil structure	pH	有机质 OM/(g/kg)	全氮 TN/(g/kg)	全磷 TP/(g/kg)	全钾 TK/(g/kg)	阳离子交换量CEC/(cmol/kg)	土壤母质 Parent material	剖面点坐标 Profile coordinate	匹配指数 Matching index/%
剖1	钙层土	栗褐土	潮栗褐土	砂质潮栗褐土	墚底砂质洪冲淤土	1	0—36	浅黄色	砂壤土								洪冲积物	E 111°32′31.6″ N 40°31′18.8″	71
						2	36—58	栗黄色	砂壤土	粒状									
						3	58—112	棕黄色	砂壤土	粒状									
剖2	半水成土	潮土	盐化潮土	盐化潮土	重度盐化潮土	1	0—26		砂壤土		9.3	7.8	0.45	1.05	22.7	2.4	洪冲积物	E 111°31′53.0″ N 40°30′24.8″	81
						2	30—40		砂壤土		8.3	3.3	0.20	0.86	22.1	1.2			
						3	70—80		砂壤土		8.7	3.9	0.22	0.96	23.1	2.1			
剖3	钙层土	栗褐土	潮栗褐土	砂壤质潮栗褐土	夹砂砂壤洪淤土	1	0—30	浅黄色	砂土								洪冲积物	E 111°37′39.4″ N 40°30′24.5″	72
						2	30—50	栗黄色	轻壤土	块状									
						3	50—100	浅黄色	砂壤土	块状									
剖4	钙层土	栗褐土	淡栗褐土	洪冲积栗褐土	砂底厚层轻壤质厚层栗褐淤土	1	0—41	棕黄色	轻壤土	块状	9.5	6.8	0.38	1.03	24.8	4.6	洪冲积物	E 111°57′31.3″ N 40°38′58.9″	86
						2	41—121	棕黄色	砂壤土	粒状	8.9	4.3	0.25	0.94	24.9				
						3	121—150	栗黄色	轻壤土	粒状									
剖5	半水成土	潮土	盐化潮土	盐化潮土	中度盐化潮土	1	0—10		砂土		8.8						洪冲积物	E 111°53′40.2″ N 40°38′49.2″	80
						2	30—40		砂土		8.7								
						3	70—80		砂土		8.7								
剖6	半水成土	潮土	潮土	两黄土	夹黏两黄土	1	0—29	栗黄色	轻壤土	块状							洪冲积物	E 111°50′37.7″ N 40°37′35.8″	71
						2	29—51	暗灰色	重壤土										
						3	51—125	暗棕色	砂土										
剖7	半水成土	潮土	盐化潮土	盐化潮土	重度盐化潮土	1	0—26	灰蓝色	砂壤土	粒状							洪冲积物	E 111°50′41.6″ N 40°35′16.8″	93
						2	26—46		砂壤土	粒状									
						3	46—118		砂壤土	粒状									
剖8	钙层土	栗褐土	淡栗褐土	洪冲积栗褐土	墚顶厚层砂质栗褐淤土	1	0—42	栗黄色	砂壤土	粒状							洪冲积物	E 111°50′26.5″ N 40°33′20.5″	90
						2	42—153	暗栗色	轻壤土	粒状									
剖9	初育土	风沙土	固定风沙土	固定风沙土	固定砂地风沙土	1	0—20	浅黄色	砂土	粒状							风积物、黄土	E 111°49′57.0″ N 40°31′59.5″	76
						2	20—150	浅黄色	砂土	粒状									
剖10	钙层土	栗褐土	潮栗褐土	轻壤质潮栗褐土	轻壤质洪淤土	1	0—19		轻壤土	粒状							洪冲积物	E 112°02′49.9″ N 40°37′41.1″	100
						2	19—52		砂壤土										
						3	52—121		砂壤土										
剖11	钙层土	栗褐土	淡栗褐土	洪冲积栗褐土	砾质栗褐土	1	10—20	浅黄色	砂壤土	粒状	8.3	12.1	0.69	1.77	29.3	4.9	洪冲积物	E 112°02′15.7″ N 40°35′47.0″	83
						2	40—50	栗黄色	砂壤土	块状	8.2	8.7	0.59	1.48	25.3	6.2			
剖12	钙层土	栗褐土	淡栗褐土	洪冲积栗褐土		1	5—15	浅黄色	砂壤土	块状	9.0	11.8	0.73	1.36	23.2	4.5	洪冲积物	E 112°00′57.2″ N 40°35′45.6″	89
						2	25—35		砂壤土		8.9	6.8	0.45	1.40	22.2	4.3			
剖13	钙层土	栗褐土	淡栗褐土	砂化栗褐土	中砂层栗褐淤土	1	0—11	栗色	砂土		8.5	6.1	0.41	0.50	20.2	4.8	洪冲积物	E 111°28′35.4″ N 40°21′42.0″	80
						2	11—30	浅黄色	砂壤土	粒状	8.8	6.7	0.47	0.54	18.2	5.8			
						3	30—73	栗黄色	砂壤土	块状	8.9	4.2	0.24	0.50	17.1	1.5			
						4	73—145	浅黄色	砂壤土	块状									
剖14	半水成土	潮土	脱潮土	脱砂土	脱黏底砂土	1	0—25	暗栗色	砂土	粒状	8.7						洪冲积物	E 111°39′09.0″ N 40°29′19.0″	72
						2	25—60	暗黄色	砂壤土	块状									
						3	60—150	灰黑色	黏壤土										
剖15	半水成土	潮土	盐化潮土	盐化潮土	中度盐化潮土	1	0—33		砂壤土	粒状	8.7						洪冲积物	E 111°42′25.9″ N 40°28′55.2″	95
						2	33—62		砂壤土	块状	8.7								

续表 Continued

剖面号 Profile	土纲 Soil order	土类 Soil great group	亚类 Soil subgroup	土属 Soil genus	土种 Soil species	土层码 Layer code	土层厚度 Depth/cm	颜色 Soil color	质地 Soil texture	土壤结构 Soil structure	pH	有机质 OM/(g/kg)	全氮 TN/(g/kg)	全磷 TP/(g/kg)	全钾 TK/(g/kg)	阳离子交换量CEC/(cmol/kg)	土壤母质 Parent material	剖面点坐标 Profile coordinate	匹配指数 Matching index/%
剖16	半水成土	潮土	脱潮土	脱砂土	脱潮砂土	1	0–23	栗黄色	砂土								洪冲积物	E 111°33′37.1″ N 40°28′50.9″	90
剖17	半水成土	潮土	脱潮土	脱砂土	脱夹壤砂土	1	0–20	栗黄色	砂土		8.4						洪冲积物	E 111°35′41.8″ N 40°28′31.4″	99
						2	40–60	栗色	砂土		8.3								
剖18	钙层土	栗褐土	淡栗褐土	黑护土型侵蚀栗褐土	重度侵蚀黑护土型栗褐土	1	0–25	栗黄色	砂土	粒状							黄土	E 111°42′13.0″ N 40°28′05.2″	98
						2	25–110	灰黑色	轻壤土	块状									
						3	110–150	栗黄色	轻壤土	块状									
剖19	半水成土	潮土	盐化潮土	盐化潮土	轻度盐化潮土	1	0–21	栗黄色	中壤土	粒状	8.6	24.8	1.41	1.46	21.8	8.3	洪冲积物	E 111°39′06.5″ N 40°27′41.4″	77
						2	40–50		重壤土		9.1	12.6	0.82	1.40	21.3	7.3			
						3	80–90					11.7	0.78	1.34	19.5	4.4			
剖20	钙层土	栗褐土	淡栗褐土	冲湖积栗褐土	冲湖积栗褐土	1	0–27	栗黄色	轻壤土	粒状	8.3	4.7	0.27	0.91	23.8	4.7	冲积物、湖积物	E 111°35′55.7″ N 40°26′51.0″	99
						2	27–84	栗黄色	中壤土	粒状	8.2	4.5	0.36	1.04	23.4	8.8			
						3	84–152	浅黄色	重壤土	粒状	8.3	3.0	0.19	0.91	23.3	5.6			
剖21	钙层土	栗褐土	潮栗褐土	砂质潮栗褐土	夹壤砂质洪淤土	1	10–15	栗黄色	砂壤土		8.7	7.7	0.41	1.16	23.2	5.6	洪冲积物	E 111°31′42.2″ N 40°24′41.4″	71
						2	30–50		轻壤土	粒状	9.0	6.6	0.42	1.17	23.3	4.1			
						3	70–90		砂壤土		8.7	4.2	0.31	1.01	22.7	4.2			
剖22	盐碱土	草甸盐土	草甸盐土	黑油盐土	黑油盐土	1	0–10	灰白色	砂壤土	粒状	8.3	2.6	0.16	0.65	22.2	2.4	淤积物	E 111°32′44.2″ N 40°23′34.4″	94
						2	10–15	灰白色	轻壤土	块状	10.0	3.1	0.25	0.63	23.2	4.0			
						3	15–65	灰黄色	中壤土	块状									
剖23	半水成土	潮土	脱潮土	盐化潮土	夹壤砂质洪淤土	1	0–21	暗栗色	轻壤土	粒状							洪冲积物	E 111°36′01.4″ N 40°22′53.8″	93
						2	21–62	浅棕色	中壤土	粒状									
						3	62–131	青灰色	重壤土	粒状									
剖24	钙层土	栗褐土	淡栗褐土	砂化栗褐土	轻度砂化栗黄褐土	1	0–10	浅黄色	砂壤土	粒状	8.5	3.9	0.27	0.63	25.2	2.3	洪冲积物	E 111°44′45.6″ N 40°21′04.3″	74
						2	10–35	栗色	砂壤土	粒状	8.2	6.4	0.37	0.73	24.3	5.3			
						3	35–82	浅黄色	砂壤土	粒状	8.2	5.8	0.35	0.71	24.8	4.6			
						4	82–135		砂壤土										
剖25	钙层土	栗褐土	潮栗褐土	砂壤质潮栗褐土	厚层砂质洪淤土	1	0–30	栗黄色	砂壤土	粒状	8.5	4.4	0.24	0.93	25.2	2.4	洪冲积物	E 111°30′33.2″ N 40°21′00.8″	75
						2	30–125	浅黄色	壤土	块状	8.4	4.2	0.29	1.03	22.3	4.7			
						3	125–150	青灰色	砂土	块状	8.3	3.7	0.22	1.03	22.1	4.6			
剖26	半淋溶土	灰褐土	灰褐土	侵蚀灰褐土	中度侵蚀灰褐土	1	0–20	暗栗色	砂壤土		8.4	7.5	0.49	1.11	21.8	4.9	基性岩	E 111°58′36.5″ N 40°28′31.4″	95
						2	20–70	栗褐色	轻壤土	粒状	8.2	3.3	0.19	0.94	23.5	3.3			
						3	70–80	青灰色	中壤土	块状	8.2	3.1	0.23	0.82	24.1	9.6			
剖28	钙层土	栗褐土	淡栗褐土	侵蚀栗褐土	剧烈侵蚀基性岩质栗红土	1	0–15	棕红色	轻壤土	粒状	8.4	30.8	1.58	1.35	23.0	12.9	基性岩	E 111°45′48.8″ N 40°29′03.0″	78
						2	15–45	棕红色	中壤土	块状									
						3	45–100	棕红色	重壤土	块状									
剖29	半淋溶土	灰褐土	灰褐土	侵蚀灰褐土	薄层体灰褐土	1	0–8	栗色	轻壤土	粒状	8.3						残积物、泥岩	E 111°51′22.0″ N 40°27′33.5″	94
剖30	钙层土	栗褐土	淡栗褐土	黄土质栗褐土	薄层黄土质栗褐土	1	0–20	栗黄色	砂壤土	块状	8.1	6.5	0.47	1.25	22.8	4.4	黄土状母质	E 111°55′19.9″ N 40°24′56.2″	89
						2	20–70	浅黄色	轻壤土	块状	8.4	2.7	0.21	1.11	22.0	2.9			
						3	70–120	棕黄色	砂壤土										
剖31	钙层土	栗褐土	潮栗褐土	轻壤质洪淤土	砂底轻壤洪淤土	1	0–35	栗黄色	轻壤土								洪冲积物	E 111°46′03.4″ N 40°23′51.0″	86
						2	50–60	栗黄色	砂壤土									E 111°46′39.0″ N 40°22′42.2″	94

续表 Continued

剖面号 Soil profile	土纲 Soil order	土类 Soil great group	亚类 Soil subgroup	土属 Soil genus	土种 Soil species	土层码 Layer code	土层厚度 Depth/cm	颜色 Soil color	质地 Soil texture	土壤结构 Soil structure	pH	有机质 OM/(g/kg)	全氮 TN/(g/kg)	全磷 TP/(g/kg)	全钾 TK/(g/kg)	阳离子交换量CEC/(cmol/kg)	土壤母质 Parent material	剖面点坐标 Profile coordinate	匹配指数 Matching index/%
剖32	半淋溶土	灰褐土	灰褐土	洪冲积灰褐土	砂底砂砾质中体灰褐土	1	5–15		砂壤土		8.4	13.9	0.84	1.48	25.3	5.5	洪冲积物	E 112°00′28.4″ N 40°29′41.6″	88
						2	25–35		砂壤土		8.4	9.5	20.63	1.45	24.8				
剖33	半淋溶土	灰褐土	灰褐土	基性岩灰褐土	基性岩砾质中体灰褐土	1	0–10	栗灰色	砂壤土	粒状							基性岩	E 112°09′48.2″ N 40°24′20.2″	100
						2	10–15	黑灰色	砂壤土	粒状									
剖34	半淋溶土	灰褐土	灰褐土	酸性岩灰褐土	酸性岩砾质灰褐土	1	0–10	灰色	砂砾土								酸性岩	E 112°04′01.9″ N 40°22′23.9″	74
						2	10–25	灰褐色	轻壤土	粒状									
剖35	半淋溶土	灰褐土	灰褐土	侵蚀灰褐土	轻度侵蚀黄土质灰褐土	1	0–18	灰褐色	轻壤土	粒状							黄土	E 112°01′10.9″ N 40°21′55.8″	80
						2	18–99	灰褐色	轻壤土	粒状									
						3	99–105												
剖36	半淋溶土	灰褐土	灰褐土	酸性岩灰褐土		1	0–30		中壤土		8.7	4.7	0.32	1.27	23.2	3.5	酸性岩	E 112°03′34.9″ N 40°21′42.8″	88
						2	80–95	浅黄色	轻壤土		8.1	18.2	0.90	1.41	25.1	13.4			
剖37	水成土	沼泽土	草甸沼泽土	草甸沼泽土	薄层草甸沼泽土	1	0–17	浅黄色	轻壤土	粒状	8.7	9.6	0.48	1.17	22.3	6.3	洪冲积物	E 111°41′50.3″ N 40°16′08.4″	93
						2	17–47	青灰色	砂壤土		8.6	3.8	0.23	1.05	21.7	1.1			
						3	47–78	灰褐色	砂壤土	粒状	8.7	2.5	0.15	1.03	23.2	1.8			
剖38	水成土	沼泽土	盐化沼泽土	盐化沼泽土		1	0–10	栗黄色	砂土								洪冲积物	E 111°41′04.9″ N 40°14′24.4″	99
						2	10–30	栗黄色	砂壤土										
						3	30–50		砂土										
剖39	钙层土	栗钙土	淡栗钙土	砂化栗钙土	严重砂化栗钙红土	1	0–15	棕黄色	砂土	粒状	8.7	2.0	0.16	0.60	23.1	0.5	洪冲积物	E 111°41′23.6″ N 40°10′55.2″	99
						2	15–57	栗黄色	轻壤土		8.4	7.0	0.48	0.98	22.3	5.3			
剖40	半水成土	潮土	砂土	夹壤砂土	1	0–18		砂土		8.4	4.5	0.27	0.95	23.0	2.2	洪冲积物	E 111°51′43.9″ N 40°16′20.6″	90
						2	18–51		砂壤土	块状	8.4	5.7	0.36	1.03	22.7	2.3			
						3	51–57		砂砾土										
剖41	半淋溶土	灰褐土	灰褐土	酸性岩灰褐土		1	0–16	栗黄色	砂壤土		8.2	22.8	1.39	1.32	22.8	10.0	酸性岩	E 111°55′13.1″ N 40°15′24.8″	83
						2	16–64	栗黄色	轻壤土	块状	8.4	31.8	1.62	1.15	20.5	18.0			
剖42	钙层土	栗钙土	淡栗钙土	黄土质栗钙土	中层黄土质栗钙土	1	0–31	棕黄色	中壤土	块状	8.2	4.9	0.27	1.19	23.5	7.2	黄土状母质	E 111°57′35.6″ N 40°13′21.4″	89
						2	31–65	栗黄色	中壤土	块状	8.5	6.3	0.37	1.13	21.8	7.7			
						3	65–102	浅黄色	中壤土	块状	8.3	9.7	0.61	1.15	22.8	8.8			
剖43	半淋溶土	灰褐土	灰褐土	酸性岩灰褐土		1	0–30	灰褐色	轻壤土	粒状							酸性岩	E 112°14′02.4″ N 40°19′53.0″	99
剖44	半淋溶土	灰褐土	灰褐土	侵蚀灰褐土	中度侵蚀黄土质灰褐土	1	0–20	栗黄色	轻壤土		8.3	8.5	0.56	1.30	22.8	6.6	黄土	E 112°10′18.5″ N 40°19′23.9″	72
						2	20–76	栗黄色	轻壤土		8.4	7.9	0.47	1.25	22.8	6.5			
						3	76–93	栗黄色	轻壤土		8.1	9.4	0.58	1.19	22.8	7.1			
剖45	栗钙土	栗钙土	淡栗钙土	冲湖积栗钙土	砂化冲积栗钙红土	1	0–10		砂壤土	粒状							冲积物、湖积物	E 112°14′55.0″ N 40°19′02.5″	76
						2	10–31	浅黄色	砂壤土	块状									
						3	31–74	栗黄色	中壤土	粒状									
						4	74–95	灰白色	砂壤土	粒状									
剖46	半水成土	灰褐土	灰褐土	侵蚀灰褐土	轻度侵蚀基性岩灰褐土	1	0–11	栗黄色	砂砾土	粒状	8.4	8.3	0.57	0.81	21.2	5.0	基性岩	E 112°13′18.8″ N 40°18′08.3″	79
						2	11–17	灰褐色	砂壤土	粒状									
剖47	半水成土	潮土	沫尔土	沫尔土	1	0–41	栗色	砂壤土	粒状	8.4	6.0	0.31	1.27	22.7	1.9	洪冲积物	E 112°07′19.2″ N 40°14′43.1″	100
						2	41–110	栗黄色	砂壤土	粒状	8.7	3.5	0.21	1.07	23.7	1.5			
						3	110–132	暗黄色	砂壤土	粒状	8.3	9.5	0.55	1.25	23.8	5.0			
剖48	初育土	风沙土	固定风沙土	固定风沙土	固定沙丘风沙土	1	0–50	栗黄色	砂土								风积物	E 112°11′45.6″ N 40°13′17.4″	81
						2	50–150	栗黄色	砂土										
剖49	半水成土	潮土	潮土	砂土	砂土	1	0–32	栗黄色	砂土								洪冲积物	E 112°01′05.2″ N 40°12′42.1″	79
						2	32–101	浅黄色	砂砾土									
						3	101–124												

续表 Continued

剖面号 Soil profile	土纲 Soil order	土类 Soil great group	亚类 Soil subgroup	土属 Soil genus	土种 Soil species	土层码 Layer code	土层厚度 Depth/cm	颜色 Soil color	质地 Soil texture	土壤结构 Soil structure	pH	有机质 OM/(g/kg)	全氮 TN/(g/kg)	全磷 TP/(g/kg)	全钾 TK/(g/kg)	阳离子交换量CEC/(cmol/kg)	土壤母质 Parent material	剖面点坐标 Profile coordinate	匹配指数 Matching index/%
剖50	初育土	风沙土	固定风沙土	固定风沙土	固定沙丘风沙土	1	0—30		砂壤土		8.6	2.4	0.19	0.94	26.1	1.9	风积物	E 112°06′25.6″ N 40°12′33.1″	82
						2	40—60	栗黄色	砂土		8.5	1.1	0.08	0.91	23.6	1.8			
						3	90—110	栗色	砂土		8.4	0.9	0.06	0.94	24.1	1.0			
剖51	半水成土	潮土	潮土	两黄土	漏砂两黄土	1	0—19	栗黄色	轻壤土	粒状							洪冲积物	E 112°11′05.6″ N 40°12′29.2″	83
						2	19—92	栗色	砂壤土	粒状									
						3	92—150	栗色	砂壤土										
剖52	初育土	风沙土	半固定风沙土	半固定风沙土	半固定沙丘风沙土	1	0—71		砂壤土		8.6	1.5	0.12	0.55	28.1		风积物	E 112°02′44.9″ N 40°12′04.7″	78
						2	90—105		轻壤土		8.3	3.3	0.24	1.05	21.2	3.6			
剖53	钙层土	栗褐土	淡栗褐土	黑护土型侵蚀栗褐土	轻度侵蚀黑护土型栗褐土	1	0—8	浅黄色	砂壤土	粒状							黄土	E 112°04′46.2″ N 40°12′04.0″	86
						2	8—20	栗褐色	轻壤土	块状									
						3	20—110	灰栗色	轻壤土	块状									
						4	110—150		砂壤土										
剖54	钙层土	栗褐土	潮栗褐土	中壤质洪冲淤土	中壤质洪冲淤土	1	0—35	栗色	中壤土	块状	8.5	8.6	5.30	1.26	24.4	6.3	洪冲积物	E 112°01′21.4″ N 40°10′21.7″	94
						2	35—90	暗栗色	中壤土	块状	8.5	8.2	0.51	1.17	23.8	6.9			
						3	90—150	浅黄色	轻壤土	块状	8.5	4.3	0.32	1.11	22.2	3.1			
剖55	钙层土	栗褐土	潮栗褐土	轻壤质洪冲淤土	轻壤质洪冲淤土	1	0—19	灰栗色	轻壤土	块状	8.2	5.0	0.35	0.97	23.9	7.4	洪冲积物	E 111°42′26.6″ N 40°09′17.6″	93
						2	45—50		砂壤土	粒状	8.2	3.2	0.26	0.96	23.8	5.6			
剖56	钙层土	栗褐土	潮栗褐土	砂壤质潮栗褐土	漏砂潮栗褐淤土	1	0—17	栗色	砂壤土	粒状							洪冲积物	E 111°37′15.0″ N 40°09′05.6″	97
						2	17—40	栗色	砂壤土	粒状									
						3	40—80		砂砾土										
剖57	初育土	风沙土	半固定风沙土	半固定风沙土	半固定沙地风沙土	1	0—57	浅黄色	砂土		8.8	1.7	0.13	1.06	21.6	1.4	风积物	E 111°48′09.0″ N 40°09′57.6″	74
						2	57—121	棕黄色	轻壤土		8.9	1.7	0.13	1.06	21.6	0.6			
剖58	初育土	风沙土	流动风沙土	流动风沙土	流动风沙土	1	0—78	浅黄色	砂土								风积物	E 111°50′15.7″ N 40°09′14.0″	80
						2	78—150	浅黄色	砂土										
剖59	初育土	风沙土	半固定风沙土	半固定风沙土	半固定沙丘风沙土	1	0—71	浅黄色	砂土								风积物	E 112°01′57.7″ N 40°06′40.7″	77
						2	71—110		轻壤土										
剖60	初育土	石质土	钙质石质土	石质土	石质土	1	0—7		砂壤土	粒状	8.4	4.5	0.25	0.47	21.8	5.0	酸性花岗岩	E 112°06′47.9″ N 40°06′04.0″	88
剖61	钙层土	栗褐土	淡栗褐土	侵蚀栗褐土	轻度侵蚀栗褐黄土	1	8—18	砂壤土	砂壤土		8.5	7.7	0.43	0.87	23.8	6.8	黄土	E 112°05′04.6″ N 40°00′50.0″	83
						2	38—48		轻壤土		8.4	6.4	0.40	1.03	22.3	6.4			
						3	108—118		轻壤土		8.2	4.1	0.27	1.28	24.3	6.5			

清水河县

主要土类说明

栗褐土是清水河县主要土壤类型，占本县地域面积的61%。栗褐土主要分布在清水河两岸及黄土丘陵一带，地形以梁状丘陵为主，地形破碎，冲沟发育良好，水土流失严重，有的被侵蚀沙化。自然植被以百里香群落为主，其次有甘草、麻黄、针茅等，本县东部和南部局部地区可见人工栽植的油松、落叶松等。该土壤的基本特点是成土过程非常微弱，剖面分化不明显，有浅棕灰色腐殖质层、浅棕褐色弱黏化层、不明显的钙积层和母质层，通体富含碳酸钙。根据腐殖质层厚度和剖面位置，本县栗褐土分为淡栗褐土、潮栗褐土等亚类。

栗钙土是清水河县第二大土壤类型，占本县地域面积的14%。栗钙土主要分布在陷落及凹坳平原，部分分布在海拔1000—1250m的波状丘陵和中低山山地。自然植被为干旱草原类型，常见群落有针茅、冷蒿、百里香、柠条、猫头刺等。成土母质类型多样，主要为残积物、坡积物、洪冲积物、湖积物、淤积物，其次为红色泥岩、砂岩、砂砾岩、黄土、红土及黄土状风积物等。成土过程主要为腐殖质累积过程和钙积过程。由于风蚀沙化严重，栗钙土剖面由腐殖质层、钙积层和母质层三个基本层次构成，剖面分化不明显，层次过渡不清晰，形态特征不典型。根据附加成土过程的特点，本县栗钙土分为栗钙土、草甸栗钙土等亚类。

石质土是清水河县第三大土壤类型，占本县地域面积的8%。石质土主要分布在山地顶部、向阳陡坡以及黄河沿岸。植被稀疏，以百里香、冷蒿等半干旱杂草为主。石质土成土过程微弱，剖面分化不明显，多数具A-D或A-C剖面构型。土壤表层不断遭到侵蚀，土层厚度小于10cm，表层有少量的腐殖质累积，有机质含量极低。

风沙土占本县地域面积的7%。风沙土发生于半干旱、干旱漠境地区及滨海地区，是在风沙移动堆积形成的多种形态的风沙沉积物上发育的初育土。由于成土时间短暂，该土壤无剖面发育，具C、(A)-C或A-C剖面构型，反映了风沙移动堆积与固定的不同阶段。

灰褐土占本县地域面积的7%，主要分布在本县南部的山地。自然植被为典型的灌丛草原类型，且以旱生草本植物为主。灰褐土剖面由腐殖质层、浅棕色片积层、钙积层、母质层等基本层次构成，剖面分化较明显，剖面发育较完整，但遭到侵蚀的灰褐土常无腐殖质层，片积层黏化不明显或有弱黏化现象。从腐殖质层或片积层开始有较明显的石灰反应。

小于本县地域面积3%的土壤类型有潮土、新积土、沼泽土、草甸盐土。

本区域中心区气候特征

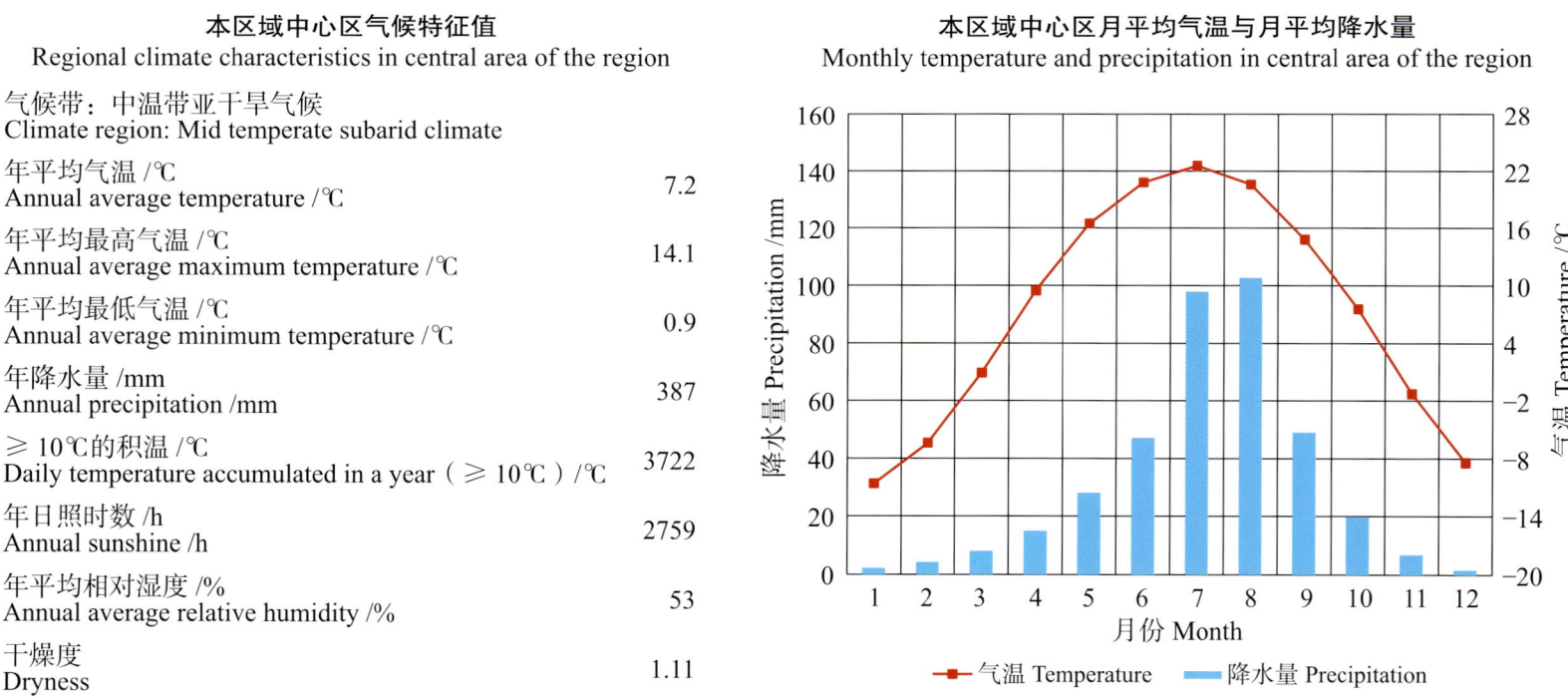

本区域中心区气候特征值
Regional climate characteristics in central area of the region

气候带：中温带亚干旱气候 Climate region: Mid temperate subarid climate	
年平均气温 /℃ Annual average temperature /℃	7.2
年平均最高气温 /℃ Annual average maximum temperature /℃	14.1
年平均最低气温 /℃ Annual average minimum temperature /℃	0.9
年降水量 /mm Annual precipitation /mm	387
≥10℃的积温 /℃ Daily temperature accumulated in a year (≥10℃) /℃	3722
年日照时数 /h Annual sunshine /h	2759
年平均相对湿度 /% Annual average relative humidity /%	53
干燥度 Dryness	1.11

本区域中心区月平均气温与月平均降水量
Monthly temperature and precipitation in central area of the region

清水河县主要土壤类型与土壤剖面点分布图
1∶290 000

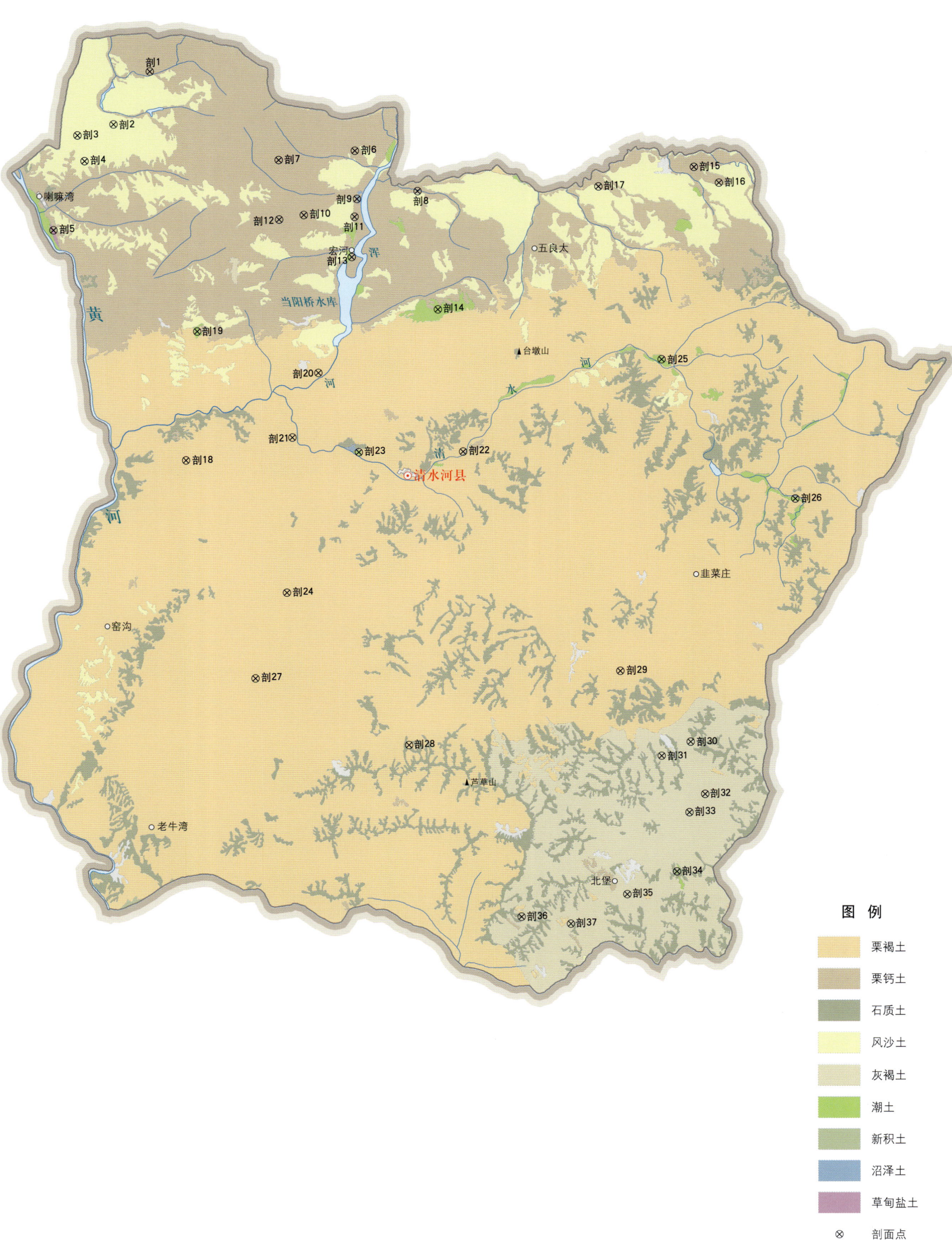

清水河县土壤剖面理化性状表

剖面号 Soil profile	土纲 Soil order	土类 Soil great group	亚类 Soil subgroup	土属 Soil genus	土种 Soil species	土层码 Layer code	土层厚度 Depth/cm	颜色 Soil color	质地 Soil texture	土壤结构 Soil structure	pH	有机质 OM/(g/kg)	全氮 TN/(g/kg)	全磷 TP/(g/kg)	全钾 TK/(g/kg)	阳离子交换量 CEC/(cmol/kg)	土壤母质 Parent material	剖面点坐标 Profile coordinate	匹配指数 Matching index/%
剖1	钙层土	栗钙土	草甸栗钙土	灌淤草甸栗钙土	砂壤厚层灌淤草甸栗钙土	1	0—19	栗黄色	砂壤土	粒状	8.3	6.8	0.45	1.05	21.9	6.1	洪冲积物	E 111°28′04.8″ N 40°09′26.3″	82
						2	19—62	栗黄色	砂壤土	粒状	8.4	3.5	0.24	0.91	21.5	3.4			
						3	62—98	浅棕色	砂壤土	粒状	8.3	2.8	0.23	0.96	21.9	3.2			
						4	98—121	棕黄色	砂壤土	粒状	8.6	2.8	0.23	0.91	21.5	2.1			
剖2	初育土	风沙土	固定风沙土	固定风沙土	固定沙地风沙土	1	0—18	栗黄色	砂土	粒状	8.3	4.1	0.39	0.60	22.6	1.2	风积物	E 111°26′18.6″ N 40°07′29.3″	86
						2	18—121	浅黄色	砂土	粒状	8.3	5.6	0.46	0.60	21.7	3.7			
剖3	初育土	风沙土	固定风沙土	固定风沙土	固定沙丘风沙土	1	0—19	栗黄色	砂土	粒状	8.5	5.1	0.37	0.86	21.0	2.0	风积物	E 111°24′33.5″ N 40°07′04.8″	77
						2	19—98	浅黄色	砂土	粒状	8.4	4.3	0.36	0.83	21.1	2.9			
剖4	初育土	风沙土	半固定风沙土	半固定风沙土	半固定风沙土	1	0—28	栗黄色	砂土	粒状	8.5	1.6	0.12	0.56	20.0	1.4	风积物	E 111°24′54.0″ N 40°06′07.9″	92
						2	28—74	浅黄色	砂土	粒状	8.4	1.5	0.11	0.62	20.0	0.8			
剖5	盐碱土	草甸盐土	草甸盐土	白盐土	白盐土	1	0—39	浅黄色	轻壤土	粒状	9.4	8.3	0.55	1.31	22.2	5.1	洪冲积物	E 111°23′23.3″ N 40°03′35.9″	73
						2	39—87	棕褐色	砂壤土	粒状	8.9	5.8	0.36	1.25	23.2	5.9			
						3	87—110	棕黄褐色	砂壤土	粒状	8.7	4.4	0.30	1.10	22.1	4.0			
						4	110—120		砂土		8.7	3.2	0.24	0.90	22.6	1.7			
						5	120—130		砂壤土	粒状	8.7	4.5	0.31	1.27	23.1				
剖6	钙层土	栗钙土	栗钙土	砂化栗钙土	中度砂化栗黄土	1	0—15	浅栗黄色	砂壤土	块状	8.3	6.1	0.38	0.81	21.7	5.4	黄土	E 111°37′59.9″ N 40°06′29.2″	92
						2	15—39	浅灰黄色	砂壤土	块状	8.5	3.8	0.33	0.86	20.7	4.2			
						3	39—78	浅黄色	砂壤土	块状	8.4	2.4	0.16	0.78	20.1	3.2			
						4	78—111	栗黄色	砂壤土	粒状	8.4	7.0	0.46	0.96	22.7	4.3			
剖7	钙层土	栗钙土	栗钙土	黄土质栗钙土	轻壤厚层栗黄土	1	0—48	栗黄色	砂壤土	粒状	8.6	3.3	0.28	1.01	21.2	4.0	黄土	E 111°34′18.5″ N 40°06′09.4″	98
						2	48—101	栗黄色	中壤土	粒状	8.5	3.9	0.31	0.83	22.1	1.8			
						3	101—142	棕黄色	中壤土	粒状	8.2	5.8	0.35	0.94	23.2	4.7			
剖8	钙层土	栗钙土	草甸栗钙土	轻壤质草甸栗钙土	漏砂轻壤洪淤土	1	0—38	灰栗色	砂壤土	粒状							洪冲积物	E 111°41′01.6″ N 40°04′59.4″	72
						2	38—84	棕黄色	砂土	粒状									
						3	84—110	浅灰黄色	砂土	粒状									
剖9	水成土	沼泽土	草甸沼泽土	草地沼泽土	草甸沼泽土	1	0—25	栗色	砂壤土	块状	8.2	5.8	0.36	0.75		4.2	冲积物	E 111°38′09.9″ N 40°04′42.9″	83
						2	25—34	黑灰色	轻壤土	块状	8.4	4.3	0.31	0.77		4.7			
						3	34—48	浅黄色	砂壤土	块状	8.4	3.6	0.27	0.78		3.0			
剖10	钙层土	栗钙土	栗钙土	栗红土	砂壤厚层栗红土	1	0—20	浅黄黄色	砂壤土	粒状	8.5	4.3	0.34	0.65	21.0	1.6	红土	E 111°35′30.8″ N 40°04′08.0″	73
						2	20—41	红色	砂壤土	粒状	8.6	4.8	0.33	0.68	20.9	1.8			
						3	41—65	栗黄色	砂壤土	粒状	8.5	3.6	0.26	0.70	21.5	1.7			
						4	65—100	栗黄色	砂壤土	粒状									
剖11	钙层土	栗钙土	栗钙土	灌淤栗钙土	砂壤厚层灌淤栗钙土	1	0—31	黄灰色	轻壤土	块状							洪冲积物	E 111°37′58.0″ N 40°04′03.7″	96
						2	31—67	黄灰色	砂壤土	粒状									
						3	67—86	栗色	砂土	粒状									
						4	86—141	浅黄色	砂土	粒状									
剖12	钙层土	栗钙土	草甸栗钙土	黄土质栗钙土	砂壤厚层栗黄土	1	0—46	棕栗色	砂壤土	粒状	8.3	4.4	0.28	0.88		2.9	黄土	E 111°34′18.8″ N 40°03′58.3″	83
						2	54—105	栗黄色	砂壤土	粒状									
						3	105—128	黄灰色	砂壤土	粒状									
剖13	钙层土	栗钙土	草甸栗钙土	砂质草甸栗钙土	砂质洪淤土	1	0—20	浅黄色	砂壤土	粒状	8.5	2.0	0.09	0.91		2.1	洪冲积物	E 111°37′54.1″ N 40°02′37.9″	71
						2	20—40	浅黄色	砂壤土	粒状									
						3	40—129	浅黄色	砂土										

续表 Continued

剖面号 Soil profile	土纲 Soil order	土类 Soil great group	亚类 Soil subgroup	土属 Soil genus	土种 Soil species	土层码 Layer code	土层厚度 Depth/cm	颜色 Soil color	质地 Soil texture	土壤结构 Soil structure	pH	有机质 OM/(g/kg)	全氮 TN/(g/kg)	全磷 TP/(g/kg)	全钾 TK/(g/kg)	阳离子交换量 CEC/(cmol/kg)	土壤母质 Parent material	剖面点坐标 Profile coordinate	匹配指数 Matching index/%
剖14	半水成土	潮土	灌淤潮土	灌淤沃尔土	灌淤沃尔土	1	0—36	浅棕黄色	砂壤土	粒状	8.6	2.8	0.25	1.05	22.2	2.1	洪冲积物	E 111°41′58.6″ N 40°00′37.8″	93
						2	36—69	浅黄色	砂壤土	粒状	8.4	2.3	0.19	0.86	21.6	2.0			
						3	69—106	青灰色	砂壤土	粒状	8.6	1.5	0.11	0.78	20.6	1.4			
						4	106—111		砂土		8.7	2.0	0.21	0.86	21.1	1.9			
剖15	钙层土	栗钙土	栗钙土	洪冲积栗钙土	砂壤质栗淤土	1	0—32	浅黄棕色	砂壤土	粒状	8.3	8.7	0.54	1.14	22.4	2.0	洪冲积物	E 111°54′25.0″ N 40°05′50.7″	82
						2	32—91	栗黄色	砂壤土	粒状	8.4	6.9	0.45	1.05	21.2	4.5			
						3	91—135	灰褐色	砂壤土	粒状	8.4	6.7	0.45	1.05	21.3	2.7			
						4	135—150	浅棕黄色	砂壤土	粒状	8.3	5.8	0.55	1.25	21.3	4.8			
剖16	钙层土	栗钙土	栗钙土	洪冲积栗钙土	砂质洪淤土	1	0—97	浅棕黄色	砂土	散粒状	8.5	3.2	0.23	0.82		1.0	洪冲积物	E 111°55′37.1″ N 40°05′15.2″	82
						2	97—127	栗黄色	砂壤土		8.4	3.3	0.23	0.80		3.5			
						3	127—149	栗黄色	砂壤土	粒状	8.3	7.1	0.53	0.96		3.0			
剖17	钙层土	栗钙土	草甸栗钙土	砂壤草甸栗钙土	砂壤质洪淤土	1	0—27	栗黄色	砂壤土	粒状	8.5	13.6	0.60	1.01	23.4	1.0	黄土	E 111°49′47.5″ N 40°05′08.5″	70
						2	27—65	浅黄色	砂壤土	粒状	8.8	3.1	0.18	0.67	24.1	0.6			
						3	65—115	棕红色	砂壤土	粒状	8.6	2.9	0.18	0.70	24.6	8.4			
剖18	钙层土	栗褐黄土	淡栗褐土	栗褐黄土	厚层栗褐黄土	1	0—81	灰棕色	砂壤土	块状	8.1	10.1	0.70	1.13		8.5	黄土	E 111°29′46.0″ N 39°55′05.9″	84
						2	81—111	浅黄棕色	砂壤土	块状	8.3	10.4	0.64	1.17		5.8			
						3	111—133	棕黄色	砂壤土	块状	8.3	5.3	0.36	1.05		4.2			
						4	133—156	浅黄色	砂壤土	块状	8.4	3.6	0.30	1.23		4.0			
						5	156—160		砂壤土		8.4	3.7	0.22	1.19		4.7			
剖19	半水成土	潮土	灌淤潮土	灌淤硬土	灌淤厚层灌淤土	1	0—64	栗褐色	中壤土	粒状	8.2	14.7	0.91	1.34	22.2	12.5	洪冲积物	E 111°30′20.1″ N 39°59′50.8″	92
						2	64—97	棕栗色	重壤土	粒状	7.8	13.5	0.95	1.46	26.4	4.4			
						3	97—125		砂壤土	粒状	8.8	5.9	0.44	1.33	22.1	7.0			
						4	125—135		中壤土			7.7	0.51	1.43	23.2	2.7			
剖20	钙层土	栗褐土	淡栗褐土	砂壤硬土	砂壤厚层灌褐土	1	0—53	栗褐色	砂壤土	粒状	8.4	4.8	0.26	1.13	22.0	1.6	洪冲积物	E 111°36′10.4″ N 39°58′17.8″	73
						2	53—94	浅黄色	砂土	粒状	8.5	2.6	0.14	1.12	21.1	1.8			
						3	94—100	浅黄色	砂壤土	粒状	8.4	3.2	0.24	1.10	21.1	2.6			
						4	100—110	浅黄色	砂壤土	粒状	8.4	3.7	0.19	1.14	21.1				
剖21	钙层土	栗褐土	潮栗褐土	砂壤潮栗褐土	轻壤质潮栗褐土	1	0—54	浅黄色	轻壤土	块状							洪冲积物	E 111°34′54.5″ N 39°55′55.2″	77
						2	54—120	浅棕黄色	轻壤土	块状	8.7	8.3	0.60	1.11	22.7	6.0			
						3	120—165	浅黄色	砂壤土	粒状	8.7	2.5	0.20	0.94	21.1	1.9			
剖22	钙层土	栗褐土	盐化灰淤潮土	盐化灰淤潮土	中度盐结灰淤潮土	1	0—37	浅黄色	砂砾土	无明显结构							洪冲积物	E 111°43′08.8″ N 39°55′22.4″	74
						2	37—89	棕黄色	砂壤土	粒状	8.4	3.7	0.20	0.87	20.9	2.7			
						3	89—138	浅黄色	砂壤土	块状	8.3	4.0	0.33	1.03	21.1	3.3			
剖23	半水成土	栗褐土	淡栗褐土	砂化栗褐土	极重度盐化栗褐黄土	1	0—15	黄棕色	轻壤土	块状	8.2	4.9	0.34	1.14	22.2	6.0	洪冲积物	E 111°38′06.7″ N 39°55′22.1″	87
						2	15—34	浅黄色	砂壤土	块状	8.2	4.9	0.32	1.17	21.1	5.1			
						3	34—50	浅栗色	砂壤土	块状	8.3	14.5	0.73	1.31	21.7	4.3			
剖24	钙层土	潮土	灌淤潮土	灌淤两合土	灌淤两合土	1	0—27	黄棕褐色	砂壤土	块状	8.4	8.6	0.51	1.16	23.2	5.2	黄土状母质	E 111°34′35.8″ N 39°50′11.4″	74
						2	27—72	红棕色	轻壤土	粒状	8.5	5.6	0.36	1.22	23.1	3.0			
剖25	半水成土	潮土	潮土	沃尔土	沃尔土	1	0—38	栗棕色	砂壤土	块状							黄土状母质	E 111°52′47.1″ N 39°58′44.6″	71
						2	38—75	黄棕色	砂壤土	粒状									
						3	75—108	红棕色	砂壤土	粒状									
剖26	半水成土	潮土	潮土	沃尔土	沃尔土	1	0—35	栗黄色	砂壤土	粒状							洪冲积物	E 111°59′10.7″ N 39°53′34.1″	90
						2	35—91	褐棕色	砂壤土	粒状									
						3	91—105	青灰色	砂砾土	粒状									

续表 Continued

剖面号 Soil profile	土纲 Soil order	亚类 Soil subgroup	土属 Soil genus	土种 Soil species	土层码 Layer code	土层厚度 Depth/ cm	颜色 Soil color	质地 Soil texture	土壤结构 Soil structure	pH	有机质 OM/ (g/kg)	全氮 TN/ (g/kg)	全磷 TP/ (g/kg)	全钾 TK/ (g/kg)	阳离子 交换量CEC/ (cmol/kg)	土壤母质 Parent material	剖面点坐标 Profile coordinate	匹配指数 Matching index/%
剖27	钙层土	淡栗褐土	侵蚀栗褐黄土	石质侵蚀栗褐黄土	1	0—31	棕黄色	轻壤土	粒状	8.4	3.6	0.22	1.09	20.4	3.4	黄土	E 111° 33′ 02.9″ N 39° 47′ 02.0″	78
					2	31—75	浅棕黄色	砂壤土	粒状	8.4	2.8	0.20	1.05	21.1	3.8			
					3	75—111	浅黄色	砂壤土	粒状	8.4	2.4	0.20	1.04	21.6	2.1			
剖28	钙层土	淡栗褐土	栗积淤土	砂底栗褐淤土	1	0—65	黄褐色	轻壤土	粒状	8.3	6.8	0.13	1.33		2.0	洪冲积物	E 111° 40′ 26.0″ N 39° 44′ 32.6″	81
					2	65—77	褐黄色	砂壤土	粒状	8.2	11.8	0.58	1.34		7.3			
					3	77—90	灰色	砂砾土	粒状	8.3	3.6	0.31	0.22		1.3			
剖29	钙层土	淡栗褐土	残积栗褐土	砾质残积栗褐土	1	0—11	栗褐色	砂土								残积物	E 111° 50′ 38.8″ N 39° 47′ 13.9″	72
					2	11—19												
剖30	半淋溶土	灰褐土	黄土质灰褐土	轻壤厚层灰黄土	1	0—97	浅黄色	砂壤土	块状	8.3	16.8	0.94	1.13	22.2	7.4	黄土状堆积物	E 111° 54′ 00.4″ N 39° 44′ 36.2″	90
					2	97—166	黄褐色	砂壤土	块状	8.3	16.7	0.87	1.06	23.0	6.8			
					3	166—184	褐黄色	砂壤土	粒状	8.4	5.9	0.36	1.13	22.7	5.3			
					4	184—194		砂壤土		8.4	3.9	0.32	1.21	24.0	5.9			
					5	194—200		砂土		8.4	2.5	0.22	1.15	21.7	3.3			
剖31	半淋溶土	灰褐土	侵蚀灰褐土	中度侵蚀黄土质灰褐土	1	0—29	暗黄褐色	砂壤土	粒状	8.3	8.1	0.51	1.15	21.0	5.0	黄土状母质	E 111° 52′ 36.1″ N 39° 44′ 05.3″	99
					2	29—84	黄褐色	砂壤土	块状	8.4	4.9	0.27	1.05	21.2	4.5			
					3	84—131	褐黄色	砂壤土	粒状	8.5	3.1	0.22	1.09	21.0	2.5			
剖32	半淋溶土	灰褐土	碳酸岩灰褐土	碳酸岩砾质灰褐土	1	0—21	褐色	砂壤土								残积物	E 111° 54′ 40.3″ N 39° 42′ 37.4″	80
					2	21—34		砾石土										
剖33	半淋溶土	灰褐土	碳酸岩灰褐土	轻壤薄体灰褐土	1	0—29	黄褐色	轻壤土	粒状	8.1	41.7	2.15	1.09	18.8	23.1	残积物	E 111° 53′ 54.6″ N 39° 41′ 57.8″	100
					2	29—38												
					3	38—	棕褐色											
剖34	半水成土	潮土	砂土	砂土	1	0—14	灰黄褐色	砂土	粒状							洪冲积物	E 111° 53′ 16.8″ N 39° 39′ 46.0″	90
					2	14—32	棕黄色	砂土	粒状									
					3	32—47	浅灰黄色	砂土	粒状									
剖35	半淋溶土	灰褐土	洪冲积灰褐土	砂底轻壤中层灰褐土	1	0—37	深棕褐色	砂壤土	块状	8.3	13.5	0.74	1.28	21.1	6.6	洪冲积物	E 111° 50′ 52.4″ N 39° 38′ 55.7″	77
					2	37—68	暗黄褐色	轻壤土	块状	8.3	6.0	0.37	1.11		4.8			
					3	68—80	褐黄色	砾质土										
剖36	初育土	钙质石质土	石质土	钙质石质土	1	0—7	灰栗色	轻壤土	粒状	8.5	5.7	0.39	0.86	21.1	0.4	残积物	E 111° 45′ 47.2″ N 39° 38′ 07.8″	85
					2	7—12	黄色											
剖37	半淋溶土	灰褐土	黄土质灰褐土	轻壤阶地灰黄土	1	0—87	暗黄褐色	砂壤土	粒状	8.3	8.2	0.55	1.21	22.2	5.6	黄土状母质	E 111° 48′ 08.6″ N 39° 37′ 51.6″	88
					2	87—120	棕褐色	砂壤土	块状	8.3	6.6	0.41	1.11	22.9	4.5			
					3	120—130		轻壤土		8.3	16.0	0.87	1.21	27.5	8.6			

武 川 县

主要土类说明

栗钙土是武川县主要土壤类型，占本县地域面积的53%。栗钙土分布在大青山北麓以北地区，是本县分布最为广阔的地带性土壤。其南部与灰褐土带、山地黑土带相连，北部与四子王旗、达尔罕茂明安联合旗境内的栗钙土带相接。自然植被为干旱草原类型。成土过程为腐殖质累积过程和钙积过程。栗钙土剖面由栗色或灰棕色腐殖质层、灰白色钙积层和母质层构成。腐殖质层一般厚25—50cm，南部沿大青山北麓一带腐殖质层较厚，一般为30—50cm，北部丘陵一带腐殖质层较薄，通常为20—40cm。钙积层一般出现在30—50cm深处，深者可出现在50—80cm深处，一般厚30—60cm，碳酸钙大都呈菌丝状、网纹状、粉末状、条纹状或斑块状，个别呈盘层状。

灰褐土是武川县第二大土壤类型，占本县地域面积的34%。灰褐土主要分布在大青山山地，与山地黑土交错分布，向下与栗钙土相接，构成山地土壤明显的垂直带谱。自然植被为森林灌木草原类型。成土母质以花岗岩、片麻岩、片岩、砂砾岩的风化残积物和坡积物为主，其次为黄土、红土及黄土状母质。成土过程主要为腐殖质累积过程、黏化过程、淋溶过程及钙积过程。残落物层一般厚1—3cm；腐殖质层呈暗褐色或棕褐色，厚30—40cm，呈舌状逐渐下渗，形成不明显的过渡层，碳酸盐淋洗不完全；剖面中部形成不明显的黏化层。

黑土是武川县第三大土壤类型，占本县地域面积的5%。黑土是发生在温带半湿润草甸草原下发育形成的具深厚均腐殖质层的无石灰性黑色土壤，具A-ABh-BhC-C剖面构型。该土壤均腐殖质层厚30—60cm，有机质含量一般为30—60g/kg，底层具轻度滞水还原淋溶特征，见硅粉。

石质土占本县地域面积的4%，广泛分布在侵蚀严重、岩石裸露的石质山地、侵蚀残丘，以及丘顶、山脊、山坡等坡度陡峻的地形部位。剖面构型为A-R。石质土土壤表层岩石裸露，风化层浅薄，厚度一般小于10cm，风化度低，富含砾石，多碎屑岩粒；风化层下为坚硬岩石层。

草甸土占本县地域面积的4%，分布在大小河流的河漫滩、一级阶地、扇缘地带以及山间或丘间低平地。自然植被为草甸类型。成土母质为河流洪冲积物。地下水位一般为1—3m。本县草甸土腐殖质层颜色浅，厚度薄，有机质含量低，同时碳酸盐和易溶盐累积较多，常伴有盐化现象，pH多为8.0—9.5，呈微碱性至碱性。本县草甸土分为灰色草甸土、盐化草甸土等亚类。

本区域中心区气候特征

本区域中心区气候特征值
Regional climate characteristics in central area of the region

气候带：中温带亚干旱气候 Climate region: Mid temperate subarid climate	
年平均气温 /℃ Annual average temperature /℃	5.7
年平均最高气温 /℃ Annual average maximum temperature /℃	12.6
年平均最低气温 /℃ Annual average minimum temperature /℃	-0.5
年降水量 /mm Annual precipitation /mm	337
≥10℃的积温 /℃ Daily temperature accumulated in a year (≥10℃) /℃	4016
年日照时数 /h Annual sunshine /h	2941
年平均相对湿度 /% Annual average relative humidity /%	52
干燥度 Dryness	1.02

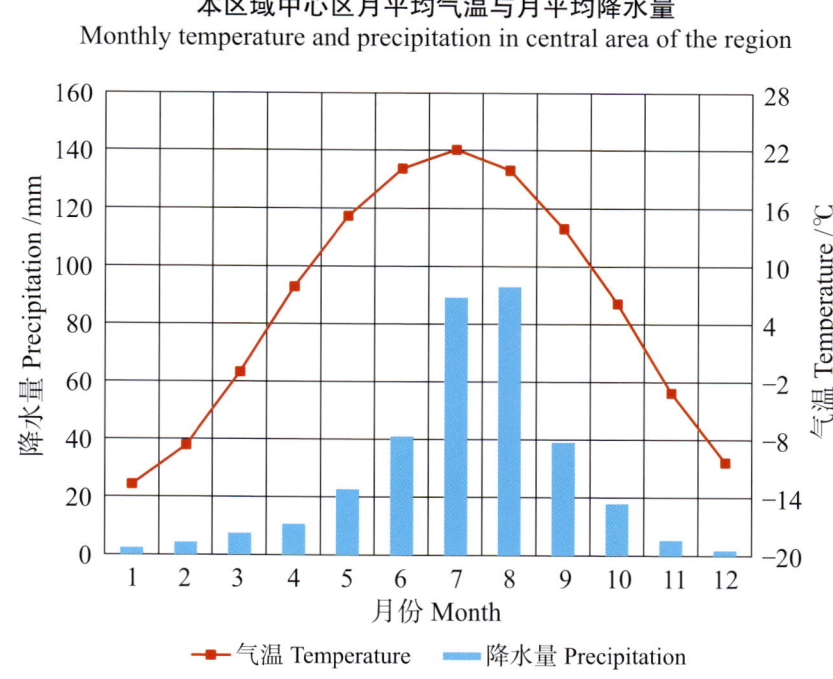

本区域中心区月平均气温与月平均降水量
Monthly temperature and precipitation in central area of the region

武川县主要土壤类型与土壤剖面点分布图

1:380 000

图 例

栗钙土　灰褐土　黑土　石质土　草甸土　⊗ 剖面点

武川县土壤剖面理化性状表

剖面号 Soil profile	土纲 Soil order	土类 Soil great group	亚类 Soil subgroup	土属 Soil genus	土种 Soil species	土层码 Layer code	土层厚度 Depth/cm	颜色 Soil color	质地 Soil texture	土壤结构 Soil structure	pH	有机质 OM/(g/kg)	全氮 TN/(g/kg)	全磷 TP/(g/kg)	碱解氮 AN/(mg/kg)	有效磷 AP/(mg/kg)	阳离子交换量CEC/(cmol/kg)	土壤母质 Parent material	剖面点坐标 Profile coordinate	匹配指数 Matching index,%
剖1	钙层土	栗钙土	淡栗土	淡黄砂土	淡黄砂土	1	0—30	浅棕栗色	砂壤土	粒状	8.4	12.3	0.79	0.79			15.2	花岗片麻岩残积物	E 110°44′14.6″ N 41°22′03.0″	75
						2	30—60	灰白色	重壤土	块状	8.6	11.2	0.71	0.83			24.7			
						3	60—110	浅黄色	重壤土	粒状	8.7	6.0	0.34				14.1			
剖2	钙层土	栗钙土	淡栗土	淡黄砂土	薄层淡黄砂土	1	0—16		砂壤土		8.6	11.6	0.78	0.61			11.7		E 110°51′52.3″ N 41°20′20.5″	99
						2	16—23		轻壤土		8.5	16.4	1.22	0.77			10.1			
						3	23—100				8.6	8.8	0.47	0.49			3.4			
剖3	钙层土	栗钙土	草甸栗钙土	潮淤土	潮淤土	1	0—20		砂壤土		8.7	13.5	0.76	1.01			9.8	冲积物	E 110°44′02.4″ N 41°12′54.4″	91
						2	20—36		轻壤土		8.7	10.2	0.58	0.98			9.7			
						3	36—48		紧砂土		9.0	2.1	0.17	0.48			4.6			
						4	48—157		轻壤土		8.8	8.7	0.56	0.78			10.7			
剖4	半水成土	草甸土	盐化草甸土	盐化草甸土	重度盐化草甸土	1	0—5	灰栗色	中壤土	粒状	8.9	63.0	3.46	2.21	195	16.0	15.5	洪冲积物	E 110°40′09.5″ N 41°10′20.3″	79
						2	5—30	灰栗色	中壤土	粒状	8.7	57.0	3.69	2.50	233	16.0	22.2			
						3	30—60	棕栗色	中壤土	块状	8.5	16.6	0.88	0.37	67	4.0	10.5			
						4	60—100	浅黄色												
剖5	钙层土	栗钙土	草甸栗钙土	潮淤土	潮淤土	1	0—26	栗色	砂壤土	粒状	8.6	7.8	0.55	1.13			9.3	冲积物	E 110°58′04.4″ N 41°19′22.8″	82
						2	26—100	暗栗色	轻壤土	粒状	8.7	13.4	0.83	1.14			14.9			
剖6	半水成土	草甸土	灰色草甸土	潮淤土	灌溉潮淤土	1	0—25	暗栗色	轻壤土	粒状	8.7	16.1	1.08	1.00	61	7.0	13.2	灌溉物	E 110°57′19.4″ N 41°17′59.3″	92
						2	25—45	棕栗色	轻壤土	粒状	8.5	11.8	0.78	1.10	49	3.0	5.2			
						3	45—100	灰白色	砂壤土	无明显结构	8.7	6.9	0.48	0.96	39	8.0				
剖7	钙层土	栗钙土	栗钙土	黄黑土	黄黑土	1	0—30	灰栗色	砂壤土	粒状	8.4	12.5	0.90	1.08			10.7	基性岩风化物	E 110°55′09.1″ N 41°14′17.5″	97
						2	30—87	栗色	砂壤土	粒状	8.5	18.6	0.86	0.96			12.9			
						3	87—140	暗栗色	砂壤土	粒状	8.7	14.8					16.4			
剖8	钙层土	栗钙土	栗钙土	栗红土	栗红土	1	0—27	棕栗色	轻壤土	粒状	7.9	12.3	0.79	0.85			18.6	砂质红土	E 111°21′37.8″ N 41°12′04.7″	86
						2	27—57	棕褐色	轻壤土	粒状	7.9	9.8	0.64	0.90			12.2			
						3	57—76	棕红色	轻壤土	粒状	8.6	6.4	0.38	0.93						
剖9	半水成土	草甸土	灰色草甸土	壤质灰色草甸土	壤质草甸土	1	0—20	灰黄色	中壤土	粒状	8.9	21.2	0.74	1.05	40	4.0	7.0	洪冲积物	E 111°17′59.3″ N 41°10′10.2″	99
						2	20—45	黄灰色	中壤土	粒状	8.8	7.4	0.38	1.48	45	3.0	5.8			
						3	45—60	灰蓝色		无明显结构										
						4	60—80	青蓝色		无明显结构										
剖10	半水成土	草甸土	盐化草甸土	盐化草甸土	轻度盐化草甸土	1	0—25	黑灰色		粒状								冲积物	E 111°05′02.0″ N 41°09′23.8″	79
						2	25—40	棕灰色		片状										
						3	40—90	黑灰色		片状										
						4	90—	灰褐色		无明显结构										
剖11	钙层土	栗钙土	草甸栗钙土	潮淤土	潮淤土	1	0—20	棕栗色	中壤土	粒状	8.9	23.8	1.49	1.60	89	5.0	15.9	冲积物	E 111°00′37.1″ N 41°06′51.5″	90
						2	20—52	暗栗色	中壤土	粒状	9.1	10.9	0.85	1.46	49	2.0	11.1			
						3	52—65	浅黄色	砂壤土	粒状										
						4	65—87	浅灰色		粒状										
						5	87—124	浅黄色												
						6	124—130	灰黄色		无明显结构										
剖12	半淋溶土	灰褐土	灰褐土	褐黄土	褐黄土	1	0—34	褐黄色	中壤土	粒状	8.4	23.3	1.26	1.08			12.4	黄土	E 111°09′47.9″ N 41°00′04.0″	96
						2	34—65	棕黄色		碎块状	8.2	12.1	0.81	1.01			12.9			
						3	65—150	浅橙黄色		碎块状	8.7	7.2	0.42	1.16			6.7			

续表 Continued

剖面号 Soil profile	土纲 Soil order	土类 Soil great group	亚类 Soil subgroup	土属 Soil genus	土种 Soil species	土层码 Layer code	土层厚度 Depth/cm	颜色 Soil color	质地 Soil texture	土壤结构 Soil structure	pH	有机质 OM/(g/kg)	全氮 TN/(g/kg)	全磷 TP/(g/kg)	碱解氮 AN/(mg/kg)	有效磷 AP/(mg/kg)	阳离子交换量CEC/(cmol/kg)	土壤母质 Parent material	剖面点坐标 Profile coordinate	匹配指数 Matching index/%
剖13	钙层土	栗钙土	栗钙土	黄砂土	黄砂土	1	0—25	栗色	轻壤土	细粒状	8.5	18.9	1.15	0.69			10.5	松散砂岩、砂砾岩	E 111°16′12.4″ N 41°07′34.3″	84
						2	25—95	暗栗色	砂壤土	小块状	8.8	17.4	1.00	0.50			14.6			
						3	95—157	黄棕色	紧砂土		9.1						6.2			
剖14	钙层土	栗钙土	暗栗钙土	暗栗红土	暗栗红土	1	0—35	红棕色	中壤土	粒状	8.6	21.8	1.44	1.53			14.6	红土	E 111°39′21.2″ N 41°09′30.2″	93
						2	35—70	红棕色	中壤土	块状	8.6	14.4	0.90	1.43			11.2			
剖15	半水成土	草甸土	灰色草甸土	砂质灰色草甸土	砂质草甸土	1	0—20	栗色		无明显结构								冲积物	E 111°33′33.8″ N 41°08′10.3″	96
						2	20—100	栗色		片状										
						3	100—	栗褐色		片状										
剖16	钙层土	栗钙土	暗栗钙土	暗黄黑土	暗黄黑土	1	0—30	暗栗色	砂壤土	粒状	8.1	12.0	0.71	0.47			10.8	基性岩风化物	E 111°43′54.5″ N 41°07′29.3″	78
						2	30—60	黄栗色	重壤土	粒状	8.3	4.0	0.31	0.76			18.4			
						3	60—110	棕栗色		粒状										
剖17	半淋溶土	黑土	山地黑土	黑土	黑土	1	0—38	灰黑色	轻壤土	粒状	7.4	47.6	2.58	1.39	151	5.0	25.4	大理岩残积物、坡积物	E 111°35′55.7″ N 41°00′02.9″	80
						2	38—72	黑色	中壤土	粒状	7.6	35.7	1.83	1.22	125	6.0	23.8			
						3	72—105	棕黄色	中壤土	粒状	7.7	8.3	0.49	0.76	49		8.6			
剖18	半淋溶土	黑土	山地黑土	黑土	薄层黑土	1	0—23	灰黑色	砂壤土	粒状	7.4	67.8	3.64	1.72	259	8.0		坡积物、残积物	E 111°45′33.5″ N 41°08′31.6″	73
						2	23—47	灰黑色	轻壤土	粒状	7.4	59.8	3.25	1.62	221	5.0				
剖19	半淋溶土	灰褐土	淋溶灰褐土	淋溶灰褐土	淋溶灰褐土	1	3—41	灰褐色	轻壤土	小粒状	7.2	58.6	3.01	2.59	194	9.0		残积物	E 111°04′12.9″ N 40°56′11.4″	91
						2	41—81	灰褐色	中壤土	团粒状	7.3	24.9	1.27	1.38	91	6.0				
						3	81—96	棕黄色	中壤土	团粒状	7.3	13.0	0.62	0.93						
						4	96—111	黄棕色	轻壤土	团粒状	7.0	7.1	0.39	1.01						
剖20	半淋溶土	灰褐土	灰褐土	灰褐土		1	0—16	褐棕色		粒状								残积物	E 111°00′36.7″ N 40°55′10.6″	81
						2	16—42	棕褐色		粒状										
						3	42—80	褐棕色		块状										
						4	80—120	红棕色		粒状										
剖21	半淋溶土	灰褐土	灰褐土	褐红土		1	0—27	红棕色	轻壤土	粒状	8.3	7.3	0.57	0.47	47	3.0		红土	E 111°26′03.8″ N 40°59′43.1″	82
						2	27—87	褐红色	重壤土	粒状	8.7	3.1	0.21	1.17	25	5.0				
						3	87—150	棕红色	重壤土	核块状	8.5	1.0		1.70						

包 头 市

市 辖 区

主要土类说明

灰褐土是包头市主要土壤类型,占本市地域面积的52%。灰褐土发生于温带干旱、半干旱山地云冷杉下,腐殖质累积与钙积作用明显,pH为7.0—8.0,具Ao-A-B-C剖面构型。该土壤表层有机质含量可达100g/kg,表层下见暗色腐殖质层,有弱黏淀特征。B层呈棕褐色,钙积层在40cm以下出现,铁铝氧化物无移动现象。

草甸土是包头市第二大土壤类型,占本市地域面积的23%。因所处地带地下水位较高,潜水参与土壤形成过程,受地下水升降与浸润作用,成土过程具有明显的腐殖质累积和铁锰氧化还原特征,土体出现锈色斑纹层。剖面构型为A-Cu或A-C-Cu。

栗钙土是包头市第三大土壤类型,占本市地域面积的13%。栗钙土是在温带半干旱草原下形成的具有栗色腐殖质层和灰白色钙积层的土壤。该土壤表层为栗色腐殖质层,厚20—30cm,有机质含量为15—45g/kg。其下,灰白色钙积层发育明显,钙积层见于20—30cm深处,厚20—40cm,呈斑点状或层状积钙。石膏及易溶盐局部聚积。

草甸盐土占本市地域面积的3%。草甸盐土发生于半湿润至半干旱地区,高矿化地下水经毛管作用上升至地表,使其盐分累积量大于6g/kg,属盐土范畴。该土壤具明显的Az-C剖面构型,其易溶盐组成中所含的氯化物与硫酸盐比例有所差异。

小于本市地域面积3%的土壤类型有潮土、风沙土、石质土、新积土。

本区域中心区气候特征

本区域中心区气候特征值
Regional climate characteristics in central area of the region

气候带:中温带亚干旱气候 Climate region: Mid temperate subarid climate	
年平均气温 /℃ Annual average temperature /℃	6.1
年平均最高气温 /℃ Annual average maximum temperature /℃	13.1
年平均最低气温 /℃ Annual average minimum temperature /℃	-0.2
年降水量 /mm Annual precipitation /mm	309
≥10℃的积温 /℃ Daily temperature accumulated in a year(≥10℃)/℃	3710
年日照时数 /h Annual sunshine /h	2951
年平均相对湿度 /% Annual average relative humidity /%	51
干燥度 Dryness	1.18

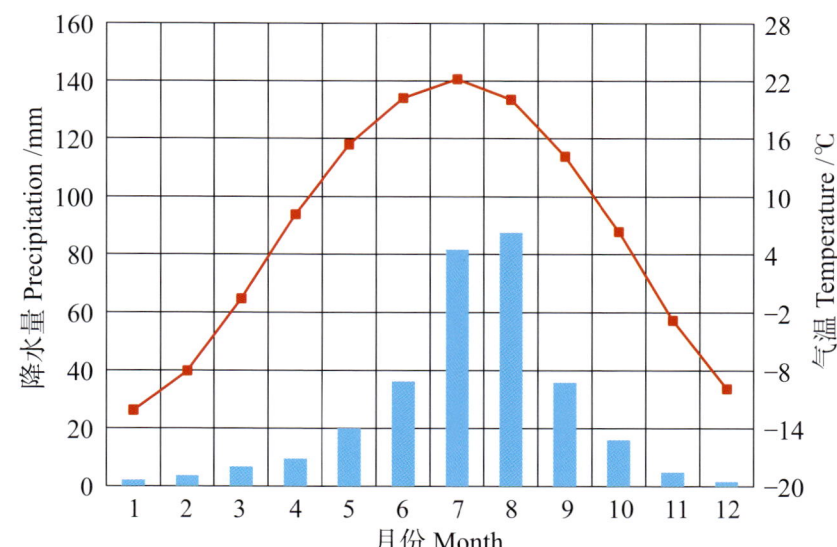

本区域中心区月平均气温与月平均降水量
Monthly temperature and precipitation in central area of the region

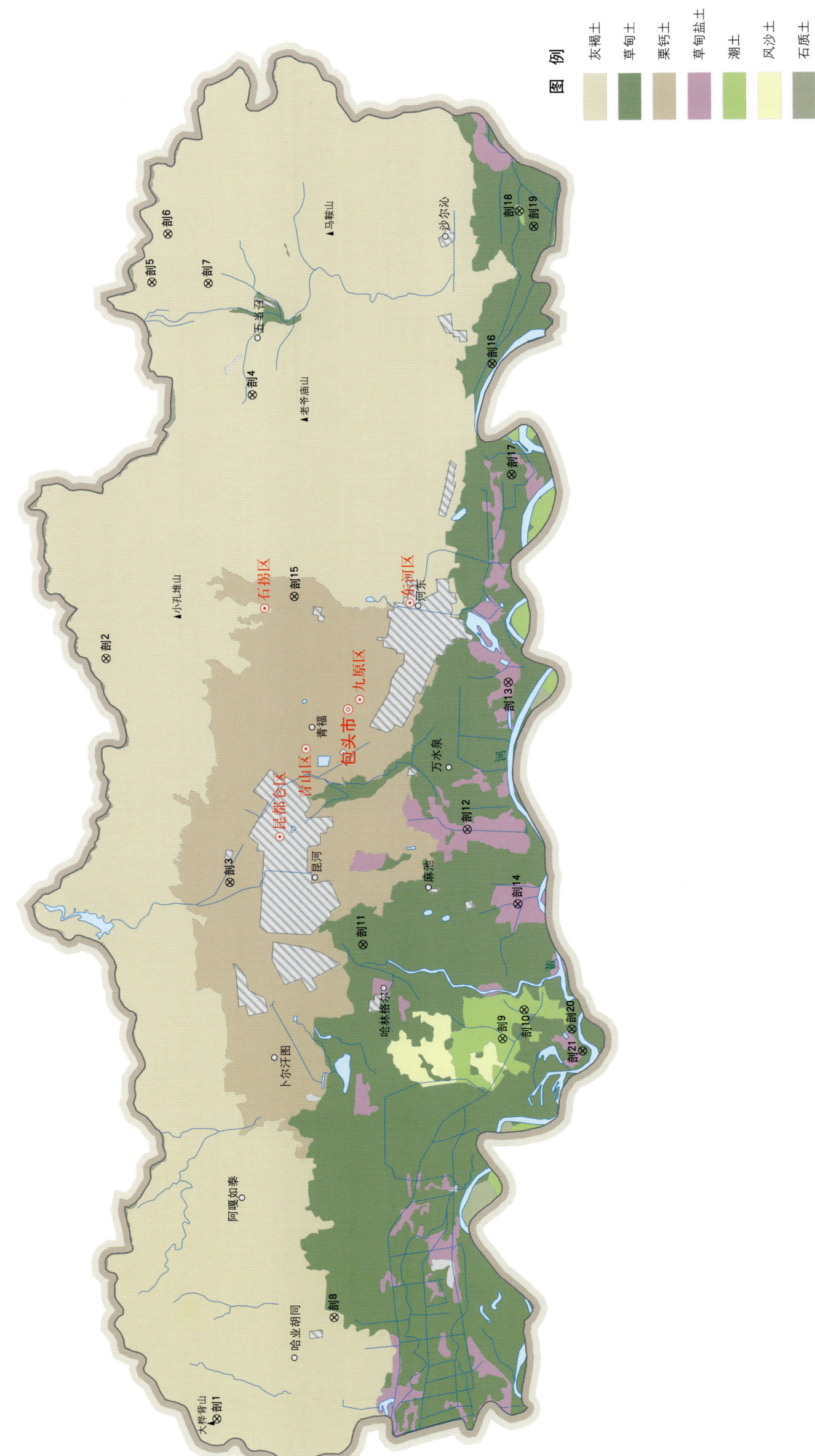

包头市土壤剖面理化性状表

剖面号 Soil profile	土纲 Soil order	土类 Soil great group	亚类 Soil subgroup	土属 Soil genus	土种 Soil species	土层码 Layer code	土层厚度 Depth/cm	颜色 Soil color	质地 Soil texture	土壤结构 Soil structure	pH	有机质 OM/(g/kg)	全氮 TN/(g/kg)	全磷 TP/(g/kg)	阳离子交换量CEC/(cmol/kg)	土壤母质 Parent material	剖面点坐标 Profile coordinate	匹配指数 Matching index/%
剖1	半淋溶土	灰褐土	淋溶灰褐土	淋溶灰褐土	厚体淋溶灰褐土	Aoo	0—2	暗棕色	轻壤土	屑粒状						基性岩残积物	E 109°25′21.7″ N 40°41′44.2″	91
						Ao	2—5	棕色	轻壤土	粒状		47.1	2.24	1.50				
						A₁	5—17	灰黄棕色	轻壤土	粒状		17.6	0.94	0.90				
						A₂	17—50	灰黄色	轻壤土	粒状		11.7	0.66	1.10				
						B	50—100	青灰色										
						C	100—120											
剖2	半淋溶土	灰褐土	粗骨性灰褐土	石质土	石质土	C	7—14	青灰色	砂砾土	无明显结构							E 109°59′55.7″ N 40°45′57.6″	75
						AC	0—7											
剖3	钙层土	栗钙土	栗钙土	栗淤土	厚层栗褐淤土	A	0—35	灰青色	紧砂土	单粒状		8.9	0.51	0.70		洪积物	E 109°49′46.3″ N 40°41′33.8″	73
						2	35—64	棕色	砂壤土	碎块状		7.1	0.38	0.70				
						3	64—105	棕色	砂壤土	碎块状		3.7	0.22	0.30				
						B	105—130	灰白色	轻壤土	块状		3.3	0.24	0.70				
						C	130—150	灰棕色	轻壤土	碎块状								
剖4	半淋溶土	灰褐土	石灰性灰褐土	褐黄土	中度侵蚀褐黄土	1	0—18	灰黄色	砂壤土	碎块状		12.5	0.76	1.50		黄土、黄土状母质	E 110°11′56.4″ N 40°40′55.6″	91
						2	18—33	灰黄色	砂壤土	块状		6.2	0.40	1.14				
						3	33—97	浅灰黄色	轻壤土	块状		4.1	0.17	1.14				
						4	97—118	浅黄色	轻壤土	碎块状								
剖5	半淋溶土	灰褐土	石灰性灰褐土	褐黄土	轻度侵蚀褐黄土	1	0—22	灰黄色	砂壤土	碎块状		8.0	0.84	0.70		黄土、黄土状母质	E 110°17′03.4″ N 40°44′26.5″	71
						2	22—51	棕黄色	轻壤土	碎块状		7.1	0.42	0.96				
						3	51—80	棕黄色	砂壤土	块状		5.8	0.48	1.14				
						4	80—85	灰黄棕色	轻壤土	碎块状								
剖6	半淋溶土	灰褐土	石灰性灰褐土	褐黄土	厚体灰褐土	A	0—32	灰黄棕色	轻壤土	粒状		32.6	1.81	2.32		基性岩残积物	E 110°19′15.3″ N 40°43′53.4″	82
						B₁	32—60	灰棕色	中壤土	块状		29.1	1.34	2.12				
						B₂	60—110	暗棕色	中壤土	块状		32.5	1.54	2.55				
剖7	半淋溶土	灰褐土	石灰性灰褐土	褐黄土	轻度侵蚀褐黄土											黄土、黄土状母质	E 110°17′00.8″ N 40°42′28.7″	91
剖8	半淋溶土	灰褐土	石灰性灰褐土	褐淤土	厚层褐淤土	A₁	0—17	灰棕色	砂壤土	碎块状		35.3	1.72	2.46		冲积物	E 109°30′01.8″ N 40°37′42.6″	79
						A₂	17—30	棕色	轻壤土	块状		28.2	1.43	2.38				
						B₁	30—77	浅黄棕色	轻壤土	块状		6.0	0.47	1.78				
						B₂	77—110	暗灰黄色	中壤土	块状								
						C	110—150	灰黄色	轻壤土	碎块状								
剖9	半水成土	潮土	潮土	沫尔土	沫尔土	A₁	0—21	砂黄色	砂壤土	碎块状	7.9	8.3	0.60	1.40		黄河冲积物	E 109°42′46.0″ N 40°31′59.6″	86
						A₂	21—42	浅黄色	砂壤土	块状	7.9	6.5	0.40	1.30				
						G₁	42—74	暗黄色	轻壤土	块状	8.0	9.1	0.60	1.50				
						G₂	74—105	灰黄色	中壤土	块状	8.1	8.4	0.60	1.80				
						5	105—150	灰黄色	轻壤土	块状	8.3	8.4	0.70	1.50				
剖10	半水成土	潮土	潮土	沫尔土	沫尔土	A	0—34	灰黄色	砂壤土	碎块状		6.0	0.40	1.60		黄河冲积物	E 109°44′07.6″ N 40°31′15.4″	95
						G₁	34—95	暗黄色	中壤土	块状		9.3	0.50	0.50				
						G₂	95—106	灰黄色	中壤土	块状		8.2	0.40	2.00				
						4	106—127		中壤土	块状		10.1	0.70	2.00				

续表 Continued

剖面号 Soil profile	土纲 Soil order	土类 Soil great group	亚类 Soil subgroup	土属 Soil genus	土种 Soil species	土层码 Layer code	土层厚度 Depth/ cm	颜色 Soil color	质地 Soil texture	土壤结构 Soil structure	pH	有机质 OM/ (g/kg)	全氮 TN/ (g/kg)	全磷 TP/ (g/kg)	阳离子 交换量CEC/ (cmol/kg)	土壤母质 Parent material	剖面点坐标 Profile coordinate	匹配指数 Matching index/%
剖11	半水成土	草甸土	灰色草甸土	灰淤土	灰淤土	A	0—19	灰棕色	砂壤土	粒状		32.1	1.11	2.25		洪冲积物	E 109°47′00.2″ N 40°36′54.0″	86
						2	19—39	暗棕色	轻壤土	块状		55.2	3.50	2.03				
						3	39—51	棕灰色	砂壤土	粒状		10.4	0.69	2.33				
						Bg	51—93	暗灰色	中壤土	块状		44.0	5.88					
						C	93—110	暗灰色	砾石土									
剖12	盐碱土	草甸盐土	草甸盐土	白盐土	白盐土	1	0—15	棕灰色	轻壤土	碎块状	8.2	9.2	0.70	1.40		冲积物、淤积物	E 109°52′18.1″ N 40°33′18.7″	76
						2	15—52	灰黄色	轻壤土	碎块状	8.6	7.7	0.60	1.60				
						3	52—85	灰黄色	砂壤土	块状	8.5	7.7	0.60	1.50				
						4	85—100	浅灰黄色	轻壤土	碎块状	8.4	7.2	0.50	1.50				
						5	100—150	暗灰色	砂壤土	块状	8.5	8.5	0.70	1.90				
剖13	盐碱土	草甸盐土	草甸盐土	黑油盐土	黑油盐土	1	0—21	灰棕色	重壤土	块状	9.3	9.6	0.60	1.40		冲积物	E 109°58′58.8″ N 40°31′55.9″	74
						2	21—63	红棕色	重壤土	片状	9.4	9.8	0.60	1.40				
						3	63—97	灰黄色	重壤土	块状	9.5	4.9	0.30	1.70				
						4	97—160		中壤土		7.7	4.9	0.30					
剖14	盐碱土	草甸盐土	草甸盐土	蓬松盐土	蓬松盐土	1	0—25	灰黄色	砂壤土	碎块状	7.5					黄河冲积物	E 109°48′56.2″ N 40°31′31.1″	72
						2	25—48	灰黄色	砂壤土	碎块状	7.9							
						3	48—99	棕黄色	中壤土	核块状	8.0							
						4	99—145	浅黄色	重壤土	碎块状								
						5	145—200	黄灰色	轻壤土	块状								
剖15	钙层土	栗钙土		黄黑土	薄层黄黑土	A	0—17	灰白色	砂壤土	粒状					5.1	基性岩残积物	E 110°02′48.5″ N 40°39′25.2″	76
						2	17—31	灰白色							3.2			
剖16	半水成土	草甸土	浅色草甸土	新积草甸土	新积两黄土	1	0—5		轻壤土						11.0	近代黄河冲积物	E 110°13′18.1″ N 40°32′28.0″	86
						2	5—20		中壤土			22.4	1.56	1.34				
						3	20—50		重壤土			10.7	0.81	1.89				
						4	50—100		中壤土			26.2	1.34	1.89				
剖17	半水成土	潮土	浅色草甸土	红泥	红泥	A_1	0—24	灰棕色	重壤土	块状		8.1	0.49	1.57		黄河冲积物	E 110°08′24.0″ N 40°31′52.3″	97
						A_2	24—42	暗棕色	轻壤土	碎块状		16.0	1.30	1.40				
						G	42—260	红棕色	轻壤土	块状		25.0	1.60	1.60				
剖18	半水成土	潮土		两黄土	两黄土	Ag	0—28	灰黄色	轻壤土	碎块状		8.4	0.80	1.50		黄河冲积物	E 110°20′19.4″ N 40°31′38.8″	79
						G_1	28—86	浅灰黄色	中壤土	块状								
						G_2	86—147	浅灰黄色	轻壤土	碎块状								
剖19	半水成土	潮土		硬黄土	硬黄土	A_g	0—24	灰黄色	轻壤土	碎块状		8.3	0.50	1.60		黄河冲积物	E 110°19′37.2″ N 40°31′08.8″	99
						G_1	24—63	浅灰黄色	重壤土	碎块状		3.7	0.20	1.40				
						G_2	63—110	灰黄色	砂壤土	碎块状		5.6	0.40	1.50				
						G_3	110—150	浅灰黄色	砂壤土	块状		4.0	0.20	1.40				
剖20	半水成土	草甸土	浅色草甸土	新积草甸土	新积沐尔土	A_1	0—21	灰黄色	砂壤土	碎块状						近代黄河冲积物	E 109°43′15.0″ N 40°29′35.0″	90
						A_2	21—53	灰黄色	砂壤土	碎块状								
						G_1	53—75	浅灰黄色	砂壤土	块状		8.5	0.50	1.50				
						G_2	75—110	棕红色	黏土			6.9	0.50	1.40				
剖21	半水成土	草甸土	浅色草甸土	新积草甸土	新积沐尔土	1	0—5		砂壤土							近代黄河冲积物	E 109°42′15.2″ N 40°29′12.0″	98
						2	5—20		砂壤土									

土默特右旗

主要土类说明

草甸土是土默特右旗主要土壤类型，占本旗地域面积的 53%。草甸土主要分布在山间洼地、河漫滩、山前洪积平原和黄河冲积平原地带。该地区属亚干旱大陆性气候，除了山区年降水量在 400mm 以上外，其余大部分地区年降水量均为 320—400mm。自然植被以草本植物为主，主要有寸草、委陵菜、车前、两栖蓼、马蔺、碱蓬、盐蒿等。成土母质类型比较单一，为近代洪冲积物，其细分为山地洪冲积物和黄河冲积物两类。成土过程主要为潜育化过程、腐殖质累积过程和盐化过程。根据分布地形部位、有机质含量及盐化、沼泽化程度的差异，本旗草甸土分为灰色草甸土、浅色草甸土、盐化草甸土等亚类。

灰褐土是土默特右旗第二大土壤类型，占本旗地域面积的 33%。灰褐土主要分布在本旗北部的大青山山地。成土母质类型比较复杂，大部分是以碳酸岩类（石灰岩、白云岩、大理岩等）和酸性结晶岩类（花岗岩、片麻岩等）为主的坚硬岩石残积物、坡积物，以及不同地质时代的砂岩、砾岩和泥质岩类，在山间坡麓为近代洪积物，局部堆积有风成黄土或黄土状母质。土壤中大量的植物残体在腐殖化作用下形成腐殖质，腐殖质不断累积，使灰褐土颜色偏暗，大多呈灰褐色或棕褐色。此外，由于山地淋溶作用较强，土体中可溶盐及黏粒易随水下移，腐殖质层呈不明显的舌状过渡，黏粒在剖面下部有淋溶淀积特征，形成棕褐色弱黏化层，在剖面下部或母岩表面常伴有石灰淀积。本旗灰褐土分为粗骨性灰褐土、石灰性灰褐土、淋溶灰褐土等亚类。

草甸盐土是土默特右旗第三大土壤类型，占本旗地域面积的 11%。草甸盐土发生于半湿润至半干旱地区，高矿化地下水经毛管作用上升至地表，使其盐分累积量大于 6g/kg，属盐土范畴。该土壤具明显的 Az–C 剖面构型，其易溶盐组成中所含的氯化物与硫酸盐比例有所差异。

小于本旗地域面积 3% 的土壤类型有风沙土、潮土、石质土、新积土。

本区域中心区气候特征

本区域中心区气候特征值
Regional climate characteristics in central area of the region

气候带：中温带亚干旱气候 Climate region: Mid temperate subarid climate	
年平均气温 /℃ Annual average temperature /℃	6.3
年平均最高气温 /℃ Annual average maximum temperature /℃	13.3
年平均最低气温 /℃ Annual average minimum temperature /℃	0.1
年降水量 /mm Annual precipitation /mm	348
≥10℃的积温 /℃ Daily temperature accumulated in a year（≥10℃）/℃	3933
年日照时数 /h Annual sunshine /h	2892
年平均相对湿度 /% Annual average relative humidity /%	52
干燥度 Dryness	1.10

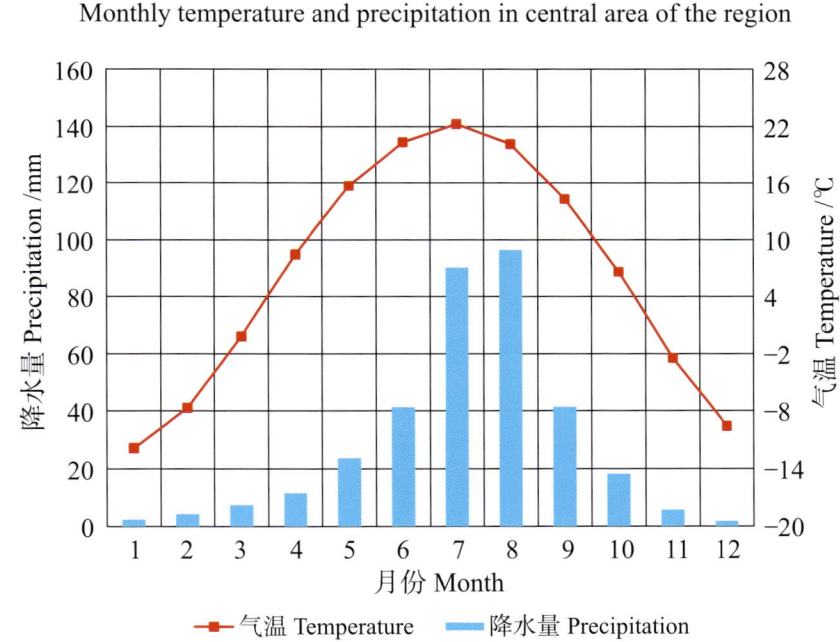

本区域中心区月平均气温与月平均降水量
Monthly temperature and precipitation in central area of the region

土默特右旗主要土壤类型与土壤剖面点分布图

1:300000

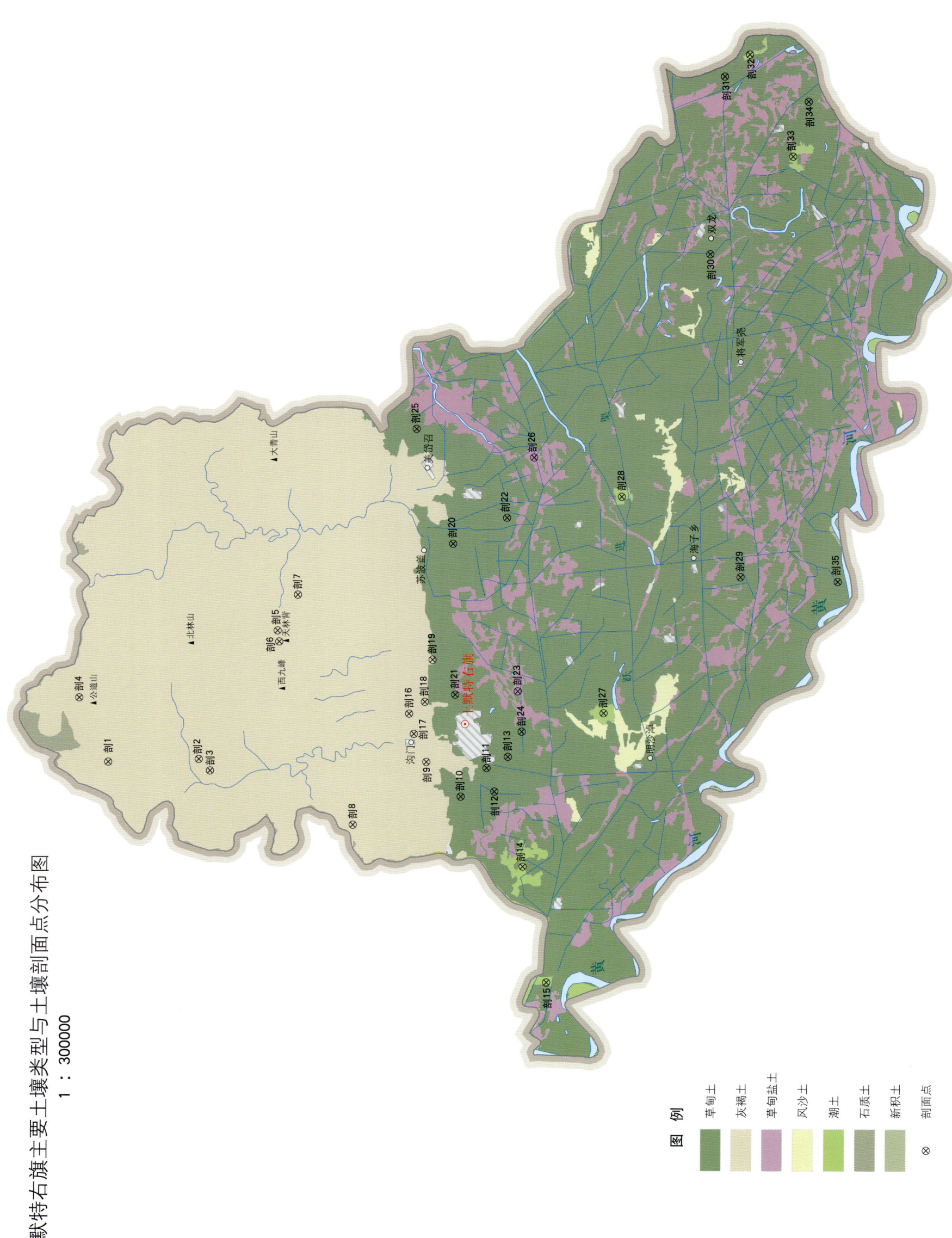

图例：草甸土、灰褐土、草甸盐土、风沙土、潮土、石质土、新积土、剖面点

土默特右旗土壤剖面理化性状表

剖面号 Soil profile	土纲 Soil order	土类 Soil great group	亚类 Soil subgroup	土属 Soil genus	土种 Soil species	土层码 Layer code	土层厚度 Depth/cm	质地 Soil texture	pH	有机质 OM/(g/kg)	全氮 TN/(g/kg)	全磷 TP/(g/kg)	全钾 TK/(g/kg)	碱解氮 AN/(mg/kg)	有效磷 AP/(mg/kg)	速效钾 AK/(mg/kg)	阳离子交换量 CEC/(cmol/kg)	土壤母质 Parent material	剖面点坐标 Profile coordinate	匹配指数 Matching index/%
剖1	半淋溶土	灰褐土	石灰性灰褐土	灰褐土	厚体灰褐土	1	0–15	中壤土						116	2.0	66		结晶岩残积物	E 110°29′35.5″ N 40°47′37.0″	90
						2	25–40	中壤土						111	1.0	66				
						3	55–70	中壤土						127	1.0	44				
剖2	半淋溶土	灰褐土	石灰性灰褐土	褐黄土	中度侵蚀灰褐黄土	1	0–18	中壤土						62	2.0	56		马兰黄土、黄土状母质	E 110°29′46.0″ N 40°44′02.8″	96
						2	50–60	中壤土						90	1.0	48				
						3	70–85	轻黏土						59	1.0	46				
剖3	半淋溶土	灰褐土	石灰性灰褐土	褐黄土	轻度侵蚀灰褐黄土	1	0–25	轻黏土						104	5.0	144		马兰黄土、黄土状母质	E 110°29′10.3″ N 40°43′36.1″	77
						2	45–55	轻壤土						94	1.0	75				
						3	75–85	轻壤土						84	1.0	79				
						4	100–110	轻壤土						90	1.0	48				
剖4	半淋溶土	灰褐土	石灰性灰褐土	灰褐土	灰褐土	1	0–20	中壤土	8.4	37.3	1.75	0.52	17.2	87	4.0	61		结晶岩残积物	E 110°32′55.0″ N 40°48′46.4″	88
						2	35–50	轻壤土	8.5	12.9	0.71	0.43	18.0	108	3.0	54				
剖5	半淋溶土	灰褐土	淋溶灰褐土	淋溶灰褐土	薄体淋溶灰褐土	1	0–10	中壤土						421	11.0	257		岩石残积物	E 110°36′26.3″ N 40°40′58.1″	93
						2	10–25	轻壤土						161	5.0	139				
						3	35–45	轻壤土						249	5.0	216				
剖6	半淋溶土	灰褐土	淋溶灰褐土	淋溶灰褐土	厚体淋溶灰褐土	1	0–7	砂壤土						299	8.0	307		岩石残积物	E 110°35′53.5″ N 40°40′49.4″	72
						2	10–15	轻壤土						218	4.0	145				
						3	25–34	中壤土						179	2.0	94				
						4	50–60	中壤土						97	2.0	90				
剖7	半淋溶土	灰褐土	淋溶灰褐土	淋溶灰褐土	薄体淋溶灰褐土	1	0–20	中壤土						3	4.0	144		岩石残积物	E 110°38′16.4″ N 40°40′10.9″	74
剖8	半淋溶土	灰褐土	石灰性灰褐土	灰褐土	薄体灰褐土	1	0–20	轻壤土	8.6	13.2			19.7	116	2.0	65	27.8	结晶岩残积物	E 110°26′26.2″ N 40°37′57.4″	73
剖9	半淋溶土	灰褐土	石灰性灰褐土	褐淤土	厚层褐淤土	1	5–15	中壤土						86	2.0	79		洪冲积物、淤积物	E 110°29′41.2″ N 40°35′04.4″	83
						2	55–65	中壤土						55	2.0	91				
剖10	半水成土	草甸土	灰色草甸土	脱潜育灰淤土	脱灰草甸土	1	0–49	中壤土	8.5	13.3	0.62	0.77	18.9	153	5.0	81	28.3	洪积物	E 110°27′54.8″ N 40°33′43.0″	80
						2	49–120	中壤土	8.6	15.7	1.08	0.65	19.9	284	4.0	66				
						3	120–160	轻壤土	8.9	3.3	0.16	0.78	18.9	8	2.0	32				
						4	160–180	轻壤土	8.3	12.8	11.80	0.29	1.2	2	6.0	178				
剖11	半水成土	草甸土	灰色草甸土	脱潜育灰淤土	夹砾脱灰砂土	1	0–12	中黏土						278	8.0	336		洪冲积物	E 110°29′23.3″ N 40°32′42.0″	85
						2	15–30	轻壤土						98	2.0	75				
						3	50–70	中壤土						147	3.0	102				
剖12	半水成土	草甸土	灰色草甸土	脱潜育灰淤土	砂底厚层脱灰淤土	1	0–20	中淤土						189	4.0	100		洪积物	E 110°28′11.3″ N 40°32′23.3″	76
						2	30–40							124	3.0	6				
						3	70–80							80						
剖13	半水成土	草甸土	灰色草甸土	脱潜育灰淤土	脱灰淤土	1	0–20	中壤土						141	12.0	290		洪积物	E 110°29′58.2″ N 40°31′51.7″	79
						2	30–40	轻壤土						102	29.0	98				
						3	70–90	轻壤土						93	29.0	102				
剖14	半水成土	潮土	潮土	两黄土	两黄土	1	10–15	轻壤土						110	2.0	123		洪积物	E 110°24′18.0″ N 40°32′14.9″	78
						2	65–70	砂壤土						86	13.0	50				
						3	145–150	中黏土						178	3.0	139				
剖15	半水成土	潮土	潮土	砂土	壤底薄层砂土	1	5–15	砂土						54	3.0	65		黄河冲积物	E 110°18′20.1″ N 40°30′16.4″	86
						2	50–60	轻壤土						205	8.0	131				
						3	90–100	重壤土						86	3.0	168				
						4	150–160	砂壤土						35	2.0	65				

续表 Continued

剖面号 Soil profile	土纲 Soil order	土类 Soil great group	亚类 Soil subgroup	土属 Soil genus	土种 Soil species	土层码 Layer code	土层厚度 Depth/cm	质地 Soil texture	pH	有机质 OM/(g/kg)	全氮 TN/(g/kg)	全磷 TP/(g/kg)	全钾 TK/(g/kg)	碱解氮 AN/(mg/kg)	有效磷 AP/(mg/kg)	速效钾 AK/(mg/kg)	阳离子交换量CEC/(cmol/kg)	土壤母质 Parent material	剖面点坐标 Profile coordinate	匹配指数 Matching index/%
剖16	半淋溶土	灰褐土	石灰性灰褐土	褐淤土	褐淤土	1	5—25	砂壤土						162	12.0	156		洪冲积物、淤积物	E 110° 32′ 09.4″ N 40° 35′ 46.0″	97
						2	35—45	砂壤土						96	4.0	116				
剖17	半淋溶土	灰褐土	石灰性灰褐土	褐淤土	厚层褐淤土	1	0—39							95	2.0	112		洪冲积物、淤积物	E 110° 31′ 08.0″ N 40° 35′ 34.7″	100
						2	65—80	砂壤土						80	1.0	79				
剖18	半淋溶土	灰褐土	石灰性灰褐土	褐淤土	褐淤砂土	1	5—15	砂壤土						74	5.0	77		洪冲积物、淤积物	E 110° 32′ 47.2″ N 40° 35′ 09.1″	94
						2	25—40	砂壤土						79	1.0	65				
剖19	半淋溶土	灰褐土	石灰性灰褐土	褐淤土	墡底薄层褐砂土	1	0—25	砂土						52	1.0	71		洪冲积物、淤积物	E 110° 34′ 58.1″ N 40° 34′ 51.6″	89
						2	40—60	中壤土						80	1.0	61				
剖20	半水成土	草甸土	灰色草甸土	脱潜育灰淤土	夹砂脱灰淤土	1	5—15							141	9.0	228		洪冲积物	E 110° 40′ 55.2″ N 40° 34′ 04.4″	89
						2	30—40							177	4.0	160				
						3	55—65							99	3.0	46				
						4	100—110							111	4.0	81				
剖21	半水成土	草甸土	灰色草甸土	脱潜育灰淤砂土	墡底薄层脱灰淤砂土	1	0—20							135	9.0	141		洪冲积物	E 110° 33′ 09.7″ N 40° 33′ 57.6″	84
						2	45—75							89	2.0	61				
						3	130—140							95	3.0	73				
剖22	半水成土	草甸土	盐化灰黏土	轻盐灰黏土	轻盐灰黏土	1	0—20	重壤土						118	2.0	124			E 110° 42′ 15.5″ N 40° 31′ 57.0″	98
						2	40—60							132		29				
						3	85—100							80		52				
剖23	盐碱土	草甸盐土	白盐土	白盐土	白盐土	1	0—5							146	8.0	181		黄河冲积物	E 110° 33′ 21.2″ N 40° 31′ 29.8″	94
						2	5—20							103	3.0	87				
						3	20—50							94	2.0	71				
						4	50—100							63	3.0					
						5	100—150							99	3.0	85				
						6	150—200							117	4.0	133				
剖24	半水成土	草甸土	脱潜育灰黏土	脱灰黏土	脱灰黏土	1	0—5	重壤土						215	27.0	164		洪冲积物	E 110° 31′ 16.3″ N 40° 31′ 19.6″	87
						2	5—20	重壤土						161	4.0	87				
						3	20—95	重壤土						281	4.0	66				
						4	95—120	砂壤土						85	3.0	41				
						5	120—150	轻壤土						264	6.0	66				
						6	150—200	砂壤土						167	4.0	56				
剖25	半水成土	草甸土	盐化灰淤土	轻盐灰淤土	轻盐灰淤土	1	0—22	中壤土						105	2.0	66		黄河冲积物	E 110° 46′ 50.2″ N 40° 35′ 31.2″	74
						2	30—45	中壤土						138	2.0	62				
						3	60—75	中壤土						175	1.0	87				
剖26	盐碱土	草甸盐土	马尿泡土	马尿泡土	马尿泡土	1	0—5							110		676		黄河冲积物	E 110° 45′ 21.2″ N 40° 30′ 53.6″	85
						2	5—20							95	3.0	295				
						3	20—50							43	2.0	133				
						4	50—100							70	2.0	112				
						5	100—150							64	2.0	65				
						6	150—200							50	3.0	55				
						7	200—250							55	1.0	25				
剖27	半水成土	潮土	潮土	沫尔土	沫尔土	1	10—15	砂壤土						81	3.0	100		黄河冲积物	E 110° 32′ 13.9″ N 40° 28′ 06.2″	77
						2	21—29	轻壤土						117	2.0	119				
						3	90—100	砂壤土						75	1.0	52				
						4	150—160	重壤土						100	3.0	25				

续表 Continued

剖面号 Soil profile	土纲 Soil order	土类 Soil great group	亚类 Soil subgroup	土属 Soil genus	土种 Soil species	土层码 Layer code	土层厚度 Depth/cm	质地 Soil texture	pH	有机质 OM/(g/kg)	全氮 TN/(g/kg)	全磷 TP/(g/kg)	全钾 TK/(g/kg)	碱解氮 AN/(mg/kg)	有效磷 AP/(mg/kg)	速效钾 AK/(mg/kg)	阳离子交换量 CEC/(cmol/kg)	土壤母质 Parent material	剖面点坐标 Profile coordinate	匹配指数 Matching index/%
剖28	半水成土	潮土	潮土	硬黄土	硬黄土	1	15—25	中壤土						67	2.0	135		黄河冲积物	E 110°43′21.0″ N 40°27′25.6″	89
						2	35—45	砂壤土						55	1.0	46				
						3	110—120	砂壤土						49	2.0	52				
剖29	半水成土	草甸土	盐化草甸土	盐硬黄土	中盐硬黄土	1	0—5	中壤土						97	6.0	170		黄河冲积物	E 110°39′15.1″ N 40°22′44.0″	100
						2	5—20	中壤土						128	3.0	115				
						3	20—50	重黏土						212	2.0	152				
						4	50—100	中壤土						89	2.0	71				
						5	100—150	重黏土						216	5.0	145				
						6	150—200	中壤土						241	7.0	191				
剖30	半水成土	草甸土	盐化草甸土	盐两黄土	轻盐两黄土	1	0—5	砂壤土						74	3.0	115		黄河冲积物	E 110°55′46.6″ N 40°23′57.5″	87
						2	5—20							75	2.0	90				
						3	20—50	轻壤土						36	1.0	37				
						4	50—100							59	2.0	52				
						5	100—150							158	7.0	133				
						6	150—200							88	7.0	166				
剖31	半水成土	草甸土	盐化草甸土	盐黑胶泥	轻盐黑胶泥	1	0—20	中黏土						173	4.0	187		黑河冲积物	E 111°04′51.7″ N 40°23′23.0″	71
						2	30—40	中黏土						153	5.0	170				
						3	60—70	中黏土						177	14.0	154				
						4	100—110	砂壤土						105	3.0	23				
剖32	半水成土	潮土	潮土	黑胶泥	黑胶泥	1	0—20	轻黏土						149	8.0	295		黑河冲积物	E 111°05′58.9″ N 40°22′24.2″	86
						2	50—60	重黏土						121	4.0	145				
						3	70—80	重黏土						163	3.0	141				
						4	150—160	轻黏土						152	3.0	137				
剖33	半水成土	潮土	潮土	红泥	红泥	1	0—17	轻黏土						150	9.0	185		黄河冲积物	E 111°00′46.4″ N 40°20′41.6″	84
						2	30—40	轻黏土						114	7.0	162				
						3	80—90	中壤土						94	4.0	129				
						4	140—150	重黏土						179	2.0	115				
剖34	半水成土	草甸土	盐化草甸土	盐红泥	轻盐红泥	1	0—5	轻黏土						123	6.0	249		黄河冲积物	E 111°03′34.1″ N 40°20′05.0″	80
						2	5—20	轻黏土						130	3.0	285				
						3	20—50	重黏土						122	2.0	318				
						4	50—100	重黏土						61	4.0	148				
						5	100—150	重黏土						206	5.0	145				
						6	150—200	重黏土						201	4.0	137				
剖35	半水成土	草甸土	浅色草甸土	新积草甸土	新积沐尔土	1	16—26	砂壤土						56	2.0	58		近代黄河冲积物	E 110°39′01.5″ N 40°18′54.4″	82
						2	26—56	中壤土						68	6.0	112				
						3	66—76	重黏土						114	15.0	166				
						4	190—200	重黏土						80	12.0	135				
						5	200—250	砂土						140	8.0	156				

固 阳 县

主要土类说明

灰褐土是固阳县主要土壤类型,占本县地域面积的 53%。灰褐土主要分布在本县东南部的山地,属于大青山山地的一部分,海拔为 1200—2200m,分布地形为中低山坡地、山间凹地及其顶部。成土母质多为花岗岩、片麻岩、片岩、大理岩、千枚岩等的残积物和坡积物,少部分为泥质砂岩、泥岩、红土、黄土及黄土状母质。由于山地气候冷凉,空气湿润,植被生长茂盛,物理、化学、生物成土作用均较强。在这样的环境条件下,每年有大量的植物残体回归土壤,有机质腐解后形成腐殖质,腐殖质大量累积,使土壤呈黑褐色,质地变黏。此外,由于土壤淋溶作用较强,土体中各层次间可溶盐含量差异不明显。腐殖质累积是灰褐土成土过程的基本特征,腐殖质易淋溶至土体下部。碳酸钙多出现在剖面下部或母岩表面,呈粉末状或假菌丝状淀积,形成不明显的钙积层。部分黏粒随水下移,土体下部有弱黏化现象。根据环境条件、分布规律及形态特征,本县灰褐土分为生草灰褐土、粗骨性灰褐土、淋溶灰褐土、石灰性灰褐土等亚类。

栗钙土是固阳县第二大土壤类型,占本县地域面积的 45%。栗钙土主要分布在固阳古盆地上升后形成的丘陵和蒙古高原南缘的丘陵地带,海拔为 1400—1600m,系低起伏的波状丘陵。自然植被以草原植被为主,灌木有小叶锦鸡儿,草本植物有羊草、针茅、冷蒿、阿尔泰狗娃花、短花针茅、华北岩黄芪、糙隐子草、星毛委陵菜、寸草、狼毒等。栗钙土植被稀疏,腐殖质累积少,同时由于气候干旱,腐殖质矿化程度较高,栗钙土出现颜色浅、质地粗、腐殖质层薄等特点。此外,由于丘陵地带降水量偏小,土壤淋溶作用不能充分发挥,土壤中有大量的碳酸钙淀积,形成深厚的钙积层,而钙积层是栗钙土最基本的特征。根据成土条件、分布规律及形态特征,本县栗钙土分为栗钙土、淡栗钙土、草甸栗钙土等亚类。

小于本县地域面积 3% 的土壤类型有草甸土。

本区域中心区气候特征

本区域中心区气候特征值
Regional climate characteristics in central area of the region

气候带:中温带亚干旱气候 Climate region: Mid temperate subarid climate	
年平均气温 /℃ Annual average temperature /℃	5.4
年平均最高气温 /℃ Annual average maximum temperature /℃	12.5
年平均最低气温 /℃ Annual average minimum temperature /℃	−0.8
年降水量 /mm Annual precipitation /mm	297
≥10℃的积温 /℃ Daily temperature accumulated in a year(≥10℃)/℃	3671
年日照时数 /h Annual sunshine /h	2982
年平均相对湿度 /% Annual average relative humidity /%	50
干燥度 Dryness	1.08

本区域中心区月平均气温与月平均降水量
Monthly temperature and precipitation in central area of the region

固阳县主要土壤类型与土壤剖面点分布图

1∶400 000

图 例
- 灰褐土
- 栗钙土
- 草甸土
- ⊗ 剖面点

第二编　分县土壤图与土壤剖面数据　｜　083

固阳县土壤剖面理化性状表

剖面号 Soil profile	土纲 Soil order	土类 Soil great group	亚类 Soil subgroup	土属 Soil genus	土种 Soil species	土层码 Layer code	土层厚度 Depth/cm	颜色 Soil color	质地 Soil texture	土壤结构 Soil structure	pH	有机质 OM/(g/kg)	全氮 TN/(g/kg)	全磷 TP/(g/kg)	有效磷 AP/(mg/kg)	阳离子交换量CEC/(cmol/kg)	土壤母质 Parent material	剖面点坐标 Profile coordinate	匹配指数 Matching index/%
剖1	钙层土	栗钙土	淡栗钙土	淡栗淤土	厚层淡栗淤土	1	0—21	棕栗色	轻壤土	团块状	7.9	19.6	1.04	1.00	24.0		洪冲积物	E 109°42′24.2″ N 41°26′27.2″	76
						2	21—40	灰栗色	轻壤土	团块状	7.9	8.9	0.55	0.90	18.0				
						3	40—60	灰白色	中壤土	块状	7.9	9.8	0.61	1.00	17.0				
						4	60—100												
剖2	钙层土	栗钙土	淡栗钙土	淡红黄土	砾质淡红黄土	1	0—20	棕栗色	砂壤土	团块状	7.9	12.8	0.72	0.60	10.0		红土	E 109°53′48.3″ N 41°25′36.8″	96
						2	20—40	灰黄色	轻壤土	块状	8.0	6.2	0.38	0.50	10.0	7.9			
						3	40—65	黄褐色	砂壤土	团块状	8.1	0.3	0.02	0.50	9.0	2.4			
						4	65—85	黄橙色											
剖3	钙层土	栗钙土	淡栗钙土	黄灰土	砂壤质黄灰土	1	0—21	浅栗色	砂壤土	团块状	7.8	16.0	0.85	1.60	14.0	11.5		E 109°52′08.8″ N 41°23′27.8″	98
						2	21—43	栗色	轻壤土	团块状	7.9	17.6	0.93	1.80	11.0	13.9			
						3	43—65		中壤土										
剖4	钙层土	栗钙土	淡栗钙土	淡栗淤土	淡栗淤土	1	0—19	褐色	轻壤土	团块状	7.8	15.7	0.83	1.00	10.0	3.8	洪冲积物	E 109°47′15.0″ N 41°21′42.5″	94
						2	19—34	灰黄色	中壤土	块状	8.2	10.9	0.60	0.90	21.0				
						3	34—110	灰白色	重壤土	块状	8.3	6.5	0.40	0.50	12.0				
						4	110—150												
剖5	钙层土	栗钙土	淡栗钙土	黄灰土	黄灰土	1	0—20	浅栗色	中壤土	团块状	7.9	12.8	0.72	0.50	10.0	7.9		E 109°51′32.6″ N 41°21′35.0″	99
						2	20—42	青灰色	中壤土	块状	8.0	6.2	0.38	0.60	10.0	2.4			
						3	42—60				8.1	0.3	0.02	0.50	9.0	3.8			
剖6	半水成土	草甸土	盐化草甸土	盐淤黑砂土	轻盐淡黑砂土	1	0—15	灰黄色	轻壤土	粒状	8.2	27.5	1.43	1.86	9.0			E 109°55′37.4″ N 41°20′42.7″	80
						2	15—61	灰褐色	轻壤土	块状	7.9	21.6	1.21	1.76	8.0				
						3	61—111	灰栗色	中壤土	团块状	8.3	25.5	1.33	1.68	9.0				
						4	111—130	蓝灰色	砂土										
剖7	半水成土	草甸土	灰色草甸土	淡栗淤土	淤黑土	1	0—20	黄褐色	轻壤土	粒状	7.6	24.5	1.37	1.21	8.0			E 110°13′07.3″ N 41°24′05.9″	76
						2	20—62	灰黄色	中壤土	块状	7.7	9.1	0.57	0.77	2.0				
						3	62—120	棕黄色	轻壤土	团块状	7.7	2.4	0.15	0.81	5.0				
剖8	钙层土	栗钙土	栗钙土	黄黑土	黄黑土	1	0—21	黄栗色	中壤土	团块状	8.1	14.6	0.95	0.82	8.0		侵入岩残积物、坡积物	E 110°02′59.4″ N 41°23′01.0″	83
						2	21—45	灰栗色	中壤土	团块状	7.9	19.5	1.15	1.84	9.0				
						3	45—80	灰白色	中壤土	块状	8.3	9.6	6.20	1.40	6.0				
						4	80—100												
剖9	钙层土	栗钙土	栗钙土	黄黑土		1	0—21		紧壤土			10.1	0.66	0.94	5.0			侵入岩残积物、坡积物	E 109°50′08.5″ N 41°19′55.5″	80
						2	21—41		轻壤土			8.0	0.52	1.04	4.0				
						3	41—52		轻壤土			6.4	0.42	0.93	4.0				
剖10	钙层土	栗钙土	栗钙土	红黄土	红土	1	0—26	灰栗色	重壤土	团块状	7.1	17.4	1.07	0.80	2.0	15.2	泥质砂岩、泥岩	E 109°54′08.6″ N 41°14′54.4″	100
						2	26—71	灰栗色	重壤土	块状	7.7	10.7	0.69	0.60	3.0	25.4			
						3	71—92	灰黄色	中壤土	核状	7.5	7.2	0.47	0.80	5.0				
						4	92—160	黄褐色	中壤土	核状	7.7	8.5	0.37	0.79	5.0				
剖11	钙层土	栗钙土	栗钙土	黄砂土	薄层黄砂土	1	0—16	黄棕色	砂壤土	团块状							松散砂岩、砂砾岩	E 109°45′51.7″ N 41°12′28.0″	70
						2	16—88	灰棕色	轻壤土	块状									
						3	88—130												
剖12	钙层土	栗钙土	栗钙土	栗淤土		1	5—15		重壤土			23.8	1.40	1.20	8.0	15.1	洪冲积砂岩、砾岩	E 109°47′42.9″ N 41°12′19.9″	82
						2	60—70		中壤土			20.6	1.22	1.10	9.0	17.1			
						3	130—140		中壤土			16.7	0.99	1.20	6.0				
						4	145—155		砂壤土			14.3	0.93	1.60	9.0	15.2			

续表 Continued

剖面号 Soil profile	土纲 Soil order	土类 Soil great group	亚类 Soil subgroup	土属 Soil genus	土种 Soil species	土层码 Layer code	土层厚度 Depth/cm	颜色 Soil color	质地 Soil texture	土壤结构 Soil structure	pH	有机质 OM/(g/kg)	全氮 TN/(g/kg)	全磷 TP/(g/kg)	有效磷 AP/(mg/kg)	阳离子交换量CEC/(cmol/kg)	土壤母质 Parent material	剖面点坐标 Profile coordinate	匹配指数 Matching index/%
剖13	半水成土	草甸土	盐化草甸土	盐潴黑土	轻盐潴黑土	1	0—32	栗黄色	中壤土	粒状	9.2	15.9	0.89	1.07	9.0			E 110°05′54.7″ N 41°18′03.5″	80
						2	32—75	灰黄色	中壤土	块状	8.5	3.8	0.24	0.90	3.0				
						3	75—120			团块状	8.5	1.8	0.11	1.74	5.0				
剖14	钙层土	栗钙土	草甸栗钙土	潮淤土	潮淤土	1	0—23	黄棕色	中壤土	粒状	8.2	37.7	2.19	1.68	8.0			E 110°14′20.9″ N 41°16′34.8″	97
						2	23—41	灰棕色	轻壤土	粒状	8.6	27.4	1.59	1.30	2.0				
						3	41—90	灰棕色	中壤土	粒状	8.7	40.1	2.33	1.20	2.0				
剖15	钙层土	栗钙土	栗钙土	红黄土	红黄土	1	0—20	灰棕色	砂壤土	团块状	7.4	13.8	0.88	0.77	3.0		泥质砂岩、泥岩	E 110°05′27.1″ N 41°15′58.2″	93
						2	20—43	浅灰黄色	中壤土	粒状	7.3	14.4	0.94	0.93	4.0				
						3	43—100	红黄色	重壤土	粒状	7.3	11.3	0.75	1.01	4.0				
剖16	钙层土	栗钙土	栗钙土	黄黑土	厚层黄黑土	1	0—21	黄栗色	砂壤土	团块状	7.5	10.1	0.66		5.0		侵入岩残积物、坡积物	E 110°08′05.6″ N 41°15′24.5″	86
						2	21—41	浅栗色	轻壤土	块状	8.4	8.0	0.52	1.04	4.0				
						3	41—52	灰白色	轻壤土	核状	7.8	6.4	0.42	0.93	4.0				
						4	52—67								5.0				
剖17	半淋溶土	灰褐土	石灰色草甸土	褐淤土	褐淤土	1	0—14	褐黄色	轻壤土	团块状		22.2	1.22	1.49	6.0		洪冲积物	E 110°00′19.1″ N 41°14′37.4″	74
						2	14—30	褐黄色	块状	块状		25.2	1.39	1.42	4.0				
						3	30—52	褐色	轻壤土	块状		25.4	1.40	1.69	7.0				
						4	52—80	灰褐色	轻壤土	粒状		18.1	1.05	1.55	4.0				
						5	80—120					5.2	0.36	1.62	5.0				
剖18	钙层土	栗钙土	栗钙土	栗淤土	栗淤土	1	0—30	灰棕色	砂壤土	粒状	8.0	7.2	0.47	0.50	16.0	15.1	洪冲积砂岩、砾岩	E 110°14′21.0″ N 41°13′53.6″	70
						2	30—70	灰棕色	轻壤土	块状	7.9	6.5	0.42	0.90	17.0	17.1			
						3	70—100	黄棕色	轻壤土	团块状	8.3	5.1	0.33	0.90	15.0				
						4	100—150	浅棕色											
剖19	钙层土	栗钙土	栗钙土	栗淤土	厚层栗淤土	1	0—21	棕灰色	重壤土	粒状	7.9	23.8	1.40	1.20	8.0		洪冲积砂岩、砾岩	E 110°16′36.3″ N 41°19′31.2″	71
						2	21—124	黄灰色	中壤土	粒状	7.3	20.6	1.22	1.10	9.0				
						3	124—145	灰褐色	中壤土	块状	7.9	16.7	0.99	1.20	6.0				
						4	145—160	灰褐色			7.5	14.3	0.95	1.60	9.0				
剖20	钙层土	栗钙土	栗钙土	红黄土		1	10—20		轻壤土			17.4	1.03	0.80	2.0	25.4	泥质砂岩、泥岩	E 110°14′21.0″ N 41°18′13.0″	92
						2	45—55		重壤土			10.7	0.69	0.60	3.0				
						3	75—85		重壤土			7.2	0.47	0.80	5.0				
						4	100—110		中壤土			5.8	0.38	0.79	5.0				
剖21	草甸土	草甸土	灰色草甸土	淤黑砂土	淤黑砂土	1	0—30	灰棕色	砂壤土	团块状	7.4	10.4	0.66	2.35	10.0		洪冲积砂岩、砾岩	E 110°27′28.9″ N 41°18′00.8″	83
						2	30—75	棕黄色	砂壤土	块状	7.3	18.8	1.05	1.93	8.0				
						3	75—100	褐色	砂壤土	团块状	7.2	17.6	0.99	2.12	6.0				
剖22	半淋溶土	灰褐土	石灰性灰褐土	褐红土	褐红土	1	0—15	红棕色	轻壤土	核状		25.0	1.46	0.88	5.0		红土	E 110°17′07.2″ N 41°11′00.2″	94
						2	15—33	红棕色	中壤土	块状		21.8	1.10	0.62	2.0	8.7			
						3	33—120	红棕色	中壤土			7.2	0.30	1.35	2.0				
剖23	钙层土	草甸土	草甸栗钙土	潮淤土		1	10—20		轻壤土			22.9	1.15	1.10	4.0	12.1		E 110°24′43.8″ N 41°10′15.6″	88
						2	45—50		轻壤土			38.6	1.88	1.10	4.0				
						3	80—90		砂壤土			18.5	0.97	1.10	3.0				
						4	105—115		轻壤土			4.2	0.30	0.80	5.0				
剖24	半淋溶土	灰褐土	石灰性灰褐土	褐红土		1	0—10		中壤土			25.0	1.46	0.88	5.0		红土	E 109°56′10.8″ N 41°01′29.1″	96
						2	20—30		中壤土			21.8	1.10	0.62	2.0				
						3	80—90		轻壤土			7.2	0.30	1.35	2.0				

续表 Continued

剖面号 Soil profile	土纲 Soil order	土类 Soil great group	亚类 Soil subgroup	土属 Soil genus	土种 Soil species	土层码 Layer code	土层厚度 Depth/cm	颜色 Soil color	质地 Soil texture	土壤结构 Soil structure	pH	有机质 OM/(g/kg)	全氮 TN/(g/kg)	全磷 TP/(g/kg)	有效磷 AP/(mg/kg)	阳离子交换量CEC/(cmol/kg)	土壤母质 Parent material	剖面点坐标 Profile coordinate	匹配指数 Matching index/%
剖25	钙层土	栗钙土	栗钙土	黄砂土		1	0—30		砂壤土			13.3	0.86	0.33	5.0	6.8	松散砂岩、砂砾岩	E 110°14′53.3″ N 41°02′52.2″	80
						2	40—50		轻壤土			6.1	0.39	0.69	4.0	3.0			
						3	60—70		砂壤土			2.9		0.22	5.0				
						4	80—90		中壤土			7.5	0.49	0.73	4.0				
剖26	半淋溶土	灰褐土	生草灰褐土	黑土	厚体黑土	1	0—20	黑褐色	轻壤土	小粒状	7.8	59.4	2.87	1.50	2.0		花岗岩岩、石英闪长岩残积物	E 110°29′10.2″ N 41°02′30.8″	89
						2	20—155	灰褐色	轻壤土	小粒状	8.3	68.9	2.58	1.84	4.0				
						3	155—165												
剖27	钙层土	栗钙土	栗钙土	黄土	黄土	1	0—13	灰黄色	轻壤土	块状	7.1	15.2	0.90	1.30	5.0		黄土、黄土状母质	E 110°19′31.7″ N 41°02′21.2″	94
						2	13—36	棕黄色	轻壤土	块状	7.6	15.7	0.93	1.10	3.0				
						3	36—100	灰黄色	轻壤土	粒状	7.7	6.7	0.39	1.02	5.0				
剖28	半淋溶土	灰褐土	生草灰褐土	黑土	厚体黑土	1	0—25	灰黄色	轻壤土	粒状	8.0	64.8	5.62	1.67	5.0		花岗岩岩、石英闪长岩残积物	E 110°35′25.5″ N 41°01′00.4″	100
						2	25—75	棕褐色	中壤土	团粒状	8.0	93.6	3.81	1.54	5.0				
						3	75—80		中壤土	粒状									
剖29	钙层土	栗钙土	栗钙土	黄土		1	0—13		轻壤土			15.2	0.89	1.30	5.0		黄土、黄土状母质	E 109°53′32.5″ N 40°56′37.5″	89
						2	13—36		轻壤土			15.7	0.93	1.10	3.0				
						3	36—100		轻壤土			6.0	0.39	1.02	4.0				
剖30	钙层土	栗钙土	栗钙土	黄砂土	厚层黄砂土	1	0—30	黄棕色	轻壤土	团块状	8.3	15.7	0.93	0.91	4.0		松散砂岩、砂砾岩	E 110°10′57.6″ N 40°56′39.2″	78
						2	30—55	栗色	轻壤土	团块状	8.3	14.6	0.95	0.77	4.0				
						3	55—78	灰栗色	轻壤土	块状	8.5	5.6	0.36	0.90	4.0				
						4	78—100				8.3	5.3	0.34	0.90	4.0				
剖31	半淋溶土	灰褐土	石灰性灰褐土	褐黄土		1	10—20	灰褐色	砂壤土	粒状		10.1	0.66	1.00	11.0	6.3	黄土、黄土状母质	E 110°04′37.6″ N 40°50′52.2″	94
						2	50—60		轻壤土			7.4	0.48	1.00	12.0	3.6			
						3	90—100		轻壤土			3.6	0.25	1.00	9.0				
剖32	半淋溶土	灰褐土	石灰性灰褐土	灰褐土	厚体灰褐土	1	0—16	灰褐色	中壤土	团块状		60.6	3.70	1.84	1.0		侵入岩残积物、坡积物	E 110°29′32.7″ N 40°59′22.1″	83
						2	16—53	灰黄色	轻壤土	团块状		58.5	2.53	1.34	2.0				
						3	53—105	棕褐色		块状		8.8	0.45	0.90	3.0				
						4	105—135												
剖33	半淋溶土	灰褐土	淋溶灰褐土	淋溶灰褐土		1	10—20	灰褐色	轻壤土	团块状		52.8	3.43	1.87	5.0	20.6	燕山期侵入岩	E 110°23′28.5″ N 40°58′57.9″	81
						2	40—50	棕黄色	砂壤土	块状		33.4	1.99	1.43	3.0	11.9			
剖34	半淋溶土	灰褐土	石灰性灰褐土	褐黄土		1	0—17	栗黄色	砂壤土	块状		61.3	3.39	1.47	6.0	23.9	侵入岩残积物、坡积物	E 110°29′13.2″ N 40°55′05.5″	96
						2	17—52	黄色	轻壤土	粒状		43.8	2.35	1.17	5.0	23.0			
						3	52—100	黄棕色	中壤土	粒状		13.3	0.77	0.36	4.0				
剖35	半淋溶土	灰褐土	石灰性灰褐土	褐黄土		1	0—16	棕色	轻壤土	粒状		6.3	0.44	1.47	1.0		黄土、黄土状母质	E 110°20′38.2″ N 40°54′15.7″	88
						2	16—41	灰褐色	轻壤土	粒状		6.2	0.43	1.32	8.0				
						3	41—100	灰褐色	中壤土	粒状	8.4	3.9	0.39	1.35	7.0				
剖36	钙层土	栗钙土	草甸栗钙土	潮淤土	潮淤土	1	0—17	灰褐色	轻壤土	粒状	8.5	24.5	1.45	1.17	4.0			E 110°17′16.9″ N 40°53′45.0″	70
						2	17—32	灰褐色	中壤土	片状		31.8	1.84	1.40	3.0				
						3	32—65		重壤土										
						4	65—116												
						5	116—120	黑色		屑粒状									
剖37	半淋溶土	灰褐土	淋溶灰褐土	淋溶灰褐土	厚体淋溶灰褐土	1	0—2	灰褐色	中壤土	小粒状	8.0	43.5	2.52	0.96	5.0		燕山期侵入岩	E 110°22′15.0″ N 40°50′21.5″	79
						2	2—30	棕褐色	中壤土	团块状	7.5	16.7	0.73	0.50	2.0				
						3	30—77	棕黄色	中壤土	粒状	7.7	8.7	0.35	0.54					
						4	77—110												

续表 Continued

剖面号 Soil profile	土纲 Soil order	土类 Soil great group	亚类 Soil subgroup	土属 Soil genus	土种 Soil species	土层码 Layer code	土层厚度 Depth/cm	颜色 Soil color	质地 Soil texture	土壤结构 Soil structure	pH	有机质 OM/(g/kg)	全氮 TN/(g/kg)	全磷 TP/(g/kg)	有效磷 AP/(mg/kg)	阳离子交换量 CEC/(cmol/kg)	土壤母质 Parent material	剖面点坐标 Profile coordinate	匹配指数 Matching index/%
剖38	半淋溶土	灰褐土	石灰性灰褐土	褐淤土		1	9—20		轻壤土			16.6	0.96	1.80	19.0		洪冲积物	E 110°39′57.6″ N 40°54′00.1″	87
						2	20—70		中壤土			21.6	1.19	1.60	10.0				
						3	70—130		中壤土			21.4	1.34	1.70	13.0				
剖39	半淋溶土	灰褐土	淋溶灰褐土	淋溶灰褐土	淋溶灰褐土	1	0—20	黑色		屑粒状							燕山期侵入岩	E 110°39′54.6″ N 40°51′56.1″	74
						2	20—50	棕灰色	轻壤土	粒状	8.4	63.1	2.46	1.00	3.0				
						3	50—75	黄灰色	轻壤土	团块状	8.2	26.1	0.56	1.41	2.0				
						4	75—80												

乌 海 市

市 辖 区

主要土类说明

棕钙土是乌海市主要土壤类型，占本市地域面积的40%。棕钙土是位于温带干旱草原向荒漠过渡区的具浅棕色薄腐殖质层和灰白色薄钙积层的土壤。该土壤地表多砾石，见黑色地衣，具有多角形裂隙，石膏聚积，钙积层接近地表。

石质土是乌海市第二大土壤类型，占本市地域面积的39%。石质土广泛分布在侵蚀严重、岩石裸露的石质山地、侵蚀残丘，以及丘顶、山脊、山坡等坡度陡峻的地形部位。剖面构型为A-R。石质土土壤表层岩石裸露，风化层浅薄，厚度一般小于10cm，风化度低，富含砾石，多碎屑岩粒；风化层下为坚硬岩石层。

灰漠土是乌海市第三大土壤类型，占本市地域面积的5%。灰漠土曾称"荒漠灰钙土"，是在漠境地区初显石灰表聚及易溶盐与石膏分层累积的土壤。该土壤地表有明显的结皮层，下为浅棕色片状土层，含砾石；石灰表聚外，尚可见深层积钙；pH大于8.0。表层有机质累积较少且层薄，含量仅为6—15g/kg。

小于本市地域面积3%的土壤类型有潮土、风沙土、粗骨土、新积土。

本区域中心区气候特征

本区域中心区气候特征值
Regional climate characteristics in central area of the region

气候带：中温带干旱气候 Climate region: Mid temperate arid climate	
年平均气温 /℃ Annual average temperature /℃	8.2
年平均最高气温 /℃ Annual average maximum temperature /℃	15.5
年平均最低气温 /℃ Annual average minimum temperature /℃	1.6
年降水量 /mm Annual precipitation /mm	172
≥10℃的积温 /℃ Daily temperature accumulated in a year（≥10℃）/℃	4506
年日照时数 /h Annual sunshine /h	3133
年平均相对湿度 /% Annual average relative humidity /%	45
干燥度 Dryness	3.35

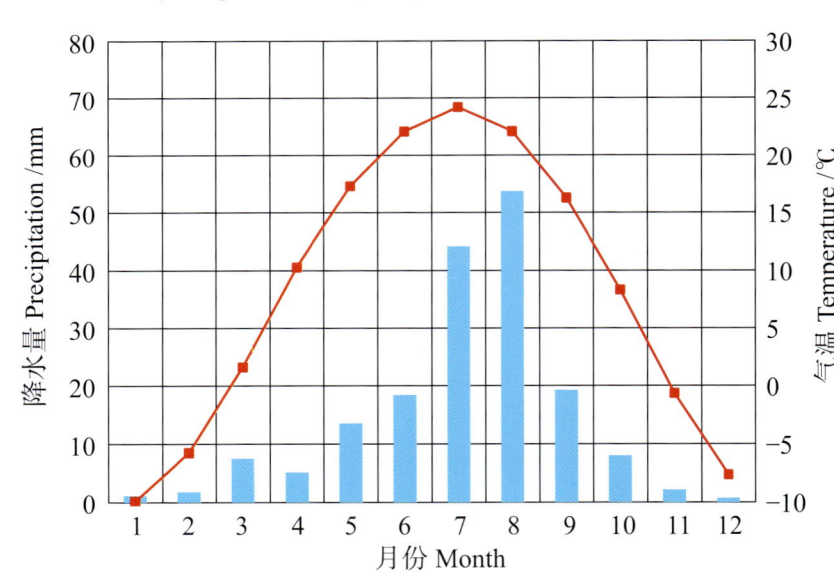

本区域中心区月平均气温与月平均降水量
Monthly temperature and precipitation in central area of the region

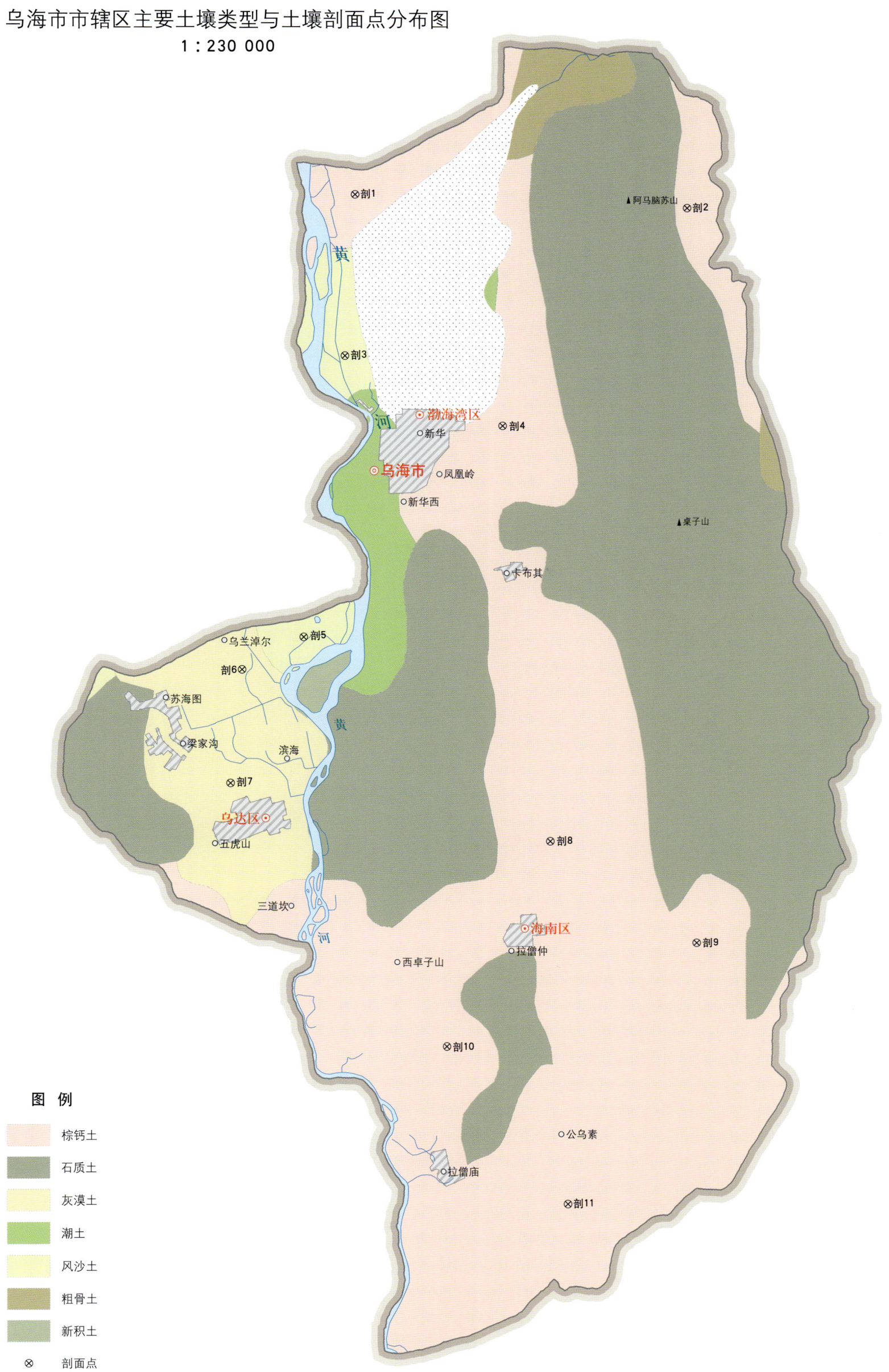

乌海市土壤剖面理化性状表

剖面号 Soil profile	土纲 Soil order	土类 Soil great group	亚类 Soil subgroup	土属 Soil genus	土种 Soil species	土层码 Layer code	土层厚度 Depth/cm	颜色 Soil color	质地 Soil texture	土壤结构 Soil structure	pH	有机质 OM/(g/kg)	全氮 TN/(g/kg)	全磷 TP/(g/kg)	碱解氮 AN/(mg/kg)	有效磷 AP/(mg/kg)	速效钾 AK/(mg/kg)	阳离子交换量CEC/(cmol/kg)	土壤母质 Parent material	剖面点坐标 Profile coordinate	匹配指数 Matching index/%
剖1	干旱土	棕钙土	淡棕钙土	砂化淡棕钙土	砂化淡棕钙土	1	0—15	棕灰色	砂土	无明显结构										E 106°47′05.9″ N 39°47′39.9″	82
						2	15—40	棕灰色	砂土												
						3	40—90	灰色	砂壤土												
剖2	干旱土	棕钙土	淡棕钙土	洪积淡棕钙土	洪积砂壤质淡棕钙土	1	0—20	灰棕色	砂壤土	粒状	9.2	10.2	0.65	0.87	57	2.0	100	5.3	洪积物	E 106°59′26.4″ N 39°47′07.7″	83
						2	20—35	棕白相间	砂壤土	粒状	9.1	7.6	0.48	0.62	60	1.0	77	5.2			
						3	35—100	黄棕色	砂土	无明显结构	9.3	4.2	0.23	0.55	37	1.0	32	4.0			
剖3	初育土	风沙土	风沙土	半固定风沙土	半固定风沙土	1	0—45	灰灰色	砂土	无明显结构	9.1	2.0	0.10	0.51	33	4.0	136	2.3	风积物	E 106°46′30.3″ N 39°43′04.4″	76
						2	45—100	黄灰色	砂壤土	碎块状	9.1	2.4	0.13	0.75	36	4.0	235	2.4			
剖4	干旱土	棕钙土	淡棕钙土	残积淡棕钙土	砂质砂壤质淡棕钙土	1	2—20	黄棕色	砂壤土	碎块状	9.2	6.3	0.29	0.85	68	4.0	200	6.9	残积物	E 106°52′21.4″ N 39°40′58.4″	71
						2	20—100	棕灰色	轻壤土	碎块状		4.3	0.20	0.89	49	2.0	56	5.7			
						3	100—120	灰棕色	砾石土			4.2	0.19	0.72	47	3.0	76	5.9			
剖5	初育土	风沙土	风沙土	半固定风沙土	半固定风沙土	1	0—20	黄灰色	砂土	无明显结构	9.0	2.3	0.16				116		洪积物	E 106°44′45.6″ N 39°35′00.6″	75
						2	20—75	灰色	砂土	无明显结构											
						3	75—100		砾质砂土												
剖6	漠土	灰漠土	灰漠土	砂化灰漠土	砂化灰漠土	1	0—38	灰黄色	砂土	无明显结构	9.0	2.7	0.14	0.35	21	2.0	47	5.2	洪积物	E 106°42′25.6″ N 39°34′06.6″	76
						2	38—50	灰白色	砂壤土	碎块状	8.9	3.9	0.22	0.71	30	1.0	63	4.2			
						3	50—100	浅棕色	轻壤土												
剖7	漠土	灰漠土	灰漠土	洪积灰漠土	洪积砾质灰漠土	1	0—20		砂壤土			4.7	0.34				171		洪积物	E 106°41′55.3″ N 39°30′50.8″	84
						2	20—100		砾石土												
剖8	干旱土	棕钙土	淡棕钙土	砂化淡棕钙土	砂化淡棕钙土	1	0—20	棕黄色	砂土	无明显结构	9.2	4.4	0.21	0.50	24	2.0	100	4.3	洪积物	E 106°53′49.2″ N 39°28′59.9″	84
						2	20—100	棕黄色	砂土	无明显结构	9.2	3.9	0.19	0.47	23	1.0	73	4.2			
剖9	干旱土	棕钙土	淡棕钙土	洪积淡棕钙土	洪积壤质淡棕钙土	1	0—30	灰棕色	中壤土	碎块状	9.6	7.3	0.34	0.94	53	3.0	144		洪积物	E 106°59′11.8″ N 39°25′58.1″	84
						2	30—60	灰棕色	中壤土	碎块状	9.7	6.3	0.32	0.99	49	3.0	127				
						3	60—100	灰棕色	轻壤土												
剖10	干旱土	棕钙土	淡棕钙土	洪积淡棕钙土	洪积砂壤质淡棕钙土	1	0—25	黄灰色	砂土	无明显结构	9.2	3.5	0.18	0.50	28	3.0	136	5.1	洪积物	E 106°49′48.0″ N 39°23′07.4″	71
						2	25—46	棕灰色	轻壤土	小粒状	9.1	6.0	0.20	0.67	41	1.0	102	5.2			
						3	46—100	棕灰色	轻壤土	碎块状	9.5	4.9	0.21	0.66		2.0	93	7.8			
剖11	干旱土	棕钙土	淡棕钙土	残积淡棕钙土	壤质淡棕钙土	1	0—30	灰棕色	砂壤土	粒状	8.3	20.8	1.09	1.23	115	2.0	382	7.3	残积物	E 106°54′10.8″ N 39°18′33.8″	77
						2	30—100	浅棕色	砂壤土	无明显结构	8.5	16.0	0.80	1.12	73	3.0	175	7.7			

赤 峰 市

市 辖 区

主要土类说明

褐土是赤峰市主要土壤类型，占本市地域面积的 36%。褐土是在温带半湿润区发育形成的具有黏化与钙质淋移淀积特征的土壤。该土壤盐基饱和，处于硅铝风化阶段，有明显的黏淀层。在其 A-B-C 剖面构型中，B 层呈棕褐色，B 层下部有假菌丝状钙积层。

黄绵土是赤峰市第二大土壤类型，占本市地域面积的 32%。黄绵土是由黄土母质直接翻耕形成的初育土。由于土壤侵蚀严重，表层长期遭侵蚀，只能不断加深耕作黄土母质层，因而母质特性明显。由于风成黄土富含细粉粒，故质地、结构均一，疏松绵软，富含石灰，磷、钾储量较丰富，但有效性差。

棕壤是赤峰市第三大土壤类型，占本市地域面积的 16%。棕壤发生于温带落叶阔叶林下，但大部分已被垦殖，以旱作为主。该土壤处于硅铝风化阶段，具有黏化特征，呈棕色。土体见黏粒淀积，盐基充分淋失，见少量游离铁。

栗褐土占本市地域面积的 4%。栗褐土是在温带半干旱草原及灌木下形成的弱黏化、弱淋溶土壤。该土壤通体有石灰反应，碳酸钙含量为 70—80g/kg，具有弱度石灰淋溶和弱度黏化特征。

风沙土占本市地域面积的 4%。风沙土发生于半干旱、干旱漠境地区及滨海地区，是在风沙移动堆积形成的多种形态的风沙沉积物上发育的初育土，具 C、(A)-C 或 A-C 剖面构型。

小于本市地域面积 3% 的土壤类型有粗骨土、黑钙土、草甸土、黑垆土、沼泽土。

本区域中心区气候特征

本区域中心区气候特征值
Regional climate characteristics in central area of the region

气候带：中温带亚干旱气候 Climate region: Mid temperate subarid climate	
年平均气温 /℃ Annual average temperature /℃	6.7
年平均最高气温 /℃ Annual average maximum temperature /℃	13.6
年平均最低气温 /℃ Annual average minimum temperature /℃	0.7
年降水量 /mm Annual precipitation /mm	376
≥10℃的积温 /℃ Daily temperature accumulated in a year (≥10℃) /℃	4633
年日照时数 /h Annual sunshine /h	2895
年平均相对湿度 /% Annual average relative humidity /%	50
干燥度 Dryness	1.09

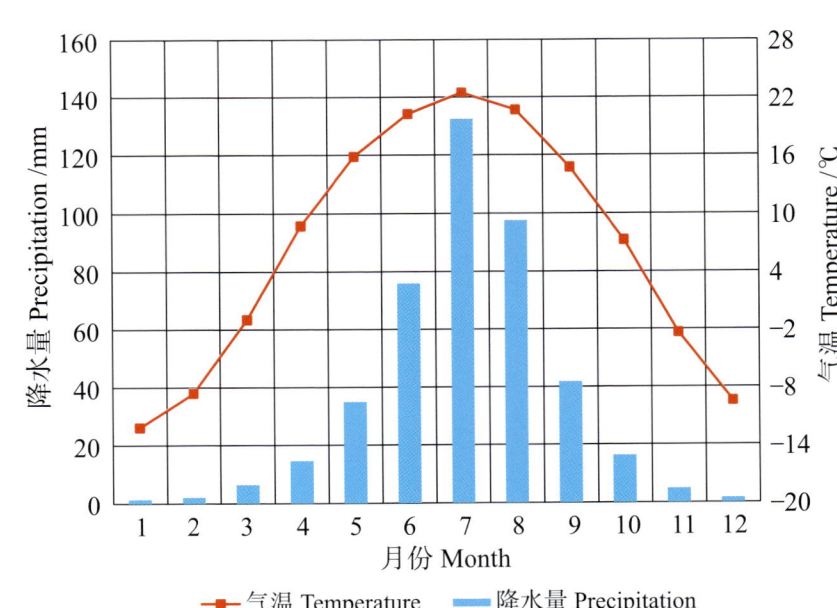

本区域中心区月平均气温与月平均降水量
Monthly temperature and precipitation in central area of the region

赤峰市市辖区主要土壤类型与土壤剖面点分布图

1:510 000

图 例

- 褐土
- 黄绵土
- 棕壤
- 栗褐土
- 风沙土
- 粗骨土
- 黑钙土
- 草甸土
- 黑垆土
- 沼泽土
- ⊗ 剖面点

赤峰市土壤剖面理化性状表

剖面号 Soil profile	土纲 Soil order	土类 Soil great group	亚类 Soil subgroup	土属 Soil genus	土种 Soil species	土层码 Layer code	土层厚度 Depth/cm	颜色 Soil color	质地 Soil texture	土壤结构 Soil structure	pH	有机质 OM/(g/kg)	全氮 TN/(g/kg)	全磷 TP/(g/kg)	全钾 TK/(g/kg)	有效磷 AP/(mg/kg)	速效钾 AK/(mg/kg)	阳离子交换量CEC/(cmol/kg)	土壤母质 Parent material	剖面点坐标 Profile coordinate	匹配指数 Matching index/%
剖1	钙层土	黑垆土	黄黑垆土	黄黑垆土	中层黄黑垆土	1	0—25	灰褐色	轻壤土	团粒状	7.3	10.4	0.66	0.83	3.4				黄土、黄土状母质	E 119°25′07.4″ N 42°41′10.2″	85
						2	25—45	灰黑褐色	中壤土	粒状、块状	7.5	9.4	0.61	0.78	5.6						
						3	45—150	黄色	中壤土	块状	7.7	4.0	0.26	0.81	10.9						
剖2	钙层土	黑钙土	淋溶黑钙土	黑黑土性土	厚体黄黑土性土	1	0—35		中壤土		7.0	12.7	0.82	0.80	26.6				黄土、黄土状母质	E 117°57′38.5″ N 42°36′24.5″	92
						2	40—50		中壤土		7.3	10.8	0.59	0.52	26.3						
						3	90—100		中壤土		7.2	3.7	0.24	0.57	26.6						
剖3	淋溶土	棕壤	棕壤	暗黑棕土	少砾质中体黄黑棕土	1	0—35	黄棕色	轻壤土	团粒状	6.4	42.2	1.99	0.74	13.6				基性岩残积物、坡积物	E 117°54′33.7″ N 42°30′54.1″	80
						2	35—60	棕色	中壤土		6.2	11.3	4.91	0.44	24.1						
剖4	钙层土	黑钙土	淋溶黑钙土	黄黑土性土	中体黄黑土性土	1	0—16	黑黄色	中壤土	团粒状									黄土、黄土状母质	E 118°04′27.8″ N 42°38′05.3″	75
						2	16—44	暗黄色	轻壤土	块状											
						3	44—150	黄色	轻壤土	散粒状											
剖5	半淋溶土	褐土	褐土性	潮褐土	壤质夹砂褐淤土	1	0—30	黄褐色	轻壤土	团粒状	7.5	12.5	0.66	0.85	27.2				洪冲积物	E 118°06′02.5″ N 42°32′55.7″	99
						2	30—46	浅黄色	砂壤土	无明显结构	7.1	3.9	0.22	0.60	27.8						
						3	46—120	灰黄色	重壤土	鳞片状	7.8	12.7	0.75	0.96	27.8						
						4	120—150	褐栗色	轻壤土	块状	7.7	6.8	0.37	0.57	29.1						
剖6	淋溶土	棕壤	生草棕壤	砂黄黑棕土	少砾质中体砂黄黑棕土	1	0—15	暗棕色	中壤土	块状	6.4	40.9	1.55	0.63	25.5					E 118°12′12.2″ N 42°32′18.2″	96
						2	15—35	棕次色	中壤土	棱块状	6.3	22.1	0.87	0.44	19.8						
						3	35—55	黄棕色	中壤土	块状	6.4	11.9	0.47	0.34	20.3						
剖7	半淋溶土	褐土	褐土性	潮褐土	砂质褐垛淤土	1	0—28	褐黄色	砂壤土	粒状	7.7	9.3	0.58	0.76	20.5				洪冲积物	E 118°21′13.7″ N 42°34′28.9″	82
						2	28—55	浅黄褐色	砂壤土	散粒状											
						3	55—108	灰黄色	砂壤土	散粒状											
剖8	半淋溶土	褐土	褐土性	壤质褐淤土	壤质褐淤土	1	0—23	灰褐色	中壤土	团粒状	7.5	11.7	0.79	0.82	21.8				洪冲积物	E 118°33′39.2″ N 42°31′32.5″	92
						2	23—34	黄褐色	中壤土	粒状、块状	7.1	10.1	0.69	0.75	28.1						
						3	34—70	黄灰色	轻壤土	块状	8.0	16.8	1.09	0.91	28.1						
						4	70—150	黄灰色	中壤土	块状	8.0	14.6	0.64	0.80	28.1						
剖9	初育土	黄绵土	黄绵土	黄土	轻度侵蚀黄土	1	0—30	暗黄色	轻壤土	粒状	7.6	8.2	0.64	0.84	13.1				黄土	E 119°27′40.7″ N 42°36′07.6″	75
						2	30—78	黄色	中壤土	块状、棱块状	8.3	4.5	0.37	0.78	12.5						
						3	78—150	黄色	中壤土	棱块状	8.3	4.7	0.32	0.78	15.6						
剖10	半水成土	草甸土	盐化草甸土	盐化草甸土	轻度盐化草甸土	1	0—46	米黄色	轻壤土	团粒状	8.5	12.6	0.71	1.25	3.6				洪冲积物	E 119°27′56.9″ N 42°31′03.7″	85
						2	46—80	青黄色	中壤土	块状	8.5	13.7	0.79	1.19	5.6						
剖11	半淋溶土	褐土	褐土性	潮褐土	砂质褐淤土	1	0—26	黄灰色	轻壤土	散粒状	7.9	8.7	0.43	0.69	25.0				洪冲积物	E 119°26′01.0″ N 42°30′09.0″	96
						2	26—40	黄灰色	轻壤土	块状	7.9	5.8	0.33	0.62	25.0						
						3	40—110	灰黄色	轻壤土	小粒状	7.8	6.8	0.33	0.66	25.0						
剖12	初育土	黄绵土	黄绵土	黄土	中度侵蚀黄土	1	0—15	黄色	中壤土	粒状、块状	7.6	6.5	0.49	0.81	20.6				黄土	E 119°21′55.1″ N 42°30′04.3″	83
						2	15—38	浅黄色	中壤土	块状	8.1	3.4	0.27	0.81	19.5						
						3	38—70	灰黄色	中壤土	块状	8.2	4.4	0.21	0.83	21.0						
剖13	钙层土	黑垆土	黄黑垆土	黄黑垆土	厚体黄黑垆土	1	0—20	黄灰色	轻壤土	粒状、块状	8.3	3.8	0.28	0.86	20.3				黄土、黄土状母质	E 119°33′35.3″ N 42°34′12.7″	76
						2	20—42	暗黄色	中壤土	粒状、块状		11.0	0.53	0.96	20.5						
						3	42—98		中壤土	块状											

续表 Continued

剖面号 Soil profile	土纲 Soil order	亚类 Soil subgroup	土属 Soil genus	土种 Soil species	土层码 Layer code	土层厚度 Depth/cm	颜色 Soil color	质地 Soil texture	土壤结构 Soil structure	pH	有机质 OM/(g/kg)	全氮 TN/(g/kg)	全磷 TP/(g/kg)	全钾 TK/(g/kg)	有效磷 AP/(mg/kg)	速效钾 AK/(mg/kg)	阴离子交换量CEC/(cmol/kg)	土壤母质 Parent material	剖面点坐标 Profile coordinate	匹配指数 Matching index/%
剖14	半水成土	浅色草甸土	浅色草甸土	壤质草甸土	1	0~28	栗色	中壤土	团粒状	7.4	12.5	0.74	0.48	22.0				洪冲积物	E 119°36′12.2″ N 42°32′49.0″	98
					2	28~40	栗灰色	中壤土	粒状、块状	7.4	10.1	0.65	0.43	20.1						
					3	40~79	灰黄色	中壤土	块状	7.4	9.8	0.63	0.41	15.7						
					4	79~107	灰黄色	中壤土	块状	7.7	11.3	0.71	0.39	12.4						
					5	107~150	灰黄色	中壤土	块状	7.5	9.8	0.65	0.42	13.9						
剖15	淋溶土	棕壤	暗黑棕壤	少砾质厚体暗黑棕壤	1	0~21	棕色	中壤土	团粒状	6.5	38.0	1.53	0.62	24.8				玄武岩、辉长岩风化残积物	E 117°54′07.0″ N 42°29′45.7″	89
					2	21~40	暗棕色	中壤土	块状粒状	6.1	13.3	0.52	0.34	27.7						
					3	40~63	黄棕色	重壤土	棱块状	5.1	8.5	0.29	0.29	27.5						
剖16	钙层土	淋溶黑钙土	黑钙土性土	中体岩黑钙土性土	1	0~23	灰黑色	轻壤土	粒状、块状	7.1	34.3	1.65	0.79	16.3				基性岩风化残积物	E 117°59′55.2″ N 42°25′34.7″	81
					2	23~44	黄棕色	中壤土	块状	7.0	29.0	1.49	0.68	27.5						
					3	44~60	灰黄色	中壤土	块状	7.1	10.6	0.58	0.41	27.8						
剖17	淋溶土	生草棕壤	暗黄黑棕壤	少砾质中体暗黄黑棕壤	1	0~20	暗棕色	中壤土	粒状	6.4	28.2	1.15	0.44	26.5				玄武岩、基性斜长岩等混合坡积物	E 118°03′16.9″ N 42°29′56.0″	89
					2	20~35	棕色	中壤土	粒状	6.1	11.8	0.57	0.26	27.5						
					3	35~60	黄棕色	中壤土	块状	6.5	6.7	0.23	0.54	41.8						
剖18	半淋溶土	褐土性土	基岩褐土性土	少砾质厚体基性岩褐土性土	1	0~22	灰褐色	轻壤土	小粒状	7.0	13.9	0.72	0.57	27.2					E 118°02′21.5″ N 42°27′24.1″	96
					2	22~38	黄褐色	中壤土	粒状、块状	7.0	5.4	0.25	0.68	27.2						
					3	38~92	黄褐色	中壤土	块状	7.3	5.4	0.30	0.66	27.2						
					4	92~128	黄褐色	中壤土	块状	7.5	7.6	0.28	0.93	24.1						
					5	128~150	浅黄色	中壤土	块状	7.7	4.5	0.25	0.33	17.5						
剖19	半淋溶土	褐土性土	褐黄土	中度切割褐黄土	1	0~22	灰褐色	中壤土	小粒状	7.5	7.9	0.44	0.57	22.2				黄土、黄土状母质	E 118°15′24.8″ N 42°28′02.6″	78
					2	22~68	灰黄色	中壤土	小粒状	7.8	0.5	0.27	0.72	23.1						
					3	68~150	褐黄色	中壤土	块状	7.8	0.4	0.25	0.82	22.8						
剖20	半水成土	浅色草甸土	潮褐土	砂质夹壤草甸土	1	0~17	灰黄色	砂壤土	小粒状	7.7	9.3	0.48	0.72	12.2				洪冲积物	E 118°21′09.4″ N 42°22′48.0″	96
					2	17~30	黄棕色	砂壤土	微粒状	7.9	4.6	0.49	0.58	13.1						
					3	30~50	暗黄色	中壤土	粒状、块状	8.3	11.5	0.69	0.91	12.0						
					4	50~120	青黄色	紧砂土	无明显结构	8.3	2.0	0.11	0.25	12.2						
剖21	半淋溶土	褐土性土	基岩褐土	砂质夹壤褐淤土	1	0~22	灰黄色	砂壤土	小粒状	7.7	9.5	0.61	0.67	29.1				洪冲积物	E 118°29′31.2″ N 42°22′32.5″	95
					2	22~34	暗黄色	砂壤土	小粒状	7.8	9.4	0.51	0.59	28.1						
					3	34~85	暗褐色	轻壤土	块状	7.2	10.6	0.68	0.77	27.2						
					4	85~150	灰黄色	中壤土	小粒状	7.7	10.5	0.54	0.67	22.8						
剖22	淋溶土	钙积棕壤	钙积棕壤	轻度侵蚀钙积棕壤	1	0~20	灰棕色	中壤土	粒状、块状	7.0	15.0	0.97	0.64	22.8				黄土、黄土状母质	E 118°23′14.6″ N 42°20′14.6″	94
					2	20~50	棕色	中壤土	粒状、块状	7.5	6.2	0.26	0.65	22.8						
					3	50~105	暗棕色	中壤土	块状	7.8	5.9	0.27	0.83	24.9						
剖23	初育土	半固定风沙土	半固定风沙土	中度风蚀风沙土	1	0~8	暗黄棕色	砂土	无明显结构	7.6	5.1	0.28	0.24	26.9				风积沉积沙	E 118°30′20.2″ N 42°21′58.7″	98
					2	8~150	暗黄色	紧砂土	微粒状	8.0	2.4	0.10		5.6						
剖24	初育土	半固定风沙土	半固定风沙土	弱度风蚀风沙土	1	0~26	浅黄色	砂壤土	散粒状	8.1	3.9	0.20		12.7					E 118°38′40.9″ N 42°20′60.0″	100
					2	26~113	黄色	轻壤土	碎块状	8.2	7.0	3.79	0.66	10.1						
					3	113~150	棕黄色	中壤土	团粒状	7.9	17.9	1.00	0.75	27.8						
剖25	钙层土	黑垆土	黑垆土	中层黑垆土	1	0~20	暗黑色	中壤土	粒状、块状	7.9	17.4	1.10	0.74	27.2				黄土、黄土状母质	E 118°48′28.1″ N 42°23′40.9″	75
					2	30~60	暗黄色	中壤土	团块状	8.0	8.3	0.41	0.75	27.2						
					3	60~150														

续表 Continued

剖面号 Soil profile	土纲 Soil order	土类 Soil great group	亚类 Soil subgroup	土属 Soil genus	土种 Soil species	土层码 Layer code	土层厚度 Depth/cm	颜色 Soil color	质地 Soil texture	土壤结构 Soil structure	pH	有机质 OM/(g/kg)	全氮 TN/(g/kg)	全磷 TP/(g/kg)	全钾 TK/(g/kg)	有效磷 AP/(mg/kg)	速效钾 AK/(mg/kg)	阳离子交换量CEC/(cmol/kg)	土壤母质 Parent material	剖面点坐标 Profile coordinate	匹配指数 Matching index/%
剖26	半淋溶土	褐土	褐土性土	潮褐土	砂质瓊底褐淀土	1	0–30	黄灰色	砂壤土	小粒状	7.0	9.9	0.63	0.75	24.4				洪冲积物	E 118°49′49.4″ N 42°20′52.1″	92
						2	30–74	浅黄色	砂壤土	无明显结构	7.4	7.1	0.41	0.53	24.4						
						3	74–98	灰黄色	轻壤土	块粒状	7.3	12.7	0.18	0.91	20.0						
						4	98–130	黄褐色	轻黏土	粒状、块状	7.9	9.4	0.61	0.62	23.1						
						5	130–150	灰黄色	轻壤土	棱块状	7.3	12.8	0.76	0.95	22.2						
剖27	初育土	风沙土	流动风沙土	流动风沙土	极严重风蚀风沙土	1	0–30	灰黄色	紫砂土	无明显结构	7.9	2.9	0.07	0.37	11.3				风积沉积沙	E 118°46′22.8″ N 42°20′20.4″	88
						2	30–55	灰黄色	砂壤土	无明显结构	7.9	1.1	0.10	0.31	17.8						
						3	55–140	浅黄色	松砂土	无明显结构	8.0	0.6	0.56	0.29	0.9						
						4	140–150	黄灰色	轻砂土	碎块状	8.1	0.4	0.45	0.65	0.9						
剖28	初育土	黄绵土	黄绵土	黄土	重度侵蚀鸡粪黄土	1	0–30	浅黄色	中壤土	粒状、块状	8.0	6.5	0.42	0.71	18.4				黄土	E 119°14′16.8″ N 42°26′31.9″	95
						2	30–69	浅黄色	中壤土	块粒	8.1	4.3	0.25	0.76	9.4						
						3	69–150	黄黄色	中壤土	块状	8.2	4.0	0.21	0.75	10.4						
剖29	钙层土	黑垆土	黑垆土	黑垆土	小砾质中体砂性岩砂性土	1	0–7	灰棕色	轻壤土		8.2	9.4	0.52			0.4	14	8.9	黄土、黄土状母质	E 119°11′33.4″ N 42°24′46.4″	91
						2	7–15	暗灰棕色	中壤土	小块状	8.1	11.3	0.62			0.1	7	10.4			
						3	15–30	棕灰色	中壤土	小块状	8.0	9.7	0.48			0.1	7	11.7			
						4	30–63	灰棕色	轻壤土		7.9	6.1	0.35			0.0	7	10.7			
						5	63–90	棕黄色	中壤土		8.3	3.7	0.19			0.1		18.4			
						6	90–120	浅棕黄色	中壤土		8.3							11.7			
剖30	钙层土	黑垆土	黑垆土	黑垆土	埋藏黑垆土	1	0–20	黄褐色	轻壤土	团块状	7.1	31.0	2.35	0.86	13.8				黄土、黄土状母质	E 119°06′14.8″ N 42°20′42.0″	81
						2	20–50	黑黑色	中壤土	团块状	7.3	37.5	1.83	0.72	18.4						
						3	50–79	黑棕色	中壤土	团块状	7.4	11.1	0.68	0.78	21.9						
						4	79–150	浅棕色	轻壤土	团块、块状	7.5	5.3	0.31	0.40	2.3						
剖31	半淋溶土	褐土	褐土性土	砂性岩褐土性土	少砾质中体砂性岩性土	1	0–25	黄褐色	中壤土	团粒状	7.3	4.0	0.21	0.34	2.1				砂砾岩、页岩坡积物	E 119°02′30.4″ N 42°20′18.3″	73
						2	25–35	褐黄色	砂壤土	粒状	7.4	4.5	0.22	0.39	2.2						
						3	55–150	灰棕色	砂壤土	散粒状	7.2	0.3	0.77	0.83	5.3						
剖32	初育土	风沙土	半固定风沙土	半固定风沙土	中度风蚀风沙土	1	0–25	黄黄色	紫砂土	微粒状	7.4	12.8	0.76	0.95	22.2				风积沉积沙	E 119°28′42.2″ N 42°25′41.5″	74
						2	25–39	黄褐色	中壤土	无明显结构	7.9	12.9	0.59	0.98	20.9						
						3	39–110	栗褐色	中壤土	团块状	7.8	24.1	0.93	1.26	26.3						
						4	110–150	暗褐色	重黏土	粒状、块状	7.2	0.6	0.07	0.59	25.0						
剖33	半淋溶土	褐土	褐土性土	潮褐土	壤质瓊底褐淀土	1	0–30	浅棕色	松砂土	核状	7.1	7.4	0.42	0.75	23.0				洪冲积物	E 119°16′23.9″ N 42°24′16.9″	83
						2	30–45	浅棕色	砂壤土	无明显结构	7.6	1.5	0.19	0.83	25.0						
						3	45–70	暗棕色	重黏土	粒状	7.9	8.9	0.56	0.96	23.1						
剖34	半水成土	草甸土	盐化草甸土	盐化灰淀土	轻度盐化灰淀土	1	0–4	褐色	中壤土	粒状	7.2	18.0	0.94	0.65	25.0			3.3	风积沉积沙	E 119°28′44.2″ N 42°22′26.6″	79
						2	4–22	栗褐色	中壤土	块状	7.5	29.1	1.39	0.74	25.0			3.4			
						3	22–44	褐黄色	中壤土	块状	7.1	11.9	0.56	0.65	25.0			10.3			
						4	44–150	黄棕色	中壤土	块状	7.8	3.2	0.21	0.30	25.0						
剖35	半淋溶土	褐土	褐土性土	褐红土	轻度侵蚀褐红土	1	0–24	暗褐色	中壤土	块状	6.9	28.3	1.25	0.37	25.6				红土	E 118°23′15.0″ N 42°11′50.3″	84
						2	24–40	褐红色	中壤土	块状	7.2	17.8	0.68	0.26	26.3						
剖36	半淋溶土	褐土	褐土性土	酸性岩褐土性土	少砾质中体酸性岩褐性土	2	40–70	浅褐色	中壤土	块状	7.3	9.1	0.41	0.20	30.0				流纹岩、花岗岩风化积物	E 118°18′19.8″ N 42°11′29.8″	82

续表 Continued

剖面号 Soil profile	土纲 Soil order	土类 Soil great group	亚类 Soil subgroup	土属 Soil genus	土种 Soil species	土层码 Layer code	土层厚度 Depth/cm	颜色 Soil color	质地 Soil texture	土壤结构 Soil structure	pH	有机质 OM/(g/kg)	全氮 TN/(g/kg)	全磷 TP/(g/kg)	全钾 TK/(g/kg)	有效磷 AP/(mg/kg)	速效钾 AK/(mg/kg)	阳离子交换量CEC/(cmol/kg)	土壤母质 Parent material	剖面点坐标 Profile coordinate	匹配指数 Matching index/%
剖37	初育土	风沙土	流动风沙土	流动风沙土	严重风蚀风沙土	1	0—23	浅黄色	砂壤土	微粒状	7.8	6.8	0.27	0.33	13.4				风积沉积沙	E 118°40′08.8″ N 42°19′59.9″	77
						2	23—150	浅灰色	紧砂土	无明显结构	7.4	0.9	0.09	0.19	12.8						
剖38	半水成土	草甸土	浅色草甸土	浅色草甸土	砂质草甸土	1	0—13	黄色	砂壤土	微粒状	8.2	10.0	0.62	0.45	19.5				洪冲积物	E 118°55′02.6″ N 42°19′53.9″	73
						2	13—23	黄棕色	砂壤土	微粒状	8.5	8.6	0.56	0.38	20.4						
						3	23—100	青棕色	砂壤土	无明显结构	8.6	3.8	0.24	0.54	19.0						
						4	100—150	灰褐色	中壤土	无明显结构	8.1	4.6	0.27	0.47	8.8						
剖39	半水成土	草甸土	浅色草甸土	灌淤草甸土	壤质砂底灌淤草甸土	1	0—15	黄褐色	中黏土	粒状、块状	8.0	12.2	0.71	1.04	5.5				人工灌淤物	E 118°56′04.9″ N 42°16′59.2″	74
						2	15—47	黄褐色	中壤土	粒状、块状	8.0	19.6	1.22	1.34	5.5						
						3	47—82	灰黄色	砂壤土	小粒状	8.2	2.3	0.13	0.59	10.8						
						4	82—100	黄灰色	砂壤土		8.2	4.9	0.23	0.66	6.9						
						5	100—150	黄灰色	松砂土	无明显结构	8.2	2.5	0.13	0.62	8.4						
剖40	钙层土	黑炉土	黑炉土	黑炉土		1	0—10	棕灰色	砂壤土		8.2	17.2				1.7	16	13.3	黄土、黄土状母质	E 118°47′46.7″ N 42°14′20.0″	91
						2	10—20	浅棕灰色	中壤土	团块状	8.5	18.2				0.8	1	13.4			
						3	20—33	棕灰色	轻壤土	团块状	8.3	20.3				0.6	1	16.6			
						4	33—55	灰棕色	轻壤土		8.6	12.4						17.0			
						5	55—75	浅灰棕色	砂壤土		8.2										
						6	75—100				8.4										
剖41	半水成土	草甸土	浅色草甸土	灌淤草甸土	壤质夹砂灌淤草甸土	1	0—20	黄灰色	轻壤土	粒状	8.1	11.4	0.75	0.62	0.8				人工灌淤物	E 119°04′03.5″ N 42°19′30.2″	94
						2	20—40	黄褐色	中壤土	块状	7.5	10.3	0.67	0.55	5.3						
						3	40—62	浅黄色	砂土	无明显结构	8.0	6.5	0.44	1.18	13.0						
						4	62—115	黄灰色	轻壤土	块状	8.2	9.1	0.59	0.89	13.0						
剖42	初育土	黄绵土	黄绵土	黄土	暗黄土	1	0—30	棕色	中壤土	块状	7.5	8.8	0.51	0.68	24.0			8.7	冲积物	E 119°14′58.6″ N 42°17′42.0″	72
						2	30—150	浅黄色	中壤土	块状	6.7	4.5	0.36	0.69	20.0			9.5			
剖43	初育土	风沙土	半固定风沙土	半固定风沙土	弱风度风蚀风沙土	1	0—10	棕色	砂土	粒状	8.7	7.7	0.42	0.28	23.4				冲积物	E 119°12′28.4″ N 42°13′39.0″	80
						2	10—150	黄棕色	砂土	无明显结构											
剖44	初育土	黄绵土	黄绵土	红黄土	中度侵蚀红黄土	1	0—30	棕黄色	中壤土	块状	7.5	8.4							红土	E 119°00′22.3″ N 42°12′14.4″	79
						2	30—80	暗红色	重壤土	棱块状	8.4	9.6									
						3	80—150	红色	重壤土	块状	8.1	9.4									
剖45	初育土	黄绵土	黄绵土	黄淤土	黄淤菜园土	1	0—30	暗棕色	轻壤土	粒状	6.3	24.2	1.17	0.95	26.0	74.0	167		冲积物	E 119°04′09.1″ N 42°12′07.9″	78
剖46	初育土	黄绵土	黄绵土	黄淤土	壤质砂底黄淤土	1	0—32	暗棕色	中壤土	粒状	8.3	12.5	0.61	0.87	27.5			4.5	冲积物	E 119°17′58.2″ N 42°17′28.7″	77
						2	32—150	浅黄色	砂壤土	无明显结构	8.5	1.2	0.28	1.18	24.4			3.0			
剖47	初育土	黄绵土	黄绵土	黄淤土	壤质黄淤土	1	0—20	暗黄棕色	中壤土	粒状	8.4	7.7	0.54	0.65	24.4			6.0	冲积物	E 119°16′30.7″ N 42°17′03.5″	87
						2	20—60	浅黄棕色	砂壤土	粒状	8.5	2.9	0.32	0.57	21.8			10.9			
						3	60—150	浅棕色	中壤土	块状	8.5	5.7	0.37	0.59	21.2			11.0			
剖48	淋溶土	棕壤	棕壤	砂黑棕土	少砾质中体砂黑棕土	1	3—20	暗棕色	砂壤土	团粒状	6.3	47.2	1.86	1.50	23.8				红土	E 118°19′15.7″ N 42°07′38.3″	88
						2	20—27	深棕色	砂壤土	团粒状	6.2	16.2	0.67	0.77	25.9						
						3	27—60	黄棕色	中壤土	团粒状	5.5	11.4	0.39	0.62	25.9						
剖49	淋溶土	棕壤	棕壤	黑棕土	少砾质中体黑棕土	1	0—34	暗棕色	中壤土	团粒状	6.4	59.0	2.38	1.18	18.8				酸性岩残积物、坡积物	E 118°16′01.9″ N 42°06′51.1″	83
						2	34—50	黑黄色	中壤土	团粒状	6.0	31.3	0.92	0.71	21.7			2.7			
						3	50—60	黄棕色	砂壤土	块状	5.6	11.6	0.57	22.34	0.5						
剖50	初育土	黄绵土	黄绵土	黄土	坡砂黄土	1	0—12	暗黄棕色	砂壤土	无明显结构	8.1	5.2	0.51	0.58	21.3					E 118°59′05.7″ N 42°05′33.4″	73
						2	12—150	浅棕红色	中壤土	块状	8.0	2.4	0.27	0.68	16.9			8.8			

续表 Continued

剖面号 Soil profile	土纲 Soil order	土类 Soil great group	亚类 Soil subgroup	土属 Soil genus	土种 Soil species	土层码 Layer code	土层厚度 Depth/cm	颜色 Soil color	质地 Soil texture	土壤结构 Soil structure	pH	有机质 OM/(g/kg)	全氮 TN/(g/kg)	全磷 TP/(g/kg)	全钾 TK/(g/kg)	有效磷 AP/(mg/kg)	速效钾 AK/(mg/kg)	阳离子交换量CEC/(cmol/kg)	土壤母质 Parent material	剖面点坐标 Profile coordinate	匹配指数 Matching index/%
剖51	初育土	黄绵土	黄绵土	黄土	坡砂黄土	1	0–10	浅黄色	砂土	小粒状									黄土	E 118°55′04.1″ N 42°02′41.6″	72
						2	10–40	灰黄色	中壤土	块状											
						3	40–150	黄色	中壤土	块状											
剖52	初育土	黄绵土	黄绵土	黄淤土	黄淤菜园土	1	0–26	灰黄棕色	轻壤土	团粒状		18.0	0.88			16.8	120		冲积物	E 119°04′07.7″ N 42°06′53.6″	97
						2	26–47	灰黄棕色	轻壤土	粒状											
						3	47–115	暗黄棕色	轻壤土	块状											
						4	115–150	暗灰棕色	中壤土	块状											
剖53	半淋溶土	褐土	褐土性土	褐土性土	褐土性土	1	0–29	暗棕色	中壤土	粒状	7.8	13.3	1.43	0.99	20.6			9.7	基性岩风化残积物	E 119°07′36.5″ N 42°04′13.8″	97
剖54	半淋溶土	褐土	褐土性土	褐黄土	弱度侵蚀褐黄土	1	0–30	栗色	中壤土	粒状	8.2	21.3	0.94	0.53	20.0			23.4		E 119°05′15.7″ N 42°03′45.4″	78
剖55	半淋溶土	褐土	褐土性土	褐淤土	浅色壤质褐淤土	1	0–25	浅棕色	轻壤土	粒状		7.6	0.48	0.88	25.5			2.0	洪冲积物	E 119°15′45.7″ N 42°01′27.5″	99
						2	25–60	棕色	轻壤土	粒状		2.4	0.29	0.89	23.0			2.8			
						3	60–150	黑棕色	轻黏土	块状		3.9	0.21	0.13	23.0			28.7			

阿鲁科尔沁旗

主要土类说明

栗钙土是阿鲁科尔沁旗主要土壤类型，占本旗地域面积的 39%，是本旗面积最大的地带性土壤。栗钙土发育在杂草类及灌丛组成的干草原植被下，分布在低山丘陵和河谷阶地，在垂直带上与暗棕壤和黑钙土相接。成土母质为不同岩性的基岩风化物，还有黄土、砂黄土、砂土、洪冲积物等。成土过程为腐殖质累积过程和钙积过程，与黑钙土相比，腐殖质累积过程逐渐减弱，没有腐殖质下渗层，但是钙积过程明显增强。栗钙土剖面由棕灰色或浅棕灰色腐殖质层、浅棕色或浅黄棕色钙积层和母质层构成，只有在红黄土、残积物或坡积物上发育的栗钙土，其剖面中才能见到明显的母质层。本旗栗钙土分为暗栗钙土、栗钙土、草甸栗钙土等亚类。

风沙土是阿鲁科尔沁旗第二大土壤类型，占本旗地域面积的 29%。风沙土多分布在河流沿岸，地处黑钙土带和栗钙土带。本旗风沙土分为流动风沙土、半固定风沙土和固定风沙土三个亚类。

草甸土是阿鲁科尔沁旗第三大土壤类型，占本旗地域面积的 11%。草甸土主要分布在沿河两岸、湖泊周围、山间低地及阶地低洼处，地下水位为 1.5—3.0m，是受地下水浸润并在草甸植被下发育形成的土壤。草甸土是隐域性土壤，植被类型以耐湿性植物为主，因草甸土所处地带不同，生长的植物种类常有差异。成土过程主要受地下水作用，有明显的腐殖质累积过程和潜育化过程。草甸土剖面由腐殖质层、锈色斑纹层和潜育层构成。

黑钙土占本旗地域面积的 7%，主要分布在大兴安岭南麓山地下部的平缓部位及大兴安岭西侧，该地区属温凉半湿润气候。成土母质为黄土状沉积物、砂土堆积物、洪冲积物、泥页岩风化残积物和坡积物。黑钙土处于半湿润地区，夏季温暖多雨，草甸草原植被非常茂盛，植物根系分布深且较多。由于植物残体来源丰富，微生物活动频繁，有机质不能充分分解，因而腐殖质在土壤表层累积较多，形成颜色较暗且较深厚的腐殖质层和舌状过渡层。黑钙土是在腐殖质累积和石灰淋溶淀积两个过程的共同作用下形成的，剖面层次十分清晰，自上而下依次为腐殖质层、舌状过渡层、钙积层和母质层。该土壤表层有机质含量一般为 54—85g/kg，呈微碱性，向下 pH 逐渐增高。

灰色森林土占本旗地域面积的 6%，分布在海拔 1200—1500m 的大兴安岭南段中山山地，与淋溶黑钙土呈复区分布。灰色森林土是在温带森林草原地区森林植被下发育的具深厚腐殖质层的土壤。由于盐基淋溶，矿物质水解作用强烈，形成水溶性盐酸并随水流移动，土体析出二氧化硅粉末，心土层下部往往有二氧化硅粉末淀积。该土壤表层有机质含量平均为 71g/kg，有的高达 180g/kg，自上而下逐渐减少。

小于本旗地域面积 3% 的土壤类型有暗棕壤、石质土、粗骨土、沼泽土。

本区域中心区气候特征

本区域中心区气候特征值
Regional climate characteristics in central area of the region

气候带：中温带亚干旱气候 Climate region: Mid temperate subarid climate	
年平均气温 /℃ Annual average temperature /℃	5.9
年平均最高气温 /℃ Annual average maximum temperature /℃	12.7
年平均最低气温 /℃ Annual average minimum temperature /℃	−0.4
年降水量 /mm Annual precipitation /mm	382
≥10℃的积温 /℃ Daily temperature accumulated in a year（≥10℃）/℃	4290
年日照时数 /h Annual sunshine /h	2910
年平均相对湿度 /% Annual average relative humidity /%	50
干燥度 Dryness	0.93

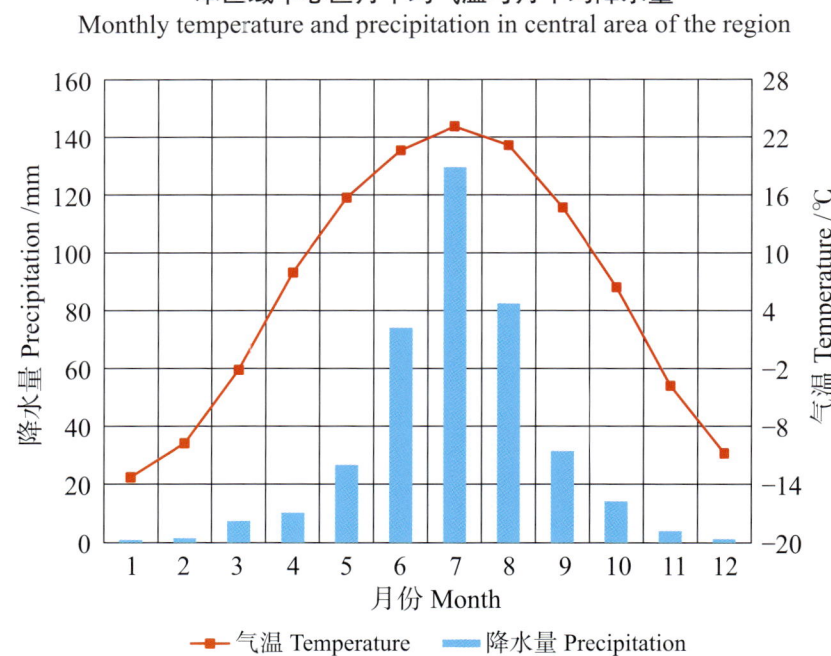

本区域中心区月平均气温与月平均降水量
Monthly temperature and precipitation in central area of the region

阿鲁科尔沁旗主要土壤类型与土壤剖面点分布图
1:700 000

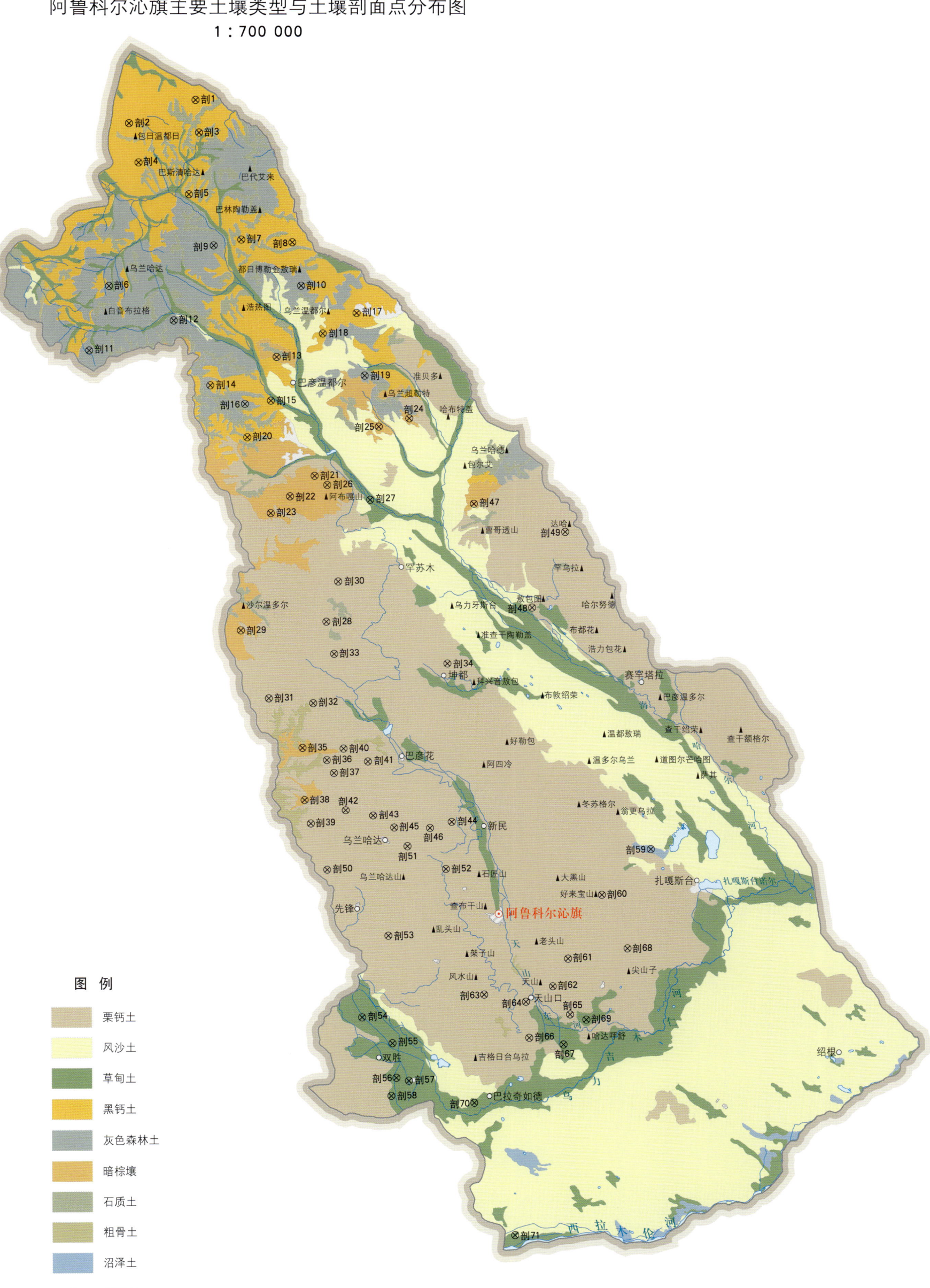

阿鲁科尔沁旗土壤剖面理化性状表

剖面号 Soil profile	土纲 Soil order	土类 Soil great group	亚类 Soil subgroup	土属 Soil genus	土种 Soil species	土层码 Layer code	土层厚度 Depth/cm	颜色 Soil color	质地 Soil texture	土壤结构 Soil structure	pH	有机质 OM/(g/kg)	全氮 TN/(g/kg)	全磷 TP/(g/kg)	全钾 TK/(g/kg)	阳离子交换量CEC/(cmol/kg)	土壤母质 Parent material	剖面点坐标 Profile coordinate	匹配指数 Matching index/%
剖1	钙层土	黑钙土	黑钙土	砂砾黑钙土	薄层砂黑土	1	0–25	黑棕色	轻壤土	团粒状	7.5	59.0	3.28	0.98	24.3	15.0	砂砾岩残积物	E 119°29′36.2″ N 45°09′48.2″	99
						2	25–												
剖2	钙层土	黑钙土	石灰性黑钙土	石灰黄黑土	石灰黄黑土	1	0–25	暗棕色	砂壤土	粒状	8.5	51.2	2.87	1.12	26.2	37.5	黄土	E 119°20′42.7″ N 45°07′49.1″	89
						2	25–43	浅黄棕色	轻壤土	块状	8.6	29.7	1.75	1.04	26.1	37.5			
						3	43–90	浅棕色	中壤土	块状	9.0	12.8	0.70	0.87	26.1	33.1			
剖3	钙层土	黑钙土	淋溶黑钙土	泥质淋溶黑钙土	厚层泥质淋溶黑钙土	1	0–30	暗棕色	砂壤土	块状	7.2	33.2	1.53	0.77	28.1	14.5	泥页岩残积物、坡积物	E 119°29′55.3″ N 45°06′46.4″	71
						2	30–65	暗棕色	砂壤土	块状	7.5	21.7	1.19	0.63	30.5	16.8			
剖4	钙层土	黑钙土	淋溶黑钙土	泥质淋溶黑钙土	中层泥质淋溶黑钙土	1	0–44	黑棕色	轻壤土	团块状	7.4	59.3	3.00	1.32	26.0	23.1	泥页岩残积物、坡积物	E 119°21′47.5″ N 45°04′10.6″	99
						2	44–50	暗黑棕色	轻壤土	团块状	7.9	38.9	2.05	1.05	26.0	24.6			
剖5	钙层土	黑钙土	黑钙土	泥质黑钙土	厚层泥质黑钙土	1	0–25	黑棕色	中壤土	团块状	7.3	68.0	3.49	1.21	24.5	31.6		E 119°28′19.2″ N 45°01′04.8″	79
						2	25–67	黑棕色	中壤土	团块状	7.0	71.0	3.36	1.14	24.5	29.3			
						3	67–100	浅黄棕色	中壤土	块状	7.0	55.0	2.41	1.08	24.4	29.4			
剖6	半淋溶土	灰色森林土	灰色森林土	砂黄灰土	砂黄灰土	1	0–6		砂壤土	团粒状	7.3		21.54	2.97	12.4		砂黄岩	E 119°17′22.6″ N 44°52′46.9″	80
						2	6–43	黑棕色		团粒状	7.3	70.0	2.84	0.79	23.9	21.1			
						3	43–130	黑棕色		团块状	7.8	6.0	0.32	0.27	28.7	4.3			
剖7	钙层土	黑钙土	淋溶黑钙土	泥质淋溶黑钙土	薄层泥质淋溶黑钙土	1	0–12	棕色	砂土	块状		43.9	2.61	1.06	30.6	20.0	泥页岩残积物、坡积物	E 119°35′01.0″ N 44°56′42.0″	71
剖8	钙层土	黑钙土	黑钙土	洪黑淤土	洪黑淤土	1	0–25	暗棕色	轻壤土	粒状	8.6	28.0	1.73	0.76	28.5	4.7	洪积物	E 119°41′43.2″ N 44°56′17.1″	91
						2	25–56	浅黄棕色	砂壤土	粒状	8.6	17.0	0.84	0.58	28.6	7.6			
						3	56–		砾石土										
剖9	半淋溶土	灰色森林土	灰色森林土	泥质灰土	薄体多砾质泥质灰土	1	0–2		轻壤土	团粒状	6.9	112.0	16.78	1.74	20.0	45.1	泥页岩风化物	E 119°31′21.7″ N 44°56′14.6″	87
						2	2–28	暗棕色	中壤土	团粒状	6.9	27.0	5.26	1.26	24.0	32.2			
						3	28–54		中壤土	团块状	5.3		1.09	0.59	19.0	18.9			
剖10	半淋溶土	灰色森林土	灰色森林土	泥质灰土	中体少砾质泥质灰土	1	0–4	黑色	中壤土	团粒状	6.9	109.0	17.31	1.75	20.3	60.1	泥页岩风化物	E 119°42′41.4″ N 44°52′13.8″	83
						2	4–13	黑棕色	中壤土	团粒状	6.4	88.0	4.73	1.61	24.8	38.1			
						3	13–53		中壤土	团粒状	5.7		4.14	1.68	19.4	27.1			
剖11	半淋溶土	灰色森林土	灰色森林土	泥质灰土	厚体少砾质泥质灰土	1	0–4		重壤土	团粒状	6.7	116.0	16.78	2.12	20.2	27.4	泥页岩风化物	E 119°41′31.9″ N 44°46′52.1″	96
						2	4–30	暗黑棕色	中壤土	团粒状	6.0	67.0	5.14	1.45	24.8	34.0			
						3	30–87	浅黄棕色	轻壤土	团块状	5.8		8.81	1.36	19.3	28.4			
剖12	半淋溶土	灰色森林土	灰色森林土	砂砾灰土	厚少砾质砂砾灰土	1	0–4	黑棕色	砂壤土	团粒状	7.3	81.0	5.60	1.20	25.0	41.6	砂砾岩风化物	E 119°25′44.9″ N 44°49′23.8″	92
						2	4–37	浅棕色	中壤土	粒状	7.0	41.0	1.86	0.77	29.4	21.6			
						3	37–80		砂壤土	粒状	7.2	34.0	1.64	0.81	29.5	19.4			
剖13	淋溶土	暗棕壤	暗棕壤	泥质黑暗棕土	厚少砾质泥质黑暗棕土	1	0–41	黑棕色	砂壤土	粒状	6.9	48.0	2.25	0.87	23.8	14.0	泥页岩风化残积物、坡积物	E 119°39′09.0″ N 44°45′42.5″	70
						2	41–70	红棕色	中壤土	粒状	6.9	10.0	0.45	0.41	23.7	3.0			
						3	70–												
剖14	钙层土	黑钙土	淋溶黑钙土	淋溶黄黑土	淋溶黄黑土	1	0–28	黑棕色	中壤土	团粒状	6.5	62.0	3.37	0.89	19.3	18.7	黄土	E 119°30′18.7″ N 44°43′19.2″	82
						2	28–42	暗棕色	中壤土	团粒状	6.7	26.0	1.60	0.92	19.3	17.9			
						3	42–110	棕色	中壤土	团粒状	6.2	11.0	0.48	0.48	24.4	14.9			
剖15	钙层土	黑钙土	草甸黑钙土	壤质黑淤土	轻壤质砂底黑淤土	1	0–34	暗红棕色	轻壤土	团粒状	7.6	25.0	1.46	0.74	24.2	18.0	冲积物	E 119°38′11.8″ N 44°41′41.6″	86
						2	34–70	暗黑棕色	轻壤土	团粒状	8.6	18.0	0.95	0.74	24.2	21.0			
						3	70–140	红棕色	砂壤土	粒状	8.5	16.0	0.85	0.64	29.2	21.0			

续表 Continued

剖面号 Soil profile	土纲 Soil order	土类 Soil great group	亚类 Soil subgroup	土属 Soil genus	土种 Soil species	土层码 Layer code	土层厚度 Depth/cm	颜色 Soil color	质地 Soil texture	土壤结构 Soil structure	pH	有机质 OM/(g/kg)	全氮 TN/(g/kg)	全磷 TP/(g/kg)	全钾 TK/(g/kg)	阳离子交换量CEC/(cmol/kg)	土壤母质 Parent material	剖面点坐标 Profile coordinate	匹配指数 Matching index/%
剖16	半淋溶土	灰色森林土	灰色森林土	黄灰土	黄灰土	1	0~33	黑棕色	轻壤土	团粒状	6.9	41.0	2.03	0.83	29.4	1.9	黄土	E 119°34′45.1″ N 44°41′28.7″	85
						2	33~65	暗棕色	中壤土	团块状	7.4	22.0	1.18	0.70	24.2	2.1			
						3	65~110	棕色	中壤土	团块状	7.5	9.0	0.43	0.57	29.4	1.8			
剖17	钙层土	黑钙土	黑钙土	泥质黑钙土	薄层泥质黑钙土	1	0~28	棕色	轻壤土	粒状	7.2	63.8	2.94	1.41	26.3	43.6		E 119°49′51.2″ N 44°49′30.7″	92
剖18	钙层土	黑钙土	黑钙土	泥质黑钙土	中层泥质黑钙土	1	0~36	暗黑棕色	砂壤土	团块状	8.0	29.7	1.90	0.89	30.8	19.1		E 119°45′18.7″ N 44°47′44.2″	98
						2	36~42	暗黑棕色	砂壤土	团块状	8.0	26.7	1.55	0.16	30.8				
						3	42~90	黑棕色	轻壤土	结块状									
剖19	半淋溶土	灰色森林土	灰色森林土	砂灰土	砂灰土	1	0~3										砂土	E 119°50′37.3″ N 44°43′42.6″	84
						2	3~32	黑棕色	紧砂土	团粒状	7.5	115.0	5.20	0.91	30.9	25.3			
						3	32~92	棕色	松砂土	团块状	7.1	11.0	0.60	0.33	30.6	4.8			
剖20	钙层土	黑钙土	黑钙土	黄黑钙土	黄黑土	1	0~30	棕色	轻壤土	粒状	6.6	43.5	2.20	1.12	26.1	25.2	黄土	E 119°34′53.8″ N 44°38′21.5″	73
						2	30~55	暗棕色	轻壤土	块状	8.2	26.4	1.31	1.02	26.1	24.8			
						3	55~105	浅黄色	轻壤土	块状	8.9	11.1	0.57	0.94	28.5	21.6			
剖21	淋溶土	暗棕壤	暗棕壤	泥质黑暗棕壤	薄体多砾质泥质黑暗棕壤	1	0~33	暗棕色	轻壤土	团粒状	7.4	22.8	1.12	0.15	31.2	25.5	泥质岩风化残积物、坡积物	E 119°43′33.7″ N 44°34′32.4″	79
						2	33~50	红棕色	轻壤土	团块状	7.3	16.3	0.72	0.66	29.0	27.6			
剖22	淋溶土	暗棕壤	暗棕壤	砂黑暗棕壤	厚体少砾质砂黑暗棕壤	1	0~15	黑棕色	中壤土	粒状	6.9	58.1	2.58	1.14	26.0	24.4	砂砾岩残积物、坡积物	E 119°40′15.6″ N 44°32′45.1″	76
						2	15~20	浅红棕色	砂壤土	团块状	6.6	26.2	0.19	0.73	31.1	23.9			
剖23	淋溶土	暗棕壤	暗棕壤	砂黑暗棕壤	厚体少砾质砂黑暗棕壤	1	0~22	黑棕色	轻壤土	团粒状	7.2	24.3	0.99	0.71	25.0	26.0	砂砾岩残积物、坡积物	E 119°37′39.0″ N 44°31′14.5″	74
						2	22~62	红棕色	中壤土	块状	7.4	15.1	0.65	0.73	25.0	27.0			
						3	62~100	红棕色	砂壤土	块状	7.4	15.1	0.65	0.73	25.0	27.0			
剖24	淋溶土	暗棕壤	暗棕壤	砂黄暗棕壤	砂黄暗棕壤	1	0~34	黑棕色	砂壤土	团块状	7.3	41.0	2.12	0.80	23.9	13.0		E 119°56′15.4″ N 44°39′34.9″	81
						2	34~72	红棕色	砂壤土	团块状	7.3	14.0	0.77	0.56	26.4	13.0			
						3	72~110	红棕色	砂壤土	团块状	7.1	8.0	0.38	0.45	23.8	10.0			
剖25	淋溶土	暗棕壤	暗棕壤	暗棕洪淤土	冲洪暗棕壤	1	0~35	红棕色	轻壤土	团块状	7.2	29.4	1.97	0.89	30.8	18.9	洪积物	E 119°52′13.4″ N 44°38′55.0″	98
						2	35~83	暗棕色	轻壤土	团块状	7.3	21.4	1.07	0.79	30.9	19.9			
						3	83~112	暗棕色	砂壤土	团块状	7.4	11.7	0.59	0.57	30.7	16.0			
剖26	半水成土	草甸土	草甸土	砂质冲淤土	砂质冲淤土	1	0~19	红棕色	轻壤土	团粒状	7.2	32.9	1.71	0.88	25.9	19.7	泥质岩风化残积物、坡积物	E 119°45′10.5″ N 44°33′39.9″	87
剖27	淋溶土	暗棕壤	暗棕壤	砂黄暗棕壤	砂质冲淤土	1	0~18	暗棕色	砂土	团块状	8.9	44.0	1.59	0.84	33.0	12.4	冲积物	E 119°50′43.2″ N 44°32′09.9″	90
						2	18~42	暗棕色	砂土	团块状	9.0	18.5	0.88	0.71	34.0	22.9			
						3	42~59	浅黄色	砂土	粒状	8.9	1.3		0.23	33.0	5.6			
剖28	钙层土	栗钙土	暗栗钙土	砂暗栗土	少砾质中体砂暗栗土	1	0~20	黑棕色	轻壤土	团粒状	7.6	24.7	1.36	0.66	25.6	20.2	砂岩、砂砾岩残积物化残积物或坡积物	E 119°44′24.4″ N 44°21′00.7″	93
						2	20~38	暗棕色	中壤土	团块状	7.8	20.3	1.25	0.62	25.4	23.4			
						3	38~53	暗棕色	砂土	团块状	7.7	14.3	0.89	0.57	20.7	28.7			
剖29	淋溶土	暗棕壤	暗棕壤	砂黑暗棕壤	中体少砾质砂黑暗棕壤	1	0~36	黑棕色	轻壤土	团粒状	7.1	35.7	1.69	0.91	25.8	25.3	砂砾岩残积物、坡积物	E 119°33′12.3″ N 44°20′29.2″	92
						2	36~58	红棕色	轻壤土	团块状	7.3	16.8	1.10	0.75	26.0	25.5			
						3	58—												
剖30	钙层土	栗钙土	暗栗钙土	砂暗栗土	多砾质薄体砂暗栗土	1	0~20	棕色	轻壤土	团块状	8.7	20.4	1.22	0.61	28.3	16.4		E 119°46′09.5″ N 44°24′40.3″	85
						2	20—				8.6	14.5	0.81	0.76	25.9	29.3			
剖31	钙层土	栗钙土	暗栗钙土	黄暗栗土	重度侵蚀黄暗栗土	1	0~23	暗棕色	轻壤土	团块状	7.6	32.5	1.56	1.08	28.4	35.3	黄土状母质	E 119°36′33.1″ N 44°14′03.4″	93
						2	23~53	暗棕色	轻壤土	团块状	7.2		1.06	0.93	28.4	25.2			
						3	53~140	暗棕色	轻壤土	块状	6.9	22.7	1.19	0.88	28.4	25.7			

续表 Continued

剖面号 Soil profile	土纲 Soil order	土类 Soil great group	亚类 Soil subgroup	土属 Soil genus	土种 Soil species	土层码 Layer code	土层厚度 Depth/cm	颜色 Soil color	质地 Soil texture	土壤结构 Soil structure	pH	有机质 OM/(g/kg)	全氮 TN/(g/kg)	全磷 TP/(g/kg)	全钾 TK/(g/kg)	阳离子交换量CEC/(cmol/kg)	土壤母质 Parent material	剖面点坐标 Profile coordinate	匹配指数 Matching index/%
剖32	钙层土	栗钙土	暗栗钙土	黄暗栗土	中度侵蚀黄暗栗土	1	0—20		轻壤土		8.9	13.1	0.69	0.72	25.8	27.9	黄土状母质	E 119°42′18.0″ N 44°13′27.7″	74
						2	20—60		轻壤土		8.6	17.8	0.98	0.82	28.4	29.4			
						3	60—140		中壤土		8.5	19.5	1.07	0.72	26.0	28.9			
剖33	钙层土	栗钙土	暗栗钙土	泥质暗栗土	少砾质中体泥质暗栗土	1	0—30	棕色	砂壤土	粒状	8.8	32.4	2.03	0.83	28.3	16.9	泥页岩残积物、坡积物	E 119°45′16.9″ N 44°17′58.2″	89
						2	30—50	浅棕色	砂壤土	粒状	8.4	25.1	1.46	0.84	18.0	33.4			
剖34	钙层土	栗钙土	暗栗钙土	砂暗栗土	少砾质厚体砂暗栗土	1	0—27	暗棕色	轻壤土	团粒状	8.0	23.6	1.19	0.76	25.8	22.7		E 119°59′58.2″ N 44°16′40.8″	100
						2	27—72	棕色	轻壤土	团粒状	8.0	18.1	0.86	0.66	25.8	23.2			
剖35	淋溶土	暗棕壤	暗棕壤	黄暗棕壤	重度侵蚀黄暗棕壤	1	0—30	暗棕色	轻壤土	团块状	7.1	21.5	1.16	0.80	25.9	34.8	黄土状母质	E 119°40′40.5″ N 44°09′21.3″	91
						2	30—50	棕红色	中壤土	团块状	7.4	8.9	0.51	0.66	25.9	28.9			
						3	50—80	浅棕色	轻壤土	块状	7.6	3.3	0.19	0.36	26.1	26.5			
剖36	钙层土	栗钙土	暗栗钙土	黄暗栗土	黄暗栗土	1	0—39		轻壤土	块状	7.2	30.9	1.58	0.79	25.5	25.6	黄土状母质	E 119°43′48.8″ N 44°08′07.2″	73
						2	39—78		中壤土		7.4	12.4	0.73	0.55	25.5	25.2			
						3	78—113		砂壤土		7.1	7.2	0.45	0.72	26.0	24.6			
剖37	淋溶土	暗棕壤	草甸暗棕壤	暗棕洪淤土	轻壤质砾体暗棕洪淤土	1	0—30	黑色	轻壤土	团粒状							洪积物	E 119°44′40.4″ N 44°06′53.8″	95
						2	30—75	暗红棕色	轻壤土	团块状									
						3	75—123	暗棕色	砂壤土	团块状									
剖38	钙层土	栗钙土	暗栗钙土	泥质栗土	少砾质中体泥质栗土	1	0—28	黑棕色	轻壤土	团粒状	7.0	45.3	2.17	0.99	30.0	28.2	泥页岩风化残积物、坡积物	E 119°40′41.9″ N 44°04′29.3″	91
						2	28—90		轻壤土		7.1	34.1	1.75	0.93	25.0	21.1			
剖39	钙层土	栗钙土	草甸栗钙土	壤质栗淤土	壤质栗淤土	1	0—22		轻壤土		8.7	33.2	2.15	1.03	20.7	37.4	冲积物	E 119°41′24.2″ N 44°02′13.7″	100
						2	22—53		轻壤土		8.7	18.9	1.15	0.82	20.6	25.6			
剖40	钙层土	栗钙土	草甸栗钙土	壤质栗淤土	轻壤质砾体壤质栗淤土	1	0—16	浅棕色	砾石土	团粒状	9.2	9.3	0.56	0.58	30.5	16.7		E 119°46′01.9″ N 44°09′08.3″	88
						2	16—49	棕色	轻壤土	块状	8.8	12.8	0.69	0.62	30.7	20.5			
						3	49—		轻壤土		9.4	16.2	0.87	0.89	30.5	22.8			
剖41	钙层土	栗钙土	暗栗钙土	红黄栗土	中度侵蚀红黄栗土	1	0—30	暗棕色	轻壤土	团块状	8.7	28.6	1.75	0.83	26.2	37.7	红黄土	E 119°49′07.0″ N 44°07′50.9″	94
						2	30—55	浅红棕色	中壤土	块状	8.4	17.6	1.04	0.74	20.8	35.1			
						3	55—120	浅棕色	中壤土	块状	8.6	3.6	0.22	0.58	21.0	33.5			
剖42	钙层土	栗钙土	栗钙土	砂栗土	少砾质中体砂栗土	1	0—22		轻壤土	细粒状	8.1	45.9	2.38	1.02	26.1	32.8	冲积物	E 119°46′03.1″ N 44°03′21.6″	73
						2	22—44	暗棕色	轻壤土	团块状	8.5	20.9	1.15	0.90	26.0	30.7			
						3	44—75	棕色	轻壤土	块状	8.6	14.0	0.72	0.66	28.5	28.0			
						4	75—105	浅棕色	轻壤土	块状	8.7		0.62	0.59	28.5	26.4			
剖43	钙层土	栗钙土	暗栗钙土	黄栗土	轻壤质砾底黄栗土	1	0—20	棕色	轻壤土	块状	9.0	30.3	1.84	1.01	20.7	30.7	砂岩、砾岩风化残积物或坡积物	E 119°49′31.4″ N 44°02′46.3″	99
						2	20—46	棕色	轻壤土	块状	8.7	16.5	1.00	0.85	27.9	25.2			
剖44	钙层土	栗钙土	暗栗钙土	黄栗土	轻度侵蚀黄栗土	1	0—20	棕色	轻壤土	块状							黄土状母质	E 119°59′40.9″ N 44°01′53.4″	92
						2	20—40	棕色	轻壤土	块状									
						3	40—76	棕色	轻壤土	块状									
						4	76—120	棕色	轻壤土	块状									
剖45	钙层土	栗钙土	栗钙土	洪冲积栗土	轻壤质洪冲积栗土	1	0—19	棕色	轻壤土	块状	8.5	24.2	1.43	0.94	23.4	36.4	洪积物	E 119°52′11.6″ N 44°01′33.6″	76
						2	19—41	棕色	轻壤土	块状	8.5	22.9	1.33	0.87	20.9	34.9			
						3	41—148	棕色	轻壤土	块状	8.6	11.4	0.68	0.87	20.1	32.7			
剖46	钙层土	栗钙土	栗钙土	黑栗土	多砾质薄体黑栗土	1	0—22		轻壤土		8.1	32.5	1.85	0.93	23.8	3.7	中性岩、基性岩残积物或坡积物	E 119°56′50.3″ N 44°01′24.2″	93

续表 Continued

剖面号 Soil profile	土纲 Soil order	土类 Soil great group	亚类 Soil subgroup	土属 Soil genus	土种 Soil species	土层码 Layer code	土层厚度 Depth/cm	颜色 Soil color	质地 Soil texture	土壤结构 Soil structure	pH	有机质 OM/(g/kg)	全氮 TN/(g/kg)	全磷 TP/(g/kg)	全钾 TK/(g/kg)	阳离子交换量CEC/(cmol/kg)	土壤母质 Parent material	剖面点坐标 Profile coordinate	匹配指数 Matching index/%
剖47	淋溶土	暗棕壤	暗棕壤	暗黑暗棕壤	厚体少砾质暗黑暗棕土	1	0—27	暗棕色	轻壤土	粒状	7.7	20.9	1.01	0.55	23.4	29.1	中性岩、基性岩残积物或坡积物	E 120° 04′ 16.0″ N 44° 31′ 24.6″	71
						2	27—61	红棕色	中壤土	块状	7.8	7.8	0.41	0.31	23.6	30.9			
						3	61—115	浅棕色	中壤土	块状	7.2	7.4	0.34	0.43	26.2	36.7			
						4	115—125	浅棕色	中壤土	块状	7.0	6.8	0.35	0.39	23.5	28.0			
剖48	钙层土	栗钙土	暗栗钙土	泥质暗栗土	少砾质厚体泥质暗栗土	1	0—25		轻壤土		8.6	33.8	2.08	0.81	23.2	35.1	泥页岩残积物、坡积物	E 120° 11′ 18.6″ N 44° 21′ 35.6″	75
						2	25—70		中壤土		8.8	9.7	0.57	0.62	23.2	24.6			
剖49	钙层土	栗钙土	暗栗钙土	泥质暗栗土	多砾质薄体泥质暗栗土	1	0—16		轻壤土		7.9	48.3	2.53	1.02	28.2	31.8	泥页岩残积物、坡积物	E 120° 16′ 03.8″ N 44° 28′ 27.7″	94
剖50	钙层土	栗钙土	栗钙土	栗土	多砾质薄体栗土	1	0—25		轻壤土		8.4	41.6	2.61	1.17		32.1	酸性岩残积物、坡积物	E 119° 43′ 18.2″ N 43° 57′ 52.6″	98
剖51	钙层土	栗钙土	栗钙土	砂栗土	少砾质厚体砂栗土	1	0—21	棕色	轻壤土	块状	8.5	30.5	1.73	1.03	25.8	22.5	砂岩、砾岩风化残积物或坡积物	E 119° 53′ 49.9″ N 43° 59′ 47.4″	71
						2	21—40	黑棕色	轻壤土	块状	8.7	22.6	1.15	1.03	31.1	21.6			
						3	40—65	暗棕色	轻壤土	块状	8.4	23.2	1.17	0.81	31.1	23.3			
剖52	钙层土	栗钙土	草甸栗钙土	壤质栗淤土	轻壤质栗钙淤土	1	0—22	棕色	轻壤土	块状	9.1	20.1	1.29	0.85	25.7	18.2	冲积物	E 119° 58′ 41.5″ N 43° 57′ 31.0″	88
						2	22—45	浅棕色	轻壤土	块状	9.4	13.5	0.82	0.79	23.5	18.0			
						3	45—148	浅棕色	轻壤土	块状	9.7	4.8	0.22	0.91	25.7	14.8			
剖53	钙层土	栗钙土	栗钙土	泥质栗土	少砾质厚体泥质栗土	1	0—17	暗棕色	轻壤土	粒状	8.9	32.8	2.16	1.11	25.8	30.2	泥页岩风化残积物、坡积物	E 119° 50′ 54.2″ N 43° 51′ 29.5″	99
						2	17—34	暗黄棕色	轻壤土	块状	9.0	29.9	1.75	1.03	20.6	25.1			
						3	34—64	浅黄棕色	轻壤土	块状	8.9	13.7	0.71	0.62	12.8	20.4			
						4	64—		砾石土										
剖54	半水成土	草甸土	盐化灰色草甸土	壤质盐化灰淤土	轻度盐化壤质灰淤土	1	0—21	棕色	轻壤土	团块状	9.4	21.2	1.37	0.92	25.9	30.9	冲积物	E 119° 47′ 06.0″ N 43° 44′ 02.8″	82
						2	21—60	灰棕色	中壤土	团块状	9.5	20.7	1.27	0.88	25.8	34.2			
						3	60—110	灰白色	中壤土	团块状	9.3	20.1	1.30	0.88	25.8	29.1			
						4	110—120				9.4	11.3	0.80	0.65	20.6	26.8			
剖55	半水成土	草甸土	盐化灰色草甸土	壤质盐化灰淤土	中度盐化壤质灰淤土	1	0—31		轻壤土		9.5	8.2	0.49	0.97	25.6	17.5	冲积物	E 119° 50′ 53.5″ N 43° 41′ 33.4″	90
						2	31—62		砂土		9.3	9.1	0.58	1.02	25.4	31.9			
						3	62—91		砂壤土		9.4	7.2	0.41	0.48	25.2	13.1			
剖56	半水成土	草甸土	盐化灰色草甸土	砂质盐化灰淤土	中度盐化砂质灰淤土	1	0—5	棕色	砂壤土		9.4						冲积物	E 119° 51′ 13.3″ N 43° 38′ 22.2″	71
						2	5—10	暗灰棕色	砂壤土		9.3								
						3	10—20	暗黄棕色	砂壤土		9.0								
剖57	半水成土	草甸土	盐化灰色草甸土	砂质盐化灰淤土	中度盐化砂质灰淤土	1	0—22	棕色	轻壤土	团块状	9.1	24.7	1.49	0.63	28.1	28.9	冲积物	E 119° 52′ 50.4″ N 43° 38′ 03.6″	99
						2	22—40	暗棕色	轻壤土	团块状	9.2	21.1	1.28	0.34	31.1	26.9			
						3	40—70	暗棕色	轻壤土	团块状	9.3	18.5	1.06	0.18	31.1	25.4			
						4	70—137	黑棕色	重壤土	粒状	9.3	15.3	1.27		26.2	33.4			
剖58	半水成土	草甸土	盐化草甸土	壤质盐化冲积土	中度盐化壤质冲积土	1	0—16	黑棕色	轻壤土	团块状	9.2	42.0	2.23	1.08	24.9	43.0	冲积物	E 119° 50′ 28.4″ N 43° 36′ 43.5″	83
						2	16—57	棕色	砂壤土	团块状	8.8	5.0	0.36	0.49	29.1	16.0			
						3	57—88	棕色	轻壤土	团块状	8.8	7.0	0.33	0.59	24.2	20.0			
						4	88—120	黑棕色	重壤土	粒状	8.6	22.0	1.06	0.90	25.0	20.0			
剖59	水成土	沼泽土	腐泥沼泽土	冲湖积泥腐育土	冲湖积腐泥	1	0—5	暗棕色	紧砂土		8.6	37.5	0.52	0.43	32.8	7.8		E 120° 25′ 20.6″ N 43° 58′ 35.8″	92
						2	5—20	浅棕色	紧砂土		8.8	15.5	0.76	0.43	25.7	6.6			
						3	20—50	灰白色	轻壤土	块状	8.7	11.4	0.65	0.79	30.2	10.3			
剖60	钙层土	栗钙土	栗钙土	白栗土	深位白栗土	1	0—37	暗棕色	中壤土	块状	8.9	18.6	1.10	0.64	25.5	20.5	黄土、红黄土	E 120° 18′ 13.7″ N 43° 54′ 31.7″	71
						2	37—83	浅棕色	中壤土	块状	8.9	7.7	0.41	0.59	20.2	21.0			
						3	83—150	灰白色	中壤土	块状	8.2	4.3	0.15	0.35	17.8	15.7			

续表 Continued

剖面号 Soil profile	土纲 Soil order	土类 Soil great group	亚类 Soil subgroup	土属 Soil genus	土种 Soil species	土层码 Layer code	土层厚度 Depth/cm	颜色 Soil color	质地 Soil texture	土壤结构 Soil structure	pH	有机质 OM/(g/kg)	全氮 TN/(g/kg)	全磷 TP/(g/kg)	全钾 TK/(g/kg)	阳离子交换量 CEC/(cmol/kg)	土壤母质 Parent material	剖面点坐标 Profile coordinate	匹配指数 Matching index/%
剖61	钙层土	栗钙土	栗钙土	埋藏护栗土	埋藏护栗土	1	0—24	棕色	轻壤土	块状							黄土状母质，砂黄土	E 120°14′01.0″ N 43°48′44.6″	71
						2	24—54	黑棕色	轻壤土	块状									
						3	54—78	暗黑棕色	轻壤土	块状									
						4	78—126	浅黄棕色	轻壤土	块状									
剖62	钙层土	栗钙土	栗钙土	黄栗土	轻度侵蚀黄栗土	1	0—20	棕色	轻壤土	块状							黄土状母质	E 120°11′52.8″ N 43°46′13.1″	82
						2	20—54	黄棕色	轻壤土	块状									
						3	54—147	黄色	轻壤土	块状									
剖63	钙层土	栗钙土	栗钙土	黄栗土	重度侵蚀黄栗土	1	0—30		轻壤土		8.8	23.6	1.39	0.94	23.3		黄土状母质	E 120°02′58.6″ N 43°45′42.8″	79
						2	30—68		轻壤土		8.7	16.6	0.93	0.94	25.9				
						3	68—96		轻壤土		8.9	8.5	0.50	0.89	25.9				
						4	96—144		中壤土		9.1	7.6	0.47	0.90	25.9				
剖64	钙层土	栗钙土	暗栗钙土	冲积暗栗土	轻壤质暗栗淤土	1	0—34	黑棕色	轻壤土	团块状	7.3	35.6	1.85	0.91	31.1	20.6	冲积暗栗土	E 120°08′36.6″ N 43°45′01.8″	71
						2	34—79	浅红棕色	轻壤土	团块状	7.4	12.0	0.76	0.56	31.0	14.6			
						3	79—132	浅黄棕色	轻壤土	团块状	7.8	17.4	0.86	0.64	26.1	21.2			
剖65	钙层土	栗钙土	栗钙土	白栗土	浅位白栗土	1	0—20	浅黄色	中壤土	团块状	8.9	17.3	1.14	0.76	17.9		黄土、红黄土	E 120°13′57.0″ N 43°43′33.2″	91
						2	20—59	浅黄色	中壤土	块状	9.0	7.0	0.41	0.43	18.0				
						3	59—106	红黄色	中壤土	块状	9.5	5.4	0.31	0.39	20.6				
剖66	钙层土	栗钙土	栗钙土	黄栗土	中度侵蚀黄栗土	1	0—31		轻壤土	块状	8.7	22.5	1.37	0.76	25.7	29.0	黄土状母质	E 120°08′33.7″ N 43°41′33.4″	96
						2	31—67		轻壤土		8.6	10.8	0.61	0.73	23.3	21.4			
						3	67—138		轻壤土		9.1	6.1	0.37	0.63	25.8	17.0			
剖67	半水成土	草甸土	盐化灰色草甸土	壤质盐化灰淤土	重壤盐化壤质灰淤土	1	0—33		轻壤土	块状	9.4	17.7		0.69		14.5	冲积物	E 120°12′57.2″ N 43°40′48.7″	83
						2	33—84		轻壤土	块状	10.0	20.0		0.72		23.9			
剖68	钙层土	栗钙土	栗钙土	白栗土	中位白栗土	1	0—20	棕色	轻壤土	块状	9.1	22.0	1.41	0.72	25.6	12.5	黄土、红黄土	E 120°21′43.9″ N 43°49′26.8″	79
						2	20—49	浅黄色	中壤土	块状	8.8	17.3	1.11	0.67	29.6	14.1			
						3	49—130	红黄色	中壤土	块状	9.1	5.0	0.38	0.36	25.5	10.4			
剖69	半水成土	草甸土	盐化草甸土	壤质盐化壤土	轻度盐化壤质壤土	1	0—16	暗灰棕色	重壤土	团块状	8.7	39.5	2.07	1.06	19.5	39.0	冲积物	E 120°16′01.2″ N 43°43′00.8″	92
						2	16—40	浅黄色	中壤土	团块状	9.2	17.0	0.98	0.74	24.2	22.0			
						3	40—70	黑棕色	轻壤土	团块状	9.8	8.0	0.47	0.61	18.8	18.0			
						4	70—110	暗黄棕色	轻壤土	团块状	9.2	3.0	0.15	0.41	23.7	8.0			
						5	110—140	黑色	重壤土	粒状	8.9	17.0	0.80	0.79	24.9	65.0			
剖70	半水成土	草甸土	盐化灰色草甸土	砂质盐化灰淤土	轻度盐化砂质灰砂土	1	0—27	棕色	砂壤土	团块状	9.7	8.2	0.45	0.64	30.6	12.7	冲积物	E 120°01′07.3″ N 43°35′46.7″	72
						2	27—56	暗灰棕色	轻壤土	团块状	9.8	5.9	0.37	0.78	30.4	7.3			
						3	56—105	暗黄棕色	砂壤土	团块状	9.8	14.4	0.81	0.89	30.9	22.3			
剖71	半水成土	草甸土	灌淤灰色草甸土	灌淤灰色砂砂土	轻壤灌淤质砂体	1	0—33		轻壤土	块状	8.5	12.3	0.66	0.76	28.0	26.1	冲积物	E 120°05′41.3″ N 43°23′25.2″	81
						2	33—65		砂壤土		8.9	6.7	0.32	0.32	25.4	12.2			
						3	65—104		紧砂土		8.7	0.8	0.24	0.27	30.2	11.9			

巴林左旗

主要土类说明

栗钙土是巴林左旗主要土壤类型，占本旗地域面积的47%。栗钙土主要分布在海拔450—1000m的低山丘陵，部分中山的下部和坡脚也有分布。成土母质主要为酸性岩类、中性岩类、基性岩类、砂砾岩类、泥页岩类的风化残积物和坡积物，其次为黄土、黄土状母质、红黄土、洪冲积物以及少量的风积物。土壤钙积过程十分活跃，土壤表层中的部分钙离子可与植物残体分解产生的碳酸结合，形成重碳酸钙并向下移动，以碳酸钙的形式淀积于土体中下部，形成深厚的钙积层。栗钙土剖面由腐殖质层、钙积层和母质层构成。全剖面呈弱碱性至碱性，pH多为7.3—8.6，自上而下逐渐增高。

棕壤是巴林左旗第二大土壤类型，占本旗地域面积的36%。棕壤主要分布在本旗北部的中低山山地，上接灰色森林土，下接栗钙土，在本旗中部和南部的低山中上部也有零星分布。成土母质主要为酸性岩类、中性岩类、基性岩类、砂砾岩类、泥页岩类的风化残积物和坡积物，其次为黄土、黄土状母质、洪冲积物以及少量的风积物。棕壤剖面由凋落物层、腐殖质层和棕色淀积层构成。该土壤有机质含量以表层为多，向下急剧减少。剖面中下部有较明显的二氧化硅粉末。全剖面无石灰反应，呈酸性至中性，pH多为4.8—7.9，自上而下逐渐降低。

灰色森林土是巴林左旗第三大土壤类型，占本旗地域面积的6%。灰色森林土主要分布在本旗北部和西北部的中山山地。成土母质多为酸性岩类、中性岩类、基性岩类、砂砾岩类、泥页岩类的风化残积物和坡积物，还有少量的风积物。灰色森林土剖面由薄的凋落物层、腐殖质层、硅粉淀积层和褐色铁锰聚积层构成。腐殖质层一般厚10—30cm，有机质含量高，一般为50—130g/kg。硅粉淀积层不明显，一般厚20—55cm，常有白色、无定形的二氧化硅粉末，有的还出现铁锰胶膜。全剖面呈微酸性至中性，pH为5.7—6.9。

草甸土占本旗地域面积的6%，主要分布在河流两岸，沿河流呈较长的条带状分布。成土母质为冲积物，地下水位较高，为0.5—3.0m。草甸土是在冷湿条件下，受地下水浸润并在草甸植被下发育形成的土壤。因所处地带地下水位较高，潜水参与土壤形成过程，受地下水升降与浸润作用，成土过程具有明显的腐殖质累积和铁锰氧化还原特征，土体出现锈色斑纹层。大多数土壤有石灰反应，碳酸钙含量在100g/kg以内。全剖面呈微碱性至碱性，pH为8.0—9.6。本旗草甸土分为灰色草甸土、暗色草甸土、盐化草甸土等亚类。

风沙土占本旗地域面积的5%。本旗风积沙母质多由河流冲积沙经风力搬运堆积而成，因此风沙土多分布在河流附近。风沙土的成土作用极其微弱且不稳定，难以形成成熟、完整的土壤剖面，剖面层次极不明显，无明显的淋溶淀积作用，有机质含量很低。

小于本旗地域面积3%的土壤类型有黑钙土、沼泽土。

本区域中心区气候特征

本区域中心区气候特征值
Regional climate characteristics in central area of the region

气候带：中温带亚干旱气候 Climate region: Mid temperate subarid climate	
年平均气温 /℃ Annual average temperature /℃	4.8
年平均最高气温 /℃ Annual average maximum temperature /℃	11.9
年平均最低气温 /℃ Annual average minimum temperature /℃	-1.9
年降水量 /mm Annual precipitation /mm	385
≥10℃的积温 /℃ Daily temperature accumulated in a year（≥10℃）/℃	3710
年日照时数 /h Annual sunshine /h	2916
年平均相对湿度 /% Annual average relative humidity /%	52
干燥度 Dryness	0.78

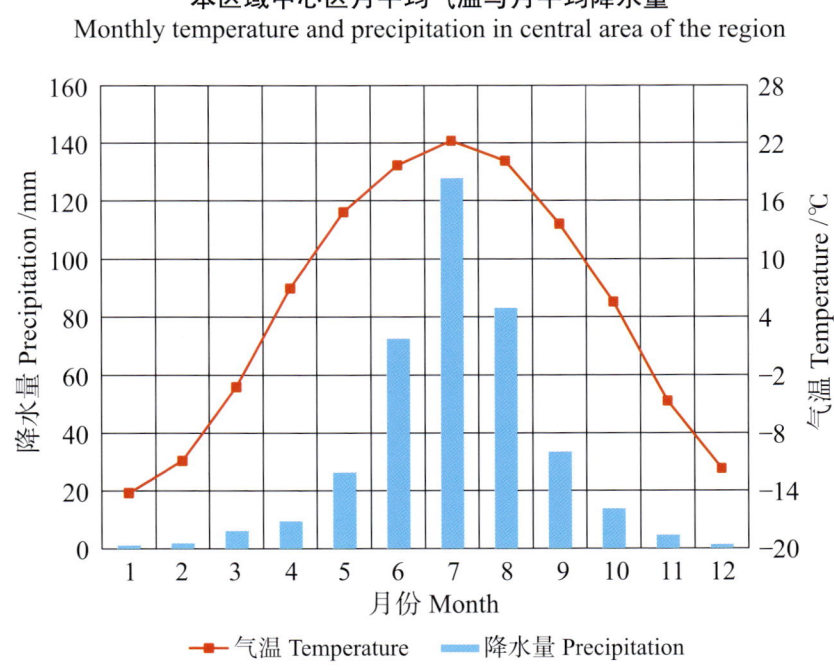

本区域中心区月平均气温与月平均降水量
Monthly temperature and precipitation in central area of the region

巴林左旗主要土壤类型与土壤剖面点分布图
1 : 430 000

图 例
- 栗钙土
- 棕壤
- 灰色森林土
- 草甸土
- 风沙土
- 黑钙土
- 沼泽土
- ⊗ 剖面点

巴林左旗土壤剖面理化性状表

剖面号 Soil profile	土纲 Soil order	土类 Soil great group	亚类 Soil subgroup	土属 Soil genus	土种 Soil species	土层码 Layer code	土层厚度 Depth/cm	颜色 Soil color	质地 Soil texture	土壤结构 Soil structure	pH	有机质 OM/(g/kg)	全氮 TN/(g/kg)	全磷 TP/(g/kg)	全钾 TK/(g/kg)	土壤母质 Parent material	剖面点坐标 Profile coordinate	匹配指数 Matching index/%
剖1	半淋溶土	灰色森林土	生草灰色森林土	黄灰砂土	重度砂砾化黄灰砂土	1	0—21	灰黄色	砂土	无明显结构	6.6	12.8	0.52	0.42	31.3	风积物	E 119°11′51.8″ N 44°45′12.7″	75
						2	21—26	暗黄色	砂壤土	块状	6.8	12.6	0.68	0.43	27.0			
						3	26—65	浅黄色	砂土	块状	6.8	1.8	0.18	0.14	25.2			
剖2	半淋溶土	灰色森林土	灰色森林土	灰砂土	厚体灰砂土	1	0—3	暗黄色	砂壤土	粒状	6.7	38.8	1.92	0.70	22.5	风积物	E 119°13′10.1″ N 44°44′50.0″	89
						2	3—11	暗黄色	砂壤土	块状	6.6	23.6	1.23	0.57	29.1			
						3	11—60	黄棕色	砂土	块状	6.8	2.7	0.15	0.21	29.8			
						4	60—101											
剖3	钙层土	黑钙土	淋溶黑钙土	灰土	厚体灰土	1	0—5	黑色	中壤土	粒状	6.6	101.1	4.40	1.66	26.6	酸性岩风化残积物、坡积物	E 119°13′15.2″ N 44°43′00.5″	99
						2	5—39	黑棕色	中壤土	块状	6.7	57.7	2.30	1.39	25.4			
						3	39—72											
						4	72—81											
剖4	钙层土	黑钙土	淋溶黑钙土	山地黑土	厚层山地黑土	1	0—6	黑棕色	轻壤土	粒状	6.4	100.1	4.16	1.33	26.9	酸性岩风化残积物、坡积物	E 119°11′57.5″ N 44°42′28.8″	87
						2	6—62	黑棕色	中壤土	团粒状	6.0	59.1	3.02	1.24	25.6			
						3	62—80	暗棕色	轻壤土	团粒状	5.8	26.3	1.40	0.87	27.0			
						4	80—92											
剖5	半淋溶土	灰色森林土	灰色森林土	暗棕壤	厚体暗棕壤	1	0—4	黑色	中壤土	粒状	6.7	225.9	9.36	2.24	21.1	中性岩、基性岩风化残积物或坡积物	E 119°08′14.7″ N 44°41′35.0″	71
						2	4—30	黑棕色	中壤土	粒状	6.3	82.7	3.71	1.53	24.6			
						3	30—64											
						4	64—69											
剖6	半淋溶土	灰色森林土	灰色森林土	砂灰土	中体砂灰土	1	0—7	黑棕色	中壤土	粒状	6.4	126.5	5.96	2.48	23.7	砂砾岩、泥页岩风化残积物或坡积物	E 119°22′11.3″ N 44°45′23.4″	94
						2	7—28	暗灰棕色	中壤土	粒状	6.5	90.2	4.35	2.14	24.0			
						3	28—45											
						4	45—52											
剖7	半淋溶土	灰色森林土	生草灰色森林土	砂黄灰土	少砾质厚体砂黄灰土	1	0—25	暗黄色	中壤土	粒状	6.5	44.1	2.11	0.97	25.9	砂砾岩、泥页岩风化残积物或坡积物	E 119°17′22.6″ N 44°43′54.5″	75
						2	25—62	暗灰棕色	中壤土	块状	6.3	36.3	1.78	0.01	27.4			
						3	62—70											
剖8	淋溶土	棕壤	棕壤	暗黑棕壤	少砾质中体暗黑棕壤	0	0—4									中性岩、基性岩风化残积物或坡积物	E 119°17′22.6″ N 44°40′58.4″	75
						2	4—28	暗棕色	中壤土	粒状	5.9	40.3	1.77	0.64	28.7			
						3	28—56	红棕色	中壤土	块状	5.5	16.3	0.83	0.40	29.6			
						4	56—60											
剖9	淋溶土	棕壤	生草棕壤	黄黑棕土	厚体黄黑棕土	1	0—29	暗棕色	中壤土	粒状	6.7	62.5	2.79	0.81	27.1	酸性岩风化残积物、坡积物	E 119°19′36.1″ N 44°40′32.5″	80
						2	29—63	棕色	中壤土	粒状	6.4	13.4	0.74	0.42	27.2			
						3	63—70											
剖10	半淋溶土	灰色森林土	生草灰色森林土	黄灰土	多砾质薄体黄灰土	1	0—19	黑色	轻壤土	粒状	6.9	86.0	4.13	1.66	18.2		E 118°54′15.5″ N 44°30′04.2″	76
						2	19—28	黑棕色	轻壤土	粒状	6.6	127.3	5.85	1.68	18.4			
						3	28—52											
剖11	半淋溶土	灰色森林土	灰色森林土	砂灰土	厚砂灰土	1	0—4	黑色	中壤土	粒状	6.4	128.6	5.77	1.83	24.5	砂砾岩、泥页岩风化残积物或坡积物	E 119°07′07.7″ N 44°37′48.7″	80
						2	4—34	黑棕色	中壤土	粒状	6.4	79.5	3.34	1.49	24.6			
						3	34—65											
						4	65—74											

续表 Continued

剖面号 Soil profile	土纲 Soil order	土类 Soil great group	亚类 Soil subgroup	土属 Soil genus	土种 Soil species	土层码 Layer code	土层厚度 Depth/cm	颜色 Soil color	质地 Soil texture	土壤结构 Soil structure	pH	有机质 OM/(g/kg)	全氮 TN/(g/kg)	全磷 TP/(g/kg)	全钾 TK/(g/kg)	土壤母质 Parent material	剖面点坐标 Profile coordinate	匹配指数 Matching index/%
剖12	半水成土	草甸土	暗色草甸土	暗色河淤土	轻壤质暗底色河淤土	1	0—76	暗灰棕色	轻壤土	粒状	8.4	18.6	0.98	0.62	31.0		E 119°12′43.6″ N 44°36′41.8″	99
						2	76—100	黑棕色	轻壤土	粒状	8.5	22.5	1.04	0.78	28.1			
						3	100—125	黑色	中壤土	块状	8.5	15.1	0.81	0.68	14.6			
						4	125—150	暗棕色	中壤土	块状	8.5	7.4	0.50	0.51	29.0			
剖13	半水成土	草甸土	暗色草甸土	暗色河淤土	轻壤质暗色河淤土	1	0—22	棕色	轻壤土	块状	8.5	19.6	0.91	0.67	29.0		E 119°09′50.8″ N 44°33′08.3″	88
						2	22—70	黑棕色	轻壤土	块状	9.0	21.4	1.04	0.69	27.5			
						3	70—105	暗棕色	砾石土	块状								
剖14	淋溶土	棕壤	生草棕壤	暗黄黑棕壤	少砾质厚体暗黄黑棕土	1	0—18	暗棕色	轻壤土	粒状	7.6	73.8	3.30	1.26	25.6	中性岩、基性岩风化残积物或坡积物	E 119°05′41.8″ N 44°32′12.4″	80
						2	18—41	棕色	中壤土	粒状	5.2	25.7	1.17	0.45	24.1			
						3	41—77	红棕色	中壤土	粒状	5.4	27.0	1.14	0.46	25.5			
						4	77—82											
剖15	淋溶土	棕壤		暗黑棕壤	少砾质厚体暗黑棕土	1	0—8	暗棕色	中壤土	粒状	7.5	69.6	3.01	0.97	26.8	中性岩、基性岩风化残积物或坡积物	E 119°04′36.3″ N 44°31′22.8″	94
						2	8—64	棕色	中壤土	块状	7.6	45.6	1.89	0.76	27.4			
						3	64—111	棕色	中壤土	块状	7.4	20.4	1.05	0.56	26.2			
						4	111—120											
						5	120—											
剖16	钙层土	栗钙土	暗栗钙土	暗栗土	少砾质中体暗栗土	1	0—18	暗棕色	中壤土	块状	8.2	35.5	2.12	0.86	25.8	中性岩、基性岩风化残积物或坡积物	E 119°05′49.9″ N 44°30′49.2″	99
						2	18—39	棕色	中壤土	块状	8.1	23.4	1.50	0.91	23.5			
						3	39—53											
剖17	淋溶土	棕壤	生草棕壤	黄棕土	轻度侵蚀黄棕土	1	0—45	黑棕色	中壤土	粒状	8.1	37.7	1.65	0.81	24.2	黄土状母质	E 119°26′06.4″ N 44°39′41.8″	78
						2	45—80	暗棕色	中壤土	粒状	8.0	8.2	0.46	0.43	24.7			
						3	80—150	浅棕色	中壤土	块状	7.9	5.4	0.30	0.71	22.6			
剖18	半淋溶土	灰色森林土	灰色森林土	灰土	中体灰土	0	0—4										E 119°21′22.3″ N 44°36′04.3″	77
						Ah	4—25	黑棕色	轻壤土	粒状	5.7	80.9	3.65	1.52	26.4			
						B	25—58	黑棕色	中壤土	块状	5.7	47.8	2.25	1.32	23.2			
						C	58—70											
剖19	淋溶土	棕壤	棕壤	黑棕壤	少砾质厚体黑棕土	1	0—10	黑棕色	中壤土	粒状	7.4	58.5	2.49	1.20	23.2	酸性岩风化残积物、坡积物	E 119°25′24.2″ N 44°35′38.8″	72
						2	10—32	棕色	中壤土	粒状	7.3	26.4	1.13	0.83	25.2			
						3	32—76											
						4	76—											
剖20	淋溶土	棕壤	棕壤	暗黑棕壤	厚体暗黑棕土	1	0—2	黑棕色	中壤土	粒状	6.4	50.0	2.24	1.00	25.3	中性岩、基性岩风化残积物或坡积物	E 119°28′06.2″ N 44°35′01.7″	94
						2	2—45	浅棕色	中壤土	粒状	6.2	16.2	0.87	0.63	27.4			
						3	45—66											
						4	66—71											
剖21	淋溶土	棕壤	棕壤	黑棕壤	少砾质中体黑棕土	1	0—5	黑棕色	轻壤土	粒状	7.0	54.6	2.33	0.98	25.7	酸性岩风化残积物、坡积物	E 119°22′53.8″ N 44°33′15.5″	82
						2	5—22	棕色	中壤土	块状	6.9	23.1	1.09	0.66	26.6			
						3	22—60											
						4	60—											
剖22	淋溶土	棕壤	生草棕壤	黄黑棕砂土	中体黄黑棕砂土	1	0—5	暗棕色	轻壤土	粒状	7.2	146.4	5.58	1.29	24.9	砂砾岩、泥页岩风化残积物或坡积物	E 119°24′28.4″ N 44°32′24.7″	95
						2	5—26	暗棕色	轻壤土	粒状	6.9	64.2	2.71	0.87	26.2			
						3	26—47	黄棕色	中壤土	块状	6.9	22.2	1.06	0.52	37.7			
						4	47—95											
剖23	淋溶土	棕壤	棕壤	砂黑棕壤	厚体砂黑棕土	1	0—3	暗棕色	中壤土	粒状	6.4	40.1	1.82	0.67	27.9	砂砾岩、泥页岩风化残积物或坡积物	E 119°20′10.7″ N 44°31′30.7″	72
						2	3—32	浅棕色	中壤土	块状	6.2	5.5	0.32	0.42	26.1			
						3	32—65											
						4	65—71											

续表 Continued

剖面号 Soil profile	土纲 Soil order	土类 Soil great group	亚类 Soil subgroup	土属 Soil genus	土种 Soil species	土层码 Layer code	土层厚度 Depth/cm	颜色 Soil color	质地 Soil texture	土壤结构 Soil structure	pH	有机质 OM/(g/kg)	全氮 TN/(g/kg)	全磷 TP/(g/kg)	全钾 TK/(g/kg)	土壤母质 Parent material	剖面点坐标 Profile coordinate	匹配指数 Matching index/%
剖24	淋溶土	棕壤	草甸棕壤	潮棕壤土	轻壤质砾底潮棕淤土	1	0—17	暗棕色	砂壤土	粒状	6.7	27.8	1.32	0.56	29.7	冲积物	E 119°29′33.0″ N 44°30′12.2″	96
						2	17—40	灰棕色	砂壤土	粒状	7.3	61.2	2.67	0.84	28.7			
						3	40—51	暗灰棕色	砂壤土	块状	6.5	26.3	1.20	0.50	29.8			
						4	51—		砾石土									
剖25	淋溶土	棕壤	生草棕壤	棕砂土	重度砂化潮棕砂土	1	0—31	黑棕色	砂壤土	无明显结构	7.1	13.0	0.70	0.53	29.3	风积物	E 119°30′39.1″ N 44°32′21.8″	100
						2	31—72	暗棕色	砂壤土	弱团块状	7.2	12.6	0.67	0.53	29.4			
						3	72—148	棕色	轻壤土	块状	7.7	12.5	0.69	0.50	29.4			
剖26	淋溶土	棕壤	生草棕壤	黄翼黑棕土	少砾质厚体黄黑棕土	1	0—52	黑棕色	中壤土	粒状	6.6	59.3	2.78	1.04	29.5	酸性岩风化残积物、坡积物	E 118°49′45.1″ N 44°27′05.0″	72
						2	52—85	浅黄棕色	中壤土	块状	6.7	19.6	0.62	0.49	28.9			
						3	85—101											
剖27	钙层土	黑钙土	淋溶黑钙土	山地黑土	中层山地黑土	1	0—38	暗棕色	中壤土	块状	6.0	118.7	6.39	1.73	25.6	酸性岩风化残积物、坡积物	E 118°49′56.6″ N 44°25′34.7″	75
						2	38—47	暗棕色	中壤土	块状	5.4	89.9	5.18	1.68	27.1			
						3	47—75			无明显结构								
剖28	水成土	沼泽土	草甸沼泽土	潜育土	中层潜育土	1	0—35	灰黄棕色	轻壤土	粒状	5.8	6.4	2.04	21.70		黄土、黄土状母质	E 118°47′11.4″ N 44°24′50.8″	70
						2	35—63	黑棕色	重壤土	无明显结构	6.3	2.1	1.34	24.20				
剖29	半淋溶土	灰色森林土	生草灰色森林土	黄灰土	少砾质厚体黄灰土	1	0—27	暗棕色	中壤土	粒状	6.3	102.2	4.81	1.77	26.0	砂砾岩、泥页岩风化残积物或坡积物	E 118°48′41.0″ N 44°23′60.0″	91
						2	27—59	暗棕色	轻壤土	块状	5.9	93.0	4.26	1.94	25.0			
						3	59—66											
剖30	淋溶土	棕壤	生草棕壤	黄黑棕土	少砾质中体黄黑棕土	1	0—23	黑棕色	中壤土	粒状	7.3	45.8	2.27	0.79	28.8	酸性岩风化残积物、坡积物	E 118°54′51.1″ N 44°23′39.5″	82
						2	23—45	暗棕色	重壤土	块状	6.8	22.9	1.15	0.58	26.3			
						3	45—58	暗棕色	轻壤土	块状	6.5	13.8	0.78	0.45	25.6			
						4	58—66											
剖31	半淋溶土	灰色森林土	生草灰色森林土	黄灰土	少砾质厚体黄灰土	1	0—22	暗棕色	中壤土	粒状	6.7	48.7	2.40	0.98	27.3	砂砾岩、泥页岩风化残积物或坡积物	E 118°47′29.7″ N 44°22′33.0″	87
						2	22—64	灰黄棕色	中壤土	粒状	6.9	25.6	1.38	0.75	23.0			
						3	64—71											
剖32	钙层土	栗钙土	暗栗钙土	暗栗黄土	轻度侵蚀暗栗黄土	1	0—15	暗棕色	中壤土	块状	8.5	20.9	1.25	0.80	26.1	黄土、黄土状母质	E 119°08′00.6″ N 44°25′44.0″	97
						2	15—40	棕色	中壤土	块状	8.5	16.5	1.03	0.83	25.9			
						3	40—97	浅灰棕色	中壤土	块状	8.5	6.5	0.41	0.84	24.6			
						4	97—150	浅黄棕色	中壤土	块状	8.4	6.1	0.42	0.81	24.0			
剖33	淋溶土	棕壤	生草棕壤	黄黑棕砂土	少砾质中体黄黑棕砂土	1	0—23	暗棕色	轻壤土	粒状	6.5	66.1	3.05	1.12	26.6	砂砾岩、泥页岩风化残积物或坡积物	E 119°02′28.3″ N 44°24′35.3″	72
						2	23—49	暗棕色	轻壤土	块状	6.5	25.9	1.38	0.72	27.8			
剖34	淋溶土	棕壤	生草棕壤	黄黑棕砂土	厚体黄黑棕砂土	1	0—5	暗红棕色	轻壤土	粒状	6.8	169.4	6.00	1.14	25.4	砂砾岩、泥页岩残积物或坡积物	E 119°20′30.8″ N 44°28′50.9″	82
						2	5—32	暗红棕色	轻壤土	粒状	6.7	55.1	2.39	0.86	27.7			
						3	32—71	浅黄棕色	轻壤土	块状	6.8	6.8	0.42	0.49	27.2			
剖35	钙层土	栗钙土	暗栗钙土	暗栗黑土	少砾质厚体暗栗黑土	1	0—26	暗棕色	中壤土	粒状	7.7	21.1	1.28	0.70	26.7	中性岩、基性岩残积物或坡积物	E 119°27′30.2″ N 44°25′37.9″	94
						2	26—51	暗棕色	中壤土	块状	7.7	9.9	0.70	0.51	26.9			
						3	51—81	暗棕色	重壤土	块状	8.5	8.1	0.62	0.70	25.3			
						4	81—110											
剖36	钙层土	栗钙土	暗栗钙土	暗栗砂土	中度砂化暗栗砂土	1	0—19	棕色	砂壤土	无明显结构	7.5	13.1	0.79	0.57	30.7	风积物	E 119°24′35.6″ N 44°24′30.6″	78
						2	19—58	浅黄棕色	砂壤土	弱团块状	7.3	11.3	0.68	0.58	29.8			
						3	58—120	浅黄棕色	砂壤土	块状	8.4	3.4	0.20	0.56	27.7			
剖37	淋溶土	棕壤	草甸棕壤	潮棕淤土	砂壤质潮棕淤土	1	0—32	暗棕色	中壤土	块状	7.0	16.3	1.39	0.62	28.3	冲积物	E 119°26′13.6″ N 44°21′43.6″	80
						2	32—75	灰黄棕色	砂壤土	块状	7.5	13.6	0.77	0.53	29.8			
						3	75—120	棕色	砂壤土	块状	7.6	5.9	0.76	0.54	28.0			

第二编 分县土壤图与土壤剖面数据 | 109

续表 Continued

剖面号 Soil profile	土纲 Soil order	土类 Soil great group	亚类 Soil subgroup	土属 Soil genus	土种 Soil species	土层码 Layer code	土层厚度 Depth/cm	颜色 Soil color	质地 Soil texture	土壤结构 Soil structure	pH	有机质 OM/(g/kg)	全氮 TN/(g/kg)	全磷 TP/(g/kg)	全钾 TK/(g/kg)	土壤母质 Parent material	剖面点坐标 Profile coordinate	匹配指数 Matching index/%
剖38	淋溶土	棕壤	生草棕壤	暗黄黑棕壤	少砾质中体暗黄黑棕土	1	0—35	黑棕色	中壤土	粒状	7.9	66.7	3.03	1.11	26.3	中性岩、基性岩风化残积物或坡积物	E 118°53′42.0″ N 44°15′16.6″	77
						2	35—58	黑棕色	中壤土	块状	7.1	52.9	2.25	1.06	25.8			
						3	58—79											
剖39	淋溶土	棕壤	草甸棕壤	潮棕淤壤	轻壤质砾体潮棕淤土	1	0—19	暗棕色	轻壤土	粒状	7.1	36.7	1.75	0.86	26.9	冲积物	E 118°52′36.1″ N 44°14′33.7″	87
						2	19—31	暗红棕色	轻壤土	块状	7.6	29.9	1.46	0.75	27.1			
						3	31—		砾石土									
剖40	淋溶土	棕壤	棕壤	砂黑棕壤	少砾质中体砂黑棕土	1	0—6									砂砾岩、泥页岩风化残积物或坡积物	E 118°49′16.0″ N 44°13′41.1″	80
						2	6—17	暗棕色	中壤土	棕状	7.1	57.4	2.38	0.74	26.7			
						3	17—34	暗红棕色	中壤土	块状	4.8	55.1	1.79	0.60	26.8			
						4	34—49											
剖41	钙层土	栗钙土	暗栗钙土	暗栗红黄壤	轻度侵蚀栗红黄土	1	0—38	棕色	中壤土	块状	8.6	15.9	0.98	1.01	23.7	红黄土	E 119°14′36.6″ N 44°19′14.2″	97
						2	38—96	浅红棕色	重壤土	块状	8.6	5.2	0.39	1.45	22.9			
						3	96—150	浅红棕色	重壤土	块状	8.5	1.8	0.24	2.01	23.8			
剖42	钙层土	栗钙土	暗栗钙土	暗栗土	多砾质薄体暗栗土	1	0—19	浅红棕色	中壤土	块状	8.3	42.6	2.25	0.92	23.1	酸性岩风化积物、坡积物	E 119°05′21.5″ N 44°17′11.0″	87
						2	19—30	暗棕色	中壤土	块状	8.3	30.2	1.74	0.91	19.1			
						3	30—40											
剖43	半水成土	草甸土	暗色草甸土	暗色河淤土	中壤质暗河淤土	1	0—19	暗棕色	中壤土	粒状	8.7	27.9	1.48	1.25	26.4		E 119°06′49.0″ N 44°12′00.4″	71
						2	19—36	暗棕色	中壤土	粒状	8.7	20.5	1.08	0.84	24.4			
						3	36—110	暗棕色	中壤土	块状	8.8	13.6	0.66	0.67	25.9			
						4	110—151	暗棕色	中壤土	块状	8.6	7.2	0.39	0.54	26.9			
剖44	钙层土	栗钙土	草甸栗钙土	栗淤土	中壤质暗栗土	1	0—20	暗棕色	中壤土	粒状	8.4	27.0	1.65	1.17	25.7		E 119°03′32.8″ N 44°17′10.3″	84
						2	20—65	暗棕色	重壤土	块状	8.4	13.1	0.95	0.88	21.4			
						3	65—96	暗棕色	中壤土	块状	8.6	8.0	0.55	0.71	23.7			
						4	96—150	暗棕色	重壤土	块状	8.6	10.3	0.69	0.81	22.4			
剖45	淋溶土	棕壤	生草棕壤	暗黄黑棕壤	厚体暗黄黑棕土	1	0—29	暗棕色	轻壤土	粒状	6.8	64.0	2.81	0.92	27.3	中性岩、基性岩风化积物或坡积物	E 119°28′35.4″ N 44°19′46.9″	83
						2	29—63	暗棕色	中壤土	块状	5.8	17.8	0.82	0.51	20.9			
						3	63—70											
剖46	草甸土	草甸土	盐化草甸土	暗黄盐化草甸土	壤质轻盐化草甸土	1	0—6	棕色	轻壤土	块状	8.4	8.7	0.54	1.15	30.1		E 119°17′38.4″ N 44°16′29.6″	87
						2	6—29	暗棕色	中壤土	块状	8.3	5.7	0.41	0.92	30.1			
						3	29—62	暗棕色	中壤土	块状	8.0	7.7	0.54	0.61	29.3			
						4	62—118	暗棕色	中壤土	块状	8.4	3.6	0.26	0.90	27.7			
剖47	栗钙土	栗钙土	暗栗钙土	暗栗黄壤	中度侵蚀暗栗黄土	1	0—17	暗棕色	中壤土	块状	7.4	30.3	1.64	0.93	26.9	黄土、黄土状母质	E 119°26′52.1″ N 44°11′52.4″	95
						2	17—59	暗棕色	重壤土	块状	7.6	12.3	0.68	0.77	26.5			
						3	59—122	暗灰棕色	重壤土	块状	8.4	6.9	0.44	0.97	26.6			
						4	122—144	棕色	中壤土	片状	8.3	6.5	0.42	0.96	25.1			
剖48	淋溶土	棕壤	棕壤	砂黑棕壤	少砾质砂黑棕土	1	0—29	黑棕色	中壤土	粒状	6.7	51.5	2.59	0.89	24.4	砂砾岩、泥页岩风化积物或坡积物	E 118°52′59.9″ N 44°08′04.9″	78
						2	29—64	浅红棕色	重壤土	粒状	6.8	9.3	0.68	0.38	25.5			
						3	64—90	浅红棕色	重壤土	块状	6.8	4.1	3.87	0.43	23.6			
						4	90—											
剖49	钙层土	栗钙土	草甸栗钙土	栗洪壤	轻壤质栗洪淤土	1	0—18	暗棕色	轻壤土	块状	8.0	23.4	1.50	0.78	28.9	洪积物	E 119°14′32.3″ N 44°09′01.8″	83
						2	18—34	暗棕色	中壤土	块状	8.2	16.0	1.08	0.60	25.9			
						3	34—120											
剖50	钙层土	栗钙土	草甸栗钙土	栗淤土	砂砾质栗淤土	1	0—21	棕色	砂壤土	块状	8.2	10.9	0.61	0.50	28.9		E 119°29′23.6″ N 44°09′14.0″	71
						2	21—65	浅红棕色	砂壤土	块状	8.6	6.2	0.35	0.51	29.3			
						3	65—115	浅红棕色	砂壤土	块状	8.7	3.5	0.19	0.33	31.0			
						4	115—150	浅红棕色	砂壤土	块状	8.7	3.4	0.21	0.40	30.7			

续表 Continued

剖面号 Soil profile	土纲 Soil order	土类 Soil great group	亚类 Soil subgroup	土属 Soil genus	土种 Soil species	土层码 Layer code	土层厚度 Depth/cm	颜色 Soil color	质地 Soil texture	土壤结构 Soil structure	pH	有机质 OM/(g/kg)	全氮 TN/(g/kg)	全磷 TP/(g/kg)	全钾 TK/(g/kg)	土壤母质 Parent material	剖面点坐标 Profile coordinate	匹配指数 Matching index/%
剖51	钙层土	栗钙土	栗钙土	白干黄栗土	深位白干黄栗土	1	0—16	暗棕色	轻壤土	粒状	8.4	17.4	1.05	0.60	25.7		E 119°29′39.5″ N 44°02′57.5″	73
						2	16—64	暗棕色	中壤土	块状	8.5	9.1	0.68	0.61	22.1			
						3	64—150	白色	中壤土	块状	8.5	13.9	0.25	0.34	18.8			
剖52	钙层土	栗钙土	暗栗钙土	暗栗黄土	轻度砂化暗栗黄土	1	0—10	浅黄棕色	砂土	无明显结构	7.6	7.6	0.48	0.45	27.5	黄土、黄土状母质	E 119°27′55.1″ N 44°02′38.4″	73
						2	10—65	浅黄棕色	砂壤土	块状	7.3	1.8	0.10	0.36	29.0			
						3	65—135	浅黄色	砂壤土	块状	8.5	2.5	0.21	0.66	28.2			
剖53	初育土	风沙土	固定风沙土	生草风沙土		1	0—18	暗棕色	砂壤土	块状	8.2	7.5	0.44	0.34	29.6		E 119°27′15.5″ N 44°00′43.9″	80
						2	18—50	棕色	砂壤土	块状	8.0	4.6	0.30	0.35	26.2			
						3	50—89	浅黄棕色	砂壤土	块状	8.1	1.5	0.08	0.36	29.1			
						4	89—150	浅黄棕色	砂土	块状	8.3	1.4	0.06	0.18	27.7			
剖54	钙层土	栗钙土	暗栗钙土	暗栗黄土	重度侵蚀黑栗黄土	1	0—20	暗棕色	中壤土	块状	8.1	13.7	0.83	0.70	27.6	黄土、黄土状母质	E 119°31′57.9″ N 44°09′30.2″	87
						2	20—42	暗棕色	中壤土	块状	8.5	9.9	0.62	0.72	27.5			
						3	42—94	棕色	中壤土	块状	8.5	6.2	0.35	0.85	27.1			
						4	94—150	浅黄棕色	中壤土	块状	8.7	4.5	0.31	0.91	26.9			
剖55	钙层土	栗钙土	栗钙土	栗黄土	中度侵蚀栗黄土	1	0—25	棕色	中壤土	块状	8.5	12.0	0.75	0.62	24.6	黄土、黄土状母质	E 119°36′28.4″ N 44°00′36.0″	71
						2	25—40	暗棕色	中壤土	块状	8.5	10.6	0.66	0.77	23.6			
						3	40—78	紫棕色	中壤土	块状	8.5	7.9	0.45	0.75	22.1			
						4	78—114	棕色	中壤土	块状	8.5	7.4	0.47	0.74	23.0			
						5	114—150	浅红棕色	重壤土	块状	8.6	4.7	0.23	0.46	18.0			
剖56	钙层土	栗钙土	草甸栗钙土	栗潮土	轻壤质栗潮土	1	0—25	暗棕色	轻壤土	粒状	8.2	26.4	1.38	0.86	27.1		E 118°59′28.0″ N 43°56′26.2″	76
						2	25—39	暗棕色	中壤土	粒状	7.9	17.7	0.95	0.74	27.0			
						3	39—83	棕色	中壤土	粒状	7.9	13.4	0.73	0.70	27.6			
						4	83—150	棕色	中壤土	块状	8.3	10.9	0.56	0.68	27.6			
剖57	钙层土	栗钙土	暗栗钙土	暗栗土	少砾质中体暗栗土	1	0—16	暗棕色	中壤土	块状	8.2	33.2	2.07	0.92	24.2	酸性岩风化残积物、坡积物	E 119°11′38.0″ N 43°51′48.6″	80
						2	16—46	暗棕色	重壤土	块状	8.2	18.3	1.13	0.80	23.9			
						3	46—69											
剖58	钙层土	栗钙土	暗栗钙土	暗栗土	少砾质厚体暗栗土	1	0—25	暗棕色	中壤土	块状	8.5	29.9	1.78	0.97	23.4	酸性岩风化残积物、坡积物	E 119°07′11.4″ N 43°50′56.9″	90
						2	25—40	棕色	中壤土	块状	8.4	22.1	1.36	0.92	22.7			
						3	40—102	浅灰黄色	重壤土	块状	8.4	16.5	1.00	0.91	23.4			
						4	102—113											
剖59	半水成土	草甸土	灰色草甸土	灰色河淤土	轻壤质灰色河淤土	1	0—13	黑棕色	轻壤土	粒状	8.5	23.6	1.32	1.09	25.6		E 119°24′50.8″ N 43°58′00.1″	93
						2	13—36	黑棕色	中壤土	粒状	8.5	20.2	1.19	0.97	25.3			
						3	36—103	黑色	中壤土	粒状	8.6	16.8	0.84	0.76	25.5			
						4	103—137	灰黄棕色	重壤土	粒状	8.9	5.3	0.24	0.53	26.6			
剖60	钙层土	栗钙土	草甸栗钙土	古城废墟栗淤土	古城废墟栗淤土	1	0—18	灰黄棕色	砂壤土	粒状	9.2	9.4	0.60	4.65	24.8	古城废墟	E 119°23′22.2″ N 43°57′47.5″	92
						2	18—120	暗棕色	砂壤土	粒状	8.9	9.8	0.57	6.54	23.7			
剖61	钙层土	栗钙土	草甸栗钙土	栗淤土	轻壤质砾底栗淤土	1	0—21	暗棕色	砂壤土	块状	8.2	24.6	1.41	0.83	26.6		E 119°15′12.6″ N 43°55′35.0″	76
						2	21—75	棕色	砂壤土	块状	8.1	13.8	0.72	0.59	26.5			
						3	75—141	砾石土										
剖62	钙层土	栗钙土	栗钙土	栗砂土	中度砂化栗砂土	1	0—18	浅棕色	轻壤土	无明显结构	8.4	7.4	0.43	0.26	23.6	风积物	E 119°31′13.1″ N 43°57′36.4″	84
						2	18—45	黄棕色	轻壤土	块状	8.5	6.5	0.39	0.43	23.3			
						3	45—130	浅黄棕色	砂壤土	块状	8.6	3.2	0.22	0.29	21.7			
						4	130—160	浅黄棕色	砂土	块状	8.6	1.4	0.15	0.26	23.7			
剖63	钙层土	栗钙土	栗钙土	黄栗土	少砾质厚体黄栗土	A	0—36	暗棕色	中壤土	粒状	8.4	28.9	1.57	1.00	25.6	酸性岩风化残积物、坡积物	E 119°38′28.3″ N 43°57′19.8″	75
						Bk	36—61	棕色	中壤土	块状	8.2	20.0	1.16	0.85	23.5			
						Ck	61—70											

续表 Continued

剖面号 Soil profile	土纲 Soil order	土类 Soil great group	亚类 Soil subgroup	土属 Soil genus	土种 Soil species	土层码 Layer code	土层厚度 Depth/cm	颜色 Soil color	质地 Soil texture	土壤结构 Soil structure	pH	有机质 OM/(g/kg)	全氮 TN/(g/kg)	全磷 TP/(g/kg)	全钾 TK/(g/kg)	土壤母质 Parent material	剖面点坐标 Profile coordinate	匹配指数 Matching index/%
剖64	钙层土	栗钙土	栗钙土	栗黄土	轻度砂化栗黄土	1	0—10	暗棕色	砂壤土	弱团块状	8.4	21.4	1.18	0.50	28.4	黄土、黄土状母质	E 119°34′35.0″ N 43°56′49.9″	94
剖65	钙层土	栗钙土	栗钙土	栗黄砂土	少砾质中体栗黄砂土	1	0—10	棕色	轻壤土	块状	8.1	18.2	1.07	0.50	26.1	砂砾岩、泥页岩风化残积物或坡积物	E 119°42′13.1″ N 43°56′26.6″	70
						2	10—46	浅黄棕色	轻壤土	块状	8.4	11.6	0.72	0.45	24.6			
						3	46—67	中壤土	中壤土	块状	8.5	6.9	0.44	0.50	21.7			
						4	67—125											
剖66	钙层土	栗钙土	栗钙土	栗黄砂土	少砾质厚体栗黄砂土	1	0—20	暗棕色	中壤土	粒状	8.0	42.0	2.14	0.78	21.2	砂砾岩、泥页岩风化残积物或坡积物	E 119°40′06.2″ N 43°55′10.9″	93
						2	20—45	棕色	中壤土	块状	8.3	23.3	1.31	0.76	24.2			
						3	45—53											
剖67	半水成土	草甸土	灰色草甸土	灰色河淤土	砂壤质襄体灰色河淤土	1	0—27	暗棕色	轻壤土	粒状	8.2	37.0	2.03	1.03	28.1		E 119°36′33.8″ N 43°53′34.4″	100
						2	27—71	棕色	轻壤土	块状	8.4	25.4	1.39	0.83	29.2			
						3	71—76			无明显结构								
剖68	半水成土	草甸土	灰色草甸土	灰色河淤土	砂壤质灰色河淤土	1	0—26	暗棕色	砂土	粒状	8.5	19.0	1.06	0.72	28.8		E 119°34′01.9″ N 43°53′19.0″	83
						2	26—36	黑棕色	轻壤土	块状	8.2	22.1	1.42	1.12	27.1			
						3	36—100	白色	砂土	无明显结构	8.1	2.7	0.16	0.26	27.3			
						4	0—44	灰黄棕色	砂壤	块状	8.8	17.6	0.67	0.56	27.2			
剖69	半水成土	草甸土	灰色草甸土	灰色河淤土	砂壤质灰色河淤土	2	44—97	黄黄棕色	砂壤	块状	8.6	3.3	0.16	0.35	28.2		E 119°41′07.8″ N 43°51′22.7″	75
						3	97—139	棕色	砂壤	块状	8.5	3.3	0.21	0.48	28.9			
						4	139—150		砾石土									
剖70	半水成土	草甸土	盐化草甸土	砂质盐化草甸土	砂质中度盐化草甸土	1	0—4	棕色	砂壤	块状	9.3	12.0	1.01	0.50	31.2		E 119°36′33.1″ N 43°45′29.2″	86
						2	4—38	暗棕色	砂壤	块状	9.0	13.7	1.02	0.55	25.7			
						3	38—89	棕色	砂壤	块状	8.7	4.3	0.33	0.75	21.8			
剖71	钙层土	栗钙土	草甸栗钙土	栗淤土	砂壤质砾体栗淤土	1	0—26	灰黄棕色	轻壤	粒状	9.2	16.1	0.60	0.50	26.8		E 119°21′59.0″ N 43°43′37.9″	82
						2	26—65	暗黄棕色	砂壤	块状	9.5	18.6	0.45	0.55	26.7			
						3	65—94	灰黄棕色	砂壤	块状	9.2	3.4	0.17	0.36	27.2			
						4	94—145	黑棕色	重壤	核状	9.0	15.0	0.87	0.84	25.5			
剖72	半水成土	草甸土	灰色草甸土	壤质盐化草甸土	壤质中度盐化草甸土	1	0—13	棕色	砂壤	块状	8.4	10.5	0.62	0.50	28.4		E 119°23′03.8″ N 43°43′14.2″	86
						2	13—46	棕色	砂壤	块状	8.4	7.9	0.38	0.55	28.4			
						3	46—60	棕色	砂壤	块状	8.4	6.5	0.37	0.53	27.3			
						4	60—130		砾石土									
剖73	半水成土	草甸土	盐化草甸土	砂质盐化草甸土	砂壤质砾体灰色河淤土	1	0—58	暗棕色	轻壤	块状	8.5	11.2	0.68	0.45	25.8		E 119°43′16.3″ N 43°49′34.7″	89
						2	58—78	灰黄棕色	轻壤	块状	8.0	6.2	0.37	0.40	27.1			
						3	78—106											
剖74	半水成土	草甸土	盐化草甸土	砂质盐化草甸土	壤质中度盐化草甸土	1	0—7	暗棕色	轻壤	块状	9.2	10.0	0.78	0.78	31.6		E 119°43′27.1″ N 43°48′26.6″	87
						2	7—26	暗棕色	砂壤	块状	9.6	6.2	0.44	0.59	33.2			
						3	26—61	黑棕色	砂壤	块状	8.7	10.5	0.61	0.80	27.7			
						4	61—125	黑棕色	砂壤	块状	8.6	1.5	0.11	0.41	32.0			
						1	0—8	棕色	砂壤	块状	8.5	16.2	1.04	1.23	30.8			
						2	8—26	暗棕色	砂壤	块状	8.3	13.8	0.93	0.89	31.2			
						3	26—82	暗灰棕色	砂壤	无明显结构	8.1	1.9	0.12	0.28	24.9			
剖75	钙层土	栗钙土	栗钙土	栗红土	轻度侵蚀栗红黄土	1	0—30	暗灰棕色	轻壤	块状	8.4	19.4	1.37	0.71	24.8	红黄土	E 119°33′33.5″ N 43°46′16.3″	93
						2	30—54	浅黄棕色	重壤	块状	8.3	6.6	0.51	0.48	16.1			
						3	54—150	橙色	重壤	块状	8.4	3.1	0.34	0.50	18.0			
剖76	钙层土	栗钙土	栗钙土	栗黄土	轻度侵蚀栗黄土	1	0—21	棕色	轻壤	粒状	8.5	18.0	1.08	0.60	26.5	黄土、黄土状母质	E 119°38′17.9″ N 43°42′18.7″	94
						2	21—31	棕色	轻壤	块状	8.5	16.8	1.01	0.59	27.0			
						3	31—110	黄黄棕色	中壤	块状	8.4	7.1	0.32	0.68	25.5			
						4	110—150	浅黄棕色	中壤	块状	8.4	4.8	0.29	0.79	24.4			

巴 林 右 旗

主要土类说明

栗钙土是巴林右旗主要土壤类型，占本旗地域面积的46%。栗钙土是在温带半干旱草原下形成的具有栗色腐殖质层和灰白色钙积层的土壤。该土壤表层为栗色腐殖质层，厚20—30cm，有机质含量为15—45g/kg。其下，灰白色钙积层发育明显，钙积层见于20—30cm深处，厚20—40cm，呈斑点状或层状积钙。石膏及易溶盐局部聚积。

风沙土是巴林右旗第二大土壤类型，占本旗地域面积的26%。风沙土主要分布在本旗南部的河流沿岸和中北部的复沙带。自然植被以灌丛草原为主。本旗风沙土系河流淤积沉积物或风积沉积物，与沿海沙地有所区别。本旗风沙土分为流动风沙土、半固定风沙土和固定风沙土三个亚类。

草甸土是巴林右旗第三大土壤类型，占本旗地域面积的10%。草甸土主要分布在大小河流的河谷地带。成土母质为河流冲积物、洪积物和少量的湖积物。该土壤剖面中部处于氧化还原交替状态，形成锈纹锈斑；剖面下部水分饱和，以还原状态为主，形成青灰色潜育层。草甸土剖面由草根盘结层、腐殖质层、锈色斑纹层和潜育层构成。根据腐殖质累积的地区差异和盐化特征，本旗草甸土分为暗色草甸土、灰色草甸土、盐化草甸土等亚类。

粗骨土占本旗地域面积的9%。粗骨土属于A–C型，甚至（A）–C型土壤。A层发育不明显，与母质土层性状相似，略显有机质累积。有时母质层富含砾石，很少出现剖面分异与发育特征。

棕壤占本旗地域面积的8%，主要分布在本旗北部、中部的中低山山地及南部的白音罕山山地，分布较为零星，与山地黑土、灰色森林土、暗栗钙土构成垂直带谱。自然植被为落叶阔叶林和针阔叶混交林，乔木以山杨、白桦、黑桦为主，灌木以蒙古栎、虎榛子、绣线菊等为主，草本植物有羊草、唐松草、铁杆蒿、委陵菜等。成土母质以花岗岩、片麻岩、砂页岩、流纹岩等的残积物和坡积物为主，还有少量的黄土状沉积物。本旗棕壤分为棕壤、生草棕壤、钙积棕壤、草甸棕壤、粗骨性棕壤等亚类。

小于本旗地域面积3%的土壤类型有灰色森林土、黑土。

本区域中心区气候特征

本区域中心区气候特征值
Regional climate characteristics in central area of the region

气候带：中温带亚干旱气候 Climate region: Mid temperate subarid climate	
年平均气温 /℃ Annual average temperature /℃	6.0
年平均最高气温 /℃ Annual average maximum temperature /℃	12.9
年平均最低气温 /℃ Annual average minimum temperature /℃	−0.5
年降水量 /mm Annual precipitation /mm	389
≥10℃的积温 /℃ Daily temperature accumulated in a year（≥10℃）/℃	4264
年日照时数 /h Annual sunshine /h	2922
年平均相对湿度 /% Annual average relative humidity /%	50
干燥度 Dryness	0.94

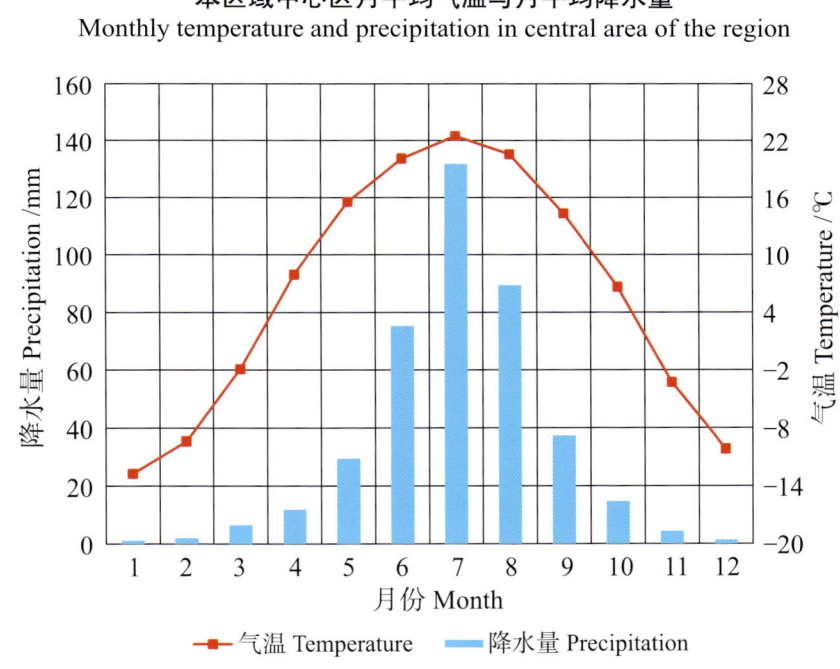

本区域中心区月平均气温与月平均降水量
Monthly temperature and precipitation in central area of the region

巴林右旗主要土壤类型与土壤剖面点分布图

1∶620 000

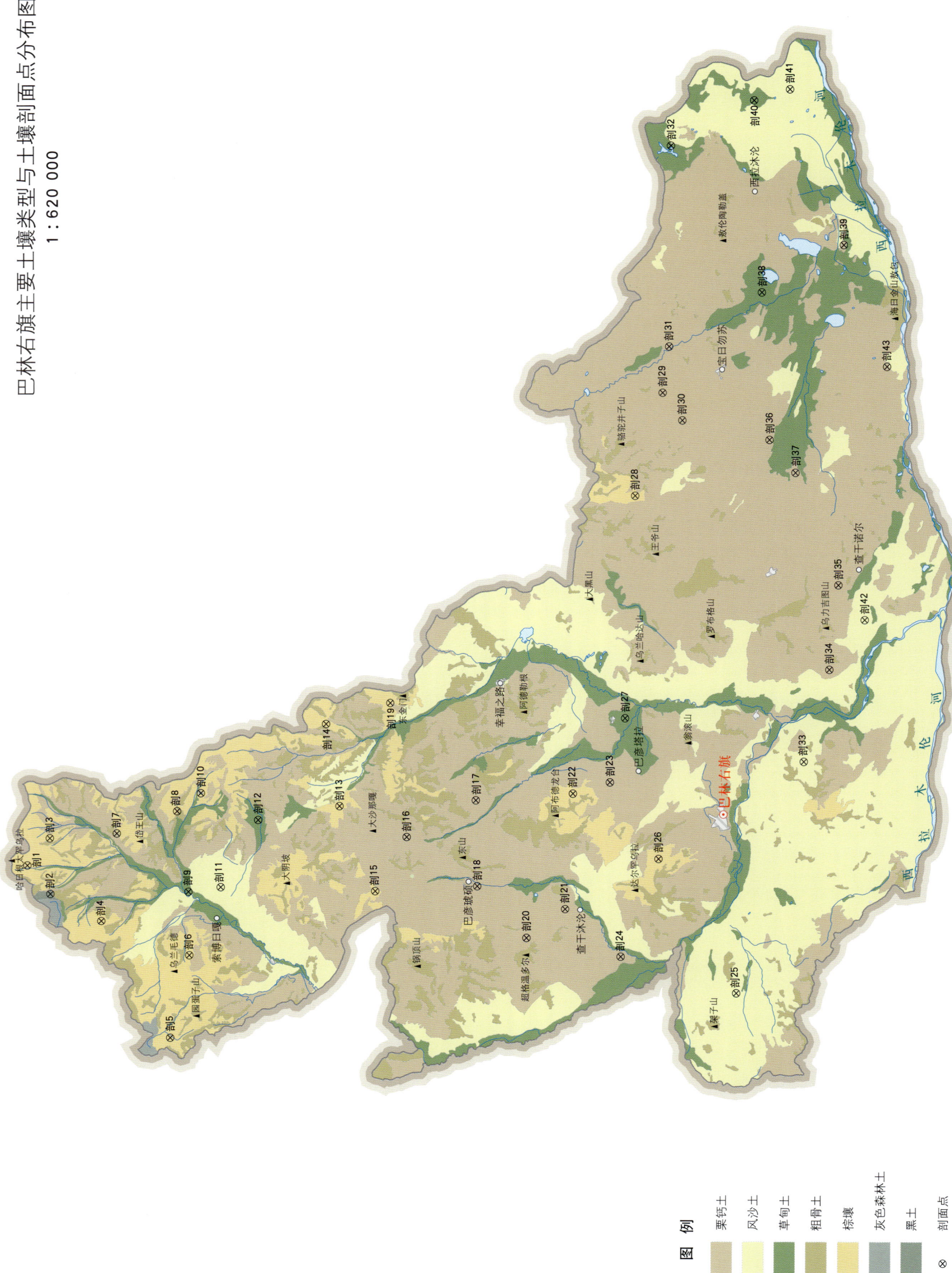

图例：栗钙土、风沙土、草甸土、粗骨土、棕壤、灰色森林土、黑土、剖面点

巴林右旗土壤剖面理化性状表

剖面号 Soil profile	土纲 Soil order	土类 Soil great group	亚类 Soil subgroup	土属 Soil genus	土种 Soil species	土层码 Layer code	土层厚度 Depth/cm	颜色 Soil color	质地 Soil texture	土壤结构 Soil structure	pH	有机质 OM/(g/kg)	全氮 TN/(g/kg)	全磷 TP/(g/kg)	全钾 TK/(g/kg)	有效磷 AP/(mg/kg)	速效钾 AK/(mg/kg)	土壤母质 Parent material	剖面点坐标 Profile coordinate	匹配指数 Matching index/%
剖1	淋溶土	棕壤	棕壤	黑棕土	少砾质厚层黑棕土	1	20—30		轻壤土		6.5	66.3	2.92	0.26	20.7		220	酸性岩残积物、坡积物	E 118°36′49.8″ N 44°26′40.5″	85
						2	70—80		重壤土		6.6	6.5	0.47	0.11	22.0		115			
						3	110—120		中壤土		6.8	4.0	0.23	0.14	23.1		115			
剖2	半淋溶土	黑土	山地黑土	山地黑土	厚层山地黑土	1	0—28	黑灰色	轻壤土	小团粒状	6.3	69.5	3.70	0.62	24.3	2.5	128	酸性岩风化残积物、坡积物	E 118°33′38.6″ N 44°24′47.3″	84
						2	28—47	暗棕灰色	中壤土	小团粒状	5.5	39.1	2.18	0.51	25.5	1.1	82			
						3	47—60	浅棕黄色	砾质轻壤土	无明显结构										
剖3	淋溶土	棕壤	棕壤	黑棕土	少砾质厚层黑棕土	1	10—20		轻壤土		7.0	88.0	4.20	0.71	10.6	3.4	207	酸性岩残积物、坡积物	E 118°39′49.2″ N 44°24′45.5″	80
						2	35—45		中壤土		6.8	59.4	2.63	0.53	10.9	1.3	90			
剖4	淋溶土	棕壤	棕壤	灰黑棕土	少砾质厚层灰黑棕土	1	0—5	黑棕色	中壤土	团粒状								砂岩、砂砾岩残积物或坡积物	E 118°30′31.7″ N 44°20′46.7″	93
						2	5—70	浅黄棕色	砂壤土	无明显结构										
						3	70—85													
剖5	淋溶土	棕壤	生草棕壤	暗黄黑棕土	少砾质厚层暗黄黑棕土	1	0—20	暗黄棕色	中壤土	小粒状	6.9	34.9	1.88	0.17	11.4	3.9	132	黄土状母质	E 118°17′29.8″ N 44°15′27.7″	98
						2	30—45	浅黄棕色	轻壤土	小粒状	6.9	9.0	0.45	0.14	13.5	2.9	88			
剖6	淋溶土	棕壤	钙积棕壤	钙积黑棕土	钙积黑棕土	1	0—25	暗棕色	轻壤土	小粒状	6.9	27.7	1.67	0.35	20.2	1.1	68	黄土、黄土状沉积物	E 118°26′35.9″ N 44°13′51.6″	88
						2	25—90	黄棕色	中壤土	小块状	7.2	20.1		0.26	19.9	1.1	64			
						3	90—110	浅黄棕色	轻壤土	小块状	7.3	4.9	0.35	0.14	20.2	0.8	58			
剖7	钙层土	栗钙土	暗栗钙土	暗黄土	暗黄土	1	0—35	暗棕色	中壤土	小粒状		15.1	2.65		21.8	6.9	1	黄土、黄土状沉积物	E 118°40′12.0″ N 44°19′26.8″	91
						2	35—70	黄棕色	中壤土	小块状	9.0	5.2	0.50		20.2	8.4	1			
						3	70—150	浅黄棕色	轻壤土	小粒状										
剖8	淋溶土	棕壤	棕壤	暗黑棕土	少砾质厚层暗黑棕土	1	0—3	暗灰棕色	轻壤土	小粒状								基性、中性岩残积物或坡积物	E 118°42′31.7″ N 44°14′38.4″	74
						2	3—36	暗棕色	中壤土	小粒状	7.3	65.2		0.63		1.2				
						3	36—53	暗灰黑色	中壤土	团粒状	8.1	64.3		0.59		7.4	210			
						4	53—65	暗灰黑色	中壤土	团块状	7.0	20.4				7.4	89			
剖9	半水成土	草甸土	暗色草甸土	黑淤土	壤质黑淤土	1	0—10	黑色	壤质砂土	团块状	6.9	19.6				7.9	80	洪冲积物、淤积物	E 118°33′37.1″ N 44°13′51.2″	100
						2	10—30	灰褐色	中壤土	团块状										
						3	30—60	暗灰黑色	中壤土	小块状										
						4	60—140	暗棕灰色	中壤土	团块状										
剖10	半淋溶土	灰色森林土	灰色森林土	灰棕土	厚层灰棕土	1	0—3	暗棕色	中壤土	小核粒状	6.4	60.5	3.29	0.63	13.5	1.0	216		E 118°44′25.8″ N 44°12′43.9″	72
						2	3—50	暗棕色	轻壤土	小团粒状	6.7	0.9	0.57	0.18	12.9	0.1				
						3	50—70	黄棕色				9.8	0.56		14.2	0.1				
						4	70—90	浅棕色	砂土	微粒状										
剖11	风沙土	固定风沙土	固定风沙土	固定风沙土	中度风蚀风沙土	1	0—5	浅棕灰色	壤质砂土	微粒状									E 118°34′02.6″ N 44°11′18.6″	78
						2	5—40	暗棕灰色	壤质砂土	无明显结构										
						3	40—130	暗棕灰色	砂土	无明显结构										
剖12	半水成土	草甸土	暗色草甸土	黑淤土	砂质黑淤土	1	0—35	黑棕色	轻壤土	小粒状	6.2	18.8		0.23	20.5	2.0	55	洪冲积物、淤积物	E 118°41′21.8″ N 44°08′13.6″	82
						2	35—98	棕灰色	中壤土	小团显结构	7.4	9.2		0.19	22.3	1.1	45			
						3	98—110	青灰色	中壤土	无明显结构										
剖13	淋溶土	棕壤	生草棕壤	黄黑棕土	厚层黄黑棕土	1	0—5	灰黑色	轻壤土	小团粒状	6.8	53.8	2.94	0.37	13.5	1.0	216	酸性岩风化残积物、坡积物	E 118°42′43.2″ N 44°01′46.2″	75
						2	5—27	浅黑黑色	中壤土	小团显结构	6.3	24.9	1.27	0.12	12.9	0.1				
						3	27—47	灰棕色	中壤土	团块状	6.1	16.2	0.98	0.25	14.2	0.1				
						4	47—90	浅灰棕色	中壤土											
						5	90—105													

续表 Continued

剖面号 Soil profile	土纲 Soil order	土类 Soil great group	亚类 Soil subgroup	土属 Soil genus	土种 Soil species	土层码 Layer code	土层厚度 Depth/cm	颜色 Soil color	质地 Soil texture	土壤结构 Soil structure	pH	有机质 OM/(g/kg)	全氮 TN/(g/kg)	全磷 TP/(g/kg)	全钾 TK/(g/kg)	有效磷 AP/(mg/kg)	速效钾 AK/(mg/kg)	土壤母质 Parent material	剖面点坐标 Profile coordinate	匹配指数 Matching index/%
剖14	淋溶土	棕壤	生草棕壤	黄黑棕土	厚层黄黑棕土	1	6—16		中壤土		6.4	26.3	1.56	0.32	20.7	1.3	85	酸性岩风化残积物、坡积物	E 118°51′41.0″ N 44°02′41.8″	95
						2	30—40		中壤土		6.5	11.5	0.70	0.26	21.8	0.6	64			
						3	60—70		中壤土		6.6	27.9	0.42	0.22	20.7	0.3	63			
剖15	淋溶土	棕壤	暗棕壤	暗黑棕土	多砾质薄层暗黄棕土	1	0—2	灰棕色										基性岩、中性岩风化残积物或坡积物	E 118°33′19.4″ N 43°59′04.6″	71
						2	2—25	灰棕色	轻壤土											
						3	25—89	黄棕色												
剖16	钙层土	栗钙土	暗栗钙土	黄黑土	厚层黄黑土	1	0—29	棕色	中壤土	小粒状	7.8	28.9	1.50	0.29	22.0	1.5	118	基性岩、中性岩	E 118°39′11.9″ N 43°56′29.8″	99
						2	29—74	黄棕色	中壤土	粒状	8.3	5.9	0.46	0.28	22.0	3.2	43			
						3	74—150	浅黄棕色	中壤土	小粒状	8.3	4.4	0.28	0.31	18.3	0.8	35			
剖17	钙层土	栗钙土	暗栗钙土	暗黄黑土	少砾质暗黄黑土	1	6—16		细壤土		8.2	34.6	2.29	0.36	16.8	0.2		酸性岩风化残积物、坡积物	E 118°43′03.7″ N 43°50′58.6″	99
						2	44—54		轻壤土		8.2	11.5	0.80	0.21	12.4	0.1				
						3	100—110		中壤土		8.3	4.9	0.35	0.18	9.6	0.1				
剖18	钙层土	栗钙土	暗栗钙土	暗黄土	暗黄土	1	0—20		中壤土		6.2	32.6	1.62	0.16	21.7	1.5	89	黄土、黄土状沉积物	E 118°33′39.2″ N 43°50′58.6″	85
						2	40—50		轻黏土		6.5	6.5	1.10		22.6	1.3	89			
						3	75—85		中壤土		8.2	21.2	0.80	0.34	17.1	4.5	110			
剖19	淋溶土	棕壤	生草棕壤	黄黑棕土	厚层黄黑棕土	1	15—25		中壤土		7.9	11.8	0.15	0.35	16.1	2.5	70	黄土、黄土状沉积物	E 118°53′49.9″ N 43°57′35.6″	81
						2	50—60		轻壤土		8.2	4.9		0.23	15.5	0.4	63			
剖20	钙层土	栗钙土	暗栗钙土	暗黄土	弱度侵蚀暗黄土	1	5—15		中壤土		8.9	4.8						酸性岩风化残积物、坡积物	E 118°27′52.6″ N 43°47′09.6″	86
						2	25—35	灰棕色	壤质砂土	粒状	7.5	33.7	1.85	0.41	16.3	2.7	125			
						3	50—60	灰棕色	中壤土	小粒状	8.7	27.7	1.43	0.37	17.4	2.1	85			
						4	110—120	黄棕色	壤质砂土	小粒状	7.7	18.9	0.95	0.31	18.6	0.6	75			
剖21	淋溶土	棕壤	生草棕壤	黄黑棕土	少砾质厚层黄黑棕土	1	0—25	灰黄棕色	中壤土	块状	6.9	6.6	0.34	0.27	15.5	2.9	67	酸性岩风化残积物、坡积物	E 118°30′58.3″ N 43°44′03.1″	77
						2	25—50		中壤土		6.4	90.5	4.35	0.32	16.3	3.4	283			
						3	50—130		轻壤土		6.8	50.8	2.45	0.24	17.4	1.1	128			
						4	130—140					38.2	1.76	0.44	18.6	1.5	90				
剖22	钙层土	栗钙土	暗栗钙土	黄黑土	厚层黄黑土	1	0—20		轻壤土		8.4	23.3	1.46	0.30	16.4	0.9		基性岩、中性岩	E 118°43′33.6″ N 43°43′16.7″	85
						2	30—40		中壤土		8.5	7.4	0.66	0.23	14.7	0.0	64			
						3	70—80		中壤土		8.6	3.2	0.32	0.12	13.5	0.3	58			
						4	100—110		中壤土		8.6	2.7	0.21	0.11	15.4	0.0	64			
剖24	钙层土	栗钙土	暗栗钙土	灰砂土	强度风蚀风沙土	1	15—25		轻壤土		7.5	26.0	1.43	0.30	20.9	17.0	28	砂岩、砂砾岩、页岩、泥岩风化物	E 118°44′41.3″ N 43°40′20.6″	71
						2	58—68		中壤土		7.8	9.9	0.56	0.31	19.9	2.5	58			
						3	98—108		轻壤土		6.6	5.2	0.45	0.31	19.2	0.4	64			
						4	130—140		中壤土		8.6	4.4	0.34	0.34	14.8	1.5	28			
剖25	初育土	风沙土	半固定风沙土	半固定风沙土		1	0—20		细砂土			6.2	0.43	0.15	10.4	1.3		酸性岩残积物、坡积物	E 118°25′39.7″ N 43°39′43.9″	78
						2	30—40		细砂土			3.3	0.15	0.12	14.0	0.1				
剖26	淋溶土	棕壤	棕壤	黑棕土	厚层黑棕土	1	0—7	黑棕色	砂壤土	微团粒状	9.7							酸性岩残积物、坡积物	E 118°21′28.4″ N 43°30′36.0″	82
						2	7—35	灰棕色	砂壤土	小粒状	8.0	15.8	0.73	0.26	18.8	7.9	65			
						3	35—87	棕黑色	轻壤土	核粒状	8.6	8.5	0.46	0.19	19.2	3.2	48			
						4	87—140		砂壤土			6.2	0.60	0.17	21.8	0.4				
						5	140—150													
剖27	半水成土	草甸土	灰色草甸土	灰淤土	壤质灰淤土	1	0—30		砂壤土									洪冲积物	E 118°51′34.9″ N 43°39′01.4″	83
						2	40—50		砂壤土											
						3	70—80		砂壤土											

续表 Continued

剖面号 Soil profile	土纲 Soil order	土类 Soil great group	亚类 Soil subgroup	土属 Soil genus	土种 Soil species	土层码 Layer code	土层厚度 Depth/cm	颜色 Soil color	质地 Soil texture	土壤结构 Soil structure	pH	有机质 OM/(g/kg)	全氮 TN/(g/kg)	全磷 TP/(g/kg)	全钾 TK/(g/kg)	有效磷 AP/(mg/kg)	速效钾 AK/(mg/kg)	土壤母质 Parent material	剖面点坐标 Profile coordinate	匹配指数 Matching index/%
剖28	淋溶土	棕壤	生草棕壤	砂黑棕土	少砾质厚层砂黑棕土	1	0—18	浅黄色	轻壤土	小粒状	8.9							砂岩、砂砾岩风化残积物或坡积物	E 119°15′39.6″ N 43°37′47.6″	71
						2	18—35	浅黄棕色	轻壤土	无明显结构	9.3									
						3	35—50	浅灰棕色	砂土		9.2									
						4	50—60				9.5									
剖29	钙层土	栗钙土	栗钙土	灰黄砂土	少砾质厚层灰黄砂土	1	0—20	砂棕色	砂壤土	小粒状	8.9	11.7	0.81	0.23	17.4	1.3	52	砂岩、砂砾岩及泥质岩风化物	E 119°26′44.2″ N 43°35′24.0″	73
						2	30—40	灰黄棕色	砂壤土	小粒状	9.3	4.5	0.32	0.23	16.0	0.1				
						3	60—70	黄灰棕色	砂壤土	小粒状	9.2	0.5	0.24	0.23	16.0	0.4				
						4	90—100		轻壤土	小粒状	9.5	5.6	0.38	0.20	12.7	0.3				
剖30	钙层土	栗钙土	栗钙土	暗黑砂土	少砾质厚层暗黑砂土	1	0—28	灰黄色	轻壤土	小粒状								基性岩、中性岩风化物	E 119°23′39.8″ N 43°33′54.4″	88
						2	28—78	棕褐色	砂壤土	小粒状										
						3	78—130	浅棕色	轻壤土	小粒状										
剖31	钙层土	栗钙土	草甸栗钙土	栗淤土	壤质栗淤土	1	20—30	灰黄色	轻壤土		8.2	14.8	0.94	0.39	20.3	0.5	33	洪冲积物	E 119°31′43.7″ N 43°34′47.3″	84
						2	40—50		轻壤土		8.4	11.9	0.39	0.28	17.0	0.2	38			
						3	70—80		中壤土		8.4	5.0	0.34	0.28	18.8	0.1	40			
剖32	半水成土	草甸土	盐化草甸土	盐化草甸土	重度盐化草甸土	1	0—15	黑灰色	壤质砂土	蜂窝状		12.1	0.71	0.17	18.3			洪冲积物	E 119°53′23.4″ N 43°34′07.9″	70
						2	10—15	灰黄色	轻壤土			3.8	0.43	0.13	19.5					
						3	30—35	灰白色	轻壤土			1.1	0.25	0.12	20.1					
						4	70—75	浅棕灰色	轻壤土	小块状		1.1	0.22	0.12	17.0					
						5	110—120	浅棕灰色	轻壤土			0.5	0.12	0.13	16.5					
剖33	初育土	风沙土	固定风沙土	固定风沙土	弱度风蚀风沙土	1	20—30		细砂土			7.3	0.42	0.20		1.1	63		E 118°46′27.5″ N 43°24′56.5″	90
						2	70—90		细砂土			7.1	0.39	0.06		1.3	28			
剖34	钙层土	栗钙土	栗钙土	灰黄砂土	厚层灰黄砂土	1	0—8		细砂土		8.8	8.0	0.64	0.15	21.4	0.6	45	砂岩、砂砾岩及泥质岩风化物	E 118°56′18.6″ N 43°22′46.2″	97
						2	8—40		细砂土		8.4	8.6	0.17	0.16	22.6	11.1	63			
						3	40—70		细砂土		8.4	4.3	0.18	0.09	23.0	0.6	36			
						4	70—110		壤质砂土		8.7	5.5	0.18	0.16	21.0	0.8	60			
						5	110—150		轻壤土		8.9	1.9	0.45	0.13	17.1	0.8	26			
剖35	钙层土	栗钙土	栗钙土	黑砂土	厚层黑砂土	1	0—14	暗黄棕色	中壤土	团粒状								酸性岩风化物	E 119°05′25.1″ N 43°21′54.0″	82
						2	14—38	灰黄棕色	轻壤土	小粒状										
						3	38—78	浅黄棕色	中壤土	小粒状										
						4	78—120	灰黄棕色	重壤土	碎块状										
						5	120—150	灰白色	中壤土	小粒状	10.4	2.7	0.20	0.19	22.3	3.0	93			
剖36	钙层土	栗钙土	盐化栗钙土	盐化栗淤土	中度盐化栗淤土	1	0—25	灰白色	重壤土			2.7	0.29	0.19	10.4	1.1	118	洪冲积物	E 119°21′16.6″ N 43°27′03.2″	99
						2	25—44	浅灰黄色	重壤土	小粒状	10.2	1.1	0.13	0.19	11.7	2.6	58			
						3	44—86	浅黄棕色	砂壤土		9.5									
						4	86—150	青灰色	粉砂土	无明显结构										
剖37	钙层土	栗钙土	栗钙土	栗淤土	壤质夹砂栗淤土	1	0—20	灰黄棕色	壤质砂土	小粒状	9.0	25.6	1.20	0.38	20.7	2.9	108	洪冲积物	E 119°17′38.0″ N 43°25′03.7″	70
						2	20—35	浅灰棕色	轻壤土	小块状	9.5	4.7	0.29	0.16	21.6	1.1	38			
						3	35—150	浅灰棕色	砂壤土	小粒状	9.4	8.1	0.47	0.21	21.2	0.1				
剖38	半水成土	草甸土	盐化草甸土	盐化草甸土	轻度盐化草甸土	1	0—15	灰黄色	壤质砂土	小粒状	8.4	3.3	0.23	0.12	21.1	0.1		冲积物	E 119°37′13.4″ N 43°27′19.1″	92
						2	15—45		壤质砂土	小粒状	8.3	10.6	0.85	0.23	17.1	0.1				
						3	45—55		轻壤土	小块状										
						4	69—79		轻壤土											
						5	90—100													
剖39	钙层土	栗钙土	栗钙土	栗黄土	栗黄土	1	0—30	灰棕色	轻壤土	小粒状								黄土、黄土状沉积物	E 119°42′00.0″ N 43°20′43.1″	70
						2	30—60	浅黄棕色	轻壤土	小粒状										
						3	60—150	棕黄色	轻壤土	小块状										

续表 Continued

剖面号 Soil profile	土纲 Soil order	土类 Soil great group	亚类 Soil subgroup	土属 Soil genus	土种 Soil species	土层码 Layer code	土层厚度 Depth/cm	颜色 Soil color	质地 Soil texture	土壤结构 Soil structure	pH	有机质 OM/(g/kg)	全氮 TN/(g/kg)	全磷 TP/(g/kg)	全钾 TK/(g/kg)	有效磷 AP/(mg/kg)	速效钾 AK/(mg/kg)	土壤母质 Parent material	剖面点坐标 Profile coordinate	匹配指数 Matching index/%
剖40	半水成土	草甸土	灰色草甸土	灰淤土	砂质灰淤土	1	0—11		细砂土		7.7	6.1	0.29	0.09	23.3	6.1	135	洪冲积物	E 119°57′56.5″ N 43°27′25.6″	84
						2	11—54		壤质砂土		8.9	2.2	1.22	0.26	18.9	3.2	38			
						3	54—70		细砂土		8.2	6.6	0.55	0.15	18.9	1.5	38			
						4	70—95		壤质砂土			29.3	1.61	0.38	20.2	9.3	33			
						5	95—145				8.2	13.9	1.68	0.14	19.5	0.8	50			
剖41	初育土	风沙土	流动风沙土	流动风沙土	极严重风蚀风沙土	1	0—30		细砂土			9.9	0.56	0.11	17.1	1.3			E 119°58′59.9″ N 43°24′32.8″	90
						2	85—95		细砂土		6.9	4.6	0.84	0.09	17.4	0.2	26			
剖42	初育土	风沙土	流动风沙土	流动风沙土	严重风蚀风沙土	1	0—30	灰黄色	粉砂土	无明显结构									E 119°01′34.7″ N 43°19′53.0″	91
						2	30—70	浅灰黄色	细砂土	无明显结构										
						3	70—90	浅灰白色	细砂土	无明显结构										
						4	90—150	灰白色	细砂土	无明显结构										
剖43	钙层土	栗钙土	盐化栗钙土	盐化栗钙土	轻度盐化栗钙土	1	0—20	灰棕色	壤质砂土	小粒状									E 119°28′46.9″ N 43°17′35.2″	84
						2	20—36	浅灰棕色	轻壤土	小粒状										
						3	36—56	浅黄棕色	轻壤土	小粒状										
						4	56—150	棕灰色	轻壤土											

林 西 县

主要土类说明

栗钙土是林西县主要土壤类型，占本县地域面积的54%。本县栗钙土北部与灰色森林土或黑钙土相接，南部与风沙土相连。在栗钙土带内，沿河谷和低平洼地镶嵌分布着草甸土。本县栗钙土与灰色森林土、黑钙土构成垂直带谱，位于内蒙古自治区栗钙土带的东北边缘地带，属于半湿润森林草原与干旱草原之间的过渡地带。成土母质主要为黄土状沉积物，其次为红黄土、风积物、沉积物、洪冲积物等。土壤表层中的部分钙离子可与植物残体分解产生的碳酸结合，形成重碳酸钙并向下移动，以碳酸钙的形式淀积于土体中下部，形成钙积层。钙积层一般厚17—80cm，碳酸钙含量平均为99.2g/kg，淀积形态以假菌丝状、粉末状为主，在土体石块上常为结皮和结壳。本县栗钙土分为粗骨性栗钙土、暗栗钙土、草甸栗钙土等亚类。

灰色森林土是林西县第二大土壤类型，占本县地域面积的25%。灰色森林土分布在海拔1300—1800m的中山山地，有时与黑钙土在同一海拔区域内交错出现，与黑钙土、暗栗钙土构成垂直带谱。成土母质多为花岗岩、砂岩及凝灰岩的风化坡积物，还有少量的黄土状沉积物。灰色森林土剖面由薄的凋落物层、腐殖质层、硅粉淀积层和褐色铁锰聚积层构成。本县灰色森林土分为粗骨性灰色森林土、灰色森林土、生草灰色森林土等亚类。

风沙土是林西县第三大土壤类型，占本县地域面积的9%。风沙土发生于半干旱、干旱漠境地区及滨海地区，是在风沙移动堆积形成的多种形态的风沙沉积物上发育的初育土。由于成土时间短暂，该土壤无剖面发育，具C、（A）-C或A-C剖面构型，反映了风沙移动堆积与固定的不同阶段。

黑钙土占本县地域面积的7%，零星分布在北大山及大冷山山顶的平缓湿润山地和海拔1000m左右的缓坡地带，与灰色森林土在同一海拔区域内交错出现，与灰色森林土、暗栗钙土构成中山地区垂直带谱。全剖面无石灰反应，有明显的二氧化硅粉末，典型剖面由腐殖质层、舌状过渡层和钙积层构成。本县黑钙土主要分为淋溶黑钙土、黑钙土、草甸黑钙土等亚类。

草甸土占本县地域面积的4%，主要分布在河流两岸和河谷地带。成土母质为河流冲积物。草甸土是本县各种土壤类型中肥力较高的土类，地下水位较高，一般为1—3m。草甸土是在冷湿条件下，受地下水浸润并在草甸植被下发育形成的土壤。因所处地带地下水位较高，潜水参与土壤形成过程，受地下水升降与浸润作用，成土过程具有明显的腐殖质累积和铁锰氧化还原特征，土体出现锈色斑纹层。根据腐殖质累积的地区差异和盐化特征，本县草甸土分为暗色草甸土、盐化草甸土等亚类。

小于本县地域面积3%的土壤类型有沼泽土、棕壤。

本区域中心区气候特征

本区域中心区气候特征值
Regional climate characteristics in central area of the region

气候带：中温带亚干旱气候 Climate region: Mid temperate subarid climate	
年平均气温 /℃ Annual average temperature /℃	4.3
年平均最高气温 /℃ Annual average maximum temperature /℃	10.9
年平均最低气温 /℃ Annual average minimum temperature /℃	-1.9
年降水量 /mm Annual precipitation /mm	378
≥10℃的积温 /℃ Daily temperature accumulated in a year（≥10℃）/℃	3069
年日照时数 /h Annual sunshine /h	2938
年平均相对湿度 /% Annual average relative humidity /%	52
干燥度 Dryness	0.68

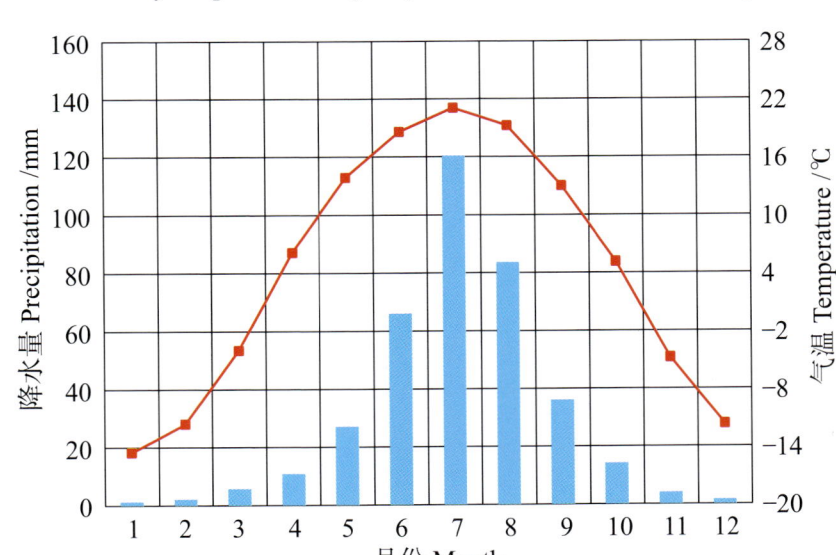

本区域中心区月平均气温与月平均降水量
Monthly temperature and precipitation in central area of the region

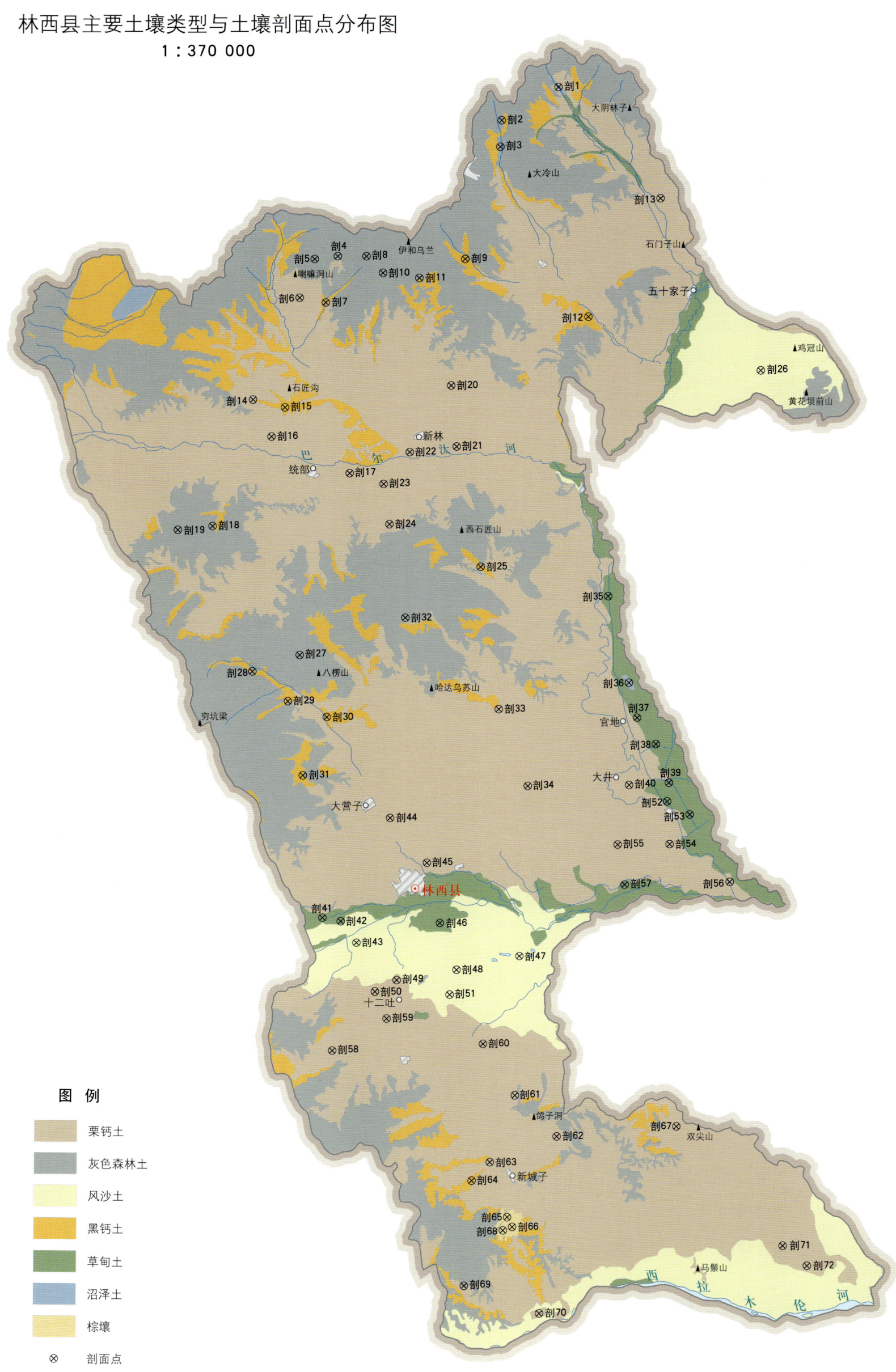

林西县土壤剖面理化性状表

剖面号 Soil profile	土纲 Soil order	土类 Soil great group	亚类 Soil subgroup	土属 Soil genus	土种 Soil species	土层码 Layer code	土层厚度 Depth/cm	颜色 Soil color	质地 Soil texture	土壤结构 Soil structure	pH	有机质 OM/(g/kg)	全氮 TN/(g/kg)	全磷 TP/(g/kg)	全钾 TK/(g/kg)	有效磷 AP/(mg/kg)	速效钾 AK/(mg/kg)	阳离子交换量 CEC/(cmol/kg)	土壤母质 Parent material	剖面点坐标 Profile coordinate	匹配指数 Matching index/%
剖1	水成土	沼泽土	草甸沼泽土	潴育土	厚层潴育土	1	0—30	红棕色	轻壤土	粒状	6.2	140.4	5.85	1.63	22.9			43.7	冲积物	E 118°12′50.0″ N 44°12′54.7″	99
						2	30—65	黑棕色	轻壤土	无明显结构	6.0	57.7	2.78	1.22	25.3			29.6			
剖2	半淋溶土	灰色森林土	生草灰色森林土	暗黄潴土	少砾质中体黄黑土	1	0—40	暗棕色	砂壤土	团粒状	7.2	146.9	5.45	1.38	26.9	3.5	230	23.6		E 118°09′07.7″ N 44°11′24.7″	96
						2	40—55	棕色	轻壤土	暗粒状	6.1	24.8	2.12	0.74	24.5			19.0			
						3	55—85				6.1	38.3	1.60	0.66	27.0						
剖3	水成土	沼泽土	草甸沼泽土	潴育土	中层潴育土	1	0—28	黑棕色	中壤土	粒状										E 118°09′01.1″ N 44°10′11.6″	76
						2	28—60	黑棕色	中壤土	无明显结构											
剖4	半淋溶土	灰色森林土	灰色森林土	泥灰土	厚体泥灰土	1	0—3	黑棕色	轻壤土	团块状	6.6	184.6	6.78	1.69	21.2	3.4	430	53.8	凝灰岩风化坡积物	E 117°58′26.0″ N 44°05′12.5″	98
						2	3—22	黑棕色	轻壤土	团块状	6.7	76.4	3.44	1.57	25.4			33.3			
						3	22—67	暗棕色	轻壤土	团块状											
						4	67—														
剖5	半淋溶土	灰色森林土	灰色森林土	泥灰土	中体泥灰土	1	0—3	黑棕色	砂壤土	粒状	7.1	264.1	9.94	1.49	19.4	9.0	280	38.6		E 117°56′56.3″ N 44°05′05.2″	73
						2	3—20	暗棕色	中壤土	粒状	7.1	105.0	4.49	1.27	25.8			39.5			
						3	20—60														
						4	60—														
剖6	钙层土	栗钙土	暗栗钙土	泥砾土	多砾质薄体泥质暗栗土	1	0—21	黄棕色	砂壤土	块状	7.8	33.0	1.98	0.81	24.1	5.5	191	24.1		E 117°55′57.0″ N 44°03′18.4″	70
						2	21—														
剖7	钙层土	黑钙土	草甸黑钙土	黑垆土	轻壤质厚体黑垆土	1	0—21	暗棕色	轻壤土	团块状									冲积物	E 117°57′37.8″ N 44°03′04.3″	80
						2	21—43	暗棕色	轻壤土	块状											
						3	43—72	暗棕色	轻壤土	块状											
						4	72—120														
剖8	半淋溶土	灰色森林土	灰色森林土	灰土	厚体灰土	1	0—6	黑棕色	砂壤土	团粒状	6.3	158.6	6.92	2.36	22.1	9.7	460	50.9	酸性岩风化坡积物	E 118°00′18.0″ N 44°05′11.6″	88
						2	6—25	黑棕色	轻壤土	团粒状	6.6	62.2	2.88	1.74	23.3			36.4			
						3	25—65														
						4	65—														
剖9	钙层土	黑钙土	黑钙土	山地黑黄土	轻度侵蚀山地黄黑土	1	0—30	暗棕色	轻壤土	团块状	8.0	34.1	1.65	0.77	26.5	2.3	120	25.7	黄土状沉积物	E 118°06′40.3″ N 44°05′01.0″	98
						2	30—60	棕灰色	轻壤土	块状	7.7	6.8	0.41	0.60	28.3			20.7			
						3	60—137	棕色	中壤土	块状	7.7	5.6	3.75	0.68	25.6			24.9			
剖10	半淋溶土	灰色森林土	灰色森林土	灰土	中体灰土	1	0—11	黑棕色	轻壤土	团粒状	6.5	93.1	4.52	1.62	23.5	0.5	129	36.4	花岗岩风化坡积物	E 118°01′21.3″ N 44°04′25.2″	74
						2	11—32	黑棕色	轻壤土	团粒状	6.8	61.6	2.98	1.21	24.3			30.4			
						3	32—														
剖11	半淋溶土	灰色森林土	灰色森林土	灰土	薄体灰土	1	0—2	黑棕色	轻壤土		7.0	88.1	3.66	1.17	22.3	1.5	144	33.8		E 118°03′41.8″ N 44°04′10.2″	73
						2	2—11	暗棕色	轻壤土	粒状											
						3	11—26														
剖12	钙层土	黑钙土	黑钙土	山地黑黄土	重度侵蚀山地黄黑土	1	0—24	棕色	轻壤土	块状									黄土状沉积物	E 118°14′36.2″ N 44°02′16.8″	71
						2	24—69	暗棕色	轻壤土	块状											
						3	69—143	黄棕色	轻壤土	块状											
剖13	钙层土	栗钙土	暗栗钙土	砂暗栗土	轻砾质砂化质暗栗土	1	0—20	黑棕色	细砂土	粒状	7.0	65.7	3.10	1.16	26.9	2.8	223	29.9	砂土	E 118°19′21.7″ N 44°07′43.2″	93
						2	20—80	暗棕色	砂壤土	无明显结构	5.7	39.5	1.83	1.09	27.1			22.7			
剖14	钙层土	栗钙土	暗栗钙土	暗栗土	少砾质厚体暗栗土	1	0—30	黑棕色	中壤土	粒状										E 117°52′52.7″ N 43°58′36.5″	97
						2	30—80	暗棕色	中壤土	粒状											
						3	80—100	暗棕色	中壤土	块状	5.9	6.0	0.38	0.53	27.4			16.9			

续表 Continued

剖面号 Soil profile	土纲 Soil order	土类 Soil great group	亚类 Soil subgroup	土属 Soil genus	土种 Soil species	土层码 Layer code	土层厚度 Depth/cm	颜色 Soil color	质地 Soil texture	土壤结构 Soil structure	pH	有机质 OM/(g/kg)	全氮 TN/(g/kg)	全磷 TP/(g/kg)	全钾 TK/(g/kg)	有效磷 AP/(mg/kg)	速效钾 AK/(mg/kg)	阳离子交换量CEC/(cmol/kg)	土壤母质 Parent material	剖面点坐标 Profile coordinate	匹配指数 Matching index/%
剖15	钙层土	黑钙土	淋溶黑钙土	山地黑土	中层山地黑土	1	0—15	黑棕色	轻壤土	团粒状	6.3	92.8	4.64	1.71	23.1	2.6	372	35.2	酸性花岗岩风化残积物	E 117°54′56.9″ N 43°58′14.2″	86
						2	15—45	黑棕灰色	轻壤土	粒状	6.1	87.5	4.64	1.76	23.1			35.2			
						3	45—														
剖16	钙层土	栗钙土	暗栗钙土	暗栗土	少砾质中体暗栗土	1	0—13	棕色	紧砂土	块状	8.5	27.5	1.62	0.94	25.2	1.6	95	24.6		E 117°54′03.6″ N 43°56′53.5″	91
						2	13—16	黄棕色	紧砂土	块状	8.5	6.9	0.47	0.79	22.2			21.2			
剖17	钙层土	栗钙土	草甸栗钙土	栗潮土	轻壤质栗潮土	1	0—27	暗棕色	轻壤土	团粒状	8.3	18.4	1.17	0.84	29.0	8.0	202	18.3		E 117°59′05.3″ N 43°55′09.5″	89
						2	27—55	暗棕色	轻壤土	团粒状	8.5	15.3	0.94	0.81	29.3			21.2			
						3	55—151	暗棕色	轻壤土	团粒状	8.3	15.4	0.86	0.94	23.1			20.7			
剖18	半淋溶土	灰色森林土	生草灰色森林土	暗黄灰土	少砾质中体暗黄灰土	1	0—20	黑棕色	砂壤土	团粒状	6.8	119.4	5.65	1.97	24.9	4.9	419	41.5		E 117°50′13.9″ N 43°52′45.1″	90
						2	20—48	暗棕色	轻壤土	团粒状	6.6	97.4	4.72	2.11	24.6			39.5			
						3	48—														
剖19	半淋溶土	灰色森林土	生草灰色森林土	暗黄灰土	多砾质薄体暗黄灰土	1	0—27	暗棕色	砂壤土		7.5	89.3	4.81	1.25	22.0	3.7	252	29.6		E 117°47′58.6″ N 43°52′35.0″	84
剖20	钙层土	栗钙土	暗栗钙土	暗栗土	多砾质薄体暗栗土	1	0—18	棕色	轻壤土	团块状	7.4	41.4	1.99	0.74	26.0	6.1	152	42.4		E 118°05′41.3″ N 43°59′10.3″	84
剖21	钙层土	栗钙土	草甸栗钙土	栗潮土	砂壤质栗潮土	1	0—32	棕色	砂壤土	块状	8.1	20.7	1.36	0.78	30.1	1.4	135	14.9		E 118°05′60.0″ N 43°56′21.1″	92
						2	32—				8.3	17.6	0.90	0.76	27.2			16.9			
剖22	钙层土	栗钙土	草甸栗钙土	古坡坡堰栗土	古坡坡堰栗土	1	0—20		轻壤土		8.6	20.2	1.78	2.40	28.5	5.1	208	17.5		E 118°02′58.9″ N 43°56′07.4″	83
						2	40—50		轻壤土		9.1	22.0	1.33	6.62	28.1			16.4			
						3	80—90		轻壤土		9.1	13.6	0.90	2.07	29.3			17.1			
剖23	钙层土	栗钙土	暗栗钙土	黄暗栗土	黄暗栗土	1	0—19	棕色	轻壤土	块状	7.8	22.4	1.54	0.73	25.9	3.2	122	60.3		E 118°01′16.7″ N 43°54′38.9″	82
						2	19—70		轻壤土	块状	8.3	3.8	0.45	0.60	18.4			36.3			
						3	70—140		轻壤土	块状	7.6	9.9	0.76	0.56	16.5			33.6			
剖24	钙层土	栗钙土	暗栗钙土	黄暗栗土	中度侵蚀黄暗栗土	1	0—23	暗棕色	砂壤土	团块状	8.2	21.2	1.64	0.77	23.5	3.7	153	19.3	平地冲积物	E 118°01′37.6″ N 43°52′46.2″	83
						2	23—78	浅棕色	砂壤土	块状	8.7	25.9	1.80	0.81	23.6			20.2			
						3	78—149	浅棕色	轻壤土	块状	8.7	16.3	0.86	0.80	23.4			12.5			
剖25	钙层土	黑钙土	草甸黑钙土	黑潮土	砂壤质黑潮土	1	0—23	暗棕色	砂壤土	团粒状	8.2	21.0	0.59	0.62	28.5	1.0	77	15.6		E 118°07′29.3″ N 43°50′45.2″	99
						2	23—62	黑棕色	轻壤土	无明显结构	8.3	0.9	0.08	0.19	30.0			3.2			
						3	62—140	浅黄色	粉砂土	无明显结构	6.8	134.0	5.94	0.94	26.1			41.6			
剖26	风沙土	风沙土	固定风沙土	生草风沙土	生草风沙土	1	0—30	棕色	细砂土	团粒状	6.4	68.3	3.16	1.40	25.8	3.6	178	33.7		E 118°25′43.0″ N 43°59′41.3″	83
						2	30—100	棕紫色	中壤土		7.5	55.6	4.54	1.38	24.4			30.6			
剖27	半淋溶土	灰色森林土	生草灰色森林土	暗黄灰土	少砾质厚体暗黄灰土	1	0—38	暗棕色	轻壤土	块状	7.8	27.5	4.54	0.93	27.6	10.5	784	23.6	冲积物	E 117°55′48.1″ N 43°46′45.0″	71
						2	38—100	暗棕色	轻壤土	块状		14.4	0.80	0.81	26.7			18.3			
						3	100—150														
剖28	钙层土	黑钙土	草甸黑钙土	黑潮土	轻壤质黑潮土	1	0—17	棕色	轻壤土	块状	7.6	32.2	1.84	1.04	28.7	5.4	213	17.8	冲积物、沉积物	E 117°52′44.0″ N 43°46′00.5″	76
						2	17—58	暗棕色	轻壤土	块状	7.6	22.4	0.90	0.85	28.9			20.2			
						3	58—112	暗棕色	中壤土	块状	6.5	22.6	1.06	0.91	28.9			18.3			
剖29	钙层土	黑钙土	草甸黑钙土	黑潮土	轻壤质黑潮土	1	0—14	棕色	轻壤土	块状									冲积物	E 117°55′01.9″ N 43°44′36.2″	97
						2	14—38														
						3	38—147														
剖30	钙层土	黑钙土	草甸黑钙土	黑潮土	轻壤质黑潮土	1	0—44	暗棕色	砂壤土	块状	5.9	115.4	5.48	1.82	24.2	17.2	522	38.6		E 117°57′30.7″ N 43°43′51.8″	88
						2	44—75														
						3	75—125														
剖31	钙层土	黑钙土	淋溶黑钙土	山地黑土	中层山地黑土	1	0—20	暗棕色	砂壤土	块状	5.9	92.1	4.39	1.72	23.7			35.4		E 117°55′57.4″ N 43°41′08.9″	70
						2	30—40														

续表 Continued

剖面号 Soil profile	土纲 Soil order	土类 Soil great group	亚类 Soil subgroup	土属 Soil genus	土种 Soil species	土层码 Layer code	土层厚度 Depth/cm	颜色 Soil color	质地 Soil texture	土壤结构 Soil structure	pH	有机质 OM/(g/kg)	全氮 TN/(g/kg)	全磷 TP/(g/kg)	全钾 TK/(g/kg)	有效磷 AP/(mg/kg)	速效钾 AK/(mg/kg)	阳离子交换量CEC/(cmol/kg)	土壤母质 Parent material	剖面点坐标 Profile coordinate	匹配指数 Matching index/%
剖32	半淋溶土	灰色森林土	生草灰色森林土	暗黄灰土	少砾质厚体暗黄灰土	1	0—48	暗棕色	轻壤土	碎屑状	7.3	25.6	1.22	0.56	26.0	4.8	234	20.3		E 118°02′36.2″ N 43°48′25.9″	85
						2	48—80	棕色	轻壤土	块状	7.5	8.9	0.46	0.51	27.3			16.4			
						3	80—123	棕色	轻壤土	块状	7.6	5.0	0.30	0.66	20.3			15.1			
						4	123—150	棕色	轻壤土	碎屑状	8.4	7.5	0.44	0.76	18.7			14.9			
剖33	钙层土	栗钙土	暗栗钙土	泥质暗暗栗土	少砾质厚体泥质暗栗土	1	0—16	暗棕色	轻壤土	粒状	8.5	35.1	1.96	0.91	29.1	2.0	61	22.2		E 118°08′34.8″ N 43°44′10.0″	96
						2	16—65	暗棕色	轻壤土	块状	8.6	5.6	0.35	0.83	25.9			13.5			
						3	65—96	红棕色	中壤土	块状	8.5	13.8	0.79	0.91	26.4			15.9			
剖34	钙层土	栗钙土	暗栗钙土	黄暗栗土	重度侵蚀黄暗栗土	1	0—28	棕色	轻壤土	块状	8.7	17.5	0.88	0.79	24.2	2.7	132	30.7		E 118°10′24.2″ N 43°40′34.3″	94
						2	28—75	浅棕色	轻壤土	块状	8.8	6.1	0.39	0.82	28.3			21.2			
						3	75—150	浅棕色	轻壤土	块状	8.1	3.8	0.25	0.88	26.2			27.5			
剖35	半水成土	草甸土	暗色草甸土	暗色河淤土	轻壤质暗色河淤土	1	0—30	棕色	轻壤土	团粒状	8.5	25.5	1.53	0.98	27.3	2.6	147	18.0	河流冲积物	E 118°15′41.7″ N 43°49′20.2″	99
						2	30—55	黑棕色	砂壤土	团粒状	8.6	11.0	0.61	0.62	26.8			13.8			
						3	55—90	黑色	紧砂土	团块状	8.7	2.8	0.19	0.34	28.8			8.7			
						4	90—124	黑色	砂壤土	小块状	8.6	8.1	0.42	0.53	26.4			14.5			
剖36	水成土	沼泽土	草甸沼泽土	潜育土	薄层潜育土	1	0—20	暗灰棕色	中壤土	粒状										E 118°16′58.4″ N 43°45′19.4″	97
剖37	半水成土	草甸土	盐化草甸土	壤质盐化草甸土	壤质轻度盐化草甸土	1	0—24	棕色	轻壤土	小粒状	9.2	25.7	1.80	0.91	26.3	8.2	261	25.1	冲积物	E 118°17′28.6″ N 43°43′42.0″	97
						2	24—49	暗棕色	中壤土	团块状	8.6	43.2	2.39	1.12	21.7			26.8			
						3	49—123	浅棕色	砂壤土	块状	8.5	4.8	0.47	0.59	25.2			11.6			
						4	123—151	暗棕色	轻壤土	块状	8.3	37.3	2.01	0.77	25.6			21.2			
剖38	半水成土	草甸土	盐化草甸土	壤质盐化草甸土	壤质中度盐化草甸土	1	0—23	棕色	轻壤土	块状	8.4	23.5	1.65	0.69	25.7	4.4	211	14.3		E 118°18′10.2″ N 43°42′27.2″	99
						2	23—64	黑棕色	松砂土	块状	8.7	12.0	0.75	0.63	27.2			11.1			
						3	64—110	黑棕色	砂壤土	块状	9.0	1.1	0.08	0.27	28.2			4.6			
剖39	半水成土	草甸土	暗色草甸土	暗色河淤土	砂壤质暗色河淤土	1	0—34	黑棕色	砂壤土	团块状	8.7	25.9	1.70	0.63	19.3	4.7	86	12.6		E 118°19′28.8″ N 43°40′39.9″	97
						2	34—92	暗棕色	紧砂土	团块状	8.7	2.8	0.21	0.46	30.6			8.0			
						3	92—111	暗棕色	松砂土	团块状	8.6	7.8	0.53	0.58	30.1			13.0			
剖40	钙层土	栗钙土	草甸栗钙土	栗淤土	砂壤质夹砾栗淤土	1	0—40	暗棕色	砾石土	块状	9.5	15.0	1.06	0.50	26.2	3.8	139	9.5		E 117°57′09.9″ N 43°34′32.6″	92
						2	40—82	暗棕色	砂壤土	无明显结构	9.2	13.0	1.08	0.70	28.3			19.3			
						3	82—150	棕色	粉砂土	无明显结构	8.7	8.4	0.50	0.66	29.0			11.0			
剖41	半水成土	草甸土	盐化草甸土	砂质盐化草甸土	砂壤质轻度盐化草甸土	1	0—21	黄棕色	粉砂土	块状										E 117°58′20.0″ N 43°34′22.0″	85
						2	21—78	暗棕色	轻壤土	团块状											
						3	78—146	暗棕色	轻壤土	块状											
剖42	半水成土	草甸土	暗色草甸土	暗色河淤土	砂壤质壤体暗色河淤土	1	0—37	暗棕色	砂壤土	块状	8.3	4.4	0.58	0.56	25.6	1.6	83	14.3		E 117°59′20.0″ N 43°33′22.0″	79
						2	37—110	暗棕色	紧砂土	粉粒状	8.4	1.5	0.12	0.43	28.2			3.1			
						3	110—138	黑棕色	松砂土	无明显结构											
剖43	初育土	风沙土	固定风沙土	灌丛风沙土	灌丛风沙土	1	0—40	棕色	轻壤土	块状										E 118°01′32.9″ N 43°39′09.0″	72
						2	40—135	白色	砂壤土	无明显结构											
剖44	钙层土	栗钙土	草甸栗钙土	栗淤土	轻壤质夹砂栗淤土	1	0—25	暗灰棕色	砂壤土	粒状									洪冲积物、淤积物	E 118°03′53.3″ N 43°37′03.4″	91
						2	25—39	暗棕色	砂壤土	块状											
						3	39—58	棕色	轻壤土	块状											
						4	58—120	暗棕色	轻壤土	块状											
剖45	钙层土	栗钙土	草甸栗钙土	栗淤土	轻壤质砾体栗淤土	1	0—38	黑棕色	轻壤土	块状											
						2	38—76														

续表 Continued

剖面号 Soil profile	土纲 Soil order	土类 Soil great group	亚类 Soil subgroup	土属 Soil genus	土种 Soil species	土层码 Layer code	土层厚度 Depth/cm	颜色 Soil color	质地 Soil texture	土壤结构 Soil structure	pH	有机质 OM/(g/kg)	全氮 TN/(g/kg)	全磷 TP/(g/kg)	全钾 TK/(g/kg)	有效磷 AP/(mg/kg)	速效钾 AK/(mg/kg)	阳离子交换量CEC/(cmol/kg)	土壤母质 Parent material	剖面点坐标 Profile coordinate	匹配指数 Matching index/%
剖46	半水成土	草甸土	盐化草甸土	砂质盐化草甸土	砂质中度盐化草甸土	1	0—34	棕色	砂壤土	团块状	8.7	39.4	2.26	0.79	22.3	3.4	87	23.6		E 118°04′41.9″ N 43°34′15.6″	80
						2	34—82	棕色	砂壤土	团块状	8.5	6.7	0.44	0.46	24.1			17.4			
						3	82—103	棕色	砂壤土	块状	10.1	6.6	0.44	0.50	26.1			20.2			
剖47	初育土	风沙土	半固定风沙土	半固定风沙土	半固定风沙土	1	0—50	浅灰黄色	粉砂土	无明显结构	8.3	7.1	0.46	0.65	27.8	1.1	101	21.8		E 118°09′47.2″ N 43°32′39.5″	82
						2	50—150	灰白色	细砂土	无明显结构											
剖48	初育土	风沙土	流动风沙土	流动风沙土	流动风沙土	1	0—100	浅黄色	细砂土	无明显结构	8.5	1.1	0.10	0.21	30.5	3.4	48	5.3		E 118°05′44.5″ N 43°32′02.0″	93
剖49	钙层土	栗钙土	草甸栗钙土	栗溶土	砂质栗溶土	1	0—37	浅棕色	紧砂土	无明显结构	9.3	8.9	0.47	0.63	19.3	4.2	86	9.6	冲积物	E 118°01′54.5″ N 43°31′35.0″	89
						2	37—77	棕色	紧砂土	片状	8.7	2.8	0.21	0.46	30.6			8.0			
						3	77—145	浅棕色	松砂土	团粒状	8.7	0.9	0.09	0.22	30.6			5.0			
剖50	钙层土	栗钙土	暗栗钙土	黄暗栗溶土	中度砂化黄色暗栗钙土	1	0—22	暗棕色	细砂土	无明显结构										E 118°00′31.0″ N 43°31′03.7″	71
						2	22—71	棕色	砂壤土	块状											
						3	71—105	浅棕色	轻壤土	块状											
						4	105—143	浅棕色	轻壤土	块状											
剖51	初育土	风沙土	固定风沙土	林地风沙土	林地风沙土	1	0—25	浅灰黄色	粉砂土	粉粒状	8.8	10.8	0.72	0.59	29.5	1.8	96	13.0		E 118°05′18.2″ N 43°30′54.0″	89
						2	25—60	暗棕色	紧砂土	无明显结构	7.7	12.6	0.78	0.77	29.6			11.1			
剖52	半水成土	草甸土	暗色草甸土	暗色河溶土	轻壤质砾底暗色河溶土	1	0—34	棕色	紧砂土	团粒结构	8.6	34.4	1.95	1.19	26.3	9.9	251	29.9		E 118°19′21.5″ N 43°39′47.8″	93
						2	34—70	暗棕色	紧砂土	块状	9.6	9.8	0.77	0.60	26.3			13.9			
						3	70—111	灰黄褐色			9.6	4.7	0.63	0.33	24.9			10.5			
剖53	半水成土	草甸土	暗色草甸土	暗色河溶土	砂质质砾底暗色河溶土	1	0—30	暗红棕色	砂壤土	粒状	9.1	21.4	0.17	0.24	29.4	8.0	91	4.8		E 118°20′48.7″ N 43°39′10.4″	95
						2	30—84	暗棕色	砂壤土	粒状	9.0	2.0	0.22	0.26	27.5			5.3			
						3	84—125	浅棕色	轻壤土	块状	9.1	0.9	0.12	0.26				3.4			
剖54	钙层土	栗钙土	暗栗钙土	黄暗栗溶土	轻度侵蚀黄暗栗钙土	1	0—34	棕色	轻壤土	团块状	8.4	18.9	1.71	0.78	25.4	2.0	110	19.4		E 118°19′28.9″ N 43°37′48.7″	99
						2	34—102	浅棕色	砂壤土	块状	8.4	4.3	0.30	0.81	26.0			14.8			
						3	102—145	暗棕色	砂壤土	块状	8.6	4.3	0.29	0.77	26.6			14.5			
剖55	钙层土	栗钙土	暗栗钙土	砂暗栗土	少砾质中体砂暗栗土	1	0—24	暗棕色	轻壤土	团块状	8.2	40.2	2.56	1.19	24.3	1.4	87	28.4		E 118°16′09.1″ N 43°37′48.7″	87
						2	24—55	灰白色	轻壤土	团块状	8.8	17.2	1.02	1.42	5.8			15.9			
剖56	半水成土	草甸土	草甸栗钙土	栗溶土	轻壤质砾底栗溶土	1	0—65	棕色	砂壤土	团块状									平地冲积物	E 118°23′19.7″ N 43°36′01.8″	70
						2	65—														
剖57	半水成土	草甸土	暗色草甸土	暗红棕色河溶土	砂壤质暗红色河溶土	1	0—28	棕色	紧砂土	粒状	9.3	26.9	1.43	0.64	28.4	2.1	119	9.6	河流冲积物	E 118°16′35.1″ N 43°35′57.5″	78
						2	28—94	暗棕色	砂壤土	粒状	9.4	7.3	0.69	0.59	28.3			9.2			
						3	94—115	灰黄棕色	砂壤土	粒状											
剖58	钙层土	栗钙土	草甸栗钙土	栗溶土	栗溶土	1	0—30	暗棕色	砂壤土	块状	8.4	19.0	1.02	0.71	29.8	1.4	135	20.3		E 117°57′45.0″ N 43°28′18.8″	86
						2	30—61	暗棕色	砂壤土	块状	8.4	20.6	1.04	0.73	29.2			20.9			
						3	61—105	棕色	砂壤土	粒状			0.54	0.61	29.1						
剖59	钙层土	栗钙土	草甸栗钙土	栗溶土	栗溶土	1	0—17	棕色	砂壤土	粒状	8.7	9.9	0.73	0.64	28.4	2.1	119	12.6	冲积物	E 118°23′19.7″ N 43°29′47.8″	90
						2	17—33	暗棕色	砂壤土	粒状	8.6	7.5	0.49	0.59	28.3			13.0			
						3	33—102	棕色	细砂土	粒状	9.4	7.8	0.53	0.58	30.1			9.2			
剖60	钙层土	栗钙土	暗栗钙土	黄暗栗溶土	轻壤质砂化黄暗栗钙土	1	0—10	棕色	轻壤土	无明显结构									黄土	E 118°07′25.0″ N 43°28′35.0″	95
						2	10—55	棕色	轻壤土	块状	8.2	40.2	2.57	1.18	24.3	1.4	87	28.4			
						3	55—110	浅棕色	轻壤土	块状											
						4	110—150	棕色	砂壤土	状状											
剖61	钙层土	栗钙土	暗栗钙土	泥暗栗土	少砾质中体泥质暗栗土	2	18—55	暗棕色	砂壤土	块状	8.8	17.2	1.02	1.42	5.8			15.9		E 118°09′26.3″ N 43°26′10.7″	93

续表 Continued

剖面号 Soil profile	土纲 Soil order	土类 Soil great group	亚类 Soil subgroup	土属 Soil genus	土种 Soil species	土层码 Layer code	土层厚度 Depth/cm	颜色 Soil color	质地 Soil texture	土壤结构 Soil structure	pH	有机质 OM/(g/kg)	全氮 TN/(g/kg)	全磷 TP/(g/kg)	全钾 TK/(g/kg)	有效磷 AP/(mg/kg)	速效钾 AK/(mg/kg)	阳离子交换量CEC/(cmol/kg)	土壤母质 Parent material	剖面点坐标 Profile coordinate	匹配指数 Matching index/%
剖62	钙层土	栗钙土	暗栗钙土	石灰暗栗土	少砾质中体石灰暗栗土	1	0—30	棕色	中壤土	块状	8.7	14.0	0.91	0.76	25.9	2.5	146	13.0		E 118° 12′ 06.1″ N 43° 24′ 16.6″	78
						2	30—40					8.4	0.68	0.72	22.6						
剖63	钙层土	栗钙土	草甸栗钙土	栗淤土	轻壤质杂色栗淤土	1	0—15	棕色	轻壤土	无明显结构										E 118° 07′ 48.4″ N 43° 23′ 07.1″	73
						2	15—47	暗棕色	砂壤土	块状											
						3	47—65	黑棕色	砂壤土	块状											
						4	65—135														
剖64	钙层土	黑钙土	黑钙土	山地黑黄土	中度侵蚀山地黑黄土	1	0—22	暗棕色	中壤土	团块状	8.1	21.4	1.36	0.96	21.9	2.5	129	18.8	黄土状沉积物	E 118° 06′ 38.5″ N 43° 22′ 16.3″	98
						2	22—55	淡棕色	中壤土	块状	8.0	8.2	0.63	0.96	22.0			14.5			
						3	55—149	黄棕色	轻壤土	块状	8.5	4.7	0.34	0.97	23.0			13.0			
剖65	淋溶土	棕壤	钙积棕壤	钙黄黄棕土	轻度侵蚀钙黄黄棕土	1	0—31	暗棕色	中壤土	粒状	7.7	15.8	0.87	0.56	48.0	1.9	141	20.9		E 118° 08′ 53.9″ N 43° 20′ 34.8″	77
						2	31—66	棕色	轻壤土	块状	8.7	0.7	0.36	0.54		2.0		15.9			
						3	66—150	淡棕色	砂壤土	块状	8.6	6.2	0.37	0.85		2.6		20.7			
剖66	淋溶土	棕壤	生草棕壤	黄黑棕土	少砾质中体黄黑棕土	1	0—25	暗棕色	轻壤土	团粒状	7.5	58.4	2.77	0.85	29.0	2.7	144	26.5		E 118° 09′ 12.6″ N 43° 20′ 07.8″	84
						2	25—61	棕色	砂壤土	团粒状	7.8	50.1	2.28	0.92		2.1		19.4			
剖67	钙层土	栗钙土	暗栗钙土	石灰暗栗土	多砾质薄体石灰暗栗土	1	0—30	棕色	轻壤土	块状	8.5	32.6	2.06	0.93	26.3	1.8	68	19.3		E 118° 19′ 46.1″ N 43° 24′ 41.0″	83
						2	30—														
剖68	淋溶土	棕壤	生草棕壤	黄棕土	轻度侵蚀黄棕土	1	0—24	黄棕色	轻壤土	团块状	7.6	39.1	2.36	0.86	23.0	2.9	101	13.8		E 118° 08′ 37.3″ N 43° 19′ 58.4″	97
						2	24—51	棕色	轻壤土	块状	7.8	8.9	0.55	0.79		3.1		18.8			
						3	51—145	黄棕色	轻壤土	块状	8.0	8.3	0.50	0.78		2.7		18.6			
剖69	半淋溶土	灰色森林土	生草灰色森林土	暗黄灰土	多砾质薄体暗黄灰土	1	0—19	灰棕色	轻壤土	团块状	7.5	89.3	4.81	1.25	22.0	3.7	252	29.6		E 118° 06′ 07.2″ N 43° 17′ 26.9″	89
剖70	钙层土	栗钙土	草甸栗钙土	古城废堤栗土	古城废堤栗土	1	0—24	淡棕色	紧砂土	碎屑状	8.2	17.3	1.44	0.70	29.0	3.2	82	10.6	古代沉积物、古城废堤	E 118° 10′ 54.8″ N 43° 16′ 09.1″	92
						2	24—53	棕色	紧砂土	碎屑状	8.3	44.0	0.79	0.90	26.4			14.0			
						3	53—85	暗黄棕色	砂壤土	块状	8.4	18.4	1.11	1.34	29.3			16.9			
						4	85—114	黑黄色	砂壤土	块状	8.1	62.2	1.19	3.56	28.4			28.9			
						5	114—150	黑棕色	紧砂土	粒状	8.4	20.8	1.09	1.25	31.3			15.4			
剖71	钙层土	栗钙土	暗栗钙土	砂暗栗土	中度砂砂化砂质暗栗土	1	0—17	棕色	细砂土	块状										E 118° 26′ 30.1″ N 43° 19′ 10.2″	77
						2	17—71	淡棕色	轻壤土	块状											
						3	71—150	淡黄棕色	细砂土	块状											
剖72	钙层土	栗钙土	暗栗钙土	砂暗栗土	重度砂砂化暗栗土	1	0—25	棕色	轻壤土	块状										E 118° 28′ 01.9″ N 43° 18′ 14.4″	78
						2	25—57	淡棕色	轻壤土	块状											
						3	57—145	淡棕色	轻壤土	块状											

克什克腾旗

主要土类说明

风沙土是克什克腾旗主要土壤类型，占本旗地域面积的31%。风沙土发生于半干旱、干旱漠境地区及滨海地区，是在风沙移动堆积形成的多种形态的风沙沉积物上发育的初育土。由于成土时间短暂，该土壤无剖面发育，具C、（A）-C或A-C剖面构型，反映了风沙移动堆积与固定的不同阶段。

黑钙土是克什克腾旗第二大土壤类型，占本旗地域面积的21%。黑钙土主要分布在熔岩台地、中山山地坡脚及浑圆山顶部。自然植被为以禾本科为主的草甸草原类型，主要有线叶菊、地榆、唐松草、委陵菜、黄芩、野苜蓿等。成土母质主要为黄土、砂黄土以及各种基岩风化物。黑钙土剖面由腐殖质层、舌状过渡层、钙积层和母质层构成。腐殖质层富含有机质，具团粒状至粒状结构，植物根系密集。母质层有大量碳酸钙淀积，剖面黏化现象不明显。根据碳酸钙淀积深度和地下水位，本旗黑钙土分为淋溶黑钙土、黑钙土、石灰性黑钙土、草甸黑钙土等亚类。

灰色森林土是克什克腾旗第三大土壤类型，占本旗地域面积的21%。灰色森林土是在温带森林草原植被下发育的土壤类型。自然植被主要为白桦、山杨、地榆、唐松草、芍药、黄芩、委陵菜等。成土母质为花岗岩、安山岩、粗面岩、玄武岩等的残积物和坡积物。灰色森林土剖面由薄的凋落物层、深厚的腐殖质层、硅粉淀积层和褐色铁锰聚积层构成。凋落物层一般厚3—5cm，由木本植物的枯枝落叶和草本植物的残体组成。腐殖质层呈灰黑色，平均厚度为41.3cm，植物根系分布较多，具粒状结构。硅粉淀积层一般出现在约50cm深处，多呈灰黄棕色，在石块和土粒结构体表面覆有白色二氧化硅粉末及不明显的铁锰胶膜。硅粉淀积层下为附着铁锰胶膜的母岩半风化物层。全剖面呈微酸性至中性。本旗灰色森林土分为暗灰色森林土、灰色森林土等亚类。

栗钙土占本旗地域面积的21%，主要分布在本旗东南部。自然植被为典型的草原类型，以羊草、大针茅、糙隐子草、冰草等为主。成土母质主要为残积物、坡积物、黄土、砂黄土、冲积物和湖积物。栗钙土剖面由腐殖质层、钙积层和母质层构成，剖面分化明显。根据气候条件、碳酸钙淀积深度和地下水位，本旗栗钙土分为暗栗钙土、草甸栗钙土等亚类。

小于本旗地域面积3%的土壤类型有草甸土、粗骨土、沼泽土、棕壤、草甸盐土、潮土。

本区域中心区气候特征

本区域中心区气候特征值
Regional climate characteristics in central area of the region

气候带：中温带亚干旱气候 Climate region: Mid temperate subarid climate	
年平均气温 /℃ Annual average temperature /℃	3.9
年平均最高气温 /℃ Annual average maximum temperature /℃	10.7
年平均最低气温 /℃ Annual average minimum temperature /℃	−2.2
年降水量 /mm Annual precipitation /mm	363
≥10℃的积温 /℃ Daily temperature accumulated in a year（≥10℃）/℃	2701
年日照时数 /h Annual sunshine /h	2965
年平均相对湿度 /% Annual average relative humidity /%	54
干燥度 Dryness	0.66

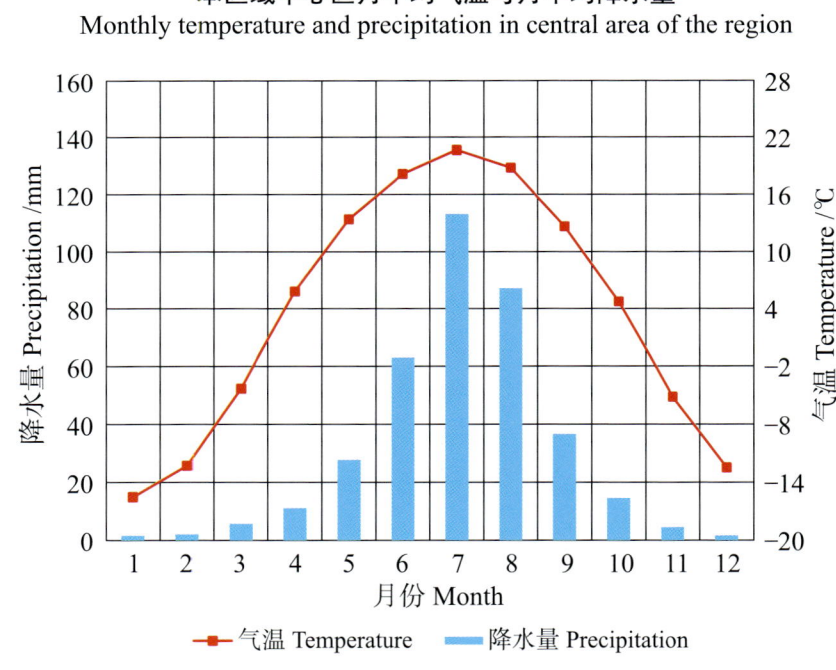

本区域中心区月平均气温与月平均降水量
Monthly temperature and precipitation in central area of the region

克什克腾旗主要土壤类型与土壤剖面点分布图
1：740 000

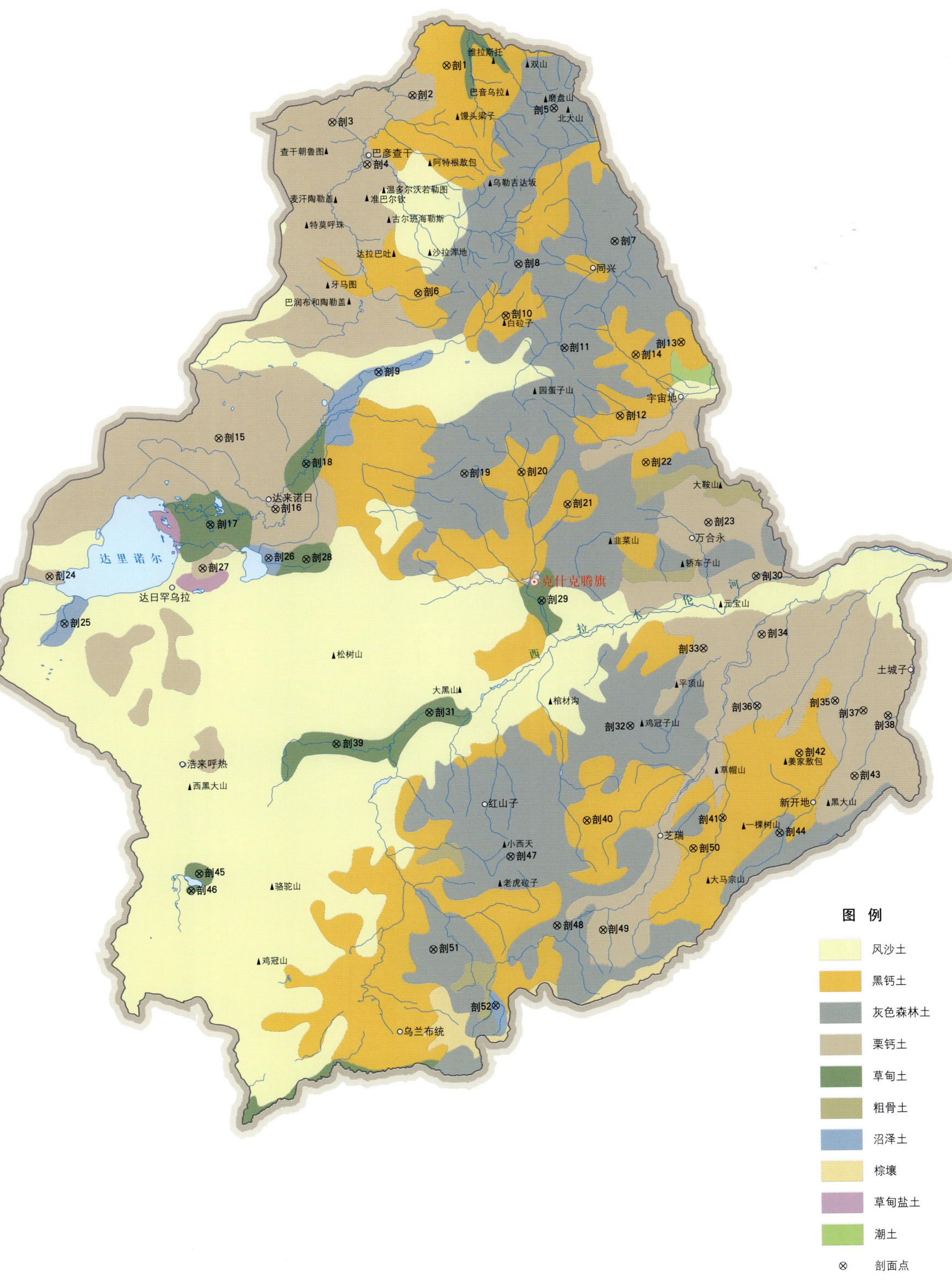

克什克腾旗土壤剖面理化性状表

剖面号 Soil profile	土纲 Soil order	土类 Soil great group	亚类 Soil subgroup	土属 Soil genus	土种 Soil species	土层码 Layer code	土层厚度 Depth/cm	颜色 Soil color	质地 Soil texture	土壤结构 Soil structure	pH	有机质 OM/(g/kg)	全氮 TN/(g/kg)	全磷 TP/(g/kg)	全钾 TK/(g/kg)	有效磷 AP/(mg/kg)	速效钾 AK/(mg/kg)	阳离子交换量CEC/(cmol/kg)	剖面点坐标 Profile coordinate	匹配指数 Matching index/%
剖1	钙层土	黑钙土	黑钙土	中基岩黑钙土	中层中基性岩黑钙土	1	0-42	暗棕色	轻壤土	团块状									E 117°21′06.5″ N 44°03′52.9″	82
						2	42-61	黄棕色	砂壤土	粒状										
						3	61-83													
剖2	钙层土	栗钙土	暗栗钙土	砂化黄暗栗砂土		1	0-53	暗棕色	轻壤土	团块状	8.1	26.1	1.36	0.77	31.2	3.0	105	16.3	E 117°16′31.4″ N 44°01′03.7″	100
						2	53-113	浅黄棕色	轻壤土	团块状	8.6	5.1	0.26	0.46	31.9			8.9		
						3														
剖3	钙层土	栗钙土	暗栗钙土	深位白干土	厚层深位白干土	1	0-35	暗棕色	砂壤土	团块状	7.1	22.8	1.08	0.49	30.6	4.0	124	8.9	E 117°05′50.6″ N 43°58′32.2″	94
						2	35-66	黑棕色	轻壤土	块状	7.6	20.3	0.88	0.50	27.0			10.8		
						3	66-144	灰白棕色	中壤土	块状	7.9	11.8	0.42	0.50	19.7			4.6		
						4	144-150		砂土											
剖4	钙层土	栗钙土	草甸栗钙土	冲栗淤土	砂壤质栗淤土	1	0-19	浅灰棕色	轻壤土	团块状	8.0	18.3	0.86	0.73	31.7	4.0	149	17.2	E 117°10′27.8″ N 43°54′31.7″	73
						2	19-97	暗棕色	中壤土	团块状	7.6	22.5	0.86	0.93	31.2			22.9		
						3	97-134	暗灰棕色	中壤土	团块状	7.6	16.7	0.65	0.88	31.0			17.1		
剖5	半淋溶土	灰色森林土	灰色森林土	酸性岩黑灰土	酸性岩厚体少砾质湖淤土	1	0-3												E 117°35′19.0″ N 43°59′42.7″	76
						2	3-39	黑棕色	轻壤土	粒状										
						3	39-84	暗棕色	轻壤土	团块状										
						4	84-94													
剖6	钙层土	黑钙土	黑钙土	冲黑钙土	轻壤质砾体冲黑钙土	1	0-20	棕色	轻壤土	团块状									E 117°17′02.8″ N 43°42′13.3″	71
						2	20-85	暗棕色	轻壤土	团块状										
						3	85-110													
剖7	半淋溶土	灰色森林土	灰色森林土	山地灰砂土	薄层山地灰黑砂土	1	0-2												E 117°43′08.8″ N 43°47′02.4″	77
						2	2-29	黑棕色	砂壤土	粒状	7.0	49.2	1.63	0.61	32.3			12.6		
						3	29-60	暗黄棕色	砂土	团块状	6.5	16.6	0.62	0.38	28.9			7.5		
						4	60-136		砂土											
剖8	半淋溶土	灰色森林土	暗灰色森林土	酸性岩暗黑灰土	酸性岩厚体砾质暗黑灰土	1	0-3												E 117°30′23.4″ N 43°44′56.0″	99
						2	3-68	暗棕色	重壤土	团粒状	4.8	38.5	1.82	1.39	30.6			26.9		
						3	68-93	灰黄棕色	重壤土	块状	5.2	61.8	3.12	3.25	19.3			32.4		
						4	93-110													
剖9	水成土	沼泽土	草甸沼泽土	灰黑冲湖淤土	薄层灰黑冲湖淤土	1	0-13	暗灰棕色	砂壤土	块状									E 117°11′43.4″ N 43°34′44.0″	71
						2	13-39	暗棕色	砂土	无明显结构										
剖10	钙层土	黑钙土	黑钙土	冲黑钙土	通体砂壤质冲黑钙土	1	0-34	黑棕色	砂壤土	粒状	8.7	7.6	0.60	0.42	35.0	5.0	109	8.9	E 117°28′32.2″ N 43°39′46.8″	93
						2	34-110	黑棕色	砂壤土	团块状	8.3	3.4	0.84	0.50	34.1			13.0		
						3														
剖11	半淋溶土	灰色森林土	暗灰色森林土	山地中层黑灰砂土	山地中层暗黑灰土	1	0-5												E 117°36′18.4″ N 43°36′52.9″	91
						2	5-38	黑棕色	轻壤土	团块状	6.6	72.2	1.52	0.65	18.5			19.6		
						3	38-73	灰黄棕色	轻壤土	粒状	6.0	13.6	1.69	2.29	34.8			8.7		
						4	73-92													
剖12	钙层土	黑钙土	黑钙土	酸性岩黑钙土		1	0-28	暗棕色	砂壤土	粒状									E 117°43′31.1″ N 43°30′23.8″	95
						2	28-58	棕色	砂砾土	无明显结构										
						3	58-89	黄棕色	砂砾土	无明显结构										
剖13	钙层土	黑钙土	黑钙土	中基岩黑钙土	薄层中基性岩黑钙土	1	0-27	暗棕色	轻壤土	团块状	7.3	63.2	2.16	1.18	13.9	4.0	133	23.5	E 117°51′43.7″ N 43°37′18.1″	82
						2	27-61	棕色	轻壤土	团块状	7.2	21.8	1.20	1.30	12.0	3.0	121	20.6		
						3	61-73													

续表 Continued

剖面号 Soil profile	土纲 Soil order	土类 Soil great group	亚类 Soil subgroup	土属 Soil genus	土种 Soil species	土层码 Layer code	土层厚度 Depth/cm	颜色 Soil color	质地 Soil texture	土壤结构 Soil structure	pH	有机质 OM/(g/kg)	全氮 TN/(g/kg)	全磷 TP/(g/kg)	全钾 TK/(g/kg)	有效磷 AP/(mg/kg)	速效钾 AK/(mg/kg)	阳离子交换量CEC/(cmol/kg)	剖面点坐标 Profile coordinate	匹配指数 Matching index/%
剖14	钙层土	黑钙土	黑钙土	冲黑钙土	砂壤质砾底冲黑钙土	1	0–30	棕色	砂壤土	团块状	8.0	11.0	0.55	0.54	34.1	6.0	155		E 117°45′41.8″ N 43°36′10.1″	93
						2	30–85	暗棕色	砂壤土	团块状	7.2	17.2	0.78	0.64	34.2			17.1		
						3	85–110													
剖15	钙层土	栗钙土	暗栗钙土	黄暗栗钙土	中度侵蚀黄暗栗钙土	1	10–20		轻壤土		7.8	16.1	0.79	0.61	17.7	3.0	117	12.5	E 116°50′35.7″ N 43°28′35.4″	75
						2	40–50		轻壤土		8.5	5.8	0.27	0.79	30.8					
						3	90–100		轻壤土		8.5	6.0	0.27	0.79	14.7			12.3		
剖16	钙层土	栗钙土	草甸栗钙土	冲栗淤土	轻壤质砂底栗甸淤土	1	0–40	暗棕色	中壤土	团块状									E 116°58′01.6″ N 43°21′46.1″	75
						2	40–55	黑灰色	轻壤土	团块状										
						3	55–152	暗黄棕色	砂土	粒状										
剖17	半水成土	草甸土	盐化草甸土	壤质盐化草甸土		1	0–24	暗棕色	轻壤土	块状									E 116°49′26.0″ N 43°20′18.6″	86
						2	24–58	灰黄棕色	中壤土	块状										
						3	58–120	灰黄棕色	中壤土	块状										
剖18	半水成土	草甸土	石灰性草甸土	石灰冲淤土	轻壤质砾体石灰冲淤土	1	0–33	暗棕色	砂壤土	团粒状	8.3	16.3	0.97	1.00	35.2		102	7.0	E 117°02′04.9″ N 43°26′06.0″	71
						2	33–45		中壤土	团块状	8.2	8.8	0.48	0.67	37.2			8.5		
						3	45–95													
剖19	半淋溶土	灰色森林土	灰色森林土	酸性岩黑灰土	酸性岩薄体多砾黑灰土	1	0–2												E 117°22′54.1″ N 43°25′01.9″	97
						2	2–25	棕色	砂壤土	团块状	7.0	38.4	1.49	0.45	34.9		116	6.5		
						3	25–60	暗棕色	中壤土	团块状	6.5	25.5	1.29	0.20	29.5			5.6		
剖20	钙层土	黑钙土	黑钙土	砂黄岩黑钙土	薄层砂黄质黑钙土	1	0–28	暗棕色	中壤土	团块状	7.7	8.5	0.45	0.67	29.1	3.0	116	12.9	E 117°30′25.9″ N 43°25′07.7″	89
						2	28–89	浅棕色	轻壤土	块状	8.2	5.7	0.64	0.60	29.0	2.0	121	9.0		
						3	89–132	浅棕色	砂壤土	粒状	8.0	6.0	0.25	0.78	20.6			12.8		
剖21	钙层土	黑钙土	黑钙土	砂黄质黑钙土	厚层砂黄质黑钙土	1	0–64	暗棕色	轻壤土	团块状									E 117°36′26.3″ N 43°21′59.8″	82
						2	64–83	灰棕色	轻壤土	块状										
						3	83–110	浅棕色	轻壤土	团块状										
						4	110–148	暗棕色	中壤土	团块状										
剖22	钙层土	黑钙土	黑钙土	中基性岩黑钙土	厚层中基性岩黑钙土	1	0–63	黑棕色	轻壤土	团块状									E 117°46′49.4″ N 43°25′55.9″	95
						2	63–82	暗棕色	轻壤土	团块状										
						3	82–121		轻壤土	团块状										
剖23	钙层土	栗钙土	暗栗钙土	黄暗栗钙土	黄岭栗砂土	1	0–31	暗棕色	中壤土	团块状		12.3	0.71	0.63	27.0	3.0		17.4	E 117°54′54.4″ N 43°20′03.8″	77
						2	31–64	灰黄棕色	重壤土	团块状		7.8	0.38	0.69	27.3			15.5		
						3	64–141	暗黄棕色	重壤土	块状		4.2	0.28	0.79	26.4			11.9		
剖24	钙层土	栗钙土	暗栗钙土	砂质冲暗栗土		1	0–30	浅棕色	砂土	团块状									E 116°28′17.7″ N 43°15′24.1″	99
						2	30–75	暗棕色	砂壤土	团块状										
						3	75–115	暗棕色	砂壤土	团块状										
剖25	沼泽土	泥炭沼泽土	冲湖积泥炭沼泽土	中层冲湖积泥炭沼泽土		1	0–19	暗棕色	中壤土	块状	6.1	125.2	5.25	1.46	46.5			8.6	E 116°30′15.1″ N 43°10′56.3″	89
						2	19–37	暗灰棕色	重壤土	无明显结构	6.0	75.4	2.97	0.99	31.0			7.6		
						3	37–65	暗灰色	重壤土	无明显结构	6.5	32.1	1.51	0.71	20.2			3.7		
剖26	水成土	沼泽土	泥炭沼泽土	冲湖积泥炭沼泽土		1	0–18	棕色	砂壤土	团块状									E 116°57′03.6″ N 43°17′06.7″	78
						2	18–38	暗棕色	轻壤土	团块状										
						3	38–92	暗灰色												
剖27	钙层土	栗钙土	草甸栗钙土	冲栗淤土	中厚砂化栗淤土	1	0–25	黑棕色	砂壤土	团块状									E 116°48′23.8″ N 43°16′10.2″	78
						2	25–126	暗棕色	砂壤土	块状										
						3	126–148													

续表 Continued

剖面号 Soil profile	土纲 Soil order	土类 Soil great group	亚类 Soil subgroup	土属 Soil genus	土种 Soil species	土层码 Layer code	土层厚度 Depth/cm	颜色 Soil color	质地 Soil texture	土壤结构 Soil structure	pH	有机质 OM/(g/kg)	全氮 TN/(g/kg)	全磷 TP/(g/kg)	全钾 TK/(g/kg)	有效磷 AP/(mg/kg)	速效钾 AK/(mg/kg)	阳离子交换量CEC/(cmol/kg)	剖面点坐标 Profile coordinate	匹配指数 Matching index/%
剖28	半水成土	草甸土	盐化草甸土	砂质盐化草甸土		1	0—6	暗灰黄色	砂壤土	团块结构	9.8	74.8	4.81	1.58	32.8	23.0	338	15.4	E 117° 02′ 00.2″ N 43° 16′ 58.1″	74
						2	6—46	白色	砂土	无明显结构	9.6	1.4	0.09	0.22	15.7			1.7		
						3	46—67	白色	砂壤土	无明显结构	8.5	16.2	0.57	0.85	11.3			4.5		
						4	67—146	白色	砂壤土	无明显结构										
剖29	半水成土	草甸土	石灰性草甸土	砂质石灰湖淀土		1	0—3	灰棕色	砂土	粒状									E 117° 32′ 50.6″ N 43° 12′ 49.7″	86
						2	3—58	紫棕色	砂土	粒状										
						3	58—100	紫棕色	砂土	粒状										
剖30	钙层土	栗钙土	暗栗钙土	砂砾岩暗栗钙土		1	0—24	浅灰棕色	中壤土	团块状	7.7	13.6	0.70	0.70	27.4	4.0	84	13.8	E 118° 01′ 03.0″ N 43° 14′ 52.4″	74
						2	24—59	暗灰棕色	中壤土	团块状		8.2	0.40	0.67	21.7			9.9		
剖31	半水成土	草甸土	石灰性草甸土	砂质石灰冲湖淀土		1	0—6	暗灰棕色	砂土	粒状									E 117° 17′ 56.8″ N 43° 02′ 16.1″	85
						2	6—36	灰棕色	砂土	粒状										
						3	36—45	黑棕色	砂土	块状										
						4	45—143	灰黄色	砂土	块状										
剖32	半淋溶土	灰色森林土	灰色森林土	酸性岩黑钙土	酸性岩中体少砾顶黑灰土	1	0—6	暗灰棕色	轻壤土	粒状	6.8	78.9	2.74	1.71	29.9			41.9	E 117° 44′ 10.7″ N 43° 00′ 46.8″	76
						2	6—32	暗棕色	重壤土	块状	7.0	66.1	2.98	1.52	31.8			35.4		
						3	32—67													
						4	67—80													
剖33	钙层土	栗钙土	暗栗钙土	中基性岩暗栗钙土		1	0—30	黄棕色	中壤土	团块状	7.7	4.1	0.34	0.73	31.3	2.0	103	15.3	E 117° 53′ 58.6″ N 43° 08′ 04.2″	92
						2	30—60		砂土	粒状										
剖34	钙层土	栗钙土	暗栗钙土	冲暗栗土	轻壤质冲暗栗土	1	0—19	灰棕色	轻壤土	块状		3.4	0.54	0.34	26.4	2.6	80	8.5	E 118° 01′ 37.9″ N 43° 09′ 18.4″	97
						2	19—29		砂土	块状		10.2	0.44	0.58	36.2			11.0		
						3	80—90													
剖35	钙层土	栗钙土	暗栗钙土	冲暗栗土	中度砂化暗栗钙土	1	0—20	浅棕色	砂土	无明显结构									E 118° 11′ 03.5″ N 43° 02′ 51.0″	95
						2	20—73	棕色	砂壤土	团块状	7.5	18.2	0.96	0.73	33.6	4.0	133	11.6		
						3	73—134	暗棕色	轻壤土	团块状	7.7	12.2	0.65	0.68	14.8			8.5		
剖36	钙层土	栗钙土	暗栗钙土	黄暗栗砂土	酸性岩厚层暗栗钙土	1	10—20	暗棕色	中壤土	团块状	8.0	43.3	2.66	0.76	25.3	6.0	111	24.7	E 118° 00′ 50.8″ N 43° 02′ 29.8″	75
						2	55—65	棕色	重壤土	块状	7.9	17.9	1.05	0.58	23.0			18.5		
剖37	钙层土	栗钙土	暗栗钙土	酸性岩暗栗钙土	酸性岩厚层少砾暗栗钙土	1	0—26	浅黄棕色	砂土	粒状									E 118° 14′ 43.8″ N 43° 01′ 50.5″	86
						2	26—62	暗黄棕色	砂壤土	团块状										
						3	62—80		砂土	团块状										
剖38	钙层土	栗钙土	暗栗钙土	砂质夹砾淀土	厚层黄黑钙土	1	0—38	棕色	轻壤土	块状	7.7	5.5	0.28	0.50	35.2	4.0	113	6.3	E 118° 17′ 57.1″ N 43° 01′ 18.6″	91
						2	38—69	棕色	砾石土	块状	8.4	3.8	0.27	0.48	36.0			6.0		
						3	69—100	暗棕色	轻壤土	块状	8.9	46.3	3.03	1.47	22.3	8.0	380	16.8		
剖39	半水成土	草甸土	石灰性草甸土	砂壤质石灰冲湖淀土		1	0—46	黄棕色	砂土	团块状									E 117° 05′ 44.9″ N 42° 59′ 20.4″	80
						2	46—94	暗棕色	轻壤土	块状										
剖40	钙层土	黑钙土	黑钙土	黄黑钙土		1	0—60	暗棕色	轻壤土	块状									E 117° 38′ 20.0″ N 42° 51′ 43.9″	97
						2	60—67	棕色	轻壤土	块状										
						3	67—110	暗棕色	轻壤土	块状										
剖41	钙层土	黑钙土	黑钙土	侵蚀黄黑钙土		1	0—34	棕色	轻壤土	块状									E 117° 56′ 01.3″ N 42° 51′ 47.2″	86
						2	34—68	黄棕色	中壤土	团块状	6.9	12.9	0.69	0.60	24.4	5.0	112	17.9		
						3	68—142	暗棕色	中壤土	团块状	7.4	15.1	0.63	0.59	29.6			17.4		
剖42	钙层土	黑钙土	黑钙土	黄黑钙土	薄层黄黑钙土	1	0—24	黄棕色	中壤土	块状	7.9	4.2	0.22	0.59	30.8			13.1	E 118° 06′ 13.1″ N 42° 57′ 52.7″	81
						2	24—87	黄棕色	中壤土	块状	7.8	9.5	0.40	0.62	30.1	8.0	160	9.3		
						3	87—145	暗棕色	中壤土	团块状										
剖43	钙层土	栗钙土	暗栗钙土	黄暗栗钙土	黄暗栗土	1	0—38	浅棕色	中壤土	团块状	7.5	9.4	0.41	0.60	32.2			14.9	E 118° 13′ 22.2″ N 42° 55′ 34.3″	85
						2	38—130													

续表 Continued

剖面号 Soil profile	土纲 Soil order	土类 Soil great group	亚类 Soil subgroup	土属 Soil genus	土种 Soil species	土层码 Layer code	土层厚度 Depth/cm	颜色 Soil color	质地 Soil texture	土壤结构 Soil structure	pH	有机质 OM/(g/kg)	全氮 TN/(g/kg)	全磷 TP/(g/kg)	全钾 TK/(g/kg)	有效磷 AP/(mg/kg)	速效钾 AK/(mg/kg)	阳离子交换量CEC/(cmol/kg)	剖面点坐标 Profile coordinate	匹配指数 Matching index/%
剖44	半淋溶土	灰色森林土	灰色森林土	山地灰砂土	中层山地灰黑砂土	1	0—3	黑棕色	砂壤土	团粒状	6.4	38.4	1.37	0.59	31.1			13.3	E 118° 03′ 26.3″ N 42° 50′ 15.0″	76
						2	3—34	灰色棕色	砂土	粒状	6.2	24.7	0.86	0.40	26.4			13.1		
						3	34—58													
						4	58—110													
剖45	半水成土	草甸土	草甸土	冲淤土	砂壤质砾底冲淤土	1	0—23	暗棕色	砂壤土	团块状	7.5	42.2	1.81	0.93	32.2	3.0	76	22.5	E 116° 47′ 42.7″ N 42° 46′ 59.5″	86
						2	23—63	黑	砂壤土	团块状	6.6	28.9	1.56	0.75	20.3			16.2		
						3	63—90													
剖46	半水成土	草甸土	草甸土	冲淤土	砂质夹砾冲淤土	1	0—28	暗棕色	砂土	团块状	6.9	23.0	1.11	0.66	31.5	4.0	56	13.9	E 116° 46′ 37.9″ N 42° 45′ 21.2″	70
						2	28—50	灰黄棕色	砂壤土	团块状	6.7	3.4	0.13	0.24	30.4			4.9		
						3	50—85	暗灰色	砂土	团块状										
						4	85—130													
剖47	半淋溶土	灰色森林土	暗灰色森林土	山地暗黑砂土	山地厚层暗黑灰砂土	1	0—4												E 117° 28′ 19.2″ N 42° 48′ 21.2″	81
						2	4—78	黑棕色	砂壤土	团粒状	5.8	67.3	1.27	0.72	19.3			16.7		
						3	78—124	暗棕色	砂壤土	团块状	6.2	17.9	0.85	0.50	18.4			10.4		
						4	124—143	浅棕色	砂土	无明显结构										
剖48	半淋溶土	灰色森林土	灰色森林土	山地灰砂土	厚层山地灰黑砂土	1	0—2												E 117° 34′ 14.0″ N 42° 41′ 41.0″	93
						2	2—68	暗灰棕色	砂壤土	粒状	8.3	4.7	0.16	0.64	29.2	3.0	108	12.6		
						3	68—100	棕色	砂壤土	粒状	8.4	11.0	0.46	0.72	29.3			15.2		
						4	100—140	浅黄棕色	砂壤土	粒状	7.8	4.0	0.12	0.64	29.2			10.3		
剖49	钙层土	栗钙土	暗栗钙土	黄暗栗钙土	重度侵蚀暗栗土	1	0—37	暗棕色	中壤土	团块状	7.2	21.5	0.94	0.62	28.4	4.0	152	12.3	E 117° 40′ 12.7″ N 42° 41′ 13.2″	90
						2	37—72	灰黄棕色	轻壤土	团块状	7.3	4.5	0.22	0.47	12.0	4.0	145	8.9		
						3	72—94	浅黄棕色	轻壤土	块状	7.0	3.2	0.20	0.67	14.0			14.3		
剖50	钙层土	黑钙土	黑钙土	砂黄质黑钙土	中层砂黄质黑钙土	1	0—48	暗棕色	轻壤土	团块状									E 117° 52′ 09.1″ N 42° 48′ 54.0″	95
						2	48—75	灰黄棕色	轻壤土	团块状										
						3	75—126	浅黄棕色	轻壤土	块状										
剖51	半淋溶土	灰色森林土	暗灰色森林土	酸性岩暗暗灰土	酸性岩中体少砾质暗黑灰土	1	0—2												E 117° 18′ 05.4″ N 42° 39′ 33.5″	100
						2	2—14	黑棕色	中壤土	粒状	7.1	115.4	5.66	1.44	18.3			42.0		
						3	14—53	灰黑色	轻壤土	团块状	6.3	78.4	3.51	1.43	29.7			29.1		
						4	53—61													
剖52	水成土	沼泽土	草甸沼泽土	灰黑冲淤土	薄层灰黑冲淤土	1	0—20	黑色	砂壤土	块状		47.8	1.40	0.40	19.1	8.0	168	6.0	E 117° 26′ 05.9″ N 42° 34′ 11.6″	89
						2	20—60	暗灰色	轻壤土	块状		49.6	1.44	0.43	30.3			8.9		

翁 牛 特 旗

主要土类说明

风沙土是翁牛特旗主要土壤类型，占本旗地域面积的46%。风沙土发生于半干旱、干旱漠境地区及滨海地区，是在风沙移动堆积形成的多种形态的风沙沉积物上发育的初育土。由于成土时间短暂，该土壤无剖面发育，具C、（A）-C或A-C剖面构型，反映了风沙移动堆积与固定的不同阶段。

栗钙土是翁牛特旗第二大土壤类型，占本旗地域面积的38%。自然植被为干草原植被，主要有羊草、大针茅、狼针草、披碱草、赖草、冰草、寸草、冷蒿、兴安胡枝子、百里香、狼毒、山杏等。成土母质为各种基岩风化物、黄土、砂黄土及冲积物。成土过程主要为腐殖质累积过程和钙积过程。栗钙土剖面由腐殖质层、钙积层和母质层构成。但本旗栗钙土钙积层深厚，多数厚度在150cm以下，故剖面构型多为A-B，很少见到母质层。腐殖质层多呈栗色或浅棕色，厚20—50cm，有机质含量为10—15g/kg。钙积层出现部位较高，多紧接在腐殖质层之下，一般出现在18—30cm深处，碳酸钙淀积形态多为假菌丝状或粉末状，含量一般为60—80g/kg。本旗栗钙土分为粗骨性栗钙土、暗栗钙土、栗钙土、草甸栗钙土等亚类。

草甸土是翁牛特旗第三大土壤类型，占本旗地域面积的9%。草甸土主要分布在本旗东部的甸子地和丘间洼地，河流两岸的河漫滩和低阶地也有分布。自然植被以中生草甸植物为主，常见的有苤苤草、蕨麻等，常伴生少量的芦苇、稗草等喜湿性植物。成土母质以冲积物为主，还有少量的砂土和湖积物。地下水位一般小于3m，本旗东部的草甸土带地下水位小于1.5m。成土过程主要为腐殖质累积过程和氧化还原过程。草甸土剖面由腐殖质层、锈色斑纹层和潜育层构成。根据腐殖质累积情况和盐化现象，本旗草甸土分为山地草甸土、浅色草甸土、盐化草甸土等亚类。

小于本旗地域面积3%的土壤类型有棕壤、黑钙土、沼泽土、灰色森林土、潮土。

本区域中心区气候特征

本区域中心区气候特征值
Regional climate characteristics in central area of the region

气候带：中温带亚干旱气候 Climate region: Mid temperate subarid climate	
年平均气温 /℃ Annual average temperature /℃	6.5
年平均最高气温 /℃ Annual average maximum temperature /℃	13.4
年平均最低气温 /℃ Annual average minimum temperature /℃	0.2
年降水量 /mm Annual precipitation /mm	382
≥10℃的积温 /℃ Daily temperature accumulated in a year (≥10℃) /℃	4518
年日照时数 /h Annual sunshine /h	2909
年平均相对湿度 /% Annual average relative humidity /%	49
干燥度 Dryness	1.03

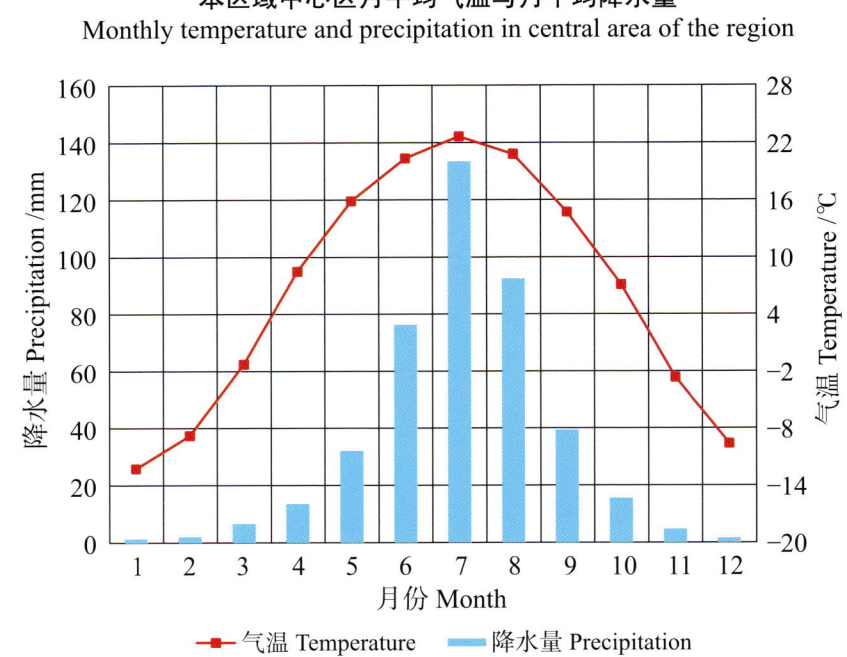

本区域中心区月平均气温与月平均降水量
Monthly temperature and precipitation in central area of the region

翁牛特旗主要土壤类型与土壤剖面点分布图
1:780 000

翁牛特旗土壤剖面理化性状表

剖面号 Soil profile	土纲 Soil order	土类 Soil great group	亚类 Soil subgroup	土属 Soil genus	土种 Soil species	土层码 Layer code	土层厚度 Depth/cm	颜色 Soil color	质地 Soil texture	土壤结构 Soil structure	pH	有机质 OM/(g/kg)	全氮 TN/(g/kg)	全磷 TP/(g/kg)	全钾 TK/(g/kg)	阳离子交换量CEC/(cmol/kg)	土壤母质 Parent material	剖面点坐标 Profile coordinate	匹配指数 Matching index/%
剖1	钙层土	栗钙土	草甸栗钙土	栗淤土	轻壤质黏体栗钙土	1	0—31	棕色	轻壤土	粒状	8.6	14.1	0.85	1.14	23.0	15.5	冲积物	E 118°39′36.7″ N 43°12′21.4″	92
						2	31—70	暗棕色	重壤土	片状	8.7	17.4	0.95	1.05	20.6	18.1			
						3	70—87	暗棕色	重壤土	块状	9.5	10.9	0.69	0.75	19.8				
						4	87—150	灰黄色	重壤土	块状	9.6	8.6	0.56	1.17	28.0				
剖2	初育土	风沙土	固定风沙土	坨沙土	生草坨沙土	1	0—12	棕色	砂土	无明显结构	9.1	7.5	0.75	0.48	19.9	7.8		E 119°15′54.7″ N 43°10′30.7″	90
						2	12—151	浅灰色	砂土	无明显结构	9.1	6.6	0.85	0.53	20.9				
剖3	半水成土	草甸土	盐化草甸土	砂质盐化草甸土	砂质中度盐化草甸土	1	0—20	暗棕色	砂土	无明显结构	9.5	3.2	0.22	0.46	25.2	2.5		E 119°35′31.9″ N 43°13′59.5″	79
						2	20—60	浅棕色	砂土	无明显结构	9.7	12.1	0.73	0.41	22.4	5.4			
						3	60—76	棕色	砂土	无明显结构	8.3	1.3	0.06	0.17	25.0	1.8			
						4	76—90	灰棕色	砂土	无明显结构	7.6	2.1	0.09	0.16	19.3	1.8			
剖4	水成土	沼泽土	腐泥沼泽土	腐泥土	薄层腐泥沼泽土	1	0—20		轻壤土		8.3	59.3	4.21	2.30	23.9	21.9		E 119°50′20.0″ N 43°14′23.6″	76
剖5	钙层土	栗钙土	栗钙土	冲积栗淤土	轻壤质冲积栗钙土	1	0—25	棕色	轻壤土	团块状	8.6	13.7	0.69	0.85	22.8	7.8	冲积物	E 118°29′04.9″ N 43°05′32.6″	99
						2	25—65	棕色	轻壤土	粒状	8.6	10.8	0.84	0.95	24.8	8.8			
						3	65—148	暗棕色	中壤土	粒状	8.4	7.8	1.33		24.2				
剖6	钙层土	栗钙土	栗钙土	泥质暗黄栗土		1	0—17	棕色	轻壤土	团块状	8.3	13.1	0.68	0.53	17.2	5.3	泥页岩残积物、坡积物	E 118°27′52.2″ N 43°00′05.0″	82
剖7	淋溶土	棕壤	棕壤	暗黑棕土	少砾质中体暗黑棕土	1	0—3	黑棕色	轻壤土	团粒状	7.6	96.7	4.53	1.33	22.7	21.3		E 118°39′32.4″ N 43°04′26.7″	88
						2	3—31	暗黄棕色	砂土	团粒状	6.9	18.9	0.40	0.49	23.9	18.0			
						3	31—52		中壤土	粒状									
剖8	淋溶土	棕壤	棕壤	黄棕土	中度侵蚀黄棕土	1	0—46	棕色	轻壤土	团块状	6.9	14.1	0.73	0.67	21.8	18.5	黄土	E 118°34′06.6″ N 43°01′09.5″	82
						2	46—84	暗棕色	中壤土	块状	6.4	5.7	0.31	0.77	18.9	11.5			
						3	84—143	暗棕色	砂土	粒状	6.3	2.9	0.20	0.63	21.2				
剖9	半水成土	草甸土	浅色草甸土	河淤土	砂质河淤土	1	0—20	暗棕色	砂土	无明显结构	9.0	31.9	1.21	0.95	20.9	5.8		E 119°29′50.6″ N 43°06′22.7″	94
						2	20—50	棕色	砂土	无明显结构	8.9	1.7	0.21	0.29	19.0	3.2			
						3	50—120	黑棕色	砂土	块状	8.8	11.6	0.63	0.68	20.4	6.5			
剖10	半水成土	草甸土	浅色草甸土	河淤土	砂质河淤土	1	0—18	棕色	砂壤土	块状	9.2	12.5	0.80	0.63	20.4	8.7		E 119°37′29.6″ N 43°01′20.6″	85
						2	18—56	棕色	砂土	块状	9.0	8.8	0.16	0.48	22.8	7.1			
						3	56—90	棕色	砂土	块状	9.2	7.6	0.23	0.52	21.2	9.6			
剖11	淋溶土	棕壤	生草棕壤	暗黄栗土	重度侵蚀栗黄土	1	0—20	棕色	轻壤土	团块状	6.9	17.7	0.91	0.73	21.6	17.3	泥岩、页岩残积物或坡积物	E 118°23′24.3″ N 42°55′33.4″	70
剖12	钙层土	栗钙土	栗钙土	栗黄土		1	0—30	棕色	中壤土	块状	8.8	4.6	0.34	0.88	23.0	6.6	黄土	E 118°25′32.9″ N 42°54′57.6″	88
						2	30—150	浅黄棕色	轻壤土	块状	8.7	6.0	0.35	1.01	23.3				
剖13	淋溶土	棕壤	生草棕壤	暗黄黑棕土	多砾质薄体暗黄黑棕土	1	0—25	黑棕色	轻壤土	粒状	7.0	26.5	1.10	0.75	19.0	13.2	玄武岩残积物、坡积物	E 118°18′40.7″ N 42°50′07.1″	93
剖14	钙层土	栗钙土	草甸栗钙土	栗淤土	轻壤砂化栗淤土	1	0—30	棕色	砂壤土	细粒状	8.7	12.9	0.73	0.89	20.4	11.5	冲积物	E 118°58′42.6″ N 42°57′22.7″	89
						2	30—110	黑棕色	重壤土	块状	9.1	14.7	0.84	1.35	21.4	19.6			
						3	110—150	棕色	砂壤土	细粒状	9.2	7.9	0.52	0.61	20.4				
剖15	钙层土	栗钙土	栗钙土	冲栗灌淤土	砂壤栗灌淤体冲积栗灌淤土	1	0—35	浅棕色	砂壤土	团块状	8.7	7.1	0.47	0.77	17.2	8.6	冲积物	E 118°57′05.0″ N 42°50′10.0″	73
						2	35—76	浅棕色	中壤土	团块状	8.6	16.0	1.09	1.26	17.8	14.9			
						3	76—120	暗灰棕色	轻壤土	团块状	8.5	16.0	0.64	0.78	17.7				
						4	120—152	浅棕色	中壤土	团块状	8.6	9.6	0.37	0.78	17.2				

续表 Continued

剖面号 Soil profile	土纲 Soil order	土类 Soil great group	亚类 Soil subgroup	土属 Soil genus	土种 Soil species	土层码 Layer code	土层厚度 Depth/cm	颜色 Soil color	质地 Soil texture	土壤结构 Soil structure	pH	有机质 OM/(g/kg)	全氮 TN/(g/kg)	全磷 TP/(g/kg)	全钾 TK/(g/kg)	阳离子交换量CEC/(cmol/kg)	土壤母质 Parent material	剖面点坐标 Profile coordinate	匹配指数 Matching index/%
剖面16	半水成土	草甸土	盐化草甸土	壤质盐化草甸土	壤质轻度盐化草甸土	1	0—15	棕色	轻壤土	块状	9.1	12.4	0.74	0.64	22.2	11.2		E 119°02′28.3″ N 42°57′35.3″	81
						2	15—45	暗棕色	轻壤土	块状	8.6	14.5	0.91	0.69	29.7	15.2			
						3	45—150	暗灰棕色	轻壤土	块状	8.5	13.4	0.82	0.70	28.7	7.5			
剖面17	半水成土	草甸土	盐化草甸土	壤质盐化草甸土	壤质中度盐化草甸土	1	0—23	暗棕色	轻壤土	团粒状	10.3	8.6	0.56	0.61	24.1	5.4		E 119°08′24.0″ N 42°56′33.7″	78
						2	23—90	暗棕色	砂土	团粒状	9.3	2.1	0.17	0.44	20.4				
						3	90—120	青灰色	砂土	团状	9.1	9.0	0.60	0.85	26.2				
						4	120—150	青灰色	壤土	块状	8.9	14.0	0.86	1.23	27.2	8.0			
剖面18	半水成土	草甸土	浅色草甸土	河淤土	轻壤质河淤土	1	0—20	浅棕色	轻壤土	团粒质	8.8	7.7	0.47	0.58	20.6	8.9		E 119°03′41.6″ N 42°55′25.0″	71
						2	20—50	棕灰色	轻壤土	团粒状	8.8	10.6	0.63	1.10	20.6	8.9			
						3	50—84	灰白色	壤土	团块状	8.9	12.6	0.38	1.04	24.4	8.0			
						4	84—116	灰黄棕色	重壤土	团块状	8.9	6.7	0.70	0.72	20.2				
剖面19	半水成土	草甸土	盐化草甸土	砂质盐化草甸土	砂质重度盐化草甸土	1	0—26	灰黄棕色	砂土	块状	9.6	5.7	0.30	0.63	24.4	4.0		E 119°10′09.7″ N 42°54′22.4″	70
						2	26—55	浅棕色	砂土	块状	9.3	2.7	0.14	0.55	20.2	6.8			
						3	55—95	棕色	砂土	块状	9.0	5.9	0.29	0.61	21.9	8.9			
						4	95—115	暗黄棕色	壤土	块状	8.8	20.3	1.12	1.42	23.4				
						5	115—150	暗黄棕色	砂土	无明显结构	9.2	2.8	0.19	0.45	23.4	5.4			
剖面20	初育土	风沙土	固定风沙土	岗沼沙土	生草岗沼沙土	1	0—38	棕色	砂土	无明显结构	9.1	5.5	0.39	0.50	19.0			E 119°14′35.8″ N 42°53′58.6″	99
						2	38—56	灰黄色	砂土	无明显结构	9.0	5.7	0.39	0.59	18.6	4.0			
						3	56—148	灰棕色	砂土	无明显结构	9.1	1.6	0.90	0.42	20.2	3.0			
剖面21	半水成土	草甸土	浅色草甸土	河砂土	通体砂质河砂土	1	0—15	棕色	砂土	团块状	9.6	11.6	0.52	0.45	22.1	20.6	风积物	E 119°34′20.3″ N 42°51′23.4″	80
						2	15—50	灰棕色	砂土	团块状	8.8	0.4	0.64	0.38	20.4	12.5			
剖面22	钙层土	黑钙土	淋溶黑钙土	山地黑钙土	中层山地暗黑钙土	1	0—34	暗棕色	中壤土	粒状	6.4	57.5	2.73	1.77	24.6	14.6	玄武岩残积物、坡积物	E 117°58′30.3″ N 42°43′29.6″	81
						2	34—45	棕色	中壤土	团粒状	6.0	38.2	1.95	0.90	24.9	12.4			
剖面23	钙层土	黑钙土	石灰性黑钙土	石灰性黄黑土	薄层石灰性黄黑土	1	0—22	暗棕色	轻壤土	团粒状	8.5	23.9	1.53	1.02	20.8	11.2		E 118°11′46.0″ N 42°47′59.6″	92
						2	22—41	棕色	中壤土	块状	8.4	13.1	0.86	0.86	18.7				
						3	41—80	浅棕色	中壤土	块状	8.6	7.2	0.43	0.79	17.7	15.0			
						4	80—150	棕色	中壤土	块状	8.4	7.6	0.49	1.02	17.7	15.4			
剖面24	半淋溶土	黑钙土	黑钙土	黄黑土	薄层黄黑土	1	0—24	棕色	中壤土	粒状	7.8	19.2		0.69	20.8	2.4	黄土	E 118°10′14.1″ N 42°47′53.8″	77
						2	24—46	黄灰棕色	中壤土	块状	7.8	5.6	0.51	0.93	19.7	7.3			
						3	46—69	棕色	中壤土	块状	8.5	4.9			18.7				
						4	69—150	灰棕色	中壤土	块状	8.5	8.1			20.8				
剖面25	半淋溶土	灰色森林土	灰色森林土	山地黑灰土	中层山地黑灰土	1	0—34	黑棕色	轻壤土	粒状	7.2	98.4	4.32	2.26	24.8	43.0	玄武岩残积物、坡积物	E 118°00′58.3″ N 42°40′55.2″	90
						2	38—38	黑棕色	中壤土	团粒状	7.3	54.6	2.64	1.08	23.9	23.8			
剖面26	半淋溶土	灰色森林土	生草灰色森林土	山地黑灰土	中层山地黑灰土	1	0—38	暗棕色	中壤土	团粒状	6.4	15.6	0.74	0.58	21.8	10.0	玄武岩残积物、坡积物	E 118°16′18.8″ N 42°49′20.3″	70
						2	38—104	棕色	中壤土	粒状									
						3	104—126												
剖面27	淋溶土	棕壤	钙积棕壤	钙积黄棕土	中度侵蚀钙积黄棕土	1	0—33	棕色	轻壤土	块状	8.3	12.9	0.71	0.47	28.0	7.9		E 118°21′36.7″ N 42°48′59.8″	99
						2	33—80	黄棕色	中壤土	块状	8.5	3.8	0.28	0.93	19.7	3.3			
						3	80—150	浅棕色	中壤土	粒状	8.2	3.3	0.25	0.63	20.6				
剖面28	淋溶土	棕壤	生草棕壤	暗黄棕壤	少砾质中体暗黄棕壤	1	0—29	暗棕色	中壤土	粒状	6.0	19.3	0.89	0.63	21.2	16.0	玄武岩残积物、坡积物	E 118°16′52.2″ N 42°48′16.2″	79
						2	29—54	浅棕色	中壤土	团块状	6.4	5.4	0.38	0.67	23.5	12.1			

续表 Continued

剖面号 Soil profile	土纲 Soil order	土类 Soil great group	亚类 Soil subgroup	土属 Soil genus	土种 Soil species	土层码 Layer code	土层厚度 Depth/cm	颜色 Soil color	质地 Soil texture	土壤结构 Soil structure	pH	有机质 OM/(g/kg)	全氮 TN/(g/kg)	全磷 TP/(g/kg)	全钾 TK/(g/kg)	阳离子交换量CEC/(cmol/kg)	土壤母质 Parent material	剖面点坐标 Profile coordinate	匹配指数 Matching index/%
剖29	钙层土	栗钙土	草甸栗钙土	栗淤土	轻壤质栗淤土	1	0–38	浅棕色	轻壤土	团粒状	8.6	12.1	0.70	0.93	20.8	10.7	冲积物	E 118°23′34.4″ N 42°47′08.5″	99
						2	38–76	棕色	中壤土	团块状	8.6	20.5	1.20	1.38	22.4	15.9			
						3	76–105	浅棕色	中壤土	团块状	8.8	7.6	0.50	0.78	17.7				
						4	105–150	浅黄棕色	轻壤土	团块状	9.2	2.5	0.21	0.58	17.7				
剖30	钙层土	栗钙土	草甸栗钙土	栗淤土	砂壤质壤体栗淤土	1	0–30	浅黄棕色	砂壤土	团块状	8.5	11.1	0.74	0.93	21.2	14.0	冲积物	E 118°20′18.6″ N 42°46′58.1″	84
						2	30–72	棕色	中壤土	团块状	8.5	16.9	0.96	0.03	24.7	19.2			
						3	72–150	暗棕色	中壤土	团块状	9.3	17.1	1.04	1.06	20.2	15.8			
剖31	钙层土	栗钙土	暗栗钙土	暗栗黄土	中层暗栗黄土	1	0–22	暗棕色	轻壤土	粒状	8.5	16.3	1.05	0.95	20.6	10.5	黄土	E 118°28′17.4″ N 42°44′30.5″	75
						2	22–97	浅棕色	中壤土	块状	8.5	6.3	0.44	0.96	19.7	7.0			
						3	97–145	浅黄棕色	中壤土	块状	8.5	9.1	0.56	0.99	19.7				
剖32	淋溶土	棕壤	生草棕壤	暗黄棕土	少砾质厚体暗黄棕土	1	0–26	黑棕色	中壤土	团粒状	6.7	58.3	2.75	1.18	24.4	17.8	玄武岩残积物、坡积物	E 118°15′10.1″ N 42°44′19.3″	75
						2	26–98	暗黑棕色	中壤土	块状	8.1	29.6	1.44	0.98	25.9	15.4			
						3	98–150	黄黑棕色	中壤土	块状	8.0	11.3	0.60	1.43	24.8				
剖33	钙层土	栗钙土	栗钙土	冲积栗灌淤土	砂壤质冲积栗灌淤土	1	0–53	暗黄棕色	砂壤土	块状	8.9	6.2	0.37	0.79	18.7	3.3	冲积物	E 118°21′13.3″ N 42°40′35.2″	82
						2	59–120	浅黄棕色	砂壤土	块状	8.9	12.0	0.82	1.12	19.9	10.1			
剖34	钙层土	栗钙土	栗钙土	黄栗土	多砾质薄体黄栗土	1	0–20	暗棕色	轻壤土	团块状	8.1	25.7	1.15	0.56	22.0	17.7	酸性岩残积物、坡积物	E 118°44′17.2″ N 42°47′25.1″	89
剖35	钙层土	栗钙土	暗栗钙土	暗栗黄土	薄层暗栗黄土	1	0–15	暗棕色	中壤土	团块状	8.4	20.5	0.68	0.93	21.5	14.5	黄土	E 118°32′53.5″ N 42°44′55.0″	82
						2	15–110	浅棕色	中壤土	块状	8.4	10.9	0.67	0.99	19.7	8.9			
						3	110–150	浅棕色	中壤土	块状	8.0	7.2	0.60	0.90	20.2				
剖36	半淋溶土	灰色森林土	生草灰色森林土	山地黄灰土	中层侵蚀黄灰土	1	0–24	暗黄棕色	中壤土	团粒状	7.6	15.7	2.48	0.61	19.7	13.9	黄土	E 118°41′53.5″ N 42°44′42.7″	78
						2	24–56	暗棕色	中壤土	块状	7.5	29.5	1.51	0.81	24.4	16.7			
						3	56–88	浅棕色	中壤土	团块状	7.4	6.5	0.42	0.55	23.8	12.2			
						4	88–150	浅棕色	中壤土	粒状	7.5	4.0	0.28	0.66	24.8				
剖37	钙层土	栗钙土	暗栗钙土	暗栗黄土	轻度侵蚀暗栗黄土	1	0–21	棕色	中壤土	粒状	8.6	11.8	0.72	0.75	20.8	1.3	黄土	E 118°30′20.9″ N 42°12′24.5″	71
						2	21–89	浅棕色	中壤土	块状	8.6	4.9	0.27	0.90	22.3	7.2			
						3	89–146	浅棕色	中壤土	块状	8.7	4.7	0.31	0.99	22.8				
剖38	钙层土	栗钙土	暗栗钙土	暗栗黄土	多砾质薄体暗栗黄土	1	0–21	浅棕色	轻壤土	团粒状	8.7	12.6	0.87	0.68	19.6	14.2	玄武岩残积物、坡积物	E 118°33′03.2″ N 42°40′25.0″	72
剖39	钙层土	栗钙土	栗钙土	冲积栗灌淤土	轻壤质冲积栗灌淤土	1	0–37	浅棕色	中壤土	团粒状	8.5	15.3	0.96	1.02	24.8	13.1	冲积物	E 118°56′45.2″ N 42°41′09.6″	87
						2	37–84	浅棕色	中壤土	团块状	8.6	11.4	0.65	0.77	25.8	13.9			
						3	84–141	浅棕色	中壤土	团块状	8.7	5.8	0.44	0.73	25.5				
剖40	钙层土	栗钙土	栗钙土	栗黄土	轻度侵蚀栗黄土	1	0–23	棕色	中壤土	团块状		12.4	0.81	0.35	20.5	8.5	黄土	E 118°53′51.1″ N 42°40′18.6″	97
						2	23–45	浅棕色	中壤土	块状	8.6	5.7	0.53	0.64	22.3				
						3	45–95	浅棕色	中壤土	块状	8.6	5.9	0.38	0.54	20.3				
						4	95–145	浅棕色	中壤土	块状	8.7	4.5	0.29	0.46	17.3				
剖41	钙层土	栗钙土	草甸栗钙土	栗灌淤土	砂壤质壤体栗灌淤土	1	0–23	浅棕色	轻壤土	团块状	8.6	6.6	0.43	0.61	18.6	10.1	黄土	E 118°59′46.0″ N 42°40′18.5″	74
						2	23–82	暗黄棕色	中壤土	团粒状	8.6	11.4	0.70	0.86	20.6	11.8			
						3	82–150	暗黄棕色	中壤土	团块状	8.4	23.3	1.36	1.14	21.9	20.7			
剖42	钙层土	栗钙土	栗钙土	砂黄栗土	轻度砂化砂黄栗土	1	0–7	棕色	砂土	无明显结构	8.6	7.2	0.49	0.79	21.2	8.7	砂黄土	E 119°10′37.2″ N 42°43′09.5″	79
						2	7–98	棕色	砂壤土	团块状	8.7	5.0	0.36	0.81	17.8	3.8			
						3	98–140	浅棕色	砂土	块状	8.6	1.3	0.32	0.76	16.6				
剖43	钙层土	栗钙土	栗钙土	砂黄栗土	中度砂化砂黄栗土	1	0–15	浅黄棕色	砂壤土	团块状	8.6	6.1	0.43	0.67	21.6	12.0	砂黄土	E 119°24′15.8″ N 42°45′07.6″	100
						2	15–50	黄棕色	砂壤土	团块状	8.6	4.1	0.31	0.66	22.6	17.3			
						3	50–150	浅黄棕色	砂壤土	块状	8.7	2.4	0.19		16.6				

续表 Continued

剖面号 Soil profile	土纲 Soil order	土类 Soil great group	亚类 Soil subgroup	土属 Soil genus	土种 Soil species	土层码 Layer code	土层厚度 Depth/cm	颜色 Soil color	质地 Soil texture	土壤结构 Soil structure	pH	有机质 OM/(g/kg)	全氮 TN/(g/kg)	全磷 TP/(g/kg)	全钾 TK/(g/kg)	阳离子交换量 CEC/(cmol/kg)	土壤母质 Parent material	剖面点坐标 Profile coordinate	匹配指数 Matching index/%
剖44	半水成土	草甸土	浅色草甸土	河淤土	中壤质河淤土	1	0~64	灰棕色	中壤土	块状	9.0	7.8	0.50	0.79	19.6	9.1		E 119°29′36.2″ N 42°42′12.2″	85
						2	64~130	灰绿色	中壤土	块状	9.0	6.0	0.33	0.49	20.6	10.1			
剖45	半水成土	草甸土	浅色草甸土	河淤土	砂壤质河淤土	1	0~36	灰黄棕色	砂壤土	块状	9.4	8.3	0.48	0.95	24.9	5.9		E 119°43′29.5″ N 42°47′20.7″	72
						2	36~58	暗黄棕色	砂壤土	块状	8.4	8.7	0.48	1.23	23.7	2.6			
						3	58~62	暗黄棕色	砂壤土	块状	8.5	4.2	1.67	0.96	22.2	4.4			
剖46	钙层土	栗钙土	栗钙土	冲积栗灌淤土	中度砂化冲积栗灌淤土	1	0~20	灰黄色	中壤土	细粉粒	8.8	5.0	0.30	0.29	23.8	9.4	冲积物	E 119°37′50.5″ N 42°44′35.9″	72
						2	20~63	浅黄棕色	重壤土	块状	8.7	7.0	0.45	0.75	25.0				
						3	63~150	暗黄棕色	重壤土	块状	8.7	5.0	0.31	0.94	24.0				
剖47	半水成土	草甸土	浅色草甸土	河淤土	砂质壤体河淤土	1	0~25	灰黄棕色	砂壤土	无明显结构	8.9	13.5	0.77	0.90	20.9	8.3		E 119°35′24.4″ N 42°43′48.0″	80
						2	25~131	暗黄棕色	轻壤土	块状	8.7	25.9	1.48	2.03	25.1	21.6			
剖48	黑钙土	黑钙土	淋溶黑钙土	山地暗黑土	薄层山地暗黑土	1	0~24	暗棕色	中壤土	粒状	6.6	20.8	2.49	0.96	20.5	12.0	玄武岩残积物、坡积物	E 117°55′60.0″ N 42°38′40.4″	96
						2	24~42	棕色	中壤土	粒状	6.6	31.8	1.74	0.82	21.1	10.0			
剖49	半水成土	草甸土	山地草甸土	黑钙土	轻壤质黑钙土	1	0~46	暗棕色	轻壤土	粒状	6.0	55.6	2.37	1.15	21.2	28.4		E 117°59′56.6″ N 42°38′31.2″	77
						2	46~90	暗棕色	中壤土	粒状	6.1	32.2	1.32	0.81	25.3				
						3	90~147	黑棕色	中壤土	团粒状	5.8	28.0	1.63	0.84	24.5				
剖50	钙层土	栗钙土	暗栗钙土	暗栗土	少砾质中体暗栗土	1	0~26	暗红棕色	中壤土	块状	8.4	11.0	0.69	0.36	24.0	17.7	玄武岩残积物、坡积物	E 118°27′26.2″ N 42°38′23.6″	86
						2	26~28	棕色	中壤土	块状	8.4	6.0		0.25	23.0	17.1			
剖51	钙层土	栗钙土	草甸栗钙土	栗淤土	砂壤质栗淤土	1	0~67	暗灰棕色	砂壤土	团块状	8.7	10.0	0.64	0.73	20.4	10.4	冲积物	E 118°42′27.0″ N 42°38′28.3″	75
						2	67~115	暗灰棕色	中壤土	团块状	8.8	8.2	0.50	0.69	20.4				
剖52	钙层土	栗钙土	栗钙土	栗黄土	栗黄土	1	0~30	浅棕色	轻壤土	团块状	8.6	7.2	0.46	0.81	20.8	7.5	黄土	E 118°47′42.0″ N 42°39′28.8″	96
						2	30~48	浅棕色	中壤土	团块状	8.6	6.3	0.36	0.85	20.6	7.6			
						3	48~112	浅棕色	中壤土	团块状	8.8	4.7	0.29	0.83	20.8				
						4	112~140	浅棕色	中壤土	团粒状	8.8	6.1	0.37	0.88	22.3				
剖53	钙层土	栗钙土	栗钙土	冲积栗灌淤土	轻壤质砂底冲积栗灌淤土	1	0~29	棕色	轻壤土	团块状	8.6	11.2	0.66	0.89	21.2	7.9	冲积物	E 118°54′27.0″ N 42°38′21.5″	81
						2	29~75	棕色	砂壤土	团块状	8.7	9.8	0.52	0.92	21.8	5.4			
						3	75~100	浅棕色	砂壤土	团块状	8.6	3.1	0.76	1.05	23.3				
						4	100~146	浅棕色	砂壤土	团块状	8.7	11.7	0.69	0.81	21.8				
剖54	钙层土	栗钙土	栗钙土	冲积栗灌淤土	砂质壤底冲积栗灌淤土	1	0~30	浅棕色	砂土	块状	8.8	6.5	0.40	0.76	18.5	9.1	冲积物	E 117°57′10.1″ N 42°35′02.4″	97
						2	30~85	浅棕色	砂壤土	团块状	8.8	6.3	0.40	0.81	18.5	9.1			
						3	85~130	浅棕色	砂壤土	团块状	9.2	5.2	0.32	0.79	19.7				
剖55	钙层土	栗钙土	草甸栗钙土	栗灌淤土	轻壤质栗灌淤土	1	0~30	暗灰棕色	轻壤土	团粒状	8.8	11.0	0.76	0.75	21.4	8.6		E 118°47′53.6″ N 42°39′51.8″	79
						2	30~70	暗灰棕色	砂壤土	团块状	9.2	18.7	1.26	0.99	22.9	13.3			
						3	70~100	暗灰棕色	砂壤土	团块状	9.0	7.7	0.42	0.64	22.7	12.0			
						4	110~120	中壤土			9.0	10.1	0.60	0.75	21.2				
剖56	半水成土	草甸土	浅色草甸土	河淤土	砂壤质砂底河淤土	1	0~40	暗棕色	砂壤土	团团块状	9.1	14.9	0.67	0.71	22.3	9.3		E 120°15′41.0″ N 42°38′21.5″	81
						2	40~64	暗黄棕色	中壤土	团块状	6.3	8.3	0.53	0.55	25.2	7.6			
						3	64~87	棕色	砂壤土	团块状	9.1	13.7	0.64	0.82	22.7	14.3			
						4	87~150	暗棕色	中壤土	块状	8.8	15.3	0.77	0.91	24.9				
剖57	半水成土	草甸土		河淤土	中壤质砂体河淤土	1	0~30	暗棕色	砂壤土	团块状	8.7	33.3	2.02	1.98	25.9	22.2		E 120°20′43.2″ N 43°21′05.8″	92
						2	30~110	暗棕色	砂壤土	团块状	8.8	33.2	1.98	1.91	17.8	11.6			
剖58	半水成土	草甸土	浅色草甸土	河淤土	轻壤质河淤土	1	0~26	灰黄色	轻壤土	块状	8.9	11.7	0.71	1.02	23.5	12.0		E 120°40′20.2″ N 43°21′35.3″	73
						2	26~58	灰黄色	中壤土	块状	8.9	12.4	0.75	1.06	18.8	15.9			
						3	58~80	浅灰黄色	轻壤土	块状	8.9	8.8	0.53	0.90	20.4	11.1			

续表 Continued

剖面号 Soil profile	土纲 Soil order	土类 Soil great group	亚类 Soil subgroup	土属 Soil genus	土种 Soil species	土层码 Layer code	土层厚度 Depth/cm	颜色 Soil color	质地 Soil texture	土壤结构 Soil structure	pH	有机质 OM/(g/kg)	全氮 TN/(g/kg)	全磷 TP/(g/kg)	全钾 TK/(g/kg)	阳离子交换量 CEC/(cmol/kg)	土壤母质 Parent material	剖面点坐标 Profile coordinate	匹配指数 Matching index/%
剖59	水成土	沼泽土	草甸沼泽土	潴育土	薄层潴育土	1	0—9	暗棕色	砂壤土	粒状	8.6	83.0	3.80	1.43	20.8	9.3		E 120°12′20.9″ N 43°13′07.3″	100
						2	9—32	暗棕色	轻壤土	粒状	8.5	59.4	2.95	1.08	21.2	3.5			
						3	32—40	暗棕色	砂壤土	粒状	9.0	15.3	0.84	0.54	24.4	2.9			
剖60	初育土	风沙土	固定风沙土	沼沙土	生草沼沙土	1	0—40	浅棕色	砂土	无明显结构	8.7	5.0	0.38	0.30	21.9	2.2		E 120°29′10.7″ N 43°17′48.1″	96
						2	40—148	棕色	砂土	无明显结构	8.8	3.4	0.26	0.28	21.2	6.8			
剖61	半水成土	草甸土	盐化草甸土	砂质盐化草甸土	砂质轻度盐化草甸土	1	0—25	棕色	砂土	无明显结构	9.5	5.9	0.47	0.31	24.4	5.2		E 120°16′07.7″ N 43°16′28.9″	100
						2	25—60	暗棕色	轻壤土	粒状	8.8	16.3	0.87	0.79	20.8	15.4			
						3	60—90	棕色	砂土	无明显结构	9.0	5.5	0.32	0.43	20.4	7.0			

喀 喇 沁 旗

主要土类说明

棕壤是喀喇沁旗主要土壤类型，占本旗地域面积的 60%。棕壤分布在本旗西部、南部的中低山地和中北部的低山丘陵，上接山地黑土，下接褐土。自然植被多为落叶阔叶林和针阔叶混交林，阔叶林以山杨、白桦、黑桦为主，针叶林主要为人工栽植的油松、落叶松、云杉等。成土母质主要为花岗岩、片麻岩、安山岩、玄武安山岩、砂岩、砂砾岩等基岩的风化残积物和坡积物，还有少量的黄土、黄土状母质及近代河流洪冲积物。成土过程具体表现为表层具有强烈的有机质累积过程，心土层具有明显的淋溶淀积过程。本旗棕壤分为棕壤、生草棕壤、潮棕壤、粗骨性棕壤等亚类。

褐土是喀喇沁旗第二大土壤类型，占本旗地域面积的 35%。褐土广泛分布在本旗中东北部海拔 900m 以下的浅山丘陵和黄土丘陵，上接棕壤。本旗褐土以石灰性褐土亚类为主，河流两岸的一级阶地多为潮褐土亚类，在棕壤和褐土之间的过渡地带零星分布着典型褐土和淋溶褐土两个亚类。自然植被为旱生森林和灌丛草原，主要树种为油松、云杉、侧柏、蒙古栎、山杏等，灌木主要为荆条、酸枣、鼠李等有刺植物。成土母质多为黄土及黄土状母质，山地土壤多为玄武岩、砂岩、页岩等的残积物和坡积物，河流两岸为近代黄土性冲积物。成土过程主要为褐土化过程，即由于黏粒的淋溶淀积，土体中形成褐色黏化层的过程。根据褐土发育阶段和特性，本旗褐土分为褐土、淋溶褐土、潮褐土、石灰性褐土等亚类。

小于本旗地域面积 3% 的土壤类型有粗骨土、黄绵土、草甸土、黑土。

本区域中心区气候特征

本区域中心区气候特征值
Regional climate characteristics in central area of the region

气候带：中温带亚干旱气候 Climate region: Mid temperate subarid climate	
年平均气温 /℃ Annual average temperature /℃	7.9
年平均最高气温 /℃ Annual average maximum temperature /℃	14.8
年平均最低气温 /℃ Annual average minimum temperature /℃	2.0
年降水量 /mm Annual precipitation /mm	416
≥ 10℃的积温 /℃ Daily temperature accumulated in a year（≥ 10℃）/℃	4468
年日照时数 /h Annual sunshine /h	2826
年平均相对湿度 /% Annual average relative humidity /%	51
干燥度 Dryness	1.15

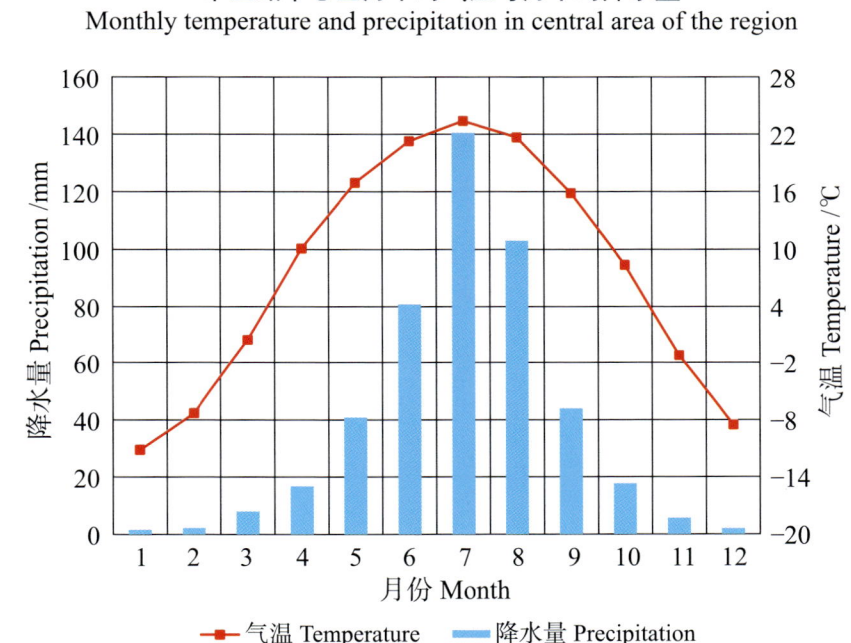

本区域中心区月平均气温与月平均降水量
Monthly temperature and precipitation in central area of the region

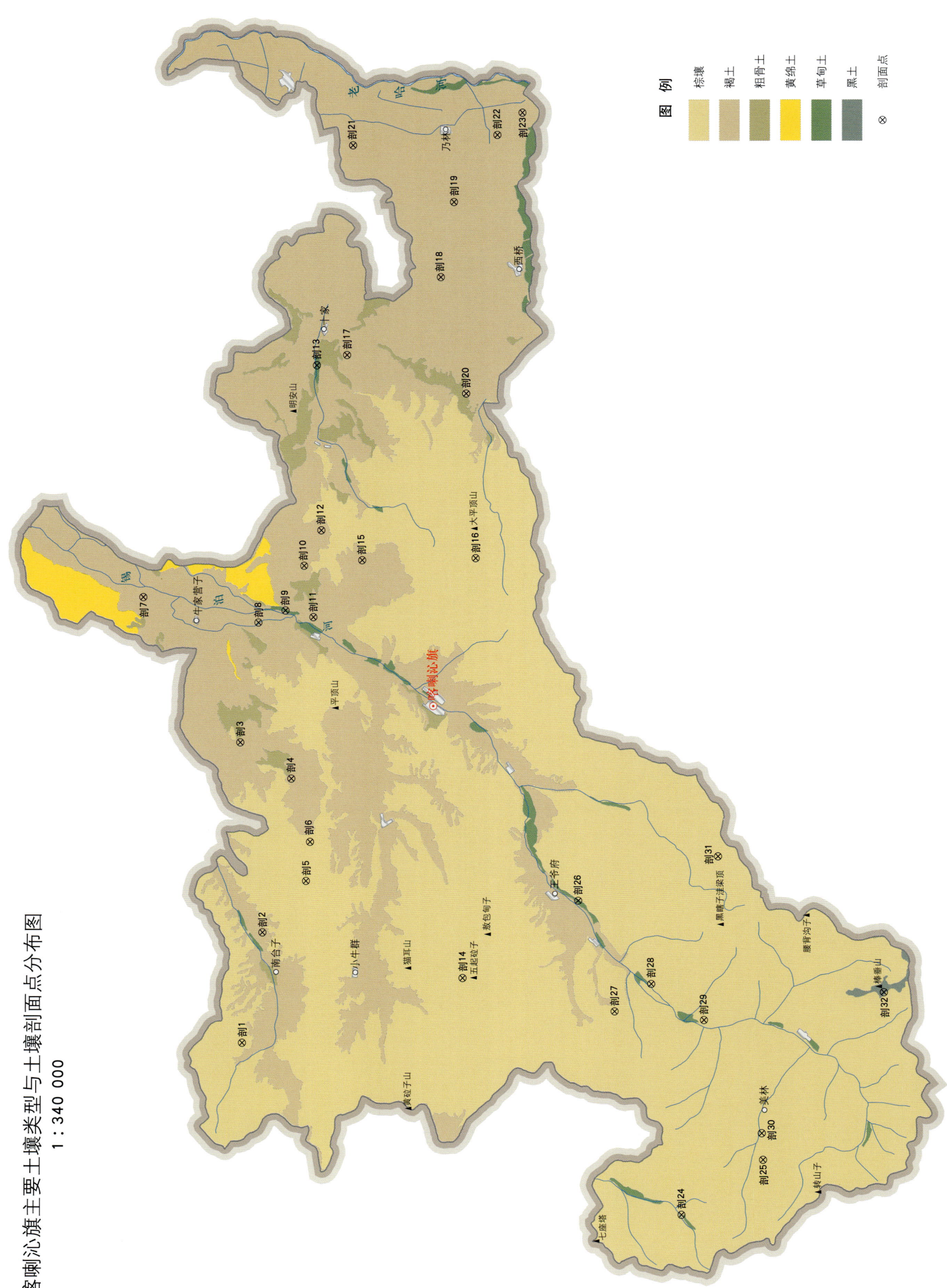

喀喇沁旗土壤剖面理化性状表

剖面号 Soil profile	土纲 Soil order	土类 Soil great group	亚类 Soil subgroup	土属 Soil genus	土种 Soil species	土层码 Layer code	土层厚度 Depth/cm	颜色 Soil color	质地 Soil texture	土壤结构 Soil structure	pH	有机质 OM/(g/kg)	全氮 TN/(g/kg)	全磷 TP/(g/kg)	全钾 TK/(g/kg)	阳离子交换量CEC/(cmol/kg)	土壤母质 Parent material	剖面点坐标 Profile coordinate	匹配指数 Matching index/%
剖1	淋溶土	棕壤	生草棕壤	棕黄土	轻度侵蚀棕黄土	1	0—27	浅棕色	中壤土	粒状	6.8	19.8	1.01	0.30	9.7	13.0	黄土	E 118°21′42.5″ N 42°04′32.9″	88
						2	27—37	暗黄棕色	中壤土	片状	7.7	18.6	0.97	0.28	8.3	13.0			
						3	37—54	暗黄棕色	中壤土	块状	7.6	15.5	0.72	0.27	7.9	16.0			
						4	54—105	棕色	重壤土	核状									
剖2	半淋溶土	褐土	淋溶褐土	褐黄土	轻度侵蚀褐黄土	1	0—23	灰棕色	中壤土	粒状	8.1	7.7	0.46	0.13	21.4	17.0	黄土	E 118°28′19.6″ N 42°03′33.5″	79
						2	23—90	棕色	中壤土	块状	8.5	7.3	0.45	0.12	11.5	18.0			
						3	90—150	浅灰棕色	重壤土	块状	8.3	7.8	0.36	0.16	15.1	19.0			
剖3	半淋溶土	褐土	石灰性褐土	砂灰褐土	少砾质中体砂灰褐土	1	0—19	暗黄棕色	砂壤土	粒状	8.9	9.9	0.52	0.64	7.0	13.0	砂岩、砂砾岩、页岩等松散岩石风化物	E 118°39′49.0″ N 42°04′25.3″	87
						2	19—26	红棕色	中壤土	粒状	8.6	7.6	0.39	0.38	21.5	9.5			
						3	26—41	浅黄色	中壤土	块状	9.0	8.7	0.37	0.43	25.4	6.3			
剖4	半淋溶土	褐土	石灰性褐土	多石灰褐红土	轻度侵蚀多石灰褐红土	1	0—20	暗棕色	重壤土	块状	8.7	7.2	0.43	0.60	12.2	18.2	红土	E 118°37′35.4″ N 42°02′09.6″	75
						2	20—35	暗红色	重壤土	核块状	8.4	5.5	0.31	0.30	7.3	18.9			
						3	35—96	红棕色	重壤土	团块状	8.6	5.4	0.30	0.14	10.0	14.7			
						4	96—150	暗红棕色	重壤土	核状	8.3	3.0	0.21	0.36	9.3	16.4			
剖5	淋溶土	棕壤	潮棕壤	潮棕淀土	中壤质潮棕淀土	1	0—25	暗棕灰色	中壤土	粒状	8.0	20.1	1.01	0.83	22.4	18.5	洪冲积物	E 118°31′26.0″ N 42°01′34.0″	100
						2	25—40	棕灰色	中壤土	粒状	7.9	28.3	1.21	1.01	24.3	20.5			
						3	40—150	暗栗色	中壤土	粒状	8.0	31.9	1.60	1.57	23.2	18.0			
剖6	淋溶土	棕壤	生草棕壤	棕红土	轻度侵蚀棕红土	1	0—18	暗灰棕色	中壤土	核状	7.8	9.5	0.57	0.65	26.5	12.8	红土	E 118°33′46.1″ N 42°01′21.4″	86
						2	18—55	红棕色	重壤土	块状	7.6	6.7	0.39	0.55	22.1	12.5			
						3	55—150	红棕色	中壤土	核状	7.1	2.8	0.21	0.49	6.1	12.4			
剖7	半淋溶土	褐土	潮褐土	褐潦砂土	少砾质体褐潦砂土	1	0—29	暗棕色	轻壤土	屑粒状							洪冲积物	E 118°48′41.0″ N 42°08′40.6″	90
						2	29—35	暗棕色	轻壤土	屑粒状									
						3	35—107	暗棕色	轻壤土	块状									
						4	107—150	暗棕色	轻壤土	块状									
剖8	半淋溶土	褐土	潮褐土	褐潦土	中壤质褐潦土	1	0—23	黑棕色	中壤土	屑粒状	8.5	29.3	1.01	1.03	17.3	14.0	冲积物	E 118°47′01.3″ N 42°03′31.0″	92
						2	23—80	暗棕色	中壤土	核状	8.5	19.5	1.56	1.17	14.0	21.5			
						3	80—150	浅棕色	中壤土	块状	8.4	20.0	1.02	1.14	5.3	22.5			
剖9	半淋溶土	草甸土	灰色草甸土	洪冲积草甸土	砂壤质草甸土	1	0—20	暗棕色	砂壤土	粒状	7.6	10.5	0.58	0.64	20.3	8.1	冲积物	E 118°47′42.4″ N 42°02′17.2″	75
						2	20—100	灰棕色	砂壤土	粒状	7.0	7.6	5.32	0.83	10.8	9.1			
剖10	半淋溶土	褐土	褐土	褐黄土	中度侵蚀褐黄土	1	0—15	棕色	中壤土	粒状	8.1	8.4	0.46	0.67	17.0	16.6	黄土	E 118°50′21.1″ N 42°01′24.6″	99
						2	15—46	暗棕色	中壤土	块状	7.5	6.6	0.35	0.77	21.8	15.8			
						3	46—75	暗棕色	中壤土	核状	7.1	7.8	0.36	0.64	23.8	18.0			
						4	75—150	黄棕色	中壤土	块状	8.7	3.1	0.16	0.34	20.7	14.3			
剖11	半淋溶土	褐土	潮褐土	褐潦砂土	少砾质体褐潦砂土	1	0—22	黄棕色	轻壤土	屑粒状	8.4	14.3	0.78	0.19	11.2	19.0	洪积物	E 118°47′16.8″ N 42°01′02.3″	75
						2	22—40	暗红棕色	重壤土	块状	8.1	12.1	0.67	0.23	7.1	21.5			
剖12	半淋溶土	褐土	褐土	褐红土	轻度侵蚀褐红土	1	0—20	红棕色	重壤土	块状	8.6	10.2	0.49	0.20	8.9	24.0	红土	E 118°52′27.5″ N 42°00′36.4″	70
						2	20—62	红棕色	重壤土	粒状	9.2	12.9	0.73	1.22	23.6	8.8			
						3	62—150	灰棕色	中壤土		9.2	11.3	0.57	1.21	27.0	7.0			
剖13	半水成土	草甸土	盐化草甸土	盐化草甸土	轻度盐化草甸土	2	18—26	灰黄色	中壤土	块状	8.9	4.6	0.26	0.83	22.2	8.3	冲积物	E 119°02′21.6″ N 42°00′38.8″	74
						3	26—94	浅灰棕色	中壤土	块状	8.5	16.0	0.76	1.52	25.0	6.6			
						4	94—122	棕灰色	重壤土	团块状									
						5	122—150	暗灰色	中壤土	团块状	8.6	9.3	0.47	1.03	26.4	12.0			

续表 Continued

剖面号 Soil profile	土纲 Soil order	土类 Soil great group	亚类 Soil subgroup	土属 Soil genus	土种 Soil species	土层码 Layer code	土层厚度 Depth/cm	颜色 Soil color	质地 Soil texture	土壤结构 Soil structure	pH	有机质 OM/(g/kg)	全氮 TN/(g/kg)	全磷 TP/(g/kg)	全钾 TK/(g/kg)	阳离子交换量CEC/(cmol/kg)	土壤母质 Parent material	剖面点坐标 Profile coordinate	匹配指数 Matching index/%
剖14	淋溶土	棕壤	生草棕壤	黄黑砂土	少砾质中体黄黑棕砂土	1	0—11	暗灰色	轻壤土	粒状	7.3	40.3	1.97	0.34	10.2	23.0	砂岩、砂砾岩，页岩等风化残积物	E 118°25′25.0″ N 41°54′34.9″	96
						2	11—23	浅灰棕色	中壤土	团粒状	7.3	35.1	1.66	0.38	9.1	23.5			
						3	23—49	浅棕色	中壤土	粒状	7.2	35.7	1.73	0.38	9.6	21.5			
剖15	半淋溶土	褐土	石灰性褐土	灰褐土	少砾质中体灰褐砂土	1	0—16	黄褐色	轻壤土	粒状	8.7	22.1	1.16	1.54	20.1	13.0	酸性岩风化残积物、坡积物	E 118°50′36.6″ N 41°58′48.0″	76
						2	16—52	黄褐色	轻壤土	粒状	8.6	22.5	1.13	1.35	9.6	12.5			
剖16	淋溶土	棕壤	生草棕壤	黄黑棕壤	少砾质中体黄黑棕壤土	1	0—16	黑褐色	中壤土	粒状	7.7	57.5	2.48	0.73	15.7	19.4	酸性岩风化残积物、坡积物	E 118°50′35.2″ N 41°53′41.3″	79
						2	16—36	暗褐色	中壤土	团块状	7.3	26.3	1.05	0.42	11.5	13.4			
						3	36—55	棕色	重壤土	核状	5.8	11.4	0.53	0.26	15.9	10.3			
剖17	半淋溶土	褐土	石灰性褐土	多石灰褐黄土	重度侵蚀多石灰褐黄土	1	0—39	暗黄棕色	轻壤土	粒状	8.7	25.1	1.18	0.93	22.1	16.1	黄土、黄土状母质	E 119°02′56.4″ N 41°59′16.8″	78
						2	39—84	浅灰黄色	中壤土	块状	8.3	8.7	0.50	0.31	19.1	10.3			
						3	84—150	灰黄色	中壤土		8.6	7.3	0.39	1.01	18.3	10.5			
剖18	半淋溶土	褐土	石灰性褐土	多石灰褐黄土	轻度侵蚀多石灰褐黄土	1	0—23	灰黄棕色	轻壤土	团块状	8.1	17.1	0.82	0.18	21.5	25.5	黄土、黄土状母质	E 119°07′27.1″ N 41°54′59.0″	92
						2	23—75	暗黄棕色	中壤土	块状	8.8	6.0	0.36	0.13	13.6	19.5			
						3	75—150	暗黄棕色	重壤土	块状	8.8	6.6	0.33	0.12	18.8	22.5			
剖19	半淋溶土	褐土	石灰性褐土	多石灰褐黄土	中度侵蚀多石灰褐黄土	1	0—18	暗黄棕色	重壤土	粒状	8.7	10.8	0.54	0.59	22.3	15.0	黄土、黄土状母质	E 119°11′56.8″ N 41°54′18.0″	88
						2	18—69	灰黄棕色	重壤土	块状	8.7	9.0	0.47	0.64	14.8	15.0			
						3	69—150	暗黄棕色	中壤土	粒状	8.7	5.8	0.32	0.93	19.8	11.0			
剖20	半淋溶土	褐土	石灰性褐土	褐黄砂土	少砾质中体褐黄砂土	1	0—20	暗棕色	中壤土	粒状	7.6	27.8	1.30	0.23	18.8	18.5	基性岩风化残积物、坡积物	E 119°00′28.6″ N 41°53′57.6″	71
						2	20—40	暗棕色	中壤土	块状	7.9	12.3	0.57	0.12	16.4	18.5			
						3	40—60	棕色	中壤土	粒状	7.8	12.2	0.53	0.10	19.1	17.0			
剖21	半淋溶土	褐土	淋溶褐土	暗褐土	少砾质中体暗灰褐土	1	0—9	棕褐色	轻壤土	粒状	8.5	21.2	1.12	0.85	23.4	12.5	冲积物	E 119°15′29.3″ N 41°58′46.9″	79
						2	9—43	棕褐色	中壤土	块状	8.4	23.7	1.35	0.95	19.2	16.0			
剖22	半淋溶土	褐土	潮褐土	褐潮土	少砾质中体砾灰棕土	1	0—30	棕褐色	轻壤土	粒状	8.8	9.9	0.54	0.79	17.2	8.3	冲积物	E 119°15′51.8″ N 41°52′17.0″	75
						2	30—79	浅灰棕色	砂壤土	团块状	8.7	6.2	0.37	0.63	18.9	6.5			
						3	79—116	棕色	砂壤土	块状	8.8	8.2	0.57	0.65	22.5	7.5			
						4	116—150	暗棕色	砂壤土	块状	8.8	12.3	0.62	0.86	32.1	9.5			
剖23	半淋溶土	褐土	潮褐土	褐潮土	砂壤质中体黄褐砂土	1	0—20	黄褐色	轻壤土	无明显结构	8.9	5.5	0.29	0.73	21.8	3.5	冲积物	E 119°17′08.2″ N 41°51′07.5″	87
						2	20—105	暗黄棕色	砂壤土	屑粒状	8.8	9.8	0.41	0.74	12.6	7.5			
						3	105—150	浅黄棕色	砂壤土	无明显结构									
剖24	淋溶土	棕壤	潮棕壤	潮棕淀土	轻壤质中体潮黄棕土	1	0—20	暗棕色	轻壤土	团粒状	6.3	18.6	0.72	0.83	20.7		洪冲积物	E 118°11′10.7″ N 41°44′51.7″	86
						2	20—50	暗棕色	轻壤土	粒状	7.2	17.4	0.81	0.75	26.0	9.5			
						3	50—75	棕色	中壤土	块状						21.0			
剖25	淋溶土	棕壤	生草棕壤	黑棕砂土	少砾质中体暗黑棕砂土	1	0—3	暗棕色	中壤土	团粒状	6.6	79.6	3.32	1.05	15.5	12.5	砂岩、砂砾岩、岩状残积物、坡积物	E 118°14′21.5″ N 41°41′10.3″	82
						2	3—20	暗棕色	中壤土	团块状	6.6	25.2	0.96	0.58	12.3	11.5			
						3	20—40	棕色	中壤土	粒状	7.6	20.0	0.96	0.82	21.8	17.9			
剖26	半水成土	草甸土	灰色草甸土	洪冲积草甸土	轻壤质中体潮黄草甸土	1	0—20	黄褐色	中壤土	粒状	6.8	15.7	0.63	0.89	18.2	22.0	冲积物	E 118°29′57.5″ N 41°49′20.6″	81
						2	20—65	深灰色	轻壤土	粒状	6.5	37.7	1.53	0.70	24.7	22.5			
						3	65—125	暗棕色	中壤土	粒状	7.2	18.6	0.72	0.83	20.7	22.0			
剖27	淋溶土	棕壤	生草棕壤	暗黄棕壤	少砾质中体暗棕砂土	1	0—18	浅灰棕色	轻壤土	团粒状	6.9	17.4	0.81	0.75	26.0	22.0	玄武岩残积物、坡积物	E 118°23′16.8″ N 41°47′46.0″	97
						2	18—34	棕色	中壤土	粒状	7.6	12.7	0.63	1.05	15.5	15.0			
						3	34—49	棕色	中壤土	粒状	7.6	5.8	0.28	1.85	17.7	12.5			
剖28	淋溶土	棕壤	潮棕壤	潮棕淀土	砂壤质中体砂黄黑棕土	1	0—30	黄褐色	砂壤土	粒状	7.6	25.0	1.09	0.26	23.9	16.5	洪冲积物	E 118°24′53.6″ N 41°46′06.6″	75
						2	30—110	浅黄棕色	砂壤土	粒状	7.6	25.0	1.09	0.26	23.9	16.5			
剖29	淋溶土	棕壤	潮棕壤	潮棕淀土	轻壤质中体潮黄棕土	1	0—30	黄褐色	中壤土	粒状	7.6	23.9	1.31	0.38	17.7	15.0	洪冲积物	E 118°22′40.8″ N 41°43′45.5″	86
						2	30—55	黄棕色	中壤土	片状									
						3	55—150	暗棕色	中壤土	块状	8.4	21.3	1.04	0.26	17.0				

续表 Continued

剖面号 Soil profile	土纲 Soil order	土类 Soil great group	亚类 Soil subgroup	土属 Soil genus	土种 Soil species	土层码 Layer code	土层厚度 Depth/cm	颜色 Soil color	质地 Soil texture	土壤结构 Soil structure	pH	有机质 OM/(g/kg)	全氮 TN/(g/kg)	全磷 TP/(g/kg)	全钾 TK/(g/kg)	阳离子交换量 CEC/(cmol/kg)	土壤母质 Parent material	剖面点坐标 Profile coordinate	匹配指数 Matching index/%
剖30	淋溶土	棕壤	潮棕壤	潮棕壤土	轻壤质砾体潮棕壤土	1	0—20	暗棕色	轻壤土	粒状	7.2	101.9	3.94	1.34	25.4		洪冲积物	E 118°15′56.5″ N 41°41′13.2″	97
剖31	淋溶土	棕壤	棕壤	黑棕土	少砾质中体黑棕土	1	0—5				6.1	58.2	2.29	0.97	24.2	20.1	酸性岩风化残积物、坡积物	E 118°32′30.5″ N 41°43′01.2″	74
						2	5—20	暗灰棕色	轻壤土	粒状	5.4	32.3	1.25	0.68	23.9	15.5			
						3	20—47	浅棕色	轻壤土	粒状	5.8	23.3	0.87	0.53	25.3	15.5			
						4	47—60	棕色	中壤土	粒状									
剖32	半淋溶土	黑土	山地黑土	山地黑土	中层山地黑土	1	0—34	黑棕色	砂壤土	粒状	6.2	88.7	4.16	2.47	21.5	24.5	花岗岩风化残积物	E 118°24′28.8″ N 41°35′46.7″	97
						2	34—47	暗灰棕色	砂壤土	粒状	6.2	51.0	2.39	1.97	12.0	19.3			

宁 城 县

主要土类说明

褐土是宁城县主要土壤类型，占本县地域面积的49%。褐土主要分布在半湿润半干旱的山丘地带，属于华北褐土带的延伸部分，一般都具有石灰反应（淋溶褐土亚类除外）。自然植被为常见的旱生阔叶林，伴生灌丛及草原植被。成土母质多为黄土和红土。褐土剖面由腐殖质层、黏化层、钙积层和母质层构成。石灰性褐土亚类和淋溶褐土亚类地下水位较低，一般为10—50m；潮褐土亚类因地处山脚或丘间洼地，地下水位一般为3—6m。除淋溶褐土亚类外，其他亚类碳酸盐含量很高，水土流失严重。褐土既是本县主要的产粮土壤，也是重点改良培肥土壤。

棕壤是宁城县第二大土壤类型，占本县地域面积的43%。棕壤主要分布在黑里河、八里罕、存金沟等地的中山区和必斯营子、五化等地的低山区，海拔在700m以上，属于燕山北麓的垂直带谱棕壤带。成土母质为酸性岩、基性岩、砂岩等的残积物或坡积物，也有少量的黄土和红土。在森林植被覆盖下，每年有大量枯枝落叶积存，在地表形成5—10cm厚的枯枝落叶层。该土壤有明显的淋溶作用，上部土层的黏粒有向心土层积聚的趋势，可溶盐被淋洗。其剖面发生层色调基本一致，除表土外，均以棕色为主，土壤质地较轻，常夹有砾石，棕色淀积层较明显，心土层质地较黏重。本县南部的棕壤土层较薄，棕色淀积层不明显，生草面积占一定比例，多呈块状。

草甸土是宁城县第三大土壤类型，占本县地域面积的4%。草甸土主要分布在本县境内四大河流及部分季节性河流的河漫滩或低阶地，地形低平，地下水位一般为1—3m。自然植被以喜湿性草甸类型为主。成土母质为河流冲积物，质地粗细不一。草甸土剖面由腐殖质层、锈色斑纹层和潜育层构成。根据腐殖质层厚度和土壤质地，本县草甸土分为草甸土、盐化草甸土等亚类。

小于本县地域面积3%的土壤类型有风沙土、黄棕壤。

本区域中心区气候特征

本区域中心区气候特征值
Regional climate characteristics in central area of the region

气候带：中温带亚干旱气候 Climate region: Mid temperate subarid climate	
年平均气温 /℃ Annual average temperature /℃	8.3
年平均最高气温 /℃ Annual average maximum temperature /℃	15.1
年平均最低气温 /℃ Annual average minimum temperature /℃	2.4
年降水量 /mm Annual precipitation /mm	447
≥10℃的积温 /℃ Daily temperature accumulated in a year（≥10℃）/℃	4131
年日照时数 /h Annual sunshine /h	2794
年平均相对湿度 /% Annual average relative humidity /%	52
干燥度 Dryness	1.12

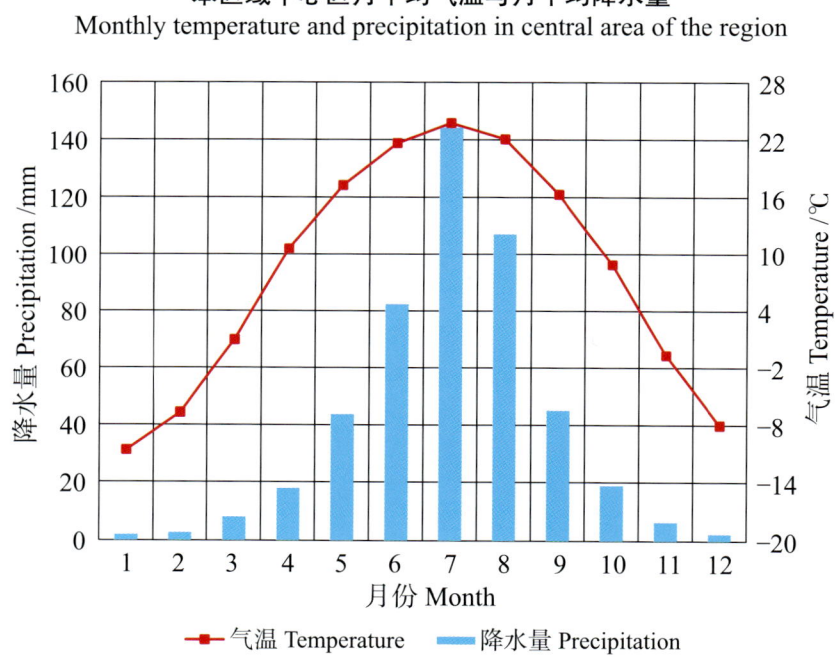

本区域中心区月平均气温与月平均降水量
Monthly temperature and precipitation in central area of the region

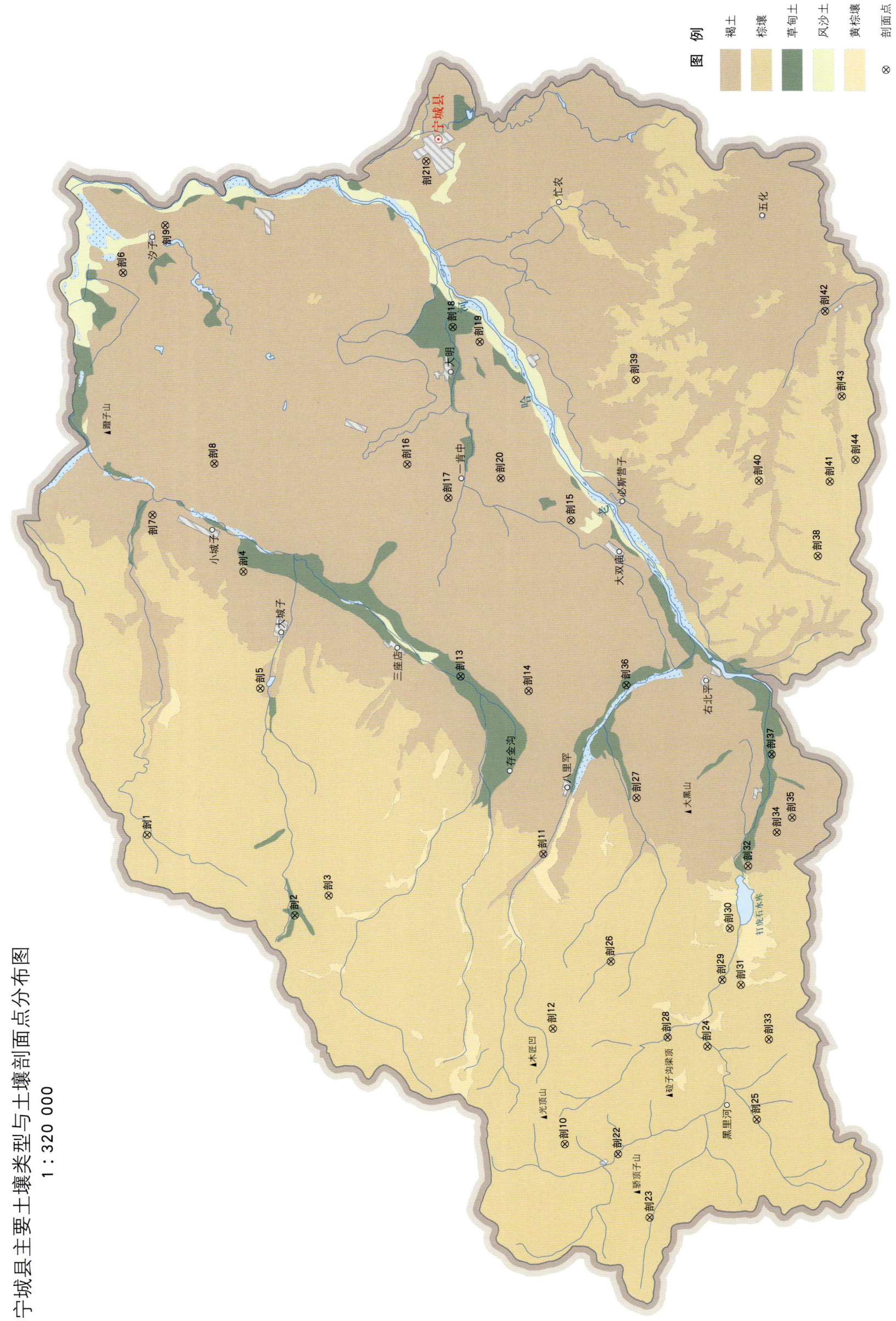

宁城县土壤剖面理化性状表

剖面号 Soil profile	土纲 Soil order	土类 Soil great group	亚类 Soil subgroup	土属 Soil genus	土种 Soil species	土层码 Layer code	土层厚度 Depth/cm	颜色 Soil color	质地 Soil texture	土壤结构 Soil structure	pH	有机质 OM/(g/kg)	全氮 TN/(g/kg)	全磷 TP/(g/kg)	阳离子交换量 CEC/(cmol/kg)	土壤母质 Parent material	剖面点坐标 Profile coordinate	匹配指数 Matching index/%
剖1	淋溶土	棕壤	生草棕壤	酸性岩生草棕壤	酸性岩生草厚体生草棕壤	1	0~30	褐色	轻壤土	粒状	8.4	22.0	1.40	1.00		花岗岩	E 118°42′19.4″ N 41°48′23.0″	90
						2	30~62	黄褐色	轻壤土	粒状	8.2	15.0	0.81	0.75				
						3	62~94	浅褐色	轻壤土	粒状								
剖2	半水成土	草甸土	草甸土	草甸土	砂壤质草甸土	1	0~20	浅褐色	砂壤土	块状	8.4	6.1	0.56	2.00		河流冲积物	E 118°37′37.2″ N 41°42′19.1″	90
						2	20~70	浅棕色	砂壤土	粒状	8.5	6.3	0.54	3.00				
剖3	淋溶土	棕壤	生草棕壤	酸性岩生草棕壤	酸性岩生草中体生草棕壤	1	0~14	暗褐色	砂壤土	粒状	7.1	29.4	1.24	1.10		花岗岩	E 118°38′40.6″ N 41°40′52.3″	79
						2	14~27	灰黄色	砂壤土	粒状	6.1	13.5	0.85	0.88				
						3	27~40	浅黄色	砂壤土	粒状								
剖4	半淋溶土	褐土	淋溶褐土	淋溶褐黄土	轻度侵蚀淋溶褐黄土	1	0~23	灰黄色	中壤土	粒状		12.0	0.58	0.59	6.9	黄土	E 118°56′46.3″ N 41°44′04.6″	88
						2	23~108	浅黄色	中壤土	粒状		8.6	0.46	0.50	12.4			
						3	108~150	黄红色	中壤土	粒状		5.2	0.37	0.60	14.2			
剖5	淋溶土	棕壤	潮棕壤	潮棕壤	轻壤质潮潮壤	1	0~32	灰棕色	轻壤土	粒状						洪冲积物	E 118°50′16.4″ N 41°43′30.0″	86
						2	32~58	暗黄色	轻壤土	粒状								
						3	58~86	浅黄色	轻壤土	粒状								
剖6	半淋溶土	褐土	潮褐土	潮褐土	轻壤质潮褐土	1	0~16	褐色	轻壤土	粒状	7.8	10.0	0.51	0.75		冲积物	E 119°00′01.4″ N 41°47′48.1″	79
						2	16~50	浅黄色	中壤土	粒状	7.8	4.5	0.25	0.55				
						3	50~150	灰黄色	砂壤土	粒状	7.9	7.5	0.38	0.60				
剖7	半淋溶土	褐土	潮褐土	潮褐土	砂壤质砂底潮潮褐土	1	0~19	灰黄色	砂壤土	粒状		12.4	0.59	0.98			E 119°13′26.8″ N 41°48′44.6″	91
						2	19~36	浅黄色	砂壤土	粒状								
						3	36~57	灰黄色	砂壤土	粒状								
剖8	半淋溶土	褐土	石灰性褐土	石灰性褐黄土	重度侵蚀褐黄土	1	0~20	浅黄色	中壤土	粒状	8.1	9.8	0.65	0.47		黄土	E 119°02′45.2″ N 41°45′09.7″	72
						2	20~40	黄棕色	重壤土	核状	8.3	9.1	0.54	0.59				
						3	40~150	黄红棕色	黏土、重壤土	块状	8.2	13.0	0.98	1.15				
剖9	半淋溶土	褐土	石灰性褐土	石灰性褐红土	重度侵蚀褐红土	1	0~29	棕色	中壤土	粒状	7.7	12.7	0.85	0.52		红土	E 119°15′59.9″ N 41°46′55.6″	96
						2	29~150	红色	黏土	块状								
剖10	淋溶土	棕壤	棕壤	酸性岩棕壤	酸性岩中体棕壤	1	20~40	黄褐色	中壤土	粒状	7.9	41.8	2.30	0.70		花岗岩、变质岩风化物	E 118°24′43.2″ N 41°31′16.7″	81
剖11	半淋溶土	褐土	淋溶褐土	淋溶褐黄土	重度侵蚀淋溶褐黄土	1	0~14	黄褐色	中壤土	粒状	8.1	9.0	0.62	0.88		黄土	E 118°40′40.8″ N 41°31′53.4″	84
						2	14~45	棕褐色	中壤土	粒状	6.8	6.8	0.44	1.18				
剖12	淋溶土	棕壤	生草棕壤	酸性岩生草棕壤	酸性岩生草薄体生草棕壤	1	0~20	浅棕色	砂壤土	团粒状		37.0	1.86	1.37		花岗岩	E 118°31′02.6″ N 41°31′39.7″	100
						2	20~100	黄色	砂壤土	粒状	7.7	10.0	0.27	1.60				
剖13	半水成土	草甸土	盐化草甸土	盐化草甸土	轻盐化草甸土	1	0~28	黄黄色	轻壤土	粒状	8.0	0.7	0.09			河流冲积物	E 118°50′38.8″ N 41°35′08.5″	94
						2	28~39	暗黄色	砂壤土	粒状								
						3	39~53	浅灰色	轻壤土	粒状								
						4	53~150	暗棕色	轻壤土	粒状								
剖14	半淋溶土	褐土	粗骨性褐土	粗骨性褐土		1	0~5	褐黄色	轻壤土	粒状	6.7	14.5	0.96	0.85		基性岩风化物	E 118°49′45.8″ N 41°32′19.0″	90
剖15	半淋溶土	褐土	潮褐土	潮褐土	砂壤质潮褐土	1	0~26	浅黄色	砂壤土	粒状							E 118°59′07.1″ N 41°30′21.2″	82
						2	26~77	暗黄色	中壤土	粒状								
						3	77~104	浅黄色	重壤土	粒状								
剖16	半淋溶土	褐土	石灰性褐土	石灰性褐黄土	中度侵蚀褐黄土	1	0~36	褐色	重壤土	粒状	7.1	9.3	0.68	0.68		黄土	E 119°02′25.1″ N 41°37′07.0″	96
						2	36~72	褐色	重壤土	粒状	7.1	9.3	0.79	0.63				
						3	72~150	红色	重黏土	核状								

续表 Continued

剖面号 Soil profile	土纲 Soil order	土类 Soil great group	亚类 Soil subgroup	土属 Soil genus	土种 Soil species	土层码 Layer code	土层厚度 Depth/cm	颜色 Soil color	质地 Soil texture	土壤结构 Soil structure	pH	有机质 OM/(g/kg)	全氮 TN/(g/kg)	全磷 TP/(g/kg)	阳离子交换量CEC/(cmol/kg)	土壤母质 Parent material	剖面点坐标 Profile coordinate	匹配指数 Matching index/%
剖17	半淋溶土	褐土	石灰性褐土	石灰性褐黄土	轻度侵蚀褐黄土	1	0–62	黄褐色	中壤土	粒状	8.0	9.6	0.62	0.80		黄土	E 119° 00′ 31.3″ N 41° 35′ 26.9″	70
						2	62–150	灰褐色	重壤土	核状	8.0	11.2	0.23	0.68				
剖18	半水成土	草甸土	草甸土	草甸土	轻壤质草甸土	1	0–33	灰黄色	轻壤土	粒状	8.1	11.1	0.62	1.20		河流冲积物	E 119° 09′ 56.9″ N 41° 35′ 03.8″	93
						2	33–118	浅栗色	中壤土	块状	8.1	11.1	0.70	0.91				
						3	118–150											
剖19	半淋溶土	褐土	潮褐土	人工潮褐土		1	0–25	灰褐色	中壤土	粒状							E 119° 09′ 05.8″ N 41° 33′ 57.2″	80
						2	25–75	灰褐色	重壤土	块状								
						3	75–150											
剖20	半淋溶土	褐土	石灰性褐土	石灰性褐黄土	中度侵蚀褐红土	1	0–57	黄灰棕	中壤土	粒状	8.1	10.2	0.84	0.62		红土	E 119° 01′ 31.8″ N 41° 33′ 14.0″	85
						2	57–91	灰棕	重壤土	粒状	8.0	7.3	0.70	0.48				
						3	91–150	红褐色	重壤土	核状								
剖21	半淋溶土	褐土	潮褐土	潮褐土	中壤质潮淀褐土	1	0–25	暗褐色	中壤土	核状							E 119° 19′ 16.3″ N 41° 35′ 53.2″	79
						2	25–87	棕褐色	中壤土	块状								
						3	87–150	浅褐色	中壤土	块状								
剖22	淋溶土	棕壤	潮棕壤	潮棕壤	轻壤质腰砂潮棕壤	1	0–21		轻壤土	粒状	6.6	22.3	1.30	1.60		洪冲积物	E 118° 24′ 07.2″ N 41° 29′ 04.2″	74
						2	21–43		轻壤土		6.6	25.8	1.20	1.50				
剖23	淋溶土	棕壤	棕壤	酸性岩棕壤	酸性岩厚体棕壤	1	0–5									花岗岩、变质岩风化物	E 118° 20′ 36.2″ N 41° 27′ 49.1″	71
						2	5–50	暗棕色	中壤土	粒状								
						3	50–65	灰棕色	轻壤土									
剖24	淋溶土	棕壤	潮棕壤	潮棕壤	中壤质砂底潮棕壤	1	0–50		中壤土		7.5	23.9	1.80	1.88		洪冲积物	E 118° 29′ 52.1″ N 41° 25′ 14.2″	72
剖25	淋溶土	棕壤	潮棕壤	潮棕壤	轻壤质砂底潮棕壤	1	0–46		轻壤土		8.0	13.1	0.82	1.20		洪冲积物	E 118° 25′ 49.1″ N 41° 23′ 15.4″	85
剖26	淋溶土	棕壤	潮棕壤	潮棕壤	砂壤质砂底潮棕壤	1	0–15		中壤土	粒状	6.8	18.1	0.98	1.16		洪冲积物	E 118° 34′ 39.4″ N 41° 29′ 11.0″	77
						2	15–43		砂壤土	粒状	6.4	21.8	1.06	1.26				
剖27	半淋溶土	褐土	潮褐土	潮褐土	中壤质潮淀褐土	1	0–30	浅褐色	砂壤土	粒状	8.5	6.3	0.68	1.40			E 118° 43′ 43.7″ N 41° 27′ 55.8″	71
						2	30–95	褐黄色	砂壤土	核粒状	8.4	6.0	0.39	1.20				
						3	95–120	棕黄色	砂壤土									
剖28	淋溶土	棕壤	潮棕壤	潮棕壤	砂壤质腰砂潮棕壤	1	0–34	棕褐色	轻壤土	粒状	7.2	25.1	1.29	1.61		洪冲积物	E 118° 30′ 25.6″ N 41° 26′ 53.5″	74
						2	34–70	棕褐色	中壤土	粒状								
						3	70–110	灰黑色										
剖29	淋溶土	棕壤	潮棕壤	潮棕壤	轻壤质潮棕壤	1	0–16	灰棕色	轻壤土	粒状	8.0	16.0	1.10	0.86	14.5	洪冲积物	E 118° 33′ 29.9″ N 41° 24′ 33.1″	82
						2	16–40	灰棕色	中壤土	粒状	8.0	15.7	0.80	0.92	14.5			
剖30	淋溶土	棕壤	潮棕壤	潮棕壤	中壤质砂棕壤	1	0–13	灰棕色	中壤土	粒状						洪冲积物	E 118° 36′ 21.2″ N 41° 24′ 11.2″	72
						2	13–44	暗灰色	重壤土	粒状								
						3	44–67	暗黄色	中壤土	粒状								
						4	67–150											
剖31	淋溶土	棕壤	潮棕壤	潮棕壤	中壤质潮棕壤	1	0–20	褐黄色	轻壤土	粒状	6.6	21.0	1.30	1.60		洪冲积物	E 118° 33′ 12.7″ N 41° 23′ 47.0″	96
						2	20–40	褐黄色	中壤土	粒状	6.6	20.3	1.13	1.84				
剖32	半淋溶土	褐土	淋溶褐土	淋溶褐黄砂土	中体褐黄砂土	1	0–20	褐黄色	轻壤土	粒状							E 118° 39′ 45.7″ N 41° 23′ 21.8″	80
						2	20–78	褐黄色	中壤土	粒状								
						3	78–											
剖33	淋溶土	棕壤	粗骨性棕壤			1	0–21	黑灰色	轻壤土	粒状		16.9	1.13	2.14			E 118° 30′ 11.1″ N 41° 22′ 40.3″	70
						2	21–32	灰黄色			7.0							

续表 Continued

剖面号 Soil profile	土纲 Soil order	土类 Soil great group	亚类 Soil subgroup	土属 Soil genus	土种 Soil species	土层码 Layer code	土层厚度 Depth/cm	颜色 Soil color	质地 Soil texture	土壤结构 Soil structure	pH	有机质 OM/(g/kg)	全氮 TN/(g/kg)	全磷 TP/(g/kg)	阳离子交换量CEC/(cmol/kg)	土壤母质 Parent material	剖面点坐标 Profile coordinate	匹配指数 Matching index/%
剖34	半淋溶土	褐土	淋溶褐土	淋溶褐黄土	中度侵蚀淋溶褐黄土	1	0—22	黄褐色	中壤土	团块状	8.1	9.4	0.77	0.64		黄土	E 118°41′37.9″ N 41°22′07.0″	94
						2	22—56	褐色	重壤土	粒状	8.2	7.1	0.59	0.54				
						3	56—100	浅褐色	中壤土	粒状	8.1	6.1	0.58	0.64				
						4	100—150	灰黄色	轻壤土	粒状								
剖35	半淋溶土	褐土	淋溶褐土	淋溶褐黄砂土	薄体褐黄砂土	1	0—15	黄褐色	中壤土	块状						花岗岩	E 118°42′25.9″ N 41°21′28.1″	81
						2	15—38	棕褐色										
						3	38—											
剖36	半水成土	草甸土	盐化草甸土	盐化草甸土	中盐草甸土	1	0—20	浅黄色	轻壤土	粒状	9.0	6.7	0.65	0.69		河流冲积物	E 118°49′56.6″ N 41°28′13.8″	91
						2	20—150	棕黄色	中壤土	块状	8.6	8.5	0.49	0.71				
剖37	半水成土	草甸土	草甸土	砂质草甸土	砂质草甸土	1	0—90	灰棕色	砂壤土	粒状						河流冲积物	E 118°45′56.1″ N 41°22′14.9″	93
						2	90—100	褐黄色	粗砂土									
剖38	淋溶土	棕壤	生草棕壤	基性岩生草棕壤	基性岩薄体生草棕壤	1	0—17	黑灰色	砂壤土	粒状						玄武岩、安山岩	E 118°56′48.5″ N 41°20′06.4″	93
剖39	淋溶土	棕壤	生草棕壤	基性岩生草棕壤	基性岩中体生草棕壤	1	0—20	浅黑色	中壤土	粒状						玄武岩、安山岩	E 119°06′46.8″ N 41°27′29.2″	77
						2	20—50	黑灰色	中壤土	块状								
剖40	淋溶土	棕壤	生草棕壤	砂页岩生草棕壤	砂页岩薄体生草棕壤	1	0—18	暗灰色	轻壤土	粒状						砂页岩	E 119°01′01.6″ N 41°22′28.6″	93
剖41	淋溶土	棕壤	生草棕壤	基性岩生草棕壤	基性岩厚体生草棕壤	1	0—18	灰黄色	轻壤土	粒状						玄武岩、安山岩	E 119°00′52.8″ N 41°19′31.2″	72
						2	18—65	浅灰黄色	轻壤土	粒状								
剖42	半淋溶土	褐土	潮褐土	潮褐土	重壤质潮淤褐土	1	0—45	棕黄色	重壤土	核状	7.8	17.8	1.20	1.00			E 119°10′17.4″ N 41°19′31.1″	84
						2	45—70	暗栗色	重壤土	核状	7.7	10.0	0.52	0.85				
						3	70—150	栗色	重壤土	粒状	7.5	11.0	0.70	0.10				
剖43	淋溶土	棕壤	生草棕壤	生草性红棕壤		1	0—15	棕灰色	轻壤土	粒状		11.0	0.71	0.58		红土	E 119°05′33.4″ N 41°18′55.8″	84
						2	15—37	浅棕色	重壤土	粒状		3.2	0.27	0.42				
剖44	淋溶土	棕壤	棕壤	基性岩棕壤		1	0—5	灰棕色	轻壤土	团粒状						玄武岩、凝灰岩残积物或坡积物	E 119°02′01.5″ N 41°18′25.4″	75
						2	5—45	棕黑色	中壤土	核粒状								
						3	45—75											

敖 汉 旗

主要土类说明

栗钙土是敖汉旗主要土壤类型，占本旗地域面积的 32%。栗钙土分布在本旗中北部的黄土丘陵和漫岗丘陵地带。自然植被为草原植被类型，主要有大针茅、羊草、早熟禾、百里香、甘草、冷蒿等。该土壤表层有机质累积较少，呈栗色或灰棕色，厚 25—45cm。剖面中易溶盐被淋洗至底部，碳酸钙在剖面中发生大量淀积，形成灰白色钙积层，钙积层一般出现在 30—45cm 深处。

褐土是敖汉旗第二大土壤类型，占本旗地域面积的 29%。褐土分布在低山丘陵，属于华北褐土带的延伸部分。自然植被主要有百里香、针茅、羊草、山杏、酸枣等。剖面特征为具有腐殖质层和黏化层，除淋溶褐土亚类外，底部还有明显的钙积层，新生体呈假菌丝状或点状。根据碳酸钙在剖面中的分布特点、地形部位和水文地质条件，本旗褐土分为褐土、淋溶褐土、潮褐土、石灰性褐土等亚类。

风沙土是敖汉旗第三大土壤类型，占本旗地域面积的 21%。风沙土发生于半干旱、干旱漠境地区及滨海地区，是在风沙移动堆积形成的多种形态的风沙沉积物上发育的初育土。由于成土时间短暂，该土壤无剖面发育，具 C、（A）-C 或 A-C 剖面构型，反映了风沙移动堆积与固定的不同阶段。

棕壤占本旗地域面积的 10%，主要分布在金厂沟梁、贝子府、丰收、新惠等地的山地垂直带。自然植被原为森林，现木本植物为落叶阔叶林，草本植物为半湿生杂草类。成土过程由碳酸盐风化阶段进入硅铝酸盐风化阶段，具有强烈的盐基淋洗过程和黏化过程。全剖面无石灰反应，呈中性至微酸性。剖面中有明显的淀积和黏化现象，结构体表面覆有铁锰胶膜，有的剖面下部有明显的硅粉淀积。本旗棕壤分为棕壤、生草棕壤、潮棕壤、粗骨性棕壤等亚类。

草甸土占本旗地域面积的 7%，分布在沿河低阶地、河漫滩和丘间洼地，跨越褐土带和栗钙土带两个土壤带。位于本旗南部褐土带的草甸土面积较小，位于本旗北部栗钙土带的草甸土面积较大。自然植被主要有委陵菜、旋覆花、稗草、画眉草、马唐、碱蓬、芨芨草等。剖面各层次石灰反应强烈，有的剖面中出现灰白色钙积层，pH 多为 8.0—9.5，呈较强的碱性。本旗草甸土分为草甸土、盐化草甸土等亚类。

小于本旗地域面积 3% 的土壤类型有沼泽土、潮土、栗褐土。

本区域中心区气候特征

本区域中心区气候特征值
Regional climate characteristics in central area of the region

气候带：中温带亚干旱气候 Climate region: Mid temperate subarid climate	
年平均气温 /℃ Annual average temperature /℃	7.7
年平均最高气温 /℃ Annual average maximum temperature /℃	14.7
年平均最低气温 /℃ Annual average minimum temperature /℃	1.6
年降水量 /mm Annual precipitation /mm	413
≥10℃的积温 /℃ Daily temperature accumulated in a year (≥10℃) /℃	4291
年日照时数 /h Annual sunshine /h	2834
年平均相对湿度 /% Annual average relative humidity /%	51
干燥度 Dryness	1.13

本区域中心区月平均气温与月平均降水量
Monthly temperature and precipitation in central area of the region

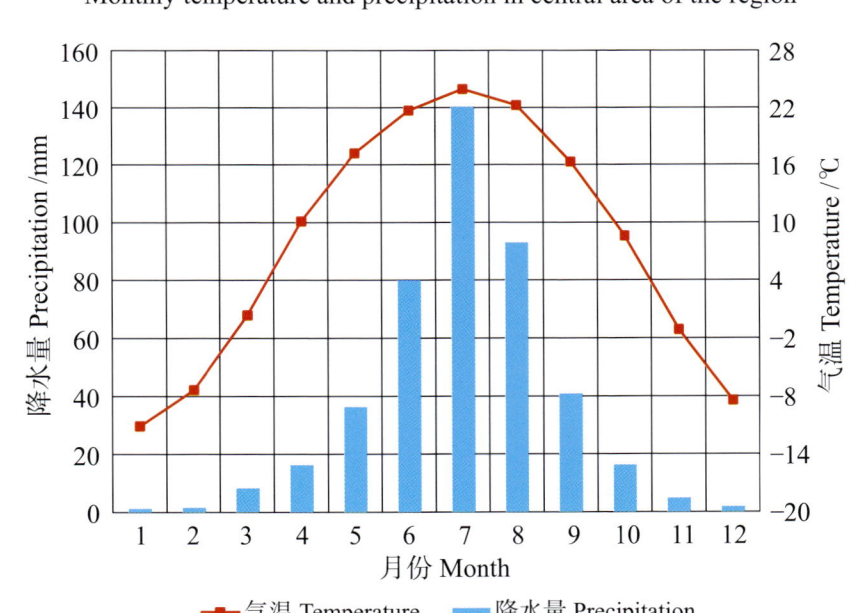

敖汉旗主要土壤类型与土壤剖面点分布图
1:500 000

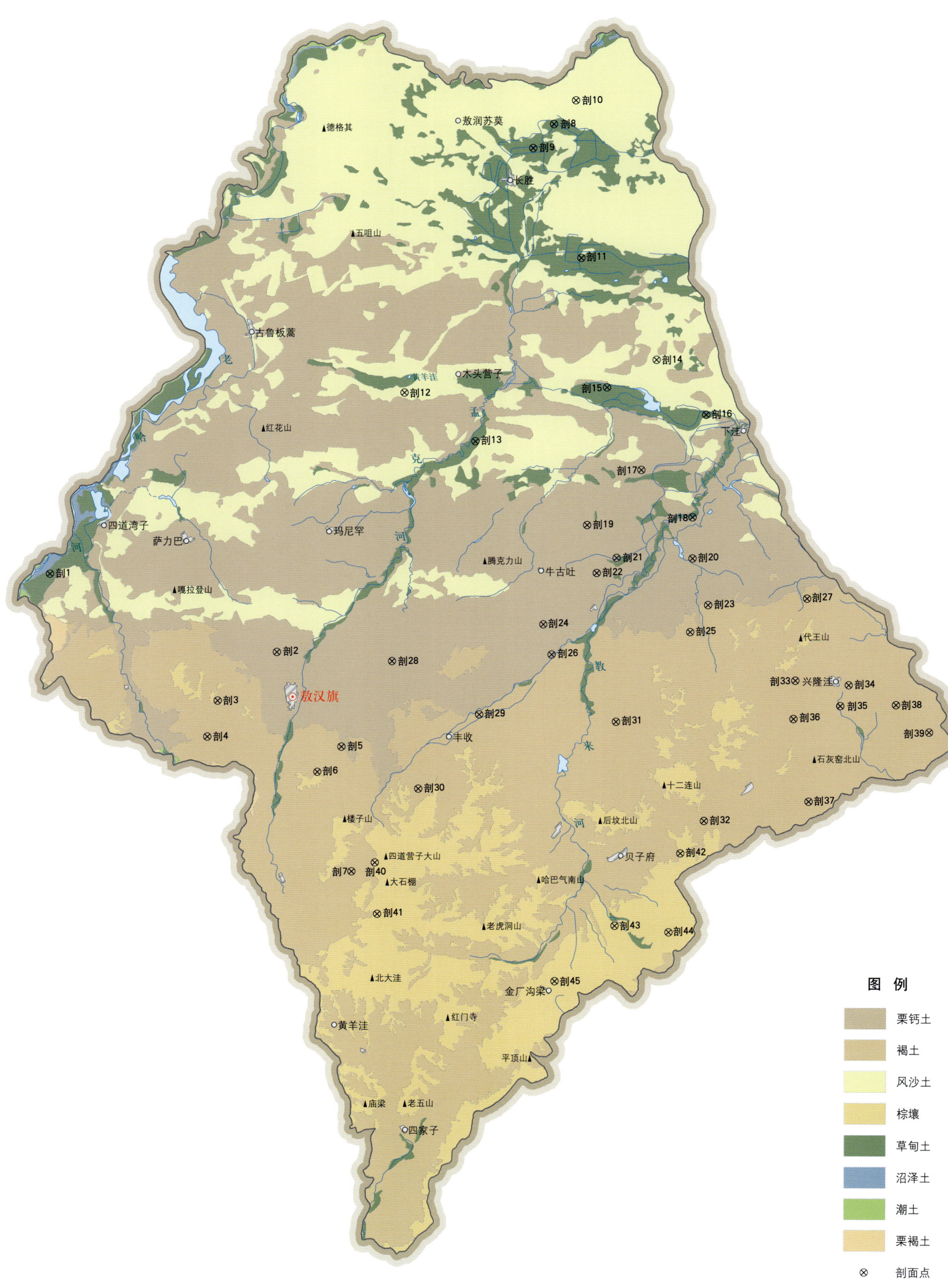

敖汉旗土壤剖面理化性状表

剖面号 Soil profile	土纲 Soil order	土类 Soil great group	亚类 Soil subgroup	土属 Soil genus	土种 Soil species	土层码 Layer code	土层厚度 Depth/cm	颜色 Soil color	质地 Soil texture	土壤结构 Soil structure	pH	有机质 OM/(g/kg)	全氮 TN/(g/kg)	全磷 TP/(g/kg)	全钾 TK/(g/kg)	有效磷 AP/(mg/kg)	速效钾 AK/(mg/kg)	阳离子交换量CEC/(cmol/kg)	土壤母质 Parent material	剖面点坐标 Profile coordinate	匹配指数 Matching index/%
剖1	半水成土	草甸土	盐化草甸土	盐化草甸土	稻改盐化草甸土	1	0-25	棕色	砂壤土		7.9	8.2	0.37	0.73	30.1	4.9	131	9.2		E 119°32′12.4″ N 42°24′24.8″	90
						2	25-45	棕色	砂壤土		8.5	7.9	0.37	0.63	31.1	6.1	116	10.8			
						3	45-80	棕色	砂壤土		8.6	4.9	0.25	0.69	29.4	2.9	86	9.4			
剖2	钙层土	栗钙土	栗钙土	栗黄土	白干鸡粪栗黄土	1	0-22	棕色	轻壤土	碎粒状	7.8	10.6	0.61	0.40	27.4	0.7	77	17.1		E 119°52′16.3″ N 42°19′57.7″	72
						2	22-76	灰棕色	轻壤土	块状	7.9	6.9	0.41	0.38	20.6	0.5	56	13.2			
						3	76-100	黄棕色	中壤土	块状	7.9	3.4	0.31	0.26	23.9	0.4	72	14.0			
剖3	淋溶土	棕壤	生草棕壤	黄黑棕砂土	少砾质中体黄黑棕砂土	1	0-17	暗棕色	中壤土	粒状	7.6	22.7	1.10	0.47	24.7	1.4	87	18.9	砂岩、砂砾岩残积物或坡积物	E 119°47′16.8″ N 42°16′41.9″	81
						2	17-37	暗红棕色	中壤土	碎块状	7.7	17.5	0.85		22.6	0.7	89	21.0			
						3	37—														
剖4	半淋溶土	褐土	石灰性褐土	石灰褐黄土	轻度侵蚀石灰褐黄土	1	0-17	浅棕色	中壤土	粒状	8.2	13.3	0.75	0.84	27.4	3.1	118	21.9	黄土、黄土状母质	E 119°46′30.1″ N 42°14′22.0″	71
						2	17-40	棕色	中壤土	粒状	8.1	11.9	0.71	0.95	26.4	1.8	108	21.2			
						3	40-121	浅棕色	中壤土	块状	8.2	9.2	0.48	0.94	21.6	2.2	116	12.4			
						4	121-150	浅棕色	轻壤土	块状	8.2	7.8	0.45	0.75	25.9	2.0	108	21.6			
剖5	半淋溶土	褐土	潮褐土	褐淤埋藏护坫土	褐淤轻壤护坫土	1	0-26	棕色	中壤土	块状	8.2	16.9	0.85	0.63	24.7	1.3	118	16.0		E 119°58′12.4″ N 42°14′03.1″	99
						2	26-150	黑棕色	中壤土	块状		18.9	0.79	0.65	23.3	2.0	121	25.1			
剖6	半淋溶土	褐土	淋溶褐土	淋溶褐黄砂土	少砾质厚体淋溶褐黄砂土	1	0-25	暗棕色	中壤土	粒状	7.9	18.5	0.99	0.63	28.9	1.2	66	15.8	中性岩、基性岩残积物或坡积物	E 119°56′12.1″ N 42°12′22.3″	84
						2	25-51	浅棕色	中壤土	块状	8.0	7.6	0.42	0.38	20.2	0.6	46	18.1			
						3	51-70	棕色	轻壤土	块状	8.1	6.7	0.43	0.43	16.1	1.0	46	15.2			
剖7	半淋溶土	褐土	潮褐土	褐淤中壤埋藏护坫土	褐淤中壤护坫土	1	0-28	暗棕色	中壤土	块状	8.2	15.4	1.00	0.62	27.4	1.5	102	17.0		E 119°59′29.4″ N 42°06′00.4″	90
						2	28-150	黑棕色	重壤土	粒状	8.2	20.6	1.30	0.77	28.7	9.5	92	22.9			
剖8	半淋溶土	褐土	草甸褐土	灰淤理藏护坫土	裸护土	1	0-22	暗棕色	重壤土	块状	8.2	14.6	0.81	0.88	32.9	6.5	206	31.8		E 120°14′52.4″ N 42°54′27.0″	98
						2	22-76	暗棕色	重壤土	棱块状	8.2	18.9	1.00	1.30	27.7	5.8	228				
						3	76-150	暗棕色	重壤土	棱块状											
剖9	半水成土	草甸土	草甸土	中壤质河淤土	中壤质河淤土	1	0-25	棕色	重壤土	柱状	8.2	9.7	0.63	0.61	31.2	1.0	154	15.3	湖积物	E 120°13′05.9″ N 42°52′53.0″	76
						2	25-45	棕黄色	重壤土	棱块状	8.1	11.0	0.62	1.35	25.5	0.8	159	15.5			
						3	45-70	暗棕色	重壤土	棱块状	9.1	7.4	0.38	1.21	28.7	1.6	201	14.5			
						4	70-130	浅灰色	重壤土	棱块状	9.2	7.3	0.38	0.64	21.4	3.1	211				
						5	130-150	棕灰色	轻壤土	棱块状	8.5	3.5	0.16		33.5	2.4	116	10.7			
剖10	初育土	风沙土	流动风沙土	流动风沙土		1	0-30				5.6	1.0	0.02	0.07	28.7	1.7	54	7.7		E 120°16′44.0″ N 42°56′01.7″	87
剖11	半水成土	草甸土	盐化草甸土	盐化草甸土	轻度盐化草甸土	1	0-5				8.5									E 120°17′39.1″ N 42°45′57.2″	97
						2	5-20				9.1										
						3	20-50				9.2										
						4	50-100				8.9										
剖12	初育土	风沙土	固定风沙土	生草风沙土		1	10-15	棕色	轻壤土	块状	8.2	5.1	0.27	0.26	22.2	2.4	101	11.0		E 120°02′34.4″ N 42°36′55.4″	77
						2	60-80	暗棕色	中壤土	块状	8.5	5.4	0.30	0.25	29.8	0.4	55	13.2			
剖13	半水成土	草甸土	草甸土	轻壤质河淤土	轻壤质河淤土	1	0-30	棕色	中壤土	块状	8.4	6.2	0.34	0.51	21.6	0.7	97	18.2	湖积物	E 120°08′55.3″ N 42°33′57.6″	87
						2	30-100	暗棕色	砂壤土	细粒状	8.4	9.7	0.81	0.81	12.4	0.7	132	19.7			
						3	100-150	浅棕色	砂土	粒状	8.6	2.2	0.08	0.39	31.2	1.9	66	9.7			
剖14	初育土	风沙土	固定风沙土	生草风沙土		1	0-40	浅棕色	砂土	粒状	8.6	3.6	0.30	0.31	27.8	1.7	60	13.8		E 120°24′33.1″ N 42°39′33.5″	87
						2	40-90	浅棕色	砂土	粒状	8.5	4.6	0.27	0.32	29.9	1.2	57	9.1			
						3	90-150	棕色	砂土	块状	8.4	2.9	0.18	0.30	30.5	1.9	71	10.2			

续表 Continued

剖面号 Soil profile	土纲 Soil order	土类 Soil great group	亚类 Soil subgroup	土属 Soil genus	土种 Soil species	土层码 Layer code	土层厚度 Depth/cm	颜色 Soil color	质地 Soil texture	土壤结构 Soil structure	pH	有机质 OM/(g/kg)	全氮 TN/(g/kg)	全磷 TP/(g/kg)	全钾 TK/(g/kg)	有效磷 AP/(mg/kg)	速效钾 AK/(mg/kg)	阳离子交换量CEC/(cmol/kg)	土壤母质 Parent material	剖面点坐标 Profile coordinate	匹配指数 Matching index/%
剖15	半水成土	草甸土	盐化草甸土	盐化草甸土	中度盐化草甸土	1	0—1				9.6									E 120°20′16.2″ N 42°37′41.5″	79
						2	1—5				9.1										
						3	5—15				8.5										
						4	15—30				8.7										
						5	30—65				9.0										
剖16	半水成土	草甸土	盐化草甸土	盐化草甸土	中度盐化草甸土	1	0—5				9.4									E 120°29′03.1″ N 42°36′08.3″	93
						2	5—20				9.3										
						3	20—50				9.3										
						4	50—90				9.1										
剖17	钙层土	栗钙土	栗钙土	栗黄粉砂土	重度风蚀砂化栗黄粉砂土	1	0—12	浅棕色	砂土	粒状		9.9	0.55	0.53	32.9		10		砂黄土	E 120°23′31.2″ N 42°32′28.3″	88
						2	12—54	棕色	砂壤土	粒状		10.3	0.58	0.58	26.7		12				
						3	54—105	浅黄橙色	砂壤土	粒状		7.3	0.46	0.54	27.7		13				
						4	105—150	浅黄橙色	轻壤土	块状		3.5	0.18	0.51	22.1		13				
剖18	半水成土	草甸土	草甸土	砂质河淤土	砂质河淤土	1	0—40	棕色	砂土	粒状	8.6	1.6	0.04	0.23	22.7	0.9	50	7.0		E 120°28′07.3″ N 42°29′33.4″	90
						2	40—90	灰黄棕色	砂壤土	块状	8.5	2.9	0.17	0.56	25.1	1.2	66	11.2			
						3	90—150	暗黄棕色	砂土	粒状	8.4	2.1	0.14	0.42	27.3	1.7	50	10.3			
剖19	钙层土	栗钙土	栗钙土	栗黄粉砂土	轻度风蚀砂化栗黄粉砂土	1	0—8	浅棕色	砂土	块状	8.1			0.40	38.8		86	13.8	砂黄土	E 120°18′56.2″ N 42°28′51.2″	82
						2	8—24	棕色	砂壤土	粒状	8.2	5.8	0.58	0.49	30.1	2.5	66	10.9			
						3	24—47	浅黄棕色	砂壤土	块状	8.2	5.6	0.36	0.59	30.9	3.6	77	18.1			
						4	47—120	浅黄棕色	砂壤土	块状	8.2	3.9	0.21	0.59	23.7	2.0	83	16.7			
						5	120—155	浅黄棕色	砂壤土	块状	8.3				23.3		54	17.5			
剖20	钙层土	栗钙土	砂壤质栗钙土	砂壤质栗钙土	砂壤质栗钙土	1	0—17	棕色	砂壤土	粒状	8.2	7.0	0.48	0.57	27.1	2.5	133	10.0		E 120°28′14.2″ N 42°26′55.0″	86
						2	17—60	浅棕色	砂壤土	棱柱状	8.3	5.5	0.36	0.45	24.3	3.6	79	10.0			
						3	60—130	浅棕色	砂壤土	核状	8.4	3.9	0.21	0.57	31.2	2.0	106	10.2			
剖21	钙层土	栗钙土	草甸栗钙土	中壤质栗钙土	中壤质栗钙土	1	0—20	棕色	中壤土	粒状	8.2	9.6	0.57	0.74	27.2	2.3	178	11.3		E 120°21′35.6″ N 42°26′47.8″	85
						2	20—40	暗棕色	中壤土	棱柱状	8.2	6.6	0.31	0.80	28.0	0.6	153	13.1			
						3	40—95	暗棕色	中壤土	核状	8.2	6.2	0.29	0.97	25.0	1.1	185	13.1			
						4	95—150	黑棕色	轻壤土	核块状	8.2	3.6	0.14	0.77	25.1	2.3	139	10.7			
剖22	钙层土	栗钙土	草甸栗钙土	栗黄土	风蚀砂化栗黄土	1	0—14	棕色	轻壤土	粒状	8.3	7.6	0.51	0.62	33.7	2.4	96	15.1	黄土	E 120°19′54.8″ N 42°25′46.2″	99
						2	14—68	棕色	轻壤土	块状	8.3	6.7	0.47	0.65	27.5	0.6	77	14.9			
						3	68—125	浅棕色	轻壤土	块状	8.2	5.6	0.38	0.59	27.9	1.2	76	16.9			
						4	125—150	浅棕色	轻壤土	块状	8.3	5.0	0.33	0.61	28.2	1.0	71	19.4			
剖23	半淋溶土	褐土	石灰性褐土	砂石灰褐土	少砾质中体砂石灰褐土	1	0—20	棕色	轻壤土	粒状	8.0	9.3	0.55	0.41	37.7	1.3	78	14.7	砂岩、砂砾岩残积物或坡积物	E 120°28′14.2″ N 42°26′55.0″	91
						2	20—52	灰棕色	轻壤土	块状	8.0	7.9	0.47	0.38	18.8	5.2	132	18.1			
						3	52—70	棕色	中壤土	粒状	8.2	5.9	0.43	0.53	14.7		56	20.5			
剖24	钙层土	栗钙土	栗钙土	栗黄土	中度侵蚀栗黄土	1	0—29	暗棕色	轻壤土	块状	8.0	12.8	0.70	0.81	22.7	0.9	88	20.5	黄土	E 120°15′24.5″ N 42°22′22.1″	75
						2	29—123	黄棕色	轻壤土	块状	8.2	6.4	0.37	0.51	22.7	0.8	78	20.4			
						3	123—140	灰黄棕色	轻壤土	块状	8.3	2.5	0.18	0.53	24.3	0.5	77	12.4			
剖25	半淋溶土	褐土	石灰性褐土	多石灰褐土	少砾质中体多石灰褐土	1	0—15	暗棕色	中壤土	粒状	8.2	17.8	0.96	0.78	24.5	2.0	162	18.2	石灰岩	E 120°28′14.2″ N 42°22′09.8″	84
						2	15—30	暗棕色	轻壤土	块状	8.1	27.9	1.70	0.71	28.4	2.2	106	27.9			
						3	30—47	灰白色	中壤土	块状	8.2	16.1	0.83	0.83	17.7	1.7	66	17.7			
剖26	钙层土	栗钙土	草甸栗钙土	轻壤质栗钙土	轻壤质栗钙土	1	0—20	棕色	轻壤土	粒状	8.1	13.2	0.88	0.64	26.7	1.9	133	15.8		E 120°16′13.8″ N 42°20′26.5″	94
						2	20—55	暗棕色	轻壤土	块状	8.2	13.7	0.76	0.68	30.3	0.9	136	18.1			
						3	55—100	棕色	中壤土	块状	8.2	12.6	0.74	0.72	27.0	1.2	118	19.8			
						4	100—120														
						5	120—130	棕色	中壤土	片状	8.3	11.3	0.66	0.73	25.2	1.9	107	15.4			

续表 Continued

剖面号 Soil profile	土纲 Soil order	土类 Soil great group	亚类 Soil subgroup	土属 Soil genus	土种 Soil species	土层码 Layer code	土层厚度 Depth/cm	颜色 Soil color	质地 Soil texture	土壤结构 Soil structure	pH	有机质 OM/(g/kg)	全氮 TN/(g/kg)	全磷 TP/(g/kg)	全钾 TK/(g/kg)	有效磷 AP/(mg/kg)	速效钾 AK/(mg/kg)	阳离子交换量 CEC/(cmol/kg)	土壤母质 Parent material	剖面点坐标 Profile coordinate	匹配指数 Matching index/%
剖27	半淋溶土	褐土	褐土	褐黄石砂土	少砾质中体褐黄石砂土	1	0—20				8.1	22.0	1.29	0.70	28.2	2.0	153	17.6		E 120°38′21.8″ N 42°24′32.4″	80
						2	40—50				8.1	27.3	1.49	0.59	30.3	1.3	92	17.9			
剖28	钙层土	栗钙土	栗钙土	栗黄土	轻度侵蚀栗黄土	1	0—36	棕色	轻壤土	粒状	7.9	13.3	0.88	0.61	22.4	1.7	85	19.9	黄土	E 120°02′20.0″ N 42°19′39.4″	71
						2	36—78	浅红棕色	中壤土	块状	8.0	7.4	0.42	0.43	22.4	0.7	71	18.5			
						3	78—130	浅棕色	中壤土	块状	8.0		0.34	0.35	21.5	0.4	82	20.5			
剖29	半淋溶土	褐土	潮褐土	轻壤质潮褐土	轻壤质褐栗涂	1	0—10	棕色	轻壤土	粒状	8.2	11.6	0.64	0.58	21.8	4.9	118	17.6		E 120°10′06.6″ N 42°16′26.4″	95
						2	10—28	暗棕色	轻壤土	块状	8.2	11.7	0.66	0.50	24.1	1.7	81	20.8			
						3	28—76	浅黄棕色	中壤土	块状	8.1	8.6	0.42	0.40	18.6	0.7	76	14.9			
						4	76—100	浅黄棕色	中壤土	块状	8.0	4.5	0.25	0.25	27.9	3.2	100	17.9			
剖30	半淋溶土	褐土	淋溶褐土	淋溶褐黄土		1	0—8	灰棕色	轻壤土	块状	7.7	8.9	0.60	0.51	23.0	1.6	82	14.3		E 120°05′02.4″ N 42°11′31.9″	74
						2	8—28		中壤土		8.0	6.9	0.40	0.38	22.0	0.9	46	6.0			
剖31	半淋溶土	褐土	石灰性褐土	石灰性褐黄土	重度侵蚀石灰褐黄土	1	0—26	浅棕色	中壤土	粒状	8.0	8.4	0.45	0.82	25.9	2.8	120	18.5	黄土、黄土状母质	E 120°22′01.2″ N 42°16′16.0″	81
						2	26—80	棕色	中壤土	块状	7.9	7.1	0.40	0.86	29.7	3.5	108	20.1			
						3	80—102	浅黄棕色	中壤土	块状	8.0	5.4	0.29	0.85	19.6	6.4	102	30.8			
						4	102—150				8.1	7.1	0.40	0.95	19.6	8.3	100	32.4			
剖32	半淋溶土	褐土	石灰性褐土	石灰性褐黄土	少砾质中体石灰褐黄土	1	0—50	暗棕色	轻壤土	粒状	8.3	14.4	0.80	0.58	29.5	0.8	78	20.6	酸性岩残积物、坡积物	E 120°29′58.9″ N 42°10′04.1″	96
						2	50—150	棕色	中壤土	块状	8.4	3.5	0.41	0.35	28.4	2.3	77	22.4			
剖33	半淋溶土	褐土	褐土	褐黄土	中度侵蚀褐黄土	1	0—34	棕色	中壤土	粒状	8.0	7.9	0.48	0.74	26.6	2.3	77	15.6	黄土、黄土状母质	E 120°37′32.9″ N 42°19′15.2″	76
						2	34—80	浅棕色	中壤土	块状	8.1	7.2	0.37	0.71	28.8	2.1	77	19.3			
						3	80—150	浅棕色	中壤土	块状	8.1	4.1	0.27	0.48	24.8	1.4	98	17.4			
剖34	半淋溶土	褐土	石灰性褐土	石灰褐红土	白干鸡粪石灰褐红土	1	0—20	棕色	中壤土	粒状	8.2	13.8	0.86	0.56	17.7	1.3	61	14.7	红土	E 120°42′12.6″ N 42°19′04.1″	72
						2	20—38	棕红色	重壤土	块状	8.3	10.3	0.58	0.45	16.9	0.8	48	14.0			
						3	100—120				8.5	4.3	0.35	0.66	15.4	1.6		9.7			
剖35	半淋溶土	褐土	潮褐土	砂壤质潮褐土	砂壤质褐涂	1	0—26	浅黄棕色	砂壤土	粒状	8.4	6.7	0.36	0.59	29.0	2.3	76	11.2	黄土、黄土状母质	E 120°41′31.0″ N 42°17′42.9″	85
						2	26—57	暗黄棕色	砂壤土	块状	8.4	3.8	0.21	0.50	24.1	2.3	56	11.2			
						3	57—150	暗棕色	轻壤土	柱状	8.4	6.7	0.36	0.59	12.8	2.5	71	13.9			
剖36	半淋溶土	褐土	褐土	褐黄土	轻度侵蚀褐黄土	1	0—12	灰棕色	中壤土	粒状	7.9	10.6	0.68	0.76	24.5		139	18.3	黄土、黄土状母质	E 120°37′30.0″ N 42°16′47.6″	99
						2	12—60	棕色	中壤土	块状	8.0	12.4		0.73	22.7	1.7	119	16.1			
						3	60—150	棕色	中壤土	块状	8.1	6.1	0.40	0.68	20.8	1.2	110	18.4			
剖37	半淋溶土	褐土	淋溶褐土	淋溶褐黄土	中度侵蚀淋溶褐黄土	1	0—19	棕色	中壤土	块状	8.1	13.1	0.74	0.91	24.5	2.2	143	19.2	黄土、黄土状母质	E 120°39′02.2″ N 42°11′30.8″	73
						2	19—60	黄棕色	中壤土	块状	7.9	11.8	0.65	0.75	24.6	2.2	123	17.2			
						3	60—120	浅红棕色	中壤土	块状	8.2	7.9	0.51	0.96	29.8	2.9	130	20.2			
						4	120—150	浅红棕色	中壤土	块状	8.1	8.5	0.42	1.02	19.9		133				
剖38	半淋溶土	褐土	石灰性褐土	石灰褐红黄土	轻度侵蚀淋溶褐红黄土	1	0—35	黄棕色	轻壤土	块状	7.7	5.5	0.40	0.39	25.3	3.1	79	16.2	红黄土	E 120°46′23.7″ N 42°17′52.4″	76
						2	35—95	浅红棕色	中壤土	块状	7.7	3.6	0.35	0.22	26.5	7.3	79	14.6			
						3	95—150	浅棕色	中壤土	块状	7.6	2.2	0.15	0.13	30.4	10.2	77	16.2			
剖39	半淋溶土	褐土	淋溶褐土	淋溶褐黄土	剧烈侵蚀淋溶褐黄土	1	0—17	暗棕色	中壤土	粒状	7.7	8.1	0.49	0.65	26.5		118	20.0	黄土、黄土状母质	E 120°49′19.9″ N 42°16′11.1″	97
						2	17—33	暗棕色	中壤土	块状	7.7	8.8	0.50	0.80	27.9		131	22.8			
						3	33—70	浅棕色	中壤土	块状	7.9	8.0	0.38		25.5		131	17.0			
						4	70—149	浅棕色	中壤土	块状	7.8	6.7	0.39	0.97	27.9	11.9	133	15.9			
剖40	淋溶土	棕壤	生草棕壤	暗黑棕土	少砾质中体暗黄黑棕土	1	0—17				7.8	27.7	1.30	0.76	28.4	1.2	140	21.7	中性岩、基性岩残积物或坡积物	E 120°01′30.0″ N 42°06′38.2″	72
						2	17—35				7.7	13.4	0.70	0.57	/	0.3	128	18.9			
						3	35—														
剖41	淋溶土	棕壤	生草棕壤	棕黄土	剧烈侵蚀棕黄土	1	0—19	棕色	中壤土	粒状	7.9	9.0	0.57	0.53	21.1	1.1	124	17.3	黄土、黄土状母质	E 120°01′52.7″ N 42°03′19.1″	80
						2	19—72	暗棕色			7.5	6.4	0.36	0.75	25.9	1.8	128	28.9			
						3	72—150	棕棕色			7.2	5.8	0.33	0.96	25.3	2.9	1	19.9			

续表 Continued

剖面号 Soil profile	土纲 Soil order	土类 Soil great group	亚类 Soil subgroup	土属 Soil genus	土种 Soil species	土层码 Layer code	土层厚度 Depth/cm	颜色 Soil color	质地 Soil texture	土壤结构 Soil structure	pH	有机质 OM/(g/kg)	全氮 TN/(g/kg)	全磷 TP/(g/kg)	全钾 TK/(g/kg)	有效磷 AP/(mg/kg)	速效钾 AK/(mg/kg)	阳离子交换量CEC/(cmol/kg)	土壤母质 Parent material	剖面点坐标 Profile coordinate	匹配指数 Matching index/%
剖42	淋溶土	棕壤	生草棕壤	棕黄土	中度侵蚀棕黄土	1	0—31	浅棕色	中壤土	粒状	7.8	9.5	0.63	0.34	27.6	3.5	129	19.1	黄土、黄土状母质	E 120°28′00.8″ N 42°07′55.2″	87
						2	31—111	灰棕色	中壤土	块状	7.7	4.3	0.39	0.79	20.8	11.0	108	17.3			
						3	111—143	灰棕色	中壤土	块状	7.5	6.6	0.53	0.90	26.1	9.2	118	18.5			
剖43	淋溶土	棕壤	潮棕壤	潮棕淤土	轻壤质潮棕淤土	1	0—19	红棕色	轻壤土	粒状	8.0	15.5	0.85	0.79	25.3	2.0	158	16.1		E 120°22′30.4″ N 42°03′05.0″	71
						2	19—121	暗棕色	中壤土	块状	7.8	27.6	1.27	0.94	22.1	4.2	118	22.3			
						3	121—		砾石土												
剖44	淋溶土	棕壤	棕壤	暗黑棕土	少砾质厚体暗黑棕土	1	0—11	暗棕灰色	中壤土	细粒状	7.8	51.3	2.40	0.86	28.3	5.7	358	20.4	中性岩、基性岩残积物或坡积物	E 120°27′12.7″ N 42°02′46.8″	74
						2	11—56	黑棕色	中壤土	碎块状	7.8	24.6	1.90	0.72	14.5	2.1	150	18.7			
						3	56—70	棕色	中壤土	碎块状	7.8	18.6	1.10	0.55	15.5	1.2	133	18.4			
剖45	淋溶土	棕壤	生草棕壤	黄黑棕土	少砾质中体黄黑棕土	1	0—28	棕色	中壤土	粒状	7.2	35.6	1.80	0.64	25.4		154	16.6	酸性岩残积物、坡积物	E 120°17′28.6″ N 41°59′22.3″	98
						2	28—55	浅棕色	轻壤土	粒状	7.0	14.2	0.72	0.37	27.7		112	20.3			
						3	55—60	浅棕色		块状											

通 辽 市

市 辖 区

主要土类说明

草甸土是通辽市主要土壤类型，占本市地域面积的60%。草甸土主要分布在西辽河南岸和清河两岸的低平泛滥地。成土过程主要为草甸化过程。该土壤富含碳酸钙，从表土层开始就有石灰反应，碳酸钙含量平均为66.5g/kg，pH平均为8.5。成土母质层次结构复杂，质地变化极大。土体多由数个界线明显的异质层次构成，每个层次内部质地基本均一，一般具有层状节理，表现出在泛滥地上发育的草甸土的母质的典型特征。本市草甸土发生层次简单，有明显的锈色斑纹层，腐殖质层不明显，反映出成土时间短的特点，有机质累积处于幼年阶段。因草甸土地处半干旱地区且地下水位较高，因此土壤中有一定的可溶盐累积。在地势低洼、排水不畅的地区，常伴有盐化现象，含盐量为1—5g/kg。非盐化草甸土含盐量一般在0.5g/kg左右。根据上述特征，本市草甸土分为灰色草甸土、盐化草甸土等亚类。

风沙土是通辽市第二大土壤类型，占本市地域面积的35%。风沙土发生于半干旱、干旱漠境地区及滨海地区，是在风沙移动堆积形成的多种形态的风沙沉积物上发育的初育土。由于成土时间短暂，该土壤无剖面发育，具C、(A)-C或A-C剖面构型，反映了风沙移动堆积与固定的不同阶段。

小于本市地域面积3%的土壤类型有潮土、沼泽土、草甸盐土、栗钙土、碱土。

本区域中心区气候特征

本区域中心区气候特征值
Regional climate characteristics in central area of the region

气候带：中温带亚干旱气候 Climate region: Mid temperate subarid climate	
年平均气温 /℃ Annual average temperature /℃	6.6
年平均最高气温 /℃ Annual average maximum temperature /℃	12.9
年平均最低气温 /℃ Annual average minimum temperature /℃	1.0
年降水量 /mm Annual precipitation /mm	393
≥10℃的积温 /℃ Daily temperature accumulated in a year (≥10℃) /℃	4387
年日照时数 /h Annual sunshine /h	3014
年平均相对湿度 /% Annual average relative humidity /%	56
干燥度 Dryness	1.04

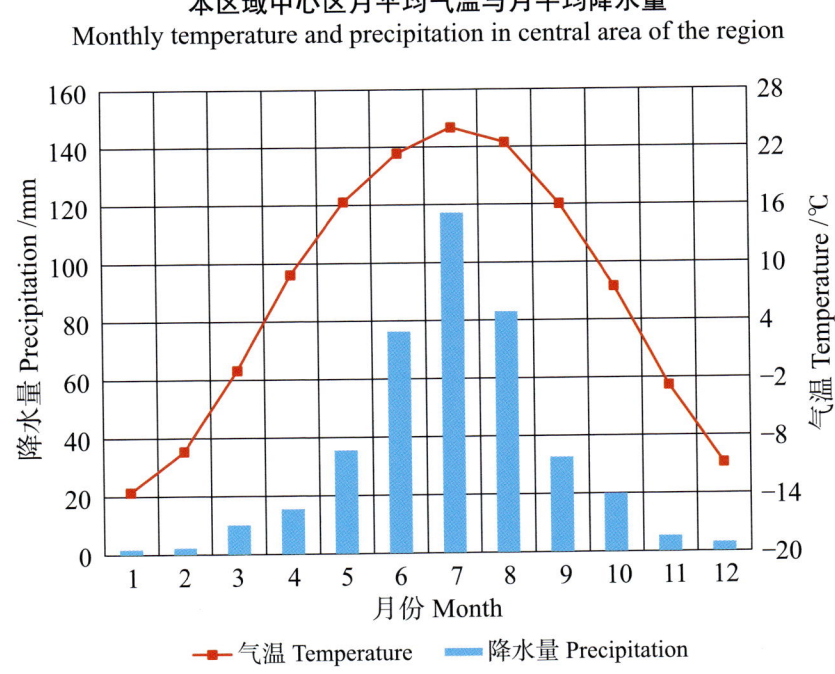

本区域中心区月平均气温与月平均降水量
Monthly temperature and precipitation in central area of the region

通辽市市辖区主要土壤类型与土壤剖面点分布图

1:350 000

图 例

- 草甸土
- 风沙土
- 潮土
- 沼泽土
- 草甸盐土
- 栗钙土
- 碱土
- ⊗ 剖面点

通辽市土壤剖面理化性状表

剖面号 Soil profile	土纲 Soil order	土类 Soil great group	亚类 Soil subgroup	土属 Soil genus	土种 Soil species	土层码 Layer code	土层厚度 Depth/cm	颜色 Soil color	质地 Soil texture	土壤结构 Soil structure	pH	有机质 OM/(g/kg)	全氮 TN/(g/kg)	全磷 TP/(g/kg)	全钾 TK/(g/kg)	阳离子交换量 CEC/(cmol/kg)	土壤母质 Parent material	剖面点坐标 Profile coordinate	匹配指数 Matching index/%
剖1	半水成土	草甸土	灰色草甸土	黑五花土	中厚层黑五花土	1	0—14					13.6	1.43	0.04	26.1	40.1	冲积物	E 121°57′46.6″ N 43°43′08.5″	74
						2	14—27					15.4	0.93	0.35	27.4	15.6			
						3	27—60					10.1	1.89	1.11	25.6	3.2			
剖2	半水成土	草甸土	灰色草甸土	黑五花土	夹砂黑五花土	1	0—17				8.2	22.8	1.62	0.98	16.6	12.2	冲积物	E 122°09′04.2″ N 43°41′46.9″	70
						2	17—30				9.2	10.4	0.80	0.88	17.4	13.5			
						3	30—60				8.9	15.7	1.17	1.04	16.8				
						4	60—100				9.1	13.7	0.89	0.63	13.8				
剖3	初育土	风沙土	固定半固定风沙土	沙沼风沙土	灰沙土	1	0—40				8.7	4.4	0.26	0.82	10.6	8.1	风积物	E 122°16′45.9″ N 43°46′59.7″	92
						2	40—60				8.2	3.3	0.25	0.40	11.3				
						3	60—100				7.9	1.1	0.08	0.24	11.3				
剖4	半水成土	草甸土	灰色草甸土	黑土	夹砂黑土	1	0—24				8.8	25.0	1.64	1.00	9.2	40.3	冲积物	E 122°28′05.1″ N 43°41′55.7″	96
						2	24—50				9.2	4.2	0.23	5.68	16.1				
						3	50—65				8.8	25.7	1.20	1.14	18.8				
						4	65—100				9.5	4.9	0.22	0.46	17.6				
剖5	半水成土	草甸土	灰色草甸土	黑五花土	薄层黑五花土	1	0—30				9.6	4.3	0.22	0.46	11.6	3.0	冲积物	E 122°31′39.3″ N 43°47′40.9″	73
						2	30—62				8.5	19.7	1.09	0.82	7.9				
						3	62—100				9.3	8.0	0.65	0.78	2.6				
剖6	半水成土	草甸土	灰色草甸土	黑土	薄层黑土	1	0—30				8.3	22.4	1.22	1.15	9.8	39.9	冲积物	E 122°38′38.1″ N 43°46′15.0″	72
						2	30—60				8.2	15.0	0.88	0.69	13.5				
						3	60—83				8.7	20.6	1.15	0.83	10.6				
						4	83—100				9.0	3.1	0.24	2.45	19.6				
剖7	半水成土	草甸土	灰色草甸土	白土	黏底白土	1	0—30				8.8	12.4	0.49	0.81	20.9	15.7	冲积物	E 122°44′18.8″ N 43°45′38.5″	83
						2	30—100				8.8	24.5	1.03	0.67	15.5				
剖8	半水成土	草甸土	灰色草甸土	黑五花土	中厚层黑五花土	1	0—25				8.9	17.6	0.77	0.85	18.9	12.9	冲积物	E 122°51′48.5″ N 43°43′42.0″	90
						2	25—46				8.4	27.9	1.76	1.32	1.7				
						3	46—100				8.2	2.9	0.23	5.01	8.8				
剖9	半水成土	草甸土	盐化草甸土	轻度盐化草甸土	黏质盐度盐化草甸土	1	0—20				8.9	27.2	1.76	1.27	11.3	6.1	冲积物	E 122°46′36.8″ N 43°43′09.5″	71
						2	20—90				9.0	25.2	1.62	1.28	12.3	6.4			
						3	90—110				9.4	3.0	0.19	0.32	12.1				
剖10	初育土	风沙土	固定半固定风沙土	盐化风沙土		1	0—32				8.7	1.1	0.81	0.25	21.8		风积物	E 121°57′48.2″ N 43°34′53.4″	73
						2	32—60				10.3	0.4	0.80	0.15	17.7				
						3	60—100				9.6	0.1	0.78	0.27	27.0				
剖11	半水成土	草甸土	盐化草甸土	轻度盐化草甸土	壤质轻度盐化草甸土	1	0—33				9.5	15.8	1.21	0.48	31.3		冲积物	E 122°14′19.0″ N 43°38′01.6″	93
						2	33—60				9.2	26.8	2.28	0.85	32.4				
						3	60—70				9.2	18.9	0.84	0.55	29.0				
						4	70—100				9.0	28.3	1.07	0.72	24.1				
剖12	半水成土	草甸土	灰色草甸土	白五花土	薄层白五花土	1	0—20				8.3	15.4	0.91	0.92	15.0	12.2	冲积物	E 122°13′30.4″ N 43°35′29.0″	89
						2	20—50				8.5	6.7	0.51	0.63	13.3	8.0			
						3	50—70				8.3	16.2	1.19	0.87	12.7				
						4	70—100				8.3	4.8	0.31	0.66	13.4				

续表 Continued

剖面号 Soil profile	土纲 Soil order	土类 Soil great group	亚类 Soil subgroup	土属 Soil genus	土种 Soil species	土层码 Layer code	土层厚度 Depth/cm	颜色 Soil color	质地 Soil texture	土壤结构 Soil structure	pH	有机质 OM/(g/kg)	全氮 TN/(g/kg)	全磷 TP/(g/kg)	全钾 TK/(g/kg)	阳离子交换量 CEC/(cmol/kg)	土壤母质 Parent material	剖面点坐标 Profile coordinate	匹配指数 Matching index/%
剖13	半水成土	草甸土	灰色草甸土	白五花土	中厚层白五花土	1	0—28				8.1	18.0	0.98	1.88	7.7	21.0	冲积物	E 122°13′24.2″ N 43°34′53.0″	76
						2	28—51				8.2	18.7	0.63	0.73	14.9	13.1			
						3	51—100				9.4	2.2	0.15	0.52	10.6				
剖14	半水成土	草甸土	灰色草甸土	白五花土	黏底白五花土	1	10—20				8.2	7.6	0.40	0.74	18.1	8.4	冲积物	E 122°14′12.9″ N 43°34′11.2″	78
						2	20—55				8.6	4.9	0.28	0.62	19.1	7.4			
						3	55—107				8.1	28.8	1.85	1.16	25.7				
剖15	初育土	风沙土	固定半固定风沙土	沙坨风沙土	碱沙土	1	0—100				8.4	11.6	1.10	0.48	27.6	56.7	风积物	E 122°12′59.1″ N 43°32′24.3″	88
剖16	半水成土	草甸土	灰色草甸土	白五花土	厚层白五花土	1	0—44				8.4	12.4	0.74	1.29	12.8	12.8	冲积物	E 122°21′22.7″ N 43°39′19.8″	86
						2	44—80				8.5	11.0	0.53	0.73	23.0				
						3	80—100				8.8	1.9	0.11	0.33	18.9				
剖17	半水成土	草甸土	灰色草甸土	菜园土	菜园黑五花土	1	0—28				8.5	21.0	1.30	2.12	18.9	8.8	冲积物	E 122°19′23.5″ N 43°38′16.8″	88
						2	28—59				7.9	14.2	1.00	1.14	20.3	25.3			
						3	59—110				8.8	2.8	0.18	0.31	16.6				
剖18	半水成土	草甸土	灰色草甸土	黑土	中厚层黑土	1	0—27				8.9	27.9	1.89	1.09	14.4	30.3	冲积物	E 122°17′19.3″ N 43°38′13.2″	99
						2	27—47				10.2	2.0	1.12	0.34	9.6				
						3	47—100				8.6	27.6	1.86	1.10	16.8				
剖19	初育土	风沙土	固定半固定风沙土	沙沼风沙土	灰沙土	1	0—60				8.7	7.0	0.50	0.23	24.1	8.4	风积物	E 122°28′00.2″ N 43°37′50.5″	89
						2	60—99				8.7	6.4	1.11	0.24	23.2	9.5			
						3	99—120				8.9	4.1	0.98	1.10	19.3				
剖20	半水成土	草甸土	灰色草甸土	白五花土	夹黏白五花土	1	0—25	灰棕色	轻壤土	团粒状		10.7		0.34	23.4		冲积物	E 122°18′39.7″ N 43°37′44.6″	80
						2	25—50	暗棕灰色	轻黏土	核状		24.6		0.51	21.5				
						3	50—100	灰黄色	轻黏土	无明显结构		8.6		0.26	24.4				
剖21	半水成土	草甸土	灰色草甸土	菜园土		1	0—32		中壤土		8.3	27.8	1.38	1.29	13.5	29.3	冲积物	E 122°22′40.8″ N 43°37′19.2″	83
						2	32—97		轻黏土		9.2	11.1	0.61	0.83	17.7				
						3	97—110		砂壤土		8.5	24.9	1.92	1.09	16.6				
剖22	半水成土	草甸土	灰色草甸土	黑土	厚层黑土	1	0—22				8.6	7.3	0.45	0.68	25.7	10.5	冲积物	E 122°19′18.9″ N 43°36′55.7″	79
						2	22—59				8.8	3.6	1.69	0.81	25.3	3.8			
						3	59—100				8.8	9.7	6.69	0.84	19.4				
剖23	半水成土	草甸土	灰色草甸土	白土	白土	1	0—20				8.6	7.5	0.46	0.74	17.8		冲积物	E 122°24′32.4″ N 43°36′35.6″	96
						2	20—43				8.2	6.9	0.10	0.28	23.4	6.4			
						3	43—55				8.0	3.7	0.25	0.28	22.9	6.9			
						4	55—102				8.0	3.2	0.03	0.24	22.0				
剖24	半水成土	草甸土	灰色草甸土	白土	白土	1	0—20				8.4	3.2	0.05	0.29	21.4		冲积物	E 122°22′31.1″ N 43°36′07.6″	86
						2	20—38				8.2	10.9	0.85	0.95	27.5	13.6			
						3	38—80				8.0	21.2	1.25	1.11	6.8	36.1			
						4	80—100				8.0	9.9	0.77	1.03	20.8				
剖25	半水成土	草甸土	灰色草甸土	白五花土	夹黏白五花土	1	0—26				8.4	5.6	0.34	0.55	22.3	6.5	冲积物	E 122°24′46.1″ N 43°35′17.9″	93
						2	26—50				8.1	21.3	1.59	0.11	23.1	2.5			
						3	50—75				9.8	19.7	1.12	0.21	20.2	3.2			
						4	75—109												
剖26	初育土	风沙土	固定半固定风沙土	沙坨风沙土	黄沙土	1	0—50				8.1						风积物	E 122°22′36.2″ N 43°34′25.0″	82
						2	50—70				9.8								
						3	70—100				9.3	11.3	1.44	0.05	30.3				

续表 Continued

剖面号 Soil profile	土纲 Soil order	土类 Soil great group	亚类 Soil subgroup	土属 Soil genus	土种 Soil species	土层码 Layer code	土层厚度 Depth/cm	颜色 Soil color	质地 Soil texture	土壤结构 Soil structure	pH	有机质 OM/(g/kg)	全氮 TN/(g/kg)	全磷 TP/(g/kg)	全钾 TK/(g/kg)	阳离子交换量CEC/(cmol/kg)	土壤母质 Parent material	剖面点坐标 Profile coordinate	匹配指数 Matching index/%
剖27	半水成土	草甸土	盐化草甸土	轻度盐化草甸土	壤质轻度盐化草甸土	1	0—18				9.8	8.2	0.67	0.71	24.5	10.6	冲积物	E 122°25′17.5″ N 43°34′07.4″	87
						2	18—32				10.0	10.1	0.43	0.87	21.7	5.0			
						3	32—82				10.0	4.9	0.28	0.68	20.0				
						4	82—98				9.8	22.3	1.52	1.34	14.5				
剖28	半水成土	草甸土	灰色草甸土	白土	白土	1	0—63				9.7	2.9	0.13	0.49	15.9	3.2	冲积物	E 122°20′39.1″ N 43°33′57.6″	71
						2	63—100				9.6	6.1	0.45	0.59	25.2				
剖29	半水成土	草甸土	灰色草甸土	菜园土	菜园黑五花土	1	0—32				8.3	27.5	1.72	2.77			冲积物	E 122°26′53.9″ N 43°33′35.3″	72
						2	32—97				8.2	19.5	1.16	1.19					
						3	97—120				8.3	3.4	0.24	0.52	11.4				
剖30	初育土	风沙土	固定半固定风沙土	坨间风沙土	灰塘土	1	0—20				9.6	6.2	0.51	0.52	11.4	3.0	风积物	E 122°18′01.0″ N 43°32′45.8″	74
						2	20—100				8.5	3.9	0.22	0.30	12.0				
剖31	半水成土	草甸土	盐化草甸土	轻度盐化草甸土	黏质轻度盐化草甸土	1	0—30				9.7	31.0	1.99	0.62	27.0		冲积物	E 122°24′04.1″ N 43°31′46.3″	74
						2	30—68				8.9	6.2	1.57	0.24	25.6				
						3	68—100				8.4	25.8		0.57	17.0				
剖32	半水成土	草甸土	盐化草甸土	中度盐化草甸土	中度盐化草甸土	1	0—27				10.2	14.6	1.01	0.99	19.1	26.9	冲积物	E 122°30′01.6″ N 43°36′21.2″	90
						2	27—91				9.9	3.3	0.14	0.55	13.8	3.4			
						3	91—110				8.7	24.4	1.58	1.27	20.8				
剖33	半水成土	草甸土	盐化草甸土	重度盐化草甸土		1	0—22				10.2	16.0	1.60	0.62	27.7		冲积物	E 122°30′36.7″ N 43°34′57.7″	72
						2	22—45				10.2	8.2	0.81	0.32	26.5				
						3	45—73				9.9	9.3	0.68	0.36	27.0				
						4	73—100				9.9	5.6	1.02	0.25	26.9				
剖34	半水成土	草甸土	灰色草甸土	黑五花土	厚层黑五花土	1	0—20				8.8	23.4	1.52	1.22	11.9	18.7	冲积物	E 121°56′28.5″ N 43°25′17.8″	78
						2	20—57				7.7	21.3	1.20	1.14	19.2				
						3	57—120				8.2	27.1	1.57	1.16	13.5				
剖35	半水成土	草甸土	灰色草甸土	黑土	中厚层黑土	1	0—25					21.6	1.66	0.50	28.0	48.8	冲积物	E 122°09′39.0″ N 43°29′36.4″	94
						2	25—40					27.8	1.52	0.51	30.2	45.4			
						3	40—80					7.1	1.00	0.21	28.0	8.2			
						4	80—100					10.4	1.48	0.28	30.0				
剖36	半水成土	草甸土	灰色草甸土	白土	夹黏白土	1	0—20				8.6	15.8	0.89	0.76	14.5	8.6	冲积物	E 122°01′17.5″ N 43°29′27.8″	81
						2	20—33				8.5	14.9	1.16	0.88	16.4	22.9			
						3	33—50				8.7	24.4	1.76	1.12	13.8				
						4	50—100				9.2	2.0	0.10	0.45	18.2				

科尔沁左翼中旗

主要土类说明

风沙土是科尔沁左翼中旗主要土壤类型，占本旗地域面积的47%。风沙土主要分布在西辽河以北和新开河以南自西北向东南方向的沙带、新开河以北自珠日河牧场向东南方向的延伸沙带，是在风沙移动堆积形成的多种形态的风沙沉积物上发育的初育土。由于成土时间短暂，该土壤无剖面发育，具C、(A)-C或A-C剖面构型，局部地区还出现假菌丝或盐酸反应。

草甸土是科尔沁左翼中旗第二大土壤类型，占本旗地域面积的31%。草甸土主要分布在西辽河、新开河两岸的河漫滩和低阶地。自然植被以中生草甸植物为主，常见的有狗尾草、羊草、野苜蓿、狼尾草、芦苇、碱蓬等。成土母质以冲积物为主，还有少量的砂土和湖积物。因所处地带地下水位较高，多为1.4—2.8m，潜水参与土壤形成过程，受地下水升降与浸润作用，成土过程具有明显的腐殖质累积和铁锰氧化还原特征，土体出现锈色斑纹层。草甸土剖面由腐殖质层、锈色斑纹层和明显的潜育层构成。本旗草甸土分为灰色草甸土、盐化草甸土、碱化草甸土等亚类。

栗钙土是科尔沁左翼中旗第三大土壤类型，占本旗地域面积的19%。栗钙土主要分布在本旗东北部的三角区内。自然植被为干草原植被，以旱生禾本科杂草为主。成土母质为古老的黄土状母质、冲积物和风积物。成土过程为腐殖质累积过程和钙积过程。栗钙土剖面由腐殖质层、钙积层和母质层构成。腐殖质层呈栗色、暗栗色和浅栗色，平均厚度为29cm。钙积层出现部位较高，一般在37—93cm深处，碳酸钙淀积形态多为假菌丝状或粉末状。本旗栗钙土分为暗栗钙土、草甸栗钙土、碱化草甸栗钙土等亚类。

小于本旗地域面积3%的土壤类型有沼泽土、草甸盐土、潮土、黑钙土、碱土。

本区域中心区气候特征

本区域中心区气候特征值
Regional climate characteristics in central area of the region

气候带：中温带亚干旱气候 Climate region: Mid temperate subarid climate	
年平均气温 /℃ Annual average temperature /℃	6.4
年平均最高气温 /℃ Annual average maximum temperature /℃	12.7
年平均最低气温 /℃ Annual average minimum temperature /℃	0.8
年降水量 /mm Annual precipitation /mm	386
≥10℃的积温 /℃ Daily temperature accumulated in a year (≥10℃) /℃	4337
年日照时数 /h Annual sunshine /h	2985
年平均相对湿度 /% Annual average relative humidity /%	55
干燥度 Dryness	1.02

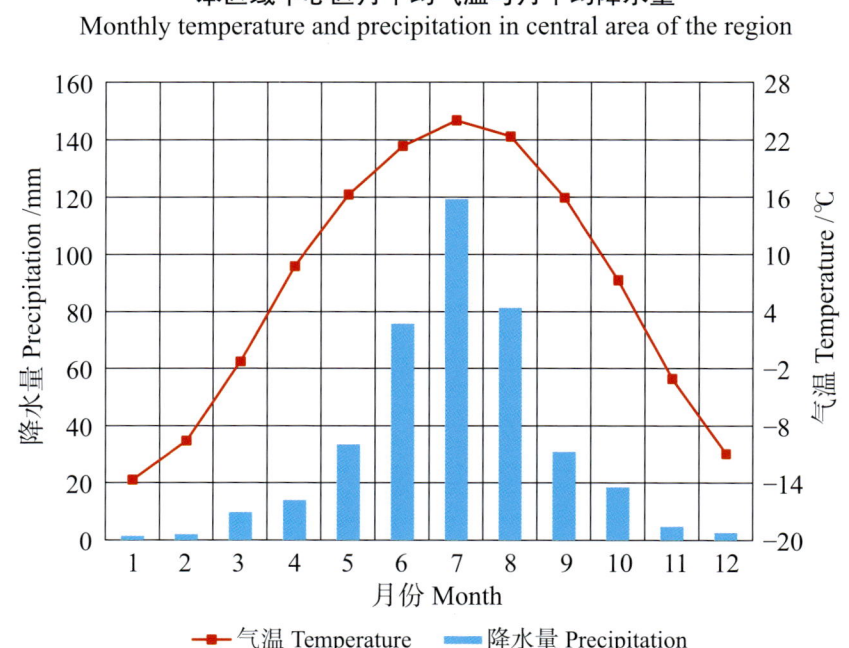

本区域中心区月平均气温与月平均降水量
Monthly temperature and precipitation in central area of the region

科尔沁左翼中旗主要土壤类型与土壤剖面点分布图

1:630 000

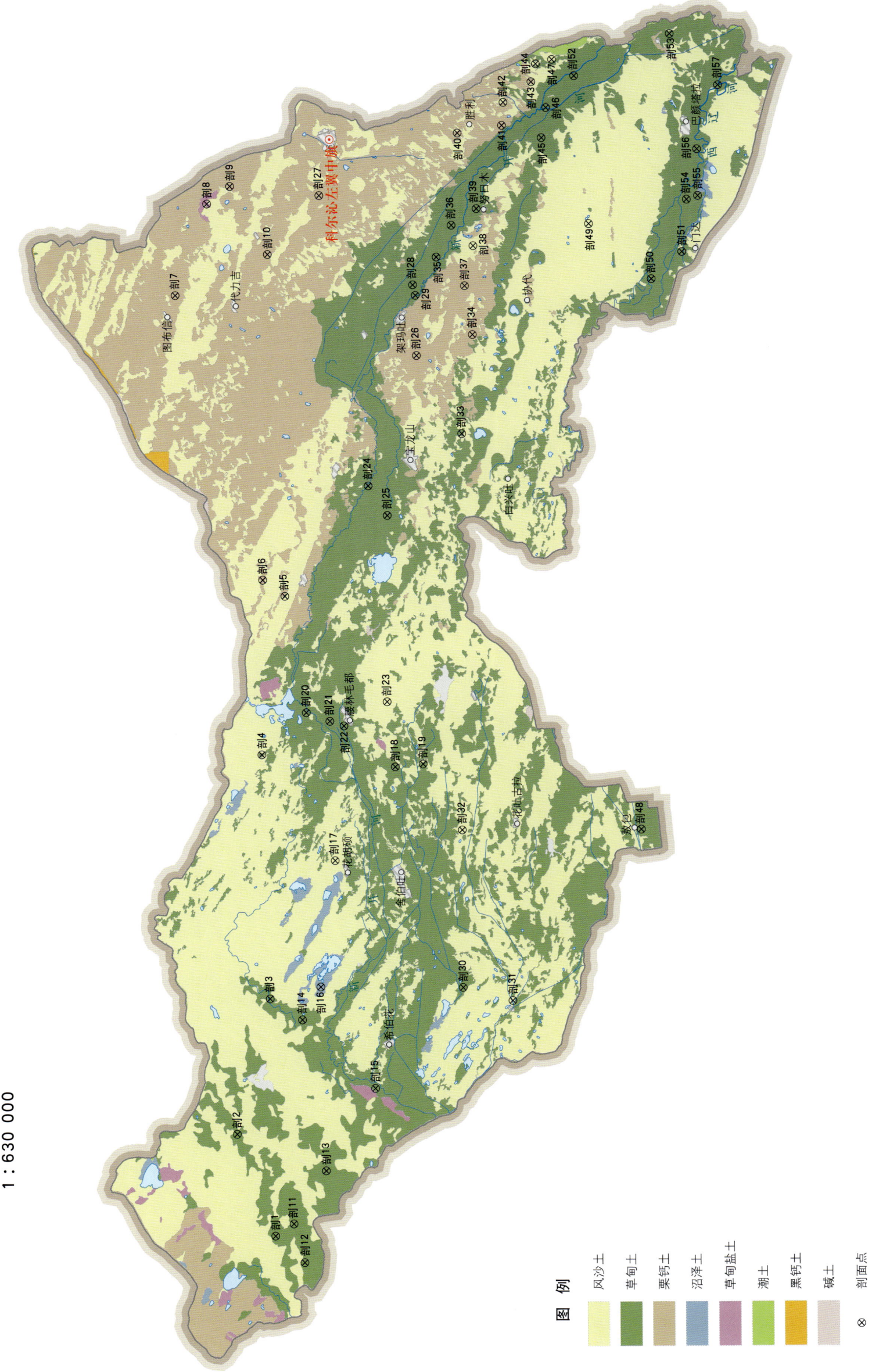

图例：风沙土、草甸土、栗钙土、沼泽土、草甸盐土、潮土、黑钙土、碱土、剖面点

第二编 分县土壤图与土壤剖面数据 | 161

科尔沁左翼中旗土壤剖面理化性状表

剖面号 Soil profile	土纲 Soil order	土类 Soil great group	亚类 Soil subgroup	土属 Soil genus	土种 Soil species	土层码 Layer code	土层厚度 Depth/cm	质地 Soil texture	pH	有机质 OM/(g/kg)	全氮 TN/(g/kg)	全磷 TP/(g/kg)	全钾 TK/(g/kg)	阳离子交换量CEC/(cmol/kg)	土壤母质 Parent material	剖面点坐标 Profile coordinate	匹配指数 Matching index/%
剖1	半水成土	草甸土	碱化草甸土	砂质碱化草甸土	砂质重度碱化草甸土	1	0—30	砂壤土	10.8	4.1	0.20	0.20		23.6		E 121°21′09.4″ N 44°11′17.8″	84
						2	38—80	轻壤土	10.7	3.8	0.17	0.12		11.2			
剖2	半水成土	草甸土	碱化草甸土	砂质碱化草甸土	砂质中度碱化草甸土	1	0—20	紧砂土	10.5	9.3	0.67	0.13		7.4		E 121°31′55.9″ N 44°14′21.8″	78
						2	20—80	轻壤土	10.4	3.1	0.26	0.11		8.6			
剖3	半水成土	草甸土	灰色草甸土	白玉花土	砂底白玉花土	1	0—33	砂壤土	9.0	8.9	0.62	0.25	25.9		冲积物	E 121°46′19.9″ N 44°11′56.4″	89
						2	33—64	重壤土	9.4	10.9	0.68	0.32	24.5				
						3	64—90	紧砂土	9.5	2.1	0.14	0.13	26.4				
剖4	半水成土	草甸土	碱化草甸土	壤质碱化草甸土	壤质轻度碱化草甸土	1	0—30	轻壤土	8.7	23.3	1.23	0.45	24.7	11.5		E 122°12′36.0″ N 44°12′43.6″	86
						2	30—90	轻壤土	9.4	7.0	0.38	0.26	24.7	8.6			
剖5	半水成土	草甸土	灰色草甸土	白土	壤底白土	1	0—19	轻壤土	8.7	13.0	0.85	0.26	26.4	13.4	冲积物	E 122°29′34.1″ N 44°10′59.9″	86
						2	19—29	轻壤土	9.7	8.4	0.54	0.16	30.5				
						3	29—68	砂壤土	10.0	2.0	0.12	0.17					
剖6	钙层土	栗钙土	草甸栗钙土	砂质草甸栗钙土	砂质中位草甸栗钙土	1	0—35	轻壤土	8.8	10.9	0.72	0.21	20.7	9.1		E 122°31′16.3″ N 44°12′42.8″	73
						2	35—50	中壤土	8.6	8.0	0.50	0.23	20.3				
						3	50—90	重壤土	9.0	6.9	0.45	0.18	24.4				
						4	90—110	中壤土	9.1	4.1	0.30	0.32	26.7				
剖7	钙层土	栗钙土	草甸栗钙土	壤质草甸栗钙土	壤质浅位草甸栗钙土	1	0—22	中壤土	8.8	30.4	1.86	0.19	24.7	14.5		E 123°01′46.9″ N 44°19′29.3″	85
						2	22—65	中壤土	9.1	7.2	0.45	0.28	21.4				
						3	65—125	重壤土	9.3	4.6	0.25						
剖8	盐碱土	草甸盐土	碱化盐土	苏打盐土	壤质碱化盐土	1	0—6		10.6							E 123°11′35.5″ N 44°17′01.0″	74
						2	6—20	中壤土	10.6								
						3	20—72		10.5								
						4	72—105		10.5								
剖9	钙层土	栗钙土	草甸栗钙土	砂质草甸栗钙土	砂质浅位草甸栗淤土	1	5—15	轻壤土	9.0	14.4	0.93	0.22	26.3	10.7		E 123°13′27.1″ N 44°15′12.6″	88
						2	15—25	中壤土	9.1	5.6	0.36	0.20	23.0				
						3	25—55	中壤土	8.8	11.8	0.77	0.19	24.4				
剖10	钙层土	栗钙土	暗栗钙土	栗黄土	中厚层栗黄土	1	0—34	轻壤土	8.2	11.5	0.77	0.21	26.0	8.8	黄土状母质	E 123°06′10.1″ N 44°12′19.8″	98
						2	34—95	轻砂土	8.9	6.1	0.40	0.25	29.1				
剖11	半水成土	草甸土	碱化草甸土	砂质碱化草甸土	砂质轻度碱化草甸土	1	0—16	紧砂土	9.8	4.4	0.25	0.17		7.7		E 121°22′29.1″ N 44°09′52.9″	78
						2	16—48	砂壤土	9.9	11.8	0.60	0.13		5.6			
						3	48—138	砂壤土	9.9	5.7				8.2			
剖12	半水成土	草甸土	盐化草甸土	壤质盐化草甸土	砂质轻度盐化草甸土	1	0—33	砂黏土	8.6	28.7	1.76	0.61	24.9	31.0		E 121°18′22.7″ N 44°08′59.7″	76
						2	33—120	砂黏土	8.8	22.8	1.33	0.53	25.2				
剖13	半水成土	草甸土	盐化草甸土	砂质盐化草甸土	砂质轻度盐化草甸土	1	0—30	轻壤土	8.9	14.6	0.81	0.40		15.4		E 121°28′10.2″ N 44°07′25.7″	85
						2	30—57	轻壤土	9.3	20.5	0.99	0.49					
						3	57—112	重壤土									
剖14	半水成土	草甸土	盐化草甸土	黏质盐化草甸土	黏质轻度盐化草甸土	1	0—46	轻黏土	8.9	27.4	1.43	0.68		13.2	冲积物	E 121°44′07.1″ N 44°09′24.8″	89
						2	46—92	砂壤土	9.6	3.3	0.19	0.17	26.1	8.0			
剖15	半水成土	草甸土	灰色草甸土	白玉花土	黏底白玉花土	1	0—21	中壤土	8.8	17.3	1.16	0.36	21.3	14.7		E 121°36′57.2″ N 44°03′41.8″	81
						2	21—62	重黏土	9.9	20.0	1.08	0.48	24.3				
						3	62—90	重黏土	8.6	28.7	1.60	0.74					

续表 Continued

剖面号 Soil profile	土纲 Soil order	土类 Soil great group	亚类 Soil subgroup	土属 Soil genus	土种 Soil species	土层码 Layer code	土层厚度 Depth/cm	质地 Soil texture	pH	有机质 OM/(g/kg)	全氮 TN/(g/kg)	全磷 TP/(g/kg)	全钾 TK/(g/kg)	阳离子交换量CEC/(cmol/kg)	土壤母质 Parent material	剖面点坐标 Profile coordinate	匹配指数 Matching index/%
剖16	水成土	沼泽土	草甸沼泽土	草甸沼泽土	草甸沼泽土	1	0—19	轻壤土	8.7	43.2				15.6		E 121°49′47.3″ N 44°07′38.3″	78
剖17	初育土	风沙土	固定风沙土	固定沙沼风沙土		2	19—91	砂壤土	8.8	15.5	0.49	0.16	27.6	6.9	风积沙	E 122°01′16.7″ N 44°06′59.4″	84
						1	0—20	紧砂土	8.9	8.4	0.47	0.13	27.8				
剖18	半水成土	草甸土	灰色草甸土	黑五花土	夹黏黑五花土	2	20—120	紧砂土	8.1	7.4	0.85	0.34	27.4	16.2	冲积物	E 122°11′24.7″ N 44°02′22.6″	84
						1	0—18	中壤土	9.4	13.3	0.46	0.30	27.4				
						2	18—37	中壤土	8.8	7.5	1.36	0.63	25.7				
						3	37—66	重壤土		25.3	0.44	0.14	27.1	8.0			
剖19	半水成土	草甸土	灰色草甸土	白土	壤体白土	1	0—26	砂壤土	9.2	6.6	0.66	0.26	25.6		冲积物	E 122°11′44.2″ N 44°00′12.6″	98
						2	26—95	中壤土	8.8	10.8	0.76	0.31	27.4	14.3			
剖20	半水成土	草甸土	灰色草甸土	黑五花土	夹砂黑五花土	1	0—22	中壤土	9.0	11.7	0.15	0.17	27.4		冲积物	E 122°17′07.5″ N 44°09′17.2″	90
						2	22—62	紧砂土	9.1	1.8	0.58	0.33	24.9				
						3	62—97	轻壤土	9.5	10.0	0.63	0.31	25.1	7.6			
剖21	半水成土	草甸土	灰色草甸土	白土	白土	1	0—25	轻壤土	8.6	9.8	0.28	0.29	24.6		冲积物	E 122°16′14.2″ N 44°07′27.5″	99
						2	25—40	轻壤土	9.0	4.4	0.19	0.19	25.6				
剖22	半水成土	草甸土	灰色草甸土	白五花沙土	黏体白五花土	1	0—31	重壤土		2.7	0.83	0.34	24.1		冲积物	E 122°15′45.0″ N 44°06′22.3″	85
						2	31—42	重壤土		15.0	1.23	0.50	23.1				
						3	42—131	轻黏土		21.9							
剖23	初育土	风沙土	半固定风沙土	半固定沙坨风沙土		1	0—20	松砂土	9.1	0.8	0.06	0.06	28.3	2.0	风积沙	E 122°18′21.2″ N 44°03′01.8″	88
剖24	半水成土	草甸土	灰色草甸土	黑五花土	黑五花土	1	0—33	轻黏土	8.8	16.8	0.92	0.41	23.2	24.4	冲积物	E 122°41′25.4″ N 44°04′33.2″	97
						2	33—95	轻黏土	8.8	23.3	1.27	0.52	23.8				
剖25	半水成土	草甸土	碱化草甸土	壤质重度碱化草甸土	壤质重度碱化草甸土	1	0—6	轻壤土	10.6	5.8	0.48	0.18		7.7		E 122°38′15.4″ N 44°03′03.2″	93
						2	6—20	中壤土	10.5	4.1	0.23	0.03		11.5			
						3	20—72	轻壤土	10.5	3.2	0.20	0.13	23.6	8.5			
						4	72—105	轻壤土	10.5	16.8	0.95	0.56	26.3				
剖26	钙层土	栗钙土	暗栗钙土	栗黄土	薄层栗黄土	1	0—20	轻壤土	8.9	14.8	1.00	0.22	21.9	10.9		E 122°55′18.8″ N 44°00′47.9″	81
						2	20—35	中壤土	9.1	12.8	0.78	0.20	20.4				
						3	35—65	中壤土	9.0	6.2	0.44	0.20	26.2				
剖27	钙层土	栗钙土	草甸栗钙土	壤质草甸栗浆土	壤质深位草甸栗涂土	1	0—42	轻壤土	10.0	14.8	0.98	0.31	24.6		黄土状母质	E 123°12′25.9″ N 44°08′17.9″	72
						2	42—64	重壤土	9.8	3.7	0.24	0.14	26.6				
						3	64—112	轻壤土	8.7	2.1	0.17	0.12	23.6				
剖28	半水成土	草甸土	灰色草甸土	黑土	夹砂黑土	1	0—40	中黏土	9.1	26.1	1.67	0.54	27.3	33.9	冲积物	E 123°02′52.8″ N 44°01′04.4″	93
						2	40—60	轻壤土	9.2	7.1	0.37	0.16	21.7				
						3	60—110	重黏土	8.7	27.4	1.68	0.74	26.7				
剖29	半水成土	草甸土	灰色草甸土	白土	夹黏白土	1	0—28	轻壤土	9.4	9.7	0.57	0.32	25.8	12.0	冲积物	E 123°01′44.4″ N 44°00′52.2″	88
						2	28—49	轻壤土	9.6	26.6	1.51	0.65	27.5				
						3	49—100	重壤土	9.6	8.1	0.59	0.15					
剖30	半水成土	草甸土	灰色草甸土	坨间草甸土	壤质坨间草甸土	1	0—26	重壤土	10.0	16.0	0.92	0.38	26.6		冲积物、风积物	E 121°47′47.4″ N 43°56′58.6″	72
						2	26—100	重壤土	8.9	16.3	0.98	0.31	28.4				
剖31	初育土	风沙土	固定风沙土	栗钙土型风沙土	中度侵蚀栗沙土	1	0—17	砂壤土	9.1	6.9	0.34	0.11	28.0	7.5	风积沙	E 121°46′27.8″ N 43°53′07.8″	84
						2	17—110	紧砂土	8.9	9.5	0.52	0.15	27.3				
剖32	初育土	风沙土	半固定风沙土	半固定沙坨风沙土		1	0—50	紧砂土	8.8	1.7	0.11	0.08	22.2	3.4	风积沙	E 122°04′42.2″ N 43°57′09.0″	89

第二编 分县土壤图与土壤剖面数据 | 163

续表 Continued

剖面号 Soil profile	土纲 Soil order	土类 Soil great group	亚类 Soil subgroup	土属 Soil genus	土种 Soil species	土层码 Layer code	土层厚度 Depth/cm	质地 Soil texture	pH	有机质 OM/(g/kg)	全氮 TN/(g/kg)	全磷 TP/(g/kg)	全钾 TK/(g/kg)	阳离子交换量CEC/(cmol/kg)	土壤母质 Parent material	剖面点坐标 Profile coordinate	匹配指数 Matching index/%
剖33	半水成土	草甸土	灰色草甸土	坨间草甸土	砂质坨间草甸土	1	0~23	砂壤土	8.9	6.8	0.46	0.14	24.0	6.7	冲积物、风积物	E 122° 46′ 59.3″ N 43° 57′ 17.3″	71
						2	23~42	轻壤土	9.2	8.7	0.56	0.17	25.5				
						3	42~110	砂壤土	9.2	2.6	0.15	0.11	24.1				
剖34	钙层土	栗钙土	碱化草甸栗钙土	黏质碱化草甸栗钙土	砂质重度碱化草甸栗钙土	1	0~20	砂壤土	10.5	9.6	0.59	0.19	24.0	8.9		E 122° 57′ 32.1″ N 43° 56′ 27.2″	71
						2	20~41	轻壤土	10.4	4.5	0.27	0.13	28.0				
						3	41~105	砂壤土	9.4	2.0	0.11	0.10	24.1				
剖35	半水成土	草甸土	灰色草甸土	黑土	壤体黑土	1	0~28	重黏土	9.5	25.9	1.45	0.58	24.0	35.7	冲积物	E 123° 05′ 51.7″ N 43° 59′ 14.6″	70
						2	28~42	轻壤土	10.3	3.6	0.23	0.16	28.0				
						3	42~87	轻黏土	10.3	2.0	0.12	0.13	24.1				
剖36	半水成土	草甸土	灰色草甸土	黑土	砂体黑土	1	0~39	轻黏土	9.0	23.5	1.44	0.47	25.4	31.5	冲积物	E 123° 09′ 14.4″ N 43° 58′ 04.4″	94
						2	39~96	轻壤土	9.5	3.2	0.22	0.13	27.7				
剖37	钙层土	栗钙土	暗栗钙土	砂质栗黄土	砂质栗甸黄土	1	0~51	砂壤土	8.6	12.9	0.85	0.25	21.3	12.6	黄土状母质	E 123° 02′ 46.6″ N 43° 57′ 02.4″	99
						2	51~103	中壤土	8.7	10.4	0.70	0.24	22.9				
剖38	初育土	风沙土	固定风沙土	栗钙土型风沙土	轻沙沙化栗钙土	1	0~110	紧砂土	8.9	8.5	0.49	0.13	30.4	12.9	风积沙	E 123° 07′ 03.4″ N 43° 56′ 23.0″	80
剖39	半水成土	草甸土	草甸栗钙土	黑土	砂底黑土	1	0~18	重黏土	9.7	19.0	1.19	0.39	25.9	24.7	冲积物	E 123° 10′ 59.2″ N 43° 56′ 06.7″	100
						2	18~62	中黏土	9.5	23.5	1.45	0.57	22.8				
						3	62~100	轻壤土	9.4	7.2	0.42	0.24	24.0				
剖40	钙层土	栗钙土	草甸栗钙土	砂质草甸栗钙土	砂质深位草甸栗钙土	1	0~50	紧砂土	8.9	8.2	0.54	0.17	25.5	6.8		E 123° 19′ 01.4″ N 43° 57′ 34.1″	70
						2	50~70	砂壤土	8.8	7.5	0.49	0.17	22.5				
						3	70~110	中壤土	9.0	3.1	0.21	0.13	24.6				
剖41	钙层土	栗钙土	草甸栗钙土	壤质草甸栗钙土	壤质中位草甸栗钙土	1	0~30	中壤土	8.9	14.3	0.98	0.25	25.3	11.4		E 123° 19′ 49.4″ N 43° 54′ 06.5″	87
						2	30~65	中壤土	8.9	6.9	0.46	0.18	23.8				
						3	65~100	中壤土	9.1	7.9	0.54	0.21	22.4				
剖42	初育土	风沙土	固定风沙土	栗钙土型风沙土	轻度侵蚀栗沙土	1	0~26	紧砂土	8.7	8.4	0.56	0.15	22.0	6.0	风积沙	E 123° 22′ 16.7″ N 43° 53′ 59.4″	99
						2	26~90	紧砂土	8.8	5.3	0.34	0.12	28.2				
剖43	钙层土	栗钙土	碱化草甸栗钙土	黏质碱化草甸栗钙土	砂质轻度碱化草甸栗钙土	1	0~25	砂壤土	9.8	18.5	1.00	0.25	25.6	13.6		E 123° 24′ 27.8″ N 43° 51′ 48.8″	71
						2	25~39	砂壤土	9.6	2.8	0.16	0.12	22.9	6.5			
						3	39~105	轻壤土	9.4	1.8	0.09	0.10	26.4				
剖44	初育土	草甸土	固定风沙土	固定沙坨风沙土	紧砂坨土	1	0~25	紧砂土	8.8	2.6	0.17	0.12	28.4	3.7		E 123° 26′ 21.4″ N 43° 51′ 26.7″	77
						2	25~70	紧砂土	8.7	2.1	0.15	0.10	28.4				
剖45	半水成土	草甸土	碱化草甸土	壤质碱化草甸土	重黏土	1	0~29	重黏土	9.0	22.9	1.38	0.46	25.6	27.4	冲积物	E 123° 18′ 30.4″ N 43° 51′ 02.3″	73
						2	29~97	中壤土	10.0	6.5	0.38	0.35	22.9				
剖46	半水成土	草甸土	灰色草甸土	白土	夹壤白土	1	0~32	轻壤土	9.1	10.5	0.62	0.22	26.4	11.0	冲积物	E 123° 21′ 41.8″ N 43° 50′ 40.2″	95
						2	32~58	中壤土	9.2	13.2	0.74	0.37	24.0				
						3	58~100	轻壤土	9.1	17.9	1.09	0.26	26.3				
剖47	初育土	风沙土	固定风沙土	固定沙沼风沙土	紧砂沼土	1	0~25	紧砂土	8.4	6.3	0.41	0.15	28.5	6.3	风积物	E 123° 26′ 49.8″ N 43° 50′ 10.5″	81
						2	25~92	紧砂土	8.3	10.1	0.56	0.20	26.7				
剖48	半水成土	草甸土	灰色草甸土	白玉花土	砂体白玉花土	1	0~39	轻壤土	9.1	10.2	0.64	0.30	23.6	9.3	冲积物	E 122° 04′ 58.8″ N 43° 43′ 17.3″	71
						2	39~120	紧砂土	9.5	1.4	0.09	0.13	26.3				
剖49	初育土	风沙土	固定风沙土	固定沙坨风沙土	紧砂坨土	1	0~15	紧砂土	8.9	2.8	0.12	0.09	28.0	3.1	风积沙	E 123° 09′ 23.0″ N 43° 47′ 25.1″	99
						2	15~95	紧砂土	8.9	2.0	0.12	0.08	27.9				

续表 Continued

剖面号 Soil profile	土纲 Soil order	土类 Soil great group	亚类 Soil subgroup	土属 Soil genus	土种 Soil species	土层码 Layer code	土层厚度 Depth/cm	质地 Soil texture	pH	有机质 OM/(g/kg)	全氮 TN/(g/kg)	全磷 TP/(g/kg)	全钾 TK/(g/kg)	阳离子交换量CEC/(cmol/kg)	土壤母质 Parent material	剖面点坐标 Profile coordinate	匹配指数 Matching index/%
剖50	半水成土	草甸土	灰色草甸土	白土	黏底白土	1	0—18	轻壤土	8.8	12.5	0.96	0.30	24.5	12.6	冲积物	E 123°03′31.5″ N 43°42′34.6″	83
						2	18—51	中壤土	9.2	11.0	0.60	0.34	22.5				
						3	51—94	重黏土	8.8	23.6	1.31	0.63	24.0				
剖51	半水成土	草甸土	碱化草甸土	黏质碱化草甸土	黏质重度碱化草甸土	1	0—17	轻黏土	10.5	4.6	0.29	0.07		9.8		E 123°06′25.1″ N 43°40′12.2″	88
						2	17—65	轻黏土	10.4	3.4	0.19	0.12		6.4			
						3	65—93	轻壤土	10.4	10.2	0.57	0.19		7.2			
剖52	半水成土	草甸土	灰色草甸土	黑土	壤底黑土	1	0—60	重黏土	9.4	26.8	1.64	0.62	24.1	38.4	冲积物	E 123°25′05.5″ N 43°48′28.9″	74
						2	60—100	中壤土	9.6	4.1	0.25	0.16	23.7				
剖53	半水成土	草甸土	碱化草甸土	黏质碱化草甸土	黏质中度碱化草甸土	1	0—68	轻黏土	9.6	14.3	0.76	0.30		15.7		E 123°29′31.9″ N 43°41′03.1″	85
						2	68—100	轻壤土	9.8	3.1	0.17	0.11					
剖54	半水成土	草甸土	碱化草甸土	黏质碱化草甸土	黏质轻度碱化草甸土	1	0—30	中黏土	9.3	21.1	1.11	0.41		14.2		E 123°11′56.4″ N 43°39′49.7″	91
						2	30—110	中黏土	9.6	24.2	1.12	0.58		28.4			
剖55	半水成土	草甸土	灰色草甸土	黑土	黑土	1	0—32	中黏土	9.1	23.6	1.31	0.54	23.5	26.8	冲积物	E 123°12′20.2″ N 43°38′57.8″	83
						2	32—90	重黏土	8.9	26.9	1.51	0.71	24.4				
剖56	半水成土	草甸土	灰色草甸土	白土	黏体白土	1	0—18	轻壤土	8.7	10.0	0.58	0.28	27.9	14.8	冲积物	E 123°17′15.7″ N 43°38′60.0″	97
						2	18—60	中黏土	8.6	20.9	1.16	0.46	23.2				
						3	60—82	重黏土	8.6	23.4	1.26	0.56	22.7				
剖57	半水成土	草甸土	灰色草甸土	淤砂土	淤砂土	1	0—30	砂壤土	9.0	2.3	0.23	0.13	28.0	6.9		E 123°24′02.9″ N 43°37′20.3″	96
						2	30—52	砂壤土	9.1	3.4	0.16	0.11	25.2				
						3	52—105	紧砂土	9.5	3.8	0.08	0.09	27.4				

科尔沁左翼后旗

主要土类说明

风沙土是科尔沁左翼后旗主要土壤类型，占本旗地域面积的67%。风沙土发生于半干旱、干旱漠境地区及滨海地区，是在风沙移动堆积形成的多种形态的风沙沉积物上发育的初育土。由于成土时间短暂，该土壤无剖面发育，具 C、(A)-C 或 A-C 剖面构型，反映了风沙移动堆积与固定的不同阶段。

草甸土是科尔沁左翼后旗第二大土壤类型，占本旗地域面积的23%。因所处地带地下水位较高，潜水参与土壤形成过程，受地下水升降与浸润作用，成土过程具有明显的腐殖质累积和铁锰氧化还原特征，土体出现锈色斑纹层。剖面构型为 A-Cu 或 A-C-Cu。

碱土是科尔沁左翼后旗第三大土壤类型，占本旗地域面积的7%。在土壤吸收性复合体中，交换性钠离子在20%以上，属碱土。碱土 pH 为 9.0—10.0。由于土壤黏粒下移累积，土壤物理性变差，坚实板结。表层土质地变轻，且见蜂窝状孔隙。

小于本旗地域面积3%的土壤类型有沼泽土、泥炭土。

本区域中心区气候特征

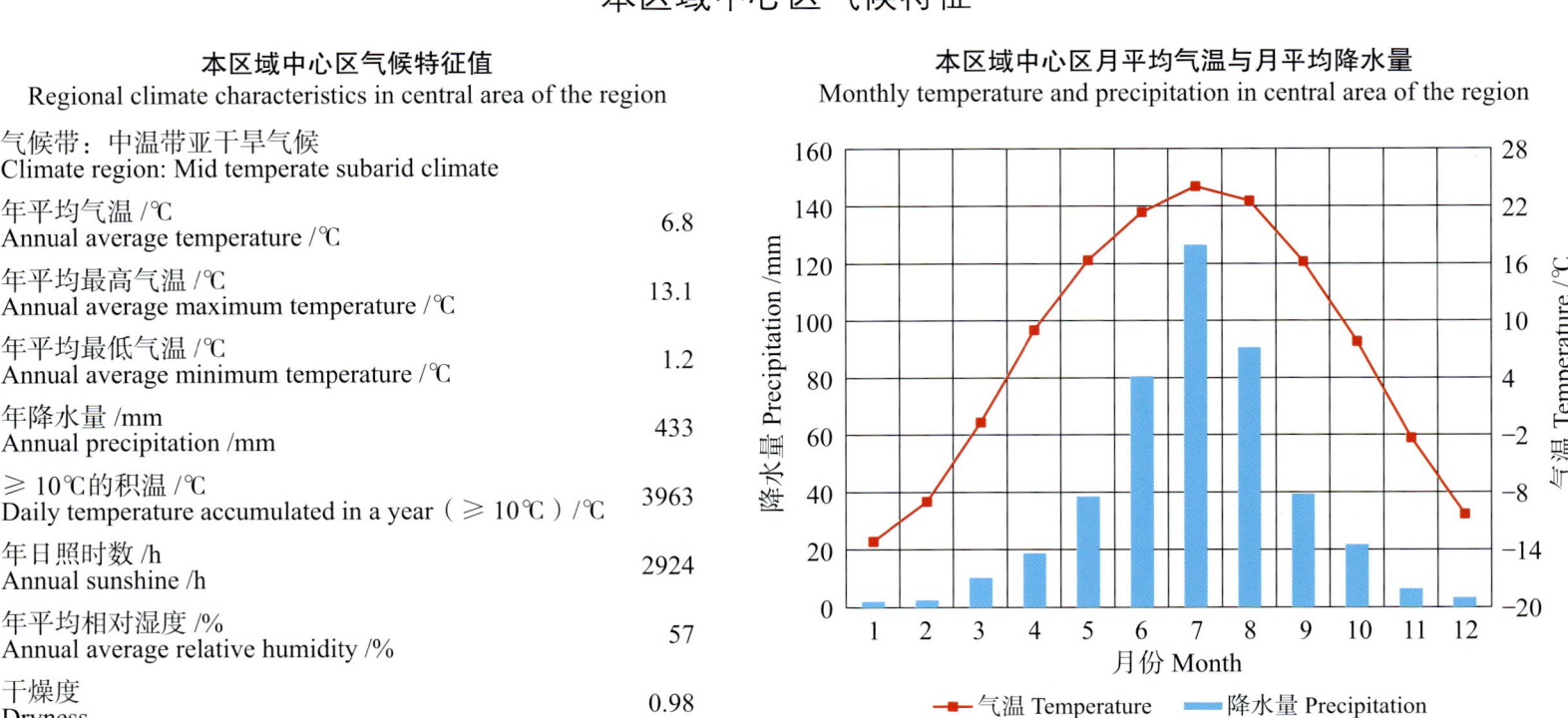

本区域中心区气候特征值
Regional climate characteristics in central area of the region

气候带：中温带亚干旱气候 Climate region: Mid temperate subarid climate	
年平均气温 /℃ Annual average temperature /℃	6.8
年平均最高气温 /℃ Annual average maximum temperature /℃	13.1
年平均最低气温 /℃ Annual average minimum temperature /℃	1.2
年降水量 /mm Annual precipitation /mm	433
≥10℃的积温 /℃ Daily temperature accumulated in a year (≥10℃) /℃	3963
年日照时数 /h Annual sunshine /h	2924
年平均相对湿度 /% Annual average relative humidity /%	57
干燥度 Dryness	0.98

本区域中心区月平均气温与月平均降水量
Monthly temperature and precipitation in central area of the region

科尔沁左翼后旗主要土壤类型与土壤剖面点分布图

1∶570 000

图 例

- 风沙土
- 草甸土
- 碱土
- 沼泽土
- 泥炭土
- ⊗ 剖面点

第二编 分县土壤图与土壤剖面数据

科尔沁左翼后旗土壤剖面理化性状表

剖面号 Soil profile	土纲 Soil order	土类 Soil great group	亚类 Soil subgroup	土属 Soil genus	土种 Soil species	土层码 Layer code	土层厚度 Depth/cm	颜色 Soil color	质地 Soil texture	土壤结构 Soil structure	pH	有机质 OM/(g/kg)	全氮 TN/(g/kg)	全磷 TP/(g/kg)	全钾 TK/(g/kg)	碱解氮 AN/(mg/kg)	有效磷 AP/(mg/kg)	速效钾 AK/(mg/kg)	土壤母质 Parent material	剖面点坐标 Profile coordinate	匹配指数 Matching index/%
剖1	半水成土	草甸土	草甸土	黑五花土	黑五花土	1	0—60	灰黄棕色	轻壤土	小核状		15.9	0.84	0.46	26.6	107	8.5	50	冲积物	E 122°09′39.9″ N 43°22′28.4″	72
						2	60—100	黑色	黏壤土	片状		19.8	1.20	0.45	21.6	68	12.0	13			
						3	100—145	灰白色	砂壤土	无明显结构		4.5	0.36	0.27	27.8	27	1.7	12			
						4	145—200	白色	轻壤土	片状		12.2	0.22	0.39	28.0	68	2.8	58			
						5	200—250	深黑色	黏壤土	无明显结构											
						6	250—270	浅黑色	黏壤土	片状											
剖2	半水成土	草甸土	草甸土	砂土	砂土	1	0—30	白色	紧砂土	无明显结构	8.7	5.2	0.32	0.42	21.6	16	1.1	18	冲积物	E 122°22′37.7″ N 43°29′48.7″	88
						2	30—90	浅黄色	砂壤土	无明显结构	8.7	4.5	0.49	0.63	17.0	7	1.5	10			
						3	90—125	白色	砂壤土	无明显结构	7.8	7.3	0.43	0.63	24.9	35	1.6	21			
						4	125—180	深黑色	重壤土	无明显结构	8.9	8.7	0.41	1.13	21.6	51	7.5	53			
						5	180—220	灰色	轻壤土	无明显结构	8.7	8.7	0.46	0.88	24.9	19	10.5	32			
						6	220—410	黑色	黏壤土	无明显结构	8.6	10.8	0.98	0.87		75		50			
剖3	半水成土	草甸土	草甸土	黑土	黑土	1	0—30	暗棕色	黏壤土	粒状		20.9	1.35	0.47		70	2.8	71	冲积物	E 122°20′03.5″ N 43°27′41.8″	86
						2	30—55	暗棕色	黏壤土	粒状		20.0	1.20	0.54		65	5.0	68			
						3	55—95	黑色	黏壤土	粒状		19.5	1.30	0.34		84	4.8	43			
						4	95—120	暗棕色	黏壤土	粒状		2.6	0.42	0.19		9	1.8	23			
						5	120—150	浅黄色	砂土	无明显结构		2.3	0.22	0.21		1	6.7	33			
剖4	半水成土	草甸土	坨间草甸土	厚层黑塘土	1	0—80	暗黄色	轻壤土	粒状										冲积物、风积物	E 122°29′31.9″ N 43°25′59.9″	88
						2	80—150	灰色	松砂土	无明显结构											
						3	150—190	灰白色	松砂土	无明显结构											
剖5	盐碱土	碱土	草甸碱土	轻碱土	1	0—44		粗砂土											冲积物、风积物	E 123°16′22.1″ N 43°25′10.2″	95
						2	44—57		粗砂土												
						3	57—97		细砂土												
						4	97—129		粗砂土												
						5	129—176														
剖6	半水成土	草甸土	坨间草甸土	薄层灰塘土	1	0—30	灰色	砂壤土	无明显结构		19.7	1.15	0.46	27.5	108	5.0	94	冲积物、风积物	E 121°41′59.6″ N 43°16′36.8″	89
						2	30—150	灰黄色	松砂土	无明显结构		1.4	0.11	0.07	29.2	22	0.5	44			
剖7	半水成土	草甸土	坨间草甸土	伏砂塘土	1	0—20	黄色	砂土	无明显结构		7.2	0.53	0.33	27.5	36	4.0	131	冲积物、风积物	E 121°52′41.2″ N 43°14′15.7″	70
						2	20—80	灰色	砂土	无明显结构		13.2	0.72	0.12	29.2	50	2.0	411			
						3	80—150	浅黄色	砂砂土	无明显结构		1.3	0.18		21.6	8	2.0	56			
剖8	半水成土	草甸土	坨间草甸土	草甸黄土	1	0—210	暗棕黄色	砂壤土	无明显结构		9.6	0.61	0.45	28.1	65	1.0	83	冲积物、风积物	E 122°44′00.2″ N 43°10′50.5″	100
剖9	半水成土	草甸土	白土	白土	1	0—30	暗黄色	砂壤土	无明显结构		6.3	0.30	0.32	25.6	15	1.0	25	冲积物	E 123°31′52.7″ N 43°11′52.1″	72
						2	30—60	黄色	砂砂土	无明显结构		4.1	0.19	0.32	28.8	23	1.0	11			
						3	60—105	黄色	砂砂土	无明显结构		12.4	0.61	0.51	25.4	22	5.0	38			
						4	105—200	黄色	松砂土	无明显结构		5.3	0.28	0.39	24.6	9	1.2	13			
剖10	初育土	风沙土	半固定风沙土	半固定灰沙土	1	0—40	暗棕色	砂砂土	无明显结构		5.0	0.31	0.34	28.1	22	4.1	117	风积物	E 122°54′17.3″ N 43°00′45.7″	74
						2	40—100	灰黄色	松砂土	无明显结构		2.2	0.14	0.16	21.0	14	3.0	115			
剖11	半水成土	草甸土	坨间草甸土	草甸砂土	1	0—100	黄色	松砂土	无明显结构		3.1	0.19	0.12	12.0	22	1.0	164	冲积物、风积物	E 123°09′56.9″ N 43°05′22.9″	74
剖12	水成土	泥炭土	泥炭土	泥炭土	漂筏土	1	0—45	棕色	轻壤土	块状		106.8	4.96	0.23	21.6	375	19.7	72	风积物	E 123°29′01.0″ N 43°09′31.7″	98
						2	45—120	黑色	轻壤土	块状		112.2	4.24	0.63	23.5	346	15.2	88			
						3	120—175	黑色	松砂土	块状		44.5	1.28	0.38	28.4		5.5				

续表 Continued

剖面号 Soil profile	土纲 Soil order	土类 Soil great group	亚类 Soil subgroup	土属 Soil genus	土种 Soil species	土层码 Layer code	土层厚度 Depth/cm	颜色 Soil color	质地 Soil texture	土壤结构 Soil structure	pH	有机质 OM/(g/kg)	全氮 TN/(g/kg)	全磷 TP/(g/kg)	全钾 TK/(g/kg)	碱解氮 AN/(mg/kg)	有效磷 AP/(mg/kg)	速效钾 AK/(mg/kg)	土壤母质 Parent material	剖面点坐标 Profile coordinate	匹配指数 Matching index/%
剖13	水成土	沼泽土	草甸沼泽土	草甸沼泽土	草甸沼泽土	1	0—30	暗灰色	轻壤土	无明显结构		49.9	2.20	0.78	22.4	184	1.6	110		E 123°24′16.9″ N 43°07′57.4″	87
						2	30—67	暗灰黄色	松砂土	无明显结构		22.0	1.01	0.40	24.0	94	2.5	58			
						3	67—90	暗灰色	轻壤土	无明显结构		64.3	3.59	1.19	23.8		6.5	187			
						4	90—150	黑色	轻壤土	无明显结构		25.8	1.34	1.17	25.1	144	12.0	50			
剖14	初育土	风沙土	固定风沙土	固定风沙土	固定黑沙土	1	0—30	灰黄色	松砂土	无明显结构		6.1	0.47	0.22	24.2	76	1.0	92	风积物	E 123°27′49.5″ N 43°05′39.0″	97
						2	30—100	灰黄色	松砂土	无明显结构		1.8	0.83	0.16	28.4	29	0.5	38			
剖15	半水成土	草甸土	草甸土	白五花土	黏底白五花土	1	0—20	褐黄色	轻壤土	粒状		7.5	0.19	0.90	19.0	117	5.0	27	冲积物	E 123°31′42.2″ N 43°05′58.2″	96
						2	20—77	灰黄色	砂壤土	无明显结构		3.4	0.22	0.65	21.5	5	7.0	51			
						3	77—118	灰黄棕色	黏壤土	粒状		16.2	0.78	0.93	19.5	42	15.0	102			
						4	118—162	棕黑色	黏壤土	块状		22.4	1.17	1.38	17.0	56	18.0	123			
						5	162—210	灰色	松砂土	无明显结构		3.1	0.18	0.50	23.0	14	8.5	51			
剖16	半水成土	草甸土	草甸土	坨间草甸土	伏砂塘土	1			粗砂土										冲积物、风积物	E 122°29′13.4″ N 42°52′26.9″	81
						2			粗砂土												
剖17	初育土	风沙土	流动风沙土	流动风沙土	流动白沙土	1	0—100	白色	松砂土	无明显结构		1.8	0.12	0.16	23.3	72	7.8	116	风积物	E 122°58′58.8″ N 42°54′01.1″	97
剖18	半水成土	草甸土	草甸土	坨间草甸土	厚层黑塘土	1	0—30					24.9	1.27	0.48	25.8	12	6.1	117	冲积物、风积物	E 122°41′03.0″ N 42°48′42.4″	80
						2	30—70					23.8	1.57	0.31	24.5	11	1.0	94			
						3	70—140					34.1	1.66	0.11	28.7	29	1.0	54			

开 鲁 县

主要土类说明

风沙土是开鲁县主要土壤类型，占本县地域面积的 48%。风沙土发生于半干旱、干旱漠境地区及滨海地区，是在风沙移动堆积形成的多种形态的风沙沉积物上发育的初育土。由于成土时间短暂，该土壤无剖面发育，具 C、（A）-C 或 A-C 剖面构型，反映了风沙移动堆积与固定的不同阶段。

草甸土是开鲁县第二大土壤类型，占本县地域面积的 47%。草甸土主要分布在新开河、西辽河两岸河谷低地的平缓地带。在草甸植被的影响下，土壤含有较丰富的营养物质，微生物数量较多，加上水热条件较好，有利于有机质的累积。心土层和底土层受地下水季节性升降和浸润作用，干湿交替频繁，铁锰化合物发生强烈的氧化还原过程，呈垂直方向移动，在土层中形成锈色斑纹。草甸土植被覆盖百分率较高，植物根系分布较多，有机质累积较多，但在垦殖影响下，土壤有机质含量较低，平均为 12.9g/kg。该土壤水分含量较高，发生层的构造表现出在泛滥地上发育的草甸土的母质的典型特征，层状结构明显，下部有锈色斑纹层，在 0—1m 剖面内未见潜育层。地下水位一般在 3m 以内，同时受亚干旱气候影响，土壤季节性脱盐和盐化现象严重，在径流弱、排水不畅的低洼地段，常出现盐化土壤。本县草甸土分为灰色草甸土、苏打盐化草甸土等亚类。

小于本县地域面积 3% 的土壤类型有沼泽土、潮土。

本区域中心区气候特征

本区域中心区气候特征值
Regional climate characteristics in central area of the region

气候带：中温带亚干旱气候 Climate region: Mid temperate subarid climate	
年平均气温 /℃ Annual average temperature /℃	6.7
年平均最高气温 /℃ Annual average maximum temperature /℃	13.2
年平均最低气温 /℃ Annual average minimum temperature /℃	0.8
年降水量 /mm Annual precipitation /mm	376
≥10℃的积温 /℃ Daily temperature accumulated in a year（≥10℃）/℃	4596
年日照时数 /h Annual sunshine /h	2979
年平均相对湿度 /% Annual average relative humidity /%	53
干燥度 Dryness	1.06

本区域中心区月平均气温与月平均降水量
Monthly temperature and precipitation in central area of the region

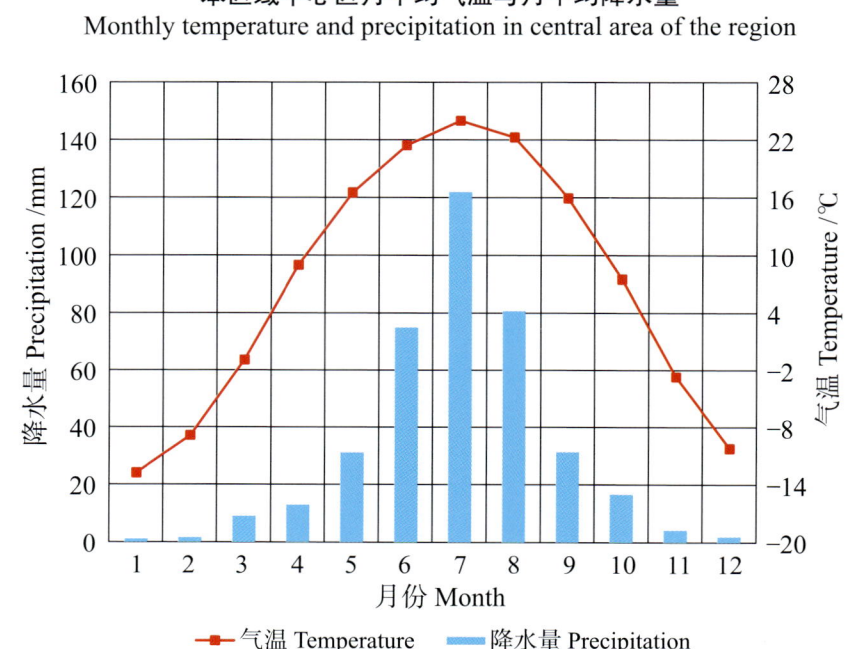

开鲁县主要土壤类型与土壤剖面点分布图

1:420 000

图 例

- 风沙土
- 草甸土
- 沼泽土
- 潮土
- ⊗ 剖面点

第二编 分县土壤图与土壤剖面数据 | 171

开鲁县土壤剖面理化性状表

剖面号 Soil profile	土纲 Soil order	土类 Soil great group	亚类 Soil subgroup	土属 Soil genus	土种 Soil species	土层码 Layer code	土层厚度 Depth/cm	质地 Soil texture	pH	有机质 OM/(g/kg)	全氮 TN/(g/kg)	全磷 TP/(g/kg)	全钾 TK/(g/kg)	阳离子交换量CEC/(cmol/kg)	剖面点坐标 Profile coordinate	匹配指数 Matching index/%
剖1	半水成土	草甸土	灰色草甸土	扰动草甸土	扰动草甸土	1	0—40	砂壤土		25.6	1.32	0.26	16.4	11.8	E 121°12′57.6″ N 44°02′05.6″	89
						2	40—70	砂壤土		5.3	0.27	0.20	16.1			
						3	70—150	松砂土		2.1	0.09	0.27	15.6			
剖2	半水成土	草甸土	灰色草甸土	砂质草甸土	黏体砂质草甸土	1	0—30	砂壤土		8.0	0.28	0.18	20.3	13.7	E 121°07′29.6″ N 44°01′40.1″	71
						2	30—100	轻壤土		21.3	1.09	0.41	19.8			
剖3	半水成土	草甸土	苏打盐化草甸土	砂质苏打盐化草甸土	均厚质轻度苏打盐化草甸土	1	0—57	砂土	9.7	4.9	0.19	0.14	19.4	11.1	E 121°27′42.5″ N 44°02′46.0″	83
						2	57—128		9.5	2.1	0.11	0.14	16.1			
						3	128—163		9.7							
剖4	初育土	风沙土	固定风沙土	栗钙土型风沙土		1	0—29		8.3	12.1	0.70	0.36	30.2	13.7	E 121°13′00.1″ N 43°53′03.8″	90
						2	29—81		8.4	6.9	0.38	0.15	22.6	11.8		
						3	81—100		8.7	6.3	0.28	0.20	19.2			
						4	100—150		9.2	2.0	0.11	0.12	17.4			
剖5	半水成土	草甸土	苏打盐化草甸土	盐化挖间草甸土	盐化挖间草甸土	1	0—30		9.8	15.3	0.81	0.05	22.4	33.9	E 121°15′00.4″ N 43°58′56.3″	89
						2	30—100		10.3	1.9	0.33	0.15	21.3	11.4		
剖6	半水成土	草甸土	苏打盐化草甸土	中质苏打盐化草甸土	夹砂中壤质轻度苏打盐化草甸土	1	0—18			23.9	1.02	0.45	16.7	11.6	E 121°23′04.2″ N 43°57′59.8″	74
						2	18—43			21.5	0.92	0.45	14.3	34.8		
						3	43—60			3.5	0.12	0.19	16.1			
						4	60—83									
						5	83—100			2.7	0.05	0.20	14.6			
剖7	半水成土	草甸土	苏打盐化草甸土	轻壤质苏打盐化草甸土		1	0—40			10.9	0.53	0.37	19.0	16.5	E 121°30′33.5″ N 43°57′37.8″	78
						2	40—100			3.8	0.16	0.22	12.8			
剖8	半水成土	草甸土	灰色草甸土	白玉花土	夹砂白玉花土	1	0—30	轻壤土		11.8	0.56	0.41	17.5	14.5	E 121°32′04.9″ N 43°53′46.7″	94
						2	30—62	轻黏土		19.1	0.44	0.40	20.9			
						3	62—100	砂壤土		9.2	0.87	0.43	20.9			
剖9	初育土	风沙土	半固定风沙土	半固定沙坨风沙土		1	0—39			4.4	0.20	0.14	21.8	9.8	E 120°57′51.8″ N 43°49′44.7″	83
						2	39—107			1.1	0.05	0.06	19.5	7.4		
						3	107—151			0.9	0.05	0.04	23.2			
剖10	初育土	风沙土	固定风沙土	固定沙坨风沙土		1	0—60		8.5	1.0	0.14	0.08	22.8		E 120°59′51.7″ N 43°46′38.3″	91
						2	60—87		7.9	3.1		0.21	17.1			
						3	87—130		8.6	3.8			22.4			
						4	130—150			1.0	0.06	0.05				
剖11	初育土	风沙土	流动风沙土	流动风沙土		1	0—100		8.0	1.1			24.3	8.0	E 121°03′19.4″ N 43°47′31.9″	85
剖12	半水成土	草甸土	灰色草甸土	砂化草甸土	重度砂化黑五花土	1	0—12			9.0	0.42	0.20	18.0	17.7	E 121°08′29.4″ N 43°42′26.6″	80
						2	12—49			15.5	0.82	0.36	28.4			
						3	49—100			6.8	0.38	0.14	20.3			
剖13	半水成土	草甸土	灰色草甸土	溠砂土	溠砂土	1	0—100	紧砂土		2.4	0.16	0.14	21.1	13.5	E 120°42′05.6″ N 43°30′11.4″	93
剖14	半水成土	草甸土	灰色草甸土	白土	白土	1	0—76	砂壤土		8.1	0.43	0.28	21.7		E 121°14′54.2″ N 43°33′12.8″	87
						2	76—100	轻黏土		18.5	0.99	0.45	14.4			
剖15	水成土	沼泽土	草甸沼泽土	碱化草甸沼泽土		1	0—67		9.5	13.2	0.60	0.54	15.1		E 121°40′47.3″ N 43°36′27.4″	97
						2	67—108		8.4	4.5	0.72	0.39	16.7			
						3	108—158		10.2	4.2	0.17	0.21	21.6			

续表 Continued

剖面号 Soil profile	土纲 Soil order	土类 Soil great group	亚类 Soil subgroup	土属 Soil genus	土种 Soil species	土层码 Layer code	土层厚度 Depth/cm	质地 Soil texture	pH	有机质 OM/(g/kg)	全氮 TN/(g/kg)	全磷 TP/(g/kg)	全钾 TK/(g/kg)	阳离子交换量CEC/(cmol/kg)	剖面点坐标 Profile coordinate	匹配指数 Matching index/%
剖16	水成土	沼泽土	草甸沼泽土	草甸沼泽土		1	0—22		8.4	36.5	1.57	0.47	24.4		E 121°38′06.7″ N 43°35′01.7″	97
						2	22—42		8.4	4.5	0.20	0.11	19.2			
						3	42—95		9.7	2.3	0.13	0.08	15.1			
剖17	半水成土	草甸土	苏打盐化草甸土	黏质苏打盐化草甸土		1	0—22			18.9					E 120°34′03.4″ N 43°24′31.3″	77
						2	22—102			22.0						
剖18	半水成土	草甸土	灰色草甸土	黑五花土	厚层黑五花土	1	0—22			20.0	1.04	0.52	19.6	24.4	E 121°41′52.8″ N 43°28′27.5″	78
						2	22—61			8.5	0.37	0.34	23.8	12.8		
						3	61—100			5.9	0.23	0.25	26.5	15.1		
剖19	半水成土	草甸土	灰色草甸土	黑土	中厚层黑土	1	0—23			21.3				54.3	E 121°37′39.4″ N 43°24′14.8″	81
						2	23—43			29.2				8.8		
						3	43—100			5.3				20.4		

库 伦 旗

主要土类说明

　　风沙土是库伦旗主要土壤类型，占本旗地域面积的54%。风沙土发生于半干旱、干旱漠境地区及滨海地区，是在风沙移动堆积形成的多种形态的风沙沉积物上发育的初育土。由于成土时间短暂，该土壤无剖面发育，具C、(A)-C或A-C剖面构型，反映了风沙移动堆积与固定的不同阶段。

　　栗褐土是库伦旗第二大土壤类型，占本旗地域面积的33%。栗褐土分布在扣河子镇扣河子村以南海拔380m的土石丘陵山区，属于地带性土壤，地下水位约为10m。该地区属温带亚干旱大陆性季风气候。自然植被稀少，以百里香、羊草为主。成土母质为黄土或岩石风化物。栗褐土剖面由腐殖质层、黏化层、钙积层和母质层构成。腐殖质层呈黄棕色，平均厚度为26cm，质地为轻壤土，具粒块状结构，养分含量较低。

　　草甸土是库伦旗第三大土壤类型，占本旗地域面积的9%。因所处地带地下水位较高，潜水参与土壤形成过程，受地下水升降与浸润作用，成土过程具有明显的腐殖质累积和铁锰氧化还原特征，土体出现锈色斑纹层。剖面构型为A-Cu或A-C-Cu。

　　小于本旗地域面积3%的土壤类型有褐土、沼泽土、石质土、潮土、粗骨土、新积土。

本区域中心区气候特征

本区域中心区气候特征值
Regional climate characteristics in central area of the region

气候带：中温带亚干旱气候 Climate region: Mid temperate subarid climate	
年平均气温 /℃ Annual average temperature /℃	7.4
年平均最高气温 /℃ Annual average maximum temperature /℃	14.0
年平均最低气温 /℃ Annual average minimum temperature /℃	1.6
年降水量 /mm Annual precipitation /mm	439
≥10℃的积温 /℃ Daily temperature accumulated in a year (≥10℃) /℃	3756
年日照时数 /h Annual sunshine /h	2824
年平均相对湿度 /% Annual average relative humidity /%	56
干燥度 Dryness	1.02

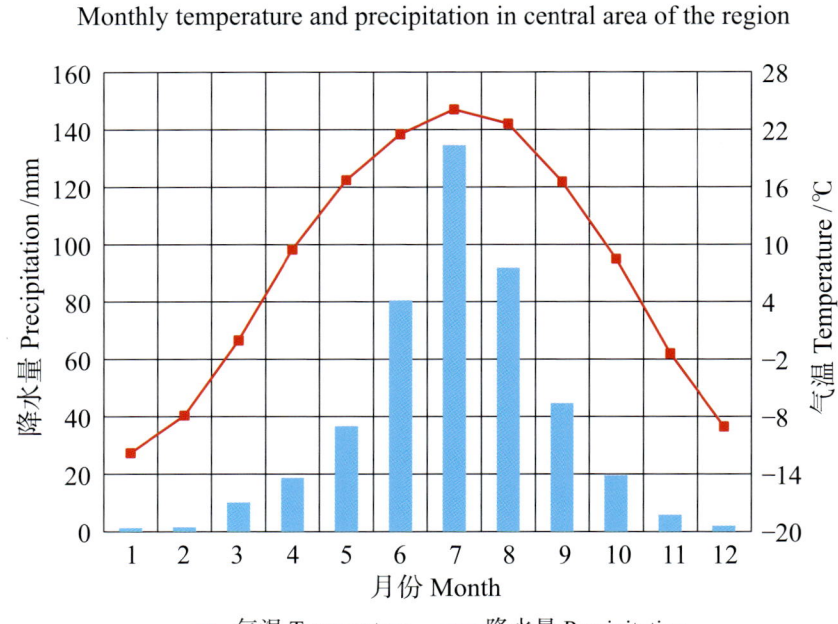

本区域中心区月平均气温与月平均降水量
Monthly temperature and precipitation in central area of the region

库伦旗主要土壤类型与土壤剖面点分布图
1 : 390 000

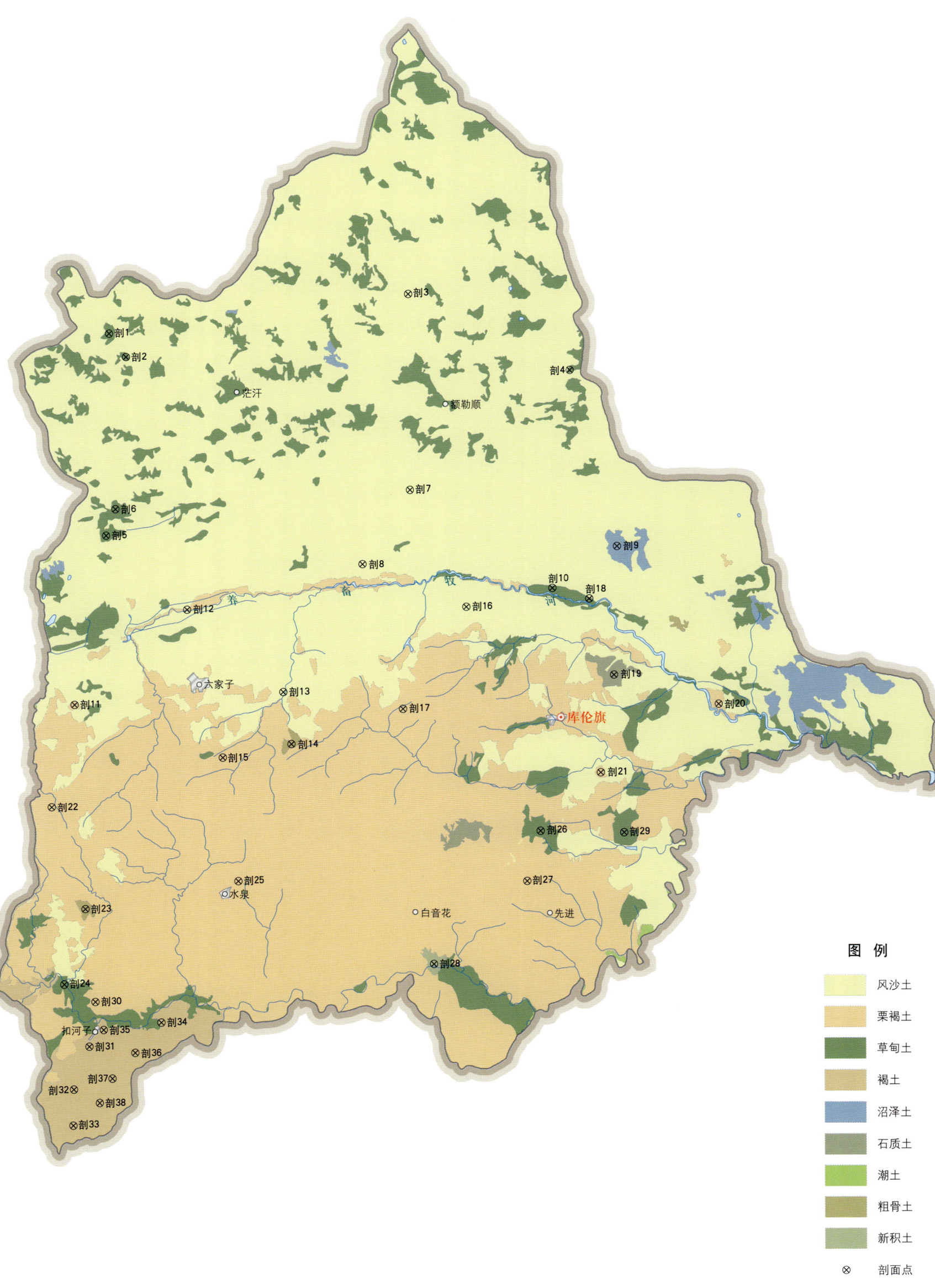

库伦旗土壤剖面理化性状表

剖面号 Soil profile	土纲 Soil order	土类 Soil great group	亚类 Soil subgroup	土属 Soil genus	土种 Soil species	土层码 Layer code	土层厚度 Depth/cm	颜色 Soil color	质地 Soil texture	土壤结构 Soil structure	pH	有机质 OM/(g/kg)	全氮 TN/(g/kg)	全磷 TP/(g/kg)	全钾 TK/(g/kg)	阳离子交换量CEC/(cmol/kg)	土壤母质 Parent material	剖面点坐标 Profile coordinate	匹配指数 Matching index/%
剖1	半水成土	草甸土	石灰性草甸土	黏质石灰性灰色草甸土	夹砂黏质草甸土	1	0—15	浅棕黄色	黏土	无明显结构								E 121°14′40.2″ N 43°02′44.5″	90
						2	15—50	浅黄色	砂土	无明显结构									
						3	50—60	浅棕黄色	重壤土	片状									
						4	60—110	浅黄色	砂土	无明显结构									
剖2	半水成土	草甸土	盐化灰色草甸土	苏打盐化灰性灰色草甸土		1	0—30	暗黄棕色	重壤土	块状	9.7	15.1	0.84	0.40	26.5	9.8		E 121°15′52.9″ N 43°01′35.0″	90
						2	30—130	灰黄色	砂壤土	块状	9.3	4.0	0.20	0.13	23.8				
剖3	初育土	风沙土	固定风沙土	固定沙坨化风沙土	固定沙坨黄风沙土	1	0—30	灰黄色	砂土	无明显结构	5.8	2.1	0.13	0.15	20.4	2.2		E 121°35′12.8″ N 43°05′02.0″	99
						2	30—130	浅黄色	砂土	无明显结构	8.6	0.9	0.04	0.03	19.5				
剖4	半水成土	草甸土	石灰性草甸土	砂化石灰性灰色草甸土	中度砂化坨黄质砂质草甸土	1	0—20	浅灰黄色	砂土	无明显结构	8.9	5.8	0.35	0.10	22.9	3.9		E 121°46′25.3″ N 43°01′20.5″	77
						2	20—45	暗灰黄色	砂土	无明显结构	8.8	3.4	0.15	0.04	22.9	2.7			
						3	45—60	暗灰黄色	砂土	无明显结构	8.7	4.2	0.18	0.07	19.2				
剖5	半水成土	草甸土	石灰性草甸土	轻壤质石灰性灰色草甸土	轻壤质草甸土	1	0—30	暗黄棕色	轻壤土	块状	9.5	12.7	0.70	0.35	22.6	5.7		E 121°14′45.2″ N 42°52′38.3″	90
						2	30—120	暗黄棕色	砂壤土	块状	9.0	6.8	0.34	0.13	20.4				
剖6	半水成土	草甸土	石灰性草甸土	坨间石灰性灰色草甸土	坨间砂质草甸土	1	0—15	灰黄棕色	砂土	块状	8.6	26.2	1.25	0.22	26.5	14.4		E 121°15′22.3″ N 42°53′58.2″	84
						2	15—80	灰黄色	砂土	无明显结构	6.7	3.0	0.24	0.11	17.2				
剖7	初育土	风沙土	半固定风沙土	半固定沙坨风沙土	半固定沙坨黄风沙土	1	0—20	灰黄色	砂土	无明显结构	7.8	1.7	0.14	0.08	14.8	5.9		E 121°35′34.1″ N 42°55′12.7″	70
						2	20—100	暗黄色	砂土	无明显结构	7.7	2.1	0.12	0.07	12.5				
剖8	初育土	风沙土	流动风沙土	流动风沙土	流动风沙土	1	0—100	浅黄色	砂土	无明显结构	6.7	1.1	0.05	0.18	22.4	2.2		E 121°32′22.9″ N 42°51′26.3″	100
剖9	水成土	沼泽土	草甸沼泽土	草甸沼泽土	中层草甸沼泽土	1	0—30	灰黄棕色	砂壤土	块状	8.0	20.6	1.24	0.26	19.3	8.8		E 121°49′49.4″ N 42°52′34.3″	88
						2	30—47	黑棕色	砂壤土	块状	7.0	36.5	1.72	0.19	22.5				
						3	47—80	棕灰色	砂土	块状	6.1	4.2	0.24	0.08	22.4				
剖10	半水成土	草甸土	石灰性草甸土	砂壤质石灰性灰色草甸土	夹砂壤质草甸土	1	0—30	灰黄色	砂壤土	无明显结构	8.8	6.6	0.36	0.18	16.6	8.5		E 121°45′25.5″ N 42°50′24.0″	92
						2	30—40	灰黄色	中壤土	无明显结构	9.1	6.7	0.34	0.22	14.7				
						3	40—110	暗黄色	砂壤土	无明显结构	9.2	2.6	0.16	0.13	16.3				
剖11	钙层土	栗褐土	栗褐土	残积栗褐土	薄体残积栗褐土	1	0—25	棕色	砂壤土	粒状	8.0	20.8	1.12	0.22	18.6	12.6	残积物	E 121°12′48.6″ N 42°44′07.4″	92
						2	25—30	棕色	砂壤土	块状	8.0	21.3	1.31	0.28	19.8				
剖12	钙层土	栗褐土	潮栗褐土	侵蚀潮栗褐土	轻度侵蚀栗褐土	1	0—30	黄棕色	砂壤土	块状	8.9	7.1	0.48	0.17	19.7	7.9		E 121°20′25.1″ N 42°48′59.8″	83
						2	30—58	黄棕色	砂壤土	块状	8.8	7.8	0.51	0.14	19.4				
						3	58—120	灰黄色	轻壤土	块状	8.9	8.1	0.45	0.13	18.3				
剖13	初育土	风沙土	固定风沙土	固定沙沼黄风沙土	固定沙沼黄风沙土	1	0—35	灰黄色	砂壤土	无明显结构	8.4	3.8	0.18	0.09	17.5	5.1		E 121°27′05.8″ N 42°44′57.8″	90
						2	35—70	黄棕色	砂壤土	无明显结构	8.4	3.7	0.20	0.11	14.2				
						3	70—120	浅黄色	砂壤土	无明显结构	7.5	2.0	0.13	0.08	18.8				
剖14	初育土	粗骨土	粗骨土	粗骨土	粗骨土	1	0—8	黄棕色	砂壤土	粒状								E 121°27′42.5″ N 42°42′22.0″	98
						2	8—15	黄棕色	砂壤土	粒状									
剖15	钙层土	栗褐土	栗褐土	砂化栗褐土	轻度砂化栗褐土	1	0—12	黄棕色	砂土	粒状	8.1	3.7	0.23	0.11	24.2	6.6		E 121°23′01.3″ N 42°41′37.7″	77
						2	12—80	浅黄棕色	砂土	块状	8.1	3.0	0.14	0.26	17.5	3.9			
						3	80—150	浅黄棕色	砂土	块状	8.1	2.8	0.18	0.20	20.3				
剖16	初育土	风沙土	半固定风沙土	半固定沙沼风沙土	半固定沙沼黄风沙土	1	0—80	浅灰黄色	砂土	无明显结构	7.6	3.8	0.28	0.11	20.6	5.6		E 121°39′32.4″ N 42°49′22.8″	98
						2	80—130	浅黄色	砂土	无明显结构	8.4	3.2	0.17	0.13	20.4				
剖17	钙层土	栗褐土	栗褐土	侵蚀栗褐土	中度侵蚀栗褐土	1	0—27	黄棕色	轻壤土	块状	9.2	9.7	0.61	0.14	19.1	10.8		E 121°35′17.9″ N 42°44′13.2″	97
						2	27—50	黄棕色	轻壤土	块状	9.8	5.0	0.27	0.13	16.8				
						3	50—130	浅黄棕色	砂壤土	块状	9.4	3.8	0.23	0.10	16.6				

续表 Continued

剖面号 Soil profile	土纲 Soil order	土类 Soil great group	亚类 Soil subgroup	土属 Soil genus	土种 Soil species	土层码 Layer code	土层厚度 Depth/cm	颜色 Soil color	质地 Soil texture	土壤结构 Soil structure	pH	有机质 OM/(g/kg)	全氮 TN/(g/kg)	全磷 TP/(g/kg)	全钾 TK/(g/kg)	阳离子交换量CEC/(cmol/kg)	土壤母质 Parent material	剖面点坐标 Profile coordinate	匹配指数 Matching index/%
剖18	半水成土	草甸土	石灰性草甸土	埋藏泥炭石灰性灰色草甸土	浅位泥炭质灰色草甸土	1	0—15	暗黄棕色	砂壤土	糊状、块状	7.3	26.1	1.15	0.19	28.2	11.5		E 121° 47′ 52.2″ N 42° 49′ 42.2″	95
						2	15—36	暗棕色	砂壤土	块状	5.0	49.3	1.79	0.20	19.9	15.6			
						3	36—100	黑棕色	砂壤土	块状	4.6	37.9	14.44	0.69	13.5	12.6			
剖19	初育土	石质土	石质土	石质土	石质土	1	0—6	棕色	砂壤土	块状	8.2	23.3	0.41	0.29	20.4			E 121° 49′ 43.3″ N 42° 46′ 06.2″	83
						2	6—10												
剖20	钙层土	栗褐土	潮栗褐土	砂化潮栗褐土	极严重砂化潮栗色褐土	1	0—30	棕色	砂土	无明显结构	9.0	3.7	0.25	0.17	19.4	3.6		E 121° 56′ 55.7″ N 42° 44′ 42.7″	71
						2	30—70	暗棕色	砂土	块状	8.9	5.4	0.35	0.19	19.6	4.0			
						3	70—100	浅棕黄色	砂土	无明显结构	8.1	1.0	0.08	0.10	20.0				
剖21	钙层土	栗褐土	栗褐土	砂化残积栗褐土	轻度砂化残积栗褐土	1	0—15	棕色	砂壤土	块状	8.5	7.8	0.41	1.09	21.1	5.7		E 121° 48′ 53.6″ N 42° 41′ 11.8″	78
						2	15—50	黄棕色	轻壤土	块状	8.3	7.7	0.42	0.11	20.7	9.6			
						3	50—70		中壤土	碎屑粒状	8.3	3.5	0.21	0.07	15.4				
剖22	钙层土	栗褐土	栗褐土	砂质砂质潮栗褐土	薄层砂质砂质栗褐土	1	0—15	浅灰黄色	砂土	无明显结构	8.0	4.4	0.30	0.17	20.4	5.3		E 121° 11′ 23.2″ N 42° 38′ 56.1″	75
						2	15—100	浅灰黄色	砂壤土	微块状	9.0	1.3	0.09		20.2	5.2			
剖23	初育土	粗骨土	粗骨土	粗骨土	粗骨土	1	0—5		砂壤土		8.9	7.7	0.39	0.11	21.1	10.1		E 121° 13′ 48.4″ N 42° 33′ 51.5″	90
						2	5—12		砂壤土		8.8	6.2	0.26	0.07	21.8	12.0			
剖24	半水成土	草甸土	石灰性草甸土	砂壤质石灰性灰色草甸土	砂壤质石灰性草甸土	1	0—20	浅黄棕色	砂壤土	块状	8.8	9.4	0.54	0.14	24.3	10.3	黄土	E 121° 12′ 28.2″ N 42° 30′ 05.2″	82
						2	20—65	灰黄色	轻壤土	块状	8.1	4.7	0.31	0.10	20.5	6.5			
						3	65—140	灰黄色	砂壤土	块状	8.1	3.1	0.17	0.11	16.9				
剖25	钙层土	栗褐土	栗褐土	栗褐土	薄层栗褐土	1	0—15	浅黄棕色	轻壤土	块状	7.8	4.7	0.25	0.11	24.5	6.0		E 121° 24′ 13.3″ N 42° 35′ 24.4″	86
						2	15—60	浅黄棕色	砂土	无明显结构	7.8	4.1	0.21	0.13	24.7				
剖26	半水成土	草甸土	砂质石灰性灰色草甸土	砂质石灰性灰色草甸土	砂质草甸土	1	0—34	黄棕色	砂土	无明显结构	8.2	8.9	0.57	0.13	20.8	7.1		E 121° 44′ 49.2″ N 42° 38′ 10.0″	81
						2	34—110	棕色	轻壤土	块状	8.4	7.7	0.50	0.10	20.2				
剖27	钙层土	栗褐土	栗褐土	侵蚀残积栗褐土	中度侵蚀残积栗褐土	1	0—20	浅黄棕色	砂壤土	块状	9.0	4.2	0.22	0.08	20.6			E 121° 43′ 57.4″ N 42° 35′ 38.8″	87
						2	20—60		砂壤土										
						3	60—80												
剖28	初育土	新积土	新积土	砂质新积土	砂质新积土	1	0—30	浅黄棕色	砂壤土	无明显结构	9.2	2.1	0.10	0.07	23.7	6.5	沉积物	E 121° 37′ 39.7″ N 42° 31′ 24.6″	85
						2	30—100												
剖29	半水成土	草甸土	潮栗褐土	中壤质石灰性灰色草甸土	砂体中壤质草甸土	1	0—20	灰黄色	中壤土	块状	8.0	13.0	0.73	0.30	15.6	17.7		E 121° 50′ 32.3″ N 42° 38′ 09.2″	82
						2	20—48	浅黄色	砂壤土	块状	7.9	4.2	2.33	0.16	16.2				
						3	48—90	灰黄棕色	砂壤土	无明显结构	7.8	6.8	0.35	0.19	17.9				
						4	90—100												
剖30	钙层土	栗褐土	潮栗褐土	壤质潮栗褐土	薄层潮栗褐土	1	0—25	黄棕色	砂壤土	块状	8.1	6.9	0.43	0.17	19.2	4.3		E 121° 14′ 36.4″ N 42° 29′ 14.4″	94
						2	25—50	黄棕色	轻壤土	块状	9.1	7.6	0.45	0.16	19.5				
						3	50—120	暗黄棕色	中壤土	块状	8.0	8.7	0.51	0.17	24.3	8.9			
剖31	半淋溶土	褐土	石灰性褐土	侵蚀残积石灰性黄褐土	轻度侵蚀石灰性黄褐土	1	0—15	棕色	砂壤土	粒状、块状	9.0	5.4	0.30	0.21	22.5	11.5	黄土、残积物	E 121° 43′ 57.4″ N 42° 27′ 00.8″	85
						2	15—50	浅棕色	砂壤土	粒状、块状	9.1	3.7	0.18	0.17	22.2	1.1			
						3	50—120	浅黄棕色	砂壤土	粒状、块状	9.0	2.7	0.12	0.23	20.1				
剖32	半淋溶土	褐土	淋溶褐土	淋溶黄褐土	薄层淋溶黄褐土	1	0—15	浅红棕色	中壤土	块状、块状		7.8	0.38	0.17	20.2	11.3		E 121° 13′ 14.8″ N 42° 24′ 53.0″	83
						2	15—100	浅红棕色	轻壤土	块状	8.4	4.2	0.24	0.14	20.3				
剖33	半淋溶土	褐土	黄褐土	黄褐土	薄层黄褐土	1	0—30	黄棕色	轻壤土	块状	8.7	2.3	0.23	0.23	19.7		黄土、残积物	E 121° 13′ 15.0″ N 42° 23′ 05.5″	99
						2	30—60	浅黄棕色	轻壤土	块状	8.9		0.10						
剖34	半淋溶土	褐土	褐土	侵蚀黄褐土	轻度侵蚀黄褐土	1	0—20	黄棕色	轻壤土	粒状、块状	8.8	5.1	0.27	0.12	21.4	11.2	黄土、残积物	E 121° 19′ 07.7″ N 42° 28′ 16.7″	90
						2	20—130	浅棕色	轻壤土	块状	7.7	2.8	0.19	0.17	19.9				

续表 Continued

剖面号 Soil profile	土纲 Soil order	亚类 Soil subgroup	土属 Soil genus	土种 Soil species	土层码 Layer code	土层厚度 Depth/cm	颜色 Soil color	质地 Soil texture	土壤结构 Soil structure	pH	有机质 OM/(g/kg)	全氮 TN/(g/kg)	全磷 TP/(g/kg)	全钾 TK/(g/kg)	阳离子交换量CEC/(cmol/kg)	土壤母质 Parent material	剖面点坐标 Profile coordinate	匹配指数 Matching index/%
剖35	半淋溶土	褐土性土	砂化褐土性土	轻度砂化褐土性土	1	0—8	浅黄棕色	轻壤土	无明显结构								E 121°15′11.6″ N 42°27′51.7″	70
					2	8—45	黄棕色	轻壤土	无明显结构									
					3	45—100	黄棕色	砂壤土	无明显结构									
剖36	半淋溶土	褐土性土	侵蚀褐土性土	中度侵蚀褐土性土	1	0—16	棕色	砂壤土	无明显结构	8.8	6.3	0.31	0.13	20.7	8.3		E 121°17′22.8″ N 42°26′45.4″	71
					2	16—35	浅黄棕色	轻壤土	无明显结构	8.7	9.5	0.49	0.19	17.9	11.1			
					3	35—120	浅棕色	轻壤土	无明显结构	8.8	4.8	0.21	0.12	18.4				
剖37	半淋溶土	褐土性土	褐土性土	薄层褐土性土	1	0—30	黄棕色	砂壤土	块状								E 121°15′52.0″ N 42°25′27.2″	78
					2	30—90	浅灰黄色	轻壤土	块状									
					3	90—140	黄棕色	轻壤土	块状									
剖38	半淋溶土	淋溶褐土	侵蚀淋溶黄褐土	中度侵蚀淋溶黄褐土	1	0—15	黄棕色	轻壤土	块状	8.2	7.4	0.43	0.13	18.4	11.6	黄土、残积物	E 121°15′00.7″ N 42°24′14.4″	99
					2	15—120	浅黄棕色	中壤土	块状	8.3	3.3	0.16	0.13	20.9	12.0			

奈 曼 旗

主要土类说明

　　风沙土是奈曼旗主要土壤类型，占本旗地域面积的 59%。风沙土主要分布在本旗西北部和中部，是具 A-B-C 剖面构型的栗钙土型风沙土，历史上经历了比较稳定的发育过程。但从风沙土的现状上看，在现代风蚀和沙化作用的影响下，风沙土已由原来的固定状态向流动状态转化，表现出不同程度的风蚀和沙化类型剖面，导致出现大面积仅具 A-C 剖面构型的幼年风沙土，或发生层次被吹蚀、母质完全裸露的流动风沙土。

　　草甸土是奈曼旗第二大土壤类型，占本旗地域面积的 17%。草甸土主要分布在老哈河、教来河、牤牛河、杜贵河沿河两岸的低平河漫滩、一级阶地和本旗各地的坨间甸子地。成土母质主要为冲积物、洪积物、风积物和湖积物。成土过程主要为草甸化过程。从剖面形态上看，草甸土母质层次结构复杂，发生层次简单，腐殖质层分化不明显，仅有显著的锈色斑纹层，多数剖面在 0—1m 内未见潜育层。但在地下水位较高的地区，部分剖面有潜育层出现，大多数剖面有石灰反应。土体多由数个界线明显的异质层次构成，每个层次内部质地基本均一，具有明显的层状节理，表现出在泛滥地上发育的草甸土的母质的典型特征。本旗草甸土分为灰色草甸土、盐化草甸土、草甸土等亚类。

　　褐土是奈曼旗第三大土壤类型，占本旗地域面积的 11%。褐土主要分布在本旗南部的低山丘陵。自然植被为疏林草原植被和疏灌草原植被，有酸枣、荆条、白茅、白草、荻、隐子草等。成土母质主要为黄土及岩石残积物、坡积物、洪冲积物和风积物。褐土剖面由腐殖质层、黏化层、钙积层和母质层（或岩石层）构成。该土壤全剖面呈黄褐色至褐色，加上母质为黄土，有利于一价和二价阳离子淋溶，一般在 40—80cm 处出现钙积层。

　　栗钙土占本旗地域面积的 9%，分布在教来河以南的黄土台地和沙岗。自然植被为半干旱草原植被，有隐子草、白茅、狗尾草、兴安胡枝子、麻黄、甘草、蒙古蒿和小叶锦鸡儿等。成土母质主要为风积物和冲积物。成土过程为腐殖质累积过程和碳酸盐淀积过程。栗钙土剖面由腐殖质层、钙积层和母质层构成，剖面分化明显。腐殖质层呈栗色，具屑粒状或碎块状结构，逐渐过渡到下一层，无石灰反应。钙积层呈浅栗色至灰棕色，具块状结构，质地紧实，有石灰反应。

　　小于本旗地域面积 3% 的土壤类型有沼泽土、潮土、草甸盐土。

本区域中心区气候特征

本区域中心区气候特征值
Regional climate characteristics in central area of the region

气候带：中温带亚干旱气候 Climate region: Mid temperate subarid climate	
年平均气温 /℃ Annual average temperature /℃	7.2
年平均最高气温 /℃ Annual average maximum temperature /℃	14.0
年平均最低气温 /℃ Annual average minimum temperature /℃	1.1
年降水量 /mm Annual precipitation /mm	403
≥10℃的积温 /℃ Daily temperature accumulated in a year（≥10℃）/℃	4174
年日照时数 /h Annual sunshine /h	2880
年平均相对湿度 /% Annual average relative humidity /%	53
干燥度 Dryness	1.06

本区域中心区月平均气温与月平均降水量
Monthly temperature and precipitation in central area of the region

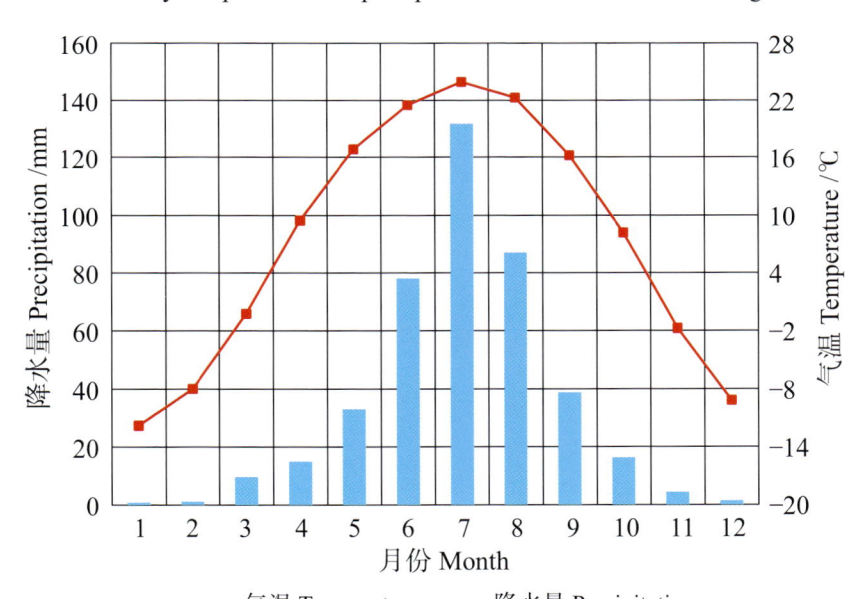

奈曼旗土壤剖面理化性状表

剖面号 Soil profile	土纲 Soil order	土类 Soil great group	亚类 Soil subgroup	土属 Soil genus	土种 Soil species	土层码 Layer code	土层厚度 Depth/cm	颜色 Soil color	质地 Soil texture	土壤结构 Soil structure	pH	有机质 OM/(g/kg)	全氮 TN/(g/kg)	全磷 TP/(g/kg)	全钾 TK/(g/kg)	阳离子交换量 CEC/(cmol/kg)	土壤母质 Parent material	剖面点坐标 Profile coordinate	匹配指数 Matching index/%
剖1	半水成土	草甸土	灰色草甸土	河淤砂土	淤砂土	1	0–35	灰白色	松砂土	无明显结构	9.4	1.1	0.19	0.19	11.7	2.4		E 121°15′44.8″ N 43°31′00.0″	73
						2	35–105	浅黄色	紧砂土	无明显结构	9.5	5.5	1.22	0.08	9.2				
剖2	初育土	风沙土	半固定风沙土	半固定沙沼风沙土	半固定沙沼风沙土	1	0–15	黄棕色	砂土	无明显结构	8.5	2.6	0.19	0.17	16.1	6.7		E 121°01′35.0″ N 43°24′47.5″	90
						2	15–150	浅黄色	砂土	无明显结构	8.7	0.6	0.16	0.12	7.6	7.0			
剖3	半水成土	草甸土	盐化草甸土	砂质盐化草甸土	砂质中度盐化草甸土	1	0–5		砂壤土		10.0	5.0	0.22	0.12	7.8	7.3		E 121°16′16.3″ N 43°29′46.3″	70
						2	5–20				9.5	4.1	0.28	0.14	16.2	7.8			
						3	20–50				9.4	3.1	0.18	0.09	28.5	5.8			
						4	50–100				9.5	3.0	0.16	0.11	18.8				
剖4	半水成土	草甸土	盐化草甸土	砂质盐化草甸土	砂质中度盐化草甸土	1	0–2	灰白色	砂壤土	无明显结构								E 121°15′27.0″ N 43°27′53.3″	82
						2	2–13	浅黄色	砂壤土	无明显结构									
						3	13–25	浅黄色	砂壤土	无明显结构									
						4	25–71	浅棕色	砂壤土	无明显结构									
						5	71–112	灰白色	砂壤土	无明显结构									
						6	112–150	灰棕色	中壤土	粒状									
剖5	半水成土	草甸土	盐化草甸土	壤质盐化草甸土	壤质轻度盐化草甸土	1	0–34	浅黄色	砂土	无明显结构	8.1	2.2	0.10	0.10	14.6	7.2		E 121°23′14.3″ N 43°23′60.0″	80
						2	34–68	浅灰色	砂土	无明显结构	8.5	4.1	0.29	0.11	15.7	8.2			
						3	68–110	黄棕色	砂土	无明显结构	8.9	4.7	0.28	0.19	10.6				
剖6	初育土	风沙土	固定风沙土	固定沱风沙土	固定沱风沙土	1	0–21	黄棕色	砂土	无明显结构	8.9	40.8	1.91	0.46	6.0	22.6		E 120°46′32.5″ N 43°10′45.5″	83
						2	21–53	黄棕色	砂土	无明显结构	8.8	29.3	1.68	0.38	7.5	5.9			
						3	53–100	灰色	砂壤土	无明显结构	8.7	9.3	0.37	0.45	8.9				
剖7	水成土	沼泽土	草甸沼泽土	草甸沼泽土	草甸沼泽土	1	0–16	蓝灰色	砂壤土	粒状	8.8	22.5	1.04	0.57	7.0	20.7		E 121°00′30.2″ N 43°19′30.7″	92
						2	16–32	暗棕色	黏土	无明显结构	8.7	7.4	0.37	0.29	6.5	9.8			
						3	32–80	暗棕色	轻壤土	无明显结构	8.8	21.9	1.07	0.59	5.8				
剖8	半水成土	草甸土	盐化草甸土	黏质盐化草甸土	黏质盐度盐化草甸土	1	0–28	浅黄色	紧砂土	无明显结构	8.8	2.0	0.12	0.52	7.1			E 121°16′13.4″ N 43°19′42.6″	88
						2	28–48	浅棕色	重壤土	粒状	8.6	16.3	0.83	0.45	12.6	7.8			
						3	48–84	浅棕色	轻壤土	核状	8.7	17.6	0.80	0.42	11.3	16.4			
						4	84–100	浅棕色	黏壤土	粒状	8.7	24.0	1.10	0.60	10.6	3.5			
剖9	半水成土	草甸土	草甸草甸土	白五花土	黏底白五花土	1	0–33	棕褐色	松砂土	粒状	8.4	4.8	0.31	0.24	15.5	3.9		E 121°22′16.3″ N 43°18′39.6″	91
						2	33–61	灰黄色	轻壤土	粒状	9.1	10.3	0.66	0.40	13.8	12.2			
						3	61–101	灰黄色	轻壤土	粒状	9.5	7.8	0.49	0.47	11.3	13.2			
						4	101–121	灰黄色	轻壤土	核状	9.6	3.5	0.24	0.33	10.6	12.2			
剖10	半水成土	草甸土	盐化草甸土	壤质盐化草甸土	壤质轻度盐化草甸土	1	0–5	灰白色	轻砂土	无明显结构	9.1	8.2	0.47	0.32	15.8	12.7		E 121°30′26.6″ N 43°19′26.0″	81
						2	5–20	棕色	砂壤土	无明显结构	8.6	11.5	0.65	0.34	15.7				
						3	20–50	浅棕色	砂壤土	无明显结构	8.5	3.5	0.17	0.19	13.8	10.7			
						4	50–100	灰棕色	松砂土	无明显结构	9.1	10.9	0.81	0.33	10.3	12.2			
						5	100–150	灰白色	砂壤土	无明显结构	8.7	3.7	0.27	0.28	13.4				
剖11	半水成土	草甸土	灰色草甸土	砂化草甸土	轻度砂化草甸土	1	0–7	暗棕色	砂壤土	粒状	9.1	8.5	0.59	0.42	12.2			E 120°59′11.4″ N 43°09′51.8″	70
						2	7–39	暗棕色	轻黏土	核状	8.3	27.6	1.52	0.57	8.5	40.9			
						3	39–68	浅黄色	中黏土	核状	8.3								
						4	68–100	灰棕色	砂壤土										
剖12	半水成土	草甸土	灰色草甸土	黑土	薄层黑土	1	0–28	暗棕色	中黏土	粒状								E 120°39′39.7″ N 42°51′30.1″	94
						2	28–55	暗棕色	黏土	核状									
						3	55–100	暗棕色	黏黑土	粒状	8.3	25.8	1.42	0.68	8.7	34.0			

续表 Continued

剖面号 Soil profile	土纲 Soil order	土类 Soil great group	亚类 Soil subgroup	土属 Soil genus	土种 Soil species	土层码 Layer code	土层厚度 Depth/cm	颜色 Soil color	质地 Soil texture	土壤结构 Soil structure	pH	有机质 OM/(g/kg)	全氮 TN/(g/kg)	全磷 TP/(g/kg)	全钾 TK/(g/kg)	阳离子交换量CEC/(cmol/kg)	土壤母质 Parent material	剖面点坐标 Profile coordinate	匹配指数 Matching index/%
剖13	半水成土	草甸土	灰色草甸土	黑五花土	厚层黑五花土	1	0—25	棕色	中壤土	粒状	8.7	18.4	0.93	0.33	15.4	12.4		E 120°37′27.1″ N 42°50′49.2″	78
						2	25—47	暗棕色	重壤土	核状	8.4	30.1	1.82	0.58	10.7	33.4			
						3	47—74	棕灰色	轻壤土	粒状	8.4	20.4	0.96	0.46	8.3	15.5			
						4	74—105	灰白色	中壤土	粒状	8.5	10.4	0.60	0.30	6.8	9.9			
剖14	初育土	风沙土	固定风沙土	固定沙沼风沙土	固定沙沼风沙土	1	0—21	黄棕色	砂土	无明显结构	8.8	2.7	0.17	0.16	15.4	6.3		E 120°54′24.5″ N 42°58′11.3″	74
						2	21—88	黄棕色	砂土	无明显结构	8.8	2.7	0.14	0.33	15.9	4.8			
剖15	初育土	风沙土	半固定风沙土	半固定沙坨风沙土	半固定沙坨风沙土	1	0—13	黄棕色	砂土	无明显结构	8.6	3.7	0.21	0.11	16.3	9.6		E 120°57′38.9″ N 42°48′40.3″	70
						2	13—150	黄棕色	砂土	无明显结构	8.9	1.6	0.10	0.14	16.8	5.3			
剖16	半水成土	草甸土	灰色草甸土	白土	壤体白土	1	0—25	黄棕色	砂壤土	无明显结构	8.5	8.9	0.47	0.30	13.1	12.2		E 120°47′32.3″ N 42°47′35.9″	76
						2	25—62	棕色	重壤土	无明显结构	8.1	20.3	0.94	0.42	11.5	26.6			
						3	62—100	浅黄色	砂壤土	无明显结构	8.7	3.2	0.29	0.18	10.8				
剖17	初育土	风沙土	固定风沙土	栗钙土型风沙土	栗沙土	1	0—35	黄棕色	砂壤土	无明显结构	8.4	4.1	0.20	0.11	11.1	6.3		E 120°47′05.3″ N 42°41′28.3″	95
						2	35—110	棕黄色	砂土	无明显结构	8.2	5.2	0.27	0.12	19.2				
剖18	钙层土	栗钙土	暗栗钙土	砂质栗钙土	砂质栗钙土	1	0—35	灰棕色	砂壤土	无明显结构	7.9	4.4	0.27	0.18	17.2	0.8		E 120°41′55.0″ N 42°36′14.0″	80
						2	35—71	黄棕色	砂土	无明显结构	8.3	4.5	0.38	0.18	9.2				
						3	71—105	黄棕色	砂壤土	无明显结构	8.5	2.3	0.19	0.20	14.5				
剖19	半淋溶土	褐土	石灰性褐土	石灰性黄褐土	中厚层石灰性黄褐土	1	0—32	灰棕色	砂壤土	无明显结构	8.8	6.4	0.40	0.14	13.1	10.7		E 120°40′27.8″ N 42°33′34.9″	76
						2	32—66	褐色	砂壤土	无明显结构	8.5	6.3	0.37	0.13	11.7				
						3	66—110	褐色	轻壤土	微粒状	8.5	3.5	0.22	0.36	11.9				
剖20	钙层土	栗钙土	草甸栗钙土	砂质草甸栗钙土	厚层砂质草甸栗钙土	1	0—30	灰棕色	砂壤土	无明显结构	8.5	2.9	0.66	0.82	17.4	12.2		E 120°56′54.2″ N 42°36′40.7″	79
						2	30—90	黄棕色	砂壤土	无明显结构	8.6	7.7	0.52	0.15	8.2				
						3	90—120	黄棕色	砂壤土	无明显结构	8.8	4.2	0.27	0.22	15.6				
剖21	钙层土	栗钙土	侵蚀栗钙土	侵蚀栗黄土	轻蚀栗黄土	1	0—8	黄棕色	紧砂土	无明显结构	8.2	6.4	0.47	0.23	7.4	37.5	黄土状母质	E 120°50′08.9″ N 42°33′24.5″	87
						2	21—46	浅黄色	中壤土	粒状	8.3	2.6	0.16	0.32	14.6	34.0			
						3	46—100	浅黄色	砂壤土	块状	8.3	3.4	0.19	0.26	10.6				
剖22	半水成土	草甸土	草甸土	壤质草甸土	厚层壤质草甸土	1	0—20	褐黄色	轻壤土	粒状	8.5	11.7	0.56	0.28	8.0	16.9		E 120°55′04.1″ N 42°31′38.6″	84
						2	20—64	灰褐色	轻壤土	粒状	8.6	7.1	0.37	0.24	7.5	12.3			
						3	64—115	褐黄色	砂壤土	无明显结构	8.4	7.2	0.32	0.25	11.3				
剖23	半淋溶土	褐土	褐土	砂化黄褐土	轻砂化黄褐土	1	0—8	浅黄色	砂土	无明显结构	8.0	1.7	0.11	0.07	10.6	13.5		E 120°58′17.0″ N 42°30′28.1″	76
						2	8—36	暗棕色	轻壤土	无明显结构	8.2	6.7	0.26	0.11	6.6	22.2			
						3	36—59	黄棕色	轻壤土	微粒状	8.2	4.0	0.17	0.09	7.0	23.4			
						4	59—120	黄棕色	砂壤土	微粒状	8.0	3.5	0.20	0.13	6.2				
剖24	钙层土	栗钙土	暗栗钙土	栗黄土	中厚层栗黄土	1	2—26	灰棕色	砂壤土	微粒状	8.9	2.7	0.15	0.18	10.9	10.8		E 120°43′36.8″ N 42°29′59.6″	76
						2	26—59	黄棕色	轻壤土	微粒状	9.0	3.2	0.21	0.21	10.3	9.4			
						3	59—120	黄棕色	砂壤土	粒状	9.0	2.7	0.16	0.27	6.2				
剖25	半淋溶土	潮褐土	壤质褐淤土	厚层壤质褐淤土	1	0—20	黄棕色	轻壤土	粒状	8.4	8.9	0.42	0.20	2.1	12.2		E 120°58′33.0″ N 42°20′36.1″	98
				2	20—55	褐棕色	轻壤土	粒状	8.2	12.2	0.54	0.22	2.3	13.3				
				3	55—110	黄褐色	轻壤土	无明显结构	8.4	7.3	0.35	0.23	6.8					
剖26	半水成土	草甸土	草甸土	砂质草甸土	薄层砂质草甸土	1	0—38	浅黄色	砂壤土	无明显结构	8.9	6.3	0.44	0.14	6.2	15.1		E 121°04′43.3″ N 42°29′03.2″	71
						2	38—76	灰棕色	砂土	无明显结构	8.8	11.6	0.60	0.14	6.7	14.6			
						3	76—115	黄褐色	砂壤土	无明显结构	8.1	10.0	0.43	0.18	5.1				
剖27	半淋溶土	褐土	褐土性	侵蚀褐土性	轻度侵蚀褐土性土	1	0—7	浅黄色	砂土	无明显结构	8.6	3.2	0.20	0.10	8.4	12.1	黄土状母质	E 121°00′41.4″ N 42°28′55.9″	96
						2	7—32	黄棕色	砂壤土	无明显结构	8.2	6.9	0.32	0.14	7.1	16.6			
						3	32—74	黄褐色	砂壤土	无明显结构	8.2	5.5	0.44	0.13	8.0	19.6			
						4	74—120	黄褐色	砂壤土	无明显结构	7.9	4.1	0.31	0.11	7.9				

续表 Continued

剖面号 Soil profile	土纲 Soil order	土类 Soil great group	亚类 Soil subgroup	土属 Soil genus	土种 Soil species	土层码 Layer code	土层厚度 Depth/cm	颜色 Soil color	质地 Soil texture	土壤结构 Soil structure	pH	有机质 OM/(g/kg)	全氮 TN/(g/kg)	全磷 TP/(g/kg)	全钾 TK/(g/kg)	阳离子交换量CEC/(cmol/kg)	土壤母质 Parent material	剖面点坐标 Profile coordinate	匹配指数 Matching index/%
剖28	半淋溶土	褐土	粗骨性褐土	粗骨性褐土	粗骨性褐土	1	0—18	黄褐色	砂壤土	粒状	8.6	6.0	0.28	0.25	6.6	20.6		E 121°01′31.4″ N 42°26′46.0″	75
						2	18—42	红褐色	砂壤土	块状	8.6	17.2	0.95	0.18	6.1	19.0			
剖29	半淋溶土	褐土	石灰性褐土	侵蚀石灰性黄褐土	重度侵蚀石灰性黄褐土	1	0—15	褐黄色	轻壤土	粒状	8.5	6.8	0.42	0.24	8.0	14.3		E 121°00′21.2″ N 42°25′20.6″	70
						2	15—77	褐黄色	砂壤土	粒状	8.5	3.9	0.32	0.19	12.5	14.4			
						3	77—100	红褐色	轻壤土	粒状	8.5	25.1	1.38	0.07	11.8				
剖30	半淋溶土	褐土	淋溶褐土	侵蚀淋溶黄褐土	轻度侵蚀淋溶黄褐土	1	0—25	黄褐色	轻壤土	微粒状	8.1	9.3	0.49	0.19	4.0	10.3		E 121°10′09.3″ N 42°22′30.2″	98
						2	25—45	褐色	轻壤土	微粒状	7.7	7.8	0.35	0.18	9.6	10.4			
						3	45—100	黄褐色	轻壤土		7.6	6.0	0.28	0.16	6.5				
剖31	半淋溶土	褐土	褐土	侵蚀黄褐土	中度侵蚀黄褐土	1	0—16	红褐色	砂壤土	粒状	7.8	9.1	0.57	0.20	8.5	13.8		E 120°49′13.0″ N 42°19′53.5″	74
						2	16—26	暗褐色	轻壤土	粒状	7.9	8.2	0.40	0.15	8.1	14.9			
						3	26—90	红褐色	轻壤土	无明显结构	8.1	5.1	0.22	0.10	6.5				
						4	90—105	浅褐色	轻壤土	无明显结构	8.1	4.4	0.26	0.27	2.2				
剖32	半淋溶土	褐土	褐土	黄褐土	薄层黄褐土	1	0—14	浅褐色	砂壤土	粒状	8.4	9.9	0.68	0.18	10.8	13.7		E 120°52′27.5″ N 42°18′29.9″	96
						2	14—25	褐色	轻壤土	粒状	8.1	10.8	0.52	0.31	5.4	17.8			
						3	25—43	褐色	轻壤土	粒状	8.2	9.1	0.37	0.15	3.8	12.3			
						4	43—103	红褐色	中壤土	粒状	8.3	5.9	0.24	0.12	3.0				
剖33	半淋溶土	褐土	淋溶褐土	侵蚀红褐土	重度侵蚀红褐土	1	0—20	褐红色	轻壤土	粒状	8.3	9.8	0.50	0.13	5.4	14.7		E 121°03′57.5″ N 42°17′36.7″	79
						2	20—50	红褐色	中壤土	粒状	8.2	3.5	0.28	0.09	8.5	15.8			
						3	50—130	褐红色	重壤土	粒状	7.4	2.6	0.23	0.10	6.0				

扎 鲁 特 旗

主要土类说明

栗钙土是扎鲁特旗主要土壤类型，占本旗地域面积的 31%。发育于红土、黄土状母质的栗钙土，碳酸钙淀积部位高，且含量较高，并有明显的钙积层。发育于残积物、坡积物的栗钙土，多在基岩以上出现大量碳酸钙淀积，甚至形成白干层。发育于洪冲积物、坡积物的栗钙土，碳酸钙淀积部位较低，且含量较低，有时无明显的钙积层。发育于砂黄土的栗钙土，碳酸钙淀积部位低，且含量低。该土壤表土呈弱碱性至碱性，pH 一般为 7.5—8.5，并且随剖面深度的加深而升高。本旗栗钙土分为暗栗钙土、草甸栗钙土、苏打盐化栗钙土、碱化栗钙土、栗钙土性土等亚类。

暗棕壤是扎鲁特旗第二大土壤类型，占本旗地域面积的 29%。暗棕壤多分布在海拔较高的山坡下部或山间谷地。成土母质为玄武岩、安山岩、花岗岩、粗面岩、流纹岩等中性岩、酸性岩的风化残积物、坡积物、洪积物。在亚湿润气候条件下，森林植被和森林草原植被繁茂生长，森林腐殖质累积过程强烈，同时受降水的淋溶作用和长期冻结作用的影响，黏化过程和棕化过程较为明显。该土壤腐殖质层下常有大小不等、形状不一的石块，全剖面无石灰反应，pH 为 6.0—7.1。本旗暗棕壤分为暗棕壤、草甸暗棕壤、暗棕壤性土等亚类。

风沙土是扎鲁特旗第三大土壤类型，占本旗地域面积的 16%。本旗风沙土属于科尔沁沙地的一部分，是在半干旱地区风积沙母质上发育的土壤，主要分布在本旗南部、东南部和山地丘陵区中三条较大的沙线以及局部的点片沙地。由于气候干燥，风大而频繁，沙源丰富，植被稀少，故土壤物理风化作用强。本旗风沙土分为固定风沙土、半固定风沙土、流动风沙土等亚类。

草甸土占本旗地域面积的 9%，主要分布在河流沿岸、山间谷地及低平地。本旗北部森林草原区的草甸土淋溶作用强，碳酸盐淋溶较为彻底，石灰反应较弱；南部森林灌丛草原区的草甸土淋溶作用较弱，蒸发量大，有利于碳酸钙在剖面中累积，石灰反应较强，形成石灰性草甸土。

黑钙土占本旗地域面积的 7%，主要分布在大兴安岭山脉及东麓地带。自然植被为森林灌丛草原植被或草甸草原植被。成土母质多为黄土状母质及各种基岩残积物、坡积物、洪积物。成土过程为腐殖质累积过程和钙积过程。本旗黑钙土分为黑钙土、石灰性黑钙土、草甸黑钙土等亚类。

粗骨土占本旗地域面积的 6%，分布在低山丘陵顶部，阳坡中部也有分布。粗骨土的发育主要受地质构造和地形变化的影响，但不受气候带的约束。在生物和降水冲蚀的作用下，粗骨土在本旗中部和中北部分布居多，而在植被条件较好的西北部分布较少。

小于本旗地域面积 3% 的土壤类型有沼泽土、草甸盐土、灰色森林土、碱土、石质土。

本区域中心区气候特征

本区域中心区气候特征值
Regional climate characteristics in central area of the region

气候带：中温带亚干旱气候 Climate region: Mid temperate subarid climate	
年平均气温 /℃ Annual average temperature /℃	5.9
年平均最高气温 /℃ Annual average maximum temperature /℃	12.5
年平均最低气温 /℃ Annual average minimum temperature /℃	0.1
年降水量 /mm Annual precipitation /mm	383
≥10℃的积温 /℃ Daily temperature accumulated in a year（≥10℃）/℃	4374
年日照时数 /h Annual sunshine /h	2872
年平均相对湿度 /% Annual average relative humidity /%	50
干燥度 Dryness	0.97

本区域中心区月平均气温与月平均降水量
Monthly temperature and precipitation in central area of the region

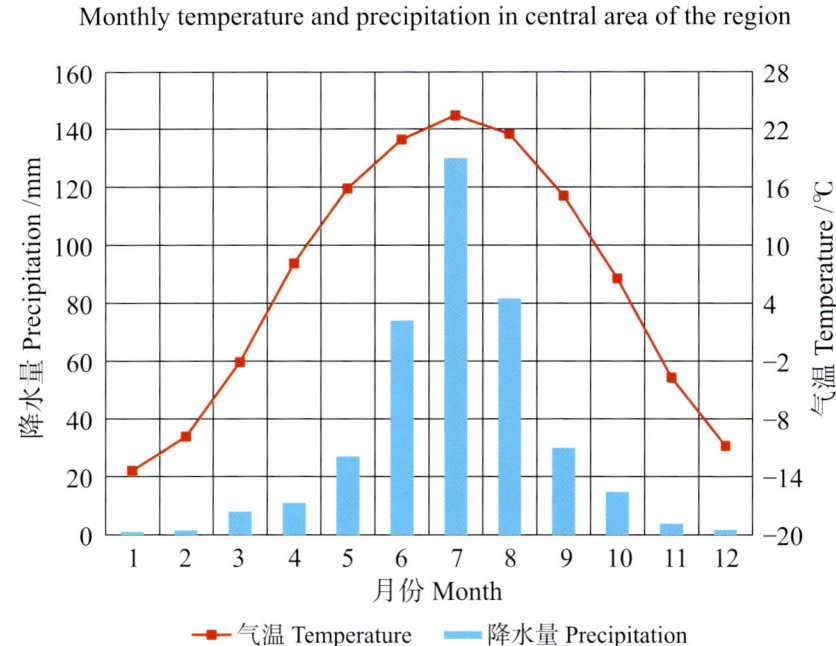

扎鲁特旗主要土壤类型与土壤剖面点分布图

1:890 000

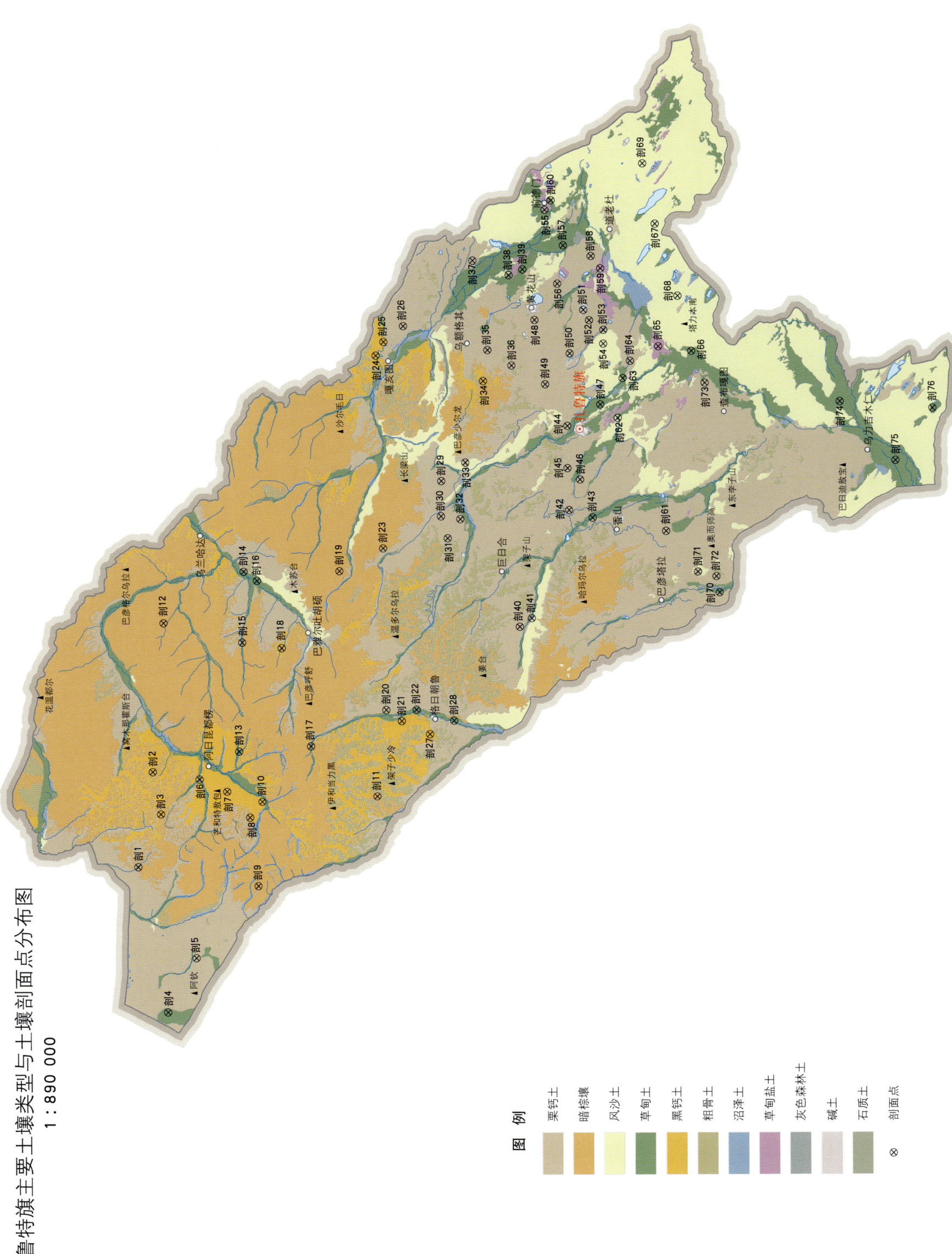

图例：栗钙土、暗棕壤、风沙土、草甸土、黑钙土、粗骨土、沼泽土、草甸盐土、灰色森林土、碱土、石质土、剖面点

第二编 分县土壤图与土壤剖面数据

扎鲁特旗土壤剖面理化性状表

剖面号 Soil profile	土纲 Soil order	土类 Soil great group	亚类 Soil subgroup	土属 Soil genus	土种 Soil species	土层码 Layer code	土层厚度 Depth/cm	质地 Soil texture	pH	有机质 OM/(g/kg)	全氮 TN/(g/kg)	全磷 TP/(g/kg)	全钾 TK/(g/kg)	阳离子交换量 CEC/(cmol/kg)	土壤母质 Parent material	剖面点坐标 Profile coordinate	匹配指数 Matching index/%
剖1	钙层土	栗钙土	草甸栗钙土	轻壤草甸栗钙土	厚层轻壤草甸栗钙土	A₁	0—32	轻壤土	8.9	24.6	1.30	0.30	16.5	26.1	冲积物	E 119°40′26.0″ N 45°22′51.6″	81
						A₂	32—50	轻壤土	8.8	19.1	1.00	0.30	16.6				
						B	50—82	中壤土	8.6	13.0	0.70	0.30	17.1				
						Bca	82—100	中壤土	8.7	11.3	0.60	0.30	17.1				
剖2	钙层土	黑钙土	黑钙土	黄黑钙土	中厚层黄黑钙土	A	0—24	砂壤土	8.4	63.1	2.80	0.50	18.3	25.4	黄土状母质	E 119°56′14.3″ N 45°21′36.0″	70
						AB	24—62	轻壤土	8.6	21.6	0.90	0.20	19.4				
						Bca	62—123	轻壤土	8.6	10.5	0.60	0.40	22.6				
剖3	钙层土	黑钙土	黑钙土	黑钙土	中厚层黑钙土	A₁	0—32	砂壤土	8.7	41.5	2.00	0.40	17.6	27.8	坡积物、洪积物	E 119°49′13.1″ N 45°20′27.6″	86
						A₂	32—57	轻壤土	8.6	21.5	0.90	0.20	16.5				
						B	57—70	轻壤土	8.3	7.6	0.40	0.10	15.6				
剖4	半水成土	草甸土	石灰性草甸土	砂壤质石灰性草甸土	砂壤石灰性草甸土	A	0—26	砂壤土	8.8	16.7	0.80	0.20	13.8	11.6	冲积物	E 119°17′00.3″ N 45°18′45.5″	86
						G	26—47	轻壤土	8.9	6.4	0.50	0.20	18.5				
						C	47—127	砂壤土	8.8	4.2	0.30	0.20	17.2				
剖5	钙层土	栗钙土	暗栗钙土	冰水沉积砂质栗土	中厚层冰水沉积砂质栗土	A₁	0—41	砂土	8.6	29.2	1.30	0.40	17.2	20.1	冰水沉积物	E 119°26′01.6″ N 45°15′42.1″	96
						AB	41—84	砂土	8.6	14.2	1.60	0.30	16.7				
						C	84—121	砂壤土	8.2	8.8	0.50	0.20	16.8				
剖6	半水成土	草甸土	石灰性草甸土	砂砾质石灰性草甸土	砂砾质石灰性草甸土	G	0—27	砂壤土	8.8	6.8	0.40	0.30	18.7	7.4	冲积物	E 119°55′20.3″ N 45°16′07.0″	82
						C	27—51	砂壤土	9.0	2.4	0.20	0.20	19.9				
剖7	钙层土	黑钙土	草甸黑钙土	草甸黑钙土	中厚草甸黑钙土	A₁	0—35	轻壤土	8.6	52.4	2.40	0.40	17.6	30.0	冲积物	E 119°53′27.2″ N 45°12′53.6″	80
						AB	35—62	轻壤土	8.4	17.1	0.90	0.30	16.2				
						B	62—70	中壤土	8.4	8.2	0.40	0.20	16.5				
剖8	钙层土	黑钙土	石灰性黑钙土	石灰性黑钙土	薄层石灰性黑钙土	A	0—21	砂壤土	8.4	52.4	2.20	0.50	22.6	26.6	残积物、坡积物、洪积物	E 119°49′14.3″ N 45°10′07.2″	93
						AB	21—27	砂壤土	8.2	33.9	1.60	0.50	20.4				
						C	27—57		8.7	12.0	0.80	0.40	21.6				
剖9	淋溶土	暗棕壤	暗棕壤	暗棕壤	中厚体暗棕壤	Ao	5—10	砂壤土	6.9	71.3	3.20	0.80	13.3	46.5	冲积物	E 119°38′08.6″ N 45°08′49.9″	71
						A₁	10—20	砂壤土	6.8	68.4	3.10	0.70	13.7	47.6			
						A₂	20—70	砂壤土	6.9	56.5	2.40	0.70	13.5				
						B	70—85	砂壤土	6.9	50.2	2.20	0.70	13.7				
剖10	钙层土	黑钙土	草甸黑钙土	草甸黑钙土	薄层草甸黑钙土	A₁	0—18	轻壤土	8.4	37.6	1.80	0.40	20.4	28.9	冲积物	E 119°51′55.4″ N 45°08′44.2″	82
						C	18—30	轻壤土	8.2	14.7	0.80	0.40	20.4				
剖11	淋溶土	暗棕壤	草甸暗棕壤	草甸暗棕壤	中厚草甸暗棕壤	A₁	5—26	砂壤土	6.2	29.1	1.50	0.60	13.6	8.5	坡积物	E 119°53′32.3″ N 44°55′25.3″	88
						A₂	26—65	砂壤土	6.4	17.5	1.00	0.50	13.2				
						B	65—113	砂壤土	6.4	10.7	0.90	0.40	12.3				
剖12	淋溶土	暗棕壤	暗棕壤性土			A	0—12	砂壤土	6.5	21.6	1.40	0.50	17.2		岩石残积物	E 120°20′32.3″ N 45°20′54.2″	99
剖13	半水成土	草甸土	石灰性草甸土	砂壤石灰性草甸土	砂壤砂质石灰性草甸土	1	0—18	砂壤土	8.8	18.3	1.00	0.30	15.3	14.4	冲积物	E 120°00′05.8″ N 45°11′38.4″	86
						2	18—60	砂土	8.6	2.3	0.10	0.10	16.7				
						3	60—110	砂土	9.6	5.2	0.30	0.10	15.9				
剖14	半水成土	草甸土	石灰性草甸土	中壤石灰性草甸土	中壤石灰性草甸土	A	0—29	中壤土	8.6	21.2	1.20	0.40	15.3	20.4	冲积物	E 120°29′23.6″ N 45°11′47.0″	77
						G₁	29—66	中壤土	8.7	7.8	0.60	0.30	17.9				
						G₂	66—92	重壤土	8.4	15.2	0.70	0.30	18.5				
						G₃	92—120	砂壤土	8.8	2.8	0.10	0.20	16.8				

续表 Continued

剖面号 Soil profile	土纲 Soil order	土类 Soil great group	亚类 Soil subgroup	土属 Soil genus	土种 Soil species	土层码 Layer code	土层厚度 Depth/cm	质地 Soil texture	pH	有机质 OM/(g/kg)	全氮 TN/(g/kg)	全磷 TP/(g/kg)	全钾 TK/(g/kg)	阳离子交换量CEC/(cmol/kg)	土壤母质 Parent material	剖面点坐标 Profile coordinate	匹配指数 Matching index/%
剖15	半水成土	草甸土	石灰性草甸土	轻壤石灰性草甸土	黏底轻壤石灰性草甸土	A	0—28	轻壤土	8.4	41.2	2.00	0.40	17.9	27.9	冲积物	E 120°17′48.8″ N 45°11′42.7″	84
						G	28—57	中壤土	8.5	8.5	0.50	0.30	18.7				
						3	57—85	中壤土	8.5	5.4	0.30	0.30	20.8				
						4	85—105	中壤土	8.4	3.1	0.30	19.6					
剖16	半水成土	草甸土	石灰性草甸土	砂壤石灰性草甸土	黏底砂壤石灰性草甸土	1	0—20	砂壤土	8.7	3.3	0.20	0.20	17.8	9.0	冲积物	E 120°27′58.7″ N 45°10′13.1″	77
						2	20—30	轻壤土	8.3	16.4	0.10	0.30	15.4				
						G₁	30—43	砂壤土	8.7	7.3	0.30	0.20	17.2				
						G₂	43—110	重壤土	8.5	5.4	0.40	0.30	15.4				
剖17	半水成土	草甸土	石灰性草甸土	砂砾质石灰性草甸土	砂砾体石灰性草甸土	A₁	0—23	轻壤土	9.5	40.0	1.80	0.40	13.6	25.5	冲积物	E 120°01′19.0″ N 45°03′18.9″	91
						A₂	23—35	砂壤土	9.2	14.9	0.80	0.30	16.1				
						G	35—47	砂土	9.2	4.3	0.20	0.20	21.3				
剖18	钙层土	黑钙土	石灰性黑钙土	中厚层黄黑钙土	中厚层石灰性黄黑钙土	A	0—36	轻壤土	8.0	16.4	0.80	0.40	21.0	23.8	黄土状母质	E 120°17′06.4″ N 45°07′05.2″	92
						AB	36—52	砂壤土	8.1	33.9	1.70	0.40	20.0				
						Bca	52—115	砂壤土	8.1	14.3	0.80	0.40	20.6				
剖19	淋溶土	暗棕壤	暗棕壤	暗棕壤	中厚体暗棕壤	A₁	22—37	砂壤土	6.7	127.9	4.80	0.70	14.4	49.5	黄土状母质	E 120°29′56.0″ N 45°00′39.2″	97
						A₂	37—91	砂壤土	6.7	86.1	3.60	0.70	13.9				
						Bm	91—100	轻壤土	7.0	54.2	2.50	0.20	14.7				
剖20	钙层土	栗钙土	暗栗钙土	风积砂栗钙土	风积体暗砂质栗钙土	A	0—24	砂壤土	8.4	8.6	0.50	0.20	18.8	7.9	风积物	E 120°07′37.6″ N 44°54′43.2″	87
						C	24—110	砂土	8.4	4.1	0.20	0.10	17.1				
剖21	钙层土	黑钙土	石灰性黑钙土	黄黑钙土	薄层黄黑钙土	A	0—15	轻壤土	8.4	38.4	1.90	0.40	24.5	31.2	残积物、坡积物、洪积物	E 120°05′56.4″ N 44°52′52.7″	96
						B	15—37	轻中壤土	8.5	18.9	0.90	0.40	21.4	24.4			
						Bca	37—69	中壤土	7.7	10.3	0.60	0.30	21.4				
剖22	半水成土	草甸土	石灰性草甸土	轻壤石灰性草甸土	砂底轻壤石灰性草甸土	A	0—29	轻壤土	8.7	27.5	1.40	0.40	16.1	21.1	冲积物	E 120°07′49.7″ N 44°51′12.4″	92
						G₁	29—62	砂壤土	8.8	6.0	0.30	0.20	16.2				
						G₂	62—81	轻壤土	8.8	10.8	0.50	0.30	16.1				
						4	81—105	砂土	9.0	0.7	0.05	0.20	19.1				
剖23	淋溶土	暗棕壤	暗棕壤性土			A₁	0—9	砂壤土	6.9	51.5	2.40	0.50	16.6	45.1	岩石残积物	E 120°33′52.9″ N 44°55′39.4″	71
						A₂	9—18	轻壤土	7.0	23.2	2.00	0.50	16.6				
剖24	钙层土	栗钙土	暗栗钙土	黄黑钙土	中厚层黄黑质钙土	A₁	0—15	轻壤土	8.5	49.8	2.40	0.40	20.8	26.4	黄土状母质	E 121°05′03.9″ N 44°57′03.4″	89
						A₂	15—31	轻壤土	8.4	24.0	1.20	0.30	20.4				
						B	31—42	中壤土	8.1	10.0	0.60	0.20	20.7				
剖25	钙层土	黑钙土	黑钙土	黄黑钙土	薄层黄黑钙土	A	0—23	砂壤土	8.7	16.5	0.80	0.30	17.7	15.2	黄土状母质	E 121°07′19.6″ N 44°56′11.8″	89
						B	23—51		9.0	4.9	0.30	0.20	19.0				
						Bca	51—103	轻壤土	8.9	3.8	0.20	0.20	20.3				
剖26	钙层土	栗钙土	暗栗钙土	暗栗钙土	中厚体暗栗钙土	A	0—84	轻壤土	8.4	25.8	1.30	0.30	18.4	20.4	岩石残积物、坡积物	E 121°09′58.2″ N 44°53′58.2″	90
						B	84—138	重壤土	8.4	16.1	0.80	0.30	18.0				
						Bca	138—153	中壤土	8.5	9.1	0.40	0.40	17.9				
剖27	钙层土	黑钙土	石灰性黑钙土	石灰性黑钙土	中厚层石灰性黑钙土	A	0—42	砂壤土	8.5	33.0	1.70	0.40	20.5	26.8	残积物、坡积物、洪积物	E 120°03′58.0″ N 44°49′33.2″	97
						B₁	42—61	轻壤土	8.5	19.2	1.00	0.40	20.5				
						B₂	61—81	中壤土	8.5	13.4	0.70	0.40	21.0				
剖28	半水成土	草甸土	石灰性草甸土	轻壤石灰性草甸土	轻壤石灰性草甸土	A	0—23	轻壤土	8.9	48.8	2.30	0.40	21.1	31.8	冲积物	E 120°06′16.9″ N 44°46′48.7″	79
						G₁	23—55	轻壤土	8.9	16.8	1.00	0.30	17.6				
						G₂	55—80	轻壤土	9.1	4.3	0.20	0.20	17.8				

续表 Continued

剖面号 Soil profile	土纲 Soil order	土类 Soil great group	亚类 Soil subgroup	土属 Soil genus	土种 Soil species	土层码 Layer code	土层厚度 Depth/cm	质地 Soil texture	pH	有机质 OM/(g/kg)	全氮 TN/(g/kg)	全磷 TP/(g/kg)	全钾 TK/(g/kg)	阳离子交换量CEC/(cmol/kg)	土壤母质 Parent material	剖面点坐标 Profile coordinate	匹配指数 Matching index/%
剖29	钙层土	栗钙土	暗栗钙土	暗栗钙土	薄体暗栗钙土	A	0—18	砂壤土	8.1	44.1	2.30	0.42	15.8	32.8	岩石残积物、坡积物	E 120°45′00.0″ N 44°49′05.9″	79
						BC	18—30	中壤土	8.2	16.8	0.80	0.36	15.7	20.6			
剖30	钙层土	栗钙土	草甸栗钙土	砂砾质草甸栗钙土	砂砾质草甸洪积栗钙土	A	0—12	砂壤土	8.7	29.1	1.40	0.30	18.6	15.2	洪冲积物	E 120°39′19.1″ N 44°49′01.6″	70
剖31	钙层土	栗钙土	暗栗钙土	坡洪积栗钙土	砂砾体坡积栗钙土	A	0—24	轻壤土	7.8	29.7	1.50	0.30	16.5	23.3	坡积物、洪积物	E 120°35′49.2″ N 44°48′10.4″	74
						Bca₁	24—49	轻壤土	8.9	24.6	1.30	0.40	16.9				
						Bca₂	49—70	轻壤土	8.0	15.9	0.90	0.30	18.1				
剖32	钙层土	栗钙土	暗栗钙土	砂砾质草甸栗钙土	厚层黑钙土	A₁	0—24	轻壤土	8.6	34.2	1.50	0.40	18.8	28.1	洪冲积物	E 120°38′57.5″ N 44°46′47.3″	83
						A₂	24—43	轻壤土	8.0	34.8	1.50	0.40	16.3				
剖33	钙层土	栗钙土	暗栗钙土	暗栗钙土	厚体中层暗栗钙土	A	0—38	轻壤土	9.3	21.2	1.00	0.30	18.4	22.6	岩石残积物、坡积物	E 120°48′04.3″ N 44°46′22.1″	70
						B	38—75	轻壤土	9.2	11.9	0.60	0.30	17.1				
						Bca	75—110	中壤土	8.4	9.3	0.60	0.40	17.1				
剖34	钙层土	黑钙土	黑钙土	黑钙土	厚层黑钙土	A	0—29	轻壤土	8.0	34.4	1.70	0.40	16.5	23.3	坡积物、洪积物	E 121°01′19.6″ N 44°44′33.0″	87
						AB	29—68	轻壤土	8.6	23.4	1.00	0.40	17.2				
						Bca	68—93	中壤土	8.4	12.0	0.60	0.30	19.6				
剖35	钙层土	栗钙土性土	暗栗钙土	暗栗钙土	薄层暗栗钙土	A	0—11	轻壤土	9.0	48.2	2.30	0.40	16.5	23.5	残积物	E 121°06′21.9″ N 44°44′06.6″	100
剖36	钙层土	栗钙土	暗栗钙土	坡洪积栗钙土	厚层坡洪积栗钙土	A₁	0—45	砂壤土	7.7	51.6	2.20	0.50	19.2	35.4	坡积物、洪积物	E 121°03′59.0″ N 44°41′16.4″	92
						A₂	45—68	砂壤土	7.8	37.1	1.80	0.50	17.9				
						B	68—79	轻壤土	8.1	31.7	1.50	0.50	17.2				
						Bca	79—120	轻壤土	8.9	23.0	1.20	0.50	16.1				
剖37	钙层土	栗钙土	草甸栗钙土	砂壤草甸栗钙土	中层砂壤栗钙土	A₁	0—26	轻壤土	9.4	13.7	0.70	0.30	20.5	13.0	冲积物	E 121°20′47.4″ N 44°46′03.7″	82
						A₂	26—38	轻壤土	9.0	8.3	0.50	0.20	15.9				
						G₁	38—80	轻壤土	8.9	28.2	1.30	0.40	15.3				
						G₂	80—102	砂土	9.1	1.4	0.10	0.10	13.8				
						G₃	102—130	轻壤土	8.8	13.3	0.60	0.30	18.1				
剖38	钙层土	草甸土	盐化草甸土	苏打盐化草甸土	苏打轻度盐化草甸土	1	0—20	砂壤土	9.6	8.9	0.50	0.20	17.8	10.0	冲积物	E 121°18′34.2″ N 44°41′48.8″	81
						2	20—50	砂土	9.4	4.0	0.20	0.10	15.4				
						G	50—105	砂壤土	9.1	4.6	0.30	0.20	17.8				
剖39	半水成土	草甸土	石灰性草甸土	轻壤石灰性草甸土	轻壤石灰性草甸土	1	0—30	轻壤土	8.5	15.5	0.80	0.30	16.9	11.3	冲积物	E 121°19′33.6″ N 44°40′13.1″	90
						2	30—61	砂土	10.0	5.6	0.30	0.20	16.8				
						G	61—102	轻壤土	9.3	3.0	0.20	0.20	18.8				
剖40	半水成土	栗钙土	暗栗钙土	坡洪积栗钙土	中层坡洪积栗钙土	A	0—34	轻壤土	8.3	26.9	1.30	0.40	16.2	27.9	坡积物、洪积物	E 120°21′47.2″ N 44°39′30.2″	81
						B	34—46	中壤土	8.2	15.7	0.80	0.40	19.6				
						Bca	46—78	中壤土	8.2	9.7	0.50	0.40	15.8				
剖41	钙层土	栗钙土	草甸栗钙土	砂壤草甸栗钙土	中层砂壤草甸栗钙土	A	0—24	砂壤土	9.1	16.2	1.10	0.30	15.4	12.0	冲积物	E 120°23′15.4″ N 44°38′10.0″	100
						G	24—60	轻壤土	9.5	3.1	0.20	0.20	15.0				
							60—120	砂土	9.8	0.6	0.03	0.09	15.0				
剖42	钙层土	栗钙土	暗栗红土	暗栗红土	中层暗栗红土	A	0—20	轻壤土	8.5	39.8	1.90	0.40	16.6	30.7	红土	E 120°40′54.5″ N 44°34′10.6″	82
						B₁	20—46	轻壤土	8.3	14.6	0.70	0.20	17.1				
						B₂	46—90	轻壤土	8.3	5.2	0.30	0.10	17.4				
						BC	90—110	轻壤土	8.5	2.9	0.20	0.10	16.2				
剖43	半水成土	草甸土	石灰性草甸土	中壤中性草甸土	砂壤中层石灰性草甸土	A	0—36	中壤土	9.4	24.2	1.50	0.20	15.8	17.8	冲积物	E 120°39′49.3″ N 44°31′25.7″	77
						2	36—64	砂壤土	8.8	3.7	0.20	0.10	16.3				
						G	64—95	砂土	9.6	1.5	0.10	0.10	15.8				

续表 Continued

剖面号 Soil profile	土纲 Soil order	土类 Soil great group	亚类 Soil subgroup	土属 Soil genus	土种 Soil species	土层码 Layer code	土层厚度 Depth/cm	质地 Soil texture	pH	有机质 OM/(g/kg)	全氮 TN/(g/kg)	全磷 TP/(g/kg)	全钾 TK/(g/kg)	阳离子交换量CEC/(cmol/kg)	土壤母质 Parent material	剖面点坐标 Profile coordinate	匹配指数 Matching index/%
剖44	钙层土	栗钙土	暗栗钙土	暗栗钙土	厚体薄层暗栗钙土	A	0—18	砂壤土	8.2	40.6	2.30	0.40	16.4		岩石残积物、坡积物	E 120°54′27.0″ N 44°34′38.3″	96
						Bca	18—62	砂壤土	8.3	27.1	1.40	0.40	16.4	28.8			
						BC	62—94	轻壤土	9.0	13.7	0.70	0.30	17.0				
剖45	钙层土	栗钙土	暗栗钙土	风积砂质栗钙土	中厚层风积砂质栗钙土	A	0—38	砂土	8.6	15.7	0.80	0.20	18.0	15.7	风积物	E 120°47′39.0″ N 44°34′28.6″	81
						BC	38—60	砂土	8.6	4.6	0.20	0.10	18.8				
						C	60—120	砂土	8.8	2.6	0.10	0.08	15.1				
剖46	钙层土	栗钙土	暗栗钙土	暗栗黄土	厚层暗栗黄土	A	0—42	砂壤土	8.5	23.2	1.10	0.30	20.7		黄土状母质、黄土	E 120°45′52.9″ N 44°32′58.9″	89
						Bca	42—87	中壤土	8.5	9.7	0.50	0.20	19.0				
						BC	87—105	中壤土	8.5	5.8	0.30	0.20	18.2				
剖47	半水成土	草甸土	石灰性草甸土	轻壤石灰性草甸土	砂底轻壤石灰性草甸土	1	0—30	轻壤土	8.6	24.9	1.40	0.30	15.6	15.5	冲积物	E 120°58′02.3″ N 44°30′51.1″	96
						2	30—60	砂壤土	8.6	4.7	0.30	0.20	15.8				
						3	60—100	砂土	8.9	0.6	0.04	0.10	17.8				
						4	100—120	砂土	8.9	0.6	0.04	0.10	17.8				
剖48	钙层土	栗钙土	草甸栗钙土	砂砾质草甸栗钙土	砂砾底草甸栗钙土	A₁	0—18	轻壤土	8.7	41.8	1.90	0.50	16.1	29.6	洪积物	E 121°11′27.2″ N 44°38′43.1″	95
						A₂	18—49	砂壤土	8.8	27.4	1.30	0.40	17.4				
						B	49—85	砂壤土	8.9	6.2	0.30	0.10	17.5				
						C	85—120	砂土	9.0	1.8	0.20	0.10	20.1				
剖49	钙层土	栗钙土	暗栗钙土	暗栗灰白干土	中位暗栗灰白干土	A	0—18	砂壤土	7.4	38.2	2.40	0.40	16.2	30.1	残积物	E 121°01′03.0″ N 44°37′18.8″	93
						Bca₁	18—36	砂壤土	7.6	35.2	2.10	0.50	16.3				
						Bca₂	36—90	中壤土	9.0	22.0	1.30	0.40	16.0				
剖50	钙层土	栗钙土	暗栗钙土	暗栗灰白干土	深位暗栗灰白干土	A	0—18	轻壤土	7.9	68.5	3.10	0.50	17.6	36.5	残积物	E 121°06′09.7″ N 44°34′32.9″	82
						Bca₁	18—34	中壤土	9.3	24.9	1.30	0.40	14.8				
						Bca₂	34—90	中壤土	9.0	11.5	0.60	0.30	14.8				
						BC	90—115	砂壤土	8.9	7.2	0.40	0.20	15.1				
剖51	盐碱土	碱土	草甸碱土	苏打草甸碱土		1	0—5	砂壤土	9.5	30.1	1.60	0.30	14.5	10.5	黄土状母质、黄土	E 121°13′15.6″ N 44°33′03.2″	92
						2	5—20	轻壤土	9.3	18.3	1.10	0.30	16.1	9.3			
						3	20—50	中壤土	9.2	5.6	0.40	0.20	14.0	6.4			
						4	50—100	中壤土	8.9	3.1	0.20	0.20	17.4				
						5	100—150	轻壤土	8.8	1.1	0.09	0.10	16.2				
剖52	钙层土	栗钙土	暗栗钙土	苏打碱化栗钙土	中层暗栗黄土	A	0—21	轻壤土	8.4	41.7	2.20	0.40	16.2	30.6	黄土状母质、砂黄土	E 121°11′37.7″ N 44°32′21.8″	78
						Bca₁	21—28	中壤土	8.4	23.0	1.30	0.30	20.3				
						Bca₂	28—64	中壤土	8.5	8.6	0.50	0.20	17.0				
						BC	64—100	中壤土	8.5	3.7	0.20	0.20	20.2				
剖53	钙层土	栗钙土	碱化栗钙土	苏打碱化栗钙土	苏打中碱化栗钙土	1	0—26	砂壤土	9.9	17.7	0.90	0.20	16.3	10.4	冲积物	E 121°10′07.7″ N 44°30′41.8″	81
						2	26—47	砂壤土	9.6	3.1	0.20	0.10	15.9	9.8			
						3	47—110	轻壤土	9.3	3.0	0.20	0.03	15.4				
剖54	初育土	风沙土	固定风沙土	栗钙土型风沙土		A	0—30	砂土	8.3	7.7	0.40	0.20	15.9	9.3		E 121°07′53.4″ N 44°30′40.7″	88
						BC	30—56	砂土	8.6	3.3	0.10	0.20	16.0	7.3			
						C	56—120	砂土	8.6	3.0	0.20	0.20	15.8				

续表 Continued

剖面号 Soil profile	土纲 Soil order	土类 Soil great group	亚类 Soil subgroup	土属 Soil genus	土种 Soil species	土层码 Layer code	土层厚度 Depth/cm	质地 Soil texture	pH	有机质 OM/(g/kg)	全氮 TN/(g/kg)	全磷 TP/(g/kg)	全钾 TK/(g/kg)	阳离子交换量 CEC/(cmol/kg)	土壤母质 Parent material	剖面点坐标 Profile coordinate	匹配指数 Matching index/%
剖55	盐碱土	草甸盐土	草甸盐土	苏打碱化草甸盐土		1	0-5	砂壤土	9.1	4.7	0.30	0.20	17.3	10.0	冲积物、湖积物	E 121°29'22.7" N 44°37'48.0"	96
						2	5-20	砂壤土	10.3	4.4	0.20	0.20	15.9	9.9			
						3	20-50	砂壤土	10.1	2.2	0.20	0.20	14.8	9.4			
						4	50-100		9.8	3.0	0.10	0.20	19.0				
						5	100-120		10.1	2.5	0.10	0.20	15.1				
剖56	钙层土	盐化栗钙土	苏打盐化栗钙土	苏打中度盐化栗钙土		1	0-16	轻壤土	10.3	5.8	0.30	0.20	15.8	8.0	冲积物	E 121°17'24.0" N 44°36'09.0"	100
						B	16-58	轻壤土	10.3	4.6	0.20	0.20	15.9	8.4			
						3	58-100	轻壤土	10.1	1.6	0.30	0.10	18.4				
剖57	半水成土	盐化草甸土	苏打盐化草甸土	苏打轻度盐化草甸土		1	0-36	轻壤土	8.7	24.6	1.10	0.40	17.6	15.6	冲积物	E 121°23'33.7" N 44°35'34.8"	98
						B	36-60	轻壤土	8.8	12.4	0.80	0.30	16.2				
						3	60-120	轻壤土	8.7	2.3	0.20	0.10	15.5				
剖58	钙层土	栗钙土	暗栗钙土	暗栗黄土	薄层暗栗黄土	A	0-15	砂壤土	8.4	31.3	1.70	0.30	16.5	20.6	黄土状母质、砂黄土	E 121°21'56.9" N 44°32'19.3"	82
						Bca₁	15-45	中壤土	8.5	10.1	0.60	0.20	15.2	14.8			
						Bca₂	45-102	中壤土	8.5	6.2	0.30	0.10	19.4				
剖59	盐碱土	草甸盐土	草甸盐土	苏打碱化草甸盐土		1	0-5	砂壤土	10.1	3.4	0.20	0.20	17.7	4.4	冲积物、湖积物	E 121°20'00.2" N 44°31'10.9"	90
						2	5-20	砂壤土	9.7	9.0	0.50	0.20	18.1	12.9			
						3	20-50	砂壤土	8.6	7.4	0.50	0.20	18.6				
						4	50-100	砂壤土	8.6	6.6	0.40	0.20	18.1				
剖60	半水成土	石灰性草甸土	石灰性草甸土	轻壤草甸石灰性草甸土	黏底石灰性草甸土	1	0-25	轻壤土	8.6	31.7	1.50	0.40	16.9	18.9	冲积物	E 121°30'39.4" N 44°37'14.9"	71
						2	25-85	重壤土	8.6	18.7	1.00	0.20	18.1				
						3	85-120	重壤土	8.8	10.6	0.50	0.20	17.3				
剖61	钙层土	栗钙土	暗栗钙土	坡洪积栗钙土	砂砾底坡积洪积栗钙土	A	0-52	砂壤土	7.7	23.3	1.20	0.40	15.4	25.1	坡积物、洪积物	E 120°38'03.1" N 44°22'51.6"	70
						B	52-74	中壤土	7.6	11.7	0.70	0.30	15.4				
剖62	半水成土	草甸土	石灰性草甸土	中壤石灰性草甸土	中壤石灰性草甸土	1	0-34	中壤土	8.8	45.3	2.10	0.40	18.7	26.4	冲积物	E 120°55'57.0" N 44°28'48.0"	95
						2	34-80	中壤土	8.6	12.4	0.60	0.20	15.7				
						G	80-90	砂壤土	8.6	2.4	0.10	0.10	15.9				
剖63	半水成土	草甸土	石灰性草甸土	轻壤草甸石灰性草甸土	中壤石灰性草甸土	1	0-16	中壤土	9.0	26.1	1.40	0.30	15.0	11.9	冲积物	E 121°02'23.6" N 44°28'21.0"	93
						2	16-30	中壤土	9.0	7.3	0.40	0.20	15.4	7.5			
						G₁	30-90	中壤土	8.8	1.8	0.10	0.10	15.9				
						G₂	90-120	轻壤土	8.6	2.0	0.10	0.10	15.5				
剖64	钙层土	栗钙土	草甸栗钙土	轻壤草甸栗钙土	中层栗壤草甸栗钙土	A	0-21	轻壤土	8.6	35.7	0.70	0.40	16.2	36.5	冲积物	E 121°05'13.2" N 44°27'32.4"	73
						B	21-56	轻壤土	8.6	28.2	1.20	0.40	16.1				
						Bca	56-72	中壤土	8.5	8.7	0.50	0.30	15.7				
						G	72-110	中壤土	8.5	5.5	0.40	0.20	16.2				
剖65	盐碱土	草甸盐土	草甸盐土	苏打碱化草甸盐土		1	0-5	砂壤土	10.1	6.3	0.40	0.20	13.9	10.4	冲积物、湖积物	E 121°07'42.2" N 44°24'17.6"	100
						2	5-20	轻壤土	10.2	4.9	0.20	0.20	17.6	7.6			
						3	20-50	轻壤土	10.2	4.6	0.20	0.20	13.8	8.5			
						4	50-100	砂土	9.8	3.3	0.20	0.20	16.0				
剖66	半水成土	草甸土	石灰性草甸土	沼间石灰性草甸土	砂质沼间石灰性草甸土	1	0-44	砂壤土	9.3	12.5	0.60	0.50	15.5	11.8	冲积物	E 121°07'04.4" N 44°20'26.9"	74
						2	44-70	砂壤土	9.9	12.2	0.70	0.30	15.1				
						G	70-136	砂壤土	10.1	3.7	0.20	0.30	15.0				

续表 Continued

剖面号 Soil profile	土纲 Soil order	土类 Soil great group	亚类 Soil subgroup	土属 Soil genus	土种 Soil species	土层码 Layer code	土层厚度 Depth/cm	质地 Soil texture	pH	有机质 OM/(g/kg)	全氮 TN/(g/kg)	全磷 TP/(g/kg)	全钾 TK/(g/kg)	阳离子交换量 CEC/(cmol/kg)	土壤母质 Parent material	剖面点坐标 Profile coordinate	匹配指数 Matching index/%
剖67	初育土	风沙土	固定风沙土	栗钙土型风沙土		A₁	0—23	砂土	8.3	8.7	0.50	0.20	16.1			E 121°27′20.2″ N 44°24′56.2″	84
						A₂	23—90	砂土	8.5	3.3	0.20	0.10	16.1				
						C	90—120	砂土	8.5	1.3	0.70	0.09	17.1				
剖68	初育土	风沙土	固定风沙土	沙沼固定风沙土		A	0—21	砂土	8.9	15.5	1.00	0.30	17.2	12.5		E 121°15′53.6″ N 44°22′10.8″	95
						C	21—123	砂土	8.5	9.2	0.60	0.20	17.2				
剖69	初育土	风沙土	固定风沙土	沙沼固定风沙土		A	0—30	砂土	8.4	5.0	0.40	0.20	15.9	8.2		E 121°37′01.6″ N 44°26′32.3″	88
						C	30—133	砂土	8.3	2.2	0.10	0.07	15.8				
剖70	半水成土	草甸土	盐化草甸土	苏打盐化草甸土	苏打轻度盐化草甸土	1	0—29	中壤土	9.9	14.1	0.70	0.30	16.4	22.8	冲积物	E 120°28′23.8″ N 44°16′26.5″	91
						2	29—42	重壤土	10.1	8.9	0.40	0.20	16.3	52.8			
						3	42—95	中壤土	9.8	23.1	1.10	0.40	15.2	38.1			
						4	95—110	轻壤土	9.4	8.0	0.30	0.30	18.6				
剖71	钙层土	栗钙土	草甸栗钙土	砂壤草甸栗钙土	中层砂质栗甸钙土	A	0—28	砂壤土	8.7	24.5	1.10	0.30	15.1	12.3	冲积物	E 120°31′39.0″ N 44°19′02.3″	88
						G	28—87	砂壤土	9.0	9.2	0.40	0.20	15.8				
						Bca	87—121	砂壤土	9.3	2.1	0.20	0.10	15.5				
剖72	钙层土	栗钙土	暗栗钙土	风积砂质栗钙土	薄层风积砂质栗钙土	A	0—18	砂土	8.1	13.0	0.70	0.20	15.1	13.0	风积物	E 120°30′59.0″ N 44°16′53.8″	99
						C	18—90	砂土	8.0	1.1	0.05	0.09	18.8				
剖73	钙层土	栗钙土	盐化栗钙土	苏打盐化栗钙土	苏打轻度盐化栗钙土	1	0—23	砂壤土	9.7	9.6	0.60	0.20	16.0	9.5	冲积物	E 121°01′58.4″ N 44°18′49.0″	89
						2	23—43	中壤土	9.4	7.7	0.40	0.20	12.2				
						3	43—69	中壤土	9.7	6.7	0.30	0.20	15.9				
剖74	半水成土	草甸土	石灰性草甸土	砂壤石灰性草甸土	砂底砂壤石灰性草甸土	A₁	0—24	砂壤土	8.5	44.4	2.10	0.50	18.2	22.7	冲积物	E 120°59′32.2″ N 44°03′05.0″	86
						A₂	24—39	砂壤土	8.9	17.3	0.80	0.30	17.7				
						G₁	39—86	中壤土	8.7	33.0	1.50	0.30	16.2				
						G₂	86—105	砂土	8.9	2.8	0.10	0.10	13.8				
剖75	半水成土	草甸土	石灰性草甸土	轻壤石灰性草甸土	砂体轻壤石灰性草甸土	A	0—22	轻壤土	9.0	13.9	0.80	0.30	16.0	14.6	冲积物	E 120°50′20.8″ N 43°56′26.5″	94
						G₁	22—54	轻壤土	8.9	9.3	0.50	0.30	18.5				
						G₂	54—80	砂土	9.1	2.2	0.20	0.20	15.4				
剖76	半水成土	草甸土	石灰性草甸土	沼河石灰性草甸土	砂质沼河石灰性草甸土	A	0—12	砂土	9.7	22.8	1.20	0.50	16.8	7.7	冲积物	E 120°58′50.6″ N 43°52′18.8″	71
						G₁	12—74	砂壤土	9.7	6.9	0.40	0.50	15.4				
						G₂	74—100	砂壤土	9.0	5.3	0.40	0.40	17.8				

鄂尔多斯市

东胜区

主要土类说明

粗骨土是东胜区主要土壤类型，占本区地域面积的44%。粗骨土是发育在坡梁上部侵蚀切割异常强烈的砂岩、砂砾岩及泥岩风化残积物上的幼年土壤，分布遍及本区各地的侵蚀梁地。由于侵蚀作用强烈，表层一般极其浅薄，厚度一般小于10cm，其下大多为母质层，部分为母岩层，还有一些是直接裸露地表的母质或母岩。本区粗骨土仅有钙质粗骨土一个亚类。

栗钙土是东胜区第二大土壤类型，占本区地域面积的31%。栗钙土是本区唯一的地带性土壤，分布遍及本区各地。栗钙土是在温带半干旱草原下形成的具有栗色腐殖质层和灰白色钙积层的土壤。该土壤表层为栗色腐殖质层，厚20—30cm，有机质含量为15—45g/kg。其下，灰白色钙积层发育明显，钙积层见于20—30cm深处，厚20—40cm，呈斑点状或层状积钙。本区栗钙土分为栗钙土、淡栗钙土、草甸栗钙土等亚类。

风沙土是东胜区第三大土壤类型，占本区地域面积的13%。风沙土剖面分化极不明显，剖面构型一般为A-C或没有层次分异。剖面通体为砂质土，保水保肥力极差。土壤温度变化大，土壤有效水含量低，肥力极低，一般不宜用作农田，只宜用作牧用地。本区风沙土分为固定风沙土、半固定风沙土、流动风沙土等亚类。

潮土占本区地域面积的10%，多分布在河流沟川的河漫滩、低阶地和丘间洼地，内陆湖盆边缘及一些封闭洼地也有分布。成土母质多为洪积物，也有部分湖积物。本区潮土分为石灰性潮土、盐化潮土等亚类。

小于本区地域面积3%的土壤类型有沼泽土。

本区域中心区气候特征

本区域中心区气候特征值
Regional climate characteristics in central area of the region

气候带：中温带亚干旱气候 Climate region: Mid temperate subarid climate	
年平均气温 /℃ Annual average temperature /℃	6.8
年平均最高气温 /℃ Annual average maximum temperature /℃	13.9
年平均最低气温 /℃ Annual average minimum temperature /℃	0.5
年降水量 /mm Annual precipitation /mm	314
≥10℃的积温 /℃ Daily temperature accumulated in a year (≥10℃) /℃	3406
年日照时数 /h Annual sunshine /h	2920
年平均相对湿度 /% Annual average relative humidity /%	51
干燥度 Dryness	1.31

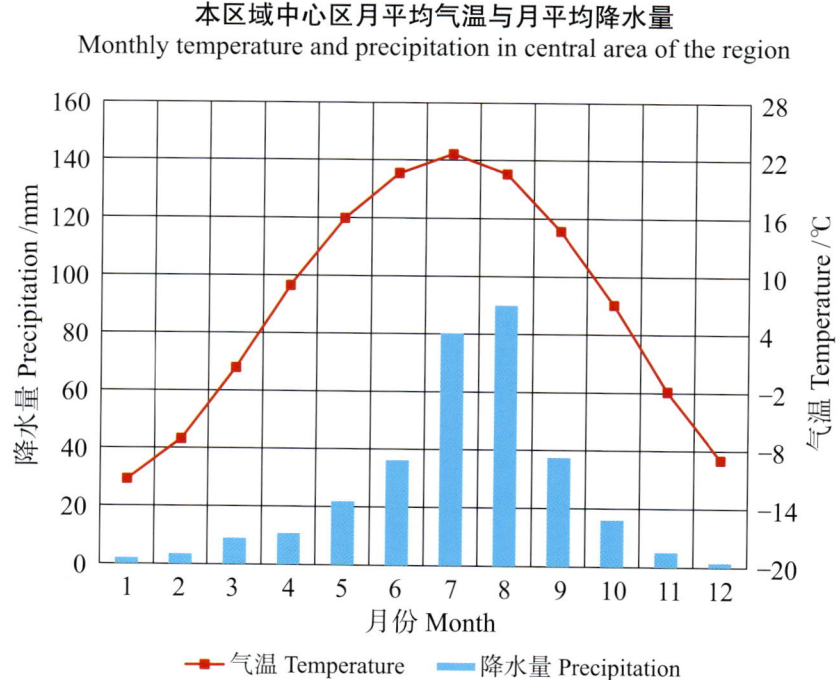

本区域中心区月平均气温与月平均降水量
Monthly temperature and precipitation in central area of the region

东胜区主要土壤类型与土壤剖面点分布图

1∶350 000

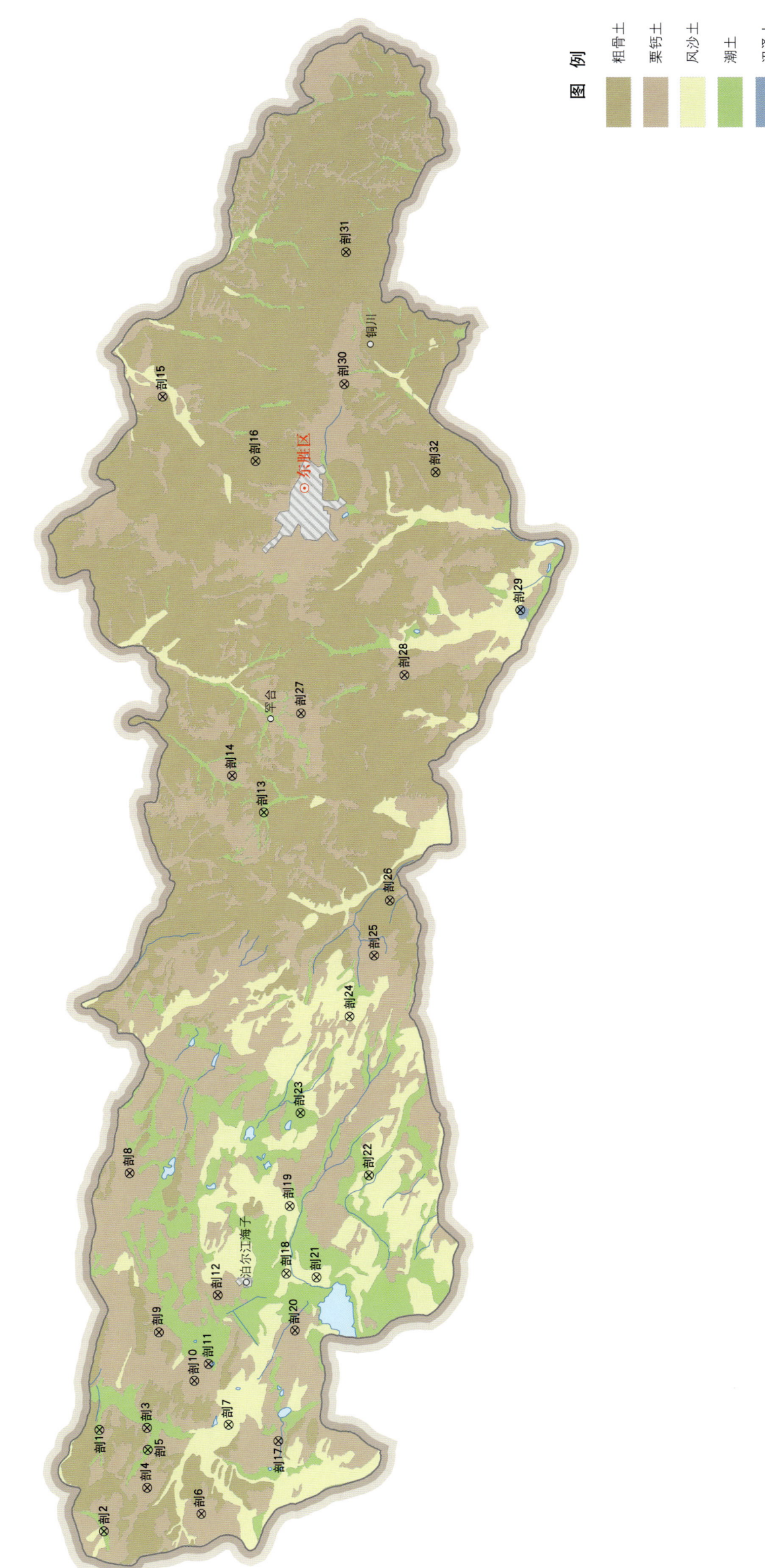

第二编 分县土壤图与土壤剖面数据

东胜区土壤剖面理化性状表

剖面号 Soil profile	土纲 Soil order	土类 Soil great group	亚类 Soil subgroup	土属 Soil genus	土种 Soil species	土层码 Layer code	土层厚度 Depth/cm	质地 Soil texture	pH	有机质 OM/(g/kg)	全氮 TN/(g/kg)	全磷 TP/(g/kg)	全钾 TK/(g/kg)	碱解氮 AN/(mg/kg)	有效磷 AP/(mg/kg)	速效钾 AK/(mg/kg)	阳离子交换量CEC/(cmol/kg)	土壤母质 Parent material	剖面点坐标 Profile coordinate	匹配指数 Matching index/%
剖1	半水成土	潮土	石灰性潮土	壤质潮淤土	壤质潮淤土	1	0—22	轻壤土	8.6	9.9	0.47	0.30		46	5.5	91	8.4	洪积物	E 109° 14′ 39.8″ N 39° 56′ 30.5″	97
						2	30—40	轻壤土	8.8	4.9	0.38	0.40	15.8	69	2.0	62	19.9			
						3	70—80	砂质土	9.0	5.0	0.29	0.28	19.1	57	1.2	48	7.3			
剖2	半水成土	潮土	石灰性潮土	砂质潮淤土	砂质潮淤土	1	0—18		8.3	2.9	0.24	0.37	15.8	68	0.3	62	8.1	洪积物	E 109° 09′ 44.3″ N 39° 56′ 17.2″	89
						2	40—50		8.2	1.6	0.14	0.25	19.1	26	0.1	58	6.6			
						3	80—90		8.4	2.4	0.19	0.34	15.8	34	0.3	50	5.9			
剖3	钙层土	栗钙土	淡栗钙土	砂化淡栗钙土	轻度砂化淡栗钙土	1	0—9	砂土	8.3	3.4	0.31	0.58	18.3	25	6.9	74		风积物	E 109° 14′ 47.0″ N 39° 54′ 42.1″	81
						2	25—35	砂土	8.2	7.6	0.61	0.49	18.3	47	0.1	48				
						3	59—65	砂壤土	8.1	6.4	0.34		17.4	53	0.1	21				
						4	80—90	砂壤土	8.9	3.8	0.17		17.4	42	0.1					
剖4	钙层土	栗钙土	淡栗钙土	松散砂岩淡栗钙土	轻度风蚀淡黄砂土	1	0—32	砂壤土	8.5	6.0	0.26	0.66	20.8	24	2.6	95	14.3	砂岩、砂砾岩及泥质砂岩风化残积物	E 109° 11′ 52.4″ N 39° 54′ 40.0″	82
						2	40—50	砂壤土	8.3	10.4	0.60		20.8	39	0.2	33				
						3	70—80	砂壤土	8.5	5.8	0.32		17.4	76	0.2					
剖5	半水成土	潮土	石灰性潮土	壤质潮淤土	壤底砂质潮淤土	1	0—20	砂土	8.3	3.1	0.14	0.59		11	3.0	52	6.1	洪积物	E 109° 13′ 43.3″ N 39° 54′ 39.6″	100
						2	60—70	砂土	8.3	4.3	0.15			29	0.6	53				
						3	100—110	砂壤土	8.4	3.8	0.19			26	3.7					
剖6	钙层土	栗钙土	淡栗钙土	松散砂岩淡栗钙土	中度风蚀淡黄砂土	1	0—18	砂壤土	8.2	8.8	0.52	0.55	17.4	57	3.6	38	11.9	风积物	E 109° 10′ 38.6″ N 39° 52′ 35.8″	94
						2	30—40	轻壤土	9.3	11.5	0.63	0.67	23.2	57	21.0	32	32.3			
剖7	初育土	风沙土	流动风沙土	流动沙丘沙土	流动沙丘沙土	1	0—100	砂土		1.8		0.42	20.3	10	3.7	38	5.9	风积物	E 109° 14′ 59.6″ N 39° 51′ 36.4″	73
剖8	钙层土	栗钙土	栗钙土	松散砂岩栗钙土	中度侵蚀黄砂土	1	0—18	轻壤土	9.6	5.7	0.33	0.24	17.4	56	3.1	77	12.5	砂岩、泥质砂岩、砂砾岩残积物或坡积物	E 109° 27′ 06.8″ N 39° 55′ 28.2″	74
						2	25—35	黏土	9.1	8.9	0.49	0.19	15.8	92	1.8	43	22.5			
						3	50—60	黏土	9.2	4.6	0.33	0.13	16.6	73	0.1	46	22.5			
剖9	钙层土	栗钙土	栗钙土	松散砂岩栗钙土	壤底砂质黄砂土	1	0—24	砂壤土	8.1	6.7	0.35	0.64		36	9.9	133	8.8	砂岩、泥质砂岩、砂砾岩残积物或坡积物	E 109° 19′ 24.6″ N 39° 54′ 17.6″	97
						2	30—40	砂壤土	8.2	8.5	0.33	0.39	18.3	48	0.2	48				
						3	60—70	轻壤土		3.1	0.19			32	3.7	49				
剖10	钙层土	栗钙土	栗钙土	砂化栗钙土	极严重砂化栗钙土	1	0—9	砂土	8.4	3.2	0.23	0.69	19.1	38	6.9	54	11.8	风积物	E 109° 17′ 06.0″ N 39° 52′ 55.9″	98
						2	9—20	砂壤土	7.9	5.1	0.54	0.67	19.1		1.2	43	12.1			
						3	20—50	砂壤土	8.7	10.3	0.69	0.60	19.9	64	1.8	41	29.4			
剖11	钙层土	栗钙土	草甸栗钙土	砂质砂质洪淤土	壤底砂质洪淤土	1	0—18	砂壤土	8.7	4.9	0.63	0.58	19.1	16	1.4	45	10.1	洪积物	E 109° 17′ 55.7″ N 39° 52′ 23.5″	75
						2	40—50	砂壤土	8.8	6.0	0.30		17.9	31	1.2	31				
						3	80—90	砂土	8.5	2.4	0.17		18.3	45	0.1					
剖12	钙层土	栗钙土	栗钙土	砂化栗钙土	轻度侵蚀栗钙土	1	0—48	砂壤土	8.2	2.3	0.15	0.39	20.8	15	1.2	29	4.2	风积物	E 109° 21′ 14.8″ N 39° 52′ 04.8″	100
						2	50—60	砂壤土	8.1	3.7	0.14		18.3	62	2.3	40				
						3	75—85	砂壤土	8.7	9.5	0.34		16.6	120	0.1					
剖13	半水成土	潮土	石灰性潮土	壤质潮淤土	砂底潮质洪淤土	1	0—20	砂壤土	9.2	4.3	0.23	0.21	18.3	42	0.9	108	12.7	洪积物	E 109° 44′ 51.7″ N 39° 50′ 30.8″	70
						2	30—40	砂壤土	9.1	1.9	0.18	0.26	19.9	42	0.1	72	13.0			
						3	70—80	砂壤土	9.4	0.7	0.08	0.16	32.3	26	2.5	38				
剖14	钙层土	栗钙土	栗钙土	红土质栗钙土	轻度侵蚀栗钙红土	1	0—8	轻壤土	8.8	7.1	0.44	0.22	25.4	127	1.6	53	15.4	红土、泥岩	E 109° 46′ 39.0″ N 39° 51′ 43.6″	80
						2	8—22	黏土	8.7	6.7	0.45	0.20	21.9	115	1.5	67	17.1			
						3	30—40	黏土	8.7	4.0	0.33	0.15	18.3	41	2.5	96	20.1			
						4	70—80	黏土	8.8	2.6	0.21	0.13	19.1	83	0.3	62				

续表 Continued

剖面号 Soil profile	土纲 Soil order	土类 Soil great group	亚类 Soil subgroup	土属 Soil genus	土种 Soil species	土层码 Layer code	土层厚度 Depth/cm	质地 Soil texture	pH	有机质 OM/(g/kg)	全氮 TN/(g/kg)	全磷 TP/(g/kg)	全钾 TK/(g/kg)	碱解氮 AN/(mg/kg)	有效磷 AP/(mg/kg)	速效钾 AK/(mg/kg)	阳离子交换量CEC/(cmol/kg)	土壤母质 Parent material	剖面点坐标 Profile coordinate	匹配指数 Matching index/%
剖15	钙层土	栗钙土	草甸栗钙土	砂质洪淤土	砂质洪淤土	1	0~28	砂壤土	8.7	4.4	0.31	0.77	19.9	31	1.6	29	10.7	洪积物	E 110° 05′ 08.9″ N 39° 54′ 28.8″	99
						2	45~55	轻壤土		12.7	0.95	1.02	15.8	84	0.1	54				
						3	70~80	砂土		3.4	0.17		20.8		0.3					
剖16	初育土	粗骨土	钙质粗骨土	坡砂石钙质粗骨土	坡砂石钙质粗骨土	1	0~9	砂壤土	8.2	5.3	0.42	0.47		16	1.2	48	16.7	残积物	E 110° 02′ 01.7″ N 39° 50′ 56.4″	100
						2	10~20	砂土	8.2	9.4	0.45	0.61		22	0.1	45	14.0			
剖17	钙层土	栗钙土	淡栗钙土	砂化淡栗钙土	中度砂化淡栗钙土	1	0~15	砂土	8.3	4.5	0.32	0.93	15.4	41	0.2	45	6.4	风积物	E 110° 14′ 13.6″ N 39° 49′ 43.0″	83
						2	25~30	砂壤土	8.4	11.7	0.71	0.79	19.1	67	0.1	40	14.0			
						3	50~60	砂土	8.1	15.0	1.29		15.8	60	3.2	34				
剖18	风沙土	半固定风沙土	半固定沙丘风沙土	半固定沙丘风沙土	1	0~25	砂土		2.3	0.14	0.59	18.3	29	1.4	40	9.6	风积物	E 109° 22′ 19.2″ N 39° 49′ 29.6″	73
						2	25~40	砂土		4.1	0.32		19.9	77	1.4	27	9.1			
剖19	风沙土	固定风沙土	固定沙丘风沙土	固定沙地风沙土	1	0~40	砂土		2.3	0.28	0.46	18.8	21	1.2	48	5.6	风积物	E 109° 25′ 36.5″ N 39° 49′ 23.5″	90
						2	70~100	砂土		4.2	0.17		18.3	19	0.6		5.5			
剖20	钙层土	栗钙土	草甸栗钙土	壤质洪淤土	壤质洪淤土	1	0~18	轻壤土	8.2	8.4	0.61	0.36	19.1	65	5.3	149	7.3	洪积物	E 109° 19′ 35.4″ N 39° 49′ 08.4″	90
						2	18~30	轻壤土	8.4	6.2	0.54	0.32	19.1	60	0.7	134	7.6			
						3	40~50	轻壤土	8.3	5.8	0.48	0.35	19.9		0.3	158	9.2			
剖21	初育土	风沙土	固定风沙土	固定草甸风沙土	固定巴拉风沙土	1	0~25	砂土	8.0	4.4	0.35	0.51	19.9	19	4.1	103	6.3	风积物	E 109° 22′ 09.8″ N 39° 48′ 20.5″	94
						2	50~60	砂土	7.8	1.4	0.09		15.8	14	3.7	90	2.6			
剖22	半水成土	潮土	石灰性潮土	壤质潮土	壤质潮土	1	0~23	轻壤土	9.0	10.9	0.55	0.46		57	6.1		10.8	洪积物	E 109° 27′ 08.6″ N 39° 46′ 24.2″	92
						2	30~40	轻壤土	8.7	6.8	0.41	0.27		48	4.0		6.8			
						3	50~60	砂土	9.0	2.2	0.15	0.17		35	0.4	88	8.1			
						4	80~90	砂壤土	8.9	9.6	0.47	0.29	19.9	59	6.0	53	6.0			
剖23	半水成土	潮土	盐化潮土	苏打盐化潮土	轻度马尿盐化潮土	1	0~30	砂土	8.4	4.4	0.23	0.74	19.1	15	3.0	79			E 109° 30′ 09.0″ N 39° 49′ 01.2″	84
						2	40~50	砂壤土		2.5	0.11			20	5.2					
						3	60~70	轻壤土	8.2	5.9	0.78			55	5.2	69	2.1			
剖24	初育土	风沙土	固定风沙土	固定沙丘风沙土	固定沙丘风沙土	1	0~20	砂壤土	8.4	3.1	0.18	0.42	21.6	19	6.4	53	4.1	风积物	E 109° 34′ 54.5″ N 39° 47′ 12.1″	90
						2	50~60	砂土	8.5	1.6	0.07	0.25	22.4	11	6.1	34	5.1			
剖25	钙层土	栗钙土	栗钙土	砂化栗钙土	中度砂化栗钙土	1	0~17	砂壤土	8.7	3.3	0.24	0.30	24.1	37	0.3	34	9.2	风积物	E 109° 37′ 56.6″ N 39° 46′ 17.4″	96
						2	30~40	砂壤土	8.4	6.5	0.55	0.33	18.3	61	0.7	34				
						3	60~70	砂壤土	8.4	3.8	0.32		19.9	41	0.3	29				
剖26	钙层土	栗钙土	栗钙土	洪积栗钙土	轻度侵蚀栗淤土	1	0~40	砂壤土	8.4	7.2	0.31	0.83	20.8	30	3.0	106	6.4	洪积物	E 109° 40′ 38.9″ N 39° 45′ 42.9″	84
						2	50~60	砂壤土	8.5	9.1	0.39		23.2	73	0.6	116				
						3	70~80	砂壤土	8.2	4.5	0.19			51	1.4					
剖27	钙层土	栗钙土	栗钙土	黄土状栗钙土	轻度侵蚀栗钙黄土	1	0~38	砂壤土	8.4	5.2	0.34	0.72	20.8	33	10.7	140	11.9	黄土、黄土状母质	E 109° 49′ 44.4″ N 39° 49′ 08.4″	83
						2	40~50	砂壤土	8.4	5.2	0.30		21.6	55	3.7	114				
						3	80~90	砂壤土	8.5	4.3	0.11		18.3	53	6.4					
剖28	钙层土	栗钙土	栗钙土	黑垆土型栗钙土	轻度侵蚀栗黑土	1	0~27	轻壤土	8.7	12.4	0.71	0.39	23.0	69	11.0	108	15.4	黄土、黄土状母质	E 109° 51′ 39.9″ N 39° 45′ 13.9″	99
						2	40~50	中壤土	8.5	11.4	0.83	0.31	23.0	90	3.0	72	16.5			
						3	80~90	中壤土	8.3	9.3	0.65	0.30	19.1	127	1.8	55				
剖29	水成土	沼泽土	草甸沼泽土	钙质草甸沼泽土	厚质钙质草甸沼泽土	1	0~10	轻壤土	8.3	10.1	0.62	0.32	19.1	51	0.3	182	9.5	湖相洪积物	E 109° 54′ 53.7″ N 39° 49′ 51.4″	77
						2	32~40	砂壤土	8.3	11.6	0.61	0.31	21.6	49	0.4	48	8.9			
						3	40~50	砂壤土	8.4	3.1	0.26	0.25	27.2	27	0.3	48	6.2			
						4	60~70	中壤土	8.0	41.6	2.16	0.51	16.6	129	0.3	74				
剖30	钙层土	栗钙土	栗钙土	松散砂栗钙土	中度侵砾质黄砂土	1	0~21	轻壤土	8.6	4.0	0.26	0.13	20.0	25	3.9	33	8.0	砂岩、泥质砂岩、砂砾岩残积物或坡积物	E 110° 05′ 50.3″ N 39° 47′ 35.9″	94
						2	30~42	中壤土	8.7	3.8	0.22	0.06	18.3	29	1.8	39	14.4			
						3	70~80	中壤土	8.7	2.1	0.19	0.11	13.3	49	1.8	38				

续表 Continued

剖面号 Soil profile	土纲 Soil order	土类 Soil great group	亚类 Soil subgroup	土属 Soil genus	土种 Soil species	土层码 Layer code	土层厚度 Depth/cm	质地 Soil texture	pH	有机质 OM/(g/kg)	全氮 TN/(g/kg)	全磷 TP/(g/kg)	全钾 TK/(g/kg)	碱解氮 AN/(mg/kg)	有效磷 AP/(mg/kg)	速效钾 AK/(mg/kg)	阳离子交换量CEC/(cmol/kg)	土壤母质 Parent material	剖面点坐标 Profile coordinate	匹配指数 Matching index/%
剖31	初育土	粗骨土	钙质粗骨土	泥岩钙质粗骨土	强度侵蚀泥岩钙土	1	0—9	中壤土	8.1	7.1	0.57	0.30	23.0	58	1.5	58	12.2	泥岩风化残积物	E 110°12′15.5″ N 39°47′33.9″	89
						2	9—29	黏土	8.2	6.2	0.57	0.38	23.0	112	0.4	55	32.5			
剖32	初育土	粗骨土	钙质粗骨土	砾质钙质粗骨土	砾质钙质粗骨土	1	0—5	中壤土	8.7	2.2	0.11	0.26	19.1	11	0.7	21	17.5	砂砾岩风化残积物	E 110°01′33.6″ N 39°44′06.6″	100
						2	5—40	中壤土	8.3	1.4	0.08	0.05	27.4	12	0.3	25	6.7			

康巴什区、伊金霍洛旗

主要土类说明

风沙土是康巴什区、伊金霍洛旗主要土壤类型，占本区域地域面积的60%。风沙土发生于半干旱、干旱漠境地区及滨海地区，是在风沙移动堆积形成的多种形态的风沙沉积物上发育的初育土。由于成土时间短暂，该土壤无剖面发育，具C、(A)-C或A-C剖面构型，反映了风沙移动堆积与固定的不同阶段。

栗钙土是康巴什区、伊金霍洛旗第二大土壤类型，占本区域地域面积的15%。自然植被为干草原植被，多为旱生多年生草本植物，主要建群种为针茅、羊草、冷蒿及百里香等草原衍生类型，灌木及半灌木主要有沙蒿、柠条。成土母质多为砂岩、砂砾岩、泥质砂岩的残积物、坡积物，靠近东部有极少量的红土及黄土状母质。成土过程为腐殖质累积过程和钙积过程。栗钙土剖面由腐殖质层、钙积层和母质层构成，剖面分化明显，层次过渡清晰。腐殖质层呈灰棕色或浅栗色，厚10—40cm，具粒状结构，质地多为砂壤土。钙积层一般出现在20—50cm深处，质地较黏重，具块状结构。

潮土是康巴什区、伊金霍洛旗第三大土壤类型，占本区域地域面积的12%。潮土广泛分布在毛乌素沙地和丘陵沟壑区。成土母质主要为洪积物。自然植被生长茂盛，且大量根系集中在表层，表层腐殖质累积明显。该土壤剖面中部经常处于氧化还原交替状态，出现大量的锈纹锈斑和铁锰结核，形成锈色斑纹层。

粗骨土占本区域地域面积的10%，是发育在坡梁上部侵蚀切割异常强烈的砂岩、砂砾岩及泥岩风化残积物上的幼年土壤。自然植被以百里香和针茅为主，植被覆盖百分率一般在10%左右。成土母质多为砂岩、砂砾岩及部分泥岩的风化残积物。由于侵蚀作用强烈，表层一般极其浅薄，厚度一般小于10cm，其下为母质层或母岩层，还有一些是直接裸露地表的母质或母岩。自然形成的剖面一般只能分出两层，即A-C剖面构型。全剖面石灰含量均较高。本区域粗骨土仅有钙质粗骨土一个亚类。

小于本区域地域面积3%的土壤类型有草甸盐土、沼泽土。

本区域中心区气候特征

本区域中心区气候特征值
Regional climate characteristics in central area of the region

气候带：中温带亚干旱气候 Climate region: Mid temperate subarid climate	
年平均气温 /℃ Annual average temperature /℃	7.2
年平均最高气温 /℃ Annual average maximum temperature /℃	14.3
年平均最低气温 /℃ Annual average minimum temperature /℃	0.9
年降水量 /mm Annual precipitation /mm	326
≥10℃的积温 /℃ Daily temperature accumulated in a year (≥10℃) /℃	3245
年日照时数 /h Annual sunshine /h	2883
年平均相对湿度 /% Annual average relative humidity /%	52
干燥度 Dryness	1.33

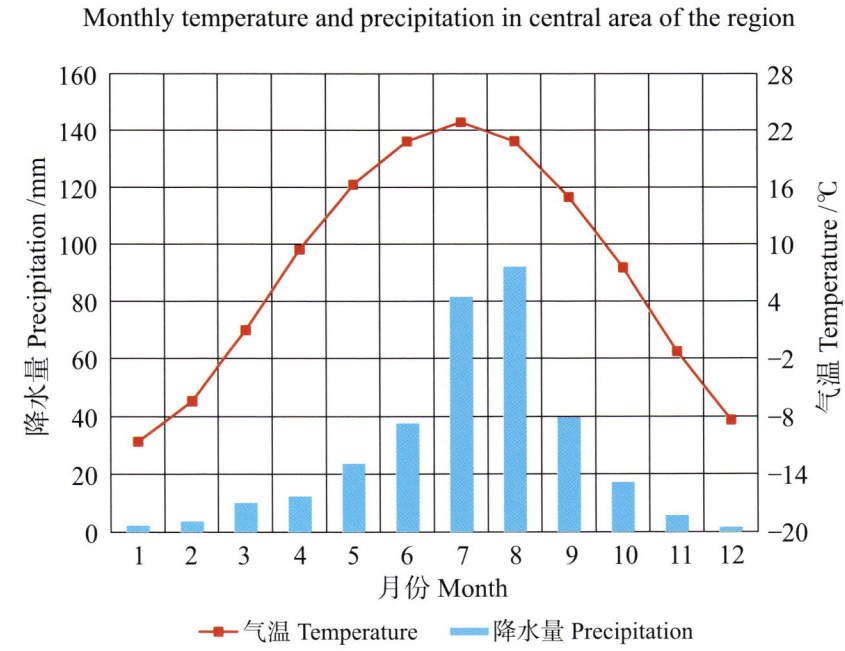

本区域中心区月平均气温与月平均降水量
Monthly temperature and precipitation in central area of the region

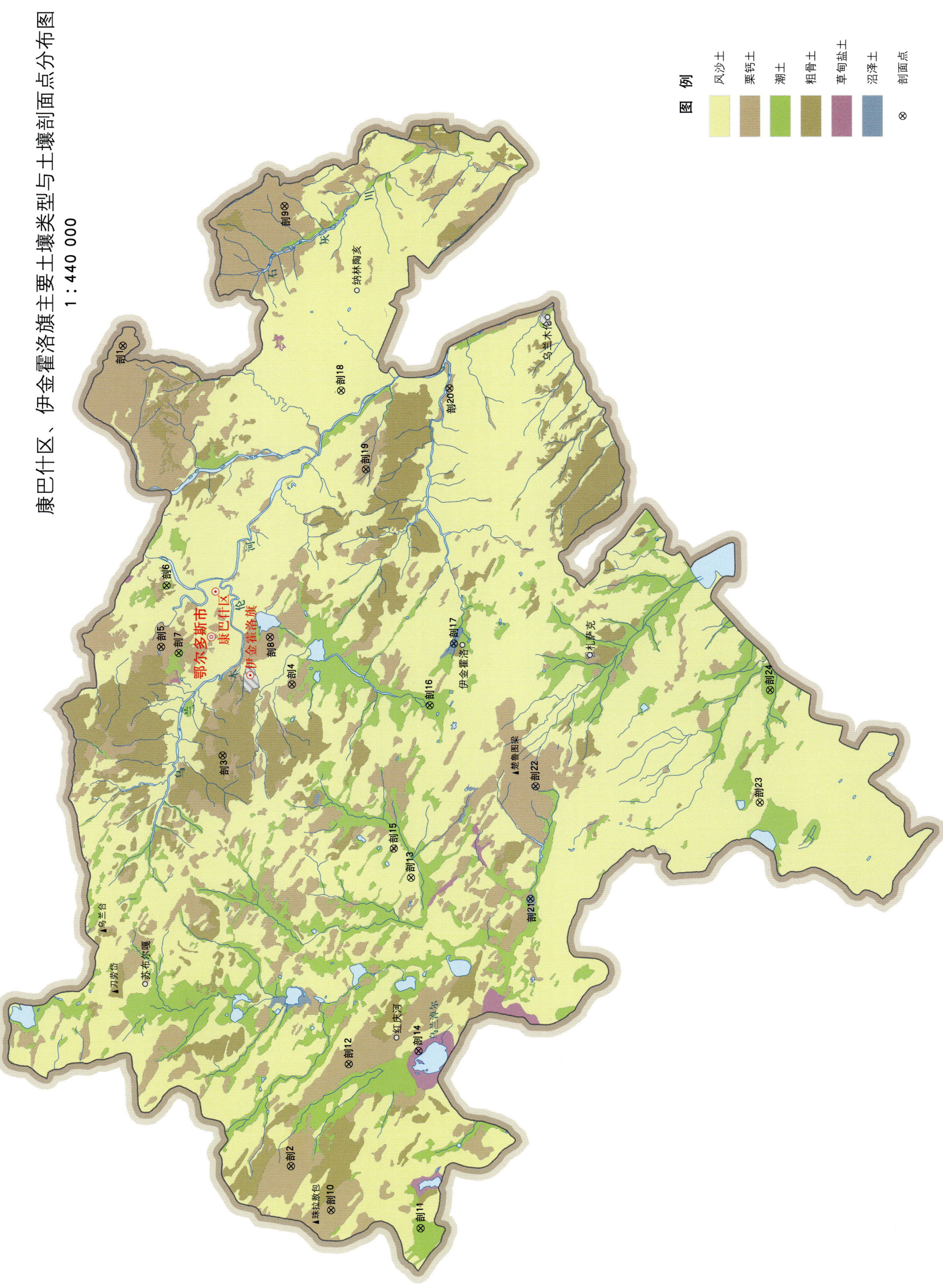

康巴什区、伊金霍洛旗主要土壤类型与土壤剖面点分布图
1:440 000

康巴什区、伊金霍洛旗土壤剖面理化性状表

剖面号 Soil profile	土纲 Soil order	土类 Soil great group	亚类 Soil subgroup	土属 Soil genus	土种 Soil species	土层码 Layer code	土层厚度 Depth/cm	颜色 Soil color	质地 Soil texture	土壤结构 Soil structure	pH	有机质 OM/(g/kg)	全氮 TN/(g/kg)	全磷 TP/(g/kg)	全钾 TK/(g/kg)	有效磷 AP/(mg/kg)	速效钾 AK/(mg/kg)	阴离子交换量 CEC/(cmol/kg)	土壤母质 Parent material	剖面点坐标 Profile coordinate	匹配指数 Matching index/%
剖1	钙层土	栗钙土	栗钙土	砂化栗钙土	中度风化栗钙土	1	0—15	棕色	砂土	粒状	7.9	2.9	0.29					7.5	残积物、坡积物	E 110°09′07.9″ N 39°42′08.3″	83
						2	15—45	暗灰棕色	轻壤土	块状	7.9	5.5	0.41					17.7			
						3	45—80	灰紫色	中壤土		8.0										
剖2	钙层土	栗钙土	淡栗钙土	砂砾岩类淡栗钙土	轻度风蚀淡黄砂土	1	0—20	浅栗色	砂土	粒状	7.9	5.6	0.30					4.7	砂岩、砂砾岩残积物或坡积物	E 109°07′44.4″ N 39°31′29.6″	99
						2	20—40	暗棕色	砂土	块状	8.0	5.4	0.27					3.3			
						3	40—70	暗棕色	砂土		8.0										
剖3	初育土	粗骨土	钙质粗骨土	砂砾岩类钙质粗骨土	砂砾岩类质粗骨土	1	0—5	栗色	砂壤土	粒状	7.3	7.4	0.46					7.3	残积物	E 109°38′27.6″ N 39°36′00.0″	86
						2	5—70	灰白色	轻壤土	块状	7.9	5.6	0.34					12.8			
剖4	钙层土	栗钙土	草甸栗钙土	壤质洪淤土	壤质洪淤土	1	0—20	棕色	砂壤土	块状	7.9	8.9	0.54			5.8	75	8.3	洪积物	E 109°43′54.8″ N 39°32′01.3″	86
						2	20—45	浅棕色	轻壤土	块状	8.1	6.6	0.50			1.1	30	9.6			
						3	45—100	暗红棕色	砂壤土		8.0										
剖5	钙层土	栗钙土	栗钙土	砂砾岩类栗钙土	中度风蚀黄砂土	1	0—18	灰棕色	砂壤土	粒状	7.8	8.9	0.23					4.1	残积物、坡积物	E 109°46′34.3″ N 39°39′40.3″	71
						2	18—60	褐色	砂壤土	块状	8.0	5.6	0.55					10.5			
						3	60—100	黄棕色	砂壤土	粒状	7.9										
剖6	半水成土	潮土	盐化潮土	硫酸盐盐化潮土	轻度硫酸盐盐化潮土	1	0—20	棕色	砂壤土	粒状	8.1	4.6	0.32				68	5.5	洪积物	E 109°51′10.4″ N 39°39′24.5″	96
						2	20—40	暗棕色	砂壤土	片状	8.2							4.3			
						3	40—100	紫棕色	黏土		9.0							3.2			
剖7	半水成土	潮土	盐化潮土	碳酸盐盐化潮土	轻度碳酸盐盐化潮土	1	0—40	灰棕色	砂壤土	块状	8.0	6.1	0.38				60	8.9	洪积物	E 109°46′07.7″ N 39°38′38.4″	79
						2	40—80	暗棕色	轻壤土	块状	8.0										
剖8	钙层土	栗钙土	草甸栗钙土	壤质洪淤土	夹黏壤质洪淤土	1	0—14	棕色	砂壤土	粒状	7.8	6.2	0.38						洪积物	E 109°47′24.7″ N 39°33′20.5″	96
						2	14—42	红棕色	黏土	块状	7.9	9.9	0.58								
						3	42—50	棕色	砂壤土	粒状	7.9										
						4	50—80	浅黄棕色	轻壤土	粒状	8.0										
剖9	钙层土	栗钙土	栗钙土	林灌栗钙土	林灌栗钙土	1	0—35	暗棕色	轻壤土	粒状	8.2	7.4	0.61			3.4	43	16.2	残积物、坡积物	E 110°19′42.2″ N 39°32′46.9″	82
						2	35—75	紫棕色	中壤土	片状、柱状	7.9	2.5	0.20					10.2			
						3	75—90	灰黄棕色	中壤土	片状	7.9										
						4	90—130	浅黄棕色	砂土												
剖10	钙层土	栗钙土	淡栗钙土	砂砾岩类淡栗钙土	中度风蚀黄砂土	1	0—18	灰白色	砂土	块状	8.0	4.6	0.29			1.9	55	7.7	砂岩、砂砾岩残积物或坡积物	E 109°04′32.5″ N 39°29′05.3″	86
						2	18—40	灰棕色	轻壤土	块状	8.0	5.7	0.34					12.2			
						3	40—100	紫棕色	砂壤土		7.9										
剖11	半水成土	潮土	潮土	壤质潮土	壤质浅淤土	1	0—20	青灰色	砂壤土	粒状	7.8	8.5	0.41	0.24	22.7	10.4	463	12.4	洪积物	E 109°03′23.1″ N 39°23′50.9″	84
						2	20—100	暗棕色	轻壤土	核状	7.9										
剖12	钙层土	栗钙土	栗钙土	红土质栗钙土	轻度侵蚀红土	1	0—23	暗红棕色	中壤土	块状	7.8	6.4	0.37			0.7	45	7.7	红土	E 109°15′26.3″ N 39°28′15.6″	80
						2	23—36	暗棕色	中壤土	块状	7.9	4.1	0.27			0.3	21	9.1			
						3	36—70		砂土	片状	7.9										
剖13	初育土	风沙土	固定风沙土	固定沙丘风沙土	固定沙丘风沙土	1	0—20	黄棕色	砂土	粒状	7.6	5.2	0.37						风积物	E 109°29′33.0″ N 39°24′52.2″	73
						2	20—100	暗黄棕色	砂土	块状	9.0	4.3	0.14								
剖14	盐碱土	草甸盐土	草甸盐土	氯化物盐化草甸盐土	氯化物草甸盐土	1	0—50	浅灰棕色	砂土	片状	9.0	4.7	0.32						洪积物	E 109°16′32.4″ N 39°24′12.7″	83
						2	50—70	灰棕色	砂土		7.7										
剖15	钙层土	栗钙土	栗钙土	黑护土型栗钙土	中度侵蚀护土型栗钙土	1	0—70	黑棕色	轻壤土	粒状	7.7	10.7	0.46			10.7	51	7.1	第四纪黄土母质	E 109°31′41.9″ N 39°25′54.1″	84
						2	70—120	暗褐色	中壤土	粒状	7.5	16.1	0.46					7.5			
						3	120—150	暗黄棕色	中壤土	粒状	7.9	6.9	0.24					9.7			

续表 Continued

剖面号 Soil profile	土纲 Soil order	土类 Soil great group	亚类 Soil subgroup	土属 Soil genus	土种 Soil species	土层码 Layer code	土层厚度 Depth/cm	颜色 Soil color	质地 Soil texture	土壤结构 Soil structure	pH	有机质 OM/(g/kg)	全氮 TN/(g/kg)	全磷 TP/(g/kg)	全钾 TK/(g/kg)	有效磷 AP/(mg/kg)	速效钾 AK/(mg/kg)	阳离子交换量 CEC/(cmol/kg)	土壤母质 Parent material	剖面点坐标 Profile coordinate	匹配指数 Matching index/%
剖16	半水成土	潮土	盐化潮土	氯化物盐化潮土	轻度氯化物盐化潮土	1	0—30	黄棕色	砂壤土	块状	9.0	9.6	0.58	0.31	21.0		410	7.4	洪积物	E 109°42′30.2″ N 39°23′57.1″	88
						2	30—70	暗棕色	轻壤土	块状	8.3							8.3			
						3	70—100	棕色	砂壤土	块状	8.1							9.7			
剖17	水成土	沼泽土	草甸沼泽土	草甸沼泽土	薄层草甸沼泽土	1	0—18	棕灰色	黏土	块状	8.2	62.1	6.25	0.59	14.3				洪积物	E 109°47′07.4″ N 39°22′36.5″	92
						2	18—70	蓝灰色	黏土	块状	7.9	50.0	0.23	0.39	12.9						
剖18	初育土	风沙土	流动风沙土	流动沙丘风沙土	流动沙丘风沙土	1	0—80	棕色	砂土			1.3	0.09						风积物	E 110°05′55.9″ N 39°29′22.7″	85
剖19	钙层土	栗钙土	栗钙土	黄土状栗钙土	轻度侵蚀栗黄土	1	0—25	暗红色	轻壤土	粒状	7.9	4.1	0.24			0.3	54	23.6	黄土、黄土状母质	E 110°00′05.4″ N 39°27′52.9″	77
						2	25—100	深黄色	轻壤土	粒状	8.0	4.5	0.26					26.1			
剖20	钙层土	栗钙土	草甸栗钙土	砂质洪淤土	砂质洪淤土	1	0—20	棕色	砂土		7.9	9.6	0.44			9.6	65	9.8	洪积物	E 110°06′10.2″ N 39°23′03.6″	96
						2	20—80	浅棕色	砂土		7.9	1.4	0.09					7.3			
剖21	水成土	沼泽土	泥炭沼泽土	埋藏泥炭沼泽土	浅位埋藏泥炭沼泽土	1	0—10	栗色			7.5	220.8	10.67	0.51	14.4				洪积物	E 109°28′05.5″ N 39°17′52.1″	97
						2	10—55	黑色			7.6	212.9	10.63	0.52	15.8						
						3	55—80	深黑色													
						4	80—190	灰黑色													
剖22	钙层土	栗钙土	栗钙土	砂砾岩栗钙土	轻度侵蚀黄土	1	0—20	浅栗色	砂壤土	粒状	7.7	7.5	0.42					8.8	残积物、坡积物	E 109°36′32.0″ N 39°17′41.6″	81
						2	20—50	灰棕色	中壤土	块状	7.9	6.6	0.42					8.3			
						3	50—100	灰白色	轻壤土	块状	7.8										
剖23	初育土	风沙土	半固定风沙土	半固定草甸风沙土	半固定草甸风沙土	1	0—90	浅棕色	砂土			16.9	0.56						风积物	E 109°35′36.6″ N 39°04′36.1″	81
						2	90—100	棕色	砂土												
剖24	半水成土	潮土	潮土	砂质潮土	砂质浅淤土	1	0—20	灰棕色	砂土		7.9	6.2	0.29			7.5	87		洪积物	E 109°44′01.7″ N 39°04′06.2″	73
						2	20—38	棕灰色	砂土		8.0										
						3	38—75	暗灰棕色	砂土		7.9										

达 拉 特 旗

主要土类说明

风沙土是达拉特旗主要土壤类型，占本旗地域面积的49%。风沙土发生于半干旱、干旱漠境地区及滨海地区，是在风沙移动堆积形成的多种形态的风沙沉积物上发育的初育土。由于成土时间短暂，该土壤无剖面发育，具C-（A）-C或A-C剖面构型，反映了风沙移动堆积与固定的不同阶段。

栗钙土是达拉特旗第二大土壤类型，占本旗地域面积的34%。栗钙土分布极其广泛，尤其是在梁外地区的南部更为集中。自然植被为干草原植被，主要建群种有大针茅、针茅、羊草、冷蒿等。成土母质多为砂岩、砂砾岩、泥质砂岩的残积物、坡积物。成土过程为腐殖质累积过程和钙积过程。栗钙土剖面由腐殖质层、钙积层和母质层构成，剖面分化明显，层次过渡清晰。腐殖质层呈栗色或灰棕色，一般厚20—40cm，具粒状或弱团块状结构。钙积层一般呈灰白色，出现在20—30cm深处，厚50—60cm，碳酸钙淀积形态以斑块状为主，质地较黏重的层次也有呈假菌丝状的。根据成土条件、成土过程及土壤属性，本旗栗钙土分为栗钙土、淡栗钙土、草甸栗钙土、粗骨性栗钙土等亚类。

草甸土是达拉特旗第三大土壤类型，占本旗地域面积的12%。草甸土广泛分布在本旗的沿滩地区，梁外地区冲沟两岸的河漫滩以及个别的封闭洼地也有零星分布。自然植被主要为芨芨草、马蔺、寸草、委陵菜等。成土母质主要为河流冲积物、洪积物。该土壤剖面中部经常处于氧化还原交替状态，出现大量的锈纹锈斑和铁锰结核，形成锈色斑纹层，该层也是草甸土区别于其他土类的诊断层次。草甸土剖面由腐殖质层、锈色斑纹层和潜育层构成。腐殖质层呈暗黄色，具团粒状结构。锈色斑纹层颜色较浅，呈黄棕色，有明显的锈纹锈斑和铁锰结核。潜育层呈灰蓝色，处于还原状态，若地下水位偏低，该层则不太明显。

草甸盐土占本旗地域面积的4%。草甸盐土发生于半湿润至半干旱地区，高矿化地下水经毛管作用上升至地表，使其盐分累积量大于6g/kg，属盐土范畴。该土壤具明显的Az-C剖面构型，其易溶盐组成中所含的氯化物与硫酸盐比例有所差异。

小于本旗地域面积3%的土壤类型有潮土、沼泽土、新积土。

本区域中心区气候特征

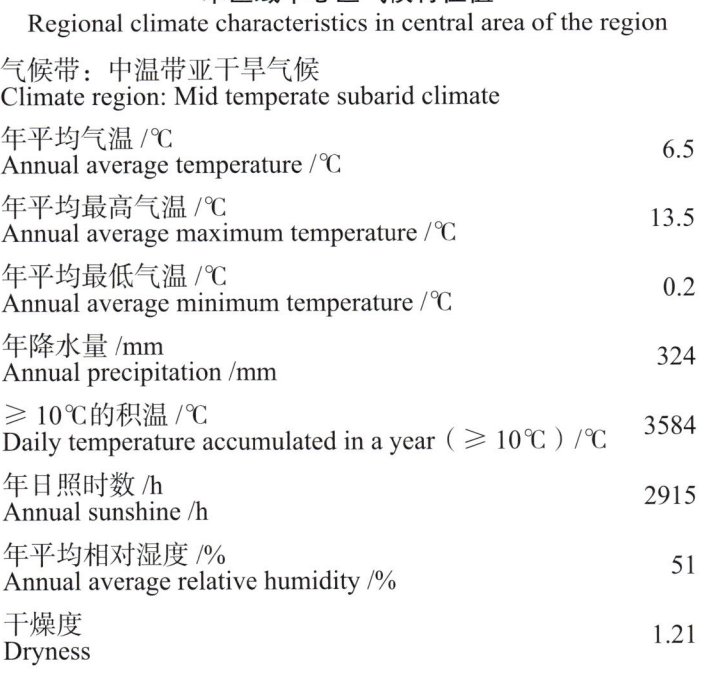

本区域中心区气候特征值
Regional climate characteristics in central area of the region

气候带：中温带亚干旱气候 Climate region: Mid temperate subarid climate	
年平均气温 /℃ Annual average temperature /℃	6.5
年平均最高气温 /℃ Annual average maximum temperature /℃	13.5
年平均最低气温 /℃ Annual average minimum temperature /℃	0.2
年降水量 /mm Annual precipitation /mm	324
≥10℃的积温 /℃ Daily temperature accumulated in a year (≥10℃) /℃	3584
年日照时数 /h Annual sunshine /h	2915
年平均相对湿度 /% Annual average relative humidity /%	51
干燥度 Dryness	1.21

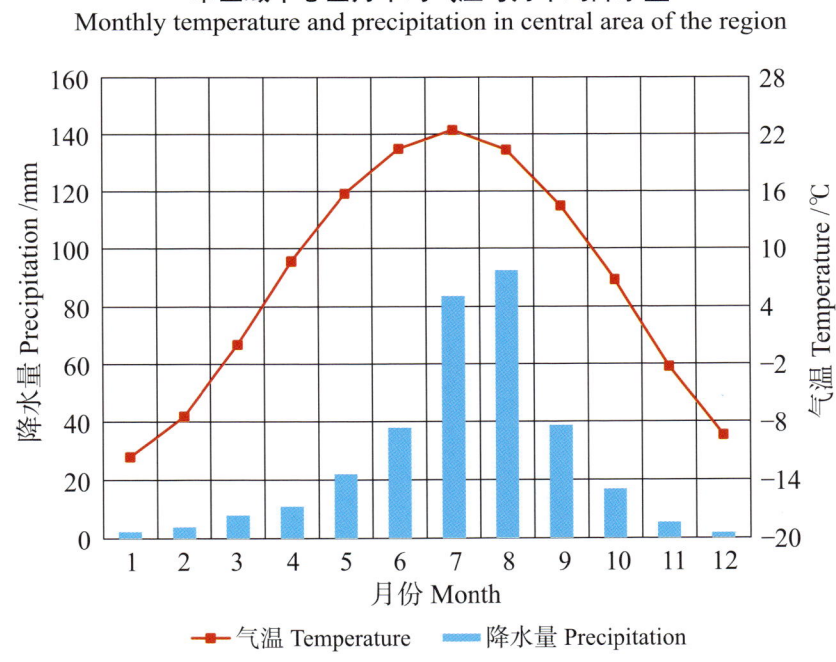

本区域中心区月平均气温与月平均降水量
Monthly temperature and precipitation in central area of the region

达拉特旗主要土壤类型与土壤剖面点分布图

1∶480 000

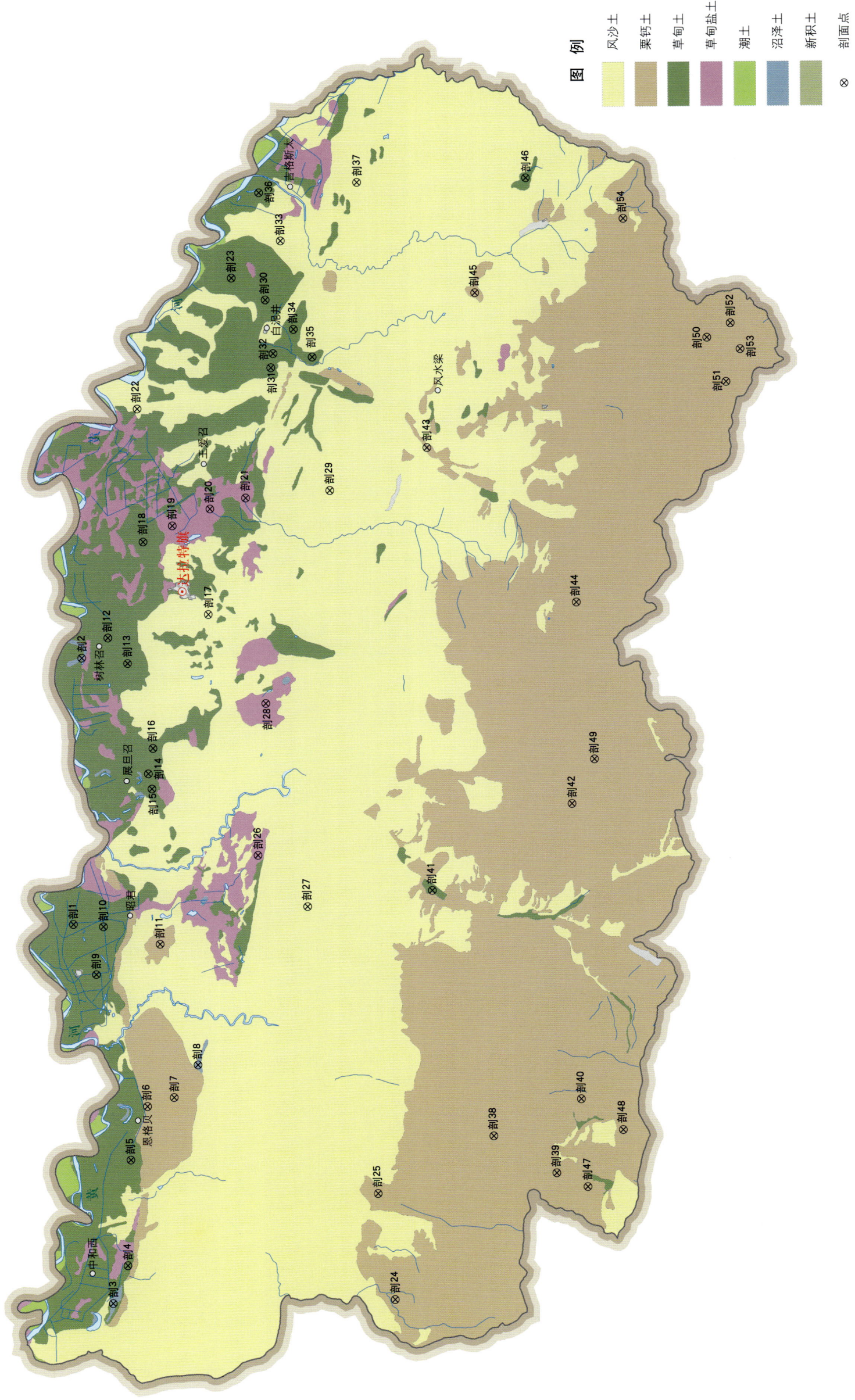

图例：风沙土、栗钙土、草甸土、草甸盐土、潮土、沼泽土、新积土、剖面点

达拉特旗土壤剖面理化性状表

剖面号 Soil profile	土纲 Soil order	土类 Soil great group	亚类 Soil subgroup	土属 Soil genus	土种 Soil species	土层码 Layer code	土层厚度 Depth/cm	颜色 color	质地 Soil texture	土壤结构 Soil structure	pH	有机质 OM/(g/kg)	全氮 TN/(g/kg)	全磷 TP/(g/kg)	有效磷 AP/(mg/kg)	速效钾 AK/(mg/kg)	阳离子交换量CEC/(cmol/kg)	土壤母质 Parent material	剖面点坐标 Profile coordinate	匹配指数 Matching index/%
剖1	半水成土	草甸土	盐化草甸土	冲积平原黑盐化土	重度黑盐化土	1	0–37	灰黄色	中壤土	粒状	7.6	5.9	0.39	0.91		80		冲积物	E 109°35′59.3″ N 40°30′28.8″	90
						2	37–81	灰白色	轻壤土	粒状	7.8	6.8	0.45	1.05		75				
						3	81–150	红棕色	重壤土	片状	7.9	6.1	0.35	0.96		60				
						4	150–160				8.6	3.4	0.16	7.40		45	25.1			
						5	160–170				8.5	4.4	0.27	1.17		9				
剖2	水成土	沼泽土	泥炭沼泽土	埋藏泥炭沼泽土	深位埋藏泥炭沼泽土	1	0–30	栗色	砂壤土	无明显结构	8.6	14.0	0.65	1.03		160		洪积物	E 109°56′32.8″ N 40°30′10.7″	71
						2	50–100	蓝色	砂壤土	无明显结构	8.5	10.6	0.64	0.62		120				
						3	100–200	黑色	中壤土	粒状	8.3	51.1	2.36	1.62	7.0	170				
剖3	水成土	沼泽土	泥炭沼泽土	埋藏泥炭沼泽土	浅位埋藏泥炭沼泽土	1	0–30	灰黄色	中壤土	粒状	9.0	27.3	1.82	1.48		100		洪积物	E 109°06′53.6″ N 40°27′45.4″	81
						2	30–50	黑色	黏土	粒状	8.5	165.9	9.68	1.27		110				
						3	50–75	灰色	黏土	粒状	9.0	25.0	1.62	0.72		140				
						4	75–100	黄色	砂土	无明显结构	9.1	1.6	0.12	0.53	3.0	70				
剖4	半水成土	草甸土	灰色草甸土	砂化灰淤土	严重砂化灰淤土	1	0–25	黄色	紧砂土	无明显结构	8.0	3.1	0.22	0.60		200		冲积物	E 109°09′47.9″ N 40°26′56.4″	70
						2	25–50	暗黄色	轻壤土	片状	8.0	2.4	0.10	0.78		150				
						3	50–150	灰绿色	轻黏土	粒状	8.2	1.6	0.13	0.86	5.0	370				
剖5	半水成土	草甸土	盐化草甸土	冲积平原马尿盐化土	中度马尿盐化土	1	0–10	红褐色	黏土		8.1	10.2	0.60	0.48		300	51.3	冲积物	E 109°17′50.6″ N 40°26′52.8″	88
						2	10–20		中壤土		8.5	10.1	0.56	0.76		310	15.4			
						3	20–50				8.5	11.0	0.63	1.27		340	14.0			
						4	50–100		重黏土		8.5	13.7	0.69	1.34		330	4.8			
						5	100–150		重黏土		8.2	7.6	0.39	0.62	1.0	75	35.7			
剖6	钙层土	栗钙土	栗钙土	侵蚀结土	强度侵蚀结土	1	0–10	栗黄色	轻壤土	粒状	8.2	1.2	0.08	0.76		110	3.7	泥页岩残积物	E 109°21′56.5″ N 40°25′56.3″	86
						2	10–150	灰白色	重壤土	碎块状	8.1	4.9	0.33	0.60		50	11.6			
剖7	钙层土	栗钙土	栗钙土	砂化栗钙土	严重砂化栗钙土	1	0–30	栗色	轻壤土	块状	8.9	6.0	0.31	0.76	2.0	60		残积物	E 109°22′39.4″ N 40°24′22.7″	100
						2	30–90	褐色	轻壤土	块状	8.9	5.9	0.29	0.79		50				
						3	90–120		轻壤土		8.6	4.2	0.23	1.03		50				
剖8	水成土	沼泽土	泥炭沼泽土	埋藏泥炭沼泽土	浅位埋藏泥炭沼泽土	1	0–17	黑灰色	轻壤土	团粒状	8.4	38.7	2.30	1.10	5.0	720		冲积物	E 109°25′13.1″ N 40°23′00.6″	96
						2	17–27	棕红色	砂壤土	团块状	8.3	50.2	2.21	1.10		110	33.7			
						3	27–80	黑褐色	砂壤土	无明显结构	8.2	125.2	4.79	1.24		130	20.0			
						4	80–150	黑蓝色	砂壤土	无明显结构	8.0	59.2	3.11	0.79		90	30.1			
						5	150–300	黄色		无明显结构		622.0	38.80	1.05	3.0	100	55.0			
剖9	半水成土	草甸土	灌淤草甸土	冲积平原灌淤草甸土	轻度蓬松土	1	0–23	黄棕色	中壤土	粒状	8.1	8.2	0.53	1.15		80		冲积物	E 109°32′04.6″ N 40°29′05.3″	91
						2	23–50	灰黄色	砂土	无明显结构	8.3	8.1	0.59	1.15		50				
						3	50–58	棕红色	砂质土	片状	8.3	2.1	0.10	1.09		50				
						4	58–100	灰黄色	中壤土	块状	8.2	2.5	0.15	1.17		50				
剖10	半水成土	草甸土	草甸栗钙土	砂化红泥	砂底红泥	1	0–70	栗色	黏土	无明显结构	8.4	8.4	0.60	0.86	4.0	160	4.8	冲积物	E 109°35′50.3″ N 40°28′42.6″	70
						2	70–150	浅黄色	砂壤土	无明显结构	8.5	1.4	0.07	0.45	4.0	55				
剖11	钙层土	栗钙土	草甸栗钙土	洪淤土	壤质洪淤土	1	0–20	灰黄色	砂壤土	无明显结构	8.3	5.9	0.38	0.76		110	10.6	洪积物	E 109°34′32.9″ N 40°25′21.0″	97
						2	20–40	黑褐色	砂壤土	碎块状	8.2	13.1	0.84	0.96		115	1.0			
						3	40–60	栗黄色	砂壤土	无明显结构	8.3	2.9	0.15	0.60		65	2.9			
						4	60–100	黄色	轻壤土	无明显结构	8.4	3.0	0.16	0.69		80				
						5	100–150	红褐色	重质土	碎块状	8.3	4.5	0.22	0.96		145	27.0			

续表 Continued

剖面号 Soil profile	土纲 Soil order	土类 Soil great group	亚类 Soil subgroup	土属 Soil genus	土种 Soil species	土层码 Layer code	土层厚度 Depth/cm	颜色 Soil color	质地 Soil texture	土壤结构 Soil structure	pH	有机质 OM/(g/kg)	全氮 TN/(g/kg)	全磷 TP/(g/kg)	有效磷 AP/(mg/kg)	速效钾 AK/(mg/kg)	阳离子交换量CEC/(cmol/kg)	土壤母质 Parent material	剖面点坐标 Profile coordinate	匹配指数 Matching index/%
剖12	半水成土	草甸土	灌淤草甸土	冲积平原灌淤草甸土	夹黏硬两黄土	1	0—25	栗黄色	中壤土	团粒状	8.4	5.0	0.31	1.20	3.0	265		冲积物	E 109°58′06.6″ N 40°28′39.4″	86
						2	25—60	棕红色	黏土	块状	8.7	7.0	0.42	0.14		390				
						3	60—95	灰蓝色	粉砂轻壤土	无明显结构	8.1	8.2	0.37	1.03						
						4	95—150	灰黄色	砂土	无明显结构	8.0	2.3	0.18	0.93		100				
剖13	半水成土	草甸土	灌淤草甸土	冲积平原灌淤草甸土	红泥	1	0—20	红棕色	重壤土	块状	8.6	9.7	0.59	1.31	5.0	545		冲积物	E 109°56′10.0″ N 40°27′28.8″	81
						2	20—150	棕红色	黏土	片状	8.5	23.0	1.22	1.31		385				
剖14	半水成土	草甸土	灌淤草甸土	冲积平原灌淤草甸土	壤底红泥	1	0—40	棕红色	黏土	片状	8.6	2.9	0.18	1.41	5.0	100		冲积物	E 109°47′39.6″ N 40°26′09.8″	74
						2	40—150	灰白色	轻壤土	片状	8.6	8.8	0.58	1.38		290				
剖15	半水成土	草甸土	灌淤草甸土	冲积平原灌淤草甸土	砂盖垆土	1	0—21	黄色	砂壤土	粒状	8.4	6.0	0.34	0.84	1.0	215		冲积物	E 109°46′29.4″ N 40°25′57.1″	89
						2	21—150	暗栗色	中壤土	团粒状	8.3	12.4	0.69	1.20	2.0	400	4.8			
															13.0		40.5			
剖16	半水成土	草甸土	灌淤草甸土	冲积平原灌淤草甸土	夹壤红泥	1	0—20	红棕色	重壤土	粒状	8.7	12.2	0.60	0.72		340		冲积物	E 109°49′36.8″ N 40°25′54.5″	80
						2	20—35	棕红色	轻壤土	片状	8.8	10.2	0.40	0.69		230				
						3	35—70	棕红色	轻壤土	片状	8.7	1.5	0.08	0.62		100				
						4	70—120	棕红色	轻壤土	柱状	8.6	8.6	0.48	0.60		350				
						5	120—150	黄棕色	砂黏土	无明显结构	8.6	4.1	0.23	0.60		150				
剖17	初育土	风沙土	半固定风沙土	冲积半固定沙丘风沙土		1	0—65	浅黄色	砂壤土	无明显结构	8.6	3.5	0.22	0.57	4.0	60	2.5	风积物	E 109°59′57.5″ N 40°22′43.3″	100
						2	65—95	褐黄色	紧砂土	块状	8.5	3.8	0.28	0.67		120	3.0			
						3	95—150	黄色	松砂土	无明显结构	8.6	1.1	0.09	0.67		80				
剖18	半水成土	草甸土	灌淤草甸土	冲积平原黑盐化土	中度黑盐土	1	0—24	红褐色	黏土	碎块状	7.6	7.2	0.41	1.22	5.0	365		冲积物	E 110°05′28.3″ N 40°26′36.2″	79
						2	24—73	棕红色	粉砂轻壤土	无明显结构	7.8	10.1	0.63	1.22		215	29.1			
						3	73—120	红棕色	中壤土	片状	8.0	6.1	0.38	1.10		95	8.9			
						4	120—130				8.1	2.9	0.18	1.05		100	15.8			
						5	130—150				8.0	7.8	0.49	1.31		215	8.9			
剖19	盐碱土	草甸盐土	草甸盐土	蓬松盐土		1	0—30	灰黄棕色	轻壤土	粒状	9.9	5.7	0.37	1.15	5.0	250		冲积物	E 110°06′43.6″ N 40°24′53.6″	71
						2	30—130	棕色	黏土	片状	9.1	2.6	0.14	1.25		130	57.5			
						3	130—150	灰黄棕色	粉砂轻壤土	粒状	8.7	7.6	0.32	1.31		130	14.2			
						4	150—160		轻壤土		8.7	8.2	0.32	1.31		190				
						5	160—175					5.9	0.43	1.03		270				
						6	175—185					3.9	0.22	1.03		105				
剖20	盐碱土	草甸盐土	草甸盐土	黑盐土		1	0—10	栗色	中壤土	碎片状	8.7	15.1	0.56	1.01	6.0	370		冲积物	E 110°08′03.1″ N 40°22′40.4″	74
						2	10—20	棕红色	中壤土	片状	8.8	5.8	0.36	1.31		160				
						3	50—100	黄红色	轻壤土	无明显结构	8.7	16.2	0.73	1.01		315	62.7			
						4	50—100	棕红色	松砂土	无明显结构	8.5	10.8	0.56	1.22		320				
						5	100—140		紧砂土		8.7	11.2	0.59	1.31		485	4.2			
剖21	盐碱土	草甸盐土	草甸盐土	苏打盐土	马尿盐土	1	0—46	浅黄色	砂土	无明显结构	9.0	2.9	0.19	0.72	3.0	150		冲积物	E 110°15′44.6″ N 40°26′59.9″	87
						2	46—66	黄红棕色	轻壤土	块状	8.7	2.2	0.16	0.75		50				
						3	66—150	浅黄色	轻黏土	无明显结构	8.7	6.5	0.32	0.76		50				
						4	150—155		松砂土		8.5	2.8	0.14	0.60		35				
						5	155—160		紧砂土		8.7	2.6	0.18	0.77		30				
剖22	初育土	风沙土	流动风沙土	流动沙丘风沙土	冲积流动沙丘风沙土	1	0—94	灰白色	砂土	无明显结构	8.5	2.2	0.17	0.62	3.0	25	10.8	风积物	E 110°15′44.6″ N 40°26′59.9″	82
						2	94—142	黄红棕色	轻壤土	片状	8.2	4.8	0.20	1.10		40	9.7			
						3	142—150	浅黄色	轻壤土	粒状	8.2	10.7	0.76	0.96		95	20.7			
剖23	半水成土	草甸土	灌淤草甸土	冲积平原灌淤草甸土	夹黏两黄土	1	0—32	褐黄色	轻壤土	粒状	8.8	8.2	0.51	0.76	3.0	115		冲积物	E 110°25′46.2″ N 40°21′28.1″	89
						2	32—73	棕红色	重壤土	粒状	8.9	10.9	0.43	1.03		85				
						3	73—150	黄色	砂壤土	粒状	8.9	4.6	0.23	0.76		65				

续表 Continued

剖面号 Soil profile	土纲 Soil order	土类 Soil great group	亚类 Soil subgroup	土属 Soil genus	土种 Soil species	土层码 Layer code	土层厚度 Depth/cm	颜色 Soil color	质地 Soil texture	土壤结构 Soil structure	pH	有机质 OM/(g/kg)	全氮 TN/(g/kg)	全磷 TP/(g/kg)	有效磷 AP/(mg/kg)	速效钾 AK/(mg/kg)	阳离子交换量 CEC/(cmol/kg)	土壤母质 Parent material	剖面点坐标 Profile coordinate	匹配指数 Matching index/%
剖24	钙层土	栗钙土	淡栗钙土	砂化淡栗淤土	严重砂化淡栗淤土	1	0—30	黄色	砂土	无明显结构	8.9	6.3	0.45	0.45	3.0	55		风化残积物	E 109°07′37.7″ N 40°11′06.8″	81
剖25	钙层土	栗钙土	淡栗钙土	砂化淡栗淤土	严重砂化淡栗淤土	2	30—120	栗黄色	砂壤土	无明显结构	8.8	8.9	0.39	0.67	6.0	40		风化残积物	E 109°15′36.7″ N 40°12′13.7″	74
						1	0—25	暗黄色	砂壤土	无明显结构	8.8	4.9	0.22	0.93		70	7.9			
						2	25—90	暗栗色	砂土	无明显结构	8.8	8.7	0.49	1.03		40				
剖26	盐碱土	草甸盐土		黑盐土	黑盐土	1	0—111	红枣色	重壤土	片状	7.3	11.5	0.72	1.15	5.0	100		冲积物	E 109°41′29.0″ N 40°19′38.6″	79
						2	111—143	浅灰色	轻壤土	粒状	7.7	9.5	0.81	1.12		110				
						3	143—160	红棕色	重壤土	粒状	7.6	11.6	0.78	1.05		100				
						4	160—170				7.9	13.5	0.56	1.10		70				
						5	170—180				8.0	6.6	0.49	1.08		50				
剖27	初育土	风沙土	流动风沙土	流动沙丘风沙土	流动沙丘风沙土	1	0—150	黄色	砂土	无明显结构	8.0	0.5	0.03	0.41	3.0	65		风积物	E 109°37′36.1″ N 40°16′39.7″	71
剖28	盐碱土	草甸盐土		黑盐土	黑盐土	1	0—20	黄色	砂土		8.2	8.0	0.16	0.79	2.0	180		冲积物	E 109°53′10.0″ N 40°19′16.7″	79
						2	20—150	暗棕色	紧砂土	碎块状		4.0	0.12	0.72		125				
						3	150—160		松砂土	粒状	8.6	2.8	8.23	0.72		85				
						4	160—170		重壤土	粒状	8.5	21.2	0.90	1.22		395				
						5	170—175		轻黏土		8.6	26.4	1.18	1.41		385				
						6	175—180		重壤土		8.6	23.2	0.03	1.41		435				
剖29	初育土	风沙土	半固定风沙土	半固定沙丘风沙土	半固定沙丘风沙土	1	0—23	棕黄色	砂土	无明显结构	8.3	0.4	0.03	0.57	5.0	260		风积物	E 110°09′29.2″ N 40°15′36.0″	92
						2	23—150	黄色	砂土	无明显结构	8.5	4.6	0.24	0.41		115				
剖30	半水成土	草甸土	灌淤草甸土	冲积平原灌淤草甸土	夹黏沐土	1	0—56	灰黄色	粉砂轻壤土	粒状	8.7	6.0	0.37	1.22	4.0	275		冲积物	E 110°24′05.4″ N 40°19′27.8″	93
						2	56—76	棕红色	重壤土	片状	8.6	8.5	0.62	1.43		90				
						3	76—150	黄灰色	粉砂轻壤土	粒状	8.7	9.0	0.57	1.22		40				
剖31	半水成土	草甸土	灌淤草甸土	砂化灌淤草甸土	极严重砂化灌淤草甸土	1	0—50	浅黄色	砂土	无明显结构	8.7	2.6	0.29	0.72	3.0	225	7.7	冲积物	E 110°18′55.1″ N 40°19′07.3″	87
						2	50—136	褐黄色	轻黏土	块状	8.6	16.5	0.92	1.17		40	29.9			
						3	136—150	灰黄色	砂壤土	片状	8.5	3.2	0.16	1.22		270	3.4			
剖32	初育土	风沙土	固定风沙土	冲积固定沙丘风沙土	砂底沐土	1	0—20	棕黄色	砂土	粒状	8.5	6.5	0.30	0.67	3.0	80		冲积物	E 110°19′59.9″ N 40°18′59.8″	77
						2	20—40	浅黄色	砂土	粒状	8.8	4.5	0.15	0.62		500				
						3	40—110	棕红色	砂土	粒状	8.8	1.3	0.10	0.62		545				
						4	110—150	棕黄色	重壤土	片状	8.6	20.3	1.00	1.31		160				
剖33	半水成土	草甸土	固定草甸土	丘陵间地黑盐化草甸土	轻度黑盐化草甸土	1	0—12	褐黄色	砂土	无明显结构	8.3	2.4	0.11	0.84	3.0	100		风积物	E 110°28′36.8″ N 40°18′34.6″	98
						2	12—52	黄色	砂土	粒状	8.6	0.5	0.03	0.65		75				
						3	52—65	灰白色	砂土	块状	8.5	0.5	0.03	0.65		70				
						4	65—150	黄色	重壤土	块状	8.4	1.6	0.05	0.57		135				
剖34	半水成土	草甸土	盐化草甸土	冲积平原灌淤草甸土	黏底硬枷黄土	1	0—60	暗黄色	粉砂轻壤土	粒状	8.5	1.8	0.14	1.10	9.0	72	11.1	冲积物	E 110°21′51.5″ N 40°17′47.0″	89
						2	60—120	棕红色	黏土	块状	8.6	1.8	0.16	1.00		200	10.4			
						3	120—150		中壤土	粒状	8.8	6.1	0.41	1.29						
剖35	半水成土	草甸土	灌淤草甸土	固定沙丘风沙土	砂土	1	0—50	黄色	砂壤土	无明显结构	8.4	2.5	0.14	0.53	3.0	270		洪积物	E 110°19′44.8″ N 40°16′40.4″	74
						2	50—120	灰白色	中壤土	块状	8.1	4.5	0.29	7.88		135				
剖36	半水成土	草甸土	灌淤草甸土	冲积平原灌淤草甸土	黏土	1	0—33	暗栗色	黏土	片状	8.3	8.9	0.55	0.84	2.0	410		冲积物	E 110°32′19.4″ N 40°19′51.5″	70
						2	33—90	棕红色	砂壤土	无明显结构	8.9	8.1	0.41	1.10		370				
						3	90—150	灰黄色			8.8	2.6	0.16	1.17		110				
剖37	初育土	风沙土	固定风沙土	固定沙丘风沙土	固定沙丘风沙土	1	0—18	黑灰色	砂土	无明显结构	8.8	3.0	0.23	0.67	3.0	45		风积物	E 110°33′07.2″ N 40°14′04.2″	92
						2	18—100	浅灰黄	砂土	无明显结构	8.7	2.3	0.12	0.65		45				
剖38	钙层土	栗钙土	粗骨性栗钙土	粗骨性栗钙土	粗骨栗钙土	1	0—20	暗黄色	砂土夹石砾	无明显结构	8.6	3.3	0.11	1.10	6.0	65		残积物	E 109°20′09.6″ N 40°05′28.3″	82
						2	20—80	棕黄色	砂土夹石砾	无明显结构	8.7	2.6	0.11	1.41	5.0	90				

续表 Continued

剖面号 Soil profile	土纲 Soil order	土类 Soil great group	亚类 Soil subgroup	土属 Soil genus	土种 Soil species	土层码 Layer code	土层厚度 Depth/cm	颜色 Soil color	质地 Soil texture	土壤结构 Soil structure	pH	有机质 OM/(g/kg)	全氮 TN/(g/kg)	全磷 TP/(g/kg)	有效磷 AP/(mg/kg)	速效钾 AK/(mg/kg)	阳离子交换量 CEC/(cmol/kg)	土壤母质 Parent material	剖面点坐标 Profile coordinate	匹配指数 Matching index/%
剖39	钙层土	栗钙土	淡栗钙土	侵蚀淡栗淤土	轻度侵蚀淡栗淤土	1	0–45	浅栗色	砂壤土	团粒状	8.8	7.6	0.47	0.74	5.0	105		洪积物	E 109° 17′ 25.8″ N 40° 01′ 42.2″	97
						2	45–73	黄色	紧砂土	无明显结构	9.0	3.5	0.17	0.65		45				
						3	73–150	栗色	砂壤土	片状	8.8	7.1	0.47	0.91		75				
剖40	钙层土	栗钙土	栗钙土	侵蚀黄砂土	轻度侵蚀栗黄土	1	0–60	暗黄色	轻壤土	块状	8.9	4.9	0.21	0.88	4.0	50		砂岩、砂砾岩残积物或坡积物	E 109° 23′ 03.5″ N 40° 00′ 20.2″	83
						2	60–80	灰黄色	轻壤土	片状	9.0	4.4	0.21	1.24		30				
						3	80–150	黄绿色	砂砾土	无明显结构	9.0	3.2	0.14	1.10		25				
剖41	半水成土	草甸土	灰色草甸土	丘间洼地灰栗淤土	砂底灰栗淤土	1	0–20	浅黄色	砂壤土	粒状	8.7	9.7	0.90	0.91		105		洪积物	E 109° 38′ 57.5″ N 40° 09′ 19.4″	78
						2	20–80	浅黄色	砂土	片状	8.8	1.3	0.08	0.81		40				
						3	80–90	灰蓝色	重壤土		8.9	13.8	0.70			215				
						4	90–150	栗黄色	砂土	粒状	9.0	2.3	0.10	0.69		80				
剖42	钙层土	栗钙土	粗骨性栗钙土	粗骨性栗钙土	粗骨薄层栗钙土	1	0–2	暗黄色	轻壤土		8.7	7.6	0.44	0.55	4.0	85	17.8	残积物	E 109° 45′ 41.8″ N 40° 01′ 08.0″	91
						2	2–35	黄棕色	砂土	团粒状	8.8	4.8	0.28	0.62		45	17.8			
						3	35–150	栗黄色	砂土		8.8	1.8	0.10	0.55		25				
剖43	钙层土	栗钙土	草甸栗钙土	灌淤栗钙土	薄层灌淤栗钙土	1	0–45	褐色	黏土		8.9	8.4	0.31	0.98	4.0	50		洪坡积物	E 109° 12′ 50.8″ N 40° 09′ 52.6″	84
						2	45–103	深黄色	砂土	无明显结构	8.5	4.8	0.18	0.72		50				
						3	103–150	黄色	砂土	无明显结构	8.8	3.1	0.12	0.72		35				
剖44	钙层土	栗钙土	栗钙土	侵蚀黄砂土	强度侵蚀栗石皮	1	0–9	浅黄色	砂土	无明显结构	9.0	3.6	0.15	0.77	3.0	60		洪坡积物	E 110° 01′ 04.8″ N 40° 00′ 59.8″	92
						2	9–150	灰白色		无明显结构	9.2	0.7	0.06	0.76		55				
剖45	钙层土	栗钙土	草甸栗钙土	灌淤栗钙土	薄层灌淤栗黄土	1	0–35	褐色	重壤土	无明显结构	8.2	7.4	0.50	0.79	3.0	120			E 110° 24′ 39.2″ N 40° 07′ 04.8″	82
						2	35–150	浅黄色	砂土	无明显结构	8.4	1.6	0.08	0.51		50				
剖46	半水成土	草甸土	灰色草甸土	丘间洼地灰淤土	灰砂淤土	1	0–25	黄色	砂土	无明显结构	9.6	1.7	0.12	1.22		60		洪积物	E 110° 33′ 26.6″ N 40° 04′ 05.5″	87
						2	25–60	灰黄色	砂土	无明显结构	9.1	2.0	0.14	1.34		30				
						3	60–150	灰色	砂土	无明显结构	9.0	1.6	0.13	1.05		25				
剖47	钙层土	栗钙土	淡栗钙土	侵蚀淡栗黄土	轻度侵蚀淡栗黄土	1	0–19	褐色	轻壤土	粒状	8.6	5.6	0.28	0.93	4.0	30	9.4	洪积物	E 109° 16′ 24.6″ N 39° 59′ 51.3″	91
						2	19–75	栗色	中壤土	粒状	9.2	12.2	0.65	0.91		30	15.3			
						3	75–150	浅黄色	紧砂土	粒状	9.1	5.0	0.08	1.17		30	5.4			
剖48	钙层土	栗钙土	栗钙土	侵蚀黄砂土	中度侵蚀黄砂土	1	0–20	灰黄色	砂砾土	块状	8.9	4.5	2.86	0.72	2.0	25		洪积物	E 109° 20′ 48.4″ N 39° 57′ 49.6″	80
						2	20–150	灰白色	砂砾土	粒状	9.1	6.9	0.35	0.62		60				
剖49	钙层土	栗钙土	栗钙土	侵蚀黄砂土	轻度侵蚀栗黄土	1	0–30	浅黄色	砂壤土	粒状	7.4	7.4	0.41	0.84	5.0	45	6.4	砂岩、砂砾岩残积物或坡积物	E 109° 49′ 08.0″ N 39° 59′ 50.6″	94
						2	30–50	浅黄色	砂壤土	粒状	9.0	2.4	0.22	0.79		30	12.8			
						3	53–150	浅黄色	砂壤土	粒状	9.0	1.7	0.08	0.91		25				
剖50	钙层土	栗钙土	栗钙土	侵蚀栗红土	轻度侵蚀栗红土	1	0–20	红色	砂壤土	弱粒状	8.7	2.5	0.16	0.89	3.0	60		洪积物	E 110° 21′ 17.6″ N 39° 53′ 22.6″	78
						2	20–100	红黄色	中壤土	无明显结构	8.5	4.9	0.24	0.86		85				
剖51	钙层土	栗钙土	栗钙土	侵蚀黄砂土	轻度侵蚀栗黄土	1	0–25	黄棕色	轻壤土	块状	8.3	7.5	0.36	0.98		45	19.7		E 110° 17′ 57.1″ N 39° 52′ 13.4″	86
						2	25–150	浅黄色	砂壤土	块状	8.6	2.4	0.21	0.45		25	15.8			
剖52	钙层土	栗钙土	侵蚀栗淤土	中度侵蚀栗淤土		1	0–35	黄色	砂土	无明显结构	8.4	3.6	0.11	0.69	3.0	20		洪积物	E 110° 22′ 23.9″ N 39° 51′ 58.9″	74
						2	35–120	深黄色	砂土	无明显结构	8.5	4.3	0.23	0.57		10				
						3	120–150	浅黄色	砂土	无明显结构	8.6	2.8	0.17	0.53		10				
剖53	钙层土	栗钙土	侵蚀黄砂土	中度侵蚀红黄土		1	0–20	暗棕红色	轻壤土	团粒状	8.2	5.0	0.48	0.90	4.0	40		砂岩、砂砾岩残积物或坡积物	E 110° 20′ 25.8″ N 39° 51′ 24.0″	73
						2	20–32	暗红色	中壤土	片状	8.7	6.9	0.35	0.79		35				
						3	32–150				8.2	3.4	0.14	1.05		20				
剖54	钙层土	栗钙土	侵蚀栗红土	轻度侵蚀栗红土		1	0–150	红色	重壤土	块状	8.7	3.8	0.15	0.91	4.0	65		红土	E 110° 30′ 19.3″ N 39° 58′ 19.3″	71

准 格 尔 旗

主要土类说明

栗钙土是准格尔旗主要土壤类型，占本旗地域面积的45%。栗钙土属于地带性土壤，主要分布在本旗中部。自然植被为干旱、半干旱草原类型，主要有菊科、禾本科、藜科等植物。成土母质主要为残积物、坡积物和洪积物。成土过程为腐殖质累积过程和钙积过程。栗钙土剖面由腐殖质层、钙积层和母质层构成。腐殖质层呈栗色或灰色，一般厚8—20cm，具粒状或块状结构，质地为砂壤土、轻壤土或中壤土。钙积层呈灰白色，平均厚度为50cm，一般出现在20cm以下深处，碳酸钙淀积形态多为菌丝斑状或块状，个别为盘层状。此外，个别地区的栗钙土常有黏化现象，黏化层部位与钙积层一致。本旗栗钙土分为栗钙土、粗骨性栗钙土、草甸栗钙土等亚类。

风沙土是准格尔旗第二大土壤类型，占本旗地域面积的27%。风沙土发生于半干旱、干旱漠境地区及滨海地区，是在风沙移动堆积形成的多种形态的风沙沉积物上发育的初育土。由于成土时间短暂，该土壤无剖面发育，具C、(A)-C或A-C剖面构型，反映了风沙移动堆积与固定的不同阶段。

黄绵土是准格尔旗第三大土壤类型，占本旗地域面积的22%。黄绵土是由黄土母质直接翻耕形成的初育土。自然植被主要为羊草、狗尾草、胡枝子、画眉草等。成土过程为腐殖质累积过程、石灰淀积过程和耕种熟化过程。

潮土占本旗地域面积的4%，主要分布在本旗境内的黄河冲积平原和沟谷两岸的河谷阶地。自然植被主要为芨芨草、马蔺、寸草、委陵菜、芦苇、披碱草等。成土母质主要为河流冲积物、洪积物和湖积物。在干湿交替作用下，土壤中铁锰化合物发生移动或局部淀积，剖面中部出现大量的锈纹锈斑和铁锰结核，形成锈色斑纹层。潮土剖面由腐殖质层、锈色斑纹层和潜育层构成。腐殖质层呈暗褐色，平均厚度为40cm，具团块状结构。锈色斑纹层呈黄褐色，厚10—30cm，有明显的锈纹锈斑和铁锰结核。潜育层呈青灰色，若地下水位偏低，该层则不太明显。本旗潮土分为潮土、盐化潮土等亚类。

小于本旗地域面积3%的土壤类型有草甸盐土、新积土。

本区域中心区气候特征

本区域中心区气候特征值
Regional climate characteristics in central area of the region

气候带：中温带亚干旱气候 Climate region: Mid temperate subarid climate	
年平均气温 /℃ Annual average temperature /℃	7.2
年平均最高气温 /℃ Annual average maximum temperature /℃	14.3
年平均最低气温 /℃ Annual average minimum temperature /℃	0.9
年降水量 /mm Annual precipitation /mm	365
≥10℃的积温 /℃ Daily temperature accumulated in a year（≥10℃）/℃	3597
年日照时数 /h Annual sunshine /h	2804
年平均相对湿度 /% Annual average relative humidity /%	53
干燥度 Dryness	1.21

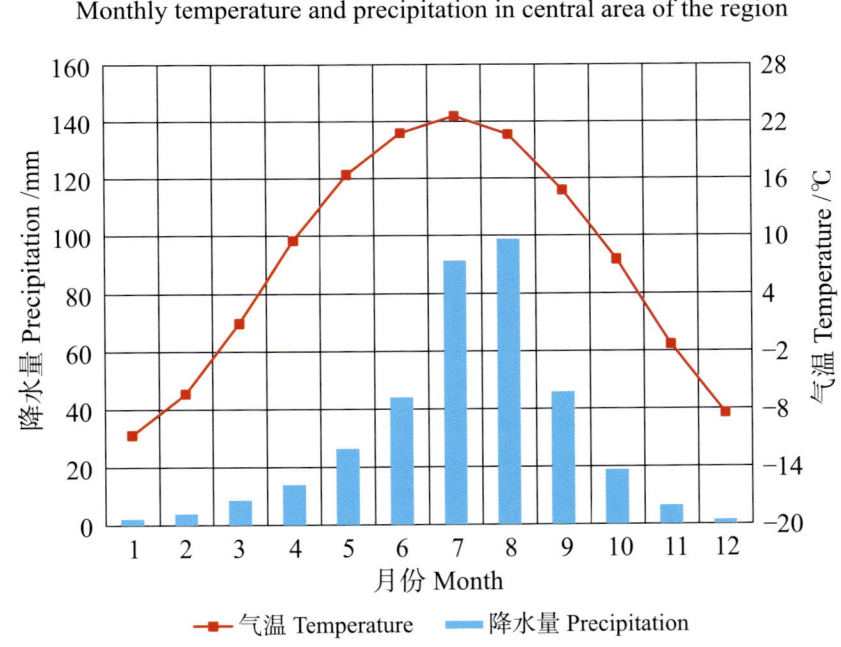

本区域中心区月平均气温与月平均降水量
Monthly temperature and precipitation in central area of the region

准格尔旗主要土壤类型与土壤剖面点分布图
1∶510 000

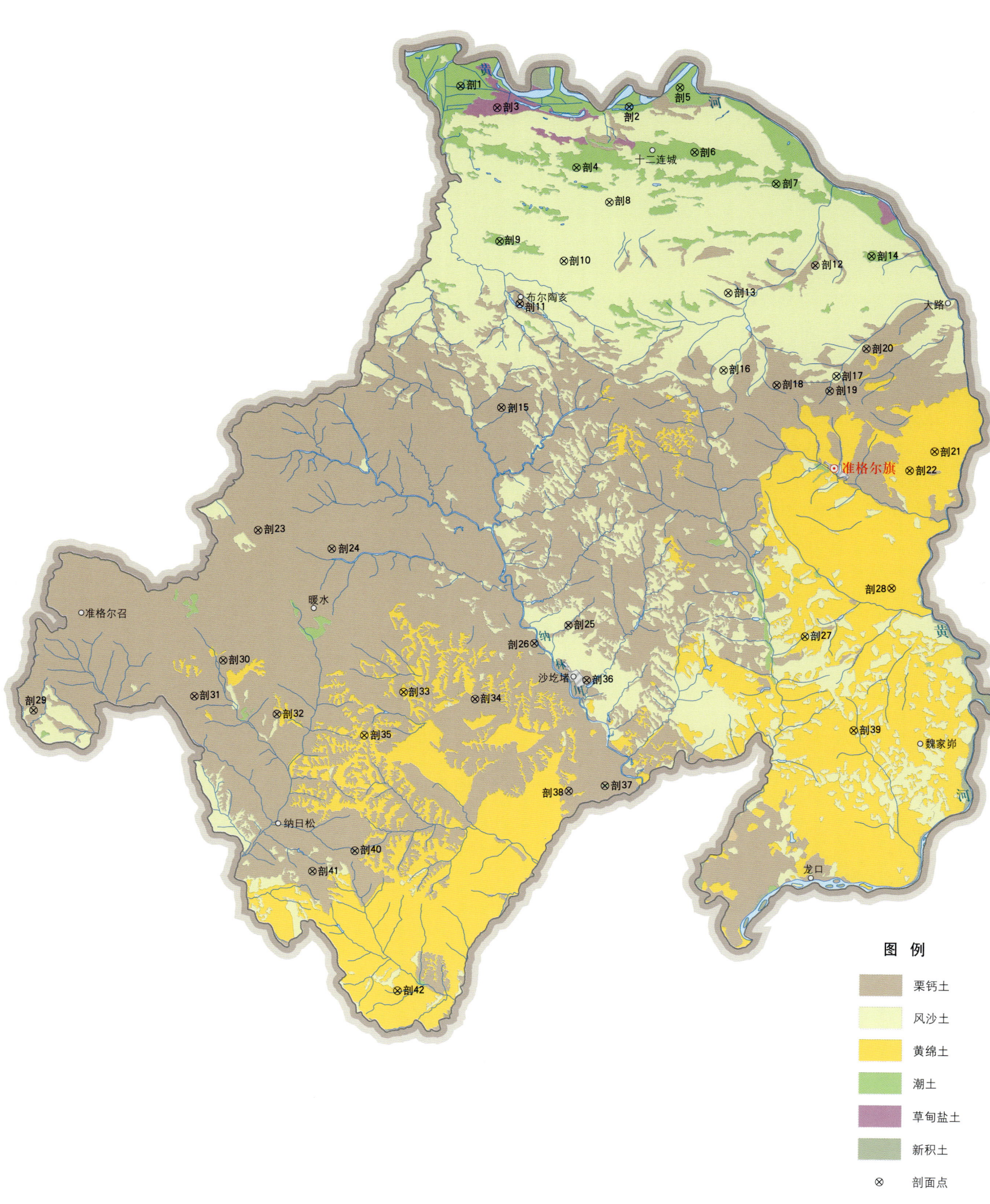

准格尔旗土壤剖面理化性状表

剖面号 Soil profile	土纲 Soil order	土类 Soil great group	亚类 Soil subgroup	土属 Soil genus	土种 Soil species	土层码 Layer code	土层厚度 Depth/cm	颜色 Soil color	质地 Soil texture	土壤结构 Soil structure	pH	有机质 OM/(g/kg)	全氮 TN/(g/kg)	全磷 TP/(g/kg)	有效磷 AP/(mg/kg)	速效钾 AK/(mg/kg)	阳离子交换量CEC/(cmol/kg)	土壤母质 Parent material	剖面点坐标 Profile coordinate	匹配指数 Matching index/%
剖1	半水成土	潮土	潮土	两黄土	浅色两黄土	1	0—20	棕色	砂壤土	粒状	8.6	20.4	1.17	1.40	3.0	497	9.2	洪积物	E 110° 42′ 47.2″ N 40° 16′ 12.0″	73
						2	20—45	黄色	砂壤土	块状	8.3	53.7	2.76		2.0	468	17.5			
						3	45—67	红棕色	轻壤土	粒状	7.4	26.1	1.52		2.0	166	14.0			
						4	67—148	黑色	砂壤土	片状	7.3	38.2	1.78		1.0	79	11.3			
剖2	半水成土	潮土	潮土	硬黄土	硬黄土	A	0—20	黑棕色	中壤土	粒状	7.9	9.9	0.49	1.30	11.2	217	7.2	冲积物	E 110° 56′ 51.0″ N 40° 14′ 55.1″	76
						AC	20—48	暗灰棕色	中壤土	片状	7.8	8.1	0.50		5.1	174	8.1			
						Cu₁	48—70	暗棕黄色	轻壤土	片状	8.4	4.8	0.29		3.8	96	5.4			
						Cu₂	70—220	暗灰棕色	中壤土	片状	8.3	5.9	0.33		2.6	106	7.3			
剖3	盐碱土	草甸盐土	草甸盐土	白盐土	白盐土	1	0—5	暗黄棕色	砂壤土	块状	10.0	4.9	0.38	1.30	8.7	384	5.3	冲积物	E 110° 45′ 51.6″ N 40° 14′ 50.5″	74
						2	5—20	灰色	轻壤土	块状	10.2	3.3	0.56		5.5	136	4.7			
						3	20—50	黄色	砂壤土	块状	9.7	8.1	0.60		10.2	230	10.7			
						4	50—100	褐色	中壤土	块状	9.5	2.6	0.22		4.0	115	4.1			
剖4	半水成土	潮土	潮土	砂土	浅色砂土	1	0—23	棕色	砂土	粒状	9.1	3.7	0.25	0.80	2.2	79	4.4	冲积物	E 110° 52′ 29.3″ N 40° 11′ 03.5″	75
						2	23—300	暗棕色	中壤土	片状	8.9	9.7	0.78		1.9	186	12.4			
剖5	半水成土	潮土	沫尔土	沫尔土	浅色沫尔土	1	0—20	浅黄棕色	砂壤土	粒状	8.8	5.1	0.31	0.90	1.8	62	5.1	冲积物	E 111° 01′ 05.0″ N 40° 16′ 08.6″	91
						2	20—210	灰黄棕色	砂壤土	块状	8.6	3.6	0.31		2.3	64	5.4			
剖6	半水成土	盐化潮土	白盐化土	白盐化土	白盐化土	1	0—5	暗黄棕色	轻壤土	块状	8.4	13.4	0.92	1.40	7.3	323	9.7	冲积物	E 111° 02′ 19.7″ N 40° 12′ 03.6″	87
						2	5—20	暗黄棕色	轻壤土	块状	8.9	12.0	0.80		2.4	197	11.1			
						3	20—50	暗黄棕色	轻壤土	块状	8.7	6.5	0.44		0.8	86	7.9			
						4	50—100	暗黄棕色	轻壤土	粒状	8.7	7.2	0.59		0.8	116	9.8			
						5	100—145	暗黄棕色	中壤土	粒状	8.5	5.5	0.27		1.8	73	7.5			
剖7	半水成土	潮土	砂化潮土	严重砂化潮土	严重砂化潮土	1	0—20	暗黄棕色	砂土	粒状	8.9	6.9	0.40		10.2	112	6.7	洪冲积物	E 111° 09′ 07.2″ N 40° 10′ 03.0″	89
						2	20—40	暗灰棕色	砂土	粒状	9.1	6.8	0.39		12.2	108	7.3			
						3	40—100	暗黄棕色	砂土	粒状	9.1	5.5	0.36		8.0	105	6.7			
剖8	初育土	风沙土	半固定风沙土	半固定沙地风沙土	半固定沙地风沙土	1	0—13	棕黄棕色	松砂土	无明显结构	8.8	1.0	0.04					风积物	E 110° 55′ 13.8″ N 40° 08′ 51.0″	80
						2	13—142	黄黄	松砂土	无明显结构	8.7		0.07							
剖9	半水成土	潮土	砂化潮土	极严重砂化潮土	极严重砂化潮土	1	0—5	暗黄棕色	黏土	粒状	9.0	5.5	0.30		5.5	141	5.5	湖积物	E 110° 46′ 07.0″ N 40° 06′ 19.8″	83
						2	50—150	灰白色	松砂土	块状										
剖10	初育土	风沙土	流动风沙土	流动风沙土	流动风沙土	1	0—3	栗色	紧实砂土	粒状	8.8	1.1	0.06				8.8	风积物	E 110° 51′ 29.2″ N 40° 05′ 06.0″	84
						2	3—80	栗色	松砂土	粒状	8.9	0.9	0.18				8.9			
剖11	钙层土	栗钙土	侵蚀栗淤土	侵蚀栗淤土	栗淤土	1	0—30	红棕色	轻壤土	块状	8.7	2.0	0.09		2.1	53	10.1	洪积物, 坡积物	E 110° 47′ 47.0″ N 40° 02′ 36.6″	70
						2	30—80	栗色	紧砂土	粒状	8.5	7.4	0.28				30.7			
						3	80—150	栗色	砂壤土	粒状	8.7	1.7	0.13				6.4			
剖12	钙层土	栗钙土	砂化栗钙土	严重砂化栗钙土	严重砂化栗钙土	1	0—30	浅黄棕色	砂壤土	粒状	8.5	2.6	0.19	1.20	3.9	8	5.3	残积物	E 111° 12′ 24.1″ N 40° 04′ 52.3″	90
						2	30—200	黄棕色	砂壤土	无明显结构	8.5	3.1	0.19				5.3			
剖13	初育土	风沙土	固定风沙土	固定沙丘风沙土	固定沙丘风沙土	1	0—8	浅黄棕色	砂土	粒状	9.5	4.1	0.39		11.2	201	3.3	风积物	E 111° 05′ 10.0″ N 40° 03′ 06.1″	84
						2	8—12	棕色	砂土	块状	9.4	4.9	0.26		4.0	84	3.0			
剖14	半水成土	潮土	砂化潮土	轻度侵蚀砂化潮土	轻度侵蚀砂化潮土	1	0—9	棕色	砂壤土	散状	8.8	6.1	0.46	1.30	3.0	90	9.9	冲积物	E 111° 17′ 04.2″ N 40° 05′ 26.9″	70
剖15	钙层土	栗钙土	侵蚀黄砂土	轻度侵蚀黄砂土	轻度侵蚀黄砂土	1	0—45	栗色	砂壤土	粒状	8.5	3.5	0.33				25.3	风积物	E 110° 46′ 22.1″ N 39° 55′ 47.3″	98
						2	45—200	暗红棕色	重壤土	片状										
剖16	初育土	风沙土	半固定风沙土	半固定沙丘风沙土	半固定沙丘风沙土	1	0—150		松砂土		8.7	0.9	0.06		1.6	65	2.8	风积物	E 111° 04′ 48.4″ N 39° 58′ 13.8″	84
						2	150—													

续表 Continued

剖面号 Soil profile	土纲 Soil order	土类 Soil great group	亚类 Soil subgroup	土属 Soil genus	土种 Soil species	土层码 Layer code	土层厚度 Depth/cm	颜色 Soil color	质地 Soil texture	土壤结构 Soil structure	pH	有机质 OM/(g/kg)	全氮 TN/(g/kg)	全磷 TP/(g/kg)	有效磷 AP/(mg/kg)	速效钾 AK/(mg/kg)	阳离子交换量CEC/(cmol/kg)	土壤母质 Parent material	剖面点坐标 Profile coordinate	匹配指数 Matching index/%
剖17	初育土	风沙土	固定风沙土	固定风沙土	固定砂地风沙土	1	0—12	灰黄色	紧砂土	无明显结构	8.6	3.6	0.23		3.9	80	8.8	风积物	E 111° 14′ 10.7″ N 39° 57′ 52.2″	91
剖18	钙层土	栗钙土		砂化栗钙土	轻度砂化栗钙土	2	12—143	紧砂土	紧砂土	无明显结构	8.4	18.3	1.23				7.6			98
						1	0—5	黄色	紧砂土	散状	8.2	6.7	0.55				3.5	残积物	E 111° 09′ 12.6″ N 39° 57′ 16.9″	
						2	5—45	浅棕色	砂壤土	粒状	8.1	1.5	0.16		1.2	52	12.5			
						3	45—125	暗棕色	重壤土	粒状	8.8	1.2	0.16		1.2	52	21.0			
剖19	钙层土	栗钙土		侵蚀栗黄土	中度侵蚀栗黄土	1	0—13	棕色	砂壤土	块状	9.1	5.4	0.38	1.10	3.0	81	8.9	第四纪黄土母质	E 111° 13′ 36.8″ N 39° 56′ 55.3″	81
						2	13—150	红黄色	轻壤土	粒状	8.4	4.9	0.49				12.4			
剖20	钙层土	栗钙土	草甸栗钙土	洪淤土	壤质洪淤土	1	0—15	黄色	砂壤土	粒状	8.4	4.5	0.29	1.40	4.1	115	6.2	洪积物	E 111° 16′ 38.6″ N 39° 59′ 35.5″	94
						2	15—38	暗黄色	砂壤土	片状	8.3	1.7	0.27							
						3	38—61	黄色	砂壤土	片状	8.3	1.8	0.09							
						4	61—112	灰黄色	砂壤土	片状	8.5	3.2	0.15							
剖21	初育土	黄绵土		砂化黄绵土	中度砂化黄绵土	1	0—19	暗黄色	砂土	无明显结构	8.5	3.3	0.26		1.5	7	6.3	黄土	E 111° 22′ 19.2″ N 39° 53′ 02.4″	93
						2	19—80	暗黄棕色	轻壤土	粒状	8.4	3.2	0.19							
						3	80—200	暗黄棕色	轻壤土	粒状	8.5	3.2	0.25				7.5			
剖22	初育土	黄绵土		黄绵土	中度侵蚀黄砂土	1	0—20	褐黄色	砂土	块状	8.6	5.7	0.33	0.90	0.1	74	9.8	黄土	E 111° 20′ 15.4″ N 39° 51′ 50.4″	93
						2	20—50	棕色	轻壤土	片状	8.6	1.9	0.16				10.8			
						3	50—74	黄色	轻壤土	片状	8.5	1.5	0.19				8.5			
						4	74—157	灰黄色	轻壤土	块状		1.4	0.13							
剖23	钙层土	栗钙土		侵蚀栗红土	中度侵蚀栗红土	1	0—11	浅黄色	中壤土	块状	8.5	5.4	0.44		1.0		17.2	红土	E 111° 26′ 17.5″ N 39° 47′ 48.8″	87
						2	11—110	灰黄棕色	轻壤土	块状	8.3	2.5	0.16				9.5			
						3	110—150		重壤土		8.3	1.4	0.19				17.1			
剖24	钙层土	栗钙土		侵蚀黄砂土	中度侵蚀黄砂土	1	0—17	栗色	中壤土	粒状	9.0	10.8	0.66		1.6	70	10.7		E 110° 32′ 24.7″ N 39° 46′ 41.5″	90
						2	17—150	灰白色	轻壤土	片状	8.7	2.5	0.30				9.0			
剖25	钙层土	栗钙土		侵蚀坡砂石土	强度侵蚀坡砂石土	1	0—10	紫棕色	砂壤土	粒状	9.1	0.9	0.06	1.00	4.0	131	30.1		E 110° 52′ 02.9″ N 39° 41′ 57.6″	87
						2	10—123	紫棕色	轻壤土	粒状	8.7	4.8	0.23				20.7			
剖26	钙层土	草甸栗钙土		洪淤土	壤底砂质洪淤土	1	0—22	浅黄色	紧砂土	无明显结构	8.5	3.7	0.14	1.10	4.1	81	5.4	洪积物	E 110° 49′ 14.2″ N 39° 40′ 46.9″	90
						2	22—150	黄色	砂壤土	粒状	8.3	3.8	0.12				6.8			
剖27	初育土	黄绵土		黄土	中度侵蚀黄土	1	0—18	浅黄棕色	轻壤土	粒状	8.5	4.9	0.39		2.4	86	9.4	黄土	E 111° 11′ 37.0″ N 39° 41′ 18.2″	74
						2	18—150	黄色	砂壤土	粒状	9.1	3.1	0.28				9.0			
剖28	钙层土	栗钙土		黄绵土	轻度侵蚀黄土	1	0—17	灰黄色	砂壤土	粒状	8.5	6.5	0.50				7.1	黄土	E 111° 18′ 46.3″ N 39° 44′ 23.1″	83
						2	17—78	浅黄棕色	砂壤土	粒状	8.6	4.2	0.32				7.2			
						3	78—138	黄棕色	砂壤土	粒状	8.6	2.5	0.20				8.9			
剖29	钙层土	栗钙土		侵蚀栗钙土	轻度侵蚀栗钙土	1	0—37	浅黄色	紧壤土	粒状	8.4	3.3	0.12	0.90	1.6	67	8.4	洪积物, 坡积物	E 110° 08′ 12.2″ N 39° 35′ 54.0″	88
						2	37—55	深栗色	轻壤土	粒状	8.5	11.1	0.47				15.0			
						3	55—130	灰白色	紧壤土	粒状	8.5	11.7	0.55				9.0			
剖30	钙层土	栗钙土		强度侵蚀栗钙土	强度侵蚀栗钙土	1	0—12	灰黄色	轻壤土	粒状	8.5	5.8	0.38	0.70	2.0	42	16.9	黄土	E 110° 23′ 31.6″ N 39° 39′ 30.2″	82
						2	12—40	褐色	轻壤土	粒状	8.3	4.8	0.24				22.6			
剖31	粗骨栗钙土	粗骨栗钙土		粗骨性栗土	粗骨侵蚀栗钙土	1	0—5	暗棕色	砂壤土	粒状	8.2	2.9	0.17		0.9	26	9.3	残积物	E 110° 21′ 11.1″ N 39° 37′ 10.8″	71
剖32	钙层土	栗钙土		侵蚀栗红土	轻度侵蚀栗红土	1	0—30	暗棕色	重壤土	块状	8.5	4.8	0.29	1.20	3.5		23.9	红土	E 110° 28′ 01.9″ N 39° 36′ 06.1″	77
						2	30—120	白色	砂壤土	粒状		1.8	0.12				9.1			
						3	120—200	浅黄色	重壤土	粒状	8.4	1.5	0.20				26.9			
剖33	初育土	黄绵土		黄土	剧烈侵蚀黄土	1	0—8	黄色	砂壤土	粒状	8.8	9.3	0.69		2.4	63	9.9	黄土	E 110° 38′ 28.0″ N 39° 37′ 35.8″	70
						2	8—													
剖34	钙层土	栗钙土		侵蚀栗黑土	轻度侵蚀栗黑土	1	0—16	灰黄棕色	紧砂土	团粒状	8.5	7.8	0.47	0.90	3.0	64	10.4	洪积物, 坡积物	E 110° 44′ 22.2″ N 39° 37′ 11.6″	78
						2	16—150	灰黄棕色	紧砂土	团粒状	8.4	6.4	0.39				9.4			

续表 Continued

剖面号 Soil profile	土纲 Soil order	土类 Soil great group	亚类 Soil subgroup	土属 Soil genus	土种 Soil species	土层码 Layer code	土层厚度 Depth/cm	颜色 Soil color	质地 Soil texture	土壤结构 Soil structure	pH	有机质 OM/(g/kg)	全氮 TN/(g/kg)	全磷 TP/(g/kg)	有效磷 AP/(mg/kg)	速效钾 AK/(mg/kg)	阳离子交换量 CEC/(cmol/kg)	土壤母质 Parent material	剖面点坐标 Profile coordinate	匹配指数 Matching index/%
剖35	初育土	黄绵土	黄绵土	黄绵土	砂质黄绵土	1	0—20	灰黄色	砂壤土	粒状	8.5	4.8	0.30	1.10	1.4	64	8.2	黄土	E 110°35′16.1″ N 39°34′48.4″	100
						2	20—160	黄色	砂壤土	粒状	8.5	1.8	0.15				8.6			
剖36	钙层土	栗钙土	草甸栗钙土	洪淤土	砂质洪淤土	1	0—23	浅棕色	砂壤土	粒状	8.5	0.3	0.14	1.30	3.9	88	6.9	洪积物	E 110°53′35.5″ N 39°38′26.5″	87
						2	23—55	暗灰色	紧砂土	粒状	8.5	2.1	0.08				6.3			
						3	55—147	暗灰色	砂壤土	粒状	8.5	4.5	0.27				6.4			
剖37	半水成土	潮土	潮土	浅色红泥	浅色红泥	1	0—23	灰黄色	黏土	片状	8.8	7.5	0.47	1.10	2.6	139	10.2	冲积物	E 110°55′10.6″ N 39°31′44.0″	81
						2	23—210	浅棕黄色	轻壤土	块状	8.8	3.5	0.29	0.90	2.0	99	5.4			
剖38	钙层土	栗钙土	侵蚀栗钙土	侵蚀栗黑土	中度侵蚀栗黑土	1	0—38	暗棕色	砂壤土	团粒状	8.5	10.7	0.56		2.0	189	12.1	洪积物、坡积物	E 110°52′10.9″ N 39°31′22.7″	82
						2	38—120		轻壤土		8.6	11.4	0.62				13.3			
						3	120—200	暗黄棕色	紧砂土	粒状	8.6	1.7	0.12				4.1			
剖39	初育土	黄绵土	黄绵土	黄土	强度侵蚀黄土	1	0—15	黄色	砂壤土	粒状	8.5	3.5	0.20		3.9	173	7.3	黄土	E 111°15′41.0″ N 39°35′19.3″	80
						2	15—150	黄色	轻壤土	块状	8.5	2.3	0.19				7.6			
剖40	钙层土	栗钙土	侵蚀栗钙土	侵蚀红土	中度侵蚀红土	1	0—16	棕色	轻黏土	块状	8.5	5.8	0.24	1.00	3.0		9.2	红土	E 110°34′35.8″ N 39°27′25.6″	77
						2	16—160	红棕色	重壤土	块状	8.5	2.9	0.26				19.9			
剖41	钙层土	栗钙土	栗钙土	砂化栗钙土	中度砂化栗钙土	1	0—20	黄色	砂土	无明显结构	8.5	2.2	0.15		3.0		3.8	残积物	E 110°31′06.6″ N 39°26′05.3″	91
						2	20—130	栗色	轻壤土	片状	8.4	3.4	0.19				5.0			
剖42	初育土	黄绵土	黄绵土	黄绵土	强度侵蚀黄绵土	1	0—11	灰黄色	轻壤土	粒状	8.6	8.5	0.54	1.40	6.2	115	7.3	黄土	E 110°38′14.6″ N 39°18′32.8″	89
						2	11—69	浅灰色	轻壤土	粒状	8.7	2.7	0.22				7.8			
						3	69—113	棕灰色	轻壤土	粒状	8.6	2.4	0.21				8.4			

鄂托克旗

主要土类说明

棕钙土是鄂托克旗主要土壤类型，占本旗地域面积的54%。自然植被以针茅、冷蒿等草本植物和小灌木、小半灌木为主。成土母质以砂岩、砂砾岩和砂质泥岩的风化残积物为主。成土过程主要为腐殖质累积过程和钙积过程。腐殖质层较薄且颜色较浅，以浅棕色、浅黄色为主。本旗棕钙土分为棕钙土、淡棕钙土、草甸棕钙土、粗骨性棕钙土等亚类。

风沙土是鄂托克旗第二大土壤类型，占本旗地域面积的21%。风沙土发生于半干旱、干旱漠境地区及滨海地区，是在风沙移动堆积形成的多种形态的风沙沉积物上发育的初育土。由于成土时间短暂，该土壤无剖面发育，具C、（A）-C或A-C剖面构型，反映了风沙移动堆积与固定的不同阶段。

栗钙土是鄂托克旗第三大土壤类型，占本旗地域面积的10%，分布在本旗东南部。自然植被主要为针茅、冷蒿、中间锦鸡儿、黑沙蒿、华北白前等。成土母质以砂岩、砂砾岩和泥质砂岩的风化残积物和坡积物为主。成土过程为腐殖质累积过程和钙积过程。栗钙土剖面由腐殖质层、钙积层和母质层构成，剖面分化明显，层次过渡清晰。腐殖质层颜色较浅，呈浅栗色和栗黄色，一般厚15—40cm，质地多为砂土或砂壤土，pH在9.0左右。钙积层厚度小于40cm，碳酸钙淀积形态以假菌丝状为主，一般从表土开始就有石灰反应。母质层为壤土或砂土，部分土体薄的土壤没有母质层。本旗栗钙土分为淡栗钙土、粗骨性栗钙土等亚类。

草甸土占本旗地域面积的8%，主要分布在本旗东南部毛乌素沙地的沙丘间低地、湖盆洼地及都思图河与黄河沿岸的阶地。成土母质主要为河湖沉积物、冲积物、洪积物、风积物和残积物。该土壤剖面中部经常处于氧化还原交替状态，出现大量的锈纹锈斑或铁锰结核，形成锈色斑纹层。草甸土剖面基本由腐殖质层、锈色斑纹层和潜育层构成。

灰漠土占本旗地域面积的6%，分布在阿尔巴斯苏木西北部。自然植被主要为矮小的超旱生小灌木。该土壤腐殖质层不明显，从表土开始就有较强的石灰反应，有片状层、紧实层、集盐层或钙积层，未发现石膏层。本旗灰漠土分为灰漠土、粗骨性灰漠土等亚类。

小于本旗地域面积3%的土壤类型有草甸盐土、潮土、沼泽土、新积土。

本区域中心区气候特征

本区域中心区气候特征值
Regional climate characteristics in central area of the region

气候带：中温带干旱气候 Climate region: Mid temperate arid climate	
年平均气温 /℃ Annual average temperature /℃	7.4
年平均最高气温 /℃ Annual average maximum temperature /℃	14.6
年平均最低气温 /℃ Annual average minimum temperature /℃	1.1
年降水量 /mm Annual precipitation /mm	231
≥10℃的积温 /℃ Daily temperature accumulated in a year（≥10℃）/℃	3356
年日照时数 /h Annual sunshine /h	3007
年平均相对湿度 /% Annual average relative humidity /%	47
干燥度 Dryness	2.16

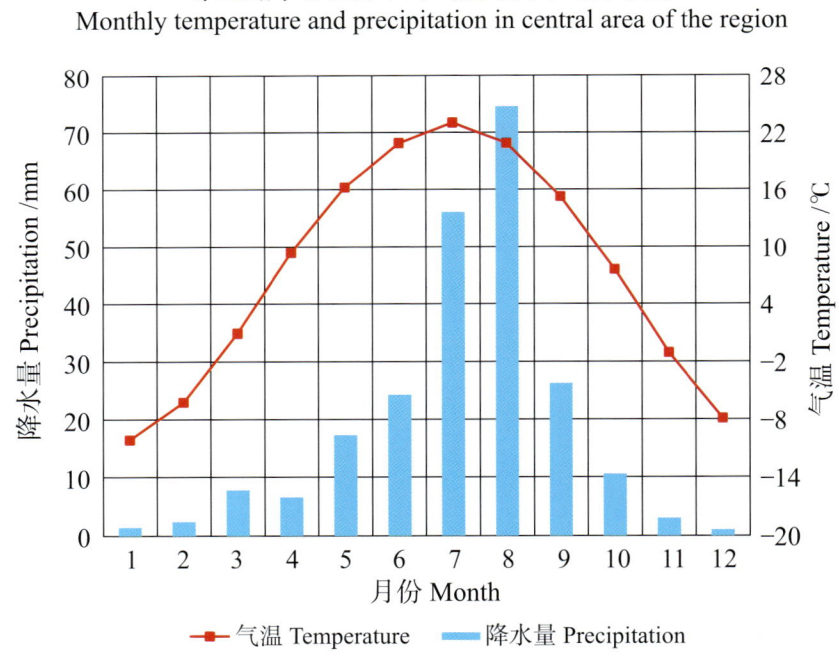

本区域中心区月平均气温与月平均降水量
Monthly temperature and precipitation in central area of the region

鄂托克旗主要土壤类型与土壤剖面点分布图
1 : 840 000

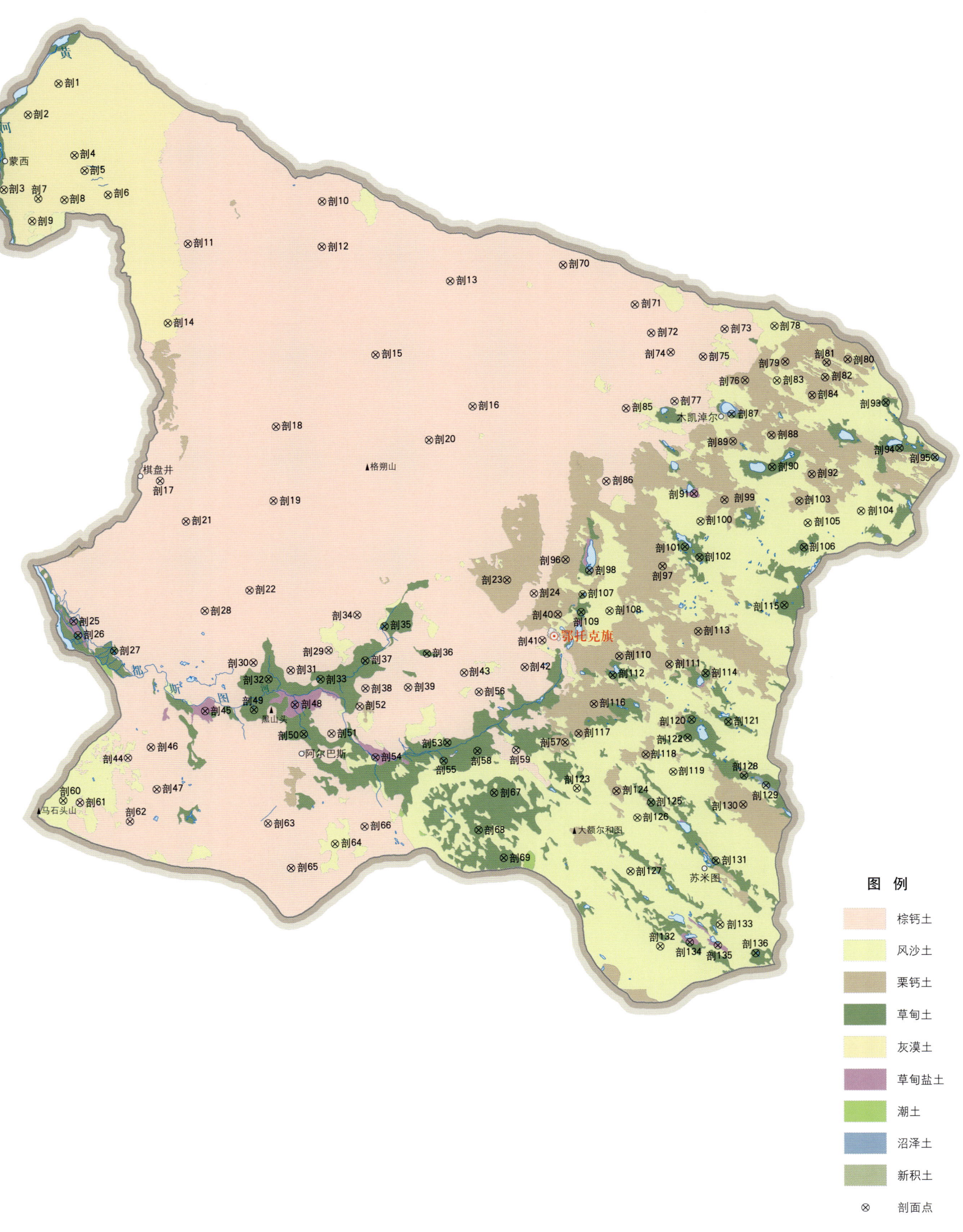

鄂托克旗土壤剖面理化性状表

剖面号 Soil profile	土纲 Soil order	土类 Soil great group	亚类 Soil subgroup	土属 Soil genus	土种 Soil species	土层码 Layer code	土层厚度 Depth/cm	颜色 Soil color	质地 Soil texture	土壤结构 Soil structure	pH	有机质 OM/(g/kg)	全氮 TN/(g/kg)	全磷 TP/(g/kg)	全钾 TK/(g/kg)	碱解氮 AN/(mg/kg)	有效磷 AP/(mg/kg)	速效钾 AK/(mg/kg)	阳离子交换量 CEC/(cmol/kg)	土壤母质 Parent material	剖面点坐标 Profile coordinate	匹配指数 Matching index/%
剖1	漠土	灰漠土	灰漠土	洪冲积灰漠土	壤质中体洪冲积灰漠土	1	0—5	浅紫色	砂壤土	片状	8.9	3.0	0.17	0.56	15.4	36			3.1	洪冲积物	E 106°52′08.1″ N 40°05′33.8″	94
						2	5—18	紫色	砂壤土		8.8	5.3	0.30	0.40	15.9	39			3.4			
						3	18—40	浅黄棕色	砂壤土	块状	9.0	4.0	0.25	0.37	15.9	24			3.9			
						4	40—59		砂壤土		8.8	4.1	0.20						3.4			
剖2	漠土	灰漠土	灰漠土	砂化灰漠土	轻度砂化灰漠土	1	0—5	浅黄棕色	松砂土		9.2	2.1	0.17	0.26	16.2	56			1.8	洪积物、风积物	E 106°47′46.3″ N 40°02′17.5″	82
						2	5—10	紫色	紧砂土	片状	9.2	4.8	0.33	0.39	15.4	25			3.1			
						3	10—85	紫色	砂壤土	块状	9.6	2.9	0.14	0.37	12.9	31			2.3			
剖3	漠土	灰漠土	灰漠土	洪冲积灰漠土	中度砂化灰漠土	1	0—7		砂壤土		9.3	11.1	0.55						2.6	洪冲积物	E 106°44′12.8″ N 39°54′22.7″	74
						2	7—10		轻壤土		8.9	9.8	0.43						2.3			
						3	10—33		中壤土		9.1	6.4	0.40									
剖4	漠土	灰漠土	灰漠土	残坡积灰漠土	壤质薄体灰漠土	1	0—6	浅紫色	砂壤土	片状	8.8	0.6	0.42	0.52	16.3	60			3.4	残积物、坡积物	E 106°54′09.4″ N 39°57′54.7″	76
						2	6—14	紫色	中壤土	块状	8.8	9.4	0.68	0.35	19.0	115			8.1			
剖5	漠土	灰漠土	灰漠土	残坡积灰漠土	砂质厚体灰漠土	1	0—28	紫色	紧砂土	块状	8.8	2.6	0.16						3.4	残积物、坡积物	E 106°55′30.4″ N 39°56′16.1″	79
						2	28—50	紫色	松砂土	块状	8.7	2.4	0.14						3.4			
						3	50—95		轻壤土	片状		6.0	0.27						3.9			
剖6	漠土	灰漠土	灰漠土	残坡积灰漠土		1	0—4	紫色	轻壤土	块状										残积物、坡积物	E 106°58′41.3″ N 39°53′38.7″	75
						2	4—30	浅紫色	轻壤土	块状												
						3	30—76	紫色	中壤土	片状												
						4	76—125	白色	砂壤土													
剖7	漠土	灰漠土	灰漠土	砂化灰漠土	中度砂化灰漠土	1	0—6	浅棕色	砂土											洪冲积物、风积物	E 106°48′59.0″ N 39°53′23.6″	100
						2	6—11	紫色	砂土		9.2	3.1	0.10	0.24	15.4	22			2.9			
						3	11—56	紫色	轻壤土		9.2	2.7	0.16	0.21	14.5	42			2.9			
						4	56—69	浅棕色	砂土													
剖8	漠土	灰漠土	灰漠土	砂化灰漠土	严重砂化灰漠土	1	0—7	棕黄色	砂土		8.8	12.8	0.68						6.7	洪冲积物、风积物	E 106°52′37.9″ N 39°53′13.2″	87
						2	7—107		砂壤土		8.9	11.2	0.67						5.9			
剖9	漠土	灰漠土	灰漠土	砂化灰漠土	严重砂化灰漠土	1	0—20		松砂土		8.8	7.4	0.42	0.45	17.1	50			3.4	洪冲积物、风积物	E 106°48′02.7″ N 39°51′01.3″	89
						2	20—46		紧砂土		8.8	7.4	0.20						4.7			
剖10	干旱土	棕钙土	淡棕钙土	淡棕钙土	壤质薄层淡棕钙土	1	0—15		轻壤土		8.3	6.9	0.42	0.59	17.6	63			5.7	洪冲积物、风积物	E 107°28′30.0″ N 39°52′25.3″	79
						2	15—36		重壤土		8.8	6.8	0.29						9.4			
剖11	干旱土	棕钙土	淡棕钙土	淡棕钙土	壤质中层淡棕钙土	1	0—34		砂壤土		9.5	2.9	0.27	0.58	18.3	35			9.6		E 107°09′39.2″ N 39°48′17.6″	96
						2	34—84		轻壤土		9.9	6.7	0.33						1.5			
剖12	干旱土	棕钙土	淡棕钙土	淡棕钙土	壤质中层淡棕钙土	1	0—30	浅棕色	紫砂土		8.9	3.1	0.28						2.8	残积物	E 107°28′16.7″ N 39°47′38.0″	78
						2	30—50	浅棕色	砂壤土	块状	8.8	3.1	0.28						2.8			
						3	50—66	棕色	砂壤土	块状	8.9	8.0	0.53						6.7			
剖13	干旱土	棕钙土	棕钙土	砂化棕钙土	轻度砂化棕钙土	1	0—5	白色	轻壤土			4.7	0.39							残积物、坡积物	E 107°45′59.0″ N 39°43′36.1″	92
						2	5—14	灰棕色	紫砂土	块状	9.0	23.4	1.57						9.8			
						3	14—64															
						4	64—95															
						5	95—114															
剖14	漠土	灰漠土	粗骨性灰漠土	粗骨性灰漠土	粗骨性灰漠土	1	0—10	紫色	轻壤土		9.1	2.5	1.44						2.7	残积物、坡积物	E 107°06′36.7″ N 39°39′52.6″	93
						2	10—18	浅紫色	松砂土													

续表 Continued

剖面号 Soil profile	土纲 Soil order	土类 Soil great group	亚类 Soil subgroup	土属 Soil genus	土种 Soil species	土层码 Layer code	土层厚度 Depth/cm	颜色 Soil color	质地 Soil texture	土壤结构 Soil structure	pH	有机质 OM/(g/kg)	全氮 TN/(g/kg)	全磷 TP/(g/kg)	全钾 TK/(g/kg)	碱解氮 AN/(mg/kg)	有效磷 AP/(mg/kg)	速效钾 AK/(mg/kg)	阳离子交换量CEC/(cmol/kg)	土壤母质 Parent material	剖面点坐标 Profile coordinate	匹配指数 Matching index,%
剖15	干旱土	棕钙土	棕钙土	棕钙土	壤质厚层棕钙土	1	0—50	棕色	砂壤土		9.0	10.5	0.82						5.1	砂岩、砂砾岩风化残积物	E 107°35′20.4″ N 39°35′57.8″	83
						2	50—80	浅黄色	轻壤土	块状	8.8	5.9	0.47			49			5.4			
						3	80—99	灰黄色	紧砂土		8.9	4.5	0.29						2.6			
剖16	干旱土	棕钙土	棕钙土	棕钙土	壤质薄层棕钙土	1	0—15		砂壤土		8.8	10.4	0.85						5.5	砂岩、砂砾岩风化残积物	E 107°48′31.7″ N 39°30′09.7″	84
						2	15—80		砂壤土		9.2											
						3	80—103		砂壤土		9.3											
						4	103—135		紧砂土		8.4											
剖17	干旱土	棕钙土	淡棕钙土	风蚀淡棕钙土		1	0—9	橙色	砂壤土	块状											E 107°05′00.2″ N 39°23′08.2″	98
剖18	干旱土	棕钙土	淡棕钙土	淡棕钙土	壤质中层淡棕钙土	1	0—30		轻壤土		9.2	9.6	0.62						5.0		E 107°21′15.8″ N 39°28′35.8″	83
						2	30—65		砂壤土		9.0								3.0			
						3	65—150		紧砂土		9.2											
剖19	干旱土	棕钙土	淡棕钙土	淡棕钙土	壤质厚层淡棕钙土	1	0—47	红棕色	轻壤土	块状	8.2	11.1	0.49						11.6		E 107°20′37.7″ N 39°20′45.2″	70
						2	47—73	红橙色	轻壤土	块状	8.2	5.6	0.48						5.5			
						3	73—107	浅红棕色	砂壤土		8.4	2.6	0.14						3.6			
						4	107—															
剖20	干旱土	棕钙土	棕钙土	棕钙土	壤质薄层棕钙土	1	0—29		砂壤土		8.7	3.6	0.39						3.4	砂岩、砂砾岩风化残积物	E 107°42′23.0″ N 39°26′43.1″	93
						2	29—50	浅紫色	轻壤土		8.9	5.0	0.14						3.3			
						3	50—93	紫色	轻壤土		8.8	4.9	0.13						8.7			
						4	93—120	浅紫色	紧砂土		8.8	3.8	0.04						7.2			
剖21	干旱土	棕钙土	淡棕钙土	淡棕钙土	壤质薄层淡棕钙土	1	0—15	浅紫色	砂壤土		9.0	8.7	0.10						6.0		E 107°08′26.5″ N 39°18′46.1″	75
						2	15—71	浅紫色	轻壤土		9.8	7.2	0.43						3.9			
						3	71—108	浅紫色	轻壤土		9.3	2.2	0.23						3.6			
						4	108—141	浅紫色	砂壤土		9.3	2.3	0.14						4.2			
						5	141—150	黄橙色	砂壤土		8.7	1.6	0.16						5.7			
剖22	钙层土	栗钙土	淡栗钙土	侵蚀淡黄砂土	轻度侵蚀淡红黄土	1	0—21		砂壤土		8.3	7.2	0.71	0.36	15.4	60	3.0	50	1.0		E 107°16′59.5″ N 39°11′34.4″	73
剖23	干旱土	棕钙土	淡棕钙土	棕钙土	耕种淡棕钙土	1	0—45	棕色	中壤土	粒状	8.7	8.4	1.84	0.32	15.4	35			4.7	残积物	E 107°52′32.9″ N 39°11′34.4″	88
剖24	干旱土	棕钙土	淡棕钙土	淡棕钙土	壤质中层淡棕钙土	1	0—20	棕黄色	砂壤土	粒状	8.9	24.5		0.35	14.5	35			3.1	砂岩、砂砾岩风化残积物	E 107°56′12.1″ N 39°10′03.0″	85
						2	20—60	浅棕色	轻壤土		9.0								0.8			
						3	60—100	浅紫色	紧砂土		9.3											
剖25	盐碱土	草甸盐土	草甸盐土	草甸盐土	黑盐土	1	0—20	紫色	砂土												E 106°52′39.0″ N 39°08′24.6″	94
						2	20—55	浅紫色	砂壤土	块状	9.1	5.8	0.34				2.0	115	6.2			
剖26	半水成土	草甸土	浅色草甸土	冲积浅色草甸土	砂底浅棕质冲积浅色草甸土	1	0—32	紫棕色	松砂土		9.5									冲积物	E 106°53′12.1″ N 39°06′54.0″	78
						2	32—58	灰紫色	松砂土		9.6											
						3	58—130	青灰色	砂砾土		9.2											
剖27	半水成土	草甸土	浅色草甸土	丘间洼地浅色草甸土	壤质浅色草甸土	1	0—10	浅棕黄色	砂壤土	块状	9.5	4.0	0.25					409		冲积物、湖积物	E 106°58′09.3″ N 39°05′08.2″	82
						2	10—20	灰棕色	砂壤土		9.3								1.5			
						3	20—70	浅灰色	紧砂土		9.3											
						4	70—100	青灰色	松砂土		9.5						2.0					
剖28	干旱土	棕钙土	淡棕钙土	淡棕钙土	壤质中层淡棕钙土	1	0—30	紫棕色	中壤土	块状	9.7	5.5	0.30						3.5		E 107°10′46.9″ N 39°09′11.2″	89
						2	30—80	棕色	砂壤土		9.5											
						3	80—150		紧砂土													

续表 Continued

剖面号 Soil profile	土纲 Soil order	土类 Soil great group	亚类 Soil subgroup	土属 Soil genus	土种 Soil species	土层问 Layer code	土层厚度 Depth/cm	颜色 Soil color	质地 Soil texture	土壤结构 Soil structure	pH	有机质 OM/(g/kg)	全氮 TN/(g/kg)	全磷 TP/(g/kg)	全钾 TK/(g/kg)	碱解氮 AN/(mg/kg)	有效磷 AP/(mg/kg)	速效钾 AK/(mg/kg)	阳离子交换量CEC/(cmol/kg)	土壤母质 Parent material	剖面点坐标 Profile coordinate	匹配指数 Matching index/%
剖29	干旱土	棕钙土	棕钙土	棕钙土	耕种棕钙土	1	0—20	暗棕色	紧砂土	团粒状	8.5	6.5	0.44						5.2	砂岩、砂砾岩风化残积物	E 107°27′40.0″ N 39°04′37.9″	89
						2	20—70	棕色	砂壤土		8.5											
						3	70—130	黄棕色	轻壤土		8.7											
剖30	干旱土	棕钙土	淡棕钙土	淡棕钙土	耕种淡棕钙土	1	0—18	栗色	砂壤土	团粒状	9.6	10.5	0.78						1.1		E 107°17′14.6″ N 39°03′32.8″	83
						2	18—28	暗红色	中壤土	块状	9.5	9.7	0.63						1.0			
						3	28—100	红棕色	重壤土	块状	9.5											
						4	100—150	棕色	砂壤土		9.5											
剖31	干旱土	棕钙土	草甸棕钙土	砂化草甸棕钙土	严重砂化草甸棕钙土	2	30—50	灰棕色	砂壤土												E 107°22′22.2″ N 39°02′36.9″	70
						3	50—80	紫棕色	砂壤土													
						4	80—100	灰棕色	砂壤土													
						5	100—150	灰棕色	砂壤土	块状												
剖32	半水成土	草甸土	盐化草甸土	蓬松盐化草甸土	重度蓬松盐化草甸土	1	0—12	暗棕色	轻壤土												E 107°19′17.0″ N 39°01′45.2″	92
						2	12—33	褐色	砂土													
						3	33—75	灰黄色	砂土													
剖33	半水成土	草甸土	浅色草甸土	丘间洼地浅色草甸土	夹砂壤质浅色淤土	1	0—25	砂黄色	紧砂土		9.7	9.9	4.43				2.0	233	6.0	洪冲积物	E 107°26′26.2″ N 39°01′35.8″	87
						2	25—50	灰黄棕色	砂壤土		9.8											
						3	50—150	浅灰黄色	砂壤土		9.6											
剖34	干旱土	棕钙土	棕钙土	砂化棕钙土	中度砂化棕钙土	1	0—25		紧砂土		9.3	5.9	0.36					47	5.0	冲积物	E 107°31′46.2″ N 39°08′19.3″	86
						2	25—55	浅黄色	轻壤土		9.3								6.0			
						3	55—95	棕色	紧砂土		9.4								4.8	残积物		
剖35	半水成土	草甸土	浅色草甸土	丘间洼地浅色草甸土	壤底砂质浅色淤土	1	0—20	棕灰色	砂土												E 107°35′28.7″ N 39°07′00.8″	82
						2	20—50	棕灰色	砂土													
						3	50—60	灰黑色	壤土													
						4	60—70	灰色	砂土													
						5	70—120		砂壤土											洪冲积物、湖积物		
剖36	半水成土	草甸土	浅色草甸土	丘间洼地浅色草甸土	壤底砂质浅色淤土	1	0—49	浅棕黄色	轻壤土	块状	9.2									洪冲积物、湖积物	E 107°41′12.8″ N 39°03′59.0″	78
						2	49—98		砂壤土	块状	9.0								3.7			
剖37	半水成土	草甸土	盐化草甸土	蓬松盐化草甸土	中度蓬松盐化草甸土	1	0—8	浅棕黄色	砂壤土	块状	8.5	5.9	0.28							洪冲积物	E 107°32′40.2″ N 39°03′24.5″	93
						2	8—48	棕色	中壤土		9.6											
						3	48—73	浅棕色	中壤土		9.6											
						4	73—100	灰白色	砂壤土		9.9											
剖38	干旱土	棕钙土	棕钙土	砂化棕钙土	中度砂化棕钙土	1	0—22		砂壤土		9.2	9.1								残积物	E 107°32′36.6″ N 39°00′28.8″	87
						2	22—37	浅棕黄色	轻壤土		9.2								3.7			
						3	37—112		砂壤土		9.3								8.7			
						4	112—150		砂土		9.2											
剖39	干旱土	棕钙土	棕钙土	砂化棕钙土	砂质中层棕钙土	1	0—20	浅黄棕色	砂土											砂岩、砂砾岩风化残积物	E 107°38′27.2″ N 39°00′27.6″	91
						2	20—30	栗色	砂壤土													
						3	30—100	灰棕色	砂土													
剖40	钙层土	栗钙土	淡栗钙土	砂化淡栗钙土		1	0—35	浅黄色	砂壤土												E 107°59′23.3″ N 39°07′43.7″	97
						2	35—70	灰白色	砂土													
剖41	干旱土	棕钙土	棕钙土	砂化棕钙土	极严重砂化棕钙土	1	0—40	黄色	砂壤土											残积物	E 107°57′07.6″ N 39°05′02.8″	94
						2	40—55	浅棕色	砂壤土													
						3	55—60	棕色	砂壤土													

续表 Continued

剖面号 Soil profile	土纲 Soil order	土类 Soil great group	亚类 Soil subgroup	土属 Soil genus	土种 Soil species	土层码 Layer code	土层厚度 Depth/cm	颜色 Soil color	质地 Soil texture	土壤结构 Soil structure	pH	有机质 OM/(g/kg)	全氮 TN/(g/kg)	全磷 TP/(g/kg)	全钾 TK/(g/kg)	碱解氮 AN/(mg/kg)	有效磷 AP/(mg/kg)	速效钾 AK/(mg/kg)	阳离子交换量CEC/(cmol/kg)	土壤母质 Parent material	剖面点坐标 Profile coordinate	匹配指数 Matching index/%
剖42	干旱土	棕钙土	棕钙土	砂化棕钙土	中度砂化棕钙土	1	0—11	栗色	紧砂土		9.4	7.3	0.50						2.7	残积物	E 107°54′36.0″ N 39°02′13.6″	77
						2	11—85	栗色	紧砂土		9.3											
						3	85—150	棕灰色	轻壤土		8.9											
剖43	干旱土	棕钙土	棕钙土	棕钙土	壤质薄层棕钙土	1	0—6	浅棕色	砂壤土		8.7	3.7	0.39						0.7	砂岩、砂砾岩风化残积物	E 107°46′13.8″ N 39°01′49.8″	89
						2	6—28	红橙色	砂壤土		8.8		0.53									
						3	28—35	红橙色	砂土		8.8		0.36									
剖44	干旱土	棕钙土	淡棕钙土	砂化淡棕钙土	严重砂化淡棕钙土	1	0—25	棕黄色	砂壤土											残积物、风积物	E 106°59′41.3″ N 38°53′44.5″	83
						2	25—40	棕黄色	砂壤土	块状												
						3	40—100	白色	中壤土	块状												
						4	100—150	浅黄色	砂壤土	块状												
剖45	盐碱土	草甸盐土	草甸盐土	草甸盐土	蓬松盐土	1	0—5				8.7								4.5		E 107°10′27.5″ N 38°58′31.1″	73
						2	5—50				8.9											
剖46	干旱土	棕钙土	淡棕钙土	砂化淡棕钙土	轻度砂化淡棕钙土	1	0—10	浅紫色	松砂土		8.8	6.5	0.16	2.40	15.8	49			3.1	残积物	E 107°02′52.4″ N 38°54′48.6″	71
						2	10—35	紫色	紧砂土		8.6	3.8	0.36	0.26	15.8	18			3.6			
						3	35—106	紫色	砂壤土		8.6	3.8	0.32	0.26	17.1	25			3.1			
						4	106—153	浅紫色	砂壤土		8.7	1.9	0.26						1.3			
剖47	干旱土	棕钙土	淡棕钙土	砂化淡棕钙土	中度砂化淡棕钙土	1	0—15	浅黄色	砂土											残积物、风积物	E 107°03′31.3″ N 38°50′12.1″	82
						2	15—35	浅黄色	砂壤土	块状												
						3	35—70	浅黄色	砂壤土	块状												
						4	70—150	浅棕色	中壤土	块状												
剖48	盐碱土	草甸盐土	草甸盐土	草甸盐土	蓬松盐土	1	0—12	暗黄棕色	砂土												E 107°22′49.3″ N 38°58′57.6″	73
						2	12—25	棕黄色	砂壤土	块状												
						3	25—105	灰黄色	砂土													
剖49	半水成土	草甸土	盐化草甸土	蓬松盐化草甸土	重度蓬松盐化草甸土	1	0—15				9.5								2.0	洪冲积物	E 107°17′10.0″ N 38°58′32.2″	87
						2	15—80				9.1								5.5			
						3	80—150				9.0								7.9			
剖50	半水成土	草甸土	浅色草甸土	砂化浅色草甸土	中度砂化浅棕涤土	1	0—8		砂土											洪冲积物、湖积物	E 107°23′55.1″ N 38°55′47.9″	97
						2	8—50		砂壤土													
						3	50—90		砂土													
剖51	干旱土	棕钙土	棕钙土	砂化淡棕钙土	严重砂化棕钙土	1	0—40	棕色	紧砂土		9.5	1.8	0.13						2.2	残积物	E 107°27′44.3″ N 38°55′46.6″	75
						2	40—95	黄色	砂壤土		9.3											
剖52	干旱土	棕钙土	棕钙土	风蚀棕钙土		1	0—8	棕色	砂土												E 107°31′44.4″ N 38°58′34.7″	79
						2	8—15	黄色	砂壤土													
剖53	盐碱土	草甸盐土	盐化草甸土	黑盐化草甸土	重度黑盐化草甸土	1	0—12	浅紫色	砂壤土	粒状										湖积物、冲积物	E 107°43′35.8″ N 38°54′27.7″	72
						2	12—47	紫色	砂土	粒状												
						3	47—105	棕灰色	砂壤土	粒状												
剖54	盐碱土	草甸盐土	草甸盐土	草甸盐土	苏打盐土	1	0—2	棕色	砂土		10.2	5.3	0.31				12.0	330	0.8		E 107°33′41.4″ N 38°53′07.1″	83
						2	2—9	灰白色	轻壤土	块状	9.9	3.9	0.22				3.0	290	1.8			
						3	9—22	灰蓝色	砂土		9.0								0.8			
剖55	半水成土	草甸土	盐化草甸土	黑盐化草甸土	中度黑盐化草甸土	1	0—8		砂壤土											冲积物、湖积物	E 107°43′01.6″ N 38°52′29.3″	76
						2	8—33		砂壤土													
						3	33—150		松砂土													

续表 Continued

剖面号 Soil profile	土纲 Soil order	土类 Soil great group	亚类 Soil subgroup	土属 Soil genus	土种 Soil species	土层码 Layer code	土层厚度 Depth/ cm	颜色 Soil color	质地 Soil texture	土壤结构 Soil structure	pH	有机质 OM/ (g/kg)	全氮 TN/ (g/kg)	全磷 TP/ (g/kg)	全钾 TK/ (g/kg)	碱解氮 AN/ (mg/kg)	有效磷 AP/ (mg/kg)	速效钾 AK/ (mg/kg)	阳离子 交换量CEC/ (cmol/kg)	土壤母质 Parent material	剖面点坐标 Profile coordinate	匹配指数 Matching index/%
剖56	干旱土	棕钙土	棕钙土	棕钙土	砂质中层棕钙土	1	0—20		紧砂土		8.5	7.1	0.45						3.5		E 107°48′09.0″ N 38°59′45.2″	100
						2	20—80		轻壤土		8.7											
剖57	钙层土	栗钙土	淡栗钙土	侵蚀淡黄砂土	砂质淡黄砂土	1	0—40	紫棕色	紧砂土	块状	9.3	3.9	0.20	0.17	15.8	21			2.0	残积物	E 107°59′45.2″ N 38°54′06.1″	79
						2	40—150	暗红色	砂壤土		9.2			0.83	19.9	65						
剖58	半水成土	草甸土	盐化草甸土	蓬松盐土	中度蓬松盐化草甸土	1	0—30		中壤土		8.8	14.2	0.92				2.0	370	5.5	洪冲积物	E 107°47′41.6″ N 38°53′28.3″	100
						2	30—75		重壤土		8.5											
						3	75—150		中壤土		8.3											
剖59	干旱土	棕钙土	草甸棕钙土	草甸棕钙土	壤质草甸棕钙土	1	0—24	褐色	轻壤土												E 107°53′01.7″ N 38°53′26.9″	97
						2	24—46	褐色	砂壤土													
						3	46—79	褐色	砂壤土													
						4	79—93		砂壤土													
剖60	风沙土	流动风沙土	流动风沙土	流动风沙土	流动沙丘风沙土	1	0—100		紧砂土		9.4	2.0	0.11	0.20			1.0	73	3.0		E 106°50′40.2″ N 38°49′14.9″	80
剖61	初育土	棕钙土	淡棕钙土	砂化淡棕钙土	极严重砂化淡棕钙土	1	0—35	浅棕黄色	砂土											残积物、风积物	E 106°52′58.1″ N 38°49′00.5″	96
						2	35—57	棕黄色	砂壤土	块状												
						3	57—70	白色	中壤土	块状												
						4	70—100	浅黄色	砂壤土	块状												
剖62	干旱土	棕钙土	淡棕钙土	淡棕钙土	砂质中层淡棕钙土	1	0—23	暗红棕色	砂土												E 106°59′46.3″ N 38°46′51.6″	92
						2	23—100	暗红棕色	砂壤土	块状												
						3	100—															
剖63	干旱土	棕钙土	淡棕钙土	淡棕钙土	壤质薄层淡棕钙土	1	0—13		砂壤土		8.6	13.4	0.82	0.45	15.4	86			5.7		E 107°18′40.7″ N 38°46′17.8″	87
						2	13—58		砂壤土		8.9	7.8	0.20	0.38	13.0	45			6.0			
剖64	初育土	风沙土	固定风沙土	固定风沙土	固定沙地风沙土	1	0—20		紧砂土		8.7	6.1	0.47						5.2		E 107°27′47.5″ N 38°43′54.1″	77
						2	20—70		轻壤土		8.6						2.0	134	4.7			
						3	70—100		砂壤土		8.7								9.7			
						4	100—120		紧砂土		9.2								5.9			
剖65	干旱土	棕钙土	淡棕钙土	淡棕钙土	砂质中层淡棕钙土	1	0—10	浅棕色	紧砂土		9.4	5.2	0.33						3.2		E 107°21′39.6″ N 38°41′26.9″	87
						2	10—76	浅棕色	轻壤土		8.8											
						3	76—100	棕色	砂壤土		9.4											
剖66	干旱土	棕钙土	棕钙土	棕钙土	壤质薄层淡棕钙土	1	0—5	黄色	紧砂土		8.4	6.5	0.42						1.7	残积物	E 107°31′55.9″ N 38°45′39.2″	85
						2	5—30	灰黄色	砂土		8.9											
						3	30—79	黄色	砂土		9.1											
						4	79—105	浅黄色	砂土		9.4											
剖67	半水成土	草甸土	浅色草甸土	砂化浅色草甸土	严重砂化浅色淤土	1	0—25	灰黄色	砂土											洪冲积物、湖积物、风积物	E 107°49′48.4″ N 38°48′50.0″	86
						2	25—50	浅黄色	砂土													
						3	50—150	灰色	砂土													
剖68	半水成土	草甸土	浅色草甸土	砂化浅色草甸土	轻度砂化浅色淤土	1	0—6		砂壤土											洪冲积物、湖积物、风积物	E 107°47′29.8″ N 38°44′55.0″	75
						2	6—28		砂土													
						3	28—44		砂土													
						4	44—															
剖69	半水成土	草甸土	浅色草甸土	砂化浅色草甸土	极严重砂化浅色淤土	1	0—30	浅黄色	紧砂土		9.0	5.4	0.45						2.1	湖积物	E 107°50′50.3″ N 38°41′52.4″	79
						2	30—50	浅黄色	紧砂土		9.1											
						3	50—70	灰色	紧砂土		9.1											

续表 Continued

剖面号 Soil profile	土纲 Soil order	土类 Soil great group	亚类 Soil subgroup	土属 Soil genus	土种 Soil species	土层码 Layer code	土层厚度 Depth/cm	颜色 Soil color	质地 Soil texture	土壤结构 Soil structure	pH	有机质 OM/(g/kg)	全氮 TN/(g/kg)	全磷 TP/(g/kg)	全钾 TK/(g/kg)	碱解氮 AN/(mg/kg)	有效磷 AP/(mg/kg)	速效钾 AK/(mg/kg)	阳离子交换量CEC/(cmol/kg)	土壤母质 Parent material	剖面点坐标 Profile coordinate	匹配指数 Matching index/%
剖70	干旱土	棕钙土	棕钙土	棕钙土	壤质中层棕钙土	1	0-25		砂壤土		8.2	10.9	0.83				1.0	78	5.4	砂岩、砂砾岩风化残积物	E 108°01′43.9″ N 39°44′57.0″	98
						2	25-65		砂壤土		9.2								6.9			
						3	65-100		砂壤土		8.2											
						4	100-150		松砂土		8.4											
剖71	干旱土	棕钙土	棕钙土	棕钙土	壤质厚层棕钙土	1	0-10		砂壤土		8.7	7.1								砂岩、砂砾岩风化残积物	E 108°11′29.8″ N 39°40′28.9″	91
						2	10-46		砂壤土		9.2											
						3	46-60		砂壤土		9.2											
						4	60-150		紧砂土		9.5											
剖72	干旱土	棕钙土	棕钙土	棕钙土	壤质薄层棕钙土	1	0-15		砂壤土		9.5	10.1	0.73						4.2		E 108°13′36.8″ N 39°37′23.5″	78
						2	15-38		轻壤土		9.7	24.5										
剖73	干旱土	棕钙土	棕钙土	棕钙土	壤质中层棕钙土	1	0-36		砂壤土		8.9		0.71						6.6	砂岩、砂砾岩风化残积物	E 108°23′49.4″ N 39°37′32.7″	74
						2	36-54		砂壤土		8.8		0.74						6.7			
						3	54-80		松砂土		8.9		0.42						6.9			
剖74	干旱土	棕钙土	棕钙土	棕钙土	壤质中层棕钙土	1	0-32		轻壤土		8.8	12.1	0.73						4.6	砂岩、砂砾岩风化残积物	E 108°16′16.0″ N 39°35′16.8″	76
						2	32-72		松砂土		8.7	139.0	0.77						4.6			
						3	72-80		砂壤土		8.9	4.1	0.34						3.1			
剖75	干旱土	棕钙土	棕钙土	棕钙土	砂质薄层棕钙土	1	0-10	浅棕色	砂壤土		8.7	3.7	0.31						0.4	砂岩、砂砾岩风化残积物	E 108°20′42.4″ N 39°34′41.5″	100
						2	10-41	棕色	砂壤土		9.0	10.1	0.73						5.9			
						3	41-60	棕色	砂壤土		9.0	10.0	0.77						2.3			
						4	60-80		砂壤土		9.0	8.4	0.58						6.4			
剖76	钙层土	栗钙土	淡栗钙土	砂化淡栗钙土	中度砂钙淡栗土	1	0-10	暗黄色	砂土												E 108°26′23.3″ N 39°31′59.2″	94
						2	10-60	棕黄色	砂壤土	块状	8.8	4.1	0.29						4.1			
						3	60-70	白色	砂壤土	块状	8.6	7.6	0.49						4.9			
剖77	干旱土	棕钙土	棕钙土	砂化棕钙土	轻度砂钙棕钙土	1	0-9		松砂土		9.4	7.0	0.22						2.8	残积物	E 108°16′31.1″ N 39°30′02.9″	86
						2	9-36		紧砂土		8.9	5.5	0.21						2.1			
						3	36-73		砂壤土			2.2	0.18									
						4	73-115	浅黄色	砂壤土			5.1	0.26						4.3			
剖78	初育土	风沙土	半固定风沙土	半固定风沙土	半固定风丘沙土	1	0-60	灰色	紧砂土		8.4	4.3	0.30				2.0	104	2.5	残积物	E 108°30′45.2″ N 39°37′39.2″	91
						2	60-150		紧砂土		8.8						3.0	114				
剖79	钙层土	栗钙土	淡栗钙土	侵蚀淡黄砂土	砂质淡黄砂土	1	0-100		紧砂土		9.1	0.4							0.7	残积物	E 108°32′02.8″ N 39°33′49.3″	88
						2	100-150		紧砂土		9.1											
剖80	钙层土	栗钙土	淡栗钙土	侵蚀淡黄砂土	中度侵蚀淡黄砂土	1	0-14	灰棕色	砂壤土		9.1	6.9	0.57							残积物	E 108°40′41.5″ N 39°33′49.3″	74
						2	14-27		砂壤土		9.1											
剖81	钙层土	栗钙土	淡栗钙土	侵蚀淡黄砂土	中度侵蚀淡黄砂土	1	0-16	灰棕色	砂壤土		8.7	8.0	0.68							残积物	E 108°37′47.6″ N 39°33′32.4″	88
						2	16-28		砂壤土		8.7								4.0			
剖82	钙层土	栗钙土	淡栗钙土	侵蚀淡黄砂土	中度侵蚀淡黄砂土	1	0-14		砂壤土		9.2	4.2	0.28					70		残积物	E 108°37′28.9″ N 39°31′59.2″	79
						2	14-61				9.2						4.0	103				
						3	61-73				8.9						1.0	33				
剖83	初育土	风沙土	半固定风沙土	半固定风沙土	半固定风丘沙土	1	0-20		紧砂土		9.2			0.24			1.0			残积物	E 108°30′48.1″ N 39°31′50.1″	92
						2	20-50		紧砂土		9.0	3.4	0.22						4.0			
剖84	钙层土	栗钙土	淡栗钙土	侵蚀淡黄砂土	轻度侵蚀淡黄砂土	1	0-50		砂壤土		9.3									残积物	E 108°35′35.2″ N 39°30′07.9″	100
						2	50-90		砂壤土													

续表 Continued

剖面号 Soil profile	土纲 Soil order	土类 Soil great group	亚类 Soil subgroup	土属 Soil genus	土种 Soil species	土层码 Layer code	土层厚度 Depth/cm	颜色 Soil color	质地 Soil texture	土壤结构 Soil structure	pH	有机质 OM/(g/kg)	全氮 TN/(g/kg)	全磷 TP/(g/kg)	全钾 TK/(g/kg)	碱解氮 AN/(mg/kg)	有效磷 AP/(mg/kg)	速效钾 AK/(mg/kg)	阳离子交换量CEC/(cmol/kg)	土壤母质 Parent material	剖面点坐标 Profile coordinate	匹配指数 Matching index/%
剖85	干旱土	棕钙土	棕钙土	棕钙土	壤质中层棕钙土	1	0—20		砂壤土		9.4	8.4	0.49						2.2	砂岩、砂砾岩风化残积物	E 108°09′46.8″ N 39°29′26.5″	84
						2	20—80		砂壤土		9.4											
						3	80—130		紧砂土		9.4											
剖86	干旱土	棕钙土	棕钙土	棕钙土	壤质薄层棕钙土	1	0—13		砂壤土		9.5	9.9	0.76						4.5		E 108°06′43.2″ N 39°21′47.2″	93
						2	13—44		紧砂土		9.3											
剖87	水成土	沼泽土	草甸沼泽土	草甸沼泽土	厚层草甸沼泽土	1	0—25	灰棕色	砂壤土	块状	9.5	8.1	0.47						22.0		E 108°24′20.9″ N 39°28′25.7″	70
						2	25—83	褐色	中壤土	块状	9.3	29.0	3.61						5.2			
						3	83—97	棕灰色	砂壤土	块状	9.3	2.0	0.19						2.2			
						4	97—123	栗色	砂土		9.2	36.0										
剖88	钙层土	栗钙土	淡栗钙土	侵蚀淡黄砂土	中度侵蚀淡黄砂土	1	0—16				9.0	6.1	0.49						5.5	残积物	E 108°29′45.2″ N 39°26′03.8″	94
						2	16—43				9.4											
						3	43—64				9.0											
剖89	钙层土	栗钙土	淡栗钙土	砂化淡栗钙土	中度砂化淡栗钙土	1	0—20		中壤土		9.1	6.7	0.44						6.7		E 108°24′24.1″ N 39°25′32.9″	80
						2	20—100		紧砂土		9.2								3.5			
剖90	半水成土	草甸土	盐化草甸土	马尿盐化草甸土	重度马尿盐化草甸土	1	0—15	暗灰黄色	紧砂土	块状	8.9	21.9	2.17				2.0			湖积物	E 108°29′40.2″ N 39°22′39.7″	80
						2	15—19	浅栗色	重壤土	块状	8.7											
						3	19—59	棕黄色	轻壤土		9.2											
						4	59—125	浅黄灰色	轻壤土		8.6											
						5	125—135															
剖91	盐碱土	草甸盐土	草甸盐土	草甸盐土	苏打盐土	1	0—5		紧砂土		10.3	5.5							4.0		E 108°18′44.6″ N 39°20′08.5″	100
						2	5—10		砂壤土		10.3	8.4							3.9			
						3	10—20		砂壤土		10.1	12.7							4.2			
						4	20—50		砂壤土		10.0								4.3			
剖92	钙层土	栗钙土	淡栗钙土	侵蚀淡黄砂土	轻度侵蚀淡黄砂土	1	0—77		砂壤土		9.1	5.4	0.46						3.0	残积物	E 108°35′05.3″ N 39°21′45.0″	86
						2	77—97		砂壤土		9.1							123				
						3	97—143		砂壤土		9.5											
剖93	半水成土	草甸土	盐化草甸土	马尿盐化草甸土	中度马尿盐化草甸土	1	0—50	棕色	砂壤土		9.8						3.0	360		湖积物	E 108°45′42.2″ N 39°29′01.7″	87
						2	50—90		轻壤土		9.4						5.0					
剖94	半水成土	草甸土	盐化草甸土	马尿盐化草甸土	厚层草甸土	1	0—20	灰棕色	砂壤土	块状	9.3									湖积物、冲积物	E 108°47′21.7″ N 39°24′08.3″	81
						2	20—65	棕棕色	轻壤土		9.2											
						3	65—95		砂壤土		8.8	34.5	2.00	0.56			4.0	213	9.4			
						4	95—102		砂壤土		8.9			0.46			6.0	166				
剖95	水成土	沼泽土	草甸沼泽土	草甸沼泽土	厚层草甸沼泽土	1	0—40		砂土		8.8			0.16			3.0	33			E 108°52′12.4″ N 39°23′01.0″	76
						2	40—70	灰棕色	砂壤土													
						3	70—90	白色	砂壤土													
剖96	钙层土	栗钙土	淡栗钙土	砂化淡栗钙土	轻度砂化淡栗钙土	1	0—7	灰白色	砂土		9.1	9.3	0.45						3.5	残积物	E 108°00′41.4″ N 39°13′33.6″	98
						2	7—102	浅黄色	砂壤土		9.2	5.4	0.41						4.5			
						3	102—117	棕色	砂壤土													
						4	117—123	浅黄色	砂壤土													
剖97	钙层土	栗钙土	淡栗钙土	侵蚀淡黄砂土	轻度侵蚀淡黄砂土	1	0—15		砂壤土	块状	9.4										E 108°14′02.0″ N 39°12′32.0″	76
						2	15—60		砂壤土													
						3	60—100		砂壤土													

续表 Continued

剖面号 Soil profile	土纲 Soil order	土类 Soil great group	亚类 Soil subgroup	土属 Soil genus	土种 Soil species	土层码 Layer code	土层厚度 Depth/cm	颜色 Soil color	质地 Soil texture	土壤结构 Soil structure	pH	有机质 OM/(g/kg)	全氮 TN/(g/kg)	全磷 TP/(g/kg)	全钾 TK/(g/kg)	碱解氮 AN/(mg/kg)	有效磷 AP/(mg/kg)	速效钾 AK/(mg/kg)	阳离子交换量CEC/(cmol/kg)	土壤母质 Parent material	剖面点坐标 Profile coordinate	匹配指数 Matching index/%
剖98	水成土	沼泽土	草甸沼泽土	草甸沼泽土	厚层草甸沼泽土	1	0—37		砂壤土		8.9	3.3	0.25				2.0	205			E 108°03′56.5″ N 39°12′19.8″	82
						2	37—57		中壤土		9.1											
						3	57—120		中壤土		8.8											
剖99	钙层土	栗钙土	淡栗钙土	侵蚀淡黄	轻度侵蚀淡黄砂土	1	0—43		砂壤土		9.4	3.9	0.24				2.0	28	2.0	残积物	E 108°22′53.8″ N 39°19′23.2″	81
						2	43—95		中壤土		9.1	2.0	0.17				1.0	57	5.9			
						3	95—110		砂壤土		9.2						1.0	28				
剖100	初育土	风沙土	固定风沙土	固定风沙土	固定沙丘风沙土	1	0—52	黄褐色	砂土		8.9	7.0	4.14	0.34			3.0	91			E 108°19′28.9″ N 39°17′11.4″	85
						2	52—82				9.2						1.0	31				
						3	82—105				9.1						1.0	18				
剖101	半水成土	草甸土	盐化草甸土	马尿化草甸土	中度马尿盐化草甸土	1	0—15		中壤土		9.0	14.7	0.90				7.0	173			E 108°17′12.5″ N 39°14′31.6″	96
						2	15—50		中重壤土		9.3									冲积物		
						3	50—80		中壤土		9.3											
						4	80—150		轻砂壤土		9.2											
剖102	半水成土	草甸土	浅色草甸土	丘间洼地浅色草甸土	夹壤砂质浅色洼土	1	0—15		紧砂土		8.5	4.8	0.21				1.0	116		湖积物	E 108°19′09.8″ N 39°13′19.9″	71
						2	15—35		紧砂土		8.7											
						3	35—60		紧砂土		8.7											
						4	60—100		松砂土		8.4											
剖103	钙层土	栗钙土	淡栗钙土	侵蚀淡黄砂土	轻度侵蚀淡黄砂土	1	0—18				8.7	9.3	0.76	0.67	9.6	50	9.0	44	4.6	残积物	E 108°33′14.0″ N 39°18′58.3″	76
						2	18—30				8.3			0.43	16.1	29						
						3	30—43				8.7			0.68	16.3	26						
						4	43—82				8.5			0.48	14.0	35						
剖104	初育土	风沙土	流动风沙土	流动沙地	流动巴拉风沙土	1	0—80		紧砂土		8.7	2.8	0.17		17.1						E 108°41′41.6″ N 39°17′37.2″	71
						2	80—150		紧砂土		8.3	9.9	0.61									
剖105	初育土	风沙土	固定风沙土	固定沙地	固定沙地风沙土	1	0—10	浅黄色	砂土		9.2	4.5	0.31				2.0	545			E 108°34′16.3″ N 39°16′35.0″	76
						2	10—60	棕黄色	砂土		9.4											
剖106	半水成土	草甸土	盐化草甸土	黑盐化草甸土	轻度黑盐化草甸土	1	0—13		砂壤土		9.3	44.0	0.68	0.42			5.0	282	8.5	湖积物、冲积物	E 108°33′36.4″ N 39°13′58.8″	88
						2	13—29		砂壤土		9.3						2.0	151	2.1			
						3	29—44		砂壤土		8.4						4.0	116	1.5			
						4	44—90		砂壤土		9.0						1.0	173	3.0			
剖107	半水成土	草甸土	盐化草甸土	黑盐化草甸土	轻度黑盐化草甸土	1	0—10		砂壤土		9.2	7.1	0.40				1.0	122	3.0	湖积物、冲积物	E 108°02′53.9″ N 39°09′46.7″	98
						2	10—25		砂壤土		9.3								3.2			
						3	25—50		砂壤土		8.6											
						4	50—100		砂壤土		9.2											
剖108	初育土	风沙土	固定风沙土	固定沙丘风沙土	壤底砂质浅黄洼土	1	0—45		砂壤土		8.1	12.6	1.00				6.0	168		洪冲积物、湖积物	E 108°06′30.6″ N 39°07′56.6″	73
						2	45—72		砂壤土		9.5											
						3	72—90		砂壤土		9.5											
剖109	半水成土	草甸土	盐化草甸土	丘间洼地浅色草甸土	中度侵蚀淡黄砂土	1	0—25		砂壤土		8.9									残积物	E 108°02′37.9″ N 39°07′53.0″	71
						2	25—60		砂壤土										3.5			
						3	60—150		砂壤土													
剖110	钙层土	栗钙土	淡栗钙土	侵蚀淡黄砂土	侵蚀淡黄砂土	1	0—12	棕黄色	砂壤土		9.1	3.7	0.39							残积物	E 108°07′37.9″ N 39°03′05.4″	74
						2	12—95		砂壤土		9.1											
剖111	钙层土	栗钙土	淡栗钙土	侵蚀淡黄砂土	侵蚀淡黄砂土	1	0—15	暗栗色	砂壤土											残积物	E 108°14′28.7″ N 39°02′03.5″	87
剖112	半水成土	草甸土	盐化草甸土	马尿盐化草甸土		1	0—24	青灰色	砂土	块状										湖积物	E 108°06′37.8″ N 39°01′05.2″	90
						2	24—80															

续表 Continued

剖面号 Soil profile	土纲 Soil order	土类 Soil great group	亚类 Soil subgroup	土属 Soil genus	土种 Soil species	土层码 Layer code	土层厚度 Depth/cm	颜色 Soil color	质地 Soil texture	土壤结构 Soil structure	pH	有机质 OM/(g/kg)	全氮 TN/(g/kg)	全磷 TP/(g/kg)	全钾 TK/(g/kg)	碱解氮 AN/(mg/kg)	有效磷 AP/(mg/kg)	速效钾 AK/(mg/kg)	阳离子交换量CEC/(cmol/kg)	土壤母质 Parent material	剖面点坐标 Profile coordinate	匹配指数 Matching index/%
剖1113	钙层土	栗钙土	淡栗钙土	侵蚀淡黄砂土	中度侵蚀淡黄砂土	1	0—19		砂壤土		9.1	4.9	0.40						4.0	残积物	E 108°18′37.4″ N 39°05′26.9″	99
						2	19—45		轻壤土		9.0											
剖1114	半水成土	草甸土	浅色草甸土	丘间洼地浅色草甸土	壤底砂质浅色淤土	1	0—31		砂壤土		9.5	10.4	0.67	0.44	16.3	59	6.0	131	7.4	洪冲积物、湖积物	E 108°19′23.9″ N 39°00′56.5″	84
						2	31—64		中壤土		9.3			0.39	16.3	57			4.7			
						3	64—93		砂壤土		9.3			0.56	16.3	46			3.7			
						4	93—123		砂壤土		9.3											
剖1115	半水成土	草甸土	盐化草甸土	黑盐化草甸土	中度黑盐化草甸土	1	0—25	棕黄色	中壤土		8.3	7.9	0.42							冲积物、湖积物	E 108°30′36.0″ N 39°07′53.4″	82
						2	25—95	灰白色	轻壤土		8.3											
						3	95—120	棕黄色	黏土		8.2											
剖1116	钙层土	栗钙土	淡栗钙土	侵蚀淡黄砂土	轻度侵蚀淡黄砂土	1	0—25		砂壤土		9.1						1.0	71		残积物	E 108°03′55.1″ N 38°58′05.2″	87
						2	25—45		轻壤土		9.4	2.5		0.56	17.2	35			4.5			
						3	30—50		砂壤土		9.3			0.84	15.4	23						
						4	90—150		砂土													
剖1117	钙层土	栗钙土	砂化淡栗钙土	严重砂化淡栗钙土	1	0—20		砂壤土		8.5	5.0	0.32				2.0	37	4.2	残积物	E 108°01′40.4″ N 38°54′59.4″	77
						2	20—34		砂壤土		8.8											
						3	34—44		砂土		8.7											
剖1118	钙层土	栗钙土	淡栗钙土	侵蚀淡栗钙土	轻度侵蚀淡黄砂土	1	0—30		紧砂土		9.2	6.8	0.36							残积物	E 108°14′27.6″ N 38°50′30.5″	93
剖1119	初育土	风沙土	固定风沙土	固定风沙土	固定沙丘风沙土	1	0—150		紧砂土		8.9	8.8	0.49				9.0	175	2.7		E 108°22′16.0″ N 38°55′41.9″	82
剖1120	半水成土	草甸土	盐化草甸土	黑盐化草甸土	中度黑盐化草甸土	1	0—12		砂壤土		8.9								2.6	冲积物、湖积物	E 108°17′15.2″ N 38°56′03.4″	70
						2	12—47		砂壤土		9.0											
						3	47—105		砂壤土													
剖1121	半水成土	草甸土	盐化草甸土	黑盐化草甸土	轻度黑盐化草甸土	1	0—38	灰棕色	中壤土	块状	8.8	15.1	0.72			25			4.7	湖积物、冲积物	E 108°16′35.0″ N 38°54′08.6″	78
						2	38—58	灰白色	砂壤土		9.5											
						3	58—95	灰棕色	轻壤土													
剖1122	初育土	风沙土	流动风沙土	丘间洼地流动风沙土	流动沙丘风沙土	1	0—100		松砂土			1.1	0.07							洪冲积物、湖积物	E 108°01′09.8″ N 38°49′02.6″	83
剖1123	钙层土	栗钙土	淡栗钙土	砂化淡栗钙土	严重砂化淡栗钙土	1	0—30	浅黄色	砂土		9.4								2.5		E 108°06′35.3″ N 38°48′37.8″	94
						2	30—150	灰白色	砂土		9.3											
剖1124	半水成土	草甸土	浅色草甸土	丘间洼地浅色草甸土	砂质浅色淤土	1	0—25	浅黄色	砂壤土		9.4	6.7	3.71				1.0	43	4.4	残积物、风积物、湖积物	E 108°11′15.0″ N 38°47′17.9″	77
						2	25—50	灰白色	砂壤土		9.4								5.2			
						3	50—90	黄色	砂壤土		9.3											
剖1125	初育土	风沙土	固定风沙土	固定风沙土	固定沙丘风沙土	1	0—27		松砂土		8.8	2.3	0.14						2.5		E 108°09′18.4″ N 38°45′43.9″	94
						2	27—57		紧砂土		8.8								4.7			
剖1126	初育土	风沙土	固定风沙土	固定风沙土	固定沙丘风沙土	1	0—55		砂壤土		8.8	5.1	0.42	0.36	17.1	38			3.6		E 108°08′05.3″ N 38°40′00.1″	93
						2	55—96		砂壤土		8.8	8.8	0.40						4.1			
剖1127	半水成土	草甸土	盐化草甸土	黑盐化草甸土	中度黑盐化草甸土	1	0—15		紧砂土		9.3	3.7	0.19	0.38	15.0	21	2.0	180	2.3	冲积物、湖积物	E 108°24′08.5″ N 38°49′48.5″	81
						2	15—45		砂壤土		9.1			0.47	14.5	31						
						3	45—73		砂壤土		9.0			0.49	14.5	24						
剖1128	半水成土	草甸土	盐化草甸土	草甸沼泽土	薄层草甸沼泽土	1	0—20	棕黄色	紧砂土		8.9	33.1	1.97	0.62	11.5	34	3.0	63	4.0		E 108°27′05.8″ N 38°48′38.2″	76
剖1129	水成土	沼泽土				2	20—30	棕灰色	重壤土		9.0			0.57	10.5	272	3.0	113				87
						3	30—70	灰白色	重壤土		9.1			0.53	9.6	234						

续表 Continued

剖面号 Soil profile	土纲 Soil order	土类 Soil great group	亚类 Soil subgroup	土属 Soil genus	土种 Soil species	土层码 Layer code	土层厚度 Depth/cm	颜色 Soil color	质地 Soil texture	土壤结构 Soil structure	pH	有机质 OM/(g/kg)	全氮 TN/(g/kg)	全磷 TP/(g/kg)	全钾 TK/(g/kg)	碱解氮 AN/(mg/kg)	有效磷 AP/(mg/kg)	速效钾 AK/(mg/kg)	阳离子交换量CEC/(cmol/kg)	土壤母质 Parent material	剖面点坐标 Profile coordinate	匹配指数 Matching index/%
剖130	钙层土	栗钙土	淡栗钙土	侵蚀淡黄砂土	轻度侵蚀淡黄砂土	1	0–25				9.8		0.23	0.36			1.0	119		残积物	E 108°23′52.6″ N 38°46′43.1″	70
						2	25–85				9.6						2.0	57				
剖131	半水成土	草甸土	浅色草甸土	丘间洼地浅色草甸土	砂底灌质浅色淤土	1	0–40				9.7	8.9	0.33	0.30			4.0	128	2.7	湖相洪积物	E 108°19′49.1″ N 38°40′49.1″	90
						2	40–60				9.1			0.17			2.0	23				
						3	60–80				9.0			0.15			1.0	23				
剖132	初育土	风沙土	固定风沙土	固定风沙土	固定巴拉风沙土	1	0–50	灰黄色	砂土												E 108°11′48.0″ N 38°31′54.9″	93
						2	50–110	黄色	砂土													
						3	110–150	浅黄色	砂土													
剖133	初育土	风沙土	固定风沙土	固定风沙土	固定巴拉风沙土	1	0–20		紧砂土		9.1	13.2	0.86				3.0	63	2.0		E 108°20′03.9″ N 38°33′59.2″	92
						2	20–70		紧砂土		9.3	9.4	0.61				1.0	65				
剖134	盐碱土	草甸盐土	草甸盐土		黑盐土	1	0–13		砂壤土		9.2	17.0	0.92				1.0		4.1		E 108°15′50.0″ N 38°32′13.6″	73
						2	13–30		中壤土		9.2						1.0	250				
						3	30–51		轻壤土		9.1											
						4	51–88		中壤土		9.1											
						5	88–150		中壤土													
剖135	盐碱土	草甸盐土	草甸盐土		黑盐土	1	0–50		紧砂土		9.3	0.9	0.06				5.0	101	2.0		E 108°19′39.7″ N 38°31′48.0″	70
剖136	半水成土	草甸土	浅色草甸土	丘间洼地浅色草甸土	砂底灌质浅色淤土	1	0–20		砂壤土		9.4	5.2	0.35				1.0	105		湖相洪积物	E 108°24′47.8″ N 38°30′48.6″	99
						2	20–90		砂壤土		9.3											
						3	90–150		松砂土		9.2											

杭 锦 旗

主要土类说明

风沙土是杭锦旗主要土壤类型，占本旗地域面积的57%。风沙土发生于半干旱、干旱漠境地区及滨海地区，是在风沙移动堆积形成的多种形态的风沙沉积物上发育的初育土。由于成土时间短暂，该土壤无剖面发育，具C、（A）-C或A-C剖面构型，反映了风沙移动堆积与固定的不同阶段。

棕钙土是杭锦旗第二大土壤类型，占本旗地域面积的21%。自然植被主要为沙生针茅、戈壁针茅、狭叶锦鸡儿、毛刺锦鸡儿、沙蒿等。成土母质主要为残积物、坡积物和洪积物。成土过程为腐殖质累积过程和钙积过程。棕钙土剖面由腐殖质层、钙积层和母质层构成，剖面分化明显，层次过渡清晰。腐殖质层呈浅棕色，厚15—30cm，具碎块状结构。钙积层呈灰白色，平均厚度为25cm。本旗棕钙土分为棕钙土、淡棕钙土、草甸棕钙土等亚类。

灰漠土是杭锦旗第三大土壤类型，占本旗地域面积的7%。灰漠土主要分布在本旗西部的高平原和丘陵沟壑区。自然植被主要为四合木、霸王、珍珠柴、沙蒿等。成土母质主要为残积物、坡积物和洪积物。腐殖质层不明显，碳酸钙淋溶较弱，从表土开始就有较强的石灰反应，底土为积盐层，主要成分是可溶盐及石膏。

栗钙土占本旗地域面积的5%，主要分布在本旗东南部。自然植被主要为羊草、针茅、冷蒿、百里香等。成土母质主要为残积物和坡积物。成土过程为腐殖质累积过程和钙积过程。栗钙土剖面由腐殖质层、钙积层和母质层构成，剖面分化明显，层次过渡清晰。腐殖质层呈浅栗色或浅灰棕色，厚20—40cm。钙积层呈灰白色，出现在35—40cm深处，碳酸钙淀积形态以斑状、假菌丝状、层状为主。本旗栗钙土分为淡栗钙土、草甸栗钙土等亚类。

潮土占本旗地域面积的5%，广泛分布在沿滩地区及梁外地区冲沟两岸的河漫滩，低阶地和封闭洼地也有零星分布。自然植被主要为芨芨草、马蔺、寸草、委陵菜、芦苇、披碱草等。成土母质主要为河流冲积物和洪积物。由于地下水位经常随季节而变化，剖面中部处于氧化还原交替状态，出现大量的锈纹锈斑和铁锰结核，形成锈色斑纹层。

小于本旗地域面积3%的土壤类型有草甸盐土、粗骨土、灌淤土、新积土、沼泽土。

本区域中心区气候特征

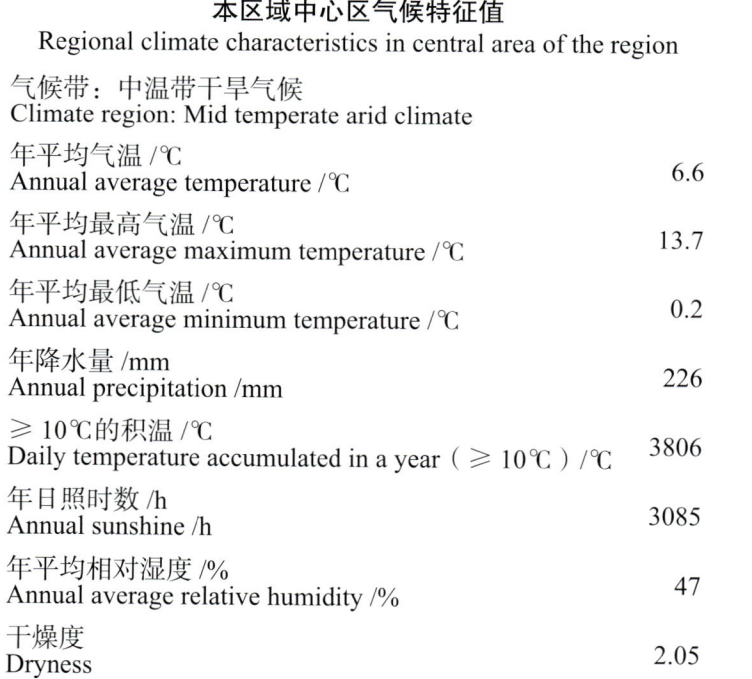

本区域中心区气候特征值
Regional climate characteristics in central area of the region

气候带：中温带干旱气候 Climate region: Mid temperate arid climate	
年平均气温 /℃ Annual average temperature /℃	6.6
年平均最高气温 /℃ Annual average maximum temperature /℃	13.7
年平均最低气温 /℃ Annual average minimum temperature /℃	0.2
年降水量 /mm Annual precipitation /mm	226
≥10℃的积温 /℃ Daily temperature accumulated in a year (≥10℃) /℃	3806
年日照时数 /h Annual sunshine /h	3085
年平均相对湿度 /% Annual average relative humidity /%	47
干燥度 Dryness	2.05

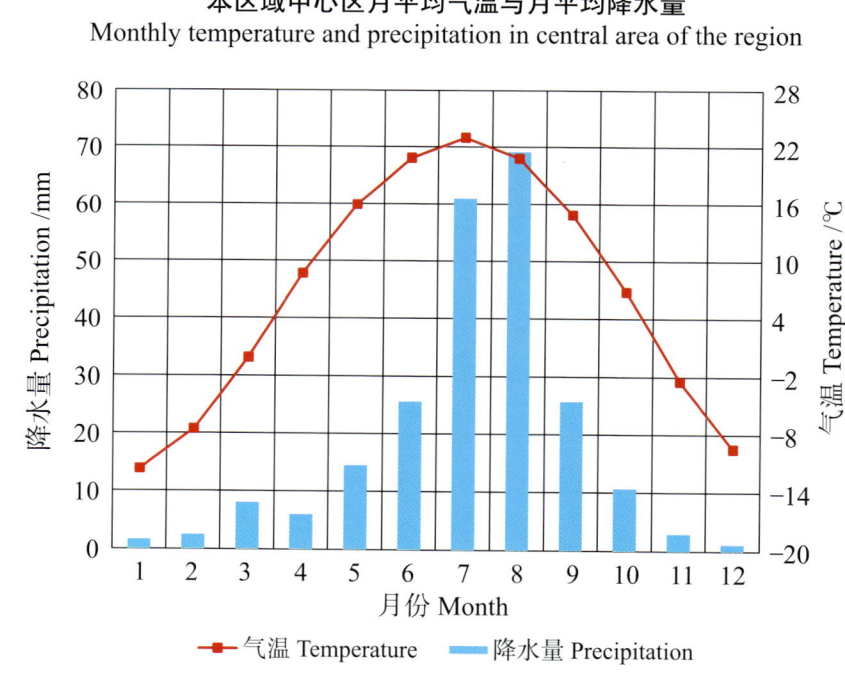

本区域中心区月平均气温与月平均降水量
Monthly temperature and precipitation in central area of the region

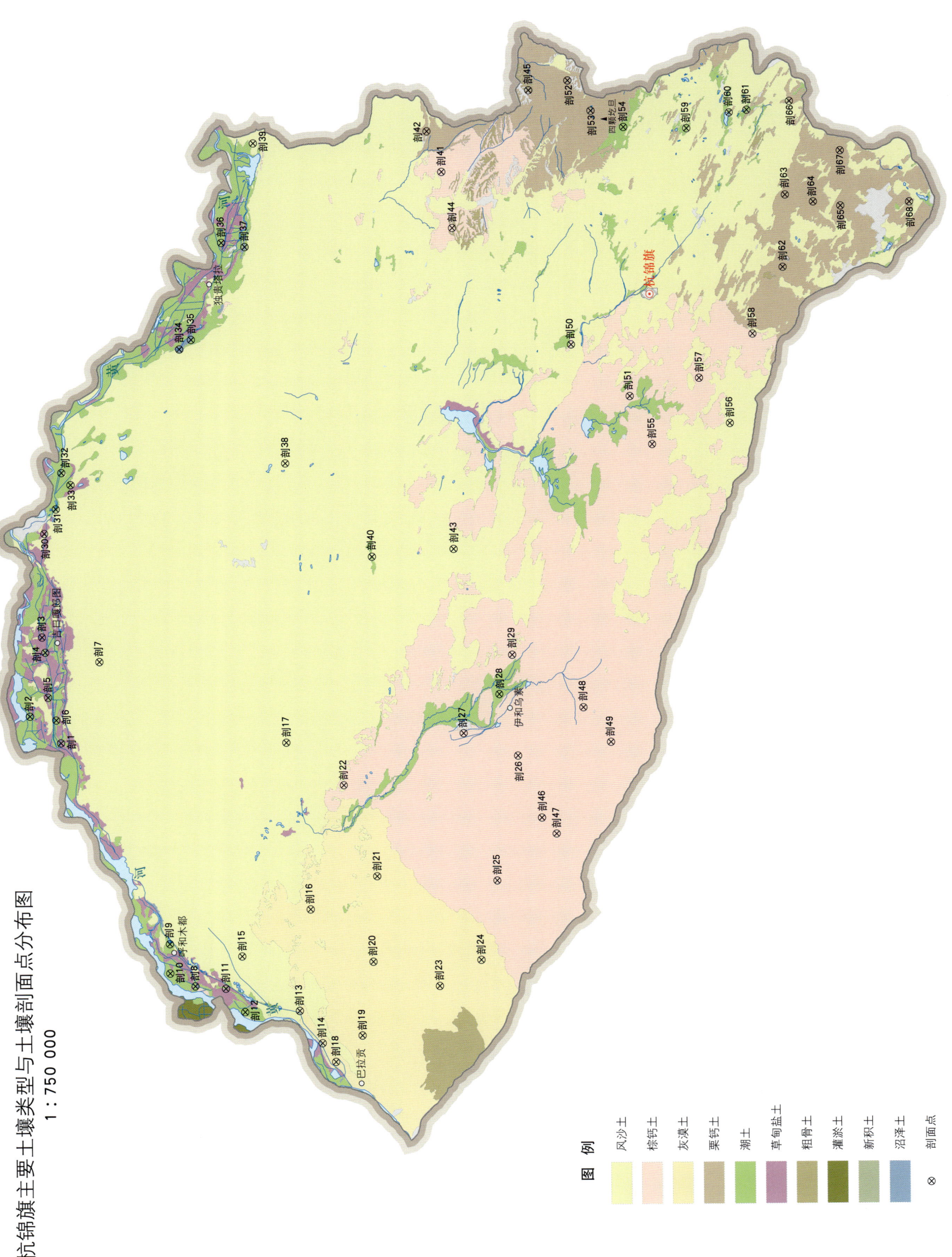

杭锦旗主要土壤类型与土壤剖面点分布图 1:750 000

杭锦旗土壤剖面理化性状表

剖面号 Soil profile	土纲 Soil order	土类 Soil great group	亚类 Soil subgroup	土属 Soil genus	土种 Soil species	土层码 Layer code	土层厚度 Depth/cm	颜色 Soil color	质地 Soil texture	土壤结构 Soil structure	pH	有机质 OM/(g/kg)	全氮 TN/(g/kg)	全磷 TP/(g/kg)	全钾 TK/(g/kg)	碱解氮 AN/(mg/kg)	有效磷 AP/(mg/kg)	速效钾 AK/(mg/kg)	阳离子交换量CEC/(cmol/kg)	土壤母质 Parent material	剖面点坐标 Profile coordinate	匹配指数 Matching index/%
剖1	盐碱土	草甸盐土	草甸盐土	氯化物草甸盐土	氯化物草甸盐土	1	0—16	褐色	中壤土	碎块状	9.1	15.6	0.34	1.46		46	31.0	260		洪冲积物	E 107°44′09.6″ N 40°46′50.2″	96
						2	16—27	紫色	重壤土	块状	8.2	9.7	0.38	1.52		33	26.0	280				
						3	27—150	浅棕黄色	轻壤土	碎块状	8.4	16.0	0.40	1.44		50	2.0	290				
						4	150—160				8.3	4.3	0.23	1.22		69	2.0	200				
						5	160—170				8.4	5.0	0.27	1.16		48	2.0	103				
						6	170—180				8.0	6.1	0.42	1.47		74	2.0	140				
剖2	半水成土	潮土	盐化潮土	冲积平原氯化物盐化潮土	重度氯化物盐化潮土	1	0—35	灰棕色	轻黏土	块状	8.0	12.4	0.67	1.46	22.9	91	9.0	395		洪冲积物	E 107°47′28.6″ N 40°49′57.5″	98
						2	35—60	暗灰棕色	轻黏土	块状	8.1	10.4	0.64	1.44	22.2	69	4.0	245				
						3	60—99	紫色	轻黏土	块状	7.9	10.1	0.60	1.37	22.2	69	4.0	203				
						4	99—100	灰黄色	轻壤土	粒状	7.8	8.1	0.45	1.40	21.1	66	4.0	143				
						5	100—120		紧砂土		8.5	1.4	0.03	0.71	16.0	21	2.0	140				
剖3	盐碱土	草甸盐土	草甸盐土	硫酸盐氯化物草甸盐土	硫酸盐氯化物草甸盐土	1	0—15	灰白色	中壤土	团块状	8.2									洪冲积物	E 107°57′38.5″ N 40°49′00.5″	94
						2	15—30	紫灰色	中壤土	团块状	8.5											
						3	30—45	紫灰色	轻壤土	块状	8.6											
						4	45—86	褐色	轻砂土	碎块状	8.2											
						5	86—140			碎块状	8.1											
剖4	半水成土	潮土	灌淤潮土	红泥	红泥	1	0—22	紫灰色	重壤土	团块状	8.0	10.5	0.66	1.45	22.9	77	4.0	225		洪冲积物	E 107°55′44.3″ N 40°48′38.5″	76
						2	22—95	紫灰色	重壤土	片状	7.9	12.2	0.72	1.46	20.7	85	9.0	253				
剖5	盐碱土	草甸盐土	草甸盐土	氯化物硫酸盐草甸盐土	氯化物硫酸盐草甸盐土	1	0—1	灰白色	中壤土	碎块状	7.6	12.4	0.49	1.21	13.7	111	13.0	163		洪冲积物	E 107°49′58.8″ N 40°48′13.3″	94
						2	1—20	灰白色	中壤土	块状	7.8	8.7	0.44	1.42	16.5	115	21.0	203				
						3	20—34	紫红色	重壤土	碎块状	8.0	8.0	0.47	1.52	17.4	84	19.0	195				
						4	34—50	紫红色	砂壤土	碎块状	8.0	5.0	0.79	1.40	18.4	78	5.0	193				
						5	50—76	灰黄色	砂壤土	碎块状	8.1	3.2	0.32	1.35	17.4	48	4.0	95				
剖6	半水成土	潮土	潮土	壤质潮土	壤质潮土	1	0—20	暗灰色	中壤土	块状	9.1	12.0	0.76	0.66		50	3.4	215	9.6	洪冲积物	E 107°47′06.4″ N 40°47′21.5″	97
						2	20—40	浅灰色	轻壤土	块状	8.9	16.0	0.87	0.70		91	2.4	187	4.2			
						3	40—70	褐色	砂壤土	单粒状	10.0	5.9	0.33	0.45		19	1.9	132	8.8			
剖7	初育土	风沙土	流动风沙土	流动巴拉风沙土	流动巴拉风沙土	1	0—20	棕灰色	砂土	无明显结构	7.9	2.4	0.08	0.98	16.3	21	2.0	55		风积物	E 107°54′45.4″ N 40°43′18.8″	95
						2	20—50	棕灰色	砂土	无明显结构	8.0	1.9	0.10	0.83	16.3	10	2.0	55				
						3	50—80	棕灰色	砂土	无明显结构	8.0	1.4	0.09	1.00	16.3	10	2.0	55				
剖8	半水成土	潮土	灌淤潮土	硬黄土	夹黏硬黄土	1	0—25	紫色	中壤土	块状	8.4	8.6	0.40	1.33	18.1	60	3.0	153		洪冲积物	E 107°13′38.3″ N 40°32′53.2″	95
						2	25—45	紫色	中黏土	碎块状	8.1	11.0	0.62	1.42	21.4	73	2.0	206				
						3	45—80	灰棕色	轻黏土	粒状	7.9	2.3	0.15	0.91	17.9	40	2.0	70				
						4	80—150	灰棕色	砂壤土	块状	8.0	1.9	0.10	0.83	14.4	27	1.0	43				
剖9	半水成土	潮土	灌淤潮土	两黄土	夹黏两黄土	1	0—25	灰棕色	轻黏土	块状	7.8	4.0	0.20	1.35		31	5.0	158		洪冲积物	E 107°18′52.2″ N 40°35′31.9″	70
						2	25—36	紫色	重黏土	块状	8.1	9.9	0.59	1.46		50	3.0	228				
						3	36—53	紫灰色	重黏土	块状	8.0	5.0	0.27	1.47		34	2.0	100				
						4	53—95	紫灰色	中壤土	块状	7.8	3.4	0.22	1.32		31	3.0	70				
						5	95—150	紫灰色	砂壤土	块状	8.0	4.3	0.24	1.20		60	3.0	75				
剖10	半水成土	潮土	灌淤潮土	沫尔土	砂底沫尔土	1	0—30	褐色	砂壤土	块状	8.3	4.7	3.02	0.98	17.5	21	1.0	43		洪冲积物	E 107°15′08.6″ N 40°35′24.1″	88
						2	30—50	褐色	砂壤土	块状	8.6	4.8	0.27	0.90	17.5	22	1.0	28				
						3	50—90	褐色	紧砂土	无明显结构	8.8	2.6	0.17	0.92	17.5	13	1.0	33				
						4	90—150	褐色	紧砂土	无明显结构	8.5	1.7	0.10	0.78	17.4	10	1.0	28				

续表 Continued

剖面号 Soil profile	土纲 Soil order	土类 Soil great group	亚类 Soil subgroup	土属 Soil genus	土种 Soil species	土层码 Layer code	土层厚度 Depth/cm	颜色 Soil color	质地 Soil texture	土壤结构 Soil structure	pH	有机质 OM/(g/kg)	全氮 TN/(g/kg)	全磷 TP/(g/kg)	全钾 TK/(g/kg)	碱解氮 AN/(mg/kg)	有效磷 AP/(mg/kg)	速效钾 AK/(mg/kg)	阳离子交换量CEC/(cmol/kg)	土壤母质 Parent material	剖面点坐标 Profile coordinate	匹配指数 Matching index/%
剖11	半水成土	潮土	灌淤潮土	两黄土	两黄土	1	0—20	棕灰色	轻壤土	块状	8.0	4.0	0.25	1.38	13.5	55	21.0	90		洪冲积物	E 107°13′28.9″ N 40°29′53.9″	71
						2	20—37	棕灰色	中壤土	块状	8.0	4.1	0.35	1.41	19.3	46	2.0	85				
						3	37—70	棕灰色	砂壤土	块状	8.1	2.9	0.21	1.27	18.5	59	2.0	70				
						4	70—150	棕灰色	轻壤土	块状	7.9	1.1	0.13	1.14	17.4	33	2.0	53				
剖12	半水成土	潮土	灌淤潮土	沫尔土	沫尔土	1	0—120	浅黄色	砂壤土	单粒状	9.3	6.6	0.25	1.04	17.5	23	20.0	565		洪冲积物	E 107°10′37.9″ N 40°27′56.2″	77
						2	120—150	暗黄色	轻壤土	块状	8.6	12.4	0.43	1.08	18.5	24	1.0	378				
剖13	漠土	灰漠土	草甸灰漠土	壤质草甸灰漠土	壤质草甸灰漠土	1	0—30	紫色	砂壤土	块状	8.4	4.4	0.40	1.00		21	1.0	63		残积物、坡积物	E 107°11′03.1″ N 40°22′34.7″	79
						2	30—150	暗棕红色	重壤土	粒状	8.3	5.8	0.50	1.35		31	1.0	148				
剖14	漠土	灰漠土	钙质灰漠土	砂化灰漠土	严重砂化灰漠土	1	0—30	棕灰色	砂壤土	粒状	8.1	2.4	0.08	0.75		21	2.0	43		残积物、坡积物	E 107°07′04.8″ N 40°20′13.6″	70
						2	30—39	浅棕红色	中壤土	无明显结构	7.9	4.0	0.24	0.91		34	5.0	130				
						3	39—61	棕灰色	紧砂土	无明显结构	8.0	2.4	0.05	0.66		15	1.0	22				
						4	61—73	紫色	轻壤土	块状	8.2	2.5	0.10	0.71		29	3.0	83				
						5	73—150	棕灰色	砂壤土	块状	7.9	2.0	0.05	0.71		22	2.0	65				
剖15	初育土	风沙土	固定风沙土	固定草甸风沙土	固定巴拉	1	0—15	棕灰色	粒土	无明显结构	7.8	5.4	0.23	1.38		27	5.0	230		风积物	E 107°17′38.4″ N 40°28′25.0″	94
						2	15—55	棕灰色	砂土	无明显结构	8.2	3.1	0.14	0.72		22	1.0	38				
						3	55—85	棕灰色	砂土	无明显结构	8.1	2.2	0.13	0.56		11	1.0	45				
						4	85—140	棕灰色	粗砂土	无明显结构	8.0	2.3	0.09	0.88		10	1.0	30				
剖16	漠土	灰漠土	钙质灰漠土	砂化灰漠土	轻度砂化灰漠土	1	0—5		松砂土	粒状	8.9	3.4	0.10	0.75		14	5.0	143		残积物、坡积物	E 107°23′54.2″ N 40°21′51.1″	75
						2	5—16	棕灰色	松砂土	碎块状	8.6	5.3	0.23	0.66		17	3.0	130				
						3	16—33	棕灰色	松砂土	碎块状	8.7	4.8	0.21			13	2.0	140				
						4	33—61		松砂土	粒状	8.7	1.7	0.11	0.40		4	1.0	73				
剖17	初育土	风沙土	流动风沙土	流动沙丘风沙土	流动沙丘	1	0—30	黄色	松砂土	粒状	9.0	1.5	0.06	0.46		4	3.0	93		风积物	E 107°45′09.7″ N 40°24′45.4″	99
						2	30—75	黄色	松砂土	粒状	9.0	1.6	0.03	0.46		9	3.0	88				
剖18	漠土	灰漠土	钙质灰漠土	洪积灰漠土	耕种灰漠土	1	0—15	红色	中壤土	块状	7.9	3.2	0.12	0.81		25	3.0	75		洪积物	E 107°04′46.6″ N 40°18′51.1″	98
						2	15—30	棕灰色	轻壤土	块状	8.0	3.8	0.23	0.91		59	2.0	150				
						3	30—50	棕灰色	轻壤土	碎块状	8.0	2.5	0.18	0.80		27	2.0	85				
						4	50—76	紫色	轻壤土	粒状	8.0	2.1	0.56	0.73		25	2.0	65				
						5	76—100	浅红色	紧砂土	无明显结构	7.9	2.0	0.08	0.66		18	1.0	30				
剖19	漠土	灰漠土	钙质灰漠土	砂砾岩类灰漠土	壤质残积灰漠土	1	0—8	浅黄色	砂壤土	粒状	8.8	4.6	0.15	0.55		17	2.0	143		砂砾岩残积物、坡积物	E 107°08′14.3″ N 40°16′20.3″	94
						2	8—20	暗红棕色	轻壤黏土	粒状	8.8	9.3	0.44	1.34		20	4.0	83				
						3	20—53	紫棕色	重壤土	片状	8.8	4.2	0.20	0.48		9	1.0	48				
						4	53—114	浅灰色	轻壤土	块状	9.1	4.7	0.22	0.57		14	2.0	50				
剖20	漠土	灰漠土	钙质灰漠土	砂砾岩类灰漠土	砂质残积灰漠土	1	0—15	棕灰色	轻壤土	块状	8.4	13.5	0.76	0.81		30	9.0	140		砂砾岩残积物、坡积物	E 107°17′33.7″ N 40°15′31.7″	71
						2	15—30	棕灰色	轻壤土	块状	9.3	3.6	0.20	0.76		7	1.0	35				
						3	30—58	棕灰色	紧砂土	块状	9.7	3.2	0.17	0.93		9	1.0	35				
剖21	漠土	灰漠土	钙质灰漠土	砂砾岩类灰漠土	中度砂化灰漠土	1	0—13		轻壤土	块状	8.9	4.0	0.23	0.78		25	6.0	78		残积物、坡积物	E 107°28′25.3″ N 40°15′26.3″	91
						2	13—25	暗红棕色	轻壤黏土	粒状	8.8	5.3	0.31	0.68		41	2.0	133				
						3	25—47	紫棕色	重壤土	块状	8.8	3.8	0.23	0.82		29	1.0	45				
						4	47—51	浅灰色	轻壤土	块状	8.8	4.0	0.22	0.85		33	1.0	65				
剖22	干旱土	棕钙土	淡棕钙土	砂砾岩类淡棕钙土	砾质残积淡棕钙土	1	0—5	棕灰色	紧砂土	粒状	8.8	4.0	0.23	0.78		25	6.0	78		砂砾岩残积物、坡积物	E 107°39′55.1″ N 40°18′59.0″	93
						2	5—27	紫色	紧砂土	粒状	8.8	5.3	0.31	0.68		41	2.0	133				
						3	27—46	灰棕色	砂壤土	粒状	8.8	3.8	0.23	0.82		29	1.0	45				
						4	46—72	灰白色	砂壤土	粒状	8.8	4.0	0.22	0.85		33	1.0	65				
剖23	漠土	灰漠土	钙质灰漠土	砂砾岩类灰漠土	砾质残积灰漠土	1	0—20	紫色	轻壤土	块状	9.2	8.1	0.48	0.85		97	2.0	113		砂砾岩残积物、坡积物	E 107°14′49.2″ N 40°08′56.8″	87
						2	20—50	紫棕色	中壤土	块状	9.4	10.6	0.68	0.99		84	2.0	138				
						3	50—135	灰黄色	中壤土	块状	9.1	7.7	0.44	1.01		48	2.0	100				

续表 Continued

剖面号 Soil profile	土纲 Soil order	土类 Soil great group	亚类 Soil subgroup	土属 Soil genus	土种 Soil species	土层码 Layer code	土层厚度 Depth/cm	颜色 Soil color	质地 Soil texture	土壤结构 Soil structure	pH	有机质 OM/(g/kg)	全氮 TN/(g/kg)	全磷 TP/(g/kg)	全钾 TK/(g/kg)	碱解氮 AN/(mg/kg)	有效磷 AP/(mg/kg)	速效钾 AK/(mg/kg)	阳离子交换量CEC/(cmol/kg)	土壤母质 Parent material	剖面点坐标 Profile coordinate	匹配指数 Matching index/%
剖24	漠土	灰漠土	钙质灰漠土	洪积灰漠土	砂质洪积灰漠土	1	0~2		砂壤土	片状	8.8	3.3	0.15	0.63		9	8.0	148		洪积物	E 107°18′16.9″ N 40°04′57.7″	85
						2	2~10		中壤土	块状	8.5	5.2	0.20	0.66		17	9.0	130				
						3	10~40		轻壤土	块状	8.8	6.9	0.33	0.95		20	6.0	160				
剖25	干旱土	棕钙土	淡棕钙土	砂砾岩类淡棕钙土	壤质薄层淡棕钙土	1	0~16	浅棕色	砂壤土	粒状	8.9	5.8	0.38	0.69		51	6.0	128		砂砾岩残积物、坡积物	E 107°28′24.6″ N 40°03′39.6″	74
						2	16~80	浅棕黄色	轻壤土	粒状	8.8	4.9	0.31	0.60		32	2.0	65				
剖26	干旱土	棕钙土	淡棕钙土	砂砾岩类淡棕钙土	壤质中层淡棕钙土	1	0~26	浅棕色	轻壤土	碎块状	9.0	7.8	0.52	0.84		71	2.0	143		砂砾岩残积物、坡积物	E 107°44′27.2″ N 40°01′59.9″	85
						2	26~72	紫棕色	砂壤土	粒状	9.0	4.6	0.28	0.60		27	2.0	55				
						3	72~103	紫棕色	砂壤土	粒状	9.0	4.2	0.19	0.64		42	4.0	50				
剖27	干旱土	棕钙土	淡棕钙土	砂砾岩类淡棕钙土	耕种淡棕钙土	1	0~20	紫棕色	砂壤土	粒状	9.3	8.9	0.21	0.66		54	9.0	143		砂砾岩残积物、坡积物	E 107°47′05.6″ N 40°07′24.2″	81
						2	20~68	紫棕色	砂壤土	粒状	9.4	5.3	0.32	0.51		33	2.0	115				
						3	68~90	紫棕色	轻黏土	粒状	9.3	3.6	0.17	0.44		30	2.0	35				
剖28	半水成土	潮土	盐化潮土	丘间洼地苏打盐化潮土	中度苏打盐化潮土	1	0~10	褐色	轻黏土	团块状												
						2	10~46	灰棕色	中壤土	块状												
						3	46~76	褐色	轻壤土	块状									3.0			
						4	76~140												11.5			
剖29	干旱土	棕钙土	棕钙土	砂化棕钙土	中度砂化棕钙土	1	0~20	暗棕黄色	砂土	粒状	8.6	1.0	0.16	0.23	18.6	11	2.9	34	11.5	洪积物	E 107°52′14.2″ N 40°04′00.5″	87
						2	20~50	灰黄色	轻壤土	碎块状	8.6	8.0	0.58	0.18	18.6	29	0.9	27				84
						3	50~70	暗红色	砂壤土	碎块状	8.5	1.3	0.33	0.20	24.7	23	0.5					
剖30	盐碱土	草甸盐土	苏打氯化物草甸盐土	苏打氯化物草甸盐土		1	0~33	灰白色	砂土	片状					19.5							
						2	33~54	浅黄色	重壤土	块状	8.2	4.8	0.30	1.46	18.3	78	2.0	155				
						3	54~77	暗黄色	重壤土	块状	8.2	5.9	0.82	1.30	18.3	80	22.0	195				75
						4	77~110	暗棕色	重黏土	块状	8.1	2.3	0.38	1.31	16.4	55	3.0	238		洪冲积物	E 108°10′54.1″ N 40°49′03.6″	
						5	110~140	棕灰色	中壤土	块状	8.1	2.9	0.48	1.13	18.4	62	2.0	93				
剖31	半水成土	潮土	灌淤潮土	冲积平原氯化物潮化土	犁体硬黄土	1	0~18	灰棕色	中壤土	块状	8.0	11.3	0.76	1.49	19.6	66	7.0	173		洪冲积物	E 108°14′05.2″ N 40°47′59.2″	80
						2	18~44	灰棕色	重黏土	块状	8.1	10.9	0.74	1.52	21.6	81	3.0	205				
						3	44~67	紫棕色	重黏土	块状	7.8	5.8	0.48	1.44	19.5	50	2.0	143				
						4	67~150	灰棕色	中壤土	块状	7.8	5.1	0.38	1.37	19.4	32	4.0	135				
剖32	半水成土	潮土	盐化潮土	冲积平原氯化物盐化潮土	薄层草甸氯化物盐化潮土	1	0~23	紫棕色	砂壤土	粒状	8.1	17.0	0.95	1.36	17.5	96	3.0	163		洪冲积物	E 108°18′46.3″ N 40°47′32.3″	79
						2	23~40	褐色	轻壤土	块状	8.1	4.3	0.28	1.33	17.2	45	2.0	80				
						3	40~50	灰黄色	重黏土	块状	8.1	8.1	0.57		22.7	74	3.0	220				
						4	50~64	棕灰色	轻壤土	块状	8.0			1.40	13.6			113				
剖33	水成土	沼泽土	草甸沼泽土	草甸沼泽土	深位埋藏泥炭沼泽土	1	0~15	栗色	中壤土	块状	8.0	46.5	2.61	1.40	13.6	304	10.0	113		洪冲积物	E 108°17′14.7″ N 40°46′36.6″	78
						2	15~31	棕色	轻壤土	块状	8.0	31.4	1.46	1.34	15.2	193	5.0	93				
						3	31~50	黑棕色	轻壤土	块状	7.9	33.3	2.23	1.40	18.7	207	1.0	125				
						4	50~66	黑色	轻壤土	块状	8.1		0.40	1.37	16.8	417	6.0	113				
剖34	水成土	沼泽土	泥炭沼泽土	埋藏泥炭沼泽土		1	0~10	棕灰色	砂壤土	块状	8.6	5.3	0.30	1.06	17.2	21	3.0	153		湖相洪积物	E 108°34′55.3″ N 40°36′17.2″	93
						2	10~20	灰棕色	轻壤土	块状	8.4	3.6	0.21	1.01	17.3	18	1.0	45				83
						3	20~40	紫棕色	重黏土	块状	8.1	11.4	0.72	1.43	24.4	50	6.0	223				
剖36	半水成土	潮土	灌淤潮土	沫尔土	夹黏沫尔土	1	0~20	棕灰色	砂壤土	块状	8.1	3.1	0.18	0.92	17.4	17	2.0	45		洪冲积物	E 108°48′39.7″ N 40°32′23.0″	93
						2	20~40															
						3	40~65															
						4	65~90															

续表 Continued

剖面号 Soil profile	土纲 Soil order	土类 Soil great group	亚类 Soil subgroup	土属 Soil genus	土种 Soil species	土层码 Layer code	土层厚度 Depth/cm	颜色 Soil color	质地 Soil texture	土壤结构 Soil structure	pH	有机质 OM/(g/kg)	全氮 TN/(g/kg)	全磷 TP/(g/kg)	全钾 TK/(g/kg)	碱解氮 AN/(mg/kg)	有效磷 AP/(mg/kg)	速效钾 AK/(mg/kg)	阳离子交换量CEC/(cmol/kg)	土壤母质 Parent material	剖面点坐标 Profile coordinate	匹配指数 Matching index/%
剖37	水成土	沼泽土	泥炭沼泽土	埋藏泥炭沼泽土	浅位埋藏泥炭沼泽土	1	0–21	暗黄色	中壤土	块状	8.3	47.5	2.65	1.34	13.6	289	10.0	168		湖相洪积物	E 108°48′11.5″ N 40°30′06.1″	86
						2	21–96	暗棕色	轻壤土	块状	8.2	56.6	2.41	1.35	16.6	375	5.0	98				
						3	96–142	暗棕棕色	中壤土	无明显结构	8.0	35.1	1.63	1.29	18.5	245	4.0	135				
剖38	初育土	风沙土	半固定风沙土	半固定草甸风沙土	半固定巴拉风沙土	1	0–25	棕灰色	砂土	无明显结构	8.1	2.4	0.14	0.92		10	2.0	78		风积物	E 108°20′46.3″ N 40°25′36.5″	72
						2	25–70	棕灰色	砂土	块状	8.2	3.3	0.19			13	1.0	75				
						3	70–150	紫灰色	砂壤土		8.1	4.7	0.29	1.00		22	1.0	38				
剖39	初育土	风沙土	固定风沙土	固定草甸风沙土	耕种风沙土	1	0–26	浅黄色	棕砂土	粒状										风积物	E 109°01′24.7″ N 40°29′28.9″	100
						2	26–70	暗黄色	紫砂土	粒状												
						3	70–150	棕黄色	砂壤土	粒状												
剖40	半水成土	潮土	盐化潮土	丘间洼地硫酸盐盐化潮土	轻度硫酸盐盐化潮土	1	0–25	灰棕色	重壤土	团块状	8.1	10.6	1.50	20.7	66	9.0	280			洪积物	E 108°09′09.0″ N 40°16′52.0″	95
						2	25–84	灰褐色	砂壤土	碎块状	7.9	3.5	1.27	17.5	21	3.0	125					
						3	84–130	紫灰色	中黏土	片状	8.0	3.8	1.27	13.5	20	4.0	108					
剖41	钙层土	棕钙土	棕钙土	砂化棕钙土	严重砂化棕钙土	1	0–26	浅棕灰色	砂壤土	粒状	8.5	4.4	0.33	0.30		24	1.0	56	9.1	残积物	E 108°58′16.7″ N 40°10′55.2″	81
						2	26–45	褐色	砂壤土	块状	8.5	5.9	0.42	0.34		26	0.9	39	11.6			
						3	45–75	暗黄色	砂壤土	块状	8.5	4.0	0.24	0.40		16	0.9	29	11.6			
						4	75–100	棕黄色	砂壤土		8.6	4.2	0.23				0.6	33				
剖42	干旱土	栗钙土	淡棕钙土	砂化淡栗钙土	严重砂化淡栗钙土	1	0–30	红棕色	砂土	单粒状	8.0	1.9	0.13	0.34		6	3.7	40	5.3	风积物	E 109°03′23.1″ N 40°12′27.4″	80
						2	30–60	灰棕色	砂壤土	单粒状	8.5	7.1	0.47	0.26		27	1.7	30	10.3			
						3	60–80															
剖43	初育土	风沙土	固定风沙土	固定沙丘	固定沙丘风沙土	1	0–20	浅黄色	松砂土	粒状	8.9	2.4	0.11	0.61		36	3.0	100	7.0	风积物	E 108°10′27.5″ N 40°08′53.5″	96
						2	20–150	黄色	松砂土	粒状	9.0	1.3	0.07	0.58		21	3.0	108	11.6			
剖44	干旱土	棕钙土	棕钙土	砂砾岩类棕钙土	壤质厚层棕钙土	1	0–51	紫棕层	轻壤土	块状	8.9	5.9	0.32	0.41		17	1.8	51		砂砾岩残积物	E 108°51′11.9″ N 40°09′46.1″	97
						2	51–83	浅棕黄色	轻壤土	块状	9.0	4.5	0.24	0.41		23	1.5	31				
剖45	初育土	粗骨土	钙质粗骨土	砂砾岩钙质粗骨土	坡砂质粗骨土	1	0–10	褐色	轻壤土	块状	8.6	7.2	0.49	0.41		28	1.5	49	11.6	砂砾岩残积物	E 109°08′50.0″ N 40°02′32.3″	79
						2	10–50	灰黄色	轻壤土	块状	8.5	4.4	0.70	0.31		12	0.7	25	28.4			
剖46	干旱土	棕钙土	草甸棕钙土	壤质棕钙土	耕种棕钙土	1	0–30	暗黄色	轻壤土	碎块状	9.3	6.9	0.35	0.44		27	1.6	96		洪积物	E 107°36′38.5″ N 39°59′28.3″	95
						2	30–53	暗黄色	轻壤土	碎块状	9.0	5.7	0.36	0.45		29	0.7	83				
						3	53–140	灰棕黄色	紧砂土	碎块状	9.2	3.4	0.21	0.60		55	0.7	36				
剖47	干旱土	棕钙土	草甸棕钙土	壤质棕钙土	壤质厚层棕钙土	1	0–25	浅黄色	轻壤土	块状	9.1	4.8	0.30	0.59		21	0.5	92		洪积物	E 107°34′40.8″ N 39°58′00.1″	87
						2	25–40	黄色	中壤土	块状	8.8	5.5	0.32	0.63		19	0.5	109				
						3	40–56	褐色	中壤土	块状	9.3	3.0	0.15			27	0.6	74				
						4	56–85	暗棕黄色	轻壤土	块状	9.6	4.4	0.23	0.59			0.7	90				
剖48	初育土	棕钙土	草甸棕钙土	砂砾岩类棕钙土	壤底砂质棕钙土	1	0–43	浅黄色	紧砂土	粒状	9.0	2.5	0.11	0.63		22	3.0	115		洪积物	E 109°08′50.0″ N 40°02′32.3″	91
						2	43–77	黄褐色	轻壤土	块状	8.5	4.5	0.20	0.84		26	3.0	93				
						3	77–100	褐色	中壤土	块状	8.4	6.1	0.31	1.33		26	4.0	138				
						4	100–150	褐色	中壤土	块状	8.7	6.9	0.31	1.27		29	5.0	118				
剖49	干旱土	棕钙土	淡棕钙土	砂化淡棕钙土	轻度砂化淡棕钙土	1	0–6	暗棕色	砂壤土	粒状	8.7	4.5	0.25	0.58		30	4.0	110		洪积物	E 107°50′55.7″ N 39°55′43.7″	86
						2	6–48	黄褐色	砂壤土	碎块状	8.8	8.5	0.55	0.92		41	2.0	85				
						3	48–100	褐色	砂壤土	碎块状	9.1	7.5	0.42	0.97		36	1.0	55				
剖50	干旱土	棕钙土	草甸棕钙土	砂质棕钙土	砂质薄层棕钙土	1	0–18	暗棕色	砂壤土	碎块状	8.5	3.9	0.23	0.37		21	2.3	123		洪积物	E 107°46′37.6″ N 39°52′55.9″	90
						2	18–84	棕黄色	中壤土	块状	8.5	3.1	0.22	0.46		18	0.6	113	17.8			
						3	84–100	灰白色	砂壤土	粒状	8.6	1.2	0.10				0.5	65	19.8			
剖51	干旱土	棕钙土	棕钙土	砂砾岩类棕钙土	壤质薄层棕钙土	1	0–17	黄棕色	砂壤土	单粒状	8.8	9.1	5.46	0.27		23	1.9	90		砂砾岩残积物、坡积物	E 108°36′46.1″ N 39°57′52.2″	72
						2	17–25	红黄色	砂壤土	单粒状	8.7	2.9	1.55	0.13		11	0.8	15				
						3	25–30	黄橙色	砾石土	单粒状												

续表 Continued

剖面号 Soil profile	土纲 Soil order	土类 Soil great group	亚类 Soil subgroup	土属 Soil genus	土种 Soil species	土层码 Layer code	土层厚度 Depth/cm	颜色 Soil color	质地 Soil texture	土壤结构 Soil structure	pH	有机质 OM/(g/kg)	全氮 TN/(g/kg)	全磷 TP/(g/kg)	全钾 TK/(g/kg)	碱解氮 AN/(mg/kg)	有效磷 AP/(mg/kg)	速效钾 AK/(mg/kg)	阳离子交换量CEC/(cmol/kg)	土壤母质 Parent material	剖面点坐标 Profile coordinate	匹配指数 Matching index/%
剖52	钙层土	栗钙土	草甸栗钙土	砂质洪淤土	砂质洪淤土	1	0–35	栗色	砂壤土	粒状	8.6	2.5	0.14	0.37		16	4.2	98	9.8	洪积物	E 109°10′11.3″ N 39°58′44.3″	96
						2	35–130	暗棕色	砂壤土	粒状	8.7	4.0	0.23	0.41		25	2.4	78	11.9			
剖53	钙层土	栗钙土	草甸栗钙土	砂质洪淤土	夹砂砂质洪淤土	1	0–29	浅栗色	砂壤土	粒状	8.7	3.8	0.23	0.26		21	5.5	63	8.9	洪积物	E 109°06′25.3″ N 39°56′24.1″	99
						2	29–55	栗色	砂壤土	块状	8.9	5.0	0.32	0.24		23	1.5	42	11.0			
						3	55–83	浅栗色	砂壤土	块状	8.9	4.8	0.30	0.24		25	2.1	46	12.2			
						4	83–98	褐棕色	砂壤土	粒状	8.8	4.1	0.20				0.9	36				
						5	98–120	紫灰色	轻黏土	块状	8.8	7.0	0.36				1.5	46				
剖54	半水成土	潮土	盐化潮土	丘间洼地苏打盐化潮土	轻度苏打盐化潮土	1	0–23	棕灰色	轻黏土	块状						32	2.7	83	6.7	洪积物	E 109°04′27.8″ N 39°53′10.7″	97
						2	23–75	灰棕色	中黏土	块状												
						3	75–150	棕灰色	砂壤土	粒状												
剖55	干旱土	棕钙土	棕钙土	砂砾岩类棕钙土	壤质中层棕钙土	1	0–23	棕灰色	砂壤土	块状	8.8	7.2	0.40	0.35		32	2.7	83	6.7	砂砾岩残积物、坡积物	E 108°24′29.5″ N 39°49′40.4″	76
						2	23–42	灰棕色	轻壤土	块状	8.8	6.1	0.35	0.45		20	1.1	36	12.0			
						3	42–70	黄褐色	砂壤土	块状	8.9	3.4	0.18	0.33		15	1.3	35	7.9			
剖56	初育土	风沙土	半固定风沙土	半固定沙丘沙土	半固定沙丘风沙土	1	0–20	暗黄色	松砂土	粒状	9.0	1.5	0.07	0.65		18	3.0	90		风积物	E 108°27′23.0″ N 39°42′06.0″	83
						2	20–150	浅黄色	粗砂土	粒状	9.1	1.0	0.09	0.63		20	3.0	90				
剖57	干旱土	棕钙土	棕钙土	砂砾岩类棕钙土	砂质中层棕钙土	1	0–6	暗棕色	紫黏土	粒状	9.1	4.9	0.36	0.87		46	5.0	230		砂砾岩残积物、坡积物	E 108°32′59.1″ N 39°45′13.7″	95
						2	6–44	浅棕色	紫黏土	粒状	8.9	4.9	0.34	0.71		38	1.0	225				
						3	44–80	紫红色	轻壤土	块状	8.8	6.8	0.38	0.92		59	1.0	50				
						4	80–140	紫灰色	砂壤土	碎块状	9.0	1.9	0.11	0.66		28	1.0	40				
剖58	干旱土	棕钙土	棕钙土	砂砾岩类棕钙土	耕种棕钙土	1	0–15	棕红色	松砂土	粒状	8.7	4.0	0.21	0.20		16	2.9	49	4.8	砂砾岩残积物、坡积物	E 108°38′43.1″ N 39°40′04.8″	88
						2	15–33	浅棕色	砂壤土	单粒状	8.8	5.0	0.31	0.22		18	1.6	18	7.7			
						3	33–56	暗红色	砂壤土	单粒状	8.6	1.1	0.05	0.07		4	0.9	15	7.7			
剖59	半水成土	潮土	潮土	壤质潮土	壤质潮土	1	0–20	浅棕色	轻壤土	块状	8.7	6.2	0.34	0.32		20	1.5	387	11.8	洪冲积物	E 109°04′28.6″ N 39°46′58.8″	98
						2	22–65	暗黄褐色	砂壤土	粒状	8.7	1.3	0.09	0.14		6	1.5	254	6.3			
						3	65–150	紫灰色	砂壤土	碎块状	8.8	2.9	0.17	0.35		12	0.8	191	5.9			
剖60	半水成土	潮土	潮土	壤质潮土	壤质潮土	1	0–17	暗黄色	紫壤土	粒状	8.6	4.4	0.22	0.76		30	2.0	233		洪积物	E 109°06′34.6″ N 39°42′50.0″	100
						2	17–35	暗黄色	松砂土	粒状	8.5	2.8	0.14	0.40		23	1.0	73	6.7			
						3	35–70	黄褐色	紫壤土	粒状	8.8	2.8	0.13	0.63		20	1.0	50				
剖61	半水成土	潮土	潮土	壤质潮土	壤质潮土	1	0–20	暗灰棕色	轻壤土	块状	8.9	24.0	1.23	0.49		89	2.4	136	16.9	洪冲积物	E 109°06′56.5″ N 39°41′05.6″	92
						2	20–50	棕灰色	砂壤土	块状	8.8	11.5	0.89	0.33		44	1.4	40	16.4			
						3	50–80	浅灰色	砂壤土	块状	8.5	5.3	0.36	0.22		32	0.7	33	12.7			
						4	80–100	浅灰色	砂壤土	碎块状	8.9	3.8	0.23				1.0	40				
剖62	干旱土	栗钙土	淡栗钙土	砂砾岩类淡栗钙土	中度风蚀淡黄砂土	1	0–18	浅灰棕色	砂壤土	碎块状	8.6	6.0	0.37	0.19		24	4.2	54	6.5	砂砾岩残积物、坡积物	E 108°47′15.0″ N 39°37′15.6″	76
						2	18–51	紫棕色	轻壤土	块状	8.5	9.1	0.57	0.21		36	2.2	20	14.7			
						3	51–70	灰白色	砂壤土	碎块状												
剖63	钙层土	栗钙土	淡栗钙土	砂砾岩类淡栗钙土	砾质淡黄砂土	1	0–18	棕色	砂壤土	块状	8.6	3.7	0.26	0.21		14	2.0	45	6.7	砂砾岩残积物、坡积物	E 108°56′22.6″ N 39°37′10.6″	93
						2	18–31	灰棕色	轻壤土	块状	8.6	5.2	0.38	0.19		23	1.8	43	8.9			
						3	31–42	紫灰色	轻壤土	块状	8.5	5.9	0.36	0.22		29	2.1	52	8.6			
						4	42–82	暗棕红色	轻壤土	块状	8.6	5.5	0.29	0.25		21	1.6	56	11.9			
						5	82–103	紫灰色	砂壤土	块状	8.6	3.4	0.21				1.5	91				
剖64	钙层土	栗钙土	草甸栗钙土	壤质洪淤土	壤质洪淤土	1	0–38	浅栗色	砂壤土	块状	8.8	4.9	0.31	0.45		22	2.0	94	9.5	洪积物	E 108°55′35.0″ N 39°34′24.6″	75
						2	38–66	栗色	轻壤土	块状	8.7	6.3	0.44	0.50		24	1.2	163	10.6			
						3	66–120	褐色	砂壤土	块状	8.7	5.1	0.29	0.53		19	1.3	179	9.8			
						4	120–142	灰黄色	轻壤土	块状	8.7	3.0	0.17				0.9	137				
						5	142–150	灰棕色	轻壤土	块状	8.8	7.1	0.40				1.4	211				

续表 Continued

剖面号 Soil profile	土纲 Soil order	土类 Soil great group	亚类 Soil subgroup	土属 Soil genus	土种 Soil species	土层码 Layer code	土层厚度 Depth/cm	颜色 Soil color	质地 Soil texture	土壤结构 Soil structure	pH	有机质 OM/(g/kg)	全氮 TN/(g/kg)	全磷 TP/(g/kg)	全钾 TK/(g/kg)	碱解氮 AN/(mg/kg)	有效磷 AP/(mg/kg)	速效钾 AK/(mg/kg)	阳离子交换量 CEC/(cmol/kg)	土壤母质 Parent material	剖面点坐标 Profile coordinate	匹配指数 Matching index/%
剖65	钙层土	栗钙土	淡栗钙土	砂砾岩类淡栗钙土	轻度风蚀淡黄砂土	1	0—33	灰棕色	砂壤土	碎块状	8.7	6.5	0.34	0.26		27	2.7	37	11.6	砂砾岩残积物，坡积物	E 108°55′09.1″ N 39°31′42.8″	73
						2	33—74	暗灰棕色	砂壤土	碎块状	8.6	3.6	0.21	0.39		18	0.7	24	13.9			
						3	74—110	紫灰色	轻壤土	碎块状	8.7	1.4	0.07				0.7	25	11.9			
剖66	钙层土	栗钙土	草甸栗钙土	砂质洪淤土	壤底砂质洪淤土	1	0—45	灰棕色	砂土	碎块状	8.7	4.0	0.20	0.25		11	2.7	84	15.7	洪积物	E 109°08′10.5″ N 39°36′56.5″	100
						2	45—80	棕灰色	轻壤土	碎块状	8.6	8.4	0.51	0.47		37	1.7	100				
						3	80—100	浅棕黄色	轻壤土	碎块状	8.5	3.2	0.22				2.0	116				
						4	100—150	灰棕色	砂壤土	碎块状	8.7	1.9	0.12				1.2	96	7.3			
剖67	钙层土	栗钙土	淡栗钙土	洪积淡栗钙土	轻度风蚀淡栗淤土	1	0—20	红棕色	轻壤土	碎块状	8.6	7.3	0.48	0.24		34	1.6	35	11.5	洪积物	E 109°02′04.5″ N 39°31′52.8″	98
						2	20—35	红棕色	轻壤土	碎块状	8.5	8.5	2.53	0.26		24	2.3	29	9.8			
						3	35—65	暗红棕色	轻壤土	碎块状	8.6	3.8	0.29	0.19		15	2.7	30				
						4	65—100	灰红色	砂壤土	单粒状	8.5	0.7	0.44				0.7	24				
剖68	钙层土	栗钙土	草甸栗钙土	壤质洪淤土	砂底壤质洪淤土	1	0—22	灰棕色	轻壤土	碎块状	10.0	12.7	0.60	0.44		49	4.3	249	12.9	洪积物	E 108°55′49.8″ N 39°24′58.0″	85
						2	22—60	紫灰色	轻壤土	碎块状	10.0	3.1	0.15	0.23		14	1.2	62	10.1			
						3	60—85	紫棕色	砂壤土	单粒状	10.0	1.5	0.10	0.43		13	0.5	24	9.3			

乌 审 旗

主要土类说明

 风沙土是乌审旗主要土壤类型，占本旗地域面积的77%。风沙土发生于半干旱、干旱漠境地区及滨海地区，是在风沙移动堆积形成的多种形态的风沙沉积物上发育的初育土。由于成土时间短暂，该土壤无剖面发育，具C、（A）-C或A-C剖面构型，反映了风沙移动堆积与固定的不同阶段。

 草甸土是乌审旗第二大土壤类型，占本旗地域面积的18%。草甸土分布在丘间洼地、丘间滩地、河谷阶地和河漫滩，地势比较平坦，土层深厚，是本旗各种土壤类型中肥力较高的农牧业用地。草甸土是在冷湿条件下，受地下水浸润并在草甸植被下发育形成的半水成土壤。成土母质多为冲积物、洪积物和湖积物。由于地下水位较高，植物生长旺盛，植被覆盖百分率也较高，自然植被主要为芨芨草、马蔺、委陵菜、芦苇、披碱草、稗草、小黎、蒲公英等。土壤中植物根系密布，且集中在表层，加上枯枝落叶大量积存，土壤水分充足，处于嫌气分解状态，有利于有机质累积，因此草甸土腐殖质层较厚，且含量也较高。由于地下水位经常随季节而变化，剖面中部处于氧化还原交替状态，旱季水位下降则处于氧化状态，雨季水位上升则处于还原状态，出现大量的锈纹锈斑和铁锰结核，形成锈色斑纹层。由于其成土过程直接受地下水影响，所以产生了附加盐化过程，特别是在低洼地及湖泊周围，可溶盐含量较高，形成不同程度的盐化草甸土，pH 为 8.7—9.2，盐分组成以碳酸盐和氯化物为主。草甸土剖面由腐殖质层、锈色斑纹层和潜育层构成，剖面分化较明显，其中锈色斑纹层是草甸土特有的层次。腐殖质层多呈灰色，一般厚 20—40cm，农田耕作层一般厚 20—35cm，具粒状至碎粒状结构。锈色斑纹层颜色较浅，以黄棕色居多，有明显的锈纹锈斑和铁锰结核，厚度不等，出现的范围也不一致，一般出现在 30cm 以下深处。潜育层呈灰蓝色或青灰色。根据腐殖质累积的地区差异和盐化特征，本旗草甸土分为灰色草甸土、盐化草甸土等亚类。

 小于本旗地域面积3%的土壤类型有栗钙土、草甸盐土、黄绵土、沼泽土。

本区域中心区气候特征

本区域中心区气候特征值
Regional climate characteristics in central area of the region

气候带：中温带亚干旱气候 Climate region: Mid temperate subarid climate	
年平均气温 /℃ Annual average temperature /℃	7.8
年平均最高气温 /℃ Annual average maximum temperature /℃	15.0
年平均最低气温 /℃ Annual average minimum temperature /℃	1.4
年降水量 /mm Annual precipitation /mm	324
≥10℃的积温 /℃ Daily temperature accumulated in a year（≥10℃）/℃	2911
年日照时数 /h Annual sunshine /h	2847
年平均相对湿度 /% Annual average relative humidity /%	52
干燥度 Dryness	1.40

本区域中心区月平均气温与月平均降水量
Monthly temperature and precipitation in central area of the region

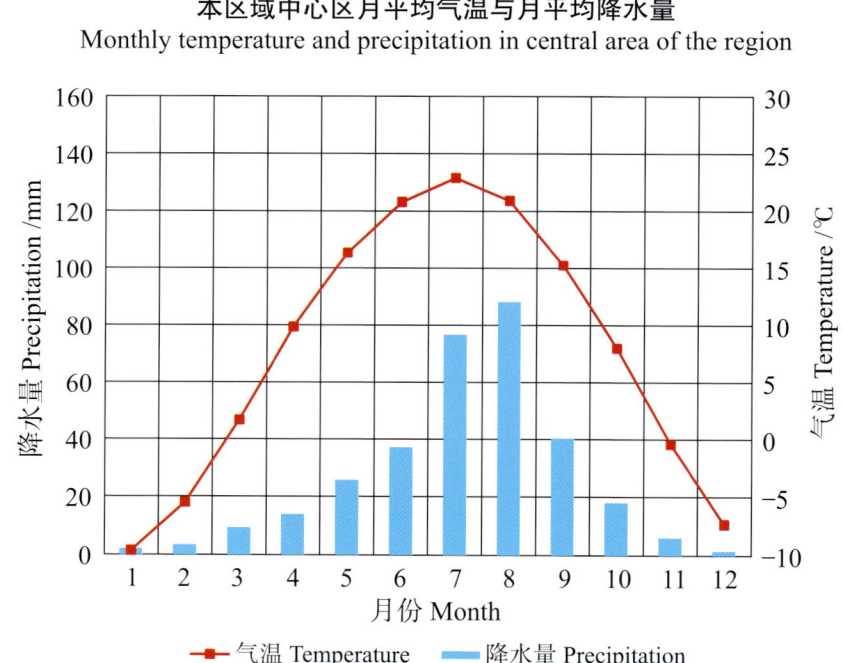

乌审旗主要土壤类型与土壤剖面点分布图
1:640 000

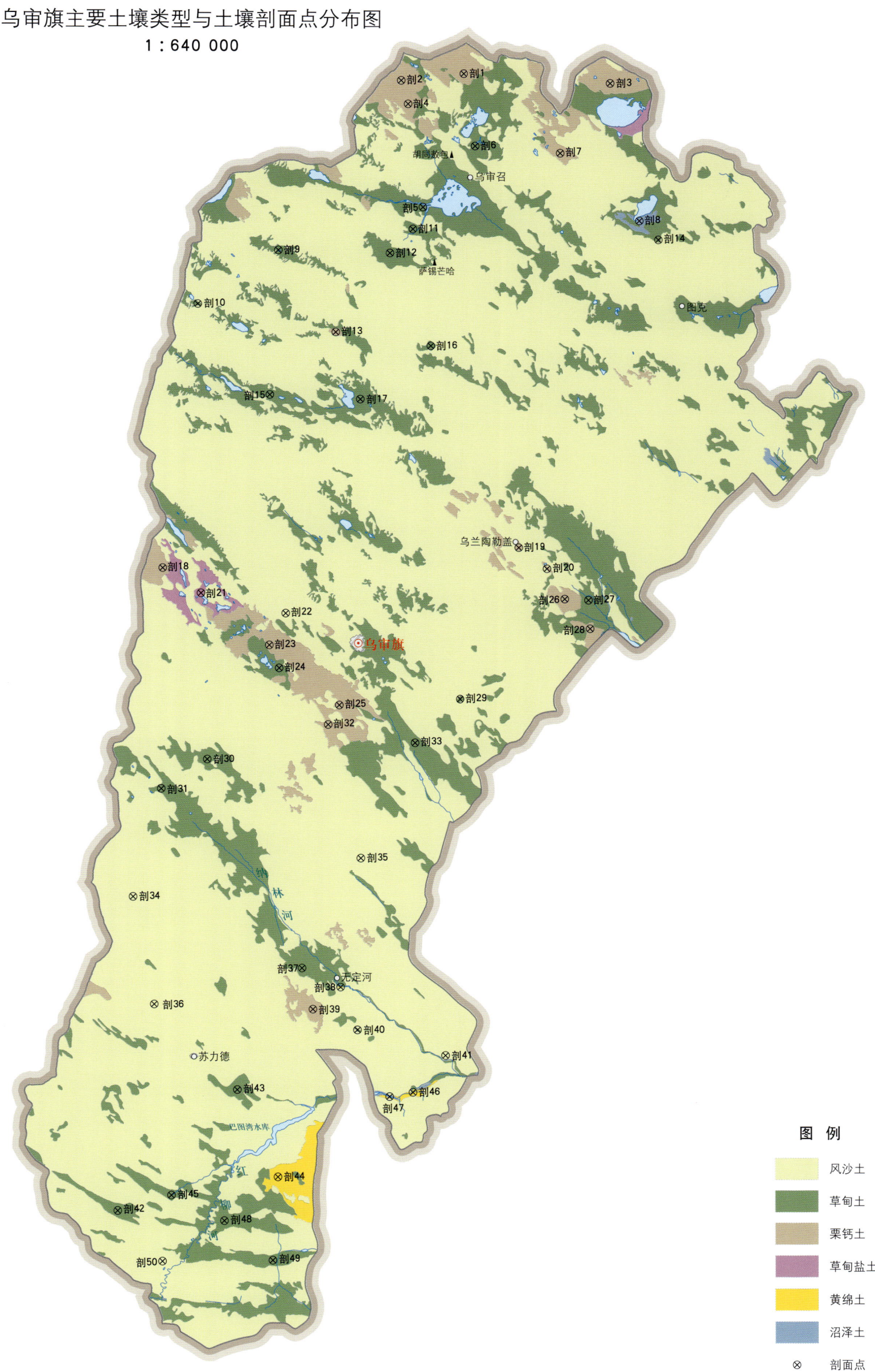

图 例
- 风沙土
- 草甸土
- 栗钙土
- 草甸盐土
- 黄绵土
- 沼泽土
- ⊗ 剖面点

乌审旗土壤剖面理化性状表

剖面号 Soil profile	土纲 Soil order	土类 Soil great group	亚类 Soil subgroup	土属 Soil genus	土种 Soil species	土层码 Layer code	土层厚度 Depth/cm	颜色 Soil color	质地 Soil texture	土壤结构 Soil structure	pH	有机质 OM/(g/kg)	全氮 TN/(g/kg)	全磷 TP/(g/kg)	碱解氮 AN/(mg/kg)	有效磷 AP/(mg/kg)	速效钾 AK/(mg/kg)	阳离子交换量 CEC/(cmol/kg)	土壤母质 Parent material	剖面点坐标 Profile coordinate	匹配指数 Matching index/%
剖1	钙层土	栗钙土	淡栗钙土	侵蚀淡黄砂土	中度侵蚀淡黄砂土	1	0—10	浅黄色	砂壤土	粒状	8.5	11.8	0.59	0.66	17	3.8	41	11.0	砂岩、页岩残积物	E 108°59′58.9″ N 39°21′26.7″	78
						2	10—40	白色	轻壤土	碎块状	8.5	6.4	0.61	0.39	21	13.0	23				
						3	40—80	黄色	砂土	无明显结构		1.4	0.16		14	0.5					
剖2	钙层土	栗钙土	淡栗钙土	侵蚀淡黄砂土	中度侵蚀淡黄栗砂土	1	0—18	浅红棕色	轻壤土	碎粒状	8.3	5.8	0.32	0.69	15	7.0	78	8.3	砂岩、页岩残积物	E 108°53′31.9″ N 39°20′47.8″	96
						2	18—40	暗棕红色	轻壤土	粒状	8.5	3.9	0.17	1.35	3	0.3	45	12.3			
						3	40—150	红棕色		片状											
剖3	钙层土	栗钙土	淡栗钙土	侵蚀淡黄砂土	砂质淡黄砂土	1	0—30	红棕色	砂土	粒状									砂岩、页岩残积物	E 109°15′10.2″ N 39°20′58.5″	94
						2	30—70	粉白色	中壤土	碎粒状											
						3	70—150	灰黄棕色													
剖4	钙层土	栗钙土	淡栗钙土	侵蚀淡黄砂土	轻度侵蚀淡黄砂土	1	0—20	浅栗色	砂壤土	粒状									砂岩、页岩残积物	E 108°54′19.1″ N 39°18′55.8″	70
						2	20—50	灰黄色	轻壤土	片状											
						3	50—150	灰黄绿色													
剖5	半水成土	草甸土	灰色草甸土	丘间洼地灰淀土	砂底砾质灰淀土	1	0—20	褐色	砂壤土	粒状	8.7	10.2	0.53	0.83	13	2.6	114	5.6	冲积物	E 108°56′05.6″ N 39°10′44.0″	94
						2	20—60	灰黄色	砂土	无明显结构		2.6	0.15	0.53	17	3.3	24	2.2			
						3	60—80	暗黄色	砂土	无明显结构		1.9	0.19		13	0.3	47				
剖6	半水成土	草甸土	盐化草甸土	丘间洼地黑盐化草甸土	中度黑盐化草甸土	1	0—30	灰棕色	砂土	粒状									洪积冲积物	E 109°01′22.1″ N 39°15′42.8″	70
						2	30—100	灰白色	砂壤土	粒状		8.0	0.52	0.88	35	4.3	341	3.5			
						3	100—110					14.1	0.45	0.54	30	0.6	55	5.4			
						4	110—120					6.8	0.41	0.60	18	0.5	240	7.4			
						5	120—130					4.2	0.37		46	5.1					
						6	130—140					3.0									
剖7	钙层土	栗钙土	淡栗钙土	侵蚀淡黄砂土		1	0—12	浅紫棕色	砂土	无明显结构	8.2		0.21	0.94	8	3.0	116	4.4	洪积冲积物	E 109°10′09.8″ N 39°15′18.4″	72
						2	12—150	暗红色	轻壤土	无明显结构											
剖8	沼泽土	泥炭沼泽土	埋藏泥炭沼泽土	埋藏泥炭沼泽土		1	0—35	暗棕灰色	轻壤土	块状	8.0	139.0	6.10	1.70	168	13.0	781	32.1	湖积物	E 109°18′29.5″ N 39°10′04.1″	87
						2	35—90	黑色	黏土	块状	8.0	45.3	2.08		137	4.4					
						3	90—150	黑色	轻壤土	片状	7.9	445.0	8.59		424	3.2					
剖9	草甸土	灰色草甸土	砂化灰淀土	轻度砂化灰淀土		1	0—10	浅黄色	松砂土	粒状	8.3	2.2	0.11	0.55	10	3.1	103	5.4	冲积物	E 108°41′15.7″ N 39°07′01.9″	81
						2	10—30	紫色	砂壤土	粒状	8.5	1.6	0.18	0.45	12	2.6	95	11.3			
						3	30—70	紫灰色	砂土	粒状		4.2	0.30		24	4.2					
						4	70—110	灰白色	砂土	粒状											
剖10	半水成土	草甸土	盐化草甸土	丘间洼地马尿盐化草甸土	重度马尿盐化草甸土	1	0—15	白色	砂土	无明显结构									洪积物	E 108°33′05.5″ N 39°02′33.7″	84
						2	15—35	灰黄色	轻壤土	碎块状											
						3	35—50	灰黄色	轻壤土	粒状											
						4	50—70	褐色	砂土	无明显结构											
剖11	半水成土	草甸土	灰色草甸土	丘间洼地灰淀土	夹砂壤质灰淀土	1	0—20	紫色	轻壤土	粒状	8.8	19.0	0.93	1.13	15	5.2	489	9.8	冲积物	E 108°55′06.6″ N 39°08′58.6″	83
						2	20—45	灰棕色	砂土	块状		3.3	0.13	0.47	16	4.9	44	4.8			
						3	45—100	灰黄色	中壤土	粒状		10.7	0.67		25	4.5	16				
剖12	半水成土	草甸土	灰色草甸土	丘间洼地灰淀土	夹砂质灰淀土	1	0—50	黄棕色	砂土	粒状	8.3	6.5	0.42	0.69	17	4.3	76	6.3	冲积物	E 108°52′48.7″ N 39°07′00.8″	81
						2	50—70	棕灰色	砂壤土	粒状		11.1	0.32		41	2.3	64				
						3	70—150	浅棕色	砂土	无明显结构		1.9	0.13		11	2.9					
剖13	钙层土	栗钙土	栗钙土	侵蚀黄砂土	强度侵蚀坡残石土	1	0—5	浅黄色	砂壤土	无明显结构									残积物	E 108°47′24.0″ N 39°00′35.6″	95
						2	5—20	灰黄色	砂壤土	粒状											
						3	20—150	灰黄色	砂壤土	粒状											

续表 Continued

剖面号 Soil profile	土纲 Soil order	土类 Soil great group	亚类 Soil subgroup	土属 Soil genus	土种 Soil species	土层码 Layer code	土层厚度 Depth/cm	颜色 Soil color	质地 Soil texture	土壤结构 Soil structure	pH	有机质 OM/(g/kg)	全氮 TN/(g/kg)	全磷 TP/(g/kg)	碱解氮 AN/(mg/kg)	有效磷 AP/(mg/kg)	速效钾 AK/(mg/kg)	阳离子交换量CEC/(cmol/kg)	土壤母质 Parent material	剖面点坐标 Profile coordinate	匹配指数 Matching index/%
剖14	半水成土	草甸土	灰色草甸土	丘间洼地灰淤土	砂质灰淤土	1	0—25	褐色	砂土	粒状	8.3	4.1	0.31	0.65	17	3.1	83	4.9	冲积物	E 109° 20′ 28.7″ N 39° 08′ 34.8″	70
						2	25—60	灰黄色	砂土	无明显结构		1.2	0.16	0.42	23	4.9	35				
						3	60—75	褐色	砂土	粒状		2.8	0.14		24	4.5	31				
剖15	半水成土	草甸土	盐化草甸土	丘间洼地黑盐淤土	轻度黑盐化草甸土	1	0—10	白色	轻壤土	片状									洪冲积物	E 108° 40′ 45.8″ N 38° 55′ 28.6″	86
						2	10—60	灰白色	中壤土	块状											
						3	60—80	浅灰色	中壤土	粒状											
						4	80—100	浅棕色	砂土	块状											
						5	100—150	浅灰色	砂土	无明显结构											
剖16	半水成土	草甸土	灰色草甸土	丘间洼地黑淤土	壤质黑淤土	1	0—50	灰黑色	中壤土	碎块状	8.7	93.4	4.51	0.99	149	3.5	64	2.4	湖积物	E 108° 57′ 14.0″ N 38° 59′ 40.2″	91
						2	50—90	黑色	轻壤土	块状		209.4	7.65		213	2.1	117				
						3	90—110	灰黄色	中壤土	块状		210.7	2.18		103	2.8					
剖17	半水成土	草甸土	盐化草甸土	丘间洼地马尿盐化草甸土	中度马尿盐化草甸土	1	0—20	灰黄色	砂土	粒状									洪冲积物	E 108° 50′ 05.6″ N 38° 55′ 17.4″	73
						2	20—30	灰白色	轻壤土	碎块状											
						3	30—60	暗灰色	砂土	粒状											
剖18	钙层土	栗钙土	栗钙土	侵蚀黄砂土	中度侵蚀黄砂土	1	0—15	栗色	砂壤土	粒状	8.3	13.1	0.90	0.71	25	2.5	54	19.1	残积物	E 108° 30′ 12.2″ N 38° 41′ 26.2″	94
						2	15—150	灰白色	中壤土	块状		5.0	0.35		24	1.5		20.0			
剖19	钙层土	栗钙土	栗钙土	侵蚀黄砂土	轻度侵蚀黄砂土	1	0—30	褐黄色	重壤土	块状		2.2	0.13		23	0.5			泥页岩	E 109° 06′ 34.2″ N 38° 43′ 54.1″	73
						2	30—100	紫色	重壤土	块状											
						3	100—150	紫色	紧壤土	粒状											
剖20	钙层土	栗钙土	草甸栗钙土	洪淤土	砂质洪淤土	1	0—140	褐黄色	砂壤土	块状	8.3	6.0	0.30	0.69	21	0.1	26	10.3	洪积物	E 109° 09′ 39.6″ N 38° 42′ 05.6″	78
						2	140—150	白色	轻壤土	粒状		4.5	0.30		27	0.3					
剖21	盐碱土	草甸盐土	草甸盐土	马尿盐土	氯化物苏打草甸盐土	1	0—5	紫棕色	轻壤土	粒状	8.8	11.5	0.48	1.29	62	61.0	283	5.9	洪冲积物	E 108° 34′ 30.0″ N 38° 38′ 52.8″	73
						2	5—20	浅灰色	重壤土	块状	8.7	6.5	0.37	0.98	18	18.2	229	4.4			
						3	20—50	浅灰色	中壤土	粒状		6.6	0.45	0.83	13	13.5	229	4.9			
						4	50—90					6.0	0.34		26	2.4	138				
剖22	初育土	风沙土	流动风沙土	流动沙丘风沙土	流动巴拉风沙土		0—150	棕黄色		无明显结构									风积物	E 108° 42′ 56.2″ N 38° 38′ 03.8″	99
剖23	钙层土	栗钙土	栗钙土	侵蚀黄砂土	轻度侵蚀黄砂土	1	0—40	褐色	砂壤土	粒状	8.3	5.1	0.30	0.65	18	2.3	50	6.3	残积砂岩	E 108° 41′ 20.0″ N 38° 35′ 29.0″	98
						2	40—70	浅红色	砂壤土	粒状	8.5	1.4	0.24		25	2.4	22				
						3	70—150	暗棕红色	砂壤土	片状	8.4	1.5	0.08		16	0.6					
剖24	半水成土	草甸土	灰色草甸土	洪淤土	黏质洪淤土	1	0—100	紫灰色	黏土	团块状	8.7	41.9	2.50	1.43	80	3.9	71	12.2	冲积物	E 108° 42′ 23.4″ N 38° 33′ 40.7″	78
						2	100—150	浅灰色	重壤土	块状		19.5	1.08		78	1.6					
剖25	钙层土	栗钙土	栗钙土	砂化栗钙土	壤质栗钙土	1	0—10	灰色	中壤土	块状									残积砂岩	E 108° 48′ 39.6″ N 38° 30′ 50.4″	77
						2	10—150	褐色	轻壤土	粒状	8.6	9.6	0.64	0.90	23	0.1	83	4.4			
剖26	钙层土	栗钙土	草甸栗钙土	洪淤土	壤质洪淤土	1	0—20	白色	轻壤土	碎粒状		1.2	0.13		15	0.1	83	8.9	洪积物	E 109° 11′ 31.2″ N 38° 39′ 42.1″	99
						2	20—50	灰黄色	轻壤土	碎块状		3.3	0.21		16	0.1	336	11.4			
						3	50—150	褐色	轻壤土	碎块状	8.8	6.5	0.25	0.73	31	22.8	152				
						4					8.8	2.7	0.24	0.48	9	14.4	224	6.7			
						5						3.1	0.12	0.47	8	2.6	132				
剖27	半水成土	草甸土	盐化草甸土	丘间洼地马尿盐化草甸土	轻度马尿盐化草甸土	1	0—5	浅黄棕色	砂土	粒状		4.3	0.22		9	1.6			冲积物	E 109° 13′ 57.2″ N 38° 39′ 38.7″	77
						2	5—20		砂壤土		8.5	4.9	0.29	0.51	19	0.1	98	5.4			
						3	75—	浅黄棕色	砂壤土	无明显结构		1.1	0.46		20	0.1	92				
剖28	钙层土	栗钙土	草甸栗钙土	洪淤土	砂底壤质洪淤土	1	0—50	褐色	紧砂土	粒状		2.2	0.13		27	0.3			洪积物	E 109° 14′ 11.2″ N 38° 37′ 22.0″	89
						2	50—85	黄棕色	砂壤土	粒状											
						3	85—100	灰黄色	砂壤土	粒状											
						4	100—150	黄色	紧砂土	无明显结构		1.1	0.28		11	3.0					

续表 Continued

剖面号 Soil profile	土纲 Soil order	土类 Soil great group	亚类 Soil subgroup	土属 Soil genus	土种 Soil species	土层码 Layer code	土层厚度 Depth/cm	颜色 Soil color	质地 Soil texture	土壤结构 Soil structure	pH	有机质 OM/(g/kg)	全氮 TN/(g/kg)	全磷 TP/(g/kg)	碱解氮 AN/(mg/kg)	有效磷 AP/(mg/kg)	速效钾 AK/(mg/kg)	阳离子交换量CEC/(cmol/kg)	土壤母质 Parent material	剖面点坐标 Profile coordinate	匹配指数 Matching index/%
剖29	半水成土	草甸土	灰色草甸土	丘间洼地黑垆土	壤底砂质黑淤土	1	0—33	灰黄棕色	砂土	无明显结构									湖积物	E 109°01′01.2″ N 38°31′31.1″	87
剖30	半水成土	草甸土	灰色草甸土	丘间洼地灰淤土	壤质灰淤土	1	0—50	褐色	中壤土	碎块状	8.9	7.5	0.49	0.55	24	2.2	56	15.2	冲积物	E 108°35′15.0″ N 38°26′16.1″	96
						2	50—100	浅棕黄色	中壤土	小粒状		2.7	0.23		18	7.2	50				
						3	100—130	棕灰色	中壤土	粒状		9.3	0.71		19	2.3					
剖31	半水成土	草甸土	灰色草甸土	丘间洼地灰淤土	壤底砂质灰淤土	1	0—20	浅黄棕色	轻壤土	粒状	8.4	4.2	0.26	0.56	18	4.8	144	2.9	冲积物	E 108°30′39.2″ N 38°26′23.8″	90
						2	20—75	灰黄色	砂壤土	粒状		4.3	0.32	0.60	40	4.5	27				
剖32	钙层土	栗钙土	砂化栗钙土		中度砂化栗钙土	1	0—18	灰棕色	砂土	无明显结构	8.3	3.4	0.15	0.65	13	0.3	341	2.7	残积物	E 108°47′34.1″ N 38°29′15.7″	78
						2	18—150	灰白色	轻壤土	块状		2.5	0.19		25	0.5	24	14.4			
剖33	半水成土	草甸土	盐化草甸土	丘间洼地蓬松盐化草甸土	轻度蓬松盐化盐甸土	1	0—5	白色	重壤土	块状									洪积物	E 108°56′29.4″ N 38°27′58.0″	100
						2	5—10	灰白色													
						3	10—20	暗黄色	砂壤土	无明显结构	8.9	6.0	0.56	7.33	28	17.3	191				
						4	20—50				9.1	4.4	0.21	0.88	24	11.2	114				
						5	50—80				9.0	5.0	0.52	1.33	18	6.3	105				
						6	80—100				8.8	4.3	0.22		10	5.7	65				
						7	100—130														
剖34	初育土	风沙土	固定风沙土	固定沙丘风沙土	固定巴拉风沙土	1	0—20		紧砂土	无明显结构		5.2	0.35	0.70	12	4.1	55	4.5	风积物	E 108°28′02.3″ N 38°15′04.7″	82
						2	20—150		紧砂土	无明显结构		2.2	0.30		24	0.9					
剖35	初育土	风沙土	半固定风沙土	半固定沙丘风沙土	半固定沙丘风沙土	1	0—20	暗黄色	砂土	无明显结构									风积物	E 108°51′11.9″ N 38°18′37.8″	91
						2	20—150	浅黄色	砂土	无明显结构											
剖36	初育土	风沙土	固定风沙土	固定沙丘风沙土	固定沙丘风沙土	1	0—26	黄棕色	紧砂土	粒状		8.7	0.62	0.88	18	2.8	81	5.9	风积物	E 108°30′28.4″ N 38°06′29.9″	97
						2	26—150	浅黄色	砂土	无明显结构		1.1	0.15		23	1.5					
剖37	半水成土	草甸土	灰色草甸土	砂化灰淤土	中度砂化灰淤土	1	0—20	棕灰色	紧砂土	块状	8.2	2.8	0.11	0.42	17	4.8	149	4.4	洪冲积物	E 108°45′26.6″ N 38°09′40.7″	86
						2	20—60	棕灰色	紧砂土	粒状		15.7	0.61	0.81	21	2.6	159	10.3			
						3	60—100	暗黄色	砂壤土	粒状		4.4	0.37		18	0.1					
剖38	初育土	黄绵土	黄绵土	黄土	轻度侵蚀黄土	1	0—60	紫棕色	轻壤土	柱状	8.3	2.5	0.14	0.56	8	1.5	41	7.3	黄土	E 108°49′24.2″ N 38°08′12.1″	87
						2	60—150	紫棕色	砂壤土	粒状	8.7	2.1	0.24		23	3.4					
剖39	栗钙土	栗钙土	变质栗钙土	变质栗钙土	变质栗钙土	1	0—20	灰棕色	紧砂土	粒状	8.2	6.5	0.48	0.64	18	0.3	85	11.8	风积物	E 108°46′39.0″ N 38°06′23.0″	88
						2	20—150	暗黄棕色	紧砂土	粒状		1.9	0.11	0.33	14	0.1	25				
剖40	半水成土	草甸土	灰色草甸土	脱潜育灰淤土	壤底砂质脱淤土	1	0—20	灰灰棕色	轻壤土	粒状	8.6	3.7	0.31	0.81	23	4.7	105	1.7	洪冲积物	E 108°51′12.6″ N 38°04′49.8″	72
						2	20—95	褐色	紧砂土	碎块状		1.7	0.09		39	1.7	62				
						3	95—150	黄色	砂土	无明显结构		1.1	0.06		29	0.1					
剖41	初育土	黄绵土	流动风沙土	流动沙丘风沙土	流动沙丘风沙土	1	0—15		松砂土			2.5	0.11	0.65	4	2.1	40	3.0	黄土	E 109°00′12.2″ N 38°02′57.1″	91
						2	15—20		松砂土			0.4	0.07		20	2.7					
剖42	半水成土	草甸土	灰色草甸土	黏底壤质灰淤土	黏底壤质灰淤土	1	0—20	暗黄棕色	砂壤土	碎粒状	8.6	32.9	1.66	1.09	40	4.3	218	5.4	风积物	E 108°27′15.8″ N 37°50′05.6″	85
						2	20—90	灰灰棕色	黏土	块状		25.2	1.21		89	4.3	34				
						3	90—150	暗灰棕色	砂土	粒状		4.3	0.17		31	3.4					
剖43	半水成土	草甸土	灰色草甸土	丘间洼地黑垆土	黏底壤质黑淤土	1	0—26	灰棕色	中壤土	团块状		28.7	1.59	1.38	33	3.1	180	15.2	冲积物	E 108°39′07.2″ N 37°59′53.5″	81
						2	26—70	浅灰色	重壤土	块状		25.6	1.47	0.55	111	1.5	72				
						3	70—150	棕灰色	重壤土	粒状		51.1	1.58		107	2.7					
剖44	初育土	黄绵土	黄绵土	黄土	中度侵蚀黄土	1	0—20	浅黄橙色	轻壤土	粒状		2.2	0.14	0.84	12	2.4	76	12.3	湖积物	E 108°43′27.1″ N 37°53′03.1″	96
						2	20—150	黄橙色	中壤土	片状	8.0	2.2	0.24		46	0.7					

续表 Continued

剖面号 Soil profile	土纲 Soil order	土类 Soil great group	亚类 Soil subgroup	土属 Soil genus	土种 Soil species	土层码 Layer code	土层厚度 Depth/cm	颜色 Soil color	质地 Soil texture	土壤结构 Soil structure	pH	有机质 OM/(g/kg)	全氮 TN/(g/kg)	全磷 TP/(g/kg)	碱解氮 AN/(mg/kg)	有效磷 AP/(mg/kg)	速效钾 AK/(mg/kg)	阳离子交换量 CEC/(cmol/kg)	土壤母质 Parent material	剖面点坐标 Profile coordinate	匹配指数 Matching index/%
剖45	半水成土	草甸土	灰色草甸土	脱潜育灰淤土	壤质脱灰淤土	1	0—25	褐灰色	砂壤土	粒状	8.5	8.6	0.64	1.04	25	2.2	170	10.8	洪冲积物	E 108°32′41.3″ N 37°51′24.8″	84
						2	25—150	棕黄色	轻壤土	团粒状		8.7	0.63		22	1.2	95				
剖46	初育土	黄绵土	黄绵土	黄绵土	厚层黄绵土	1	0—50	黄色	砂壤土	粒状	8.5	12.0	0.52	1.35	14	14.4	126	9.0	黄土状母质	E 108°56′59.3″ N 37°59′58.9″	84
						2	50—150	紫色	砂壤土	梭柱状		3.7	0.38		23	3.3					
剖47	水成土	沼泽土	草甸沼泽土	草甸沼泽土	薄层草甸沼泽土	1	0—10	暗灰黄色	砂壤土	粒状	8.7	5.4	0.35	0.98	20	3.0	97	3.5	洪积物	E 108°54′37.7″ N 37°59′36.3″	91
						2	10—35	褐灰色	砂壤土	粒状		2.0	0.14	0.80	12	2.4	35	8.0			
剖48	半水成土	草甸土	灰色草甸土	脱潜育灰淤土	黏底壤质脱灰淤土	1	0—37	棕灰色	中壤土	碎块状	8.6	20.7	0.97	1.24	30	7.9	175	7.4	洪冲积物	E 108°38′07.1″ N 37°49′29.3″	82
						2	37—150	棕灰色	黏土	团块状		10.0	1.02		23	1.5	164				
剖49	半水成土	草甸土	盐化草甸土			1	0—20	棕灰色	中壤土	块状									洪冲积物	E 108°43′07.3″ N 37°46′26.5″	72
						2	20—150	紫灰色	黏土	块状											
剖50	初育土	风沙土	半固定风沙土	半固定沙丘风沙土	半固定巴拉风沙土	1	0—20	浅棕色	紧砂土	无明显结构		3.5	0.18	0.51	10	2.4	33	3.9	风积物	E 108°31′55.9″ N 37°46′10.2″	100
						2	20—150	棕黄色	紧砂土	无明显结构		10.0	0.67		38	2.8					

呼 伦 贝 尔 市

市 辖 区

主要土类说明

栗钙土是呼伦贝尔市主要土壤类型，占本市地域面积的53%。成土母质类型多样，多为黄土状母质和近代河流冲积物，少部分为岩石残积物。成土过程主要为腐殖质累积过程和钙积过程。由于土壤水分条件差，植被生长发育受到影响，腐殖质累积作用减弱，腐殖质层变薄且颜色变浅，土壤有机质含量明显下降。

黑钙土是呼伦贝尔市第二大土壤类型，占本市地域面积的18%。黑钙土主要分布在本市东部的丘陵地带，与栗钙土呈犬牙状穿插分布。成土母质主要为残积物、坡积物，还有第四纪冰缘沉积形成的黄土状母质和近代河流冲积物。成土过程主要为腐殖质累积过程和钙积过程。土壤表层中的部分钙离子可与植物残体分解产生的碳酸结合，形成重碳酸钙并向下移动，以碳酸钙的形式淀积于土体中下部，形成假菌丝状或斑块状钙积层。

草甸土是呼伦贝尔市第三大土壤类型，占本市地域面积的13%。因所处地带地下水位较高，潜水参与土壤形成过程，受地下水升降与浸润作用，成土过程具有明显的腐殖质累积和铁锰氧化还原特征，土体出现锈色斑纹层。

沼泽土占本市地域面积的8%，主要分布在伊敏河和海拉尔河两岸的低阶地、河漫滩以及地势低洼的碟形洼地。成土母质多为现代河流冲积物或静水沉积物。本市沼泽土分为草甸沼泽土、沼泽土等亚类。

风沙土占本市地域面积的5%。风沙土发生于半干旱、干旱漠境地区及滨海地区，是在风沙移动堆积形成的多种形态的风沙沉积物上发育的初育土，具C、（A）-C或A-C剖面构型。

本区域中心区气候特征

本区域中心区气候特征值 Regional climate characteristics in central area of the region	
气候带：中温带亚湿润气候 Climate region: Mid temperate subhumid climate	
年平均气温 /℃ Annual average temperature /℃	−1.3
年平均最高气温 /℃ Annual average maximum temperature /℃	5.3
年平均最低气温 /℃ Annual average minimum temperature /℃	−7.3
年降水量 /mm Annual precipitation /mm	396
≥10℃的积温 /℃ Daily temperature accumulated in a year（≥10℃）/℃	368
年日照时数 /h Annual sunshine /h	2692
年平均相对湿度 /% Annual average relative humidity /%	68
干燥度 Dryness	0.07

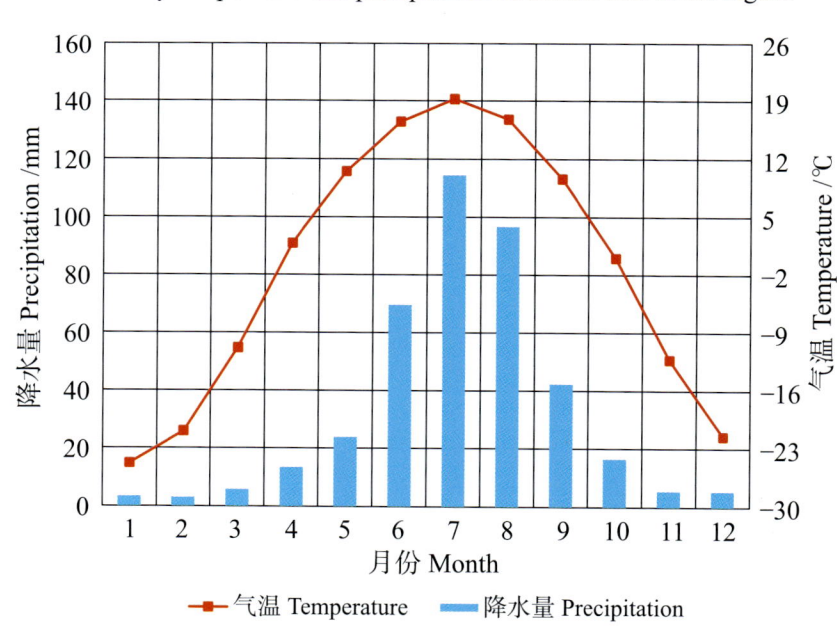

本区域中心区月平均气温与月平均降水量
Monthly temperature and precipitation in central area of the region

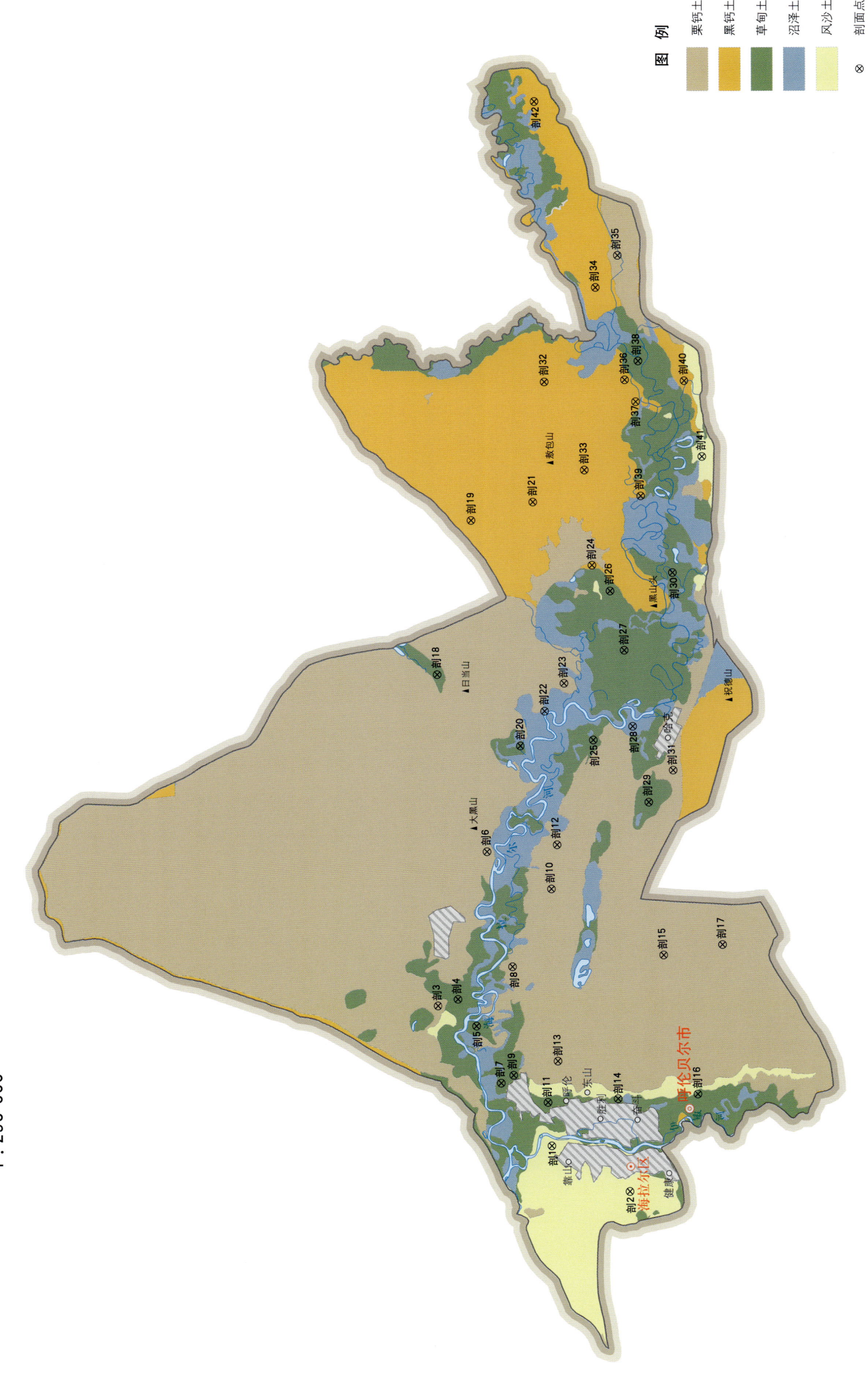

呼伦贝尔市市辖区主要土壤类型与土壤剖面点分布图
1∶250 000

第二编 分县土壤图与土壤剖面数据 | 239

呼伦贝尔市土壤剖面理化性状表

剖面号 Soil profile	土纲 Soil order	土类 Soil great group	亚类 Soil subgroup	土属 Soil genus	土种 Soil species	土层码 Layer code	土层厚度 Depth/cm	质地 Soil texture	pH	有机质 OM/(g/kg)	全氮 TN/(g/kg)	全磷 TP/(g/kg)	全钾 TK/(g/kg)	碱解氮 AN/(mg/kg)	有效磷 AP/(mg/kg)	速效钾 AK/(mg/kg)	阳离子交换量CEC/(cmol/kg)	土壤母质 Parent material	剖面点坐标 Profile coordinate	匹配指数 Matching index/%
剖1	初育土	风沙土	固定风沙土	生草沙土	薄层生草沙土	1	0–15	紧砂土	7.0	7.1	0.33	0.55	28.1	34	2.0	41			E 119° 44′ 24.6″ N 49° 14′ 25.2″	83
						2	30–40	紧砂土	7.0	4.8	0.27	0.59	28.1							
						3	85–90	松砂土	7.4	0.7	0.07	0.17	28.0							
剖2	初育土	风沙土	固定风沙土	生草沙土	厚层生草沙土	1	30–40	砂壤土	7.0	19.3	0.98	0.89	24.2		2.0	65	8.4		E 119° 42′ 25.2″ N 49° 11′ 56.4″	76
						2	95–105	砂壤土	7.3	4.6	2.28	0.48	26.2	26	3.0	80	6.4			
剖3	钙层土	栗钙土	暗钙土	结晶岩类暗栗钙土	中层结晶岩类暗栗钙土	1	5–15	轻壤土	7.5	41.4	2.36	0.91	21.5	185				结晶岩	E 119° 50′ 47.0″ N 49° 18′ 06.8″	71
						2	28–38	轻壤土	8.3	28.1	1.51	0.68	14.4							
						3	50–60	轻壤土	8.6	20.0	1.06	0.94	6.9							
剖4	半水成土	草甸土	盐化暗色草甸土	壤质盐化草甸土	轻壤盐化草甸土	1	7–17	砂壤土	8.4	42.5	2.40	1.39	29.4	140	1.0	135			E 119° 51′ 07.9″ N 49° 17′ 29.8″	89
						2	20–30	轻壤土	9.6	24.0	1.24	0.76	22.2							
						3	50–60	轻壤土	9.6	13.6	0.63	0.89	23.9							
剖5	半水成土	草甸土	石灰性草甸土	砂质石灰性草甸土	砂质石灰性草甸土	1	0–20	松砂土	9.1	3.9	0.33	0.56	30.1	26	8.0	44	3.2		E 119° 49′ 54.4″ N 49° 16′ 53.5″	91
						2	60–70	中壤土	9.1	33.5	1.59	1.01	25.5				21.3			
						3	90–100	轻壤土	7.0	9.0	4.31	0.89	31.5				15.9			
剖6	钙层土	栗钙土	暗钙土	结晶岩类栗钙土	薄层结晶岩类暗栗钙土	1	8–18	中壤土	7.8	28.3	1.38	0.70	28.8	133	3.0	133		结晶岩	E 119° 58′ 13.8″ N 49° 16′ 45.1″	94
						2	30–40	中壤土	8.1	13.4	0.60	0.54	30.1							
						3	60–70	中壤土	9.1	14.6	0.72	1.20	40.8							
剖7	半水成土	草甸土	石灰性草甸土	砂质石灰性草甸土	中层砂质石灰性草甸土	1	15–25	中壤土	9.1	26.9	1.34	6.14	30.6	87	11.0	120	18.4		E 119° 47′ 16.1″ N 49° 16′ 04.1″	70
						2	52–62	中壤土	8.4	9.5	0.58	0.80	30.9				14.7			
剖8	钙层土	栗钙土	暗栗钙土	冲积暗栗钙土	薄层冲积暗栗钙土	1	5–15	轻壤土	10.3	14.7	0.60	0.84	29.4	28	2.0	118		冲积物	E 119° 52′ 46.9″ N 49° 15′ 50.4″	74
						2	30–40	砂壤土	10.5	3.6	0.17	0.52	30.3							
						3	60–70	砂壤土	10.5	1.7	0.13	0.52	26.3							
						4	90–100	砂壤土	10.4	1.9	0.13	0.49	28.6							
剖9	半水成土	草甸土	石灰性草甸土	壤质草甸钙土	砂质暗色草甸土	1	13–23	中壤土	8.9	22.7	1.08	0.91	28.6	83	14.0	110			E 119° 47′ 39.5″ N 49° 15′ 41.4″	93
						2	45–55	中壤土	9.0	8.1	0.55	0.80	31.3							
						3	75–85	重壤土	9.2	10.1	0.49	1.10	28.8							
剖10	钙层土	栗钙土	草甸栗钙土	壤质草甸栗钙土	厚层壤质草甸栗钙土	1	40–50	轻壤土	7.6	20.5	0.86	0.48	28.4	88	2.0	96	14.8	冲积物	E 119° 56′ 31.6″ N 49° 14′ 42.4″	98
						2	74–84	轻壤土	8.5	12.1	0.70	0.58	28.8				12.3			
						3	90–100	轻壤土	8.7	7.1	0.31	0.48	27.4				11.3			
						4	120–130	轻壤土	8.8	5.6	0.28	0.61	32.0				9.4			
剖11	半水成土	草甸土	草甸栗钙土	砂质暗色草甸土	砂质暗色草甸土	1	25–35	砂壤土	7.4	8.2	0.49	0.50	30.5	59	3.0	54			E 119° 46′ 26.3″ N 49° 14′ 35.2″	93
						2	70–80	砂壤土	9.1	1.5	0.10	0.40	28.0							
						3	118–128	砂壤土	8.3	5.8	0.42	0.51	30.3							
剖12	钙层土	栗钙土	草甸栗钙土	壤质草甸栗钙土	厚层壤质草甸栗钙土	1	0–20	紧砂土	8.4	82.3	4.38	2.06	25.7	288	7.0	260			E 119° 58′ 40.8″ N 49° 15′ 34.4″	99
						2	40–50	紧砂土	10.1	5.0	0.23	1.50	30.2							
						3	80–90	紧砂土	7.4	17.3	0.68	1.70	29.1							
剖13	钙层土	栗钙土	栗钙土性土	砂质栗钙土性土	中层砂质栗钙土性土	1	15–25	紧砂土	7.4	24.9	1.04	0.91	26.3	98	7.0	80		河湖沉积物	E 119° 48′ 24.1″ N 49° 14′ 19.3″	99
						2	40–50	紧砂土	8.7	10.7	0.56	0.56	29.1		3.0					
剖14	半水成土	草甸土	暗色草甸土			1	25–35	中壤土	6.9	59.5	3.22	2.00	28.6	247	16.0	392			E 119° 46′ 43.9″ N 49° 12′ 24.3″	80
						2	65–75	砂壤土	8.7	40.0	1.88	1.19	28.6							
剖15	钙层土	栗钙土	暗栗钙土	古冲积暗栗钙土	厚层古冲积暗栗钙土	1	10–20	砂壤土	7.2	14.0	0.91	0.62	34.2	113	2.0	62		古冲积物	E 119° 53′ 35.4″ N 49° 11′ 08.6″	80
						2	60–70	砂壤土	7.3	8.2	0.48	0.40	28.1							
						3	95–105	轻壤土	8.7	7.1	0.41	0.35	28.3							

续表 Continued

剖面号 Soil profile	土纲 Soil order	土类 Soil great group	亚类 Soil subgroup	土属 Soil genus	土种 Soil species	土层码 Layer code	土层厚度 Depth/cm	质地 Soil texture	pH	有机质 OM/(g/kg)	全氮 TN/(g/kg)	全磷 TP/(g/kg)	全钾 TK/(g/kg)	碱解氮 AN/(mg/kg)	有效磷 AP/(mg/kg)	速效钾 AK/(mg/kg)	阳离子交换量CEC/(cmol/kg)	土壤母质 Parent material	剖面点坐标 Profile coordinate	匹配指数 Matching index/%
剖16	半水成土	草甸土	石灰性草甸土	砂质石灰性草甸土	砂顶石灰性草甸土	1	0—20	紧砂土	8.9	10.5	0.56	0.61	29.8	46	3.0	80	5.3		E 119°47′05.3″ N 49°09′55.4″	98
						2	40—80	紧砂土	9.0	5.2	0.28	0.51	28.1				4.2			
						3	80—90	紧砂土	9.4	2.8	0.18	0.22	28.1				2.6			
						4	120—130	砂壤土	9.2	1.7	0.09	0.27	27.2				3.9			
剖17	钙层土	栗钙土	栗钙土性	砂质栗钙土性土	厚层砂质栗钙土性土	1	25—35	砂壤土	7.3	19.8	1.10	0.75	30.5	112	2.0	80		河湖沉积物	E 119°54′10.7″ N 49°09′19.1″	100
						2	60—70	砂壤土	7.7	11.3	0.58	0.56	30.2							
						3	85—95	砂壤土	7.5	3.7	0.28	0.40	31.3							
剖18	半水成土	草甸土	暗色草甸土	黄土状草甸黑钙土	厚层黄土状草甸黑钙土	1	0—20	中壤土	7.7	41.6	2.23	2.19	29.6	164	11.0	210			E 120°06′31.5″ N 49°18′28.9″	90
						2	40—50	中壤土	7.5	34.6	1.69	1.88	30.3							
						3	60—70	砂壤土	8.7	8.0	0.51	0.72	29.2							
剖19	钙层土	黑钙土	草甸黑钙土	黄土状草甸黑钙土	厚层黄土状草甸黑钙土	1	20—30	中壤土	8.5	65.1	3.18	1.20	30.2	235	11.0	680	30.7	黄土状母质	E 120°13′52.9″ N 49°17′34.3″	96
						2	60—70	中壤土	8.9	17.5	0.91	1.24	30.4				19.1			
						3	90—100	中壤土	9.2	12.2	0.67	0.71	28.4				13.6			
剖20	半水成土	草甸土	盐化草甸土	砂质盐化草甸土	轻度砂质盐化草甸土	1	5—15		10.1	42.0	1.13	2.20	2.2	77	93.0	336	32.8	沉积物	E 120°03′17.3″ N 49°15′49.3″	87
						2	60—70		10.3	19.0	19.00	0.93	1.4				27.1			
剖21	钙层土	黑钙土	黑钙土	黄土状黑钙土	薄层黄土状黑钙土	1	0—18	中壤土	7.2	38.8	1.75	0.94	25.6	134	2.0	135		黄土状母质	E 120°14′51.0″ N 49°15′40.0″	70
						2	18—60	重壤土	8.2	21.4	1.05	0.66	28.7							
						3	60—94	重壤土	8.8	11.9	0.62	0.86	29.7							
剖22	水成土	沼泽土	草甸沼泽土	草甸沼泽土	草甸沼泽土	1	30—40	中壤土	6.4	113.0	4.31	1.33	27.1	333	24.0	130			E 120°04′58.4″ N 49°15′05.8″	97
						2	50—60	中壤土	6.3	98.5	3.65	1.26								
剖23	钙层土	栗钙土	暗色栗钙土	黄土状暗栗钙土	薄层黄土状暗栗钙土	1	5—15	中壤土	8.5	24.1	1.42	0.88	30.7	118	3.0	85		黄土状母质	E 120°06′19.7″ N 49°14′31.1″	96
						2	19—28	中壤土	8.6	15.0	0.79	0.60	38.4							
						3	28—35	中壤土	8.8	8.1	0.45	0.60	29.3							
剖24	半水成土	黑钙土	草甸黑钙土	冲积草甸黑钙土	薄层冲积草甸黑钙土	1	15—25	轻壤土	8.1	40.7	2.18	1.22	30.4	179	2.0	180		洪冲积物	E 120°11′57.6″ N 49°13′46.0″	71
						2	35—45	中壤土	7.7	16.9	6.71	1.70	28.5							
						3	60—70	中壤土	9.1	9.2	0.44	0.76	8.0							
剖25	钙层土	草甸土	暗色草甸土	壤质碱化草甸土		1	35—45	轻壤土	6.9	26.6	1.44	0.94	26.6	108	3.0	98			E 120°03′41.8″ N 49°13′33.2″	97
						2	70—80	轻壤土	7.2	5.4	0.31	0.57	30.5							
剖26	半水成土	草甸土	碱化草甸土	壤质碱化草甸土	轻度壤质碱化草甸土	1	0—10	中壤土	10.4	48.7	2.93	2.12	28.5	144	54.0	672		河流冲积物、河湖相静水沉积物	E 120°10′46.6″ N 49°13′10.6″	100
						2	20—30	中壤土	10.2	13.4	0.64	0.99	20.2	32	4.0	295			
						3	45—55	中壤土	9.8	7.5	0.36	1.30	26.3							
剖27	半水成土	沼泽土	暗色草甸土	沼泽土	沼泽土	1	0—10	中壤土	6.5	55.7	2.81	1.28	28.8	2	3.0	192			E 120°07′59.9″ N 49°12′40.7″	91
						2	40—50	紧砂土	7.3	3.8	0.32	0.66	28.1							
						3	60—70	松砂土	7.3	0.8	0.12	0.57	33.1							
剖28	水成土	沼泽土	沼泽土	沼泽土	沼泽土	1	2—8	中壤土	7.7	57.7	2.35	1.28	29.8	210	30.0	148	31.5	冲积物	E 120°04′23.9″ N 49°12′20.5″	80
						2	17—27	轻壤土	7.6	28.1	21.10	1.10	29.6				19.8			
剖29	半水成土	栗钙土	暗色草甸土			1	10—20	中壤土	8.7	40.4	0.79	1.35	28.3	150	24.0	108			E 120°00′50.8″ N 49°11′46.0″	71
						2	40—50	紧砂土	7.8	9.2	0.41	0.55	30.4							
剖30	半水成土	草甸土	暗色草甸土			1	7—17	轻壤土	7.2	28.6	1.51	1.27	30.3	126	4.0	150			E 120°11′44.2″ N 49°11′15.4″	83
						2	35—45	中壤土	7.7	12.2	0.63	6.68	30.1							
						3	70—80	重壤土	7.9	16.5	1.52	0.84	29.7							
剖31	钙层土	栗钙土	暗栗钙土	冲积暗栗钙土	中层冲积暗栗钙土	1	10—20	砂壤土	7.2	19.9	1.06	0.46	28.5	113	2.0	62	8.9	冲积物	E 120°02′23.9″ N 49°11′02.3″	86
						2	40—50	砂壤土	7.5	4.3	0.23	0.26	30.4				6.0			
						3	90—100	砂壤土	9.0	2.0	0.16	0.32	31.3				6.8			

续表 Continued

剖面号 Soil profile	土纲 Soil order	土类 Soil great group	亚类 Soil subgroup	土属 Soil genus	土种 Soil species	土层码 Layer code	土层厚度 Depth/cm	质地 Soil texture	pH	有机质 OM/(g/kg)	全氮 TN/(g/kg)	全磷 TP/(g/kg)	全钾 TK/(g/kg)	碱解氮 AN/(mg/kg)	有效磷 AP/(mg/kg)	速效钾 AK/(mg/kg)	阳离子交换量CEC/(cmol/kg)	土壤母质 Parent material	剖面点坐标 Profile coordinate	匹配指数 Matching index/%
剖32	钙层土	黑钙土	黑钙土	黄土状黑钙土	中层黄土状黑钙土	1	20–30	中壤土	7.4	40.9	1.11	1.21	28.0	189	3.0	160		黄土状母质	E 120°20′33.7″ N 49°15′25.6″	76
						2	70–80	中壤土	7.7	13.2	0.71	0.52	30.8							
						3	120–130	中壤土	9.0	12.4	0.63	1.15	28.7							
剖33	钙层土	黑钙土	黑钙土	黄土状黑钙土	厚层黄土状黑钙土	1	50–60	中壤土	7.2	40.5	5.84	1.27	29.5	106	2.0	172	32.6	黄土状母质	E 120°16′26.8″ N 49°14′06.0″	89
						2	100–110	中壤土	8.2	18.5	0.91	1.03	29.1				23.3			
						3	145–165	中壤土	8.7	14.7	0.80	1.12	29.8				21.1			
剖34	钙层土	黑钙土	黑钙土	泥页岩类黑钙土	中层泥页岩类黑钙土	1	20–30	轻壤土	7.0	64.8	3.58	1.37	26.7	261	3.0	230		泥质岩	E 120°25′06.1″ N 49°13′55.5″	87
						2	50–60	轻壤土	8.7	20.3	1.12	0.95	23.6							
剖35	钙层土	栗钙土	草甸栗钙土	碱化草甸栗钙土	轻度碱化草甸栗钙土	1	0–10	轻壤土		45.7	2.76	1.06	28.6		3.0	234	22.7		E 120°26′38.8″ N 49°13′15.9″	100
						2	15–25	中壤土		26.1	1.44	0.87	23.4				10.7			
						3	30–40	中壤土		4.7	0.25	0.42	24.3				5.9			
						4	70–80	砂壤土		1.9	0.02	0.52	32.3				6.8			
剖36	钙层土	黑钙土	黑钙土	结晶岩类黑钙土	薄层结晶岩类黑钙土	1	5–15	轻壤土	8.2	65.7	3.54	1.62	26.6	3	3.0	128		结晶岩	E 120°20′47.4″ N 49°12′55.4″	84
						2	20–30	中壤土	9.0	21.6	1.03	0.99	14.1							
剖37	钙层土	黑钙土	粗骨性黑钙土	粗骨性黑钙土	粗骨性黑钙土	1	2–8	轻壤土	7.6	68.5	3.79	1.86	26.4		5.0	204			E 120°19′45.8″ N 49°12′33.8″	89
剖38	半水成土	草甸土	暗色草甸土			1	30–40	中壤土	6.5	108.3	5.52	1.59	22.9	382	6.0	210			E 120°21′42.1″ N 49°12′31.7″	98
						2	85–95	重壤土	8.2	19.6	1.00	0.43	28.8							
剖39	钙层土	黑钙土	草甸黑钙土	黄土状草甸黑钙土	薄层黄土状草甸黑钙土	1	2–12	中壤土	8.3	51.9	2.27	1.55	30.5	182	11.0	706		黄土状母质	E 120°15′19.1″ N 49°12′19.1″	82
						2	30–40	中壤土	8.9	18.1	0.91	1.25	32.1							
						3	60–70	中壤土	9.2	11.4	0.67	1.16	29.6							
剖40	钙层土	黑钙土	草甸黑钙土	黄土状草甸黑钙土	中层黄土状草甸黑钙土	1	20–30	中壤土	8.3	65.1	3.20	1.06	28.2	240	11.0	720		黄土状母质	E 120°20′50.3″ N 49°11′04.6″	89
						2	60–70	中壤土	8.9	21.8	1.19	1.22	28.4							
						3	90–100	中壤土	9.4	11.0	0.61	1.20	29.9							
剖41	初育土	风沙土	半固定风沙土	半固定风沙土	半固定风沙土	1	10–20	砂壤土	7.4	2.1	0.10	0.25	28.5	15	3.0	50	2.0		E 120°17′15.9″ N 49°10′26.6″	94
剖42	钙层土	黑钙土	草甸黑钙土	冲积草甸黑钙土	中层冲积草甸黑钙土	1	20–30	中壤土	7.3	53.3	2.68	1.31	27.8	210	4.0	187		洪冲积物	E 120°33′48.4″ N 49°15′59.5″	91
						2	70–80	重壤土	8.7	29.1	0.89	1.16	26.6							
						3	115–125	重壤土	9.3	9.4	0.43	1.08	26.4							
						4	135–145	重壤土	9.5	16.0	0.97	1.10	24.4							

扎赉诺尔区、满洲里市

主要土类说明

栗钙土是扎赉诺尔区、满洲里市主要土壤类型，占本区域地域面积的 60%。栗钙土是在温带半干旱草原下形成的具有栗色腐殖质层和灰白色钙积层的土壤。该土壤表层为栗色腐殖质层，厚 20—30cm，有机质含量为 15—45g/kg。气候越趋于半干旱，有机质层越薄，有机质含量越低。其下，灰白色钙积层发育明显，钙积层见于 20—30cm 深处，厚 20—40cm，呈斑点状或层状积钙。石膏及易溶盐局部聚积。

草甸土是扎赉诺尔区、满洲里市第二大土壤类型，占本区域地域面积的 28%。因所处地带地下水位较高，潜水参与土壤形成过程，受地下水升降与浸润作用，成土过程具有明显的腐殖质累积和铁锰氧化还原特征，土体出现锈色斑纹层。剖面构型为 A-Cu 或 A-C-Cu。

粗骨土是扎赉诺尔区、满洲里市第三大土壤类型，占本区域地域面积的 4%。粗骨土属于 A-C 型，甚至（A）-C 型土壤，广泛分布在河谷阶地、丘陵、低山和中山等多种地貌单元和地形部位。A 层发育不明显，与母质土层性状相似，略显有机质累积。有时母质层富含砾石，很少出现剖面分异与发育特征。

小于本区域地域面积 3% 的土壤类型有沼泽土、碱土、风沙土。

本区域中心区气候特征

本区域中心区气候特征值
Regional climate characteristics in central area of the region

气候带：中温带亚干旱气候 Climate region: Mid temperate subarid climate	
年平均气温 /℃ Annual average temperature /℃	−2.1
年平均最高气温 /℃ Annual average maximum temperature /℃	5.2
年平均最低气温 /℃ Annual average minimum temperature /℃	−8.5
年降水量 /mm Annual precipitation /mm	348
≥10℃的积温 /℃ Daily temperature accumulated in a year (≥10℃) /℃	94
年日照时数 /h Annual sunshine /h	2704
年平均相对湿度 /% Annual average relative humidity /%	69
干燥度 Dryness	0.07

本区域中心区月平均气温与月平均降水量
Monthly temperature and precipitation in central area of the region

扎赉诺尔区、满洲里市主要土壤类型与土壤剖面点分布图

1∶170 000

扎赉诺尔区、满洲里市土壤剖面理化性状表

剖面号 Soil profile	土纲 Soil order	土类 Soil great group	亚类 Soil subgroup	土属 Soil genus	土种 Soil species	土层码 Layer code	土层厚度 Depth/cm	颜色 Soil color	质地 Soil texture	土壤结构 Soil structure	pH	有机质 OM/(g/kg)	全氮 TN/(g/kg)	全磷 TP/(g/kg)	全钾 TK/(g/kg)	阳离子交换量 CEC/(cmol/kg)	土壤母质 Parent material	剖面点坐标 Profile coordinate	匹配指数 Matching index/%
剖1	钙层土	栗钙土	暗栗钙土	泥质岩暗栗钙土	薄层泥质岩暗栗钙土	A	0—10	暗栗色	轻壤土	粒状	7.1	51.2	3.10	0.20	18.7	21.4	凝灰岩、千枚岩残积物或坡积物及碳酸钙淀积物	E 117°14′14.3″ N 49°32′23.3″	89
						Bca	10—25	浅栗色	砂壤土	粒状	7.1	58.7	3.55	0.21	18.4	25.3			
						C	25—	棕黄色	轻壤土	粒状	7.0	22.0	1.30	0.11	20.1	15.1			
剖2	钙层土	栗钙土	暗栗钙土	泥质岩暗栗钙土	厚层泥质岩暗栗钙土	1	20—40		中壤土		8.1	25.4	1.16	0.28	25.9	21.4	凝灰岩、千枚岩残积物或坡积物及碳酸钙淀积物	E 117°14′55.5″ N 49°31′52.6″	70
						2	40—80		中壤土		8.3	2.8	0.06	1.03	33.3	14.8			
						3	115—120				8.2	5.1	0.37	0.75	20.4				
剖3	钙层土	栗钙土	暗栗钙土	泥质岩暗栗钙土	中层泥质岩暗栗钙土	1	1—7		轻壤土		7.8	33.0	1.83	0.45	24.0	16.4	凝灰岩、千枚岩残积物或坡积物及碳酸钙淀积物	E 117°13′46.3″ N 49°31′35.6″	97
						2	15—45		重壤土		8.4	9.6	0.64	0.31	21.6	17.5			
						3	80—90		中壤土		8.7	5.4	0.40	0.31	22.6	15.2			
剖4	钙层土	栗钙土	暗栗钙土	泥质岩暗栗钙土	中层泥质岩暗栗钙土	1	0—18		中壤土		7.6	35.5	2.05	0.52	20.0	22.2	凝灰岩、千枚岩残积物或坡积物及碳酸钙淀积物	E 117°21′55.8″ N 49°36′52.6″	82
						2	35—55		重壤土		8.4	11.0	0.69	0.65	14.3	14.7			
						3	80—100		中壤土		8.5	9.2	0.56	1.16	9.9	26.7			
剖5	钙层土	栗钙土	暗栗钙土	泥质岩暗栗钙土	中层泥质岩暗栗钙土	1	0—10		重壤土		8.4	32.3	1.91	0.45	27.8	30.1	凝灰岩、千枚岩残积物或坡积物及碳酸钙淀积物	E 117°24′53.9″ N 49°36′15.4″	84
						2	25—30		重壤土		8.3	33.0	2.03	0.44	27.2	30.4			
						3	40—50		重黏土		9.0	16.3	0.86	0.54	26.8	29.6			
剖6	盐碱土	碱土	草甸碱土	草甸碱土	草甸碱土	Btn	0—35	暗灰色	轻黏土	块状	9.2	31.2	1.76	0.74	20.4	28.8	洪积物	E 117°19′01.6″ N 49°35′39.1″	88
						B	35—90	浅灰色	重壤土	块状	7.9	21.6	1.12	0.62	23.1	27.8			
						Cg	90—105	浅灰色	重壤土	块状	7.9	21.6	1.19	0.57	23.1	22.4			
剖7	盐碱土	碱土	碱化栗钙土	壤质碱化栗钙土	轻度碱化栗钙土	1	0—15		重壤土		9.1	22.7	1.29	0.57	12.0	21.9	洪积物	E 117°16′50.9″ N 49°35′22.9″	80
						2	25—100		重壤土		9.4	2.9	0.27	0.35	20.4	14.7			
						3	135—140		重壤土		9.1	4.2	0.38	0.62	12.0	20.8			
剖8	钙层土	栗钙土	暗栗钙土	洪冲积暗栗钙土	厚层洪冲积暗栗钙土	A	0—30	暗栗色	轻黏土	团块状	8.4	37.3	2.44	0.80	21.6	24.7	洪积物	E 117°19′16.3″ N 49°35′22.2″	90
						Bca	30—105	暗栗色	中黏土	块状	9.0	9.7	0.64	0.62	21.6	21.7			
						C	105—	灰棕色	轻黏土	块状	9.0	6.5	0.43	0.65	23.1	16.0			
剖9	钙层土	栗钙土	暗栗钙土	泥质岩暗栗钙土	中层泥质岩暗栗钙土	A	0—35	暗栗色	中壤土	团块状	8.0	30.5	1.85	0.32	22.6	11.2	洪积物	E 117°19′44.4″ N 49°34′31.8″	79
						Bca	35—80	灰棕色	重壤土	块状	8.5	14.3	0.83	0.37	17.6	17.7			
						C	80—110	棕色	重壤土	块状	9.1	4.4	0.20	0.36	21.3	14.0			
剖10	盐碱土	碱土	草甸碱土	草甸碱土	草甸碱土	1	0—20	暗栗色	轻壤土	团粒状	9.4	32.4	2.10	0.31	20.4	18.4	洪积物	E 117°29′07.3″ N 49°34′21.4″	90
						2	40—65		重壤土	块状	8.7	7.4	0.61	0.30	17.6	16.1			
						3	90—95		重壤土	块状	8.6	5.0	0.38	0.39	16.6	12.4			
剖11	钙层土	栗钙土	暗栗钙土	结晶岩暗栗钙土	中层结晶岩暗栗钙土	1	0—10	暗栗色	中壤土	团块状	8.0	71.3	4.30	1.41	23.0	26.5	花岗岩、玄武岩、流纹岩残积物或坡积物	E 117°29′06.0″ N 49°33′43.9″	97
						2	20—30	暗栗色	轻壤土	块状	7.8	68.4	3.79	1.13	20.8	23.4			
						3	40—60	棕色	轻壤土	块状	8.4	12.8	1.02	0.31	17.5	15.1			
剖12	钙层土	栗钙土	暗栗钙土	结晶岩暗栗钙土	中层结晶岩暗栗钙土	1	0—10	暗棕色	中黏土	团块状	6.6	48.9	2.40	0.73	23.0	24.6	花岗岩、玄武岩、流纹岩残积物或坡积物	E 117°28′24.6″ N 49°33′06.1″	85
						2	25—40		中黏土	块状	7.4	26.9	1.45	1.07	20.8	32.2			
						3	65—80		重壤土	块状	8.3	13.3	0.77	1.77	17.5	30.7			
剖13	钙层土	栗钙土	暗栗钙土	洪冲积暗栗钙土	中层洪冲积暗栗钙土	Ap	0—15	暗栗色	中壤土	团块状	8.0	33.7	1.94	0.51	24.0	35.2	洪积物	E 117°20′52.4″ N 49°33′02.2″	78
						P	15—40	暗栗色	中壤土	块状	8.0	33.7	2.03	0.50	24.0	34.6			
						Bca	40—	棕色	重壤土	块状	8.4	16.3	1.05	0.68	22.1	31.6			
剖14	钙层土	栗钙土	暗栗钙土	结晶岩暗栗钙土	中层结晶岩暗栗钙土	Ap	0—20	暗栗色	中壤土	团块状	7.8	46.3	2.59	0.89	21.6	28.1	花岗岩、玄武岩、流纹岩残积物或坡积物	E 117°29′55.7″ N 49°32′59.6″	81
						P	20—40	暗栗色	重壤土	块状	7.8	37.9	2.19	0.79	22.1	26.7			
						Bca	40—	暗棕色	重壤土	块状	8.5	13.9	0.92	0.68	22.1	24.9			

续表 Continued

剖面号 Soil profile	土纲 Soil order	土类 Soil great group	亚类 Soil subgroup	土属 Soil genus	土种 Soil species	土层码 Layer code	土层厚度 Depth/cm	颜色 Soil color	质地 Soil texture	土壤结构 Soil structure	pH	有机质 OM/(g/kg)	全氮 TN/(g/kg)	全磷 TP/(g/kg)	全钾 TK/(g/kg)	阳离子交换量CEC/(cmol/kg)	土壤母质 Parent material	剖面点坐标 Profile coordinate	匹配指数 Matching index/%
剖15	初育土	粗骨土	钙质粗骨土	钙质粗骨土	钙质粗骨土	1	0—10		中壤土		6.8	4.1	5.26	0.80	25.0	22.7	结晶岩、泥质岩残积物或坡积物	E 117°17′35.2″ N 49°32′52.6″	96
剖16	钙层土	栗钙土	暗栗钙土	泥质岩暗栗钙土	中层泥质岩暗栗钙土	2	15—35		砂壤土		6.9	47.1	3.12	0.64	21.3	21.0	凝灰岩、千枚岩残积物或坡积物及碳酸钙淀积物	E 117°15′06.8″ N 49°32′52.1″	91
						Ap	0—15	暗栗色	中壤土	团块状	8.3	39.7	2.61	0.59	22.6	21.1			
						P	15—35	暗栗色		块状	8.1	43.8	2.72	0.67	21.6	15.5			
						Bca	35—60	浅棕色		块状	8.7	13.0	1.02	0.38	20.4				
剖17	钙层土	栗钙土	暗栗钙土	结晶岩暗栗钙土	中层结晶岩暗栗钙土	1	0—10		中壤土		7.7	62.7	3.21	1.15	21.3	36.7	花岗岩、玄武岩、流纹岩残积物或坡积物	E 117°24′07.6″ N 49°32′46.0″	86
						2	20—30		中壤土		8.3	34.2	2.09	0.85	20.8	30.4			
						3	35—50		中壤土		7.8	15.3	1.07	0.80	18.5				
剖18	钙层土	栗钙土	草甸栗钙土	壤质草甸栗钙土	厚层壤质草甸栗钙土	1	0—60	暗栗色	中壤土	块状	7.0	66.2	2.87	0.54	19.0	43.6	洪冲积物	E 117°16′07.7″ N 49°32′41.3″	85
						Bca₁	60—120	灰棕色	轻黏土	块状	8.4	23.7	1.27	1.18	19.4	31.6			
						Bca₂	120—	暗栗色	轻黏土	块状	8.4	16.0	0.89	1.20	19.4	27.4			
剖19	钙层土	栗钙土	暗栗钙土	洪冲积物暗栗钙土	厚层洪冲积暗栗钙土	A	0—50	暗栗色	中壤土	团粒状	8.0	38.9	2.38	0.44	20.4	24.0	洪冲积物	E 117°22′42.2″ N 49°32′40.6″	89
						AB	50—60	灰棕色	重壤土	团块状	8.4	15.3	6.20	0.47	16.6	19.2			
						Bca	60—80	灰棕色	轻黏土	团块状	8.9	6.2	3.80	0.43	16.6	19.4			
						BC	80—	棕色	轻黏土	块状	9.2	3.8	2.51	0.43	18.5	22.8			
剖20	钙层土	栗钙土	暗栗钙土	泥质岩暗栗钙土	中层泥质岩暗栗钙土	1	0—25		中壤土	块状	8.1	40.7	1.77	0.57	25.0	14.0	凝灰岩、千枚岩残积物或坡积物及碳酸钙淀积物	E 117°16′53.5″ N 49°32′19.0″	90
						2	25—35		中壤土	块状	8.0	29.5	1.11	0.45	25.0	13.0			
						3	35—40		中壤土	块状	8.1	15.8	1.30	0.36	23.0	11.5			
						4	50—65		中壤土	块状	8.2	20.4	2.77	0.62	22.1	10.7			
剖21	初育土	粗骨土	钙质粗骨土	结晶岩钙质粗骨土	中层结晶岩钙质粗骨土	1	0—5		轻壤土		6.6	42.8	3.36	0.54	25.5	11.9	结晶岩、泥质岩残积物或坡积物	E 117°27′33.8″ N 49°32′14.6″	85
						2	10—35		中壤土		7.2	50.1	3.25	0.65	22.1	13.5			
剖22	钙层土	栗钙土	暗栗钙土	碳酸盐岩暗栗钙土	薄层碳酸盐岩暗栗钙土	1	0—10		重壤土		7.3	58.3	1.10	0.66	18.6	23.9	石灰岩、白云岩、大理岩	E 117°28′05.9″ N 49°32′44.0″	89
						Bca	50—110		重壤土		7.5	26.7	0.53	0.43	17.1	19.6			
						C	110—		中壤土	团状、块状	7.5	26.7	1.65	0.33	22.8	14.2			
剖23	钙层土	栗钙土	暗栗钙土	结晶岩暗栗钙土	厚层结晶岩暗栗钙土	1	0—10		中壤土	块状	7.3	23.9	0.97	0.37	20.4	21.7	花岗岩、玄武岩、流纹岩残积物或坡积物	E 117°29′40.2″ N 49°30′54.7″	79
						Bca	30—70		轻壤土	团块状	8.3	13.3	0.53	0.33	19.6	15.8			
剖24	初育土	粗骨土	钙质粗骨土	结晶岩钙质粗骨土	厚层结晶岩钙质粗骨土	1	0—3	暗栗色	中壤土	团块状	7.0	91.2	4.64	0.67	25.0	17.2	花岗岩、玄武岩、流纹岩残积物或坡积物	E 117°30′45.3″ N 49°36′01.8″	95
						2	5—30	灰棕色	重壤土	块状	7.3	39.2	2.21	0.23	33.3				
剖25	钙层土	栗钙土	暗栗钙土	凝灰岩暗栗钙土	中层凝灰岩暗栗钙土	A	0—30	暗栗色	重壤土	团块状	7.3	47.0	2.83	0.47	13.0	20.2	凝灰岩、千枚岩残积物或坡积物及碳酸钙淀积物	E 117°31′34.1″ N 49°35′30.3″	86
						Bca	30—70	暗栗色	重壤土	块状	8.0	29.5	2.16	0.44	13.0	16.2			
						C	70—	灰白色	重壤土	核状	8.3	17.5	1.41	0.41	17.6	10.4			
剖26	初育土	粗骨土	钙质粗骨土	花岗岩钙质粗骨土	厚层花岗岩钙质粗骨土	A	0—35	暗栗色	中壤土	团块状	7.5	30.2	2.10	0.31	25.1	15.6	花岗岩、玄武岩、流纹岩残积物或坡积物	E 117°34′08.4″ N 49°33′15.5″	75
						Bca	35—55	灰棕色	重壤土	块状	8.2	30.6	2.03	0.45	20.0	18.7			
						C	70—	浅棕色	重壤土	块状	8.3	16.4	0.90	0.35	18.6	16.2			
剖27	钙层土	栗钙土	暗栗钙土	洪冲积暗栗钙土	厚层洪冲积暗栗钙土	1	0—20	暗栗色	中壤土	团块状	7.7	41.8	2.62	0.50	16.6	23.8	洪冲积物	E 117°34′50.9″ N 49°31′50.2″	87
						2	50—70	暗栗色	轻壤土	粒状	8.1	15.4	0.98	1.24	11.1	1.9			
						3	100—110	灰白色	中壤土	块状	8.3	12.2	0.93	1.11	14.8	15.2			
剖28	钙层土	栗钙土	暗栗钙土	结晶岩暗栗钙土	中层结晶岩暗栗钙土	1	0—20	暗栗色	轻壤土	粒状	7.4	34.1	2.18	0.36	23.0	10.4	花岗岩、玄武岩残积物或坡积物	E 117°36′27.1″ N 49°32′00.0″	74
						2	40—60	灰棕色	重壤土	块状	8.4	6.3	0.43	0.68	25.9	19.0			
						3	105—110	暗栗色	中壤土	块状	8.4	3.4	0.24	0.05	27.0	19.4			
剖29	半水成土	草甸土	石灰性草甸土	壤体壤质石灰性草甸土	黏体壤质石灰性草甸土	A	0—30	暗灰色	轻黏土	团块状	7.4	22.3	1.32	0.19	25.0	16.4	河流沉积物	E 117°38′17.2″ N 49°31′19.6″	70
						Cg	30—80	灰白色	轻黏土	粒状	8.6	7.2	0.40	0.15	22.1	25.5			
						G	80—	暗灰色	轻黏土	块状	8.7	3.4	0.27	0.07	25.9	8.5			
剖30	钙层土	栗钙土	暗栗钙土	结晶岩暗栗钙土	薄层结晶岩暗栗钙土	A	0—16	暗栗色	中壤土	团块状	7.0	30.5	1.71	0.26	24.0	151.0	花岗岩、玄武岩、流纹岩残积物或坡积物	E 117°31′16.3″ N 49°30′37.3″	90
						Bca	16—62	灰棕色	轻壤土	粒状	8.1	15.2	1.01	0.31	17.6	120.0			
						C	62—	灰白色	中壤土	角砾	8.4	14.4	0.90	0.45	16.2	76.0			

续表 Continued

剖面号 Soil profile	土纲 Soil order	土类 Soil great group	亚类 Soil subgroup	土属 Soil genus	土种 Soil species	土层码 Layer code	土层厚度 Depth/cm	颜色 Soil color	质地 Soil texture	土壤结构 Soil structure	pH	有机质 OM/(g/kg)	全氮 TN/(g/kg)	全磷 TP/(g/kg)	全钾 TK/(g/kg)	阳离子交换量CEC/(cmol/kg)	土壤母质 Parent material	剖面点坐标 Profile coordinate	匹配指数 Matching index/%
剖31	初育土	粗骨土	钙质粗骨土	钙质粗骨土	钙质粗骨土	A	0—10	暗栗色	重壤土	团块状	6.8	72.8	4.12	1.10	21.3	28.9	结晶岩、泥质岩残积物或坡积物	E 117°33′16.8″ N 49°30′29.2″	72
						C	10—70	黄棕色	轻黏土	无明显结构	7.3	22.9	1.47	0.50	22.1	25.2			
剖32	钙层土	栗钙土	暗栗钙土	洪积物暗栗钙土	中层洪冲积暗栗钙土	1	0—20		轻壤土		7.5	33.9	2.11	0.34	23.1	20.4	洪冲积物	E 117°37′59.5″ N 49°31′04.1″	90
						2	35—40		重壤土		8.8	10.5	1.09	0.25	20.4	15.0			
						3	80—100		中壤土		8.5	4.4	0.33	0.18	23.0	7.4			
剖33	半水成土	草甸土	石灰性草甸土	壤质石灰性草甸土	砂底壤质石灰性草甸土	1	0—20				7.8	18.7	1.02	0.14	25.0	14.7	河流冲积物	E 117°44′57.7″ N 49°24′56.0″	73
						2	45—60		轻壤土		8.5	2.5	0.32	0.06	25.5	8.5			
						3	70—90		松砂土		8.7	0.7	0.11	0.16	20.4	8.7			

阿 荣 旗

主要土类说明

　　暗棕壤是阿荣旗主要土壤类型，占本旗地域面积的67%。暗棕壤分布在本旗各地的丘陵漫岗。自然植被主要为蒙古栎、黑桦、落叶松、樟子松、榛柴等。成土母质多为花岗岩、花岗片麻岩、安山岩、玄武岩的残积物和坡积物，部分为石灰岩、沉积岩的残积物和坡积物。成土过程主要为腐殖质累积过程和盐基淋溶的暗棕壤黏化过程。暗棕壤剖面由腐殖质层、黏化淀积层和母质层构成，剖面分化明显，层次过渡清晰。腐殖质层呈灰色和棕灰色，具粒状或团粒状结构。淀积层呈明显的棕色或暗棕色，质地较黏重，具核状或核块状结构，结构体表面有褐色胶膜，全剖面呈弱酸性。本旗暗棕壤分为暗棕壤、生草暗棕壤、草甸暗棕壤等亚类。

　　黑土是阿荣旗第二大土壤类型，占本旗地域面积的12%。黑土主要分布在丘陵漫岗和山前平原地带。自然植被主要为羊草、裂叶蒿、地榆、野豌豆及禾谷类杂草等。成土母质多为黄土状沉积物、残积物、坡积物和冲积物。成土过程主要为腐殖质累积过程和草甸化过程。此外，本旗黑土由于处于森林土壤和草甸草原土壤的交接处，尚具有森林土壤形成过程的若干特点，如黏化过程和盐基淋溶过程。本旗黑土分为黑土、草甸黑土、白浆化黑土等亚类。

　　沼泽土是阿荣旗第三大土壤类型，占本旗地域面积的11%。沼泽土主要分布在河漫滩、低洼地、丘间洼地及封闭的沟谷盆地。自然植被多为中生或湿生多年生草本植物，主要建群种有莎草、大叶樟、小叶樟、沼柳等。由于地表季节性或常年积水，土壤处于饱和或过饱和状态，成土过程基本为泥炭化过程和潜育化过程。

　　草甸土占本旗地域面积的10%，分布在音河、阿伦河、格尼河三大河系的两岸及丘间溪旁较高地段。自然植被以湿生草甸植被为主。成土母质主要为洪冲积物。成土过程以草甸化过程为主，其次为潜育化过程。草甸土剖面基本由腐殖质层、锈色斑纹层、潜育层等层次构成。

本区域中心区气候特征

本区域中心区气候特征值
Regional climate characteristics in central area of the region

气候带：中温带亚湿润气候 Climate region: Mid temperate subhumid climate	
年平均气温 /℃ Annual average temperature /℃	0.6
年平均最高气温 /℃ Annual average maximum temperature /℃	7.0
年平均最低气温 /℃ Annual average minimum temperature /℃	−5.3
年降水量 /mm Annual precipitation /mm	474
≥10℃的积温 /℃ Daily temperature accumulated in a year（≥10℃）/℃	590
年日照时数 /h Annual sunshine /h	2745
年平均相对湿度 /% Annual average relative humidity /%	64
干燥度 Dryness	0.18

本区域中心区月平均气温与月平均降水量
Monthly temperature and precipitation in central area of the region

阿荣旗主要土壤类型与土壤剖面点分布图

1∶660 000

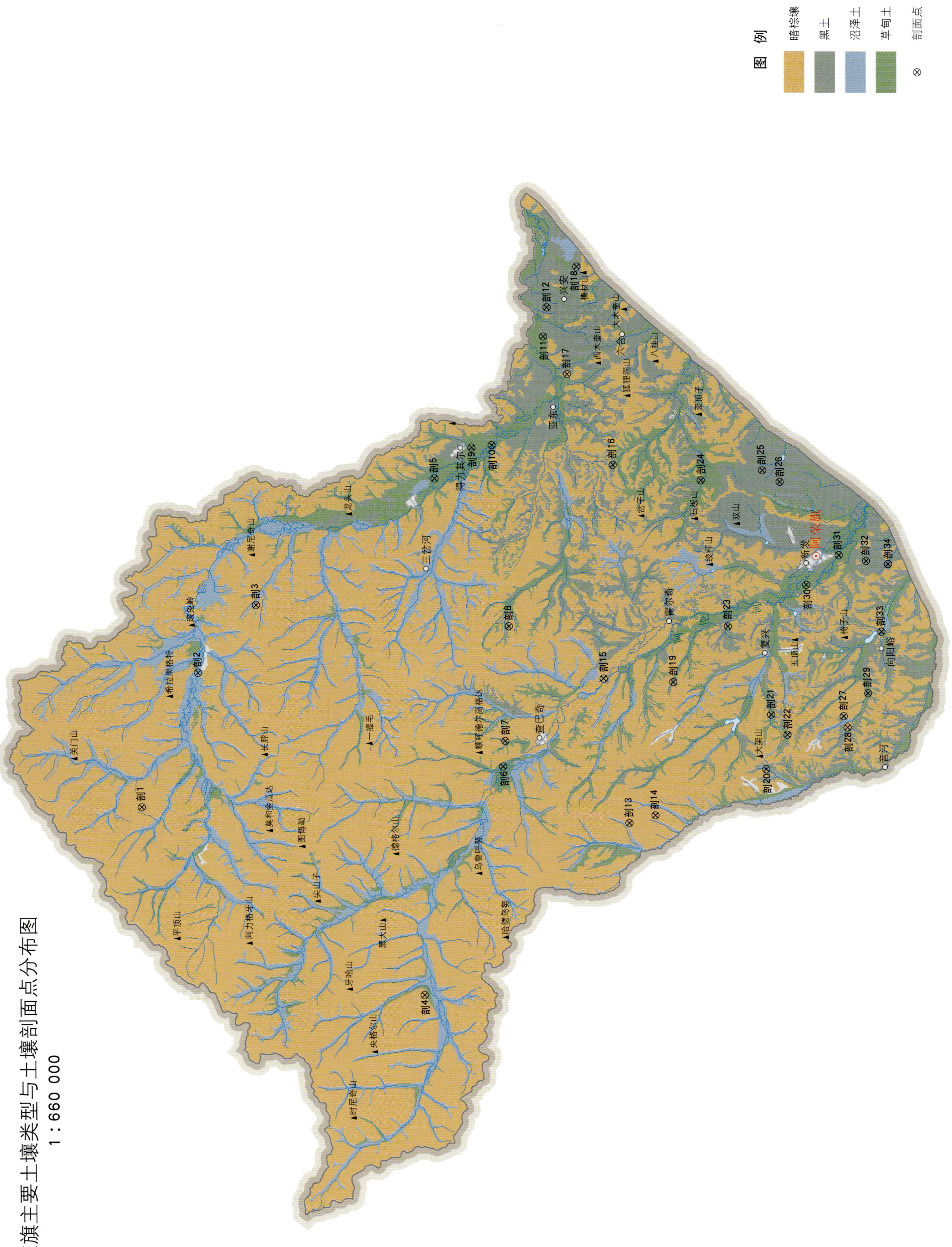

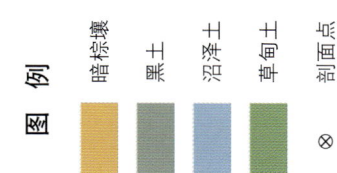

第二编 分县土壤图与土壤剖面数据

阿荣旗土壤剖面理化性状表

剖面号 Soil profile	土纲 Soil order	土类 Soil great group	亚类 Soil subgroup	土属 Soil genus	土种 Soil species	土层码 Layer code	土层厚度 Depth/cm	质地 Soil texture	pH	有机质 OM/(g/kg)	全氮 TN/(g/kg)	全磷 TP/(g/kg)	土壤母质 Parent material	剖面点坐标 Profile coordinate	匹配指数 Matching index/%
剖1	淋溶土	暗棕壤	暗棕壤	基性岩暗棕壤	薄体基性岩暗棕壤	1	1—10	轻壤土	6.5	92.7	2.67	1.70	玄武岩、凝灰岩	E 122°55′26.8″ N 49°06′09.0″	88
						2	15—20	中壤土	6.3	46.1	2.43	2.01			
剖2	水成土	沼泽土	草甸沼泽土	草甸沼泽土	中层草甸沼泽土	1	10—20	重壤土	6.0	58.5	3.73	1.26		E 123°13′06.2″ N 49°01′12.7″	95
						2	35—45	黏土	6.6	3.8	0.35	0.41			
						3	45—								
剖3	淋溶土	暗棕壤	草甸暗棕壤	草甸暗棕壤	厚体草甸暗棕壤	1	0—27	中壤土	5.5	126.0	5.70	0.89	洪冲积物	E 123°21′57.2″ N 48°56′09.6″	71
						2	47—57	重壤土	5.5	34.2	0.74	0.49			
						3	80—90	重壤土	5.6	23.2	0.57	0.89			
剖4	淋溶土	暗棕壤	草甸暗棕壤	草甸暗棕壤	中体草甸暗棕壤	1	12—22	中壤土		80.4	3.98	0.80	洪冲积物	E 122°30′54.0″ N 48°41′34.8″	98
						2	30—50	重壤土							
						3	50—	砾石土							
剖5	半水成土	草甸土	暗色草甸土	壤质暗色草甸土	砾底黑壤土	1	0—15	中壤土	5.8	71.1	3.68	1.20		E 123°38′14.3″ N 48°40′33.6″	86
						2	39—49	中壤土	5.8	21.9	1.08	0.80			
						3	72—82	轻壤土	5.3	13.7	0.62	0.17			
						4	82—	砂石壤土							
剖6	半水成土	草甸土	暗色草甸土	黏质暗色草甸土	砂体黏土	1	0—32	轻黏土	6.5	16.3	1.01	0.53	淤积物	E 123°00′45.4″ N 48°34′46.2″	89
						2	50—60	砂土	6.7	13.5	0.88	0.41			
剖7	半水成土	草甸土	暗色草甸土	黏质暗色草甸土	砂底黏土	1	0—20	重壤土	6.8	97.8	5.60	0.80	淤积物	E 123°04′03.7″ N 48°34′34.7″	81
						2	20—30	重壤土	6.8	88.1	4.56	0.82			
						3	45—55	中壤土	6.4	12.8	6.00	0.12			
						4	55—	砂土							
剖8	半淋溶土	黑土	草甸黑土	黄土性草甸黑土	中层黑钙土	1	20—30	轻黏土	5.9	47.6	2.29	2.04	黄土状沉积物	E 123°19′00.1″ N 48°34′13.4″	73
						2	70—80	中壤土	5.8	46.5	2.18	1.76			
						3	130—140	中壤土	5.6	29.5	1.50	1.62			
剖9	半水成土	草甸土	暗色草甸土	黏质暗色草甸土	黏土	1	0—25	轻黏土	6.1	92.1	4.42	1.60	淤积物	E 123°42′13.7″ N 48°37′19.2″	95
						2	27—82	中黏土	5.6	55.4	2.45	1.16			
						3	125—130	中黏土		23.3	0.99	1.39			
剖10	半水成土	草甸土	暗色草甸土	壤质暗色草甸土	砂底黏壤土	1	0—20	中壤土	5.5	37.7	1.89	4.90	淤积物	E 123°42′32.0″ N 48°35′34.8″	74
						2	45—55	中壤土	5.9	36.7	1.23	0.84			
						3	55—	砂石土							
剖11	半水成土	草甸土	暗色草甸土	黏质暗色草甸土	砂底黏土	1	5—45	重壤土	5.1	103.0	5.15	2.08	淤积物	E 123°56′39.2″ N 48°30′59.7″	82
						2	45—65	重壤土	4.9	18.0	1.80	1.36			
						3	95—105	砂土	5.1	15.3	1.58	0.84			
						4	105—								
剖12	半淋溶土	黑土	黑土	冲积黑土	中层黑砂土	1	0—20	细砂土	6.9	14.1	0.75	0.53	冲积物	E 124°00′22.8″ N 48°30′40.1″	74
						2	35—								
剖13	淋溶土	暗棕壤	暗棕壤	基性岩暗棕壤	中体基性岩暗棕壤	1	5—15	中壤土	6.6	83.9	3.82	2.08	玄武岩、凝灰岩	E 122°53′19.3″ N 48°23′50.6″	75
						2	25—35	中壤土	5.6	17.6	0.93	0.56			
						3	43—63	重壤土							
剖14	淋溶土	暗棕壤	暗棕壤	基性岩暗棕壤	薄体基性岩暗棕壤	1	0—20	轻壤土	6.9	51.5	2.99	2.16	玄武岩、凝灰岩	E 122°54′20.3″ N 48°21′33.6″	96
						2	30—								
剖15	淋溶土	暗棕壤	暗棕壤	基性岩暗棕壤	厚体基性岩暗棕壤	1	10—20	轻壤土	6.7	30.4	1.59	0.89	玄武岩、凝灰岩	E 123°12′10.1″ N 48°26′01.0″	86
						2	40—50	中壤土	5.4	8.5	0.41	0.17			

续表 Continued

剖面号 Soil profile	土纲 Soil order	土类 Soil great group	亚类 Soil subgroup	土属 Soil genus	土种 Soil species	土层码 Layer code	土层厚度 Depth/cm	质地 Soil texture	pH	有机质 OM/(g/kg)	全氮 TN/(g/kg)	全磷 TP/(g/kg)	土壤母质 Parent material	剖面点坐标 Profile coordinate	匹配指数 Matching index/%
剖16	半淋溶土	黑土	黑土	残坡积黑土	厚体黑土	1	0~20		6.1	49.3	2.67	1.23	基性岩残积物、坡积物	E 123°39′51.8″ N 48°25′05.2″	88
						2	20~30		6.1	25.5	1.49	0.87			
						3	35~45	砾石土	6.2	15.2	0.96	0.80			
						4	60~70	砾石土	6.5	7.6	0.55	0.58			
						5	100—								
剖17	淋溶土	暗棕壤	生草暗棕壤	基性岩生草暗棕壤	中体基性岩生草暗棕壤	1	0~40	轻壤土		93.8	3.08	3.07	基性岩	E 123°51′41.4″ N 48°28′57.4″	88
						2	40~50	重壤土							
						3	50~130	砾石土							
剖18	半淋溶土	黑土	黑土	黄土性黑土	厚层黄土性黑土	1	0~25	中壤土	6.4	64.9	2.96	2.46	黄土状沉积物	E 124°05′36.9″ N 48°28′00.0″	76
						2	25~35	重壤土	6.5	60.5	2.76	2.19			
						3	65~75	重壤土	6.8	49.4	2.12	2.10			
						4	100~110	重壤土	6.7	43.3	1.84	2.48			
剖19	半水成土	草甸土	暗色草甸土	壤质暗色草甸土	砾底壤土	1	0~20	重壤土	5.4	51.4	2.37	2.52		E 123°11′40.9″ N 48°19′59.2″	81
						2	40~50	含砾壤土	5.7	36.1	1.45	2.48			
剖20	半淋溶土	黑土	草甸黑土	砾底草甸黑土	厚层黑黏土	1	0~60	重壤土	6.3	49.8	2.91	0.80	冲积砾石	E 123°00′22.7″ N 48°11′57.1″	96
						2	60~70	重壤土	6.8	41.2	2.40	0.53			
						3	70~86	砂壤土	6.6	22.8	1.16	0.45			
						4	86~99	砂土							
剖21	半淋溶土	黑土	草甸黑土	砾底草甸黑土	厚层黑黏土	1	0~25	中壤土	6.4	81.4	1.68	0.92		E 123°07′25.0″ N 48°11′29.8″	91
						2	25~35	重壤土	6.8	78.1	3.67	2.02			
						3	45~55	中壤土	7.5	27.7	1.01	1.36			
						4	70~80	砂土夹石	6.9	13.4	0.63	1.31			
剖22	半淋溶土	黑土	草甸黑土	砾底草甸黑土	厚层黑黏土	1	0~65	重壤土	5.4	53.1	2.51	1.77	冲积砾石	E 123°04′49.4″ N 48°10′05.9″	96
						2	85~95	重壤土	5.6	34.5	1.01	1.24			
						3	100—								
剖23	半淋溶土	黑土	草甸黑土	砾底草甸黑土	中层黑黏土	1	5~25	重壤土	5.6	40.1	2.05	0.98	冲积砾石	E 123°18′51.1″ N 48°15′12.6″	97
						2	40~55	重壤土	5.2	42.7	2.22	0.52			
						3	60—	砾石土							
剖24	半水成土	草甸土	暗色草甸土	黏质暗色草甸土	黏土	1	0~30	黏土	7.4	59.3	2.93	1.25	淤积物	E 123°37′44.7″ N 48°17′28.1″	88
						2	80~90	轻黏土	6.6	23.5	0.94	0.58			
						3	125~135	轻黏土	6.7	16.6	0.81	0.80			
剖25	半淋溶土	黑土	黑土	残坡积黑土	厚层黑土	1	0~20	中壤土	6.3	55.3	2.05	3.33	基性岩残积物、坡积物	E 123°38′59.9″ N 48°12′08.5″	84
						2	35~45	重壤土	5.9	45.8	3.00	2.41			
						3	85~95	砾石土	6.0	7.0	0.37	2.48			
剖26	半淋溶土	黑土	黑土	残坡积黑土	中体黑土	1	0~20	重壤土	6.3	75.5	3.90	1.66	基性岩残积物、坡积物	E 123°37′26.0″ N 48°10′36.8″	85
						2	34~44	重壤土	6.1	38.3	1.91	0.85			
						3	50—	砾石土							
剖27	半淋溶土	黑土	黑土	冲积黑土	中层黑砂土	1	0~20	中壤土	6.4	43.3	2.55	0.87	冲积物	E 123°07′11.3″ N 48°05′12.5″	88
						2	43~53	中壤土	6.9	9.2	0.62	0.48			
						3	86~96	砂壤土	7.2	5.4	0.39	0.87			
剖28	淋溶土	暗棕壤	暗棕壤	酸性岩暗棕壤	厚体酸性岩暗棕壤	1	0~49	轻壤土	6.4	43.8	2.24	0.80		E 123°05′43.8″ N 48°04′53.4″	98
						2	50~60	中壤土	6.1	1.8	0.52	0.48			
剖29	半水成土	草甸土	暗色草甸土	壤质暗色草甸土	砂底壤土	1	0~40	中壤土	4.9	53.1	2.57	0.98		E 123°10′08.8″ N 48°03′05.0″	89
						2	50~60	轻壤土	5.7	29.3	0.26	0.87			
						3	110~130	砂土	6.2	3.8	1.39	0.15			

续表 Continued

剖面号 Soil profile	土纲 Soil order	土类 Soil great group	亚类 Soil subgroup	土属 Soil genus	土种 Soil species	土层码 Layer code	土层厚度 Depth/cm	质地 Soil texture	pH	有机质 OM/(g/kg)	全氮 TN/(g/kg)	全磷 TP/(g/kg)	土壤母质 Parent material	剖面点坐标 Profile coordinate	匹配指数 Matching index/%
剖30	半水成土	草甸土	暗色草甸土	壤质暗色草甸土	砾体壤土	1	0—10	中壤土	6.1	35.2	2.06	1.26		E 123°24′11.9″ N 48°08′23.6″	77
						2	10—22	中壤土	6.6	30.9	1.76	0.98			
						3	22—	砾石土							
剖31	半水成土	草甸土	暗色草甸土	壤质暗色草甸土	砾底壤土	1	0—20	重壤土	6.7	71.5	3.94	2.18		E 123°28′00.1″ N 48°05′33.0″	80
						2	22—32	重壤土	6.9	30.9	1.30	1.31			
						3	77—87	中壤土	7.0	19.0	0.73	1.64			
						4	120—	中壤土	7.5	6.5	0.42	2.46			
剖32	半淋溶土	黑土	黑土	黄土性黑土	厚层黄土性黑土	1	0—20	中壤土	6.8	41.7	2.29	0.82	黄土状沉积物	E 123°27′14.4″ N 48°03′11.5″	90
						2	22—40	中壤土	6.7	53.1	2.88	0.82			
						3	60—80								
						4	95—105	重壤土	6.7	16.3	0.79	0.49			
剖33	半水成土	草甸土	暗色草甸土	壤质暗色草甸土	砾底壤土	1	0—15	重壤土	6.2	98.6	5.51	1.60		E 123°18′04.0″ N 48°01′53.4″	75
						2	80—90	中壤土	6.5	32.5	1.71	0.82			
剖34	半淋溶土	黑土	草甸黑土	黄土性草甸黑土	中层黑钙土	1	0—40	中壤土	6.2	25.0	1.45	0.52	黄土状沉积物	E 123°26′48.9″ N 48°01′16.5″	90
						2	55—65	重壤土	6.2	19.4	1.04	0.41			
						3	85—95	重壤土	6.4	9.4	0.67	0.45			
						4	115—125	重壤土	6.5	1.1	0.21	0.49			

鄂伦春自治旗

主要土类说明

暗棕壤是鄂伦春自治旗主要土壤类型，占本旗地域面积的 53%。暗棕壤是本旗分布最多的一种山地土壤，也是林业用地的主要土壤资源，主要分布在海拔 400—800m 的低山丘陵。该地区气候冷湿，季节性冻层每年存在的时间为 8—10 个月。自然植被主要为蒙古栎、白桦、黑桦、杨树，其次为落叶松等，林下有种类繁多的灌木和草本植物。成土母质主要为酸性岩和基性岩的残积物或坡积物，部分为砂砾岩。成土过程主要为表层的腐殖质累积过程和表层以下的棕化过程。黑土层的有机质含量和盐基饱和度均较高，该层以下以棕色或鲜棕色土层为主。腐殖质层的组成成分以胡敏酸为主，土壤呈弱酸性至酸性。根据成土过程的差异，本旗暗棕壤分为暗棕壤、白浆化暗棕壤、草甸暗棕壤、暗棕壤性土等亚类。

棕色针叶林土是鄂伦春自治旗第二大土壤类型，占本旗地域面积的 16%。棕色针叶林土是发生于温带针叶纯林下的地带性土壤。自然植被主要为兴安落叶松，其次为白桦，局部地区有樟子松，高海拔地段有偃松，林下有兴安杜鹃、越橘、杜香和藓类等植物。成土母质主要为酸性岩和基性岩的风化残积物或坡积物，土层浅薄，角砾石多。成土过程主要为表层的腐殖质累积过程和表层以下的棕化过程。本旗棕色针叶林土分为棕色针叶林土、白浆化棕色针叶林土、表潜棕色针叶林土等亚类。

沼泽土是鄂伦春自治旗第三大土壤类型，占本旗地域面积的 14%。沼泽土呈条状分布在本旗各地的河沟低洼地。成土母质主要为河相冲积物和沉积物。成土过程主要为表层的腐殖质累积过程或泥炭化过程和表层以下的潜育化过程。腐殖质累积过程形成草根层、黑土层和腐泥层，泥炭化过程形成泥炭层，潜育化过程形成潜育层。根据成土过程的差异，本旗沼泽土分为沼泽土、草甸沼泽土、腐泥沼泽土、泥炭沼泽土等亚类。

草甸土占本旗地域面积的 8%。因所处地带地下水位较高，潜水参与土壤形成过程，受地下水升降与浸润作用，成土过程具有明显的腐殖质累积和铁锰氧化还原特征，土体出现锈色斑纹层。剖面构型为 A-Cu 或 A-C-Cu。

黑土占本旗地域面积的 6%，集中分布在本旗东南部，是在温带疏林草甸植被下发育而成的地带性土壤。成土母质主要为黏质黄土状母质。成土过程主要为黑土化过程，即腐殖质累积过程和临时滞水引起的淋溶过程。根据成土过程的差异，本旗黑土分为黑土、草甸黑土、白浆化黑土等亚类。

小于本旗地域面积 3% 的土壤类型有石质土、粗骨土、新积土、白浆土。

本区域中心区气候特征

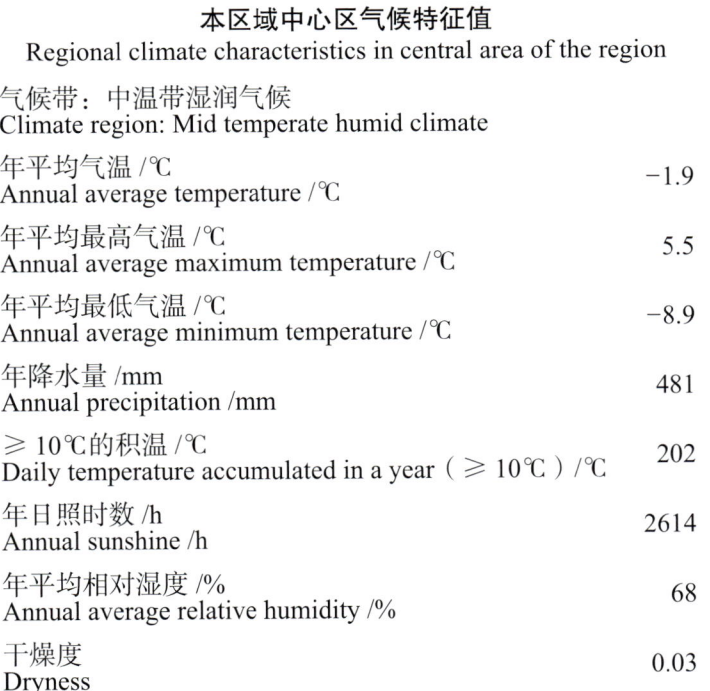

本区域中心区气候特征值
Regional climate characteristics in central area of the region

气候带：中温带湿润气候 Climate region: Mid temperate humid climate	
年平均气温 /℃ Annual average temperature /℃	-1.9
年平均最高气温 /℃ Annual average maximum temperature /℃	5.5
年平均最低气温 /℃ Annual average minimum temperature /℃	-8.9
年降水量 /mm Annual precipitation /mm	481
≥10℃的积温 /℃ Daily temperature accumulated in a year（≥10℃）/℃	202
年日照时数 /h Annual sunshine /h	2614
年平均相对湿度 /% Annual average relative humidity /%	68
干燥度 Dryness	0.03

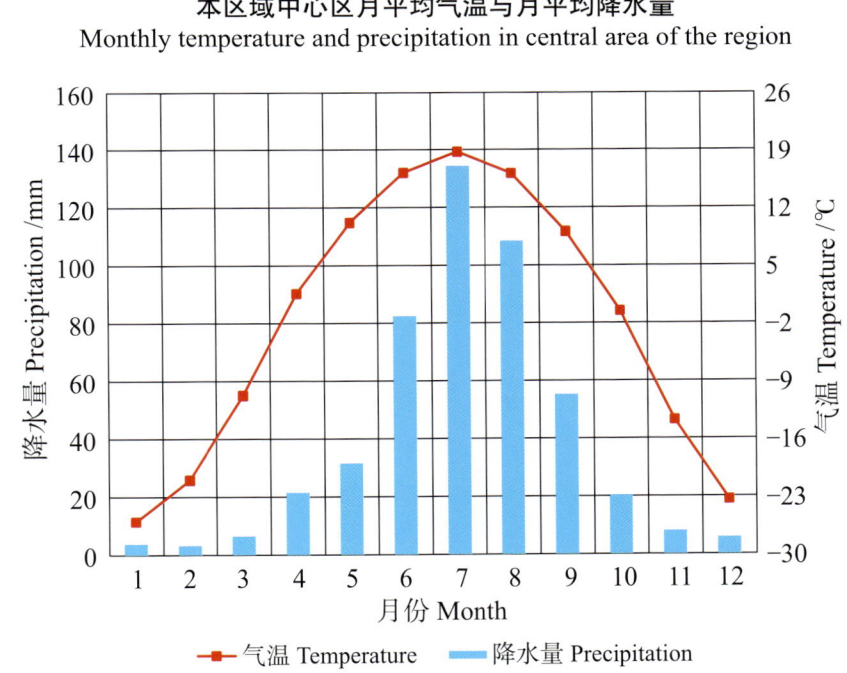

本区域中心区月平均气温与月平均降水量
Monthly temperature and precipitation in central area of the region

鄂伦春自治旗主要土壤类型与土壤剖面点分布图
1 : 1 350 000

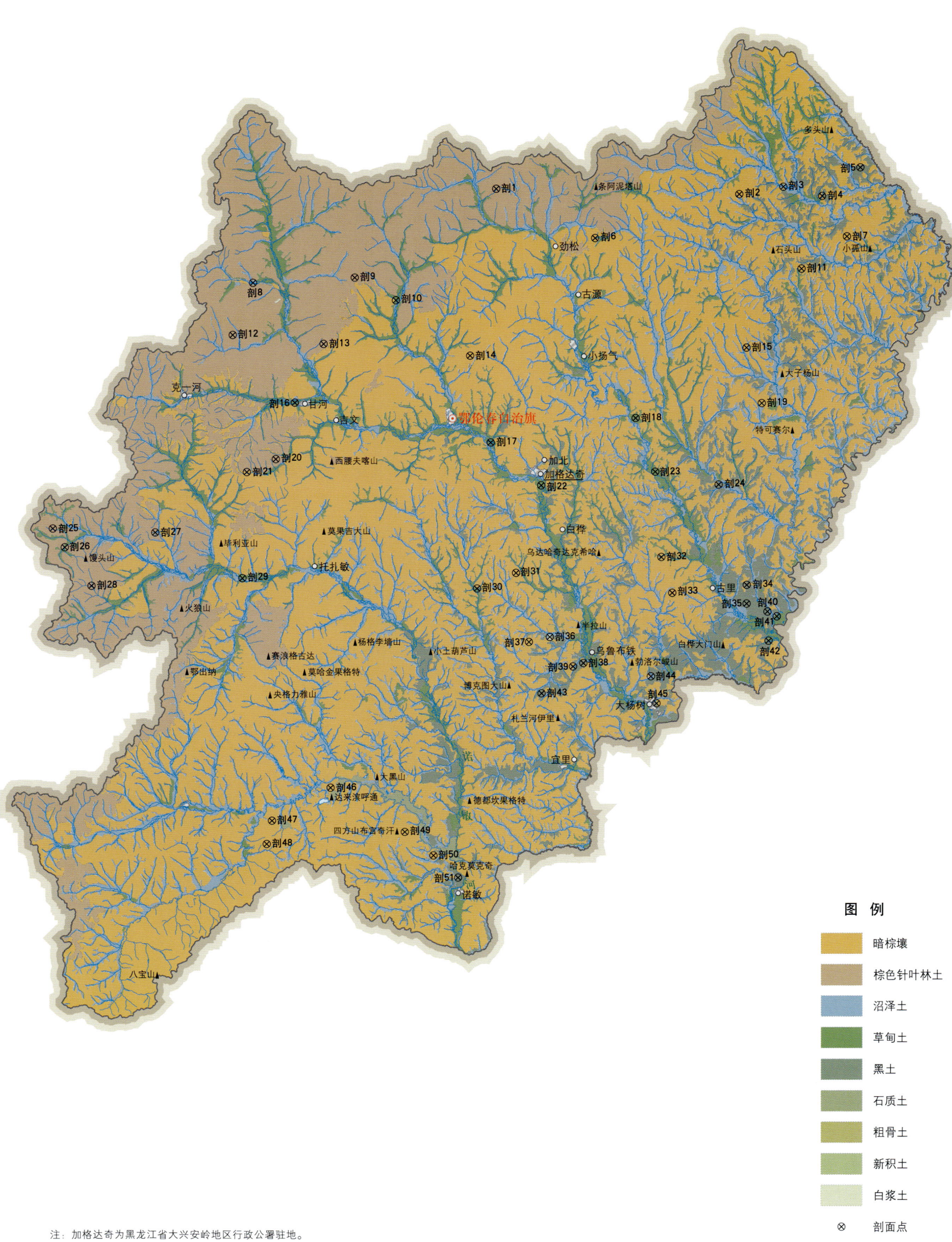

图 例
- 暗棕壤
- 棕色针叶林土
- 沼泽土
- 草甸土
- 黑土
- 石质土
- 粗骨土
- 新积土
- 白浆土
- ⊗ 剖面点

注：加格达奇为黑龙江省大兴安岭地区行政公署驻地。

鄂伦春自治旗土壤剖面理化性状表

剖面号 Soil profile	土纲 Soil order	土类 Soil great group	亚类 Soil subgroup	土属 Soil genus	土种 Soil species	土层码 Layer code	土层厚度 Depth/cm	颜色 Soil color	质地 Soil texture	土壤结构 Soil structure	pH	有机质 OM/(g/kg)	全氮 TN/(g/kg)	全磷 TP/(g/kg)	全钾 TK/(g/kg)	碱解氮 AN/(mg/kg)	有效磷 AP/(mg/kg)	速效钾 AK/(mg/kg)	土壤母质 Parent material	剖面点坐标 Profile coordinate	匹配指数 Matching index/%
剖1	淋溶土	棕色针叶林土	棕色针叶林土	基性岩棕色针叶林土	厚体基性岩棕色针叶林土	A_1	2–13	暗棕色	中壤土	粒状									玄武岩坡积物	E 123°56′38.8″ N 51°14′53.2″	74
						B	13–62	灰棕色	轻黏土	核状											
						B/C	62–69	灰棕色													
						C	69–75	棕色													
剖2	淋溶土	暗棕壤	暗棕壤	酸性岩暗棕壤	厚体酸性岩暗棕壤	A_1	1–21		轻壤土		6.8	75.0	2.79	0.81	20.6	237	38.0	724	花岗岩坡积物	E 125°04′36.2″ N 51°12′51.9″	80
						A_1/Bt	21–46		轻黏土		5.8	36.4	1.49	0.41	21.0	150	8.7	393			
						Bt	46–80		中壤土		5.4	15.8	0.65	0.21	16.6	68	4.8	236			
剖3	水成土	沼泽土	草甸沼泽土	草甸沼泽土	草甸沼泽土	As	0–19		重壤土		5.9	118.7	5.26	0.95	16.4	339	8.0	416	黄土状母质	E 125°17′03.5″ N 51°13′54.1″	93
						G_1	19–52		轻黏土		6.8	14.2	0.61	0.91	17.3	39	8.0	210			
						G_2	52–72		轻黏土		6.8	14.3	0.61	0.42	16.4	23	8.0	255			
剖4	半淋溶土	黑土	草甸黑土	黄土状草甸黑土	薄层黄土状草甸黑土	Ap	0–30	暗灰色	轻黏土	粒状	6.2	46.1	2.97	0.75	26.4	318	7.0	386	黄土状母质	E 125°27′46.8″ N 51°12′02.5″	76
						Ap/Bg	30–45	浅灰色	中黏土	小核状	6.2	9.1	0.66	0.43	24.2	97	2.0	153			
						Bg_1	45–75	棕黄色	重壤土	核状	6.2	6.8	0.50	0.37	22.2	53	3.0	125			
						Bg_2	75–114	黄色	重壤土	核状	6.3	2.8	0.42	0.32	25.7	26	6.0	80			
						Cg	114–165	灰黄色	中壤土												
剖5	半淋溶土	黑土	草甸黑土	坡积黄土状草甸黑土	薄层坡积黄土状草甸黑土	Ao	0–9	暗灰色	中壤土	粒状									坡积黄土状母质	E 125°38′45.1″ N 51°16′46.2″	80
						A_1	9–27	暗灰色	中黏土	粒状											
						A_1/Bg	27–37	棕黄色	重壤土	小粒状											
						Bg	37–50	黄棕色	重壤土	粒粒状											
剖6	淋溶土	暗棕壤	暗棕壤	酸性岩暗棕壤	厚体酸性岩暗棕壤	A_1	1–21	灰黑色	轻壤土	核粒状									花岗岩坡积物	E 124°24′00.4″ N 51°05′53.2″	99
						A_1/Bt	21–46	暗灰棕色	中壤土	核粒状											
						Bt	46–80	棕色	中壤土	小核状											
						B/C	3–17	棕灰色	轻壤土	团粒状											
剖7	淋溶土	暗棕壤	暗棕壤	砂砾岩暗棕壤	中体砂砾岩暗棕壤	A_1/Bt	17–23	浅灰棕色	轻壤土	粒状									砂砾岩残积物、坡积物	E 125°34′18.5″ N 51°04′49.4″	96
						Bt	23–51	棕灰色	中壤土												
						C	51–60	浅棕色		无明显结构											
剖8	水成土	沼泽土	泥炭沼泽土	泥炭沼泽土	厚层泥炭沼泽土	As	0–10					906.5	16.04	2.11	8.1	1800				E 122°48′28.8″ N 50°58′47.3″	71
						H_1	10–37					884.2	11.85	1.50	8.4	1640					
						H_2	37–45					718.8	9.37	0.98	15.8	1362					
						Aoo	0–2														
剖9	淋溶土	暗棕壤	棕色针叶林土	酸性岩棕色针叶林土	中体酸性岩棕色针叶林土	Ao	2–4	暗灰色	中壤土	粒状									花岗岩坡积物	E 123°16′48.7″ N 50°59′39.5″	97
						A_1	4–12	棕色	中壤土	核状、粒状											
						B	12–45	灰棕色	砂壤土												
						B/C	45–90	棕褐色	砂土												
						C_1	90–129														
剖10	半水成土	草甸土	潜育暗色草甸土	壤质潜育草甸土	卵石潜育草甸土	A_1	0–19	暗灰色	中壤土	粒状									花岗岩残积物、坡积物	E 123°28′15.2″ N 50°55′39.0″	82
						G_1	19–28	暗灰色	中壤土	核状											
						G_2	28–50	灰棕色	砂壤土	粒状											
						C	50–60	棕灰色	砂土												
剖11	淋溶土	暗棕壤	暗棕壤	砂砾岩暗棕壤	厚体砂砾岩暗棕壤	A_1	2–18	灰色	轻壤土	粒状									砂砾岩风化坡积物	E 125°21′19.8″ N 50°59′30.5″	72
						A_1/Bt	18–36	灰棕色	中壤土	粒状											
						Bt	36–62	棕色	重壤土	粒状											
						Bt/C	62–75	棕色													

续表 Continued

剖面号 Soil profile	土纲 Soil order	土类 Soil great group	亚类 Soil subgroup	土属 Soil genus	土种 Soil species	土层码 Layer code	土层厚度 Depth/cm	颜色 Soil color	质地 Soil texture	土壤结构 Soil structure	pH	有机质 OM/(g/kg)	全氮 TN/(g/kg)	全磷 TP/(g/kg)	全钾 TK/(g/kg)	碱解氮 AN/(mg/kg)	有效磷 AP/(mg/kg)	速效钾 AK/(mg/kg)	土壤母质 Parent material	剖面点坐标 Profile coordinate	匹配指数 Matching index/%
剖12	淋溶土	棕色针叶林土	棕色针叶林土	酸性岩棕色针叶林土	薄体酸性岩棕色针叶林土	Aoo	0—2	暗灰色												花岗岩残积物	E 122°42′50.8″ N 50°49′41.5″	85
						Ao	2—3														
						A₁	3—7	暗灰色	轻壤土	粒状	6.3	350.1	8.29	1.25	14.4	4	4.8	743			
						A/B	7—11	浅灰棕色		核状状											
						B	11—30	棕色		核状											
剖13	淋溶土	棕色针叶林土	棕色针叶林土	基性岩棕色针叶林土	薄体基性岩棕色针叶林土	B/C	30—50	棕色	中壤土	粒状									玄武岩风化残积物	E 123°08′05.3″ N 50°48′06.8″	70
						A₁	2—8	棕灰色	中壤土	粒状	6.3	14.1	0.74	4.60	20.2	6	8.0	149			
						A/B	8—18	灰棕色	中壤土	小核粒状											
						B	18—30	浅棕色	重壤土	核状											
剖14	淋溶土	暗棕壤	暗棕壤	酸性岩暗棕壤	薄体酸性岩暗棕壤	B/C	30—45	黄棕色											酸性岩残积物	E 123°48′42.8″ N 50°45′48.6″	73
						A₁	0—12	灰色	轻壤土	团粒状	6.7	145.2	5.25	0.80	13.9	322	5.0	301			
						A₁/Bt	12—15	浅灰棕色	砂壤土	粒状	6.7	18.3	0.76	1.06	19.1	68	49.0	304			
						Bt	15—29	浅棕色	中壤土	小核粒状											
						C	29—60	浅棕黄色													
剖15	淋溶土	暗棕壤	暗棕壤	酸性岩暗棕壤	中体酸性岩暗棕壤	A₁	1—10		轻壤土	粒状									酸性岩残积物、坡积物	E 125°05′18.6″ N 50°46′06.6″	97
						A₁/Bt	10—18	灰棕色	中壤土	核粒状											
						Bt	18—40	红棕色	中壤土												
剖16	半水成土	草甸土	暗色草甸土	壤质暗色草甸土	卵底暗色草甸土	A₁	0—18		中壤土											E 123°00′01.6″ N 50°37′52.4″	89
						As															
						A₁/G₁	20—36	暗灰色	中壤土	粒状											
						G₂	36—51	暗灰色	中壤土	核粒状											
剖17	半水成土	草甸土	潜育暗色草甸土	砂质潜育暗色草甸土	通体砂底暗色草甸土	G	51—66	灰棕色	轻壤土	无明显结构										E 123°54′01.1″ N 50°30′32.8″	71
						Ap	0—18	暗灰色	中壤土	粒状	6.2	100.2	3.90	1.14	13.7	303	4.0	134			
						A₁	18—46	灰色	中壤土	粒状	5.8	49.7	2.48	0.83	12.7	181	4.0	94			
剖18	半水成土	草甸土	暗色草甸土	基性岩暗色草甸土	厚体基性岩暗色草甸土	B/C	46—83	暗棕色	轻壤土	小核粒状	6.1	25.1	1.13	1.21	21.9	91	7.0	65		E 124°34′09.5″ N 50°34′20.6″	77
						C	83—104	灰棕色	砂壤土	粒状	6.3	29.5	1.36	6.90	23.0	72	8.0	60			
						A₁	0—19	暗灰色	中壤土	粒状	5.1	163.3	8.32	1.44	14.3	550	6.5	252			
剖19	淋溶土	暗棕壤	暗棕壤	基性岩暗棕壤		A₁/Bt	19—55	棕色	中壤土	粒状	5.4	93.2	5.12	0.78	10.4	251	4.0	162	基性岩坡积物	E 125°09′06.8″ N 50°36′20.9″	100
						Bt	55—75	黄棕色	砂土	核状	5.6	4.0	0.48	0.47	12.1	37	6.0	71			
						Bt/C	75—110	黄棕色													
剖20	淋溶土	棕色针叶林土	棕色针叶林土	基性岩棕色针叶林土	中体基性岩棕色针叶林土	A₁	2—14	棕褐色	轻壤土	粒状									玄武岩残积物、坡积物	E 122°54′47.5″ N 50°27′57.6″	92
						B	14—37	棕褐色	轻壤土	核粒状											
						B/C	37—68	灰棕色	轻壤土	粒状											
剖21	淋溶土	暗棕壤	草甸暗棕壤	基性岩草甸暗棕壤	中体基性岩草甸暗棕壤	Ap	0—19	棕灰色	轻壤土	无明显结构									基性岩风化物	E 122°46′49.8″ N 50°25′41.2″	85
						Ap/Bt	19—29	浅灰色	轻壤土	无明显结构											
						Bt	29—50	棕色	砂壤土	粒状											
						C	50—70	黄棕色	砂土	粒状											
剖22	半水成土	草甸土	暗色草甸土	壤质暗色草甸土	砂体暗色草甸土	Ap	0—20	棕灰色	轻壤土	粒状									河相冲积物	E 124°07′48.4″ N 50°22′52.3″	87
						A₁/G	20—37	暗灰色	砂壤土	粒状											
						G	37—66	浅灰黄色													
						C	66—80		细黄砂土												

续表 Continued

剖面号 Soil profile	土纲 Soil order	土类 Soil great group	亚类 Soil subgroup	土属 Soil genus	土种 Soil species	土层码 Layer code	土层厚度 Depth/cm	颜色 Soil color	质地 Soil texture	土壤结构 Soil structure	pH	有机质 OM/(g/kg)	全氮 TN/(g/kg)	全磷 TP/(g/kg)	全钾 TK/(g/kg)	碱解氮 AN/(mg/kg)	有效磷 AP/(mg/kg)	速效钾 AK/(mg/kg)	土壤母质 Parent material	剖面点坐标 Profile coordinate	匹配指数 Matching index/%
剖23	半水成土	草甸土	潜育暗色草甸土	壤质潜育暗色草甸土	通体壤质潜育暗色草甸土	Ap	0–18	灰棕色	中壤土	小粒状										E 124°39′13.0″ N 50°24′50.8″	84
						P	18–23	棕色	中壤土												
						A₁/G₁	23–40	灰棕色	中壤土												
						G	40–50														
						C	50–90														
剖24	半淋溶土	黑土	黑土	坡积黄土状黑土	薄层坡积黄土状黑土	Ao	0–1	灰色	轻壤土	粒状									坡积黄土状母质	E 124°56′34.4″ N 50°22′17.4″	95
						A₁	1–20	棕色	中壤土	核状											
						B	20–35	灰棕色	中壤土	核状											
						B	35–57	棕褐色	轻壤土												
						B/C	57–90														
剖25	淋溶土	棕色针叶林土	白浆化棕色针叶林土	酸性岩白浆化棕色针叶林土		A₁	5–16	灰色	轻壤土	粒状									花岗岩坡积物	E 121°53′35.9″ N 50°15′34.2″	72
						Aw	16–28	棕褐色	中壤土												
						B	28–45	棕褐色	重壤土												
剖26	半水成土	草甸土	潜育暗色草甸土	壤质潜育暗色草甸土	黏底壤质潜育暗色草甸土	As	0–4	暗灰色	中壤土	粒状										E 121°56′54.4″ N 50°12′18.4″	92
						A₁	4–14	暗灰棕色	轻壤土	无明显结构											
						G	14–30	黄棕色	中壤土	无明显结构											
剖27	淋溶土	棕色针叶林土	棕色针叶林土	酸性岩棕色针叶林土	厚体酸性岩棕色针叶林土	Aoo	0–4	暗棕色	中壤土	粒状									酸性岩坡积物	E 122°21′42.1″ N 50°15′02.5″	77
						Ao	4–11	暗灰色	轻壤土	核状											
						A₁	11–25	棕色	中壤土	核状											
						B	25–44	棕色	轻壤土	核粒状											
						B/C	44–64														
剖28	淋溶土	棕色针叶林土	表潜棕色针叶林土	酸性岩表潜棕色针叶林土	弱酸性岩表潜棕色针叶林土	Ag	10–23	灰白色	中壤土	鳞片状									花岗岩风化坡积物	E 122°04′22.4″ N 50°05′38.4″	91
						Ag/Bg	23–55	棕色	轻壤土	小粒状											
						Bg	55–74	黄棕色	黏土	无明显结构											
						Cg	74–100	棕褐色	中壤土												
剖29	半水成土	草甸土	暗色草甸土	壤质暗色草甸土		Ap	0–19	暗棕色	轻壤土	粉粒状	6.2	71.2	4.09	1.15	20.5	350	5.2	204	河湘冲积物	E 122°45′39.6″ N 50°07′05.9″	75
						A₁	19–25	棕色	中壤土	无明显结构	6.1	45.9	2.32	0.82	21.7	303	3.0	159			
剖30	半水成土	草甸土	潜育暗色草甸土	壤质潜育暗色草甸土	黏体壤质潜育暗色草甸土	As	0–18	暗棕色	中壤土	粒状										E 123°49′46.6″ N 50°05′02.4″	74
						A₁	18–34	蓝灰色	重壤土	粒状											
						G₁	34–71	深灰色	中壤土	核状											
						G₂	44–71	灰灰色	中壤土	无明显结构											
剖31	淋溶土	暗棕壤	暗棕壤	基性岩暗棕壤	薄体基性岩暗棕壤	A₁	2–6	灰棕色	中壤土	粒状	6.1	60.0	3.79	1.96	24.5	358	6.0	213	基性岩残积物	E 124°00′29.5″ N 50°07′40.1″	87
						A₁/Bt	6–11	灰棕色	重壤土	核状	6.3	37.9	1.92	1.24	17.8	82	8.0	165			
						Bt	11–31	棕色	中壤土	核状	6.3	33.9	1.51	1.23	17.2	79	13.0	143			
						Bt/C	31–50	棕色	中壤土	核粒状											
剖32	半水成土	草甸土	暗色草甸土	壤质暗色草甸土	黏体壤质暗色草甸土	Ap	0–12	暗灰色	中壤土	粒状	6.8	153.7	4.81	2.42	12.9	308	78.0	699		E 124°40′19.6″ N 50°09′56.9″	80
						A₁	12–30	浅灰棕色	重壤土	粒状	5.4	38.0	1.36	1.23	13.8	93	115.0	259			
						A₁/G	30–43	黄棕色	中壤土	核状											
						G₁	43–64	灰黄色	中壤土	核状											
						G₂	64–75	棕灰色	轻壤土	核状											
剖33	淋溶土	暗棕壤	暗棕壤	基性岩暗棕壤	中体基性岩暗棕壤	A₁	0–15	棕色	中壤土	粒状									基性岩残积物、坡积物	E 124°43′02.3″ N 50°03′37.8″	74
						A₁/Bt	15–24	棕色	中壤土	粒状											
						Bt	24–42	棕色	轻壤土	核状											
						Bt/C	42–55	浅棕色													

续表 Continued

剖面号 Soil profile	土纲 Soil order	土类 Soil great group	亚类 Soil subgroup	土属 Soil genus	土种 Soil species	土层码 Layer code	土层厚度 Depth/cm	颜色 Soil color	质地 Soil texture	土壤结构 Soil structure	pH	有机质 OM/(g/kg)	全氮 TN/(g/kg)	全磷 TP/(g/kg)	全钾 TK/(g/kg)	碱解氮 AN/(mg/kg)	有效磷 AP/(mg/kg)	速效钾 AK/(mg/kg)	土壤母质 Parent material	剖面点坐标 Profile coordinate	匹配指数 Matching index/%
剖34	半淋溶土	黑土	黑土	黄土状黑土	薄层黄土状黑土	A₁	0—23	暗棕色	重壤土	粒状	6.3	45.8	1.98	0.90	23.1	193	9.0	368	黄土状母质	E 125° 03′ 26.8″ N 50° 04′ 39.9″	86
						A₁/B	23—42	棕黄色	重壤土	粒状	6.4	29.5	1.15	0.85	22.6	144	9.0	291			
						B	42—84	暗棕灰色	轻黏土	小核状	6.2	18.3	1.12	0.68	22.1	76	7.0	244			
						B/C	84—108	灰棕色	轻黏土	小核状	6.2	11.1	0.87	0.74	22.7	41	18.0	227			
						C	108—120	棕黄色	黏土	核状											
剖35	半淋溶土	黑土	黑土	黄土状黑土	中层黄土状黑土	Ap	0—31	暗黄色	轻壤土	粒状									黄土状母质	E 125° 03′ 15.4″ N 50° 01′ 23.1″	89
						Ap/B	31—44	灰黄色	黏土												
						B	44—82	棕褐色	轻黏土	核状											
						B/C	82—130		黏土	片状											
剖36	淋溶土	白浆土	潜育白浆土	黄土状潜育白浆土	中位黄土状潜育白浆土	Ap	0—18	浅黄色	轻黏土	粒状	6.0	100.5	5.14	1.24	16.4	324	5.0	206	黄土状母质	E 124° 09′ 28.4″ N 49° 56′ 23.6″	96
						W	18—32	黄色	轻黏土	粒状	6.0	18.8	1.00	0.30	19.7	73	3.0	116			
						W/B₁	32—48	黄色	重黏土	小核状	6.2	12.7	0.71	0.18	19.0	27	3.0	115			
						B₂	48—73	青灰色	轻黏土												
						B₃	73—103		重黏土												
						B₃	103—130														
剖37	淋溶土	暗棕壤	暗棕壤	砂砾岩暗棕壤	薄体砂砾岩暗棕壤	A₁	1—13	灰棕色	中壤土	核状									砂砾岩残积物	E 124° 03′ 45.7″ N 49° 55′ 35.0″	94
						Bt	13—30	灰黄色	中壤土	团块状											
						C	30—62	棕色	轻壤土	无明显结构											
剖38	半淋溶土	黑土	白浆化黑土	黄土状白浆化黑土	中位黄土状白浆化黑土	Ap	0—18	暗棕色	中壤土	小粒状	6.1	72.6	3.14	0.80	24.8	254	7.0	252	黄土状母质	E 124° 18′ 27.2″ N 49° 51′ 41.7″	88
						Aw	26—45	灰棕色	中壤土		6.3	17.6	0.93	0.32	24.5	72	3.0	129			
剖39	半淋溶土	黑土	白浆化黑土	黄土状白浆化黑土	中位黄土状白浆化黑土	A	1—22	黑灰色	中壤土	小核粒状									黄土状母质	E 124° 15′ 37.8″ N 49° 51′ 07.9″	99
						A₁/Aw	22—50	浅灰黄色	中壤土	块状											
						Aw	50—82	浅灰黄色	中壤土	粒状											
剖40	半淋溶土	黑土	草甸黑土	黄土状草甸黑土	中层黄土状草甸黑土	Ap	0—20	暗棕色	中壤土	粒状									黄土状母质	E 125° 08′ 58.0″ N 49° 59′ 53.6″	74
						A₁	20—43	暗棕色	黏土	核状											
						A/Bg	43—68	灰棕色	黏土	粒状											
						Bg	68—120	灰黄色	砂壤土	粒状											
剖41	草甸土	草甸土	暗色草甸土	砂质暗色草甸土	通体砂质暗色草甸土	Ap	0—27	暗棕色	砂壤土										河相冲积物	E 125° 11′ 25.4″ N 49° 59′ 00.7″	87
						Bg	27—50	棕灰色	砂壤土												
						C₁	50—78	棕色	砂壤土												
						C₂	78—120	棕色	细砂土												
剖42	草甸土	草甸土	暗色草甸土	壤质暗色草甸土	砂底草色草甸土	As	0—8	黑灰色	轻壤土	粒状										E 125° 09′ 00.6″ N 49° 54′ 48.1″	78
						A₁	8—23	黄灰色	中壤土	核状											
						A/G	23—45	黄棕色	黏土	粒状											
						G	45—60	蓝灰色	黏土	核状											
						C	60—80	黄棕色	轻壤土												
剖43	半水成土	黑土	黑土	坡积黄土状黑土	中层坡积黄土状黑土	1	1—20	黑棕色	轻壤土	团粒状									坡积黄土状母质	E 124° 06′ 59.8″ N 49° 46′ 30.0″	76
						2	20—40	黑色	中壤土	核状											
						3	40—57	棕色	黏土	粒状											
						Ao	21—38	灰色	轻壤土	核状											
剖44	淋溶土	白浆土	白浆土	黄土状白浆土	深层黄土状白浆土	A₁/W	38—74	暗灰色	重壤土	粒状									黄土状母质	E 124° 36′ 42.5″ N 49° 49′ 06.6″	72
						W	74—120	褐色	重壤土	无明显结构											
						B₁	120—149	灰棕色	黏土	核状											
						B₂															

续表 Continued

剖面号 Soil profile	土纲 Soil order	土类 Soil great group	亚类 Soil subgroup	土属 Soil genus	土种 Soil species	土层码 Layer code	土层厚度 Depth/cm	颜色 Soil color	质地 Soil texture	土壤结构 Soil structure	pH	有机质 OM/(g/kg)	全氮 TN/(g/kg)	全磷 TP/(g/kg)	全钾 TK/(g/kg)	碱解氮 AN/(mg/kg)	有效磷 AP/(mg/kg)	速效钾 AK/(mg/kg)	土壤母质 Parent material	剖面点坐标 Profile coordinate	匹配指数 Matching index/%
剖45	半淋溶土	黑土	草甸黑土	坡积黄土状草甸黑土	中层坡积黄土状草甸黑土	Ap	0—20	暗灰色	中壤土	团粒状									坡积黄土状母质	E 124°38′05.8″ N 49°44′20.0″	89
						A₁	20—32	浅灰色	重壤土	粒状											
						A₁/Bg	32—42	浅灰棕色	重壤土	粒状											
						Bg₁	42—79	浅灰褐色	重壤土	核状											
						Bg₂	79—90	浅黄褐色	重壤土	核状											
剖46	淋溶土	暗棕壤	草甸暗棕壤	基性岩草甸暗棕壤	薄体基性岩草甸暗棕壤	A₁	0—7	暗灰色	重壤土	粒状									基性岩风化物	E 123°09′34.9″ N 49°30′20.2″	87
						Bt	7—23	棕色	重壤土	粒状											
						Bt/C	23—60	棕色	轻黏土	核状											
剖47	淋溶土	暗棕壤	暗棕壤性土	基性岩暗棕壤性土	薄体基性岩暗棕壤性土	A₁	1—15	暗灰色	轻壤土	粒状									基性岩残积物、坡积物	E 122°53′47.8″ N 49°24′32.8″	99
						A₁/C	15—32	灰棕色		粒状											
						C	32—60	棕色													
剖48	淋溶土	暗棕壤	暗棕壤性土	酸性岩暗棕壤性土	薄体酸性岩暗棕壤性土	A₁	3—11	棕灰色	中壤土	无明显结构									酸性岩残积物、坡积物	E 122°52′23.9″ N 49°20′21.5″	81
						A₁/C	11—30	灰棕色													
						C	30—50	黄棕色													
剖49	淋溶土	暗棕壤	草甸暗棕壤	酸性岩草甸暗棕壤		A₁	4—12	暗灰棕色	中壤土	粒状									酸性岩	E 123°29′36.6″ N 49°22′28.5″	78
						Bt	12—27	棕色	中壤土	无明显结构											
剖50	淋溶土	暗棕壤	草甸暗棕壤	酸性岩草甸暗棕壤	薄体酸性岩草甸暗棕壤	A₁	2—13		中壤土		6.5	109.1	4.66	1.50	14.9	296	20.0	381	酸性岩	E 123°37′15.8″ N 49°18′15.5″	71
						Bt	21—40		重壤土		6.4	14.1	0.84	0.47	18.5	71	8.0	205			
						Bt/C	64—80		轻黏土		6.1	6.4	0.58	0.38	12.9	54	6.0	153			
剖51	半淋溶土	黑土		洪冲积黑土	中层洪冲积黑土	Ap	0—22	暗灰色	中壤土	粒状、核状									洪冲积物	E 123°43′49.2″ N 49°14′20.8″	94
						A₁/B	22—34	暗灰色	中壤土												
						B	34—60 60—100	棕灰色 棕灰色	重壤土												

鄂温克族自治旗

主要土类说明

栗钙土是鄂温克族自治旗主要土壤类型，占本旗地域面积的 30%。栗钙土分布在本旗中西部伊敏河以西的丘陵地带，以及高平原地区的部分河谷冲积平原、谷地、高阶地，属于我国东部栗钙土带的东缘，地处暗栗钙土亚地带。成土母质多为黄土状沉积物和湖相砂层冲积物。成土过程主要为典型草原化的腐殖质累积过程和钙积过程。栗钙土剖面由灰棕色腐殖质层、钙积层和母质层构成。由于潜育化、盐化、碱化等地方性附加过程的参与，栗钙土产生潜育层、碱化层、积盐层，并形成相应的亚类。

黑钙土是鄂温克族自治旗第二大土壤类型，占本旗地域面积的 23%。成土母质多为黄土状母质，本旗东部还有结晶岩、泥页岩、砂砾岩的残积物或坡积物。成土过程主要为腐殖质累积过程和钙积过程。该土壤土体深厚，一般为 140—150cm。黑钙土分布区域广泛，母质类型多样，由不同母质发育的黑钙土性状差异化较显著。位于森林土壤间的淋溶黑钙土，具有比较明显的森林土壤的残遗特征，如通体无石灰反应，存在二氧化硅粉末，具有一定程度的棕化和黏化现象等。草甸黑钙土由于地下水作用而具有明显的潜育特征。

灰色森林土是鄂温克族自治旗第三大土壤类型，占本旗地域面积的 14%。灰色森林土主要分布在海拔 900—1100m 的低山丘陵，属于我国大兴安岭灰色森林土带的中部，与淋溶黑钙土呈复区分布，土壤复区分布规律与地形分异有明显相关性。成土过程具有森林土壤和草原土壤的双重特征。

风沙土占本旗地域面积的 11%。风沙土发生于半干旱、干旱漠境地区及滨海地区，是在风沙移动堆积形成的多种形态的风沙沉积物上发育的初育土，具 C、（A）-C 或 A-C 剖面构型。

沼泽土占本旗地域面积的 9%。沼泽土所处地势低洼，长期地表积水，喜湿植被生长茂盛。该土壤有机质累积及还原作用强烈，具有潜育层，具 H-G 剖面构型。地表有机质累积明显，甚至见泥炭层或腐泥层。

草甸土占本旗地域面积的 8%，分布遍及本旗各个地带性土壤区。成土母质主要为冲积物。成土过程主要为潜育化过程和潴育化过程。因所处地带地下水位较高，潜水参与土壤形成过程，受地下水升降与浸润作用，成土过程具有明显的腐殖质累积和铁锰氧化还原特征，土体出现锈色斑纹层。

棕色针叶林土占本旗地域面积的 5%，分布在本旗东南林区，属于我国大兴安岭棕色针叶林土带的南端，向西与灰色森林土、黑钙土构成垂直带谱。成土母质多为花岗岩、闪长玢岩、玄武岩、凝灰岩、安山岩等结晶岩类、泥页岩类的残积物或坡积物。成土过程主要为针叶林下微酸性的腐殖质累积过程和矿物质的分解淋溶过程。该土壤厚度一般不超过 60cm，剖面分化明显，具 A_{oo}-A_o-A_1-B-C 剖面构型。

小于本旗地域面积 3% 的土壤类型有草甸盐土。

本区域中心区气候特征

本区域中心区气候特征值
Regional climate characteristics in central area of the region

气候带：中温带亚湿润气候 Climate region: Mid temperate subhumid climate	
年平均气温 /℃ Annual average temperature /℃	-1.4
年平均最高气温 /℃ Annual average maximum temperature /℃	5.2
年平均最低气温 /℃ Annual average minimum temperature /℃	-7.5
年降水量 /mm Annual precipitation /mm	414
≥10℃的积温 /℃ Daily temperature accumulated in a year (≥10℃) /℃	695
年日照时数 /h Annual sunshine /h	2654
年平均相对湿度 /% Annual average relative humidity /%	68
干燥度 Dryness	0.18

本区域中心区月平均气温与月平均降水量
Monthly temperature and precipitation in central area of the region

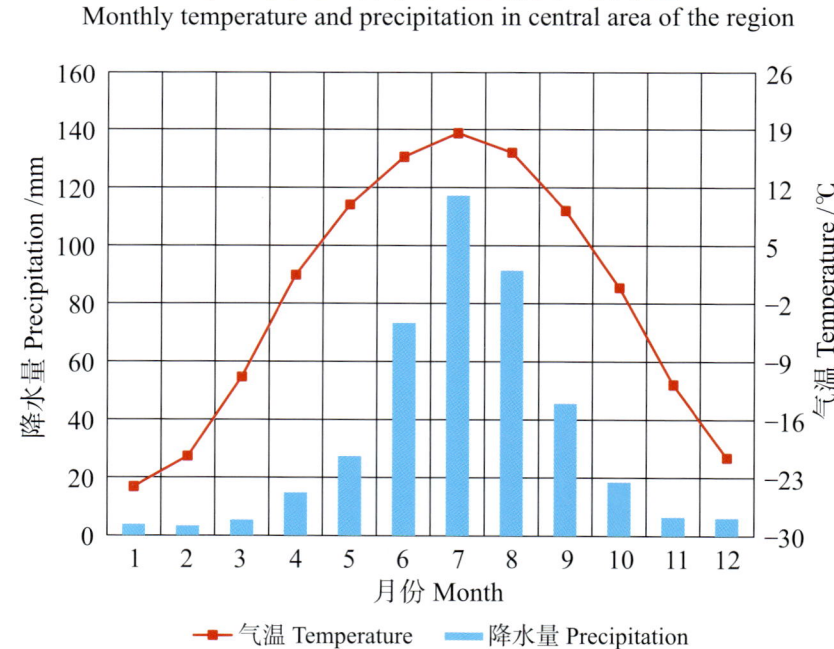

鄂温克族自治旗主要土壤类型与土壤剖面点分布图
1:770 000

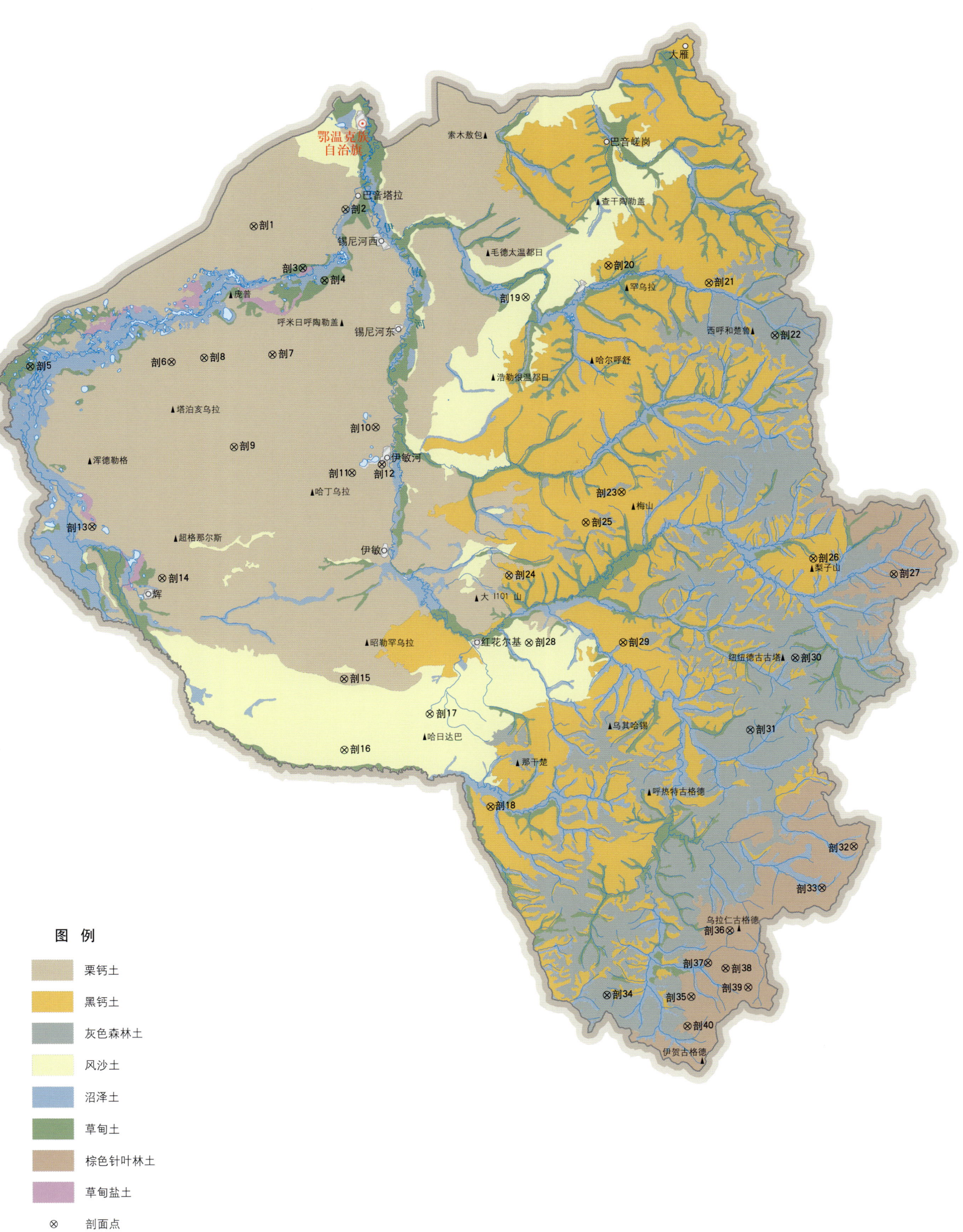

鄂温克族自治旗土壤剖面理化性状表

剖面号 Soil profile	土纲 Soil order	土类 Soil great group	亚类 Soil subgroup	土属 Soil genus	土种 Soil species	土层码 Layer code	土层厚度 Depth/cm	质地 Soil texture	pH	有机质 OM/(g/kg)	全氮 TN/(g/kg)	全磷 TP/(g/kg)	全钾 TK/(g/kg)	碱解氮 AN/(mg/kg)	有效磷 AP/(mg/kg)	速效钾 AK/(mg/kg)	阳离子交换量CEC/(cmol/kg)	土壤母质 Parent material	剖面点坐标 Profile coordinate	匹配指数 Matching index/%
剖1	钙层土	栗钙土	暗栗钙土	黄土状暗栗钙土		1	0~20	砂壤土	6.7	24.1	1.42	0.58	27.0		4.3	98		黄土状母质	E 119° 27′ 32.8″ N 48° 58′ 21.4″	86
						2	35~45	轻壤土	7.8	17.6										
						3	67~77	轻壤土	8.3	14.1										
						4	117~127	中壤土	8.2	7.2										
剖2	钙层土	栗钙土	草甸栗钙土	盐化草甸栗钙土		1	0~20	中壤土	6.9	34.0	1.74	0.75	29.0		10.3	34	16.7	冲积物	E 119° 41′ 32.3″ N 48° 59′ 41.6″	92
						2	50~60	轻壤土	6.5	15.6										
						3	85~95	中壤土	7.8	9.1										
剖3	半水成土	草甸土	碱化草甸土			1	0~20	砂土	7.3	28.5	1.46	1.07	30.0		2.7	45			E 119° 34′ 44.4″ N 48° 54′ 03.2″	79
						2	65~75	砂土	8.2	6.0										
						3	105~115	松砂土	8.2	2.4										
						4	115—	松砂土												
剖4	半水成土	草甸土	盐化草甸土	壤质盐化草甸土		1	0~20	中壤土	8.6	63.4	3.18	2.31	25.5			20		冲积物	E 119° 37′ 57.7″ N 48° 52′ 45.8″	94
						2	70~80	中壤土	8.8	22.1										
剖5	半水成土	草甸土	盐化草甸土	壤质盐化草甸土		1	0~20	轻壤土	8.5	15.1	0.79	4.22	25.5		70.0	391		冲积物	E 118° 53′ 09.3″ N 48° 45′ 08.7″	91
						2	25~35	轻壤土	8.6	13.7										
						3	52~62	中壤土	8.6	4.1										
						4	92~102	轻壤土	8.6	5.1										
剖6	钙层土	栗钙土	暗栗钙土	结晶岩暗栗钙土		1	0~20	砂壤土	6.9	44.0	2.31	1.01	29.0		4.3	221		结晶岩残积物、坡积物	E 119° 14′ 25.8″ N 48° 45′ 13.0″	98
						2	35~45	砂壤土	7.4	35.5										
						3	55~65	轻壤土	8.3	22.3										
剖7	钙层土	栗钙土	暗栗钙土	泥页岩暗栗钙土		1	0~20	轻壤土	6.5	63.0	1.90	0.92	25.5		3.2	135		钙质泥岩沉积物	E 119° 29′ 40.2″ N 48° 45′ 37.4″	80
						2	27~37	中壤土	6.8	24.5										
						3	55~65	中壤土	8.2	12.1										
						4	92~102	轻壤土	8.1	5.7										
剖8	钙层土	栗钙土	暗栗钙土	结晶岩暗栗钙土		1	0~20	砂壤土	6.7	36.5	2.71	1.05	24.0		4.3	155		结晶岩残积物、坡积物	E 119° 19′ 25.0″ N 48° 45′ 31.7″	82
						2	25~35	砂壤土	7.3	73.6										
剖9	钙层土	栗钙土	暗栗钙土	黄土状暗栗钙土		1	0~20	中壤土	6.5	54.4	1.06	0.65	23.0		1.9	64		黄土状母质	E 119° 23′ 27.6″ N 48° 36′ 36.0″	78
						2	30~40	中壤土	7.8	20.4										
						3	50~60	中壤土	8.2	11.9										
剖10	钙层土	栗钙土	草甸栗钙土	壤质草甸栗钙土		1	0~20	砂土	7.3	27.9	1.30	0.91	31.5	144	1.6	94		冲积物	E 119° 44′ 51.0″ N 48° 38′ 03.1″	78
						2	40~50	砂土	8.2	13.3	0.63	0.51	30.3		0.2	180				
						3	80~90	砂土	9.8	4.3	0.10	0.50	29.6							
剖11	钙层土	栗钙土	草甸栗钙土	碱化草甸栗钙土		1	0~20	重壤土	8.6	45.9	1.82	1.12	29.0		6.5	184	36.6	冲积物	E 119° 41′ 00.6″ N 48° 33′ 38.2″	72
						2	16~26	中壤土	8.2	19.8							27.4			
						3	36~46	重壤土	8.6	13.9							21.6			
剖12	钙层土	栗钙土	草甸栗钙土	碱化草甸栗钙土		1	0~15	轻壤土	6.9	28.4	1.46	0.77	29.0		2.7	26	13.1	冲积物	E 119° 45′ 34.2″ N 48° 34′ 21.7″	95
						2	15~25	轻壤土	8.4	18.8							17.3			
						3	87~97	中壤土	8.6	8.0							8.3			
							102~112										8.6			
剖13	钙层土	栗钙土	草甸栗钙土	盐化草甸栗钙土		1	0~20	轻壤土	8.6	18.9	1.02	0.68	29.0		16.5	113	8.7	冲积物	E 119° 01′ 46.6″ N 48° 29′ 08.9″	89
						2	42~52	轻壤土	8.6	0.3							8.5			
						3	82~92	中壤土	8.6	5.6							9.0			

续表 Continued

剖面号 Soil profile	土纲 Soil order	土类 Soil great group	亚类 Soil subgroup	土属 Soil genus	土种 Soil species	土层码 Layer code	土层厚度 Depth/cm	质地 Soil texture	pH	有机质 OM/(g/kg)	全氮 TN/(g/kg)	全磷 TP/(g/kg)	全钾 TK/(g/kg)	碱解氮 AN/(mg/kg)	有效磷 AP/(mg/kg)	速效钾 AK/(mg/kg)	阳离子交换量CEC/(cmol/kg)	土壤母质 Parent material	剖面点坐标 Profile coordinate	匹配指数 Matching index/%
剖14	钙层土	栗钙土	草甸栗钙土	盐化草甸栗钙土		1	0—20	轻壤土	8.5	7.6	0.39	0.83	28.0		88.6	26	9.5	冲积物	E 119°12′02.2″ N 48°23′53.5″	79
						2	30—40	砂壤土	8.8	2.8							5.9			
						3	60—70	砂壤土	8.8	0.4							2.9			
剖15	钙层土	栗钙土	栗钙土性土	砂质栗钙土性土		1	0—20	砂壤土	6.9	46.6	2.23		27.5			113		冲积物	E 119°38′41.3″ N 48°13′15.6″	99
						2	57—67	砂壤土	7.1	8.7	0.51		28.0			26				
						3	105—115	砂土	7.1	4.5	0.24		27.5			14				
剖16	初育土	风沙土	固定风沙土	松林沙土	松林黄沙土	1	10—20	砂土	6.2	8.5	0.51	0.26	30.0		2.2	75		风积沙	E 119°38′19.3″ N 48°06′14.5″	89
						2	30—40	砂土	6.8	1.8	0.25	0.11	26.5		0.5	105				
						3	60—70	砂土	6.9	2.6	0.16	0.14	24.0		1.0	56				
剖17	初育土	风沙土	固定风沙土	松林沙土	松林黑沙土	1	15—25	砂土	6.6	60.0	2.78	1.39	19.5		3.2	26		风积沙	E 119°51′14.8″ N 48°09′28.4″	74
						2	50—60	砂土	6.9	17.3	0.64	0.43	30.0		1.6	38				
						3	90—100	砂土	6.9	1.5	0.17	0.11	25.5		1.6	38				
剖18	钙层土	黑钙土	黑钙土	结晶岩黑钙土		1	0—20	中壤土	6.7	35.4	1.99	1.15	26.8		0.5	250		砂砾残积物	E 119°59′42.8″ N 48°00′00.9″	97
						2	40—50	中壤土	7.6	3.5	0.39	0.95	31.2	262						
						3	90—100	重壤土	8.1	3.3	0.27	0.60	32.6							
剖19	初育土	风沙土	固定风沙土	松林沙土	松林黄沙土	1	0—20	砂土	6.6	12.4	0.36	0.13	25.5		2.4	26		风积沙	E 120°08′13.9″ N 48°50′20.0″	85
						2	60—70	砂土		7.9			21.0							
						3	100—110	砂土		4.4										
剖20	钙层土	黑钙土	淋溶黑钙土	黄土状淋溶黑钙土		1	0—20	中壤土	6.2	61.0	2.67	1.24	21.0		5.5	86		黄土状母质	E 120°20′55.7″ N 48°53′08.5″	78
						2	90—100	中壤土	6.5	22.6										
						3	120—130	中壤土	7.5	15.5										
剖21	钙层土	黑钙土	草甸黑钙土	黄土状草甸黑钙土		1	15—25	轻壤土	5.6	68.4	2.96	1.28	27.5		7.0	94		黄土状母质	E 120°35′57.5″ N 48°50′59.3″	79
						2	50—60	中壤土	8.7	8.2										
						3	100—110	中壤土	8.8	6.5										
剖22	半淋溶土	灰色森林土	暗灰色森林土	凝灰岩暗灰色森林土		1	0—20	中壤土	6.0	157.3	6.19	2.53	23.0		7.0	458		凝灰岩残积物	E 120°45′29.5″ N 48°45′28.8″	75
						2	60—70	中壤土	5.9	60.4										
						3	120—130	中壤土	6.3	18.3										
剖23	钙层土	黑钙土	淋溶黑钙土	结晶岩淋溶黑钙土		1	0—20	中壤土	7.6			1.65	23.5	106	0.3	90		结晶岩坡积物	E 120°21′19.1″ N 48°30′40.0″	70
						2	40—50	中壤土	7.6	15.3	1.11	1.41	24.1							
						3	70—80	中壤土	7.7	41.3	0.55	1.31	21.9							
剖24	钙层土	栗钙土	暗栗钙土	黄土状暗栗钙土		1	0—20	轻壤土	6.8	41.3					3.5	75		钙质泥岩沉积物	E 120°03′55.1″ N 48°22′54.5″	90
						2	40—50	轻壤土	8.1	19.8										
						3	60—70	中壤土	8.2	15.2										
剖25	钙层土	黑钙土	黑钙土	泥页岩黑钙土		1	0—10	轻壤土	7.1	60.5	2.72	0.99	26.0					泥岩	E 120°15′45.7″ N 48°27′48.6″	95
						2	17—27	中壤土	7.6	34.6										
						3	35—45	中壤土	7.6	31.5										
						4	68—78	中壤土	7.0	27.2										
剖26	钙层土	黑钙土	淋溶黑钙土	泥页岩淋溶黑钙土		1	0—20	轻壤土	7.1	149.8	2.41	2.71	27.6	276	0.7	550		泥页岩	E 120°49′30.0″ N 48°23′12.1″	86
						2	30—40	轻壤土	7.6	79.3	2.21	1.46	29.6							
						3	60—70	中壤土	7.0	95.0		1.46	31.9							
剖27	淋溶土	棕针色针叶林土	潜育棕色针叶林土			1	0—20	黏土	5.2	79.3		3.30	24.0	413	1.7	165		结晶岩残积物、坡积物	E 121°01′23.5″ N 48°21′14.8″	87
						2	24—34	黏土	5.5	95.0		2.80	22.4							
						3	34—44	砂土	6.5	50.9	2.30	1.39	26.0		2.7	38				
剖28	初育土	风沙土	固定风沙土	松林沙土	松林黑沙土	1	10—20	砂土	6.5	10.6								风积沙	E 120°06′29.2″ N 48°16′08.4″	80
						2	40—50	砂土	6.6	0.9										
						3	75—85	砂土												

续表 Continued

剖面号 Soil profile	土纲 Soil order	土类 Soil great group	亚类 Soil subgroup	土属 Soil genus	土种 Soil species	土层码 Layer code	土层厚度 Depth/cm	质地 Soil texture	pH	有机质 OM/(g/kg)	全氮 TN/(g/kg)	全磷 TP/(g/kg)	全钾 TK/(g/kg)	碱解氮 AN/(mg/kg)	有效磷 AP/(mg/kg)	速效钾 AK/(mg/kg)	阳离子交换量 CEC/(cmol/kg)	土壤母质 Parent material	剖面点坐标 Profile coordinate	匹配指数 Matching index/%
剖29	钙层土	黑钙土	黑钙土	砂砾岩黑钙土		1	0—20	轻壤土	7.1	62.6	2.42	1.00	30.9	200	0.3	320		砂砾岩残积物	E 120° 20′ 29.9″ N 48° 15′ 47.0″	84
						2	50—60	轻壤土	7.5	32.8	1.04	0.89	27.2							
						3	95—105	中壤土	7.3	11.0	0.41	0.50	27.6							
						4	130—140	中壤土	8.2	5.8	0.32	0.54	29.1							
剖30	半淋溶土	灰色森林土	暗灰色森林土	泥页岩暗灰色森林土		1	25—35	中壤土	6.2	50.1	2.03	1.13	24.0		2.7	124		凝灰岩残积物	E 120° 46′ 00.5″ N 48° 13′ 25.7″	75
						2	50—60	中壤土	5.8	24.3	1.08	0.71	25.0		1.0	75				
						3	65—75	中壤土	6.1	9.7	0.49	0.82	29.0		2.7	36				
						4	85—95	重壤土	6.1	8.3	0.64	0.15	28.0		1.0	75				
剖31	半淋溶土	灰色森林土	暗灰色森林土	结晶岩暗灰色森林土		1	2—8	轻壤土	5.9	131.9	5.90	2.64	17.5		9.2	124		结晶岩	E 120° 38′ 48.8″ N 48° 06′ 29.9″	93
						2	8—11	中壤土	5.9	95.8	4.19	2.40	23.5		4.9	49				
						3		轻壤土	5.8	14.3	0.71	0.56	35.0		0.5	49				
						4		中壤土	5.8	15.7	0.80	0.80	36.0		0.6	98				
剖32	淋溶土	棕色针叶林土	灰化棕色针叶林土	泥页岩灰化棕色针叶林土		1	0—20	中壤土	5.5	28.5	4.30	1.48	20.0		11.3	150		凝灰岩残积物、坡积物	E 120° 53′ 12.5″ N 47° 54′ 21.3″	70
						2	40—50	中壤土	5.5	23.9										
						3	70—80	重壤土	5.5	14.3										
剖33	淋溶土	棕色针叶林土	潜育棕色针叶林土	冲积潜育棕色针叶林土		1	8—12	重壤土	5.4	197.3	6.18	2.10	21.0		18.4	491		河流冲积物	E 120° 48′ 11.1″ N 47° 50′ 24.0″	90
						2	20—30	中壤土	5.7	54.2	1.94	2.63	22.0		10.8	68				
						3	38—48	轻壤土	5.7	47.6	1.81	2.85	23.0		16.2	45				
剖34	半淋溶土	灰色森林土	暗灰色森林土	结晶岩暗灰色森林土		1	20—30	中壤土	6.5	77.4	3.14	1.44	24.0		3.8	150		结晶岩	E 120° 15′ 41.0″ N 47° 40′ 55.2″	90
						2	60—70	中壤土	6.5	89.4	1.45	1.45	26.0		4.9	371				
						3	120—130	中壤土	6.3	80.1	1.48	1.48	23.0		3.0	68				
剖35	淋溶土	棕色针叶林土	灰化棕色针叶林土			1	14—23	重壤土	5.1	7.8	2.32	1.18	22.7	203	1.0	265		结晶岩残积物	E 120° 28′ 03.7″ N 47° 40′ 24.0″	89
						2	30—40	中壤土	5.2	78.7	22.07	1.36	26.4							
剖36	淋溶土	棕色针叶林土	棕色针叶林土	结晶岩棕色针叶林土		1	10—14	中壤土	5.5	99.8	1.66	2.07	25.5		30.3	199		结晶岩风化残积物、坡积物	E 120° 34′ 14.2″ N 47° 46′ 41.2″	78
						2	15—25	轻壤土	5.7	22.4	0.98	0.80	26.0		9.8	203				
						3	35—45	轻壤土	5.7	9.7	0.57	0.53	28.0		8.7	105				
剖37	淋溶土	棕色针叶林土	潜育棕色针叶林土			1	35—45	中壤土	5.5	57.9	1.77	0.90	25.2	201	1.9	285		泥页岩残积物	E 120° 30′ 48.1″ N 47° 43′ 37.8″	93
						2	60—70	重壤土	5.7	88.3	2.42	1.14	26.4	238						
剖38	淋溶土	棕色针叶林土	棕色针叶林土	泥页岩棕色针叶林土		1	20—30	轻壤土	5.2	116.4	2.34	1.61	25.8	238	3.1	485		泥页岩残积物	E 120° 33′ 20.7″ N 47° 43′ 00.7″	70
						2	60—70	中壤土	5.5	38.4	0.64	0.68	27.0							
剖39	淋溶土	棕色针叶林土	灰化棕色针叶林土	凝灰岩灰化棕色针叶林土		1	5—10	中壤土	5.5	246.2	0.69	3.14	16.5		34.0	589		凝灰岩残积物、坡积物	E 120° 36′ 33.1″ N 47° 41′ 02.7″	97
						2	15—24	重壤土	5.5	64.3	0.53	0.89	22.0		13.3	185				
						3	30—40	中壤土	5.7	15.3	0.69	0.94	25.0		5.5	94				
						4	47—57	中壤土	5.7	9.9	0.53	0.98	24.0		6.0	94				
剖40	淋溶土	棕色针叶林土	棕色针叶林土	结晶岩棕色针叶林土		1	8—18	轻壤土	6.1	134.4	6.05	3.04	24.0		7.0	120		结晶岩风化残积物	E 120° 27′ 18.8″ N 47° 37′ 31.9″	91
						2	30—40	中壤土	5.6	58.3										
						3	43—53	中壤土	5.7	17.7										

陈巴尔虎旗

主要土类说明

黑钙土是陈巴尔虎旗主要土壤类型，占本旗地域面积的 31%。黑钙土广泛分布在本旗东部海拔 700—1000m 的山地向高平原过渡的低山丘陵和河谷阶地。成土母质主要为黄土沉积物、结晶岩风化残积物和坡积物，还有少量的洪冲积物。成土过程主要为腐殖质累积过程和钙积过程。

栗钙土是陈巴尔虎旗第二大土壤类型，占本旗地域面积的 20%。栗钙土是在温带半干旱草原下形成的具有栗色腐殖质层和灰白色钙积层的土壤。该土壤表层为栗色腐殖质层，厚 20—30cm，有机质含量为 15—45g/kg。其下，灰白色钙积层发育明显，钙积层见于 20—30cm 深处，厚 20—40cm，呈斑点状或层状积钙。

粗骨土是陈巴尔虎旗第三大土壤类型，占本旗地域面积的 18%。粗骨土主要分布在本旗境内的丘陵顶部、低山丘陵的迎风坡以及东部山区的陡峻山麓边缘。该土壤土质较粗，剖面分化不明显，缺乏明显的淀积层，剖面通体砾石含量占 50% 以上。成土母质多为花岗岩、安山岩、玄武岩等酸性结晶岩类的风化物，少数为碳酸岩类风化物。本旗大部分粗骨土发育较好，腐殖质层厚，有机质含量高，全量和速效养分含量都比较高，表层颜色较深，一般呈棕灰色或暗灰色，多具粒状结构，表层开始就有粒径不等的砾石，表层以下砾石增多。发育于花岗岩、安山岩、玄武岩等母质的为硅铝结晶盐类粗骨土，多数无石灰反应；发育于石灰岩类母质的为钙质粗骨土，剖面通体有石灰反应。

风沙土占本旗地域面积的 16%。风沙土发生于半干旱、干旱漠境地区及滨海地区，是在风沙移动堆积形成的多种形态的风沙沉积物上发育的初育土。由于成土时间短暂，该土壤无剖面发育，具 C、（A）-C 或 A-C 剖面构型，反映了风沙移动堆积与固定的不同阶段。

草甸土占本旗地域面积的 10%，分布在本旗境内大小河流的河漫滩、湖盆阶地、山间谷地以及沙带间低地，主要集中在莫尔格勒河、海拉尔河和额尔古纳河及其支流沿岸。成土母质以河流冲积物、沉积物为主，东、西部差异大，东部母质多为冲积物，西部母质含有较多的碳酸盐类和重碳酸盐类，沿河湖两岸母质常有砂黏相间层和埋藏层存在。成土过程主要为草甸化过程，即表层的腐殖质累积过程和表层以下的潴育化过程。本旗草甸土分为草甸土、石灰性草甸土、盐化草甸土、碱化草甸土等亚类。

沼泽土占本旗地域面积的 3%，主要分布在莫尔格勒河、特尼河、海拉尔河和额尔古纳河的低湿泛滥地区，与草甸土、盐化草甸土或盐碱土呈复区分布。沼泽土的形成是泥炭腐殖化和潜育化共同作用的结果。沼泽土剖面基本由泥炭草根盘结层、粗腐殖质泥炭层和潜育层构成。

小于本旗地域面积 3% 的土壤类型有灰色森林土。

本区域中心区气候特征

本区域中心区气候特征值
Regional climate characteristics in central area of the region

气候带：中温带亚湿润气候 Climate region: Mid temperate subhumid climate	
年平均气温 /℃ Annual average temperature /℃	-1.7
年平均最高气温 /℃ Annual average maximum temperature /℃	5.2
年平均最低气温 /℃ Annual average minimum temperature /℃	-7.8
年降水量 /mm Annual precipitation /mm	377
≥ 10℃的积温 /℃ Daily temperature accumulated in a year（≥ 10℃）/℃	280
年日照时数 /h Annual sunshine /h	2685
年平均相对湿度 /% Annual average relative humidity /%	69
干燥度 Dryness	0.06

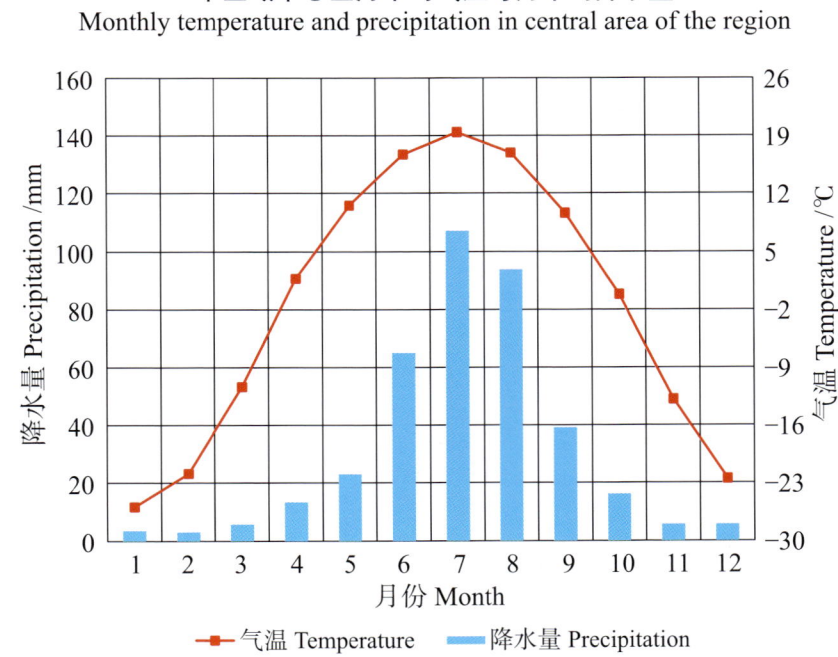

本区域中心区月平均气温与月平均降水量
Monthly temperature and precipitation in central area of the region

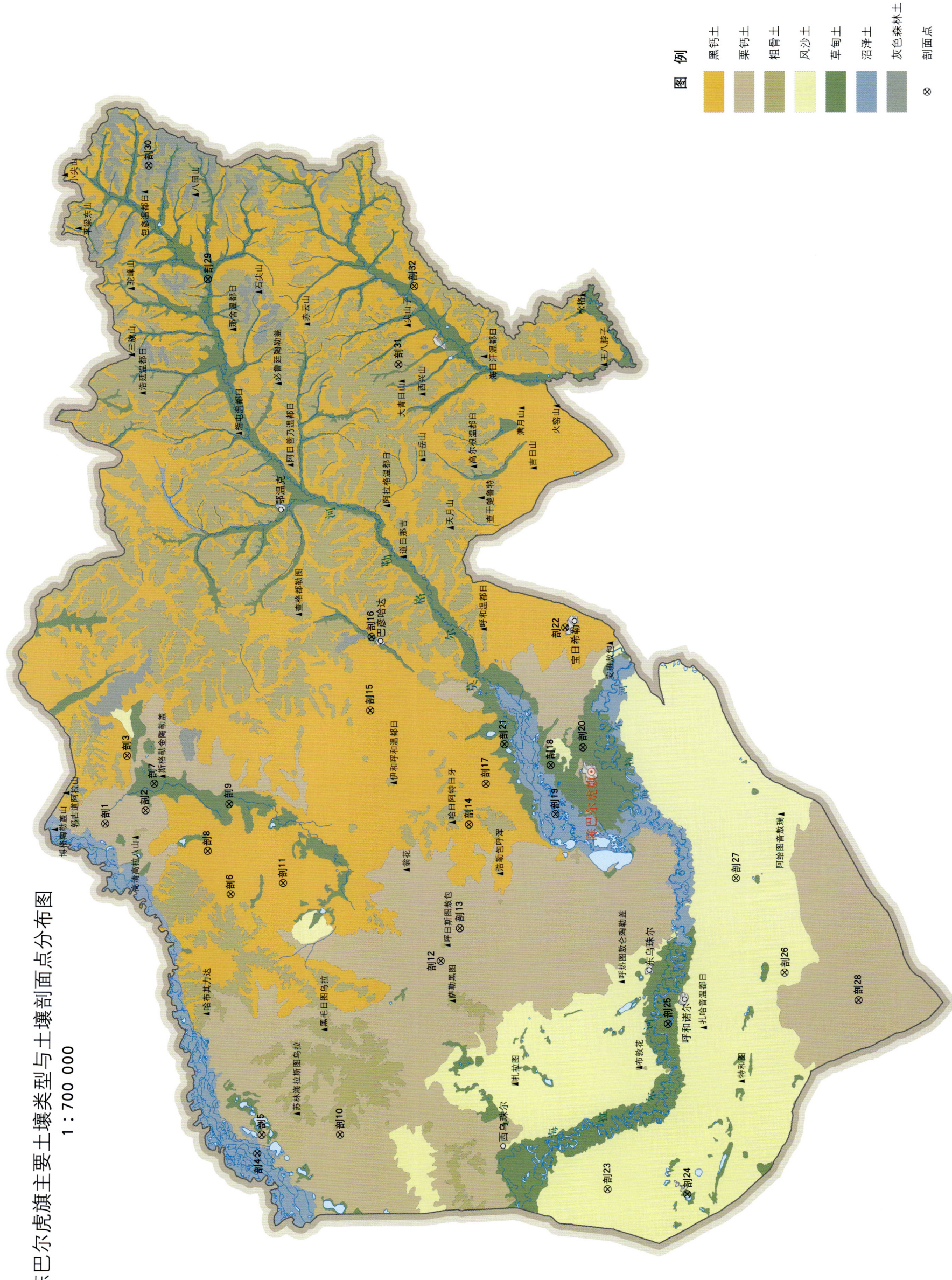

陈巴尔虎旗土壤剖面理化性状表

剖面号 Soil profile	土纲 Soil order	土类 Soil great group	亚类 Soil subgroup	土属 Soil genus	土层码 Layer code	土层厚度 Depth/cm	颜色 Soil color	质地 Soil texture	土壤结构 Soil structure	pH	有机质 OM/(g/kg)	全氮 TN/(g/kg)	全磷 TP/(g/kg)	全钾 TK/(g/kg)	碱解氮 AN/(mg/kg)	有效磷 AP/(mg/kg)	速效钾 AK/(mg/kg)	阳离子交换量CEC/(cmol/kg)	土壤母质 Parent material	剖面点坐标 Profile coordinate	匹配指数 Matching index/%
剖1	钙层土	栗钙土	草甸栗钙土	壤质草甸栗钙土	1	0—25	暗棕色	轻壤土	粒状	6.8	39.5	2.00	0.70	34.7	134	4.6	265		冲积物	E 119°20′35.2″ N 50°04′36.8″	93
					2	25—37	棕灰色	中壤土	块状												
					3	37—64	黄棕色	中壤土	散块状												
					4	64—95	浅灰棕色	中壤土	散块状												
					5	95—150	浅灰棕色	中壤土	散块状												
剖2	钙层土	栗钙土	暗栗钙土	结晶岩残积暗栗钙土	1	0—11	暗栗色	砂壤土	块状		38.0	2.20		36.0	93	2.1	5		残积物	E 119°22′19.6″ N 50°00′50.4″	98
					2	11—36	栗色	砂壤土	块状												
					3	36—76	浅黄色	砂壤土													
					4	76—100	深黄色	砂壤土													
剖3	钙层土	黑钙土	黑钙土	结晶岩坡积黑钙土	1	0—23	暗棕灰色	重壤土	团块状	6.7	73.7	3.47	1.60	31.4	104	26.0	220	47.5	坡积物	E 119°30′13.0″ N 50°02′24.0″	77
					2	23—68	棕灰色	轻黏土	核块状	7.0	42.2	2.25	1.16	27.3	112	5.1	150	44.1			
					3	68—115	灰棕黄色	轻黏土	核块状	8.4	25.8	1.26	1.48	29.8	78	19.0	143	29.8			
					4	115—130	浅棕灰色	轻壤土	块状	8.8	19.7	1.23	1.59	29.5	16	28.0	165	29.4			
剖4	水成土	沼泽土	草甸沼泽土	草甸沼泽土	1	0—1	浅棕色	中壤土		5.7	87.0	9.30	2.59	25.9	305	17.7	290		沉积物、冲积物	E 118°32′51.2″ N 49°51′09.6″	85
					2	1—14	浅灰色	中壤土	粒状	6.7											
					3	14—63	暗棕灰色	重壤土	块状	6.9											
					4	63—81	灰棕色	重壤土	块状												
					5	81—	灰蓝色	重壤土													
剖5	钙层土	栗钙土	暗栗钙土	砂化暗栗钙土	1	0—6	暗黄棕色	砂壤土	核块状	6.5	24.0	2.10	0.40	37.4	79	2.1	100		黄色粉砂	E 118°35′28.4″ N 49°50′43.3″	100
					2	6—32	暗黄棕色	轻壤土	核块状												
					3	32—90	浅黄棕色	砂壤土	小块状												
					4	90—118															
剖6	钙层土	黑钙土	黑钙土	结晶岩残积坡积黑钙土	1	0—20		砂壤土	块状	6.6	100.9	2.97	1.33	18.8	53	7.5	205		结晶岩残积物、坡积物	E 119°09′54.7″ N 49°53′09.6″	83
					2	20—65	浅棕色	中壤土	块状	7.0	37.2	1.43	1.15	21.0	50	5.5	425				
					3	65—80	黑灰色	中壤土	层状	7.0	19.0	0.59	0.95	32.6	45	8.5	235	12.8			
剖7	半水成土	草甸土	盐化草甸土	壤质盐化草甸土	1	0—12	浅棕色	砂壤土	块状	9.7	33.8	1.86	0.87	32.6	83	5.0	205		淤积物	E 119°26′06.0″ N 49°59′56.8″	81
					2	12—25	黑棕色	中壤土	块状	9.9	20.1	1.10	0.24	28.5	26	14.3	425				
					3	25—42	浅棕色	中壤土	层状	10.0	13.0	0.50	0.59	31.6	17	13.4	235				
					4	42—64	灰白色	重壤土	层状	9.4	11.3	0.51	0.44	25.6							
					5	64—89	浅灰色	松砂土	层状	9.1	5.9	0.21	0.44	26.3	11	24.4	50				
					6	89—110	锈色	细砂土													
					7	110—130	浅棕灰色	中壤土	团块状												
剖8	钙层土	黑钙土	草甸黑钙土	洪冲积草甸黑钙土	1	0—25	深黑棕色	中壤土	块状	7.1	83.0	4.60	1.60			6.6			洪冲积物	E 119°16′14.5″ N 49°55′10.9″	90
					2	25—50	浅棕灰色	轻壤土													
					3	50—80	黄棕色	中壤土	块状												
					4	80—110	黄棕色	重壤土	块粒状												
					5	110—125	棕黄色	重壤土	核块状												
剖9	半水成土	草甸土	碱化草甸土	黏质碱化草甸土	1	0—5	棕灰色	重壤土	块状	8.0	85.0	3.90	1.50			8.1			洪冲积物	E 119°22′53.4″ N 49°53′05.3″	79
					2	5—20	棕灰色	重壤土	块状												
					3	20—42	浅棕灰色	重壤土	块状												
					4	42—64	棕黄色	重壤土	块状												
					5	64—96	棕灰色	重壤土	块状												
					6	96—115	棕黄色	重壤土	块状												

续表 Continued

剖面号 Soil profile	土纲 Soil order	土类 Soil great group	亚类 Soil subgroup	土属 Soil genus	土层码 Layer code	土层厚度 Depth/cm	颜色 Soil color	质地 Soil texture	土壤结构 Soil structure	pH	有机质 OM/(g/kg)	全氮 TN/(g/kg)	全磷 TP/(g/kg)	全钾 TK/(g/kg)	碱解氮 AN/(mg/kg)	有效磷 AP/(mg/kg)	速效钾 AK/(mg/kg)	阳离子交换量CEC/(cmol/kg)	土壤母质 Parent material	剖面点坐标 Profile coordinate	匹配指数 Matching index/%
剖10	钙层土	栗钙土	暗栗钙土	结晶岩坡积暗栗钙土	1	0—16	暗栗色	轻壤土	粒状	6.8	49.0	2.70	1.30		165	5.0			结晶岩坡积物	E 118°35′17.9″ N 49°43′27.1″	87
					2	16—36	暗栗色	砂壤土	块状												
					3	36—63	浅栗色	砂壤土	块状												
					4	63—105	浅栗色	砂壤土	块状												
					5	105—150	灰白相间	中壤土	块状												
剖11	钙层土	黑钙土		洪冲积黑钙土	1	0—13	暗棕灰色	中壤土	粒状	6.5	74.5	3.50	1.50			6.5			冲积物	E 119°11′21.1″ N 49°48′15.8″	70
					2	13—40	暗棕灰色	中壤土	块状												
					3	40—70	暗棕灰色	中壤土	块状												
					4	70—140	暗棕灰色	中壤土	块状												
剖12	钙层土	栗钙土	暗栗钙土	结晶岩残坡积暗栗钙土	1	0—21	暗棕灰色	轻壤土	粒状	6.2	50.0	2.60	1.00			4.1			残积物、坡积物	E 118°59′35.5″ N 49°33′49.0″	84
					2	21—38	栗灰色	轻壤土	块状												
					3	38—55	浅栗色	砂壤土	块状												
					4	55—	浅栗色	砂壤土													
剖13	钙层土	栗钙土	暗栗钙土	洪冲积暗栗钙土	1	0—29	暗棕灰色	砂壤土	粒状	6.8	19.5	1.26	0.51		55	2.0	70		细砂	E 119°04′13.4″ N 49°31′58.1″	90
					2	29—55	浅灰棕色	轻壤土	粒状	7.0	11.8	0.89	0.48	33.4		1.0	73	9.0			
					3	55—68	浅灰棕色	中壤土	粒状	8.0											
					4	68—145	黄棕色	中壤土	块状	8.1	14.6	1.05	0.36	35.1	50	1.5	73				
剖14	钙层土	黑钙土		结晶岩残坡积黑钙土	1	0—26	暗棕灰色	中壤土	粒状	6.7	75.7	3.70	1.40			6.0			结晶岩残积物、坡积物	E 119°19′00.1″ N 49°30′53.3″	90
					2	26—69	浅灰棕色	中壤土	块状												
					3	69—126	浅灰棕色	重壤土	块状												
					4	126—172	浅灰黄色	重壤土	块状												
					5	172—200	深灰色	黏土													
剖15	钙层土	黑钙土		结晶岩残积黑钙土	1	0—16	暗灰棕色	轻壤土	粒状	6.5	61.0	2.90	0.90			3.6			残积物	E 119°35′33.4″ N 49°39′44.6″	84
					2	16—43	浅棕灰色	中壤土	块状												
					3	43—64	浅灰棕色	中壤土	块状												
					4	64—	浅灰棕色	中壤土	块状												
剖16	半成土	草甸土	石灰性草甸土	壤质石灰性草甸土	1	0—21	暗棕灰色	中壤土	粒状		39.7	1.90	0.97	31.5	122	3.6	460		冲积物	E 119°46′01.9″ N 49°39′23.4″	77
					2	21—49	浅棕灰色	轻壤土	块状												
					3	49—71	浅棕灰色	中壤土	块状												
					4	71—120	浅灰黄色	中壤土	块状												
剖17	钙层土	黑钙土	黑钙土	黄土状黑钙土	1	0—20	棕灰色	重壤土	团块状	6.7	56.0	2.57	1.14	32.1	95	4.0	155	37.7	黄土状亚黏土	E 119°24′40.3″ N 49°29′12.8″	77
					2	20—45	棕灰色	重壤土	核块状	6.9	39.7	1.88	0.78	28.9	54	10.2	145	35.0			
					3	45—76	黄棕色	重壤土	核块状	9.1	15.9	0.84	0.07		33	12.3	145	24.1			
					4	76—110	黄棕色	重壤土	小核块状	8.0	13.1	0.75	0.67	29.8		9.2		22.4			
					5	110—135	米黄色	轻壤土	粒状												
剖18	半水成土	草甸土	碱化草甸土	壤质碱化草甸土	1	0—4	暗棕灰色	中壤土	粒状		36.1	1.90	1.10			3.0			冲积物	E 119°27′00.8″ N 49°23′09.2″	93
					2	4—10	暗棕灰色	中壤土	核状												
					3	10—56	浅灰棕色	中壤土	核状												
					4	56—95	浅灰棕色	中壤土	核状												
					5	95—105	浅灰黄色	砂壤土	块状												

续表 Continued

剖面号 Soil profile	土纲 Soil order	土类 Soil great group	亚类 Soil subgroup	土属 Soil genus	土层码 Layer code	土层厚度 Depth/cm	颜色 Soil color	质地 Soil texture	土壤结构 Soil structure	pH	有机质 OM/(g/kg)	全氮 TN/(g/kg)	全磷 TP/(g/kg)	全钾 TK/(g/kg)	碱解氮 AN/(mg/kg)	有效磷 AP/(mg/kg)	速效钾 AK/(mg/kg)	阳离子交换量CEC/(cmol/kg)	土壤母质 Parent material	剖面点坐标 Profile coordinate	匹配指数 Matching index/%
剖19	水成土	沼泽土	腐泥沼泽土	腐泥沼泽土	1	0-2	暗棕色	轻壤土		7.0	90.3	4.16	0.84		254	7.0			冲积物	E 119° 20′ 05.3″ N 49° 22′ 49.8″	79
					2	2-10	暗灰棕色	轻壤土		8.4											
					3	10-23	浅灰色	中壤土	块状	8.7											
					4	23-47	棕灰色	轻壤土	块状	8.7											
					5	47-63	蓝灰色	重壤土	核粒状	8.8											
					6	63-75	灰黄色	重壤土	核粒状	8.7											
					7	75-90															
剖20	半成土	草甸土	草甸土	砂质草甸土	1	0-14	暗灰色	中壤土		6.6	54.0	2.70	0.90			4.6			砂质冲积物	E 119° 29′ 21.5″ N 49° 20′ 07.8″	97
					2	14-34	浅灰色	砂壤土													
					3	34-72	棕褐色														
剖21	半水成土	草甸土	石灰性草甸土	黏质石灰性草甸土	1	0-22	暗棕灰色	重壤土	团块状	8.3	144.2	7.79	2.86	24.7	357	8.0	150		冲积物、淤积物	E 119° 30′ 10.8″ N 49° 27′ 23.0″	99
					2	22-43	浅灰棕色	重壤土	小核粒状	8.3	47.4	2.28	1.38	26.2	135	17.2	105				
					3	43-67	浅灰色	重壤土	小核粒状	8.3	26.6	0.96	1.13	29.3	52	24.3	115				
					4	67-105	黄棕色	重壤土	核块状	8.2	13.9	0.46	1.00	34.2	29	9.2	125				
剖22	钙层土	黑钙土	草甸黑钙土	黄土状草甸黑钙土	1	0-49	灰黑色	中壤土	粒状	6.5	56.6	2.54	0.96	30.7	192	7.0	295	36.7	黄土状黏土	E 119° 46′ 22.3″ N 49° 21′ 24.6″	85
					2	49-74	棕黑色	中壤土	粒状	6.4	29.5	1.20	0.24	33.2	91	14.0	170	33.0			
					3	74-115	黄棕色	重壤土	块状	6.6	13.2	0.51	0.59	34.2	39	17.5	150	28.3			
					4	115-140	黄色	中壤土	核状	6.8								26.0			
剖23	初育土	风沙土	固定风沙土	松林沙土	1	0-1	暗灰色	紧砂土		6.3	8.3	1.83	0.20	37.1	23	5.1	65			E 118° 27′ 02.2″ N 49° 18′ 41.8″	71
					2	1-6	浅灰色	紧砂土													
					3	6-57	浅黄色	紧砂土		9.3											
					4	57-100	暗棕灰色	中壤土	粒状、块状												
剖24	半水成土	草甸土	盐化草甸土	黏质盐化草甸土	1	0-20	灰白色	重壤土	块状	8.4	33.6	1.46	1.21	27.2	54	4.5	143		冲积物	E 118° 26′ 10.7″ N 49° 11′ 18.4″	93
					2	20-42	浅灰色	重壤土	块状	8.4	24.8	0.58	0.99	24.5	19	6.3	117				
					3	42-77	红棕色	重壤土	核块状	8.4	8.9		1.06	27.4		43.0	135				
					4	77-110	青灰色	中壤土	块状、粒状		12.1	0.60	1.70		10						
					5	110-124	浅黄色	中壤土	粒状												
剖25	半水成土	草甸土	草甸土	壤质草甸土	1	0-18	灰灰色	中壤土	粒状、块状		57.0	2.50	0.90			9.8			冲积物	E 118° 49′ 56.1″ N 49° 12′ 51.4″	92
					2	18-40	浅灰棕色	细砂土	粒状												
					3	40-62	浅灰色	细砂土	粒状												
					4	62-72	棕灰色	细砂土	粒状												
					5	72-90															
					6	90-110															
剖26	钙层土	栗钙土		栗钙土型沙土	1	0-30	暗栗灰色	轻壤土	粒状、块状	6.7	35.5	1.87	0.87	31.5	137	3.0	195		冲积物	E 118° 56′ 49.6″ N 49° 01′ 56.3″	89
					2	30-73	栗灰色	砂壤土	粒状、块状	6.8	20.0	1.24	0.46	33.7	62	1.0	60	7.4			
					3	73-115	黄黄色	紧砂土	块状	7.8	11.6	0.83	0.22	30.3	45	1.5	35	8.0			
					4	115-125	栗灰色	中壤土	块状	8.1											
剖27	初育土	风沙土	固定风沙土	生草沙土	1	0-25	黄黄色	轻壤土	团块状	6.6	1.6	0.19	1.10	34.1	14	0.5	33	4.4		E 119° 10′ 21.4″ N 49° 06′ 15.1″	75
					2	25-49	栗黄色	砂壤土	块状	6.5											
					3	49-120	暗黄色	紧砂土	团粒状	6.7	50.0	2.70			174	4.0	310				
剖28	钙层土	栗钙土	暗栗钙土	黄土状暗栗钙土	1	0-16	浅棕色	中壤土	块状										黄土状亚黏土	E 118° 52′ 42.6″ N 48° 55′ 08.0″	73
					2	16-42	浅棕黄色	轻壤土													
					3	42-78	浅黄棕色	轻壤土													
					4	78-100															
					5	100-130															

续表 Continued

剖面号 Soil profile	土纲 Soil order	土类 Soil great group	亚类 Soil subgroup	土属 Soil genus	土层码 Layer code	土层厚度 Depth/cm	颜色 Soil color	质地 Soil texture	土壤结构 Soil structure	pH	有机质 OM/(g/kg)	全氮 TN/(g/kg)	全磷 TP/(g/kg)	全钾 TK/(g/kg)	碱解氮 AN/(mg/kg)	有效磷 AP/(mg/kg)	速效钾 AK/(mg/kg)	阳离子交换量CEC/(cmol/kg)	土壤母质 Parent material	剖面点坐标 Profile coordinate	匹配指数 Matching index/%
剖29	半水成土	草甸土	草甸土	黏质草甸土	1	0—30	暗灰色	中壤土	粒状、块状	6.7	89.5	4.41	1.69	30.3	414	3.0	200	43.8	黏质冲积物	E 120°37′48.0″ N 49°53′13.2″	73
					2	30—50	黑色	重壤土	粒状、块状	7.0	85.4	3.84	1.25	26.7	346	17.2	145	44.0			
					3	50—90	暗灰色	重壤土	粒状、块状	8.5	57.3	2.61	0.46	27.8	215	12.4	120	32.5			
					4	90—110	棕灰色	重壤土		8.9	33.5	1.38	0.93	30.9	101	21.3	120	32.5			
剖30	半淋溶土	灰色森林土	暗灰色森林土		1	0—7				6.5	30.9	7.24	31.60		282	91.5			花岗岩、安山岩、玄武岩	E 120°54′27.8″ N 49°58′11.0″	84
					2	7—23	暗灰色	中壤土	粒状	6.2	97.1	2.97	21.98		128	32.0					
					3	23—42	灰棕色	中壤土	块状	6.9	32.2	0.59	21.22		74	6.4					
					4	42—90	黄棕色	轻壤土	片状	6.5	13.5	0.59	0.78		56	4.5					
剖31	初育土	粗骨土	硅铝质粗骨土	硅铝质粗骨土	1	0—2													花岗岩	E 120°24′29.2″ N 49°35′54.6″	85
					2	2—13	暗灰色	中壤土	粒状	6.6	29.6	5.85	2.64	31.7	78	6.6	490	58.0			
					3	13—35	暗棕灰色	重壤土	粒状	6.3								52.6			
					4	35—65	棕灰色	中壤土	粒状	6.2								35.9			
剖32	钙层土	黑钙土	草甸黑钙土	结晶岩坡积草甸黑钙土	1	0—19	灰黑色	重壤土	粒状	6.5	73.9	3.40	1.50	32.0	269	5.0	295	43.4	坡积物	E 120°35′23.6″ N 49°34′08.0″	86
					2	19—40	棕灰色	黏土	粒状												
					3	40—76	棕灰色	重壤土	块状												

新巴尔虎左旗

主要土类说明

风沙土是新巴尔虎左旗主要土壤类型，占本旗地域面积的 33%。风沙土发生于半干旱、干旱漠境地区及滨海地区，是在风沙移动堆积形成的多种形态的风沙沉积物上发育的初育土。由于成土时间短暂，该土壤无剖面发育，具 C、(A)-C 或 A-C 剖面构型，反映了风沙移动堆积与固定的不同阶段。

栗钙土是新巴尔虎左旗第二大土壤类型，占本旗地域面积的 32%。栗钙土形成和发育的地貌条件：平缓地带为海拉尔高平原，有坡度地带为低山丘陵洪冲积扇。成土母质的类型与地质有关：本旗北部和海拉尔河至呼伦湖之间的栗钙土，成土母质均为火成岩类的残积物和坡积物；从嵯岗沙带南部经阿木古郎到乌布尔宝力格之间的暗栗钙土，成土母质为黄土状母质；其余栗钙土的成土母质为河积物、湖积物和洪冲积物。本旗栗钙土带年降水量不到 300mm，降水少，蒸发强烈，春季干旱严重，矿物质淋失极少，成土母质中的碳酸钙向下淋移缓慢。钙积层出现在土体上部和中部，是栗钙土钙积过程的重要标志。由于雨量分配不均和地形因素的影响，土壤水分条件、植物生长状况、腐殖质累积量存在差异，该土壤土层颜色和黑土层厚度不尽相同。

草甸土是新巴尔虎左旗第三大土壤类型，占本旗地域面积的 17%。草甸土主要分布在低山丘陵的谷地、河漫滩、古河道洼地、湖滩地（或古湖滩地）以及泡沼周围。本旗草甸土带地势低平，是自然的汇水区，土壤水分条件好，为草甸土的形成和发育创造了条件。自然植被依土壤而异：非盐化碱化草甸土上的草甸植物主要为地榆、翻白草、小叶樟、蒲公英、沼柳等，盐化碱化草甸土上的草甸植物主要为耐盐碱的星星草、羊草、盐蒿、碱蓬、马蔺、芨芨草等。

黑钙土占本旗地域面积的 10%，分布在本旗东南部海拔 850—1200m 的低山丘陵。成土母质主要为玄武岩、安山岩和花岗岩等中性结晶岩的风化残积物和坡积物。成土过程为腐殖质累积过程和钙积过程。腐殖质累积过程：受大兴安岭西坡低温、冷凉、多水的湿润气候和季节性冻土的影响，草本植物生长繁茂，植物残体分解速度慢，有机质在土层中大量累积，使得黑钙土的有机质和腐殖质含量均较高。钙积过程：土体中的钙积层除了母质含钙外，植物残体中的灰分含钙量也较高，可不断将钙质供给土体。钙积层的有无和出现部位，除了与母质有关外，还受降水、地形部位、土壤水分状况的影响。一般来讲，低山丘陵的顶部和上坡部，土壤水分状况差，表层就出现钙积层，或钙积层出现部位较高；但在中下坡地，受上坡而来的径流水和土体冻层上潜层径流水不断淋洗，钙积层出现部位低。

小于本旗地域面积 3% 的土壤类型有灰色森林土、沼泽土、草甸盐土、粗骨土、碱土。

本区域中心区气候特征

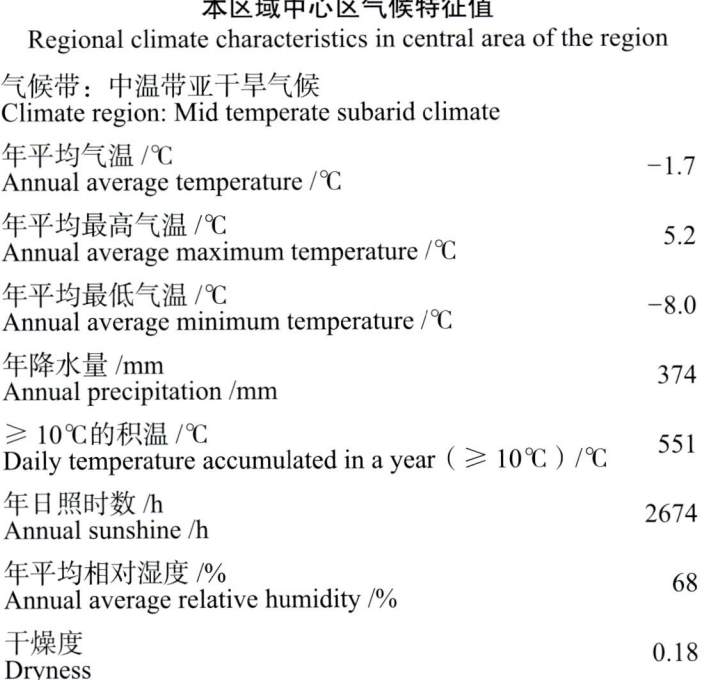

本区域中心区气候特征值
Regional climate characteristics in central area of the region

气候带：中温带亚干旱气候 Climate region: Mid temperate subarid climate	
年平均气温 /℃ Annual average temperature /℃	-1.7
年平均最高气温 /℃ Annual average maximum temperature /℃	5.2
年平均最低气温 /℃ Annual average minimum temperature /℃	-8.0
年降水量 /mm Annual precipitation /mm	374
≥10℃的积温 /℃ Daily temperature accumulated in a year (≥10℃) /℃	551
年日照时数 /h Annual sunshine /h	2674
年平均相对湿度 /% Annual average relative humidity /%	68
干燥度 Dryness	0.18

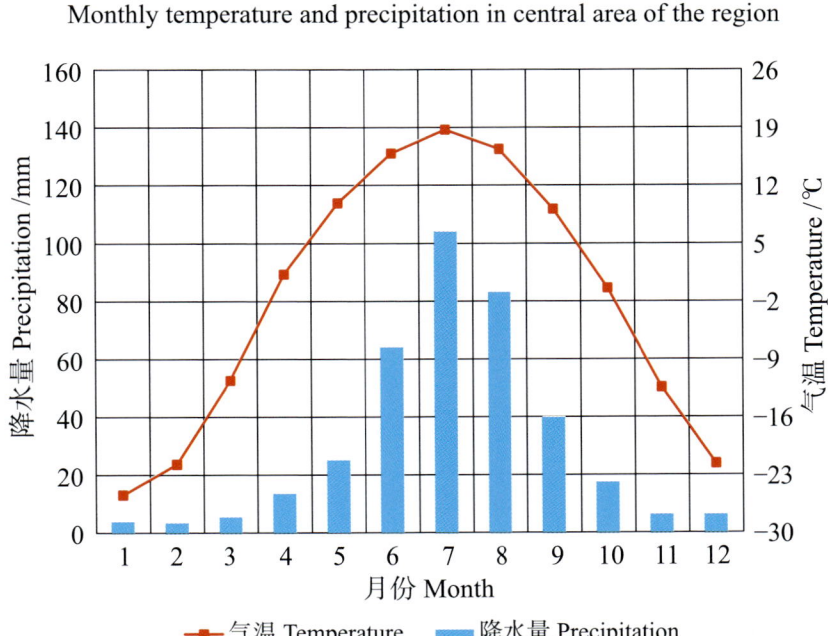

本区域中心区月平均气温与月平均降水量
Monthly temperature and precipitation in central area of the region

新巴尔虎左旗主要土壤类型与土壤剖面点分布图
1 : 900 000

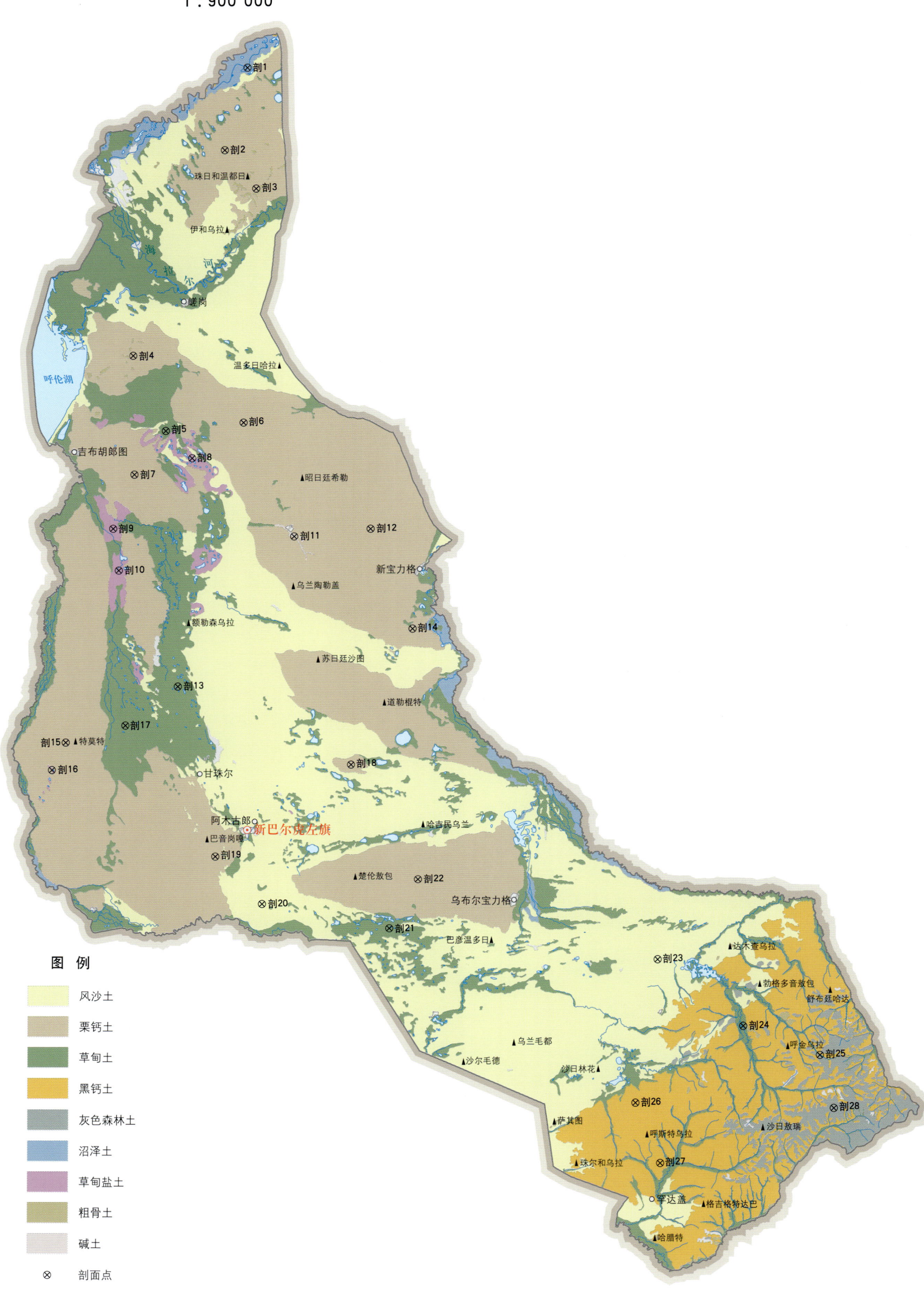

新巴尔虎左旗土壤剖面理化性状表

剖面号 Soil profile	土纲 Soil order	土类 Soil great group	亚类 Soil subgroup	土属 Soil genus	土层码 Layer code	土层厚度 Depth/cm	颜色 Soil color	质地 Soil texture	土壤结构 Soil structure	pH	有机质 OM/(g/kg)	全氮 TN/(g/kg)	全磷 TP/(g/kg)	全钾 TK/(g/kg)	碱解氮 AN/(mg/kg)	有效磷 AP/(mg/kg)	速效钾 AK/(mg/kg)	阳离子交换量CEC/(cmol/kg)	土壤母质 Parent material	剖面点坐标 Profile coordinate	匹配指数 Matching index/%
剖1	水成土	沼泽土	草甸沼泽土	草甸沼泽土	1	0—4				8.4	67.2				156	7.9	110	36.9	冲积物	E 118°17′47.3″ N 49°43′06.3″	91
					2	4—35				8.5											
					3	35—65				7.9											
剖2	钙层土	栗钙土	暗栗钙土	洪冲积暗栗钙土	1	0—17	暗栗色	中黏土	小粒状	7.6					23	3.1		9.4	洪冲积物	E 118°13′21.7″ N 49°33′20.9″	94
					2	17—35	浅栗色	中黏土	核块状	8.1					15	1.7		15.5			
					3	35—97	浅黄色	重壤土	块状	7.4					7	1.2		11.0			
剖3	钙层土	栗钙土	暗栗钙土	结晶岩残坡积暗栗钙土	1	0—20				7.9	43.1	1.81			117	8.4	230		结晶岩残积物、坡积物	E 118°18′58.0″ N 49°28′45.8″	78
					2	20—42				8.5											
					3	42—60				7.4											
剖4	钙层土	栗钙土	暗栗钙土	结晶岩坡积暗栗钙土	1	0—28	暗栗色	中壤土	块状	7.6	39.3				124	7.9	531		结晶岩坡积物	E 117°56′09.6″ N 49°09′19.1″	87
					2	28—52	暗栗色	重壤土	块状	8.0											
					3	52—70	浅黄色	重壤土	块状	8.3											
剖5	半水成土	草甸土	石灰性草甸土	壤质石灰性草甸土	1	0—30	暗栗色	轻壤土	块状	7.8					13	3.2			冲积物、淤积物、河湖积物	E 118°01′52.0″ N 49°00′20.9″	85
					2	30—95	浅栗色	中壤土	块状	7.3											
剖6	钙层土	栗钙土	暗栗钙土	栗钙土性土	1	0—16	浅黑色		块状	7.8	25.3	1.14			88	5.7	175			E 118°15′57.2″ N 49°01′11.4″	89
					2	16—45	栗色		块状	8.5											
					3	45—72	黄棕色		小粒状	8.3											
剖7	钙层土	栗钙土	暗栗钙土	河湖积暗栗钙土	1	0—28	浅灰棕色	轻壤土	块状	8.0	18.1	0.96			72	5.3	94	7.6	河湖积物	E 117°56′07.4″ N 48°55′15.6″	81
					2	28—93	灰棕色	轻壤土	块状	8.8								9.7			
					3	93—172	灰白色		泡状	9.8											
剖8	盐碱土	草甸盐土	草甸盐土	苏打盐土	1	0—5	浅栗色		块状	9.9								16.4	湖相沉积物	E 118°06′33.6″ N 48°57′06.1″	87
					2	5—20			块状	9.7								20.5			
					3	20—30	灰黄色		块状	9.7								15.9			
					4	30—50	灰黄色		层状	9.6								12.4			
					5	50—100	灰白色	重壤土	层状	9.4								7.3			
剖9	盐碱土	草甸盐土	草甸盐土	苏打盐土	1	0—2	褐色	中壤土	层状、粒状	10.1	7.1				19	9.6			湖相沉积物	E 117°52′08.0″ N 48°48′55.1″	88
					2	2—7	暗棕色	轻壤土	柱状	10.0					18	12.7					
					3	7—22	暗棕色	轻壤土	层状、块状	10.2					33	17.5					
					4	22—52	棕褐色	重黏土	层状、块状	10.3											
					5	52—102		中壤土	层状	10.2											
剖10	盐碱土	草甸盐土	草甸盐土	苏打盐土	1	0—21	暗栗色	中壤土	块状	6.9	32.3	9.32			106	9.8		12.0	河湖相沉积物、冲积物	E 117°53′04.9″ N 48°43′56.3″	95
					2	21—30	暗栗色	轻壤土	层状、粒状	8.6								35.0			
					3	30—45	黑灰色	轻壤土	柱状	8.9											
剖11	盐碱土	碱土	草甸碱土	草甸碱土	1	0—5	灰棕色	中壤土	层状、块状	9.2								15.7	湖相沉积物	E 118°24′45.0″ N 48°47′41.6″	93
					2	5—15	灰棕色	轻壤土	层状	9.2								10.1			
					3	15—36	灰白色	重黏土	层状	9.2								3.3			
					4	36—85	灰灰色	重壤土	小块状	6.9											
					5	85—115	浅栗色	重黏土	小块状	7.6											
剖12	钙层土	栗钙土	暗栗钙土	黄土状暗栗钙土	1	0—22	暗栗色	重黏土	小块状	7.9	2.03		0.55		143	4.6			黄土状母质	E 118°38′31.9″ N 48°48′25.9″	95
					2	22—44	暗棕色	重黏土	小块状	8.4					8	2.8					
					3	44—65	黄棕色	重壤土	小块状						9	3.5					
					4	65—110	棕黄色	重黏土							12	4.3					

续表 Continued

剖面号 Soil profile	土纲 Soil order	土类 Soil great group	亚类 Soil subgroup	土属 Soil genus	土层码 Layer code	土层厚度 Depth/cm	颜色 Soil color	质地 Soil texture	土壤结构 Soil structure	pH	有机质 OM/(g/kg)	全氮 TN/(g/kg)	全磷 TP/(g/kg)	全钾 TK/(g/kg)	碱解氮 AN/(mg/kg)	有效磷 AP/(mg/kg)	速效钾 AK/(mg/kg)	阳离子交换量 CEC/(cmol/kg)	土壤母质 Parent material	剖面点坐标 Profile coordinate	匹配指数 Matching index/%
剖面13	半水成土	草甸土	盐化草甸土	壤质盐化草甸土	1	0—11	灰黄色	轻壤土	块状	10.0					29	7.8	253		洪冲积物	E 118°03′26.6″ N 48°30′06.5″	84
					2	11—25	黄灰色	轻壤土	核块状	9.2											
					3	25—68	黄灰色	轻壤土	块状	8.9											
剖面14	钙层土	栗钙土	碱化栗钙土	壤质碱化栗钙土	1	0—10	灰棕色	轻壤土	块状	9.7					18	4.6		14.1	冲积物	E 118°45′40.3″ N 48°36′29.5″	71
					2	10—27	黄棕色	轻壤土	块状	10.2					25	11.8		15.4			
					3	27—70	浅黄色	轻壤土	块状、粒状	10.2					24	8.6		10.6			
剖面15	钙层土	栗钙土	栗钙土	层状钙积栗钙土	A	0—19	栗色	中壤土	块状	8.3		1.51			92	24.9	684		河流冲积物	E 117°43′21.0″ N 48°23′39.1″	79
					AB	19—30	浅棕色	重壤土	块状	8.5											
					B	30—78	灰白色	中壤土		9.2											
					C	78—120	黄棕色	轻壤土	块状	9.6											
剖面16	盐碱土	草甸盐土	草甸盐土	硫酸盐氯化物草甸盐土	1	0—1				9.0									冲积物	E 117°40′49.4″ N 48°20′25.1″	71
剖面17	半水成土	草甸土	碱化草甸土	壤质碱化草甸土	1	0—10	浅灰棕色	中壤土	块粒状	7.4	43.7				138	17.5	461	27.3	河流冲积物	E 117°54′00.7″ N 48°25′35.4″	88
					2	10—33	暗灰棕色	重壤土	核块状	8.2								29.6			
剖面18	钙层土	栗钙土	草甸栗钙土	砂质草甸栗钙土	1	0—26	暗栗色	砂壤土	粒状	7.6	35.2				101	2.5			河流冲积物	E 118°34′12.4″ N 48°20′35.5″	93
					2	26—67	灰白色	砂壤土	块状	9.0	6.4				8	2.4					
					3	67—112	黄灰色	重壤土		9.3					6	2.0					
剖面19	钙层土	栗钙土	草甸栗钙土	壤质草甸栗钙土	1	0—8	栗色	轻黏土	块状、柱状	7.3					17	5.8			洪冲积物	E 118°09′49.0″ N 48°09′55.8″	76
					2	8—33	暗褐色	重壤土	块状	7.7											
					3	33—55	浅棕灰色	重壤土	块状	8.7											
					4	55—80	黄灰色	重壤土													
剖面20	初育土	风沙土	固定风沙土	生草沙土	1	0—23	暗灰棕色	轻壤土	块状	6.5	41.8	1.42	0.43	6.5	131	5.2	83	11.4	风积沙	E 118°17′57.1″ N 48°04′09.1″	98
					2	23—41	浅灰棕色	砂壤土	粒状	7.0	23.1				67	3.9	65	11.6			
					3	41—69	暗灰棕色	砂壤土	粒状	7.5											
					4	69—95	黄棕色	重壤土		7.6											
					5	95—130	浅灰色														
剖面21	半水成土	草甸土	碱化草甸土	黏质碱化草甸土	1	0—18	棕灰色	砂壤土	小粒状	8.0					20	4.1	149		黄土状母质	E 118°40′27.7″ N 48°01′02.3″	72
					2	18—34	黑褐色	砂壤土	小柱状	8.7											
					3	34—49	浅褐色	砂壤土	块状	9.0											
					4	49—80	灰棕色	砂壤土	块状	9.0											
剖面22	钙层土	栗钙土	暗栗钙土	黄土状暗栗钙土	1	0—23	暗栗色	中壤土	粒状		37.7	3.55	0.59		120	4.4			冲积砂	E 118°45′42.8″ N 48°06′48.2″	74
					2	23—62	栗色	重壤土	块状												
					3	62—98	浅黄色	重壤土	块状												
					4	98—130	浅黄色	重壤土	块状												
剖面23	初育土	风沙土	固定风沙土	松林沙土	1	0—4	棕灰色	砂壤土	单粒状	6.5	26.4	0.75	0.16	20.2	71	10.0	99		冲积砂	E 119°27′51.5″ N 47°56′33.0″	80
					2	4—20	浅灰棕色	砂壤土	单粒状	6.9											
					3	20—43	灰黄棕色	砂壤土	无明显结构	7.1											
					4	43—76	灰黄棕色	砂壤土	无明显结构	7.2											
					5	76—109	暗棕灰色	中壤土	粒状	6.9	89.7										
剖面24	半水成土	草甸土	草甸土	壤质草甸土	1	0—19	黑灰色	中壤土	块状	7.2									冲积物、河湖积物	E 119°42′36.4″ N 47°48′22.7″	91
					2	19—45	暗灰色	中壤土	块状	7.6											
					3	45—81															
					4	81—115	暗棕色	中壤土	块状	8.0											

续表 Continued

剖面号 Soil profile	土纲 Soil order	土类 Soil great group	亚类 Soil subgroup	土属 Soil genus	土层码 Layer code	土层厚度 Depth/cm	颜色 Soil color	质地 Soil texture	土壤结构 Soil structure	pH	有机质 OM/(g/kg)	全氮 TN/(g/kg)	全磷 TP/(g/kg)	全钾 TK/(g/kg)	碱解氮 AN/(mg/kg)	有效磷 AP/(mg/kg)	速效钾 AK/(mg/kg)	阴离子交换量CEC/(cmol/kg)	土壤母质 Parent material	剖面点坐标 Profile coordinate	匹配指数 Matching index/%
剖25	半水成土	草甸土	草甸土	黏质草甸土	1	0—13	暗棕黑色	轻黏土	块状	7.2		2.40			165	22.0	534	42.2	冲积物	E 119°55′56.3″ N 47°44′39.1″	76
					2	13—44	灰黑色	中黏土	粒状	7.3								44.7			
					3	44—80	黑灰色	重黏土	小块状	7.4								46.4			
					4	80—100		轻黏土		7.5								36.4			
剖26	钙层土	黑钙土	草甸黑钙土	结晶岩坡积草甸黑钙土	1	0—20	暗棕灰色	中壤土	团粒状	6.7	71.0	2.50	0.55	24.9	191	7.5	315	32.3	结晶岩	E 119°23′12.8″ N 47°39′46.1″	94
					2	20—60	暗棕灰色	重壤土	团粒状	7.1	56.0				176	4.4	152	31.1			
					3	60—110	浅黑灰色	重壤土	粒状	7.3								25.5			
					4	110—130	棕黄色	重壤土	块状	8.2								19.0			
剖27	钙层土	黑钙土	黑钙土	结晶岩残积黑钙土	A	0—19	暗棕黑色	中壤土	粒状	9.4	59.1	2.39	0.40	26.2	196	8.6	210	29.2	结晶岩残积物、坡积物	E 119°27′18.0″ N 47°32′37.7″	70
					AB	19—48	灰棕色	重壤土	粒状	7.5								22.3			
					B₁	48—70	棕色	重壤土	粒状	8.2								18.6			
					B₂	70—120	浅黄色	重壤土	块状	8.4								17.0			
剖28	半淋溶土	灰色森林土	暗灰色森林土	结晶岩暗灰色森林土	Ao														残积物、坡积物	E 119°58′03.1″ N 47°38′25.1″	81
					A₁		暗黑色	重壤土	团粒状	6.4	69.4	2.60	0.52	24.9	216	9.1	321	32.3			
					AB			重壤土	粒状	5.6					112	5.0	166	21.7			
					B			重壤土	块状	5.5					98	4.4	137	21.1			
					BC		棕色	重壤土	块状	5.6								21.1			

新巴尔虎右旗

主要土类说明

栗钙土是新巴尔虎右旗主要土壤类型，占本旗地域面积的84%。本旗地处呼伦贝尔高原西部，自然植被以一年生干草原植被为主，植物种类比较单一，加上降水量年际变化较大，一年生植被植株低矮，产草量极不稳定。成土过程主要为腐殖质累积过程和钙积过程。植物地上部分和地下部分每年残留给土壤的有机物很少，特别是草原土壤有机质的累积主要来自植物根系。土壤表层为暗栗色、栗色或灰棕色的腐殖质染色层，颜色自表层向下逐渐变浅，有机质含量自表层向下逐渐减少。在亚干旱气候条件下，土壤淋溶作用减弱，可溶盐在土壤中淋失，难溶盐在土体一定深度淀积，特别是钙积作用增强，碳酸钙在土体中下部淀积。栗钙土剖面由腐殖质层、钙积层和母质层构成，剖面分化明显，层次过渡清晰。不同亚类的腐殖质层厚度和有机质含量略有差别。例如，暗栗钙土亚类腐殖质层平均厚度在30cm左右，有机质含量平均为37g/kg；栗钙土亚类腐殖质层平均厚度在25cm左右，有机质含量平均为23g/kg。碳酸钙淀积形态和淀积厚度与所处的生物气候条件、地形部位有关，不同亚类间也有所差别。例如，暗栗钙土亚类的碳酸钙淀积形态多为斑状、菌丝状或粉末状，平均淀积厚度为46cm；栗钙土亚类的碳酸钙淀积形态多为斑状、粉末状或盘层状，平均淀积厚度为59cm。本旗栗钙土分为暗栗钙土、栗钙土、草甸栗钙土、盐化栗钙土等亚类。

草甸土是新巴尔虎右旗第二大土壤类型，占本旗地域面积的5%。草甸土主要分布在克鲁伦河和乌尔逊河沿岸的河漫滩、呼伦湖边的低洼地以及本旗境内的丘间洼地。该地区冬季漫长而寒冷，夏季短暂而炎热，降水集中在7—9月，日照时数长，蒸发量大。成土过程为腐殖质累积过程和潜育化过程。腐殖质层厚20—45cm，有机质含量为30—40g/kg；剖面中部形成锈色斑纹层。草甸土剖面发育较稳定，由草根盘结层、腐殖质层、锈色斑纹层和潜育层构成。在成土过程中，局部地段由于微地形发生变化，地下水径流不畅，常伴有盐化现象，形成不同程度的盐化草甸土。本旗草甸土分为暗色草甸土、灰色草甸土、盐化草甸土等亚类。暗色草甸土主要分布在达赉苏木；灰色草甸土主要分布在呼伦湖以东的宝格德乌拉苏木；盐化草甸土多分布在河流两岸和呼伦湖的边缘地带。

小于本旗地域面积3%的土壤类型有粗骨土、沼泽土、碱土、草甸盐土、风沙土。

本区域中心区气候特征

本区域中心区气候特征值
Regional climate characteristics in central area of the region

气候带：中温带亚干旱气候 Climate region: Mid temperate subarid climate	
年平均气温 /℃ Annual average temperature /℃	-1.9
年平均最高气温 /℃ Annual average maximum temperature /℃	5.4
年平均最低气温 /℃ Annual average minimum temperature /℃	-8.4
年降水量 /mm Annual precipitation /mm	327
≥10℃的积温 /℃ Daily temperature accumulated in a year (≥10℃) /℃	419
年日照时数 /h Annual sunshine /h	2748
年平均相对湿度 /% Annual average relative humidity /%	68
干燥度 Dryness	0.28

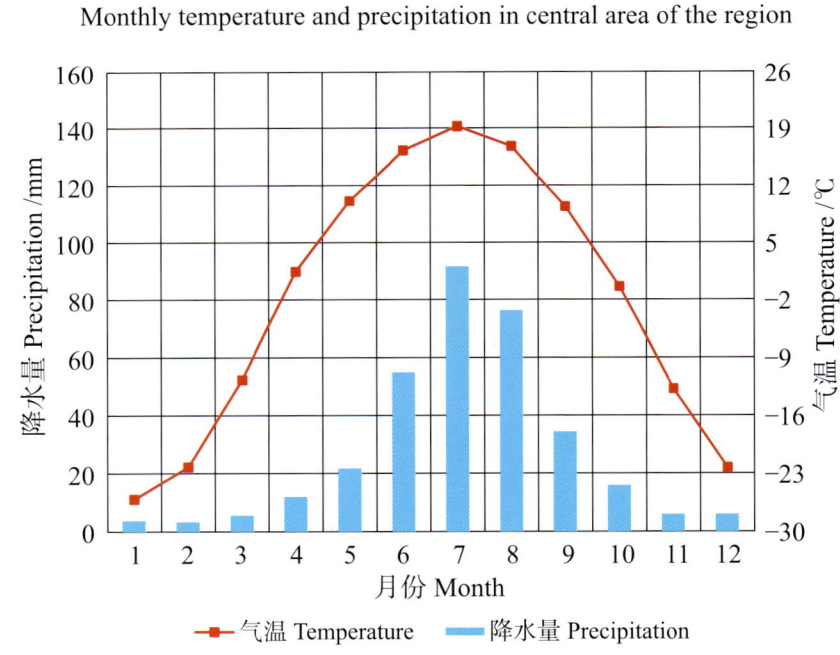

本区域中心区月平均气温与月平均降水量
Monthly temperature and precipitation in central area of the region

新巴尔虎右旗土壤剖面理化性状表

剖面号 Soil profile	土纲 Soil order	土类 Soil great group	亚类 Soil subgroup	土属 Soil genus	土层码 Layer code	土层厚度 Depth/cm	颜色 Soil color	质地 Soil texture	土壤结构 Soil structure	pH	有机质 OM/(g/kg)	全氮 TN/(g/kg)	全磷 TP/(g/kg)	碱解氮 AN/(mg/kg)	有效磷 AP/(mg/kg)	阳离子交换量 CEC/(cmol/kg)	土壤母质 Parent material	剖面点坐标 Profile coordinate	匹配指数 Matching index/%
剖1	钙层土	栗钙土	暗栗钙土	冲积暗栗钙土	1	10—20		砂壤土		6.9	25.6	2.26	1.04		3.0	13.9	冲积物	E 116° 49′ 21.8″ N 49° 44′ 48.8″	88
					2	35—45		砂壤土		8.6	8.1	0.49	0.59			8.9			
					3	70—80		轻壤土		8.8	8.6	0.55	0.88			8.3			
剖2	钙层土	栗钙土	暗栗钙土	黄土状暗栗钙土	1	10—20	暗棕灰色	砂壤土	屑粒状	7.9	23.9	1.58	0.92		2.0	11.6	黄土、黄土状母质	E 116° 45′ 46.5″ N 49° 43′ 00.4″	84
					2	40—50	灰棕色	砂壤土	粒状	8.7	22.2	1.30	1.06			14.2			
剖3	钙层土	栗钙土	暗栗钙土	黄土状暗栗钙土	1	5—15		砂壤土		7.0	29.8	1.75	0.68		3.0	12.9	黄土、黄土状母质	E 116° 55′ 59.5″ N 49° 32′ 30.8″	86
					2	20—30		砂壤土		7.4	8.6	0.56	0.84			11.4			
剖4	钙层土	栗钙土	暗栗钙土	结晶岩类暗栗钙土	1	10—20	暗灰棕色	中壤土	小粒状	7.8	42.0	2.52	1.37	158	1.0	28.2		E 116° 51′ 07.2″ N 49° 23′ 03.5″	99
					2	50—60	灰白色	重壤土	无明显结构	8.8	24.7	1.31	1.21	73	2.0	15.8			
剖5	钙层土	栗钙土	暗栗钙土	冲积暗栗钙土	1	5—15		中壤土		7.1	42.8	2.36	1.45		2.0	22.5	冲积物	E 116° 55′ 58.1″ N 49° 19′ 21.4″	81
					2	25—35		重壤土		8.7	23.3	1.31	1.12			27.4			
					3	60—70		砂壤土		9.5	16.3	0.94	1.76			25.8			
剖6	钙层土	栗钙土	暗栗钙土	砂化暗栗钙土	1	0—20	灰棕色	砂壤土	无明显结构	8.5	34.4	1.98	1.08	180	3.0	13.7	残积物、坡积物、沉积物	E 116° 16′ 33.9″ N 49° 04′ 03.1″	92
					2	20—51	浅灰棕色	砂壤土	无明显结构	9.7	10.1	0.63	1.15	30	1.0				
					3	51—65	浅灰棕色	砂壤土	无明显结构	9.8	11.0	0.52	0.88	37		8.7			
					4	65—110	灰白色	砂壤土		9.9									
剖7	钙层土	栗钙土	暗栗钙土	层状钙积暗栗钙土	1	5—15	暗棕色	轻壤土	粒状	7.7	25.1	1.38	1.13		2.0	17.6		E 116° 38′ 19.7″ N 49° 09′ 31.3″	75
					2	30—40	灰棕色	轻壤土	小粒状	7.9	25.6	1.41	1.15			16.9			
剖8	半水成土	草甸土	暗色草甸土	砂质暗色草甸土	1	0—20	灰棕色	砂壤土	小粒状	8.5	34.4	1.98	1.09	180	3.0	13.7		E 116° 35′ 43.1″ N 49° 01′ 54.8″	96
					2	20—51	暗灰棕色	砂壤土	小粒状	9.7	10.1	0.63		30	1.0				
					3	51—65	灰褐色	砂壤土	小粒状	9.8	11.0	0.52	0.88	37	1.0	8.7			
					4	65—110	褐色	砂壤土	小粒状	9.9									
剖9	盐碱土	碱土	草甸碱土		1	0—15	灰棕色	中壤土	小粒状	8.9	18.8	1.11	1.04			17.8		E 116° 13′ 23.5″ N 48° 59′ 11.0″	94
					2	20—35	棕褐色	轻壤土	核块状	9.4	18.8	1.06	2.53			21.6			
					3	50—65	浅灰棕色	重壤土	块状	9.1	7.4	0.29	2.88			16.3			
剖10	钙层土	栗钙土	暗栗钙土	砂化暗栗钙土	1	0—70	浅灰棕色	紧砂土	无明显结构	7.7	6.3	0.52	0.73	64	1.0	5.4	残积物、坡积物、沉积物	E 116° 39′ 37.4″ N 48° 59′ 31.2″	80
					2	70—105	浅灰白色	中壤土	块状	8.9				43		7.8			
					3	105—130	浅灰白色	轻壤土		9.1				23					
剖11	半水成土	草甸土	暗色草甸土	砂质暗色草甸土	1	5—15	暗褐色	中壤土	粒状	7.9	41.5	2.24	1.61			25.5		E 116° 59′ 18.2″ N 48° 58′ 13.4″	94
					2	30—40	灰棕色	中壤土	粒状	8.0	25.6	1.46	1.18			24.3			
					3	80—90	黄棕色	重壤土	粒状	8.6	11.6	0.62	1.51			15.4			
剖12	盐碱土	草甸盐土			1	0—5		中壤土			25.1	1.86	2.14			19.4		E 116° 46′ 44.4″ N 48° 57′ 52.2″	76
					2	5—20	灰黑色	轻壤土	碎块状	7.9	6.3	0.41	1.59			11.4			
					3	20—50	浅灰棕色	中壤土	小粒状	8.0	3.7	0.24	1.00			8.0			
					4	50—100	黄灰色	中壤土	小粒状	8.6	3.0	0.19	0.74			8.4			
					5	100—150	栗色	砂壤土	小粒状		2.9	0.19	0.75			6.1			
剖13	水成土	沼泽土	腐泥沼泽土		1	0—20	暗灰色	砂黏土	块状	8.2	40.5		0.86		6.0			E 117° 43′ 02.6″ N 48° 54′ 57.9″	71
					2	50—60	暗灰色	中壤土	块状	9.3	15.6	0.90		65	1.0	11.3			
					3	100—110	浅灰色	中壤土	粒状结构	7.2	2.7	2.02	1.16	10	3.0				
剖14	钙层土	栗钙土	暗栗钙土	层状钙积暗栗钙土	1	5—15	浅灰棕色	中壤土	无明显结构	8.6	37.9	1.35	0.97	121	4.0	21.6		E 116° 05′ 10.0″ N 48° 40′ 18.8″	70
					2	40—50	浅灰棕色	中壤土	无明显结构	8.1	15.3	1.51	1.16		2.0	14.3			
剖15	钙层土	栗钙土	暗栗钙土	结晶岩类暗栗钙土	1	0—32	暗灰棕色	轻壤土	粒状结构	8.9	26.2	1.10	1.16	8		17.6		E 116° 25′ 04.8″ N 48° 48′ 12.2″	71
					2	32—68	浅灰白色	轻壤土	无明显结构		19.8		1.57						

续表 Continued

剖面号 Soil profile	土纲 Soil order	土类 Soil great group	亚类 Soil subgroup	土属 Soil genus	土层码 Layer code	土层厚度 Depth/cm	颜色 Soil color	质地 Soil texture	土壤结构 Soil structure	pH	有机质 OM/(g/kg)	全氮 TN/(g/kg)	全磷 TP/(g/kg)	碱解氮 AN/(mg/kg)	有效磷 AP/(mg/kg)	阳离子交换量CEC/(cmol/kg)	土壤母质 Parent material	剖面点坐标 Profile coordinate	匹配指数 Matching index/%
剖16	水成土	沼泽土	草甸沼泽土		1	0—14	灰棕色	重壤土	粒状	9.8	31.5	1.76	2.44		16.0	26.6		E 117° 04′ 08.8″ N 48° 43′ 27.5″	93
					2	18—28	棕灰色	重壤土	小粒状	9.9	18.1	0.94	2.24	73	4.0	25.5			
					3	45—60	暗灰色	轻黏土	小粒状	9.6	14.1	0.62	2.22	44	4.0	30.2			
剖17	钙层土	栗钙土	盐化栗钙土	砂质盐化栗钙土	1	0—5	灰棕色	砂壤土	小粒状	9.9	7.1	0.39	1.09	26	7.0	5.8		E 117° 01′ 28.9″ N 48° 41′ 03.8″	78
					2	5—20	暗灰棕色	中壤土	粒状	9.2	23.8	1.34	1.11	81	2.0	19.8			
					3	25—35	浅灰棕色	中壤土	粒状	9.2	20.3	1.12	1.04	61	2.0	22.5			
					4	48—58	黄棕色	中壤土	粒状	9.1	13.6	0.65	1.80	33	8.0	12.2			
剖18	钙层土	栗钙土	栗钙土	沉积栗钙土	1	0—20	灰棕色	轻壤土	小粒状	7.4	23.3	1.83	0.92			15.7	河湖相沉积物	E 116° 19′ 42.6″ N 48° 36′ 00.0″	89
					2	25—35	灰棕色	中壤土	粒状	8.9	24.4	1.37	0.90			19.3			
					3	55—65	灰白色	中壤土	粒状、块状	9.2	15.2	1.15	0.64						
					4	110—120	浅灰棕色	轻壤土		9.5									
剖19	半水成土	草甸土	盐化草甸土	壤质盐化草甸土	1	0—5	灰褐色	轻壤土	团粒状	8.2	48.8	2.72	1.30	11		22.1		E 116° 23′ 58.6″ N 48° 32′ 03.8″	86
					2	5—20	灰褐色	中壤土	团粒状	8.5	21.3	1.17	1.12	6		21.1			
					3	20—50	浅灰色	中壤土	团块状	9.0	16.6	0.71	0.77			25.8			
					4	50—100	浅灰色	中壤土	团块状	8.6									
					5	100—120	浅灰色	轻壤土		8.2									
剖20					1	0—5	棕灰色	重壤土	小粒状	8.8	36.9	2.22	3.66	196	20.0	24.4		E 116° 41′ 33.4″ N 48° 33′ 06.5″	74
					2	5—20	暗棕灰色	重壤土	块状	8.7	32.3	1.75	2.85	154	13.0	24.3			
					3	20—50	灰黑色	重壤土	碎块状	8.6	21.5	0.99	3.03	74	14.0	24.7			
					4	50—70	灰白色	轻壤土	块状	9.0	17.8	0.75	2.27	51	10.0	23.9			
剖21	盐碱土	碱土	灰色草甸土		1	7—17	灰棕色	轻壤土	小粒状	9.0	25.2	1.69	1.16			14.0		E 117° 33′ 43.6″ N 48° 39′ 11.1″	74
					2	29—39	黄棕色	轻壤土	屑粒状	9.4	7.2	0.71	0.62			11.1			
					3	50—70	黄色	轻壤土	小粒状	9.4	8.3	0.51	0.67			9.8			
剖22	半水成土	草甸土	草甸栗钙土	壤质草甸栗钙土	1	0—26	暗灰棕色	重壤土	粒状	8.4	16.9	0.82	0.70	72	2.0	11.6		E 117° 31′ 27.1″ N 48° 35′ 01.2″	80
					2	30—40	浅灰棕色	中壤土	小粒状	9.5	7.4			27	1.0				
					3	60—70	浅灰棕色	中壤土			4.8			17	1.0				
					4	90—110	浅黄棕色	中壤土						9	1.0				
剖23	钙层土	栗钙土	栗钙土	砂质栗钙土	1	10—20	浅灰棕色	紧砂土	粒状	8.5	7.6	0.51	0.58		2.0	4.0		E 116° 12′ 43.2″ N 48° 23′ 07.1″	82
					2	40—50	灰褐色	砂壤土	粒状	8.5	7.7	0.52	0.54			11.6			
剖24	半水成土	草甸土	灰色草甸土	黏质灰色草甸土	1	10—20	灰褐色	重壤土	小块状	8.6	56.5	3.44	2.01			33.0		E 116° 08′ 49.6″ N 48° 22′ 50.9″	80
					2	40—50	灰褐色	重壤土	块状	8.3	27.3	1.46	1.18						
					3	80—90	灰色	中黏土	小粒状	8.1	43.6	2.50	1.40			41.5			
剖25	钙层土	栗钙土	栗钙土	层状钙积栗钙土	1	5—15	棕色	中壤土	粒状	9.8	20.7	1.19	0.83		3.0	16.2		E 117° 01′ 26.8″ N 48° 22′ 21.0″	70
					2	25—35	浅灰棕色	重壤土	粒状、块状	9.2	15.0	0.75	0.88			22.3	沉积物		
					3	45—55	灰白色	重壤土	块状	8.9	6.6	0.37	0.74			27.8			
剖26	半水成土	草甸土	盐化草甸土	砂质盐化草甸土	1	0—5	暗灰棕色	紧砂土	小粒状	7.6	21.6	1.26	0.82	75	5.0	9.6		E 115° 56′ 49.9″ N 48° 12′ 20.5″	78
					2	20—50	暗灰棕色	砂壤土	粒状	7.4	9.3	0.67	0.56	52	2.0	8.2			
					3	50—100	灰棕色	砂壤土	粒状	8.7	6.2	0.35	0.56	20	5.0	7.9			
剖27	钙层土	栗钙土	盐化栗钙土	壤质盐化栗钙土	1	0—5	暗灰棕色	中壤土	粒状、块状	8.7	13.3	0.75	0.93	52	4.0	18.1		E 116° 04′ 18.1″ N 48° 18′ 56.9″	77
					2	5—20	浅灰棕色	中壤土	粒状	8.2	12.7	0.52	0.95	37	5.0	20.6			
					3	20—50	浅灰棕色	轻壤土	粒状	8.1	4.9	0.30	0.90	20	9.0	6.2			
					4	50—100		中壤土		8.2				14	7.0				
					5	100—120		中壤土		8.2				16	5.0				

续表 Continued

剖面号 Soil profile	土纲 Soil order	土类 Soil great group	亚类 Soil subgroup	土属 Soil genus	土层码 Layer code	土层厚度 Depth/cm	颜色 Soil color	质地 Soil texture	土壤结构 Soil structure	pH	有机质 OM/(g/kg)	全氮 TN/(g/kg)	全磷 TP/(g/kg)	碱解氮 AN/(mg/kg)	有效磷 AP/(mg/kg)	阳离子交换量 CEC/(cmol/kg)	土壤母质 Parent material	剖面点坐标 Profile coordinate	匹配指数 Matching index/%
剖28	钙层土	栗钙土	栗钙土	结晶岩类栗钙土	1	0—20	浅灰棕色	轻壤土	粒状	7.7	16.5	1.04	0.76			11.5	基性岩、酸性岩、中性岩风化残积物或坡积物	E 116°26′29.4″ N 48°10′34.3″	78
					2	25—35	暗灰棕色	中壤土	粒状	8.4	15.9	0.93	0.64			16.5			
					3	45—55	灰褐色	中壤土	粒状、块状	8.8	10.3	0.66	0.52			20.8			
					4	85—95				9.0									
剖29	钙层土	栗钙土	草甸栗钙土	砂质草甸栗钙土	1	5—15	灰灰棕色	砂壤土	小粒状	7.7	22.5	1.09	0.97	96	6.0	10.8		E 117°10′36.5″ N 48°15′37.2″	89
					2	40—50	浅灰棕色	轻壤土	粒状	10.2	5.3	0.32	0.72	14	6.0				
					3	110—130	灰褐色	砂壤土	无明显结构	9.9				29	6.0	8.9			
剖30	半水成土	草甸土	盐化草甸土	黏质盐积草甸土	1	5—15	灰褐色	重壤土	粒状	8.7	35.2	2.80	1.71			19.3		E 115°41′47.4″ N 48°07′11.6″	96
					2	25—35	暗褐色	轻壤土	粒状	9.6	27.6	1.49	2.40			16.7			
					3	65—75		中壤土	粒状	9.6	22.6	1.15	2.41			14.4			
剖31	钙层土	栗钙土	栗钙土	结晶岩栗钙土	1	0—20	暗褐色	中壤土	小粒状	7.5	24.0	1.43	0.92			13.4	基性岩、酸性岩、中性岩风化残积物或坡积物	E 115°55′00.5″ N 48°01′28.9″	96
					2	35—45	灰褐色	砂壤土	屑粒状	8.0	17.5	1.06	0.76			14.3			
					3	60—70	棕灰色	中壤土	粒状、块状	9.2	9.4	0.50	0.92			10.9			
					4	110—120	浅灰棕色	轻壤土	小粒状	9.8									
剖32	钙层土	栗钙土	盐化栗钙土	壤质盐积栗钙土	1	0—5	暗灰棕色	中壤土	粒状、块状	8.7	20.6	1.17	2.28	66	14.0	25.3		E 116°32′23.2″ N 48°04′15.7″	92
					2	5—20	浅灰棕色	中壤土	粒状、块状	9.2	14.2	1.01	1.60	51	3.0	21.3			
					3	20—50	灰棕色	中壤土		8.9	13.9	0.85	2.27	24	20.0	18.6			
					4	50—100		轻壤土	无明显结构	8.1	5.2	0.26	2.02	8	9.0	9.7			
					5	100—150		砂壤土		8.7	5.5	0.21	2.61	94	14.0	9.3			
剖33	钙层土	栗钙土	栗钙土	层状钙积栗钙土	1	0—20	暗灰棕色	紧砂土	小粒状	7.9	24.0	1.30	0.77	108	1.0	11.8	沉积物	E 117°24′31.1″ N 48°00′50.1″	84
					2	30—40	暗灰棕色	重壤土	粒状、块状	9.2	24.1	0.98	0.95	60	6.0	25.4			
					3	70—80	灰灰色	砂壤土	粒状、块状	9.2	5.5	0.26	0.62	22					
剖34	钙层土	栗钙土	栗钙土	砂化栗钙土	1	10—20	浅灰棕色	砂壤土	屑粒状	7.5	18.6	1.19	0.51		1.0	9.9		E 116°03′00.4″ N 47°55′03.0″	82
					2	50—60	浅灰棕色	砂壤土	小粒状	8.2	14.4	0.83	0.53	104	1.0	12.8			
剖35	盐碱土	草甸盐土			1	0—5	灰棕色	轻壤土	小粒状	9.4	34.8	1.77	1.73	104	24.0	20.3		E 116°21′50.4″ N 47°58′03.7″	88
					2	5—20	灰棕色	重壤土	粒状	8.7	20.0	1.03	2.01	72	27.0	20.2			
					3	20—50	灰褐色	重壤土	小粒状	9.4	9.5	0.53	1.69	12	25.0	16.4			
					4	50—100	灰黄色	中壤土	粒状	9.6	8.4	0.50	1.99	12	28.0	20.0			
					5	100—150	黄灰色	中黏土	屑粒状	9.5	12.0	0.52	2.55	16	31.0	32.4			
剖36	钙层土	栗钙土	栗钙土	沉积栗钙土	1	10—20	灰灰棕色	砂壤土	小粒状	7.6	14.6	0.98	0.73			11.7	河湖相沉积物	E 117°17′39.5″ N 47°56′18.9″	74
					2	35—45	棕灰色	砂壤土	粒状	8.5	8.6	0.48	0.59			9.1			
					3	65—75	棕灰色	砂壤土	粒状	9.2	3.9	0.20	1.24			9.6			
					4	110—120	红棕色	砂壤土		9.3									

牙 克 石 市

主要土类说明

棕色针叶林土是牙克石市主要土壤类型，占本市地域面积的37%。棕色针叶林土是发生于温带针叶纯林下的具有酸性淋溶和弱度发育特征的土壤，具 O-A-AB-B-C 剖面构型。凋落物腐解，富里酸下渗，络合部分铁铝下移，使表层盐基饱和度降低。由于冻结期长，冻层阻隔，溶性物质还可随水上移。B 层呈棕色，全剖面呈酸性，盐基饱和度为 50%—70%。

灰色森林土是牙克石市第二大土壤类型，占本市地域面积的23%。灰色森林土是在温带森林草原地区森林植被下发育的具深厚腐殖质层的土壤。该土壤腐殖质层厚达 50cm，有机质含量为 20—30g/kg，具有弱度淋溶特征，剖面下部见硅粉，冻土层厚 1.5m。

沼泽土是牙克石市第三大土壤类型，占本市地域面积的20%。沼泽土所处地势低洼，长期地表积水，喜湿植被生长茂盛。该土壤有机质累积及还原作用强烈，具有潜育层，具 H-G 剖面构型。地表有机质累积明显，甚至见泥炭层或腐泥层。

暗棕壤占本市地域面积的10%。暗棕壤是在温带湿润地区针阔叶混交林下发育形成的具有明显有机质富集和弱酸性淋溶特征的土壤，具 O-A-B-C 剖面构型。A 层有机质含量可达 200g/kg，弱酸性淋溶使铁铝轻微下移；B 层呈棕色，结构面见铁锰胶膜。土壤呈弱酸性，盐基饱和度为 70%—80%。土壤冻结期长。

草甸土占本市地域面积的5%。因所处地带地下水位较高，潜水参与土壤形成过程，受地下水升降与浸润作用，成土过程具有明显的腐殖质累积和铁锰氧化还原特征，土体出现锈色斑纹层。剖面构型为 A-Cu 或 A-C-Cu。

黑钙土占本市地域面积的4%。黑钙土是在温带半湿润草甸草原下形成的具深厚均腐殖质层和碳酸钙淋溶淀积层的土壤。该土壤均腐殖质层厚 50cm 左右，有机质含量为 50—80g/kg。其下，钙积层明显。土壤表层 pH 在 7.0 左右，往下 pH 逐渐升高为 8.0—8.5。冬季冻层厚 1.3—1.5m。

本区域中心区气候特征

本区域中心区气候特征值
Regional climate characteristics in central area of the region

气候带：中温带亚湿润气候 Climate region: Mid temperate subhumid climate	
年平均气温 /℃ Annual average temperature /℃	−1.5
年平均最高气温 /℃ Annual average maximum temperature /℃	5.3
年平均最低气温 /℃ Annual average minimum temperature /℃	−7.8
年降水量 /mm Annual precipitation /mm	453
≥10℃的积温 /℃ Daily temperature accumulated in a year（≥10℃）/℃	301
年日照时数 /h Annual sunshine /h	2669
年平均相对湿度 /% Annual average relative humidity /%	67
干燥度 Dryness	0.04

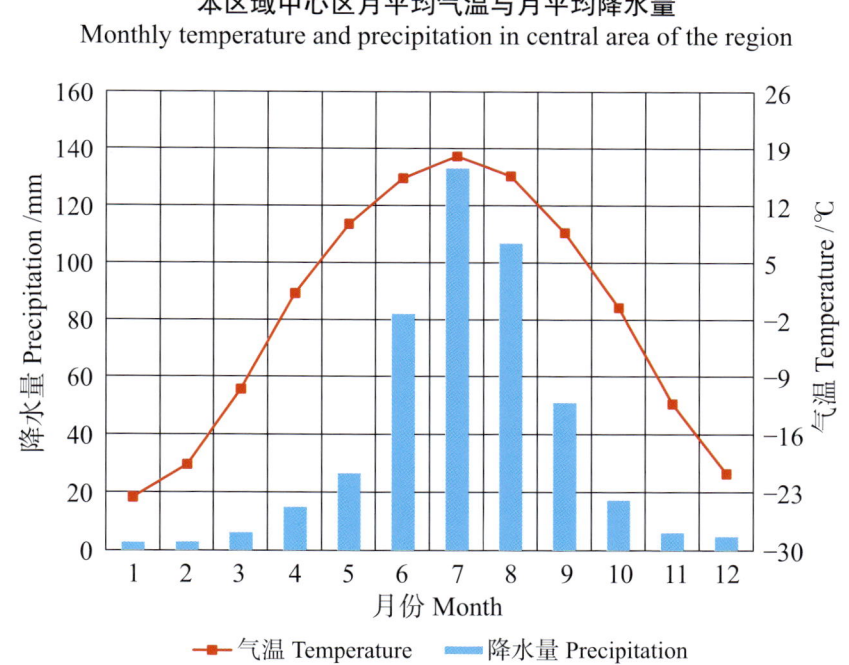

本区域中心区月平均气温与月平均降水量
Monthly temperature and precipitation in central area of the region

牙克石市主要土壤类型与土壤剖面点分布图
1∶1 160 000

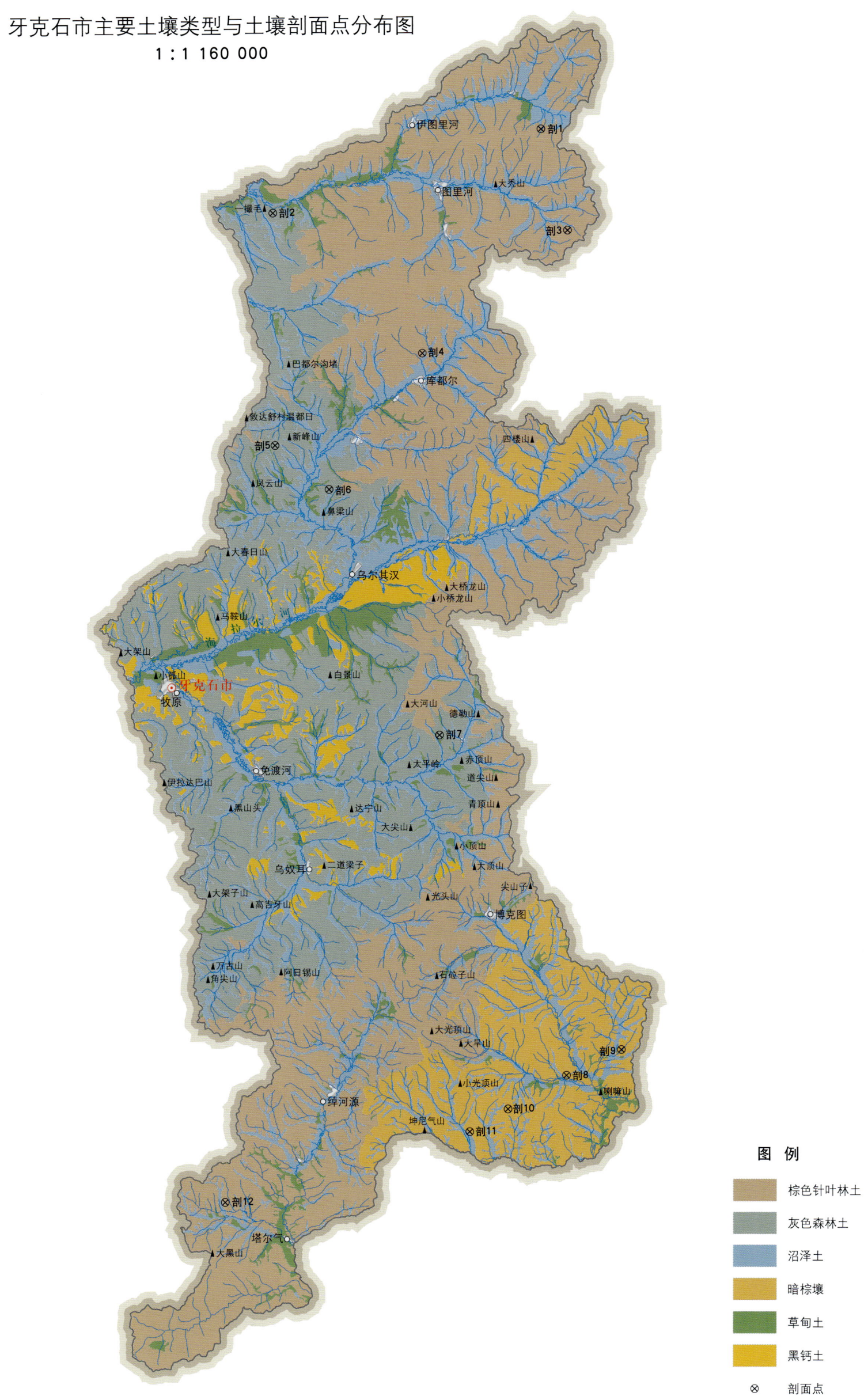

图 例

棕色针叶林土
灰色森林土
沼泽土
暗棕壤
草甸土
黑钙土
⊗ 剖面点

牙克石市土壤剖面理化性状表

剖面号 Soil profile	土纲 Soil order	土类 Soil great group	亚类 Soil subgroup	土属 Soil genus	土种 Soil species	土层码 Layer code	土层厚度 Depth/cm	质地 Soil texture	pH	有机质 OM/(g/kg)	全氮 TN/(g/kg)	全磷 TP/(g/kg)	全钾 TK/(g/kg)	碱解氮 AN/(mg/kg)	有效磷 AP/(mg/kg)	速效钾 AK/(mg/kg)	阳离子交换量CEC/(cmol/kg)	土壤母质 Parent material	剖面点坐标 Profile coordinate	匹配指数 Matching index/%
剖1	淋溶土	棕色针叶林土	草甸棕色针叶林土	坡冲积草甸棕色针叶林土	厚层草甸棕色针叶林土	A₂	43–58	重壤土	6.0	67.2	3.72	0.78	11.0		5.0	241	23.9	坡积物、冲积物	E 122° 03′ 22.1″ N 50° 37′ 56.4″	98
						B	58–80	重壤土	5.8	25.6	1.43	0.55	12.0		2.0	168	20.7			
						C	80–120	重壤土	5.9	9.7	0.77	0.35	12.5		3.0	159	15.6			
剖2	半淋溶土	灰色森林土	暗灰色森林土	残坡积暗灰色森林土	厚体暗灰色森林土	A	0–9	中壤土	6.5	117.3	6.27	1.35	17.9		9.0	272	26.2	残积物、坡积物	E 121° 03′ 14.0″ N 50° 25′ 20.3″	83
						AB	9–17	砂壤土	8.9	24.2	1.46	1.12	19.6		18.0	83	14.3			
						B	17–77	轻壤土	7.0	17.3	1.18	0.83	19.4		4.0	75	18.3			
						C	77–127	轻壤土	7.0	13.7	0.85	0.36	17.0		2.0	85	10.7			
剖3	淋溶土	棕色针叶林土	灰化棕色针叶林土	残坡积灰化棕色针叶林土	弱灰化棕色针叶林土	A₁	0–9	重壤土	4.5	166.7	3.63	1.24	9.0		52.0	257	33.8	残积物、坡积物	E 122° 09′ 32.7″ N 50° 23′ 30.5″	70
						A₂	9–13	重壤土	4.8	66.6	1.93	0.70	15.7		32.0	159	24.2			
						B	13–29	轻壤土	5.5	42.7	1.55	0.55	16.3		10.0	290	25.7			
						C	29–52	轻壤土	5.3	34.9	1.40	0.83	15.3		26.0	121	21.2			
剖4	淋溶土	棕色针叶林土	棕色针叶林土	残坡积棕色针叶林土	厚层棕色针叶林土	A₁	0–34	中壤土	6.5	57.9	3.82	0.77	8.0		5.0	255	30.5	残积物、坡积物	E 121° 37′ 19.2″ N 50° 05′ 47.0″	87
						A₂	34–47	重壤土	6.5	19.7	1.69	0.49	7.9		2.0	180	9.2			
						B₁	47–62	重壤土	6.5	13.4	0.89	0.39	14.3		2.0	146	11.2			
						B₂	62–111	重壤土	6.6	14.0	0.72	0.36	18.3		5.0	158	16.1			
剖5	半淋溶土	灰色森林土	暗灰色森林土	残坡积暗灰色森林土	厚层暗灰色森林土	A₁	0–31	中壤土	6.2	90.7	3.67	1.28	11.9		9.0	139	29.5	残积物、坡积物	E 121° 04′ 56.0″ N 49° 52′ 09.7″	100
						AB	31–47		5.8	39.6	1.98	0.90	13.9		8.0	109	25.9			
						B	47–70		6.7	20.7	1.12	0.74	15.3		11.0	80	18.0			
						C	70–150		6.4	19.2	1.09	0.74	13.7		21.0	41	11.3			
剖6	半淋溶土	灰色森林土	灰色森林土	残坡积灰色森林土	中层灰色森林土	A	0–23			96.1	4.53	1.32	12.2	12		170	33.6	残积物、坡积物	E 121° 17′ 07.1″ N 49° 46′ 01.9″	89
						B	23–34			26.6	1.37	0.52	15.9	19		212	18.4			
剖7	半淋溶土	灰色森林土	灰色森林土	残坡积灰色森林土	中体灰色森林土	A	0–17	砂壤土	6.9	72.6	3.85	0.79	3.1		5.0	49	26.4	残积物、坡积物	E 121° 42′ 29.9″ N 49° 11′ 12.1″	86
						B	17–44	中壤土	6.6	35.9	1.94	0.49	3.0		2.0	61	20.0			
						C	44–120	砂壤土	6.8	5.7	0.36	0.69	12.5		3.0	28	16.5			
剖8	淋溶土	暗棕壤	暗棕壤	残坡积暗棕壤	厚层暗棕壤	A₁	0–20	中壤土	6.4	78.2	3.95	1.26	11.0		19.0	165	24.4	残积物、坡积物	E 122° 11′ 08.2″ N 48° 22′ 35.8″	93
						A₂	20–44	重壤土	6.5	43.5	2.25	0.99	11.1		12.0	160	18.9			
						A₃	44–76	中壤土	6.4	25.4	1.51	0.79	11.9		7.0	187	19.9			
						B	76–108	重壤土	6.4	15.4	0.53	0.48	0.8		13.0	136	15.9			
						C	108–	重壤土	6.4	6.6	0.53	0.43	5.6		15.0	135	11.6			
剖9	淋溶土	暗棕壤	暗棕壤性土	残坡积暗棕壤性土	中体暗棕壤性土	A₁	0–11	重壤土	6.1	108.5	4.08	1.35	15.4		77.0	333	26.0	残积物、坡积物	E 122° 22′ 55.9″ N 48° 26′ 23.2″	93
						A₂	11–24	砂壤土	6.0	43.4	1.60	0.69	15.4		35.0	110	14.2			
						B₁	24–35	中壤土	6.4	36.9	1.12	0.64	14.4		18.0	76	16.5			
						B₂	35–46	砂壤土	6.4	23.2	0.98	0.63	14.0		8.0	79	11.6			
						C	46–70	中壤土	6.2	29.3	1.28	0.61	15.1		17.0	88	13.8			
剖10	淋溶土	暗棕壤	潜育暗棕壤	原积冲积潜育暗棕壤	厚层潜育暗棕壤	A₁	0–30	中壤土	6.0	54.7	3.00	0.78	15.1		6.0	355	24.9	冲积物	E 121° 58′ 34.3″ N 48° 17′ 40.9″	76
						A₂	30–60	中壤土	6.0	47.5	2.53	0.74	11.2		4.0	310	22.9			
						B	60–90	中壤土	5.9	21.4	1.56	0.55	11.2		3.0	244	40.2			
剖11	淋溶土	暗棕壤	草甸暗棕壤	坡冲积草甸暗棕壤	厚层草甸暗棕壤	A₁	0–16	中壤土	6.3	49.6	2.62	0.69	15.1		3.0	163	23.0	残积物、冲积物	E 121° 50′ 25.6″ N 48° 14′ 23.3″	81
						A₂	16–46	中壤土	6.3	21.1	1.60	0.62	10.6		7.0	155	17.7			
						A₃	46–70	中壤土	6.0	11.3	0.73	0.40	10.5		6.0	114	15.0			
						B₁	70–86	重壤土	5.9	8.8	0.62	0.24	10.6		1.0	129	17.4			
						B₂	86–150	中壤土	6.0	6.4	0.50	0.41	10.6		21.0	131	18.4			

续表 Continued

剖面号 Soil profile	土纲 Soil order	土类 Soil great group	亚类 Soil subgroup	土属 Soil genus	土种 Soil species	土层码 Layer code	土层厚度 Depth/ cm	质地 Soil texture	pH	有机质 OM/ (g/kg)	全氮 TN/ (g/kg)	全磷 TP/ (g/kg)	全钾 TK/ (g/kg)	碱解氮 AN/ (mg/kg)	有效磷 AP/ (mg/kg)	速效钾 AK/ (mg/kg)	阳离子 交换量CEC/ (cmol/kg)	土壤母质 Parent material	剖面点坐标 Profile coordinate	匹配指数 Matching index/%
剖12	淋溶土	棕色针叶林土	棕色针叶林土	残积棕色针叶林土	中体棕色针叶林土	A₁	0—15	轻壤土	6.5	125.6	7.05	1.37	11.2		9.0	283	34.1	残积物	E 120°58′14.5″ N 48°03′38.2″	96
						B	15—40	轻壤土	6.9	10.9	0.75	0.28	11.9		2.0	96	7.0			
						C	40—80	重壤土	6.9	9.0	0.61	0.23	10.5		1.0	119	12.3			

扎 兰 屯 市

主要土类说明

暗棕壤是扎兰屯市主要土壤类型，占本市地域面积的74%。暗棕壤分布在本市西北部的中山地貌区，与棕色针叶林土构成垂直带谱，在本市中部的低山或东南部的丘陵地貌区则为单独分布，在下坡位和坡脚与黑土相接。该地区冬季漫长而寒冷，夏季短暂而炎热，无霜期为100—130d，土壤冻结期为5—6个月，冻土深可达213cm。自然植被主要为蒙古栎、黑桦、白桦、山杨、兴安落叶松、榛子、兴安胡枝子、苍术、山黧豆、芍药、唐松草等。成土母质多为花岗岩、花岗片麻岩、安山岩的残积物或坡积物，部分为砂质页岩、玄武岩等的残积物或坡积物。成土过程主要为森林腐殖质累积过程、黏化过程和棕化过程。本市暗棕壤分为暗棕壤、生草暗棕壤、粗骨性暗棕壤等亚类。

草甸土是扎兰屯市第二大土壤类型，占本市地域面积的15%。草甸土广泛分布在本市各地，以雅鲁河、济沁河和绰尔河三大河流沿岸分布面积较大。自然植被主要为委陵菜、羊草、地榆、裂叶蒿、兴安柳等。成土母质多为河湖冲积物和洪冲积物等近代沉积物。成土过程主要为腐殖质累积过程、潴育化过程和潜育化过程。本市草甸土仅有暗色草甸土一个亚类。

黑土是扎兰屯市第三大土壤类型，占本市地域面积的5%。黑土主要分布在本市东南部至西南部的大河湾至关门山一线的波状平原和丘陵地带，分布面积自东南向西北逐渐减少。成土母质多为黄土性黏土、湖相堆积物或冰水沉积物，丘陵地带大多为花岗岩风化坡积物、冰水沉积物和洪积物。自然植被主要为落叶阔叶林带间的杂类草草甸群落，也有少量的榛柴草甸和沼柳草甸群落。成土过程主要为腐殖质累积过程和临时滞水引起的淋溶过程。本市黑土分为黑土、草甸黑土等亚类。

棕色针叶林土占本市地域面积的4%，主要分布在本市西部的柴河镇，位于大兴安岭东坡垂直带上部，向下与暗棕壤构成垂直带谱，并在不同地形部位呈组合分布。该地区冬季漫长而寒冷，季节性冻层普遍存在，并有岛状多年冻土，永冻层埋深2.0m左右。自然植被主要为兴安落叶松，群落组合为落叶松-杜鹃林或落叶松-杜香林。成土母质多为酸性岩、中性岩的残积物或坡积物，其特点为土层浅薄、风化度低、质地粗松，坡积母质层较厚但仍混有岩石碎块。成土过程主要为泥炭化过程、酸性淋溶过程和表层的铁铝聚积过程。

小于本市地域面积3%的土壤类型有沼泽土、水稻土。

本区域中心区气候特征

本区域中心区气候特征值
Regional climate characteristics in central area of the region

气候带：中温带亚湿润气候 Climate region: Mid temperate subhumid climate	
年平均气温 /℃ Annual average temperature /℃	0.5
年平均最高气温 /℃ Annual average maximum temperature /℃	6.8
年平均最低气温 /℃ Annual average minimum temperature /℃	-5.5
年降水量 /mm Annual precipitation /mm	450
≥10℃的积温 /℃ Daily temperature accumulated in a year (≥10℃) /℃	1160
年日照时数 /h Annual sunshine /h	2705
年平均相对湿度 /% Annual average relative humidity /%	64
干燥度 Dryness	0.34

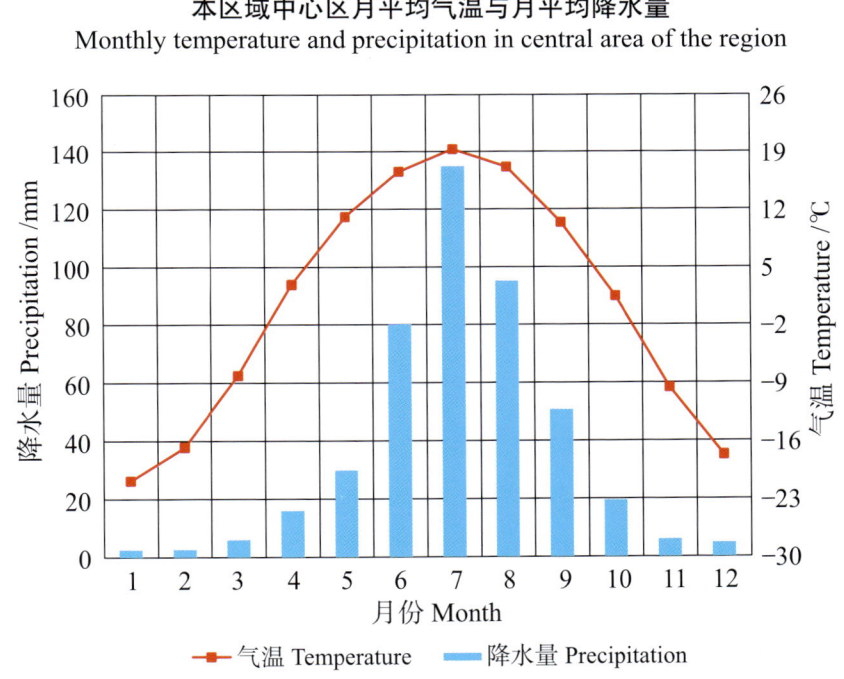

本区域中心区月平均气温与月平均降水量
Monthly temperature and precipitation in central area of the region

扎兰屯市主要土壤类型与土壤剖面点分布图

1:740 000

图例
- 暗棕壤
- 草甸土
- 黑土
- 棕色针叶林土
- 沼泽土
- 水稻土
- ⊗ 剖面点

扎兰屯市土壤剖面理化性状表

剖面号 Soil profile	土纲 Soil order	土类 Soil great group	亚类 Soil subgroup	土属 Soil genus	土层码 Layer code	土层厚度 Depth/cm	质地 Soil texture	pH	有机质 OM/(g/kg)	全氮 TN/(g/kg)	全磷 TP/(g/kg)	全钾 TK/(g/kg)	碱解氮 AN/(mg/kg)	有效磷 AP/(mg/kg)	速效钾 AK/(mg/kg)	阳离子交换量 CEC/(cmol/kg)	土壤母质 Parent material	剖面点坐标 Profile coordinate	匹配指数 Matching index/%
剖1	淋溶土	暗棕壤	暗棕壤	黄砂土	1	2–22	中壤土	6.6	59.3	2.68	1.58	26.0		4.0	112	15.3		E 121°42′42.8″ N 48°04′55.6″	88
					2	22–39	中壤土	6.1	20.1	1.10	1.00	26.0		7.0	97	13.8			
剖2	水成土	沼泽土	草甸沼泽土	草甸沼泽土	1	0–10	中壤土	5.5	136.4	5.49	1.42	22.2	389	24.0	221			E 121°51′16.2″ N 48°04′02.3″	91
					2	10–35													
剖3	淋溶土	暗棕壤	暗棕壤	灰黄土	1	2–12	中壤土	6.3	95.9	7.32	2.21	26.4	325	11.0	366	33.0		E 122°46′23.2″ N 48°03′32.0″	85
					2	12–25	中壤土	5.3	56.0	2.45	1.61	27.1	210	11.0	195	26.6			
剖4	半水成土	草甸土	暗色草甸土	壤质草甸土	1	0–26	重壤土	5.9	65.3	3.17	1.64	29.2		5.0	240	24.3	洪冲积物	E 121°25′18.1″ N 47°51′34.2″	77
					2	26–55	重壤土	5.7	35.0	1.83	1.43	30.2		3.0	120	22.0			
					3	55–73	中壤土	6.0	24.1	1.22	1.21	30.5		4.0	105	20.3			
剖5	淋溶土	暗棕壤	生草暗棕壤	暗黄砂土	1	0–15	轻壤土	6.1	75.6	3.70	2.54	29.4		7.0	362	19.8	花岗岩、流纹岩等酸性岩类	E 122°35′00.6″ N 47°55′34.3″	72
					2	15–45	轻壤土	5.7	9.6	0.62	0.85	26.0		8.0	240	11.0			
剖6	淋溶土	暗棕壤	生草暗棕壤	暗灰黄土	1	0–26	重壤土	5.9	54.2	2.44	1.40	26.6		7.0	184	22.0	基性岩残积性坡积物	E 122°52′44.6″ N 47°52′58.5″	71
					2	26–70	中壤土	6.4	16.0	0.91	0.88	27.6		5.0	53	16.0			
剖7	淋溶土	暗棕壤	生草暗棕壤	暗灰黄土	1	0–20	重壤土	6.6	51.4	2.60	2.25	23.1	223	4.0	108	24.4	基性岩残积性坡积物	E 123°03′10.2″ N 47°54′37.4″	81
					2	20–40	中壤土	6.8	30.9	1.62	1.98	10.9	199	4.0	84	25.6			
剖8	淋溶土	暗棕壤	生草暗棕壤	暗灰黄土	1	5–20	中壤土	6.9	48.6	2.17	1.23	23.1	168	4.0	142	21.0	基性岩残积性坡积物	E 123°05′10.5″ N 47°50′24.8″	80
剖9	淋溶土	暗棕壤	生草暗棕壤	黄土	1	2–10	重壤土	5.7	67.7	3.00	1.49	26.6		8.0	231	15.8	板岩、页岩风化物及黄土状沉积物	E 121°11′24.0″ N 47°47′42.0″	74
					2	10–30			18.6	1.18	0.63	26.8		1.0	163	16.0			
					3	30–50			16.3	0.97	1.33			3.0	141				
剖10	淋溶土	暗棕壤	生草暗棕壤	暗黄土	1	0–20	重壤土	7.1	47.4	2.14	1.37	26.6		7.0	218	27.5	沉积岩、黄土状母质	E 121°04′39.0″ N 47°42′01.1″	75
					2	20–65	重壤土	6.3	28.3	1.40	1.28	25.8		6.0	133	25.8			
					3	65–100	轻壤土	6.1	18.1	1.11	1.06			10.0	135	22.0			
剖11	淋溶土	暗棕壤	生草暗棕壤	暗黄土	1	0–55	重壤土	5.7	42.0	2.14	1.53	28.1		5.0	132	21.8	沉积岩、黄土状母质	E 121°01′26.8″ N 47°40′09.1″	85
					2	55–90	中壤土	5.7	15.7	0.76	0.92	29.7		8.0	57	18.8			
剖12	淋溶土	暗棕壤	生草暗棕壤	暗黄砂土	1	0–22	重壤土	6.5	31.3	1.49	1.25	24.6	136	3.0	91	19.5	花岗岩、流纹岩等酸性岩类	E 122°25′13.8″ N 47°46′40.1″	71
					2	22–60	中壤土	6.7	4.4	0.24	0.43	26.3	27	4.0	94	15.3			
					3	60–80	中壤土	6.1	13.4	0.60	0.63	27.2	63	2.0	133	20.6			
剖13	半水成土	草甸土	草甸黑土	草甸黑土	1	0–50	重壤土	6.7	48.1	2.55	1.33	29.4		3.8	58	25.5		E 121°38′08.9″ N 47°49′33.6″	84
					2	50–60	中壤土	6.7	26.5	1.42	1.04	28.4		3.5	81	22.3			
					3	60–75	中壤土	5.6	9.5	0.60	0.80			4.1	49	19.0			
剖14	淋溶土	暗棕壤	暗色草甸土	黄砂土	1	2–15	重黏土	6.5	89.7	4.05	2.67	25.8		22.1	87	13.0		E 122°35′58.6″ N 47°46′22.4″	97
					2	15–20	重黏土	6.7	43.9	2.16	2.05	26.3		10.0	157	12.5			
剖15	半水成土	暗棕壤	暗色草甸土	黏质草甸土	1	0–25	中壤土	6.3	32.2	1.63	1.01	21.9	138	8.0	225	32.1		E 122°52′32.6″ N 47°42′06.8″	78
					2	25–40	中壤土	7.1	28.6	1.27	0.74	22.9	90	4.0	161	35.1			
					3	40–60	中壤土	6.5	56.6	2.73	1.19	21.9	185	7.0	185	38.7			
剖16	人为土	水稻土	淹育水稻土	草甸型水稻土	1	0–50	中壤土	5.6	81.4	3.73	0.98	27.1		4.0	83	20.8		E 122°49′06.2″ N 47°49′05.9″	75
					2	40–50	重壤土	6.1	20.7		0.53	29.2		1.0	62	11.8			
剖17	半淋溶土	黑土	黑土	砂砾底黑土	1	5–30	重黏土	5.9	57.1	2.77	1.64	23.3	68	11.0	181	34.0	母岩风化坡积物、洪积砂石	E 122°52′13.1″ N 47°48′45.4″	95
					2	35–45	轻黏土	6.3	16.2	1.49	0.94	25.2	94	12.0	191	27.0			
					3	45–65	轻黏土	6.2	22.1	0.96	11.00	25.8		14.0	177	26.7			
剖18	半淋溶土	黑土	黑土	黏底黑土	1	0–25	轻壤土	7.0	22.2	1.13	0.97	28.1	102	38.0	142	16.1	黄土状黏质沉积物	E 122°52′27.5″ N 47°45′29.5″	83
					2	25–50	中壤土	6.7	19.4	1.02	0.71	26.7	90	7.0	100	20.0			
					3	50–60	中壤土	6.5	29.3	1.13	0.90	26.1	129	11.0	108	21.5			

续表 Continued

剖面号 Soil profile	土纲 Soil order	土类 Soil great group	亚类 Soil subgroup	土属 Soil genus	土层码 Layer code	土层厚度 Depth/cm	质地 Soil texture	pH	有机质 OM/(g/kg)	全氮 TN/(g/kg)	全磷 TP/(g/kg)	全钾 TK/(g/kg)	碱解氮 AN/(mg/kg)	有效磷 AP/(mg/kg)	速效钾 AK/(mg/kg)	阳离子交换量 CEC/(cmol/kg)	土壤母质 Parent material	剖面点坐标 Profile coordinate	匹配指数 Matching index/%
剖19	人为土	水稻土	淹育水稻土	草甸型水稻土	1	0—18	轻壤土	5.9	32.7	1.58	0.52	27.1		1.0	58	14.3		E 122° 50′ 10.0″ N 47° 43′ 51.6″	80
					2	18—40	轻壤土	6.9	10.6	0.62	0.46	28.4		1.0	38	12.3			
剖20	半淋溶土	黑土	草甸黑土	草甸黑土	1	0—25	中壤土	6.7	74.4	3.44	1.13	29.4		4.0	110	25.5		E 122° 45′ 55.4″ N 47° 40′ 50.2″	72
					2	25—53	重壤土	6.9	46.2	2.06	1.03	26.6		5.0	135	19.0			
					3	53—70	重壤土	6.7	39.3	2.05	1.08	28.7		5.0	120	24.5			
剖21	半淋溶土	黑土	黑土	砂砾底黑土	1	0—35	重壤土	5.8	49.0	2.39	4.31	23.1	204	8.0	179	30.2	母岩风化坡积物、洪积砂石	E 123° 07′ 05.5″ N 47° 47′ 24.6″	97
					2	35—60	重壤土	5.8	20.8	1.04	1.15	24.8	107	11.0	157	26.6			
					3	60—75	重壤土	5.7	26.3	1.34	1.09	26.9	128	9.0	159	28.1			
剖22	淋溶土	暗棕壤	暗棕壤	黄砂土	1	3—14	中壤土	6.4	60.4	2.74	1.45	26.3		3.0	263	14.0		E 121° 44′ 38.0″ N 47° 35′ 17.9″	84
					2	14—28	中壤土	6.3	48.1	2.17	1.42	26.6		3.0	225	13.3			
剖23	淋溶土	棕色针叶林土	棕色针叶林土		1	7—35	中壤土	5.5	67.5	3.31	2.18	27.1		2.0	133	26.5		E 122° 38′ 08.0″ N 47° 34′ 49.0″	99
					2	35—70	重壤土	5.5	40.3	1.33	1.25	23.9		3.0	107				
					3	70—100	重壤土	5.4	20.1	0.92	1.17	22.3		1.0	92				
剖24	半成土	草甸土	暗色草甸土	黏质草甸土	1	0—37	轻黏土	6.0	67.7	3.18	1.27	20.9	226	9.0	143	39.2		E 121° 30′ 07.2″ N 47° 32′ 49.2″	95
					2	37—60	轻黏土	6.7	22.2	0.96	0.98	21.1	55	13.0	169	30.6			
					3	60—85	轻黏土	6.3	35.5	1.53	0.95	22.3	130	9.0	132	33.5			
剖25	淋溶土	暗棕壤	暗棕壤	黄土	1	5—30	中壤土	5.6	72.0	3.22	2.62	22.6		19.0	326	25.8		E 122° 12′ 46.8″ N 47° 31′ 52.0″	76
					2	30—45	中壤土	5.6	27.9	1.32	1.37	27.3		8.0	133	17.3			
剖26	淋溶土	棕色针叶林土	棕色针叶林土		1	4—29	中壤土	5.2	108.7	4.78	2.56	24.3	331	17.0	237	40.8		E 120° 58′ 46.1″ N 47° 20′ 35.4″	80
					2	29—54	重壤土	5.0	88.1	4.10	2.71	24.1	289	15.0	213	38.6			
剖27	半淋溶土	黑土	黑土	黏底黑土	1	0—25	重壤土	6.9	52.6	2.58	1.14	22.6	209	8.0	219	33.5	黄土状黏质沉积物	E 121° 16′ 25.9″ N 47° 29′ 53.0″	84
					2	25—40	重壤土	6.5	21.6	0.95	0.58	22.2	98	5.0	155	28.0			
					3	40—55	重壤土	6.8	29.5	1.37	0.74	22.6	128	5.0	147	28.6			
剖28	半淋溶土	黑土	黑土	黏底黑土	1	0—17	重壤土	6.4	22.6	1.16	1.38	23.1	104	7.0	147	23.2	黄土状黏质沉积物	E 121° 21′ 54.7″ N 47° 23′ 17.5″	75
					2	17—30	重壤土	6.3	34.1	1.77	1.06	24.9	151	8.0	171	24.5			
剖29	淋溶土	暗棕壤	生草暗棕壤	暗黄砂土	1	0—15	中壤土	6.3	73.3	3.92	1.89	25.2		5.0	110	22.5	花岗岩、流纹岩等酸性岩类	E 122° 15′ 58.0″ N 47° 27′ 56.6″	84
					2	15—20	中壤土	6.3	27.4	1.52	1.07	21.3		3.0	41	17.8			
剖30	半成土	草甸土	暗色草甸土	壤质草甸土	1	0—29	中壤土	6.2	41.8	1.93	1.05	29.2	187	8.0	142	18.5	洪冲积物	E 121° 00′ 46.8″ N 47° 14′ 49.2″	78
					2	29—95	轻壤土	5.9	12.3	0.65	0.72	32.5	50	10.0	93	14.0			
剖31	淋溶土	暗棕壤	暗棕壤	灰黄土	1	3—35	重壤土	6.2	53.4	3.87	1.29	26.3	174	4.0	227	26.8		E 121° 31′ 28.2″ N 47° 18′ 55.8″	73
					2	35—65	重壤土	6.2	22.1	0.96	0.82	27.2	94	4.0	181	22.5			
剖32	水成土	沼泽土	草甸沼泽土	草甸沼泽土	1	0—45	砂壤土	5.6	131.8		2.85	22.9		6.0	158	25.5		E 121° 36′ 07.6″ N 47° 18′ 13.7″	77
					2	45—75	中壤土	5.5	29.0		1.78	26.0		2.0	92	18.0			

额尔古纳市

主要土类说明

棕色针叶林土是额尔古纳市主要土壤类型，占本市地域面积的60%。棕色针叶林土集中分布在奇乾、莫尔道嘎、蒙兀室韦等地。该地区气候冷湿，年平均气温在0℃以下，冬季漫长而寒冷，最热的月份仍不时出现低温，季节性冻层每年存在的时间在10个月左右。自然植被主要为兴安落叶松，其次为樟子松、白桦、山杨等。成土母质主要为酸性岩、中性岩、基性岩等结晶岩类的残积物和坡积物。

黑钙土是额尔古纳市第二大土壤类型，占本市地域面积的17%。黑钙土主要分布在本市南部的浅切割低山区。自然植被主要为绣线菊、狼针草、羊草、山杏等。成土母质多为结晶岩类，其次为黄土状母质，还有少量的碳酸岩类风化物。剖面构型为A-AB-B-C。A层为腐殖质层，以黑棕色为主，有机质含量较高。AB层为舌状过渡层，是黑钙土的主要诊断层次，以暗棕色和黄棕色为主。B层为钙积层，以暗棕色和暗黄棕色为主，碳酸钙以斑块状、假菌丝状、网纹状在土体中淀积，部分剖面中的碳酸钙被淋洗到土体最底部或土体外。C层为母质层。

灰色森林土是额尔古纳市第三大土壤类型，占本市地域面积的8%。灰色森林土集中分布在恩和、三河、上库力等地。自然植被主要为白桦、山杨、杜鹃、绣线菊、胡枝子、小叶樟等。成土母质主要为酸性岩、中性岩、基性岩等结晶岩类的残积物和坡积物。

沼泽土占本市地域面积的5%，集中分布在本市北部奇乾、莫尔道嘎等地的林区。沼泽土剖面由草根盘结层、泥炭层、潜育层等构成。

草甸土占本市地域面积的5%，主要分布在本市境内河流两侧的低阶地和山间宽阔谷地。自然植被以湿生草甸植被为主。成土母质主要为河流冲积物和洪积物。草甸土剖面由腐殖质层、锈色斑纹层、潜育层和母质层构成。本市草甸土分为草甸土、石灰性草甸土等亚类。

粗骨土占本市地域面积的4%，集中分布在石质山地和丘陵顶部，极薄的土层下就是母岩，或从地表开始就有大量的砾石和石块。

本区域中心区气候特征

本区域中心区气候特征值
Regional climate characteristics in central area of the region

气候带：寒温带湿润气候 Climate region: Cold temperate humid climate	
年平均气温 /℃ Annual average temperature /℃	-3.8
年平均最高气温 /℃ Annual average maximum temperature /℃	4.4
年平均最低气温 /℃ Annual average minimum temperature /℃	-11.2
年降水量 /mm Annual precipitation /mm	426
≥10℃的积温 /℃ Daily temperature accumulated in a year (≥10℃) /℃	2
年日照时数 /h Annual sunshine /h	2550
年平均相对湿度 /% Annual average relative humidity /%	71
干燥度 Dryness	0.00

本区域中心区月平均气温与月平均降水量
Monthly temperature and precipitation in central area of the region

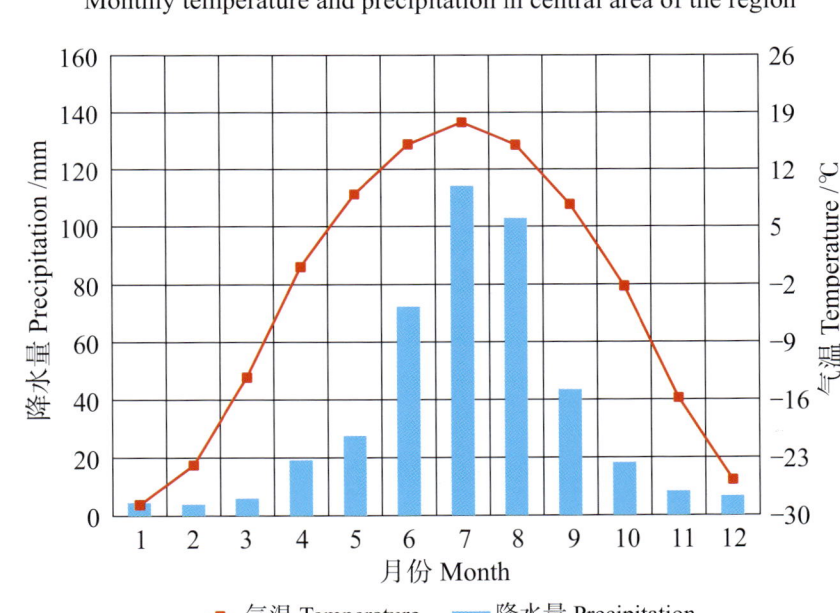

额尔古纳右旗主要土壤类型与土壤剖面点分布图
1 : 1 200 000

注：国务院 1994 年 7 月批准，撤销额尔古纳右旗，设立额尔古纳市。

图 例
- 棕色针叶林土
- 黑钙土
- 灰色森林土
- 沼泽土
- 草甸土
- 粗骨土
- ⊗ 剖面点

额尔古纳市土壤剖面理化性状表

剖面号 Soil profile	土纲 Soil order	土类 Soil great group	亚类 Soil subgroup	土属 Soil genus	土种 Soil species	土层码 Layer code	土层厚度 Depth/cm	质地 Soil texture	pH	有机质 OM/(g/kg)	全氮 TN/(g/kg)	全磷 TP/(g/kg)	全钾 TK/(g/kg)	碱解氮 AN/(mg/kg)	有效磷 AP/(mg/kg)	速效钾 AK/(mg/kg)	阳离子交换量CEC/(cmol/kg)	土壤母质 Parent material	剖面点坐标 Profile coordinate	匹配指数 Matching index/%
剖1	淋溶土	棕色针叶林土	棕色针叶林土	结晶岩类棕色针叶林土	厚体结晶岩类棕色针叶林土	A	8—18	中壤土	6.7	116.1	7.38	1.48	11.5	704	21.0	207		结晶岩	E 121°06′30.6″ N 53°10′44.0″	79
						B	18—29	重壤土	6.9	55.6	1.89	1.18	14.5	381	12.0					
剖2	淋溶土	棕色针叶林土	棕色针叶林土	结晶岩类棕色针叶林土		A	1—40	中壤土	5.9	85.0	3.78	1.86	11.0		10.0	166	36.2	结晶岩坡积物	E 120°39′20.5″ N 52°51′43.9″	71
						B₁	40—65	中壤土	6.4	26.7	0.86	0.58	11.1		7.0					
						B₂	68—85	中壤土	6.5	13.4	0.54	0.13	11.9		3.0					
						C	85—													
剖3	淋溶土	棕色针叶林土	表潜棕色针叶林土	结晶岩类潜棕色针叶林土	中体结晶岩类表潜棕色针叶林土	A	0—6	中壤土	4.5	31.1	1.15	0.23	16.8	118	5.0	75	15.4	结晶岩坡积物	E 120°44′24.2″ N 52°26′56.3″	78
						G	6—19	重壤土	5.2	57.6	1.17	0.67	19.2		12.0					
						B	19—58	重壤土	5.9	12.7	0.57	0.38	20.0		1.0					
						C	58—													
剖4	淋溶土	棕色针叶林土	棕色针叶林土	结晶岩类棕色针叶林土	中body结晶岩类棕色针叶林土	A₁	5—8	中壤土	5.8	101.7	4.63	0.70	9.1	318	30.0	433	25.6	结晶岩残积物、坡积物	E 121°22′14.2″ N 52°04′41.9″	85
						A₂	8—17	中壤土	5.6	77.0	2.01	1.39	18.2		23.0					
						B	17—40	中壤土	5.3	34.1	0.96	1.27	19.3		20.0					
剖5	钙层土	黑钙土	黑钙土	基性结晶岩类黑钙土	薄层结晶岩类黑钙土	AB	0—12	轻壤土	6.9	74.8	3.86	1.18	17.5	415	2.0	202	24.1	基性结晶岩残积物、坡积物	E 119°43′26.8″ N 50°44′05.8″	81
						AB	12—25	砂壤土	7.0	30.8	1.53	1.05	17.1	110	1.0	339	15.1			
						B	25—42	砂壤土	7.1	12.6	0.52	1.25	18.6	26	0.7	14	8.9			
						C	42—	砂壤土	6.7	18.9	0.99	1.11	18.0	38	0.1	287	10.3			
剖6	半水成土	草甸土	石灰性草甸土	壤质石灰性草甸土	厚层壤质石灰性草甸土	A	0—40	中壤土	8.0	48.7	2.97	0.69	15.4	244	2.0	204	23.2		E 119°36′17.3″ N 50°41′13.6″	97
						A₁	40—100	重壤土	8.5	11.4	0.74	0.53	15.4		2.0					
						Gw	100—130	重壤土	9.3	7.3	0.47	0.62	16.9		10.0					
							130—													
剖7	半水成土	草甸土	草甸土	壤质草甸土	砾底壤质草甸土	A	0—17	中壤土	6.8	187.0	9.05	0.86	15.6	770	2.0	150	33.4		E 119°42′30.6″ N 50°37′53.4″	85
						G	17—58	中壤土	6.8	26.2	1.09	0.40	21.2		1.0					
						3	58—													
剖8	半水成土	草甸土	草甸土	壤质草甸土	通体壤质草甸土	Ap	0—20	重壤土	6.9	72.6	3.25	1.67	14.6	407	6.0	471	35.3	冲积物	E 119°48′35.2″ N 50°37′51.5″	90
						P	20—30	重壤土	7.3	49.1	2.18	1.43	13.9	176	3.0	227	29.6			
						Gw	30—135	中壤土	6.4	13.2	0.63	2.12	13.4	53	4.0	141	24.2			
						G	135—150	轻壤土	6.9	2.3	0.14	2.41	10.4	14	3.0	114	21.8			
剖9	钙层土	黑钙土	黑钙土	基性结晶岩类黑钙土	中层结晶岩类黑钙土	A	0—30	中壤土	6.2	88.6	3.85	1.06	15.8	522	2.0	210	35.9	基性结晶岩	E 119°53′46.3″ N 50°35′57.6″	75
						AB	30—50	重壤土	6.4	29.6	1.30	0.57	18.0		1.0					
						B	50—90	重壤土	6.5	11.6	0.69	0.42	17.3		2.0					
						C	90—													
剖10	钙层土	黑钙土	黑钙土	黄土状黑钙土	中层黄土状黑钙土	A	0—27	中壤土	8.0	76.9	4.15	0.05	17.3	326	4.0	144	36.6		E 119°37′44.4″ N 50°25′26.4″	92
						AB	27—59	中壤土	8.4	46.0	2.01	0.79	16.8	185	2.0	97	30.4			
						Bca	59—110	中壤土	8.9	9.7	0.63	0.42	15.4	53	3.0	81	19.7			
						C	110—	中壤土	8.4	10.0	0.66	0.62	16.1	53	6.0	128	15.7			
剖11	钙层土	黑钙土	黑钙土	黄土状黑钙土	厚层黄土状黑钙土	A	0—61	中壤土	6.6	51.4	2.30	0.54	18.1	299	2.0		28.5		E 119°33′50.8″ N 50°17′28.3″	83
						AB	61—77	中壤土	7.0	14.4	0.93	0.32	19.4		2.0					
						Bca	77—150	重壤土	8.3	12.1	0.72	0.38	18.6		2.0					
剖12	半水成土	草甸土	石灰性草甸土	壤质石灰性草甸土	中层壤质石灰性草甸土	A	0—30	中壤土	7.2	79.6	4.42	1.16	17.8	358	3.0	671	35.6		E 119°36′02.4″ N 50°14′41.4″	73
						A₁	30—45	中壤土	7.6	65.5	3.71	0.99	16.5		2.0					
						Gw	45—98	重壤土	7.6	28.9	1.72	0.59	16.2		1.0					
						4	98—													

剖面号 Soil profile	土纲 Soil order	土类 Soil great group	亚类 Soil subgroup	土属 Soil genus	土种 Soil species	土层码 Layer code	土层厚度 Depth/cm	质地 Soil texture	pH	有机质 OM/(g/kg)	全氮 TN/(g/kg)	全磷 TP/(g/kg)	全钾 TK/(g/kg)	碱解氮 AN/(mg/kg)	有效磷 AP/(mg/kg)	速效钾 AK/(mg/kg)	阳离子交换量 CEC/(cmol/kg)	土壤母质 Parent material	剖面点坐标 Profile coordinate	匹配指数 Matching index/%
剖13	淋溶土	棕色针叶林土	灰化棕色针叶林土	结晶岩类灰化棕色针叶林土	中体结晶岩类灰化棕色针叶林土	Ao	0—3		4.2	158.8	4.60	2.01	22.6	221	5.0	183		结晶岩坡积物	E 121°29′51.0″ N 51°44′15.5″	73
						A₂	3—14	轻壤土	5.9	5.7	0.30	0.13	28.7		2.0					
						B	14—32	轻壤土												
						C	32—													
剖14	钙层土	黑钙土	草甸黑钙土	壤质草甸黑钙土	中层壤质草甸黑钙土	A	0—30	中壤土	7.2	67.4	3.16	0.61	15.9	341	2.0	238	32.0		E 120°23′06.0″ N 50°20′56.8″	99
						AB	30—48	中壤土	8.3	29.2	1.73	0.54	15.9	208	0.0	145	26.3			
						Bca	48—64	中壤土	8.3	18.6	1.08	0.34	15.9	100	0.1	116	19.2			
						BC	64—93	轻壤土	8.7	18.0	0.46	0.38	17.3	91	1.0	85	12.8			
						Cg	93—		8.6	3.3	0.25			38	3.0		6.5			
剖15	钙层土	黑钙土	草甸黑钙土	壤质草甸黑钙土	厚层壤质草甸黑钙土	A	0—46	重壤土	7.3	58.3	2.74	0.59	16.9	340	1.0	128	33.4		E 120°19′17.0″ N 50°14′17.9″	87
						AB	46—74	重壤土	8.9	31.8	1.67	0.52	17.1							
						Bca	74—100	重壤土	9.1	11.0	0.66	4.35	16.3							

根 河 市

主要土类说明

棕色针叶林土是根河市主要土壤类型，占本市地域面积的 69%。该地区气候冷湿，年平均气温在 0℃ 以下，冬季漫长而寒冷，最热的月份仍不时出现低温，季节性冻层每年存在的时间在 10 个月左右。自然植被主要为兴安落叶松，其次为樟子松、白桦、山杨等。成土母质主要为酸性、中性结晶岩类等基岩的风化残积物和坡积物。成土过程主要为针叶林毡状凋落物层泥炭化过程、酸性淋溶过程和表层的铁铝聚积过程。

沼泽土是根河市第二大土壤类型，占本市地域面积的 16%。沼泽土地形部位以河谷低地为主，其次为分水岭碟形地、坡折地、封闭的沟谷冲积扇前和扇形地间的洼地。季节性冻层与岛状永冻层的存在为沼泽土的形成创造了条件。冻层对沼泽土形成的作用，主要在于其构成了土壤中坚实的不透水层，引起土表及土壤中的水分过多聚集，容易产生沼泽。沼泽土形成的另一因素是广泛存在深厚的黏土沉积层。这种黏土的物理黏粒含量较高，多属粉砂质中黏土，并富含铁铝氧化物以及二氧化硅、蒙脱石、水云母等胶体矿物，在饱水膨胀的情况下，增加了土壤的持水性，阻塞了土壤的孔隙，形成了深厚的不透水层，从而减弱或阻止地表水向下运行，起到长期保水的作用。在上述因素的相互作用下，土壤水分含量增加，这为苔藓及其他喜湿性植物的生长提供了有利条件，喜湿性植物的长期生存及植物残体的泥炭化，为进一步形成不同类型的沼泽土创造了条件。成土过程主要为有机质的泥炭化过程和矿物质的潜育化过程。

漂灰土是根河市第三大土壤类型，占本市地域面积的 11%。漂灰土集中分布在满归、阿龙山、金河等地，以本市与黑龙江省呼玛县分界处大兴安岭山脉分布的漂灰土最为典型。自然植被主要为兴安落叶松，其次为樟子松，阔叶树有白桦、山杨等，灌木以兴安杜鹃、杜香、偃松、绣线菊为主。成土过程主要为离铁过程和漂灰过程。

小于本市地域面积 3% 的土壤类型有草甸土、灰色森林土。

本区域中心区气候特征

本区域中心区气候特征值
Regional climate characteristics in central area of the region

气候带：寒温带湿润气候 Climate region: Cold temperate humid climate	
年平均气温 /℃ Annual average temperature /℃	−3.9
年平均最高气温 /℃ Annual average maximum temperature /℃	4.4
年平均最低气温 /℃ Annual average minimum temperature /℃	−11.5
年降水量 /mm Annual precipitation /mm	453
≥ 10℃ 的积温 /℃ Daily temperature accumulated in a year (≥ 10℃) /℃	145
年日照时数 /h Annual sunshine /h	2517
年平均相对湿度 /% Annual average relative humidity /%	71
干燥度 Dryness	0.00

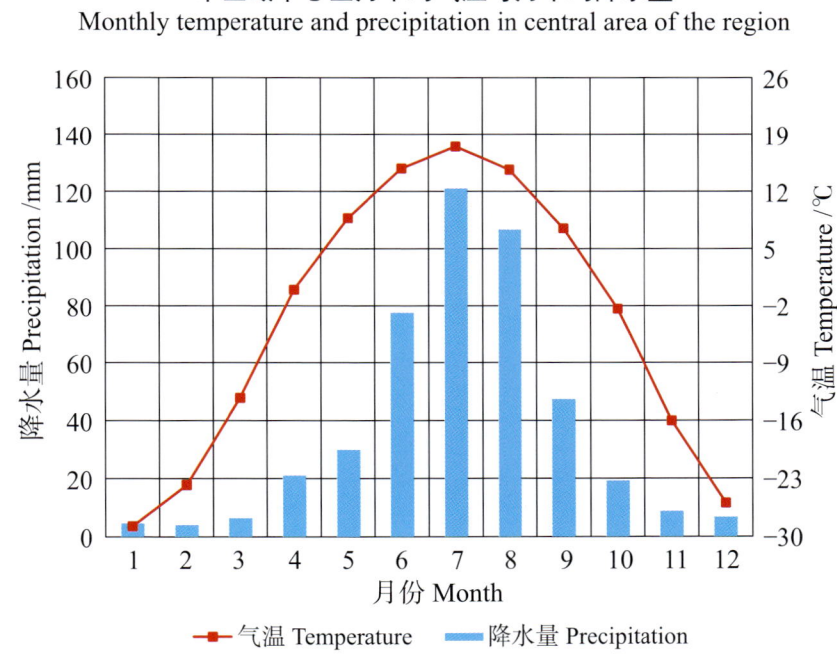

本区域中心区月平均气温与月平均降水量
Monthly temperature and precipitation in central area of the region

额尔古纳左旗主要土壤类型与土壤剖面点分布图
1:840 000

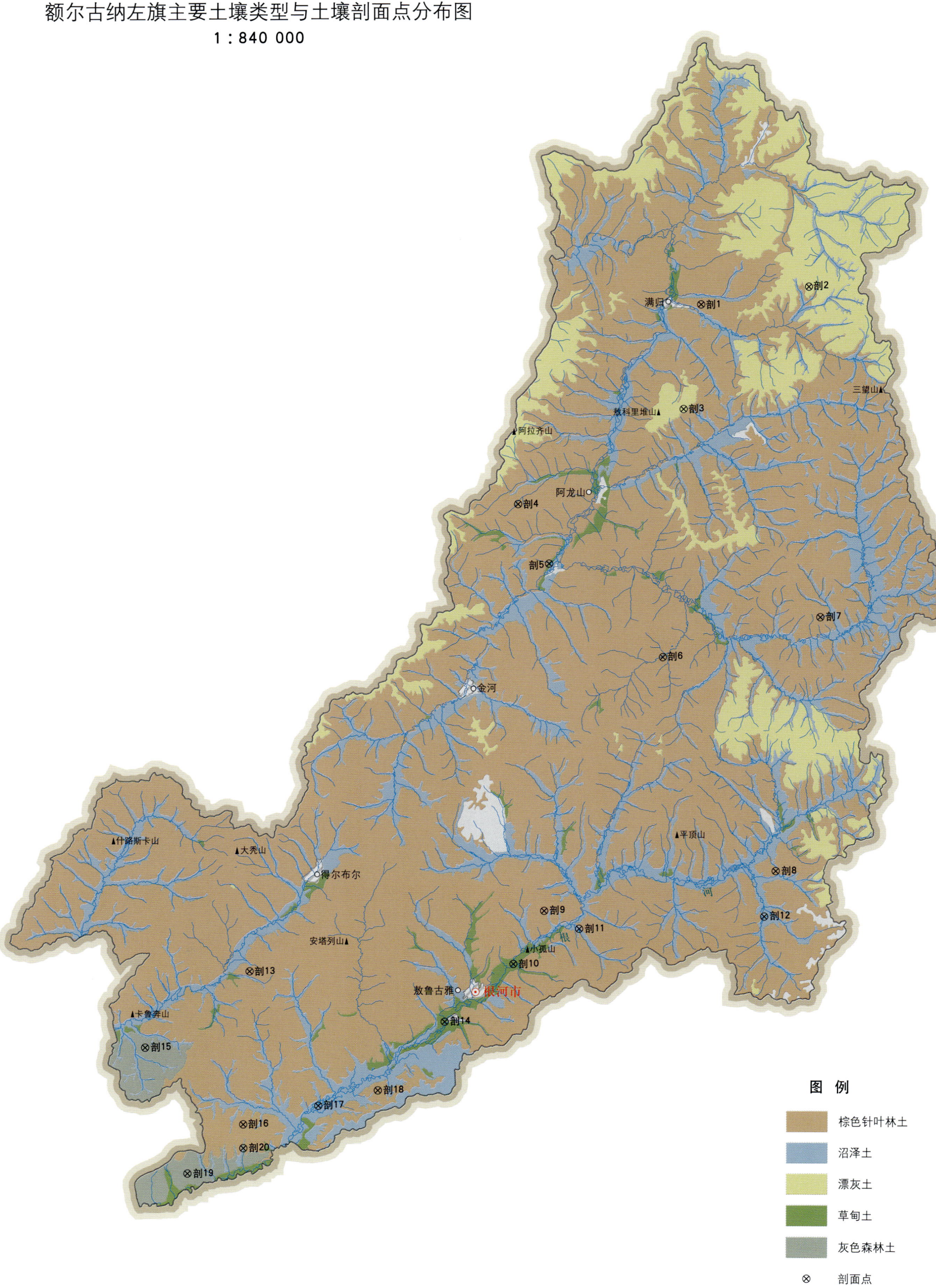

图例
- 棕色针叶林土
- 沼泽土
- 漂灰土
- 草甸土
- 灰色森林土
- ⊗ 剖面点

注：国务院1994年4月批准，撤销额尔古纳左旗，设立根河市。

根河市土壤剖面理化性状表

剖面号 Soil profile	土纲 Soil order	土类 Soil great group	亚类 Soil subgroup	土属 Soil genus	土种 Soil species	土层码 Layer code	土层厚度 Depth/cm	质地 Soil texture	pH	有机质 OM/(g/kg)	全氮 TN/(g/kg)	全磷 TP/(g/kg)	全钾 TK/(g/kg)	碱解氮 AN/(mg/kg)	有效磷 AP/(mg/kg)	速效钾 AK/(mg/kg)	阳离子交换量 CEC/(cmol/kg)	剖面点坐标 Profile coordinate	匹配指数 Matching index/%
剖1	淋溶土	棕色针叶林土	棕色针叶林土	残坡积棕色针叶林土	阳坡薄体棕色针叶林土	A	3—7	砂壤土	5.8	298.7	7.35	0.70	16.9	616	42.0	418	60.9	E 122°09′04.7″ N 52°02′25.8″	82
						B	7—20	砂壤土	5.5	68.3	1.77	2.24	10.4	618	51.0	152	35.0		
剖2	淋溶土	漂灰土	漂灰土	残积漂灰土	薄体漂灰土	A₁	7—8		4.1	144.6	5.06	0.57	8.5		28.0		54.1	E 122°28′13.4″ N 52°04′27.5″	82
						A₂	8—15	轻壤土	4.5	66.8	0.83	0.28	11.9	139	6.0	140			
						B	15—30	轻壤土	5.2	34.8	0.96	0.29	14.1	114	2.0	118			
剖3	淋溶土	漂灰土	漂灰土	残积漂灰土	中体漂灰土	A₁	5—7		4.3	122.2	3.10	0.37	18.6	210	17.0	190	27.8	E 122°06′11.9″ N 51°51′00.0″	88
						A₂	7—13	重壤土	4.5	55.6	1.32	0.38	14.6	137	36.0	147			
						B₁	13—20	中壤土	5.5	28.2	1.15	0.61	16.4	108	38.0	121			
						B₂	20—40	轻壤土	5.7	14.4	0.68	0.39	17.8	59	10.0	97			
剖4	淋溶土	棕色针叶林土	表潜棕色针叶林土	坡冲积表潜棕色针叶林土	薄表潜棕色针叶林土	A	0—15	轻壤土	3.3	140.5	2.46	1.48	13.9	208	75.0	193	34.8	E 121°37′14.2″ N 51°40′25.7″	74
						B	15—20	轻壤土	4.1	42.6	1.13	0.85	15.0	136	26.0	134	32.7		
						C	20—		4.1	10.6	0.34	0.30	17.9		5.0	115	11.9		
剖5	半水成土	草甸土	暗色草甸土	河阶地暗色草甸土	中层暗草甸土	Ap	0—25	轻壤土	5.6	94.0	3.63	1.48	18.6	333	4.0	392	37.7	E 121°42′52.2″ N 51°33′57.6″	92
						P	25—39	轻黏土	5.5	77.9	3.38	0.91	18.6	314	2.0	261			
						B	39—63	轻黏土	4.5	37.5	1.62	0.69	19.3		0.4	146			
						C	63—		4.0	10.0	0.54	0.43	19.7		3.0	155			
剖6	淋溶土	棕色针叶林土	生草棕色针叶林土	坡积生草棕色针叶林土	薄层生草棕色针叶林土	Ap	0—20	中壤土	5.6	69.6	2.96	1.23	15.8	321	2.0	298	37.1	E 122°03′06.1″ N 51°23′56.8″	81
						P	20—35	中壤土	5.3	52.6	2.10	0.72	17.5	242	1.0	190	42.5		
						B	35—63	中壤土	4.1	19.3	0.72	0.57	18.4		2.0	160	28.6		
						C	63—	轻壤土	4.6	14.2	0.65	0.36	19.6		3.0	174	34.3		
剖7	淋溶土	棕色针叶林土	粗骨棕色针叶林土	残积粗骨棕色针叶林土	粗骨底暗色针叶林土	A	0.3—3	中壤土	6.0	133.0	5.77	0.93	15.4	439	9.0	154	32.5	E 122°30′39.2″ N 51°28′28.9″	81
						B	3—8	中壤土	5.8	116.5	5.99	1.94	14.1	387	3.0	135	32.9		
						C	8—	重壤土	6.0	83.1	4.45	1.74	13.8	252	2.0	66	28.3		
剖8	淋溶土	棕色针叶林土	棕色针叶林土	残坡积棕色针叶林土	阴坡中体棕色针叶林土	A	7—19	轻壤土	5.2	61.8	2.31	0.93	16.3	273	39.0	340	40.9	E 122°23′15.7″ N 51°00′46.1″	86
						B	19—36	轻壤土	5.7	58.3	1.53	0.69	13.6	175	23.0	307	34.0		
剖9	淋溶土	棕色针叶林土	棕色针叶林土	残坡积棕色针叶林土	阳坡薄体棕色针叶林土	A	3—17	轻壤土	5.5	84.3	2.43	1.19	14.3	176	41.0	144	22.2	E 121°43′09.5″ N 50°56′01.7″	94
						B	17—50	大壤土	5.6	19.7	0.75	0.34	15.2	81	3.0	80			
剖10	半水成土	草甸土	暗色草甸土	河谷暗色草甸土	卵石底暗色草甸土	A₁	2—15	轻黏土	4.9	155.9	7.37	0.70	18.4	460	4.0	350	39.2	E 121°38′02.0″ N 50°50′09.6″	88
						A₂	15—19	重壤土	4.2	72.8	3.74	1.27	19.6	382	2.0	110	24.5		
						B₁	19—50	砂壤土	4.8	22.4	1.03	0.71	20.8	45	3.0	39	7.6		
						B₂	50—82	轻壤土	4.5	42.2	1.93	1.02	20.7	254	5.0	70	24.0		
						C	82—	轻壤土	4.8	25.9	1.21	0.80	22.2	43	5.0	60	6.5		
剖11	水成土	沼泽土	沼泽土	冲沉积沼泽土	中层沼泽土	As	0—18	轻壤土	5.0	357.6	16.34	2.71	10.9	974	9.0	649	43.3	E 121°49′17.4″ N 50°54′07.6″	98
						H	18—30	轻壤土	4.5	73.6	3.26	1.00	17.0	275	3.0	151	35.9		
剖12	水成土	沼泽土	草甸沼泽土	冲沉积草甸沼泽土	薄覆草甸沼泽土	A	0—7		6.0	606.4	20.28	1.63	6.4	909	24.0	1339	9.5	E 122°21′22.0″ N 50°55′44.8″	78
						H	7—28		4.4	311.9	12.42	1.93	17.8	971	1.0	529	71.6		
						G	28—38	轻壤土	4.1	39.7	11.32	0.52	20.2	120	5.0	142	18.4		
剖13	淋溶土	棕色针叶林土	生草棕色针叶林土	坡积生草棕色针叶林土	薄体生草棕色针叶林土	A	5—10	重壤土	4.5	296.1	9.68	0.51	18.3	560	56.0	525	61.8	E 120°52′26.8″ N 50°48′36.4″	70
						B₁	10—20	重壤土	4.2	57.3	2.43	1.40	10.5	285	50.0	323	45.5		
						B₂	20—27	重壤土	4.3	43.4	1.90	1.13	15.0	166	17.0	216	43.0		

续表 Continued

剖面号 Soil profile	土纲 Soil order	土类 Soil great group	亚类 Soil subgroup	土属 Soil genus	土种 Soil species	土层码 Layer code	土层厚度 Depth/cm	质地 Soil texture	pH	有机质 OM/(g/kg)	全氮 TN/(g/kg)	全磷 TP/(g/kg)	全钾 TK/(g/kg)	碱解氮 AN/(mg/kg)	有效磷 AP/(mg/kg)	速效钾 AK/(mg/kg)	阳离子交换量CEC/(cmol/kg)	剖面点坐标 Profile coordinate	匹配指数 Matching index/%
剖14	半水成土	草甸土	暗色草甸土	河阶地暗色草甸土	厚层暗色草甸土	Ap	0—25	中黏土	5.0	48.2	1.61	0.72	18.3	187	2.0	172	29.9	E 121°26′24.4″ N 50°43′39.4″	88
						P	25—40		5.5	68.7	3.13	0.71	18.3	306	3.0	368	35.1		
						B	40—85	中黏土	5.0	32.5	1.54	0.72	18.3	171	3.0	169	28.0		
						C	85—		5.0	18.9	1.01	0.63	19.3	105	7.0	168	27.3		
剖15	半淋溶土	灰色森林土	暗灰色森林土	暗灰色森林土	厚层暗灰色森林土	Ap	0—25	轻黏土	5.6	95.4	4.12	1.08	18.9	350	3.0	353	37.8	E 120°34′52.7″ N 50°39′53.0″	79
						P	25—40	轻黏土	5.1	54.7	2.30	0.90	18.4	242	2.0	185	32.0		
						B	40—85	轻黏土	5.1	49.2	1.93	0.87	17.9	196	4.0	174			
						C	85—	轻黏土	4.9	44.1	1.83	0.90	19.2	184	5.0	158			
剖16	淋溶土	棕色针叶林土	棕色针叶林土	残坡积棕色针叶林土	阳坡中体棕色针叶林土	A	6—13	轻壤土	3.4	128.0	2.29	0.62	15.4	203	16.0	210	44.7	E 120°52′10.2″ N 50°31′58.4″	90
						B	13—52		4.6	17.5	0.52	0.48	18.4	55	10.0	176	25.7		
						C	52—63	中黏土	4.5	13.5	0.38	0.41	17.8		9.0	167	17.0		
剖17	水成土	沼泽土	沼泽土	冲沉积沼泽土	中层沼泽土	As	0—30	轻黏土	5.3	179.6	6.87	1.48	15.8	579	4.0	215	54.5	E 121°04′59.5″ N 50°34′14.2″	87
						H	30—50	轻黏土	5.2	108.6	4.25	1.47	19.4	403	6.0	204	61.2		
						G	50—90		5.3	40.0	1.97	1.05	21.8	227	4.0	72	35.1		
剖18	淋溶土	棕色针叶林土	生草棕色针叶林土	坡冲积生草棕色针叶林土	中体生草棕色针叶林土	A	2—25	轻黏土	5.5	113.4	4.10	1.21	17.8	338	8.0	515	39.2	E 121°15′09.2″ N 50°36′05.2″	77
						B	25—38		5.0	24.1	1.14	0.66	18.9	123	2.0	304	10.7		
剖19	半淋溶土	灰色森林土	暗灰色森林土	暗灰色森林土	中体暗灰色森林土	Ap	0—20	轻黏土	5.8	111.9	4.88	1.45	16.6	432	5.0	307	45.9	E 120°42′51.5″ N 50°26′27.7″	85
						P	20—30	轻黏土	5.8	104.2	4.61	1.42	16.6	419	8.0	256			
						B	30—56	轻黏土	5.3	73.6	3.07	1.34	15.8		2.0	170			
						C	56—		4.4	45.6	1.01	0.92	15.0		9.0	120			
剖20	半淋溶土	灰色森林土	暗灰色森林土	暗灰色森林土	中体暗灰色森林土	Ap	0—20	轻黏土	5.7	89.7	3.92	1.05	18.1	341	3.0	332	51.9	E 120°52′18.8″ N 50°29′23.9″	100
						P	20—30	轻黏土	5.7	75.1	3.37	1.08	16.4	282	1.0	189			
						B	30—43	轻黏土	5.4	37.0	1.60	0.79	17.8		2.0	148			
						C	43—	轻黏土	5.3	22.0	0.97	0.68	17.8		2.0	172			

巴 彦 淖 尔 市

市 辖 区

主要土类说明

灌淤土是巴彦淖尔市主要土壤类型，占本市地域面积的58%。灌淤土为本市主要的耕作土壤，由于灌溉历史较短，故灌淤层较薄，厚度一般在50cm左右。由于长期引黄灌溉和耕作施肥，灌淤层颜色均匀一致，层理不明显，腐殖质含量较高，大多与钙离子结合，形成有机-无机复合胶体。灌淤层结构良好，易耕作，适宜多种作物、林木和牧草生长。在灌淤层下面，有明显的冲积母质层和锈纹锈斑。该土壤表层容重小于 $1.5g/cm^3$，土壤孔隙度约为44.5%，地下水位为0.7—2.7m，pH多为7.0—8.5，表层有机质含量平均为10.5g/kg，全氮含量平均为0.68g/kg，含盐量小于8g/kg，碳氮比为8∶8.9。

草甸盐土是巴彦淖尔市第二大土壤类型，占本市地域面积的38%。草甸盐土发生于半湿润至半干旱地区，高矿化地下水经毛管作用上升至地表，使其盐分累积量大于6g/kg，属盐土范畴。该土壤具明显的Az-C剖面构型，其易溶盐组成中所含的氯化物与硫酸盐比例有所差异。

小于本市地域面积3%的土壤类型有碱土、潮土。

本区域中心区气候特征

本区域中心区气候特征值 Regional climate characteristics in central area of the region	
气候带：中温带干旱气候 Climate region: Mid temperate arid climate	
年平均气温 /℃ Annual average temperature /℃	6.4
年平均最高气温 /℃ Annual average maximum temperature /℃	13.5
年平均最低气温 /℃ Annual average minimum temperature /℃	−0.1
年降水量 /mm Annual precipitation /mm	177
≥10℃的积温 /℃ Daily temperature accumulated in a year（≥10℃）/℃	4446
年日照时数 /h Annual sunshine /h	3187
年平均相对湿度 /% Annual average relative humidity /%	44
干燥度 Dryness	2.26

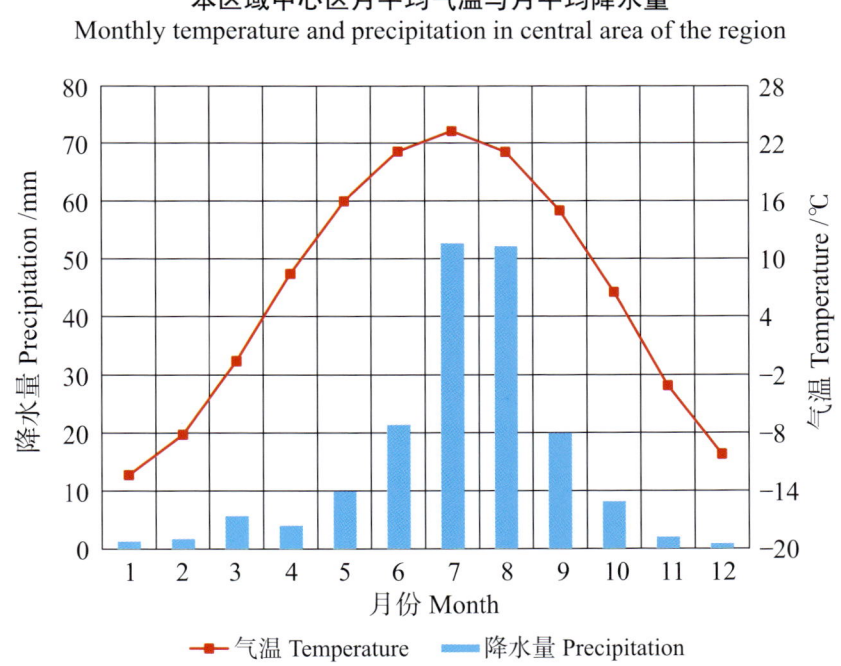

本区域中心区月平均气温与月平均降水量
Monthly temperature and precipitation in central area of the region

巴彦淖尔市市辖区主要土壤类型与土壤剖面点分布图
1:270 000

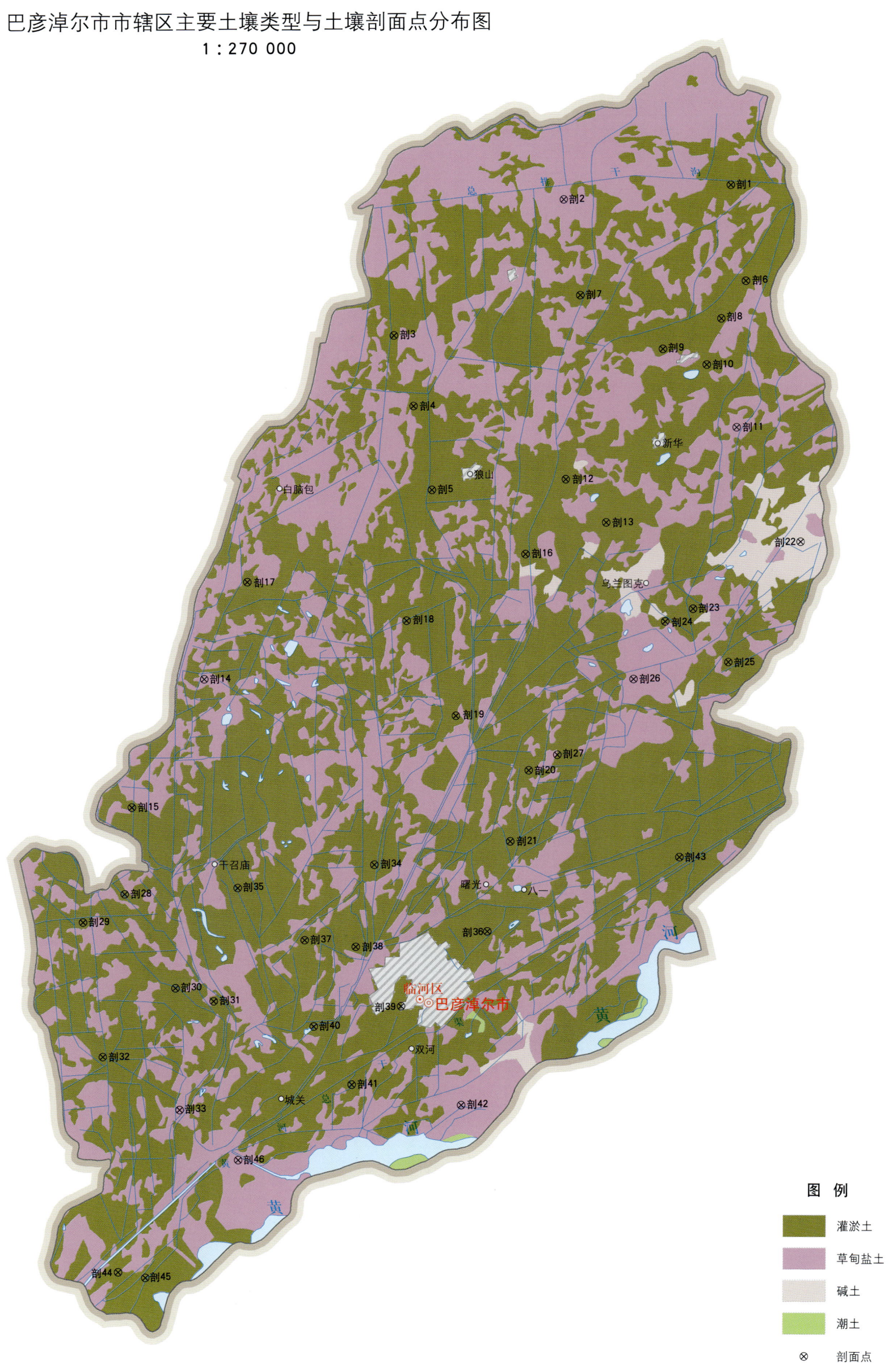

巴彦淖尔市土壤剖面理化性状表

剖面号 Soil profile	土纲 Soil order	土类 Soil great group	亚类 Soil subgroup	土属 Soil genus	土种 Soil species	土层码 Layer code	土层厚度 Depth/cm	颜色 Soil color	质地 Soil texture	土壤结构 Soil structure	pH	有机质 OM/(g/kg)	全氮 TN/(g/kg)	全磷 TP/(g/kg)	有效磷 AP/(mg/kg)	速效钾 AK/(mg/kg)	阳离子交换量CEC/(cmol/kg)	剖面点坐标 Profile coordinate	匹配指数 Matching index/%
剖1	人为土	灌淤土	潮灌淤土	灌淤两黄土	黏体两黄土	1	0—30	棕色	中壤土	粒状		7.0	0.47	1.30	1.3	160	4.6	E 107°38′58.9″ N 41°12′05.0″	92
						2	30—80	暗棕红色	黏土	块状		8.6	0.61	1.49	2.7		5.1		
						3	80—100	暗棕红色	黏土	块状		4.4	0.30	1.45	3.6		2.8		
剖2	盐碱土	草甸盐土	草甸盐土	白盐土	夹砾黏质白盐土	1	0—5	棕黄色	中壤土	块状								E 107°31′25.7″ N 41°11′46.4″	99
						2	5—20	棕黄色	黏土	块状									
						3	20—50	棕黄色	砂壤土	块状									
						4	50—100	灰白色	黏土	粒状									
						5	100—150	棕红色	砂壤土	块状									
						6	150—200		砂壤土										
剖3	人为土	灌淤土	盐化灌淤土	盐化两黄土	轻盐砂体两黄土	1	0—5		黏土	粒状	7.8	9.4	0.64	1.43	1.7	190		E 107°23′35.9″ N 41°07′21.4″	81
						2	5—20	灰色	黏土	粒状	8.4	7.5	0.61	1.51	3.3	180			
						3	20—50	灰色	砂壤土	粒状	7.9	2.1	1.75	1.65	1.4	55			
						4	50—100		砂壤土	粒状		6.4	4.76	1.50	3.6	178			
剖4	人为土	灌淤土	盐化灌淤土	盐化砂土	轻盐黏体砂黄土	1	0—5	浅灰红色	黏土	片状		12.5	0.85	1.49	2.5	260		E 107°24′24.1″ N 41°04′57.4″	88
						2	5—20	浅灰红色	黏土	片状		12.4	0.85	1.46	3.1				
						3	20—50	黄灰色	黏土	片状		10.4	0.76	1.47	3.3	250			
						4	50—100	黄灰色	砂壤土	粒状		10.9	0.80	1.46	2.5	98			
						5	100—150	黄灰色	砂壤土	粒状	7.6	4.8	0.37	1.11	2.2	73			
						6	150—200	黄灰色	砂壤土	粒状	7.7	4.3	0.28	1.13	2.9	83			
						7	200—250	黄灰色	砂壤土	粒状		4.3	0.78	1.10	3.0				
剖5	人为土	灌淤土	盐化灌淤土	盐化红泥	中盐漏砂红泥	1	0—5	灰色	黏土	粒状		10.4	0.70	1.41				E 107°25′07.0″ N 41°02′05.6″	70
						2	5—20	灰色	黏土	粒状		10.1	0.73	1.45	1.3	220			
						3	20—50	灰黄色	黏土	粒状		5.2	0.37	1.33	1.5	85			
						4	50—100	灰黄色	砂土	粒状		2.2	0.18	1.24	1.9	45			
剖6	人为土	灌淤土	潮灌淤土	灌淤沫土	夹黏沫土	1	0—47	灰黑色	砂壤土	片状		10.0	0.95	1.41	3.3			E 107°39′31.3″ N 41°08′49.9″	93
						2	47—85	棕红色	砂壤土	片状	8.3				3.8		5.1		
						3	85—100	灰黑色	砂壤土	粒状				1.37	8.6				
剖7	人为土	灌淤土	盐化灌淤土	盐化红泥	中盐漏砂红泥	1	0—5	暗红色	黏土	块状	9.1	9.4	0.57		6.3	173		E 107°32′02.8″ N 41°08′31.6″	74
						2	5—20	暗红色	砂土	块状	7.8	9.0	0.61		1.9	128			
						3	20—50	灰黄色	砂土	粒状	8.7	9.0	0.30	1.46	2.2	70			
						4	50—100	灰黄色	砂土	粒状	7.7	5.2	0.28	1.31	1.7	63			
剖8	人为土	灌淤土	盐化灌淤土	盐化砂土	中盐通砂体砂土	1	0—5	灰黄色	砂壤土	粉状	8.8	4.7	0.36	1.37	1.3	60		E 107°38′21.5″ N 41°07′35.4″	72
						2	5—20	灰黄色	砂壤土	粉状	8.9	5.7	0.25	1.33	1.6	75			
						3	20—50	灰黄色	砂壤土	粒状	8.8	4.7	0.22	1.24	1.7	63			
						4	50—100	灰黄色	砂壤土	粉状	8.2	3.4	0.20	1.32	1.9	190			
						5	100—150	棕黄色	砂壤土	粒状	8.7	2.1	0.19	1.29	2.0	188			
						6	150—200	棕黄色	黏土	粒状	8.8	2.3	0.26	1.45	1.0	245			
剖9	人为土	灌淤土	盐化灌淤土	盐化砂土	中盐通砂体砂土	1	0—5	棕黄色	砂土	粒状	8.5	6.2	0.17	1.06	1.4	133		E 107°35′41.3″ N 41°06′37.6″	74
						2	5—20	棕黄色	砂土	粒状	8.8	2.0	2.31	1.21	1.6				
						3	20—50	棕黄色	砂土	粒状	8.5	2.7		1.34					
						4	50—100	浅灰色	砂土	粒状	8.5	9.5	0.51	1.31	2.9				
						5	100—150	浅灰色	砂土	粒状	8.6	7.0	0.45	1.39					
						6	150—200												

续表 Continued

剖面号 Soil profile	土纲 Soil order	土类 Soil great group	亚类 Soil subgroup	土属 Soil genus	土种 Soil species	土层码 Layer code	土层厚度 Depth/cm	颜色 Soil color	质地 Soil texture	土壤结构 Soil structure	pH	有机质 OM/(g/kg)	全氮 TN/(g/kg)	全磷 TP/(g/kg)	有效磷 AP/(mg/kg)	速效钾 AK/(mg/kg)	阴离子交换量CEC/(cmol/kg)	剖面点坐标 Profile coordinate	匹配指数 Matching index/%
剖10	人为土	灌淤土	盐化灌淤土	盐化两黄土	轻盐砂体两黄土	1	0—5	灰黄色	砂壤土	粒状					1.7			E 107°37′37.9″ N 41°06′03.2″	75
						2	5—20	灰黄色	砂壤土	粒状	8.0	2.9	0.20	1.28	2.0	43			
						3	20—50	灰黄色	砂壤土	粒状	7.6	2.5	0.25	1.43	1.5	50			
						4	50—100	红色	黏土	粒状	7.7	2.8	0.24	1.51	2.4	70			
						5	100—150	红色	黏土	粒状	7.7	6.9	0.26	1.39	1.5	140			
						6	150—200	红色	黏土	粒状		7.0	0.50	1.51	1.8				
						7	200—250	红色	黏土	粒状		7.9	0.48	1.43	1.6	155			
剖11	盐碱土	草甸盐土	草甸盐土	白盐土	夹砾黏质白盐土	1	0—5	浅黄色	砂壤土	粒状			0.55					E 107°38′54.4″ N 41°03′53.4″	70
						2	5—20	浅黄色	砂壤土	粒状									
						3	20—50	浅黄色	砂壤土										
						4	50—100	浅黄色	中壤土										
剖12	人为土	灌淤土	盐化灌淤土	盐化泥泥	中盐沫体红泥	1	0—5	暗黄色	黏土	粒状		8.3	0.49	1.49	2.2	215		E 107°31′09.1″ N 41°02′19.3″	79
						2	5—20	暗黄色	黏土	粒状		7.4	0.34	1.48	2.2	75			
						3	20—50	暗黄色	中壤土	粒状		5.6	0.34	1.51	1.5	105			
						4	50—100	暗黄色	中壤土	粒状		5.5		1.43	2.2	103			
剖13	人为土	灌淤土	潮灌淤土	灌淤沫土	夹砾黏质沫土	1	0—25	灰黄色	砂壤土		8.5		0.25	1.48	2.6	118	3.8	E 107°32′54.6″ N 41°00′49.3″	74
						2	25—100	灰黄色	中壤土		8.9		0.48	1.43	3.6	196			
剖14	盐碱土	草甸盐土	草甸盐土	白盐土	夹砾黏质白盐土	1	0—5	灰黄色	中壤土	粒状								E 107°14′41.3″ N 40°55′53.4″	80
						2	5—20	灰黄色	中壤土	粒状									
						3	20—50	灰黄色	中壤土										
						4	50—100	灰黄色	中壤土										
						5	100—150	灰黄色	中壤土										
						6	150—200	灰黄色	中壤土										
						7	200—250	灰黄色	中壤土										
剖15	人为土	灌淤土	盐化灌淤土	灌淤沫土	夹砾黏质沫土	1	0—100	灰黄色	砂壤土	粒状		2.5	0.17	1.45	1.7	275	8.8	E 107°11′18.4″ N 40°51′36.2″	80
						2	0—5	红色	黏土	粒状	7.9	12.7	0.82	1.49	2.9				
						3	5—20	红色	黏土	粒状		11.2		1.47	2.0				
剖16	人为土	灌淤土	盐化灌淤土	盐化砂土	轻盐砂体砂土	1	20—50	灰黄色	中壤土	粒状		5.5	0.37	1.40	1.6	113		E 107°29′14.6″ N 40°59′49.6″	79
						2	50—100	红色	黏土	粒状		7.2	0.51	1.45	2.0	140			
						3	100—150	灰黄色	中壤土	粒状		6.1	0.46	1.41	3.6				
						4	150—200	灰黄色	中壤土	粒状		4.8	0.35	1.44	2.5				
						5	200—250	灰黄色	中壤土	粒状		4.4	0.33	1.38	2.2				
剖17	人为土	灌淤土	盐化灌淤土	盐化两黄土	轻盐砂体两黄土	1	0—5	灰黄色	中壤土	粒状		10.4						E 107°16′43.3″ N 40°59′08.5″	82
						2	5—20	灰黄色	中壤土	粒状		9.0	0.75	1.46	3.2	238			
						3	20—50	黄色	砂壤土	粒状		8.8	0.69	1.45	1.9	143			
						4	50—100	黄色	砂壤土	片状		6.4	0.74	1.43	1.5	193			
剖18	人为土	灌淤土	盐化灌淤土	盐化砂土	轻盐黏砂土	1	0—5	灰色	黏土	粒状	8.7	8.2	0.57	1.40	1.8	175		E 107°23′49.2″ N 40°57′42.1″	73
						2	5—20	暗红色	黏土	粒状	8.7	6.1	0.55	1.34	1.7	145			
						3	20—50	暗红色	黏土	片状	8.7	8.1	0.48	1.37	1.2	218			
						4	50—100	棕红色	中壤土	粒状	8.7	5.5	0.38	1.41	3.9				
剖19	人为土	灌淤土	潮灌淤土	灌淤两黄土	沫底两黄土	1	0—30	棕黄色	砂壤土	粒状		4.2	0.27	1.48	1.2	258		E 107°25′55.6″ N 40°54′25.6″	88
						2	30—59	棕黄色	砂壤土	粒状				1.28		73			
						3	59—100	棕红色	黏土	片状		16.0	1.08	1.60	10.6	443	1.3		

续表 Continued

剖面号 Soil profile	土纲 Soil order	土类 Soil great group	亚类 Soil subgroup	土属 Soil genus	土种 Soil species	土层码 Layer code	土层厚度 Depth/cm	颜色 Soil color	质地 Soil texture	土壤结构 Soil structure	pH	有机质 OM/(g/kg)	全氮 TN/(g/kg)	全磷 TP/(g/kg)	有效磷 AP/(mg/kg)	速效钾 AK/(mg/kg)	阳离子交换量CEC/(cmol/kg)	剖面点坐标 Profile coordinate	匹配指数 Matching index/%
剖20	人为土	灌淤土	潮灌淤土	灌淤砂土	夹黏砂土	1	0—23	灰黄色	砂土	粒状	7.8	5.2	0.33	1.10	2.5		2.1	E 107°29′07.4″ N 40°52′30.7″	86
						2	23—53	棕色	黏土	块状		6.6	0.47	1.40	2.5				
						3	53—100	灰黄色	砂土	粒状		2.7	0.22	1.22	3.2				
剖21	人为土	灌淤土	盐化灌淤土	盐化两黄土	轻盐黏体砂体两黄土	1	0—5	褐色	中壤土	块状	4.7	7.3	0.56	1.36	3.2			E 107°28′13.1″ N 40°50′07.8″	88
						2	5—20	褐色	中壤土	块状		7.5	0.50	1.38	2.2				
						3	20—50	灰黄色	砂土	粒状		5.2	0.42	1.41	1.3				
						4	50—100	灰黄色	砂土	粒状		7.9	0.25	1.40	1.6				
剖22	盐碱土	碱土	龟裂碱土	白壃土	壃底夹砂黏质白壃土	1	0—50	棕红色	盐土	块状							4.4	E 107°41′36.6″ N 40°59′57.8″	89
						2	50—100	灰红色	砂壤土	核状							9.7		
剖23	人为土	灌淤土	潮灌淤土	灌淤两黄土	黏体两黄土	1	0—34	黄褐色	中壤土	块状		9.4	0.83		1.2		5.9	E 107°36′41.8″ N 40°57′49.3″	75
						2	34—68	红褐色	黏土	块状		9.8	0.97		1.9	170			
						3	68—73	黄灰色	砂土	粒状		2.0			3.0	228			
						4	73—100	黄红色	盐土	片状		8.1	0.85		2.6	250			
剖24	人为土	灌淤土	盐化灌淤土	盐化砂土	中盐通体砂土	1	0—5	红色	黏土	片状	8.6	11.8	0.78	1.48		268		E 107°35′26.2″ N 40°57′25.2″	95
						2	5—20	红色	黏土	片状	8.2	13.1	0.83	1.47		268			
						3	20—50	灰黄色	砂壤土	粒状	8.0	10.9	0.74	1.41		208			
						4	50—100	棕红色	砂土	粒状		8.3	0.55	1.49		100			
						5	100—150	棕红色	盐土	片状	7.7	9.9	0.74	5.10		200			
						6	150—200	红色	盐土	片状		8.2		1.43					
剖25	草甸盐土	草甸盐土	草甸盐土	白盐土	中盐沫体红泥	1	0—5	红色	盐土	块状		10.3	0.72	1.47	1.4	168		E 107°38′12.6″ N 40°55′58.8″	76
						2	5—20	红色	盐土	粒状		7.7	0.53	1.41	1.8	85			
						3	20—50	浅灰色	砂壤土	粒状		5.1	0.39	1.44					
						4	50—100	浅灰色	砂壤土	粒状		3.6	0.24	1.36	5.3	170			
剖26	盐碱土	草甸盐土	草甸盐土	白盐土	夹壤黏质白盐土	1	0—1	暗红色	砂土	片状								E 107°33′56.2″ N 40°55′30.0″	98
						2	1—5	暗红色	砂土	片状									
						3	5—20	暗红色	黏土	粒状		12.1	6.51	1.41	10.4	625			
						4	20—50	灰白色	砂土	粒状		10.4	6.16	1.51	10.6	348	5.1		
						5	50—100	红色	砂土	粒状		10.4	0.67	1.45	5.4	220	5.7		
						6	100—150		黏土	块状									
						7	150—200	灰黄色	盐土	块状									
剖27	人为土	灌淤土	盐化灌淤土	盐化砂土	中盐黏体砂土	1	0—1	灰黄色	砂土	粒状								E 107°30′25.6″ N 40°53′01.0″	100
						2	1—5	暗黄色	砂土	块状									
						3	5—20	灰黄色	砂土	块状		7.5	0.55	1.44	2.8	258			
						4	20—50	红色	黏土	块状		9.4	0.69	1.49	4.0	250			
						5	50—100	红色	黏土	块状		9.6	0.71	1.57	9.3	123			
						6	100—150	灰黄色	砂壤土	粒状		7.3	0.46	1.53	3.7				
						7	150—200	灰黄色	砂壤土	粒状		7.5	0.53	1.53	3.6	133			

续表 Continued

剖面号 Soil profile	土纲 Soil order	土类 Soil great group	亚类 Soil subgroup	土属 Soil genus	土种 Soil species	土层码 Layer code	土层厚度 Depth/cm	颜色 Soil color	质地 Soil texture	土壤结构 Soil structure	pH	有机质 OM/(g/kg)	全氮 TN/(g/kg)	全磷 TP/(g/kg)	有效磷 AP/(mg/kg)	速效钾 AK/(mg/kg)	阳离子交换量 CEC/(cmol/kg)	剖面点坐标 Profile coordinate	匹配指数 Matching index/%
剖28	人为土	灌淤土	盐化灌淤土	盐化砂土	中盐通体砂土	1	0–5	灰黄色	砂土	粒状	7.7	8.2	0.53	1.42		160		E 107° 10′ 53.9″ N 40° 48′ 40.1″	77
						2	5–20	灰黄色	砂土	粒状	7.8	7.4	0.53	1.43			7.5		
						3	20–50	灰黄色	砂土	粒状	8.4	7.5	0.50	1.42		85			
						4	50–100	灰黄色	砂土	粒状	7.2	3.1	0.20	1.25		55			
						5	100–150	灰黄色	砂土	粒状		2.6	0.81	1.28					
						6	150–200	灰黄色	砂土	粒状	8.4	2.4	0.23	1.28		83			
						7	200–250	灰黄色	砂土	粒状	7.9	2.5	0.18	1.32					
剖29	人为土	灌淤土	潮灌淤土	灌淤两黄土	通体两黄土	1	0–20	棕色	黏土	粒状	8.6	9.6	0.67	1.49	3.9		6.0	E 107° 08′ 59.8″ N 40° 47′ 44.2″	96
						2	20–100	棕色	黏土	块状	8.8	5.2	0.69	1.17	1.5	95			
剖30	人为土	灌淤土	潮灌淤土	灌淤砂土	黏底砂土	1	0–35	灰黄色	砂土	块状	7.0	7.7	0.40	1.41	1.2	168		E 107° 13′ 04.1″ N 40° 45′ 25.6″	87
						2	35–80	红棕色	黏土	块状	8.7	7.4	0.54	1.14	3.1	130			
						3	80–100	红色	砂壤土	块状	8.8	10.0	0.57	1.56	5.1	355	5.9		
剖31	人为土	灌淤土	潮灌淤土	灌淤沫土	砂底夹黏沫土	1	0–25	红色	黏土	块状	8.6	8.8	0.63	1.47	3.3	475		E 107° 14′ 45.6″ N 40° 44′ 56.8″	85
						2	25–50	黄色	砂土	粒状	8.0	5.6	0.62	1.41	3.6	258			
						3	50–100	灰黄色	砂壤土	粒状	8.0	1.6	0.35	1.47	6.2	175	1.3		
剖32	人为土	灌淤土	潮灌淤土	灌淤两黄土	沫底两黄土	1	0–40	棕黄色	砂壤土	块状	8.6	9.1	0.69	1.55	1.8	258		E 107° 09′ 45.3″ N 40° 43′ 08.1″	72
						2	40–60	灰黄色	中壤土	片状			0.66	1.18	2.9	105			
						3	60–100	黄色	砂壤土	粒状			0.38						
剖33	盐碱土	草甸盐土	草甸盐土	白盐土	夹壤黏质白盐土	1	0–1	黄色	砂壤土	粒状								E 107° 13′ 07.7″ N 40° 41′ 17.5″	74
						2	1–5	褐色	砂壤土	片状									
						3	5–20	黄色	砂壤土	块状									
						4	20–50	红褐色	砂壤土	粒状									
						5	50–100	黄色	砂壤土	块状									
						6	100–150	灰褐色	砂壤土	粒状									
						7	150–200	灰黄色	砂壤土	粒状		4.3	0.32	0.90	2.1	95			
剖34	人为土	灌淤土	盐化灌淤土	盐化砂土	轻盐黏体砂土	2	0–30	灰黄色	砂土	片状		8.8	0.67	1.42	1.4	138		E 107° 22′ 06.2″ N 40° 49′ 28.2″	96
						3	30–37	浅黄色	黏土	块状		5.9	0.43	1.19	2.9	293			
						4	37–47	红色	黏土	块状		10.4	0.76	1.44	2.6				
						5	47–100	栗色	中壤土	块状									
剖35	人为土	灌淤土	潮灌淤土	灌淤两黄土	沫底两黄土	1	0–30	灰黄色	砂土	粒状		3.9	0.29	1.37	1.7	205	1.3	E 107° 15′ 57.2″ N 40° 48′ 47.5″	74
						2	30–100	棕黄色	中壤土	粒状	8.9	7.8	0.55	1.41	9.1	333			
剖36	人为土	灌淤土	潮灌淤土	灌淤两黄土	通体两黄土	1	0–100	褐黄色	黏土	块状		13.0	0.84	1.13	2.3		6.5	E 107° 27′ 04.7″ N 40° 47′ 06.4″	96
						2		褐黄色	砂土	粒状		11.2	0.76	1.44	3.1				
						3		褐黄色	黏土	粒状		7.9	0.53	1.37	2.0	53			
剖37	人为土	灌淤土	盐化灌淤土	盐化砂土	中盐通体砂土	1	0–5	棕红色	黏土	块状	7.8	2.6	0.18	1.37	2.6	173		E 107° 18′ 54.0″ N 40° 46′ 57.0″	92
						2	5–20	棕红色	黏土	块状		8.1	0.50	1.32	3.1				
						3	20–50	棕红色	砂土	粒状		10.7	0.45	1.53	2.0	145			
						4	50–100	棕红色	黏土	粒状									
						5	100–150												
剖38	人为土	灌淤土	潮灌淤土	灌淤两黄土	通体两黄土	1	0–40	黄色	砂土	粒状	8.8	3.3	0.29	1.36	6.1	308	10.4	E 107° 21′ 11.2″ N 40° 46′ 41.2″	70
						2	40–70	棕红色	盐土	片状	8.7	10.1	0.77	1.55					
						3	70–100	栗色	中壤土	团粒状		7.9	0.55	1.41	2.9				
剖39	人为土	灌淤土	潮灌淤土	灌淤两黄土	沫底夹黏两黄土	1	0–36	棕色	黏土	块状		11.4	0.98	1.49	3.6			E 107° 23′ 08.2″ N 40° 44′ 37.3″	89
						2	36–60	灰黄色	砂壤土	粉状		5.6	0.33	1.42	1.8				
						3	60–100												

续表 Continued

剖面号 Soil profile	土纲 Soil order	土类 Soil great group	亚类 Soil subgroup	土属 Soil genus	土种 Soil species	土层码 Layer code	土层厚度 Depth/cm	颜色 Soil color	质地 Soil texture	土壤结构 Soil structure	pH	有机质 OM/(g/kg)	全氮 TN/(g/kg)	全磷 TP/(g/kg)	有效磷 AP/(mg/kg)	速效钾 AK/(mg/kg)	阳离子交换量CEC/(cmol/kg)	剖面点坐标 Profile coordinate	匹配指数 Matching index/%
剖40	人为土	灌淤土	盐化灌淤土	盐化砂土	轻盐黏体砂土	1	0—5	灰黄色	中壤土	粒状		12.9	0.76	1.33	3.4	234		E 107°19′12.7″ N 40°44′00.2″	100
						2	5—20	灰黄色	中壤土	粒状		9.2	0.60	1.34	1.7	193			
						3	20—50	红色	黏土	片状	8.5	8.3		1.42	1.7	220			
						4	50—100	红色	中壤土	片状		10.0	0.70	1.48	1.8		12.8		
剖41	人为土	灌淤土	潮灌淤土	灌淤两黄土	砂体壤两黄土	1	0—30	灰黑色	砂土	粒状		13.1	0.97	1.38	2.1			E 107°20′51.4″ N 40°42′00.4″	94
						2	30—150	黄色	中壤土	粒状		3.6	0.31	1.16	2.3				
剖42	盐碱土	草甸盐土	草甸盐土	白盐土	黏体壤质白盐土	1	0—5	棕红色	黏土	粒状								E 107°25′43.3″ N 40°41′13.9″	70
						2	5—20	棕红色	黏土	粒状									
						3	20—50	棕红色	黏土	粒状									
						4	50—100	红棕色	黏土	粒状									
						5	100—150	栗色	黏土	散状									
						6	150—200	栗色	黏土	散状									
						7	200—250												
剖43	人为土	灌淤土	潮灌淤土	灌淤两黄土	沫底夹黏两黄土	1	0—30	暗黄色	中壤土	粒状	8.8	9.4	0.58	1.49	6.9	225		E 107°35′46.3″ N 40°49′26.4″	94
						2	30—50	棕红色	黏土	粒状		9.5	0.64	1.42	1.9				
						3	50—100	灰黄色	砂壤土	粒状		3.4	0.25	1.30	2.2				
剖44	人为土	灌淤土	潮灌淤土	灌淤砂土	通体砂土	1	0—30	灰黄色	砂土	粒状		10.0	0.81	1.27	3.7	145		E 107°10′14.1″ N 40°35′54.1″	71
						2	30—60	黄灰色	砂土	粒状		6.0	0.67	1.18	2.5				
						3	60—100			粒状		8.1	0.76	1.40	1.5				
剖45	人为土	灌淤土	盐化灌淤土	盐化砂土	轻盐黏体砂土	1	0—5	灰黄色	砂壤土	粒状		11.4	0.72	1.41	17.9	305	10.7	E 107°11′26.6″ N 40°35′41.5″	98
						2	5—20	灰黄色	砂壤土	粉状		9.1	0.59	1.29	2.0	220			
						3	20—50	粉红色	砂壤土	粒状		7.5	0.55	1.46	5.0	158			
						4	50—100	浅黄色	砂壤土	粉状		8.3	0.57	1.42	1.2	118			
剖46	盐碱土	草甸盐土	草甸盐土	白盐土	夹壤黏质白盐土	1	0—1	灰黄色	中壤土	小粒状							11.3	E 107°15′41.9″ N 40°39′33.1″	83
						2	1—5	灰黄色	黏土	小粒状									
						3	5—20	灰黄色	砂土										
						4	20—50	灰黄色	砂土	小粒状									
						5	50—100	红色	砂土	块状									
						6	100—150		黏土										

五 原 县

主要土类说明

灌淤土是五原县主要土壤类型，占本县地域面积的54%。灌淤土是在水成土壤盐渍化、草甸化的基础上发育而成的，灌淤层厚50cm左右。成土母质均为冲积物，没有明显的灌溉层、老耕作层之分。由于长期引黄灌溉和耕作施肥，灌淤层颜色均匀一致，层理不明显，腐殖质含量较高，大多与钙离子结合，形成有机-无机复合胶体。碳酸盐含量较高，土壤呈微碱性，pH多为7.5—8.5。灌淤层结构良好，易耕作，地面平坦，灌溉方便，适宜多种作物生长。在灌淤层下面，有明显的冲积母质层和锈纹锈斑。该土壤表层容重为1.32—1.38g/cm^3，土壤孔隙度为47%—50%，地下水位为0.5—3.4m，表层土壤平均含盐量为4g/kg，以氯化物和硫酸盐为主。由于地下水的影响和不良的用水耕作制度，耕地次生盐渍化严重。本县灌淤土分为草甸灌淤土、盐化灌淤土等亚类。

草甸盐土是五原县第二大土壤类型，占本县地域面积的41%。草甸盐土发生于半湿润至半干旱地区，高矿化地下水经毛管作用上升至地表，使其盐分累积量大于6g/kg，属盐土范畴。该土壤具明显的Az-C剖面构型，其易溶盐组成中所含的氯化物与硫酸盐比例有所差异。

小于本县地域面积3%的土壤类型有草甸土、碱土、沼泽土、风沙土、潮土、新积土。

本区域中心区气候特征

本区域中心区气候特征值
Regional climate characteristics in central area of the region

气候带：中温带干旱气候 Climate region: Mid temperate arid climate	
年平均气温 /℃ Annual average temperature /℃	6.0
年平均最高气温 /℃ Annual average maximum temperature /℃	12.9
年平均最低气温 /℃ Annual average minimum temperature /℃	-0.4
年降水量 /mm Annual precipitation /mm	199
≥10℃的积温 /℃ Daily temperature accumulated in a year（≥10℃）/℃	4120
年日照时数 /h Annual sunshine /h	3156
年平均相对湿度 /% Annual average relative humidity /%	46
干燥度 Dryness	2.06

本区域中心区月平均气温与月平均降水量
Monthly temperature and precipitation in central area of the region

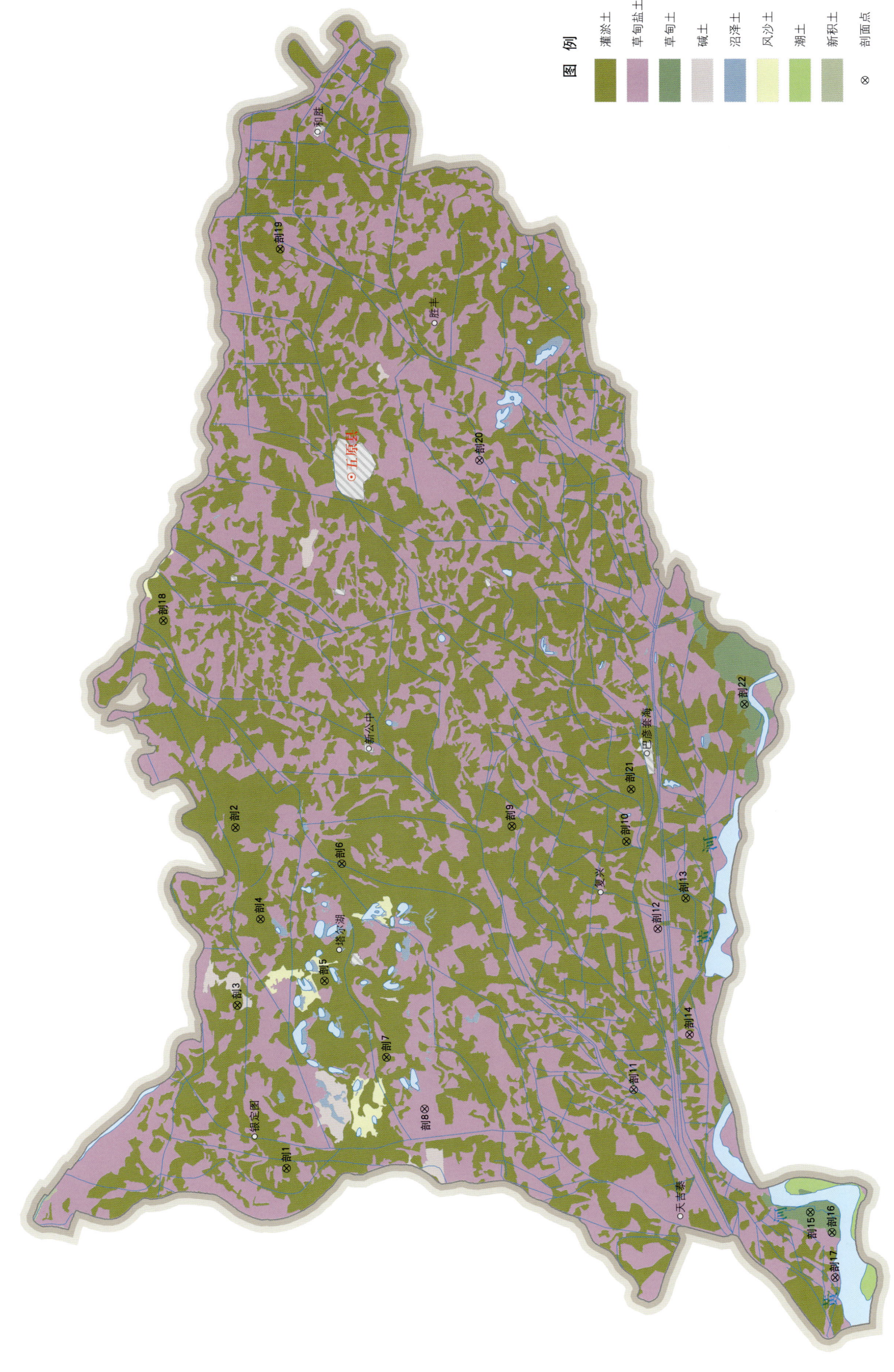

五原县主要土壤类型与土壤剖面点分布图
1∶290 000

五原县土壤剖面理化性状表

剖面号 Soil profile	土纲 Soil order	土类 Soil great group	亚类 Soil subgroup	土属 Soil genus	土种 Soil species	土层码 Layer code	土层厚度 Depth/cm	颜色 Soil color	质地 Soil texture	土壤结构 Soil structure	pH	有机质 OM/(g/kg)	全氮 TN/(g/kg)	全磷 TP/(g/kg)	全钾 TK/(g/kg)	阳离子交换量CEC/(cmol/kg)	土壤母质 Parent material	剖面点坐标 Profile coordinate	匹配指数 Matching index/%
剖1	人为土	灌淤土	盐化灌淤土	盐红泥	轻盐通体红泥	1	0~5	栗色	重壤土	粒状	9.0	11.0	0.62	1.41			冲积物	E 107°43′03.0″ N 41°07′28.2″	95
						2	5~20	栗色	重壤土	粒状	8.4	10.6	0.57	1.43					
						3	20~50	褐色	重壤土	粒状	8.8	10.3	0.68	1.37					
						4	50~100	褐色	重壤土	片状	8.2	7.6	0.45	1.37					
						5	100~150	褐色	重壤土	片状	8.3	6.0	0.37	1.34					
剖2	人为土	灌淤土	盐化灌淤土	盐沫尔土	中盐壤底沫尔土	1	0~5	暗黄色	砂壤土	粒状	8.8	6.6	0.41	1.32			冲积物	E 107°59′06.4″ N 41°09′40.0″	86
						2	5~20	暗灰色	砂壤土	粒状	8.5	3.0	1.20	1.30					
						3	20~50	暗红色	轻壤土	粒状	8.6	3.4	0.31	1.30					
						4	50~100	暗黄色	轻壤土	粒状	8.6	5.3	0.40	1.30					
						5	100~200	暗黄色	轻壤土	粒状	8.4	5.3	0.34	1.19					
剖3	人为土	灌淤土	盐化灌淤土	盐硬黄土	轻盐通体硬黄土	1	0~5	灰黄色	中壤土	块状	8.4	5.0	0.34	1.18			冲积物	E 107°50′38.0″ N 41°09′24.5″	77
						2	5~20	灰黄色	中壤土	块状	8.8	3.9	0.32	1.14					
						3	20~50	红棕色	重壤土	片状	8.7	2.8	0.26	1.19					
						4	50~100	红棕色	重壤土	片状	8.9	3.1	0.26	1.31					
						5	100~150	红棕色	重壤土	片状	8.5	3.0	0.37	1.28	17.2				
剖4	人为土	灌淤土	潮灌淤土	草甸灌淤砂泥	通体砂泥	1	0~5		砂土	无明显结构	8.6	3.8	0.25	1.28	18.6		冲积物	E 107°54′46.1″ N 41°08′40.2″	70
剖5	人为土	灌淤土	潮灌淤土	草甸灌淤沫尔土	通体沫尔土	1	0~20	浅黄色	砂壤土	小粒结构		8.8	0.55	1.14	17.4		冲积物	E 107°51′54.7″ N 41°06′17.3″	100
						2	45~60	浅黄色	砂壤土	小粒结构	8.0	4.1	0.26	1.23	20.3				
						3	90~120	灰色	砂壤土	无明显结构	8.0	3.1	0.21	1.37	26.7				
剖6	人为土	灌淤土	潮灌淤土	草甸灌淤红泥	通体红泥	1	25~45	红褐色	黏土	核状	8.1	11.1	0.81	1.17	18.7		冲积物	E 107°57′31.7″ N 41°05′47.4″	73
						2	130~145	灰白色	黏土	无明显结构	8.2	3.7	0.33	1.32	20.6				
						3	180~200	棕红色	轻壤土	片状	8.0	4.8	0.42	1.49	20.3				
剖7	人为土	灌淤土	潮灌淤土	草甸灌淤两黄土	夹黏两黄土	1	5~10	浅棕色	黏土	小粒结构	7.6	7.5	0.51	1.38	26.5		冲积物	E 107°48′23.4″ N 41°03′58.3″	86
						2	75~80	棕红色	轻壤土	片状	8.1	9.7	0.69	1.26	19.5				
						3	110~150	浅棕色	轻壤土	小粒结构	8.3	3.2	0.30						
剖8	盐碱土	草甸盐土	草甸盐土	氯化物草甸盐土	壤底砂质氯化物草甸盐土	1	0~1	浅黄色	砂土	无明显结构	8.2	7.3				3.9	冲积物	E 107°46′02.3″ N 41°02′32.6″	87
						2	1~5	浅黄色	砂土	无明显结构	8.0	3.0				3.0			
						3	5~20	暗黄色	轻壤土	粒状	8.0	3.9				6.5			
						4	20~50	暗棕色	中壤土	粒状	8.1	7.9				6.7			
						5	50~100	暗棕色	中壤土	粒状	8.2	7.9				7.2			
						6	100~150	暗棕色	中壤土	团粒状	8.0	13.4	7.50	1.46					
剖9	人为土	灌淤土	盐化灌淤土	盐硬黄土	轻盐通体硬黄土	1	0~5	暗棕色	中壤土	团粒状	7.6	12.5	0.78	1.42			冲积物	E 107°59′33.7″ N 40°59′41.3″	71
						2	5~20	灰棕色	中壤土	片状	8.1	9.8	0.69	1.38					
						3	20~50	暗棕色	重壤土	粒状	8.0	10.3	0.71	1.37					
						4	50~100	暗棕色	中壤土	粒状	8.4	3.8	0.22	1.46					
						5	100~150	灰黄色	中壤土	粒状	8.5	9.7	0.60	1.39					
剖10	人为土	灌淤土	盐化灌淤土	盐两黄土	轻盐通体两黄土	1	0~5	灰白色	轻壤土	粒状	8.6	9.1	0.60	1.40			冲积物	E 107°59′01.0″ N 40°55′31.8″	94
						2	5~20	棕红色	轻壤土	粒状	8.8	6.2	0.47	1.32					
						3	20~50	棕红色	轻壤土	粒状	8.9	7.4	0.54	1.33					
						4	50~100		轻壤土	粒状	8.8	7.3	0.52	1.33					
						5	100~150		轻壤土										

续表 Continued

剖面号 Soil profile	土纲 Soil order	土类 Soil great group	亚类 Soil subgroup	土属 Soil genus	土种 Soil species	土层码 Layer code	土层厚度 Depth/cm	颜色 Soil color	质地 Soil texture	土壤结构 Soil structure	pH	有机质 OM/(g/kg)	全氮 TN/(g/kg)	全磷 TP/(g/kg)	全钾 TK/(g/kg)	阳离子交换量CEC/(cmol/kg)	土壤母质 Parent material	剖面点坐标 Profile coordinate	匹配指数 Matching index/%
剖11	盐碱土	草甸盐土	草甸盐土	苏打盐土	黏底璜化硫打盐土	1	0—1	浅黄色	中壤土	粒状	8.6	7.0	0.54	1.51		3.9		E 107°47′15.0″ N 40°55′00.8″	90
						2	1—5	浅黄色	中壤土	粒状	8.9	8.5	0.69	1.75		6.5			
						3	5—20	浅黄色	中壤土	粒状	8.4	4.7	0.43	1.63		5.4			
						4	20—50	棕黄色	中壤土	粒状	8.4	4.9	0.37	1.52		6.7			
						5	50—100	暗棕色	黏土	片状	8.3	4.4	0.37	1.42		6.4			
						6	100—150	黄色	轻壤土	粒状	8.3	6.2	0.50	1.43		11.6			
剖12	盐碱土	草甸盐土	草甸盐土	氯化物硫酸盐草甸盐土	砂体红泥氯化物硫酸盐草甸盐土	1	0—1				7.9	21.1	0.54	0.94		4.4		E 107°54′53.3″ N 40°54′18.7″	98
						2	1—5	灰红色	黏土	块状	8.0	12.2	0.72	1.40		9.9			
						3	5—20	灰红色	黏土	块状	8.1	6.7	0.44	1.21		7.2			
						4	20—50	浅灰色	砂土	无明显结构	8.1	1.9	0.19	1.14		4.3			
						5	50—100	浅灰色	砂土	无明显结构	8.0	3.2	0.24	1.17		5.2			
						6	100—150	浅灰色	砂土	无明显结构	8.1	8.2	0.62	1.34		13.9			
剖13	人为土	灌淤土	潮灌淤土	草甸灌淤砂质土	夹砂硬黄土	1	15—30	灰黄色	中壤土	无明显结构	8.3	12.8	0.81	1.41	23.5		冲积物	E 107°56′23.3″ N 40°53′20.4″	85
						2	35—40	浅黄色	黏壤土	无明显结构	8.1	4.5	0.26	1.28	18.5				
						3	65—80	浅黄色	中壤土	粒状	8.4	12.4	0.81	14.00	22.1				
剖14	盐碱土	草甸盐土	草甸盐土	苏打盐土	黏底璜化硫打盐土	1	0—5	浅灰色	砂壤土	无明显结构	8.7	6.6	0.35	1.29		5.7		E 107°49′54.8″ N 40°53′03.4″	88
						2	5—20	浅灰色	砂壤土	无明显结构	9.4	3.4	0.27	1.37		5.9			
						3	20—50	暗红色	黏土	无明显结构	8.7	3.8	0.26	1.35		6.5			
						4	50—100		黏土	片状		6.8	0.37	1.36					
						5	100—150												
剖15	半水成土	新积草甸土		红泥	砂体红泥	1	12—15	红色	黏土	块状	8.3	9.0	0.63	1.36	24.5		冲积物	E 107°41′45.0″ N 40°48′30.3″	76
						2	90—95	浅棕色	砂土	无明显结构	8.2	2.2	0.19	1.11	18.4				
剖16	半水成土	新积草甸土		红泥	砂体红泥	1	0—55	黄色	黏土	粒状	8.3	10.3	0.74	1.46	17.4		冲积物	E 107°40′50.2″ N 40°47′42.1″	82
						2	55—150	褐色	砂土	无明显结构	8.4	4.2	0.29	1.26					
剖17	盐碱土	草甸盐土		硫酸盐草甸盐土	壤底砂质硫酸盐草甸盐土	1	0—5	浅黄色	砂土	无明显结构	8.5	7.5		1.36		8.2		E 107°38′43.9″ N 40°47′32.5″	77
						2	5—20	浅黄色	砂土	无明显结构	8.2	5.0				4.3			
						3	20—50	浅黄色	中壤土	块状	7.9	5.8				11.0			
						4	50—100	棕红色	黏土	块状	8.2	3.3				4.8			
						5	100—150		黏土	片状	8.1	7.5				4.7			
						6	150—200		黏土	无明显结构	8.0	6.9				9.7			
剖18	人为土	灌淤土	盐化灌淤土	盐两黄土	夹黏砂土	1	4—40	浅灰色	砂壤土	块状	8.3	1.9	0.47	1.04	17.2		冲积物	E 108°08′50.2″ N 41°12′28.8″	71
						2	60—70	棕红色	黏土	粒状	8.8	10.1	0.72	1.33	24.5				
						3	90—100	黄色	砂土	粒状	8.4	2.1	0.17	1.06	17.4				
剖19	人为土	灌淤土			中盐砂底夹黏两黄土	1	0—5	浅黄色	轻壤土	粒状	8.3	13.8	0.90	1.41			冲积物	E 108°26′37.7″ N 41°08′37.7″	79
						2	5—20	棕红色	黏土	粒状	8.8	1.4	0.92	1.46					
						3	20—50	棕红色	黏土	粒状	8.4	11.4	0.85	1.37					
						4	50—100	灰白色	砂土	粒状	8.7	8.4	0.71	1.45					
						5	100—150	暗黄色	黏土	粒状	8.8	6.0	0.50	1.35					
						6	150—245	灰白色	砂土	无明显结构	9.0	2.8	0.24	1.34					
剖20	盐碱土	草甸盐土		硫酸盐氯化物草甸盐土	砂体壤质硫酸盐氯化物草甸盐土	1	0—1	浅棕色	轻壤土	块状	8.0	11.0	0.53			3.2		E 108°16′52.3″ N 41°01′13.1″	70
						2	1—5	浅棕色	黏土	块状	8.3	9.8	0.71			9.9			
						3	5—20	浅棕色	黏土	块状	8.2	6.4	0.65			11.2			
						4	20—50	浅黄色	砂土	无明显结构	8.3	6.4	0.46			8.4			
						5	50—100	浅黄色	砂土	无明显结构	8.1	5.2	0.38			10.8			
						6	100—150	浅黄色	砂土	无明显结构	8.0	4.8	0.30			7.6			

续表 Continued

剖面号 Soil profile	土纲 Soil order	土类 Soil great group	亚类 Soil subgroup	土属 Soil genus	土种 Soil species	土层码 Layer code	土层厚度 Depth/cm	颜色 Soil color	质地 Soil texture	土壤结构 Soil structure	pH	有机质 OM/(g/kg)	全氮 TN/(g/kg)	全磷 TP/(g/kg)	全钾 TK/(g/kg)	阳离子交换量CEC/(cmol/kg)	土壤母质 Parent material	剖面点坐标 Profile coordinate	匹配指数 Matching index/%
剖21	人为土	灌淤土	潮灌淤土	草甸灌淤两黄土	通体两黄土	1	10—20	浅黄色	轻壤土	粒状	8.8	6.5	0.42	1.26	19.5		冲积物	E 108°01′30.4″ N 40°55′25.0″	82
						2	20—50	浅黄色	轻壤土	粒状	9.0	4.8	0.33	1.32	19.5				
						3	80—100	浅黄色	中壤土	粒状	9.1	4.4	0.36	1.30	19.5				
剖22	半水成土	草甸土	盐化草甸土	盐沫尔土	轻盐沫尔土	1	0—20	浅黄色	砂壤土	无明显结构	9.2	3.1	7.65	1.29	17.4		冲积物	E 108°05′41.6″ N 40°51′24.3″	78
						2	20—50	浅黄色	砂壤土	无明显结构	8.9	3.3	0.15	1.31	17.4				
						3	90—120	浅棕色	轻壤土	无明显结构	8.5	4.0	0.30	1.30	18.5				

磴口县

主要土类说明

风沙土是磴口县主要土壤类型，占本县地域面积的55%。风沙土发生于半干旱、干旱漠境地区及滨海地区，是在风沙移动堆积形成的多种形态的风沙沉积物上发育的初育土。由于成土时间短暂，该土壤无剖面发育，具C、（A）-C或A-C剖面构型，反映了风沙移动堆积与固定的不同阶段。

棕钙土是磴口县第二大土壤类型，占本县地域面积的17%。棕钙土主要分布在狼山山坡和山前洪积扇，具有一定的垂直地带性。该地区属温带干旱大陆性气候，具有草原化荒漠特征。自然植被主要为小灌丛、冷蒿和针茅。成土母质主要为残积物、坡积物和洪冲积物，石砾含量高。该土壤有机质含量低于7g/kg，有的有钙积层且出现部位较高，有的有游离苏打。本县棕钙土分为多个亚类，其中无草甸化过程亦无盐化过程的为淡棕钙土或山地淡棕钙土。

草甸盐土是磴口县第三大土壤类型，占本县地域面积的10%。草甸盐土发生于半湿润至半干旱地区，高矿化地下水经毛管作用上升至地表，使其盐分累积量大于6g/kg，属盐土范畴。该土壤具明显的Az-C剖面构型，其易溶盐组成中所含的氯化物与硫酸盐比例有所差异。

灰漠土占本县地域面积的8%，是由温带漠境边缘细土母质发育而成的土壤。本县灰漠土的形成过程完全表现出漠境土壤形成的荒漠化过程，但也具有某些草原土壤的形成过程，如腐殖质累积过程和碳酸钙弱度淋溶过程等。由于有机质来源很少，土壤表层为不明显的有机质层，土壤矿物分解作用微弱，易溶盐大多带有残余积盐特性，有的在盐层下有少量石膏积聚，土壤呈碱性。本县灰漠土分为灰漠土、盐化灰漠土等亚类。

灌淤土占本县地域面积的6%。灌淤土是长期引用高泥沙含量灌溉水淤灌，在落淤后即行翻耕，土层逐渐加厚至超过50cm的土壤。原来的土壤层次发生改变，包括表土及其他土层，均作为埋藏层，因而土体深厚，色泽、质地均一，土壤水分物理性状良好。

小于本县地域面积3%的土壤类型有草甸土。

本区域中心区气候特征

本区域中心区气候特征值
Regional climate characteristics in central area of the region

气候带：中温带干旱气候 Climate region: Mid temperate arid climate	
年平均气温 /℃ Annual average temperature /℃	7.4
年平均最高气温 /℃ Annual average maximum temperature /℃	14.7
年平均最低气温 /℃ Annual average minimum temperature /℃	0.7
年降水量 /mm Annual precipitation /mm	144
≥10℃的积温 /℃ Daily temperature accumulated in a year (≥10℃) /℃	5062
年日照时数 /h Annual sunshine /h	3240
年平均相对湿度 /% Annual average relative humidity /%	41
干燥度 Dryness	3.54

本区域中心区月平均气温与月平均降水量
Monthly temperature and precipitation in central area of the region

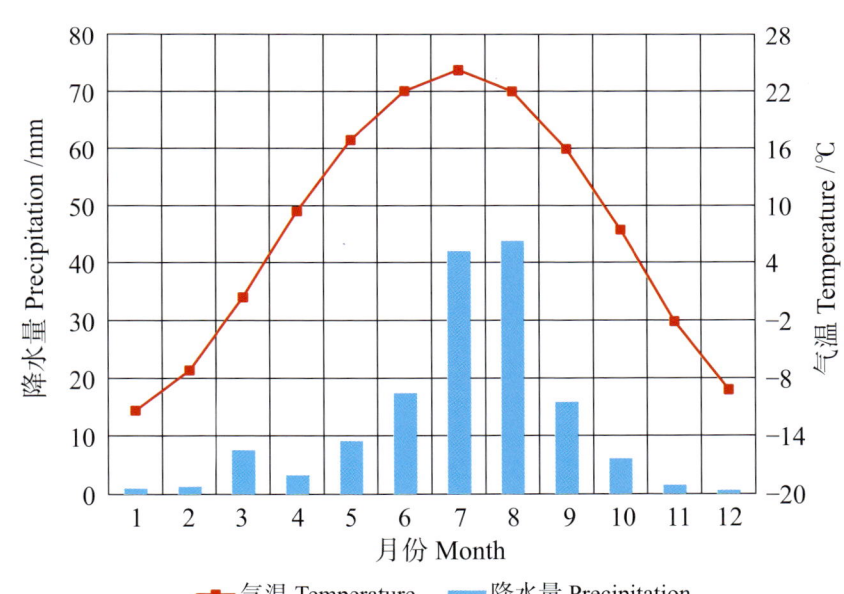

磴口县主要土壤类型与土壤剖面点分布图
1∶370 000

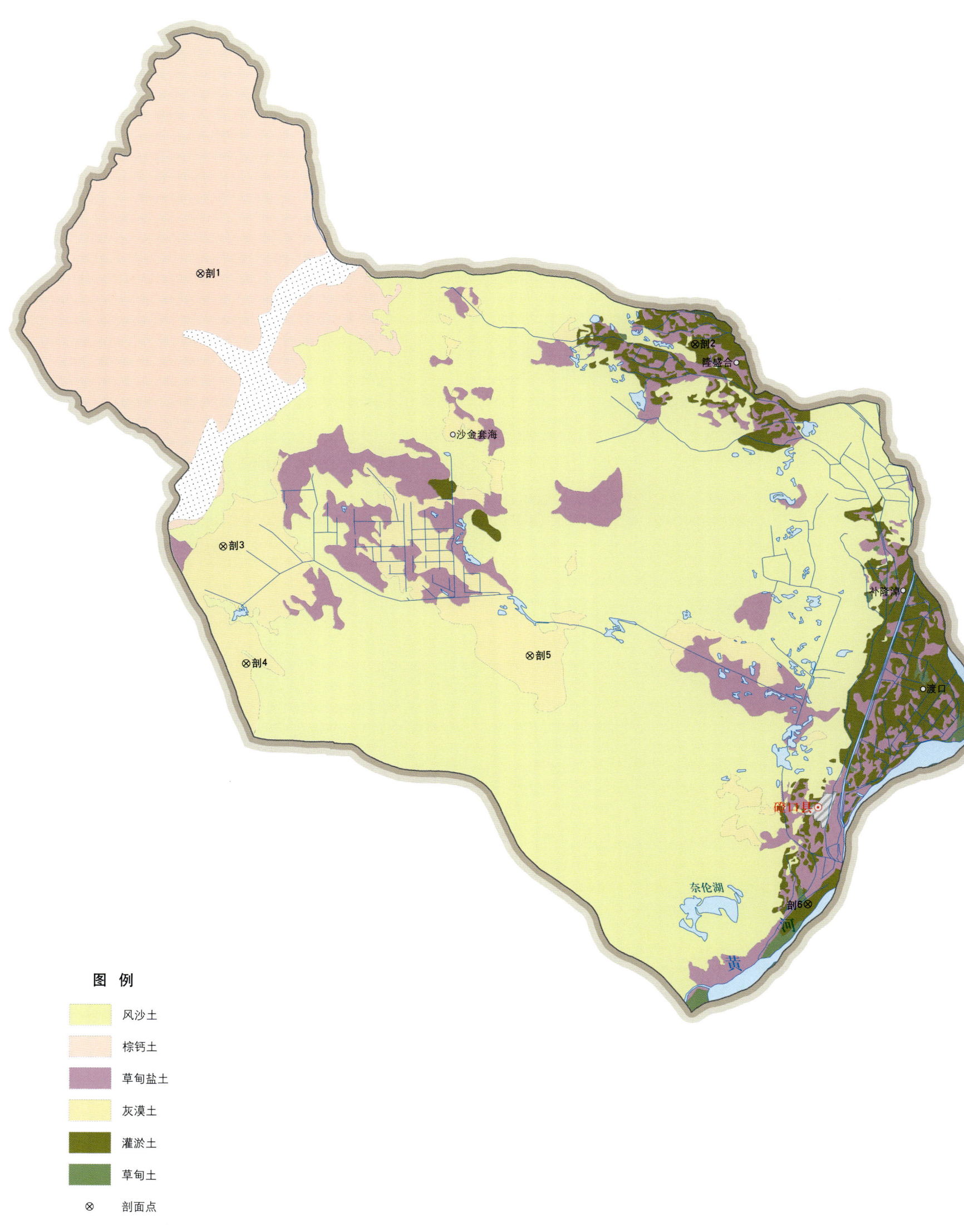

磴口县土壤剖面理化性状表

剖面号 Soil profile	土纲 Soil order	土类 Soil great group	亚类 Soil subgroup	土属 Soil genus	土种 Soil species	土层码 Layer code	土层厚度 Depth/cm	颜色 Soil color	质地 Soil texture	土壤结构 Soil structure	pH	有机质 OM/(g/kg)	全氮 TN/(g/kg)	全磷 TP/(g/kg)	有效磷 AP/(mg/kg)	速效钾 AK/(mg/kg)	阳离子交换量 CEC/(cmol/kg)	土壤母质 Parent material	剖面点坐标 Profile coordinate	匹配指数 Matching index/%
剖1	干旱土	棕钙土	淡棕钙土	石质淡棕钙土		1	0—25				8.3	6.9	0.26	1.05	4.0	119		风化玄武岩	E 106°22′04.8″ N 40°45′34.9″	78
剖2	人为土	灌淤土	潮灌淤土	潮淤砂土	厚淤壤体沫土	A	0—31	黄色	砂壤土	单粒状	8.1	5.6	0.08	0.68	3.0	55	4.4		E 106°52′55.6″ N 40°41′45.7″	90
						Cu	31—100	浅黄色	砂质黏壤土	粒状	8.2	6.0	0.23	1.28	2.0	48	9.1			
剖3	漠土	灰漠土	盐化灰漠土	碳酸盐灰漠土		1	0—20												E 106°23′14.7″ N 40°32′38.5″	100
						2	20—100													
剖4	漠土	灰漠土	盐化灰漠土	碳酸盐灰漠土		1	0—20				7.5	4.5	0.22	0.98	2.0	158			E 106°24′34.9″ N 40°27′04.2″	73
						2	20—55				7.8	6.5	0.66	0.79	5.0	114				
						3	55—100				7.6	4.3	0.33	0.80	4.0	93				
剖5	漠土	灰漠土	灰漠土	灌溉灰漠土		1	0—20												E 106°42′14.0″ N 40°27′12.6″	87
						2	20—100													
						3	100—													
剖6	人为土	灌淤土	潮灌淤土	潮淤壤土	厚淤两黄土	A	0—31	浊黄色	粉砂质壤土	粒状	7.8	2.6	0.39	1.48	2.0	43	16.0		E 106°59′13.7″ N 40°15′10.3″	78
						Cu	31—100	浅黄色	壤土	粒状	8.8	2.2	0.21	1.30	2.0	4	22.0			

乌拉特前旗

主要土类说明

栗钙土是乌拉特前旗主要土壤类型,占本旗地域面积的38%,是干旱草原的代表性土壤。自然植被主要为针茅、冷蒿、阿尔泰狗娃花、小叶锦鸡儿、披碱草、猪毛蒿、甘草、白草、狗尾草、牛枝子等。成土母质主要为砂岩、砂砾岩、石英岩的风化物,花岗岩、安山岩、玄武岩等结晶岩的残积物、坡积物和洪冲积物等。栗钙土剖面由腐殖质层、钙积层和母质层构成。本旗栗钙土分为淡栗钙土、栗钙土、草甸栗钙土、灌淤栗钙土、粗骨性栗钙土等亚类。

草甸盐土是乌拉特前旗第二大土壤类型,占本旗地域面积的19%。草甸盐土发生于半湿润至半干旱地区,高矿化地下水经毛管作用上升至地表,使其盐分累积量大于6g/kg,属盐土范畴。该土壤具明显的Az-C剖面构型,其易溶盐组成中所含的氯化物与硫酸盐比例有所差异。

粗骨土是乌拉特前旗第三大土壤类型,占本旗地域面积的12%。粗骨土属于A-C型,甚至(A)-C型土壤,广泛分布在河谷阶地、丘陵、低山和中山等多种地貌单元和地形部位。A层发育不明显,与母质土层性状相似,略显有机质累积。

风沙土占本旗地域面积的9%。风沙土发生于半干旱、干旱漠境地区及滨海地区,是在风沙移动堆积形成的多种形态的风沙沉积物上发育的初育土。由于成土时间短暂,该土壤无剖面发育,具C、(A)-C或A-C剖面构型,反映了风沙移动堆积与固定的不同阶段。

灌淤土占本旗地域面积的6%,主要分布在套内灌域和前山三湖河灌域。成土母质均为冲积物。灌淤层一般厚50cm左右,颜色、质地均匀一致,层理不明显,腐殖质含量较高,大多与钙离子结合,形成有机-无机复合胶体。碳酸盐含量较高,土壤呈微碱性。灌淤层结构良好,易耕作,适宜多种作物生长。在灌淤层下面,有明显的冲积母质层和锈纹锈斑。本旗灌淤土分为草甸灌淤土、盐化灌淤土、潮灌淤土等亚类。

灰褐土占本旗地域面积的4%,集中分布在沙德格、白彦花等地的乌拉山区。自然植被主要为白桦、侧柏、山杨、油松、蒙古栎、小叶锦鸡儿等。成土母质主要为花岗岩、片麻岩、石英闪长岩等的残积物和坡积物。土体内可溶盐层次过渡不明显,碳酸钙沉积较少,呈粉末状或假菌丝状淀积,形成不明显的钙积层。整个乌拉山由下而上呈带状垂直分布着灰褐土、淋溶灰褐土等亚类,在基岩裸露的山头和阳坡分布着粗骨性灰褐土亚类。

潮土占本旗地域面积的4%。潮土见于近代河流冲积平原或低平阶地,地下水位高,潜水参与成土过程。在潮土成土过程中,底土氧化还原交替作用,形成锈色斑纹和小型铁子。剖面构型为A_{11}-A_{12}-Cu 或 A_{11}-C-Cu。

小于本旗地域面积3%的土壤类型有石质土、新积土。

本区域中心区气候特征

本区域中心区气候特征值
Regional climate characteristics in central area of the region

气候带:中温带亚干旱气候 Climate region: Mid temperate subarid climate	
年平均气温 /℃ Annual average temperature /℃	5.7
年平均最高气温 /℃ Annual average maximum temperature /℃	12.7
年平均最低气温 /℃ Annual average minimum temperature /℃	-0.7
年降水量 /mm Annual precipitation /mm	257
≥10℃的积温 /℃ Daily temperature accumulated in a year (≥10℃) /℃	3720
年日照时数 /h Annual sunshine /h	3052
年平均相对湿度 /% Annual average relative humidity /%	49
干燥度 Dryness	1.40

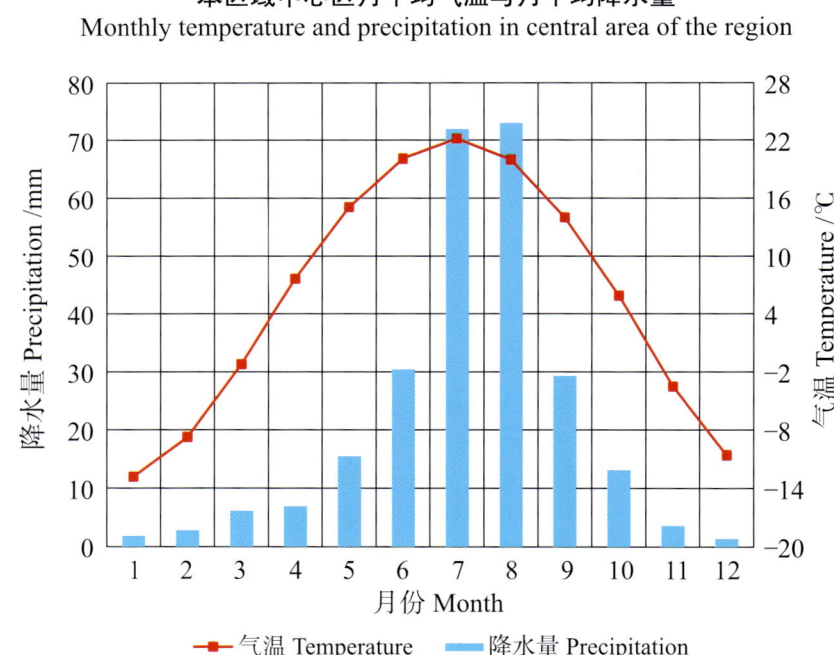

本区域中心区月平均气温与月平均降水量
Monthly temperature and precipitation in central area of the region

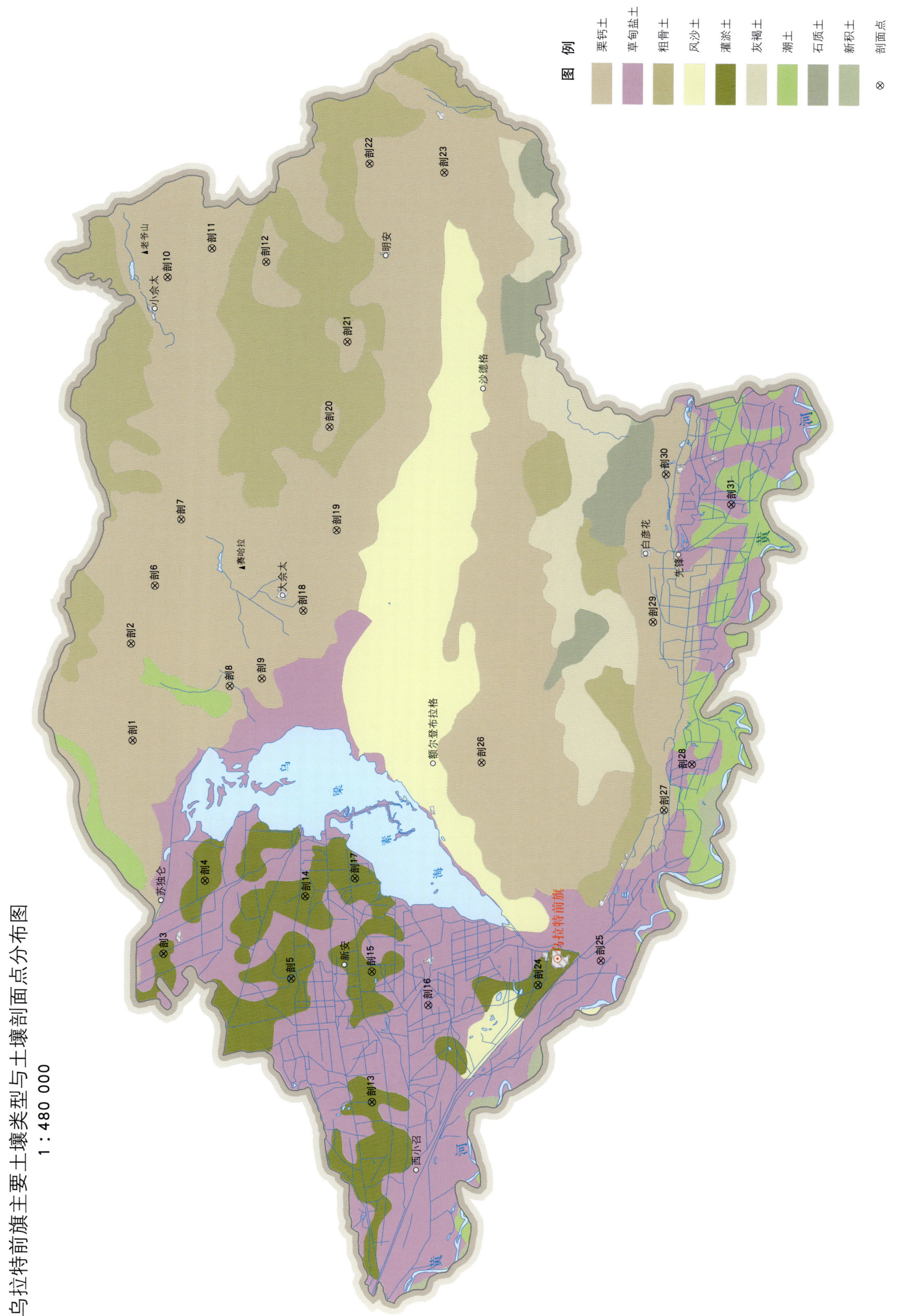

乌拉特前旗主要土壤类型与土壤剖面点分布图
1:480 000

乌拉特前旗土壤剖面理化性状表

剖面号 Soil profile	土纲 Soil order	土类 Soil great group	亚类 Soil subgroup	土属 Soil genus	土种 Soil species	土层码 Layer code	土层厚度 Depth/cm	颜色 Soil color	质地 Soil texture	土壤结构 Soil structure	pH	有机质 OM/(g/kg)	全氮 TN/(g/kg)	全磷 TP/(g/kg)	全钾 TK/(g/kg)	有效磷 AP/(mg/kg)	速效钾 AK/(mg/kg)	阳离子交换量CEC/(cmol/kg)	剖面点坐标 Profile coordinate	匹配指数 Matching index/%
剖1	钙层土	栗钙土	淡栗钙土	淡栗钙土	砂质淡栗黄土	1	0—20	灰白色	砂土	无明显结构									E 108°56′04.2″ N 41°10′25.3″	70
						2	20—150	灰白色	砂土	无明显结构										
剖2	钙层土	栗钙土	淡栗钙土	淡栗淡砂土	中层淡栗黄砂土	1	0—25	棕黄色	砂土	无明显结构									E 109°04′05.0″ N 41°10′40.5″	87
						2	25—50	浅黄色	砂壤土	无明显结构										
						3	50—100													
剖3	人为土	灌淤土	潮灌淤土	两黄土	砂底夹黏两黄土	1	0—20	灰黄色	重壤土	块状	8.3	15.7	1.03	1.53			267	12.8	E 108°38′26.8″ N 41°08′08.2″	98
						2	20—60	紫灰色	紧砂土	块状	8.2	9.8	0.68	1.46			230	16.4		
						3	90—100	灰黄色	中壤土	无明显结构	8.2	3.2	0.20	1.49			875	5.0		
剖4	人为土	灌淤土	盐化灌淤土	盐两黄土	中盐两黄土	1	0—5	灰黄色	轻壤土	粒状	7.7	8.4	0.48	1.19	22.1	4.4	155	5.2	E 108°44′36.2″ N 41°05′39.1″	98
						2	5—20	灰黄色	轻壤土	块状	7.5	9.7	0.49	1.15	20.9	2.2	137	8.0		
						3	20—100	黄棕色	轻壤土	块状	8.3	5.5	0.36	1.24	23.0	3.2	125	6.9		
						4	50—100	黄棕色			8.1	5.5	0.36	1.29	20.2					
						5	100—150	黄棕色			8.6	6.3								
						6	150—200	灰色			8.4	3.5								
						7	200—250				8.1	2.2								
剖5	人为土	灌淤土	盐化灌淤土	盐红泥	轻盐红泥	1	0—5	紫灰色	重壤土	块状	8.2	14.4	0.88	1.52	21.2	3.3	270	12.9	E 108°36′43.4″ N 41°00′04.0″	89
						2	5—20	紫灰色	重壤土	块状	8.3	13.6	0.90	1.42	23.8	3.7	257	11.6		
						3	20—50	紫灰色	重壤土	片状	8.3	8.7	0.90		23.0	8.3	177	8.8		
						4	50—100	浅黄色	重壤土	片状	8.3	7.6	0.60	1.26			170	9.1		
						5	100—150	浅黄色		无明显结构	8.2	3.1	0.53				70			
剖6	钙层土	栗钙土	淡栗钙土	淡栗淤土	厚层淡栗淤土	1	0—30	灰棕色	砂壤土	小粒状	7.6	7.3	0.43	1.14	21.2		103	7.4	E 109°08′53.9″ N 41°09′15.5″	73
						2	30—70	灰棕色	轻壤土	粒状	7.8	16.9	0.76	1.37	23.8		118	15.4		
						3	70—90	暗棕色	轻壤土	块状	7.8	4.2	0.26	1.09	23.0		115	11.2		
						4	90—130													
剖7	钙层土	栗钙土	淡栗钙土	淡栗淤土	薄层淡栗淤土	1	0—15	棕红色	轻壤土	粒状	7.6	7.9	0.49	1.22			243		E 109°14′23.6″ N 41°07′42.6″	98
						2	15—60	棕红色	砂土	无明显结构			0.53	1.27						
						3	60—	棕红色	砂土											
剖8	钙层土	栗钙土	草甸栗钙土	脱腐脱潜草甸栗钙土	砂质脱潜草甸栗钙土	1	0—25	棕灰色	轻壤土	小粒状									E 109°00′45.4″ N 41°04′25.0″	87
						2	25—100	浅灰色	砂壤土	团块状										
剖9	钙层土	栗钙土	淡栗钙土	淡栗淤土	厚层淡栗淤土	1	0—50	棕红色	砂壤土	小块状									E 109°01′26.0″ N 41°02′23.6″	95
						2	50—100	棕黄色	轻壤土	块状										
剖10	钙层土	栗钙土	淡栗钙土	淡栗淤土	砂质淡栗淤土	1	0—50		紧砂土		7.4	6.3	0.31	3.14	25.3	2.6	78	3.0	E 109°34′21.7″ N 41°08′52.8″	90
						2	50—100		紧砂土		7.4	6.6	0.34	2.85	25.5	1.9	23	2.8		
剖11	钙层土	栗钙土	淡栗钙土	淡栗黄砂土	薄层淡栗黄砂土	1	5—10	暗黄棕色	轻壤土	小粒状	7.6	12.8	0.79	0.85	20.4	3.4	45	5.8	E 109°36′48.7″ N 41°06′07.6″	85
						2	20—30	浅棕黄色	中壤土	团块状	7.7	9.8	0.66	0.86		1.7		6.7		
剖12	钙层土	栗钙土	淡栗钙土	淡栗淤土	中层淡栗黄砂土	1	0—20	浅棕黄色	中壤土	团块状	8.0	10.7	0.78	0.96		3.4	158	7.9	E 109°35′47.4″ N 41°02′42.0″	77
						2	20—70	暗棕色	中壤土	小块状	7.8	6.4	0.43	0.79		2.3		9.5		
						3	70—100	棕色	紧砂土	块状	7.8	6.6	0.38	0.76		1.8	95	5.2		
剖13	人为土	灌淤土	潮灌淤土	红泥	砂底红泥	1	15—30	灰黄色	轻黏土	粒状	8.2	13.4	0.91	1.42			257	15.2	E 108°26′49.6″ N 40°54′46.4″	86
						2	80—100	灰黄色	砂黄土	无明显结构	8.1	8.1	0.59	1.38				11.7		
剖14	人为土	灌淤土	潮灌淤土	灌淤砂土	通体砂土	1	0—50	棕黄色	重砂土	块状	8.3	3.0	0.13	0.79		1.6	147	3.5	E 108°43′31.8″ N 40°59′19.3″	80
						2	50—58	暗棕色	重砂土	无明显结构	8.3	7.5	0.50	1.12	19.7	1.1	235	10.3		
						3	58—100	棕黄色	紧砂土	无明显结构	8.3	3.4	0.22	0.80	19.7	3.3	142	3.5		

续表 Continued

剖面号 Soil profile	土纲 Soil order	土类 Soil great group	亚类 Soil subgroup	土属 Soil genus	土种 Soil species	土层码 Layer code	土层厚度 Depth/cm	颜色 Soil color	质地 Soil texture	土壤结构 Soil structure	pH	有机质 OM/(g/kg)	全氮 TN/(g/kg)	全磷 TP/(g/kg)	全钾 TK/(g/kg)	有效磷 AP/(mg/kg)	速效钾 AK/(mg/kg)	阳离子交换量CEC/(cmol/kg)	剖面点坐标 Profile coordinate	匹配指数 Matching index/%
剖15	人为土	灌淤土	潮灌淤土	灌淤沫尔土	壤体沫尔土	1	0–44	浅黄色	砂壤土	粒状	8.2	3.6	0.23	1.14	20.4			3.9	E 108° 37′ 27.8″ N 40° 55′ 00.5″	71
						2	44–100	浅黄色	轻壤土	块状	7.9	6.0	0.40	1.50	21.0			5.8		
剖16	盐碱土	草甸盐土	草甸盐土	氯化物草甸盐土	黏质氯化物草甸盐土	1	0–5	黄棕色	砂壤土	无明显结构									E 108° 34′ 52.2″ N 40° 51′ 24.9″	71
						2	5–20	黄棕色	重壤土	块状										
						3	20–50	黄棕色	轻壤土	块状										
						4	50–100	黄棕色	轻壤土	块状										
剖17	人为土	灌淤土	盐化灌淤土	盐砂土	轻盐砂土	1	0–5	灰白色	紧砂土	无明显结构		1.8	0.14	0.74	16.7	3.5	107	1.9	E 108° 45′ 07.9″ N 40° 56′ 13.9″	85
						2	5–20	灰白色	松砂土	无明显结构		2.9	0.13	0.77	16.2	3.3	97	1.9		
						3	20–50	灰白色	松砂土	无明显结构		2.0	0.12	0.76	16.4	3.1	110	1.9		
						4	50–100	灰白色	松砂土	无明显结构		2.7	0.14	0.73	16.7	3.4	107	1.7		
						5	100–150	灰白色	松砂土	无明显结构		2.7	0.19				107			
						6	150–200	灰白色	砂壤土	无明显结构		2.4								
剖18	钙层土	栗钙土	草甸栗钙土	脱潜育草甸栗钙土	壤质脱潜育草甸栗钙土	1	0–40	灰棕色	轻壤土	小粒状	7.4	9.8	0.58	0.86		1.2	38		E 109° 07′ 08.4″ N 40° 59′ 53.9″	73
						2	40–100	暗灰色		团块状	8.0	7.3	0.50	0.88		0.9	45			
剖19	钙层土	栗钙土	淡栗钙土	淡栗黄砂土	中层淡栗黄砂土	1	20–40		紧砂土		7.6	11.5	0.77	1.00	19.7	2.5	120	6.5	E 109° 13′ 48.4″ N 40° 57′ 54.4″	87
						2	40–60		砂壤土		7.6	5.0	0.33	0.92	18.2	1.0	55	8.7		
剖20	钙层土	栗钙土	栗钙土	栗淤土	砂质栗淤土	1	0–30	栗色	松砂土		7.4	10.7	0.58	1.42	22.3	2.6	103	9.7	E 109° 22′ 18.1″ N 40° 58′ 30.4″	82
						2	60–70	灰白色	紧砂土		7.6	15.5	0.76	1.75	21.3	3.4	115	16.1		
剖21	钙层土	栗钙土	栗钙土	栗淤土	厚层栗淤土	1	0–70	浅灰黄色	中壤土	小粒状	7.4	10.7							E 109° 29′ 20.4″ N 40° 57′ 29.5″	91
						2	70–120			块状	7.6	15.5								
						3	120–													
剖22	钙层土	栗钙土	栗钙土	栗土	砂质栗土	1	0–50	灰黄色	砂壤土	无明显结构	7.2	3.2	0.15	0.70	20.8	1.5	98	2.4	E 109° 44′ 03.8″ N 40° 56′ 18.6″	95
						2	50–80	暗栗色	轻壤土	粒状	7.2	20.0	1.30	1.14	22.3	4.5	73	11.7		
						3	80–100	暗栗色	砂壤土	柱状		15.5	0.94	1.09	22.6	1.7	70	8.9		
剖23	钙层土	栗钙土	栗钙土	栗黄土	厚层栗黄土	1	0–45	栗色	轻壤土	粒状									E 109° 43′ 27.5″ N 40° 51′ 36.7″	99
						2	45–100	浅灰黄色	砂壤土	片状					23.9					
						3	100–140	黄黄色	砂壤土	无明显结构										
剖24	人为土	灌淤土	盐化灌淤土	盐硬栗土	轻盐硬栗土	1	0–5	红橙色	中壤土	块状	8.6	12.7	0.80	1.56	20.8	21.1	285	6.9	E 109° 36′ 46.4″ N 40° 44′ 33.3″	95
						2	5–20	红橙色	中壤土	块状	8.3	13.8	0.85	1.54	22.3	6.4	280	7.2		
						3	20–50	红橙色	重黏土	片状	7.6	9.6	0.66	1.42	22.6	2.4	157	9.7		
						4	50–100	浅灰黄色	中壤土	片状	8.4	6.3	0.42	1.38	23.9	2.1	190			
						5	100–150	黄黄色	重黏土	片状	8.7	7.3					110			
						6	150–200	灰黄色	砂壤土	无明显结构	8.1	5.2								
剖25	盐碱土	草甸盐土	草甸盐土	硫酸盐氯化物草甸盐土	壤体砂质硫酸盐氯化物草甸盐土	1	0–5	灰灰色	砂壤土	块状	8.4								E 108° 38′ 53.9″ N 40° 40′ 39.0″	93
						2	5–20	暗栗色	轻壤土	粒状	8.7									
						3	20–50	暗栗色	砂壤土	粒状	8.1									
						4	50–100	灰灰色	砂壤土	粒状	8.4									
						5	100–150				8.3									
剖26	钙层土	栗钙土	栗钙土	栗红土	薄层栗红土	1	0–15	栗色	轻壤土	粒状	7.4	11.3	0.67	1.10		3.5		6.4	E 108° 54′ 58.7″ N 40° 48′ 27.0″	73
						2	15–30	灰灰色	轻壤土	块状	7.6	9.3	0.55	1.01		1.2	100	7.3		
剖27	钙层土	栗钙土	栗钙土	栗黄土	厚层栗黄土	1	0–49		砂壤土			6.2	0.41	0.99		0.8	68	5.8	E 108° 51′ 28.8″ N 40° 36′ 55.8″	75
						2	55–65		砂壤土											
						3	90–100													

续表 Continued

剖面号 Soil profile	土纲 Soil order	土类 Soil great group	亚类 Soil subgroup	土属 Soil genus	土种 Soil species	土层码 Layer code	土层厚度 Depth/cm	颜色 Soil color	质地 Soil texture	土壤结构 Soil structure	pH	有机质 OM/(g/kg)	全氮 TN/(g/kg)	全磷 TP/(g/kg)	全钾 TK/(g/kg)	有效磷 AP/(mg/kg)	速效钾 AK/(mg/kg)	阳离子交换量 CEC/(cmol/kg)	剖面点坐标 Profile coordinate	匹配指数 Matching index/%
剖28	盐碱土	草甸盐土	草甸盐土	硫酸盐草甸盐土	壤质硫酸盐草甸盐土	1	0—5	紫灰色	轻壤土	无明显结构	7.5								E 108°55′18.1″ N 40°35′15.0″	73
						2	5—20	紫灰色	轻壤土	无明显结构	7.8									
						3	20—50	紫灰色	轻壤土	块状	8.0									
						4	50—100				8.0									
剖29	钙层土	栗钙土	栗钙土	栗黄砂土	中层栗黄砂土	1	0—39	棕色	轻壤土	粒状									E 109°06′55.4″ N 40°37′54.1″	88
						2	39—63	灰黄色	轻壤土	块状										
						3	63—100													
剖30	钙层土	栗钙土	草甸栗钙土	草甸栗钙土	砂壤质草甸栗钙土	1	0—25	灰白色	砂壤土	小粒状									E 109°19′03.0″ N 40°37′18.1″	96
						2	25—90	灰白色	砂壤土	粒状										
剖31	盐碱土	草甸盐土	草甸盐土	硫酸盐氯化物草甸盐土	壤质硫酸盐氯化物草甸盐土	1	0—5	灰黄色	砂壤土	无明显结构	8.1								E 109°16′42.2″ N 40°33′09.4″	85
						2	5—20	灰黄色	轻壤土	粒状	7.9									
						3	20—50	灰褐色	轻壤土	粒状	8.0									
						4	50—100	灰褐色	中壤土	粒状	7.9									

乌拉特后旗

主要土类说明

棕钙土是乌拉特后旗主要土壤类型，占本旗地域面积的39%。棕钙土是草原向荒漠过渡的一种地带性土壤，位于荒漠化草原和草原化荒漠两个过渡带，前者分布着棕钙土亚类，后者分布着淡棕钙土亚类，粗骨性棕钙土亚类发育在侵蚀地貌，草甸棕钙土亚类发育在堆积地貌。成土过程主要为腐殖质累积过程和钙积过程。

灰漠土是乌拉特后旗第二大土壤类型，占本旗地域面积的39%。灰漠土曾称"荒漠灰钙土"，是在漠境地区初显石灰表聚及易溶盐与石膏分层累积的土壤。该土壤地表有明显的结皮层，下为浅棕色片状土层，含砾石；石灰表聚外，尚可见深层积钙；pH大于8.0。表层有机质累积较少且层薄，含量仅为6—15g/kg。

石质土是乌拉特后旗第三大土壤类型，占本旗地域面积的9%。石质土广泛分布在侵蚀严重、岩石裸露的石质山地、侵蚀残丘，以及丘顶、山脊、山坡等坡度陡峻的地形部位。剖面构型为A-R。石质土土壤表层岩石裸露，风化层浅薄，厚度一般小于10cm，风化度低，富含砾石，多碎屑岩粒；风化层下为坚硬岩石层。

风沙土占本旗地域面积的6%。风沙土发生于半干旱、干旱漠境地区及滨海地区，是在风沙移动堆积形成的多种形态的风沙沉积物上发育的初育土。由于成土时间短暂，该土壤无剖面发育，具C、（A）-C或A-C剖面构型，反映了风沙移动堆积与固定的不同阶段。

灰棕漠土占本旗地域面积的4%。灰棕漠土是在温带极端干旱荒漠地区砾质化明显的土壤。该土壤地表见砾幂及褐色结皮，亦见干面包状结皮；石灰表聚，下见纤维状石膏聚积，亦见铁质黏化现象。有机质含量小于5g/kg，且土层甚薄。铁铝结合的胡敏酸多于钙结合者，铁铝结合的富啡酸少于钙结合者是本土类特征。

小于本旗地域面积3%的土壤类型有粗骨土、新积土、草甸盐土、潮土。

本区域中心区气候特征

本区域中心区气候特征值
Regional climate characteristics in central area of the region

气候带：中温带干旱气候 Climate region: Mid temperate arid climate	
年平均气温 /℃ Annual average temperature /℃	6.3
年平均最高气温 /℃ Annual average maximum temperature /℃	13.5
年平均最低气温 /℃ Annual average minimum temperature /℃	−0.3
年降水量 /mm Annual precipitation /mm	128
≥10℃的积温 /℃ Daily temperature accumulated in a year (≥10℃) /℃	4811
年日照时数 /h Annual sunshine /h	3261
年平均相对湿度 /% Annual average relative humidity /%	41
干燥度 Dryness	3.27

本区域中心区月平均气温与月平均降水量
Monthly temperature and precipitation in central area of the region

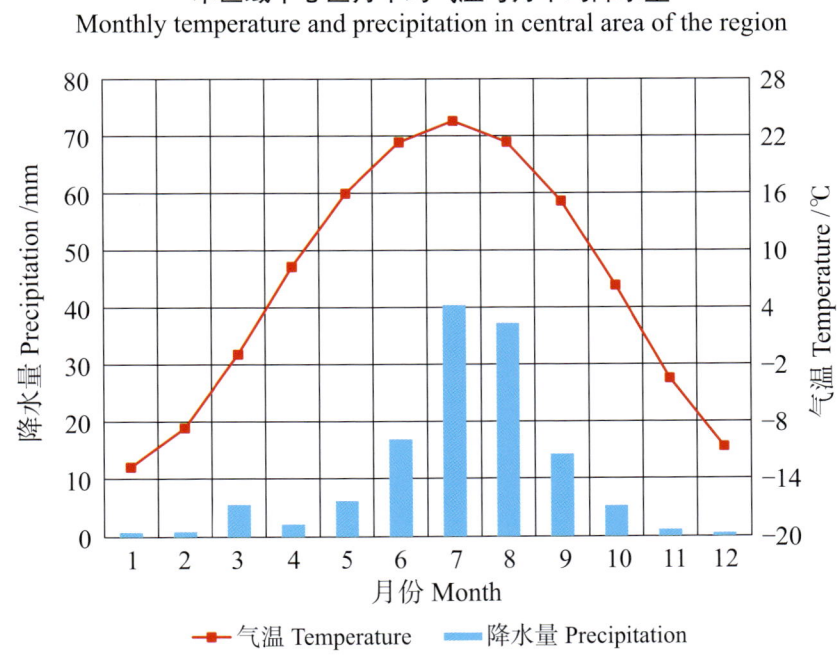

乌拉特后旗主要土壤类型与土壤剖面点分布图

1∶830 000

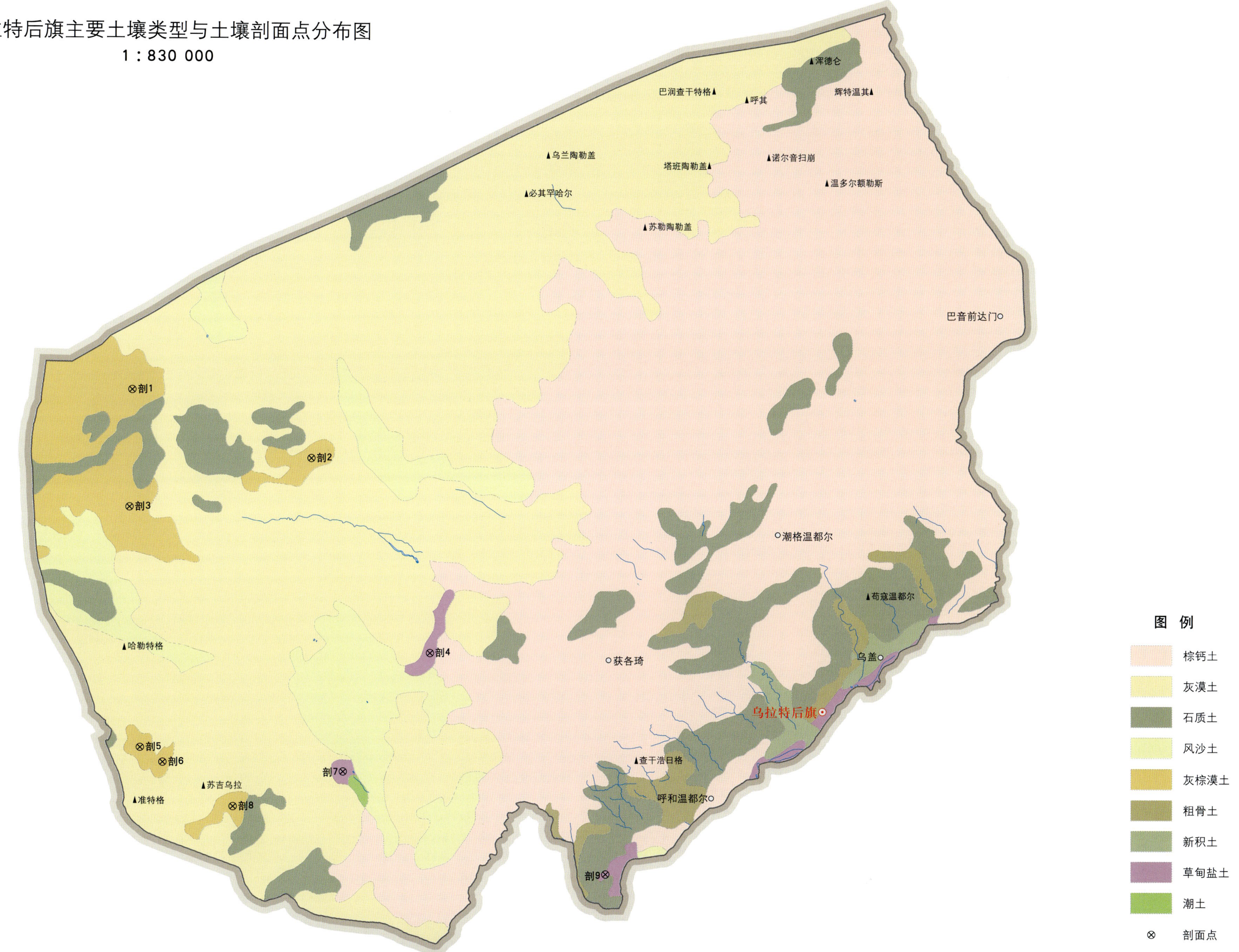

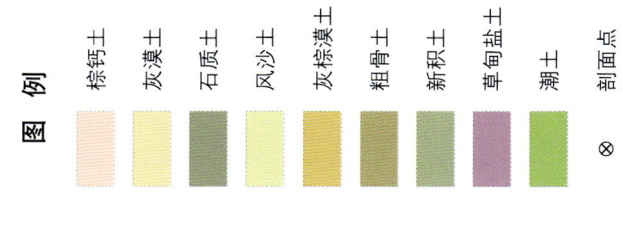

乌拉特后旗土壤剖面理化性状表

剖面号 Soil profile	土纲 Soil order	土类 Soil great group	亚类 Soil subgroup	土属 Soil genus	土层码 Layer code	土层厚度 Depth/cm	颜色 Soil color	质地 Soil texture	土壤结构 Soil structure	pH	有机质 OM/(g/kg)	全氮 TN/(g/kg)	全磷 TP/(g/kg)	全钾 TK/(g/kg)	有效磷 AP/(mg/kg)	速效钾 AK/(mg/kg)	阳离子交换量 CEC/(cmol/kg)	剖面点坐标 Profile coordinate	匹配指数 Matching index/%
剖1	漠土	灰棕漠土	灰棕灰漠土	残坡积砂砾质灰棕漠土	1	0~4	红黄色	砂土										E 105°26′03.7″ N 41°41′54.9″	92
					2	4~24	红黄色	砂土											
					3	24~70	粉白色	砂土	块状										
					4	70~100		砂土											
剖2	漠土	灰棕漠土	灰棕灰漠土	风积覆砂红土质灰棕漠土	1	0~16	浅红棕色	砂土		8.6	2.9	0.42	0.11	20.9			6.7	E 105°51′42.8″ N 41°34′23.9″	80
					2	16~49	红黄色	砂土	块状	8.7	2.7	0.17	0.07	23.0			4.7		
					3	49~95	红黄色	砂土	块状	9.7	2.6	0.16	0.06	23.8			3.7		
					4	95~100	粉白色	砂壤土	块状	9.2	2.9	0.17	0.08	22.5			7.0		
剖3	漠土	灰棕漠土	石膏灰棕漠土	风积覆砂红土质石膏灰棕漠土	1	0~6	鲜棕色	砂土	弱蜂窝状	8.5	1.8	0.20	0.23	25.7			5.5	E 105°25′40.8″ N 41°29′11.4″	84
					2	6~24	鲜棕色	中壤土	块状	8.7	3.3	0.23	0.19	25.9			6.9		
					3	24~61	鲜棕色	砂壤土		8.9	2.4	0.18	0.14	22.5			3.5		
					4	61~80	黄红色	砂壤土		8.0	2.4		0.12	15.8			3.5		
剖4	盐碱土	草甸盐土	草甸盐土	硫酸盐氯化物草甸盐土	1	0~14	棕色	砂土、砂壤土		8.1	7.5	0.43	0.47		7.6			E 106°08′33.4″ N 41°13′10.2″	81
					2	14~22	浅棕色	砂壤土	层状	8.1	8.7	0.39	0.51		14.0	920			
					3	22~43	浅棕色	砂壤土	片状	8.4	6.1	0.37	0.51		6.5				
					4	43~82	棕色	轻壤土		8.9	4.6	0.21	0.50			208			
					5	82~100	棕色	砂壤土			4.9	0.23	0.55		7.4	223			
剖5	漠土	灰棕漠土	灰棕灰漠土	风积砂质灰棕漠土	1	0~7	红黄色	砂土		8.4	3.0	0.17	0.34	21.7			5.8	E 105°27′11.2″ N 41°03′06.1″	84
					2	7~40	红黄色	砂土	块状	8.6	4.0	0.21	0.26	22.8			10.4		
					3	40~65	黄黄色	砂壤土	块状	8.7	3.5	0.19	0.30	21.2			7.1		
					4	65~95	黄黄色	中壤土	块状	8.5	2.4	0.23	0.36	20.7			2.6		
					5	95~													
剖6	漠土	灰棕漠土	灰棕灰漠土	洪残积砂砾质灰棕漠土	1	0~3	粉红色	轻壤土	片状	8.5	4.0	0.28	0.35	21.7	12.0	775	8.2	E 105°30′20.5″ N 41°01′28.9″	71
					2	3~37	红红色	中壤土	团块状	8.9	4.5	0.22	0.20	16.1	10.7	805	15.3		
					3	37~72	黄黄色	重壤土	团块状	7.0	4.3	0.17	0.17	22.7	9.2	403	20.0		
					C	72~100				7.6	2.6	0.11	0.09	33.9		635	15.4		
剖7	盐碱土	草甸盐土	草甸盐土	氯化物草甸盐土	1	0~3	深棕色	砂壤土		7.9	7.5		0.43			735		E 105°55′58.1″ N 41°00′24.5″	84
					2	3~20	黑棕色	中壤土	蜂窝状	8.1	5.6	0.17	0.52	27.3			5.5		
					3	20~41	深棕色	中壤土		8.2	5.4	0.20	0.53	24.7			6.1		
					4	41~67	黑红棕色	中壤土		8.3	3.1	0.28	0.47	22.9			14.2		
					5	67~87	黑红棕色	中壤土		8.0	3.9	2.15	0.48	20.1			13.1		
					6	87~110		砂土											
剖8	漠土	灰棕漠土	石膏灰棕漠土	洪残积砂砾质红土质石膏灰棕漠土	1	0~3	浅棕色	砂壤土		8.7	2.7	0.17	0.28		23.8	498		E 105°40′14.2″ N 40°56′40.2″	77
					2	3~14	红黄色	中壤土	块状	9.1	3.4	0.20	0.22		11.5	315	5.5		
					3	14~36	黄红棕色	中壤土	团块状	9.3	5.4	0.28	0.20		7.4	228			
					4	36~100	暗红棕色	砂壤土	片状	8.0	2.8	2.15	0.15		7.0	218			
剖9	盐碱土	草甸盐土	草甸盐土	氯化物草甸盐土	A	0~20	黄棕色	轻壤土	块状	7.9	17.7	0.98	0.60					E 106°33′10.2″ N 40°48′58.2″	86
					AB	20~31	黄棕色	重壤土	块状	7.9	12.2	0.52	0.57		11.5				
					B	31~120	深黄棕色	中壤土		8.1	10.6	0.64	0.66		7.4				
					4	120~130		中壤土		7.8	19.0	0.76	0.76		7.0				
					5	130~140		中壤土		8.2	17.0	0.68	0.74		5.5	195			

杭锦后旗

主要土类说明

灌淤土是杭锦后旗主要土壤类型，占本旗地域面积的57%。灌淤土由浅色草甸土演变而来，而浅色草甸土是黄河变迁、改道、泛滥、多次沉积的结果，沉积物影响着灌淤土的发育，还使灌淤土保留沉积物的特征。黄河水含泥沙量约为3%，近河道两岸沉积物质地较粗，离河道越远，沉积物质地越细。黄河泛滥后，河水呈扇状股流并流向洼地，流速大，沉积物多且质地粗。随着流速的减慢，沉积物减少，质地由粗变细，进入浅平洼地中心的为静水沉积的厚层黏土。该土壤不仅在平面上分布着粗细不同的沉积物，在同一沉积剖面上亦有粗细不同的层次排列，构成了土壤质地复杂的差异性和剖面质地层次的多样性。这些土壤质地层次的不同排列，对土壤理化性状、生物分布、水盐运行以及耕作、施肥和适种性都有显著的影响。本旗属黄灌区，引黄灌溉将地下水位提高至1—3m，矿化度为3—5g/L，加上地处大陆性气候带，风大雨少，蒸发量大，植被少，土壤水分强烈蒸发，盐分聚积在表层，使土壤产生不同程度的次生盐渍化，含盐量为2—5g/kg，所以灌淤土成土过程不仅有草甸化过程，还有盐渍化过程。

草甸盐土是杭锦后旗第二大土壤类型，占本旗地域面积的31%。草甸盐土是在草甸土的基础上发育而成的盐土，主要分布在排水不畅、地下水位高的低平地区或洼地，呈片状分布。地下水位较高，平均为169cm，地下水矿化度一般为6—10g/L，少数在20g/L以上。地下水通过土壤毛管作用向上运动，水分蒸发，大量盐分聚积在表土，地表多有盐结皮和各种不同的盐分结晶，盐结皮的全盐含量一般为200—500g/kg，盐结皮以下盐分逐渐减少，表土0—20cm含盐量一般在10g/kg以上。

风沙土是杭锦后旗第三大土壤类型，占本旗地域面积的10%，呈断续的带状分布。成土母质是在没有植被或植被稀疏矮小的条件下，经风力搬运作用形成的沙质堆积物，主要为固定沙丘和半固定沙丘。风沙土由均匀的细沙粒组成，土壤含水量低，肥力低，地表温度变化大，只生长一些耐旱的沙生植物，风蚀和堆积作用还在进行，以起伏不平的沙丘、沙梁为主体，也间有平铺的沙地，高10—20m。该土壤有机质含量很低，成土作用较微弱，只有在生草作用下，土壤表层发育成不明显的腐殖质层。本旗风沙土分为流动风沙土和半固定风沙土两个亚类。

本区域中心区气候特征

本区域中心区气候特征值
Regional climate characteristics in central area of the region

气候带：中温带干旱气候 Climate region: Mid temperate arid climate	
年平均气温 /℃ Annual average temperature /℃	6.6
年平均最高气温 /℃ Annual average maximum temperature /℃	13.8
年平均最低气温 /℃ Annual average minimum temperature /℃	0.0
年降水量 /mm Annual precipitation /mm	161
≥10℃的积温 /℃ Daily temperature accumulated in a year（≥10℃）/℃	4672
年日照时数 /h Annual sunshine /h	3214
年平均相对湿度 /% Annual average relative humidity /%	43
干燥度 Dryness	2.94

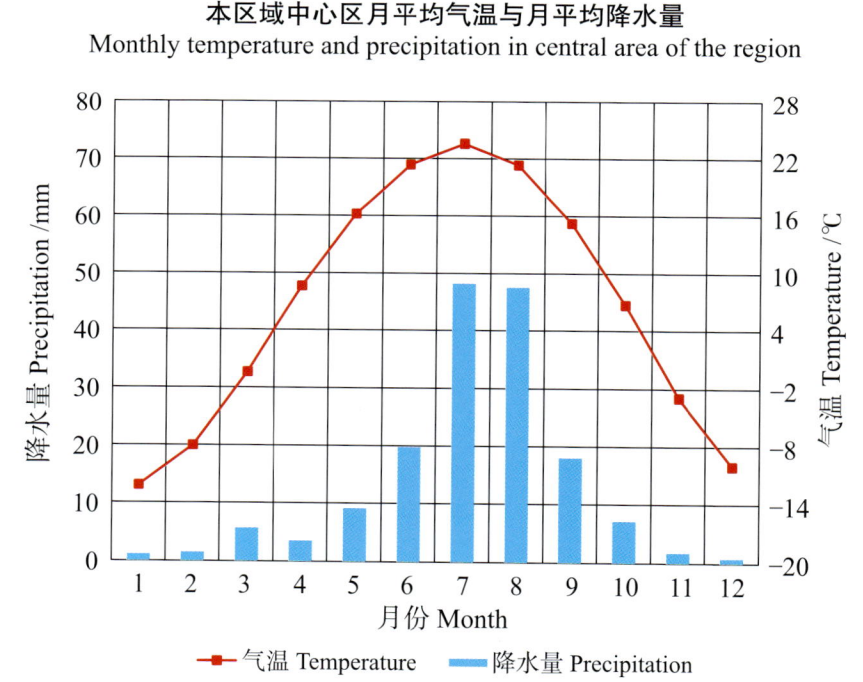

本区域中心区月平均气温与月平均降水量
Monthly temperature and precipitation in central area of the region

杭锦后旗主要土壤类型与土壤剖面点分布图
1∶300 000

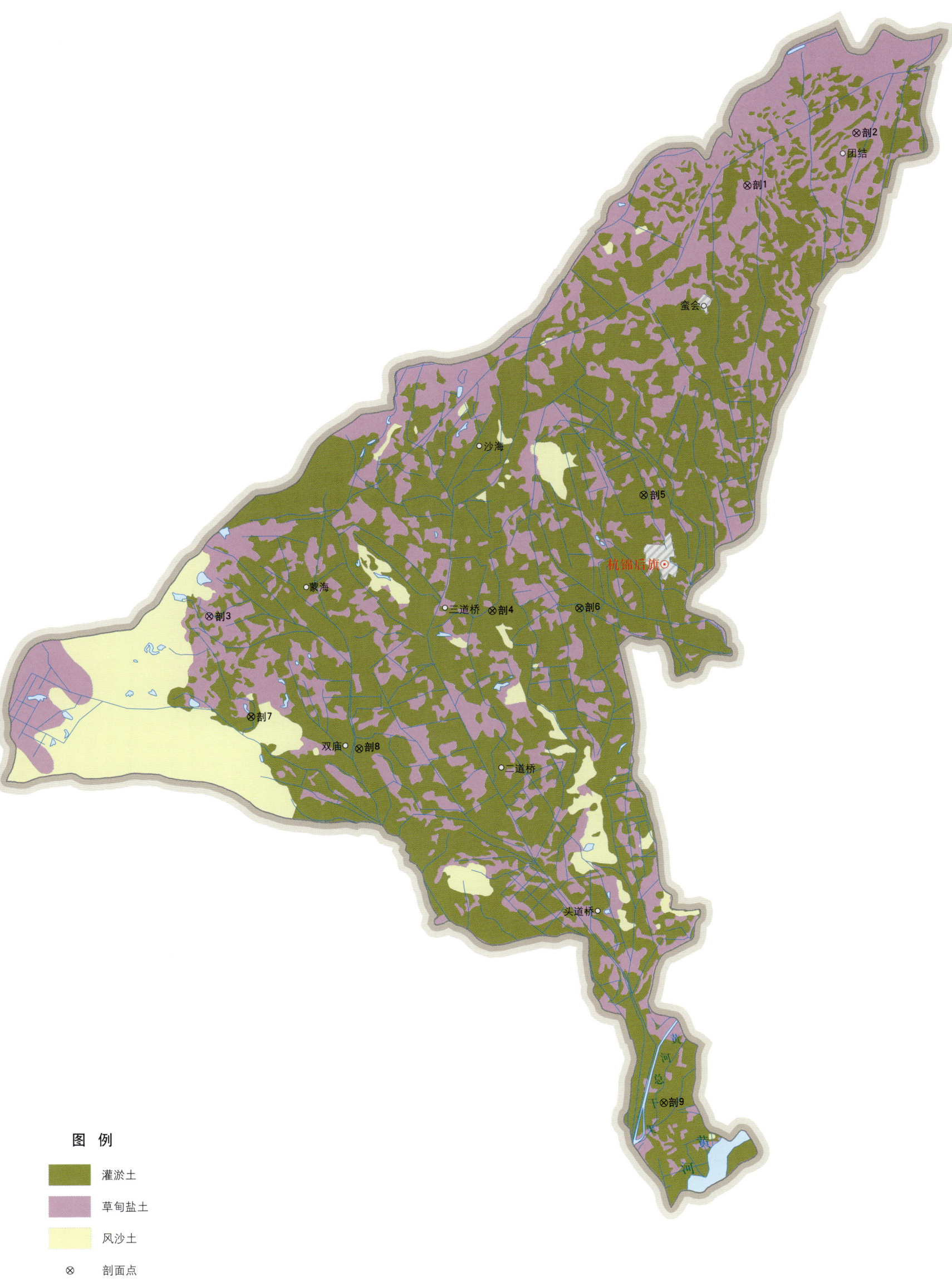

图 例
- 灌淤土
- 草甸盐土
- 风沙土
- ⊗ 剖面点

杭锦后旗土壤剖面理化性状表

剖面号 Soil profile	土纲 Soil order	土类 Soil great group	亚类 Soil subgroup	土属 Soil genus	土种 Soil species	土层码 Layer code	土层厚度 Depth/cm	颜色 Soil color	质地 Soil texture	土壤结构 Soil structure	pH	有机质 OM/(g/kg)	全氮 TN/(g/kg)	有效磷 AP/(mg/kg)	速效钾 AK/(mg/kg)	土壤母质 Parent material	剖面点坐标 Profile coordinate	匹配指数 Matching index/%
剖1	盐碱土	草甸盐土	草甸盐土	白油盐土		1	0—5	黄棕色	轻壤土	小块状	7.9						E 107°13′24.2″ N 41°07′23.5″	94
						2	5—10	浅黄棕色	轻壤土	小块状	8.1							
						3	10—20	浅灰黄色	轻壤土	无明显结构	8.2							
						4	20—40	浅棕黄色	重壤土		8.3							
						5	40—100	浅棕黄色	中壤土	片状	8.0							
剖2	盐碱土	草甸盐土	草甸盐土	黑油盐土		1	0—5	灰棕色	重壤土	粒状	8.3						E 107°19′02.1″ N 41°09′17.9″	96
						2	5—10	灰棕色	中壤土	粒状	9.0							
						3	10—20	灰棕黄色	中壤土	片状	9.4							
						4	20—35	浅棕黄色	重壤土	片状、块状	9.8							
						5	35—100		中壤土		9.8							
剖3	盐碱土	草甸盐土	草甸盐土	蓬松盐土		1	0—5	灰黄色	砂壤土	碎块状	7.7						E 106°45′31.3″ N 40°51′23.9″	95
						2	5—10	灰黄色	砂壤土	碎块状	7.5							
						3	10—20	棕黄色	中壤土	核状	7.9							
						4	20—100	黄灰色	轻壤土	块状	8.0							
剖4	人为土	灌淤土	潮灌淤土	砂土	砂盖垆土	1	0—35					7.0	0.20	2.0			E 106°59′53.2″ N 40°51′21.6″	93
						2	35—100					9.8	0.60	2.9				
剖5	人为土	灌淤土	潮灌淤土	两黄土	漏砂两黄土	1	0—35					8.1	0.80	2.4	182	壤质沉积物	E 107°07′43.0″ N 40°55′39.7″	78
						2	35—100					4.9	0.20	0.4	98			
剖6	人为土	灌淤土	潮灌淤土	两黄土	砂底夹黏两黄土	1	0—30					8.8	0.50	0.7		壤质沉积物	E 107°04′18.8″ N 40°51′22.9″	86
						2	30—70					9.8	0.60	2.4				
						3	70—100					2.8	0.30	2.2				
剖7	人为土	灌淤土	潮灌淤土	砂土	砂盖垆土	1	0—32					6.7	0.50	2.9	231	砂质沉积物	E 106°47′31.4″ N 40°47′31.9″	98
						2	32—100					9.6	0.70	3.7	175			
剖8	人为土	灌淤土	潮灌淤土	两黄土	漏砂两黄土	1	0—26					8.8	0.50	2.9		壤质沉积物	E 106°52′57.7″ N 40°46′12.7″	96
						2	26—100					5.6	0.20	2.6				
剖9	人为土	灌淤土	潮灌淤土	两黄土	黏底夹砂两黄土	1	0—30					9.1	0.50	0.4		壤质沉积物	E 107°07′53.6″ N 40°32′22.9″	95
						2	30—50					4.9	0.20	0.2				
						3	50—100					2.8	0.20	1.3				

乌兰察布市

市辖区

主要土类说明

栗钙土是乌兰察布市主要土壤类型，占本市地域面积的71%。自然植被多为半干旱草原类型。成土母质主要为基性岩、酸性岩的残积物或坡积物，以及红色泥岩和第四纪洪积物。成土过程主要为腐殖质累积过程和钙积过程。栗钙土剖面由腐殖质层、钙积层和母质层构成，剖面分化明显，层次过渡清晰。本市栗钙土分为暗栗钙土、草甸栗钙土、粗骨性栗钙土等亚类。

草甸土是乌兰察布市第二大土壤类型，占本市地域面积的6%，主要呈带状分布在霸王河河谷地带。草甸土所处地形部位为河流阶地及河漫滩等低平洼地，地下水位为1—3m。自然植被为草甸类型，主要为寸草、芨芨草、羊草、蕨麻、灰菜、碱蒿、碱茅等盐生植物。成土母质主要为河流洪冲积物或淤积物。成土过程主要为腐殖质累积过程、潴育化过程和潜育化过程，地下水位小于2m的还有盐渍化过程。草甸土剖面基本由腐殖质层、锈色斑纹层和潜育层构成。由于土壤阴湿，质地较黏重，通透性不良，微生物活动受到抑制，矿化过程微弱，有机质大量累积，形成深厚的灰褐色腐殖质层。随着地下水位季节性升降，土体中部浸水脱水交替进行，形成锈色斑纹层。土体下部由于长期浸润，铁、锰以还原状态存在，形成青灰色潜育层。本市草甸土分为灰色草甸土、盐化草甸土等亚类。

小于本市地域面积3%的土壤类型有沼泽土。

本区域中心区气候特征

本区域中心区气候特征值
Regional climate characteristics in central area of the region

气候带：中温带亚干旱气候 Climate region: Mid temperate subarid climate	
年平均气温 /℃ Annual average temperature /℃	5.7
年平均最高气温 /℃ Annual average maximum temperature /℃	12.3
年平均最低气温 /℃ Annual average minimum temperature /℃	−0.3
年降水量 /mm Annual precipitation /mm	345
≥10℃的积温 /℃ Daily temperature accumulated in a year (≥10℃) /℃	3281
年日照时数 /h Annual sunshine /h	2910
年平均相对湿度 /% Annual average relative humidity /%	52
干燥度 Dryness	1.00

乌兰察布市市辖区主要土壤类型与土壤剖面点分布图
1∶60 000

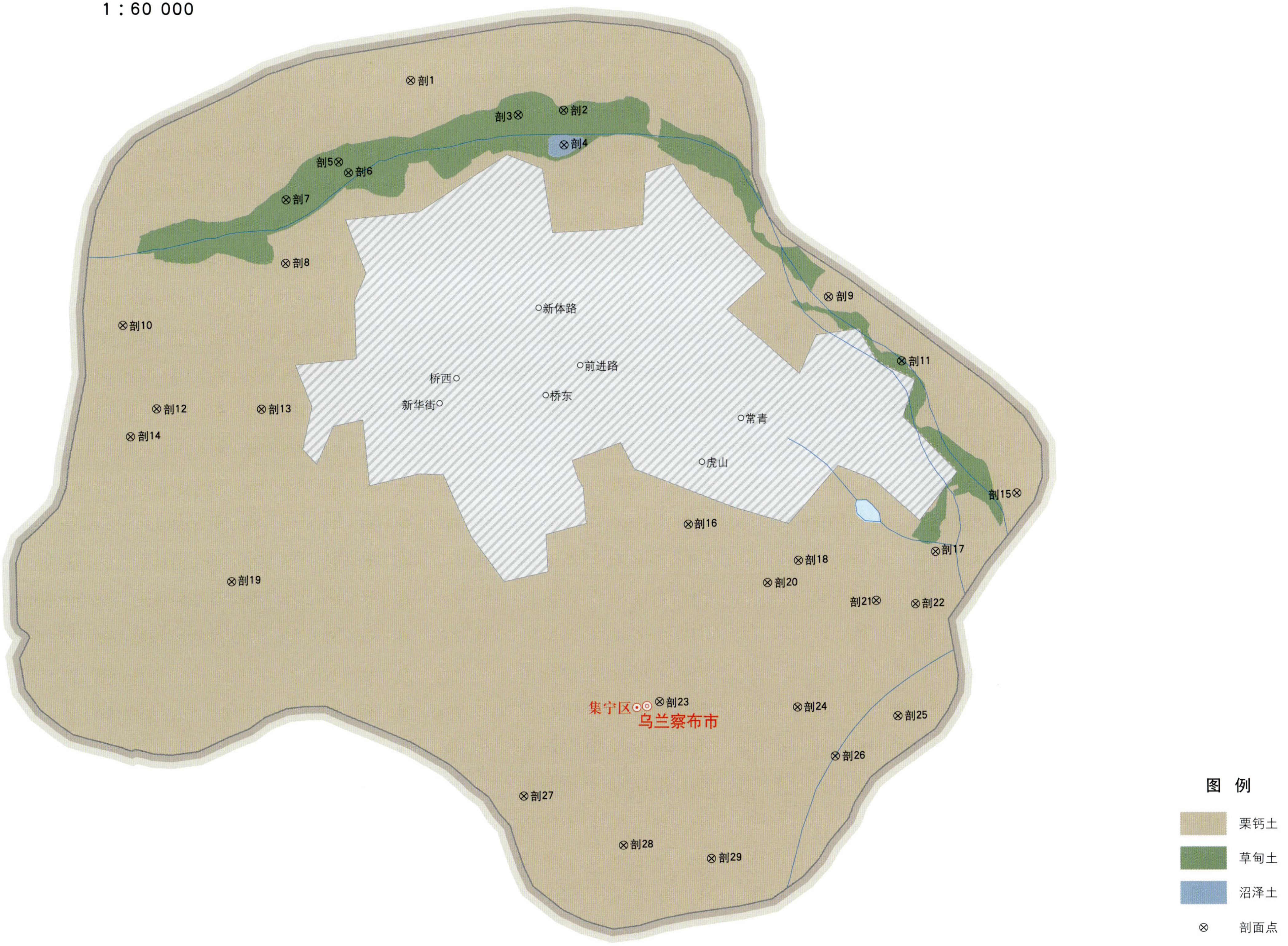

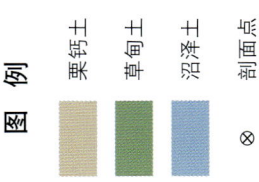

图 例
栗钙土
草甸土
沼泽土
⊗ 剖面点

乌兰察布市土壤剖面理化性状表

剖面号 Soil profile	土纲 Soil order	土类 Soil group	亚类 Soil subgroup	土属 Soil genus	土种 Soil species	土层码 Layer code	土层厚度 Depth/cm	颜色 Soil color	质地 Soil texture	土壤结构 Soil structure	pH	有机质 OM/(g/kg)	全氮 TN/(g/kg)	全磷 TP/(g/kg)	全钾 TK/(g/kg)	有效磷 AP/(mg/kg)	速效钾 AK/(mg/kg)	阳离子交换量CEC/(cmol/kg)	土壤母质 Parent material	剖面点坐标 Profile coordinate	匹配指数 Matching index/%
剖1	钙层土	栗钙土	暗栗钙土	基性岩暗栗钙土	基性岩厚层暗栗砂土	1	0~29	暗栗色	砂壤土	粒状	8.0	23.6	1.48	1.66	37.0	8.1	94	11.2	基性岩	E 113°05′06.0″ N 41°03′55.4″	78
						2	29~143	灰褐色	轻壤土	块状	8.1	19.6	1.10	1.51	35.9	4.1	51	16.3			
						3	143~160	褐灰色	砂壤土	块状											
剖2	半水成土	草甸土	灰色草甸土	砂质灰色淤土	砾石暗黄淤土	1	0~6	暗棕色	砂砾土											E 113°06′29.8″ N 41°03′41.5″	87
						2	6~14	暗黄棕色	砂砾土	块状											
						3	14~28	浅黄棕色	砂砾土												
						4	28~39	暗黄棕色	砂砾土												
剖3	半水成土	草甸土	盐化灰淤土	盐化灰淤土	中度盐化灰淤壤土	1	0~23	灰栗色	砂壤土	块状	8.6	24.3	1.29	1.62	37.3	4.1	176	10.6	红色泥岩	E 113°06′04.7″ N 41°03′40.0″	93
						2	23~42	浅黄土	中壤土	块状	9.6	6.0	0.42	1.12	33.1	0.2	49	4.4			
						3	42~57	浅黄土	重壤土		9.3	4.5	0.27	1.73	34.8	0.2	50	6.2			
						4	57~70	棕红色	重壤土												
剖4	水成土	沼泽土	草甸沼泽土	草甸沼泽土	薄层草甸沼泽土	1	0~5	暗褐色	中壤土	块状	8.1	49.1	3.04	1.55	27.1	9.9	94	21.4		E 113°06′29.5″ N 41°03′27.0″	73
						2	5~66	暗褐色	重壤土	块状	8.0	47.4	2.20	1.91	37.4	26.7	235	34.3			
						3	66~110	黑色	重壤土	块状	9.2	23.9	1.45	2.14	35.7	24.5	613	9.3			
剖5	半水成土	草甸土	盐化灰淤土	盐化灰淤土	轻度盐化灰淤壤土	1	0~19	暗灰色	轻壤土	块状	8.8	13.2	0.71	1.03	25.6	3.1	338	10.7		E 113°04′25.0″ N 41°03′22.0″	72
						2	30~93	暗黄棕色	中壤土	块状	8.4	5.4	0.39	1.58	35.0	1.0	72	13.5			
						3	93~120	青灰色	轻壤土												
剖6	半水成土	草甸土	灰色草甸土	砂壤质灰淤土	漏砂壤质灰淤土	1	0~19	暗棕色	砂壤土	块状										E 113°04′30.4″ N 41°03′17.3″	91
						2	19~50	棕灰色	砂土												
剖7	半水成土	草甸土	灰色草甸土	轻壤质灰淤土	轻壤质灰淤土	1	0~26	灰棕色	轻壤土	团块状	8.2	43.1	2.52	2.66	36.6	69.2	374	17.7	冲积物、淤积物	E 113°03′55.4″ N 41°03′06.5″	84
						2	26~37	灰色	中壤土	片状	8.3	34.7	2.01	2.01	33.5	3.1	115	21.7			
						3	37~117	青灰色	中壤土	块状	8.2	13.2	0.62	1.92	33.0		67	9.4			
						4	117~127		砂壤土												
剖8	钙层土	栗钙土	暗栗钙土	洪冲积暗栗钙土	壤底厚层砂壤质暗栗淤土	1	0~30	暗栗色	砂壤土	块状	8.3	21.7	1.33	1.84	43.8	21.3	56	13.1	洪冲积物	E 113°03′54.4″ N 41°02′39.8″	88
						2	30~80	暗暗棕色	砂壤土	块状	8.3	11.8	0.62	1.80	44.4	1.0	43	14.2			
						3	110~120	暗棕色	砂壤土	块状	8.3	7.0	0.40	1.02	42.8	1.0	51	11.3			
剖9	钙层土	栗钙土	暗栗钙土	洪冲积暗栗钙土	均质砂壤暗栗淤土	1	0~22	暗栗色	砂壤土	块状	8.3	20.6	1.04	1.50	41.2	1.0	61	14.1	洪冲积物	E 113°08′52.9″ N 41°02′20.7″	71
						2	22~71	灰灰色	砂壤土		8.4	10.9	0.72	1.73	35.8		46	13.9			
						3	71~82	棕色	砂砾土	块状	8.2	22.7	1.27	1.61	40.1		51	19.2			
剖10	钙层土	栗钙土	暗栗钙土	碳酸岩暗栗钙土	碳酸岩厚层暗黄栗土	1	0~21	暗栗色	中壤土	块状									碳酸岩坡积物、冲积物	E 113°02′24.0″ N 41°02′15.4″	79
						2	21~30	暗栗色	砂壤土	块状											
						3	30~105	灰棕色	砂壤土	块状											
						4	105~120	暗棕色													
剖11	半水成土	草甸土	灰色草甸土	砂质灰淤土	夹壤砂质灰淤土	1	0~32	暗栗色	砂壤土	块状									花岗岩坡积物、洪冲积物	E 113°09′32.0″ N 41°01′53.0″	71
						2	32~65	灰色	砂壤土	块状											
						3	65~80	暗棕色	砂壤土	块状											
剖12	钙层土	栗钙土	暗栗钙土	酸性岩暗栗钙土	酸性岩中层暗黄栗土	1	0~33	暗栗色	中壤土	团块状	8.2	26.0	1.81	1.33	37.9	6.2	117	17.0		E 113°02′41.6″ N 41°01′40.1″	91
						2	33~84	灰色	砂砾土	块状											
						3	84~102	棕色	砂砾土	块状											
剖13	钙层土	栗钙土	暗栗钙土	泥质暗栗钙土	中层泥质暗栗红土	1	0~20	暗灰棕色	中壤土	块状	8.2	11.8	0.89	1.04	38.1	3.1	73	12.4	泥岩	E 113°03′39.2″ N 41°01′39.0″	77
						2	20~31	黄棕色	重壤土	块状	8.3	4.3	0.35	0.80	43.6	2.6	76	18.7			
						3	31~50	棕红色	重壤土	块状											
						4	50~80														

续表 Continued

剖面号 Soil profile	土纲 Soil order	土类 Soil great group	亚类 Soil subgroup	土属 Soil genus	土种 Soil species	土层码 Layer code	土层厚度 Depth/cm	颜色 Soil color	质地 Soil texture	土壤结构 Soil structure	pH	有机质 OM/(g/kg)	全氮 TN/(g/kg)	全磷 TP/(g/kg)	全钾 TK/(g/kg)	有效磷 AP/(mg/kg)	速效钾 AK/(mg/kg)	阳离子交换量CEC/(cmol/kg)	土壤母质 Parent material	剖面点坐标 Profile coordinate	匹配指数 Matching index/%
剖14	钙层土	栗钙土	暗栗钙土	酸性岩暗栗钙土	酸性岩中层暗黄砂土	1	0—27	暗栗色	砂壤土		8.4	14.3	1.05	1.35	36.5	10.2	66	9.0	酸性岩	E 113°02′26.9″ N 41°01′28.6″	97
剖15	钙层土	栗钙土	暗栗钙土	基性岩暗栗钙土	基性岩中体暗黄砂土	2	27—62		中壤土		8.3	11.1	0.67	1.16	27.0	3.1	48	7.8	基性岩	E 113°10′33.4″ N 41°00′56.6″	83
						1	0—45		轻壤土		8.0	40.1	2.46	2.43	36.6	26.7	183	20.4			
						2	45—57		中壤土		7.8	10.9	0.70	1.81	39.4	0.2	93	20.6			
剖16	钙层土	栗钙土	暗栗钙土	泥质岩暗栗钙土	中层砂壤质暗栗红土	1	0—13	暗栗色	砂壤土	粒状	8.5	14.7	0.91	1.26	40.8	7.1	64	10.8	泥质岩	E 113°07′32.9″ N 41°00′46.8″	98
						2	13—26	暗栗色	中壤土	块状	8.2	10.3	0.70	1.77	41.8	2.1	52	18.2			
						3	26—39	暗栗色	中壤土	块状	8.1	5.7	0.43	0.76	45.8	2.1	78	19.1			
						4	39—59	棕红色	中壤土	块状											
剖17	钙层土	栗钙土	暗栗钙土	洪冲积暗栗钙土	砂底中层砂壤质暗栗淤土	1	0—35		砂壤土		8.3	20.5	1.34	1.37	37.9	2.0	72	10.5	洪冲积物	E 113°09′48.1″ N 41°00′32.9″	81
						2	60—70		中壤土		8.4	8.7	0.60	0.99	31.9	1.0	36	9.4			
						3	95—105		砂壤土		8.6	3.3	0.17	1.02	35.2	0.6	36	8.0			
剖18	钙层土	栗钙土	暗栗钙土	酸性岩暗栗钙土	酸性岩中体暗黄砂土	1	0—15		砂壤土		8.4	23.5	1.36	1.03	36.4	4.1	54	11.8	酸性岩	E 113°08′32.6″ N 41°00′30.6″	81
						2	15—40		重壤土		8.3		0.83	0.75	19.6	3.1	23	16.3			
剖19	钙层土	栗钙土	暗栗钙土	酸性岩暗栗钙土	酸性岩砾质暗黄砂土	1	0—20	暗栗色	砂壤土	单粒状	8.5	11.4	0.67	0.76	42.1	4.0	35	11.6	花岗岩残积物	E 113°03′20.5″ N 41°00′27.0″	88
						2	20—33	暗灰色	轻壤土	块状	8.4	9.7	0.64	0.41	37.8	4.1	26	13.5			
						3	33—47	灰白色	砂土												
剖20	草甸栗钙土	栗钙土		砂壤质洪淤土	砂壤质洪淤土	1	0—21	褐色	砂壤土	粒状									洪冲积物	E 113°08′15.4″ N 41°00′21.6″	78
						2	21—46	褐色	砂壤土	块状	8.3		0.74	1.25	39.5	20.2	71	9.4			
						3	46—87	灰白色	砂壤土	块状	8.7	5.1	0.23	1.19	37.4		38	3.5			
						4	87—100		轻壤土												
剖21	钙层土	栗钙土	暗栗钙土	基性岩暗栗钙土	基性岩中层暗黄砂土	1	0—26		砂壤土	粒状	8.4	24.6	1.21	1.39	42.8	7.1	102	11.5	基性岩	E 113°09′14.8″ N 41°00′13.0″	82
						2	26—94	青灰色	轻壤土		8.1	11.2	0.71	1.11	34.1	1.1	41	6.4			
剖22	钙层土	栗钙土	暗栗钙土	基性岩暗栗钙土	基性岩薄层暗栗砂土	1	0—37	暗栗色	砂壤土		8.4	10.7	0.58	0.87	43.4	13.1	73	6.0	基性岩	E 113°09′36.0″ N 41°00′11.2″	88
						2	37—45		轻壤土												
剖23	钙层土	栗钙土	暗栗钙土	洪积暗栗钙土	砂底厚层壤质暗栗淤土	1	0—19		砂壤土		8.4	20.5	1.23	1.12	42.2	1.0	46	12.0	洪冲积物	E 113°07′14.5″ N 40°59′32.6″	88
						2	19—50		轻壤土		8.4	7.7	0.58	1.01	36.6	1.0	25	7.3			
剖24	钙层土	栗钙土	暗栗钙土	洪积暗栗钙土	砂底厚层壤质暗栗淤土	1	0—30	暗栗色	砂壤土	粒状									洪冲积物	E 113°08′30.1″ N 40°59′29.0″	85
						2	30—70														
						3	70—120														
剖25	钙层土	栗钙土	暗栗钙土	洪积暗栗钙土	砂底厚层壤质暗栗淤土	1	0—20	暗栗色	砂壤土	块状	8.1	20.2	1.30	1.50	38.8	6.1	102	12.4	洪冲积物	E 113°09′24.8″ N 40°59′24.4″	86
						2	20—30	暗栗色	砂壤土	块状	8.2	14.6	0.95	0.82	45.8	3.0	46	12.6			
						3	30—65	黄棕色	轻壤土	粒状	8.4	19.4	0.59	0.98	48.6	4.0	53	7.2			
						4	65—110		砂砾土												
剖26	钙层土	栗钙土	暗栗钙土	洪积暗栗钙土	砂底厚层壤质暗栗淤土	1	0—30		轻壤土		8.3	24.6	1.61	1.52	35.4	2.0	85	15.5	洪冲积物	E 113°08′49.9″ N 40°59′08.2″	71
						2	30—45		轻壤土		8.4	16.6	1.13	0.82	42.9	0.2	41	12.9			
						3	65—110		轻壤土												
剖27	钙层土	栗钙土	暗栗钙土	洪积暗栗钙土	砂底中层壤质暗栗淤土	1	0—33	暗栗色	轻壤土		8.4	15.9	1.06	1.01	36.3	2.1	51	11.9	洪冲积物	E 113°05′58.9″ N 40°58′54.5″	92
						2	50—80	灰黄色	重壤土	单粒状	8.4	7.1	0.51	0.57	20.6	0.2	33	8.1			
剖28	钙层土	栗钙土	暗栗钙土	洪积暗栗钙土	砾质厚层壤质暗栗淤土	1	0—20	棕黄色	重壤土	块状	8.3	3.7	0.25	0.69	36.3	0.2	54	13.2	洪冲积物	E 113°06′52.9″ N 40°58′32.9″	89
						2	20—50	暗栗色	砂壤土	块状	8.5										
						3	50—85	暗栗色	砂砾土	粒状											
剖29	钙层土	栗钙土	暗栗钙土	洪积暗栗钙土	少砾质厚层暗栗淤土	1	0—23	暗栗色	砂壤土	粒状									洪冲积物	E 113°07′41.2″ N 40°58′26.4″	79
						2	23—36	暗栗色	砂壤土	单粒状											
						3	36—70	浅黄色	砂壤土	单粒状											
						4	70—95		砂壤土	单粒状											

卓 资 县

主要土类说明

灰褐土是卓资县主要土壤类型，占本县地域面积的88%。灰褐土分布在本县中部以西的中山山地及其延伸的丘陵地带，山地海拔为1500—2200m，丘陵海拔为1450—1600m。自然植被主要为白桦、山杨次生林，灌木以虎榛子、绣线菊为主，其次有山杏等。成土母质类型复杂，主要为玄武岩、砂砾岩、花岗岩、花岗片麻岩等的风化残积物、坡积物及黄土状母质。凋落物层厚3cm左右或无，腐殖质层一般厚25—50cm，过渡层厚25—40cm，淀积层不明显。本县灰褐土分为生草灰褐土、淋溶灰褐土、灰褐土、粗骨性灰褐土等亚类。

栗钙土是卓资县第二大土壤类型，占本县地域面积的10%。栗钙土主要分布在十八台镇东部和巴音锡勒镇东部，基本属霸王河流域，是本县东部的主要农业区。栗钙土所处地形部位为低山丘陵及玄武岩台地延伸的低丘，海拔为1450—1700m。自然植被主要为半干旱草原类型。成土母质有各种岩类的残积物、坡积物和洪冲积物。成土过程主要为有机质累积过程和钙积过程。栗钙土剖面由腐殖质层、钙积层和母质层构成，有的栗钙土具 A–AB–B–C 或 A–C 剖面构型，层次过渡不清晰。腐殖质层呈暗栗色、栗色或暗棕色。根据附加成土过程的特点，本县栗钙土分为暗栗钙土、粗骨性栗钙土、草甸栗钙土等亚类。

小于本县地域面积3%的土壤类型有草甸土。

本区域中心区气候特征

本区域中心区气候特征值
Regional climate characteristics in central area of the region

气候带：中温带亚干旱气候 Climate region: Mid temperate subarid climate	
年平均气温 /℃ Annual average temperature /℃	6.2
年平均最高气温 /℃ Annual average maximum temperature /℃	12.9
年平均最低气温 /℃ Annual average minimum temperature /℃	0.2
年降水量 /mm Annual precipitation /mm	368
≥10℃的积温 /℃ Daily temperature accumulated in a year (≥10℃) /℃	3901
年日照时数 /h Annual sunshine /h	2876
年平均相对湿度 /% Annual average relative humidity /%	53
干燥度 Dryness	1.01

本区域中心区月平均气温与月平均降水量
Monthly temperature and precipitation in central area of the region

卓资县主要土壤类型与土壤剖面点分布图

1 : 310 000

图 例

- 灰褐土
- 栗钙土
- 草甸土
- ⊗ 剖面点

卓资县土壤剖面理化性状表

剖面号 Soil profile	土纲 Soil order	土类 Soil great group	亚类 Soil subgroup	土属 Soil genus	土种 Soil species	土层码 Layer code	土层厚度 Depth/cm	颜色 Soil color	质地 Soil texture	土壤结构 Soil structure	pH	有机质 OM/(g/kg)	全氮 TN/(g/kg)	全磷 TP/(g/kg)	全钾 TK/(g/kg)	阳离子交换量CEC/(cmol/kg)	土壤母质 Parent material	剖面点坐标 Profile coordinate	匹配指数 Matching index/%
剖1	半淋溶土	灰褐土	生草灰褐土	砂砾岩生草灰褐土	砂砾岩中壤	1	0~25	灰黑色	中壤土	粒状							角砾岩	E 111°57′40.0″ N 41°13′31.4″	94
剖2	半淋溶土	灰褐土	生草灰褐土	酸性岩生草灰褐土	中体生草质灰褐土	1	0~19	灰褐色	中壤土	粒状							花岗岩残积物、坡积物	E 111°53′46.7″ N 41°10′24.2″	77
						2	19~25	灰黑色	中壤土	无明显结构									
剖3	半淋溶土	灰褐土	生草灰褐土	酸性岩生草灰褐土		1	0~25		中壤土	粒状	7.2	75.5	3.79	2.09	27.1	30.4	酸性岩	E 111°54′34.6″ N 41°09′34.9″	88
						2	25~50		中壤土	无明显结构	7.4	71.3	3.63	2.08	26.5	30.3			
剖4	半淋溶土	灰褐土	生草灰褐土	洪冲积灰褐土		1	0~25		中壤土		8.0	50.8	2.57	2.38	24.8	25.9	洪冲积物	E 111°54′23.0″ N 41°08′01.3″	88
						2	25~50		中壤土		8.3	55.1	2.80	2.39	24.9	30.0			
剖5	半淋溶土	灰褐土	粗骨性灰褐土	粗骨性灰褐土	中体砂壤质灰褐土	1	0~40		砂壤土		8.4	12.1	0.67	1.89	25.1	10.3	残积物、坡积物	E 111°57′12.6″ N 41°07′45.1″	73
						2	50~60		轻壤土		8.3	18.4	1.04	1.92	25.1	10.8			
剖6	半淋溶土	灰褐土	淋溶灰褐土	酸性岩淋溶灰褐土		1	0~25		中壤土		7.2	78.4	3.77	2.00	25.1	30.6	酸性岩	E 111°58′44.8″ N 41°06′41.0″	72
						2	25~50		中壤土		7.3	74.4	3.68	2.12	26.0	30.6			
剖7	半淋溶土	灰褐土	淋溶灰褐土	酸性岩淋溶灰褐土	酸性岩中壤	1	0~4	棕褐色	中壤土	无明显结构							花岗岩残积物、坡积物	E 112°10′02.3″ N 41°08′27.2″	83
						2	4~32	灰褐色	中壤土	团粒状									
						3	32~56	棕褐色	轻壤土	无明显结构									
						4	56~62												
剖8	半淋溶土	灰褐土	灰褐土	碳酸盐灰褐土	碳酸盐轻壤厚体灰褐土	1	0~46	灰褐色	轻壤土	粒状							石灰岩	E 112°08′56.8″ N 41°07′26.0″	74
						2	46~60	棕褐色	中壤土	粒状									
						3	60~63	浅灰黄色	轻壤土	无明显结构									
剖9	半淋溶土	灰褐土	灰褐土	酸性岩灰褐土	酸性岩中壤质厚体灰褐土	1	0~22	暗褐色	中壤土	块状							花岗岩残积物、坡积物	E 112°07′29.6″ N 41°05′01.3″	71
						2	22~30	褐栗色	中壤土	粒状									
剖10	半淋溶土	灰褐土	生草灰褐土	酸性岩生草灰褐土	酸性岩中壤灰褐土	1	0~29	栗色	中壤土	粒状							花岗岩残积物、坡积物	E 112°03′20.2″ N 41°03′50.4″	80
						2	29~54	黑色	中壤土	无明显结构									
						3	54~63												
剖11	半淋溶土	灰褐土	灰褐土	侵蚀灰褐土	中度侵蚀灰褐土	1	0~29	灰褐色	中壤土	团粒状							黄土状母质	E 112°11′35.2″ N 41°03′17.6″	94
						2	29~66	黄褐色	中壤土	块状									
						3	66~73	黄色	轻壤土	块状									
剖12	半淋溶土	灰褐土	灰褐土	洪冲积灰褐土	砂底轻壤灰褐土	1	0~105	灰灰色	中壤土	团粒状							洪冲积物	E 112°14′43.4″ N 41°02′11.0″	71
						2	105~125	浅栗色	中壤土	团粒状									
						3	125~136	浅栗色	轻壤土	团粒状									
剖13	半淋溶土	灰褐土	生草灰褐土	洪冲积灰褐土	酸性岩中壤灰褐土	1	0~34	暗褐色	中壤土	粒状							洪冲积物	E 112°09′07.2″ N 41°07′29.6″	85
						2	34~85	灰褐色	中壤土	粒状									
						3	85~145	灰褐色	中壤土	无明显结构									
剖14	半淋溶土	灰褐土	粗骨性灰褐土	粗骨性灰褐土	通体中壤灰褐土	1	0~6	灰色	中壤土	块状							玄武岩残积物	E 112°15′09.7″ N 41°00′46.8″	79
						2	6~11	黄褐色	中壤土	块状									
剖15	半淋溶土	灰褐土	灰褐土	碳酸盐淋溶灰褐土	粗骨性灰褐土	1	3~17	暗褐色	轻壤土	粒状	6.9	70.9	3.24	1.62	23.7	20.9	碳酸岩	E 112°21′22.9″ N 41°06′34.7″	79
						2	17~23	暗灰色	中壤土	粒状	7.3	10.9	0.51	1.14	24.6	12.3			
剖16	半淋溶土	灰褐土	灰褐土	碳酸盐灰褐土	碳酸盐轻壤薄体灰褐土	1	0~21	暗褐色	轻壤土	粒状							石灰岩残积物、坡积物	E 112°19′42.2″ N 41°06′24.1″	83
						2	21~30	棕灰色	轻壤土	粒状									
剖17	半淋溶土	灰褐土	生草灰褐土	基性岩生草灰褐土	基性岩轻壤厚体灰褐土	1	0~68	浅黄色	轻壤土	粒状							玄武岩残积物、坡积物	E 112°41′56.8″ N 41°06′38.5″	87
						2	68~89	灰黑色	中壤土	无明显结构									
						3	89~112												

续表 Continued

剖面号 Soil profile	土纲 Soil order	土类 Soil great group	亚类 Soil subgroup	土属 Soil genus	土种 Soil species	土层码 Layer code	土层厚度 Depth/cm	颜色 Soil color	质地 Soil texture	土壤结构 Soil structure	pH	有机质 OM/(g/kg)	全氮 TN/(g/kg)	全磷 TP/(g/kg)	全钾 TK/(g/kg)	阳离子交换量CEC/(cmol/kg)	土壤母质 Parent material	剖面点坐标 Profile coordinate	匹配指数 Matching index/%
剖18	半淋溶土	灰褐土	生草灰褐土	基性岩生草灰褐土	基性岩轻壤薄体生草灰褐土	1	0–21	暗栗色	轻壤土	粒状							玄武岩残积物、坡积物	E 112°39′58.3″ N 41°03′59.7″	83
						2	21–29	黄褐色	轻壤土	粒状									
						3	29–33	青灰色		无明显结构									
剖19	半淋溶土	灰褐土	淋溶灰褐土	碳酸岩淋溶灰褐土	碳酸岩厚体淋溶灰褐土	1	0–8	暗褐色	轻壤土	粒状							大理岩残积物、坡积物	E 112°37′59.2″ N 41°02′47.7″	85
						2	8–65	暗褐色	轻壤土	粒状									
						3	65–71			无明显结构									
剖20	半水成土	草甸土	灰色草甸土	轻壤质灰色草甸土	黏底轻壤质灰色草甸土	1	0–28	栗色	中壤土	团粒状							冲积物	E 112°37′14.5″ N 41°02′43.8″	75
						2	28–80	暗栗色	中壤土	团粒状									
						3	80–120	暗栗色	黏土	块状									
						4	120–149	青灰色	黏土	块状									
剖21	钙层土	暗栗钙土	砂砾岩暗栗钙土	砂底砂质砂底暗黄砂土	1	0–20	灰褐色	砂壤土	粒状							砂砾岩残积物、坡积物	E 112°42′06.1″ N 41°02′32.6″	96
						2	20–40	黄褐色	砂壤土	粒状									
						3	40–60	栗黄色	砂壤土	粒状									
						4	60–80		砂砾土	无明显结构									
剖22	钙层土	草甸栗钙土	砂质草甸栗钙土	砂砾质砂底黄洪淤土	1	0–19	黄栗色	中壤土	粒状							冲积物	E 112°43′48.7″ N 41°02′11.8″	99
						2	19–60	黄栗色	轻壤土	粒状									
						3	60–70	灰栗色	轻壤土	粒状									
						4	70–80	浅黄色	细砂土	无明显结构									
剖23	半水成土	草甸土	盐化草甸土	盐化草甸土	轻度盐化灰淤黏土	1	0–46	暗褐色	黏土	核块状							冲积物	E 112°43′13.6″ N 41°00′45.1″	84
						2	46–80	黄褐色	黏土	核块状									
						3	80–128	青灰色	黏土	核块状									
剖24	钙层土	草甸栗钙土	砂质草甸栗钙土	砂底质暗洪淤土	1	0–44	灰棕色	砂壤土	粒状							冲积物	E 112°42′07.6″ N 41°00′31.7″	100
						2	44–61	浅栗色	砂壤土	无明显结构									
						3	61–92	黄栗色											
剖25	钙层土	暗栗钙土	中壤质草甸栗钙土	中壤质暗洪淤土	1	0–22	暗栗色	中壤土	粒状	8.1	40.9	2.38	1.16	22.4	24.8	洪冲积物	E 112°47′39.8″ N 41°03′43.9″	88
						2	22–70	灰栗色	轻壤土	粒状	8.3	19.6	1.23	0.95	15.5	19.1			
						3	70–94	灰栗色	轻壤土	粒状									
						4	94–121	黄棕色	中壤土	粒状									
剖26	钙层土	暗栗钙土	碳酸岩暗栗钙土	碳酸岩中层暗栗钙土	1	0–28	栗色	中壤土	粒状							碳酸岩	E 112°48′43.9″ N 41°03′37.4″	94
						2	28–39	青栗色	中壤土	粒状									
剖27	钙层土	粗骨性栗钙土	粗骨性栗钙土	粗骨性栗钙土	1	0–12	栗色	轻壤土	粒状							玄武岩残积物、坡积物	E 112°49′57.4″ N 41°03′00.7″	88
						2	12–19	青栗色	中壤土	粒状									
剖28	钙层土	暗栗钙土	洪冲积暗栗钙土	通体轻壤暗栗色土	1	0–60	栗色	轻壤土	粒状							洪冲积物	E 112°45′52.5″ N 41°02′41.9″	98
						2	60–104	栗色	轻壤土	粒状									
						3	104–114	黄色	轻壤土	无明显结构									
剖29	钙层土	暗栗钙土	基性岩暗栗钙土	基性岩中层暗黄栗土	1	0–25	暗栗色	中壤土	粒状	8.4	11.5	0.73	1.16	22.4	11.8	基性岩	E 112°47′08.9″ N 41°02′25.4″	79
						2	25–63	浅栗色	中壤土	粒状	8.4	6.6	0.45	1.13	21.4	9.7			
						3	63–159	灰白色	轻壤土	粒状	8.3	8.2	0.58	1.27	21.4	11.3			
剖30	钙层土	暗栗钙土	碳酸岩暗栗钙土	碳酸岩中体暗黄栗土	1	0–27	暗栗色	轻壤土	粒状							大理岩残积物、坡积物	E 112°49′14.9″ N 41°00′54.0″	72
						2	27–42	浅栗色	轻壤土	核状									
						3	42–54	暗灰色	中壤土	核状									
剖31	半水成土	草甸土	灰色草甸土	轻壤质灰淤土	轻壤质灰淤土	1	0–21		轻壤土	无明显结构							冲积物	E 112°08′22.9″ N 40°58′38.6″	85
						2	21–95	浅栗色	轻壤土	粒状									
						3	95–130	暗灰色	中壤土	核状									
						4	130–152	黄栗色	轻壤土	粒状									

续表 Continued

剖面号 Soil profile	土纲 Soil order	土类 Soil great group	亚类 Soil subgroup	土属 Soil genus	土种 Soil species	土层码 Layer code	土层厚度 Depth/cm	颜色 Soil color	质地 Soil texture	土壤结构 Soil structure	pH	有机质 OM/(g/kg)	全氮 TN/(g/kg)	全磷 TP/(g/kg)	全钾 TK/(g/kg)	阳离子交换量CEC/(cmol/kg)	土壤母质 Parent material	剖面点坐标 Profile coordinate	匹配指数 Matching index/%
剖32	半淋溶土	灰褐土	灰褐土	洪冲积灰褐土	洪积岩砾质	1	0–23	黄褐色	砂壤土	粒状							洪冲积物	E 112°06′09.4″ N 40°57′41.2″	71
						2	23–43	褐壤色	砂壤土	粒状									
						3	43–66	灰褐色	砂壤土										
						4	66–75	浅灰色											
剖33	半淋溶土	灰褐土	淋溶灰褐土	碳酸岩淋溶灰褐土		1	0–37		中壤土	粒状	7.4	62.8	2.63	0.90	24.0	30.5	碳酸岩	E 112°19′39.7″ N 40°57′43.9″	85
						2	37–87		中壤土		8.0	18.4	0.82	0.90	24.0	20.4			
剖34	半淋溶土	灰褐土	淋溶灰褐土	碳酸岩淋溶灰褐土		1	0–30		中壤土		7.5	72.7	3.39	1.46	24.6	33.0	碳酸岩	E 112°26′33.0″ N 40°55′47.6″	100
						2	30–50		中壤土		7.4	76.1	3.58	1.46	24.6	30.5			
剖35	半淋溶土	灰褐土	灰褐土	基性岩灰褐土	基性岩轻壤中体灰褐土	1	0–18	栗色	轻壤土	粒状							玄武岩残积物、坡积物	E 112°38′51.4″ N 40°58′46.2″	74
						2	18–40	灰栗色	轻壤土										
						3	40–61	灰褐色	黏土	无明显结构									
剖36	半淋溶土	草甸土	灰色草甸土	中壤质灰淤土	黏体中壤质灰淤土	1	0–17	灰黑色	黏壤土	核块状							冲积物	E 112°34′55.6″ N 40°57′56.2″	75
						2	17–21	浅褐色	砂土	块状									
						3	21–30	灰黑色	轻壤土										
						4	30–45	灰褐色	中壤土										
						5	45–56			无明显结构									
剖37	半淋溶土	灰褐土	灰褐土	砂砾岩灰褐土	砂砾岩轻壤中体灰褐土	1	0–37	浅褐色	砂壤土	粒状							泥质砂砾岩残积物、坡积物	E 112°35′57.5″ N 40°57′36.7″	99
						2	37–41	棕红色	砂壤土										
剖38	半淋溶土	灰褐土	灰褐土	基性岩灰褐土	基性岩薄体灰褐土	1	0–27	灰褐色	砂壤土	粒状							玄武岩残积物、坡积物	E 112°42′59.4″ N 40°57′17.3″	74
						2	27–35	棕红色	砂壤土										
剖39	半淋溶土	灰褐土	灰褐土	砂砾岩灰褐土	砂砾岩砂质中体灰褐土	1	0–24	灰褐色	砂壤土	粒状							砂砾岩残积物、坡积物	E 112°33′58.3″ N 40°56′17.2″	91
						2	24–37	棕红色	砂壤土										
						3	37–61	灰褐色	砂壤土										
剖40	半淋溶土	草甸土	灰色草甸土	砂质灰淤土	砂质灰淤土	1	0–9	浅褐色	砂壤土	粒状							砂砾岩残积物、坡积物	E 112°35′29.8″ N 40°56′16.1″	81
						2	9–17	浅黄色	砂壤土	粒状									
						3	17–23	灰褐色	砂壤土	无明显结构									
剖41	半淋溶土	灰褐土	盐化草甸土	盐化草甸土	轻度盐化灰淤砂土	1	0–38	浅黄色	轻壤土	粒状							冲积物	E 112°30′15.1″ N 40°55′17.0″	99
						2	38–77	灰褐色	中壤土	粒状									
						3	77–125	栗黄色	砂土	块状									
剖42	半水成土	灰褐土	灰褐土	洪冲积灰褐土	通体轻壤灰褐土	1	0–23	灰褐色	轻壤土	粒状	8.2	24.9	1.32	1.67	26.2	15.9	洪冲积物	E 112°34′37.9″ N 40°54′03.2″	72
						2	23–42	蓝褐色	砂壤土	无明显结构	8.5	11.5	0.79	1.43	25.0	12.8			
						3	42–64	青灰色	黏土	粒状									
						4	64–98	灰褐色	黏壤土										
剖43	半淋溶土	灰褐土	灰褐土	泥页岩灰褐土	泥页岩中体灰褐土	1	5–41	灰褐色	轻壤土	粒状							洪冲积物	E 112°44′18.6″ N 40°52′23.2″	90
						2	41–98	棕红色	中壤土	块状									
剖44	半淋溶土	灰褐土	灰褐土	泥页岩灰褐土		1	0–49	灰褐色	轻壤土	粒状							泥页岩残积物、坡积物	E 112°42′06.5″ N 40°51′49.0″	96
						2	49–80	红色	砂土	块状									
剖45	半水成土	草甸土	灰色草甸土	轻壤岩灰淤土	黏体轻壤灰淤土	1	0–60	暗棕色	黏壤土	粒状							冲积物	E 112°47′16.4″ N 40°58′35.4″	90
						2	60–73		黏壤土	无明显结构									
						3	73–151												
剖46	钙层土	栗钙土	暗栗钙土	泥页岩暗栗钙土	中层壤质暗栗红土	1	0–18	栗色	轻壤土	粒状	8.0	18.9	1.15	3.71	25.7	18.2	泥页岩	E 112°54′40.0″ N 40°58′17.4″	84
						2	18–36	暗栗色	中壤土	粒状	8.1	21.3	1.23	2.90	24.9	20.6			
剖47	钙层土	栗钙土	暗栗钙土	泥页岩暗栗钙土	厚层壤质暗栗红土	1	0–18	栗色	轻壤土	粒状							泥页岩	E 112°51′27.0″ N 40°58′16.3″	97
						2	18–48	暗栗色	轻壤土	粒状									
						3	48–57	黄棕色	轻壤土	块状									
						4	57–65	红棕色	黏土										

续表 Continued

剖面号 Soil profile	土纲 Soil order	土类 Soil great group	亚类 Soil subgroup	土属 Soil genus	土种 Soil species	土层码 Layer code	土层厚度 Depth/cm	颜色 Soil color	质地 Soil texture	土壤结构 Soil structure	pH	有机质 OM/(g/kg)	全氮 TN/(g/kg)	全磷 TP/(g/kg)	全钾 TK/(g/kg)	阳离子交换量CEC/(cmol/kg)	土壤母质 Parent material	剖面点坐标 Profile coordinate	匹配指数 Matching index/%
剖48	钙层土	栗钙土	暗栗钙土	洪冲积暗栗钙土	砂底轻壤中层栗暗淤土	1	0–17	暗栗色	轻壤土	粒状							洪冲积物	E 112° 50′ 23.7″ N 40° 57′ 34.0″	83
						2	17–38	暗栗色	轻壤土	粒状									
						3	38–61	浅灰色	轻壤土	粒状									
						4	61–73	浅黄色	轻壤土	无明显结构									
剖49	钙层土	栗钙土	暗栗钙土	基性岩暗栗钙土	基性岩砾质中体暗栗砂土	1	0–18	暗栗色	砂壤土	粒状							玄武岩残积物、坡积物	E 112° 48′ 59.4″ N 40° 55′ 57.7″	90
						2	18–50	暗栗色	砂壤土	粒状									
						3	50–59	灰白色	砂壤土	粒状									
						4	59–78	浅黄色	砂壤土	无明显结构									
剖50	钙层土	栗钙土	暗栗钙土	基性岩暗栗钙土	基性岩砾质暗黄砂土	1	0–25	栗色	砂壤土	粒状							玄武岩残积物、坡积物	E 112° 50′ 55.7″ N 40° 54′ 59.0″	89
						2	25–35	黄栗色	砂壤土	粒状									
剖51	钙层土	栗钙土	暗栗钙土	酸性岩暗栗钙土	酸性岩砾质薄体暗黄黑土	1	0–18	褐黄色	轻壤土	粒状							花岗岩残积物、坡积物	E 112° 51′ 43.2″ N 40° 53′ 24.7″	82
						2	18–36	栗色	轻壤土	粒状									
						3	36–76	黄栗色	轻壤土	粒状									
剖52	钙层土	栗钙土	草甸栗钙土	轻壤质草甸栗钙土	轻壤质草甸洪淤土	1	0–21	暗栗色	中壤土	粒状							冲积物	E 112° 53′ 07.4″ N 40° 53′ 18.6″	76
						2	21–95	暗灰色	中壤土	粒状									
						3	95–130	黄灰色	中壤土										
						4	130–152												
剖53	半水成土	草甸土	盐化草甸土	盐化草甸土	轻度盐化灰甸粘土	1	0–48		轻壤土	粒状	8.3	19.5	1.25	1.57	23.5	14.7		E 112° 47′ 48.1″ N 40° 52′ 36.1″	80
						2	50–65		轻壤土	粒状	8.3	5.9	0.43	1.71	19.1	10.3			
剖54	半淋溶土	灰褐土	基性岩灰褐土	基性岩灰褐土	基性岩砾体厚体灰褐土	1	0–30		轻壤土	粒状	8.3	18.7	1.03	1.66	23.6	17.2	基性岩	E 112° 47′ 17.9″ N 40° 52′ 13.1″	80
						2	30–60		轻壤土	粒状	8.3	14.4	0.81	1.64	23.6	14.9			
						3	60–110		轻壤土	粒状	8.3	5.7	0.34	1.54	24.3	12.2			
剖55	钙层土	栗钙土	草甸栗钙土	盐化草甸栗钙土	中度盐化草甸栗钙土	1	0–28		中壤土	团块状							洪冲积物	E 112° 51′ 54.0″ N 40° 52′ 08.0″	96
						2	28–91	蓝灰色	砂壤土	无明显结构									
						3	91–95	黄灰色	砂壤土	粒状									
剖56	半淋溶土	灰褐土	基性岩灰褐土	基性岩灰褐土	基性岩暗体砂壤灰褐土	1	0–29	暗栗色	砂壤土	粒状							玄武岩残积物、坡积物	E 112° 47′ 29.4″ N 40° 50′ 39.1″	84
						2	29–57	黄栗色	砂壤土	粒状									
						3	57–80	灰黄色	砂壤土	粒状									
剖57	钙层土	栗钙土	暗栗钙土	基性岩暗栗钙土	基性岩厚体暗黄黑土	1	0–19	暗栗色	轻壤土	粒状							玄武岩残积物、坡积物	E 112° 51′ 15.1″ N 40° 50′ 15.4″	96
						2	19–78	黄栗色	轻壤土	粒状									
						3	78–115	黄褐色	轻壤土	粒状									
						4	115–130	黄褐色	轻壤土	无明显结构									
剖58	半淋溶土	灰褐土	酸性岩灰褐土	酸性岩淋溶灰褐土	酸性岩薄体淋溶灰褐土	1	0–5	黑褐色	轻壤土	粒状							花岗岩残积物、坡积物	E 112° 21′ 41.4″ N 40° 49′ 44.4″	95
						2	5–28	黑色	轻壤土	粒状									
						3	28–35	栗色	轻壤土	粒状									
剖59	半淋溶土	灰褐土	酸性岩灰褐土	酸性岩灰褐土	酸性岩厚体灰褐土	1	0–23	暗栗色	轻壤土	粒状							花岗岩残积物、坡积物	E 112° 21′ 09.7″ N 40° 45′ 35.3″	94
						2	23–66	黄栗色	轻壤土	粒状									
						3	66–150	浅黄色	轻壤土	粒状									
剖60	半淋溶土	灰褐土	酸性岩灰褐土	酸性岩灰褐土	酸性岩厚体灰褐土	1	0–29	暗栗色	砂壤土	粒状							花岗岩残积物、坡积物	E 112° 51′ 12.5″ N 40° 46′ 43.0″	96
						2	29–71	暗栗色	砂壤土	粒状									
						3	71–83	黄色	砂壤土	无明显结构									
剖61	半淋溶土	灰褐土	洪冲积灰褐土	洪冲积灰褐土	洪冲积通体轻壤灰褐土	1	0–37	灰褐色	轻壤土	粒状							花岗岩残积物、坡积物	E 112° 33′ 08.3″ N 40° 44′ 58.9″	74
						2	37–81	深褐色	轻壤土	粒状									
						3	81–157	黄褐色	轻壤土	粒状									
剖62	半淋溶土	灰褐土	中性岩灰褐土	中性岩灰褐土	中性岩轻壤薄体灰褐土	1	0–19	栗色	轻壤土	粒状							安山岩残积物、坡积物	E 112° 30′ 34.6″ N 40° 40′ 56.3″	92
						2	19–57			无明显结构									

续表 Continued

剖面号 Soil profile	土纲 Soil order	土类 Soil great group	亚类 Soil subgroup	土属 Soil genus	土种 Soil species	土层码 Layer code	土层厚度 Depth/cm	颜色 Soil color	质地 Soil texture	土壤结构 Soil structure	pH	有机质 OM/(g/kg)	全氮 TN/(g/kg)	全磷 TP/(g/kg)	全钾 TK/(g/kg)	阳离子交换量CEC/(cmol/kg)	土壤母质 Parent material	剖面点坐标 Profile coordinate	匹配指数 Matching index/%
剖63	钙层土	栗钙土	暗栗钙土	酸性岩当暗栗钙土	酸性岩当轻壤中层暗黄栗土	1	0—38	栗色	轻壤土	粒状							花岗岩残积物、坡积物	E 112°51′18.5″ N 40°48′35.2″	71
						2	38—48	黄栗色	轻壤土	粒状									
						3	48—79		砂壤土										
						4	79—83			无明显结构									
剖64	钙层土	栗钙土	暗栗钙土	酸性岩当暗栗钙土	酸性岩当轻壤质暗黄砂土	1	0—27	暗栗色	砂壤土	粒状							花岗岩残积物、坡积物	E 112°51′55.4″ N 40°48′04.7″	86
						2	27—49	灰黄栗色	砂壤土	粒状									
						3	49—60		轻壤土	无明显结构									
剖65	半水成土	草甸土	灰色草甸土	砂壤质灰淤土	砂壤质灰淤土	1	0—44	灰褐色	砂壤土	粒状							洪冲积物	E 112°47′50.6″ N 40°47′08.9″	82
						2	44—61	黄色	轻壤土	粒状									
						3	61—92	灰黄色	砂壤土	无明显结构									

化 德 县

主要土类说明

栗钙土是化德县主要土壤类型，占本县地域面积的97%。栗钙土分布地形复杂多样，包括波状高平原、低山丘陵、缓坡丘陵、山间盆地、丘间河谷等，海拔为1250—1700m。该地区属温带亚干旱大陆性气候，冬季漫长而寒冷，夏季短暂而温热，雨季集中，冬春少雨雪，降水量由南向北有所减少。成土母质主要为花岗岩、花岗斑岩、花岗闪长岩、大理岩、石英砂岩、辉绿岩、千枚岩和洪冲积物等。自然植被为干草原植被，由旱生多年生草本植物组成，主要为禾本科，其次为走茎类和根茎类。主要建群种有针茅、羊草、早熟禾、隐子草以及百里香、冷蒿等草原衍生类型；草原灌木以小叶锦鸡儿为主；草本植物有寸草、委陵菜、马蔺等。成土过程主要为腐殖质累积过程和钙积过程。栗钙土剖面由腐殖质层、钙积层和母质层构成，剖面分化明显，层次过渡清晰。腐殖质层呈栗色、灰栗色至暗栗色。钙积层呈灰白色。根据附加成土过程的特点，本县栗钙土分为暗栗钙土、栗钙土、草甸栗钙土、盐化栗钙土、粗骨性栗钙土等亚类。

小于本县地域面积3%的土壤类型有草甸盐土、草甸土。

本区域中心区气候特征

本区域中心区气候特征值
Regional climate characteristics in central area of the region

气候带：中温带亚干旱气候 Climate region: Mid temperate subarid climate	
年平均气温 /℃ Annual average temperature /℃	2.8
年平均最高气温 /℃ Annual average maximum temperature /℃	9.3
年平均最低气温 /℃ Annual average minimum temperature /℃	-2.6
年降水量 /mm Annual precipitation /mm	319
≥10℃的积温 /℃ Daily temperature accumulated in a year (≥10℃) /℃	2244
年日照时数 /h Annual sunshine /h	3081
年平均相对湿度 /% Annual average relative humidity /%	56
干燥度 Dryness	0.56

本区域中心区月平均气温与月平均降水量
Monthly temperature and precipitation in central area of the region

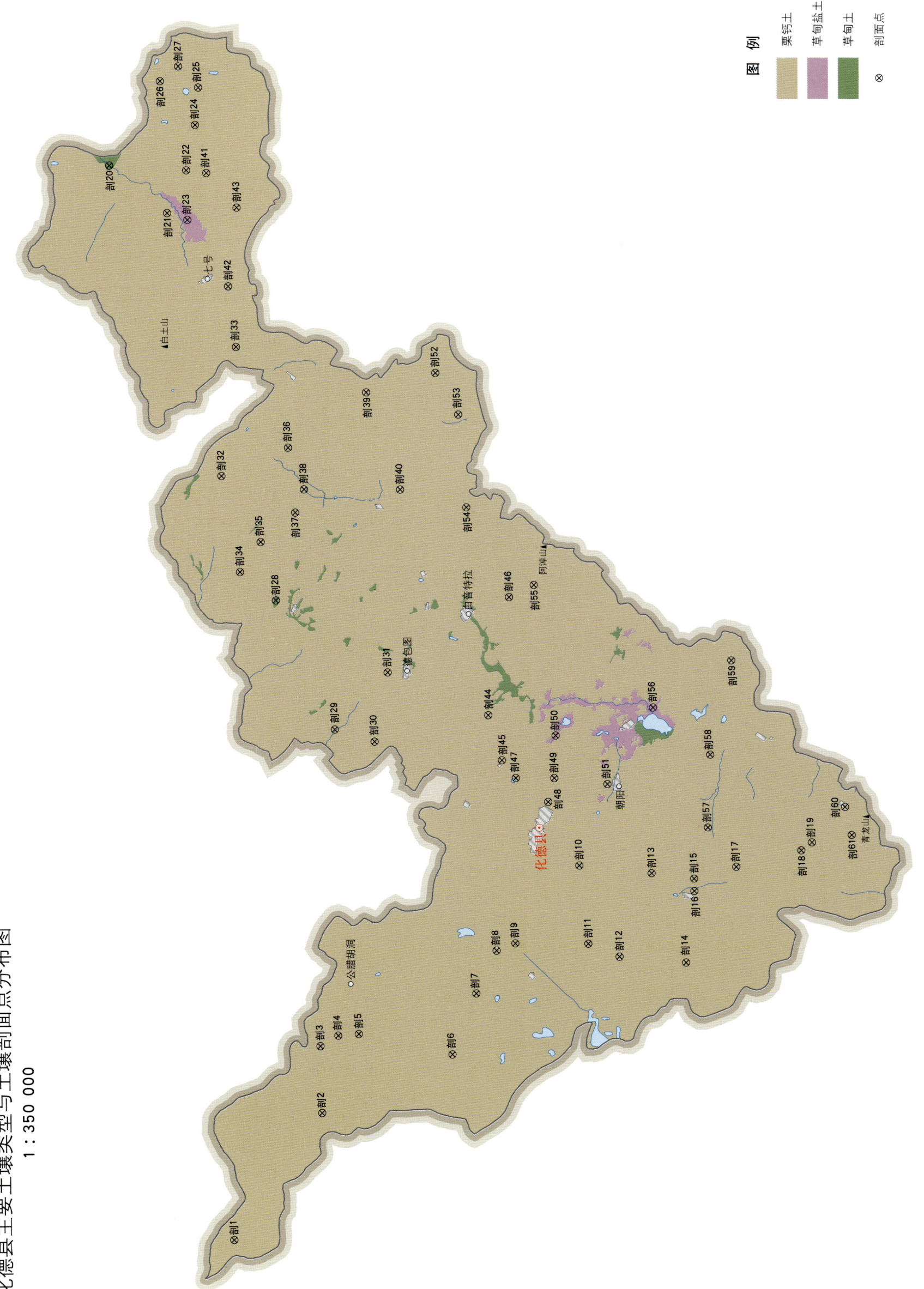

化德县土壤剖面理化性状表

剖面号 Soil profile	土纲 Soil order	土类 Soil great group	亚类 Soil subgroup	土属 Soil genus	土种 Soil species	土层码 Layer code	土层厚度 Depth/cm	颜色 Soil color	质地 Soil texture	土壤结构 Soil structure	pH	有机质 OM/(g/kg)	全氮 TN/(g/kg)	全磷 TP/(g/kg)	全钾 TK/(g/kg)	有效磷 AP/(mg/kg)	速效钾 AK/(mg/kg)	阳离子交换量CEC/(cmol/kg)	土壤母质 Parent material	剖面点坐标 Profile coordinate	匹配指数 Matching index/%
剖1	钙层土	栗钙土	栗钙土	风蚀栗钙土	中度风蚀栗钙土	1	5–15		砂壤土		8.1	13.5	0.88	0.44	16.7	1.5	227	7.1	花岗岩风化物	E 113°34′35.0″ N 42°07′00.1″	88
						2	45–55		砂壤土		8.3	9.8	0.69	0.40	19.0	1.5	159	7.8			
						3	90–100		轻壤土		8.4	7.3	0.55	0.38	17.2	1.0	177	7.1			
剖2	钙层土	栗钙土	暗栗钙土	酸性岩暗栗钙土	酸性岩厚层暗黄黑土	1	0–23	栗色	轻壤土	粒状									花岗岩残积物	E 113°42′26.6″ N 42°03′09.0″	99
						2	23–60	暗栗色	轻壤土	屑粒状											
						3	60–87	灰栗色	砂壤土	无明显结构											
						4	87–110	棕栗色	砂壤土												
剖3	钙层土	栗钙土	暗栗钙土	基性岩暗栗钙土	基性岩厚层暗黄黑土	1	0–41	暗灰栗色	轻壤土	粒状	8.4	11.5	0.74	0.49	17.7	2.0	97	11.2	辉绿岩	E 113°46′29.3″ N 42°03′19.3″	99
						2	41–90	栗黄栗色	砂壤土	粒状	8.6	7.8	0.43	0.38	17.0	1.0	56	7.5			
						3	90–110	浅黄栗色	砂壤土		8.6	4.5	0.31	0.36	16.9	1.0	51	12.9			
剖4	钙层土	栗钙土	暗栗钙土	风蚀暗栗钙土	轻度风蚀暗栗钙土	1	0–22	暗栗色	砂壤土	粒状	8.3	21.0	0.15	0.77	20.4	5.2	234	16.6	泥质岩	E 113°47′09.5″ N 42°02′30.7″	78
						2	22–42	灰蓝栗色	中壤土	核状	8.3	7.8	0.74	0.47	15.5	1.0	71	17.4			
						3	42–65	红棕色	轻黏土	核状	8.4	6.1	0.52	0.85	17.4	1.0	140	8.8			
剖5	钙层土	栗钙土	暗栗钙土	基性岩暗栗钙土	基性岩厚层暗黄砂土	1	0–20		砂壤土	无明显结构	8.5	15.1	1.03	0.63	20.8	2.3	104	13.4	基性岩	E 113°47′17.2″ N 42°01′34.3″	75
						2	20–40		轻壤土	粒状	8.4	13.3	0.83	0.52	20.9	1.5	74	12.0			
						3	40–60		轻壤土	粒状	8.1	9.4	0.71	0.47	19.3	1.5	56	10.1			
						4	60–80		砂壤土		8.5	7.7	0.54	0.40	20.3	1.8	53	8.7			
						5	80–92		砂壤土		8.5	6.8	0.41	0.42	16.9	2.0	48	7.8			
剖6	钙层土	栗钙土	暗栗钙土	泥质岩暗栗钙土	泥质岩厚层暗黄黑土	1	0–53		轻壤土	粒状	8.7	19.0	1.30	0.78	20.9	2.6	87	7.4	泥质岩	E 113°46′14.2″ N 41°57′15.5″	78
						2	53–66	暗栗色	轻壤土	单粒结构	8.8	12.4	0.99	0.63	21.5	1.5	51	19.3			
						3	66–85	黄栗色	砂壤土		8.4	8.3	0.58	0.49	21.2	1.0	51	75.1			
剖7	钙层土	栗钙土	盐化栗钙土	盐化栗钙土	轻度盐化栗钙土	1	0–42	灰绿栗色	轻壤土	粒状	8.5	18.3	1.46	0.69	18.8	3.6	152	12.6	洪积物	E 113°49′58.9″ N 41°56′14.9″	97
						2	42–70	暗栗色	轻壤土	核状	8.0	19.2	1.43	0.70	17.7	2.5	101	12.1			
						3	61–70	浅黄栗色	轻壤土	无明显结构	8.1	13.5	0.97	0.54	18.2	2.5	53	8.4			
剖8	钙层土	栗钙土	暗栗钙土	洪积物暗栗钙土	壤底薄层砂质暗栗淤土	1	0–23		砂壤土		8.3	20.6	1.46	0.69	23.3	2.9	152	8.4	洪冲积物	E 113°52′36.1″ N 41°55′22.1″	87
						2	23–52	红栗色	砂壤土	粒状	8.3	19.9	1.30	0.71	17.8	1.5	81	5.3			
						3	52–84	棕红色	轻壤土	块状	8.2	12.2	0.86	0.55	17.5	1.0	63	9.6			
						4	84–109	栗褐色	砂壤土	粒状	8.5	5.9	0.33	0.44	19.3	3.0	51	11.5			
						5	109–118		砂壤土		8.6	1.4	0.11	0.28	18.9	1.0	40	12.7			
剖9	钙层土	栗钙土	暗栗钙土	泥质岩暗栗钙土	中层壤质暗栗红土	1	0–30	暗栗色	轻壤土	粒状	8.0	26.7	1.78	0.73	16.2	2.6	133	7.9	红土	E 113°53′05.3″ N 41°54′31.0″	75
						2	30–79	红栗色	轻壤土	块状	8.0	7.5	0.52	0.45	16.5	1.3	48	10.8			
						3	79–88	棕红色	轻壤土	粒状	8.0	6.8	0.53	0.50	15.7	1.5	51	10.7			
剖10	钙层土	栗钙土	暗栗钙土	泥质岩暗栗钙土	厚层壤质暗栗红土	1	0–16	栗褐色	中壤土	粒状	8.4	4.9	0.38	0.64	14.8	2.1	108	5.3	红土	E 113°58′00.5″ N 41°51′41.0″	91
						2	16–48		黏土	碎块状											
						3	48–68		轻壤土												
						4	68–90		砂壤土												
剖11	钙层土	栗钙土	暗栗钙土	泥质岩暗栗钙土	厚层壤质暗栗红土	1	0–20	暗栗色	砂壤土	粒状	8.3	16.9	0.92	0.99	17.3	3.6	104	9.4	泥质岩	E 113°53′12.5″ N 41°51′10.4″	91
						2	20–40	黄栗色	轻壤土	粒状	8.3	13.6	0.82	0.91	17.2	2.0	89	8.9			
						3	40–60	棕红色	轻壤土	块状	8.4	4.2	0.18	0.66	16.6	1.0	38	7.2			
剖12	钙层土	栗钙土	暗栗钙土	酸性岩暗栗钙土	酸性岩砾质暗黄砂土	1	0–20		砂壤土										酸性岩	E 113°52′29.3″ N 41°49′43.7″	100
						2	20–40		砂壤土												
						3	40–60		砂壤土												

续表 Continued

剖面号 Soil profile	土纲 Soil order	土类 Soil great group	亚类 Soil subgroup	土属 Soil genus	土种 Soil species	土层码 Layer code	土层厚度 Depth/cm	颜色 Soil color	质地 Soil texture	土壤结构 Soil structure	pH	有机质 OM/(g/kg)	全氮 TN/(g/kg)	全磷 TP/(g/kg)	全钾 TK/(g/kg)	有效磷 AP/(mg/kg)	速效钾 AK/(mg/kg)	阳离子交换量 CEC/(cmol/kg)	土壤母质 Parent material	剖面点坐标 Profile coordinate	匹配指数 Matching index/%
剖13	钙层土	栗钙土	暗栗钙土	酸性岩暗栗钙土	酸性岩厚层暗黄栗漆土	1	0—17	暗栗色	轻壤土	粒状	8.2	24.7	1.60	0.97	17.9	3.6	153	12.0	酸性岩	E 113°57′40.7″ N 41°48′22.0″	86
						2	17—100	栗色	轻壤土	粒状	8.7	15.6	0.85	0.76	18.4	2.0	123	10.0			
						3	100—110	灰黄色	轻壤土	屑粒状	8.5	6.9	0.45	0.63	17.3	2.0	77	10.4			
						4	110—130	黄色	轻壤土	无明显结构	8.4	3.9	0.28	0.63	16.2	2.0	61	12.6			
剖14	钙层土	栗钙土	暗栗钙土	洪冲积暗栗钙土	砂底厚层壤质暗栗漆土	1	0—16	栗色	轻壤土	粒状	8.3	21.6	1.42	0.74	16.5	1.5	107	9.3	洪冲积物	E 113°52′15.2″ N 41°46′40.1″	93
						2	16—63	暗灰栗色	轻壤土	粒状	8.3	14.1	0.93	0.57	17.5	1.0	66	11.9			
						3	63—114	灰黄栗色	砂壤土	无明显结构	8.3	7.9	0.51	0.36	17.5	1.0	53	13.4			
						4	114—133	灰白色	砂壤土	无明显结构	8.6	1.6	0.12	0.16	17.9	0.8	35	12.0			
剖15	钙层土	栗钙土	暗栗钙土	酸性岩暗栗钙土	酸性岩中体质暗黄砂土	1	0—31	暗栗色	砂壤土	单粒状	8.5	16.3	1.06	0.66	20.2	3.5	91	5.8	酸性岩	E 113°57′24.8″ N 41°46′24.6″	87
						2	31—47	灰栗色	砂壤土	粒状	8.5	18.3	1.38	0.72	19.3	2.0	71	7.1			
						3	47—66	浅灰色	砂壤土	核状	8.3	16.9	1.30	0.69	18.7	3.0	84	7.1			
						4	66—70	黄灰色	砂壤土	无明显结构	8.4	19.7	1.29	0.73	19.3	2.0	66	6.7			
剖16	钙层土	栗钙土	草甸栗钙土	盐化草甸栗钙土	轻度盐化壤质草甸栗钙土	1	0—28	栗色	轻壤土	粒状	8.4	15.1	0.89	0.78	15.8	2.6	428	8.8	石灰岩	E 113°56′38.0″ N 41°46′22.8″	80
						2	28—43	暗栗色	砂壤土	粒状	8.2	9.3	0.54	0.72	15.3	2.0	143	8.4			
						3	43—100	灰栗色	砂壤土	粒状	9.0	5.9	0.30	0.57	17.3	2.5	127	6.9			
						4	100—112	黄栗色	砾石土	无明显结构	9.1	4.0	0.32	0.67	18.0	1.0	122	5.9			
剖17	钙层土	栗钙土	暗栗钙土	碳酸岩暗栗钙土	碳酸岩厚层暗黄栗漆土	1	0—47	暗栗色	轻壤土	粒状		15.1							石灰岩	E 113°58′13.4″ N 41°44′29.4″	74
						2	47—82	灰栗色	轻壤土	无明显结构											
						3	82—90	黄色	砂壤土	粒状											
剖18	钙层土	栗钙土	暗栗钙土	碳酸岩暗栗钙土	碳酸岩中层暗黄砂土	1	0—32	暗栗色	轻壤土	粒状									石灰岩	E 113°59′19.7″ N 41°41′31.2″	74
						2	32—90	灰栗色	轻壤土	粒状											
						3	90—142	灰色	砂壤土	无明显结构											
剖19	钙层土	栗钙土	草甸栗钙土	洪冲积草甸栗钙土	壤质草甸栗漆土	1	0—21	暗栗色	轻壤土	粒状									洪冲积物	E 113°59′49.9″ N 41°41′03.1″	70
						2	21—73	灰栗色	粉壤土	粒状											
						3	73—86	黄色	轻壤土	无明显结构											
剖20	半水成土	草甸土	灰色草甸土	灰色草甸土	砂底厚层灰淤轻壤土	1	0—46	暗栗色	砂壤土	粒状	8.2	12.2	0.82	0.38	18.5	2.0	106	8.2	洪冲积物	E 114°40′02.0″ N 42°14′06.1″	89
						2	46—86	灰栗色	砂壤土	粒状	8.4	9.5	0.66	0.35	15.7	1.0	61	8.4			
						3	86—103		砂壤土	无明显结构	8.5	3.8	0.22	0.20	15.6	1.5	40	5.3			
剖21	钙层土	栗钙土	栗钙土	风蚀栗钙土	中度风蚀厚层灰淤轻壤土	1	0—20	暗栗色	轻壤土	粒状	8.5	26.0	1.71	0.82		2.0	97		花岗岩风化物	E 114°37′11.6″ N 42°11′23.6″	85
						2	20—40	灰栗色	轻壤土	单粒状	8.2	20.5	1.24	0.76		2.0	76				
剖22	钙层土	栗钙土	草甸栗钙土	壤质草甸栗钙土	轻壤栗钙土	1	0—30	深栗色	轻壤土	粒状	8.0	18.0	0.95	0.69		1.5	61		冲积物	E 114°39′51.5″ N 42°10′34.3″	81
						2	30—52	浅栗色	轻壤土	单粒状	8.2	12.2	0.72	0.57		1.0	76				
						3	52—74	灰栗色	轻壤土	粒状	8.2	9.1	0.52	0.55		1.0					
						4	74—95		中壤土	无明显结构											
						5	95—115		中壤土	粒状											
剖23	盐碱土	草甸盐土		白盐土	白盐土	1	0—15	灰栗色	中壤土	粒状	9.9	17.9	1.22	2.17	18.1	5.2	148	10.1	洪冲积物	E 114°36′48.2″ N 42°10′27.5″	93
						2	15—33	棕栗色	中壤土	块状	9.8	7.4	0.44	1.04	16.8	33.0		7.5			
						3	33—61	浅灰栗色	中壤土	粒状	9.6	3.9	0.28	0.55	15.3	10.7		4.5			
						4	61—95	黄栗色	砂壤土	无明显结构											
剖24	钙层土	栗钙土	栗钙土	风蚀栗钙土	轻度风蚀栗钙土	1	0—25	栗色	砂壤土	粒状	8.3	10.1	0.73	0.42	13.6	2.5	106	6.9	洪冲积物	E 114°42′38.9″ N 42°10′13.1″	86
						2	25—69	栗白色	砂壤土	粒状	8.4	8.2	0.62	0.38	14.9	1.0	53	6.7			
						3	69—113	灰白色	砂壤土	无明显结构											

续表 Continued

剖面号 Soil profile	土纲 Soil order	土类 Soil great group	亚类 Soil subgroup	土属 Soil genus	土种 Soil species	土层码 Layer code	土层厚度 Depth/cm	颜色 Soil color	质地 Soil texture	土壤结构 Soil structure	pH	有机质 OM/(g/kg)	全氮 TN/(g/kg)	全磷 TP/(g/kg)	全钾 TK/(g/kg)	有效磷 AP/(mg/kg)	速效钾 AK/(mg/kg)	阳离子交换量 CEC/(cmol/kg)	土壤母质 Parent material	剖面点坐标 Profile coordinate	匹配指数 Matching index/%
剖25	钙层土	栗钙土	草甸栗钙土	壤质草甸栗钙土	中壤草甸栗钙土	1	0—20	栗色	中壤土	粒状	8.9	24.2	1.74	1.04	17.8	4.1	367	8.8	冲积物	E 114° 44′ 56.0″ N 42° 10′ 07.3″	77
						2	20—47	浅栗色	轻壤土	粒状	8.9	7.2	0.45	0.57	18.2	6.6	99	5.5			
						3	47—84	灰白色	轻壤土	粒状	8.5	2.4	0.16	0.29	13.1	2.0	35	2.2			
						4	84—114	灰黄色	轻壤土	无明显结构	8.3	2.3	0.10	0.54	15.3	2.0	66				
剖26	钙层土	栗钙土	栗钙土	中性岩栗钙土	中性岩中体黄砂土	1	0—28	栗色	砂壤土	粒状								10.4	安山岩	E 114° 45′ 15.6″ N 42° 11′ 52.4″	99
						2	28—48	浅黄栗色	砂壤土	无明显结构								10.4			
						3	48—100	黄色	粉质壤土									13.6			
剖27	钙层土	栗钙土	栗钙土	泥质岩栗钙土	薄层瘠质红土	1	5—10		轻壤土	粒状	8.4	12.0	0.96	0.49	16.6	3.1	115	10.6	泥质岩	E 114° 46′ 11.2″ N 42° 11′ 03.3″	94
						2	10—30		中壤土	粒状	8.3	11.4	0.85	0.57	5.3	2.0	77	8.5			
剖28	半水成土	草甸土	盐化草甸土	盐化灰淤土	轻度盐化灰淤壤土	1	0—22	暗灰栗色	轻壤土	粒状	8.3	29.0	1.75	0.93	17.8	6.6	560	13.6	洪冲积物	E 114° 13′ 42.3″ N 42° 05′ 56.0″	87
						2	22—42	暗栗色	砂壤土	粒状	8.3	18.0	1.11	0.63	16.2	3.0	506	10.6			
						3	42—63	浅栗色	砂壤土	单粒状	8.3	12.8	0.78	0.47	14.9	2.0	323	8.5			
						4	63—85	黄色	砂壤土	无明显结构	8.3	6.3	0.34	0.29	15.1	2.0	272	5.4			
剖29	钙层土	栗钙土	暗栗钙土	风蚀岩栗钙土	中度风蚀暗栗钙土	1	0—19	暗栗色	砂壤土	粒状	8.4	13.7	0.85	0.48	19.8	2.9	104	6.9	辉绿岩风化	E 114° 05′ 53.9″ N 42° 03′ 04.7″	74
						2	19—45	灰栗色	砂壤土	粒状	8.4	12.3	0.65	0.41	18.8	1.0	84	6.0			
						3	45—56	暗栗色	砂壤土	无明显结构	8.5	10.7	0.63	0.44	19.3	2.0	69	10.3			
						4	56—70	灰栗色													
剖30	钙层土	栗钙土	暗栗钙土	风蚀栗钙土	严重风蚀暗栗钙土	1	0—20		砂壤土	粒状	8.4	10.6	0.76	0.43	16.2	1.5	91	6.1	辉绿岩风化物	E 114° 05′ 13.9″ N 42° 05′ 14.2″	80
						2	20—40		砂壤土	粒状	8.3	7.9	0.50	0.36	18.7	1.5	73	7.4			
						3	40—60		砂壤土	粒状	8.5	6.0	0.42	0.33	18.2	1.0	58	7.1			
						4	60—73		砂壤土	单粒状	8.4	3.2	0.21	0.26	19.7	1.0	33	7.2			
剖31	钙层土	栗钙土	暗栗钙土	中性岩暗栗钙土	中性岩厚层暗黄黑土	1	0—21	暗栗色	中壤土	粒状	8.1	37.9	2.39	1.11		6.7	318	7.1	中性岩	E 114° 05′ 28.8″ N 42° 00′ 43.6″	94
						2	21—55	暗栗色	中壤土	粒状	8.1	37.5	2.41	1.19		4.1	222	6.1			
						3	55—67	灰栗色	砂壤土	无明显结构	8.2	16.6	1.19	0.97		2.6	97	8.9			
						4	67—80	栗黄色	砂砾土												
剖32	钙层土	栗钙土	栗钙土	洪冲积栗钙土	中度风蚀栗钙土	1	0—33	栗色	轻壤土	粒状	8.6	8.7	0.72	0.36	16.2	1.5	68	9.2	花岗岩风化	E 114° 21′ 12.7″ N 42° 08′ 35.3″	97
						2	33—51	浅栗色	砂壤土	无明显结构	8.6	6.7	0.55	0.30	18.4	1.5	51	7.9			
						3	51—60	灰栗色	砂壤土	无明显结构	8.6	3.8	0.31	0.26	18.2	1.5	40	5.3			
剖33	钙层土	栗钙土	栗钙土	洪冲积栗钙土	壤质栗淤土	1	0—18	栗色	轻壤土	粒状	8.0	21.9	1.48	0.83	19.8	4.1	160	14.0	洪冲积物	E 114° 29′ 07.9″ N 42° 08′ 04.8″	77
						2	18—32	深栗色	中壤土	粒状	8.2	21.7	1.46	0.69	23.0	3.1	128	15.5			
						3	32—56	灰栗色	中壤土	粒状	8.5	17.6	1.23	0.38	22.4	2.0	89	15.5			
						4	56—78	浅栗色	轻壤土	无明显结构	8.3	15.1	0.85	0.53	20.1	2.0	66	11.1			
剖34	钙层土	栗钙土	暗栗钙土	酸性岩暗栗钙土	酸性岩厚层暗黄黑土	1	0—10	栗色	轻壤土	粒状	8.2	24.7	1.53	0.73	17.9	2.6	125	12.0	酸性岩	E 114° 15′ 22.7″ N 42° 07′ 37.6″	99
						2	10—20	栗色	轻壤土	粒状	8.1	18.0	1.12	0.56	18.4	2.0	102	13.6			
						3	20—30	浅栗色	轻壤土	粒状	8.2	17.0	1.15	0.55	19.4	2.0	102	6.3			
						4	30—40	栗色	轻壤土	块状	8.2	14.5	0.95	0.58	19.1	2.0	87	7.3			
						5	40—50		重壤土		8.2	11.6	0.77	0.59	17.3	0.1	103	4.7			
剖35	钙层土	栗钙土	粗骨性栗钙土	粗骨性栗钙土	粗骨性栗钙土	1	0—4	栗色	轻壤土	无明显结构	7.8	28.4	1.90	0.86		5.1	305	12.6	花岗岩	E 114° 17′ 14.6″ N 42° 06′ 43.2″	70
剖36	钙层土	栗钙土	栗钙土	砂化栗钙土	轻度砂化栗钙土	1	0—4	浅栗色	中壤土	粒状	8.1	13.9	1.04	0.47	17.7	2.0	157	9.6	红土	E 114° 23′ 03.1″ N 42° 05′ 33.7″	90
						2	4—17	灰栗色	中壤土	粒状	8.2	14.2	1.08	0.62	16.3	2.0	89	11.5			
						3	17—36	黄栗色	中壤土	块状	8.0	12.2	0.62	0.69	16.1	2.1	127	12.7			
						4	36—57	棕红色	黏土	核状											
						5	57—112														
剖37	钙层土	栗钙土	暗栗钙土	砂化暗栗钙土	轻度砂化暗栗钙土	1	0—20	栗黄色	砂土	无明显结构	8.0								红土	E 114° 19′ 05.5″ N 42° 05′ 09.6″	95

续表 Continued

剖面号 Soil profile	土纲 Soil order	土类 Soil great group	亚类 Soil subgroup	土属 Soil genus	土种 Soil species	土层码 Layer code	土层厚度 Depth/cm	颜色 Soil color	质地 Soil texture	土壤结构 Soil structure	pH	有机质 OM/(g/kg)	全氮 TN/(g/kg)	全磷 TP/(g/kg)	全钾 TK/(g/kg)	有效磷 AP/(mg/kg)	速效钾 AK/(mg/kg)	阳离子交换量CEC/(cmol/kg)	土壤母质 Parent material	剖面点坐标 Profile coordinate	匹配指数 Matching index/%
剖38	钙层土	栗钙土	暗栗钙土	砂化暗栗钙土	中度砂化暗栗钙土	1	0–24	浅栗色	砂壤土	无明显结构	8.2	9.6	0.61	0.36	20.4	2.0	121	7.1		E 114°20′31.6″ N 42°04′47.3″	97
						2	24–57	栗色	砂壤土	单粒状	8.3	7.3	0.50	0.37	20.4	2.0	98	7.1			
						3	57–80	栗色	砂壤土	无明显结构	8.6	6.0	0.39	0.36	19.6	2.0	123	6.7			
						4	80–100		砂壤土		8.4	6.8	0.55	0.34	19.7	2.0	116	7.2			
剖39	钙层土	栗钙土	暗栗钙土	泥质岩暗栗钙土	薄层壤质暗栗红土	1	0–18	暗栗色	轻壤土	单粒状	8.3	21.6	1.59	0.61	17.8	3.1	168	12.5	红土	E 114°26′34.8″ N 42°02′03.1″	80
						2	18–28	红栗色	轻壤土	粒状	8.3	15.9	1.18	0.47	15.8	2.0	94	11.1			
						3	28–56	棕红色	中壤土	核块状	8.3	11.7	0.86	0.42	1.2	1.5	92	7.2			
剖40	钙层土	栗钙土	暗栗钙土	中性岩暗栗钙土	中性岩中体暗黄砂土	1	15–20		砂壤土		8.4	22.7	1.56	0.63	15.2	4.1	229	9.3	中性岩	E 114°20′40.6″ N 42°00′22.7″	98
						2	35–40		砂壤土		8.2	13.3	0.90	0.38	15.2	2.0	61	28.3			
						3	45–50		砂壤土		8.1	7.4	0.50	0.27	15.2	1.5	40	13.6			
剖41	钙层土	栗钙土	栗钙土	风蚀栗钙土	中度风蚀栗钙土	1	17–38	黄栗色	砂壤土		8.4	6.0	0.44	0.24	17.8	1.5	53	3.7	花岗岩风化物	E 114°39′43.6″ N 42°09′38.9″	99
						2	59–66	浅黄色	砂壤土		8.4	5.3	0.35	0.29	18.2	1.0	56	5.7			
						3	96–104	浅黄色	砂壤土		8.4	2.8	0.22	0.18	13.9	1.0	38	4.0			
剖42	钙层土	栗钙土	栗钙土	洪冲积栗钙土	砂质栗淤土	1	0–22	栗色	砂壤土	粒状	8.5	13.1	0.88	0.49		2.5	114	8.6	洪冲积物	E 114°32′48.6″ N 42°08′30.7″	87
						2	22–80	栗色	轻壤土	单粒状	8.3	24.2	1.60	0.77	17.6	2.1	108	14.1			
						3	80–110	栗色	轻壤土	无明显结构	8.7	18.6	1.19	0.73	20.2	2.0	102	13.3			
						4	110–120	栗色	轻壤土		8.4	14.8	0.90	0.60		2.0	89	13.9			
剖43	钙层土	栗钙土	栗钙土	砂化栗钙土	中度砂化栗钙土	1	0–10	黄栗色	砂壤土	无明显结构	8.2	4.8	0.33	0.22	18.2	2.0	60	4.7	洪冲积物	E 114°37′38.8″ N 42°08′12.7″	83
						2	10–42	浅黄色	砂壤土	粒状	8.1	12.0	0.88	0.45	15.3	2.0	78	9.0			
						3	42–85	黄棕色	砂壤土	无明显结构	8.2	7.3	0.60	0.36	13.7	1.5	61	8.3			
						4	85–155	栗色	轻壤土	单粒状	8.6	20.1	1.25	0.70	11.9	7.6	239	28.5			
剖44	钙层土	栗钙土	栗钙土	中性岩栗钙土	中性岩中体暗黄栗土	1	0–26	暗栗色	轻壤土	粒状	8.2	17.5	1.26	0.63		2.5	79	20.5	中性岩	E 114°07′02.3″ N 41°56′03.8″	75
						2	26–48	棕黄色	轻壤土	无明显结构	8.2	12.1	0.87	0.58		2.0	63	7.2			
						3	48–59	栗色	轻壤土		8.2	24.4	1.62	0.71		3.6	184	13.5			
剖45	钙层土	栗钙土	栗钙土	泥质岩栗钙土	中层壤质栗红土	1	0–10		轻壤土	粒状	8.3	19.1	1.35	0.58		3.1	115	14.3	泥质岩	E 114°04′18.5″ N 41°55′22.1″	96
						2	10–20		中壤土	屑粒状	8.2	17.3	1.19	0.56		2.1	108	14.5			
						3	20–30		中壤土	无明显结构	8.1	15.4	1.04	0.51		2.1	114	16.6			
						4	30–40		中壤土		8.1	15.9	1.07	0.54		2.1	117	17.4			
						5	40–50		轻壤土		8.2	21.1	1.33	0.59		4.6	142	7.2			
剖46	钙层土	栗钙土	栗钙土	酸性岩栗钙土	酸性岩厚层黑黄黑土	1	0–20	栗色	轻壤土	粒状	8.3	16.2	1.02	0.50	17.0	2.0	81	6.4	酸性岩	E 114°14′18.6″ N 41°55′14.9″	75
						2	20–40	栗色	中壤土	单粒状	8.1	12.1	0.65	0.38	18.5	2.0	110	14.8			
						3	40–60	灰栗色	中壤土	无明显结构	8.2	8.4	0.48	0.35		2.0	66	14.2			
剖47	钙层土	栗钙土	栗钙土	中性岩栗钙土	中性岩中体暗黄黑土	1	0–27	黄棕色	中壤土	粒状									安山岩残积物	E 114°03′15.1″ N 41°54′42.5″	90
						2	27–48	灰栗色	轻壤土	粒状	8.1	26.5	1.61	1.19		15.3	365	25.5			
						3	48–63	浅栗色	轻壤土	粒状	8.1	19.8	1.27	0.95		5.1	128	16.5			
剖48	钙层土	栗钙土	暗栗钙土	洪冲积暗栗钙土	壤质暗栗淤土	1	0–40	暗栗色	中壤土	粒状	8.2	26.8	1.73	0.91		2.4	108	15.4	洪冲积物	E 114°01′52.3″ N 41°53′12.1″	94
						2	40–70	栗色	中壤土	粒状	8.2	21.0	1.26	0.80		2.4	77	12.5			
						3	70–83	棕栗色	轻壤土	单粒状	8.2	11.6	0.64	0.70		1.8	56	4.7			
						4	83–115	浅黄色	中壤土	无明显结构	8.3	7.2	0.36	0.55		1.8	56	9.0			
						5	115–128	栗色	中壤土	粒状	8.3	17.7	1.33	0.63		3.6	165	8.8			
						6	128–138	黄棕色	中壤土	块状	8.3	17.9	1.38	0.70		3.6	105				
剖49	钙层土	栗钙土	栗钙土	泥质岩栗钙土	薄层壤质栗红土	1	0–11		轻壤土	粒状									泥质岩	E 114°03′19.4″ N 41°52′57.4″	84
						2	11–26		中壤土	块状											
						3	26–109		重壤土	核块状	8.6	5.8	0.55	0.51		1.6	141				

续表 Continued

剖面号 Soil profile	土纲 Soil order	土类 Soil great group	亚类 Soil subgroup	土属 Soil genus	土种 Soil species	土层码 Layer code	土层厚度 Depth/cm	颜色 Soil color	质地 Soil texture	土壤结构 Soil structure	pH	有机质 OM/(g/kg)	全氮 TN/(g/kg)	全磷 TP/(g/kg)	全钾 TK/(g/kg)	有效磷 AP/(mg/kg)	速效钾 AK/(mg/kg)	阳离子交换量CEC/(cmol/kg)	土壤母质 Parent material	剖面点坐标 Profile coordinate	匹配指数 Matching index/%
剖50	盐碱土	草甸盐土	草甸盐土	白盐土	白盐土	1	0—20		轻壤土		8.0	27.0	1.80	1.02	17.8	15.3	276	15.8	洪冲积物	E 114°05′56.0″ N 41°52′56.6″	98
						2	20—40		轻壤土		8.6	23.0	1.58	0.83	16.7	4.1	185	13.3			
						3	40—58		砂壤土		8.3	1.7	0.12	0.15	18.1	0.5	50	5.3			
剖51	钙层土	栗钙土	栗钙土	酸性岩暗栗钙土	酸性岩中层壤黄黑土	1	0—38	栗色	轻壤土	粒状	8.2	14.1	0.88	0.64	19.3	4.1	91	9.3	花岗岩风化物	E 114°03′04.0″ N 41°50′30.5″	92
						2	38—69	灰栗色	轻壤土	单粒状	8.8	13.6	0.97	0.63	17.8	2.6	48	11.9			
						3	69—86	灰色	轻壤土	无明显结构	8.4	11.9	0.76	0.60	18.4	2.6	44	13.4			
						4	86—100		轻壤土		8.4	7.8	0.60	0.53	15.4	2.1	41	12.0			
剖52	钙层土	栗钙土	暗栗钙土	洪冲积暗栗钙土	壤质暗栗浅黄黑土	1	0—33		轻壤土		8.1	12.9	0.74	0.53	20.9	2.0	66	11.1	洪冲积物	E 114°27′52.5″ N 41°58′54.3″	75
						2	33—46		轻壤土		8.3	9.8	0.67	0.61	20.8	2.0	58	8.2			
剖53	钙层土	栗钙土	暗栗钙土	泥质岩暗栗钙土	砾质暗栗红土	1	0—20		轻壤土		8.8	17.0	1.05	0.63	18.9	2.0	105	6.4	泥质岩	E 114°25′21.7″ N 41°57′48.3″	92
						2	20—40		轻壤土	粒状	8.6	11.6	0.69	0.55	18.4	1.0	82	10.9			
						3	40—60		轻壤土	单粒状	8.6	5.1	0.34	0.55	20.8	1.0	71	9.5			
						4	60—80		轻壤土		8.6	4.4	0.29	0.58	15.3	10.2	69	10.9			
剖54	钙层土	栗钙土	暗栗钙土	洪冲积暗栗钙土	砾质暗栗浅土	1	0—20	栗色	砂壤土		8.3	9.1	0.52	0.47	24.7	1.0	96	13.5	洪冲积物	E 114°19′41.9″ N 41°57′19.4″	72
						2	20—40		砂壤土	粒状	8.4	2.5	0.18	0.28	28.4	2.0	35	14.3			
						3	40—60		轻壤土		8.4	2.3	0.16	0.24	21.1	2.0	30	14.5			
剖55	钙层土	栗钙土	栗钙土	酸性岩暗栗钙土	酸性岩厚层黄黑土	1	0—23	栗色	轻壤土		8.3	12.2	0.85	0.53	17.0	2.5	117	9.2	花岗岩风化物	E 114°15′06.1″ N 41°54′07.9″	85
						2	23—50	栗栗色	轻壤土	粒状	8.4	8.7	0.58	0.50	17.7	1.0	76	9.2			
						3	50—71	黄栗色	轻壤土	单粒状	8.4	6.3	0.35	0.34	16.7	1.0	63	6.9			
						4	71—84	浅黄色	砂壤土	无明显结构	8.4	4.3	0.28	0.29	18.7	1.0	48	6.0			
剖56	盐碱土	草甸盐土	草甸盐土	白盐土	白盐土	1	0—24	黄栗色	中壤土	粒状	9.4	12.4	0.89	0.45	17.3	5.1	239	8.3	洪冲积物	E 114°07′49.4″ N 41°48′31.0″	79
						2	24—78	黄灰色	中壤土	块状	9.4	3.4	0.25	0.77	13.4	1.5	66	2.2			
						3	78—116	浅黄色	轻壤土	粒状	9.0	2.3	0.27	0.69	14.9	1.0	35	3.6			
						4	116—128	浅黄色	粗砂土	无明显结构											
剖57	钙层土	栗钙土	暗栗钙土	酸性岩暗栗钙土	酸性岩中层暗黄黑土	1	0—20		轻壤土		8.2	31.7	1.97	0.90	21.5	4.6	220	3.9	酸性岩	E 114°00′33.8″ N 41°45′50.8″	74
						2	20—40		砂壤土		8.2	20.7	1.23	0.60	23.4	2.0	66	15.2			
						3	40—70		砂壤土		7.7	12.0	0.74	0.44	23.2	1.5	51	14.2			
剖58	钙层土	栗钙土	栗钙土	泥质岩暗栗钙土	中层壤质栗红土	1	0—32	栗色	中壤土	粒状	8.2	20.1	1.20	1.08	20.5	2.6	202	13.9	泥质岩	E 114°05′02.8″ N 41°45′50.0″	78
						2	32—60	栗栗色	重壤土	单粒状	8.2	15.2	0.79	0.62	20.2	2.1	140	17.8			
						3	60—110	棕红色	重壤土	核状	8.1	9.3	0.70	0.89	15.5	2.1	135	15.0			
						4	110—120		轻黏土		8.2	5.0	0.39	1.05	19.5	2.1	125	13.1			
剖59	钙层土	栗钙土	栗钙土	酸性岩暗栗钙土	酸性岩厚层暗黄黑土	1	0—20		中壤土		8.1	39.1	2.40	1.27	22.8	4.2	231	19.3	酸性岩	E 114°10′50.2″ N 41°44′58.6″	83
						2	20—40		中壤土		8.0	31.7	2.05	0.93	21.5	2.4	140	25.1			
						3	40—60		中壤土		8.1	22.6	1.31	0.66	20.5	2.1	125	24.8			
						4	60—80		砂壤土		8.0	19.6	1.26	0.67	21.1	4.1	120	25.5			
剖60	钙层土	栗钙土	栗钙土	碳酸岩暗栗钙土	碳酸岩厚层暗黄黑土	1	0—20		轻壤土		8.1	21.0	1.34	1.10	16.5	7.6	213	10.6	碳酸岩	E 114°02′06.0″ N 41°39′34.9″	88
						2	20—40		轻壤土		8.2	19.6	0.98	0.97	16.1	2.6	122	6.3			
						3	40—60		轻壤土		8.1	17.3	1.05	0.77	17.1	2.6	79	16.4			
						4	60—80		轻壤土		8.1	11.8	0.71	0.75	15.5	3.1	66	10.9			
						5	80—100		轻壤土		8.3	7.2	0.48	0.53	15.0	2.0	66	9.7			
剖61	钙层土	栗钙土	暗栗钙土	洪冲积暗栗钙土	砂质暗栗浅土	1	0—15		砂壤土		8.2	11.7	0.79	0.47	16.7	3.0	217	11.0	洪冲积物	E 114°00′21.2″ N 41°39′14.4″	92
						2	50—60		砂壤土		8.2	9.5	0.65	0.46	15.4	2.0	101	4.1			
						3	90—100		砂壤土		8.5	1.7	0.12	0.02	15.9	1.5	106	2.5			

商 都 县

主要土类说明

栗钙土是商都县主要土壤类型,占本县地域面积的92%。本县除部分隐域性土壤和极少量垂直地带性分布的土壤外,均属栗钙土。本县栗钙土地处中温带亚干旱地区典型的草原栗钙土带,地形条件较为复杂,有平原、丘陵、低山和残丘,海拔为1600—1800m。自然植被主要为针茅-羊草群落。成土母质类型多样,有岩浆岩类中不同时期的花岗岩、玄武岩的残积物和坡积物,有沉积岩类中白垩纪的黄褐色砂砾岩和不同时期的泥岩、砂质泥岩、泥质页岩、粉砂质页岩、泥质砂岩、板岩的残积物和坡积物,有棕红色砂质泥岩和黄土状母质的风化物,还有不同基岩类的风化洪冲积物和湖积物。根据附加成土过程的特点,本县栗钙土分为暗栗钙土、草甸栗钙土等亚类。

草甸土是商都县第二大土壤类型,占本县地域面积的6%,是本县分布较为广泛的隐域性土壤。草甸土分布在大小河流阶地、河漫滩、丘间洼地和扇缘湖滨平原,地势低洼平坦,地下水位较高,一般为2—3m。自然植被主要为寸草、委陵菜、芨芨草、马蔺等。成土过程主要为腐殖质累积过程和潜育化过程。由于地下水位常随季节变化而变化,土层下部受地下水浸润,地下水直接参与土壤形成过程,土层下部产生季节性的氧化还原交替过程,形成潜育层。由于干湿交替,土壤中的铁锰化合物发生移动和淀积,在剖面下部常出现铁锰锈斑和铁锰结核。草甸土植被覆盖百分率高,植物根系分布较多,有机质累积较多。由于地下水矿化度较高,一般在0.5g/L左右,因此土壤存在不同程度的盐渍化现象。本县草甸土分为灰色草甸土、盐化草甸土等亚类。

小于本县地域面积3%的土壤类型有灰褐土、草甸盐土、沼泽土。

本区域中心区气候特征

本区域中心区气候特征值
Regional climate characteristics in central area of the region

气候带:中温带亚干旱气候 Climate region: Mid temperate subarid climate	
年平均气温 /℃ Annual average temperature /℃	4.1
年平均最高气温 /℃ Annual average maximum temperature /℃	10.6
年平均最低气温 /℃ Annual average minimum temperature /℃	−1.6
年降水量 /mm Annual precipitation /mm	309
≥10℃的积温 /℃ Daily temperature accumulated in a year (≥10℃) /℃	2830
年日照时数 /h Annual sunshine /h	3054
年平均相对湿度 /% Annual average relative humidity /%	53
干燥度 Dryness	0.84

本区域中心区月平均气温与月平均降水量
Monthly temperature and precipitation in central area of the region

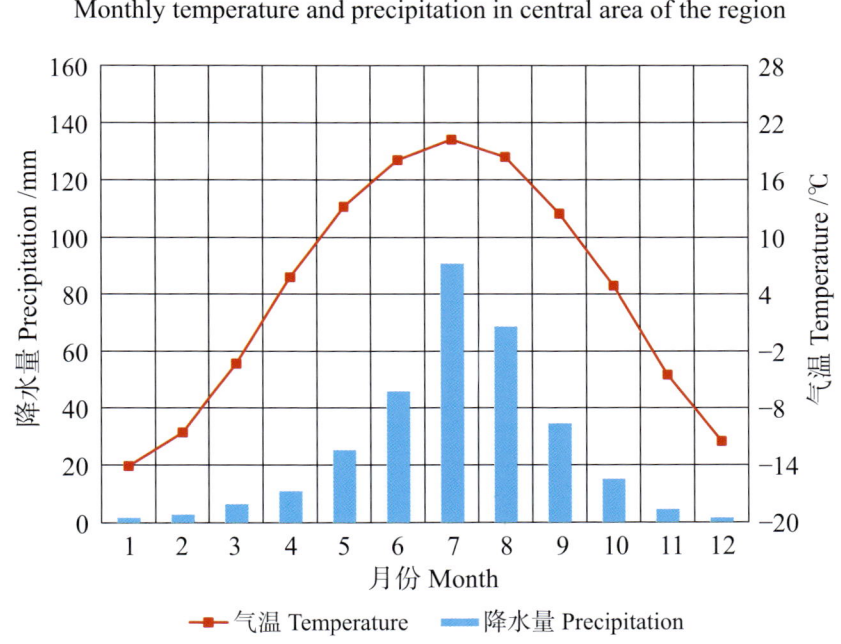

商都县主要土壤类型与土壤剖面点分布图
1∶410 000

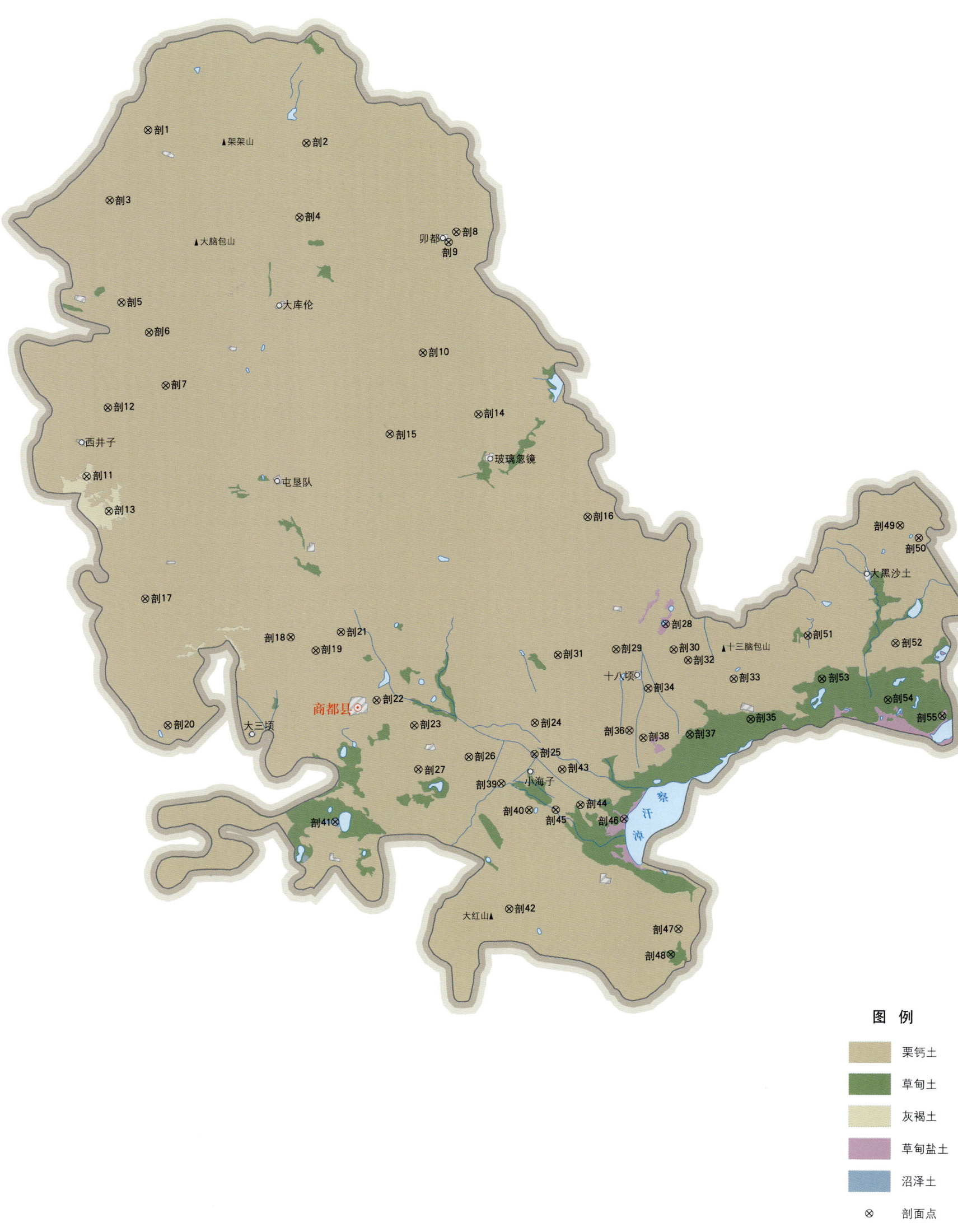

商都县土壤剖面理化性状表

剖面号 Soil profile	土纲 Soil order	土类 Soil great group	亚类 Soil subgroup	土属 Soil genus	土种 Soil species	土层码 Layer code	土层厚度 Depth/cm	颜色 Soil color	质地 Soil texture	土壤结构 Soil structure	pH	有机质 OM/%	全氮 TN/(g/kg)	全磷 TP/(g/kg)	全钾 TK/(g/kg)	有效磷 AP/(mg/kg)	速效钾 AK/(mg/kg)	阳离子交换量CEC/(cmol/kg)	土壤母质 Parent material	剖面点坐标 Profile coordinate	匹配指数 Matching index/%
剖1	钙层土	栗钙土	暗栗钙土	暗棕黄土	砂壤薄层暗棕黄土	1	0—18		轻壤土		8.3	14.5	1.00			4.0	82		黄褐色砂砾岩	E 113°18′51.1″ N 42°03′52.9″	89
						2	18—36		轻壤土		8.5	4.9	0.34			1.1	46	11.0			
剖2	钙层土	栗钙土	暗栗钙土	暗黄黑土	砂壤厚体暗黄黑土	1	0—18		轻壤土		8.3	23.2	1.54			2.3			花岗岩风化残积物	E 113°29′56.4″ N 42°02′57.5″	98
						2	18—36		轻壤土		8.3	24.8	1.56			1.5					
						3	36—67		砂壤土		8.7					0.5					
剖3	钙层土	栗钙土	暗栗钙土	暗棕黄土	中体黄砂土	1	0—25		砂壤土		8.4	5.5	0.43	0.51	29.5	3.7	83	10.8	黄褐色砂砾岩	E 113°16′01.2″ N 42°00′16.2″	72
						2	25—85		轻壤土		8.3	10.7	0.67	0.81	27.5	2.0	69	14.1			
剖4	钙层土	栗钙土	暗栗钙土	暗棕黄土	轻壤厚层暗黄砂土	1	0—50		中壤土		8.4	31.1	2.00	1.55	28.8	7.0	80	11.1	洪冲积物	E 113°29′17.5″ N 41°59′04.9″	95
						2	50—80		中壤土		8.4	19.7	1.18	1.30	28.6	5.4	55	13.5			
剖5	钙层土	栗钙土	暗栗钙土	暗棕黄土	厚体黄砂土	1	0—97		砂壤土		8.5	8.2	0.54	0.62	29.6	2.6			黄褐色砂砾岩	E 113°16′38.6″ N 41°54′55.8″	88
						2	97—145		砂壤土		8.4	9.5	0.64	0.67	28.4	2.4	65				
剖6	钙层土	栗钙土	暗栗钙土	暗黄黑土	砂壤厚体暗黄黑土	1	10—20		砂壤土		8.4	8.5	0.54	1.04	25.4	2.4	65		花岗岩风化残积物	E 113°18′32.8″ N 41°53′20.0″	72
						2	30—45		轻壤土		8.4	16.5	1.17	1.32	27.8	2.0	80				
剖7	钙层土	栗钙土	暗栗钙土	暗黄砂土	砂壤中层暗黄黑土	1	0—37	暗栗色	砂壤土	粒状									洪冲积物	E 113°19′36.8″ N 41°50′33.4″	78
						2	37—58	浅棕色	砂壤土	粒状											
						3	58—72	棕黄色	砂壤土												
剖8	钙层土	栗钙土	暗栗钙土	暗黄红土	砂壤厚层暗栗红土	1	0—48		轻壤土		8.4	23.0	1.90	0.90	22.7	1.5	12	13.8	砂质泥岩	E 113°40′15.6″ N 41°58′05.2″	73
						2	48—90		黏土		8.5	10.3	0.60	0.59	17.6	0.2	46	8.1			
						3	90—135		砂壤土		8.5		0.30	0.57			65				
剖9	钙层土	栗钙土	暗栗钙土	暗黄黑土	砂壤厚体暗黄黑土	1	0—11		砂壤土		8.4	22.8	1.40	1.02	29.4	2.4	158	10.7	花岗岩风化残积物	E 113°39′38.9″ N 41°57′36.0″	95
						2	11—28		砂壤土		8.3	21.1	1.41	0.86	31.0	1.5	86	10.1			
						3	28—39		砂壤土				1.20			1.3	63				
剖10	钙层土	栗钙土	暗栗钙土	暗黄红土	砂壤中层暗栗红土	1	0—37	暗栗色	砂壤土	粒状									砂质泥岩	E 113°37′39.4″ N 41°51′53.6″	83
						2	37—81	栗棕色	砂壤土	块状											
						3	81—110		重黏土												
剖11	半淋溶土	灰褐土	石灰性灰褐土	灰褐土	薄体厚体暗黄褐土	1	10—20		轻壤土		8.0	65.0	3.40	1.55	25.4	1.5	108	10.5	残积物	E 113°13′55.5″ N 41°45′54.7″	83
						2	40—50		轻壤土		8.1	17.0	0.92	1.00	27.1	1.1	48				
剖12	钙层土	栗钙土	暗栗钙土	暗棕黄土	少砾质暗黄黑土	1	5—20		砂壤土		8.5	16.8	0.80	0.52	22.4		41	16.8	花岗岩风化残积物	E 113°15′31.3″ N 41°49′28.6″	74
						2	40—60		中壤土		8.7	6.8	0.60	0.41	22.9		46	12.0			
剖13	半淋溶土	灰褐土	石灰性灰褐土	灰褐土	厚体灰黑土	1	0—87		砂壤土										残积物	E 113°15′24.6″ N 41°44′04.0″	78
						2	87—98		砂壤土												
						3	98—130	灰白色	砂壤土	无明显结构											
剖14	钙层土	栗钙土	暗栗钙土	暗棕黄土	砂壤中层暗黄黑土	1	0—32	暗褐色	砂壤土	粒状	8.6	11.2	0.81	1.09	26.0	1.6	101		黄褐色砂砾岩	E 113°41′25.4″ N 41°48′34.2″	94
						2	32—50	栗黄色	砂壤土		8.9	2.8	0.15		27.2	3.2	61				
剖15	钙层土	栗钙土	暗栗钙土	暗棕黄土	砂壤厚层暗黄土	1	0—41	暗褐色	砂壤土	粒状									黄褐色砂砾岩	E 113°35′11.0″ N 41°47′40.6″	97
						2	41—68	灰褐色	砂壤土												
						3	68—90	棕黄色	砂壤土												
剖16	半淋溶土	栗钙土	粗骨性灰钙土	粗骨性	粗骨性	1	0—5	暗栗色	砂土		8.2	5.2	0.21	0.26		1.0			花岗岩、砂砾岩残积物	E 113°48′49.7″ N 41°43′02.6″	91
						2	5—		砂土		8.0	3.1	0.16			3.0					
剖17	钙层土	栗钙土	暗栗钙土	暗黄黑土	多砾质中体暗黄黑土	1	20—30		轻壤土		8.4	19.9	0.99	0.62		2.0		11.8	花岗岩残积物	E 113°17′47.8″ N 41°39′28.4″	95
						2	60—70		轻壤土												
剖18	钙层土	栗钙土	暗栗钙土	暗栗红土	轻壤薄层暗栗红土	1	0—37		轻壤土		8.5	12.0	0.72	0.49		1.0		10.1	砂质泥岩	E 113°27′51.8″ N 41°37′15.3″	79
						2	37—79		重壤土												

续表 Continued

剖面号 Soil profile	土纲 Soil order	土类 Soil great group	亚类 Soil subgroup	土属 Soil genus	土种 Soil species	土层码 Layer code	土层厚度 Depth/cm	颜色 Soil color	质地 Soil texture	土壤结构 Soil structure	pH	有机质 OM/(g/kg)	全氮 TN/(g/kg)	全磷 TP/(g/kg)	全钾 TK/(g/kg)	有效磷 AP/(mg/kg)	速效钾 AK/(mg/kg)	阴离子交换量CEC/(cmol/kg)	土壤母质 Parent material	剖面点坐标 Profile coordinate	匹配指数 Matching index/%
剖19	钙层土	栗钙土	草甸栗钙土	盐化草甸栗钙土	中盐化淤澄草甸栗钙土	1	0~29		轻壤土		10.2	10.0	0.69	0.60		2.0		10.0	洪冲积物	E 113°29′36.0″ N 41°36′30.7″	98
						2	29~80		重壤土		9.5	17.9	1.37	0.82		2.0		15.2			
						3	80~121		重壤土		8.7	7.3	0.45								
剖20	钙层土	栗钙土	暗栗钙土	暗黄黑土	砂壤薄体暗黄黑土	1	5~10		砂壤土		8.4	14.8	0.10				85	6.3	花岗岩风化残积物	E 113°19′09.8″ N 41°32′49.6″	89
剖21	钙层土	栗钙土	暗栗钙土	暗黄栗土	轻壤厚层暗栗红土	1	0~42		中壤土		8.4	20.3	1.30	0.87	15.6	1.3	120	12.9	砂质泥岩	E 113°31′23.2″ N 41°37′26.8″	97
						2	42~62		中壤土		8.3	29.0	1.90	1.00	17.6	0.1	106	14.6			
剖22	钙层土	栗钙土	暗栗钙土	暗棕黄土	深石白干土	1	0~41		轻壤土		8.2	35.0	2.50	1.20	18.4	1.4	40	14.4	黄褐色砂砾岩	E 113°33′44.3″ N 41°33′50.0″	87
						2	41~80		黏土		8.4	9.6	0.40	0.49	9.7			7.9			
						3	80~110		黏土		8.6			0.39			38				
剖23	钙层土	栗钙土	暗栗钙土	暗黄砂土	少砾质薄层暗黄砂土	1	0~19	栗色	砂壤土	粒状									洪冲积物	E 113°36′19.6″ N 41°32′28.7″	82
						2	19~55	灰白色	砂壤土	粒状											
						3	55~	浅黄色													
剖24	钙层土	栗钙土	草甸栗钙土	草甸栗钙土	砂壤中层草甸栗钙土	1	0~20	栗色	砂壤土	小粒状									洪冲积物、淤积物	E 113°44′42.4″ N 41°32′25.4″	71
						2	20~45	暗栗色	砂壤土	粒状											
						3	45~102	灰棕色	重黏土	核块状											
						4	102~130	蓝灰色	黏土	块状											
剖25	钙层土	栗钙土	草甸栗钙土	草甸栗钙土	轻壤中层草甸栗钙土	1	10~25		轻壤土		9.2	20.0	1.40	0.82	24.1	0.4	124	14.0	洪冲积物、淤积物	E 113°44′37.7″ N 41°30′47.9″	93
						2	35~50		砂壤土		9.8	14.3	1.20	0.80	25.3	3.4	30	8.1			
						3	70~80		轻壤土		9.9			0.42		0.7	84				
剖26	钙层土	栗钙土	暗栗钙土	暗黄砂土	多砾质中层暗黄砂土	1	0~20		砂壤土		8.4	8.5	0.56	0.33		2.0		8.4	洪冲积物、淤积物	E 113°40′03.7″ N 41°30′45.7″	88
						2	20~110		重壤土		8.5	13.9	0.66					20.6			
剖27	钙层土	栗钙土	暗栗钙土	暗黄砂土	砂壤中体暗黄黑土	1	0~24		砂壤土		8.2	16.5	1.06	0.42		1.2	55	7.1	洪冲积物	E 113°36′31.0″ N 41°30′10.8″	96
						2	24~48		砂壤土		8.4	14.9	0.86	0.52		1.0	45	3.8			
						3	48~87		砂壤土		8.5					0.8	39				
剖28	盐碱土	草甸盐土	草甸盐土	白盐土	壤质白盐土	1	0~28		轻壤土		8.4	22.1	1.30	1.36	29.1	3.4	100	10.6	冲积物、湖积物	E 113°54′02.2″ N 41°37′21.4″	70
						2	28~55		砂壤土		8.7	27.9	1.65	1.50	30.8	8.9	115	6.8			
剖29	钙层土	栗钙土	暗栗钙土	暗黄黑土	轻壤厚体暗黄砂土	1	10~25		砂壤土		8.1	27.2	1.72	1.28	27.3	4.4	175	17.5	花岗岩风化残积物	E 113°50′32.3″ N 41°36′06.8″	99
						2	40~60		中壤土		7.9	18.6	1.16	1.13	25.9	2.1	98				
剖30	钙层土	栗钙土	暗栗钙土	暗黄红土	砂壤质中体暗黄黑土	1	10~39		重壤土		7.9	9.5	0.50	0.42		1.0		8.9	花岗岩风化残积物	E 113°54′32.0″ N 41°36′00.4″	71
						2	53~80		中壤土		8.8	11.3	0.60	0.52		1.0					
剖31	钙层土	栗钙土	暗栗钙土	暗黄黑土	砂壤薄层暗黄黑土	1	0~18		砂壤土		8.4	18.5	1.07	0.40		2.0		10.6	砂质泥岩	E 113°46′28.2″ N 41°35′54.6″	77
						2	18~47		砂壤土		8.3	10.5	0.63	0.30		1.0		6.8			
剖32	钙层土	栗钙土	暗栗钙土	暗黄红土	多砾质薄体暗黄红土	1	5~13		中壤土		8.2	14.2	0.90	1.05	26.3	3.0	59		花岗岩风化残积物	E 113°55′31.4″ N 41°35′25.8″	82
						2	20~40		砂壤土		8.2	8.8	0.53	0.88	8.0	0.9	52				
剖33	钙层土	栗钙土	暗栗钙土	暗黄砂土	少砾质中层暗黄砂土	1	0~36		砂土		9.0	6.2	0.37	0.26		2.0		5.5	洪冲积物	E 113°58′39.2″ N 41°34′22.9″	98
						2	36~75		砂壤土		9.5	2.4	0.10	0.18		1.0		3.4			
						3	75~110		砂壤土		8.6	3.4	0.09								
剖34	钙层土	栗钙土	暗栗钙土	暗黄砂土	轻壤中层暗黄砂土	1	0~35		轻壤土		8.6	18.0	1.09	0.68		1.0		10.5	洪冲积物	E 113°52′41.5″ N 41°34′01.6″	83
						2	35~65		砂壤土		9.0	11.6	0.76	0.44				10.5			
						3	65~100		砂壤土		9.0	3.8	0.18								
剖35	半水成土	草甸土	盐化草甸土	盐化灰色草甸土	重盐化灰色草甸土	1	0~44		黏土		8.2	31.4	2.00			5.6	225		洪冲积物	E 113°59′44.5″ N 41°32′14.8″	80
						2	44~62		中壤土		8.0	24.3	1.63			15.4	262				
剖36	钙层土	栗钙土	暗栗钙土	暗棕黄土	浅位白干土	1	0~20		轻壤土		8.3	26.4	1.86			3.1	87		黄褐色砂砾岩	E 113°51′16.9″ N 41°31′52.0″	71
						2	20~50		中壤土		8.4	11.8	0.74			1.8	31				

续表 Continued

剖面号 Soil prodfile	土纲 Soil order	土类 Soil great group	亚类 Soil subgroup	土属 Soil genus	土种 Soil species	土层码 Layer code	土层厚度 Depth/cm	颜色 Soil color	质地 Soil texture	土壤结构 Soil structure	pH	有机质 OM/(g/kg)	全氮 TN/(g/kg)	全磷 TP/(g/kg)	全钾 TK/(g/kg)	有效磷 AP/(mg/kg)	速效钾 AK/(mg/kg)	阳离子交换量CEC/(cmol/kg)	土壤母质 Parent material	剖面点坐标 Profile coordinate	匹配指数 Matching index/%
剖37	半水成土	草甸土	盐化草甸土	盐化灰色草甸土	轻盐化灰色草甸土	1	0—29		轻壤土		8.3	15.4	0.91	0.42		1.0				E 113°55′28.7″ N 41°31′33.2″	82
						2	29—55		中壤土		9.4	7.9	0.34	0.38				8.7			
剖38	钙层土	栗钙土	暗栗钙土	暗黄砂土	少砾质薄层暗黄砂土	1	0—15		砂壤土		8.4	9.9	0.65	0.35		2.0		7.8	洪冲积物	E 113°52′14.5″ N 41°31′27.5″	72
						2	15—35		砂壤土		8.3	10.0	0.53	0.42		1.0		8.1			
剖39	钙层土	栗钙土	草甸栗钙土	草甸栗钙土	砂壤中层草甸栗钙土	1	0—33		砂壤土		9.3	2.4	0.29	2.00		1.0		8.2	洪冲积物、淤积物	E 113°42′15.5″ N 41°29′19.3″	86
						2	33—77		中壤土		9.3	8.8	0.47	2.80				5.7			
						3	77—110		砂壤土		9.4	2.2	0.14								
剖40	钙层土	栗钙土	草甸栗钙土	盐化草甸栗钙土	轻盐化中层草甸栗钙土	1	15—30		黏土		9.3	17.3	0.90	1.29	23.0	7.7	140	6.9	洪冲积物、淤积物	E 113°44′08.3″ N 41°27′52.0″	78
						2	45—55		中壤土		8.7	9.3	0.30	0.58	20.5	0.7	41	12.5			
剖41	水成土	沼泽土	草甸沼泽土	暗栗草甸沼泽土	轻盐化浓深草甸沼泽土	1	0—20	深灰色	中壤土	核块状	8.9	38.4		1.35	11.8	5.7	103	13.6		E 113°30′38.5″ N 41°27′32.4″	89
						2	20—40	浅灰色	重黏土		8.3	38.3		0.72	7.8	1.2	63	3.9			
						3	40—95	黑色	砂壤土		7.7			1.49		3.6	76		砂质泥岩		
剖42	钙层土	栗钙土	暗栗钙土	暗栗红土	砂壤中层栗红土	1	10—30		砂壤土		8.5	22.5	1.40	0.96	17.7	1.5	118	6.9		E 113°42′33.1″ N 41°22′43.7″	85
						2	35—45		中壤土		8.4	13.8	0.95					9.4			
剖43	钙层土	栗钙土	盐化草甸栗钙土	盐化草甸栗钙土	轻盐化浓溶草甸栗钙土	1	0—58		中壤土		8.4	30.0	1.90	0.77	15.3	2.4	78	13.9	洪冲积物、淤积物	E 113°46′31.3″ N 41°29′57.7″	84
						2	58—73		中壤土		8.5	7.2	0.90	0.70		0.4	67	12.9			
						3	73—115		中壤土		8.8		0.50				71				
剖44	钙层土	栗钙土	草甸栗钙土	盐化草甸栗钙土	轻盐化轻壤草甸栗钙土	1	10—25		黏土		8.2	34.7	2.32	1.77	28.0	6.6	30		洪冲积物、淤积物	E 113°47′42.7″ N 41°28′03.7″	71
						2	45—60		轻壤土	粒状	8.7	15.1	0.95	1.26	22.1	1.9	57				
剖45	钙层土	栗钙土	草甸栗钙土	盐化草甸栗钙土	轻盐化草甸栗钙土	1	5—20		轻壤土	核块状	8.1	23.9	1.47	1.47	26.9		147		洪冲积物、淤积物	E 113°45′59.4″ N 41°27′50.4″	93
						2	40—60		轻壤土	核状	8.2	26.2	1.69	1.76	28.0	8.2	133				
剖46	盐碱土	草甸盐土		白盐土	砂质白盐土	1	0—1		轻壤土		8.2	23.2	1.50	1.28	26.5	5.6	95		冲积物、湖沉积物	E 113°50′44.9″ N 41°27′15.1″	78
						2	1—33		中壤土		8.5	12.9	0.87	0.92	23.6	1.6	35				
						3	33—71		中壤土	粒状	8.9		0.99			12.7					
剖47	钙层土	栗钙土	暗栗钙土	暗黄砂土	砂壤厚层暗黄砂土	1	0—35	栗色	中壤土	核粒状	8.6	13.3	0.87	1.17	28.4	4.2	201		洪冲积物	E 113°54′16.2″ N 41°21′25.3″	76
						2	35—67	暗栗色	重壤土	核状	8.9	12.6	0.79	1.07	28.8	4.1	252				
剖48	钙层土	栗钙土	灰色草甸土	壤质灰色草甸土	梨壤灰色草甸土	1	0—25	浅灰色	重黏土	粒状									冲积物	E 113°53′41.1″ N 41°20′08.2″	86
						2	25—60	栗色	砂壤土	粒状											
						3	60—91	褐栗色	砂土												
剖49	钙层土	栗钙土	暗栗钙土	暗黄黑土	少砾质薄体暗黄黑土	1	0—22	暗褐色	砂壤土		8.3	19.6	1.08	0.62	25.5	3.0	68	10.1	花岗岩风化残积物	E 114°10′35.8″ N 41°42′03.6″	91
						2	22—30	灰褐色	砂壤土		8.3	16.5	0.99	0.62	19.2	2.0	26	12.9			
剖50	钙层土	栗钙土	暗栗钙土	暗黄黑土	少砾质薄体暗黄黑土	1	10—20	暗褐色	轻壤土	粒状		14.7	1.00	0.67		1.0		6.3	花岗岩风化残积物	E 114°11′52.4″ N 41°41′22.6″	70
						2	20—40	灰褐色	重黏土	核块状		21.3	1.30	1.46		0.6		8.0			
剖51	钙层土	栗钙土	草甸栗钙土	盐化草甸栗钙土	轻盐化草甸栗钙土	1	0—27	青灰色	轻壤土	粒状									洪冲积物、淤积物	E 114°03′55.1″ N 41°36′30.2″	92
						2	27—74	暗褐色	重黏土	核块状											
						3	74—120	青灰色	砂壤土												
剖52	钙层土	栗钙土	暗栗钙土	暗黄黑土	多砾质薄体暗黄黑土	1	0—25		砂壤土	核块状	8.4	18.5	1.07	0.64		1.0		11.1	花岗岩风化残积物	E 114°09′59.8″ N 41°35′56.4″	99
						2	25—58		中壤土		8.7	12.7	0.60	0.98		1.0		9.3			
剖53	半水成土	草甸土	盐化草甸土	盐化灰色草甸土	中盐化灰色草甸土	1	10—25	灰褐色	中壤土		7.8	24.9	1.61	1.59	25.2	4.7	150			E 114°04′48.0″ N 41°34′13.5″	81
						2	45—60	灰棕色	轻壤土		8.5	15.2	1.01	1.52		3.1	108				
剖54	半水成土	草甸土	盐化草甸土	盐化灰色草甸土	重盐化灰色草甸土	1	0—37		砂壤土	粒状									近代湖积物	E 114°09′20.8″ N 41°33′01.2″	79
						2	37—58		轻壤土												
						3	58—120	青蓝色	重黏土												

续表 Continued

剖面号 Soil profile	土纲 Soil order	土类 Soil great group	亚类 Soil subgroup	土属 Soil genus	土种 Soil species	土层码 Layer code	土层厚度 Depth/ cm	颜色 Soil color	质地 Soil texture	土壤结构 Soil structure	pH	有机质 OM/ (g/kg)	全氮 TN/ (g/kg)	全磷 TP/ (g/kg)	全钾 TK/ (g/kg)	有效磷 AP/ (mg/kg)	速效钾 AK/ (mg/kg)	阳离子 交换量CEC/ (cmol/kg)	土壤母质 Parent material	剖面点坐标 Profile coordinate	匹配指数 Matching index/%
剖55	盐碱土	草甸盐土	草甸盐土	苏打盐土	砂质苏打盐土	1	0—87	青灰色	重黏土										冲积物、湖积物	E 114°13′04.9″ N 41°32′05.2″	87

兴 和 县

主要土类说明

栗钙土是兴和县主要土壤类型，占本县地域面积的75%。栗钙土分布范围广，地形较为复杂，有凹状平原、波状丘陵和低山山地，海拔为1200—1700m。自然植被为干草原植被，常见群落有针茅-冷蒿、针茅-羊草、隐子草-冷蒿等。成土母质类型多样，有残积物、坡积物、洪冲积物、湖积物、淤积物以及红色泥岩和黄土状风积物。成土过程主要为腐殖质累积过程和钙积过程。栗钙土剖面由腐殖质层、钙积层和母质层构成，剖面分化明显，层次过渡清晰。根据附加成土过程的特点，本县栗钙土分为暗栗钙土、粗骨性栗钙土、草甸栗钙土等亚类。

灰褐土是兴和县第二大土壤类型，占本县地域面积的17%。灰褐土主要分布在本县境内南端大南山及中部东缘大青山的中山山地，西部岱青山、北部武大喇嘛山等低山顶部也有零星分布。自然植被为森林灌丛草原，有白桦、山杨、山杏、山柳、黄柳、胡枝子、羊草、苍术、针茅、萱草等。成土母质以酸性花岗片麻岩及基性玄武岩的残积物和坡积物为主，还有黄土状沉积物和洪冲积物。成土过程主要为腐殖质累积过程和盐基淋溶过程。灰褐土剖面由凋落物层、腐殖质层、过渡层和母质层构成。凋落物层无或很薄。腐殖质层呈灰褐色或暗灰色，厚30—45cm，呈褐棕色舌状或波状逐渐下渗。过渡层厚20—40cm，上部质地较黏重，呈棕色，有弱黏化现象，下部有不明显的石灰菌丝或淋洗完全。本县灰褐土分为灰褐土、淋溶灰褐土、生草灰褐土、粗骨性灰褐土等亚类。

草甸土是兴和县第三大土壤类型，占本县地域面积的4%。草甸土呈条带状分布，以银子河、后河、五一河等大小河流的河谷地带最为常见。自然植被为草甸类型，有芨芨草、羊草、冷蒿、早熟禾等，有时夹有盐生植被。成土母质主要为河流洪冲积物和湖积物。成土过程主要为腐殖质累积过程和潜育化过程。草甸土剖面由腐殖质层、锈色斑纹层和潜育层构成。表土为腐殖质层，呈暗灰色或灰色。心土为锈色斑纹层，颜色变浅，多呈浅灰色带棕色，具粒状结构，质地一般比上层黏重，氧化还原作用明显，有铁锈斑纹，尤以该层下部最多。底土为潜育层，呈青灰色或灰蓝色，有时在腐殖质层下部可见呈灰白色斑纹的碳酸钙淀积。盐化地区表土层带有盐霜。本县草甸土分为灰色草甸土、盐化草甸土等亚类。

小于本县地域面积3%的土壤类型有黄绵土、黑垆土、草甸盐土。

本区域中心区气候特征

本区域中心区气候特征值 Regional climate characteristics in central area of the region	
气候带：中温带亚干旱气候 Climate region: Mid temperate subarid climate	
年平均气温 /℃ Annual average temperature /℃	5.6
年平均最高气温 /℃ Annual average maximum temperature /℃	12.3
年平均最低气温 /℃ Annual average minimum temperature /℃	-0.2
年降水量 /mm Annual precipitation /mm	346
≥10℃的积温 /℃ Daily temperature accumulated in a year (≥10℃) /℃	2855
年日照时数 /h Annual sunshine /h	2931
年平均相对湿度 /% Annual average relative humidity /%	53
干燥度 Dryness	0.96

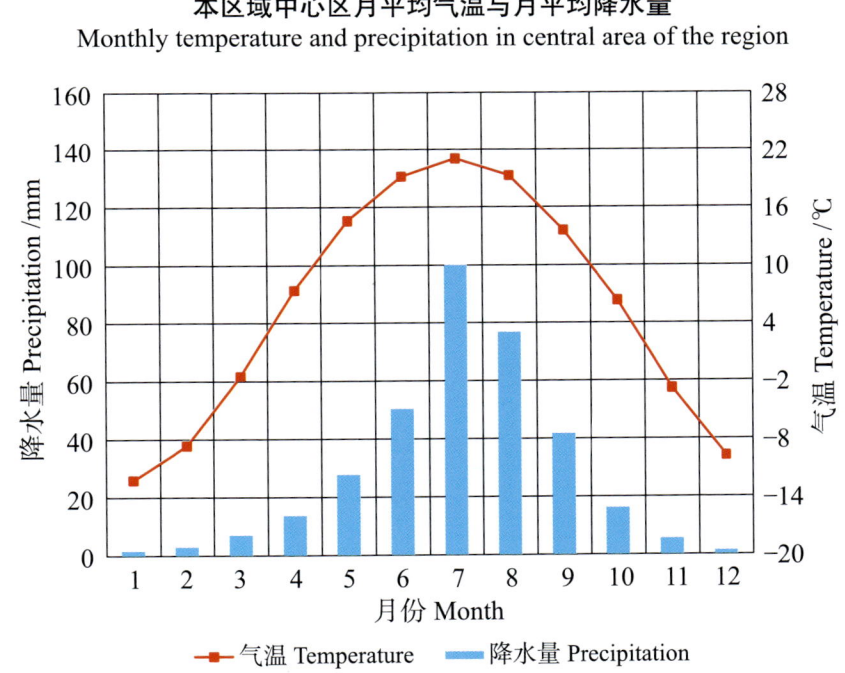

本区域中心区月平均气温与月平均降水量
Monthly temperature and precipitation in central area of the region

兴和县主要土壤类型与土壤剖面点分布图
1:360 000

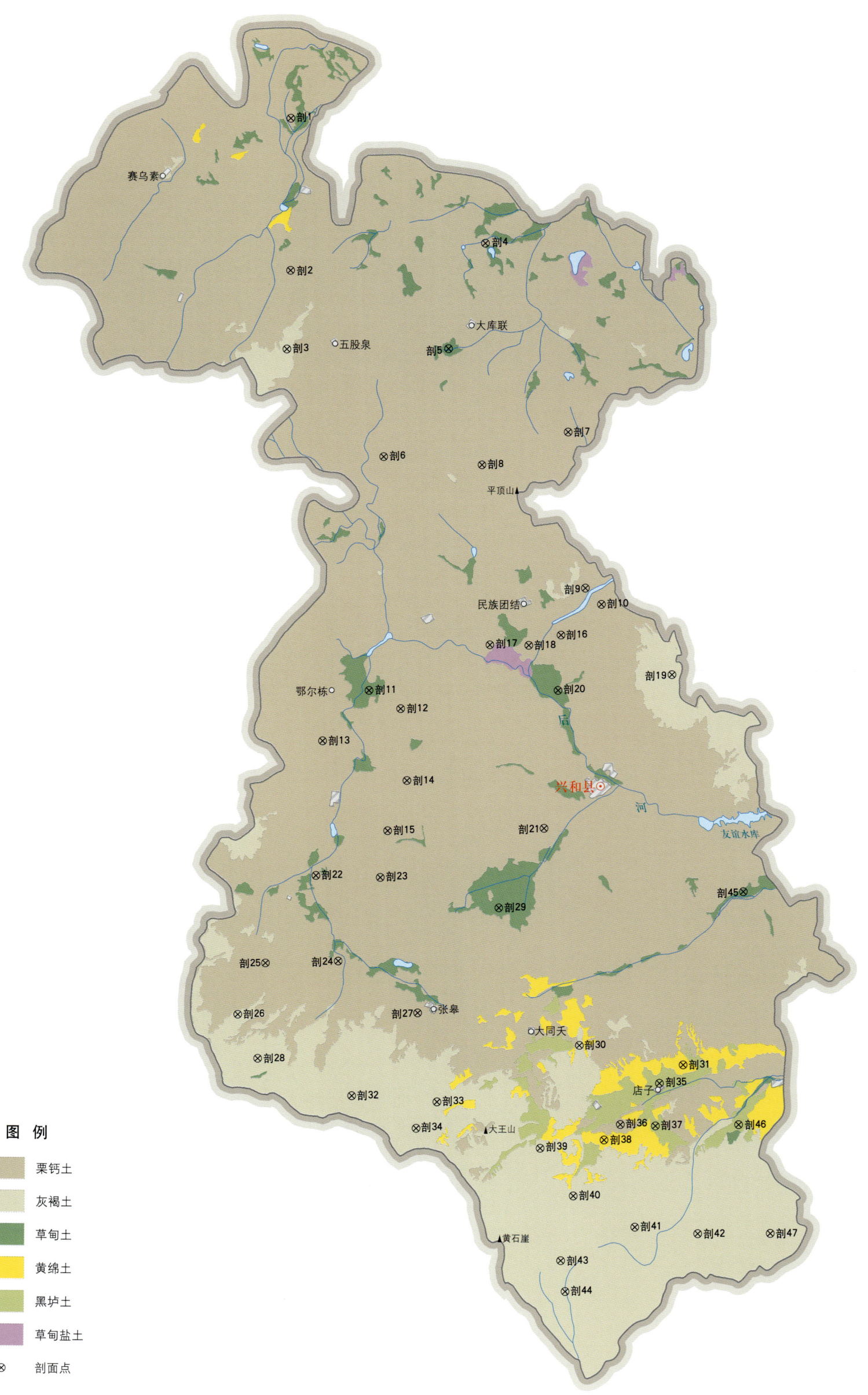

兴和县土壤剖面理化性状表

剖面号 Soil profile	土纲 Soil order	土类 Soil great group	亚类 Soil subgroup	土属 Soil genus	土种 Soil species	土层码 Layer code	土层厚度 Depth/cm	质地 Soil texture	pH	有机质 OM/(g/kg)	全氮 TN/(g/kg)	全磷 TP/(g/kg)	全钾 TK/(g/kg)	碱解氮 AN/(mg/kg)	有效磷 AP/(mg/kg)	速效钾 AK/(mg/kg)	阳离子交换量CEC/(cmol/kg)	土壤母质 Parent material	剖面点坐标 Profile coordinate	匹配指数 Matching index/%
剖1	钙层土	栗钙土	暗栗钙土	灰白干土	浅位灰白干土	1	0—20	轻壤土	8.3	13.7	0.97	0.90	34.0	34	1.6	153	9.9	砂岩、砂砾岩、红土	E 113°36′16.9″ N 41°22′47.6″	88
						2	20—80		8.3	12.7	0.82	0.90	33.0	32	1.2	41	9.2			
剖2	钙层土	栗钙土	草甸栗钙土	盐潴土	轻度盐潴土	1	0—30	轻壤土	8.3	7.4	0.56	1.20	28.4		1.7	104	9.9	洪冲积物	E 113°36′01.8″ N 41°16′03.7″	87
						2	30—110	砂壤土	8.3	3.1	0.21	1.00	30.5		1.9	51	5.0			
剖3	半淋溶土	灰褐土	淋溶灰褐土	淋溶褐土	薄体淋溶褐土	1	0—16	中壤土	7.9	34.7	1.94	1.20	29.9		2.6	124	24.6	花岗片麻岩残积物、坡积物	E 113°35′42.0″ N 41°12′36.0″	81
						2	16—29	重壤土	8.0	10.5	0.62	1.40	23.2		1.6	168	32.2			
剖4	钙层土	栗钙土	草甸栗钙土	盐潴土	中度盐潴土	1	0—22	砂壤土	8.7	11.2	0.70	0.80	31.3		2.0	61	8.3	洪冲积物	E 113°47′33.4″ N 41°17′01.0″	78
						2	22—40	砂壤土	8.4	8.1	0.55	0.80	31.6		1.6	49	7.1			
剖5	草甸土	草甸土	盐化草甸土	盐化草甸土	轻度盐化草甸砂土	1	0—30	砂壤土	8.2	9.5	0.67	1.10	31.7		3.4	106	6.5	砂岩、砂砾岩	E 113°45′12.5″ N 41°12′25.2″	92
						2	30—67	轻壤土	8.2	15.2	1.00	1.10	32.0		1.5	81	13.5			
剖6	半水成土	草甸土	暗栗钙土	灰黄砂土	薄层中度灰黄砂土	1	0—25	轻壤土	8.3	13.6	0.84	0.80	34.6		2.1	72	10.2		E 113°41′13.9″ N 41°07′44.0″	97
						2	25—75	轻壤土	8.3	7.4	0.54	0.70	33.7		2.4	107	11.1			
剖7	钙层土	栗钙土	暗栗钙土	暗栗红土	薄层暗栗红土	1	0—19	轻壤土	8.3	11.3	0.75	0.60	33.7		2.1	74	7.6	红色泥岩、砖红色泥岩	E 113°52′07.0″ N 41°08′35.3″	70
						2	19—31	轻壤土	8.8	13.4	0.87	0.90	31.2		5.1	113	11.1			
						3	31—78	重壤土	8.2	2.5	0.19	0.40	36.3		0.7	131	26.7			
剖8	钙层土	栗钙土	暗栗钙土	暗黄黑土	砾质中体暗黄黑土	1	0—40		8.4	9.7	0.54	0.80	40.7		9.6	121	4.5		E 113°46′59.5″ N 41°07′14.5″	81
						2	40—60			12.5	0.79	1.30	22.2		0.9	28				
剖9	钙层土	栗钙土	暗栗钙土	淤壤土	通体淤壤土	1	0—36	中壤土	8.2	21.6	1.33	1.40	27.0		3.0	148	23.2	洪冲积物	E 113°52′51.9″ N 41°01′40.4″	98
						2	36—75	中壤土	8.2	19.8	1.31	1.30	28.4		1.2	103	20.2			
剖10	钙层土	栗钙土	暗栗钙土	灰黄砂土	轻壤厚层灰黄砂土	1	0—47	轻壤土	8.1	13.3	0.86	1.20	30.0		2.2	46	24.2	砂岩、砂砾岩	E 113°53′46.6″ N 41°00′56.4″	73
						2	47—105	中壤土	8.1	21.5	0.13	1.10	30.0		1.6	57	36.8			
剖11	草甸土	草甸土	盐化草甸土	暗黄砂土	中度盐化暗黄砂土	1	0—19	砂壤土	9.0	9.4	0.60	0.90	30.4		4.3	91	8.2		E 113°40′02.3″ N 40°57′25.6″	75
						2	19—40	砂壤土	8.4	10.7	1.11	1.00	28.9		3.7	73	8.6			
						3	40—96	砂壤土	8.5	14.2	0.90	1.00	27.6		4.0	83	8.3			
剖12	钙层土	栗钙土	暗栗钙土	暗黄黑土	砂壤中体暗黄黑土	1	0—31	砂壤土	8.1	16.8	1.07	1.50	30.4		2.3	132	7.6		E 113°41′51.4″ N 40°56′34.8″	76
						2	31—39	砂壤土	8.1	17.4	1.08	1.50	29.4		1.6	98	8.7			
剖13	钙层土	栗钙土	暗栗钙土	暗栗红土	厚层暗栗红土	1	0—20	中壤土	8.2	22.9	1.38	1.10	26.1		5.5	174	23.8	红色泥岩、砖红色泥岩	E 113°37′14.2″ N 40°55′14.9″	86
						2	20—78	中壤土	8.2	17.7	1.13	0.90	25.0		1.9	92	24.2			
剖14	钙层土	栗钙土	暗栗钙土	淤壤土	薄层淤壤土	1	0—24	重壤土	8.2	30.1	2.00	1.40	27.9		3.3	205	30.6	洪冲积物	E 113°42′06.8″ N 40°53′23.6″	93
						2	24—56	重壤土	8.1	37.7	2.26	1.40	30.1		3.4	188	12.0			
剖15	钙层土	栗钙土	暗栗钙土	盐潴土	砂壤薄体盐潴土	1	0—18	砂壤土	8.3	15.6	0.99	6.20	29.7		2.6	32	18.0		E 113°40′55.2″ N 40°51′12.2″	89
						2	18—25	砂壤土	8.2	3.9	0.23	9.98	23.0		0.8	125				
剖16	钙层土	栗钙土	草甸栗钙土	灌淤草甸栗钙土	灌淤草甸栗钙土	1	0—30	轻壤土	8.3	11.3	0.68	1.10	26.8		1.9	102	10.0	洪冲积物	E 113°51′21.2″ N 40°59′38.8″	72
						2	30—61	中壤土	8.1	10.5	0.68	1.20	27.7		2.4	153	11.2			
剖17	钙层土	栗钙土	淤壤土	淤壤土	通体淤壤土	1	0—22	中壤土	8.2	10.0	0.62	1.10	26.1		3.0	81	11.2	洪冲积物	E 113°47′10.7″ N 40°59′18.2″	95
						2	22—96	中壤土	8.2	12.4	0.78	1.30	31.0		1.5	53	11.0			
剖18	钙层土	栗钙土	草甸栗钙土	盐潴土	轻度盐潴土	1	0—21	砂土	8.6	10.3	0.67	0.90	33.9		3.8	50	6.4	洪冲积物	E 113°49′27.5″ N 40°59′13.9″	89
						2	21—50	砂壤土	8.4	19.8	1.44	0.90	34.5		3.6	100	7.6			
剖19	半淋溶土	灰褐土	生草灰褐土	山黑土	厚体山黑土	1	0—9	中壤土	7.5	50.7	2.54	1.50	30.2		4.7	101	26.8	洪冲积物	E 113°57′48.3″ N 40°57′45.3″	86
						2	9—62	中壤土	7.6	60.3	2.71	1.50	31.6		2.0	77	34.8			
剖20	半水成土	草甸土	灰色草甸土	轻壤质灰色草甸土	通体轻壤质灰色草甸土	1	0—30	中壤土	8.4	24.3	1.59	1.20	28.6		2.4	119	18.0	洪冲积物	E 113°51′06.1″ N 40°57′11.9″	85
						2	30—65	轻壤土	8.5	14.5	1.00	0.70			1.3	42	9.4			

续表 Continued

剖面号 Soil profile	土纲 Soil order	土类 Soil great group	亚类 Soil subgroup	土属 Soil genus	土种 Soil species	土层码 Layer code	土层厚度 Depth/cm	质地 Soil texture	pH	有机质 OM/(g/kg)	全氮 TN/(g/kg)	全磷 TP/(g/kg)	全钾 TK/(g/kg)	碱解氮 AN/(mg/kg)	有效磷 AP/(mg/kg)	速效钾 AK/(mg/kg)	阳离子交换量 CEC/(cmol/kg)	土壤母质 Parent material	剖面点坐标 Profile coordinate	匹配指数 Matching index/%
剖21	钙层土	栗钙土	暗栗钙土	暗栗红色	中度侵蚀暗栗红土	1	0—13	轻壤土	8.3	12.5	0.84	1.00	27.9		2.8	89	14.0	红色泥岩、砖红色泥岩	E 113°50′04.2″ N 40°51′07.6″	97
						2	13—56	重壤土	8.3	9.9	0.66	1.10	27.4		1.6	104	23.6			
剖22	钙层土	栗钙土	暗栗钙土	暗栗淤土	厚层暗栗淤土	1	0—30	重壤土	8.1	12.9	0.84	1.20	29.6		4.0	192	18.0	洪冲积物	E 113°36′39.6″ N 40°49′18.5″	77
						2	30—42	中壤土	8.3	13.8	0.89	1.20	29.1		2.4	162	17.8			
剖23	钙层土	栗钙土	暗栗钙土	灰白干土	中位灰白干土	1	0—18	砂壤土	8.5	12.5	0.85	1.20	35.0		2.0	54	5.8	砂岩、砂砾岩、红岩	E 113°40′25.3″ N 40°49′09.1″	87
						2	18—67	砂壤土	8.4	11.3	0.79	0.90	30.3		1.3	45	6.3			
剖24	钙层土	栗钙土	草甸栗钙土	灌淤草甸栗钙	灌淤草甸栗钙土	1	0—34	轻壤土	8.1	12.9	0.78	1.40	26.1		3.8	160	10.2	洪冲积物	E 113°37′51.2″ N 40°45′28.1″	71
						2	34—68	轻壤土	8.1	8.6	0.54	1.30			2.4	96	14.3			
剖25	钙层土	栗钙土	暗栗钙土	褐黄土	重度侵蚀暗栗黄土	1	0—19	中壤土	8.3	14.0	0.90	0.70	31.0		2.2	69	8.8	黄土、黄土状母质	E 113°33′36.4″ N 40°45′27.4″	94
						2	19—58	中壤土	8.2	8.4	0.58	0.50	26.2		1.6	41	7.4			
剖26	半淋溶土	灰褐土	石灰性灰褐土	褐黄土	轻度侵蚀褐黄土	1	0—4	中壤土	7.6	54.6	3.04	1.60	30.9		2.3	195	24.6	黄土、黄土状堆积物	E 113°31′55.6″ N 40°43′12.7″	84
						2	4—78	中壤土	8.0	60.9	2.93	1.60			2.6	113	35.3			
						3	78—88	中壤土	8.1	26.7	1.28	1.10	30.9		1.8	92	24.2			
剖27	钙层土	栗钙土	暗栗钙土	暗栗黄土	轻度侵蚀暗栗黄土	1	0—41	轻壤土	8.3	9.6	0.85	1.20	29.5		1.7	100	13.4	黄土、黄土状母质	E 113°42′25.6″ N 40°43′05.2″	87
						2	41—80	中壤土	8.2	17.5	1.06	1.20	28.8		1.6	91	15.7			
剖28	半淋溶土	灰褐土	石灰性灰褐土	褐黄土	重度侵蚀褐黄土	1	0—35	中壤土	8.2	14.4	0.79	1.10	26.2		2.4	123	4.3	黄土、黄土状堆积物	E 113°33′01.8″ N 40°41′13.9″	85
						2	35—76	重壤土	8.2	9.0	0.55	1.10	25.2		1.8	102	1.2			
						3	76—122	重壤土	8.2	13.2	0.69	1.20	25.3		1.7	123	4.5			
剖29	半水成土	草甸土	灰色草甸土	砂砾质灰色草甸土	通体砂壤质灰色草甸土	1	0—37	砂壤土	8.4	19.9	1.27	3.40	29.0		2.8	72	7.8	洪冲积物	E 113°47′19.0″ N 40°47′40.6″	74
						2	37—70	轻壤土	8.5	26.8	1.61	2.60	27.9		3.5	41				
剖30	半淋溶土	灰褐土	石灰性灰褐土	褐黄淤土	厚层褐黄淤土	1	0—40	中壤土	8.2	14.2	0.83	1.30	34.9		2.3	120	8.8	洪冲积物、砂砾石	E 113°51′49.0″ N 40°41′27.6″	88
						2	40—135	中壤土	8.0	25.6	1.35	1.40	32.4		1.7	97	19.4			
剖31	初育土	黄绵土	黄绵土	黄绵土	中度侵蚀黄绵土	1	0—39	轻壤土	8.3	8.1	0.59	0.90	27.3		2.8	93	9.9	黄土	E 113°57′50.8″ N 40°40′28.9″	90
						2	39—108	轻壤土	8.3	4.2	0.33	0.90	32.3		1.7	71	8.9			
剖32	半淋溶土	灰褐土	生草灰褐土	山黑土	厚体山黑土	1	0—28	中壤土	7.9	35.3	2.32	1.80	32.3		1.1	155	11.1	花岗片麻岩、玄武岩风化残积物或坡积物	E 113°38′28.3″ N 40°39′29.4″	97
						2	28—73	重壤土	7.7	23.1	1.13	1.00	32.0		3.9	94	33.1			
						3	73—94	重壤土	7.7	7.3	0.49	0.70	31.8		2.3	76	24.0			
剖33	半淋溶土	灰褐土	生草灰褐土	山黑土	中体山黑土	1	0—20	中壤土	8.0	4.3	0.32	1.50	24.5		1.0	94	7.4		E 113°43′26.0″ N 40°39′08.2″	98
剖34	半淋溶土	灰褐土	生草灰褐土	山黑土	中体山黑土	1	6—44	中壤土	7.5	58.5	2.76	2.80	31.0		3.2	122	32.6	黄土状松散沉积物	E 113°42′10.3″ N 40°38′00.2″	74
						2	44—56	中壤土	7.1	26.9	1.42	3.50	31.5		4.8	115	21.5			
剖35	钙层土	栗钙土	黑垆土	黑垆土	埋藏黑垆土	1	0—78	中壤土	8.1	16.6	1.07	1.30	30.2		2.3	113	15.4	黄土状松散沉积物、砂砾石	E 113°56′25.8″ N 40°39′41.8″	71
剖36	栗钙土	栗钙土	草甸栗钙土	淤砂土	腰藏砂淤土	1	0—20	砂土	8.5	4.4	0.33	0.90	31.9		2.6	59	3.5	洪冲积物、砂砾石	E 113°54′05.4″ N 40°37′57.0″	81
						2	20—78	砂壤土	8.3	5.6	0.36	0.90	30.5		2.3	40	8.2			
剖37	黑垆土	黑垆土	黑垆土	黑垆土	厚层黑垆土	1	0—17	轻壤土	8.1	14.8	0.86	1.20	28.0		2.5	113	16.5	黄土状松散沉积物	E 113°56′07.8″ N 40°37′50.9″	87
						2	17—52	中壤土	8.1	19.0	1.01	1.20	30.4		1.3	91				
						3	52—80	中壤土	8.2	9.4	0.62	1.20	29.8		1.6	89				
剖38	初育土	黄绵土	黄绵土	黄绵土	重度侵蚀黄绵土	1	0—31	中壤土	8.2	5.3	0.39	0.90	27.3		1.7	66	8.1	黄土	E 113°53′07.8″ N 40°37′17.0″	83
						2	31—115	中壤土		5.1	0.37		26.4		1.5	60	9.3			
剖39	半淋溶土	灰褐土	粗骨性灰褐土	粗骨性灰褐土	粗骨性灰溶土	1	0—20	轻壤土	8.0	4.3	0.32	1.50	24.5		1.0	94	7.4	基性岩风化残积物	E 113°49′22.8″ N 40°36′59.8″	98
剖40	半淋溶土	灰褐土	淋溶灰褐土	淋溶褐黄土	轻度侵蚀淋溶黄土	1	0—39	中壤土	7.9	24.5	2.01	1.50	29.8		3.9	124	25.4	黄土、黄土状堆积物	E 113°51′14.0″ N 40°34′52.3″	92
						2	39—82	中壤土	8.1	35.1	1.70	1.50			2.3	82				

续表 Continued

剖面号 Soil profile	土纲 Soil order	土类 Soil great group	亚类 Soil subgroup	土属 Soil genus	土种 Soil species	土层码 Layer code	土层厚度 Depth/cm	质地 Soil texture	pH	有机质 OM/(g/kg)	全氮 TN/(g/kg)	全磷 TP/(g/kg)	全钾 TK/(g/kg)	碱解氮 AN/(mg/kg)	有效磷 AP/(mg/kg)	速效钾 AK/(mg/kg)	阳离子交换量 CEC/(cmol/kg)	土壤母质 Parent material	剖面点坐标 Profile coordinate	匹配指数 Matching index/%
剖41	半淋溶土	灰褐土	淋溶灰褐土	淋溶褐土	砾质厚体淋溶褐土	1	0—28	中壤土	8.2	21.3	1.10	0.80	30.9		2.7	92	15.3	花岗片麻岩残积物、坡积物	E 113°54′46.8″ N 40°33′26.6″	95
						2	28—62	中壤土	8.0	38.8	1.82	1.10	30.8		2.9	82	24.5			
						3	62—129	中壤土	8.1	8.3	0.57	0.70	32.7		2.5	102	14.0			
剖42	半淋溶土	灰褐土	淋溶灰褐土	淋溶褐土	中体淋溶褐土	1	0—21	中壤土	7.4	65.2	3.18	1.40	29.5		4.0	103	27.0	花岗片麻岩残积物、坡积物	E 113°58′26.6″ N 40°33′05.1″	92
						2	21—38	中壤土	7.3	55.1	2.71	1.40	29.4		2.6	88	27.1			
						3	38—57	中壤土	7.4	50.0	2.44	1.30	28.4		2.6	83	27.6			
剖43	半淋溶土	灰褐土	淋溶灰褐土	淋溶褐土	厚体淋溶褐土	1	0—17	中壤土	7.2	38.5	2.12	1.10	32.6		4.2	113	21.9	花岗片麻岩残积物、坡积物	E 113°50′24.9″ N 40°32′03.5″	99
						2	17—32	中壤土	7.3	51.1	2.75	1.30	31.5		2.7	88	25.4			
						3	32—120	中壤土	7.7	45.2	2.28	1.30	32.3		2.3	83	26.1			
剖44	半淋溶土	灰褐土	淋溶灰褐土	淋溶褐黄土	中度侵蚀淋溶褐黄土	1	0—31	中壤土	8.0	19.5	1.17	0.90	31.4		3.2	102	15.7	黄土、黄土状堆积物	E 113°50′37.7″ N 40°30′42.1″	78
						2	31—56	中壤土	8.1	33.0	1.72	0.90	30.7		2.7	72	20.3			
剖45	半水成土	草甸土	灰色草甸土	砂质灰色草甸土	壤底砂质灰色草甸土	1	0—30	砂壤土	8.6	3.5	0.27	0.80	31.8		2.4	59	7.7	洪冲积物	E 114°01′38.1″ N 40°48′05.6″	80
						2	30—75	中壤土	8.3	26.3	1.57	1.20	30.8		5.9	155	21.3			
剖46	钙层土	黑垆土	黑垆土	黑垆土	薄层黑垆土	1	0—19	中壤土	8.2	10.5	0.71	1.30	29.0		3.5	159	13.5	黄土状松散沉积物	E 114°00′59.0″ N 40°37′48.0″	91
						2	19—54	中壤土	8.1	16.0	1.10	1.20	27.9		1.5	101				
剖47	半淋溶土	灰褐土	石灰性灰褐土	灰褐土	砾质厚体灰褐土	1	0—21	轻壤土	8.1	16.5	1.02	2.50	25.4		8.6	180	10.6	花岗片麻岩、玄武岩残积物或坡积物	E 114°02′39.8″ N 40°33′01.1″	77
						2	21—87	轻壤土	8.2	13.2	0.85	2.00	26.0		2.1	137	11.7			
						3	87—137	轻壤土	8.2	20.7	1.07	1.60	28.1		4.6	102	14.6			

凉 城 县

主要土类说明

栗钙土是凉城县主要土壤类型，占本县地域面积的 45%。栗钙土分布在陷落及凹坳平原，部分分布在波状丘陵和中低山山地。自然植被为干草原植被，常见群落为针茅-冷蒿、针茅-羊草、百里香-针茅等。成土母质主要为残积物、坡积物、洪冲积物、淤积物、红色泥岩、砂岩、砂砾岩、黄土及黄土状风积物等。成土过程主要为腐殖质累积过程和钙积过程。栗钙土剖面由腐殖质层、钙积层和母质层构成，有的栗钙土具 A-C 剖面构型，大部分剖面分化不明显，层次过渡不清晰，形态特征不典型。根据附加成土过程的特点，本县栗钙土分为暗栗钙土、栗钙土、粗骨性栗钙土、草甸栗钙土、黑垆土性栗钙土等亚类。

灰褐土是凉城县第二大土壤类型，占本县地域面积的 38%。灰褐土分布在本县西北部、北部和南部的中低山山地及丘陵地带。自然植被主要为白桦、山杨、虎榛子、线叶菊、针茅等。成土母质多为花岗岩、花岗片麻岩、苏长岩、玄武岩、砂岩、砂砾岩等的风化残积物、坡积物以及零散的黄土状堆积物。成土过程主要为腐殖质累积过程、弱黏化过程、淋溶过程和钙积过程。本县灰褐土分为生草灰褐土、淋溶灰褐土、灰褐土、粗骨性灰褐土等亚类。

栗褐土是凉城县第三大土壤类型，占本县地域面积的 9%。栗褐土是栗钙土与灰褐土之间的过渡土壤类型，分布在六苏木镇、永兴镇的黄土丘陵。自然植被主要为百里香、麻黄、针茅、狼毒等。成土过程非常微弱，剖面发育不明显，无明显的腐殖质层，剖面中部常有石灰菌丝体和碳酸盐层。本县栗褐土仅有淡栗褐土一个亚类。

草甸土占本县地域面积的 4%，呈条带状分布，以天成河、步量河、弓坝河、五号河、苜花河、鸭落沟、永兴沟等河流沿岸较为常见，以岱海为中心广泛分布。自然植被主要为芨芨草、羊草、早熟禾、冷蒿等。成土母质主要为河流洪冲积物和湖积物。成土过程主要为腐殖质累积过程和潜育化过程。草甸土剖面由腐殖质层、锈色斑纹层和潜育层构成。本县草甸土分为灰色草甸土、盐化草甸土、浅色草甸土等亚类。

小于本县地域面积 3% 的土壤类型有沼泽土、草甸盐土。

本区域中心区气候特征

本区域中心区气候特征值
Regional climate characteristics in central area of the region

气候带：中温带亚干旱气候 Climate region: Mid temperate subarid climate	
年平均气温 /℃ Annual average temperature /℃	6.5
年平均最高气温 /℃ Annual average maximum temperature /℃	13.3
年平均最低气温 /℃ Annual average minimum temperature /℃	0.4
年降水量 /mm Annual precipitation /mm	376
≥10℃的积温 /℃ Daily temperature accumulated in a year (≥10℃) /℃	3462
年日照时数 /h Annual sunshine /h	2782
年平均相对湿度 /% Annual average relative humidity /%	52
干燥度 Dryness	1.03

本区域中心区月平均气温与月平均降水量
Monthly temperature and precipitation in central area of the region

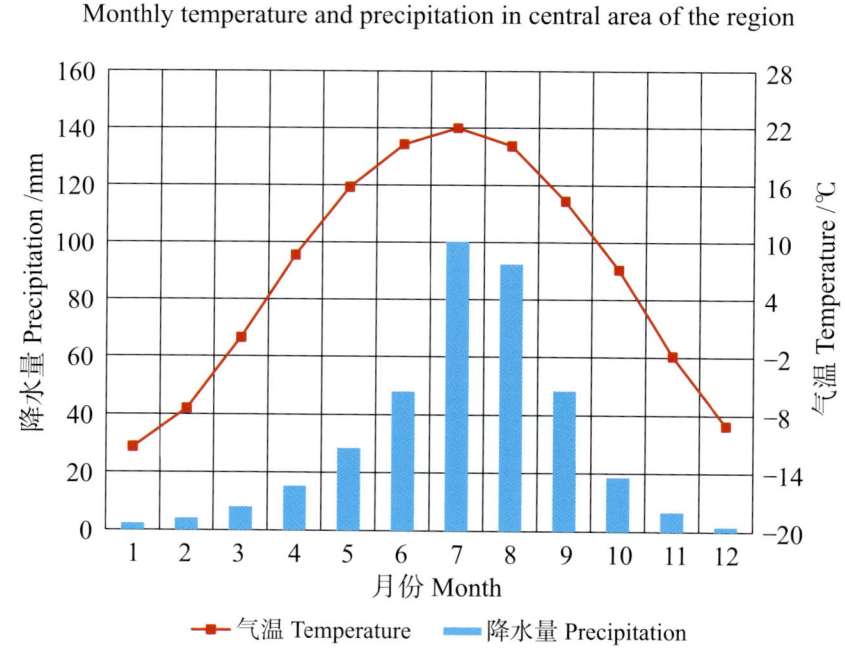

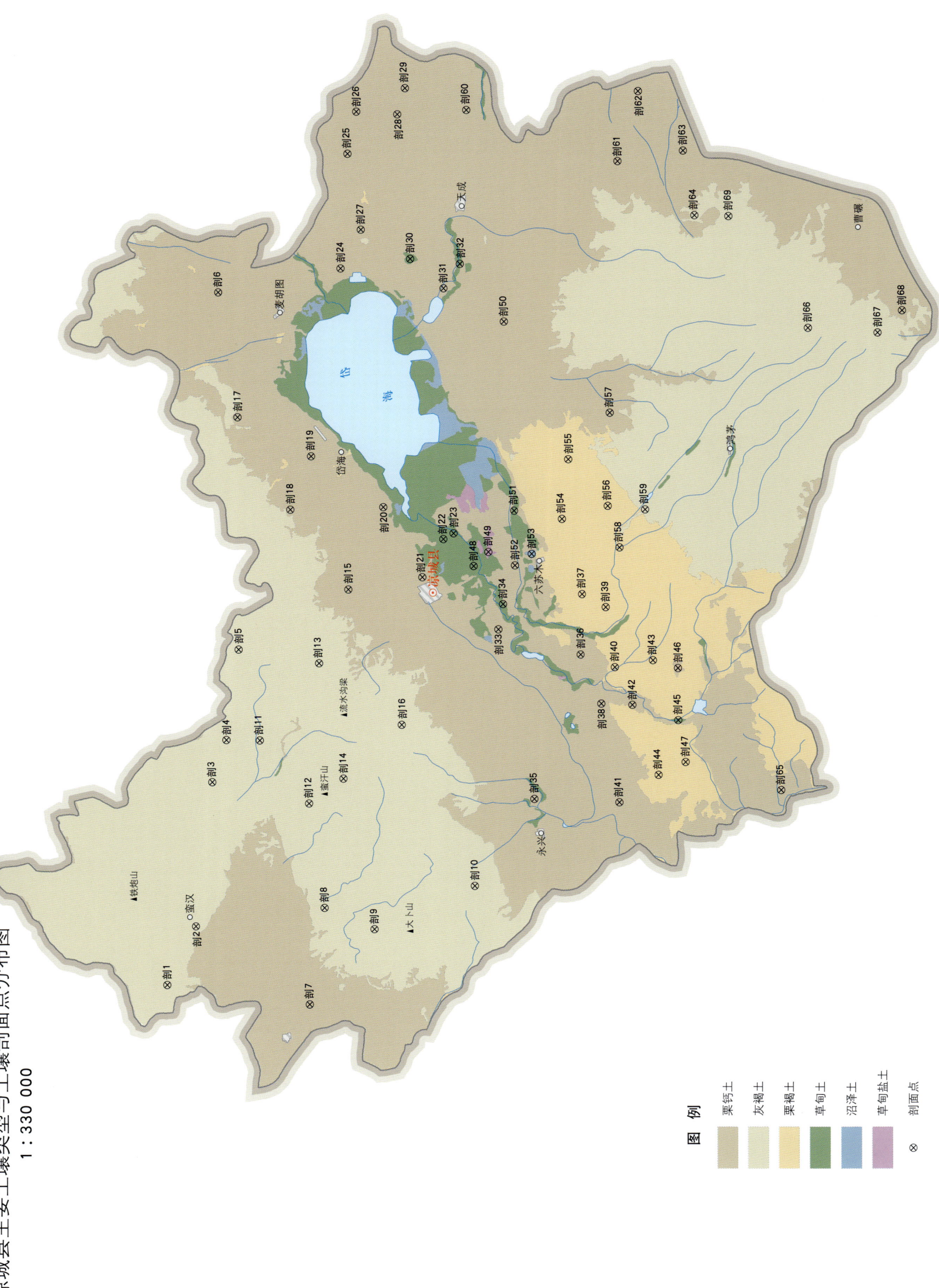

凉城县土壤剖面理化性状表

剖面号 Soil profile	土纲 Soil order	土类 Soil great group	亚类 Soil subgroup	土属 Soil genus	土种 Soil species	土层码 Layer code	土层厚度 Depth/cm	质地 Soil texture	pH	有机质 OM/(g/kg)	全氮 TN/(g/kg)	全磷 TP/(g/kg)	全钾 TK/(g/kg)	有效磷 AP/(mg/kg)	阳离子交换量CEC/(cmol/kg)	剖面点坐标 Profile coordinate	匹配指数 Matching index/%
剖1	半淋溶土	灰褐土	灰褐土	洪冲积灰褐土	通体重壤质灰褐土	1	0–20	轻黏土	8.3	33.8	1.89	0.72	19.4		17.0	E 112°07′28.2″ N 40°43′20.6″	97
						2	20–57	重壤土	8.2	33.3	1.74	0.68	22.4		21.1		
						3	80–90	重壤土	8.2	31.3	1.77	0.72	20.9		12.6		
剖2	半淋溶土	灰褐土	灰褐土	洪冲积灰褐土	通体砂壤质灰褐土	1	0–48	砂壤土	8.3	9.8	0.58	0.55	16.4		8.7	E 112°10′43.3″ N 40°42′04.3″	84
						2	60–70	砂壤土	8.4	6.1	0.36	0.51	17.0		6.6		
剖3	半淋溶土	灰褐土	灰褐土	黄土质灰褐土	黄土	1	0–38	轻壤土	8.5	14.1	0.80	0.55	17.5		12.8	E 112°18′52.9″ N 40°41′17.5″	87
						2	52–62	轻壤土	8.4	11.7	0.61	0.50	18.2		13.0		
						3	73–83	轻壤土	8.4	6.1	0.42	0.52	18.2		12.8		
剖4	半淋溶土	灰褐土	淋溶灰褐土	砂砾岩淋溶灰褐土	砂砾岩中壤质中淋溶灰褐土	1	0–14	中壤土	8.4	9.7	0.55	0.44	16.8		11.0	E 112°21′14.8″ N 40°40′39.4″	70
						2	23–33	中壤土	8.5	6.0	0.36	0.38	17.3		12.6		
						3	45–55	中壤土	8.5	6.1	0.35	0.39	15.3		13.9		
						4	60–70	中壤土	8.5	6.9	0.38	0.27	16.7		20.6		
剖5	半淋溶土	灰褐土	灰褐土	酸性岩灰褐土	酸性岩厚层灰褐土	1	0–20	轻壤土	8.2	23.6	1.11	0.46	16.8		14.9	E 112°26′21.5″ N 40°40′04.1″	81
						2	20–61	中壤土	8.1	13.5	0.61	0.09	17.4		10.9		
						3	70–80	中壤土	8.0	5.7	0.30	0.48	17.8		10.4		
剖6	钙层土	栗钙土	暗栗钙土	人工灌淤暗栗钙土	重壤质薄层灌淤暗栗钙土	1	0–22	重壤土	8.5	17.7	1.00	0.64	17.8		14.6	E 112°46′27.1″ N 40°40′43.3″	72
						2	22–42	中壤土	8.5	17.7	1.11	0.59	17.8		14.5		
						3	42–69	中壤土	8.6	13.6	0.75	0.46	17.0		14.5		
						4	80–90	中壤土	8.5	9.5	0.53	0.43	21.5		10.1		
剖7	钙层土	栗钙土	栗钙土	人工灌淤栗钙土	砂壤质厚层灌栗钙土	1	0–63	砂壤土	8.6	10.8	0.67	0.59	16.4		10.8	E 112°06′17.6″ N 40°37′12.4″	80
						2	80–90	砂壤土	8.5	9.7	0.61	0.55	16.5		11.0		
剖8	半淋溶土	灰褐土	灰褐土	侵蚀灰褐土	中度侵蚀灰褐土	1	0–37	中壤土	8.6	13.6	0.68	0.28	19.0		15.2	E 112°11′41.3″ N 40°36′31.0″	76
						2	37–91	中壤土	8.8	7.3	0.46	0.36	18.2		15.4		
						3	91–121	中壤土	8.7	4.6	0.29	0.43	19.0		11.6		
剖9	半淋溶土	灰褐土	灰褐土	酸性岩灰褐土	酸性岩砾质灰褐土	1	0–14	砂壤土	8.2	11.8	0.58	0.76	17.9		11.2	E 112°10′26.8″ N 40°34′22.4″	86
						2	20–30	砂壤土	8.2	6.2	0.40	1.38	19.6		11.0		
剖10	半淋溶土	灰褐土	生草灰褐土	酸性岩砂壤	酸性岩砂壤质厚层生草灰褐土	1	0–12	砂壤土	8.1	53.5	3.03	0.84	14.9		22.5	E 112°12′49.7″ N 40°30′01.1″	84
						2	12–23	轻壤土	8.0	74.1	4.08	1.65	9.7		42.8		
剖11	半淋溶土	灰褐土	淋溶灰褐土	酸性岩淋溶灰褐土	酸性岩厚层淋溶灰褐土	1	0–20	砂壤土	7.8	80.8	3.99	0.77	18.3		31.3	E 112°21′12.2″ N 40°39′13.0″	86
						2	50–60	轻壤土	7.9	85.8	4.17	0.86	18.0		33.4		
						3	80–90	轻壤土	8.0	84.2	3.83	0.79	18.1		34.5		
						4	111–120	轻壤土	8.2	53.2	2.47	0.76	16.7		35.2		
剖12	半淋溶土	灰褐土	淋溶灰褐土	酸性岩淋溶灰褐土	酸性岩厚层淋溶灰褐土	1	0–20	中壤土	8.3	53.2	2.49	0.59	19.2		25.0	E 112°17′37.0″ N 40°37′07.7″	88
						2	20–40	中壤土	8.3	50.6	2.49	0.55	19.2		23.9		
						3	40–60	中壤土	8.4	30.8	1.35	0.41	18.3		22.1		
						4	60–80	中壤土	8.6	15.1	0.71	0.37	18.6		13.5		
剖13	半淋溶土	灰褐土	生草灰褐土	酸性岩生草灰褐土	酸性岩中壤质厚层生草灰褐土	1	0–20	中壤土	8.6	39.0	1.91	0.81	17.5		27.4	E 112°25′31.1″ N 40°36′36.7″	84
						2	49–91	砂壤土	8.9	3.6	0.22	0.66	18.7		20.2		
						3	91–102	砂壤土	7.6	66.3	3.27	1.17	20.2		6.1		
剖14	半淋溶土	灰褐土	生草灰褐土	酸性岩生草灰褐土		1	0–20	轻壤土	7.6	66.3	3.27	0.62	18.3		24.8	E 112°18′59.0″ N 40°35′37.7″	98
						2	60–70	轻壤土	7.7	50.4	2.49	0.62	17.8		23.8		

续表 Continued

剖面号 Soil profile	土纲 Soil order	土类 Soil great group	亚类 Soil subgroup	土属 Soil genus	土种 Soil species	土层码 Layer code	土层厚度 Depth/cm	质地 Soil texture	pH	有机质 OM/(g/kg)	全氮 TN/(g/kg)	全磷 TP/(g/kg)	全钾 TK/(g/kg)	有效磷 AP/(mg/kg)	阳离子交换量 CEC/(cmol/kg)	剖面点坐标 Profile coordinate	匹配指数 Matching index/%
剖面15	钙层土	栗钙土	暗栗钙土	黄土质暗栗钙土	轻壤中层暗栗黄土	1	0—18	砂壤	8.5	9.5	0.55	0.55	21.4		7.3	E 112°29′37.7″ N 40°35′18.2″	76
						2	30—40	轻壤	8.4	11.2	0.66	0.55	21.1		13.0		
						3	90—100	砂壤	8.5	3.3	0.20	0.53	19.3		5.9		
剖面16	半淋溶土	灰褐土	灰褐土			1	0—20	轻壤	8.4	46.1	2.24	0.75	18.3		24.1	E 112°21′57.2″ N 40°33′05.0″	73
						2	20—40	中壤	8.3	32.9	1.71	0.68	18.2		19.6		
						3	40—60	中壤	7.9	24.0	1.24	0.64	19.0		16.5		
						4	60—80	中壤	8.0	15.9	0.83	0.59	18.2		13.6		
剖面17	钙层土	栗钙土	暗栗钙土	酸性岩暗栗钙土	酸性岩轻壤质中层暗栗黄黑土	1	0—38	中壤	8.3	31.9	1.41	0.80	19.5		21.6	E 112°39′25.9″ N 40°39′58.3″	86
						2	55—65	中壤	8.5	13.3	0.75	0.67	22.4		15.1		
						3	75—85	砂壤	8.9	3.5	0.18	0.58	20.5		6.1		
剖面18	钙层土	栗钙土	暗栗钙土	侵蚀岩暗栗钙土	中度侵蚀暗栗钙栗黄土	1	0—20	轻壤	8.7	6.0	0.40	0.48	18.4		7.6	E 112°34′09.8″ N 40°37′45.1″	97
						2	20—75	轻壤	8.6	3.4	0.23	0.48	17.8		7.7		
						3	75—110	轻壤	8.9	3.7	0.28	0.53	18.1		9.2		
剖面19	钙层土	栗钙土	暗栗钙土	洪冲积暗栗钙土	砂底厚层轻壤质暗栗淤土	1	0—20	轻壤	8.5	12.2	0.81	0.44	23.1	2.4	10.8	E 112°37′09.8″ N 40°36′49.7″	70
						2	21—54	轻壤	8.2	15.3	1.02	0.43	21.9		13.7		
						3	57—67	中壤	8.2	12.6	0.73	0.41	23.6		10.7		
剖面20	钙层土	栗钙土	草甸栗钙土	人工灌淤草甸栗钙土	轻壤厚层灌淤草甸栗钙土	1	0—20	轻壤	8.4	15.7	0.82	0.86	24.8		12.1	E 112°34′13.8″ N 40°33′44.6″	70
						2	38—48	中壤	8.3	12.4	0.70	0.71	21.8		9.8		
						3	77—87	中壤	8.3	18.9	1.00	0.75	20.0		14.4		
						4	105—115	中壤	8.4	15.0	1.02	0.48	19.9		15.2		
剖面21	钙层土	栗钙土	暗栗钙土	洪冲积暗栗钙土		1	0—35	中壤	8.7	12.7	0.73	0.45	19.0		14.8	E 112°30′15.8″ N 40°32′06.0″	73
						2	40—50	轻壤	8.8	4.5	0.25	0.55			4.1		
剖面22	半水成土	草甸土	浅色草甸土	轻壤质黄淡土	轻壤黄淡土	1	0—26	黏壤	9.0	2.3	0.14	0.48	18.9		5.5	E 112°32′23.3″ N 40°31′10.1″	86
						2	30—40	砂壤	8.7	4.6	0.25	0.60	18.2		5.7		
						3	80—90	黏壤	8.8	1.9	0.11	0.53			3.0		
						4	105—115	轻壤	8.5	6.0	0.33	0.55	18.1		8.7		
剖面23	半水成土	草甸土	盐化草甸土	湖积栗湖积土	砂底湖积栗钙土	1	0—17	中黏壤	8.7	16.4	1.00	0.72	18.9		20.1	E 112°32′42.4″ N 40°30′43.6″	73
						2	17—24	中壤	8.8	8.6	0.46	0.55	16.5		11.0		
						3	24—100	轻壤	8.3	13.4	0.76	0.53	17.3		9.9		
						4	100—120	紧砂	8.9	2.3	0.11	0.48	19.2		0.8		
剖面24	钙层土	栗钙土	暗栗钙土	基性岩暗栗钙土	紧砂底湖积栗暗栗钙土	1	0—20	紧砂	9.0	2.2	0.16	0.60	18.2		0.5	E 112°47′41.1″ N 40°35′25.4″	71
						2	20—62	轻壤	8.4	15.3	0.76	0.67	17.3		13.7		
						3	65—75	中壤	8.3	15.7	0.91	0.45	17.3		13.6		
剖面25	钙层土	栗钙土	暗栗钙土	黄土质暗栗钙土	轻壤厚层暗栗黄黑土	1	0—20	轻壤	8.3	4.8	0.35	0.48	18.2		12.9	E 112°54′07.9″ N 40°35′02.4″	88
						2	25—35	中壤	8.4	18.2	1.11	0.38	19.9		14.0		
						3	70—80	重壤	8.4	16.3	0.94	0.41	18.7		16.3		
剖面26	钙层土	栗钙土	暗栗钙土			1	0—20	重壤	8.5	9.4	0.62	0.35	17.3		10.1	E 112°56′28.7″ N 40°34′37.9″	74
						2	39—49	轻壤	8.4	17.3	0.96	0.69	22.6	2.2	13.4		
						3	60—70	砂壤	8.4	10.9	0.63	0.60	23.2	3.7	10.1		
剖面27						2	39—49	黏壤	8.6	3.9	0.19	0.91	29.6		4.4	E 112°49′51.2″ N 40°34′31.4″	99
						3	60—70	砂壤	8.4	7.1	0.39	0.77	23.1		5.2		
						4	76—86	轻壤	8.2	12.4	0.82	0.65	22.7		10.7		
						5	143—153	轻壤	8.4	19.4	1.09	0.59			21.5		
剖面28	钙层土	栗钙土	暗栗钙土	基性岩暗栗钙土		1	0—27	砂壤	8.4	10.8	0.56	0.48			18.3	E 112°56′17.5″ N 40°32′51.7″	90
						2	35—45										

续表 Continued

剖面号 Soil profile	土纲 Soil order	土类 Soil great group	亚类 Soil subgroup	土属 Soil genus	土种 Soil species	土层码 Layer code	土层厚度 Depth/cm	质地 Soil texture	pH	有机质 OM/(g/kg)	全氮 TN/(g/kg)	全磷 TP/(g/kg)	全钾 TK/(g/kg)	有效磷 AP/(mg/kg)	阳离子交换量CEC/(cmol/kg)	剖面点坐标 Profile coordinate	匹配指数 Matching index/%
剖29	钙层土	栗钙土	暗栗钙土	酸性岩暗栗钙土		1	0–15	轻壤土	8.3	10.2	0.82	0.80			16.7	E 112°57′45.4″ N 40°32′30.8″	95
						2	25–35	砂壤土	8.4	10.5	0.60	1.08			15.1		
剖30	半水成土	草甸土	盐化草甸土			1	0–6	中壤土	9.1	18.6	1.09	0.61	19.9		16.5	E 112°48′10.1″ N 40°32′24.6″	94
						2	6–25	砂壤土	9.1	5.6	0.30	0.51	19.7		6.6		
						3	25–57	中壤土	8.9	16.3	1.05	0.59	18.5		12.2		
剖31	钙层土	栗钙土	草甸栗钙土	轻壤质草甸栗钙土	砂底轻壤质洪淤土	1	0–37	轻壤土	8.6	20.3	1.26	0.60	21.0		12.5	E 112°46′29.1″ N 40°30′59.8″	81
						2	37–56	砂壤土	6.6	5.6	0.42	0.42	20.1		7.4		
						3	56–104	砂壤土	8.7	4.2	0.30	0.37	19.1		7.8		
剖32	半水成土	草甸土	盐化草甸土			1	0–48	中壤土	8.5	27.7	1.71	0.59	19.0	2.5	14.7	E 112°47′50.6″ N 40°30′16.2″	97
						2	50–60	重壤土	8.4	19.0	1.25	0.48	18.2		16.4		
						3	80–90	中壤土	8.2	24.5	1.35	0.48	9.0		16.9		
						4	100–110	中壤土	8.1	14.9	0.71	0.45	21.2		15.0		
剖33	钙层土	栗钙土	草甸栗钙土	轻壤质草甸栗钙土	轻壤质洪淤土	1	0–20	轻壤土	8.6	13.7	0.88	0.72	18.1		9.6	E 112°27′16.9″ N 40°28′51.2″	80
						2	20–98	砂壤土	8.7	9.1	0.50	0.74	16.0		10.9		
						3	110–120	重壤土	8.8	26.0	1.01	0.56	20.1		26.7		
剖34	半水成土	草甸土	盐化草甸土			1	0–23	砂壤土	9.0	5.9	0.32	0.47	8.4		2.3	E 112°28′41.2″ N 40°28′38.6″	81
						2	28–38	砂壤土	9.0	5.2	0.32	0.46	17.9		2.8		
剖35	钙层土	栗钙土	草甸栗钙土	盐化草甸栗钙土	中度盐化砂壤质草甸栗钙土	1	0–21	砂壤土	8.0	9.0	0.64	0.60	17.3		8.0	E 112°17′43.0″ N 40°27′24.0″	79
						2	45–55	松砂土	8.8	2.4	0.11	0.53	17.2		4.4		
						3	100–150	砂壤土	8.8	9.6	0.64	0.59	17.0		9.0		
						4	150–160	砂壤土	8.9	6.4	0.48	0.54	17.5		9.9		
剖36	钙层土	栗钙土	黑垆土性栗钙土	埋藏黑垆土性栗钙土	砂壤质深位埋藏黑垆土	1	0–20	砂壤土	8.4	7.1	0.47	0.55	19.7		7.7	E 112°25′49.4″ N 40°25′19.2″	88
						2	20–62	砂壤土	8.4	5.1	0.32	0.49	18.8	3.0	6.7		
						3	70–80	砂壤土	8.3	6.2	0.43	0.51	18.8		6.6		
剖37	钙层土	栗褐土	淡栗褐土	坡栗褐土	轻壤质厚层坡栗褐土	1	0–20	轻壤土	8.4	8.9	0.65	0.48	20.6	2.0	8.8	E 112°29′11.8″ N 40°25′13.4″	89
						2	20–95	轻壤土	8.2	10.0	0.65	0.48	20.2		12.5		
						3	100–110	轻壤土	8.3	5.9	0.43	0.48	19.7		15.2		
剖38	钙层土	栗褐土	淡栗褐土	阶地栗褐土	轻壤质中层阶地栗褐土	1	0–20	轻壤土	8.4	6.5	0.48	0.58	18.4	2.3	7.6	E 112°23′02.0″ N 40°24′27.4″	96
						2	20–50	砂壤土	8.4	4.9	0.30	0.51	18.0		6.3		
						3	70–90	砂壤土	8.4	8.7	0.54	0.49	19.3		8.7		
						4	90–100	砂壤土	8.2	10.5	0.60	0.57	18.8		10.7		
剖39	钙层土	栗褐土	淡栗褐土	酸性岩栗褐土	酸性岩轻壤中层栗褐土	1	0–40	轻壤土	8.2	19.3	1.19	0.35	16.2	2.0	14.2	E 112°28′27.1″ N 40°24′12.6″	86
						2	55–65	轻壤土	8.2	14.0	0.79	0.24	21.5		12.9		
剖40	钙层土	栗褐土	淡栗褐土	坡栗褐土	轻壤质厚层坡栗褐土	1	0–20	轻壤土	8.3	9.7	0.69	0.41	19.3	3.0	8.0	E 112°25′05.2″ N 40°23′51.0″	82
						2	20–50	轻壤土	8.4	9.7	0.61	0.48	19.9		10.2		
						3	74–84	中壤土	8.4	12.3	0.82	0.53	20.2		10.9		
						4	126–136	轻壤土	8.2	8.4	0.60	0.48	18.4		9.1		
剖41	钙层土	栗钙土				1	0–36	轻壤土	8.8	8.9	0.65	0.46	16.4		9.0	E 112°17′28.7″ N 40°23′44.1″	75
						2	36–70	砂壤土	8.9	6.9	0.48	0.48	17.2		6.7		
						3	70–103	砂壤土	8.6	4.2		0.48	16.3		7.0		
剖42	钙层土	栗钙土	黑垆土性栗钙土			1	0–37	轻壤土	8.6	9.4	0.65	0.51	18.1		9.4	E 112°22′57.0″ N 40°23′07.1″	79
						2	37–115	轻壤土	8.8	10.8	0.70	0.55	18.9		11.9		
						3	115–143	轻壤土	8.5	5.3	0.36	0.57	17.5		7.2		
						4	143–165	轻壤土	8.6	5.3	0.38	0.59	17.2		8.2		
剖43	钙层土	栗褐土	淡栗褐土			1	0–20	砂壤土	8.3	15.0	0.94	0.44	19.1		8.9	E 112°25′27.8″ N 40°22′12.4″	92
						2	33–43	轻壤土	8.2	16.0	1.08	0.44	19.7		10.2		

续表 Continued

剖面号 Soil profile	土纲 Soil order	土类 Soil great group	亚类 Soil subgroup	土属 Soil genus	土种 Soil species	土层码 Layer code	土层厚度 Depth/cm	质地 Soil texture	pH	有机质 OM/(g/kg)	全氮 TN/(g/kg)	全磷 TP/(g/kg)	全钾 TK/(g/kg)	有效磷 AP/(mg/kg)	阳离子交换量CEC/(cmol/kg)	剖面点坐标 Profile coordinate	匹配指数 Matching index/%
剖44	钙层土	栗褐土	淡栗褐土	砂壤质黄淤土	砂底砂壤质黄淤土	1	0—24	中壤土	8.3	7.0	0.47	0.49	18.9	1.3	8.9	E 112°18′59.8″ N 40°22′01.6″	96
						2	36—46	中壤土	8.2	4.8	0.32	0.48	18.1		9.4		
剖45	半水成土	草甸土	浅色草甸土			1	0—20	砂壤土	8.4	5.0	0.33	0.48	19.3	4.4	8.8	E 112°22′03.0″ N 40°21′08.6″	79
						2	30—40	轻壤土	8.3	7.8	0.52	0.54	20.0		11.2		
剖46	钙层土	栗褐土	栗钙土			1	0—28	砂壤土	8.8	9.2	0.65	0.46	21.3		5.5	E 112°25′00.1″ N 40°21′07.6″	91
						2	28—45	轻壤土	8.7	11.6	0.84	0.51	17.6		7.9		
						3	45—104	砂壤土	8.7	7.9	0.59	0.49	18.4		4.2		
剖47	钙层土	栗褐土	淡栗褐土			1	0—40	轻壤土	8.5	10.4	0.72	0.46	16.0		9.2	E 112°19′41.9″ N 40°20′51.4″	75
						2	60—70	砂壤土	8.6	7.3	4.95	0.37	17.3		7.1		
						3	90—100	轻壤土	8.6	9.0	0.67	0.43	15.8		9.7		
剖48	半水成土	草甸土	盐化草甸土			1	0—67	砂壤土	9.4	4.9	0.33	0.48	17.6		5.4	E 112°30′50.4″ N 40°29′53.2″	88
						2	67—131	砂壤土	8.2	8.9	0.58	0.55	18.0		6.4		
						3	131—162	砂壤土	8.6	3.5	0.26	0.46	17.2		4.7		
						4	162—186	砂壤土	8.9	7.4	0.44	0.51	18.7		7.5		
剖49	盐碱土	草甸盐土	草甸盐土	白盐土	白盐土	1	0—20	重壤土	8.2	16.6	0.98	0.68	20.4	8.6	19.6	E 112°31′37.7″ N 40°29′14.2″	97
						2	20—50	中壤土	8.4	12.1	0.74	0.57	19.8		11.9		
						3	60—70	轻壤土	8.6	8.7	0.53	0.57	18.8		5.6		
剖50	钙层土	栗钙土	栗钙土	洪冲积栗钙土	砂底厚层轻壤质栗钙土	1	0—20	砂壤土	8.4	9.7	0.73	0.32	18.8		8.5	E 112°44′33.4″ N 40°28′25.3″	89
						2	20—52	轻壤土	8.5	9.4	0.54	0.34	18.5		10.0		
						3	70—80	轻壤土	8.4	5.1	0.36	0.32	19.7		8.5		
剖51	半水成土	草甸土	盐化灰草甸土	盐化灰草淤土	中度盐化壤土	1	0—43	轻壤土	9.0	12.1	0.63	0.46	17.2		6.5	E 112°33′55.5″ N 40°28′05.8″	79
						2	43—75	砂壤土	9.2	3.4	0.18	0.31	22.9		3.3		
						3	75—113	中壤土	8.5	6.2	0.42	0.42	24.0		4.6		
剖52	钙层土	栗钙土	草甸栗钙土	盐化草甸栗钙土	轻度盐化壤土草甸栗钙土	1	0—20	重壤土	8.9	8.0	0.50	0.35	15.2	3.0	10.1	E 112°30′51.0″ N 40°28′05.6″	89
						2	20—50	中壤土	8.6	13.7	0.88	0.69	16.8		10.1		
						3	50—60	中壤土	8.9	8.6	0.43	0.37	13.4		6.6		
						4	82—92	轻壤土	8.5	13.8	0.87	0.74	18.4		7.9		
						5	130—140	中壤土	9.0	4.4	0.29	0.49	21.0		6.0		
剖53	水成土	沼泽土	草甸沼泽土			1	0—14	轻壤土	8.6	16.6	1.05	0.52	16.4	1.2	8.3	E 112°31′29.1″ N 40°27′22.0″	97
						2	14—27	轻壤土	8.5	11.2	0.61	0.48	17.2		7.5		
						3	27—43	紧砂土	8.8	3.1	0.19	0.45	25.5		2.7		
						4	43—52	轻壤土	8.2	9.4	0.58	0.46	18.9		11.1		
剖54	钙层土	栗褐土	淡栗褐土	酸性岩砾质栗褐土	酸性岩砾质栗褐土	1	0—20	轻壤土	8.3	3.5	0.24	0.53	18.0		5.9	E 112°33′25.9″ N 40°26′02.8″	77
						2	20—50	砂壤土	8.4	3.5	0.23	0.51	17.9		5.1		
						3	58—68	轻壤土	8.4	2.8	0.19	0.51	18.0		4.5		
剖55	钙层土	栗褐土	淡栗褐土	洪冲积栗褐土		1	0—52	轻壤土	8.4	8.4	0.62	0.44	18.8	3.0	7.7	E 112°36′47.9″ N 40°25′44.0″	85
						2	60—70	砂壤土	8.3	5.1	0.42	0.48	18.0		6.9		
剖56	钙层土	栗褐土	淡栗褐土	坡栗褐土	轻壤质中层坡栗褐土	1	0—20	砂壤土	8.3	6.1	0.43	0.44	20.6	1.3	10.7	E 112°34′08.0″ N 40°24′03.6″	81
						2	36—46	砂壤土	8.8	9.4	0.60	0.46	20.6		10.6		
剖57	钙层土	栗钙土	栗钙土	黄土栗钙土	轻壤质厚层栗黄土	1	0—46	砂壤土	8.7	11.9	0.82	0.43	18.1		13.0	E 112°39′22.7″ N 40°23′54.6″	91
						2	46—97	砂壤土	8.7	10.1	0.64	0.46	17.7		10.7		
						3	97—120	砂壤土	8.7	7.4	0.47	0.48	18.2		9.0		
						4	120—129	重壤土	8.6	4.8	0.34	0.49	17.3		8.8		

续表 Continued

剖面号 Soil profile	土纲 Soil order	土类 Soil great group	亚类 Soil subgroup	土属 Soil genus	土种 Soil species	土层码 Layer code	土层厚度 Depth/cm	质地 Soil texture	pH	有机质 OM/(g/kg)	全氮 TN/(g/kg)	全磷 TP/(g/kg)	全钾 TK/(g/kg)	有效磷 AP/(mg/kg)	阳离子交换量 CEC/(cmol/kg)	剖面点坐标 Profile coordinate	匹配指数 Matching index/%
剖58	钙层土	栗褐土	淡栗褐土	人工灌淤栗褐土	砂壤质厚层灌淤栗褐土	1	0—43	砂壤土	8.5	8.6	0.54	0.52	15.8		10.0	E 112°31′48.0″ N 40°23′34.4″	90
剖59	半淋溶土	灰褐土	灰褐土	泥质岩灰褐土	泥质岩轻壤厚体灰褐土	2	83—93	轻壤土	8.5	16.9	0.99	0.56	18.2		18.0	E 112°33′54.7″ N 40°22′27.1″	81
						3	150—160	轻壤土	8.5	10.8	0.59	0.62	17.4		15.9		
剖60	钙层土	栗钙土	栗钙土			1	0—30	轻壤土	8.4	4.0	0.22	0.37	16.3		6.3	E 112°56′28.7″ N 40°29′53.2″	76
						2	80—90	轻壤土	8.5	3.6	0.19	0.42	18.6		6.7		
						1	0—20	紧砂土	8.7	4.4	0.31	0.35	20.0		2.4		
						2	20—93	砂壤土	8.7	5.0	0.34	0.35	17.9		5.7		
						3	110—120	轻壤土	8.3	10.2	0.59	0.42	19.7		9.9		
						4	150—160	砂壤土	8.5	4.4	0.20	0.42	17.6		6.7		
剖61	钙层土	栗钙土	栗钙土			1	0—38	砂壤土	8.5	6.6	0.47	0.32	18.6		5.1	E 112°53′29.0″ N 40°23′23.6″	74
						2	45—55	砂壤土	8.5	8.5	0.41	0.32	20.5		5.8		
剖62	钙层土	栗钙土	草甸栗钙土	砂砾岩栗钙土	砂砾岩中体砂壤质黄砂土	1	0—25	重壤土	7.7	20.9	1.16	0.71	18.5		9.3	E 112°57′23.5″ N 40°22′28.0″	78
						2	30—40	砂壤土	8.2	6.0	0.36	0.50	16.2		8.7		
						3	51—136	砂壤土	8.1	18.2	0.97	0.71	17.8		7.6		
						4	150—160	砂壤土	8.5	3.6	0.28	0.60	16.7		4.4		
						5	180—190	轻壤土	8.5	9.3	0.60	0.55	16.6		10.3		
剖63	钙层土	栗钙土	栗钙土			1	0—17	砂壤土	8.5	13.2	0.75	0.37	18.5		10.6	E 112°54′01.6″ N 40°20′33.9″	88
						2	17—27	砂壤土	8.5	15.1	1.00	0.35	17.6		13.0		
						3	36—46	中壤土	8.5	12.5	0.72	0.25	14.4		25.9		
						4	54—64	中壤土	8.5	9.2	0.52	0.23	16.5		10.1		
剖64	半淋溶土	灰褐土	淋溶灰褐土	黄土质淋溶灰褐土	黄土	1	0—29	轻壤土	8.7	7.1	0.44	0.34			12.1	E 112°50′24.4″ N 40°20′07.1″	92
						2	35—45	轻壤土	8.4	15.8	0.92	0.43			14.3		
						3	70—80	轻壤土	8.6	5.2	0.36	0.55			9.0		
剖65	钙层土	栗钙土	栗钙土			1	0—20	砂壤土	8.7	14.1	0.91	0.55	17.3		12.7	E 112°18′03.1″ N 40°16′44.9″	96
						2	20—54	中壤土	8.7	18.2	1.07	0.59	16.9		16.3		
						3	70—80	中壤土	8.6	12.5	0.80	0.62	16.9		11.7		
						4	100—110	中壤土	8.6	9.1	0.55	0.59	16.4		8.1		
剖66	半淋溶土	灰褐土	生草灰褐土			1	0—20	中壤土	8.1	37.2	1.75	0.43			17.9	E 112°43′58.4″ N 40°15′18.0″	70
						2	20—63	轻壤土	8.1	8.0	0.47	0.21			9.4		
						3	63—73	砂壤土	8.1	6.7	0.36	0.19			6.0		
剖67	半淋溶土	灰褐土	生草灰褐土			1	0—16	砂壤土	7.7	69.5	3.78	0.63	16.7		27.3	E 112°43′39.4″ N 40°12′18.4″	75
						2	23—33	砂壤土	8.0	80.8	3.73	0.77	13.5		34.2		
剖68	钙层土	栗钙土	栗钙土			1	0—20	砂壤土	8.3	14.8	0.85	0.53	17.3		10.3	E 112°44′53.4″ N 40°11′13.9″	92
						2	20—67	砂壤土	8.3	10.6	0.69	0.52	18.1		9.9		
						3	84—94	砂壤土	8.1	6.0	0.40	0.48	17.2		7.0		
剖69	半淋溶土	灰褐土	灰褐土			1	0—20	轻壤土	8.3	15.8	0.85	0.48	16.4		12.8	E 112°50′19.7″ N 40°18′39.2″	87
						2	20—54	轻壤土	7.9	21.6	1.03	0.48	16.9		16.1		
						3	69—79	轻壤土	8.2	13.4	0.75	0.48	16.4		13.0		

察哈尔右翼前旗

主要土类说明

栗钙土是察哈尔右翼前旗主要土壤类型，占本旗地域面积的 82%。本旗栗钙土地处中温带亚干旱地区，是典型的草原栗钙土带。由于地形部位、植被类型和年降水量存在差异，在高宏店村海拔 1700m 以上的山区，栗钙土和黑钙土呈穿插分布。自然植被为半干旱草原植被。成土母质主要为基性岩、酸性岩、碳酸岩的残积物，还有砂岩、砾岩、泥质砂砾岩、红色泥岩、黄土及黄土状母质。成土过程主要为腐殖质累积过程和钙积过程。栗钙土剖面由腐殖质层、钙积层和母质层构成，剖面分化明显，层次过渡清晰。表土质地多为砂壤土或轻壤土，小于 0.01mm 的物理性黏粒含量平均为 26.6%。钙积层一般出现在 26—40cm 深处，平均厚度为 14.2cm，表层土壤碳酸钙含量平均为 46.6g/kg。本旗栗钙土分为暗栗钙土、粗骨性栗钙土、草甸栗钙土等亚类。

草甸土是察哈尔右翼前旗第二大土壤类型，占本旗地域面积的 8%。草甸土主要分布在乌拉哈乌拉、巴音塔拉、玫瑰营、土贵乌拉等地，呈条带状分布在黄旗海等湖泊的湖盆平原洼地、台间或丘间的地平洼地以及霸王河、泉玉林河、磨子山河等大小河流的低阶地、河漫滩。自然植被为草甸草原类型，常见的有寸草、苋芨草、蕨麻、灰菜等，还夹有碱蒿、披碱草、碱蓬、草地风毛菊、蒺藜等盐生植物。成土母质主要为洪冲积物或湖积物。草甸土所处地势低洼，地下水位较高，一般为 1—3m。成土过程除了草甸化过程外，还附加盐化过程，因此本旗草甸土仅有盐化草甸土一个亚类。

小于本旗地域面积 3% 的土壤类型有草甸盐土、黑钙土、沼泽土。

本区域中心区气候特征

本区域中心区气候特征值
Regional climate characteristics in central area of the region

气候带：中温带亚干旱气候 Climate region: Mid temperate subarid climate	
年平均气温 /℃ Annual average temperature /℃	5.9
年平均最高气温 /℃ Annual average maximum temperature /℃	12.6
年平均最低气温 /℃ Annual average minimum temperature /℃	−0.1
年降水量 /mm Annual precipitation /mm	352
≥10℃的积温 /℃ Daily temperature accumulated in a year (≥10℃) /℃	3253
年日照时数 /h Annual sunshine /h	2874
年平均相对湿度 /% Annual average relative humidity /%	52
干燥度 Dryness	1.00

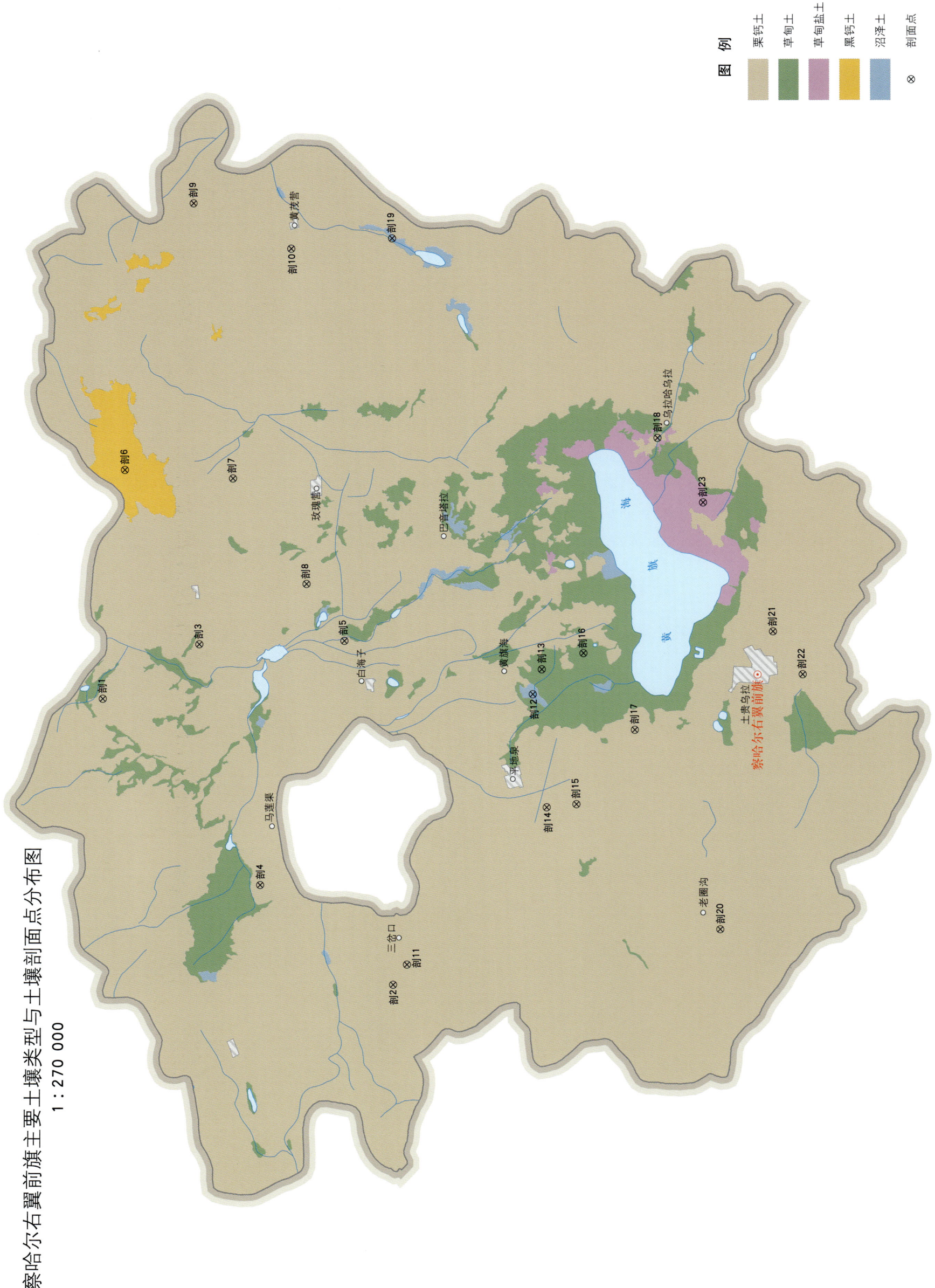

察哈尔右翼前旗土壤剖面理化性状表

剖面号 Soil profile	土纲 Soil order	土类 Soil great group	亚类 Soil subgroup	土属 Soil genus	土种 Soil species	土层码 Layer code	土层厚度 Depth/cm	质地 Soil texture	pH	有机质 OM/(g/kg)	全氮 TN/(g/kg)	全磷 TP/(g/kg)	全钾 TK/(g/kg)	碱解氮 AN/(mg/kg)	有效磷 AP/(mg/kg)	速效钾 AK/(mg/kg)	阳离子交换量CEC/(cmol/kg)	土壤母质 Parent material	剖面点坐标 Profile coordinate	匹配指数 Matching index/%
剖1	钙层土	栗钙土	暗栗钙土	砂砾岩暗栗钙土	砂砾岩中体暗黄栗土	1	0–19	轻壤土	8.3	18.2	1.10	0.70	26.9		3.4	108	21.2	砂岩、砾岩、泥质砂砾岩	E 113°11′37.8″ N 41°10′25.0″	74
						2	19–42	轻壤土	8.4	9.7	0.70	0.50	28.4				18.6			
剖2	钙层土	栗钙土	暗栗钙土	酸性岩暗栗钙土	酸性岩厚层暗黄栗土	1	0–70	轻壤土	8.4	21.9	1.20	1.60					17.3	花岗岩、花岗片麻岩风化物	E 112°58′07.7″ N 41°00′15.5″	100
						2	70–113	轻壤土	8.4	21.0	1.10	1.60					16.7			
剖3	钙层土	栗钙土	暗栗钙土	碳酸岩暗栗钙土	碳酸岩中层暗黄栗土	1	0–26	轻壤土	8.3	22.5	1.40	2.30	22.7				22.4	大理岩风化物	E 113°14′25.1″ N 41°06′54.7″	100
						2	60–80	中壤土	8.4	17.0	1.10	1.10	21.9				20.3			
剖4	钙层土	栗钙土	暗栗钙土	砂砾岩暗栗钙土	砂砾岩砾质暗黄砂土	1	0–18	砂壤土	8.6	9.7	0.60	0.40	35.4	59	0.8	51	16.3	砂岩、砾岩、泥质砂砾岩	E 113°02′59.6″ N 41°04′56.6″	78
						2	35–45	轻壤土	8.7	3.9	0.20	0.10	26.7				20.0			
剖5	钙层土	栗钙土	暗栗钙土	洪积岩暗栗钙土	中层淋溶栗钙土	1	0–20	砂壤土	8.1	15.0	1.20	1.00	22.8				14.4	洪积物、湖积物	E 113°14′24.0″ N 41°01′43.3″	88
						2	25–40	砂壤土	8.5	15.5	1.10	1.10	22.9				17.0			
剖6	钙层土	黑钙土	淋溶黑钙土	基性岩淋溶黑钙土	中层淋溶黑钙土	1	0–54	中壤土	8.3	108.4	5.40	2.30	27.6	413	5.9	416	49.1	玄武岩风化物	E 113°22′43.0″ N 41°09′24.5″	75
						2	54–61	中壤土	8.2	102.7	5.20	2.20	16.3				54.2			
剖7	钙层土	栗钙土	暗栗钙土	泥质岩暗栗钙土	中层砂壤质暗栗红土	1	0–25	砂壤土	8.5	22.9	1.20	1.00	21.4	94	5.9	92	16.7	泥岩	E 113°22′10.2″ N 41°05′33.0″	84
						2	55–65	重壤土	8.5	9.0	0.60	0.60	19.5		3.1	115	27.3			
剖8	钙层土	栗钙土	暗栗钙土	洪冲积岩暗栗钙土	中层砂壤质暗栗红土	1	0–26	轻壤土	8.5	17.3	1.10	0.90	26.5	111	1.9	73	14.1	洪冲积物、湖积物	E 113°17′07.8″ N 41°03′01.1″	81
						2	26–74	轻壤土	8.7	6.0	0.40	0.40	22.0				13.8			
剖9	钙层土	栗钙土	暗栗钙土	泥质岩暗栗钙土	中层轻壤质暗栗红土	1	0–22	轻壤土	8.5	21.1	1.40	1.00	25.8				31.3	泥岩	E 113°35′08.9″ N 41°06′40.7″	73
						2	22–62	中壤土	8.6	14.0	1.00	0.80	26.2		3.0		17.5			
剖10	钙层土	栗钙土	暗栗钙土	洪冲积暗栗钙土	中层轻壤质暗栗红土	1	0–20	轻壤土	8.5	25.3	1.50	2.00	24.8				22.5	洪冲积物、湖积物	E 113°32′52.4″ N 41°03′14.0″	99
						2	40–70	中壤土	8.9	19.6	1.20	2.10	21.8				26.6			
剖11	钙层土	栗钙土	暗栗钙土	酸性岩暗栗钙土	酸性岩中层暗黄砂土	1	0–32	中壤土	8.5	11.2	0.50	1.30					6.0	花岗岩、花岗片麻岩风化物	E 112°59′03.8″ N 40°59′44.9″	97
						2	32–112	中壤土	8.7	15.5	0.60	1.40					13.5			
剖12	水成土	沼泽土	草甸沼泽土	草甸草甸沼泽土	薄层草甸泽土	1	0–20	中壤土	8.7	24.5	1.30	1.00	20.9	95	3.0	51	18.2	冲积物、湖积物	E 113°11′39.5″ N 40°55′01.6″	91
						2	28–39	中壤土	8.8	7.7	0.50	0.80	18.3				11.7			
剖13	半水成土	草甸土	盐化草甸土	盐化洪淤土	中度盐化壤质厚轻	1	0–30	中壤土	9.9	4.8	0.20	0.90	24.7				9.9	洪冲积物	E 113°12′48.4″ N 40°54′40.8″	100
						2	30–40	重壤土	9.5	14.8	0.40	0.80	22.9				9.5			
						3	60–75	重壤土	9.7	14.3	0.30	0.90	22.6				9.7			
剖14	钙层土	栗钙土	暗栗钙土	洪积岩暗栗钙土	壤底厚层暗栗质土	1	0–20	中壤土	8.3	23.0	1.50	1.60	21.0		4.1	123	16.4	洪冲积物、湖积物	E 113°06′20.5″ N 40°54′37.4″	97
						2	20–70	中壤土	8.4	20.7	1.10	1.30	22.2				22.5			
						3	70–150	中壤土	8.4	9.5	0.60	1.40	19.4				14.7			
剖15	钙层土	栗钙土	暗栗钙土	基性岩暗栗钙土	基性岩中层暗黄栗土	1	0–38	砂壤土	8.4	15.2	0.90	0.80	29.9	102	9.8	82	8.8	玄武岩残积物、坡积物	E 113°06′27.4″ N 40°53′33.7″	81
						2	50–69	砂壤土	8.5	4.4	0.20	0.50	28.8				5.3			
剖16	半水成土	草甸土	盐化草甸土	盐化洪淤土	重度盐化壤质洪淤土	1	0–45	中壤土	8.9	9.4	0.40	1.10	20.0				11.9	洪冲积物	E 113°13′31.1″ N 40°53′10.7″	76
						2	45–72	中壤土	9.0	12.1	0.70	1.20	21.5				11.8			
						3	72–98	中壤土	9.0	4.2	0.20	0.90	18.0				4.0			
剖17	钙层土	栗钙土	草甸栗钙土	壤质草甸栗钙土	砂底轻壤洪淤土	1	0–30	轻壤土	8.7	24.5	1.60	1.90	22.8	119	5.4	125	25.2	洪冲积物	E 113°09′52.2″ N 40°51′24.1″	75
						2	35–45	中壤土	8.6	15.8	1.00	1.30	18.5				16.4			
剖18	钙层土	栗钙土	草甸栗钙土	壤质草甸栗钙土	夹黏砂壤洪淤土	1	0–25	砂土	8.6	5.3	0.40	0.80	26.0				7.3	洪冲积物	E 113°23′29.4″ N 40°50′19.0″	95
						2	35–55	砂壤土	8.5	1.8	0.10	0.80	27.5				7.5			
剖19	水成土	沼泽土	草甸沼泽土	草甸草甸沼泽土	厚层草甸沼泽土	1	0–30	中壤土	8.5	100.0	5.00	1.50	12.5				33.0	冲积物、湖积物	E 113°33′13.0″ N 40°59′37.3″	77
						2	30–74	中壤土	8.2	71.4	2.50	1.20	19.5				27.9			
						3	74–95	砂壤土	8.4	9.6	0.40	1.30	19.1				10.8			

续表 Continued

剖面号 Soil profile	土纲 Soil order	土类 Soil great group	亚类 Soil subgroup	土属 Soil genus	土种 Soil species	土层码 Layer code	土层厚度 Depth/cm	质地 Soil texture	pH	有机质 OM/(g/kg)	全氮 TN/(g/kg)	全磷 TP/(g/kg)	全钾 TK/(g/kg)	碱解氮 AN/(mg/kg)	有效磷 AP/(mg/kg)	速效钾 AK/(mg/kg)	阳离子交换量 CEC/(cmol/kg)	土壤母质 Parent material	剖面点坐标 Profile coordinate	匹配指数 Matching index/%
剖20	钙层土	栗钙土	暗栗钙土	基性岩暗栗钙土	基性岩厚层暗栗黑土	1	0—30	轻壤土	8.3	22.8	1.40	2.20	22.1	126	2.0	118	19.0	玄武岩残积物、坡积物	E 113°00′24.1″ N 40°48′30.2″	74
						2	80—100	重壤土	8.4	12.7	0.80	1.00	20.8				12.6			
剖21	钙层土	栗钙土	草甸栗钙土	壤质草甸栗钙土	中壤质洪淤土	1	0—5	中壤土	8.3	35.0	1.90	1.50	20.1	124	1.6	136	27.3	洪冲积物	E 113°14′19.0″ N 40°46′22.1″	91
						2	5—20	中壤土	8.3	33.0	1.90	1.50	20.6				30.9			
						3	40—80	重壤土	8.8	28.0	1.60	1.30	17.5				26.2			
剖22	钙层土	栗钙土	草甸栗钙土	壤质草甸栗钙土	轻壤质洪淤土	1	0—23	轻壤土	8.5	17.7	1.30	1.10	21.4	95	3.5	96	14.5	洪冲积物	E 113°12′16.6″ N 40°45′20.9″	85
						2	38—49	中壤土	8.5	15.4	0.90	0.90	19.4				18.2			
剖23	盐碱土	草甸盐土	草甸盐土	白盐土	白盐土	1	0—5	砂壤土	8.8	9.5	0.60	1.20	19.2				6.6	冲积物、湖积物	E 113°20′25.4″ N 40°48′45.4″	71
						2	5—10	轻壤土	8.7	15.5	1.10	1.30	19.3				12.3			
						3	10—15	轻壤土	8.9	97.7	4.70	1.50	11.7				11.2			
						4	15—20	轻壤土	8.9		1.30	1.00	19.9				14.2			

察哈尔右翼中旗

主要土类说明

栗钙土是察哈尔右翼中旗主要土壤类型，占本旗地域面积的62%。本旗栗钙土地处中温带亚干旱地区，是典型的草原栗钙土带。自然植被为草原类型，主要为丛生禾草，其次为根茎禾草，主要建群种有针茅、羊草、早熟禾、隐子草以及百里香、冷蒿等草原衍生类型。成土母质主要为花岗岩、玄武岩的残积物和坡积物，砂岩、砂砾岩、泥岩、砂质泥岩的风化物，以及第四纪冲积物和洪积物。成土过程主要为腐殖质累积过程和钙积过程，在低山洼地还有草甸化过程和盐渍化过程。栗钙土剖面由腐殖质层、钙积层和母质层构成。腐殖质层呈栗色或暗栗色，一般厚20—40cm，有机质含量较低。钙积层较厚，为25—50cm。根据成土条件和剖面特征，本旗栗钙土分为栗钙土、暗栗钙土、草甸栗钙土、粗骨性栗钙土等亚类。

灰褐土是察哈尔右翼中旗第二大土壤类型，占本旗地域面积的30%。灰褐土主要分布在本旗西部和西南部的中低山地，西部和大青山灰褐土相接，由南向北呈阶梯式逐渐倾斜，上接黑钙土，下接暗栗钙土。自然植被主要为白桦、山杨-虎榛子、绣线菊-线叶菊、狼针草群落。成土母质主要为花岗岩、闪长岩、变质岩的风化残积物和坡积物，砂岩、砂砾岩、泥岩、砂质泥岩的风化物，以及不同基岩类型的风化洪冲积物。成土过程主要为腐殖质累积过程、弱黏化过程、淋溶过程、潜育化过程、钙积过程和灰化过程。根据成土过程，本旗灰褐土分为生草灰褐土、淋溶灰褐土、灰褐土、粗骨性灰褐土等亚类。

草甸土是察哈尔右翼中旗第三大土壤类型，占本旗地域面积的5%。草甸土主要分布在河流低阶地、冲积小平原、丘间盆地和扇缘地带。自然植被为寸草、羊草、马蔺、委陵菜、蒲公英、芨芨草、白刺等。成土母质主要为近代河流冲积物、洪积物、湖积物或其混合物。成土过程主要为腐殖质累积过程和季节性氧化还原过程。在大部分地区，其盐分组成以重碳酸盐为主，并普遍含有苏打。草甸土剖面由腐殖质层、锈色斑纹层和潜育层构成。根据盐渍化程度，本旗草甸土分为暗色草甸土、盐化草甸土等亚类。

小于本旗地域面积3%的土壤类型有黑钙土。

本区域中心区气候特征

本区域中心区气候特征值
Regional climate characteristics in central area of the region

气候带：中温带亚干旱气候 Climate region: Mid temperate subarid climate	
年平均气温 /℃ Annual average temperature /℃	5.6
年平均最高气温 /℃ Annual average maximum temperature /℃	12.3
年平均最低气温 /℃ Annual average minimum temperature /℃	-0.4
年降水量 /mm Annual precipitation /mm	328
≥10℃的积温 /℃ Daily temperature accumulated in a year (≥10℃) /℃	3779
年日照时数 /h Annual sunshine /h	2968
年平均相对湿度 /% Annual average relative humidity /%	51
干燥度 Dryness	1.07

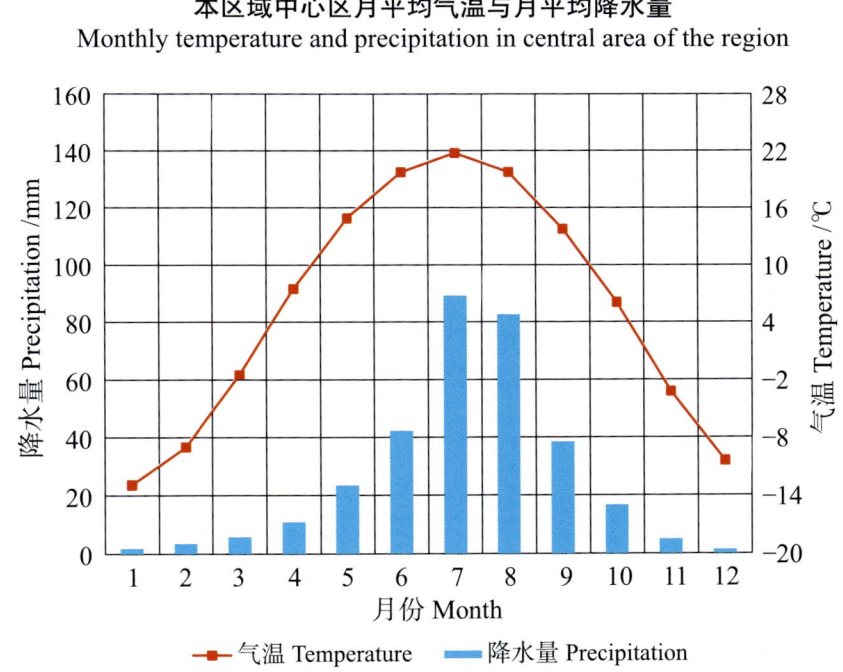

本区域中心区月平均气温与月平均降水量
Monthly temperature and precipitation in central area of the region

察哈尔右翼中旗主要土壤类型与土壤剖面点分布图
1 : 340 000

察哈尔右翼中旗土壤剖面理化性状表

剖面号 Soil profile	土纲 Soil order	土类 Soil great group	亚类 Soil subgroup	土属 Soil genus	土种 Soil species	土层码 Layer code	土层厚度 Depth/cm	质地 Soil texture	pH	有机质 OM/(g/kg)	全氮 TN/(g/kg)	全磷 TP/(g/kg)	全钾 TK/(g/kg)	有效磷 AP/(mg/kg)	速效钾 AK/(mg/kg)	阳离子交换量 CEC/(cmol/kg)	土壤母质 Parent material	剖面点坐标 Profile coordinate	匹配指数 Matching index/%
剖1	钙层土	栗钙土	栗钙土	栗红土	栗红土	1	0–29	中壤土	8.3	31.1	1.91	1.28	32.2	2.2	114	13.6	红土	E 112°43′56.4″ N 41°47′21.1″	77
						2	30–40	重壤土	8.3	8.0	0.53	0.95	22.5	1.1	61	7.4			
						3	50–76	重壤土	8.0	5.1	0.48	0.83	27.9	0.5	112				
剖2	钙层土	栗钙土	栗钙土	黄黑土	黄黑土	1	0–36	轻壤土	8.5	13.2	1.00	1.01	37.6	2.4	50	10.5	岩石残积物、坡积物	E 112°38′37.7″ N 41°47′19.3″	70
						2	44–54	黏土	8.4	8.7	0.65	1.53	26.4	2.2	53	10.4			
剖3	钙层土	栗钙土	栗钙土	栗淤土	栗淤土	1	0–32	中壤土	7.9	18.8	1.32	0.87	37.5	3.6	125	11.2	洪冲积物	E 112°30′37.0″ N 41°47′05.9″	93
						2	43–53	重壤土	8.5	12.4	0.99	0.77	33.8	2.0	88	18.5			
剖4	钙层土	栗钙土	栗钙土	栗土	栗土	1	0–32	砂壤土	8.2	11.6	0.79	0.56	26.7	5.3	109	8.0	红土	E 112°41′14.0″ N 41°45′57.8″	70
						2	40–50	轻壤土	8.6	6.2	0.52	1.16	26.1	0.8	49	7.4			
						3	65–75	中壤土	8.8	3.6	0.45	0.84	29.0	0.5	97	7.1			
剖5	钙层土	栗钙土	栗钙土	栗淤土	栗淤土	1	0–39	砂壤土	8.3	10.5	0.84	0.68	37.4	1.6	51	12.6	洪冲积物	E 112°30′21.3″ N 41°45′18.7″	96
						2	42–52	轻壤土	8.4	7.2	0.59	0.72	36.8	1.8	35	13.3			
剖6	半水成土	草甸土	盐化草甸土	盐灰淤土	轻盐灰淤土	1	0–18	砂壤土	8.3	44.7	2.41	1.33	35.5	7.7	426	13.9		E 112°37′19.2″ N 41°44′53.2″	76
						2	18–62	砂壤土	8.3	21.6	1.15	1.22	36.8	5.1	202	10.6			
剖7	半水成土	草甸土	盐化草甸土	盐灰淤土	轻盐灰淤土	1	0–21	砂壤土	9.2	9.7	0.56	0.65	39.1	3.2	93	8.4		E 112°42′50.7″ N 41°44′24.0″	77
						2	21–43	中壤土	9.5	14.9	1.03	1.00	27.2	2.0	76	10.4			
						3	43–62	砂壤土	9.5	12.5	0.68	1.13	28.2	2.2	81	9.3			
						4	62–73												
剖8	钙层土	栗钙土	栗钙土	栗淤土	砾质栗淤土	1	0–35	砂壤土	8.3	16.6	1.06	0.63	28.5	1.8	71	9.3	洪冲积物	E 112°39′20.5″ N 41°42′22.7″	92
						2	40–50	砂壤土	8.4	5.6	0.37	0.45	36.0	0.6	30	12.6			
剖9	钙层土	栗钙土	栗钙土	白干土	中位白干土	1	0–16	轻壤土	8.2	17.3	1.22	0.71	32.3	1.2	132	10.9		E 112°30′33.1″ N 41°42′05.4″	82
						2	21–31	中壤土	8.3	9.6	0.75	0.49	27.2	0.8	68	9.2			
剖10	半水成土	草甸土	盐化草甸土	盐灰淤砂土	中盐灰淤砂土	1	0–22	砂壤土	8.9	13.2	0.65	0.55	33.7	3.8	153	11.2	洪冲积物	E 112°38′22.2″ N 41°41′18.2″	92
						2	22–41	中壤土	8.8	12.9	0.65	0.58	37.0	3.4	172	10.4			
						3	41–55	砂壤土	8.6	8.7	0.53	0.53	34.2	1.3	157	9.3			
剖11	钙层土	栗钙土	栗钙土	栗淤土	薄层栗淤土	1	0–15	轻壤土	8.2	14.4	1.08	0.80	36.0	2.8	88	9.2	洪冲积物	E 112°33′16.6″ N 41°41′05.3″	92
						2	20–30	砂壤土	8.4	5.5	0.39	0.52	32.1	0.9	51	13.3			
剖12	钙层土	栗钙土	栗钙土	黄砂土	砾质黄砂土	1	0–28	砂壤土	8.8	20.6	1.45	0.63	38.5	2.0	228	10.9	砂岩、砂砾岩风化物	E 112°43′04.5″ N 41°40′48.8″	93
						2	28–36	砂壤土	8.3	12.9	0.91	0.41	36.7	0.7	69	10.5			
剖13	半水成土	草甸土	盐化草甸土	盐灰淤砂土	轻盐灰淤砂土	1	0–22	砂壤土	8.7	20.0	1.19	0.61	38.1	2.1	83	12.4		E 112°37′46.9″ N 41°40′33.2″	92
						2	22–76	砂壤土	8.8	12.4	0.56	0.45	35.2	1.9	39	7.8			
剖14	钙层土	栗钙土	栗钙土	黄砂土	薄层黄砂土	1	0–10	砂壤土	8.3	10.9	0.76	0.51	35.6	3.2	87	8.0	洪冲积物	E 112°40′05.5″ N 41°40′25.3″	71
						2	15–25	砂壤土	7.9	15.8	1.13	0.92	22.4	2.2	14	9.0			
剖15	钙层土	栗钙土	栗钙土	黄黑土	砾质黄黑土	1	0–31	轻壤土	8.3	23.6	1.62	0.97	31.5	3.8	43	12.9	砂岩残积物、坡积物	E 112°10′58.5″ N 41°39′06.9″	73
						2	35–57	中壤土	8.3	11.0	0.70	0.81	22.8	1.7	28	6.9			
						3	60–70	砂壤土	8.2	13.8	0.92	0.72	22.2	4.1	69	4.8			
剖16	钙层土	栗钙土	栗钙土	黄砂土	砾质厚体黄黑土	1	0–75	轻壤土	8.4	19.5	1.27	1.02	40.4	3.8	96	13.2	岩石残积物、坡积物	E 112°10′44.0″ N 41°33′43.9″	91
						2	80–90	轻壤土	8.3	12.7	0.74	1.02	38.6	3.6	106	11.8			
剖17	半淋溶土	灰褐土	粗骨性灰褐土	粗骨性灰褐土	粗骨质厚体黄黑土	1	0–13	砂壤土	8.0	45.6	2.99	2.35	32.3	4.9	61	20.2	红土	E 112°13′12.4″ N 41°32′10.7″	99
							0–35	轻壤土	8.3	18.8	1.41	0.69	34.4	1.8	102	14.7			
剖18	钙层土	栗钙土	栗钙土	栗红土	砾质栗红土	1	0–35	砂壤土	8.3	12.0	0.53	0.53	31.4	0.6	90	14.4		E 112°16′06.2″ N 41°37′48.3″	99
						2	40–50	中壤土											
						3	62–72	砂壤土	8.4	3.6	0.26	0.38	37.4	0.4	51	7.1			

续表 Continued

剖面号 Soil profile	土纲 Soil order	土类 Soil great group	亚类 Soil subgroup	土属 Soil genus	土种 Soil species	土层码 Layer code	土层厚度 Depth/cm	质地 Soil texture	pH	有机质 OM/(g/kg)	全氮 TN/(g/kg)	全磷 TP/(g/kg)	全钾 TK/(g/kg)	有效磷 AP/(mg/kg)	速效钾 AK/(mg/kg)	阳离子交换量CEC/(cmol/kg)	土壤母质 Parent material	剖面点坐标 Profile coordinate	匹配指数 Matching index/%
剖19	钙层土	栗钙土	栗钙土	栗红土	砾质栗红土	1	0—22	中壤土	8.2	18.9	1.23	0.81	36.0	1.0	85	18.0	红土	E 112°21′14.6″ N 41°37′46.4″	96
						2	30—40	中壤土	8.3	7.3	0.56	0.79	33.7	0.6	103	14.6			
						3	60—70	黏土	8.7	2.8	0.37	0.72	38.1	0.4	195	22.0			
剖20	钙层土	栗钙土	栗钙土	白干土	深位白干土	1	0—41	轻壤土	8.2	28.3	1.88	1.02	29.7	5.0	438	15.7		E 112°25′48.4″ N 41°37′14.5″	83
剖21	半水成土	草甸土	盐化草甸土	盐灰淤土	中盐灰淤土	1	0—5	轻壤土	8.6	22.2	1.53	0.87	37.3	13.4	733	11.4		E 112°24′33.0″ N 41°36′48.4″	88
						2	5—10	轻壤土	9.2	19.1	1.35	0.94	39.6	2.5	439	12.4			
						3	10—20	轻壤土	9.6	7.4	0.43	0.59	38.1	2.1	298	7.8			
						4	20—50	轻壤土	9.6	3.3	0.28	0.50	34.9	1.3	257	5.1			
剖22	半水成土	草甸土	盐化草甸土	盐灰淤土	中盐灰淤土	1	0—51	砂壤土	8.8	13.7	0.75	1.80	36.1	4.9	355	11.6		E 112°22′58.3″ N 41°35′48.8″	70
						2	57—67	中壤土	8.8	3.2	0.18	1.92	36.8	2.8	84	6.2			
剖23	钙层土	栗钙土	栗钙土	栗淤土	厚层栗淤土	1	0—83	轻壤土	8.3	15.7	1.01	1.05	36.1	3.1	96	6.5	洪冲积物	E 112°20′56.4″ N 41°31′36.2″	84
						2	90—100	中壤土	8.3	25.4	1.50	1.39	32.1	2.7	93	14.6			
剖24	钙层土	栗钙土	栗钙土	栗淤土	厚层栗淤土	1	0—62	中壤土	8.4	11.9	0.88	0.77	34.4	1.6	51	24.3	洪冲积物	E 112°18′08.8″ N 41°30′36.7″	81
						2	70—80	中壤土	8.5	7.2	0.53	0.83	24.7	2.3	31	13.4			
剖25	半水成土	草甸土	盐化草甸土	盐灰淤砂土	重盐灰淤砂土	1	0—26	轻壤土	9.1	17.9	0.99	0.83	38.8	2.8	137	9.8	冲积物	E 112°20′19.3″ N 41°30′10.4″	82
						2	26—90	中壤土	9.4	6.1	0.37	0.52	32.3	0.8	53	8.0			
剖26	钙层土	栗钙土	栗钙土	栗淤土	砾质栗淤土	1	0—33	砂壤土	8.3	12.6	0.97	0.76	32.2	1.3	51	10.2	洪冲积物	E 112°30′45.7″ N 41°39′45.9″	95
						2	38—48	中壤土	8.6	4.8	0.32	0.75	31.1	0.8	40	11.5			
						3	65—75	砂壤土	8.4	6.0	0.44	0.87	29.8	1.0	44	7.1			
剖27	半水成土	草甸土	暗色草甸土	暗灰淤土	砂底侵蚀栗红土	1	0—56	中壤土	8.9	41.3	2.58	1.80	29.2	4.3	288	24.8		E 112°34′39.2″ N 41°36′13.2″	97
						2	56—70	重壤土	9.0	27.2	1.05	1.41	25.9	2.1	88	21.7			
剖28	钙层土	栗钙土	栗钙土	栗红土	轻度侵蚀栗红土	1	0—19	砂壤土	8.3	16.4	1.24	0.68	35.0	2.2	61	6.9	砂岩、砂砾岩风化物	E 112°40′13.4″ N 41°35′53.6″	79
						2	23—33	中壤土	8.4	8.2	0.63	1.41	28.4	1.8	88	6.0			
剖29	钙层土	栗钙土	栗钙土	黄砂土	黄砂土	1	0—35	砂壤土	8.6	10.2	0.73	0.49	31.1	2.5	61		红土	E 112°37′48.4″ N 41°35′03.5″	76
						2	35—45	中壤土	8.3	7.1	0.47	0.65	35.0	2.9	28				
剖30	钙层土	栗钙土	栗钙土	栗红土	薄层栗红土	1	0—19	重壤土	8.3	15.3	1.09	0.55	35.5	1.8	360	10.2	岩石残积物、坡积物	E 112°42′39.6″ N 41°33′06.5″	73
						2	25—35	重壤土	8.2	12.5	0.94	1.14	34.8	0.7	124	14.1			
剖31	半水成土	草甸土	暗色草甸土	黄黑土	砾质薄体黄黑土	1	0—13	轻壤土	8.0	42.8	2.92	2.46	33.9	8.1	210	15.0	红土	E 112°42′10.9″ N 41°30′43.6″	96
						2	13—23		8.0	41.8	2.96	3.24	27.9	8.4	153				
剖32	钙层土	栗钙土	栗钙土	栗黑土	薄体栗黑土	1	0—21	砂壤土	8.3	15.2	1.01	0.80	35.7	2.7	60	12.2		E 112°46′02.4″ N 41°34′03.6″	87
						2	30—40	中壤土	8.3	11.2	0.79	1.28	26.1	1.5	84	12.1			
						3	60—70	重壤土	8.4	5.3	0.42	1.44	24.7	1.5	64	13.1			
剖33	灰褐土	灰褐土	灰褐土	灰褐土	厚层灰褐土	1	0—23	轻壤土	7.8	46.7	2.72	1.68	35.2	3.3	126	24.9	花岗岩残积物	E 111°59′58.9″ N 41°21′59.2″	81
						2	30—40	中壤土	8.2	32.1	1.74	1.81	33.7	2.2	81	21.0			
剖34	半水成土	草甸土	暗色草甸土	暗灰淤砂土	灰淤砂土	1	0—39	紧砂土	7.8	35.7	1.73	1.93	35.5	2.7	131	26.3	洪冲积物	E 112°37′48.4″ N 41°27′15.5″	94
						2	45—55	中壤土	8.1	11.7	0.57	1.14	34.8	2.4	38	8.8			
						3	59—68		7.8	48.4	2.28	1.88	30.8	2.9	68				
剖35	半淋溶土	灰褐土	灰褐土	灰褐土	薄体灰褐土	1	0—24	轻壤土	8.0	48.0	2.71	1.62	32.1	2.4	82	26.2	花岗岩残积物	E 112°08′05.3″ N 41°22′48.4″	96
						2	27—37	砂壤土	8.3	14.8	0.84	1.72	33.3	1.3	31	20.1			
剖36	半淋溶土	灰褐土	灰褐土	灰褐土	厚体灰褐土	1	0—43	中壤土	7.8	64.4	3.16	1.67	33.1	2.3	187	36.2	花岗岩残积物	E 112°00′43.2″ N 41°20′25.4″	76
						2	47—57	中壤土	8.0	17.6	0.98	0.88	33.7	1.5	111	18.8			
剖37	钙层土	栗钙土	栗钙土	栗淤土	砾质厚栗淤土	1	0—23	中壤土	8.5	18.6	1.11	1.06	35.6	3.6	127	9.7	洪冲积物	E 112°20′59.8″ N 41°27′23.8″	74
						2	23—33	砂壤土	8.9	3.1	0.19	0.43	35.1	0.8	30	12.8			
剖38	钙层土	栗钙土	栗钙土	栗淤土	壤体栗淤土	1	0—90	轻壤土	8.2	31.0	1.76	2.16	30.4	2.3	520	15.4	洪冲积物	E 112°24′41.4″ N 41°27′16.2″	70
						2	100—110	中壤土	8.7	10.4	0.53	1.34	36.2	4.1	69	10.4			

续表 Continued

剖面号 Soil profile	土纲 Soil order	土类 Soil great group	亚类 Soil subgroup	土属 Soil genus	土种 Soil species	土层码 Layer code	土层厚度 Depth/cm	质地 Soil texture	pH	有机质 OM/(g/kg)	全氮 TN/(g/kg)	全磷 TP/(g/kg)	全钾 TK/(g/kg)	有效磷 AP/(mg/kg)	速效钾 AK/(mg/kg)	阳离子交换量CEC/(cmol/kg)	土壤母质 Parent material	剖面点坐标 Profile coordinate	匹配指数 Matching index/%
剖39	半水成土	草甸土	暗色草甸土	暗潟淤黏土	砂底灰淤土	1	0–51	轻壤土	8.2	35.7	1.99	1.91	34.9	4.3	178	20.7		E 112° 17′ 51.0″ N 41° 26′ 55.7″	96
						2	60–70	中壤土	8.2	38.3	2.43	1.77	31.3	2.8	153	17.2			
剖40	半水成土	草甸土	盐化草甸土	盐灰淤黏土	中盐灰淤黏土	1	0–5	轻壤土	9.0	15.4	0.90	0.10	37.6	12.5	427		洪冲积物	E 112° 19′ 24.2″ N 41° 26′ 20.4″	77
						2	5–10	砂壤土	8.6	18.9	1.18	1.21	35.5	5.7	101				
						3	10–20	中壤土	8.4	21.4	1.32	1.32	35.4	9.9	112				
						4	20–50	中壤土	8.1	52.2	2.42	1.64	38.0	18.0	130				
剖41	钙层土	栗钙土	栗钙土	栗红土	厚层栗红土	1	0–61	轻壤土	8.4	29.3	2.14	0.83	32.5	2.7	86	18.9	红土	E 112° 19′ 00.8″ N 41° 25′ 54.5″	81
						2	61–71	中壤土	8.4	4.6	0.33	0.81	26.7	0.6	77	12.3			
剖42	钙层土	栗钙土	栗钙土	栗淤土	砾质厚层栗淤土	1	0–45	轻壤土	8.3	18.6	1.13	0.94	35.5	2.3	76	6.5	洪冲积物	E 112° 22′ 21.0″ N 41° 25′ 26.9″	86
						2	53–63	砂土	9.1	3.5	0.18	1.00	39.3	1.2	25	12.6			
剖43	钙层土	栗钙土	栗钙土	黄黑土	厚体黄黑土	1	0–42		8.4	18.6	1.22	0.91	42.1	4.3	82		岩石残积物、坡积物	E 112° 17′ 08.4″ N 41° 25′ 24.8″	97
						2	42–61		8.5	13.7	0.87	0.89	43.3	1.9	56				
						3	61–94		8.6	10.7	0.69	1.54	35.8	1.4	35				
剖44	钙层土	栗钙土	栗钙土	灌淤栗钙土	灌淤栗钙土	1	0–21	重壤土	8.8	36.4	2.27	1.59	32.3	4.6	212	22.8		E 112° 20′ 19.3″ N 41° 24′ 45.0″	90
						2	30–40	黏壤土	8.5	56.1	3.21	1.96	30.6	5.2	226	37.4			
						3	58–68	轻壤土	8.5	19.4	1.23	0.90	29.4	2.9	53	11.9			
剖45	钙层土	栗钙土	暗栗钙土	暗黄黑土	砾质厚体暗黄黑土	1	0–37	中壤土	8.3	32.4	2.11	1.19	39.2	2.0	119	19.5	花岗岩残积物	E 112° 24′ 39.8″ N 41° 24′ 26.8″	86
						2	45–55	中壤土	8.3	24.0	1.55	1.05	36.3	1.8	103	17.5			
剖46	钙层土	栗钙土	暗栗钙土	暗栗红土	厚体暗栗红土	1	0–15	轻壤土	8.3	28.3	1.33	0.87	39.4	3.3	128	10.9	泥岩	E 112° 21′ 06.9″ N 41° 23′ 33.0″	92
						2	20–30	中壤土	8.2	17.8	1.30	0.79	39.6	1.7	68	13.9			
剖47	钙层土	栗钙土	暗栗钙土	暗栗黑土	灌淤栗栗黑土	1	0–30	重壤土	8.1	28.8	1.60	1.68	28.0	8.0	190	19.0		E 112° 20′ 29.4″ N 41° 23′ 08.7″	72
						2	35–45	中壤土	8.1	21.0	1.58	1.03	33.6	2.2	82	16.4			
						3	65–75	轻壤土	8.3	10.5	0.79	1.20	27.7	2.2	49	10.4			
剖48	钙层土	栗钙土	暗栗钙土	暗淤栗钙土	砾质暗栗黑土	2	0–75	中壤土	8.2	23.6	1.41	1.37	36.3	2.0	66	15.0	花岗岩风化残积物	E 112° 25′ 20.3″ N 41° 22′ 41.9″	91
						2	80–90	轻壤土	8.3	6.7	0.48	1.53	26.9	1.7	56	18.1			
剖49	半水成土	草甸土	暗色草甸土	暗灰淤土	灰淤土	1	0–13	中壤土	8.0	29.0	1.72	1.60	35.8	5.4	195	15.0	洪冲积物	E 112° 16′ 46.6″ N 41° 20′ 55.3″	75
						2	20–30	中壤土	8.2	24.4	1.32	1.51	33.3	4.3	122	19.0			
						3	71–81	中壤土	8.2	29.0	1.76	1.65	32.2	5.4	151	23.8			
剖50	钙层土	栗钙土	栗钙土	栗红土	砾质厚层栗红土	1	0–63	砂壤土	8.3	11.9	0.82	0.71	35.6	3.0	100		红土	E 112° 31′ 04.8″ N 41° 29′ 04.6″	91
						2	70–80	中壤土	8.5	5.0	0.39	0.75	35.1	2.8	67	14.8			
剖51	钙层土	栗钙土	暗栗钙土	暗黄黑土	厚体暗黄黑土	1	0–20	中壤土	7.8	31.9	1.85	1.07	32.4	3.8	137	14.8	花岗岩风化残积物	E 112° 33′ 30.0″ N 41° 27′ 19.8″	88
						2	30–40	轻壤土	8.1	27.5	1.65	1.14	29.8	1.5	138	16.1			
剖52	钙层土	栗钙土	暗栗钙土	暗黄黑土	薄体暗黄黑土	1	0–79	砂壤土	8.0	22.5	1.37	1.18	38.9	3.5	149	11.0	花岗岩风化残积物	E 112° 32′ 17.0″ N 41° 26′ 08.9″	84
						2	79–86	砂壤土	8.5	6.1	0.32	0.96	39.8	3.2	125	7.5			
剖53	钙层土	栗钙土	暗栗钙土	暗栗红土	厚层暗栗红土	1	0–18	轻壤土	8.4	26.3	1.93	2.19	33.0	3.0	79	15.0	花岗岩风化残积物	E 112° 38′ 10.7″ N 41° 25′ 52.3″	92
						2	18–26	中壤土	8.3	21.9	1.60	2.86	29.5	3.2	96	16.7			
剖54	钙层土	栗钙土	暗栗钙土	暗栗红土	厚层暗栗红土	1	0–43	轻壤土	8.1	22.5	1.56	8.20	38.3	1.6	114	23.1	泥岩	E 112° 37′ 28.2″ N 41° 23′ 14.6″	92
						2	55–65	黏土	8.2	1.3	0.74	0.64	27.6	0.3	92	23.3			
剖55	钙层土	栗钙土	草甸栗钙土	盐淤土	盐淤土	1	0–25	轻壤土	8.5	33.7	2.12	1.41	23.7	4.2	183	10.4	洪冲积物	E 112° 30′ 51.5″ N 41° 20′ 46.8″	81
						2	30–40	中壤土	8.2	47.2	3.10	1.07	13.9	2.3	92	17.6			
						3	57–67	中壤土	8.0	12.2	0.63	0.25	36.3	1.7	153	15.2			
剖56	半水成土	草甸土	暗色草甸土	暗灰淤黏土	灰淤土	1	0–46	重壤土	7.9	88.0	4.02	1.91	31.6	1.5	174	40.8	洪冲积物	E 111° 59′ 08.2″ N 41° 18′ 47.2″	75
						2	55–65		7.2	169.8	9.84	1.85	24.0	9.6	107	14.4			
剖57	半淋溶土	灰褐土	灰褐土	灰褐土	灰褐土	1	0–33	轻壤土	7.7	49.2	2.89	1.35	32.7	3.6	239	21.0	花岗岩残积物	E 112° 04′ 01.6″ N 41° 18′ 56.3″	91
						2	40–50	轻壤土	8.2	10.8	0.58	0.67	31.3	1.3	52	7.4			

续表 Continued

剖面号 Soil profile	土纲 Soil order	土类 Soil great group	亚类 Soil subgroup	土属 Soil genus	土种 Soil species	土层码 Layer code	土层厚度 Depth/cm	质地 Soil texture	pH	有机质 OM/(g/kg)	全氮 TN/(g/kg)	全磷 TP/(g/kg)	全钾 TK/(g/kg)	有效磷 AP/(mg/kg)	速效钾 AK/(mg/kg)	阳离子交换量CEC/(cmol/kg)	土壤母质 Parent material	剖面点坐标 Profile coordinate	匹配指数 Matching index/%
剖58	半淋溶土	灰褐土	灰褐土	灰褐土	砾质灰褐土	1	0—51	砂壤土	7.5	35.0	1.88	2.27	33.8	3.1	110	16.9	花岗岩残积物	E 112°10′27.3″ N 41°18′52.9″	88
剖59	半淋溶土	灰褐土	灰褐土	灰褐土	砾质灰褐土	2	63—73	砂壤土	8.3	6.9	0.65	1.94	37.7	1.6	44	15.5	花岗岩残积物	E 112°12′22.3″ N 41°18′19.8″	73
剖60	半淋溶土	灰褐土	灰褐土	灰褐土	灰褐土	1	0—51	轻壤土	8.2	21.6	1.12	1.09	30.5	2.5	66	15.6	花岗岩残积物	E 112°12′22.3″ N 41°18′19.8″	80
						2	60—70	中壤土	8.2	7.6	0.54	1.09	33.8	1.7	78	10.5			
剖61	半淋溶土	灰褐土	灰褐土	褐淤土	壤体褐淤土	1	0—36	中壤土	8.0	38.1	1.93	1.84	36.2	1.5	103	28.2	洪冲积物	E 112°01′50.9″ N 41°17′44.2″	71
						2	40—50	轻壤土	8.2	11.5	0.68	2.48	33.7	1.8	63	26.9			
剖62	半淋溶土	灰褐土	灰褐土	灰褐砂土	灰褐砂土	1	0—41	轻壤土	8.2	21.8	1.27	1.76	33.4	11.7	143	14.1	砂岩、砾岩	E 112°10′34.7″ N 41°16′03.1″	97
						2	50—60	中壤土	8.2	28.2	1.54	1.82	33.4	2.2	118	22.6			
剖63	钙层土	栗钙土	暗栗钙土	暗黄红土	砾质暗黄红土	1	0—37	中壤土	7.8	43.7	1.89	1.76	34.3	3.2	104	30.8	泥岩	E 112°13′12.3″ N 41°12′24.3″	76
						2	45—55	轻壤土	7.6	6.5	0.40		36.4	3.7	50	21.3			
剖64	钙层土	栗钙土	暗栗钙土	暗黄黑土	暗黄黑土	1	0—26	轻壤土	8.3	13.4	1.04	0.61	30.7	0.3	67	16.8	花岗岩风化残积物	E 112°26′38.0″ N 41°19′42.2″	81
						2	26—39	轻壤土	8.2	27.4	1.76	1.13	32.7	5.5	130	19.8			
						3	30—40	轻壤土	8.3	18.1	1.19	2.27	29.0	2.6	77	20.7			
剖65	钙层土	栗钙土	暗栗钙土	暗黄砂土	砾质暗黄砂土	1	0—28	轻壤土	8.3	11.8	0.82	3.37	26.8	1.7	46	48.8		E 112°21′27.0″ N 41°19′20.6″	70
						2	50—60	中壤土	7.9	0.7	1.80	0.80	42.0	2.5	112	21.3			
剖66	钙层土	栗钙土	暗栗钙土	暗黄砂土	厚层暗黄栗钙土	1	0—21	中壤土	8.2	1.5	0.87	0.36	47.9	2.3	60	18.5	洪冲积物	E 112°28′44.4″ N 41°17′57.8″	96
						2	30—40	轻壤土	8.2	24.9	1.57	1.40	34.8	4.4	156	15.2			
剖67	钙层土	栗钙土	暗栗钙土	暗黄淤土	厚层暗黄栗钙土	1	0—25	中壤土	8.3	20.5	1.21	1.43	34.0	1.9	96	14.3	洪冲积物	E 112°27′29.9″ N 41°17′05.3″	91
						2	25—105	轻壤土	7.7	31.2	1.81	1.53	31.9	3.3	112	23.7			
剖68	钙层土	栗钙土	暗栗钙土	暗黄砂土	厚层暗黄栗钙土	1	50—60	中壤土	7.9	16.2	1.02	1.35	32.1	3.5	157	16.5	洪冲积物	E 112°25′36.1″ N 41°16′01.3″	93
						2	70—80	轻壤土	8.2	1.5	1.41	1.02	35.5	2.0	73	5.0			
剖69	半淋溶土	灰褐土	暗栗钙土	褐淤土	褐淤土	1	0—51	中壤土	8.6	55.9	0.43	1.00	43.6	1.7	33	8.2	洪冲积物	E 112°27′36.0″ N 41°15′50.8″	90
						2	62—72	轻壤土	8.3	26.0	1.42	1.37	33.4	5.3	217	8.2			
剖70	钙层土	栗钙土	暗栗钙土	暗黄砂土	砾质薄层暗黄栗钙土	1	0—39	轻壤土	8.5	10.6	0.60	0.93	40.2	3.6	122	2.2	砂岩、砾岩	E 112°16′17.4″ N 41°15′50.0″	84
						2	45—55	紧砂土		2.5	0.28	2.01	29.8	3.0	136	20.6			
						3	0—12	砂壤土	8.2	23.1	0.86	3.39	25.3	3.2	109	8.1			
剖71	半淋溶土	灰褐土	灰褐土	褐淤土	壤体褐淤土	1	20—30	轻壤土	8.1	58.8	3.43	2.13	38.2	7.1	904	25.8	洪冲积物	E 112°28′23.2″ N 41°14′35.9″	95
						2	0—61	中壤土	8.5	40.2	2.20	1.66	36.3	4.9	871	25.1			
剖72	半淋溶土	灰褐土	灰褐土	灰褐砂土	薄层灰褐砂土	1	70—80	轻壤土	8.0	15.8	0.96	0.97	36.0	1.8	66	18.8	砂岩、砾岩	E 112°22′17.0″ N 41°10′59.4″	75
						2	31—41	砂壤土	8.1	6.8	0.36	1.56	36.4	2.6	35	21.7			
剖73	钙层土	栗钙土	暗栗钙土	暗黄红土	薄层暗黄栗红土	1	0—19	中壤土	8.1	30.2	1.91	1.57	33.0	2.5	104	14.2	泥岩	E 112°18′28.8″ N 41°10′26.8″	87
						2	25—35	轻壤土	8.4	4.9	0.39	1.14	33.8	1.7	56	14.1			
						3	62—72	中壤土	8.5	6.2	0.53	0.92	29.2	1.5	55				
剖74	钙层土	栗钙土	草甸栗钙土	淤土	中层淤土	1	0—34	重壤土	8.1	30.6	1.85	1.23	31.8	4.1	170	21.6	洪冲积物	E 112°44′33.0″ N 41°19′06.6″	95
						2	39—49	中壤土	8.2	17.7	1.16	0.69	33.3	2.2	56	11.9			
						3	50—60	中壤土	8.2	12.4	0.91	0.68	29.2	2.1	45	11.6			
剖75	钙层土	栗钙土	草甸栗钙土	盐渍土	盐渍土	1	0—18	轻壤土	9.9	16.2	1.14	0.98	35.7	6.3	346	18.5	洪冲积物	E 112°33′37.3″ N 41°18′42.4″	86
						2	18—46	砂壤土	9.2	12.8	0.80	0.85	31.5	4.7	195	6.6			
						3	46—65	砂壤土	9.2	3.9	0.29	0.73	31.5	1.5	91	4.3			
剖76	钙层土	栗钙土	暗栗钙土	暗黄砂土	暗黄砂土	1	0—30	砂壤土	8.2	10.0	1.12	0.99	35.7	2.6	66	21.6	洪冲积物	E 112°44′02.8″ N 41°17′38.0″	85
						2	38—48	砂壤土	8.2	1.3	0.66	1.27	27.8	1.1	31	19.7			
剖77	钙层土	栗钙土	暗栗钙土	暗栗淤土	暗栗淤土	1	0—26	中壤土	7.8	10.0	0.67	0.97	33.1	3.7	104	8.0	洪冲积物	E 112°42′56.9″ N 41°16′58.1″	73
						2	30—46	砂壤土	8.2	24.7	1.60	1.52	26.6	7.5	97	8.8			
						3	46—56	中壤土	7.9	43.0	2.76	1.92	29.7	9.0	258	23.8			

续表 Continued

剖面号 Soil profile	土纲 Soil order	土类 Soil great group	亚类 Soil subgroup	土属 Soil genus	土种 Soil species	土层码 Layer code	土层厚度 Depth/cm	质地 Soil texture	pH	有机质 OM/(g/kg)	全氮 TN/(g/kg)	全磷 TP/(g/kg)	全钾 TK/(g/kg)	有效磷 AP/(mg/kg)	速效钾 AK/(mg/kg)	阳离子交换量CEC/(cmol/kg)	土壤母质 Parent material	剖面点坐标 Profile coordinate	匹配指数 Matching index/%
剖78	钙层土	栗钙土	暗栗钙土	暗栗淤土	砾质薄层暗栗淤土	1	0—19	轻壤土	8.0	31.5	2.14	0.91	33.1	2.3	124	15.4	洪冲积物	E 112°33′46.1″ N 41°16′54.5″	93
剖79	钙层土	栗钙土	暗栗钙土	暗栗淤土	砾质暗栗淤土	2	20—30	中壤土	8.3	18.2	1.26	0.86	24.5	3.6	44	10.2	洪冲积物	E 112°34′32.2″ N 41°16′18.5″	71
						3	38—47	轻壤土	8.3	11.0	0.79	0.67	27.5	1.7	39				
剖80	钙层土	栗钙土	暗栗钙土	暗黄砂土	砾质厚层暗黄砂土	1	0—21	轻壤土	8.2	27.1	1.74	1.17	35.2	5.2	124	12.2		E 112°32′49.2″ N 41°14′51.0″	72
						2	30—40	轻壤土	8.2	22.7	1.55	0.92	27.6	2.3	51	9.6			
剖81	钙层土	栗钙土	暗栗钙土	暗黄黑土	砾质暗黄黑土	1	0—72	轻壤土	8.2	26.6	1.31	1.25	33.5	3.2	66	13.9	花岗岩风化残积物	E 112°37′53.8″ N 41°13′28.6″	89
						2	72—82	轻壤土	8.2	15.6	5.50	1.35	29.4	1.8	53	8.7			
剖82	半水成土	草甸土	暗色草甸土	暗灰淤土	黏底灰淤土	1	0—38	中壤土	8.1	40.9	0.32	1.77	26.4	4.8	180	19.8		E 112°40′20.6″ N 41°11′58.6″	76
						2	38—46	中壤土	8.1	39.2	2.72	1.85	25.1	2.4	97	22.5			
						3	50—60	中壤土	8.1	41.2	2.48	1.90	24.1	3.0	114	19.2			
剖83	钙层土	栗钙土	草甸栗钙土	淤土	厚层淤土	1	0—23	轻壤土	8.0	27.0	1.61	1.33	34.5	5.8	157	14.4	洪冲积物	E 112°47′10.7″ N 41°19′44.6″	84
						2	34—44	轻壤土	8.1	33.1	1.95	1.19	35.7	2.1	121	22.3			
						3	68—78	重壤土	8.5	13.4	0.78	1.04	31.0	1.8	70	12.4			
剖84	半淋溶土	灰褐土	生草灰褐土	生草灰褐土	生草灰褐土	1	0—83	重壤土	8.2	23.5	1.48	1.57	31.7	2.4	191	19.6	花岗岩、玄武岩残积物	E 112°28′54.5″ N 41°06′39.6″	76
						2	90—100	中壤土	9.5	9.3	0.59	1.10	30.4	2.3	98	12.0			
剖85	半淋溶土	灰褐土	灰褐土	褐红土	厚层褐红土	1	0—58	中壤土	7.8	68.2	2.96	1.97	32.1	4.5	80	37.2	泥岩	E 112°27′39.2″ N 41°03′55.1″	75
						2	70—80	中壤土	7.6	36.2	1.64	1.60	33.8	8.0	87	25.3			
剖86	钙层土	黑钙土	黑钙土	黑钙土	黑钙土	1	0—40	重壤土	7.7	46.7	2.59	1.36	33.7	4.3	128	24.7	玄武岩风化物	E 112°39′52.5″ N 41°09′11.9″	98
						2	40—50	重壤土	8.1	10.5	0.84	0.64	34.5	1.8	107	30.1			
剖87	钙层土	黑钙土	淋溶黑钙土	淋溶黑钙土	黑钙土	1	0—28	中壤土	7.9	67.7	4.10	1.63	29.7	4.4	130	31.9	玄武岩风化物	E 112°37′57.0″ N 41°08′33.7″	81
						2	30—40	中壤土	8.1	53.2	3.00	1.57	29.7	2.3	104	29.2			
剖88	半淋溶土	灰褐土	淋溶灰褐土	淋溶灰褐土	淋溶灰褐土	1	0—43	中壤土	7.6	54.4	2.43	1.65	34.0	3.1	147	30.1	花岗岩残积物	E 112°32′09.6″ N 41°08′14.3″	92
						2	47—57	中壤土	8.0	11.9	0.75	0.95	39.4	5.2	103	15.2			
剖89	半水成土	草甸土	暗色草甸土	山地草甸土	山地草甸土	1	0—45	中壤土	7.5	11.6	0.71	1.20	32.4	5.7	299	13.4	玄武岩残积物、坡积物	E 112°33′27.3″ N 41°06′39.7″	99
						2	48—58		7.5	84.4	4.44	2.15	32.1	7.1	262	38.0			
剖90	草甸土	草甸土	灰褐土	褐红土	褐红土	1	0—42	中壤土	7.3	71.1	3.45	2.56	29.8	5.7	205	41.8	泥岩	E 112°33′24.4″ N 41°02′57.9″	83
						2	42—53	中壤土	7.6	26.3	1.33	2.00	29.1	3.3	100	30.5			
剖91	半淋溶土	灰褐土	灰褐土	褐红土	褐红土	1	0—35	中壤土	7.3	73.9	3.92	1.51	29.7	3.6	136	32.1	泥岩	E 112°31′24.4″ N 41°02′57.9″	79
						2	40—50	中壤土	7.7	13.8	0.90	0.69	28.8	0.5	118	12.6			
剖92	半淋溶土	灰褐土	灰褐土	褐淤土	砾质褐淤土	1	0—33	中壤土	7.3	55.6	2.89	1.46	31.8	1.2	80	30.1	洪冲积物	E 112°31′58.6″ N 41°02′16.2″	94
						2	42—52	轻壤土	7.5	11.8	0.65	1.02	29.5	4.5	60	33.4			
						2	40—50	中壤土	8.1	39.4	2.54	1.89	33.8	5.2	167	22.1			
						3	60—70	轻壤土	8.3 8.4	9.2 5.2	0.79 0.40	1.54 1.52	22.6 26.8	1.2 0.7	41 58	3.9 4.6			

察哈尔右翼后旗

主要土类说明

栗钙土是察哈尔右翼后旗主要土壤类型，占本旗地域面积的96%。栗钙土所处地形条件较为复杂，有低山丘陵、高平台地、河谷阶地、山间谷地等，海拔为1350—1800m。自然植被为干草原植被，主要群落为针茅-冷蒿、针茅-羊草等，发育在石质丘陵或砂质母质上的栗钙土多见狼毒和小叶锦鸡儿。成土母质主要为玄武岩、砂砾岩、红色泥岩、花岗岩、变质岩、碳酸岩及第四纪松散洪冲积物。成土过程主要为较强的钙积过程和一定程度的腐殖质累积过程。栗钙土剖面由腐殖质层、钙积层和母质层构成，剖面分化明显，层次过渡清晰。腐殖质层呈栗色或灰棕色，厚10—50cm。钙积层呈灰白色，一般出现在15—30cm深处，碳酸钙淀积形态多为斑块状、粉末状或假菌丝状。由于地形、水文地质等区域性水热条件存在差异，栗钙土成土过程中又伴有不同的附加成土过程。根据附加成土过程的特点，本旗栗钙土分为栗钙土、暗栗钙土、草甸栗钙土、盐化栗钙土、粗骨性栗钙土等亚类。

小于本旗地域面积3%的土壤类型有黑钙土、草甸土、草甸盐土。

本区域中心区气候特征

本区域中心区气候特征值
Regional climate characteristics in central area of the region

气候带：中温带亚干旱气候 Climate region: Mid temperate subarid climate	
年平均气温 /℃ Annual average temperature /℃	4.8
年平均最高气温 /℃ Annual average maximum temperature /℃	11.4
年平均最低气温 /℃ Annual average minimum temperature /℃	−1.0
年降水量 /mm Annual precipitation /mm	306
≥10℃的积温 /℃ Daily temperature accumulated in a year (≥10℃) /℃	3203
年日照时数 /h Annual sunshine /h	3031
年平均相对湿度 /% Annual average relative humidity /%	52
干燥度 Dryness	0.99

本区域中心区月平均气温与月平均降水量
Monthly temperature and precipitation in central area of the region

察哈尔右翼后旗主要土壤类型与土壤剖面点分布图

1∶340 000

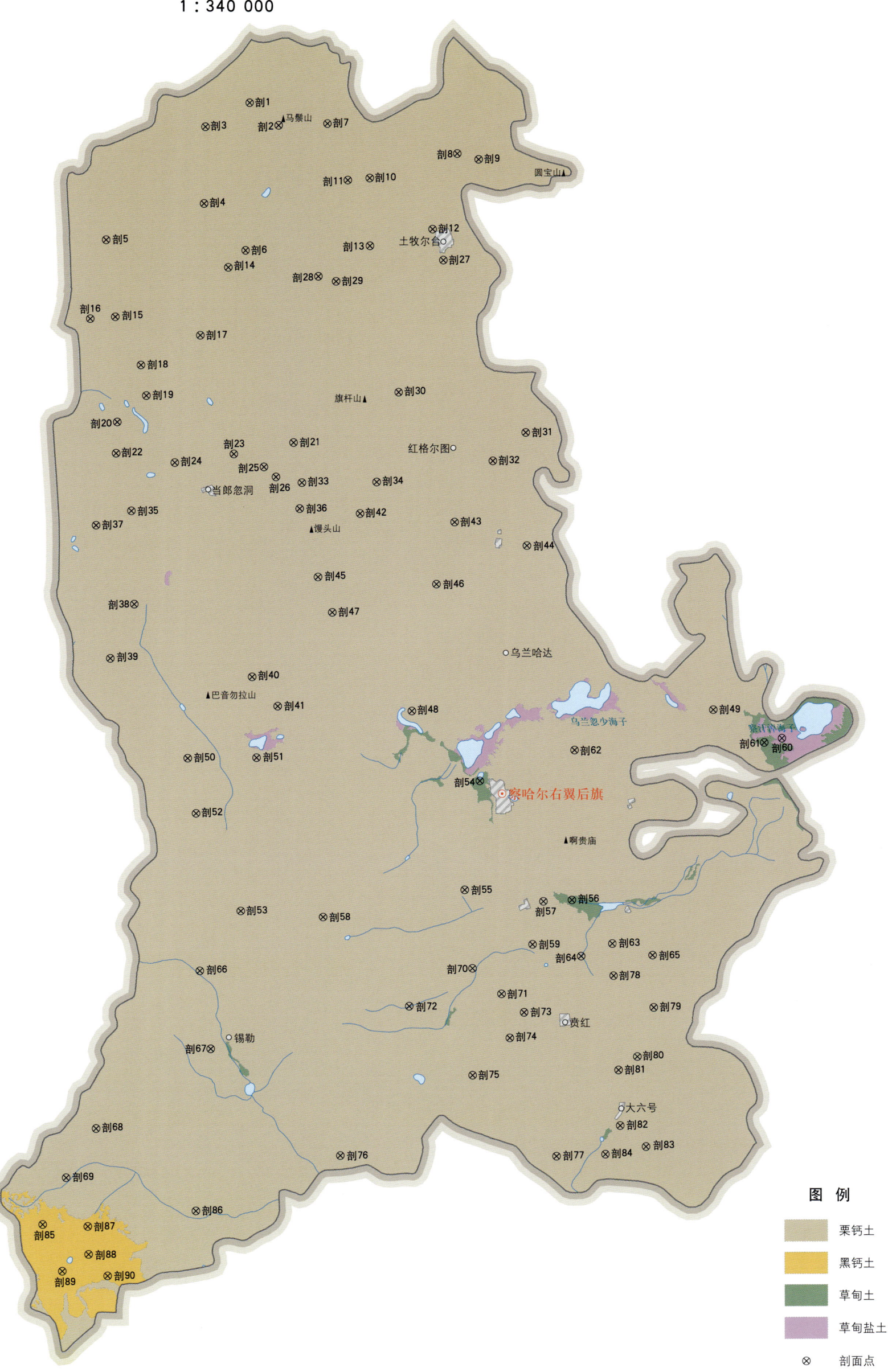

图例
- 栗钙土
- 黑钙土
- 草甸土
- 草甸盐土
- ⊗ 剖面点

察哈尔右翼后旗土壤剖面理化性状表

剖面号 Soil profile	土纲 Soil order	土类 Soil great group	亚类 Soil subgroup	土属 Soil genus	土种 Soil species	土层码 Layer code	土层厚度 Depth/cm	颜色 Soil color	质地 Soil texture	土壤结构 Soil structure	pH	有机质 OM/(g/kg)	全氮 TN/(g/kg)	全磷 TP/(g/kg)	全钾 TK/(g/kg)	有效磷 AP/(mg/kg)	速效钾 AK/(mg/kg)	阳离子交换量CEC/(cmol/kg)	土壤母质 Parent material	剖面点坐标 Profile coordinate	匹配指数 Matching index/%
剖1	钙层土	栗钙土	栗钙土	酸性岩栗钙土	酸性岩薄层体黄砂土	A	0—11	栗色	砂壤土	粒状	8.2	10.9	0.76	0.47	25.6	2.3	106	6.2	酸性岩	E 112°57′31.3″ N 41°56′42.4″	72
						B	11—25	栗色	砂壤土	粒状	8.1	12.2	0.90	0.51	25.6			7.7			
剖2	钙层土	栗钙土	栗钙土	酸性岩栗钙土	酸性岩厚层黄砂土	C	25—72	浅黄色	砂壤土												
						1	0—42		轻壤土		8.2	11.2	0.81	0.59	26.0	2.3	104	8.5	酸性岩	E 112°59′12.8″ N 41°55′44.8″	84
						2	60—70		轻壤土		8.3	11.2	0.71	0.61	26.0			12.1			
剖3	钙层土	栗钙土	栗钙土	酸性岩栗钙土	酸性岩中层黄砂土	1	0—28		砂壤土		8.2	7.4	0.48	0.48	25.3	2.1	81	3.8	酸性岩	E 112°54′58.0″ N 41°55′43.3″	95
						2	50—60		轻壤土		8.3	15.4	1.03	0.67	25.1			11.7			
剖4	钙层土	栗钙土	栗钙土	酸性岩栗钙土	酸性岩砾质黄砂土	1	0—15		轻壤土		8.3	10.6	0.80	0.49	28.1	1.7	76	11.4	酸性岩	E 112°54′48.2″ N 41°52′28.9″	90
						2	15—25		轻壤土		8.2	11.9	0.92	0.53	27.4			13.2			
						3	35—45		轻壤土		8.3	9.9	0.65	0.47	26.5			10.6			
剖5	钙层土	栗钙土	栗钙土	风蚀栗钙土	中度风蚀栗钙土	A	0—15	栗色	轻壤土	粒状	8.0	15.4	1.11	0.61	26.1	1.9	153	12.0		E 112°49′10.6″ N 41°51′02.2″	82
						AB	15—42	栗色	轻壤土	粒状	8.2	10.7	0.70	0.49	25.5			11.7			
						B	42—64	棕色	轻壤土	块状	8.5	5.0	0.34	0.35	24.8			7.4			
剖6	钙层土	栗钙土	草甸栗钙土	壤质草甸栗钙土	黏底薄层轻壤草甸栗钙土	C	64—79	灰绿色	轻壤土	块状									沉积物	E 112°57′07.2″ N 41°50′28.3″	75
						A	0—19	栗色	轻壤土	块状											
						P	19—29	灰栗色	轻壤土	粒状											
						B	29—46	灰色	重壤土	块状											
						G	46—59	灰黄色	砂壤土	粒状											
						C	59—89	栗红色	重壤土	块状											
剖7	钙层土	栗钙土	栗钙土	泥质岩栗钙土	泥质岩薄层体黄砂土	A	0—11	栗色	中壤土	粒状	8.2	13.9	1.04	0.65	23.6	2.7	110	12.5	泥质岩	E 113°01′56.6″ N 41°55′45.5″	87
						B	11—28	棕栗色	重壤土	块状	8.2	13.8	0.99	0.70	22.8			18.6			
剖8	钙层土	栗钙土	栗钙土	泥质岩栗钙土	泥质岩中层黄砂土	C	28—45	棕红色	黏土	块状											
						1	0—22		轻壤土		8.3	10.6	0.83	0.57	24.1	1.0	9	8.4	泥质岩	E 113°09′19.5″ N 41°54′22.4″	86
						2	50—70		中壤土		8.3	6.0	0.43	0.49	21.8			6.9			
剖9	钙层土	栗钙土	栗钙土	泥质岩栗钙土	泥质岩中层黄砂土	A	0—22	栗色	中壤土	粒状	8.2	16.4	1.13	0.78	22.8	1.5	104	15.8	泥质岩	E 113°10′32.0″ N 41°54′06.3″	94
						AB	22—39	灰栗色	中壤土	粒状	8.3	9.3	0.66	0.64	23.7			16.2			
						B	39—85	灰黄色	中壤土	块状											
						C	85—115	棕红色	黏土	块状											
剖10	钙层土	栗钙土	草甸栗钙土	砂质草甸栗钙土	砂质草甸栗钙土	A	0—19	栗色	轻壤土	粒状	8.2	14.1	0.91	0.65	25.8	2.1		10.3	洪冲积物	E 113°04′17.8″ N 41°53′24.1″	80
						AB	19—51	暗栗色	中壤土	粒状	8.4	5.8	0.34	0.38	26.1			6.1			
						B	51—80	棕黄色	轻壤土	块状	8.5	3.1	0.14	0.28	26.6			4.5			
剖11	钙层土	栗钙土	栗钙土	泥质岩栗钙土	泥质岩厚层黄砂土	C	80—125	浅灰色	砂土												
						1	0—26	栗色	轻壤土	粒状	8.1	13.8	1.03	0.65	25.1	2.4	112	10.0	泥质岩	E 113°03′02.5″ N 41°53′19.9″	96
						AB	26—42	栗色	中壤土	粒状	8.1	17.3	1.28	0.82	22.9			15.0			
						B	42—90	棕黄色	重壤土	块状	8.7	4.9	0.49	0.66	21.4			12.5			
剖12	钙层土	栗钙土	栗钙土	砂砾岩栗钙土	砂砾岩薄层黄砂土	C	90—130		黏土												
						1	0—18	栗色	中壤土	粒状	8.2	17.3	1.11	1.04	27.0	3.0	285	9.8	砂砾岩	E 113°07′48.7″ N 41°51′11.8″	96
						2	20—30		中壤土	粒状	8.8	14.5	1.00	0.89	24.1			10.3			
						3	55—70		中壤土	块状	8.7	6.0	0.40	0.75	25.0			6.7			
剖13	钙层土	栗钙土	栗钙土	砂砾岩栗钙土	砂砾岩厚层黄砂土	1	0—31		轻壤土	粒状	8.3	12.7	0.90	0.55	25.4	1.8	78	9.9	砂砾岩	E 113°04′13.4″ N 41°50′33.0″	70
						2	60—70		轻壤土	块状	8.3	4.1	0.27	0.32	23.5			13.4			

续表 Continued

剖面号 Soil profile	土纲 Soil order	土类 Soil great group	亚类 Soil subgroup	土属 Soil genus	土种 Soil species	土层码 Layer code	土层厚度 Depth/cm	颜色 Soil color	质地 Soil texture	土壤结构 Soil structure	pH	有机质 OM/(g/kg)	全氮 TN/(g/kg)	全磷 TP/(g/kg)	全钾 TK/(g/kg)	有效磷 AP/(mg/kg)	速效钾 AK/(mg/kg)	阳离子交换量 CEC/(cmol/kg)	土壤母质 Parent material	剖面点坐标 Profile coordinate	匹配指数 Matching index/%
剖14	钙层土	栗钙土	栗钙土	风蚀栗钙土	轻度风蚀栗钙土	A	0—13	栗色	砂壤土	粒状	8.0	14.8	0.91	0.69	24.7	2.0	134	18.6		E 112°56′06.7″ N 41°49′46.6″	74
						B	13—68	栗色	砂壤土	粒状	8.2	8.0	0.43	0.95	23.2			7.1			
						C	68—151	灰色	砂砾土												
剖15	钙层土	栗钙土	栗钙土	洪积栗钙土	壤质栗淤土	1	0—21		重壤土		8.4	31.7	2.03	1.47	25.8	6.8	281	25.4	洪冲积物	E 112°49′36.6″ N 41°47′45.7″	76
						2	70—90		重壤土		8.5	19.6	1.39	1.65	22.2			20.6			
剖16	钙层土	栗钙土	栗钙土	灰白干土	中位白干土	1	0—13		中壤土		8.0	22.2	1.61	0.82	23.1	1.3	74	13.3	砂砾岩、泥质砂岩	E 112°48′10.6″ N 41°47′41.8″	100
						2	20—30		中壤土		8.1	19.4	1.37	0.75	20.9			12.2			
						3	40—50		中壤土		8.6	5.8	5.80	0.40	20.0			4.5			
						4	70—80		中壤土		8.7	3.9	3.90	0.30	22.2			9.3			
剖17	钙层土	栗钙土	栗钙土	基性岩栗钙土	基性岩中体	1	0—20		轻壤土		8.2	14.5	0.83	1.20	25.0	2.1	107	15.7	基性岩	E 112°54′25.9″ N 41°46′54.1″	77
						2	30—40		中壤土			7.4	0.51	1.14	22.5						
剖18	钙层土	栗钙土	栗钙土	基性岩栗钙土	基性岩中层黄砂土	Ap	0—14		砂壤土	粒状									基性岩	E 112°51′01.1″ N 41°45′41.8″	71
						P	14—38	栗色	轻壤土	块状											
						B	38—127	浅栗色	轻壤土	块状											
						C	127—130	褐黄色	中壤土	块状											
剖19	钙层土	栗钙土	栗钙土	砂砾岩栗钙土	砂砾岩中层黄砂土	A	0—25	栗色	砂壤土	粒状									砂砾岩	E 112°51′16.9″ N 41°44′23.6″	95
						AB	25—56	浅栗色	砂土	粒状											
						B	56—82	浅灰色	砂土	粒状											
						C	82—110	灰白色	砂土												
剖20	钙层土	盐化栗钙土	盐化栗钙土	盐化栗钙土	中度盐化栗钙土	A	0—18	栗色	轻壤土	粒状									洪冲积物、湖积物	E 112°49′36.1″ N 41°43′18.1″	81
						B	18—28	浅灰色	轻壤土	块状											
						C	28—60	灰色	黏土	块状											
剖21	钙层土	栗钙土	栗钙土	碳酸岩栗钙土	重度盐化栗钙土	A	0—15	浅灰色	黏土	块状									碳酸盐岩	E 112°59′37.3″ N 41°42′16.9″	99
						B	15—44	栗色	砂壤土	块状											
						C	44—51		砾石土												
剖22	钙层土	栗钙土	栗钙土	砂砾岩栗钙土	砂砾岩薄体黄砂土	A	0—20	栗色	轻壤土	块状									洪冲积物、湖积物	E 112°49′30.4″ N 41°41′59.3″	98
						B	20—40	栗色	砂壤土	粒状											
						C	40—90	灰色	砂壤土	粒状											
剖23	钙层土	栗钙土	栗钙土	砂砾岩栗钙土	砂砾岩中层黄砂土	A	0—10	栗色	砂壤土	块状									砂砾岩	E 112°56′12.1″ N 41°41′51.4″	75
						B	10—21	栗色	砂壤土	粒状											
						C	21—34		砾石土	单粒状											
剖24	钙层土	栗钙土	栗钙土	砂砾岩栗钙土	砂砾岩中体黄栗土	A	0—19	栗色	砂壤土	粒状	8.3	9.6	0.63	0.44	22.8	2.0	101	7.9	砂砾岩	E 112°52′50.9″ N 41°41′33.0″	70
						B	19—40	棕栗色	砂壤土	粒状	8.3	11.3	0.93	0.53	23.5			7.9			
						C	40—108	灰黄色	砂壤土	块状	8.4	4.9	0.45	0.36	19.4			5.6			
剖25	钙层土	栗钙土	栗钙土	洪积栗钙土	壤底厚层砂质栗淤土	1	0—32	栗色	轻壤土	粒状	8.2	12.0	0.92	0.53	25.8	1.5	125	12.0	洪冲积物	E 112°57′54.4″ N 41°41′17.2″	70
						2	40—55	棕灰色	轻壤土	粒状	8.4	3.2	0.25	0.40	23.9			5.4			
剖26	钙层土	栗钙土	栗钙土	洪积栗钙土	洪积质栗淤土	1	0—23	浅黄色	轻壤土		8.4	12.2	0.86	0.06	25.3	1.0	96	10.7	洪冲积物	E 112°58′34.7″ N 41°40′51.2″	76
						2	30—40		中壤土		8.4	4.4	0.29	0.39	21.6			9.8			
剖27	钙层土	栗钙土	栗钙土	砂砾岩栗钙土	砂砾岩中层黄砂土	3	60—70		重壤土		8.3	5.3	0.36	0.37	27.9			11.0	砂砾岩	E 113°08′23.7″ N 41°49′53.0″	72

续表 Continued

剖面号 Soil profile	土纲 Soil order	土类 Soil great group	亚类 Soil subgroup	土属 Soil genus	土种 Soil species	土层码 Layer code	土层厚度 Depth/cm	颜色 Soil color	质地 Soil texture	土壤结构 Soil structure	pH	有机质 OM/(g/kg)	全氮 TN/(g/kg)	全磷 TP/(g/kg)	全钾 TK/(g/kg)	有效磷 AP/(mg/kg)	速效钾 AK/(mg/kg)	阳离子交换量CEC/(cmol/kg)	土壤母质 Parent material	剖面点坐标 Profile coordinate	匹配指数 Matching index/%
剖28	钙层土	栗钙土	栗钙土	洪冲积栗淤土	砂底厚层壤质栗淤土	A	0—37	栗色	中壤土	粒状	8.3	21.3	1.53	0.94	26.0	2.7	210	15.3	洪冲积物	E 113°01′14.8″ N 41°49′18.7″	73
						AB	37—71		轻壤土	粒状	8.4	9.1	0.70	0.51	24.2			7.4			
						B	71—111		砂壤土	单粒状	8.9	3.0	0.28	0.36	25.2			4.3			
						C	111—130		砂土	单粒状											
剖29	钙层土	栗钙土	栗钙土	酸性岩栗钙土	酸性岩厚层黄栗土	1	0—40	浅栗色	轻壤土		8.2	15.3	1.02	0.63	26.1	2.0	99	11.6	酸性岩	E 113°02′15.2″ N 41°49′05.3″	82
						2	56—60		轻壤土		8.3	5.6	0.49	0.57	23.7			10.0			
剖30	钙层土	栗钙土	暗栗钙土	碳酸盐岩暗栗钙土	碳酸盐岩厚层暗黄黑土	1	0—25	黄色	中壤土		8.0	30.4	2.01	1.18	23.0	4.1	159	16.2	碳酸岩	E 113°05′40.6″ N 41°44′18.6″	88
						2	40—50		中壤土		8.1	26.1	1.62	1.15	23.2			20.5			
剖31	钙层土	栗钙土	暗栗钙土	酸性岩暗栗钙土	酸性岩中层暗黄黑土	1	0—27		中壤土		8.4	19.5	1.48	0.82	27.6	5.3	171	13.7	酸性岩	E 113°12′51.4″ N 41°42′29.5″	85
						2	30—40		中壤土		8.2	18.9	1.48	0.76	27.9			14.4			
						3	60—70		中壤土		8.3	9.4	0.51	0.71	25.8			11.3			
剖32	钙层土	栗钙土	暗栗钙土	酸性岩暗栗钙土	酸性岩中层暗栗土	Ap	0—14	暗栗色	轻壤土	粒状	8.3	16.3	1.29	0.98	24.6	2.3	107	9.9	花岗岩风化物	E 113°10′56.9″ N 41°41′19.5″	73
						P	14—24	暗栗色	中壤土	粒状	8.3	12.2	0.83	1.00	22.0			10.1			
						B	24—68	栗色	中壤土												
						BC	68—82	灰褐色	砂壤土	无明显结构											
剖33	钙层土	栗钙土	暗栗钙土	砂砾岩暗栗钙土	砂砾岩中层暗黄砂土	1	0—18		中壤土	粒状	8.1	11.3	0.71	0.35	32.5	1.0	81	23.0	砂砾岩	E 113°00′02.9″ N 41°40′35.0″	89
						2	20—30		轻壤土	粒状	8.1	6.5	0.49	0.17	36.9			15.9			
剖34	钙层土	栗钙土	暗栗钙土	砂砾岩暗栗钙土	砂砾岩中层暗黄砂土	Ap	0—19	栗色	中壤土	粒状	8.1	18.3	1.24	0.74	24.4	2.7	97	15.8	砂砾岩	E 113°04′18.1″ N 41°40′32.5″	70
						P	19—32	暗栗色	砂壤土	块状	8.4	4.8	0.31	0.38	24.4			6.3			
						BC₁	32—78	灰白色	中壤土	块状											
						BC₂	78—102	灰色	中壤土	块状											
剖35	钙层土	栗钙土	盐化栗钙土	盐化暗栗钙土	轻度盐化栗钙土	A	0—35	栗色	轻壤土	粒状	8.4	11.6	0.79	0.52	28.0	2.6	179	6.3	洪冲积物、湖积物	E 112°50′18.2″ N 41°39′33.1″	85
						B	35—85	浅栗色	中壤土	粒状	8.5	7.4	0.66	0.42	27.1			4.2			
						C	85—155	灰黄色	重壤土		8.7	18.2	1.22	0.98							
剖36	钙层土	栗钙土	栗钙土	风蚀暗栗钙土	中度风蚀暗栗土	1	0—9		砂壤土		8.9	8.8	0.56	0.73		5.1		8.5	洪冲积物	E 112°48′17.6″ N 41°38′58.6″	70
						2	40—50		中壤土		8.6	2.5	0.13	0.82				13.6			
剖37	钙层土	栗钙土	盐化栗钙土	盐化暗栗钙土	盐度盐化栗钙土	1	0—30		砂壤土	粒状	8.3	9.3	0.63	0.44	29.2	2.8	104	45.3	洪冲积物、湖积物	E 112°50′21.8″ N 41°35′35.2″	79
剖38	钙层土	栗钙土	暗栗钙土	砂砾岩暗栗钙土	砂砾岩中体暗黄砂土	1	0—12		轻壤土	粒状	8.2	29.1	1.86	0.77	26.9	2.1	181	8.1	砂砾岩	E 112°48′56.2″ N 41°33′18.7″	84
						2	30—40	栗色	砂壤土	粒状		6.7	0.48	0.30	27.4			13.8			
剖39	钙层土	栗钙土	暗栗钙土	风蚀暗栗钙土	中度风蚀暗栗土	A	0—9	暗栗色	砂壤土	粒状								7.5		E 112°56′58.9″ N 41°32′24.4″	86
						AB	9—68		轻壤土	粒状											
						C	68—86														
剖40	钙层土	栗钙土	暗栗钙土	风蚀暗栗钙土	轻度盐化栗钙土	A	0—17	暗栗色	轻壤土	粒状	8.3	13.9	1.03	0.69	26.0	3.3	137	10.3		E 112°58′23.2″ N 41°31′08.4″	78
						B	17—48	暗栗色	中壤土	粒状	8.3	15.0	1.17	0.79	26.0			8.0			
						BC	48—89	灰黄色	中壤土	无明显结构	8.4	5.4	0.36	0.67	23.4			7.1			
剖41	钙层土	栗钙土	栗钙土	砂化暗栗钙土	轻度砂化栗钙土	1	0—37		砂壤土		8.3	11.3	0.70	0.52	26.6	1.5	139	5.5	碳酸岩	E 113°03′19.1″ N 41°39′14.0″	93
						2	40—50		砂壤土		8.3	12.9	0.85	0.45	25.7			34.9			
剖42	钙层土	栗钙土	栗钙土	洪冲积暗栗淤土	砂质暗栗淤土	1	0—15		轻壤土		8.4	12.6	1.02	0.59	28.1	2.6	104	11.9	洪冲积物	E 113°08′41.3″ N 41°38′47.0″	80
						2	15—30		轻壤土		8.2	14.5	1.01	0.65	28.9			5.4			
剖43	钙层土	栗钙土	暗栗钙土	碳酸岩暗栗钙土	碳酸岩薄层暗黄砂土	1	0—15		轻壤土		8.2	33.5	2.30	1.18	23.3	3.6	185	15.4	碳酸岩	E 113°12′45.7″ N 41°37′42.6″	71
剖44	钙层土	栗钙土	暗栗钙土			2	40—60		中壤土		8.5	7.8	0.57	0.55	21.0			7.9			93

续表 Continued

剖面号 Soil profile	土纲 Soil order	土类 Soil great group	亚类 Soil subgroup	土属 Soil genus	土种 Soil species	土层码 Layer code	土层厚度 Depth/cm	颜色 Soil color	质地 Soil texture	土壤结构 Soil structure	pH	有机质 OM/(g/kg)	全氮 TN/(g/kg)	全磷 TP/(g/kg)	全钾 TK/(g/kg)	有效磷 AP/(mg/kg)	速效钾 AK/(mg/kg)	阳离子交换量 CEC/(cmol/kg)	土壤母质 Parent material	剖面点坐标 Profile coordinate	匹配指数 Matching index/%
剖45	钙层土	栗钙土	暗栗钙土	砂化暗栗钙土	轻度砂化暗栗钙土	A	0—17	暗栗色	砂壤土	单粒状										E 113°00′51.5″ N 41°36′34.2″	89
剖46	钙层土	栗钙土	栗钙土	泥质岩栗钙土	泥质岩中体厚层黑钙土	B	71—108	浅灰色	轻壤土	块状	8.2	11.7	0.85	0.47	24.6	1.0	96	7.8	泥质岩	E 113°07′33.6″ N 41°36′09.0″	97
						C	108—130	浅黄色	砂壤土		8.2	8.1	0.64	0.71	22.8			17.2			
剖47	钙层土	栗钙土	暗栗钙土	酸性岩暗栗钙土	酸性岩厚层暗黄砂土	1	0—13		轻壤土		8.3	11.0	0.84	0.55	28.1	1.5	89	7.6	酸性岩	E 113°01′36.8″ N 41°35′03.5″	95
						2	20—30		重壤土		8.6	1.4	0.17	0.50	28.0			1.4			
剖48	钙层土	栗钙土	栗钙土	基性岩暗栗钙土	基性岩砾质黄砂土	1	0—42		砂壤土		8.0	29.7	2.12	2.25	18.2	4.3	253	32.8	基性岩	E 113°06′00.4″ N 41°30′48.2″	77
						2	60—70		重壤土		8.1	22.4	1.59	2.09	26.1			40.4			
剖49	钙层土	栗钙土	栗钙土	酸性岩暗栗钙土	酸性岩中体黄砂土	1	0—12	栗色	轻壤土										酸性岩	E 113°23′07.1″ N 41°30′32.8″	86
						2	20—30	栗色	砂壤土	粒状											
						A	0—18	浅黄色	砂砾土	单粒状											
剖50	钙层土	栗钙土	栗钙土	酸性岩暗栗钙土	酸性岩砾质暗黄砂土	B	18—37				8.3	14.9	1.13	0.61	28.8	1.8	104	5.0	酸性岩	E 112°53′13.2″ N 41°29′02.0″	71
						C	37—123				8.4	3.9	0.30	0.42	27.4			2.4			
剖51	钙层土	栗钙土	暗栗钙土	碳酸岩暗栗钙土	碳酸岩薄体暗黄砂土	1	0—49		轻壤土		8.3	17.6	1.10	0.57	27.1	2.5	131	7.9	碳酸岩	E 112°57′07.2″ N 41°28′59.5″	84
						2	60—70		砂壤土		8.1	24.0	1.79	0.71	24.4			7.8			
剖52	钙层土	栗钙土	暗栗钙土	基性岩暗栗钙土	基性岩中层暗黄黑土	1	0—21		中壤土		8.2	21.5	1.38	2.36	21.4	2.1	109	23.9	基性岩	E 112°53′37.0″ N 41°26′40.2″	73
						2	21—27		中壤土		8.2	24.5	1.46	2.86	21.5			24.0			
剖53	钙层土	栗钙土	暗栗钙土	基性岩暗栗钙土	基性岩中体暗黄黑土	1	0—23		中壤土		7.5	46.5	2.85	1.98	22.4	1.1	240	23.7	基性岩	E 112°56′02.0″ N 41°22′27.8″	72
						2	40—55		中壤土		8.0	27.2	1.59	1.78	21.6			24.7			
						2	0—18		中壤土		8.4	38.5	2.26	1.10	23.0	2.6	103	21.5			
剖54	半水成土	草甸土	盐化草甸土	盐化灰淤土	轻度盐化灰淤土	2	19—50		中壤土	粒状	8.3	16.4	0.95	0.59	22.9			16.5		E 113°09′45.7″ N 41°27′46.4″	83
						3	50—81		中壤土		8.3	13.1	0.77	0.49	22.9			18.9			
						4	81—105		中壤土		8.3	3.1	0.29	0.37	26.6			15.6			
剖55	钙层土	栗钙土	暗栗钙土	酸性岩暗栗钙土	酸性岩中体暗黄砂土	A	0—26		中壤土	粒状	8.3	19.4	1.27	0.87	22.2	2.3	104	13.0	花岗岩风化物	E 113°08′44.9″ N 41°23′08.2″	70
						Bca	26—57		重壤土	粒状	8.4	6.7	0.45	0.51	15.9			9.4			
						C	57—95		砂石土	无明显结构											
剖56	半水成土	草甸土	盐化草甸土	盐化灰淤土	轻度盐化灰淤土	As	0—10	浅灰色	黏土	块状	8.2	16.5	1.14	0.71	28.8	3.4	119	12.3		E 113°14′48.1″ N 41°22′36.1″	96
						G	10—24	灰色	黏土	块状	8.3	17.3	1.26	0.71	28.7			12.9			
						C	24—49		黏土	块状	8.2	15.8	1.10	0.68	28.5			13.9			
							49—123														
剖57	钙层土	栗钙土	暗栗钙土	洪冲积暗栗钙土	砾质暗栗厚层暗黄黑土	1	0—15	暗栗色	轻壤土	粒状	8.1	28.1	1.83	3.50	18.5	6.8	141	31.3	洪冲积物	E 113°13′11.3″ N 41°22′34.3″	80
						2	20—50	暗棕色	中壤土	粒状	8.2	25.4	1.61	3.76	17.7			38.2			
剖58	钙层土	栗钙土	暗栗钙土	基性岩暗栗钙土	基性岩厚层暗黄黑土	1	0—44	灰黑色	中壤土	粒状	8.1	57.4	3.80	1.97	20.0	7.2	149	31.4	基性岩	E 113°00′41.4″ N 41°22′07.0″	99
						2	50—65	棕黑色	中壤土	粒状	8.2	29.9	1.72	1.28	18.7			36.8			
											8.1	9.8	0.58	1.25	20.3			30.7			
剖59	钙层土	栗钙土	暗栗钙土	洪冲积暗栗淤土	壤质暗栗淤土	A	0—17	暗栗色	砂壤土	块状	8.4	10.0	0.43	1.71	20.6	18.9	263	10.4	洪冲积物	E 113°12′29.9″ N 41°20′44.5″	83
						AB	17—72	暗棕色	重壤土	块状	8.9	10.3	0.46	1.98	21.5						
						B	72—98	灰棕色	重壤土	块状											
						BC	98—130	棕黑色	中黏土												
剖60	盐碱土	草甸盐土	碱化盐土	碱化盐土	壤质暗栗淤土	1	0—5	白色	砂壤土	块状										E 113°26′57.1″ N 41°29′15.7″	77
						2	5—30	暗栗色	中黏土	块状											
						3	30—105	浅灰色	砂壤土	块状		10.5	0.50	1.29	17.0			22.6			
						4	105—141	灰黄色	砂砾土	块状	9.1	3.3	0.13	1.82	22.6			7.9			
						5	141—158	浅黄色	砂土	粒状											

续表 Continued

剖面号 Soil profile	土纲 Soil order	土类 Soil great group	亚类 Soil subgroup	土属 Soil genus	土种 Soil species	土层码 Layer code	土层厚度 Depth/cm	颜色 Soil color	质地 Soil texture	土壤结构 Soil structure	pH	有机质 OM/(g/kg)	全氮 TN/(g/kg)	全磷 TP/(g/kg)	全钾 TK/(g/kg)	有效磷 AP/(mg/kg)	速效钾 AK/(mg/kg)	阳离子交换量 CEC/(cmol/kg)	土壤母质 Parent material	剖面点坐标 Profile coordinate	匹配指数 Matching index/%
剖61	半水成土	草甸土	盐化草甸土	盐化灰淤土	轻度盐化灰淤壤土	As	0—12	栗色	中壤土	碎块状	9.4	61.6	3.37	2.52	21.2	53.6	367	24.6		E 113°25′56.9″ N 41°29′05.9″	78
						A	12—25	栗色	中壤土	块状	8.1	54.9	3.19	3.66	23.2			24.0			
						G	25—44	灰栗色	中壤土	块状	8.1	37.7	2.16	2.54	24.9			21.9			
						C	44—98	灰色	中壤土		8.1	24.9	1.49	1.84	23.1			19.1			
剖62	钙层土	栗钙土	栗钙土	基性岩栗钙土	基性岩中层暗栗砂土	1	0—21		轻壤土		8.3	9.9	0.65	0.51	28.1	1.9	107	8.2	基性岩	E 113°15′10.4″ N 41°28′59.5″	88
						2	30—45		轻壤土		8.3	7.6	0.51	0.61	28.4			11.0			
						3	60—70		轻壤土		8.3	11.3	0.76	0.57	27.9			15.7			
剖63	钙层土	栗钙土	暗栗钙土	砂砾岩暗栗钙土	砂砾岩薄层暗黄砂土	1	0—18		中壤土	块状	8.2	19.4	1.38	0.80	23.2	1.5	64	22.4	砂砾岩	E 113°17′01.3″ N 41°20′41.3″	85
						2	40—50		轻壤土		8.3	7.5	0.57	0.53	23.3			11.8			
剖64	钙层土	栗钙土	草甸栗钙土	盐化草甸栗钙土	轻度盐化壤质草甸栗黄砂土	A	0—30	栗色	中壤土		8.3	17.6	1.36	0.73	29.5	0.2	74	11.2	冲积物、沉积物	E 113°15′14.4″ N 41°20′11.4″	81
						B	30—60	浅灰色	轻壤土		8.4	5.6	0.48	0.55	24.1			6.7			
						G	60—120	灰棕色	轻壤土		8.4	3.5	0.22	0.38	27.2			8.5			
						C	120—150	灰白色	砂砾土												
剖65	钙层土	栗钙土	暗栗钙土	泥质岩暗栗钙土	泥质岩中体暗栗砂土	Ap	0—14	暗棕色	中壤土	粒状	8.3	13.0	0.98	0.84	26.8	3.6	128	15.1	泥质岩	E 113°19′16.7″ N 41°20′09.6″	71
						P	14—23	暗栗色	重壤土	粒状	8.3	7.3	0.63	1.69	16.3			18.6			
						B	23—53	棕色	中壤土	块状											
						C	53—72	红棕色	重壤土												
剖66	钙层土	栗钙土	草甸栗钙土	中度盐化栗钙土	中度盐化壤质草甸栗黄砂土	A	0—21	栗色	中壤土	块状	9.8	11.5	0.86	1.14	26.3	6.7	240	16.2	冲积物、沉积物	E 112°53′37.7″ N 41°19′57.0″	92
						AB	21—53	灰色	重壤土	块状	9.4	5.0	0.40	0.89	24.4			13.4			
						G	53—82		中壤土		9.7	4.1	0.25	1.14	17.6			15.8			
						C	82—84		中壤土		9.9	2.3	0.15	1.21	24.3						
剖67	钙层土	栗钙土	暗栗钙土	基性岩暗栗钙土	基性岩中体暗栗砂土	1	0—15		中壤土		8.2	16.1	1.04	1.39	18.5	1.9	50	17.9	基性岩	E 112°54′07.9″ N 41°16′38.6″	99
						2	30—40		中壤土		8.1	16.8	1.09	0.94	12.3			32.9			
剖68	钙层土	栗钙土	暗栗钙土	碳酸岩暗栗钙土	碳酸岩中体暗栗砂土	1	0—13		重壤土		8.0	42.3	3.12	1.11	22.8	3.6	177	20.5	碳酸岩	E 112°47′34.1″ N 41°20′25.3″	70
						2	20—30		重壤土		8.0	38.3		1.05	20.9			19.8			
剖69	钙层土	栗钙土	暗栗钙土	碳酸岩暗栗钙土	碳酸岩砾质暗栗砂土	1	0—17	暗棕色	砂壤土										碳酸岩	E 112°45′49.0″ N 41°11′22.9″	86
						2	17—25	白色	砾石土	粒状											
剖70	钙层土	栗钙土	暗栗钙土	泥质岩暗栗钙土	泥质岩中层暗黄砂土	1	0—28		中壤土		8.2	20.2	1.50	1.11	18.2	2.0	67	17.2	泥质岩	E 113°09′04.3″ N 41°19′46.6″	82
						2	30—60		重壤土		8.3	11.1	0.89	0.98	17.8			14.8			
						3	55—70		中壤土		8.4	7.5	0.59	1.03	16.2			16.8			
剖71	钙层土	栗钙土	暗栗钙土	基性岩暗栗钙土	基性岩厚层暗黄砂土	1	0—43		重壤土		8.4	10.3	0.74	0.75	22.0	1.6	88	24.9	泥质岩	E 113°10′40.7″ N 41°18′39.6″	98
						2	55—65	栗色	中壤土		8.2	24.0	1.63	0.98	22.5			24.5			
剖72	钙层土	栗钙土	粗骨性栗钙土	粗骨性栗钙土		A_1	0—45	栗色	轻壤土	粒状									玄武岩坡积物	E 113°05′25.8″ N 41°18′14.0″	80
						A_2	45—70	暗栗色	轻壤土	粒块状											
						BC	70—130	灰棕色	砂壤土	微块状											
剖73	钙层土	栗钙土	暗栗钙土	泥质岩暗栗钙土	泥质岩薄层暗黄黑土	1	0—13		重壤土		7.8	33.5	2.24	1.38	20.3	5.5	154	31.5	泥质岩	E 113°11′55.0″ N 41°17′51.7″	81
						2	13—27		重壤土		7.8	28.1	1.48	1.16	19.5			22.0			
剖74	钙层土	栗钙土	暗栗钙土	泥质岩暗栗钙土	泥质岩中体暗黄黑土	1	0—17		中壤土		8.3	66.3	4.33	1.97	20.4	3.8	144	39.9	泥质岩	E 113°11′04.9″ N 41°16′48.4″	70
						2	20—35		重壤土		8.3	23.8	1.59	1.35	19.6			40.2			
剖75	钙层土	栗钙土	粗骨性栗钙土	粗骨性栗钙土	粗骨性暗栗砂土	A	0—3	栗色	砂壤土	粒状										E 113°08′55.5″ N 41°19′15.2″	88
						C	3—12	栗色	砾石土												
剖76	钙层土	栗钙土	暗栗钙土	基性岩暗栗钙土	基性岩薄层暗黄黑土	1	0—18	暗栗色	中壤土	粒状	7.7	37.6	2.38	2.24	20.7	2.2	75	24.3	基性岩	E 113°01′20.1″ N 41°12′02.2″	72
						2	18—29		中壤土	块状	7.7	42.3	2.72	2.13	20.4			25.1			
剖77	钙层土	栗钙土	暗栗钙土	砂砾岩暗栗钙土	砂砾岩薄体暗黄砂土	A	0—28		中壤土		8.2	25.8	1.55	0.73	25.5	2.0	85	30.2	砾砂岩	E 113°13′32.5″ N 41°11′46.7″	76
						BC	28—100	灰白色	砂砾土												

续表 Continued

剖面号 Soil profile	土纲 Soil order	土类 Soil great group	亚类 Soil subgroup	土属 Soil genus	土种 Soil species	土层码 Layer code	土层厚度 Depth/cm	颜色 Soil color	质地 Soil texture	土壤结构 Soil structure	pH	有机质 OM/(g/kg)	全氮 TN/(g/kg)	全磷 TP/(g/kg)	全钾 TK/(g/kg)	有效磷 AP/(mg/kg)	速效钾 AK/(mg/kg)	阳离子交换量CEC/(cmol/kg)	土壤母质 Parent material	剖面点坐标 Profile coordinate	匹配指数 Matching index/%
剖78	钙层土	栗钙土	暗栗钙土	砂砾岩暗栗钙土	砂砾岩砾质暗黄砂土	1	0—18		中壤土		8.2	17.4	1.20	0.78	23.7	2.3	91	15.5	砂砾岩	E 113°17′02.4″ N 41°19′19.2″	79
						2	25—35		中壤土		8.1	21.0	1.40	0.72	18.9			17.5			
剖79	钙层土	栗钙土	暗栗钙土	泥质岩暗栗钙土	泥质岩薄体暗黄砂土	1	0—24		中壤土		8.2	15.2	1.18	0.86	21.9	2.0	113	15.2	泥质岩	E 113°19′15.6″ N 41°17′55.3″	98
剖80	钙层土	栗钙土	暗栗钙土	洪冲积暗栗淤土	砂底薄层质暗栗粟淤土	1	0—16		中壤土		8.3	13.8	1.02	0.86	26.7	2.2	107	16.3	洪冲积物	E 113°18′15.5″ N 41°15′52.2″	95
						2	25—40		中壤土		8.3	12.9	0.98	0.93	26.3			34.8			
						3	70—90		砂壤土		8.7	2.1	0.71	0.48	27.2			2.3			
剖81	钙层土	栗钙土	暗栗钙土	泥质岩暗栗钙土	泥质岩中层暗黄砂土	1	0—32		轻壤土		8.1	18.6	1.43	0.67	26.3	2.3	186	10.4	泥质岩	E 113°17′10.7″ N 41°15′19.4″	82
						2	45—65		中壤土		8.3	7.1	0.56	0.39	22.6			12.0			
剖82	钙层土	栗钙土	暗栗钙土	洪冲积暗栗淤土	砂底厚层暗质暗栗淤土	1	0—50		重壤土		8.2	42.9	2.81	1.79	26.0	5.8	416	29.8	洪冲积物	E 113°17′11.4″ N 41°12′60.0″	99
						2	70—90		轻壤土		8.3	11.2	0.80	0.69	28.0			10.4			
剖83	钙层土	栗钙土	暗栗钙土	泥质岩暗栗钙土	泥质岩厚层暗黄砂土	1	0—40		中壤土		8.3	17.9	1.25	1.88	23.5	6.6	161	15.3	泥质岩	E 113°18′36.7″ N 41°12′05.0″	91
						2	60—70		中壤土		8.2	24.5	1.16	1.53	24.3			35.2			
剖84	钙层土	栗钙土	暗栗钙土	泥质岩暗栗钙土	泥质岩中层暗黄砂土	1	0—29		中壤土		8.2	20.4	1.48	0.82	27.0	3.4	159	15.5	泥质岩	E 113°16′18.4″ N 41°11′48.8″	88
						2	40—60		中壤土		8.2	16.8	1.31	0.76	24.2			16.3			
剖85	钙层土	黑钙土	淋溶黑钙土	基性岩淋溶黑钙土	薄层草甸黑钙土	1	0—20		中壤土	粒状	7.5	80.6	4.60	1.13	19.8	5.7	168	34.5	基性岩	E 112°44′25.8″ N 41°09′26.0″	90
剖86	钙层土	栗钙土	暗栗钙土	基性岩暗栗钙土	基性岩砾质暗黄砂土	A	0—13	暗栗色	砂壤土	粒状									基性岩残积物	E 112°53′05.6″ N 41°09′51.5″	94
						C	13—20	灰黑色													
剖87	钙层土	黑钙土	淋溶黑钙土	基性岩淋溶黑钙土	中层淋溶黑钙土	A	0—38	灰黑色	中壤土	粒状	7.6	69.3	3.89	2.92	19.5	13.9	174	32.5	基性岩	E 112°46′58.8″ N 41°09′18.7″	79
						AB	38—100	棕黄色	中壤土	块状	7.7	30.6	1.69	5.06	14.5			30.7			
						C	100—110	灰色													
剖88	钙层土	黑钙土	草甸黑钙土	草甸黑钙土	厚层草甸黑钙土	A	0—70	灰黑色	轻壤土	粒状	8.0	73.3	3.82	3.22	19.8	27.1	363	7.5	湖相沉积物	E 112°46′59.5″ N 41°08′08.2″	74
						AB	70—105	棕黄色	中壤土	块状	8.4	20.5	1.03	2.76	18.4						
						C	105—130	灰黑色	重壤土									33.5			
剖89	钙层土	黑钙土	淋溶黑钙土	基性岩淋溶黑钙土	砾质黑溶黑钙土	1	0—15		中壤土		7.5	66.3	3.51	2.11	19.2	7.5	199	25.7	基性岩	E 112°45′29.6″ N 41°07′26.8″	90
剖90	钙层土	黑钙土	淋溶黑钙土	基性岩淋溶黑钙土	砾质黑溶黑钙土	1	0—26	暗栗色	轻壤土										基性岩	E 112°48′01.8″ N 41°07′12.7″	99
						C	26—28	灰色		粒状											

四 子 王 旗

主要土类说明

栗钙土是四子王旗主要土壤类型，占本旗地域面积的51%。成土母质类型复杂，有花岗岩、变质岩、红土、松散砂砾岩的风化残积物、坡积物以及洪冲积物。成土过程主要为草原化过程。栗钙土剖面由腐殖质层、钙积层和母质层构成，剖面分化明显。腐殖质层呈暗栗色至浅栗色。钙积层颜色明显变浅，碳酸钙淀积形态为假菌丝状或斑块状，甚至形成石灰盘积层。该土壤呈微碱性。

棕钙土是四子王旗第二大土壤类型，占本旗地域面积的41%。棕钙土是在温带干旱大陆性气候荒漠草原植被条件下形成的地带性土壤。棕钙土所处地形部位单一，为层状和微起伏高原。自然植被主要为狭叶锦鸡儿、矮锦鸡儿、红砂、珍珠柴、白刺等。成土母质主要为变质岩、红土、松散砂砾岩的风化残积物、坡积物以及近代洪冲积物。成土过程主要为草原化过程。棕钙土剖面中的腐殖质层和钙积层分化不甚明显。腐殖质层呈棕色至浅棕色，从表土层开始就有明显的石灰反应。钙积层呈灰白色，出现在20—30cm深处，碳酸钙淀积形态为粉末状或斑块状。表土层多砾质砂化，或有不明显的龟裂状薄层结皮。

小于本旗地域面积3%的土壤类型有草甸土、石质土、灰褐土、草甸盐土、潮土、风沙土、粗骨土。

本区域中心区气候特征

本区域中心区气候特征值
Regional climate characteristics in central area of the region

气候带：中温带干旱气候 Climate region: Mid temperate arid climate	
年平均气温 /℃ Annual average temperature /℃	4.8
年平均最高气温 /℃ Annual average maximum temperature /℃	11.9
年平均最低气温 /℃ Annual average minimum temperature /℃	−1.5
年降水量 /mm Annual precipitation /mm	229
≥10℃的积温 /℃ Daily temperature accumulated in a year (≥10℃) /℃	3570
年日照时数 /h Annual sunshine /h	3120
年平均相对湿度 /% Annual average relative humidity /%	48
干燥度 Dryness	1.34

四子王旗主要土壤类型与土壤剖面点分布图
1∶960 000

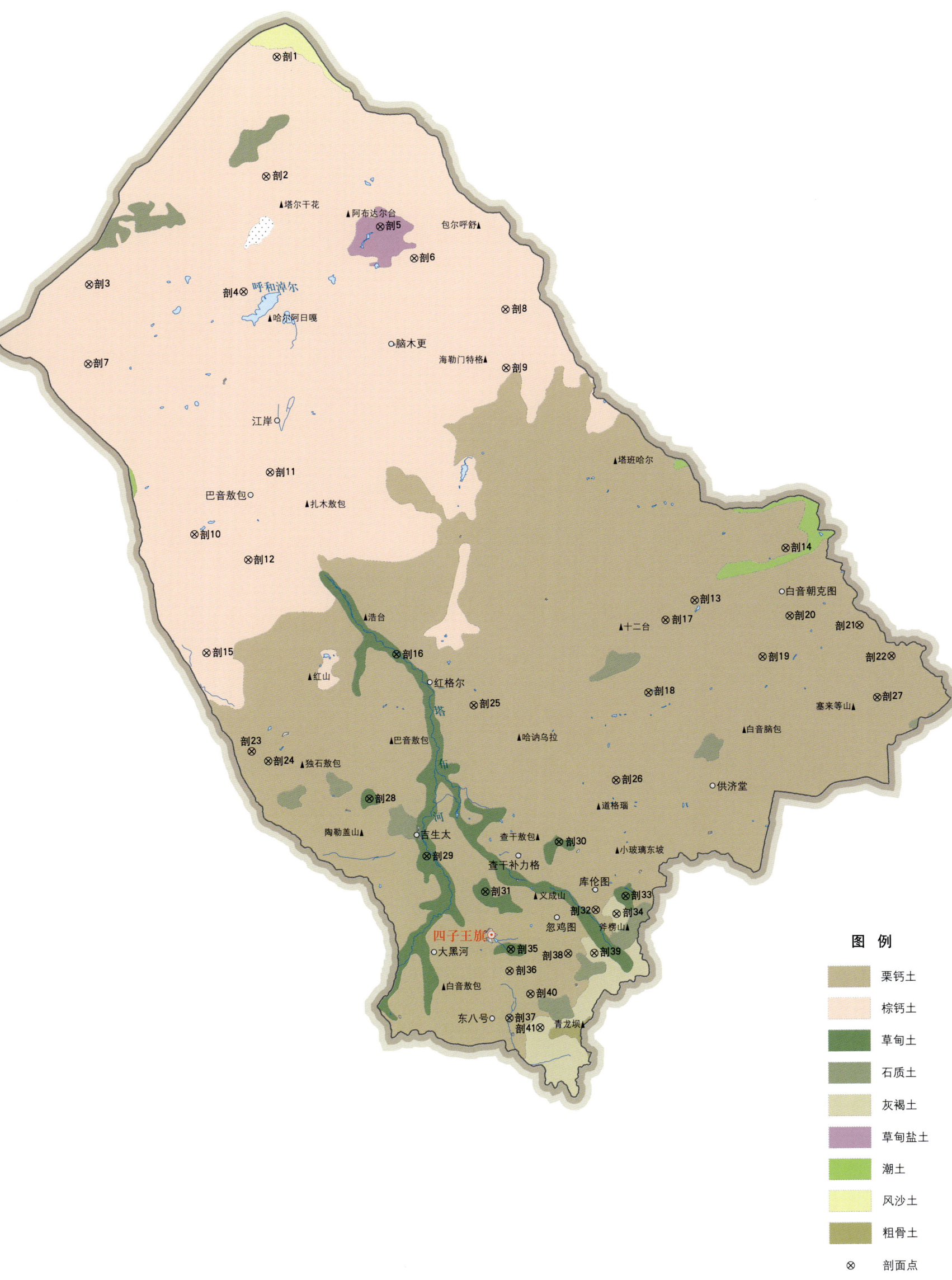

四子王旗土壤剖面理化性状表

剖面号 Soil profile	土纲 Soil order	土类 Soil great group	亚类 Soil subgroup	土属 Soil genus	土种 Soil species	土层码 Layer code	土层厚度 Depth/cm	颜色 Soil color	质地 Soil texture	土壤结构 Soil structure	pH	有机质 OM/(g/kg)	全氮 TN/(g/kg)	全磷 TP/(g/kg)	全钾 TK/(g/kg)	有效磷 AP/(mg/kg)	速效钾 AK/(mg/kg)	阳离子交换量 CEC/(cmol/kg)	剖面点坐标 Profile coordinate	匹配指数 Matching index/%
剖1	干旱土	棕钙土	淡棕钙土	淡棕钙土		1	0–13	浅棕色	砂壤土	粒状	8.1	9.1	0.65	0.69	42.6	3.0	172	9.4	E 111°07′17.9″ N 43°18′40.0″	94
						2	13–28	灰棕色	砂壤土	粒状	8.4	15.1	1.17	1.11	37.2	4.1	82	11.2		
						3	28–50													
剖2	干旱土	棕钙土	淡棕钙土	砂砾质泥岩淡棕钙土		1	0–17	浅棕色	轻壤土	粒状	8.4	8.6	0.65	0.76	39.8	4.1	443	11.1	E 111°05′25.8″ N 43°04′11.3″	73
						2	17–44	浅棕色	中壤土	粒状	8.5	9.4	0.74	0.81	35.3	2.1	189	18.1		
						3	44–64	灰棕色	中壤土	块状	8.0	7.5	0.56	1.06	32.8	3.1	193	10.1		
						4	64–75	棕红色	重壤土											
剖3	干旱土	棕钙土	淡棕钙土	泥岩淡棕钙土		1	0–20		砂壤土	粒状	8.2	5.1	0.40	0.65	37.7	3.0	280	8.7	E 110°35′50.9″ N 42°51′00.2″	99
						2	20–55		中壤土		8.4	8.8	0.70	0.95	35.2	5.4	290	13.7		
剖4	干旱土	棕钙土	草甸棕钙土	轻壤质草甸棕钙土		1	0–15	暗棕色	中壤土	块状	8.3	10.9	0.69	0.71	33.2	2.6	262	6.2	E 111°01′35.4″ N 42°50′07.8″	78
						2	15–35	栗色	中壤土	块状	8.4	6.6	0.53	0.51	31.5	3.2	761	16.6		
						3	35–50	栗红色	中壤土											
剖5	盐碱土	草甸盐土	草甸盐土	白盐土		1	0–15	灰褐色		块状									E 111°24′30.6″ N 42°57′58.0″	80
						2	15–50	栗色		块状										
						3	50–60	灰色												
剖6	干旱土	棕钙土	草甸棕钙土	黏质草甸棕钙土		1	0–49	暗褐色	重壤土	块状									E 111°30′04.7″ N 42°54′04.0″	80
						2	49–90	棕红色	重壤土	块状										
剖7	干旱土	棕钙土	淡棕钙土	泥岩淡棕钙土		1	0–27	浅棕色	砂壤土	粒状	8.4	7.2	0.47	0.65	29.9	4.1	172	5.1	E 110°35′44.6″ N 42°41′20.8″	93
						2	27–48	红棕色	轻壤土	块状										
剖8	干旱土	棕钙土	草甸棕钙土	轻壤质草甸棕钙土		1	0–18	浅棕色	中壤土	粒状	8.2	10.2	0.75	0.40	27.0	4.1	719	7.7	E 111°45′13.0″ N 42°47′44.5″	78
						2	18–35	浅棕色	中壤土		8.0	9.0	0.68	0.40	24.7	2.6	772	7.3		
剖9	干旱土	棕钙土	盐化棕钙土	泥岩盐化棕钙土		1	0–40	黄棕色	中壤土	块状	8.0	9.1	0.62	0.64	30.5	5.2	372	8.6	E 111°45′13.0″ N 42°40′36.8″	75
						2	40–60	灰褐色	重壤土	块状										
剖10	干旱土	棕钙土	盐化棕钙土	砂砾质泥岩盐化棕钙土		1	0–15	棕色	中壤土	块状	8.2	5.2	0.41	1.11	37.2	9.7	301	6.1	E 110°53′18.6″ N 42°20′34.8″	92
						2	15–50	棕红色	中壤土	块状	8.7	4.0	0.31	1.12	26.5	2.0	158	4.5		
						3	50–70	灰棕色	重壤土	块状	8.6	4.2	0.34	1.61	32.2	1.5	179	3.4		
剖11	干旱土	棕钙土	淡棕钙土	砂砾质淡棕钙土		1	0–20	浅棕色	砂壤土	粒状									E 111°05′52.4″ N 42°28′08.0″	88
						2	20–50	黄色												
						3	50–70													
剖12	干旱土	棕钙土	盐化棕钙土	轻壤质盐化棕钙土		1	0–21	浅棕色	砂壤土	粒状	8.7	5.3	0.39	0.81	35.8	5.5	202	6.5	E 111°02′12.5″ N 42°17′27.6″	73
						2	21–59	棕色	紧砂土	粒状	9.0	4.3	0.36	0.62	33.7	5.0	101	4.0		
						3	59–80	黄色												
剖13	钙层土	栗钙土	草甸栗钙土	轻壤质草甸栗钙土		1	0–20	浅棕色	砂壤土	粒状	8.3	19.6	1.10	1.30	36.2	5.1	130	13.8	E 112°15′50.7″ N 42°11′59.1″	100
						2	20–40	棕色	轻壤土	粒状	8.3	22.3	1.23	1.32	35.7	3.1	153	14.9		
						3	40–90	灰棕色	紧砂土		8.3	12.3	0.81	0.83	35.4	2.5	86	9.9		
剖14	钙层土	栗钙土	淡栗钙土	淡栗红土	砾质淡栗红土	1	0–30	浅栗棕色	重壤土	块状	8.8	53.8	2.43	1.41	37.6	2.9	854	9.5	E 112°31′02.3″ N 42°18′09.0″	89
						2	30–75	褐色	紧砂土	粒状	9.9	3.7	0.25	0.82	35.3	31.3	924	1.5		
剖15	干旱土	棕钙土	草甸棕钙土	砂砾质草甸棕钙土		1	0–21	黄色	轻砂土	粒状	9.7	5.3	0.34	1.37	38.5	33.4	6.5		E 110°55′16.7″ N 42°06′12.2″	84
						2	21–30													
						3	30–48													
						4	48–62	灰褐色	砂砾土											

续表 Continued

剖面号 Soil profile	土纲 Soil order	土类 Soil great group	亚类 Soil subgroup	土属 Soil genus	土种 Soil species	土层码 Layer code	土层厚度 Depth/cm	颜色 Soil color	质地 Soil texture	土壤结构 Soil structure	pH	有机质 OM/(g/kg)	全氮 TN/(g/kg)	全磷 TP/(g/kg)	全钾 TK/(g/kg)	有效磷 AP/(mg/kg)	速效钾 AK/(mg/kg)	阳离子交换量CEC/(cmol/kg)	剖面点坐标 Profile coordinate	匹配指数 Matching index/%
剖16	半水成土	草甸土	盐化草甸土	轻度盐化草甸土	轻壤质轻度盐化草甸土	1	0—20	浅栗色	轻壤土	粒状	7.9	18.9	1.09	1.22	33.7	4.6	133	14.5	E 111°26′32.6″ N 42°05′52.4″	88
						2	20—85	栗色	轻壤土	块状	8.0	19.1	1.20	1.22	33.6	3.1	110	15.1		
						3	85—90	浅灰色	轻壤土	块状	8.2	17.1	1.05	1.22	32.6	3.6	82	14.0		
剖17	钙层土	栗钙土	淡栗钙土	淡栗钙土	砾质淡栗钙土	1	0—21	浅灰色	砂壤土	粒状	8.3	11.7	0.87	0.66	42.5	5.1	106	8.9	E 112°10′59.3″ N 42°09′38.7″	72
						2	21—41		砂砾土	粒状										
						3	41—51													
剖18	钙层土	栗钙土	淡栗钙土	砂砾岩淡栗钙土	砂质砂砾岩淡栗钙土	1	0—19	栗色	砂壤土		8.7	6.8	0.47	0.42	38.2	3.5	88	4.2	E 112°07′57.4″ N 42°00′51.1″	74
						2	19—35	浅栗色	紧砂土	小粒状	8.4	7.4	0.61	0.32	40.3	2.0	66	5.6		
						3	35—85	浅黄色	砂砾土	粒状	8.3	6.0	0.57	0.37	55.5	2.5	43	6.1		
						4	85—90		紧砂土		8.2	6.7	0.36	0.51	47.5	2.5	58	5.9		
						5	90—100		轻壤土											
剖19	钙层土	栗钙土	淡栗钙土	淡栗钙土	砾质薄淡栗钙土	1	0—17	栗色	砂壤土		8.2	17.0	1.26	0.75	50.6	5.6	114	12.5	E 112°26′51.7″ N 42°04′57.0″	94
						2	17—34	栗灰色	轻壤土	粒状	8.2	19.4	1.33	0.90	40.2	3.0	36	6.9		
剖20	钙层土	栗钙土	淡栗钙土	淡栗淤土	轻壤质淡栗淤土	1	0—16	浅灰色	轻壤土	粒状									E 112°31′28.9″ N 42°09′51.1″	76
						2	16—28	浅黄色	轻壤土	块状										
						3	28—60		轻壤土											
						4	60—69		细砂土											
剖21	钙层土	栗钙土	草甸栗钙土	砂壤质草甸栗钙土		1	0—20		砂壤土		8.5	13.0	0.90	0.87	37.4	3.0	101	9.8	E 112°42′56.1″ N 42°08′31.7″	98
						2	20—55		轻壤土		8.9	13.0	0.90	0.98	37.5	2.5	19	14.5		
						3	55—70		中壤土		8.4	14.8	0.80	0.67	32.6	2.0	53	9.9		
剖22	钙层土	栗钙土	草甸栗钙土	砂壤质草甸栗钙土		1	0—15		砂壤土		8.3	12.6	0.70	1.03	36.3	1.2	202	9.0	E 112°48′06.0″ N 42°04′41.3″	96
						2	15—100		砂壤土		8.3	15.4	0.90	0.72	35.5	3.5	71	9.9		
						3	100—120		轻壤土		8.4	17.9	1.10	0.89	33.5	2.5	99	10.9		
剖23	钙层土	栗钙土	草甸栗钙土	砂壤质草甸栗钙土		1	0—19		砂壤土		8.6	13.1	0.96	0.69	39.6	6.1	157	7.5	E 111°02′33.9″ N 41°54′07.5″	99
						2	19—61		轻壤土		8.4	9.9	0.74	0.50	37.5	2.0	56	6.5		
						3	61—80		轻壤土		8.4	7.8	0.53	0.50	38.4	2.5	56	5.6		
剖24	钙层土	栗钙土	草甸栗钙土	砂壤质草甸栗钙土		1	0—20		砂壤土		8.3	10.1	0.62	0.63	37.6	2.5	102	9.6	E 111°05′18.2″ N 41°52′57.0″	88
						2	20—55		轻壤土		8.7	11.5	0.79	0.64	39.9	15.3	69	12.4		
剖25	钙层土	栗钙土	草甸栗钙土	砂壤质草甸栗钙土		1	0—24	暗栗色	轻壤土	块状									E 112°48′07.6″ N 41°59′33.7″	74
						2	24—39	暗灰色	轻壤土	块状										
						3	39—90	浅灰色	细砂土											
剖26	钙层土	栗钙土	淡栗钙土	砂壤质淡栗钙土		1	0—35	栗色	紧砂土	小粒状	8.3	6.9	0.40	0.32	37.7	2.5	126	4.1	E 112°02′33.7″ N 41°50′09.2″	87
						2	35—60	浅栗色	砂壤土	小粒状	8.6	4.6	0.20		38.1	2.0	50	3.5		
						3	60—110	浅黄色	砂土											
剖27	钙层土	栗钙土	淡栗钙土	淡栗淤土		1	0—28		砂壤土	块状	8.6	13.6	0.80	0.78	34.4	4.3	114	8.9	E 112°45′33.7″ N 41°59′41.3″	70
						2	28—51		轻壤土		8.7	1.9	0.15	0.44	33.2	2.5	48	2.9		
						3	51—82		紧砂土		8.5	1.4	0.11	0.32	36.6	3.5	35	1.7		
剖28	半水成土	草甸土	盐化草甸土	重度盐化草甸土		1	0—15	暗栗色	重壤土	块状	9.9	12.2	0.84	1.34	35.8	1.1	358	6.0	E 111°21′51.5″ N 41°48′12.6″	92
						2	15—40	浅灰色	中壤土	块状	9.9	14.8	0.95	1.40	34.7	4.4	324	7.3		
						3	40—92	深灰色	中壤土											
剖29	半水成土	草甸土	盐化草甸土	轻度盐化草甸土	中壤质轻度盐化草甸土	1	0—19		中壤土		8.0	29.5	1.93	1.28	38.2	5.7	284	20.1	E 111°31′09.9″ N 41°41′05.4″	82
						2	19—47		轻黏土		8.0	35.7	2.33	1.51	37.6	5.2	267	28.0		
						3	47—99		中壤土		8.4	20.7	1.47	0.99	35.9	4.1	154	14.8		

续表 Continued

剖面号 Soil profile	土纲 Soil order	土类 Soil great group	亚类 Soil subgroup	土属 Soil genus	土种 Soil species	土层码 Layer code	土层厚度 Depth/cm	颜色 Soil color	质地 Soil texture	土壤结构 Soil structure	pH	有机质 OM/(g/kg)	全氮 TN/(g/kg)	全磷 TP/(g/kg)	全钾 TK/(g/kg)	有效磷 AP/(mg/kg)	速效钾 AK/(mg/kg)	阳离子交换量 CEC/(cmol/kg)	剖面点坐标 Profile coordinate	匹配指数 Matching index/%
剖30	半水成土	草甸土	盐化草甸土	中度盐化草甸土	轻壤质中度盐化草甸土	1	0—30	栗色	轻壤土	块状	8.3	20.4	1.26	0.97	36.2	2.6	204	8.9	E 111°52′49.4″ N 41°42′41.4″	83
						2	30—75	浅栗色	砂壤土	块状	8.4	13.1	0.91	0.85	36.6	2.0	97	7.4		
						3	75—100	灰褐色	轻壤土	块状	8.8	8.1	0.54	0.93	32.6	2.5	102	6.2		
						4	100—120	褐色		块状										
剖31	半水成土	草甸土	盐化草甸土	轻度盐化草甸土	砂壤质轻度盐化草甸土	1	0—30		砂壤土		8.5	8.4	0.62	0.50	38.4	3.0	66	6.2	E 111°40′37.2″ N 41°36′38.9″	78
						2	30—47		松砂土		8.9	2.9	0.18	0.23	40.2	3.5	30	2.0		
						3	47—110		紧砂土		8.5	4.7	0.31	0.41	37.4	1.5	63	6.0		
剖32	钙层土	栗钙土	暗栗钙土	暗栗钙土	砾质厚暗栗钙土	1	0—25	暗栗色	轻壤土	粒状									E 111°58′40.8″ N 41°34′15.6″	87
						2	25—50	栗黄色	轻壤土											
						3	50—80	棕黄色	轻壤土											
剖33	半水成土	草甸土	盐化草甸土	中度盐化草甸土	砂壤质中度盐化草甸土	1	0—10	暗栗色	紧砂土	粒状	8.3	8.4	0.53	0.77	37.2	6.5	75	3.9	E 112°03′35.3″ N 41°35′53.9″	71
						2	22—90	暗栗色	中壤土		8.4	20.2	1.38	1.14	34.1	6.6	178	13.0		
剖34	半淋溶土	灰褐土	灰褐土	生草灰褐砂土	砾质薄生草灰褐砂土	1	0—18	暗栗色	砂壤土	块状									E 112°02′03.5″ N 41°33′44.3″	100
						2	18—63	暗栗色	轻壤土											
						3	90—117	黄棕色												
剖35	半水成土	草甸土	盐化草甸土	中度盐化草甸土	砂壤质中度盐化草甸土	1	0—25		砂壤土		8.2	14.3	0.84	0.83	37.9	6.1	223	7.7	E 111°44′41.6″ N 41°29′34.1″	88
						2	25—105		轻壤土		9.1	13.6	0.73	0.97	38.1	2.5	102	9.6		
剖36	钙层土	栗钙土	草甸栗钙土	砂壤质栗钙土	砂壤质栗钙土	1	0—15		轻壤土		8.6	7.0	0.39	0.75	40.3	3.5	181	4.2	E 111°44′26.2″ N 41°26′58.2″	96
剖37	钙层土	栗钙土	暗栗钙土	暗栗钙土	砾质暗栗钙土	1	0—15	暗栗色	轻壤土		7.8	41.1	2.28	1.44	35.9	5.1	113	22.2	E 111°44′19.7″ N 41°21′16.0″	87
						2	15—40	暗栗色	砂壤土		7.9	47.2	2.22	1.46	36.2	2.6	129	27.5		
剖38	钙层土	栗钙土	暗栗钙土	暗栗钙土	砾质薄暗栗钙土	1	0—25	黄棕色	轻壤土		8.4	18.2	1.11	0.94	34.8	2.6	77	16.3	E 111°54′02.0″ N 41°28′59.3″	74
剖39	半淋溶土	灰褐土	灰褐土	生草灰褐土		1	0—5	灰褐色	轻壤土	粒状									E 111°58′18.3″ N 41°28′58.2″	95
						2	5—35	暗栗色	轻壤土	块状										
						3	35—60	黄棕色	砂壤土	粒状										
						4	60—70													
剖40	钙层土	栗钙土	暗栗钙土	暗栗红土	砾质暗栗红土	1	0—18	暗栗色	砂壤土	块状	8.2	12.2	0.81	0.63	40.6	5.1	91	15.1	E 111°47′48.2″ N 41°24′09.5″	100
						2	18—66	暗栗色	砂壤土	粒状	8.1	13.4	0.87	0.67	41.8	2.0	87	17.0		
剖41	半淋溶土	灰褐土	灰褐土	生草灰褐红土	砾质生草灰褐红土	1	0—18	暗栗色	砂壤土	粒状									E 111°49′17.3″ N 41°20′05.2″	97
						2	18—41	暗栗色	砂壤土	粒状										
						3	41—60	栗黄色	砂土	块状										
						4	60—80		重壤土											

丰 镇 市

主要土类说明

栗钙土是丰镇市主要土壤类型，占本市地域面积的59%。栗钙土所处地形部位较为复杂，有低山丘陵、熔岩台地、低缓丘陵、波状高平原、山前倾斜平原、丘间洼地及冲积平原，海拔为1300—1600m，局部可达1700m。成土母质类型多样，有基性岩、酸性岩或砂岩的残积物和坡积物，还有黄土、黄土状母质的沉积物以及洪冲积物等。成土过程主要为腐殖质累积过程和钙积过程。栗钙土剖面由腐殖质层、钙积层和母质层构成。本市栗钙土处于灰褐土与栗钙土之间的过渡地带，该地区积温较高，降水量较大，因此栗钙土剖面特征不典型。本市栗钙土分为暗栗钙土、栗钙土、草甸栗钙土、粗骨性栗钙土等亚类。

灰褐土是丰镇市第二大土壤类型，占本市地域面积的24%。灰褐土是分布在山地垂直地带的森林草原土壤，主要分布在本市东部浑源窑等地的低山山地。灰褐土所处地形部位较高，主要为山前残丘、沟谷洪积扇和高阶地地带。成土母质类型多样，山地主要为酸性花岗岩和基性玄武岩的残积物和坡积物，高地、洪积扇为洪冲积物，此外还有红土、黄土及黄土状母质等。自然植被依地形部位而异：阳坡、半阳坡为森林草原类型，阴坡、半阴坡为森林草甸草原类型，山前坡麓地带为灌丛草原类型。灰褐土属于森林草原土壤，因此其成土过程既有森林土壤的特征，又有草原土壤的特征，主要表现为明显的腐殖质累积过程、一定的黏化过程和较强的钙积过程。本市灰褐土分为灰褐土、淋溶灰褐土、粗骨性灰褐土等亚类。

栗褐土是丰镇市第三大土壤类型，占本市地域面积的14%，主要分布在官屯堡、元山子等地。栗褐土是灰褐土与栗钙土之间的过渡土壤类型，其成土过程既有灰褐土的特征，又有栗钙土的特征，但弱黏化过程很不明显。栗褐土所处地形部位为波状高平原和中低山山前倾斜平原，个别发育在冲积平原、低山丘陵地带和玄武岩台地，地形较平坦，海拔为1300—1650m。自然植被为干旱草原类型。成土母质类型较为复杂，有发育在冲积平原的洪冲积物，有花岗岩、玄武岩的风化残积物和坡积物，还有红色泥岩、黄土及黄土状母质。栗褐土剖面由腐殖质层、不明显的弱黏化层、钙积层和母质层构成，剖面分化较明显。除侵蚀土壤外，多数栗褐土属中体或厚体土壤。本市栗褐土分为淡栗褐土、粗骨性栗褐土等亚类。

小于本市地域面积3%的土壤类型有草甸土、草甸盐土、沼泽土。

本区域中心区气候特征

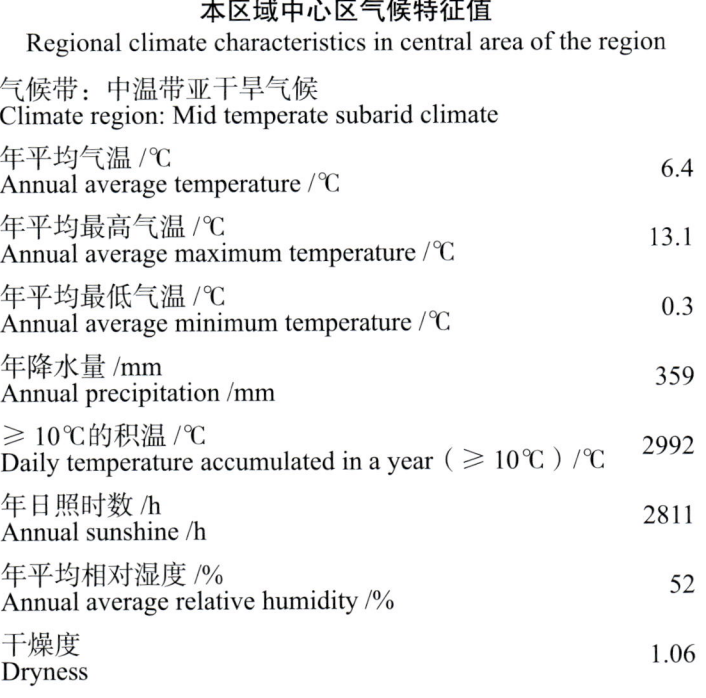

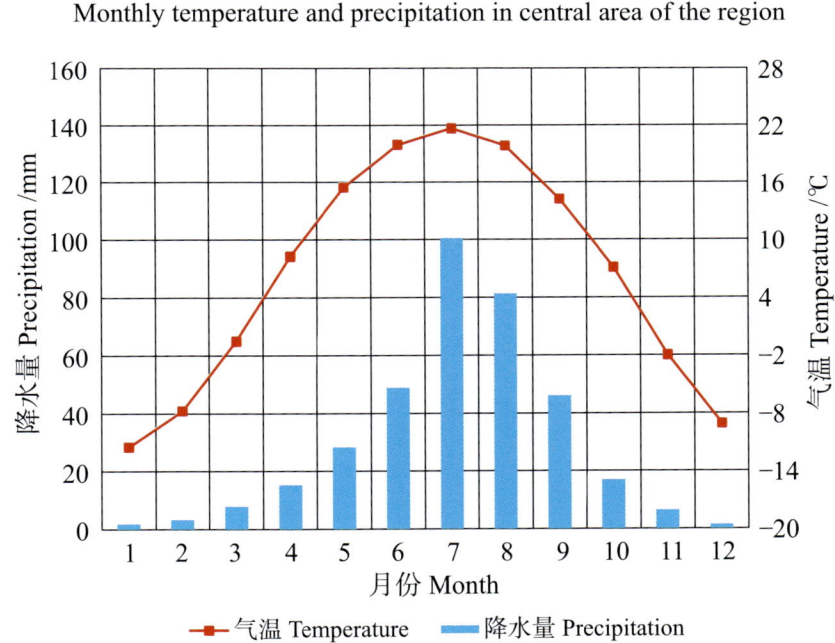

丰镇市主要土壤类型与土壤剖面点分布图

1:280 000

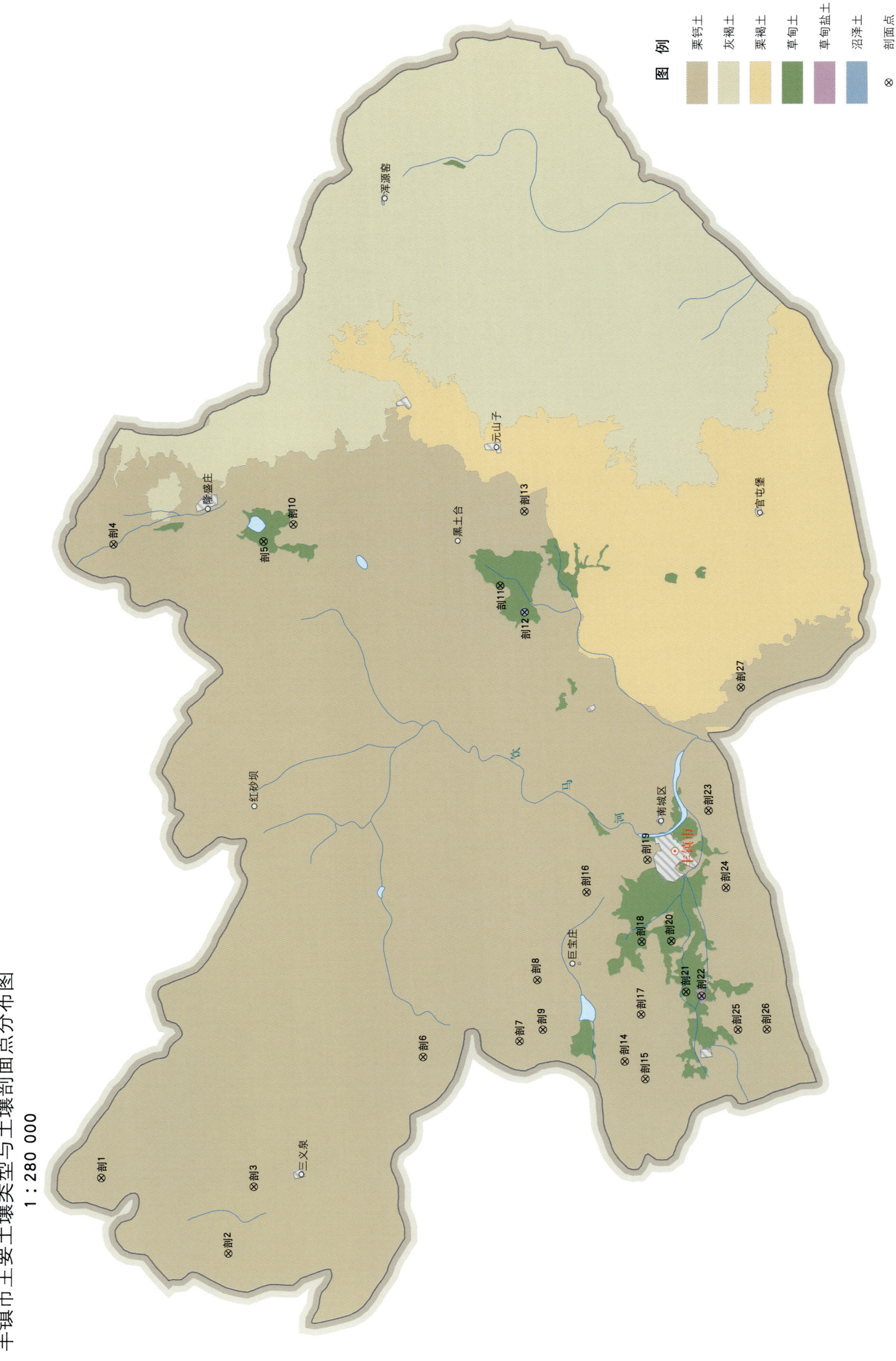

丰镇市土壤剖面理化性状表

剖面号 Soil profile	土纲 Soil order	土类 Soil great group	亚类 Soil subgroup	土属 Soil genus	土种 Soil species	土层码 Layer code	土层厚度 Depth/cm	质地 Soil texture	pH	有机质 OM/(g/kg)	全氮 TN/(g/kg)	全磷 TP/(g/kg)	全钾 TK/(g/kg)	阳离子交换量CEC/(cmol/kg)	土壤母质 Parent material	剖面点坐标 Profile coordinate	匹配指数 Matching index,%
剖1	钙层土	栗钙土	暗栗钙土	暗栗黑土	残坡积中层暗黄砂土	1	0—20	轻壤土	8.5	15.6	0.86	0.42	20.0	3.2		E 112°54′42.1″ N 40°46′39.7″	98
						2	20—65	中壤土	8.4	14.0	0.78	0.35	20.0	10.1			
剖2	钙层土	栗钙土	暗栗钙土	侵蚀暗栗钙土	强度侵蚀暗栗钙土	1	0—22	砂壤土	8.5	5.8	0.44	0.57	19.4	7.1	黄土、黄土状母质、红色泥土	E 112°51′05.4″ N 40°42′11.9″	89
						2	22—75	中壤土	8.6	5.4	0.41	0.82	18.5	6.6			
剖3	钙层土	栗钙土	暗栗钙土	暗栗黑土		1	4—12	轻壤土	8.5	36.9	2.02	0.36	21.6	15.1		E 112°54′09.4″ N 40°41′14.6″	89
						2	12—19	砂壤土	8.5	15.9	0.82	0.23	27.0	8.5			
剖4	钙层土	栗钙土	暗栗钙土	暗栗黑土	砾质暗栗淤土	1	0—27	中壤土	8.4	7.8	0.48	0.39	23.8	1.9	洪冲积物	E 113°24′12.6″ N 40°45′41.4″	90
						2	27—35	砂壤土	8.4	14.1	0.81	0.43	23.1	6.4			
剖5	半水成土	草甸土	盐化草甸土	盐化灰淤土	中度盐化灰淤壤土	1	0—17	中壤土	8.7	16.0	0.31	0.66	17.2	16.8	洪冲积物	E 113°24′08.7″ N 40°40′21.6″	99
						2	17—34	中壤土	8.6	9.9	0.54	0.61	16.8	16.7			
剖6	钙层土	栗钙土	暗栗钙土	侵蚀暗栗钙土	轻度侵蚀暗栗钙土	1	0—19	中壤土	8.6	25.8	1.64	0.65	15.4	16.7	黄土、黄土状母质、泥岩、红色泥岩	E 112°59′58.7″ N 40°35′07.8″	81
						2	30—40	中壤土	8.5	31.3	2.56	0.59	18.8	18.9			
						3	40—50	中壤土	8.6	9.8	0.61	0.53	15.3	7.9			
剖7	钙层土	栗钙土	栗钙土	栗红土	轻壤厚层栗红土	1	0—21	轻壤土	8.4	15.6	0.90	0.35	20.4	15.8	泥岩、砂质泥岩	E 113°00′36.7″ N 40°31′41.5″	73
						2	21—42	中壤土	8.3	5.3	0.33	0.25	20.2	21.7			
						3	42—97	重壤土	8.3	2.5	0.20	0.28	21.6	21.0			
剖8	钙层土	栗钙土	栗钙土	栗黄土	砂壤中层栗黄土	1	0—16	中壤土	8.6	10.2	0.53	0.34	21.9	6.0		E 113°03′26.6″ N 40°31′00.5″	93
						2	16—28	中壤土	8.5	10.3	0.55	0.34	21.5	7.1			
剖9	钙层土	栗钙土	栗钙土	栗淤土	轻壤质厚层栗淤土	1	0—24	中壤土	8.5	15.0	0.37	0.55	19.5	17.3	洪冲积物	E 113°01′07.3″ N 40°30′51.1″	81
						2	24—49	中壤土	8.5	12.0	0.80	0.60	19.7	13.2			
						3	49—90	中壤土	8.3	17.1	1.00	0.59	19.2	13.3			
剖10	钙层土	栗钙土	暗栗钙土	暗栗淤土	砂壤质厚层暗栗淤土	1	0—34	轻壤土	8.5	12.4	0.49	0.52	23.6	8.4	洪冲积物	E 113°24′53.3″ N 40°39′16.6″	100
						2	34—70	轻壤土	8.4	9.7	0.64	0.47	18.6	5.6			
						3	70—110	轻壤土	8.5	1.6	0.44	0.55	16.8	5.0			
剖11	半水成土	草甸土	盐化草甸土	盐化灰淤土	轻度盐化灰淤土	1	0—40	中壤土	8.7	18.5	1.25	0.61	18.1	14.2	洪冲积物	E 113°21′47.5″ N 40°31′59.5″	98
						2	40—70	轻壤土	8.7	9.7	0.65	0.44	15.6	8.7			
						3	70—115	中壤土	8.7	9.7	0.62	0.45	16.4	9.3			
剖12	水成土	沼泽土	草甸沼泽土	草甸沼泽土	薄层草甸沼泽土	1	0—17	中壤土	8.6	48.1	2.31	0.63	17.6	20.3	洪冲积物	E 113°20′30.8″ N 40°31′08.8″	73
剖13	钙层土	栗钙土	暗栗钙土	暗栗淤土	砂底轻壤中层暗栗淤土	1	9—13	中壤土	8.6	21.0	1.37	0.69	19.0	12.4	洪冲积物	E 113°25′11.3″ N 40°31′03.4″	82
						2	50—60	中壤土	8.6	8.9	0.55	0.90	8.7	7.8			
剖14	钙层土	栗钙土	栗钙土	栗红土	砂壤中层栗红土	1	0—20	中壤土	8.6	3.2	0.37	0.53	20.5	4.7	泥岩、砂质泥岩	E 112°59′33.7″ N 40°27′58.0″	92
						2	20—40	中壤土	8.5	16.9	0.82	3.39	20.7	5.1			
剖15	钙层土	栗钙土	暗栗钙土	暗栗黑土	砂底砂壤薄层栗淤土	1	0—30	砂壤土	8.6	9.1	0.31	0.37	17.1	9.2	洪冲积物	E 112°58′44.0″ N 40°27′14.8″	96
						2	34—120	砂壤土	8.5	7.4	0.51	0.35	18.4	6.4			
剖16	钙层土	栗钙土	暗栗钙土	暗栗黑土	残坡积薄体暗黄砂土	1	0—21	砂壤土	8.5	10.6	0.70	4.00	20.4	8.9		E 113°07′28.9″ N 40°29′11.8″	95
剖17	钙层土	栗钙土	栗钙土	栗红土	砂壤薄层栗红土	1	0—15	轻壤土	8.5	12.4	0.54	0.50	20.2	11.7	泥岩、砂质泥岩	E 113°01′43.7″ N 40°27′20.9″	93
						2	15—55	中壤土	8.7	4.1	0.21	0.50	16.3	36.4			
剖18	半水成土	草甸土	盐化草甸土	盐化灰淤土	重度盐化灰淤壤土	1	0—35	中壤土	9.4	9.1	0.53	0.51	17.8	11.9		E 113°05′06.4″ N 40°27′16.2″	80
						2	35—61 61—	中壤土	8.9 9.0	12.1 10.6	0.81 0.52	0.55 0.71	17.8 19.1	16.3 10.9			
剖19	钙层土	栗钙土	栗钙土	残坡积栗黄土	残坡积轻壤中层黄黑土	1	0—18	轻壤土	8.4	8.4	0.54	0.37	13.8	9.5		E 113°08′55.0″ N 40°27′00.4″	73
						2	18—33	轻壤土	8.5	7.1	0.34	0.31	19.7	15.8			

续表 Continued

剖面号 Soil profile	土纲 Soil order	土类 Soil great group	亚类 Soil subgroup	土属 Soil genus	土种 Soil species	土层码 Layer code	土层厚度 Depth/cm	质地 Soil texture	pH	有机质 OM/(g/kg)	全氮 TN/(g/kg)	全磷 TP/(g/kg)	全钾 TK/(g/kg)	阳离子交换量 CEC/(cmol/kg)	土壤母质 Parent material	剖面点坐标 Profile coordinate	匹配指数 Matching index/%
剖20	半水成土	草甸土	盐化草甸土	盐化灰淤土	中度盐化灰淤砂土	1	0—19	砂壤土	9.6	2.8	2.03	0.51	18.4	1.2		E 113°05′06.4″ N 40°26′13.2″	91
						2	19—40	中壤土	9.0	13.4	0.88	0.65	18.8	17.1			
						3	40—90	砂壤土	9.0	4.2	0.30	0.48	19.5	3.2			
剖21	半水成土	草甸土	盐化草甸土	盐化灰淤土	轻度盐化灰淤砂土	1	0—21	中壤土	8.8	16.3	1.04	0.63		13.8		E 113°02′43.6″ N 40°25′44.1″	87
						2	42—55	砂壤土	9.4	6.1	0.36	0.50		3.2			
						3	73—83	砂壤土		3.7	0.22	0.71					
剖22	盐碱土	草甸盐土	白盐土	白盐土	草甸白盐土	1	0—7	中壤土	8.5	9.2	0.58	0.46		8.9		E 113°02′31.6″ N 40°25′10.9″	71
						2	7—19	黏土	9.3	11.2	0.82	0.62		17.2			
						3	30—45	中壤土	9.8	7.8	0.51	0.49		11.3			
						4	90—110	轻壤土	9.5	3.6	0.24	0.40		11.7			
剖23	钙层土	栗钙土	栗钙土	栗红土	砂壤中层栗红土	1	0—14	中壤土	8.5	9.4	0.62	0.36	21.7	10.0	泥岩、砂质泥岩	E 113°11′07.8″ N 40°24′47.5″	85
						2	14—21	中壤土	8.5	6.4	0.39	0.27	23.1	16.3			
						3	21—37	中壤土	8.5	4.3	0.30	0.26	19.3	42.4			
剖24	钙层土	栗钙土	栗钙土	栗淤土	砂质薄层栗淤土	1	0—36	砂壤土	8.5	7.1	0.44	0.31	24.3	0.7	洪冲积物	E 113°07′32.2″ N 40°24′14.0″	98
						2	36—92	砂壤土	8.5	4.1	0.27	0.24	22.6	2.3			
剖25	钙层土	栗钙土	栗钙土	黄砂土	砂砾岩中层黄砂土	1	0—27	轻壤土	8.5	10.4	0.84	0.39	19.1	7.3	砂岩、砂砾岩及红色泥岩	E 113°00′55.4″ N 40°23′55.3″	92
						2	27—109	轻壤土	8.5	7.6	0.48	0.32	20.2	5.1			
剖26	钙层土	栗钙土	栗钙土	黄砂土	砂砾岩薄层黄砂土	1	0—69	砂壤土	8.7	5.5	0.37	0.34	19.3	2.2	砂岩、砂砾岩及红色泥岩	E 113°00′54.4″ N 40°22′53.8″	82
						2	69—97	砂壤土	8.0	3.7	0.30	0.34	17.6	4.5			
剖27	钙层土	栗钙土	栗钙土	残坡积栗钙土	残坡积轻壤薄体黄黑土	1	0—15	轻壤土	8.4	6.5	0.55	0.61	22.7	6.8		E 113°16′46.9″ N 40°23′31.9″	71
						2	15—21	轻壤土	8.3	6.0	0.40	0.60	21.1	10.3			
						3	21—29	轻壤土	8.3	4.3	0.30	0.61	22.4	8.8			

兴 安 盟

乌兰浩特市

主要土类说明

草甸土是乌兰浩特市主要土壤类型，占本市地域面积的32%。草甸土分布在沿河两侧、山间宽阔谷地、丘间碟形洼地等。由于所处地带地下水位较高，植被生长茂密，以地榆、车前、委陵菜等为主，有机质累积量高，土壤表层颜色较深。成土母质主要为洪积物或坡积物。成土过程主要为草甸化过程。

黑钙土是乌兰浩特市第二大土壤类型，占本市地域面积的31%。自然植被主要为狼针草、羊草、胡枝子等。成土过程主要为有机质累积过程和钙积过程。典型剖面构型为A-（AB）-B-C。本市黑钙土分为黑钙土、石灰性黑钙土、草甸黑钙土等亚类。

栗钙土是乌兰浩特市第三大土壤类型，占本市地域面积的25%。自然植被主要为大针茅、羊草、山杏、冷蒿等。成土过程主要为草原腐殖质累积过程和钙积过程。典型剖面构型为A-B-C。该土壤剖面通体有石灰反应，钙积层出现在30—60cm深处，在个别剖面中可在80cm左右深处出现。

粗骨土占本市地域面积的6%，分布在本市各地的山地丘陵顶部。

小于本市地域面积3%的土壤类型有沼泽土、暗棕壤。

本区域中心区气候特征

本区域中心区气候特征值
Regional climate characteristics in central area of the region

气候带：中温带亚干旱气候 Climate region: Mid temperate subarid climate	
年平均气温 /℃ Annual average temperature /℃	3.2
年平均最高气温 /℃ Annual average maximum temperature /℃	9.7
年平均最低气温 /℃ Annual average minimum temperature /℃	-2.6
年降水量 /mm Annual precipitation /mm	402
≥10℃的积温 /℃ Daily temperature accumulated in a year (≥10℃) /℃	2745
年日照时数 /h Annual sunshine /h	2762
年平均相对湿度 /% Annual average relative humidity /%	59
干燥度 Dryness	0.75

本区域中心区月平均气温与月平均降水量
Monthly temperature and precipitation in central area of the region

乌兰浩特市主要土壤类型与土壤剖面点分布图
1：170 000

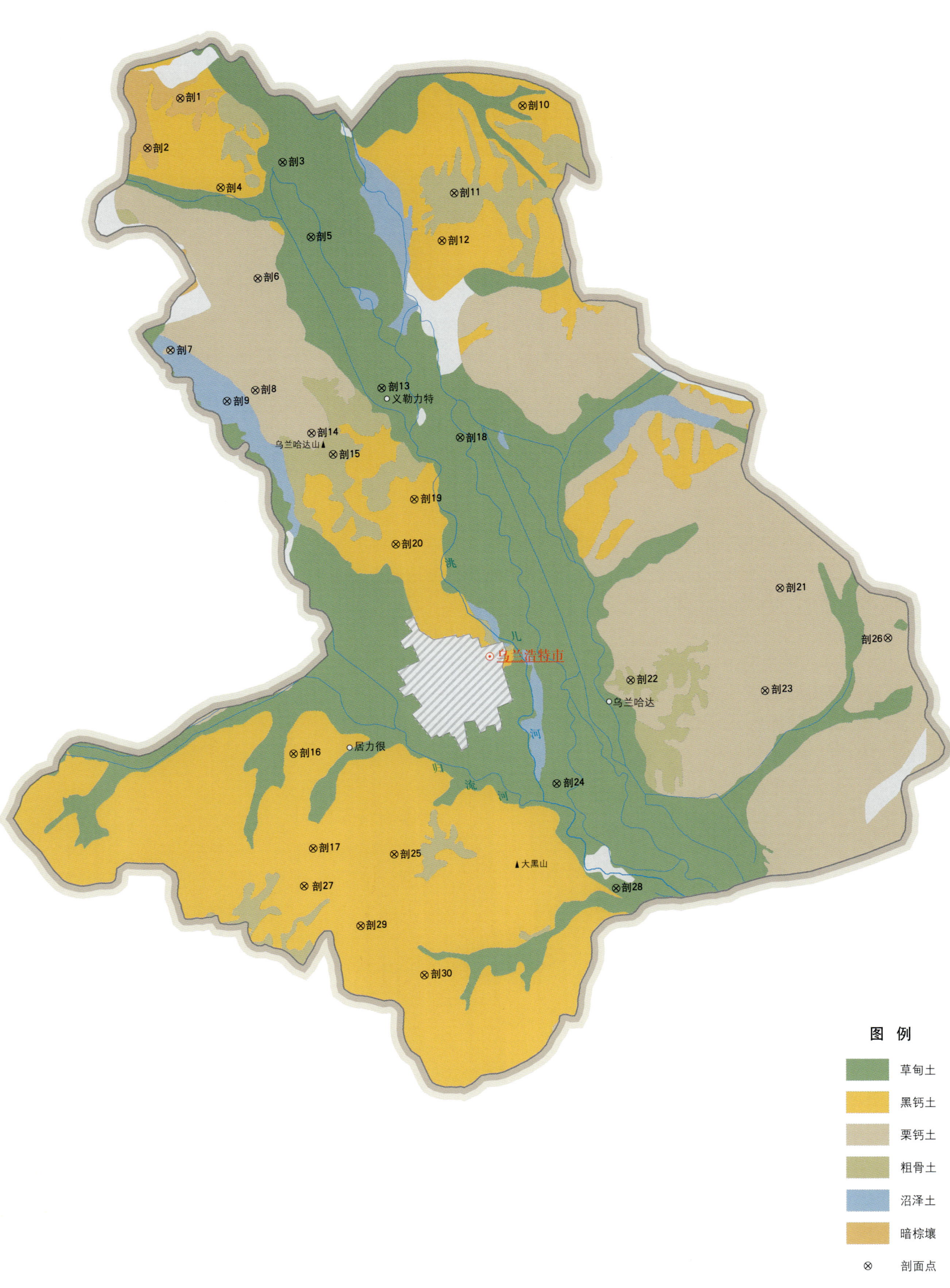

乌兰浩特市土壤剖面理化性状表

剖面号 Soil profile	土纲 Soil order	土类 Soil great group	亚类 Soil subgroup	土属 Soil genus	土种 Soil species	土层码 Layer code	土层厚度 Depth/cm	颜色 Soil color	质地 Soil texture	土壤结构 Soil structure	pH	有机质 OM/(g/kg)	全氮 TN/(g/kg)	全磷 TP/(g/kg)	全钾 TK/(g/kg)	阳离子交换量CEC/(cmol/kg)	土壤母质 Parent material	剖面点坐标 Profile coordinate	匹配指数 Matching index/%
剖1	淋溶土	暗棕壤	暗棕壤	泥质岩暗棕壤	薄体泥质岩暗棕壤	A	0–13	暗棕色	轻壤土	粒状、块状							凝灰岩残积物、坡积物	E 121°54′52.9″ N 46°16′39.4″	83
						B	13–19	黄棕色	中壤土	粒状、块状									
						C	19–30	棕黄色	中壤土	块状									
剖2	淋溶土	暗棕壤	暗棕壤	泥质岩暗棕壤	中体泥质岩暗棕壤	A	0–27	暗棕色	重壤土	粒状	8.8	61.5	3.06	0.78	15.3	30.1	凝灰岩残积物、坡积物	E 121°53′53.4″ N 46°15′36.0″	95
						B	27–40	红棕色	重壤土	块状	7.3	20.3	0.92	0.40	15.4	20.9			
						C	40–55	棕色	中壤土	团状	8.1	16.8	0.78	0.90	18.0	18.1			
剖3	半水成土	草甸土	草甸土	壤质草甸土	砂体壤质草甸土	1	0–49	黑色	中壤土	粒状	8.0	19.8	1.36	0.62	17.7	18.5		E 121°58′03.0″ N 46°15′19.1″	91
						2	49–115	黄色	砂壤土	状	8.6	2.6	0.21	0.44	14.9	9.4			
剖4	钙层土	黑钙土	草甸黑钙土	壤质草甸黑钙土	中层壤质草甸黑钙土	A	0–44	暗棕色	轻壤土	团块状	7.6	31.7	2.14	0.54	18.8	24.7	洪冲积物	E 121°56′09.2″ N 46°14′46.7″	92
						B	44–92	暗棕色	中壤土	团块状	7.9	9.4	0.59	0.53	15.9	24.2			
						C	92–105	棕黄色	砂壤土	状	7.8	7.2	0.39	0.08	14.9	17.3			
剖5	半水成土	草甸土	草甸土	泥质岩草甸土	砾体泥质岩草甸土	1	0–35	黑棕色	砾石土	粒状	6.7	26.8	1.37	0.86	19.7	22.8	凝灰岩残积物、坡积物	E 121°58′56.6″ N 46°13′45.1″	89
						2	35–51	灰棕色	中壤土	粒状、块状									
剖6	钙层土	栗钙土	暗栗钙土	泥质岩栗钙土	厚层泥质岩暗栗钙土	A	0–45	暗栗色	轻壤土	粒状	8.1	47.0	0.24	0.79	9.4	28.2	凝灰岩残积物、坡积物	E 121°57′19.1″ N 46°12′51.8″	80
						B₁	45–59	灰黄色	中壤土	块状	7.5	24.9	0.08	0.55	16.2	14.2			
						B₂	59–81	灰白色	中壤土	粒状	8.0	20.0	3.23	0.58	9.1	13.0			
						C	81–101	灰黄色		状									
剖7	钙层土	栗钙土	草甸栗钙土	砂质暗栗钙土	厚层砂质草甸栗钙土	A	0–61	暗栗色	轻壤土	粒状							洪冲积物	E 121°54′39.4″ N 46°11′19.2″	91
						B	61–89	暗黑色	重壤土	状									
						C	89–145	暗黄黄色	重壤土	块状									
剖8	钙层土	栗钙土	暗栗钙土	壤质草甸栗钙土	厚层壤质草甸栗钙土	A	0–48	暗棕色	砂壤土	粒状、块状	8.2	10.3	0.53	0.40	17.7	10.7	风积物	E 121°57′16.6″ N 46°10′29.3″	93
						B	48–112	浅灰黄色	轻壤土	粒状、块状	7.5	6.8	0.26	0.36	19.2	8.6			
						C	112–156	暗灰黄色	轻壤土	粒状	7.4	7.5	0.32	0.34	18.4	9.1			
剖9	水成土	沼泽土	草甸沼泽土	壤质草甸沼泽土	厚层壤质草甸沼泽土	1	0–31	黑色	中壤土	块状							冲积物	E 121°56′24.7″ N 46°10′15.2″	85
						2	31–86	暗黄黄色	重壤土	块状									
						3	86–148	浅灰黄色	重壤土	状									
剖10	黑钙土	黑钙土	黑钙土	泥质岩黑钙土	薄层泥质岩黑钙土	A	0–28	暗黑色	轻壤土	粒状、块状							凝灰岩残积物、坡积物	E 122°05′25.3″ N 46°16′33.1″	84
						AB	28–55	浅灰黄色	轻壤土	粒状、块状									
						B	55–65	浅灰黄色	轻壤土	粒状、块状									
						C	85–104	暗棕色	轻壤土	块状									
剖11	初育土	粗骨土	石灰性黑钙土	泥质岩石灰性黑钙土	厚层泥质岩石灰性黑钙土	A	0–20	暗黑色	轻壤土	粒状							凝灰岩残积物、坡积物	E 122°03′20.2″ N 46°14′42.0″	100
						C	20–30	棕色	轻壤土	粒状									
剖12	钙层土	黑钙土	草甸土	壤质草甸土	夹砂壤质草甸土	1	0–25	灰灰色	轻壤土	粒状							凝灰岩残积物、坡积物	E 122°02′58.6″ N 46°13′41.9″	72
						2	25–55	棕灰色	轻壤土	粒状									
						3	55–85	棕灰黑色	轻壤土	块状									
						4	85–105	棕灰黑色	轻壤土	粒状									
剖13	半水成土	草甸土				A	0–25	暗棕色	砂壤土	粒状							风积物	E 121°59′01.0″ N 46°09′35.3″	80
						B	25–65	黄棕色	砂土										
剖14	钙层土	栗钙土	暗栗钙土	砂质暗栗钙土	中层砂质暗栗钙土	3	65–140	浅黄色	砂土										75

续表 Continued

剖面号 Soil profile	土纲 Soil order	土类 Soil great group	亚类 Soil subgroup	土属 Soil genus	土种 Soil species	土层码 Layer code	土层厚度 Depth/cm	颜色 Soil color	质地 Soil texture	土壤结构 Soil structure	pH	有机质 OM/(g/kg)	全氮 TN/(g/kg)	全磷 TP/(g/kg)	全钾 TK/(g/kg)	阳离子交换量CEC/(cmol/kg)	土壤母质 Parent material	剖面点坐标 Profile coordinate	匹配指数 Matching index/%
剖15	初育土	粗骨土				A	0—13	棕色	轻壤土	粒状、块状							凝灰岩残积物、坡积物	E 121°59′40.9″ N 46°09′08.6″	78
剖16	钙层土	黑钙土	石灰性黑钙土	泥质岩石灰性黑钙土	中体岩钙质石灰黑钙土	A	0—26	暗灰色	中壤土	粒状	5.0	45.9	2.96	0.69	12.3	24.0	凝灰岩残积物、坡积物	E 121°58′33.2″ N 46°02′47.4″	77
						C	26—59	浅黄色	轻壤土	粒状	4.6	16.6	0.93	0.64	6.7	8.8			
剖17	钙层土	黑钙土	草甸黑钙土	壤质草甸黑钙土	厚层壤质草甸黑钙土	A	59—71	灰黄色	轻壤土	块状							洪冲积物	E 121°59′11.0″ N 46°00′46.4″	85
						AB	61—74	灰黑色	中壤土	块状									
						B	74—123	灰黄色	重壤土	块状									
						C	123—156												
剖18	半水成土	草甸土	草甸土	壤质草甸土	砾底壤质草甸土	1	0—41	黑色	中壤土	块状	6.7	19.2	1.06	0.67	15.9	20.6	凝灰岩残积物、坡积物	E 122°03′34.9″ N 46°09′31.3″	92
						2	41—72	黑色	轻壤土	块状	7.3	12.7	0.60	0.55	21.2	18.1			
						3	72—98	暗黑色	砂壤土										
剖19	钙层土	黑钙土	石灰性黑钙土	泥质岩石灰性黑钙土	中层泥质岩石灰黑钙土	A	0—54	黑色	中壤土	粒状							凝灰岩残积物、坡积物	E 122°02′11.0″ N 46°08′12.8″	98
						B	54—79	暗黄色	砂壤土	块状									
						C	79—114	灰黄色	砂壤土										
剖20	钙层土	黑钙土	石灰性黑钙土	泥质岩石灰性黑钙土	薄体泥质岩石灰黑钙土	A	0—25	暗棕色	中壤土	团块状							凝灰岩残积物、坡积物	E 122°01′37.9″ N 46°07′14.9″	83
						AB	25—45	灰黑色	重壤土	团块状									
						B	45—66	灰黄色	轻壤土	团块状									
						C	66—95	灰黄色	砂壤土										
剖21	栗钙土	暗栗钙土			薄体泥质岩暗栗钙土	A	0—23	暗黑色	轻壤土	粒状	7.4	47.3	2.71	1.52	15.6	24.7	凝灰岩残积物、坡积物	E 122°13′26.4″ N 46°06′22.3″	84
						C	23—41	灰黄色	轻壤土	块状	7.2	27.4	1.83	0.80	12.1	21.6			
剖22	初育土	粗骨土				A	0—5	暗棕色									凝灰岩残积物、坡积物	E 122°08′52.4″ N 46°04′24.2″	86
						C	5—												
剖23	栗钙土	暗栗钙土		泥质岩暗栗钙土	中层泥质岩暗栗钙土	A	0—40	暗棕色	中壤土	粒状、块状	8.2	32.0	2.07	0.81	12.3	27.5	凝灰岩残积物、坡积物	E 122°13′00.1″ N 46°04′12.0″	94
						AB	40—61	棕色	重壤土	团块状	8.3	15.1	0.78	0.76	13.9	15.2			
						C	61—95	灰黄色	轻壤土	团块状	8.2	4.8	0.23	0.52	8.5	13.2			
						D	95—140	棕黄色	砂壤土		8.5	2.2	0.08	0.86	15.0	12.2			
剖24	半水成土	草甸土	草甸土	壤质草甸土	通体壤质草甸土	1	0—45	暗黑色	中壤土	粒状、块状	6.8	30.6	1.86	0.67	12.8	22.1	凝灰岩残积物、坡积物	E 122°06′37.8″ N 46°02′11.8″	75
						2	45—90	棕黄色	中壤土	团块状	7.1	8.0	0.52	0.39	14.4	16.8			
						3	90—100	浅棕黄色	中壤土	团块状	7.6	5.4	0.28	0.43	17.4	22.0			
剖25	钙层土	黑钙土		泥质岩黑钙土	薄体泥质岩黑钙土	A	0—21	暗棕色	中壤土	团粒状	7.1	39.9	2.50	8.90	15.8	23.0	凝灰岩残积物、坡积物	E 122°01′40.1″ N 46°00′40.0″	74
						C	21—27	黄棕色	中壤土	团块状	7.2	35.8	2.20	0.79	15.9	19.1			
剖26	栗钙土	暗栗钙土		泥质岩暗栗钙土	中体泥质岩暗栗钙土	A	0—30	黄栗色	中壤土	粒状	8.0	35.0	2.20	0.71	19.5	18.5	凝灰岩残积物、坡积物	E 122°16′45.5″ N 46°05′19.7″	83
						B	30—46	暗黄色	轻壤土	块状	8.0	25.4	1.57	0.51	8.3	16.3			
						C	46—62	灰黄色	砂壤土		8.0	13.8	0.60	0.70	6.8	15.0			
剖27	钙层土	黑钙土		泥质岩黑钙土	中体泥质岩黑钙土	A	0—14	暗棕黑色	轻壤土	团粒状	8.0	40.3	2.50	1.05	16.6	26.4	凝灰岩残积物、坡积物	E 121°58′55.2″ N 45°59′57.8″	87
						B	14—30	黄黑色	中壤土	块状	8.2	8.6	0.41	0.68	17.0	13.7			
						C	30—47	灰黄色	轻壤土	块状									
剖28	半水成土	草甸土	草甸土	壤质草甸土	砂底壤质草甸土	1	0—66	棕黑色	砂壤土	粒状	8.0	13.8	1.28	0.67	14.5	14.2	凝灰岩残积物、坡积物	E 122°08′28.8″ N 45°59′58.4″	98
						2	66—120	暗黄色	中壤土	块状	8.1	2.7	0.13	0.54	20.3	5.5			
剖29	钙层土	黑钙土		泥质岩黑钙土	中层泥质岩黑钙土	A	0—56	暗黑色	中壤土	块状	6.9	27.4	1.68	0.73	15.5	21.2	凝灰岩残积物、坡积物	E 122°00′39.6″ N 45°59′07.7″	96
						AB	56—103	灰黄色	中壤土	块状	6.7	9.8	0.58	0.39	17.4	24.6			
						C	103—128	黄棕色	重壤土	块状	7.0	4.5	0.60	0.75	7.4	25.1			
剖30	钙层土	黑钙土		泥质岩黑钙土	厚层泥质岩黑钙土	A	0—75	黑色	重壤土	粒状、块状	6.3	33.6	1.95	0.84	11.6	30.8	凝灰岩残积物、坡积物	E 122°02′37.7″ N 45°58′05.5″	71
						AB	75—105	棕黄色	轻壤土	粒状	7.2	9.9	0.73	0.61	18.0	25.3			
						B	105—120	灰黄色	轻壤土	粒状	8.4	10.2	0.53	0.85	15.5	12.1			

阿尔山市

主要土类说明

灰色森林土是阿尔山市主要土壤类型，占本市地域面积的43%。灰色森林土是在温带森林草原地区森林植被下发育的具深厚腐殖质层的土壤。该土壤腐殖质层厚达50cm，有机质含量为20—30g/kg，具有弱度淋溶特征，剖面下部见硅粉，冻土层厚1.5m。

棕色针叶林土是阿尔山市第二大土壤类型，占本市地域面积的21%。棕色针叶林土是发生于温带针叶纯林下的具有酸性淋溶和弱度发育特征的土壤，具O-A-AB-B-C剖面构型。凋落物腐解，富里酸下渗，络合部分铁铝下移，使表层盐基饱和度降低。由于冻结期长，冻层阻隔，溶性物质还可随水上移。B层呈棕色，全剖面呈酸性，盐基饱和度为50%—70%。

草甸土是阿尔山市第三大土壤类型，占本市地域面积的17%。因所处地带地下水位较高，潜水参与土壤形成过程，受地下水升降与浸润作用，成土过程具有明显的腐殖质累积和铁锰氧化还原特征，土体出现锈色斑纹层。剖面构型为A-Cu或A-C-Cu。

暗棕壤占本市地域面积的15%。暗棕壤是在温带湿润地区针阔叶混交林下发育形成的具有明显有机质富集和弱酸性淋溶特征的土壤，具O-A-B-C剖面构型。A层有机质含量可达200g/kg，弱酸性淋溶使铁铝轻微下移；B层呈棕色，结构面见铁锰胶膜。土壤呈弱酸性，盐基饱和度为70%—80%。土壤冻结期长。

小于本市地域面积3%的土壤类型有黑钙土、沼泽土、黑土、新积土。

本区域中心区气候特征

本区域中心区气候特征值
Regional climate characteristics in central area of the region

气候带：中温带亚湿润气候 Climate region: Mid temperate subhumid climate	
年平均气温 /℃ Annual average temperature /℃	-1.5
年平均最高气温 /℃ Annual average maximum temperature /℃	5.6
年平均最低气温 /℃ Annual average minimum temperature /℃	-8.2
年降水量 /mm Annual precipitation /mm	449
≥10℃的积温 /℃ Daily temperature accumulated in a year (≥10℃) /℃	1514
年日照时数 /h Annual sunshine /h	2553
年平均相对湿度 /% Annual average relative humidity /%	68
干燥度 Dryness	0.42

本区域中心区月平均气温与月平均降水量
Monthly temperature and precipitation in central area of the region

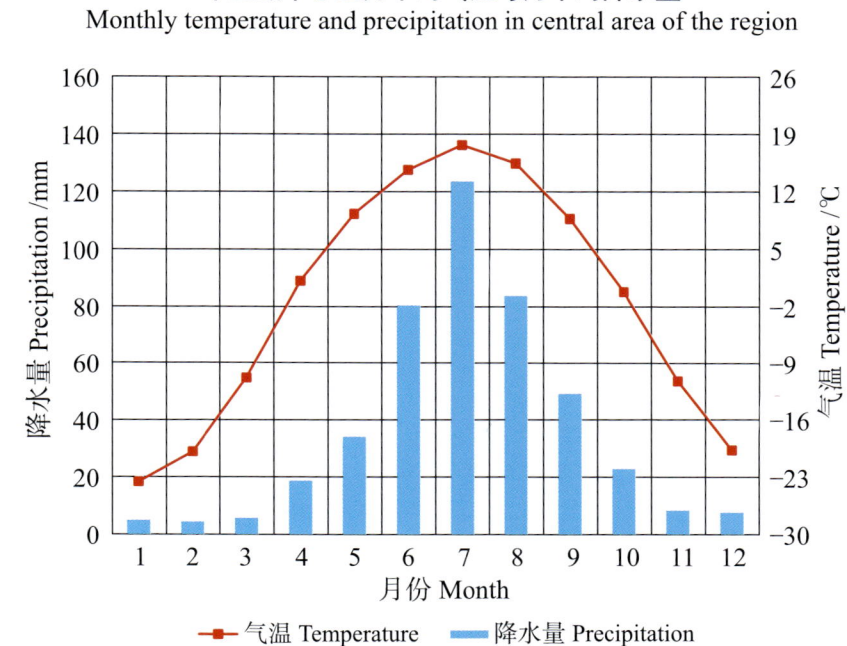

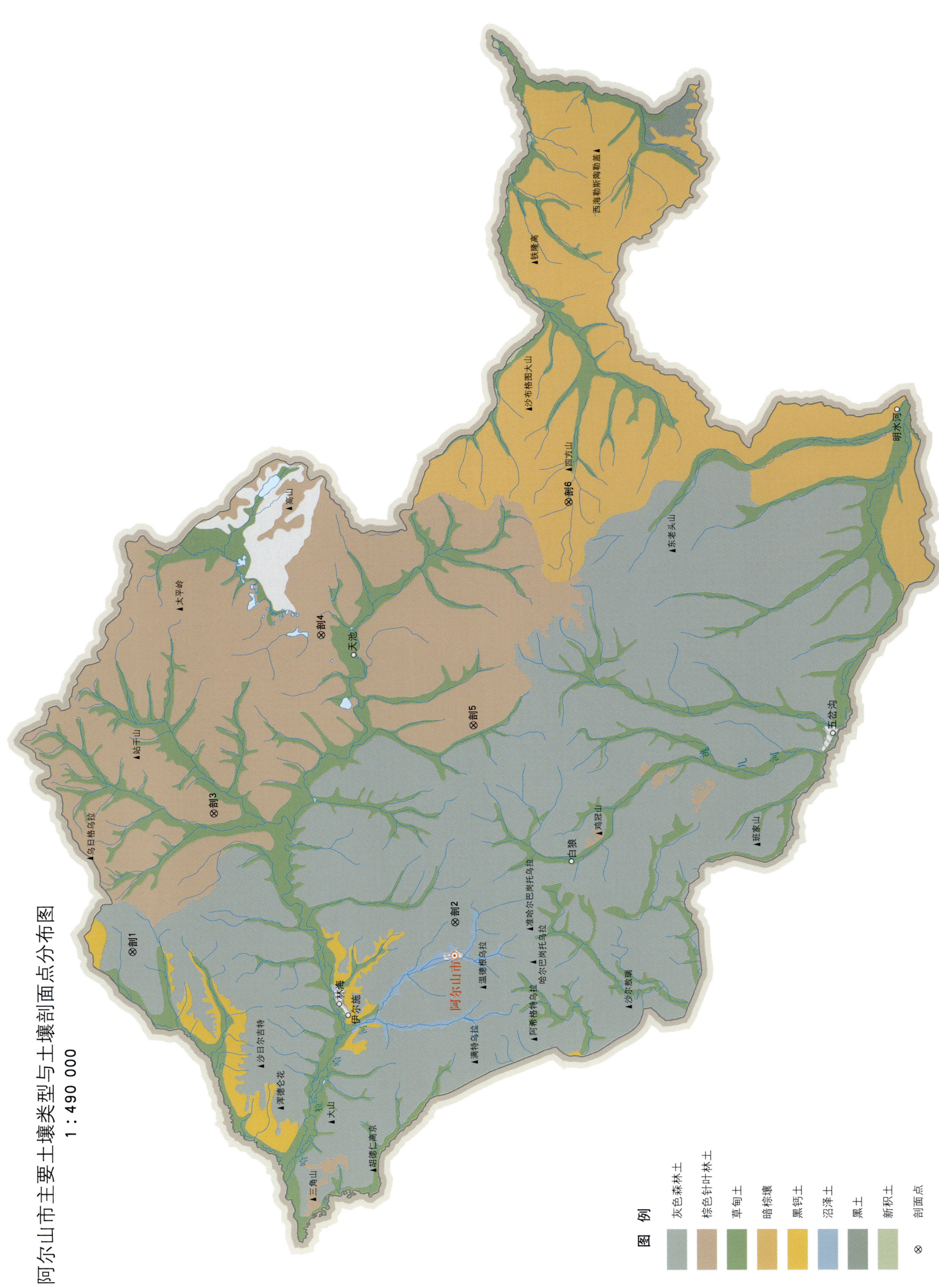

阿尔山市土壤剖面理化性状表

剖面号 Soil profile	土纲 Soil order	土类 Soil great group	亚类 Soil subgroup	土属 Soil genus	土层码 Layer code	土层厚度 Depth/cm	颜色 Soil color	质地 Soil texture	土壤结构 Soil structure	土壤母质 Parent material	剖面点坐标 Profile coordinate	匹配指数 Matching index/%
剖1	半淋溶土	灰色森林土	暗灰色森林土	酸性岩暗灰色森林土	1	0—5				酸性岩	E 119°55′28.9″ N 47°31′31.1″	94
					2	5—51	黑棕色	轻壤土	团粒状			
					3	51—74	黑棕色	轻壤土	团粒状			
					4	74—90	黄棕色					
剖2	半淋溶土	灰色森林土	暗灰色森林土	砂质暗灰色森林土	1	0—3				风积物	E 119°59′26.5″ N 47°10′25.7″	100
					2	3—53	黑棕色	轻壤土	粒状			
					3	53—72	暗棕色	砂壤土	粒状			
					4	72—100						
剖3	淋溶土	棕色针叶林土	棕色针叶林土	酸性岩棕色针叶林土	1	0—3				花岗岩风化物	E 120°09′10.1″ N 47°26′30.8″	71
					2	3—7	暗棕色	轻壤土	团粒状			
					3	7—30	棕灰色	轻壤土	团粒状			
					4	30—50	浅棕色	轻壤土	团粒状			
					5	50—80	浅棕色	轻壤土	团粒状			
					6	80—100	浅棕色	轻壤土	团粒状			
剖4	淋溶土	棕色针叶林土	表潜棕色针叶林土	残坡积表潜棕色针叶林土	1	0—6				残积物、坡积物	E 120°26′38.4″ N 47°19′50.2″	88
					2	6—10	暗棕色	轻壤土	团粒状			
					3	10—13	棕灰色	轻壤土	团粒状			
					4	13—24	浅棕色	轻壤土	团粒状			
					5	24—50						
剖5	淋溶土	棕色针叶林土	表潜棕色针叶林土	洪冲积表潜棕色针叶林土	1	0—3				洪积物	E 120°18′24.1″ N 47°09′39.2″	71
					2	3—15	棕色	中壤土	团粒状			
					3	15—50	棕灰色	中壤土	团粒状			
					4	50—150						
剖6	淋溶土	暗棕壤	灰化暗棕壤	酸性岩灰化暗棕壤	1	0—3				酸性岩	E 120°39′58.6″ N 47°03′49.4″	70
					2	3—20	暗灰色	轻壤土	团粒状			
					3	20—35	暗灰色	中壤土	团粒状			
					C	35—150	黄色					

科尔沁右翼前旗

主要土类说明

暗棕壤是科尔沁右翼前旗主要土壤类型，占本旗地域面积的38%。暗棕壤主要分布在海拔412—860m的低山丘陵。自然植被主要为蒙古栎、黑桦、榛柴、胡枝子、线叶菊、针茅、地榆等。成土过程主要为森林腐殖质累积过程和黏化过程。典型剖面构型为A_o-A_1-B-C。A_o层为枯枝落叶层；A_1层为腐殖质层，呈暗棕色、棕灰色或暗黑灰色，植物根系密集，向下过渡明显；B层为淀积层，质地黏重，多为重壤土，向下过渡明显。

黑钙土是科尔沁右翼前旗第二大土壤类型，占本旗地域面积的25%。自然植被主要为线叶菊、狼针草、羊草、山杏、榛柴等。成土过程主要为腐殖质累积过程和弱钙积过程。典型剖面构型为A-AB-B-C。A层为腐殖质层，呈灰黑色或暗棕色；AB层为舌状过渡层，是黑钙土的主要诊断层次；B层为钙积层，呈灰色或灰黄色，碳酸钙以斑块状、假菌丝状、网纹状在土体中淀积，部分剖面中的碳酸钙被淋洗到土体最底部或土体外。

栗钙土是科尔沁右翼前旗第三大土壤类型，占本旗地域面积的16%。栗钙土主要分布在居力很、额尔格图、归流河等地的构造平原。自然植被主要为大针茅、隐子草、大油芒、山杏等。成土过程主要为草原腐殖质累积过程和强度钙积过程。栗钙土剖面由腐殖质层、钙积层和母质层构成，剖面分化明显，层次过渡清晰。本旗栗钙土分为暗栗钙土、草甸栗钙土等亚类。

草甸土占本旗地域面积的13%，主要分布在本旗境内河流两岸的低阶地、山间宽阔谷地、平原丘间碟形洼地。自然植被主要为车前、小叶樟、委陵菜等。成土过程主要为腐殖质累积过程和潜育化过程。剖面构型一般为A-C。A层为腐殖质层，颜色较深，有机质含量较高，表现出明显的腐殖质累积特征；C层一般为母质层，经河流冲积、沟口洪积、湖盆静水沉积而形成。

灰色森林土占本旗地域面积的4%。该土壤腐殖质层厚达50cm，有机质含量为20—30g/kg，具有弱度淋溶特征，剖面下部见硅粉。

小于本旗地域面积3%的土壤类型有棕色针叶林土、黑土、沼泽土。

本区域中心区气候特征

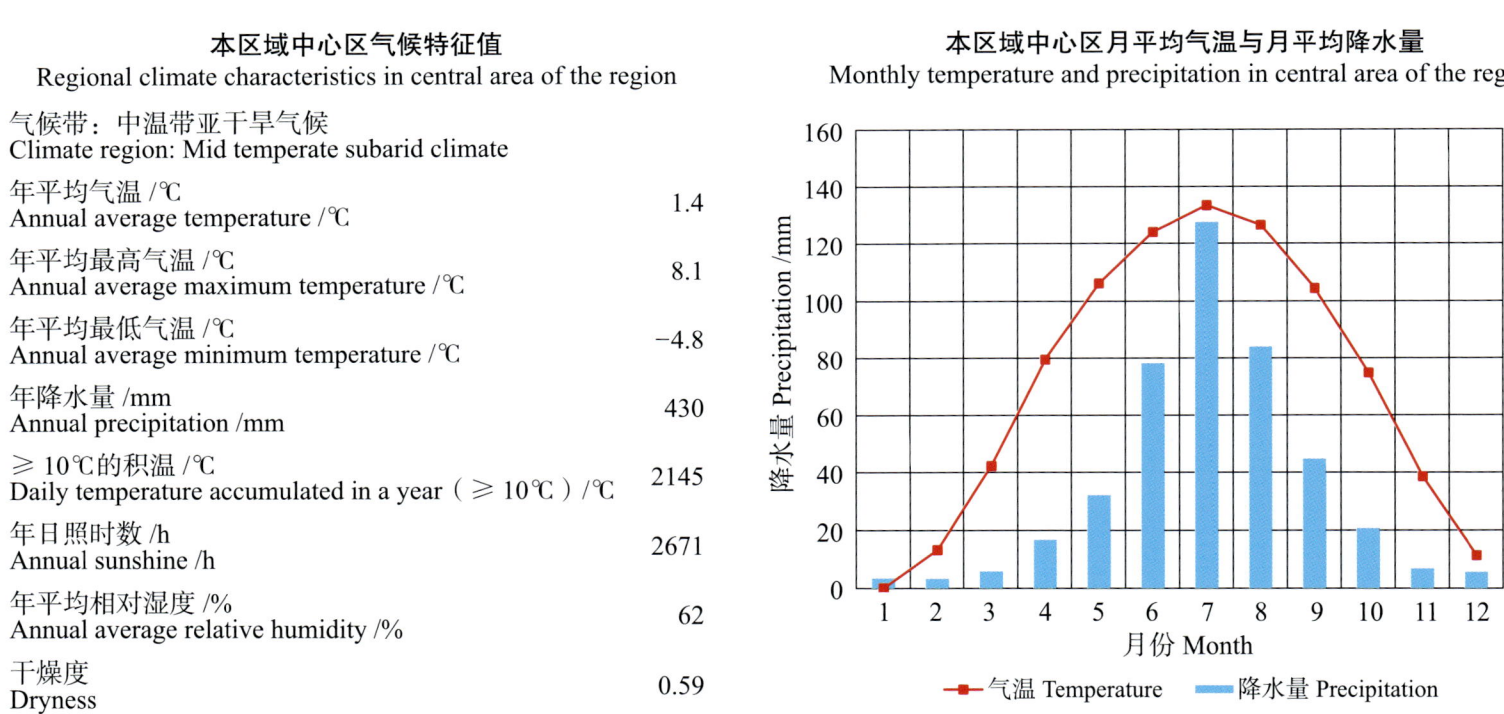

本区域中心区气候特征值
Regional climate characteristics in central area of the region

气候带：中温带亚干旱气候 Climate region: Mid temperate subarid climate	
年平均气温 /℃ Annual average temperature /℃	1.4
年平均最高气温 /℃ Annual average maximum temperature /℃	8.1
年平均最低气温 /℃ Annual average minimum temperature /℃	-4.8
年降水量 /mm Annual precipitation /mm	430
≥10℃的积温 /℃ Daily temperature accumulated in a year（≥10℃）/℃	2145
年日照时数 /h Annual sunshine /h	2671
年平均相对湿度 /% Annual average relative humidity /%	62
干燥度 Dryness	0.59

本区域中心区月平均气温与月平均降水量
Monthly temperature and precipitation in central area of the region

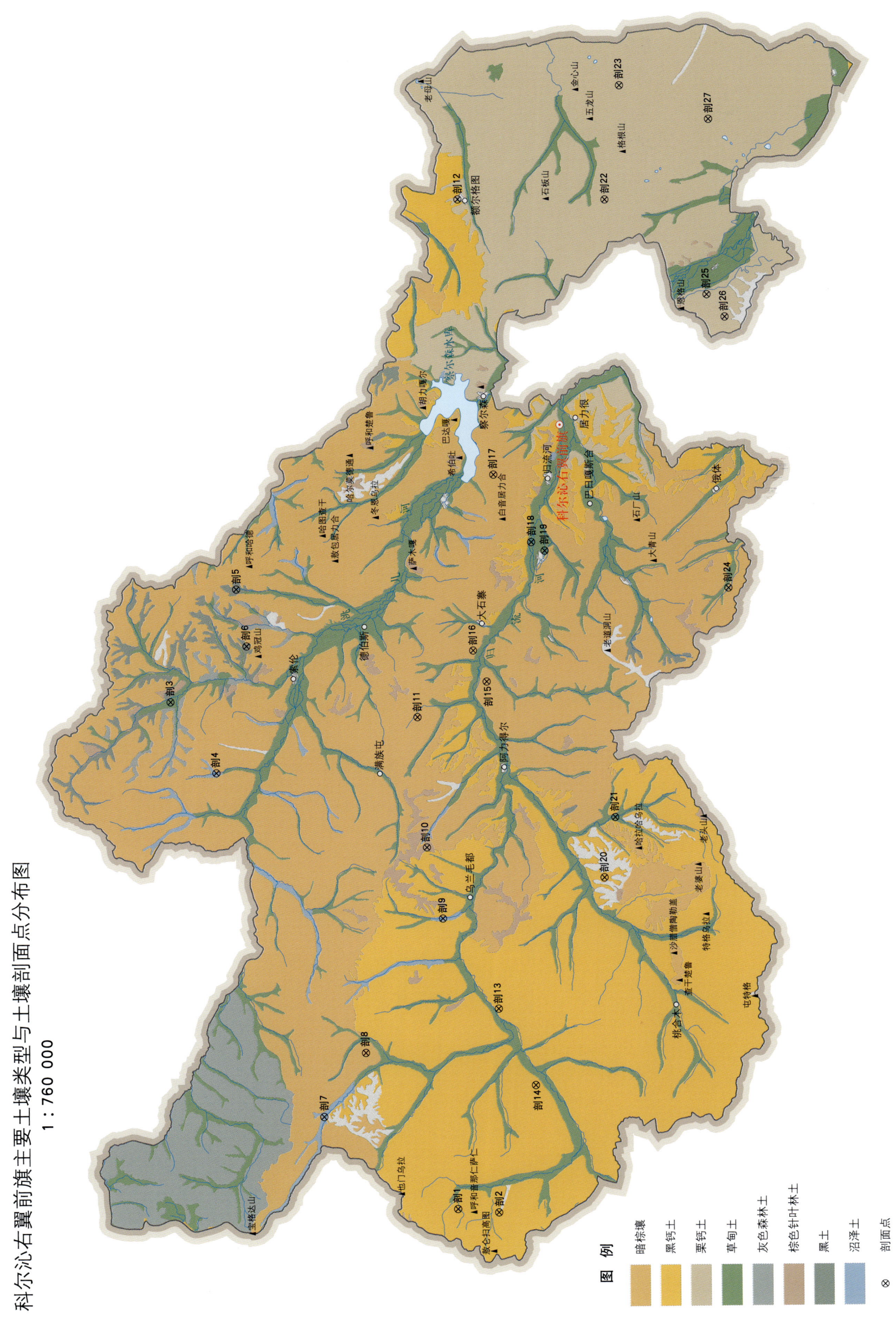

科尔沁右翼前旗主要土壤类型与土壤剖面点分布图
1∶760 000

科尔沁右翼前旗土壤剖面理化性状表

剖面号 Soil profile	土纲 Soil order	土类 Soil great group	亚类 Soil subgroup	土属 Soil genus	土种 Soil species	土层码 Layer code	土层厚度 Depth/cm	颜色 Soil color	质地 Soil texture	土壤结构 Soil structure	土壤母质 Parent material	剖面点坐标 Profile coordinate	匹配指数 Matching index/%
剖1	钙层土	黑钙土	草甸黑钙土	洪冲积草甸黑钙土	厚层洪冲积黑钙土	A	0–48	黑色	轻壤土	粒状	洪冲积物	E 119°58′27.1″ N 46°19′28.9″	72
						AB	48–73	黑色	轻壤土	粒状			
						B	73–151	暗棕色	中壤土	块状			
剖2	钙层土	黑钙土	黑钙土	红土状黑钙土	厚层红土状黑钙土	A	0–63	暗棕色	轻壤土	块状	红土状母质	E 119°58′10.2″ N 46°15′22.6″	72
						B	63–133	浅黄色	中壤土	块状			
						C	133–152	红棕色	中壤土	块状			
剖3	半水成土	草甸土	草甸土	黏质草甸土	通体黏质草甸土	A	0–32	暗棕色	重壤土	块状	湖积物、河流沉积物	E 121°10′19.6″ N 46°49′30.7″	98
						B	32–153	黑色	重壤土	块状			
剖4	水成土	沼泽土	腐泥沼泽土	壤质腐泥沼泽土	薄层壤质腐泥沼泽土	1	0–24	黑色	中壤土	块状	残积物、坡积物	E 121°00′13.3″ N 46°44′48.1″	82
						2	24–62	灰黑色	重壤土	块状			
						3	62–110	暗黄色	重壤土	块状			
						4	110–129	浅黄色	中壤土	块状			
剖5	半淋溶土	黑土	黑土	残积坡积黑土	厚层残积黑土	A	0–35	暗黑色	轻壤土	粒状	残积物、坡积物	E 121°26′47.2″ N 46°43′06.9″	74
						B	35–76	黑色	中壤土	块状			
						C	76–83	黑色	轻壤土	团粒状			
剖6	半淋溶土	黑土	黑土	黄土状黑土	厚层黄土状黑土	A	0–100	黑色	中壤土	团粒状	黄土状母质	E 121°18′34.6″ N 46°42′00.4″	89
						B	100–150	棕褐色	重壤土	黏块状			
						C	150–155	黄褐色	重壤土	块状			
剖7	水成土	沼泽土	腐泥沼泽土	黏质腐泥沼泽土	薄层黏质腐泥沼泽土	1	0–26	灰黑色	重壤土	块状		E 120°10′57.7″ N 46°33′10.1″	81
						2	26–36	灰白色	重壤土	块状			
						3	36–42	黑色	重壤土	粒状			
剖8	淋溶土	暗棕壤	灰化暗棕壤	酸性岩灰化暗棕壤	薄体酸性岩灰化暗棕壤	A	0–21	暗棕色	轻壤土	块状	酸性岩	E 120°20′15.4″ N 46°29′11.0″	80
						B	21–27	棕色	中壤土	粒状			
						C	27–34	黄色	砂土	块状			
剖9	水成土	沼泽土	草甸沼泽土	壤质草甸沼泽土	厚层草甸沼泽土	1	0–24	暗棕色	轻壤土	块状		E 120°39′48.2″ N 46°21′47.9″	88
						2	24–46	黑棕色	中壤土	块状			
						3	46–110	黑色	砂壤土	粒状			
剖10	淋溶土	棕色针叶林土	棕色针叶林土	基性岩棕色针叶林土		1	0–10	暗棕色	中壤土	粒状	玄武岩	E 120°49′59.9″ N 46°23′33.4″	71
						2	10–16	暗棕色	砂土	块状			
						3	16–50	棕灰色	中壤土	块状			
						Ao	0–3						
剖11	淋溶土	暗棕壤	暗棕壤	泥质岩暗棕壤	中体泥质岩暗棕壤	A	3–29	暗棕色	轻壤土	粒状	泥质岩	E 121°08′48.8″ N 46°24′43.9″	85
						AB	29–36	黄黄棕色	中壤土	块状			
						C	36–46	暗黄橙色	中壤土	块状			
剖12	钙层土	栗钙土	暗栗钙土	泥质岩暗栗钙土	厚层泥质岩暗栗钙土	A	0–42	灰黑色	轻壤土	粒状	凝灰岩残积物、坡积物	E 122°23′15.4″ N 46°21′15.5″	86
						B	42–85	灰白色	中壤土	块状			
						C	85–98	白灰色	轻壤土	块状			
剖13	钙层土	黑钙土	黑钙土	砂质黑钙土	薄层砂质黑钙土	A	0–23	暗棕色	轻壤土	粒状	风积物	E 120°27′06.1″ N 46°15′59.0″	83
						C	23–150	浅黄色	砂壤土	块状			
剖14	钙层土	黑钙土	黑钙土	残坡积黑钙土	中层残坡积黑钙土	A	0–37	暗黄色	轻壤土	粒状	残积物、坡积物	E 120°16′22.4″ N 46°12′03.2″	79
						AB	37–56	暗黄棕色	中壤土	块状			
						B	56–83	暗黄色	中壤土	块状			
						C	83–105	暗黄色	砾石土	粒状			

续表 Continued

剖面号 Soil profile	土纲 Soil order	土类 Soil great group	亚类 Soil subgroup	土属 Soil genus	土种 Soil species	土层码 Layer code	土层厚度 Depth/cm	颜色 Soil color	质地 Soil texture	土壤结构 Soil structure	土壤母质 Parent material	剖面点坐标 Profile coordinate	匹配指数 Matching index,%
剖15	淋溶土	暗棕壤	暗棕壤	中性岩暗棕壤	中层中性岩暗棕壤	A	0—29	暗棕色	轻壤土	粒状	中性岩	E 121°14′06.4″ N 46°17′51.7″	95
						B	29—67	暗棕色	轻壤土	粒状			
						C	67—						
剖16	淋溶土	暗棕壤	暗棕壤	黄土状暗棕壤	厚层黄土状暗棕壤	A	0—24	暗棕色	轻壤土	团粒状	黄土状母质	E 121°18′32.0″ N 46°19′17.0″	72
						B	24—102	暗黄棕色	中壤土	块状			
						C	102—143	暗黄棕色	中壤土	块状			
剖17	淋溶土	暗棕壤	暗棕壤			A	0—96	黑棕色	轻壤土	团粒状		E 121°43′49.1″ N 46°17′28.0″	70
						B	96—150	暗棕灰色	中壤土	团粒状			
剖18	半水成土	草甸土	草甸土	草甸砾石土	草甸砾石土	1	0—12	暗黄棕色	中壤土	粒状		E 121°34′15.6″ N 46°13′36.8″	78
						2	12—31	棕灰色	砂壤土	块状			
剖19	半水成土	草甸土	草甸土	砂质草甸土	砾底砂质草甸土	A	0—73	暗黑色	砂壤土	团粒状		E 121°33′05.1″ N 46°12′15.8″	72
						C	73—99	蓝黑色					
剖20	钙层土	黑钙土	黑钙土	黄土状黑钙土	厚层黄土状黑钙土	A	0—64	黑色	轻壤土	粒状	黄土状母质	E 120°46′19.6″ N 46°05′42.0″	94
						B	64—97	暗黄色	中壤土	粒状			
						C	97—150	浅黄色	中壤土	块状			
剖21	半水成土	草甸土	草甸土	壤质草甸钙土	通体壤质草甸土	A	0—25	暗棕色	中壤土	粒状		E 120°55′05.5″ N 46°04′44.1″	73
						B	25—90	暗黄色	轻壤土	粒状			
						C	90—95	黄色					
剖22	钙层土	栗钙土	暗栗钙土	酸性岩暗栗钙土	中体酸性岩暗栗钙土	A	0—25	暗栗色	轻壤土	粒状	花岗岩残积物、坡积物	E 122°23′21.5″ N 46°06′30.6″	86
						B	25—43	暗棕黄色	砂壤土	块状			
						C	43—58	浅黄色	砂壤土	粒状			
剖23	钙层土	栗钙土	草甸栗钙土	壤质草甸栗钙土	厚层黄质草甸栗钙土	A	0—63	暗黑色	砂壤土	粒状	洪冲积物	E 122°39′43.9″ N 46°05′04.2″	99
						B	63—88	浅黄色	中壤土	粒状			
						C	88—136	黄棕色	中壤土	块状			
剖24	淋溶土	暗棕壤	暗棕壤	红土状暗棕壤	厚层红土状暗棕壤	A	0—46	暗棕色	中壤土	块状	红土状母质	E 121°28′12.2″ N 45°53′45.3″	73
						B	46—82	暗红棕色	中壤土	块状			
						C	82—101	红色	中壤土	块状			
剖25	钙层土	栗钙土	暗栗钙土	黄土状暗栗钙土	厚层黄土状暗栗钙土	A	0—48	暗栗色	轻壤土	粒状	黄土状母质	E 122°09′58.3″ N 45°56′14.6″	70
						B	48—96	黑棕色	中壤土	粒状			
						C	96—116	暗棕色	中壤土	粒状			
剖26	钙层土	栗钙土	暗栗钙土	红土状暗栗钙土	厚层红土状暗栗钙土	A	0—59	暗栗色	轻壤土	粒状	红土	E 122°06′49.7″ N 45°54′25.0″	100
						B	59—79	灰白色	中壤土	块状			
						C	79—105	红棕色	中壤土	块状			
剖27	钙层土	栗钙土	暗栗钙土	暗白干土	中位暗白干土	A	0—33	暗棕色	轻壤土	粒状		E 122°34′58.8″ N 45°56′07.8″	99
						B	33—56	黄棕色	轻壤土	片状			
						BC	56—90	灰白色	轻壤土	粒状			
						C	90—106	黄棕色					

科尔沁右翼中旗

主要土类说明

暗棕壤是科尔沁右翼中旗主要土壤类型，占本旗地域面积的 30%。暗棕壤主要分布在本旗西北部和中部的山区。自然植被以落叶阔叶林为主，灌木以胡枝子、铁杆蒿为主。成土过程主要为暗棕壤化过程。剖面构型为 Ao-A-B-C。本旗暗棕壤分为暗棕壤、草甸暗棕壤、暗棕壤性土等亚类。

草甸土是科尔沁右翼中旗第二大土壤类型，占本旗地域面积的 25%。草甸土所处地形部位多为河流阶地、冲积平地、盆地、洪积扇边缘地带及沙丘间甸子地。自然植被以湿生草甸植被为主，草本植物以披碱草为主，其次有地榆、羊草等。成土母质主要为河流冲积物、洪积物和少量的湖积物。成土过程主要为草甸化过程。草甸土剖面由腐殖质层、锈色斑纹层、潜育层和母质层构成。

风沙土是科尔沁右翼中旗第三大土壤类型，占本旗地域面积的 22%。风沙土发生于半干旱、干旱漠境地区及滨海地区，是在风沙移动堆积形成的多种形态的风沙沉积物上发育的初育土。由于成土时间短暂，该土壤无剖面发育，具 C、（A）-C 或 A-C 剖面构型，反映了风沙移动堆积与固定的不同阶段。

粗骨土占本旗地域面积的 8%，主要分布在本旗西北部。粗骨土属于 A-C 型，甚至（A）-C 型土壤。A 层发育不明显，与母质土层性状相似，略显有机质累积。有时母质层富含砾石，很少出现剖面分异与发育特征。

黑钙土占本旗地域面积的 8%，集中分布在本旗西北部的山区。自然植被主要为羊草、大针茅、胡枝子等。成土母质多为酸性岩沉积物和坡积物。成土过程主要为腐殖质累积过程和钙积过程。典型剖面构型为 A-AB-B-C。根据不同的发育阶段和有无附加成土过程，本旗黑钙土分为黑钙土、草甸黑钙土、石灰性黑钙土等亚类。

栗钙土占本旗地域面积的 5%，分布在本旗中部和东部。自然植被主要为针茅、羊草、山杏等。成土母质以花岗岩和片麻岩为主，还有黄土状母质的沉积物。成土过程主要为草原腐殖质累积过程和草原钙积过程。栗钙土剖面由腐殖质层、钙积层和母质层构成。本旗栗钙土分为暗栗钙土和草甸栗钙土两个亚类。

小于本旗地域面积 3% 的土壤类型有沼泽土。

本区域中心区气候特征

本区域中心区气候特征值
Regional climate characteristics in central area of the region

气候带：中温带亚干旱气候 Climate region: Mid temperate subarid climate	
年平均气温 /℃ Annual average temperature /℃	4.8
年平均最高气温 /℃ Annual average maximum temperature /℃	11.3
年平均最低气温 /℃ Annual average minimum temperature /℃	-1.0
年降水量 /mm Annual precipitation /mm	391
≥10℃的积温 /℃ Daily temperature accumulated in a year（≥10℃）/℃	3809
年日照时数 /h Annual sunshine /h	2827
年平均相对湿度 /% Annual average relative humidity /%	54
干燥度 Dryness	0.91

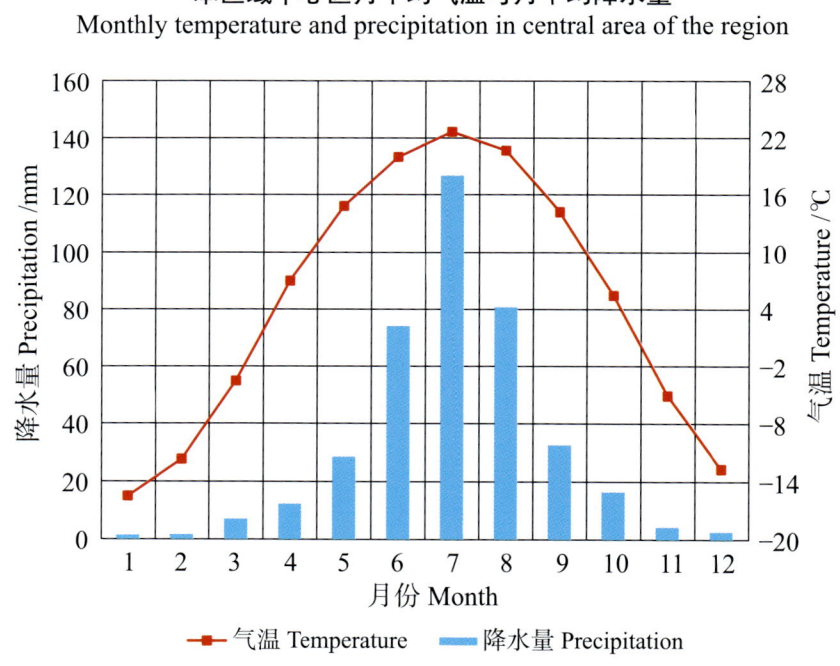

本区域中心区月平均气温与月平均降水量
Monthly temperature and precipitation in central area of the region

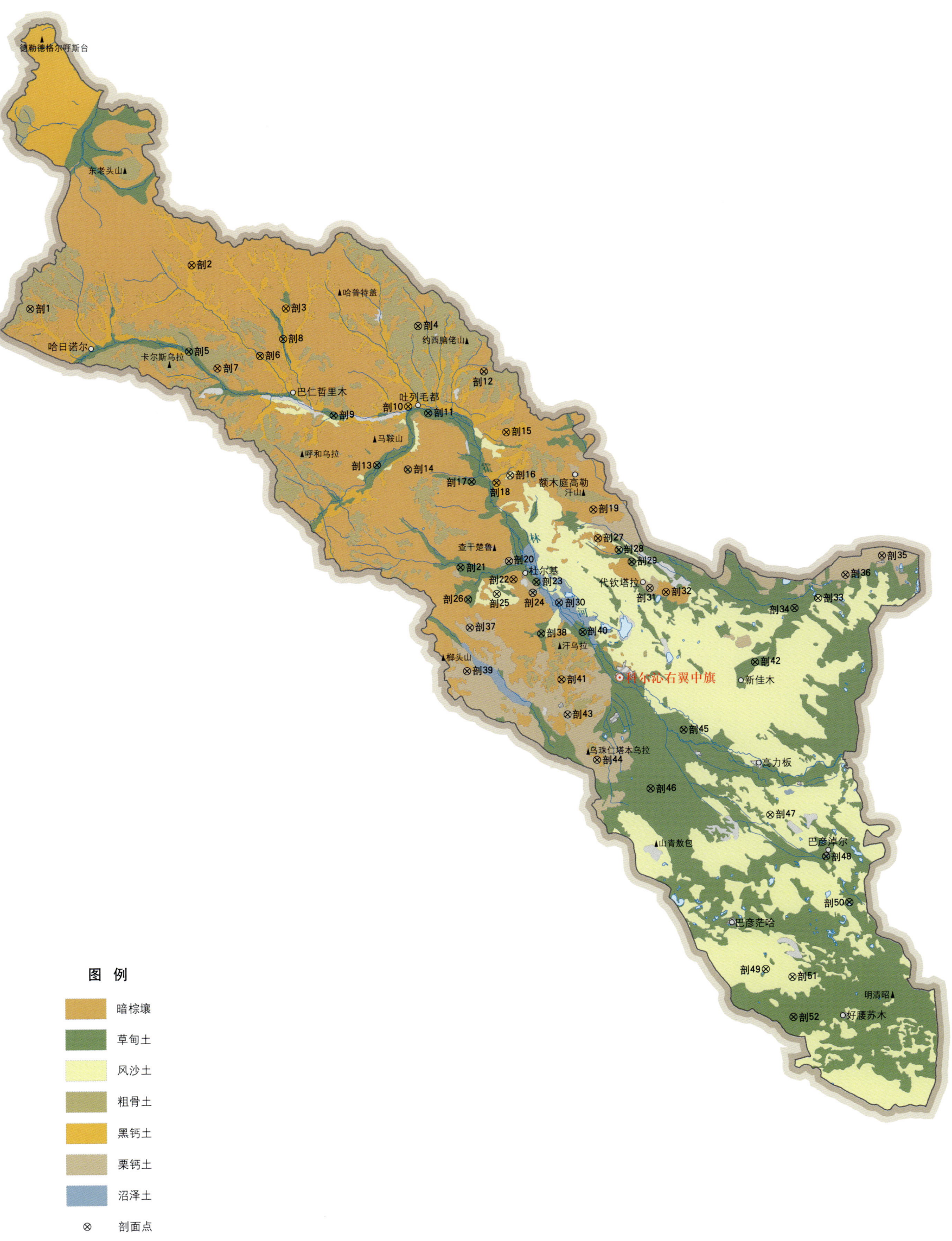

科尔沁右翼中旗土壤剖面理化性状表

剖面号 Soil profile	土纲 Soil order	土类 Soil great group	亚类 Soil subgroup	土属 Soil genus	土种 Soil species	土层码 Layer code	土层厚度 Depth/cm	颜色 Soil color	质地 Soil texture	土壤结构 Soil structure	pH	有机质 OM/(g/kg)	全氮 TN/(g/kg)	全磷 TP/(g/kg)	全钾 TK/(g/kg)	碱解氮 AN/(mg/kg)	有效磷 AP/(mg/kg)	速效钾 AK/(mg/kg)	阳离子交换量CEC/(cmol/kg)	土壤母质 Parent material	剖面点坐标 Profile coordinate	匹配指数 Matching index/%
剖1	初育土	粗骨土				A	0—12	棕色	中壤土	粒状	6.9	53.4	2.87	0.63	17.0	337	3.0	266	20.0		E 119°53′25.4″ N 45°41′21.9″	83
						B	12—20		轻壤土	粒状	6.9		3.57	0.83	17.4	396	3.0	184				
						C	20—		中壤土	粒状	7.2											
剖2	钙层土	黑钙土	黑钙土	冲积钙土	中层黑钙土	Ap	0—20	暗棕色	中壤土	团块状	7.6	46.9	2.12	0.49	17.1	245	3.0	164	22.7	冲积物	E 120°18′38.9″ N 45°46′46.2″	99
						P	20—50	暗棕色	重壤土	团粒状	8.0		0.58	0.48	15.9	57	2.0	127				
						Bca	50—145	灰棕色	重壤土	团粒状	7.9	12.6	0.60	0.59	16.9	63	3.0	105				
						Cg	145—	黄棕色	黏土			11.7										
剖3	钙层土	黑钙土	石灰性黑钙土	酸性岩灰性黑钙土	厚层酸性岩石灰性黑钙土	Ap	0—22	暗棕色	中壤土	粒状	7.5	47.0	2.38	0.52	17.4	240	3.0	152	23.5	酸性岩	E 120°33′44.9″ N 45°42′20.2″	86
						P	22—38	暗棕色	中壤土	粒状	7.7	39.2	1.94	0.54	15.9	196	1.0	113				
						A₁	38—70	棕色	中壤土	粒状	7.9	32.6	1.61	0.50	17.3	160	1.0	105				
						Bca	70—150	暗黄棕色	重壤土	粒状	8.3	9.0	0.46	0.40	14.8	45	1.0	91				
剖4	初育土	粗骨土				A	0—20	灰黄棕色	轻壤土	粒状	7.6									酸性岩残积物	E 120°54′40.7″ N 45°40′46.9″	96
						C	20—	灰黄棕色	轻壤土	粒状												
剖5	半水成土	草甸土	草甸土	黏质草甸土	通体黏质草甸土	A₁	0—45	灰黑色	重壤土	团块状	8.7	31.0	2.55	0.61	14.7	292	2.0	107	30.6	洪冲积物	E 120°18′39.2″ N 45°37′17.8″	92
						A₂	45—95	暗棕色	重壤土	团块状	7.0	25.7	1.40	0.55	14.8	116	1.0	100				
						Gw	95—140	棕色	重壤土	团块状	6.8	7.2	0.29	0.31	17.5	40	2.0	111				
						G	140—	灰棕色	黏土		7.2											
剖6	钙层土	黑钙土	黑钙土	冲积钙土	厚层黑钙土	Ap	0—20	黑棕色	中壤土	团粒状	6.9	53.3	2.48	0.55	17.0	255	3.0	229	23.3	冲积物	E 120°29′52.4″ N 45°37′03.4″	94
						P	20—30	黑棕色	重壤土	团块状	7.2	45.7	2.08	0.49	15.8	231	2.0	173				
						AB	30—70	暗棕色	中壤土	团粒状	7.1	46.5	1.94	0.59	17.0	202	2.0	142				
						Bca₁	70—107	灰黄棕	中壤土	团块状	7.2	35.6	1.40	0.55	16.5	138	6.0	157				
						Bca	107—152	棕色	中壤土	团粒状	7.7	32.4	1.19	0.53	16.9	122	3.0	146				
						C	152—	浅灰黄色	砂土	粒状	7.6											
剖7	淋溶土	暗棕壤	暗棕壤	酸性岩暗棕壤	中体酸性岩暗棕壤	A	0—16	暗红棕色	中壤土	粒状	6.8	55.8	2.79	0.72	17.3	301	3.0	293	22.3	酸性岩	E 120°23′14.3″ N 45°35′33.4″	80
						B₁	16—30	黄棕色	中壤土	团块状	7.1	37.7	2.09	0.45	17.6	232	2.0	121				
						B₂	30—36	浅黄棕色	轻壤土	团块状	7.2	32.5	1.83	0.45	17.9	13	2.0	66				
						C	36—	黄棕色														
剖8	半水成土	草甸土	草甸土	黏质草甸土	夹砂黏质草甸土	A₁	0—50	暗棕色	重黏土	团块状	7.6	14.5	0.61	0.29	15.4	79	1.0	105	25.4	冲积物	E 120°33′27.8″ N 45°38′59.1″	97
						A₂	50—75		中壤土	粒状	6.8	50.0	2.23	0.45	16.5	226	3.0	305				
						Gw	75—120	棕色	中壤土	团粒状	7.7	7.4	0.37	0.31	13.9	40	1.0	104				
						C	120—	棕色	中壤土	粒状	8.0											
剖9	半水成土	草甸土	草甸土	壤质草甸土	黏体壤质草甸土	Ap	0—20	暗棕色	中壤土	粒状	8.0	34.4	1.76	0.38	15.9	248	1.0	123	17.9	洪冲积物	E 120°41′43.4″ N 45°30′44.6″	96
						A₁	20—30	暗棕色	中壤土	团块状	8.0	23.7	1.11	0.36	15.8	157	2.0	77				
						Gw	30—45	暗棕色	重壤土	团块状	8.0	20.2	0.86	0.33	15.9	107	1.0	76				
						C	45—95	浅黄色	细砂土	粒状	8.0	4.9	0.50	0.27	17.0	48	2.0	61				
剖10	钙层土	黑钙土	黑钙土	酸性岩黑钙土	厚层酸性岩黑钙土	Ap	0—20	黑棕色	中壤土	团块状	6.7									花岗岩坡积物	E 120°53′25.1″ N 45°31′57.0″	87
						P	20—30	暗棕色	中壤土	团块状	7.5											
						AB	30—88	黑棕色	重壤土	粒状	7.5											
						B	88—140	灰黄棕色	中壤土	团块状	7.9											
						Bca	140—	灰黄色	中壤土	团块状	8.0											

续表 Continued

剖面号 Soil profile	土纲 Soil order	土类 Soil great group	亚类 Soil subgroup	土属 Soil genus	土种 Soil species	土层码 Layer code	土层厚度 Depth/cm	颜色 Soil color	质地 Soil texture	土壤结构 Soil structure	pH	有机质 OM/(g/kg)	全氮 TN/(g/kg)	全磷 TP/(g/kg)	全钾 TK/(g/kg)	碱解氮 AN/(mg/kg)	有效磷 AP/(mg/kg)	速效钾 AK/(mg/kg)	阳离子交换量 CEC/(cmol/kg)	土壤母质 Parent material	剖面点坐标 Profile coordinate	匹配指数 Matching index/%
剖11	半水成土	草甸土	石灰性草甸土	壤质石灰性草甸土	中层壤质石灰性草甸土	Ap	0—23	暗黄棕色	轻壤土	粒状	8.3	18.3	0.97	0.45	15.2	100	3.0	109	13.2	洪冲积物	E 120°56′36.6″ N 45°31′16.7″	83
						P	23—35	灰黄色	中壤土	粒状	8.6	8.7	0.48	0.19	14.7	58	2.0	41				
						Gw	35—57	暗灰色	中壤土	粒状	8.2	13.4	0.66	0.21	14.8	78	1.0	54				
						G	57—140	暗灰黄色	轻壤土	粒状	8.0	5.3	0.31	0.11	9.2	32	2.0	41				
						C	140—															
剖12	淋溶土	暗棕壤	草甸暗棕壤	壤质草甸暗棕壤	中层壤质草甸暗棕壤	Ap	0—20	暗棕色	中壤土	粒状	6.8									冲积物	E 121°05′13.2″ N 45°35′57.9″	83
						P	20—30	暗棕色	中壤土	粒状	6.8											
						AB	30—60	浅灰棕色	重壤土	团块状	7.2											
						B₁	60—125	灰棕色	重壤土	团块状	7.2											
						B₂	125—160	棕色	中壤土	团块状	7.2											
剖13	半水成土	草甸土	草甸土	砂质草甸土	壤底砂质草甸土	A₁	0—42	浅棕色	砂土	粒状	7.6									洪冲积物	E 120°48′44.6″ N 45°25′23.2″	87
						A₂	42—57	暗棕色	砂壤土	粒状	7.6											
						A₃	57—108	黑底棕色	中壤土	粒状	7.2											
						Gw	108—126	灰黄色	中壤土	粒状	7.2											
						G	126—150	灰棕色	轻壤土	粒状	7.2											
剖14	半水成土	草甸土	草甸土	砂质草甸土	壤体砂质草甸土	A₁	0—50	棕黄棕色	砂土	粒状	7.2									洪冲积物	E 120°53′36.6″ N 45°25′00.1″	85
						A₂	50—150															
剖15	钙层土	黑钙土	石灰性黑钙土	酸性岩石灰性黑钙土	中层酸性岩石灰性黑钙土	Ap	0—20	黑色	重壤土	团块状	7.8	52.6	2.27	0.41	14.2	270	17.0	475	30.0	酸性岩	E 121°08′56.4″ N 45°29′22.2″	95
						P	20—30	黑色	轻壤土	团粒状	8.0	62.4	2.66	0.44	16.5	305	9.0	267				
						Bca	30—82	黑灰色	重壤土	团粒状	8.0	35.8	1.69	0.33	18.5	183	5.0	202				
						C	82—					47.6	2.09	0.71	2.2	280	4.0	156				
剖16	初育土	风沙土	半固定风沙土			A	0—20	棕色	砂壤土	粒状	8.0									风蚀物	E 121°09′42.1″ N 45°24′35.3″	71
						C	20—150	暗棕色	砂壤土	粒状	8.0											
剖17	半水成土	草甸土	草甸土	砂质草甸土	夹壤砂质草甸土	Ap	0—20	暗棕色	中壤土	团块状	8.0									洪冲积物	E 121°03′37.4″ N 45°23′47.8″	100
						A₁	20—30	暗灰黄色	中壤土	团块状	8.0											
						A₂	30—53	灰黄色	中壤土	粒状	8.0											
						C	53—80	灰黄色	砂土	粒状	8.0											
							80—															
剖18	钙层土	黑钙土	黑钙土	酸性岩黑钙土	中层酸性岩黑钙土	Ap	0—20	暗棕色	中壤土	团块状	7.3	51.6	2.73	0.65	17.4	272	2.0	169	25.0	花岗岩坡积物	E 121°07′33.6″ N 45°23′45.6″	83
						P	20—30	暗棕色	重壤土	团块状	8.3	34.2	1.71	0.61	15.5	262	1.0	117				
						Bca	30—150	灰黄色	中壤土	团块状	7.7	21.8	0.98	0.48	16.0	104	1.0	111				
剖19	淋溶土	暗棕壤	暗棕壤	酸性岩暗棕壤	厚层酸性岩暗棕壤	Ap	0—20	暗棕色	中壤土	粒状	6.9	30.0	1.52	1.24	18.7	171	4.0	120	16.9	酸性岩	E 121°22′52.3″ N 45°21′02.2″	98
						P	20—30	暗棕色	中壤土	粒状	7.0	24.1	1.29	0.31	17.9	146	3.0	95				
						AB	30—80	黑棕色	重壤土	粒状	7.8	19.6	1.50	0.32	17.8	110	2.0	66				
						B₁	80—150	黑棕色	中壤土	粒状	8.6	6.6	0.25	0.28	18.3	21	1.0	61				
剖20	钙层土	栗钙土	暗栗钙土	砂质暗栗钙土	中层砂质暗栗钙土	A	0—31	棕色	中壤土	粒状	7.6									风积物	E 121°09′45.4″ N 45°15′10.4″	95
						Bca	31—105	黑棕色	中壤土	粒状	8.0											
						C	105—	灰黄色	中壤土	粒状	8.0											
剖21	半水成土	草甸土	草甸土	壤质草甸土	砂底壤质草甸土	Ap	0—19	灰黄色	中壤土	团粒状	7.2	58.7	3.10	0.70	18.0	45	4.0	285	23.3	洪冲积物	E 121°02′11.4″ N 45°14′22.6″	98
						P	19—61	棕色	中壤土	粒状	7.2	60.2	3.29	0.80	16.6	345	3.0	293				
						Gw	61—90															
						C	90—															
剖22	淋溶土	暗棕壤	暗棕壤性土	酸性岩暗棕壤性土	薄体酸性岩暗棕壤性土	A	0—5	暗棕色	中壤土	团粒状	6.9									酸性岩残积物	E 121°10′32.2″ N 45°13′10.2″	72
						B	5—18	暗灰棕色	砂壤土	团粒状	7.0											
						C	18—				8.0											

续表 Continued

剖面号 Soil profile	土纲 Soil order	土类 Soil great group	亚类 Soil subgroup	土属 Soil genus	土种 Soil species	土层码 Layer code	土层厚度 Depth/cm	颜色 Soil color	质地 Soil texture	土壤结构 Soil structure	pH	有机质 OM/(g/kg)	全氮 TN/(g/kg)	全磷 TP/(g/kg)	全钾 TK/(g/kg)	碱解氮 AN/(mg/kg)	有效磷 AP/(mg/kg)	速效钾 AK/(mg/kg)	阳离子交换量 CEC/(cmol/kg)	土壤母质 Parent material	剖面点坐标 Profile coordinate	匹配指数 Matching index/%
剖23	半水成土	草甸土	石灰性草甸土	黏质石灰性草甸土	中层黏壤石灰性草甸土	Ap	0—30	黑棕色	中壤土	团块状	8.3	24.1	1.25	0.37	15.5	122	5.0	11	21.4	洪积积物	E 121°14′08.5″ N 45°12′54.4″	85
						P	30—40	暗棕色	轻壤土	团块状	7.7	8.7	0.35	0.23	16.4	29	1.0	53				
						Gw	40—65	红棕色	轻壤土	团块状	7.2	6.3	0.24	0.23	16.6	32	4.0	41				
						G	65—150	黑灰色	砂壤土	粒状	6.5	8.0	0.31	0.11	18.2	57	3.0	79				
剖24	钙层土	栗钙土	暗栗钙土	砂质暗栗钙土	厚层砂质暗栗钙土	Ap	0—20	黑棕色	中壤土	团粒状	7.5	29.5	1.53	0.38	16.1	144	3.0	157	19.9		E 121°13′34.8″ N 45°11′43.7″	87
						P	20—33	黑棕色	中壤土	团粒状	7.4	29.5	1.49	0.37	15.9	204	1.0	106				
						AB	33—66	暗棕色	中壤土	团块状	7.8	17.9	0.99	0.33	16.8	112	1.0	87				
						Bca	66—105	灰黄色	轻壤土	团块状	8.6	3.6	0.22	0.28	10.3	32	1.0	45				
剖25	初育土	风沙土	固定风沙土	林灌风沙土		A	0—38	暗灰棕色	砂壤土	粒状	7.6									风蚀物	E 121°07′55.9″ N 45°11′31.9″	93
						AC	38—52	棕黄色	砂壤土	粒状	7.6											
						C	52—															
剖26	半水成土	草甸土	草甸土	砂质草甸土	通体砂质草甸土	A	0—22	浅灰黄棕色	砂土	团块状	8.0									洪冲积物	E 121°03′26.6″ N 45°10′51.6″	94
						Gw	22—58	浅黄黄色	细砂土	团块状	8.0											
						G	58—150	黑黄色	砂土	团块状	8.0											
剖27	淋溶土	暗棕壤	暗棕壤	中性岩暗棕壤	中体中性岩暗棕壤	A	0—10	暗棕色	中壤土	团块状	6.5	25.0	19.70	0.40	13.9	343	3.0	194	16.2	中性岩	E 121°23′40.2″ N 45°17′52.2″	77
						B	10—55	棕色	砂壤土	团块状	6.7	9.3	0.77	0.26	15.7	108	2.0	69				
						C	55—	浅黄色	砂壤土	团块状	7.6	8.0	0.40	0.23	12.0	52	2.0	60				
剖28	半水成土	草甸土	草甸土	砂质草甸土	砾底砂质草甸土	A	0—28	暗棕色	砂壤土	粒状	7.6									洪冲积物	E 121°26′55.7″ N 45°16′39.0″	90
						AC	28—47	浅灰黄色	砂壤土	粒状	7.6											
						C	47—150															
剖29	半水成土	草甸土	草甸土	黏质草甸土	夹壤黏质草甸土	A_1	0—22	暗棕色	轻壤土	团块状	8.0	388.0	2.23	0.25	8.1	213	2.0	51	15.3	洪冲积物	E 121°28′58.9″ N 45°15′22.4″	79
						A_2	22—51	灰黄黏质	砂壤土	粒状	7.1	8.6	0.59	0.15	8.1	57	9.0	27				
						Gw	51—96	棕色	中壤土	粒状	7.8	3.9	0.25	0.11	16.3	25	1.0	30				
						G	96—150	灰黄色	砂壤土	粒状	7.2	3.2	0.16	0.08	14.4	15	1.0	50				
剖30	水成土	沼泽土	草甸沼泽土	草甸沼泽土	薄层草甸沼泽土	As	0—6	暗棕色	中壤土	团块状	8.0	218.4	10.56	0.95	16.0	789	2.0	226	48.0	洪冲积物	E 121°17′41.6″ N 45°10′43.7″	80
						H	6—20	黑色	轻壤土	粒状	8.1	57.1	3.03	0.37	15.9	284	3.0	72				
						Gw	20—34	棕灰色	轻壤土	粒状	8.1	14.3	0.79	0.21	19.2	85	1.0	63				
						C_1	34—80	暗灰色	中壤土	粒状	8.2	2.8	0.14	0.11	13.3	280	1.0	30				
						C_2	80—															
剖31	钙层土	栗钙土	暗栗钙土	酸性岩暗栗钙土	薄层酸性岩石灰性栗钙土	A	0—17	浅灰棕色	中壤土	团块状	7.9	44.0	2.18	0.49	15.7	2	2.0	169	20.1	酸性岩坡积物、冲积物	E 121°31′53.0″ N 45°12′29.2″	73
						Bca	17—26	浅黄棕色	轻壤土	粒状	8.2	17.9	0.90	0.41	15.7	76	1.0	80				
						C	26—	灰棕色	中壤土	粒状	8.2	14.4	0.72	0.39	14.5	65	1.0	73				
剖32	淋溶土	暗棕壤	暗棕壤	基性岩暗棕壤	厚层基性岩暗棕壤	A	0—82	暗棕色	中壤土	团块状	7.1	46.9	2.25	0.67	17.9	289	5.0	417	16.0	基性岩	E 121°34′26.4″ N 45°12′04.7″	87
						B	82—103	棕色	中壤土	团块状	7.5	13.0	0.57	0.46	23.2	74	3.0	103				
						C	103—	暗棕色	中壤土	团块状	7.4	8.8	0.41	0.28	23.7	55	4.0	103				
剖33	初育土	风沙土	半固定风沙土			A	0—35	黑灰色	砂壤土	团块状	6.8									风蚀物	E 121°58′16.3″ N 45°11′36.6″	89
						AC	35—70	暗黄棕色	中壤土	团块状	6.8											
						C_1	70—114	暗黄棕色	中壤土	团块状	6.8											
						C_2	114—	浅黄棕色	砂壤土	粒状	6.8											
剖34	半水成土	草甸土	石灰性草甸土	壤质石灰性草甸土	薄层壤质石灰性草甸土	A	0—29	暗棕色	中壤土	块状	8.0	30.2	1.61	0.38	15.6	153	1.0	98		洪冲积物	E 121°54′34.8″ N 45°10′30.1″	100
						B	29—61	灰黄棕色	中壤土	块状	8.0	15.3	1.23	0.41	17.0	130	2.0	89				
						Gw	61—150	棕色	中壤土	粒状	7.6	4.0	0.21	0.18	12.3	36	1.0	78				
剖35	钙层土	栗钙土	暗栗钙土	暗栗黄土	薄层暗栗黄土	A	0—14	暗棕色	中壤土	粒状	8.2									16.9	黄土状母质	E 122°08′13.6″ N 45°16′22.7″	83
						Bca_1	14—52	浅棕色	中壤土	粒状	6.9											
						Bca_2	52—152	红棕色	重壤土	粒状	7.1											

续表 Continued

剖面号 Soil profile	土纲 Soil order	土类 Soil great group	亚类 Soil subgroup	土属 Soil genus	土种 Soil species	土层码 Layer code	土层厚度 Depth/cm	颜色 Soil color	质地 Soil texture	土壤结构 Soil structure	pH	有机质 OM/(g/kg)	全氮 TN/(g/kg)	全磷 TP/(g/kg)	全钾 TK/(g/kg)	碱解氮 AN/(mg/kg)	有效磷 AP/(mg/kg)	速效钾 AK/(mg/kg)	阳离子交换量 CEC/(cmol/kg)	土壤母质 Parent material	剖面点坐标 Profile coordinate	匹配指数 Matching index/%
剖36	钙层土	栗钙土	暗栗钙土	砂质暗栗钙土	中体砂质暗栗钙土	Ap	0—20	暗棕色	砂壤土	粒状	8.0									风积物	E 122°02′30.6″ N 45°14′14.6″	83
						P	20—30	暗黄棕色	轻壤土	粒状	7.6											
						Bca	30—55	灰黄棕色	轻壤土	粒状	7.6											
						C	55—	浅黄棕色	轻壤土	粒状	8.0											
剖37	钙层土	栗钙土	暗栗钙土	基性岩型暗栗钙土	厚层基性岩暗栗钙土	A	0—47	暗棕色	中壤土	粒状										基性岩坡积物、冲积物	E 121°03′47.2″ N 45°07′46.2″	78
						Bca	47—125	浅黄色	中壤土	粒状												
						C	125—															
剖38	半水成土	草甸土	草甸土	壤质草甸土	通体壤质草甸土	Ap	0—20	暗棕色	轻壤土	团粒状	6.5	18.2	1.09	0.27	18.7	207	2.0	91	13.0	洪冲积物	E 121°14′60.0″ N 45°07′16.7″	97
						P	20—37	棕色	轻壤土	粒状	6.9	16.0	0.87	0.24	18.3	109	2.0	66				
						Gw	37—150	浅棕色	中壤土	粒状	7.3	3.5	0.21	0.24	14.0	25	3.0	57				
剖39	钙层土	栗钙土	暗栗钙土	黄土状母质暗栗钙土	中层暗栗黄	Ap	0—20	暗红棕色	中壤土	粒状	8.1	32.2	2.05	0.44	14.0	185	3.0	146	17.6	黄土状母质	E 121°03′30.5″ N 45°02′59.4″	81
						P	20—37	浅黄棕色	重壤土	粒状	8.2	22.9	1.26	0.35	12.2	115	2.0	80				
						Bca	37—62	黄黄橙色	重壤土	粒状	8.6	5.4	0.30	0.20	11.5	36	1.0	51				
						C	62—	黄橙色	轻壤土	粒状	8.5	6.5	0.31	0.21	9.0	38	1.0	51				
剖40	半水成土	草甸土	石灰性草甸土	黏质石灰性草甸土	中体酸性岩暗棕壤性土	A	0—62	黑色	重壤土	团粒状	8.0									洪冲积物	E 121°21′30.6″ N 45°07′31.8″	72
						G	62—150	灰棕色	重壤土	粒状	8.0											
剖41	淋溶土	暗棕壤	暗棕壤性土	酸性岩暗棕壤性土	中体酸性岩暗棕壤性土	A	0—25	棕色	中壤土	粒状	7.2									酸性岩	E 121°18′16.3″ N 45°02′17.1″	90
						B	25—33	黄棕色	中壤土	粒状	7.2											
						C	33—	浅黄黄色	中壤土	粒状	7.2											
剖42	半水成土	草甸土	石灰性草甸土	砂质石灰性草甸土	薄层砂质石灰性草甸土	Ap	0—10	暗黄棕色	砂壤土	团粒状	9.2	14.4	0.91	0.16	18.5	104	3.0	262	6.2	洪冲积物	E 121°48′29.9″ N 45°04′31.4″	100
						Gw	10—65	黄棕色	紧砂土	粒状	7.4	3.5	0.24	0.07	12.6	34	2.0	70				
							65—100	浅黄色	紧砂土	粒状	9.1	1.8	0.11	0.07	12.4	15	1.0	72				
剖43	钙层土	栗钙土	暗栗钙土	酸性岩暗栗钙土	厚层酸性岩暗栗钙土	Ap	0—31	暗棕色	中壤土	粒状	7.2	24.1	1.36	0.32	13.8	102	1.0	101	14.3	酸性岩坡积物、冲积物	E 121°19′19.2″ N 44°58′25.0″	72
						P	31—43	暗棕色	轻壤土	团粒状	8.0	14.3	0.84	0.25	15.1	101	2.0	76				
						Bca	43—70	红灰色	中壤土	团粒状	8.5	7.3	0.41	0.27	12.0	38	1.0	46				
						C	70—	浅灰黄色	紧砂土	粒状	9.1	1.4	0.05	0.17	11.2	7	1.0	21				
剖44	钙层土	栗钙土	暗栗钙土	中性岩型暗栗钙土	厚层中性岩暗栗钙土	Ap	0—38	暗棕色	中壤土	团粒状	7.7	28.0	1.64	0.36	16.3	170	2.0	96	18.4	中性岩	E 121°24′01.4″ N 44°53′28.7″	90
						AB	38—59	棕色	中壤土	粒状	8.1	18.0	1.06	0.28	16.0	100	1.0	82				
						Bca	59—130	浅灰棕色	重壤土	粒状	8.3	7.9	0.43	0.28	11.7	57	2.0	52				
						C	130—															
剖45	半水成土	草甸土	草甸土	壤质草甸土	夹砂壤质草甸土	Ap	0—18	棕色	轻壤土	粒状	7.6	12.5	0.79	0.22	15.0	74	2.0	122		洪冲积物	E 121°37′27.1″ N 44°56′57.5″	92
						P	18—27	黄黄棕色	中壤土	粒状	8.0	4.2	0.23	0.14	14.5	25	1.0	59				
						Gw	27—60	浅黄色	轻壤土	粒状	8.0	1.7	0.13	0.13	14.5	21	4.0	49				
剖46	钙层土	栗钙土	石灰性草甸土	壤质石灰性草甸土	厚层壤质石灰性草甸土	Ap	0—21	暗黄棕色	轻壤土	团粒状	9.4	9.3	0.54	0.12	17.0	67	3.0	147	6.7	洪冲积物	E 121°32′24.4″ N 44°50′22.6″	94
						P	21—88	红灰色	中壤土	粒状	9.6	6.6	0.44	0.17	18.2	58	1.0	47				
						Gw	88—150	暗灰黄色	轻壤土	粒状	9.4	1.7	0.14	0.09	21.0	25	1.0	36				
剖47	初育土	风沙土	固定风沙土	栗钙土型风沙土	中层栗钙土型风沙土	A	0—38	暗黄棕色	砂壤土	团粒状	8.7	9.5	1.09	0.31	15.4	129	3.0	112	9.4	风蚀物	E 121°51′03.2″ N 44°47′38.4″	98
						AC	38—57	暗黄棕色	砂壤土	粒状	8.5	6.8	0.35	0.05	13.1	32	1.0	68				
						C	57—	灰黄棕色	中壤土	粒状	9.8											
剖48	半水成土	草甸土	盐化草甸土	盐化草甸土	中度盐化草甸土	A1	0—25	灰黄棕色	重壤土	团粒状	9.5	0.2	0.01	0.11	18.1	7	1.0	15		洪冲积物	E 121°59′50.6″ N 44°43′09.8″	92
						A2	25—90	黄棕色	紧砂土	粒状	9.0											
						Gw	90—150	黄黄色	砂壤土	粒状	8.0											
剖49	初育土	风沙土	流动风沙土			A	0—83	暗黄黄色	砂壤土	粒状	8.0									风蚀物	E 121°50′33.7″ N 44°30′35.3″	88
						B	83—94	灰黄色	砂壤土	粒状												
						C	94—150	浅灰黄色	砂壤土	粒状												

续表 Continued

剖面号 Soil profile	土纲 Soil order	土类 Soil great group	亚类 Soil subgroup	土属 Soil genus	土种 Soil species	土层码 Layer code	土层厚度 Depth/cm	颜色 Soil color	质地 Soil texture	土壤结构 Soil structure	pH	有机质 OM/(g/kg)	全氮 TN/(g/kg)	全磷 TP/(g/kg)	全钾 TK/(g/kg)	碱解氮 AN/(mg/kg)	有效磷 AP/(mg/kg)	速效钾 AK/(mg/kg)	阳离子交换量 CEC/(cmol/kg)	土壤母质 Parent material	剖面点坐标 Profile coordinate	匹配指数 Matching index/%
剖50	半水成土	草甸土	石灰性草甸土	砂质石灰土	中层砂质石灰性草甸土	Ap	0—18	暗灰黄色	砂壤土	粒状	8.5	14.9	0.95	0.18	17.1	92	1.0	113	7.7	洪冲积物	E 122°03′26.7″ N 44°37′58.9″	83
						P	18—30	灰黑棕色	砂壤土	粒状	9.1	11.7	0.79	0.16	18.0	79	1.0	61				
						B	30—100	灰黄棕色	砂壤土	粒状	9.1	7.5	0.45	0.12	18.8	31	1.0	25				
						Gw	100—120	黄棕色	砂壤土	粒状	8.3	1.9	0.10	0.10	17.7	16	1.0	30				
						C	120—		细砂土													
剖51	初育土	风沙土	固定风沙土	栗钙土型风沙土	厚层栗钙土型风沙土	Ap	0—25	暗棕色	砂壤土	粒状	8.3	10.7	0.64	0.14	14.1	73	4.0	71	7.3	风蚀物	E 121°54′42.8″ N 44°29′46.7″	79
						P	25—35	暗棕色	轻壤土	粒状	8.6	8.2	0.29	0.15	16.1	25	1.0	51				
						A	35—105	暗黄棕色	轻壤土	粒状	8.6	2.3	0.15	0.11	15.2	19	2.0	41				
						C	105—	灰黄色	轻壤土	团块状	8.5											
剖52	半水成土	草甸土	石灰性草甸土	砂质石灰性草甸土	厚层砂质石灰性草甸土	A	0—72	暗灰色	砂壤土	粒状	8.0									洪冲积物	E 121°54′56.5″ N 44°25′24.6″	81
						Gw	72—84	灰黄色	砂壤土		8.4											
						C	84—	灰黄色														

扎赉特旗

主要土类说明

暗棕壤是扎赉特旗主要土壤类型，占本旗地域面积的39%。山体部分成土母质主要为花岗岩残积物和坡积物，山间谷地两侧有少量的黄土状母质和洪冲积物。成土过程主要为暗棕壤化过程和草甸化过程。土体厚度不足60cm时，剖面构型为A-C或A-D；土体厚度大于60cm时，剖面构型为Ao-A-B-C或As-A-E-C。Ao或As层为厚3—5cm的枯枝落叶半分解层或草根层，呈棕褐色网盘状；A层为暗棕色腐殖质层，厚20—50cm，质地为轻壤土至重壤土，具团粒状结构，植物根系密集；B层为红棕色淀积层，厚20—70cm，质地为重壤土至轻黏土，具团块状结构，植物根系中量；C层为黄棕色母质层，可分为黄土状母质或基岩风化物。

草甸土是扎赉特旗第二大土壤类型，占本旗地域面积的20%。草甸土主要分布在低山丘陵谷地及河流两岸，垂直分布在沼泽土之上。成土母质绝大部分为河湖冲积物和沉积物。成土过程主要为草甸化的腐殖质累积过程。剖面构型为A-B-C和A-C。A-C型土壤剖面发育微弱，一般表土层较薄，心土层为砾石或砾质。A-B-C型土壤剖面发育比较完整，A层为暗腐殖质层，B层为棕色或灰棕色淀积层，C层多为潜育层。本旗草甸土分为暗色草甸土、石灰性草甸土、盐化草甸土、碱化草甸土等亚类。

栗钙土是扎赉特旗第三大土壤类型，占本旗地域面积的14%。栗钙土主要分布在丘陵漫岗与波状平原之间的过渡地带。本旗北部低丘漫岗成土母质主要为花岗岩残积物和坡积物，部分为火山凝灰岩组成的基性岩和碳酸岩的残积物和坡积物，丘陵缓坡地带则以黄土状母质为主；本旗南部成土母质多以古洪冲积物为主。根据主要成土过程的强弱和有无附加成土过程，本旗栗钙土分为暗栗钙土、草甸栗钙土、碱化栗钙土等亚类。

黑土占本旗地域面积的12%，主要分布在本旗西北部的山麓台地及山前漫岗平原，部分分布在绰尔河上游的高阶台地。自然植被主要为灌丛草原植被。成土母质主要为黄土状母质，部分为坡积物和洪积物。剖面构型一般为A-AB-B-C。根据有无附加成土过程，本旗黑土分为黑土、草甸黑土等亚类。

沼泽土占本旗地域面积的7%，主要分布在本旗北部的低山谷地、河流两岸低洼地带和东南部冲积平原的洼地，丘陵漫岗也有零星分布。成土母质质地黏重，加上季节性和局部岛状冻层的存在，低洼地势有利于汇水成泽，为沼泽土的形成提供了基本条件。沼泽土剖面由泥炭腐殖质层、潜育过渡层和潜育母质层构成。本旗沼泽土分为草甸沼泽土、沼泽土、腐泥沼泽土、泥炭沼泽土、盐化沼泽土等亚类。

黑钙土占本旗地域面积的4%，主要分布在本旗中部的丘陵区，向上与暗棕壤带、黑土带相接，向下与栗钙土带相接。本旗黑钙土分为黑钙土、石灰性黑钙土、草甸黑钙土等亚类。

小于本旗地域面积3%的土壤类型有粗骨土、风沙土、草甸盐土。

本区域中心区气候特征

本区域中心区气候特征值
Regional climate characteristics in central area of the region

气候带：中温带亚干旱气候 Climate region: Mid temperate subarid climate	
年平均气温 /℃ Annual average temperature /℃	2.5
年平均最高气温 /℃ Annual average maximum temperature /℃	8.9
年平均最低气温 /℃ Annual average minimum temperature /℃	-3.4
年降水量 /mm Annual precipitation /mm	422
≥10℃的积温 /℃ Daily temperature accumulated in a year (≥10℃) /℃	2059
年日照时数 /h Annual sunshine /h	2746
年平均相对湿度 /% Annual average relative humidity /%	61
干燥度 Dryness	0.62

本区域中心区月平均气温与月平均降水量
Monthly temperature and precipitation in central area of the region

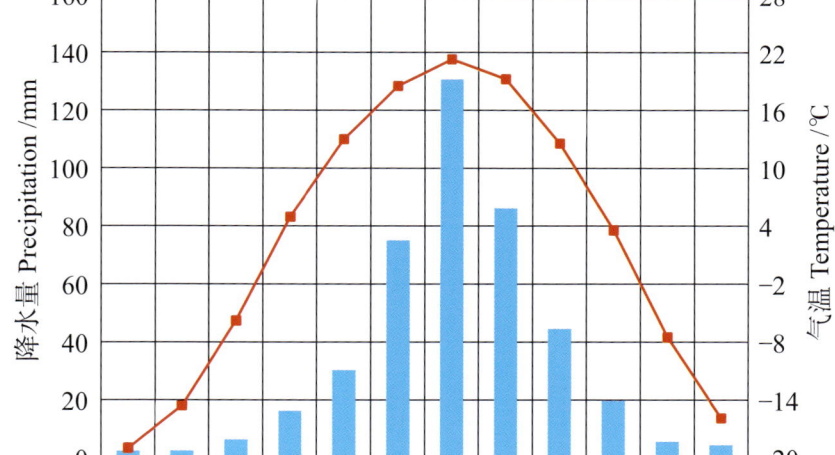

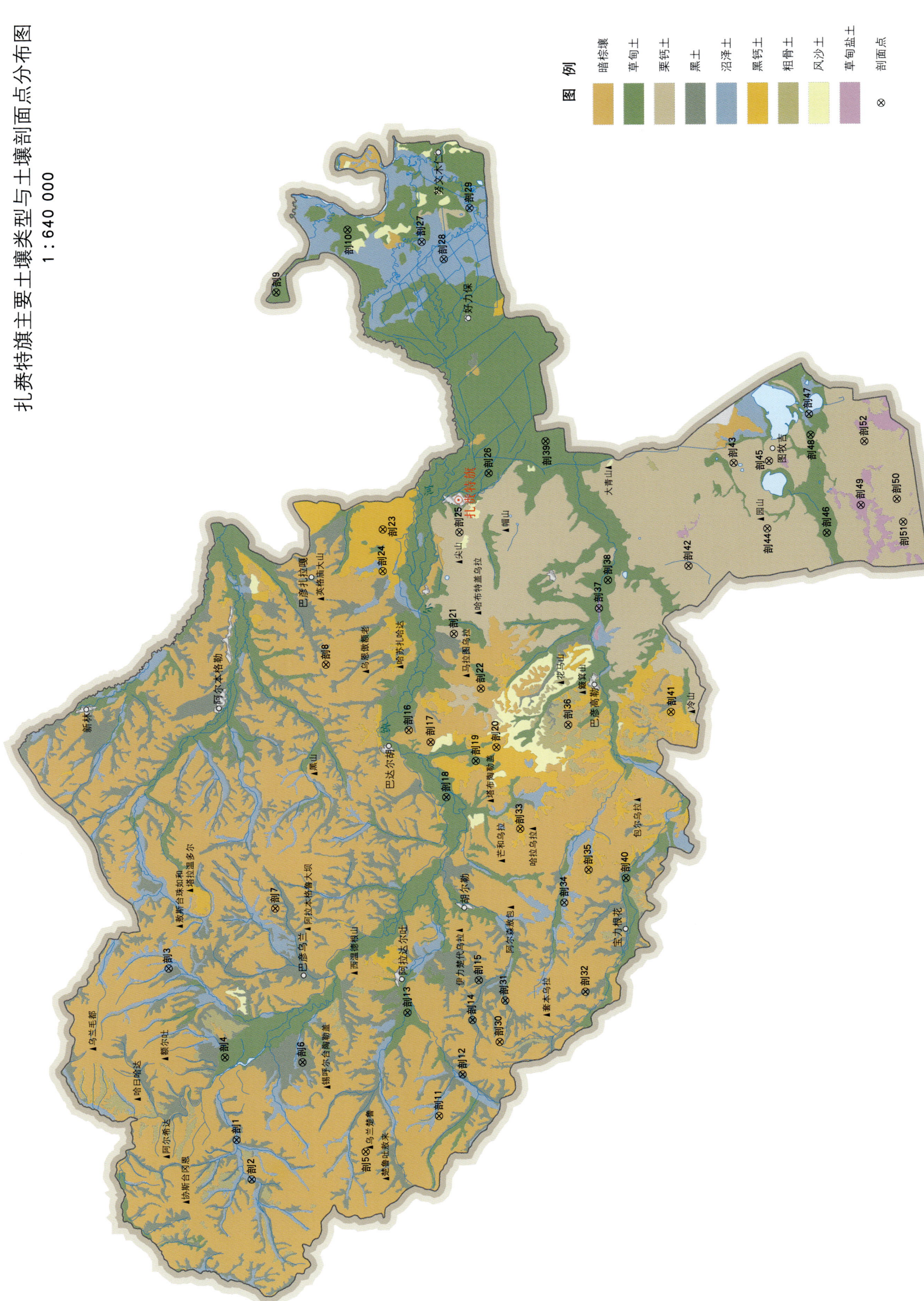

扎赉特旗土壤剖面理化性状表

剖面号 Soil profile	土纲 Soil order	土类 Soil great group	亚类 Soil subgroup	土属 Soil genus	土种 Soil species	土层码 Layer code	土层厚度 Depth/cm	颜色 Soil color	质地 Soil texture	土壤结构 Soil structure	pH	有机质 OM/(g/kg)	全氮 TN/(g/kg)	全磷 TP/(g/kg)	全钾 TK/(g/kg)	碱解氮 AN/(mg/kg)	有效磷 AP/(mg/kg)	速效钾 AK/(mg/kg)	阳离子交换量 CEC/(cmol/kg)	土壤母质 Parent material	剖面点坐标 Profile coordinate	匹配指数 Matching index/%
剖1	水成土	沼泽土	沼泽土			A	0-35	暗黑色	重黏土	团状	7.8	87.7	0.38	1.25	23.4	205	4.6	80		冲积物、沉积物	E 121°35′52.8″ N 47°01′45.1″	100
						B	35-60	灰黑色	轻黏土		8.0	17.3	0.60	0.60	28.0							
剖2	水成土	沼泽土	腐泥沼泽土			Am₁	0-70	暗黑色	黏糊状											沉积物	E 121°31′06.6″ N 47°00′24.5″	87
						Am₂	70-100	暗黑色	黏糊状													
剖3	水成土	沼泽土	沼泽土			A₁	0-40	灰棕色	轻壤土	散粒状	8.5	50.6	2.86	0.88	16.4	163	1.0	94		沉积物	E 121°56′37.3″ N 47°07′39.0″	75
						A₂	40-65	灰棕色	轻壤土	散粒状	7.4	18.2	0.94	0.53	16.7	67		84				
						B	65-90	棕黄色	轻壤土	散粒状	7.3	6.4										
						C	90-100	灰棕色	紧砂土	散状	7.9	2.5										
剖4	半水成土	草甸土	暗色草甸土	砂壤质暗色草甸土	砾底砂壤质暗色草甸土	A	0-30	黑棕色	砂壤土	小粒状	8.5	3.5	0.08	0.01	36.3	12	1.4	38	14.5	冲积砾石	E 121°45′48.6″ N 47°02′51.0″	95
						B	30-80	黑棕色	中壤土	粒状	8.2	11.0	0.40	0.70	34.5				23.2			
						C	80-100															
剖5	淋溶土	暗棕壤	暗棕壤	酸性岩暗棕壤	薄体酸性岩暗棕壤	Ao	0-3	黄褐色			5.8	119.2	4.90	1.90	17.2	609	36.0	119	39.6	花岗岩风化残积物	E 121°35′06.0″ N 46°50′48.5″	91
						A₁	3-5		轻壤土	粒状	5.6	95.1	4.00	1.00	15.5	449	17.0	100	34.2			
						A	5-9	棕色	轻壤土		5.1	67.8	2.70	1.80	13.9	349		63	25.9			
						B	9-18	红棕色	重壤土	团块状	4.9	22.0							16.7			
						C	25-30	棕色	重壤土	散状	5.7	13.1							9.9			
剖6	半淋溶土	黑土	草甸黑土	草甸淤黑土	中层淤黑土	A	0-40	黑色	轻黏土	团粒状	6.5	52.5	2.24	1.13	26.5	184	3.1	165	43.5	坡积物、洪积物	E 121°45′22.0″ N 46°56′20.0″	74
						B	50-70	黑棕色	轻黏土	块状	7.8	33.0	1.44	0.94	25.5				39.5			
						C	70-130	黄棕色	轻黏土	块状	7.0	30.7	1.25	0.80	26.1				40.6			
剖7	淋溶土	暗棕壤	暗棕壤	酸性岩暗棕壤	薄体酸性岩暗棕壤	A	5-15		重壤土		5.5	57.0	1.80	1.01	27.6	173	3.5	353	37.8	酸性岩	E 122°04′12.0″ N 46°58′46.9″	100
剖8	淋溶土	暗棕壤	暗棕壤	酸性岩暗棕壤	中层酸性岩暗棕壤	A	0-25	暗棕色	轻壤土	团粒状	6.3	38.2	1.90	1.60	28.9	88	1.9	113	27.3	花岗岩残积物	E 122°33′58.3″ N 46°54′41.0″	100
						B	25-55	棕色	中壤土	大块状	6.7	32.4	1.20	1.20	29.2				26.9			
						C	55-70	黄棕色	黏土	块状												
剖9	半水成土	草甸土	暗色草甸土	黏质暗色草甸土	砾底黏质暗色草甸土	A	0-30	黑色	中黏土	团粒状	7.0	31.0	1.27	0.83	26.6	82	2.6	108	35.6	冲积物	E 123°19′16.3″ N 46°58′53.5″	82
						BC	30-80	暗棕色	中黏土	散状	7.9	10.8	0.30	0.50	37.3							
						C	80-105															
剖10	半水成土	草甸土	石灰性草甸土	壤质石灰性草甸土	中层石灰性草甸土	A	0-60	黑棕色	中壤土	团粒状	8.3	49.1	2.40	1.00	27.0	13	3.5	133	38.9	沉积物	E 123°26′49.2″ N 46°52′45.8″	71
						B	60-98	暗棕色	重壤土	核块状	8.5	8.5	0.31	0.63	23.3				24.9			
						C	98-150	黄棕色	砂壤土	块状	8.5	6.4	0.25	0.47	31.3				13.9			
剖11	淋溶土	暗棕壤	暗棕壤	酸性岩暗棕壤	中体酸性岩暗棕壤	A	15-25	黑棕色	重壤土	团粒状	6.3	51.1	2.30	1.20	28.0	117	3.2	180	39.1	酸性岩	E 121°39′12.6″ N 46°44′49.2″	87
						BC	39-44	黑棕色	重壤土	团粒状	6.3	21.2	0.90	0.60	28.4				34.3			
剖12	半水成土	黑土	黑土	黑土	中层黑土	A	0-36	黑棕色	中黏土	团粒状	5.4	58.3	2.26	1.38	26.6	221	3.5	235	42.2	残积物	E 121°44′14.5″ N 46°42′53.6″	76
						A/B	36-48	暗黑色	重壤土	团粒状	5.3	35.9	1.76	1.33	26.7	184	3.5	225	38.6			
						C	48-71	黄棕色	轻壤土	块状		23.2	1.01	0.95	27.5				36.5			
剖13	半淋溶土	黑土	暗色草甸土	轻壤质暗色草甸土		A	71-98	棕色	轻壤土	粒状	7.4	24.1	1.02	0.85	33.4	84	9.5	283	25.3	冲积物、坡积物、沉积物	E 121°51′37.1″ N 46°47′35.2″	82
						B	0-30	灰黑色	中壤土	团粒状	7.3	21.6	0.92	0.76	33.8	152	2.2		25.5			
						C	30-36	黑棕色		团块状												
剖14	半淋溶土	黑土	草甸黑土		厚层淤黑土	A	0-50	暗黑色	轻黏土	团粒状	8.2	40.6	1.75	1.39	27.7				45.3	坡积物、洪积物	E 121°50′48.8″ N 46°42′08.0″	74
						A/B	50-80	黑棕色	轻黏土	团块状	7.7	26.7	0.92	1.18	28.2	96	3.0		41.2			
						B	80-115	棕色	轻壤土	团块状	8.5	26.1	0.91	1.18	28.7				37.4			
						C	115-135	黄棕色	中黏土	核状状												

续表 Continued

剖面号 Soil profile	土纲 Soil order	土类 Soil great group	亚类 Soil subgroup	土属 Soil genus	土种 Soil species	土层码 Layer code	土层厚度 Depth/cm	颜色 Soil color	质地 Soil texture	土壤结构 Soil structure	pH	有机质 OM/(g/kg)	全氮 TN/(g/kg)	全磷 TP/(g/kg)	全钾 TK/(g/kg)	碱解氮 AN/(mg/kg)	有效磷 AP/(mg/kg)	速效钾 AK/(mg/kg)	阳离子交换量CEC/(cmol/kg)	土壤母质 Parent material	剖面点坐标 Profile coordinate	匹配指数 Matching index/%
剖15	半淋溶土	黑土	黑土	黄黑土	中层黄黑土	A	0—32	暗黑色	轻黏土		7.0	52.4	2.03	1.10	27.9	170	3.4	260	26.2	黄土状母质	E 121°55′39.1″ N 46°41′38.8″	70
						A/B	32—50	暗棕色	中黏土		7.0	28.0	1.06	0.80	27.4	100	1.7	165	43.5			
						B	50—70	棕色	重黏土			12.7							28.3			
剖16	淋溶土	暗棕壤	暗棕壤	酸性岩暗棕壤	厚层酸性岩暗棕壤	A	0—65	暗棕色	重黏土	粒状	6.0	43.6	1.90	0.90	28.5	156	2.5	163	37.2	花岗岩坡积物、洪积物	E 122°26′02.0″ N 46°47′42.7″	94
						B	65—102	棕黄色	轻黏土	核块状	6.5	11.9	0.40	0.50	29.3				34.8			
						B	102—137	棕色		核块状	7.1	9.7	0.40	0.50	28.4				33.5			
剖17	淋溶土	暗棕壤	暗棕壤	酸性岩暗棕壤	厚层酸性岩暗棕壤	A	33—43	棕色	重黏土		6.1	46.5	2.30	1.20	26.3	152	2.9	163	33.9	酸性岩	E 122°24′34.6″ N 46°45′52.9″	95
						B	67—77		轻黏土		5.5	23.3	0.90	0.80	27.5				34.1			
剖18	半水成土	草甸土	暗色草甸土	中壤质暗色草甸土	砾底中壤质暗色草甸土	A	0—25	黑灰色		粒状	8.2	21.9	0.84	0.67	31.0	79	2.5	123	24.5	冲积物、沉积物	E 122°17′53.9″ N 46°44′31.9″	90
						B	25—30	棕色	重黏土	团块状	7.3	11.0	0.65	0.71	31.6				28.0			
						C	30—80															
剖19	半水成土	草甸土	暗色草甸土	黏质暗色草甸土	通体黏质暗色草甸土	A	0—30	黑褐色	轻黏土	团粒状	7.9	48.2	2.25	1.06	27.5	208	3.5	163	38.9	黄土	E 122°22′17.8″ N 46°42′04.7″	97
						B	30—70	暗棕色	重黏土	团块状	7.5	10.7	0.28	0.50	28.5				35.7			
						C	70—100	浅棕色	轻黏土	大块状	8.0	6.4	0.22	0.52	29.0				39.4			
剖20	钙层土	黑钙土	暗栗钙土	暗火性黑钙土	中层暗火性黄黑土	A	0—55	暗黑色	轻黏土	团粒状	8.4	60.0	2.33	1.13	25.5	77	3.9	165	45.1	黄土状母质	E 122°23′58.3″ N 46°40′21.9″	94
						A/B	55—70	暗棕色	中壤土	核块状	8.4	29.0	1.21	0.96	22.1	88	1.8	118	41.0			
						Bca	70—100	灰棕色	重壤土	团块状	8.8	23.2	1.18	0.84	22.1				38.9			
剖21	钙层土	栗钙土	暗栗钙土	暗灰黑土	中体暗灰黑土	A	0—25	黄黑色	重壤土	团粒状	7.9	54.5	2.56	1.13	23.5	84	6.1	88	35.8	碳酸岩残积物、坡积物	E 122°37′43.0″ N 46°43′57.7″	95
						Bca	25—50	灰棕色	轻黏土	块状	8.7	26.0	0.96	0.92	14.3				23.8			
						C	50—70															
剖22	淋溶土	暗棕壤	暗棕壤	酸性岩暗棕壤	中体酸性岩暗棕壤	Ao	0—3	暗褐色	中壤土	粒状	6.5	284.4	10.50	2.90	11.8				56.4	花岗岩残积物	E 122°31′07.7″ N 46°41′40.9″	94
						A₁	3—34	暗棕色	轻壤土	散状	6.7	31.3	2.60	2.00	13.8	232	1.0	307	22.2			
						C	34—54	棕色	中壤土		7.1	19.0							13.8			
剖23	钙层土	黑钙土	黑钙土	暗火性黑钙土	中层暗火性黑钙土	A	0—35	黑灰色	中壤土	团块状	8.4	58.7	2.77	1.01	17.7	227	2.0	110	26.3	残积物	E 122°50′22.6″ N 46°49′55.9″	97
						Bca	35—100	灰棕色	重壤土	团粒状	8.5	14.7							20.6			
						C	100—150	黄棕色	中壤土	团块状	8.4	1.6							19.5			
剖24	钙层土	黑钙土	黑钙土	暗火性黑钙土	薄层暗火性黑钙土	A	0—25	黑灰色	中壤土	粒状	8.0	32.3	1.36	0.70	29.7	82	1.3	50	30.6	残积物	E 122°45′18.0″ N 46°49′55.7″	80
						Bca	25—50	棕色	重壤土	团块状	8.6	7.5	0.16	0.47	19.0	12	0.7	38	23.3			
						BC	50—90	棕灰色	轻壤土	核块状		4.4	0.14	0.49	17.2				24.5			
剖25	钙层土	栗钙土	暗栗钙土	暗白干土	深位暗白干土	A₁	0—5	灰黑色	中壤土	散粒状	8.2	20.3	0.84	0.72	29.5	65	2.0	128	17.5	酸性结晶岩残积物、坡积物	E 122°50′00.6″ N 46°43′30.4″	95
						A₂	5—88	暗棕色	轻壤土	团粒状	8.7	11.9	0.47	0.45	26.7	43	0.9	68	27.8			
						Bca	88—145	灰白色	中壤土	团块状	8.7	0.9	0.01	1.05	11.1				17.0			
						C	145—															
剖26	半水成土	草甸土	暗色草甸土	中壤质暗色草甸土	砾底中壤质暗色草甸土	A	0—38	暗黑色	中壤土	团粒状	7.1	22.4	0.92	0.83	34.2	124	3.1	113	22.3	冲积物、沉积物	E 122°57′11.5″ N 46°41′03.5″	87
						B	38—58	暗黑色	中壤土	团块状	7.0	14.7	0.53	0.82	34.1				15.1			
						C	58—78															
剖27	水成土	沼泽土	草甸沼泽土	壤质草甸沼泽土	中层壤质草甸沼泽土	As	0—8	黑褐色	中壤土	团块状	6.4	87.5	5.45	1.65	25.0	353	4.0	178	32.0	沉积黄泥土	E 123°25′15.2″ N 46°46′33.0″	73
						A	8—35	暗黑色	中壤土	块状	7.6	31.4	1.57	0.58	23.8	145	0.3	118	25.0			
						B	35—80	暗黄色	中壤土	块状	8.5	11.5							20.5			
						C	80—110	黄棕色	中壤土	团块状	8.1	6.8							19.3			

续表 Continued

剖面号 Soil profile	土纲 Soil order	土类 Soil great group	亚类 Soil subgroup	土属 Soil genus	土种 Soil species	土层码 Layer code	土层厚度 Depth/cm	颜色 Soil color	质地 Soil texture	土壤结构 Soil structure	pH	有机质 OM/(g/kg)	全氮 TN/(g/kg)	全磷 TP/(g/kg)	全钾 TK/(g/kg)	碱解氮 AN/(mg/kg)	有效磷 AP/(mg/kg)	速效钾 AK/(mg/kg)	阳离子交换量CEC/(cmol/kg)	土壤母质 Parent material	剖面点坐标 Profile coordinate	匹配指数 Matching index/%
剖28	水成土	沼泽土	草甸沼泽土	黏质草甸沼泽土	中层黏质草甸沼泽土	As	0—10	黄褐色	重壤土	团盘状	8.9	61.0	2.97	2.97	28.4	149	3.3	80	39.2	沉积物	E 123°23′06.6″ N 46°44′43.1″	86
						At	25—30	暗黑色	重壤土	大块状	7.7	111.8	5.06	5.06	25.5	286	9.5	148	48.8			
						B	57—67	黄棕色	黏土		7.9	12.9	0.52	0.52	29.1				27.6			
剖29	水成土	沼泽土	腐泥沼泽土			Am	0—30	暗黑色	黏土	黏糊状										沉积物	E 123°29′17.9″ N 46°42′31.8″	84
剖30	淋溶土	暗棕壤		酸性岩暗棕壤	薄体酸性岩暗棕壤	A	10—20		中壤土		6.5	63.5	2.60	1.00	26.3	154	2.6	165	35.0	酸性岩	E 121°48′11.1″ N 46°39′50.1″	83
剖31	半淋溶土	黑土		黑土	中层黑土	A	0—35	黑棕色	重壤土	团粒状	6.0	57.5	2.54	1.63	27.6	180	3.4	250	48.8	坡积物、洪冲积物	E 121°53′13.9″ N 46°39′25.2″	96
						A/B	35—45	暗棕色	重壤土	团粒状	5.8	40.2	1.57	1.53	28.1	163	2.1	173	40.5			
						B	45—75	黄棕色	轻黏土	核状	8.3	32.8	1.28	1.44	28.7				39.9			
						C	75—105															
剖32	半淋溶土	黑土	草甸黑土	草甸淤黑土	薄层淤黑土	A	0—15	黑色	轻黏土	团粒状	5.8	63.0	3.30	1.26	27.2	214	4.4	23	44.3	洪冲积物	E 121°54′24.9″ N 46°32′42.3″	97
						A/B	15—25	黑棕色	轻黏土	团块状	6.4	41.9	1.80	1.23	26.2	170	3.0	180	41.8			
						B	25—35	棕色	中壤土	核状	7.2	21.9	1.30	1.10	27.5				41.6			
剖33	钙层土	黑钙土	草甸黑钙土	火性淤黑土	中层火性淤黑土	A	0—35	灰黑色	轻黏土	团块状	8.4	34.3	2.00	1.06	22.1	138	1.3	145	40.4	河湖相沉积物	E 122°14′07.8″ N 46°38′19.0″	97
						B	35—70	灰棕色	轻黏土	块状	8.7	11.4	0.31	0.67	2.3				30.7			
						C	70—100	黄棕色	轻黏土	核状	8.5	9.0	0.17	0.62	26.0				36.8			
剖34	水成土	沼泽土	泥炭沼泽土			A	0—60	灰黑色	重壤土	丝团盘状	7.1	206.1	7.07	2.61	19.8	354	14.5	188	76.6	沉积物	E 122°05′15.4″ N 46°34′33.6″	72
剖35	钙层土	黑钙土		火性淤黑土	中层火性淤黑土	A	0—30	灰黑色	轻黏土	团粒状	8.4	55.8	2.63	1.21	24.8	142	3.5	165	44.0	河湖相沉积物	E 122°09′14.4″ N 46°32′33.4″	85
						B₁	30—55	灰黑色	轻黏土	片状	8.5	14.7	0.62	0.58	24.3				36.7			
						B₂	55—90	灰黑色	轻黏土	块状	8.5	28.5	1.25	1.00	23.2				36.1			
剖36	初育土	粗骨土	硅铝质粗骨土			A	5—15				6.9	98.0	5.00	2.20	21.4	377	1.0	500	25.3	沉积物	E 122°26′43.8″ N 46°34′20.6″	83
剖37	盐碱土	草甸盐土	苏打沼泽盐土			A/B	0—24	暗灰黑色	中黏土	粒状	8.8	76.7	1.97	0.75	18.0	155	9.2	183	25.4	沉积物	E 122°40′49.4″ N 46°31′48.0″	75
						Bg₁	24—42	灰黑色	重壤土	片状	9.6	25.9	0.77	0.58		63	7.6	119	18.4			
						Bg₂	42—63	青灰色	重黏土	片状	10.1	17.0	0.22	0.41			15.9	191				
						C	63—107 107—	银灰色 灰棕色	黏土	片状	10.2	14.0	0.12	0.29			13.6	120				
剖38	半水成土	草甸土	石灰性草甸土	黏质石灰性草甸土	中层黏质石灰性草甸土	A	0—30	暗灰黑色	轻黏土	块状	8.2	36.0	1.42	1.02	28.6	138	4.1	125	40.0	冲积物、沉积物	E 122°44′12.1″ N 46°31′03.0″	95
						B₁	30—75	暗灰色	重壤土	团块状	8.0	7.9	0.39	1.05	30.3		7.6		25.2			
						B₂	75—110	棕色	重黏土	团块状	8.0	2.8	0.06	0.70	33.9				18.2			
剖39	半水成土	草甸土	暗色草甸土	通体轻壤暗色草甸土	通体轻壤质暗色草甸土	A	0—40	暗黑色	中壤土	团粒状	7.7	40.3	1.69	1.00	28.7	103	2.1	98	24.3	冲积物、沉积物	E 123°01′02.6″ N 46°36′16.6″	96
						B	40—90	棕黄色	中壤土	块状	7.5	16.2	0.52	0.64	29.3				23.3			
						C	90—110															
剖40	半水成土	草甸土	暗色草甸土	中壤质暗色草甸土	通体中壤质暗色草甸土	A₁	0—15	黑灰色	轻壤土	粒状	7.6	51.7	2.54	1.23	16.5	160	13.0	150	20.8	冲积物	E 122°08′17.3″ N 46°29′25.0″	82
						A₂	15—25	暗灰色	中壤土	团粒状	7.7	44.7	2.24	1.30	15.8	179	1.0	125	20.8			
						A₃	25—45	暗灰黑色	重壤土	团粒状	7.5	22.8	1.31	0.89	16.0	99	7.1	155	13.2			
						B	45—100	棕黄色	中壤土	大团块状	7.4	2.5							15.5			
						C₁	100—160		紧砂土		7.2	2.3							9.6			
						C₂	160—170				7.5	5.3							47.6			
剖41	钙层土	黑钙土		暗火性黄黑土	厚层暗火性黄黑土	A	0—65	黑灰色	重壤土	粒状	8.8	35.3	1.49	0.90	24.2	98	1.5	80	38.9	黄土状母质	E 122°28′21.1″ N 46°25′43.8″	84
						A/B	65—90	暗棕色	重壤土	团粒状	8.4	24.9	0.98	0.83	25.5	65	1.8	105	37.8			
						Bca	90—115	棕色	重壤土	核块状	8.5	17.5	0.70	0.82	22.1				33.7			
						C	115—150															

续表 Continued

剖面号 Soil profile	土纲 Soil order	土类 Soil great group	亚类 Soil subgroup	土属 Soil genus	土种 Soil species	土层码 Layer code	土层厚度 Depth/cm	颜色 Soil color	质地 Soil texture	土壤结构 Soil structure	pH	有机质 OM/(g/kg)	全氮 TN/(g/kg)	全磷 TP/(g/kg)	全钾 TK/(g/kg)	碱解氮 AN/(mg/kg)	有效磷 AP/(mg/kg)	速效钾 AK/(mg/kg)	阳离子交换量CEC/(cmol/kg)	土壤母质 Parent material	剖面点坐标 Profile coordinate	匹配指数 Matching index/%
剖42	钙层土	栗钙土	暗栗钙土	暗黄黑化	中层暗黄黑土	A	0–40	暗栗色	重壤土	团状	8.0	53.9	2.49	1.24	25.3	187	5.0	203	41.2	洪冲积物	E 122°45′54.9″ N 46°24′17.6″	93
						Bca	40–55	灰棕色	轻黏土	大核块状	8.1	30.2	1.46	0.96	18.9				30.7			
						C	55—															
剖43	钙层土	栗钙土	暗栗钙土	灰黄砂土	中层灰黄砂土	A	0–40	暗黄色	轻壤土	团粒状	8.5	44.7	2.46	0.10	16.0	138	1.0	72	14.6	花岗岩残积物	E 122°58′18.8″ N 46°20′29.4″	78
						Bca	40–130	灰棕色	重壤土	大块状	8.8	7.3							5.6			
						C	130–150	棕黄色	重壤土		8.9	2.2							15.8			
剖44	钙层土	栗钙土	暗栗钙土	暗栗黄土	中层暗栗黄土	A	0–35	暗栗色	重壤土	团粒状	8.2	43.5	1.98	0.91	26.7	154	3.7	140	37.4	黄土	E 122°50′25.1″ N 46°17′42.0″	96
						B	35–80	黄棕色	轻黏土	大团块状	8.2	3.6	0.19	0.49	26.3				34.8			
						C	80–145	棕黄色	重壤土	团块状	8.2	3.3	0.03	0.33	27.1				28.6			
剖45	钙层土	栗钙土	碱化栗钙土	黏质碱化栗钙土	强度碱质碱化栗钙土	1	0–5	暗棕色	重壤土	粉状	9.9	25.3	1.32	0.34	20.7	76	7.3	83	20.8	黄土	E 122°58′34.0″ N 46°17′33.0″	85
						2	5–20	棕褐色	轻黏土	柱状	10.2	15.9	0.38	0.24		16	5.2	62	16.1			
						3	20–50	浅棕色	中壤土	柱状	10.1	11.9	0.13	0.23			4.1	67	14.9			
						4	50–100	浅棕色	重黏土	粒状	9.9	9.3	0.03	0.21		27	4.1	36	13.1			
						5	100–150	红褐色	中壤土		9.5	8.8		0.17		28	5.2		18.9			
剖46	半水成土	草甸土	盐化草甸土	盐化草甸土	中度盐化草甸土	A	0–20	灰黑色	轻壤土	团块状	8.8	32.3	1.53	1.00	21.3	63	3.2	135	18.3		E 122°49′54.5″ N 46°12′42.1″	74
						B	20–60	浅棕色	轻黏土	散状	8.9	4.8	0.21	0.43	26.6				15.0			
						C_1	60–80	棕色	中壤土	团块状	8.8	3.1		0.30	27.2				16.1			
						C_2	80–130	棕色	轻壤土	核块状	8.6	5.7		0.39	27.4				19.8			
剖47	水成土	沼泽土	盐化沼泽土			A	0–25	黑棕色	中壤土	团粒状	9.3	12.6	0.54	0.87	29.2	19	5.7	148		冲积物、沉积物	E 123°04′12.4″ N 46°14′10.3″	92
						B	25–90	灰黑色	中壤土	团块状	10.0	5.3	0.10	0.63	26.6							
						C	90–120	灰黑色	重壤土	块状	10.0	7.3	0.06	0.54	30.6							
剖48	半水成土	草甸土	碱化草甸土	碱化草甸土		A_1	0–4	灰黑色	中壤土	团粒状	9.0	44.8	2.23	1.26	28.3	102	4.7	300	25.3	沉积物	E 123°01′41.5″ N 46°14′02.8″	76
						A_2	4–10	灰白色	中壤土	块状	10.0	16.9	0.75	0.89	24.7				21.7			
						B_1	10–30	灰白色	中壤土	大块状	9.9	11.5	0.32	0.77	22.7				20.2			
						B_2	30–50	灰白色	中壤土	块状	10.0	7.1	0.13	0.66	24.8				20.8			
						B_3	50–100	灰白色	轻壤土	核块状	9.7	3.1	0.06	0.61	23.8				21.8			
						B_4	100–150	棕灰色	中壤土	团粒状	9.4	6.0	0.13	0.67	26.7				16.4			
剖49	盐碱土	草甸盐土	碱化盐土	苏打碱化盐土		1	0–1		中壤土	碎块状	10.6	13.7	0.19	0.20	21.3		15.4	77	19.6	沉积物	E 122°53′12.6″ N 46°09′51.1″	88
						2	1–8	棕褐色	重壤土	块状	10.3	14.5	0.16	0.20			9.2	77	14.9			
						3	8–35	灰棕色	重壤土	核块状	10.2	10.3	0.16	0.21	22.3		9.8	13				
						4	35–100	灰色	中壤土	团粒状	10.2	10.7	0.06	0.19			5.2	41				
剖50	钙层土	栗钙土	碱化栗钙土	壤质碱化栗钙土	强度壤质碱化栗钙土	A	0–35	灰棕色	重壤土	团粒状	10.0	15.0	0.28	0.66	22.3	40	1.8	158	24.8	古沉积黏土	E 122°53′55.3″ N 46°06′49.3″	83
						Bn	35–80	灰棕色	重壤土	大块状	10.1	6.1	0.08	0.16	23.8	17	1.0	198	24.3			
						C	80–150	黄棕色	重黏土	块状	10.1	3.8	0.04	0.44	21.4		1.8	188	23.2			
						4	150–160		重黏土		10.2	2.5		0.29	21.4				37.2			
						5	160–170		重黏土		9.5	1.3		0.21	24.3				40.4			
剖51	钙层土	栗钙土	暗栗钙土	暗白干土	中位暗白干土	A	0–30	暗栗色	中壤土	团粒状	8.4	42.7	1.72	1.01	25.7	93	2.6	93	37.5	残积物	E 122°51′12.0″ N 46°06′17.7″	81
						B	30–90	灰棕色	轻黏土	大核块状	8.3	6.2	0.11	0.46	15.1				24.9			
						C	90–120		中壤土		8.3	3.8	0.15	0.43	21.9				27.0			

续表 Continued

剖面号 Soil profile	土纲 Soil order	土类 Soil great group	亚类 Soil subgroup	土属 Soil genus	土种 Soil species	土层码 Layer code	土层厚度 Depth/ cm	颜色 Soil color	质地 Soil texture	土壤结构 Soil structure	pH	有机质 OM/ (g/kg)	全氮 TN/ (g/kg)	全磷 TP/ (g/kg)	全钾 TK/ (g/kg)	碱解氮 AN/ (mg/kg)	有效磷 AP/ (mg/kg)	速效钾 AK/ (mg/kg)	阳离子 交换量CEC/ (cmol/kg)	土壤母质 Parent material	剖面点坐标 Profile coordinate	匹配指数 Matching index/%
剖52	钙层土	栗钙土	暗栗钙土	暗白干土	中位暗白干土	A	0—10	灰棕色	中壤土	粉粒状	8.2	40.8	1.92	0.29	16.3	148	4.1	88	21.4	洪冲积物	E 123°00′54.0″ N 46°09′33.1″	73
						AB	10—20	浅灰色	中壤土	团块状	8.2	40.1	1.80	0.35		143	4.1	41	20.3			
						B₁	20—42	灰白色	轻黏土	大团块状	8.4	18.7	0.49	0.17		69	4.1					
						B₂	42—68	黄棕色	重壤土	团块状	8.2	21.1	0.22	0.13		60	4.2					
						C	68—100															

突 泉 县

主要土类说明

栗钙土是突泉县主要土壤类型，占本县地域面积的36%。栗钙土主要分布在低山丘陵缓坡下部的起伏漫岗，除少数高丘外，海拔为185—420m。自然植被主要为山杏、披碱草、大针茅等。栗钙土是在温带半干旱草原下形成的具有栗色腐殖质层和灰白色钙积层的土壤。该土壤表层为栗色腐殖质层，厚20—30cm，有机质含量为15—45g/kg。其下，灰白色钙积层发育明显，钙积层见于20—30cm深处，厚20—40cm，呈斑点状或层状积钙。石膏及易溶盐局部聚积。本县栗钙土分为暗栗钙土和草甸栗钙土两个亚类。

暗棕壤是突泉县第二大土壤类型，占本县地域面积的32%。暗棕壤分布在本县西北部的浅中切割中山区及浅中切割低山区。自然植被主要为蒙古栎、桦树、大针茅、胡枝子、榛柴等林下灌丛。成土母质主要为残积物和坡积物。成土过程主要为弱酸性腐殖质累积过程、轻度淋溶过程和黏化过程。暗棕壤是在温带湿润地区针阔叶混交林下发育形成的具有明显有机质富集和弱酸性淋溶特征的土壤，具 O-A-B-C 剖面构型。A 层有机质含量可达 200g/kg，弱酸性淋溶使铁铝轻微下移；B 层呈棕色，结构面见铁锰胶膜。土壤呈弱酸性，盐基饱和度为 70%—80%。土壤冻结期长。

草甸土是突泉县第三大土壤类型，占本县地域面积的19%。草甸土分布在河流两岸的一级阶地、沟谷低平地、碟形洼地中下部以及地下水位小于3m的二级阶地。自然植被主要为喜湿性中生杂草类植被。成土母质主要为河湖冲积物和沉积物。因所处地带地下水位较高，潜水参与土壤形成过程，受地下水升降与浸润作用，成土过程具有明显的腐殖质累积和铁锰氧化还原特征，土体出现锈色斑纹层。剖面构型为 A-Cu 或 A-C-Cu。根据有机质含量、地形和水文地质条件，本县草甸土分为暗色草甸土和盐化草甸土两个亚类。

黑钙土占本县地域面积的8%，分布在低山丘陵的山麓及缓坡地带，海拔为341—721m。成土母质主要为黄土状洪积物、基性岩风化残积物和坡积物。黑钙土是在温带半湿润草甸草原下形成的具深厚均腐殖质层和碳酸钙淋溶淀积层的土壤。该土壤均腐殖质层厚50cm左右，有机质含量为50—80g/kg。其下，钙积层明显。土壤表层pH在7.0左右，往下pH逐渐升高为8.0—8.5。冬季冻层厚1.3—1.5m。本县黑钙土分为黑钙土和淋溶黑钙土两个亚类。

小于本县地域面积3%的土壤类型有棕壤、黑土、沼泽土。

本区域中心区气候特征

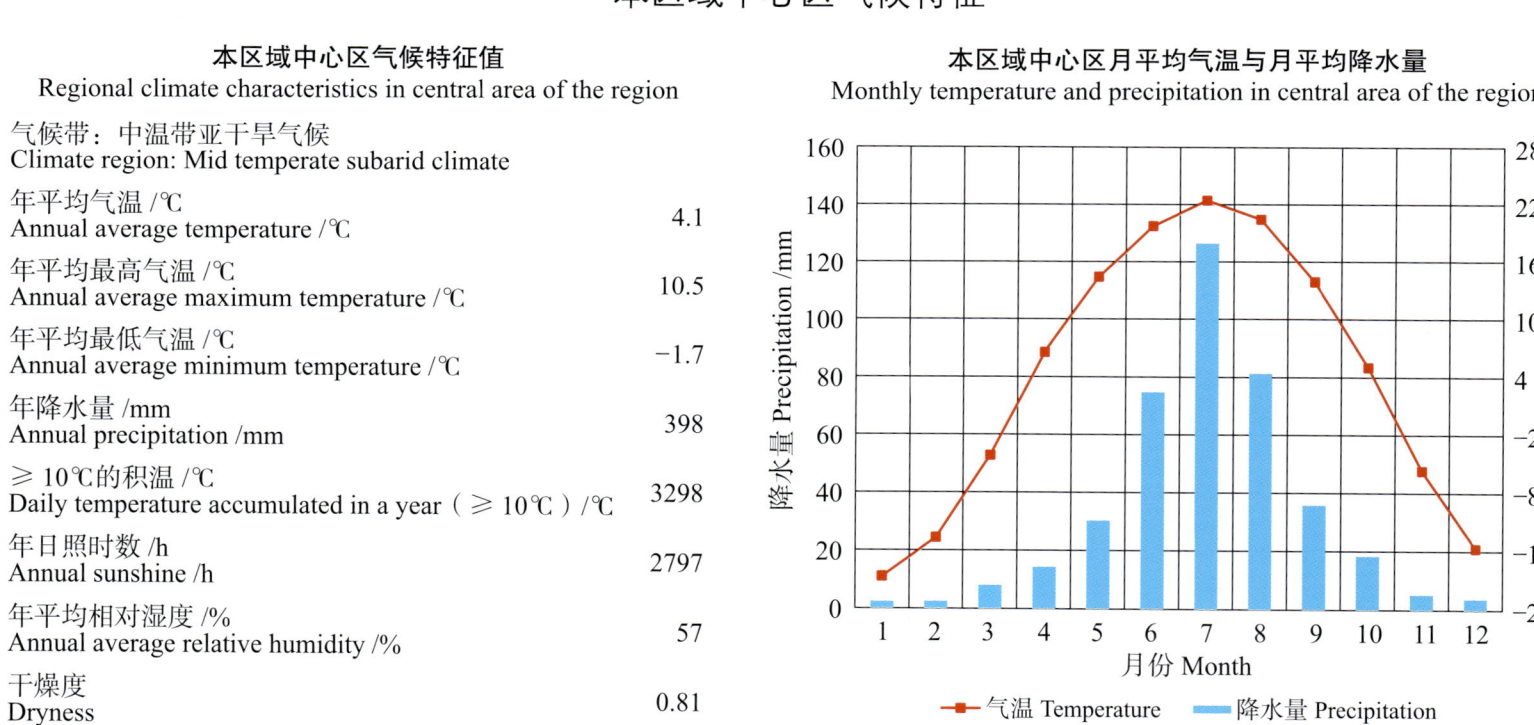

本区域中心区气候特征值
Regional climate characteristics in central area of the region

气候带：中温带亚干旱气候 Climate region: Mid temperate subarid climate	
年平均气温 /℃ Annual average temperature /℃	4.1
年平均最高气温 /℃ Annual average maximum temperature /℃	10.5
年平均最低气温 /℃ Annual average minimum temperature /℃	−1.7
年降水量 /mm Annual precipitation /mm	398
≥10℃的积温 /℃ Daily temperature accumulated in a year（≥10℃）/℃	3298
年日照时数 /h Annual sunshine /h	2797
年平均相对湿度 /% Annual average relative humidity /%	57
干燥度 Dryness	0.81

本区域中心区月平均气温与月平均降水量
Monthly temperature and precipitation in central area of the region

突泉县主要土壤类型与土壤剖面点分布图
1:430 000

图例：栗钙土 暗棕壤 草甸土 黑钙土 棕壤 黑土 沼泽土 ⊗ 剖面点

突泉县土壤剖面理化性状表

剖面号 Soil profile	土纲 Soil order	土类 Soil great group	亚类 Soil subgroup	土属 Soil genus	土种 Soil species	土层码 Layer code	土层厚度 Depth/cm	颜色 Soil color	质地 Soil texture	土壤结构 Soil structure	pH	有机质 OM/(g/kg)	全氮 TN/(g/kg)	全磷 TP/(g/kg)	全钾 TK/(g/kg)	阳离子交换量CEC/(cmol/kg)	土壤母质 Parent material	剖面点坐标 Profile coordinate	匹配指数 Matching index/%
剖1	半淋溶土	黑土	黑土	黑土	薄层黑土	A	0—30	暗栗色	中壤土	粒状、块状	6.4	44.5	2.19	4.33	16.6	22.7	黄土状洪积物	E 121°07′13.1″ N 45°55′11.3″	81
剖2	半水成土	草甸土	暗色草甸土	壤质暗色草甸土	砾质暗壤质暗色草甸土	B	30—105	灰黄色	中壤土	块状、粒状	6.5	31.0	1.51	1.84	17.4		沉积物、淤积物	E 121°08′25.4″ N 45°53′24.7″	84
						1	0—36	灰黑色	中壤土	无明显结构	7.5	40.4	2.16	2.39	16.4				
剖3	半水成土	草甸土	暗色草甸土	壤质暗色草甸土	夹砂壤质暗色草甸土	1	0—39	暗黑色	中壤土	粒状							沉积物、淤积物	E 120°54′11.5″ N 45°47′52.4″	81
						2	39—50	浅黄色	砂壤土										
						3	50—150	灰黑色	中壤土	粒状、块状									
剖4	淋溶土	暗棕壤	暗棕壤	基性岩暗棕壤	厚层厚度基性岩暗棕壤	A	0—53	棕色	重壤土	粒状、块状	6.8	34.9	2.00	1.31	17.4		基性岩残积物	E 121°20′08.2″ N 45°48′01.8″	70
						B	53—110	黄棕色	重壤土	块状	7.0	8.9	0.56	1.29	20.3	19.0			
剖5	半水成土	草甸土	暗色草甸土	壤质暗色草甸土	砂底壤质暗色草甸土	1	10—80	黄棕色	重壤土	粒状	8.1				15.9		沉积物、淤积物	E 121°15′20.9″ N 45°43′14.9″	71
						2	80—150	灰黄色	砂土										
剖6	半水成土	草甸土	暗色草甸土	壤质暗色草甸土	砂状壤质暗色草甸土	1	0—35	灰黄色	重壤土	粒状、块状	8.9	26.3	2.20	1.80	15.9		沉积物、淤积物	E 121°36′60.0″ N 45°49′18.8″	82
						2	35—120	暗黄色	砂土		8.9	6.0	0.50	0.79	14.9				
剖7	钙层土	黑钙土	黑钙土	基性岩黑钙土	中层基性岩黑钙土	A	0—34	灰黄色	重壤土	粒状、块状	7.1	35.1	1.99	2.10	15.6		凝灰岩类基性岩	E 121°36′36.7″ N 45°42′59.8″	85
						B	34—97	灰黄色	重壤土	粒状	7.5	30.3	1.73	1.78	15.7	28.6			
						C	97—110	黑灰色	砾石土										
剖8	淋溶土	棕壤	棕壤	基性岩棕壤	中体中层基性岩棕壤	A	0—29	黄棕色	中壤土	粒状	7.3	26.9	1.61	1.36	17.9	23.4	凝灰岩类基性岩	E 121°33′25.2″ N 45°40′03.0″	74
						B	29—51	棕黄色	砾石土	无明显结构	7.3	30.3	1.55	1.06	16.9	23.9			
						C	51—82	棕黄色	中壤土		7.3	13.2	0.97	1.35	16.6	19.1			
剖9	黑钙土	黑钙土	淋溶黑钙土	基性岩淋溶黑钙土	中层基性岩淋溶黑钙土	A	0—35	灰黄色	中壤土	粒状	6.8	31.1	1.65	1.66	17.0	25.8	凝灰岩类基性岩	E 121°14′37.7″ N 45°39′53.6″	94
						B	35—150	灰黄色	砾石土	片状	7.1	16.5	0.95	1.30	16.2	23.9			
剖10	淋溶土	棕壤	棕壤	基性岩棕壤	薄层基性岩棕壤	A	0—23	浅ús色	中壤土	粒状、块状	7.1	67.8	3.48	2.47	19.3	24.3	凝灰岩类基性岩	E 121°28′25.7″ N 45°33′30.2″	93
						C	23—36	浅棕色	砾石土	无明显结构									
剖11	黑钙土	黑钙土	淋溶黑钙土	基性岩淋溶黑钙土	厚层基性岩淋溶黑钙土	A	0—65	黑色	中壤土	粒状	7.2	31.5	1.76	2.00	18.6	24.2	凝灰岩类基性岩	E 121°16′28.6″ N 45°32′13.6″	84
						B	65—150	灰棕色	重壤土	块状	8.1	20.3	1.00	1.96	16.9	24.1			
剖12	钙层土	栗钙土	暗栗钙土	基性岩暗栗钙土	厚体中层基性岩暗栗钙土	A	0—33	暗栗色	轻壤土	粒状、块状	8.1	10.9	1.40	0.76	15.6	28.6	凝灰岩类基性岩	E 121°37′49.1″ N 45°38′29.4″	93
						B	33—79	灰黄色	砂壤土	粒状	8.4	21.7	0.75	1.03	37.1	19.1			
						C	79—90	棕黄色	中壤土		8.4	16.7	1.29	1.00	11.0				
剖13	淋溶土	棕壤	棕壤	基性岩棕壤	厚层基性岩棕壤	A	0—70	灰棕色	重壤土	粒状	7.3	36.4	2.28	1.29	18.3	26.9	凝灰岩类基性岩	E 121°33′17.6″ N 45°36′04.0″	93
						B	70—150	浅棕色	中壤土	块状	7.2	8.9	0.28	0.93	16.3	23.6			
剖14	半水成土	草甸土	暗色草甸土	壤质暗色草甸土	砾底壤质暗色草甸土	1	0—53	灰黑色	中壤土	块状							沉积物、淤积物	E 121°38′58.6″ N 45°35′25.8″	82
						2	53—76	灰黄色	砂土	粒状									
剖15	水成土	沼泽土	草甸沼泽土	草甸沼泽土	草甸沼泽土	1	0—120	黑色	重壤土	粒状	7.6	42.8	2.36	2.09			冲积物、湖积物	E 121°44′21.8″ N 45°34′29.6″	78
剖16	半水成土	栗钙土	暗栗钙土	基性岩暗栗钙土	厚体厚层基性岩暗栗钙土	1	0—15	黑栗色	重壤土	粒状							沉积物、淤积物	E 121°38′30.8″ N 45°30′28.1″	70
						2	15—27	暗黄色	重壤土	块状									
						3	27—150	灰黄色	砾石土										
剖17	钙层土	栗钙土	暗栗钙土	基性岩暗栗钙土	厚层厚度基性岩暗栗钙土	A	0—40	栗色	中壤土	粒状、块状	7.6	32.4	1.86	1.63	17.7	25.5	凝灰岩风化物	E 121°49′57.5″ N 45°39′45.7″	92
						B	40—75	浅黄色	重壤土	粒状、块状	7.8	16.8	0.64	0.76	13.4	20.6			
						C	75—150	暗黄色	砾石土	无明显结构	8.5	7.9	0.43	1.86	13.0	16.2			
剖18	钙层土	栗钙土	暗栗钙土	基性岩暗栗钙土	厚层薄层基性岩暗栗钙土	A	0—11	暗黄色	重壤土	粒状	8.4	24.9	2.35	1.64	18.3	12.4	凝灰岩风化物	E 121°28′32.9″ N 45°24′14.4″	75
						B	11—90	灰灰色	重壤土	块状	8.6	10.6	0.84	1.14	14.7	11.4			
						C	90—150	浅灰色	砂砾土	无明显结构	8.8	0.3	0.29	1.22	14.5	14.9			

续表 Continued

剖面号 Soil profile	土纲 Soil order	土类 Soil great group	亚类 Soil subgroup	土属 Soil genus	土种 Soil species	土层码 Layer code	土层厚度 Depth/cm	颜色 Soil color	质地 Soil texture	土壤结构 Soil structure	pH	有机质 OM/(g/kg)	全氮 TN/(g/kg)	全磷 TP/(g/kg)	全钾 TK/(g/kg)	阳离子交换量 CEC/(cmol/kg)	土壤母质 Parent material	剖面点坐标 Profile coordinate	匹配指数 Matching index/%
剖19	钙层土	栗钙土	暗栗钙土	基性岩暗栗钙土	中体中层基性岩暗栗钙土	A	0—25	暗栗色	轻壤土	粒状、块状	9.1	24.6	1.52	1.34	20.7	25.5	凝灰岩风化物	E 121°30′23.0″ N 45°28′07.7″	70
						B	25—40	灰黄色	中壤土	块状	8.9	15.3	0.99	0.95	16.3	15.4			
						C	40—60	灰白色	砾石土	无明显结构	8.7	2.2	0.44	0.69	24.5				
剖20	钙层土	栗钙土	暗栗钙土	基性岩暗栗钙土	薄体基性岩暗栗钙土	A	0—16	栗色	中壤土	粒状	8.4	20.3	2.15	1.20	17.1	19.8	凝灰岩风化物	E 121°50′10.7″ N 45°25′53.8″	94
						B	16—29	浅栗色	重壤土	粒状、块状	8.9	7.1	0.46	0.46		4.3			
						C	29—65	灰黄色	砂砾土	无明显结构	8.8	0.2	0.21	0.23		16.9			
剖21	钙层土	栗钙土	暗栗钙土	酸性岩暗栗钙土	厚体中层酸性岩暗栗钙土	A	0—25	浅栗色	中壤土	粒状	8.8	26.8	1.74	1.74	16.9	11.9	花岗岩风化物	E 122°01′08.3″ N 45°27′12.9″	96
						B	25—125	灰黄色	砂壤土		8.9	6.7	0.35	0.86		10.0			
						C	125—150	浅黄色	砂砾土		9.1	2.6	0.17	0.24		4.1			
剖22	钙层土	栗钙土	暗栗钙土	酸性岩暗栗钙土	中体中层酸性岩暗栗钙土	A	0—24	暗栗色	轻壤土	团粒状	7.3	46.5	2.14	1.69			花岗岩风化物	E 122°00′07.0″ N 45°20′34.8″	71
						B	24—36		中壤土	块状	7.9	29.1	0.90	0.53					
						C	36—												
剖23	半水成土	草甸土	暗色草甸土	壤质暗色草甸土	夹砾壤质暗色草甸土	1	0—37	灰黑色	中壤土	粒状							沉积物、淤积物	E 121°39′54.0″ N 45°19′31.4″	90
						2	37—48	灰黄色	砾石土										
						3	48—150	暗黄色	重壤土										
剖24	半水成土	草甸土	暗色草甸土	壤质暗色草甸土	壤质暗色草甸土	1	0—124	暗栗色	中壤土	粒状、块粒状	8.3	19.0	2.13	1.50	19.8	24.9	沉积物、淤积物	E 121°33′14.4″ N 45°18′17.6″	91
						2	124—150	棕黄色	重壤土	块状	8.0	23.2	1.60	1.52	14.7	25.9			
剖25	半水成土	草甸土	暗色草甸土	壤质暗色草甸土	腰砾壤质暗色草甸土	1	0—45	灰黑色	中壤土	粒状	6.7	33.7	1.65	1.28	20.1	23.9	沉积物、淤积物	E 121°49′03.0″ N 45°17′39.1″	79
						2	45—75	灰黄色	砾石土	粒状	7.3	6.5	0.56	1.90					
						3	75—150	浅黄色	中壤土	粒状									

锡 林 郭 勒 盟

锡林浩特市

主要土类说明

栗钙土是锡林浩特市主要土壤类型，占本市地域面积的74%。自然植被以丛生禾本科植物为主，有针茅、羊草、冷蒿、隐子草等。成土过程主要为腐殖质累积过程和钙积过程。钙积层常出现在30—50cm深处，深者可出现在70—80cm深处，厚度一般为20—40cm。

风沙土是锡林浩特市第二大土壤类型，占本市地域面积的15%。风沙土发生于半干旱、干旱漠境地区及滨海地区，是在风沙移动堆积形成的多种形态的风沙沉积物上发育的初育土。由于成土时间短暂，该土壤无剖面发育，具C、（A）-C或A-C剖面构型，反映了风沙移动堆积与固定的不同阶段。

草甸土是锡林浩特市第三大土壤类型，占本市地域面积的7%。草甸土主要分布在河谷冲积平原、丘间沟谷洼地及部分台间平谷洼地。自然植被主要为芨芨草、羊草、杂类草等。成土母质主要为洪冲积物及河湖沉积物。成土过程主要为腐殖质累积过程和氧化还原过程。锈色斑纹层的形成是草甸土以及具有草甸化过程的土壤所具有的特殊成土过程，该层的存在也是草甸土区别于其他土壤的典型特征。

小于本市地域面积3%的土壤类型有黑钙土、草甸盐土、沼泽土、碱土。

本区域中心区气候特征

本区域中心区气候特征值
Regional climate characteristics in central area of the region

气候带：中温带亚干旱气候 Climate region: Mid temperate subarid climate	
年平均气温 /℃ Annual average temperature /℃	2.5
年平均最高气温 /℃ Annual average maximum temperature /℃	9.7
年平均最低气温 /℃ Annual average minimum temperature /℃	-3.6
年降水量 /mm Annual precipitation /mm	285
≥10℃的积温 /℃ Daily temperature accumulated in a year (≥10℃) /℃	998
年日照时数 /h Annual sunshine /h	2971
年平均相对湿度 /% Annual average relative humidity /%	57
干燥度 Dryness	0.56

本区域中心区月平均气温与月平均降水量
Monthly temperature and precipitation in central area of the region

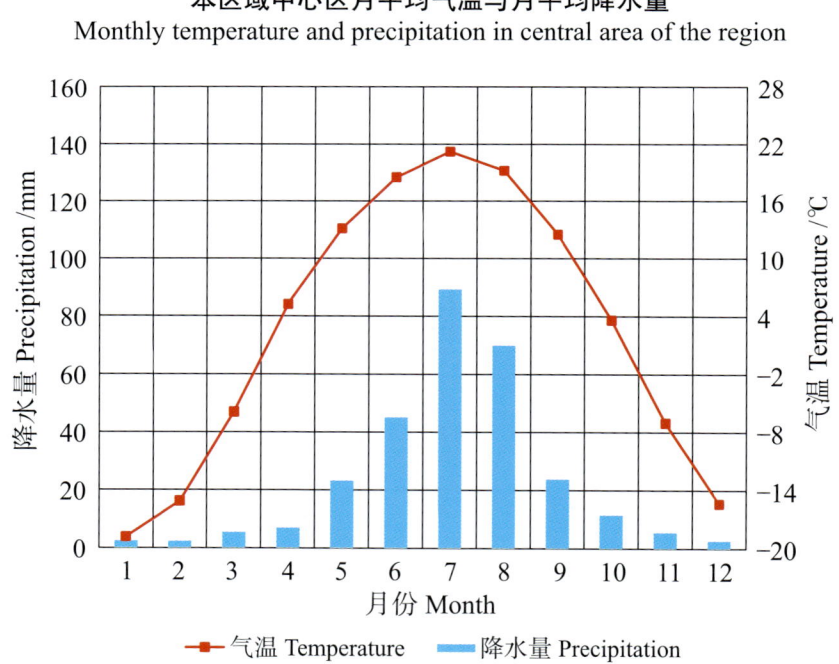

锡林浩特市土壤剖面理化性状表

剖面号 Soil profile	土纲 Soil order	土类 Soil great group	亚类 Soil subgroup	土属 Soil genus	土层码 Layer code	土层厚度 Depth/cm	颜色 Soil color	质地 Soil texture	土壤结构 Soil structure	pH	有机质 OM/(g/kg)	全氮 TN/(g/kg)	全磷 TP/(g/kg)	全钾 TK/(g/kg)	碱解氮 AN/(mg/kg)	有效磷 AP/(mg/kg)	速效钾 AK/(mg/kg)	阳离子交换量CEC/(cmol/kg)	土壤母质 Parent material	剖面点坐标 Profile coordinate	匹配指数 Matching index/%
剖1	半水成土	草甸土	盐化草甸土	盐化草甸土	1	0—30	灰黄棕色	中壤土	块状										河湖相沉积物	E 116° 20′ 53.5″ N 44° 48′ 34.2″	97
					2	30—50	棕灰色	重壤土													
					3	50—75	暗灰色	重壤土	块状												
剖2	初育土	风沙土	半固定风沙土	半固定风沙土	1	0—32	浅灰黄色	紧砂土	单粒状											E 116° 27′ 43.8″ N 44° 45′ 29.3″	73
					2	32—60	浅灰黄色	紧砂土	无明显结构												
剖3	水成土	沼泽土	草甸沼泽土	砂质草甸沼泽土	1	0—15	灰灰色	中壤土	粒状	9.2	21.2	1.16	0.65	44.7				9.3		E 115° 43′ 41.9″ N 44° 39′ 47.2″	71
					2	15—45	棕色	轻壤土	粒状	10.0	7.3	0.42	0.43	40.4				3.6			
					3	45—65	灰黄色	重壤土	块状	10.0	2.5							4.5			
剖4	钙层土	栗钙土	草甸栗钙土	砂质草甸栗钙土	1	0—15	灰黄棕色	中壤土	复粒状	8.1	25.3		0.53		13	4.3		6.2	洪冲积物	E 115° 42′ 21.2″ N 44° 34′ 25.7″	100
					2	15—32	浅灰黄色	中壤土	复粒状	8.4	5.5		0.26					2.6			
					3	32—75	灰黄色	砂壤土	粒状	9.0	0.6		0.15					2.1			
剖5	钙层土	栗钙土	栗钙土	栗砂土	1	0—16			粒状	8.2	43.9	2.87	0.65	35.8				19.0	残积物、坡积物	E 115° 51′ 13.3″ N 44° 31′ 53.0″	85
					2	16—44			块状	8.5	21.2	1.36	1.01	41.6				7.7			
剖6	钙层土	栗钙土	栗钙土	栗红土	1	0—32	棕色	砂壤土	粒状										泥岩风化物	E 115° 31′ 34.7″ N 44° 29′ 00.2″	83
					2	32—57	浅灰黄色	轻壤土	块状												
剖7	钙层土	栗钙土	栗钙土	栗黄土	1	0—32	暗棕色	中壤土	块状										黄土、黄土状沉积物	E 115° 33′ 31.7″ N 44° 25′ 58.8″	77
					2	69—130	棕色	轻壤土	粒状	7.5	29.7	1.86	0.79		1	8.7		11.2			
剖8	钙层土	栗钙土	栗钙土	栗砂土	1	0—25		轻壤土	粒状	8.8	10.4	0.60	0.67					7.5	残积物、坡积物	E 115° 42′ 34.6″ N 44° 24′ 03.2″	80
					2	25—50	棕色	砂壤土	粒状	8.6	17.7	0.72	0.40		89	14.9		12.4			
剖9	钙层土	栗钙土	栗钙土	栗潮土	1	0—50		砂壤土	粒状	8.9	14.2	0.98	0.42					9.0	洪冲积物、湖积物	E 115° 36′ 40.7″ N 44° 23′ 17.5″	83
					2	50—90		砂壤土	粒状												
					3	90—100	浅灰黄色	重黏土	无明显结构	10.0	14.4	0.75									
剖10	盐碱土	草甸盐土	氯化物草甸盐土	氯化物草甸盐土	1	0—46	灰灰色	中黏土	无明显结构	9.6	13.6	0.40				32.0	20			E 116° 08′ 29.0″ N 44° 29′ 14.3″	71
					2	46—77	暗灰色	轻黏土	粒状	9.6	7.87										
					3	77—90	棕灰色	轻壤土	块状	9.1	18.1	1.06	0.61					6.4			
剖11	半水成土	草甸土	壤质灰色草甸土	壤质灰色草甸土	1	0—20	暗灰色	中壤土	核状	9.6	14.1	0.79	0.76					8.6	河湖相沉积物	E 115° 58′ 57.4″ N 44° 14′ 28.7″	80
					2	20—80	暗灰色	紧砂土	块状	9.6								2.3			
					3	80—110	灰黄棕色	砂壤土	粒状	8.2	10.9		0.21			1.6		4.2			
剖12	初育土	风沙土	固定风沙土	栗土型风沙土	1	0—20	棕色	砂壤土	粒状	7.8	9.9		0.11					4.8	风蚀堆积物	E 115° 37′ 00.1″ N 44° 05′ 19.7″	96
					2	20—40	灰灰色	砂壤土	粒状	8.6	3.4							4.5			
					3	40—60	棕色	轻壤土	粒状	8.5	27.9	1.77	0.87	42.1	117	3.1		9.4			
剖13	钙层土	栗钙土	暗栗钙土	灰白干土	1	0—17	灰白色	中壤土	块状	8.6	9.9	0.53	0.53	31.3				4.4	洪冲积物、黄土状母质	E 115° 37′ 10.6″ N 44° 01′ 07.0″	70
					2	17—56	暗灰黄色	中壤土	核状	8.9	10.4							5.2			
					3	56—95	灰白色	砂土	单粒状	9.4	56.7	1.41						11.3			
剖14	水成土	沼泽土	草甸沼泽土	壤质草甸沼泽土	1	0—24	棕灰色	中壤土	团粒状	9.1	8.2							6.0		E 115° 37′ 10.6″ N 44° 02′ 39.8″	92
					2	24—45	暗棕色	中壤土	粒状	9.1	1.0							3.1			
					3	45—69	灰棕色	中壤土	粒状	8.0	32.8	2.06	0.80	42.7		2.9		12.2			
剖15	钙层土	栗钙土	暗栗钙土	暗灰黄土	1	0—40	暗棕色	轻壤土	粒状	9.0	22.7	1.32	0.86	41.2				7.0	黄土、黄土状沉积物	E 116° 27′ 36.7″ N 44° 05′ 41.6″	73
					2	40—80	暗棕色	中壤土	粒状												
					3	80—100	浅黄棕色	中壤土	粒状	9.0	10.4	0.62	0.79	39.5				7.2			
剖16	钙层土	黑钙土	淡黑钙土	石灰性黑黄土	1	0—30	暗灰棕色	中壤土	粒状										黄土、黄土状沉积物	E 116° 40′ 54.8″ N 44° 07′ 19.2″	72
					2	30—90	黄灰棕色	中壤土	粒状												
					3	90—120															

续表 Continued

剖面号 Soil profile	土纲 Soil order	土类 Soil great group	亚类 Soil subgroup	土属 Soil genus	土层码 Layer code	土层厚度 Depth/cm	颜色 Soil color	质地 Soil texture	土壤结构 Soil structure	pH	有机质 OM/(g/kg)	全氮 TN/(g/kg)	全磷 TP/(g/kg)	全钾 TK/(g/kg)	碱解氮 AN/(mg/kg)	有效磷 AP/(mg/kg)	速效钾 AK/(mg/kg)	阳离子交换量CEC/(cmol/kg)	土壤母质 Parent material	剖面点坐标 Profile coordinate	匹配指数 Matching index/%
剖17	钙层土	栗钙土	暗栗钙土	暗栗钙红土	1	0—25	棕色	轻壤土	核状	8.1	25.4	1.55	0.73		12	1.2	160	7.1	泥岩	E 115°45′52.2″ N 43°55′23.2″	96
					2	25—50	暗棕色	中壤土	核状	8.8	15.0	0.92	0.41					11.0			
					3	50—70	红棕色	中壤土	核状	8.9	12.5							13.7			
剖18	钙层土	栗钙土	暗栗钙土	暗栗淤土	1	0—30	棕色	砂壤土	复粒状	8.6	10.9	0.52	0.34	41.2		1.2		6.8	洪积物	E 116°09′54.4″ N 43°55′00.8″	76
					2	30—52	棕色	砂壤土	复粒状	9.0	4.6	0.30	0.25	37.1				5.5			
					3	52—81	浅黄色	砂壤土	粒状	9.2	0.8			29.9				2.0			
剖19	钙层土	栗钙土	草甸栗钙土	壤质草甸栗钙土	1	0—50	灰黄棕色	轻壤土	复粒状	7.8	65.1	3.81	1.82			2.9		29.3	河湖沉积物	E 116°27′33.1″ N 43°59′27.2″	90
					2	50—85	暗黄棕色	砂壤土	复粒状	8.1	56.6		1.84					26.4			
					3	85—115	灰灰黄色	轻壤土	粒状	8.4			1.56					15.2			
剖20	钙层土	栗钙土	暗栗钙土	暗栗土	1	0—42	棕色	砂壤土	粒状	8.0	12.6	0.75	0.41	44.5		1.0		5.3	贫钙母质	E 116°22′52.7″ N 43°44′16.1″	77
					2	42—75	棕色	砂壤土	粒状	8.4	3.7	0.16	0.17	45.8				3.0			
					3	75—93	暗棕色	砂壤土	粒状												
剖21	半水成土	草甸土	灰色草甸土	砂壤质灰色草甸土	1	0—20	黑棕色	轻壤土	粒状	8.4	36.3	2.27	2.23					8.8	冲积物、沉积物	E 116°46′42.2″ N 43°46′54.8″	80
					2	20—44	黑棕色	紧砂土	粒状	7.0	88.8	0.23	1.07					20.0			
					3	44—55	棕色	轻壤土	粒状	8.3	4.6	0.23	0.21					1.7			
剖22	钙层土	黑钙土	淡黑钙土	石灰性黑黄土	1	0—20	暗棕色	砂壤土	微团粒状										超基性玄武岩碎屑残积物、堆积物	E 116°52′30.9″ N 43°44′45.8″	75
					2	20—60	棕色	砂壤土	粒状												
					3	60—90	棕色	轻壤土	微团粒状												
剖23	风沙土	风沙土	固定风沙土	生草风沙土	1	0—50	灰黄棕色	紧砂土	粒状	9.0	7.4	0.32	0.26	36.8				1.7	砂性母质	E 116°03′49.3″ N 43°35′04.9″	90
					2	50—80	浅黄棕色	紧砂土	单粒状	9.4	1.6	0.14	0.10	38.3				1.3			
					3	80—110	灰黄棕色	紧砂土	单粒状	8.8	1.2	0.05	0.12	33.0				1.3			
剖24	半水成土	草甸土	暗色草甸土	砂质暗色草甸土	1	0—25	暗棕色	中壤土		7.9	34.0	1.16	0.50			2.0	25		洪积物	E 116°38′01.7″ N 43°35′54.2″	93
					2	25—75	浅黄色	轻壤土	块状	9.6	20.0	0.73	0.84								
					3	75—115			粒状	9.4		0.36	0.35								
剖25	钙层土	黑钙土	淡黑钙土	石灰性黑黄土	1	0—50	黑棕色	中壤土	粒状	7.4	52.4	2.59	1.38	40.7				12.6	黄土、黄土状沉积物	E 116°17′09.6″ N 43°27′46.4″	95
					2	50—90	黑棕色	中壤土	粒状	8.0	35.7	1.63	1.37	39.9				13.1			
					3	90—115	棕色	中壤土	粒状	8.2	21.0	1.08	1.24	41.4				14.1			
剖26	初育土	风沙土	固定风沙土	生草林灌风沙土	1	0—15	灰黄棕色	砂壤土	无明显结构										砂性母质	E 116°17′43.7″ N 43°09′17.0″	73
					2	15—65	浅灰黄色	紧砂土	无明显结构												
					3	65—84	灰黄棕色	松砂土													

阿巴嘎旗

主要土类说明

栗钙土是阿巴嘎旗主要土壤类型，占本旗地域面积的72%。栗钙土分布在低山丘陵、波状高平原和熔岩台地。该地区属中温带亚干旱大陆性气候，冬季寒冷，夏季温暖多雨。自然植被为典型草原类型，由旱生多年生草本植物组成，常见的有针茅、羊草、隐子草、冷蒿、紫菀、委陵菜、棘豆、芨芨草等。成土母质类型多样，有结晶岩、松散砂岩、变质砂岩、杂色黏质沉积岩、变质板岩、片岩的风化物，还有第四纪冲积物、坡积物、洪积物等。由于成土母质的多样性，土壤形态特征和理化性质存在差异，对土壤的形成产生深刻的影响。

风沙土是阿巴嘎旗第二大土壤类型，占本旗地域面积的13%。风沙土发生于半干旱、干旱漠境地区及滨海地区，是在风沙移动堆积形成的多种形态的风沙沉积物上发育的初育土。由于成土时间短暂，该土壤无剖面发育，具C、（A）-C或A-C剖面构型，反映了风沙移动堆积与固定的不同阶段。

棕钙土是阿巴嘎旗第三大土壤类型，占本旗地域面积的7%。棕钙土分布在本旗西部与苏尼特左旗中北部交界地带，是苏尼特左旗的棕钙土带向本旗延伸的部分。自然植被为荒漠化草原，主要有戈壁针茅、沙生针茅、冷蒿、隐子草、狭叶锦鸡儿等。成土母质主要为结晶岩、砂岩、泥质岩等。成土过程主要为腐殖质累积过程和钙积过程。根据成土条件和剖面特征，本旗棕钙土分为棕钙土、草甸棕钙土、盐化棕钙土等亚类。

石质土占本旗地域面积的5%，广泛分布在侵蚀严重、岩石裸露的石质山地、侵蚀残丘，以及丘顶、山脊、山坡等坡度陡峻的地形部位。剖面构型为A-R。石质土土壤表层岩石裸露，风化层浅薄，厚度一般小于10cm，风化度低，富含砾石，多碎屑岩粒；风化层下为坚硬岩石层。

小于本旗地域面积3%的土壤类型有潮土、草甸盐土、碱土、沼泽土、草甸土。

本区域中心区气候特征

本区域中心区气候特征值
Regional climate characteristics in central area of the region

气候带：中温带亚干旱气候 Climate region: Mid temperate subarid climate	
年平均气温 /℃ Annual average temperature /℃	1.4
年平均最高气温 /℃ Annual average maximum temperature /℃	8.7
年平均最低气温 /℃ Annual average minimum temperature /℃	-5.0
年降水量 /mm Annual precipitation /mm	241
≥10℃的积温 /℃ Daily temperature accumulated in a year (≥10℃) /℃	722
年日照时数 /h Annual sunshine /h	3026
年平均相对湿度 /% Annual average relative humidity /%	58
干燥度 Dryness	0.42

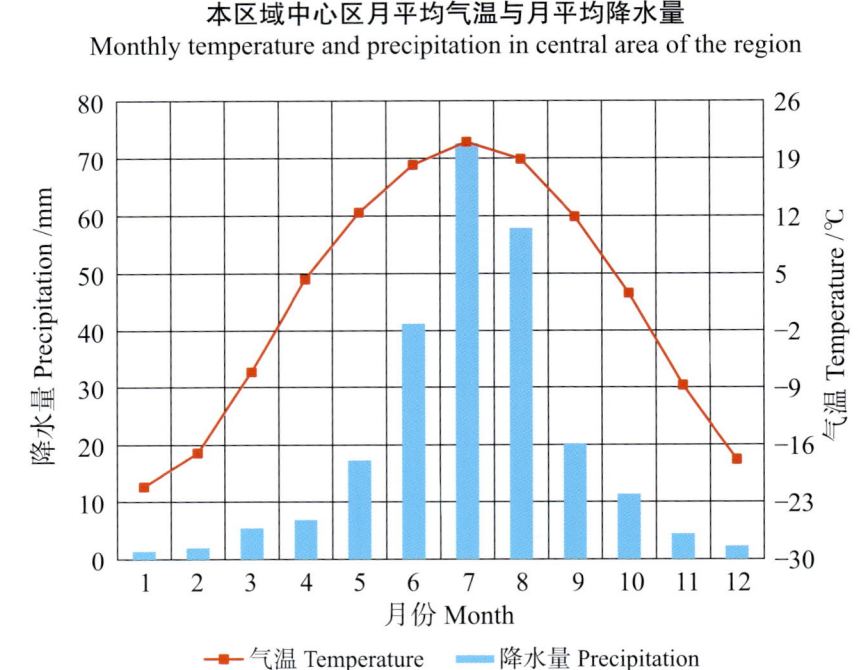

本区域中心区月平均气温与月平均降水量
Monthly temperature and precipitation in central area of the region

阿巴嘎旗主要土壤类型与土壤剖面点分布图
1∶930 000

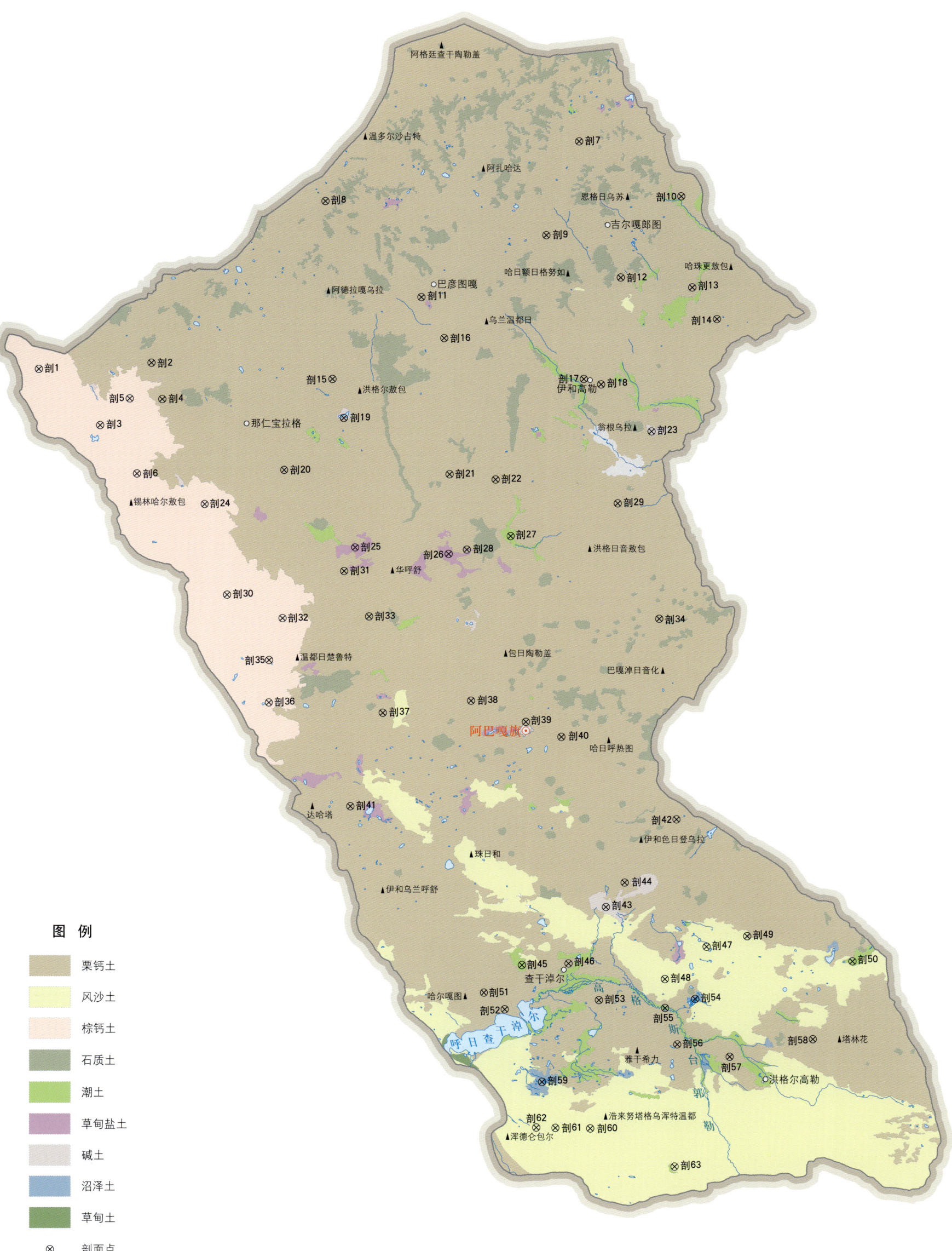

阿巴嘎旗土壤剖面理化性状表

剖面号 Soil profile	土纲 Soil order	土类 Soil great group	亚类 Soil subgroup	土属 Soil genus	土层码 Layer code	土层厚度 Depth/cm	颜色 Soil color	质地 Soil texture	土壤结构 Soil structure	pH	有机质 OM/(g/kg)	全氮 TN/(g/kg)	全磷 TP/(g/kg)	全钾 TK/(g/kg)	阳离子交换量CEC/(cmol/kg)	土壤母质 Parent material	剖面点坐标 Profile coordinate	匹配指数 Matching index/%
剖1	干旱土	棕钙土	棕钙土	砂砾岩棕钙土	1	0—19	棕色	中壤土	粒状	8.6	15.9	1.09	0.57		20.2	砂砾岩风化物	E 113°33′24.2″ N 44°42′42.4″	81
					2	19—51	灰白色	中壤土	粒状	8.2	18.2	0.69	0.63		6.4			
					3	51—78	浅黄色	重壤土	无明显结构	8.3	5.0	0.28	0.68		5.9			
剖2	钙层土	栗钙土	淡栗钙土	结晶岩淡栗钙土	1	0—21	棕栗色	中壤土	粒状	7.9	25.0	1.55	1.09		8.3	结晶岩	E 113°52′32.5″ N 44°44′03.5″	92
					2	21—54	灰白色	中壤土	粒状	9.6	12.8	0.77	1.03		11.5			
					3	54—67	灰白色	中壤土	粒状	9.4	14.1	0.81	1.09		10.1			
剖3	干旱土	棕钙土	盐化棕钙土	氯化物盐化棕钙土	1	0—9	灰黄色	砂土	块状							沉积物	E 113°44′15.0″ N 44°36′18.0″	96
					2	9—28	棕红色	黏壤土	块状									
					3	28—82	棕红色	黏壤土	块状									
剖4	钙层土	栗钙土	淡栗钙土	风蚀淡栗钙土	1	0—13	浅栗色	砂壤土	无明显结构	7.8	9.1	0.58	0.41	23.5	5.6	结晶岩	E 113°54′36.4″ N 44°39′44.3″	81
					2	13—27	栗黄色	砂壤土	无明显结构	8.5	3.7	0.23	0.33	24.1	4.5			
					3	27—50	浅黄色	砂壤土	小粒状	8.6	2.1	0.21	0.31	23.8	4.1			
剖5	干旱土	棕钙土	棕钙土	风蚀棕钙土	1	0—18	棕色	轻壤土	粒状		12.6	0.83	0.52			沉积物	E 113°49′02.6″ N 44°39′38.2″	96
					2	18—32	栗色	中壤土	块状		10.7	0.66	0.61					
					3	32—43	灰白色	中壤土	块状		7.9	1.10	1.02					
					4	43—65	灰白色	砂壤土	无明显结构									
剖6	干旱土	棕钙土	棕钙土	泥质岩棕钙土	1	0—23	棕色	砂土	粒状	8.5					8.0	沉积岩、变质岩风化物	E 113°50′49.4″ N 44°30′41.2″	82
					2	23—36	黄棕色	黏土	块状	8.1					9.2			
					3	36—80	浅棕色	黏土	块状	9.3					12.7			
					4	80—100	红棕色	黏土	块状	8.4					6.8			
					5	100—120	棕栗色	黏壤土	块状	9.2					9.1			
					6	120—130	棕色	砂土	块状	8.9					7.4			
					7	130—140	棕红色	黏壤土	无明显结构									
剖7	钙层土	栗钙土	暗栗钙土	泥质岩暗栗钙土	1	0—21	栗栗色	轻壤土	粒状	7.3	18.6	1.11	0.64		5.3	黏质沉积岩及板岩、片岩等风化物	E 115°04′29.6″ N 45°12′31.7″	74
					2	21—46	栗栗色	中壤土	块状	8.6	12.1	0.77	0.57		6.2			
					3	46—80	栗栗色	重壤土	块状	9.9	4.2	0.27	0.26		3.3			
剖8	钙层土	栗钙土	暗栗钙土	洪冲积暗栗钙土	1	0—32	栗色	砂壤土	粒状	8.5	10.4	0.64	0.29			洪冲积物	E 114°21′15.7″ N 45°04′21.2″	96
					2	32—66	灰黄色	砂壤土	无明显结构	8.8	5.8	0.41	0.29					
					3	66—98	灰黄色	砂壤土	粒状	9.2	1.6	0.12	0.22					
剖9	钙层土	栗钙土	暗栗钙土	结晶岩暗栗钙土	1	0—22	栗栗色	砂壤土	粒状	7.4	19.8	1.21	0.60	25.9	12.5	结晶岩风化物	E 114°59′17.3″ N 45°01′07.4″	100
					2	22—33	栗栗色	中壤土	块状	8.3	14.6	1.19	0.91	23.5	12.3			
					3	33—53	灰白色	中壤土	粒状	8.8	6.6	0.87	0.54	22.3	7.7			
					4	53—65	浅栗色	砂壤土	块状	8.8	6.6	0.39	0.93		14.1			
剖10	钙层土	栗钙土	暗栗钙土	结晶岩暗栗钙土	1	0—30	暗栗色	轻壤土	粒状	8.2	20.2	1.25	0.54		8.6	结晶岩风化物	E 115°22′15.7″ N 45°06′14.7″	79
					2	30—50	栗栗色	中壤土	块状	8.4	13.7	0.82	0.51		7.5			
					3	50—68	浅栗色	重壤土	块状	9.2	10.7	0.55	0.41		7.5			
剖11	钙层土	栗钙土	暗栗钙土	坡积岩暗栗钙土	1	0—22	暗栗色	轻壤土	粒状	7.1	21.5	1.17	0.45			坡积物、洪积物	E 114°38′11.4″ N 44°53′10.7″	82
					2	22—54	栗色	砂壤土	粒状	7.8	10.1	0.52	0.28		8.0			
					3	54—65	栗色	砂壤土	粒状	8.2	3.8	0.30	0.18					
剖12	钙层土	栗钙土	暗栗钙土	泥质岩暗栗钙土	1	0—38	暗栗色	轻壤土	粒状	7.6	11.4	0.82	0.31		8.0	黏质沉积岩及板岩、片岩等风化物	E 115°12′10.1″ N 44°56′16.4″	91
					2	38—81	灰白色	轻黏土	块状	8.0	12.3	0.92	0.76		20.8			
					3	81—101	黄灰色	轻黏土	块状	8.3	8.3	0.55	1.25					

续表 Continued

剖面号 Soil profile	土纲 Soil order	土类 Soil great group	亚类 Soil subgroup	土属 Soil genus	土层码 Layer code	土层厚度 Depth/cm	颜色 Soil color	质地 Soil texture	土壤结构 Soil structure	pH	有机质 OM/(g/kg)	全氮 TN/(g/kg)	全磷 TP/(g/kg)	全钾 TK/(g/kg)	阳离子交换量CEC/(cmol/kg)	土壤母质 Parent material	剖面点坐标 Profile coordinate	匹配指数 Matching index/%
剖13	钙层土	栗钙土	暗栗钙土	坡洪积暗栗钙土	1	0—18	暗栗色	砂壤土	粒状	8.3	24.1	1.37	0.66	24.3	10.2	坡积物、洪积物	E 115° 24′ 26.6″ N 44° 55′ 18.5″	88
					2	18—32	栗色	砂壤土	粒状	8.2	11.7	0.62	0.49	19.9	2.9			
					3	32—60	栗黄色	中壤土	粒状	8.3	13.4	0.88	0.57	26.5	8.4			
剖14	钙层土	栗钙土	草甸栗钙土	壤质草甸栗钙土	1	0—12	暗栗色	轻壤土	粒状	7.9	56.5	3.02	1.67		14.1	河湖相沉积物	E 115° 28′ 45.8″ N 44° 51′ 32.5″	78
					2	12—32	栗黄色	轻壤土	块状	8.3	11.2	0.69	0.39		5.6			
					3	32—60	栗黄色	砂砾壤土	无明显结构	8.6	13.7	0.78	0.40		5.5			
剖15	钙层土	栗钙土	栗钙土	风蚀栗钙土	1	0—9	棕栗色	轻壤土	粒状	7.8	15.3	0.94	0.53		7.8		E 114° 23′ 27.2″ N 44° 42′ 56.9″	73
					2	9—26	棕色	轻壤土	块状	8.8	12.7	0.83	0.64		16.4			
					3	26—52	灰白色	轻壤土	块状	9.4	6.6	0.40	0.42		7.2			
					4	52—65	灰棕色	中壤土	无明显结构	9.2	8.3	0.59	0.74		10.2			
剖16	钙层土	栗钙土	草甸栗钙土	砂质草甸栗钙土	1	0—29	灰栗色	砂土	粒状	9.7	6.6	0.45	0.55		2.2	河湖相沉积物	E 114° 42′ 18.4″ N 44° 48′ 17.3″	93
					2	29—53	栗黄色	轻壤土	粒状	9.4	6.8	0.44	0.52		3.2			
					3	53—71	灰黄色	轻壤土	无明显结构	8.9	6.2	2.73	0.39		6.5			
					4	71—100	浅黄色	砂土	无明显结构	9.2	0.9	0.87	0.20		2.2			
剖17	钙层土	栗钙土	栗钙土	洪冲积栗钙土	1	0—27	栗色	轻壤土	粒状	8.4	12.8	1.10	0.55	17.0	8.4	洪冲积物	E 115° 06′ 16.9″ N 44° 43′ 52.0″	95
					2	27—51	栗黄色	轻壤土	粒状	8.6	12.8	0.81	0.67	16.4	6.3			
					3	51—63	灰白色	砂土夹砾	无明显结构	8.9	3.4	0.19	0.28	29.2	3.8			
					4	63—81		砂土										
剖18	钙层土	栗钙土	栗钙土	风蚀栗钙土	1	0—28	栗色	砂壤土	粒状	9.2	12.4	0.23	0.55	26.0	10.2		E 115° 09′ 16.9″ N 44° 43′ 16.7″	93
					2	28—50	浅黄色	砂土	粒状	9.2	1.9	0.09	0.50	26.7	10.4			
					3	50—88		砂土	无明显结构	9.3	8.5	0.31	0.44	29.2	10.3			
剖19	盐碱土	碱土	草甸碱土	草甸碱土	1	0—5		轻黏土		9.4	0.9	0.08	0.36	24.7	4.2		E 114° 25′ 36.1″ N 44° 38′ 16.1″	93
					2	5—10		重壤土		9.2	3.3	1.75	0.48		5.8			
					3	10—30		重壤土		7.7	30.3	1.79	0.91	24.7	13.0			
					4	30—50		砂壤土										
					5	50—100		轻壤土										
剖20	钙层土	栗钙土	淡栗钙土	砂砾岩淡栗钙土	1	0—16	浅栗色	砂壤土	粒状	8.4	11.4	0.62	0.47	26.0	5.4	砂砾岩风化物	E 114° 15′ 47.9″ N 44° 31′ 46.9″	100
					2	16—44	栗色	中壤土	块状	8.1	14.8	0.57	0.51	23.1	7.1			
					3	44—60	灰白色	重壤土	块状	8.4	14.9	0.63	0.47	24.7	7.5			
剖21	钙层土	栗钙土	栗钙土	泥岩栗钙土	1	0—12	棕栗色	中壤土	粒状	7.7	30.3	1.79	1.03	24.7	13.0	沉积岩、变质板岩、片岩等风化物	E 114° 43′ 54.1″ N 44° 31′ 55.2″	79
					2	12—34	栗黄色	中壤土	块状	8.1	16.8	0.95	0.96	23.1	19.2			
					3	34—52	灰黄色	重壤土	块状	8.9	41.6	0.38	9.18	23.5	19.2			
					4	52—62	栗黄色	砂壤土	块状	8.6	4.7	0.29	0.72		10.6			
剖22	钙层土	栗钙土	栗钙土	坡洪积栗钙土	1	0—25	栗色	砂壤土	粒状	8.9	12.6	0.64	0.49		7.4	坡积物、洪积物	E 114° 51′ 43.6″ N 44° 31′ 27.5″	80
					2	25—80	浅黄色	砂壤土	粒状	8.9	4.9	0.27	0.30		3.8			
					3	80—110	灰黄色	砂土	无明显结构	9.0	2.7	0.17	0.21		3.4			
剖23	盐碱土	碱土	草甸碱土	草甸碱土	1	0—8	黄灰色	轻壤土	块状	9.4	12.8	0.78	2.38		3.1	沉积物	E 115° 18′ 01.4″ N 44° 37′ 46.2″	83
					2	8—18	棕黄色	黏土	块状	9.5	9.2	0.54	1.03		2.4			
					3	18—30	棕红色	黏土	块状	10.2	6.6	0.46	0.88		7.0			
					4	30—50	棕红色											
剖24	干旱土	棕钙土	棕钙土	结晶岩棕钙土	1	0—21	棕色	轻壤土	小粒状	8.1	17.2	1.11	0.57		13.0	结晶岩风化物	E 114° 02′ 29.0″ N 44° 27′ 20.5″	93
					2	21—48	灰棕色	轻壤土	小粒状	8.5	8.7	0.53	0.27		8.7			
					3	48—83		轻壤土	小粒状	8.4	11.4	0.69	0.46		9.1			
					4	83—				7.8					8.9			

续表 Continued

剖面号 Soil profile	土纲 Soil order	土类 Soil great group	亚类 Soil subgroup	土属 Soil genus	土层码 Layer code	土层厚度 Depth/cm	颜色 Soil color	质地 Soil texture	土壤结构 Soil structure	pH	有机质 OM/(g/kg)	全氮 TN/(g/kg)	全磷 TP/(g/kg)	全钾 TK/(g/kg)	阳离子交换量CEC/(cmol/kg)	土壤母质 Parent material	剖面点坐标 Profile coordinate	匹配指数 Matching index/%
剖25	盐碱土	草甸盐土	草甸盐土	氯化物草甸盐土	1	0—5		中壤土		8.3	15.1	0.68	0.73		10.5	河湖冲积物	E 114°28′15.6″ N 44°22′43.3″	87
					2	5—10		中壤土		8.5	11.5	0.46	0.49		12.1			
					3	10—20		轻壤土		8.5	6.6	0.23	0.59		6.4			
					4	20—50		中壤土		8.8	3.3	0.49			5.4			
					5	50—100		轻壤土				0.13						
剖26	盐碱土	草甸盐土	草甸盐土	氯化物草甸盐土	1	0—7	灰色	轻壤土	块状	9.3	13.2	0.74	1.05	24.6	8.0	河湖冲积物	E 114°44′06.7″ N 44°22′17.0″	82
					2	7—42	灰棕色	轻壤土	粒状	8.4	14.0	0.67	0.98	24.2	15.8			
					3	42—65	暗棕色	轻壤土	粒状	8.3	11.4	0.53	0.69	22.4	16.4			
					4	65—120	暗棕色	中壤土	粒状	8.1	9.8	0.52	0.69		13.8			
剖27	半水成土	潮土	潮土	壤质潮土	1	0—17	浅栗色	轻壤土	粒状	8.7	5.8	0.41	0.39		6.0	湖相沉积物	E 114°54′34.2″ N 44°24′40.7″	72
					2	17—40	棕黄色	砂壤土	粒状	8.5	15.0	0.79	0.52		3.9			
					3	40—70	棕黄色	黏壤土	粒状	9.0	5.6	0.35	0.54		9.0			
剖28	盐碱土	草甸盐土	草甸盐土	硫酸盐草甸盐土	1	0—15	灰栗色	中壤土	粒状	9.3	15.5	0.87	0.36		11.1	河湖相沉积物	E 114°47′10.0″ N 44°22′53.0″	90
					2	15—20	浅栗色	砂壤土	块状	9.8	7.5	0.39	0.87		13.3			
					3	20—52	栗黄色	中壤土	粒状	9.0	3.7	0.19	0.65		9.2			
					4	52—100	栗黄色	砂壤土	粒状	9.8	2.6	0.14			7.0			
剖29	钙层土	栗钙土	栗钙土	泥质岩栗钙土	1	0—17	栗色	中壤土	块状	8.2	33.6	1.93	0.69		17.4	沉积岩、变质板岩、片岩等风化物	E 115°12′33.8″ N 44°29′00.6″	87
					2	17—60	红棕色	重壤土	粒状	8.3	14.0	0.87	0.92		13.9			
					3	60—75	棕色	重壤土	块状	8.4	10.8	0.58	0.16		12.2			
剖30	钙层土	棕钙土	棕钙土	砂砾岩棕钙土	1	0—30	浅棕色	砂壤土	粒状	8.6	7.9	0.57	0.39		8.2	砂砾岩风化物	E 114°06′50.5″ N 44°16′28.6″	76
					2	30—62	棕黄色	砂壤土	粒状	8.4	3.9	0.31	0.28		12.7			
					3	62—98	棕黄色	砂壤土	粒状	9.4	2.8	0.27	0.39		5.5			
					4	98—		砂砾土		8.7					7.3			
剖31	钙层土	栗钙土	盐化栗钙土	氯化物盐化栗钙土	1	0—7	棕色	重壤土	块状	7.7	18.8	1.01	0.91		19.9	坡积物、洪积物	E 114°26′30.3″ N 44°19′48.8″	99
					2	7—14	暗棕色	中壤土	块状	8.2	1.4	0.64	0.56		14.3			
					3	14—68	黄棕色	中壤土	块状	8.3	3.5	0.17	0.79		6.3			
					4	68—72	灰棕色	重壤土	块状	8.9	3.2	0.13	0.25		9.8			
剖32	钙层土	棕钙土	棕钙土	坡洪积棕钙土	1	0—31	棕色	轻壤土	粒状		9.0	0.64	0.37			坡积物、洪积物	E 114°16′23.4″ N 44°13′53.5″	88
					2	31—64	灰黄色	轻壤土	无明显结构		3.9	0.25	0.36					
					3	64—86	棕黄色	重壤土	块状		3.0	0.22	0.26		16.8			
剖33	钙层土	栗钙土	草甸栗钙土	盐质草甸栗钙土	1	0—15	栗黄色	重黏土	块状	9.5	23.0	1.36	0.74		15.5	河湖相沉积物	E 114°31′00.1″ N 44°14′25.8″	79
					2	15—32	浅栗色	轻黏土	块状	9.4	16.5	0.96	0.59		16.3			
					3	32—59	灰黄色	重黏土	块状	8.5	6.5	0.41	0.55					
剖34	钙层土	栗钙土	暗栗钙土	砂砾岩暗栗钙土	1	0—23	栗色	轻壤土	粒状	8.4	19.1	1.20	0.54			砂岩、变质砂岩风化物	E 115°20′03.1″ N 44°15′09.0″	72
					2	23—38	灰栗色	中壤土	块状	8.5	16.3	0.97	0.88					
					3	38—74	棕红色	轻壤土	块状	8.4	9.6	0.51	0.77					
					4	74—100	棕红色	轻壤土	块状	8.8	6.9	0.41	0.86		11.5			
剖35	干旱土	棕钙土	棕钙土	结晶岩棕钙土	1	0—24	栗棕色	轻壤土	块状	7.9	16.0	0.96	1.00		10.4	结晶岩风化物	E 114°14′19.7″ N 44°08′45.9″	93
					2	24—44	栗棕色	轻壤土	粒状	8.0	12.1	0.75	1.50		17.8			
					3	44—60	灰白色	砂壤土	无明显结构	8.9			1.94		12.9			
剖36	干旱土	棕钙土	草甸棕钙土	砂质草甸棕钙土	1	60—81	棕色	砂壤土	粒状	9.6	12.6	0.76	0.93			河湖相沉积物	E 114°14′30.9″ N 44°03′40.7″	73
					2	18—34	浅棕色	中壤土	块状		10.4	0.60	0.95					
					3	34—53	浅棕色	轻壤土	粒状		9.5	0.55	0.91					
剖37	钙层土	栗钙土	淡栗钙土	砂化淡栗钙土	1	0—16	浅黄色	砂土	无明显结构								E 114°33′47.3″ N 44°02′52.5″	84
					2	16—25	栗黄色	砂土	无明显结构									

续表 Continued

剖面号 Soil profile	土纲 Soil order	土类 Soil great group	亚类 Soil subgroup	土属 Soil genus	土层码 Layer code	土层厚度 Depth/cm	颜色 Soil color	质地 Soil texture	土壤结构 Soil structure	pH	有机质 OM/(g/kg)	全氮 TN/(g/kg)	全磷 TP/(g/kg)	全钾 TK/(g/kg)	阳离子交换量CEC/(cmol/kg)	土壤母质 Parent material	剖面点坐标 Profile coordinate	匹配指数 Matching index/%
剖38	钙层土	栗钙土	栗钙土	结晶岩栗钙土	1	0—13	棕栗色	砂壤土	粒状	8.0	12.6	0.85	0.45	23.5	10.8	结晶岩	E 114°48′36.0″ N 44°04′39.4″	87
					2	13—35	栗色	轻壤土	粒状	7.9	22.4	1.54	0.81	24.7	10.8			
					3	35—50	浅栗色	轻壤土	粒状	8.4	16.7	1.03	0.64	22.7	9.4			
					4	50—90	灰白色	中壤土	块状	8.4	6.5	0.35	0.44		6.9			
剖39	钙层土	栗钙土	栗钙土	砂化栗钙土	1	0—25	浅栗色	砂壤土	粒状	8.5	10.0	0.23	0.42		6.9		E 114°57′55.8″ N 44°02′17.9″	84
					2	25—48	栗色	砂壤土	粒状	8.5	4.3	0.29	0.27		3.9			
					3	48—68	黄棕色	砂壤土	粒状	9.0	5.3	0.55	0.32		5.8			
					4	68—128	浅灰黄色	中壤土	块状	10.3	2.7	0.66	0.85		2.7			
					5	128—138	浅黄色	重壤土	块状	10.4	2.9	1.10	0.63		3.1			
剖40	钙层土	栗钙土	栗钙土	砂砾岩栗钙土	1	0—27	栗色	轻壤土	粒状	8.4	12.6	0.88	0.52		10.7	砂岩风化物	E 115°03′56.9″ N 44°00′35.6″	96
					2	27—40	栗黄色	轻壤土	粒状	8.4	7.2	0.57	0.59		7.6			
					3	40—65	浅黄色	轻壤土	粒状	8.7	4.5	0.34	0.54		6.6			
					4	65—83	浅黄色	轻壤土	块状	9.2	8.6	0.23	0.60		5.0			
					5	83—												
剖41	钙层土	淡栗钙土	淡栗钙土	泥质岩淡栗钙土	1	0—18	浅栗色	轻壤土	粒状	8.4	15.3	0.93	0.69		7.1	黏质沉积岩及变质板岩、基性岩风化物	E 114°28′48.4″ N 43°51′23.4″	95
					2	18—40	灰栗色	轻壤土	块状	8.8	11.5	0.70	0.56		8.8			
					3	40—60	棕黄色	中壤土	块状	9.4	2.3	0.16	0.69		5.2			
剖42	钙层土	盐化栗钙土	盐化栗钙土	硫酸盐盐化栗钙土	1	0—15	暗栗色	砂壤土	块状	8.7	51.2	3.06	1.94		7.9	河湖相沉积物	E 115°23′35.7″ N 43°50′52.3″	74
					2	15—42	灰绿色	重壤土	块状	9.4	37.8	1.54	1.62		3.0			
					3	42—68	灰绿色	重壤土	块状	9.5	28.0	0.99	1.56		1.5			
					4	68—74		重壤土										
剖43	盐碱土	碱土	草甸碱土	草甸碱土	1	0—5	浅棕色	轻壤土	粒状	8.4	20.1	1.01	1.30		9.1		E 115°12′04.7″ N 43°40′04.8″	97
					2	5—10	灰白色	重壤土		8.1	17.6	0.84	1.56		9.2			
					3	10—30	灰黄色	重壤土	块状	8.4	12.5	0.56	1.88		9.3			
					4	30—50	棕黄色	轻壤土	块状	8.3	6.5	0.28	2.19		9.4			
剖44	钙层土	栗钙土	栗钙土	洪冲积栗钙土	1	0—30	栗色	砂壤土	块状	7.9	16.9	1.01	0.77		8.6	洪冲积物	E 115°15′07.7″ N 43°43′05.7″	84
					2	30—43	黄棕色	轻黏土	无明显结构	8.1	13.1	0.81	0.94		11.8			
					3	43—90	灰栗色	梨黏土		8.5	3.4	0.28	0.37		8.3			
					4	90—110		砂土										
剖45	潮土	潮土	潮土	壤质潮土	1	0—15	灰白色	砂壤土	块状	10.0	6.4	0.43	0.50		7.0	冲积物	E 114°58′14.9″ N 43°32′53.9″	76
					2	15—44	灰黄色	砂土	无明显结构	9.7	6.5	0.34	0.43		9.0			
					3	44—100	棕黄色	砂土	无明显结构	9.6	0.8	0.08	0.17		3.5			
剖46	钙层土	栗钙土	淡栗钙土	风积淡栗钙土	1	0—34	黄黑色	砂壤土	小粒状	8.3	8.2	0.57	0.31		6.0	风积物	E 115°06′03.2″ N 43°33′12.2″	71
					2	34—77	栗色	砂土	小粒状	8.6	4.1	0.32	0.22		4.1			
					3	77—100	黄棕色	砂土	无明显结构	8.5	2.6	0.24	0.20		3.4			
剖47	初育土	风沙土	固定风沙土	固定草甸风沙土	1	0—17	栗色	松砂土	无明显结构	9.2	11.7		0.14		1.8	冲积物	E 115°29′01.3″ N 43°35′35.5″	76
					2	17—49	灰黄色	紧砂土	无明显结构	10.2	3.1		0.18		2.7			
					3	49—80	灰褐色	紧砂土	无明显结构	9.5	2.4		0.18		1.9			
剖48	初育土	风沙土	固定风沙土	固定草灌风沙土	1	0—23	浅栗色	松砂土	无明显结构	9.0	4.9	0.28	0.21		1.7	风积物	E 115°22′11.6″ N 43°31′37.2″	71
					2	23—41	黑灰色	砂壤土	粒状	9.3	5.3	0.28	0.26		2.9			
剖49	钙层土	栗钙土	栗钙土	砂砾岩栗钙土	1	0—38	栗色	砂壤土	粒状	9.8	4.0	0.30	0.29		3.2	砂岩风化物	E 115°35′49.6″ N 43°36′56.9″	72
					2	38—57	浅栗色	砂壤土	块状	9.9	1.3	0.12	0.37		3.3			
					3	57—100	棕色	重壤土	块状	10.2	2.7	0.24	0.54		11.0			

续表 Continued

剖面号 Soil profile	土纲 Soil order	土类 Soil great group	亚类 Soil subgroup	土属 Soil genus	土层码 Layer code	土层厚度 Depth/cm	颜色 Soil color	质地 Soil texture	土壤结构 Soil structure	pH	有机质 OM/(g/kg)	全氮 TN/(g/kg)	全磷 TP/(g/kg)	全钾 TK/(g/kg)	阳离子交换量CEC/(cmol/kg)	土壤母质 Parent material	剖面点坐标 Profile coordinate	匹配指数 Matching index/%
剖50	半水成土	潮土	潮土	黏质潮土	1	0—31	栗棕色	砂壤土	粒状	8.0	28.2	1.72	0.55		8.6	湖相沉积物	E 115°53′27.1″ N 43°34′06.3″	74
					2	31—68	灰棕色	重壤土	块状	8.4	6.4	0.40	0.67		4.6			
					3	68—100	棕黄色	砂土	无明显结构	8.9	1.3	0.10	0.12		1.2			
剖51	钙层土	栗钙土	淡栗钙土	坡洪积淡栗钙土	1	0—24	栗色	砂壤土	粒状							坡积物、洪积物	E 114°52′00.1″ N 43°29′28.0″	76
					2	24—82	棕黄色	砂土	无明显结构									
					3	82—110	棕黄色	砂土	无明显结构									
剖52	钙层土	栗钙土	碱化栗钙土	碱化栗钙土	1	0—9	灰棕色	重壤土	块状	7.8	26.8	1.29	0.75		21.4	河湖相沉积物	E 114°55′35.0″ N 43°27′31.3″	88
					2	9—28	暗棕色	重壤土	块状	8.5	16.4	0.74	0.63		18.7			
					3	28—43	灰黄色	重壤土	粒状	8.9	10.4	0.54	0.96		14.7			
					4	43—58	灰白色	重壤土	粒状	8.8		0.39	1.08		14.2			
剖53	钙层土	栗钙土	淡栗钙土	洪冲积淡栗钙土	1	0—25	栗棕色	中壤土	粒状	8.1	11.4	0.84	0.63		9.1	洪冲积物	E 115°11′13.9″ N 43°28′55.6″	79
					2	25—41	灰黄色	砂壤土	粒状	8.7	4.7	0.36	0.38		5.3			
					3	41—64	灰白色	砂土	无明显结构									
剖54	水成土	沼泽土	草甸沼泽土	草甸沼泽土	1	0—13	灰色	中黏土	块状	9.8	12.9	0.87	2.19	25.9	11.6	河湖相沉积物	E 115°27′18.0″ N 43°29′17.9″	78
					2	13—54	灰黄色	轻黏土	块状	10.0	5.2	0.39	1.78	26.2	21.3			
					3	54—61	灰蓝色	重黏土	粒状	9.7	2.4	0.19	1.29	28.4	13.9			
					4	61—75	棕黄色	中壤土	粒状	9.6	1.8	0.09	0.08		9.7			
剖55	半水成土	潮土	潮土	砂质潮土	1	0—26	栗黄色	砂壤土	粒状	9.5	17.9	0.59	0.63		6.2	河湖相沉积物	E 115°22′17.8″ N 43°28′08.8″	99
					2	26—60	浅栗色	砂壤土	粒状	10.0	3.0	0.25	0.48		6.2			
					3	60—90	灰棕色	重壤土	块状	10.0	8.8	0.45	0.84		14.2			
剖56	钙层土	栗钙土	草甸栗钙土	盐化草甸栗钙土	1	0—24	栗黄色	中黏土	粒状	8.0	31.9	0.72	0.47		7.5	河湖相沉积物	E 115°24′27.0″ N 43°23′49.2″	79
					2	24—50	灰白色	轻壤土	粒状	9.0	10.0	0.55	0.49		5.2			
					3	50—70	褐黄色	轻壤土	粒状	9.6	5.6	0.26	0.31		8.0			
剖57	钙层土	栗钙土	栗钙土	风积栗钙土	1	0—17	棕栗色	砂壤土	小粒状	8.3	3.3	0.79	0.48		7.4	风积物	E 115°33′14.4″ N 43°22′26.8″	99
					2	17—44	栗色	砂壤土	小粒状	8.6	10.6	0.56	0.35		5.3			
					3	44—75	暗栗色	砂壤土	小粒状	8.6	8.1	0.43	0.32		5.3			
剖58	钙层土	栗钙土	暗栗钙土	砂砾岩砂质暗栗钙土	1	0—20	暗栗色	中壤土	粒状	7.2	34.4	2.06	0.63	23.7	10.8	砂岩、变质岩风化物	E 115°47′01.7″ N 43°24′42.8″	94
					2	20—35	暗栗色	轻壤土	粒状	7.8	18.3	1.05	0.47	23.0	19.2			
					3	35—70	栗色	轻壤土	粒状	8.0	13.1	0.74	0.43	26.1	9.7			
					4	70—85	栗色	轻壤土	块状	8.4	12.0	0.64						
剖59	水成土	沼泽土	草甸沼泽土	草甸沼泽土	1	0—23	灰褐色	轻壤土	无明显结构							沉积物	E 115°02′02.0″ N 43°18′59.0″	76
					2	23—48	灰白色	砂土	无明显结构									
剖60	初育土	风沙土	半固定风沙土	半固定林灌风沙土	1	0—11	浅棕色	砂土	无明显结构	8.5	2.4	0.17	0.20		1.7		E 115°10′16.3″ N 43°13′35.4″	77
					2	11—31	浅棕色	砂土	无明显结构	8.1	1.4	0.12	0.13		1.7			
					3	31—100	栗色	砂土	无明显结构	8.6								
剖61	初育土	风沙土	半固定风沙土	半固定草灌风沙土	1	0—10	黄棕色	砂土	无明显结构	8.6	3.1	0.16	0.10		2.0		E 115°04′29.1″ N 43°13′33.4″	98
					2	10—100	浅棕色	砂土	无明显结构	9.0	0.6	0.06	0.20		2.0			
剖62	初育土	风沙土	半固定风沙土	生草半固定风沙土	1	0—8	棕栗色	砂土	无明显结构	8.3	2.7	2.99	0.82	26.3	3.5		E 115°01′17.4″ N 43°13′33.2″	76
					2	8—49	棕黄色	砂土	无明显结构	8.7	0.9	0.19	0.32	24.5	2.5			
					3	49—100	浅黄色	砂土	无明显结构	8.8		0.10	0.12	24.6	2.1			
剖63	初育土	风沙土	固定风沙土	固定林灌风沙土	1	0—9	栗黄色	砂土	无明显结构	8.8	3.6	0.20	0.11	28.8	2.3	风积物	E 115°24′23.7″ N 43°09′14.4″	75
					2	9—34	棕黄色	砂土	无明显结构	8.8	1.4	0.10	0.17	29.0	1.7			
					3	34—100	浅黄色	砂土	无明显结构									

苏尼特左旗

主要土类说明

棕钙土是苏尼特左旗主要土壤类型，占本旗地域面积的65%。棕钙土是位于温带干旱草原向荒漠过渡区，具浅棕色薄腐殖质层和灰白色薄钙积层的土壤。该土壤地表多砾石，见黑色地衣，具有多角形裂隙，石膏聚积，钙积层接近地表。

栗钙土是苏尼特左旗第二大土壤类型，占本旗地域面积的21%。栗钙土是在温带半干旱草原下形成的具有栗色腐殖质层和灰白色钙积层的土壤。该土壤表层为栗色腐殖质层，厚20—30cm，有机质含量为15—45g/kg。其下，灰白色钙积层发育明显，钙积层见于20—30cm深处，厚20—40cm，呈斑点状或层状积钙。

风沙土是苏尼特左旗第三大土壤类型，占本旗地域面积的12%。风沙土发生于半干旱、干旱漠境地区及滨海地区，是在风沙移动堆积形成的多种形态的风沙沉积物上发育的初育土。由于成土时间短暂，该土壤无剖面发育，具C、(A)-C或A-C剖面构型，反映了风沙移动堆积与固定的不同阶段。

小于本旗地域面积3%的土壤类型有漠境盐土、草甸土、草甸盐土、石质土。

本区域中心区气候特征

本区域中心区气候特征值
Regional climate characteristics in central area of the region

气候带：中温带干旱气候 Climate region: Mid temperate arid climate	
年平均气温 /℃ Annual average temperature /℃	2.8
年平均最高气温 /℃ Annual average maximum temperature /℃	10.2
年平均最低气温 /℃ Annual average minimum temperature /℃	-3.7
年降水量 /mm Annual precipitation /mm	180
≥10℃的积温 /℃ Daily temperature accumulated in a year (≥10℃) /℃	1946
年日照时数 /h Annual sunshine /h	3158
年平均相对湿度 /% Annual average relative humidity /%	53
干燥度 Dryness	1.14

本区域中心区月平均气温与月平均降水量
Monthly temperature and precipitation in central area of the region

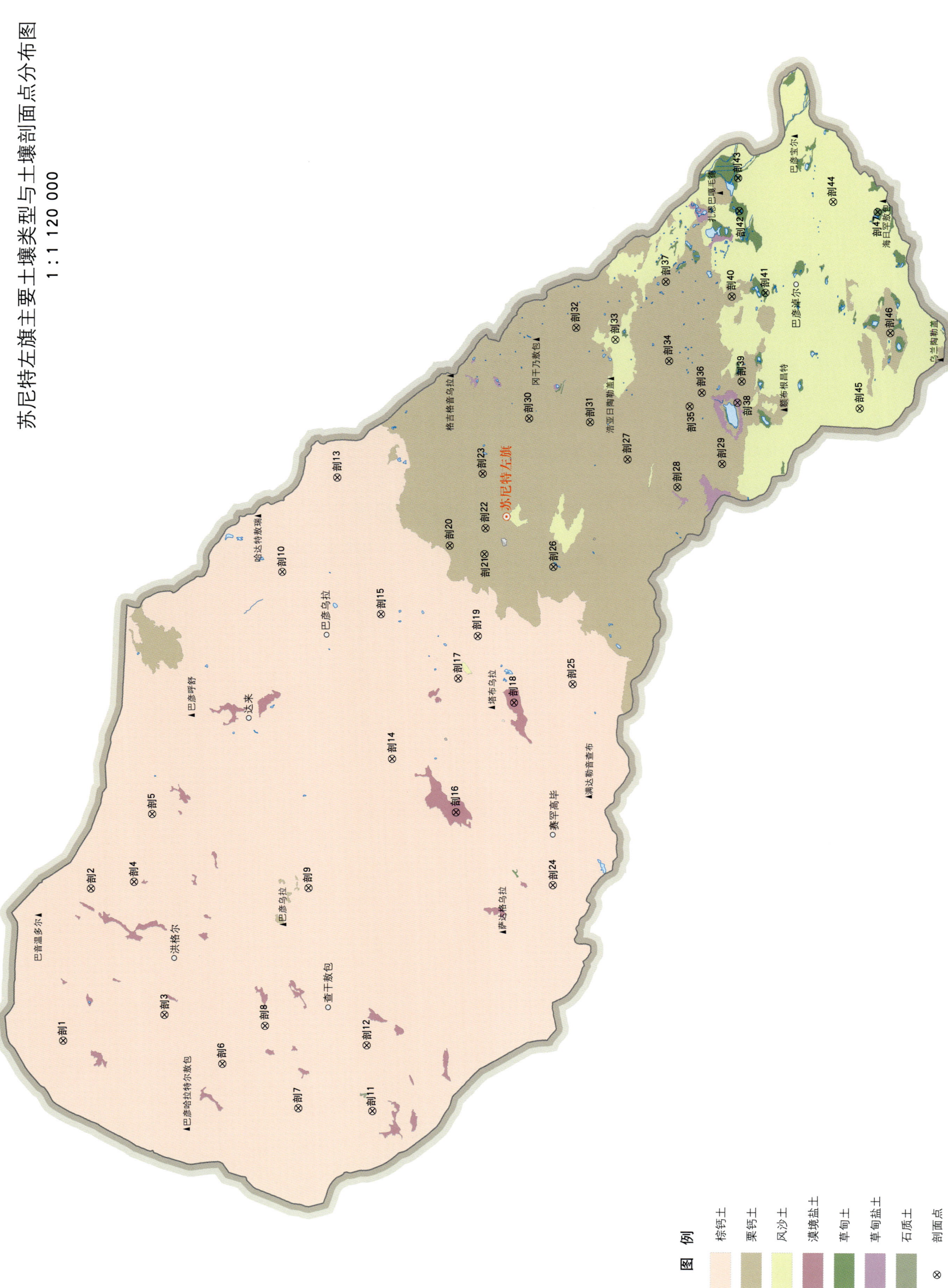

苏尼特左旗土壤剖面理化性状表

剖面号 Soil profile	土纲 Soil order	土类 Soil great group	亚类 Soil subgroup	土属 Soil genus	土种 Soil species	土层码 Layer code	土层厚度 Depth/cm	颜色 Soil color	质地 Soil texture	土壤结构 Soil structure	pH	有机质 OM/(g/kg)	全氮 TN/(g/kg)	全磷 TP/(g/kg)	全钾 TK/(g/kg)	碱解氮 AN/(mg/kg)	有效磷 AP/(mg/kg)	速效钾 AK/(mg/kg)	阳离子交换量CEC/(cmol/kg)	土壤母质 Parent material	剖面点坐标 Profile coordinate	匹配指数 Matching index/%
剖1	干旱土	棕钙土	淡棕钙土	残坡积淡棕钙土	砂质残坡积淡棕钙土	1	0~34	浅棕色	砂壤土	碎块状	7.2	14.5	0.81	0.71	23.0	80	15.0	380	7.4	砂砾岩	E 111°58′37.6″ N 44°57′15.1″	92
						2	34~55	浅灰棕色	砂壤土	块状	7.9	11.6	0.57	0.33	40.0	69	5.8	260	10.1			
						3	55~113	浅灰黄色	砂土	碎块状	8.3											
						4	113~121	灰白色	砂壤土	碎块状	8.4											
剖2	干旱土	棕钙土	淡棕钙土	残坡积淡棕钙土	砾质残坡积淡棕钙土	1	0~20	灰棕色	轻壤土	碎块状	7.7	8.3	0.46	0.46	37.0	56	1.1	600	14.3	砂砾岩	E 112°29′59.6″ N 44°52′53.8″	71
						2	20~70	黄灰色		粒状	7.9	7.6	0.27	1.44	44.0	67	1.0	185	4.5			
						3	70~80	灰绿色			7.8											
剖3	干旱土	棕钙土	棕钙土	砂化棕钙土	严重砂化棕钙土	1	0~54	黄棕色	砂土	粒状	7.9	3.0	0.14	0.35	40.0	24	0.7	170	1.6	砂砾岩	E 112°03′45.7″ N 44°42′20.9″	100
						2	54~89	浅灰棕色	砂土	粒状	7.9	2.4	0.14	0.40	40.4	25	0.6	180	1.2			
						3	89~125	暗黄棕色	砂土	粒状	7.9											
剖4	干旱土	棕钙土	棕钙土	泥岩棕钙土	壤质泥岩棕钙土	1	0~14	棕色	轻壤土	团块状	7.9	11.7	0.53	0.24	13.7	131	6.0	85	9.6	灰绿色泥岩	E 112°31′12.6″ N 44°46′34.6″	71
						2	14~22	灰黄色	砂土	粒状	7.7	6.5	0.27	0.14	21.7	61	2.0	50	3.7			
						3	22~33	灰棕色	重壤土	核状	9.0	15.4	0.79	0.21	21.9	89	2.0	123	21.0			
						4	33~62	灰绿色	重壤土	团块状	8.4								8.1			
剖5	干旱土	棕钙土	棕钙土	残坡积棕钙土	砾质残坡积棕钙土	1	0~13	棕色	砂壤土	粒状										砂砾岩	E 112°45′07.9″ N 44°43′44.8″	72
						2	13~45	暗黄棕色	轻壤土	团块状												
						3	45~72	灰白色	砂壤土	块状												
						4	72~97	灰黄色	砂砾土	块状												
剖6	干旱土	棕钙土	棕钙土	风蚀棕钙土	中度风蚀棕钙土	1	0~18	灰棕色	砂壤土	碎块状	7.4	10.8	0.49	0.21	20.5	77	5.0	165	12.8	砂砾岩	E 111°53′32.3″ N 44°33′58.7″	92
						2	18~53	暗棕色	砂土	碎块状	7.2	8.6	0.38	0.16	22.1	58	2.0	64				
						3	53~82	黄棕色	砂土	碎块状	8.8											
						4	82~104	黄灰棕色	砂土	碎块状	8.1											
剖7	干旱土	棕钙土	棕钙土	残坡积棕钙土	壤质残坡积棕钙土	1	0~38	暗黄棕色	轻壤土	粒状	7.4	8.9	0.67	0.53	43.0	71	3.3	190	8.8	花岗岩风化物	E 111°44′28.3″ N 44°22′50.9″	90
						2	38~67	灰黄色	砂土		8.2	6.0	0.39	0.51	40.0	41	1.8	120				
						3	67~110	浅灰棕色	砂土	粒状	8.5											
						4	110~130	青灰色	砂土	粒状	8.6											
剖8	干旱土	棕钙土	棕钙土	泥岩淡棕钙土	壤质泥岩淡棕钙土	1	0~12	灰灰色	轻壤土	碎块状	8.3	4.6	0.30	0.72	23.0	46	2.4	325	8.8	灰褐色泥岩	E 112°01′16.3″ N 44°27′38.2″	84
						2	12~27	浅灰棕色	砂土	粒状	8.7	7.9	0.66	1.47	12.0	29	2.1	285	26.7			
						3	27~55	灰褐色	重壤土		8.5	4.6	0.45	1.44	15.0	44	2.1	300	34.6			
剖9	干旱土	棕钙土	淡棕钙土	风蚀棕钙土	壤质风蚀棕钙土	1	0~29	灰灰色	轻壤土	粒状	8.0	6.0	0.63	0.24	16.9	72	5.0	169	6.8	砂砾岩	E 112°29′21.5″ N 44°20′59.6″	92
						2	29~93	浅灰棕色	砂土	粒状	8.6	2.2	0.12	0.15	22.1	38	1.0	66				
						3	93~135	黄色	砂土	粒状	8.8								5.1			
						4	135~165	暗黄棕色	砂壤土	粒状	8.9											
剖10	干旱土	棕钙土	棕钙土	风蚀棕钙土	砾质风蚀棕钙土	1	0~18	灰白色	轻壤土	碎块状	7.4	20.8	1.14	1.03	44.7	96	3.2	730	8.1	红色泥岩	E 113°33′54.7″ N 44°23′49.6″	82
						2	18~79	浅黄棕色	中壤土	块状	8.2	9.5	0.51	0.51	20.8	37	1.2	440				
						3	79~99	棕色	砂土	粒状	8.2											
剖11	干旱土	棕钙土	淡棕钙土	风蚀淡棕钙土	轻度风蚀淡棕钙土	1	0~15	棕色	中壤土	碎块状	8.8	8.0	0.52	1.44	45.0	44	4.5	430	19.1	泥岩	E 111°43′49.8″ N 44°11′59.3″	70
						2	15~72	青褐色	中壤土	核状	7.9	8.2	0.61	1.44	20.0	78	2.5	200	34.3			
						3	72~110	灰黄色	中壤土	片层状	8.0											
剖12	干旱土	棕钙土	淡棕钙土	泥岩淡棕钙土	壤质泥岩淡棕钙土	1	0~18	浅棕黄色	轻壤土	团块状	8.1	10.3	0.70	1.08	37.0	79	5.1	755	8.1	泥岩	E 111°57′03.2″ N 44°12′45.7″	74
						2	18~33	褐色棕色	中壤土	块状	8.9	14.9	1.10	1.08	23.0	71	2.8	495	23.8			
						3	33~71	浅棕灰色	轻壤土	粒状	9.1	8.2	0.64	0.87	29.0	68	4.2	280	16.5			
						4	71~96	黄棕色	中壤土	块状	8.9											

续表 Continued

剖面号 Soil profile	土纲 Soil order	土类 Soil great group	亚类 Soil subgroup	土属 Soil genus	土种 Soil species	土层码 Layer code	土层厚度 Depth/cm	颜色 Soil color	质地 Soil texture	土壤结构 Soil structure	pH	有机质 OM/(g/kg)	全氮 TN/(g/kg)	全磷 TP/(g/kg)	全钾 TK/(g/kg)	碱解氮 AN/(mg/kg)	有效磷 AP/(mg/kg)	速效钾 AK/(mg/kg)	阳离子交换量 CEC/(cmol/kg)	土壤母质 Parent material	剖面点坐标 Profile coordinate	匹配指数 Matching index/%
剖13	干旱土	棕钙土	草甸棕钙土	壤质草甸棕钙土		1	0—12	棕黄色	轻壤土	碎块状	9.8	6.2	0.40	0.45	30.0	47	15.5	385	4.0		E 113°52′40.1″ N 44°15′19.9″	91
						2	12—22	棕黄色	砂壤土	粒状	9.5	4.6	0.36	0.16	30.0	37	5.0	240	2.5			
						3	22—52	灰绿色	砂砾土	粒状	9.7	6.1				17			8.9			
						4	52—64	黄棕色	砂土	粒状	8.2		0.37									
						5	64—82	褐棕色				8.4											
剖14	干旱土	棕钙土	草甸棕钙土	砂质草甸棕钙土		1	0—24	浅红棕色	砂壤土	粒状	8.1	5.5	0.19	0.15	10.5	51	8.0	157	3.8	河湖沉积物	E 112°55′20.3″ N 44°08′25.1″	80
						2	24—59	黄棕色	砂壤土	碎块状	9.1	4.6	0.19	1.42	15.9	50	3.0	108	2.4			
						3	59—83	灰棕色	砂土	粒状	9.2											
						4	83—102	黄棕色	砂土	碎块状	9.8											
						5	102—118	青褐色	重壤土	团块状	9.5								34.0			
剖15	干旱土	棕钙土	棕钙土	泥岩棕钙土	砂质泥岩棕钙土	1	0—28	青棕色	砂壤土	粒状	7.9	7.2	0.44	0.22	21.2	63	4.0	82	6.9	泥岩	E 113°24′40.0″ N 44°09′31.7″	82
						2	28—53	灰黄色	砂壤土	碎块状	8.3	5.3	0.26	0.18	23.6	46	1.0	69	7.9			
						3	53—80	棕黄色	砂土	粒状	8.8											
						4	80—100	浅黄色	中壤土	粒状	9.0											
剖16	盐碱土	漠境盐土		氯化物盐化棕钙土	轻度砂化棕钙土	1	0—13	浅黄棕色	砂壤土	团块状	8.9	10.5	0.18	1.07	22.0	78	1.4	83	6.7	红色泥岩	E 112°44′10.3″ N 43°59′12.1″	83
						2	13—42	浅红棕色	中壤土	碎块状	8.8	7.6	0.30	0.98	25.9	46	2.3	120	5.6			
						3	42—73	红棕色	砂壤土	核状	9.0	10.0	0.35	0.90	22.8	64	5.5	100	13.7			
						4	73—110	暗棕色	轻壤土	核状	8.4	7.0	0.18	0.67	22.9	79	4.6	112	12.5			
剖17	干旱土	棕钙土	棕钙土			1	0—5	棕色	轻壤土	碎块状	9.0	10.7	0.62	0.63	21.3	69	21.0	172	10.6	砂砾岩	E 113°11′15.4″ N 43°58′27.5″	91
						2	5—16	浅红黄色	重壤土	碎块状	9.1	8.4	0.39	0.45	16.1	75	4.0	125	23.8			
						3	16—50	灰黄色	中壤土	碎块状	9.2											
						4	50—75	灰棕色	中壤土	碎块状	9.0											
剖18	盐碱土	漠境盐土				1	0—25	黄棕色	砂壤土	碎块状										含砂砾泥岩	E 113°06′03.6″ N 43°50′24.0″	90
						2	25—52	浅黄棕色	砂壤土	复粒状	7.8	8.4	0.67	0.22	39.0	49	3.5	400	5.2			
						3	52—85	灰黄色	砂壤土	碎块状	8.8	9.7	0.63	0.20	35.0	37	2.0	210	7.1			
						4	85—130	灰棕色	砂壤土	碎块状	9.4								4.7			
剖19	干旱土	棕钙土	棕钙土	砂化棕钙土	轻度砂化棕钙土	1	0—10	黄棕色	砂壤土	复粒状	8.1	11.9	0.72	0.51	37.0	59	2.8	230	9.9	砂砾岩	E 113°38′12.8″ N 43°59′10.7″	94
						2	10—47	浅栗色	轻壤土	复粒状	7.9	6.2	0.39	0.33	36.0	37	1.8	160	8.2			
						3	47—81	浅灰棕色	砂砾土	粒状	7.8											
						4	81—180	灰白色	砂壤土	碎块状												
剖20	钙层土	栗钙土	淡栗钙土	残坡积淡栗钙土	砂质残坡积淡栗钙土	1	0—17	浅灰棕色	砂壤土	碎块状	8.1	6.4	0.30	0.18	24.7	118	2.0	68	6.6	砂砾岩	E 113°36′13.7″ N 43°54′07.9″	78
						2	17—53	浅灰黄色	砂壤土	碎块状	8.4											
						3	53—96	暗黄色	砂砾土	碎块状												
剖21	钙层土	栗钙土	淡栗钙土	残坡积淡栗钙土	壤质残坡积淡栗钙土	1	0—31	浅栗色	砂壤土	粒状	8.0	14.4	0.82	0.27	16.7	99	6.0	192	8.8	砂砾岩	E 113°19′40.8″ N 43°55′26.4″	99
						2	31—83	暗灰黄色	砂壤土	粒状	8.1	11.2	0.47	0.20	16.3	83	2.0	80	10.1			
						3	83—90	黄棕色	砂砾土	粒状												
剖22	钙层土	栗钙土	淡栗钙土	砂化淡栗钙土	轻度砂化棕钙土	1	0—17	棕黄色	砂壤土	团块状										砂砾岩	E 113°41′25.4″ N 43°53′52.8″	81
						2	17—42	浅灰棕色	砂壤土	团块状												
						3	42—74	灰棕色	砂壤土	粒状												
						4	74—135	黄色	砂壤土	粒状												
剖23	钙层土	栗钙土	淡栗钙土	残坡积淡栗钙土	砾质残坡积淡栗钙土	1	0—15	黄棕色	砂壤土	团块状	8.4	6.8	0.31	0.12	20.0	61	1.0	71	8.4	花岗岩风化物	E 113°52′24.6″ N 43°54′01.4″	84
						2	15—32	灰黄色	砂壤土	团块状												
						3	32—65	棕黄色	砂砾土													
						4	65—72	褐黄色	砾石土													

续表 Continued

剖面号 Soil profile	土纲 Soil order	土类 Soil great group	亚类 Soil subgroup	土属 Soil genus	土种 Soil species	土层码 Layer code	土层厚度 Depth/cm	颜色 Soil color	质地 Soil texture	土壤结构 Soil structure	pH	有机质 OM/(g/kg)	全氮 TN/(g/kg)	全磷 TP/(g/kg)	全钾 TK/(g/kg)	碱解氮 AN/(mg/kg)	有效磷 AP/(mg/kg)	速效钾 AK/(mg/kg)	阳离子交换量 CEC/(cmol/kg)	土壤母质 Parent material	剖面点坐标 Profile coordinate	匹配指数 Matching index/%
剖24	干旱土	棕钙土	淡棕钙土	残坡积淡棕钙土	壤质残积淡棕钙土	1	0—20	浅棕色	轻壤土	核状	7.9	9.9	0.91	0.58	35.0	61	5.5	550	9.8	砂砾岩	E 112°29′07.5″ N 43°45′13.1″	77
						2	20—32	灰棕色	砂壤土	核状	9.2	8.8	0.45	0.32	39.0	33	3.3	280	10.9			
						3	32—60	棕黄色	砂壤土	团块状	9.7	4.7	0.54	0.43	37.0	65	6.5	330	12.3			
						4	60—98	浅黄色	砂土	团块状	9.6											
剖25	干旱土	棕钙土	棕钙土	残坡积棕钙土	砂质残积棕钙土	1	0—17	灰棕色	砂壤土	粒状	7.6	6.1	0.53	0.36	37.0	42	2.5	220	9.0	砂岩	E 113°09′28.8″ N 43°41′45.2″	70
						2	17—38	暗黄棕色	轻壤土	碎块状	8.1	6.7	0.37	0.19	16.0	44	1.0	110	7.5			
						3	38—64	浅黄棕色	砂壤土	粒状	8.4	4.8	0.33	0.30	36.0	27	4.0	110	8.5			
						4	64—93	灰黄色	砂土	粒状	9.1											
						5	93—140	浅黄色	砂土	粒状	9.3											
剖26	钙层土	栗钙土	草甸栗钙土	砂质草甸栗钙土		1	0—24	灰棕色	砂壤土	粒状	8.0	7.9	0.53	0.40	20.0	72	1.8	565	8.0	河湖沉积物	E 113°33′10.7″ N 43°44′05.5″	70
						2	24—41	浅灰棕色	轻壤土	碎块状	8.3	8.4	0.73	0.54	21.0	72	0.8	430	5.9			
						3	41—59	灰褐色	中壤土	碎粒状	8.5	12.6	1.14	0.67	30.0	142	2.0	420	16.1			
						4	59—83	红棕色	中壤土	碎粒状	8.4											
剖27	钙层土	栗钙土	淡栗钙土	泥岩淡栗钙土	砂质泥岩淡栗钙土	1	0—23	深灰色	砂壤土	复粒状	7.8	10.1	0.63	0.43	33.0	73	3.3	170	9.6	含砂灰绿色泥岩	E 113°54′15.8″ N 43°32′44.2″	95
						2	23—36	灰棕色	砂壤土	复粒状	7.9	6.1	0.44	0.33	33.0	47	1.8	70	5.7			
						3	36—53	棕黄色	砂土	粒状	8.1	3.8	0.25	0.23	32.0	57	1.8	70	3.7			
						4	53—84	灰绿色	砂土	粒状	8.3											
剖28	钙层土	栗钙土	盐化栗钙土	氯化物盐化栗钙土		1	0—18	浅灰棕色	轻壤土	粒状	8.0	12.8	0.71	0.52	35.0	61	1.8	250	9.3	泥岩	E 113°48′21.4″ N 43°25′33.6″	96
						2	18—40	灰黄棕色	砂壤土	碎块状	8.3	8.5	0.61	0.25	29.0	59	2.5	350	11.7			
						3	40—110	青灰色	中壤土	块状	8.4	8.4	0.58	0.28	32.0	46	2.0	230	8.5			
剖29	钙层土	栗钙土	草甸栗钙土	壤质草甸栗钙土		1	0—10	灰黄色	含砂轻壤土	粒状										河湖沉积物	E 113°52′40.8″ N 43°18′55.8″	93
						2	10—24	浅灰棕色	轻壤土	复粒状	8.1	7.8	0.40	0.38	32.0	42	2.0	200	10.7			
						3	24—59	灰黄色	中壤土	团块状	9.0											
剖30	钙层土	栗钙土	淡栗钙土	泥岩淡栗钙土	壤质泥岩淡栗钙土	1	0—23	浅灰色	轻壤土	碎块状	7.7	10.7	0.61	0.43	37.0	61	1.8	180	8.2	青灰色泥岩	E 114°03′08.3″ N 43°46′54.8″	70
						2	23—60	浅黄色	砂壤土	碎块状	8.0	9.5	0.50	0.46	29.0	66	2.8	140	9.0			
						3	60—90	青灰色	砂土	块状												
						4	90—101	灰黄色	中壤土	块状												
剖31	钙层土	栗钙土	淡栗钙土	风蚀积栗钙土	轻度风蚀淡栗钙土	1	0—30	浅灰色	砂土	碎粒状	8.1	7.5	0.47	0.18	23.8	95	5.0	131	5.1		E 114°01′57.7″ N 43°38′01.0″	94
						2	30—62	栗色	轻壤土	团块状	7.7	7.3	0.36	0.19	25.6	99	2.0	18	6.8			
						3	62—74	浅红黄棕色	轻壤土	碎块状	7.8											
						4	74—104	暗黄棕色	轻壤土	粒状												
剖32	钙层土	栗钙土	栗钙土	残坡积栗钙土	壤质残坡积栗钙土	1	0—35	栗色	轻壤土	碎粒状	8.0	15.7	0.83	0.43	36.0	24	2.0	260	7.9		E 114°21′04.7″ N 43°39′32.0″	84
						2	35—75	浅黄色	砂壤土	团块状	8.9	4.6	0.23	0.36	30.0	38	1.3	150	11.0			
						3	75—115	黄色	砂土	粒状												
剖33	初育土	风沙土				1	0—60	浅灰色	中细砂土	复粒状										风积沙	E 114°18′22.0″ N 43°33′51.9″	76
						2	60—120	灰棕色	中细砂土	粒状												
剖34	钙层土	栗钙土	栗钙土	泥质岩岩栗钙土	泥质岩岩栗钙土	1	0—22	灰棕色	中壤土	碎块状										泥质岩、含砂泥岩、砾泥岩	E 114°13′36.8″ N 43°26′07.1″	74
						2	22—55	棕红色	重壤土	核状												
						3	55—77	灰褐色	砂壤土	碎块状												
剖35	钙层土	栗钙土	栗钙土	残坡积栗钙土	砂质残坡积栗钙土	1	0—16	灰棕色	砂壤土	复粒状										砂砾岩	E 114°04′23.2″ N 43°23′20.8″	91
						2	16—43	暗黄棕色	砂壤土	复粒状												
						3	43—78	灰黄色	砂壤土	碎粒状												
						4	78—107	棕黄色	砂壤土	复粒状												

续表 Continued

剖面号 Soil profile	土纲 Soil order	土类 Soil great group	亚类 Soil subgroup	土属 Soil genus	土种 Soil species	土层码 Layer code	土层厚度 Depth/cm	颜色 Soil color	质地 Soil texture	土壤结构 Soil structure	pH	有机质 OM/(g/kg)	全氮 TN/(g/kg)	全磷 TP/(g/kg)	全钾 TK/(g/kg)	碱解氮 AN/(mg/kg)	有效磷 AP/(mg/kg)	速效钾 AK/(mg/kg)	阴离子交换量 CEC/(cmol/kg)	土壤母质 Parent material	剖面点坐标 Profile coordinate	匹配指数 Matching index/%
剖36	钙层土	栗钙土	栗钙土	砂化栗钙土	轻度砂化栗钙土	1	0—17	浅灰黄色	砂土	粒状										砂岩风化物	E 114°07′00.8″ N 43°21′31.3″	97
						2	17—42	黄灰色	砂壤土	碎块状												
						3	42—106	灰黄色	砂壤土	碎块状												
						4	106—120	浅灰色	砂土	粒状												
剖37	钙层土	栗钙土	栗钙土	泥质岩栗钙土	砂质泥岩栗钙土	1	0—17	灰棕色	砂壤土	复粒状	8.2	16.3	0.97	0.22	21.9	155	4.0	81	6.8	泥质岩,含砂泥岩,砾泥岩	E 114°29′31.9″ N 43°26′08.2″	81
						2	17—45	灰褐色	砂壤土	复粒状	8.2	11.1	0.51	0.39	22.7	123	2.0	151	10.3			
						3	45—72	黄棕色	砂土	粒状	8.4	1.5	0.11	0.10	22.9	50	2.0	62	3.6			
						4	72—100	红棕色	重壤土	块状	8.6											
剖38	盐碱土	草甸盐土	草甸盐土			1	0—29	灰青色	中壤土	团块状	8.4	9.8	0.40	0.43	26.0	41	11.5	89	5.1	泥岩	E 114°04′46.2″ N 43°16′20.3″	96
						2	29—60	重壤土	块状	8.6	13.3	0.67	0.48	27.0	58	4.8	110	7.9				
						3	60—92	灰黄色	重壤土	核状	8.4											
剖39	钙层土	栗钙土	栗钙土性土	通体砂栗钙土性土		1	0—10	浅灰黄色	中细砂土	粒状										风积物	E 114°08′57.8″ N 43°15′36.4″	97
						2	10—103	黄色	中细砂土	粒状												
						3	103—135	浅灰色	中细砂土	粒状												
剖40	钙层土	栗钙土	栗钙土	砂化栗钙土	中度砂化栗钙土	1	1—12	黄色	砂土	粒状										砂砾岩	E 114°26′02.8″ N 43°16′34.7″	75
						2	12—25	黄棕色	砂土	粒状												
						3	25—52	黄褐色	轻壤土	团块状												
						4	52—83	灰白色	砂壤土	复粒状												
						5	83—104	浅灰色	轻壤土	碎块状												
						6	104—135	灰白色	砂土	粒状												
剖41	半水成土	草甸土	盐化草甸土	硫酸盐盐化灰色草甸土		1	0—11	灰白色	砂壤土	碎块状										河湖相沉积物	E 114°26′30.1″ N 43°11′39.5″	98
						2	11—27	灰黄色	砂土	粒状												
						3	27—53	灰黄色	砂土	粒状												
剖42	半水成土	草甸土	盐化草甸土	氯化物盐盐化灰色草甸土		1	0—25	灰白色	砂壤土	碎块状										河湖相沉积物	E 114°42′56.9″ N 43°14′57.1″	72
						2	25—54	灰褐色	轻壤土	碎块状												
						3	54—93	灰黄色	砂土	粒状												
剖43	半水成土	草甸土	石灰性灰色草甸土	壤质石灰性灰色草甸土		1	0—19	灰褐色	轻壤土	碎块状	7.2	132.1	6.14	0.40	11.0	413	3.5	380	1.7	河湖沉积物	E 114°49′28.2″ N 43°14′53.9″	97
						2	19—40	暗黄色	砂土	粒状	7.1	9.5	0.39	0.17	37.0	37	0.7	100	0.0			
						3	40—83	灰白色	砂土	粒状	7.1											
剖44	初育土	风沙土				1	0—42	浅黄色	中细砂土	粒状										风积沙	E 114°43′55.2″ N 43°01′10.2″	70
						2	42—78	黄色	中细砂土	粒状												
						3	78—125	暗黄色	中细砂土	粒状												
剖45	初育土	风沙土				1	0—35	黄灰色	中细砂土	粒状										风积沙	E 114°02′42.7″ N 42°58′29.6″	86
						2	35—69	浅黄色	中细砂土	粒状												
						3	69—132	灰灰色	中细砂土	粒状												
剖46	钙层土	栗钙土	栗钙土	栗钙土性土	砂壤质栗钙土性土	1	0—38	灰棕色	砂壤土	复粒状	8.0	2.0	0.11	0.26	35.9	37	0.9	380	0.1	风积物	E 114°17′28.0″ N 42°53′35.5″	92
						2	38—57	灰黄色	砂土	粒状	7.9	0.8	0.07	0.22	39.2		0.3	125	1.1			
						3	57—125	黄黄色	中砂土	粒状												
剖47	半水成土	草甸土	石灰性灰色草甸土	砂质石灰性灰色草甸土		1	0—30	青灰色	砂土	粒状	7.7									砂质河湖沉积物	E 114°41′30.4″ N 42°54′43.0″	78
						2	30—49	黄灰色	砂土	粒状												
						3	49—79	暗灰色	砂土	粒状												

苏尼特右旗

主要土类说明

棕钙土是苏尼特右旗主要土壤类型，占本旗地域面积的48%。棕钙土主要分布在海拔1000—1200m的广阔起伏的高平原。自然植被主要为戈壁针茅、沙生针茅、冷蒿、无芒隐子草、小叶锦鸡儿、狭叶锦鸡儿、骆驼蓬等。成土过程主要为腐殖质累积过程和钙积过程。剖面构型为A-B-C。有机质层呈棕色或浅棕色，厚15—30cm。该土壤钙积化严重，主要原因是淋溶作用很弱，碳酸钙被淋溶到很浅的部位就淀积下来，形成钙积层。因此，棕钙土全剖面均有石灰反应，越往下石灰反应越强烈。本旗棕钙土分为棕钙土、淡棕钙土、草甸棕钙土、粗骨性棕钙土等亚类。

栗钙土是苏尼特右旗第二大土壤类型，占本旗地域面积的24%。栗钙土主要分布在本旗东南部的低山丘陵，本旗东北部也有小片分布。自然植被主要为针茅、羊草、冰草、冷蒿、糙隐子草、小叶锦鸡儿等。成土母质主要为花岗岩、变质岩等的残积物和坡积物，还有风积物、洪冲积物、红色泥岩、杂色泥岩等。成土过程主要为有机质累积过程和钙积过程。栗钙土剖面由腐殖质层、钙积层和母质层构成，剖面分化明显，层次过渡清晰。有机质层呈栗色、暗栗色或褐色。钙积层常呈块状、层状、粉末状或假菌丝状，石灰反应强烈，是影响植物生长的主要障碍层次。本旗栗钙土分为暗栗钙土、栗钙土、淡栗钙土、草甸栗钙土、粗骨性栗钙土等亚类。

风沙土是苏尼特右旗第三大土壤类型，占本旗地域面积的14%。风沙土发生于半干旱、干旱漠境地区及滨海地区，是在风沙移动堆积形成的多种形态的风沙沉积物上发育的初育土。由于成土时间短暂，该土壤无剖面发育，具C、（A）-C或A-C剖面构型，反映了风沙移动堆积与固定的不同阶段。

草甸土占本旗地域面积的7%。草甸土是在冷湿条件下，受地下水浸润并在草甸植被下发育形成的土壤。因所处地带地下水位较高，潜水参与土壤形成过程，受地下水升降与浸润作用，成土过程具有明显的腐殖质累积和铁锰氧化还原特征，土体出现锈色斑纹层。剖面构型为A-Cu或A-C-Cu。

潮土占本旗地域面积的6%。潮土见于近代河流冲积平原或低平阶地，地下水位高，潜水参与成土过程。在潮土成土过程中，底土氧化还原交替作用，形成锈色斑纹和小型铁子。剖面构型为A_{11}-A_{12}-Cu或A_{11}-C-Cu。

小于本旗地域面积3%的土壤类型有碱土、草甸盐土、沼泽土。

本区域中心区气候特征

本区域中心区气候特征值
Regional climate characteristics in central area of the region

气候带：中温带干旱气候 Climate region: Mid temperate arid climate	
年平均气温 /℃ Annual average temperature /℃	4.2
年平均最高气温 /℃ Annual average maximum temperature /℃	11.3
年平均最低气温 /℃ Annual average minimum temperature /℃	-2.0
年降水量 /mm Annual precipitation /mm	195
≥10℃的积温 /℃ Daily temperature accumulated in a year (≥10℃) /℃	3045
年日照时数 /h Annual sunshine /h	3186
年平均相对湿度 /% Annual average relative humidity /%	48
干燥度 Dryness	1.40

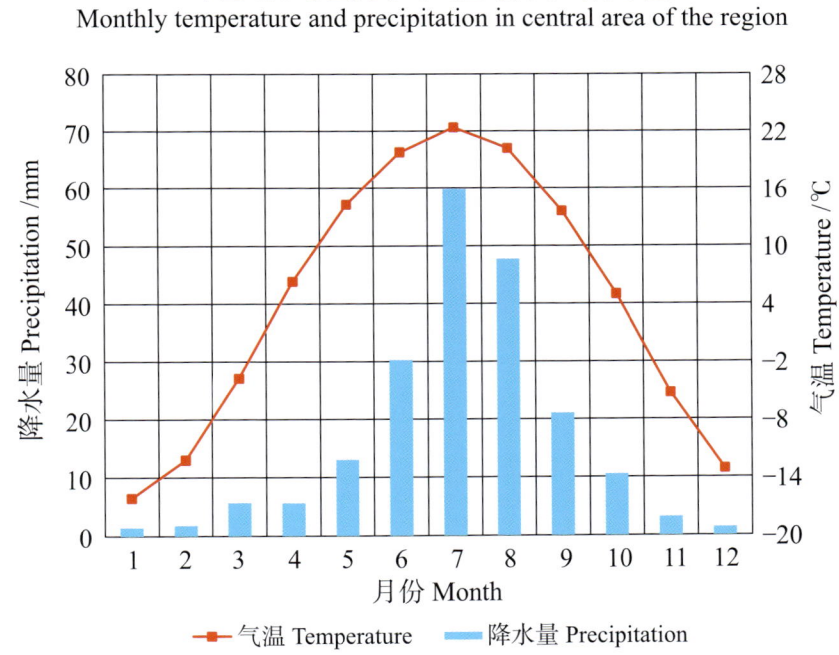

本区域中心区月平均气温与月平均降水量
Monthly temperature and precipitation in central area of the region

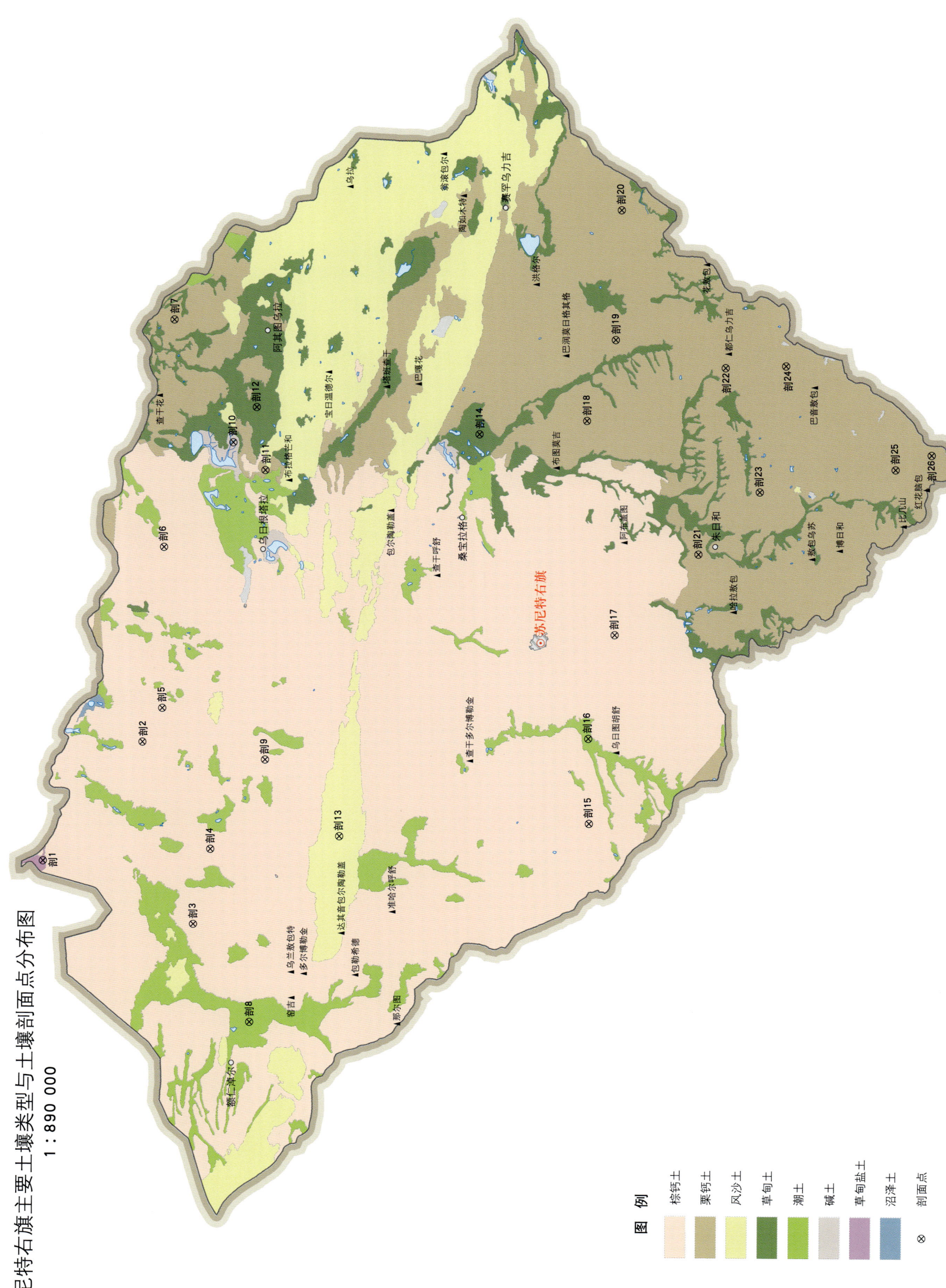

苏尼特右旗土壤剖面理化性状表

剖面号 Soil profile	土纲 Soil order	土类 Soil great group	亚类 Soil subgroup	土属 Soil genus	土层码 Layer code	土层厚度 Depth/cm	颜色 Soil color	质地 Soil texture	土壤结构 Soil structure	pH	有机质 OM/(g/kg)	全氮 TN/(g/kg)	全磷 TP/(g/kg)	全钾 TK/(g/kg)	碱解氮 AN/(mg/kg)	有效磷 AP/(mg/kg)	速效钾 AK/(mg/kg)	阳离子交换量 CEC/(cmol/kg)	土壤母质 Parent material	剖面点坐标 Profile coordinate	匹配指数 Matching index/%
剖1	盐碱土	草甸盐土	草甸盐土	草甸盐土	1	0—24	棕黄色	砂壤土	粒状	7.7	7.8	0.39	0.49	23.0	3	3.5	235	4.3	泥岩等沉积物	E 112°05′30.2″ N 43°42′57.4″	71
					2	24—82	灰黑色	中壤土	片状	8.2	6.5	0.37	0.83	20.9	2	6.5	360	7.4			
剖2	干旱土	棕钙土	草甸棕钙土	草甸棕钙土	1	0—34	棕黄色	砂壤土	粒状	8.3	9.2	0.75	0.40	27.6	7	4.5	137	8.0	沉积物	E 112°24′21.2″ N 43°31′10.9″	97
					2	34—65	灰白色	砂壤土	块状	8.3	4.9	0.18	0.32	29.5	3	1.5	71	3.8			
					3	65—80	浅黄色	砂壤土		8.4								3.4			
剖3	干旱土	棕钙土	淡棕钙土	淡棕红土	1	0—20	棕色		块状		16.6	0.39			6	8.0	187		红色泥岩	E 111°55′07.3″ N 43°25′27.1″	93
					2	20—80	黄白色														
					3	80—90	灰白色														
剖4	干旱土	棕钙土	棕钙土	棕钙土	1	0—30	棕黄色	重壤土	块状	8.6	6.9	0.63	0.76	25.7	3	9.0	208	20.8	残积物、坡积物	E 112°07′06.6″ N 43°23′24.4″	74
					2	30—72	棕黄色	中壤土	块状	8.4	6.0	0.37	0.67	0.7	5	5.0	158	27.6			
					3	72—88	灰白色	砂壤土	块状	8.2								7.4			
剖5	干旱土	棕钙土	淡棕钙土	淡棕砂土	1	0—19	浅棕色	砂壤土		7.3	3.3	0.19	0.39	2.1	3	2.5	112	5.4	冲积物、风积物	E 112°29′42.4″ N 43°28′48.7″	71
					2	19—70	浅黄色	中壤土	块状	8.2	4.7	0.41	0.98	38.4	8	4.5	183	6.8			
					3	70—85	浅棕色	砂壤土		8.7								20.0			
剖6	干旱土	棕钙土	棕钙土	棕钙土	1	0—29	褐色	重壤土	块状	8.3	7.9	0.48	0.49	16.9	5	5.2	135	6.4	红色或杂色泥岩	E 112°55′26.0″ N 43°28′18.1″	72
					2	29—69	褐色	中壤土	块状	8.2	6.1	0.37	0.50	29.4	4	2.0	145	6.6			
					3	69—73	红褐色	轻砂土	粒状	8.2								7.0			
剖7	钙层土	栗钙土	粗骨性栗钙土	粗骨性栗钙土	1	0—15	浅栗色	紫砂土	块状	8.3	5.9	0.57	0.60	26.4	3	7.5	45	6.4	残积物、坡积物	E 113°31′40.8″ N 43°26′28.7″	82
					2	15—55	浅灰色	紫砂土	块状	8.4	6.5	0.85	0.62	25.9	4	8.0	58	6.6			
					3	55—90	灰绿色	紫砂土	块状	8.5	6.2	0.54	0.26	32.7	6			7.0			
剖8	半水成土	潮土	盐化潮土	盐化潮土	1	0—16	栗色	轻壤土	粒状	8.8	8.3	0.40	0.49	20.8	3	1.5	370	17.6	河湖相沉积物	E 111°39′21.4″ N 43°18′56.1″	72
					2	16—50	暗黄色	重壤土	块状	9.1	4.5	0.44	1.28	25.2	4	2.0	405	25.2			
剖9	干旱土	棕钙土	棕钙土	棕钙土	1	0—27	浅黄色	砂壤土	粒状	8.2	8.6	0.62	0.43	14.9	4	3.5	100	8.4	砂土	E 112°21′14.7″ N 43°16′54.3″	100
					2	27—54	棕黄色	砂壤土	粒状	8.4	7.8	0.59	0.47	13.0	4	2.5	71	9.4			
					3	54—89	浅黄色	砂壤土	粒状	8.0								5.6			
剖10	盐碱土	碱土	草甸碱土	草甸碱土	1	0—19	棕黄色	中壤土	块状	10.1	4.8	0.15	0.30	17.7	3	2.5	412	8.4	沉积物	E 113°11′54.2″ N 43°19′58.8″	99
					2	19—27	红棕色	轻壤土	块状	9.9	4.9	0.03	0.33	29.0	4		131	21.4			
					3	27—83	灰绿色	重壤土	块状	12.2								20.9			
剖11	钙层土	栗钙土	淡栗钙土	淡栗钙土	1	0—25	栗色	轻壤土	粒状	8.0	8.8	0.75	0.71	14.9	6	2.5	144	9.7	冲积物、风积物	E 113°07′18.8″ N 43°16′17.3″	77
					2	25—50	暗黄色	轻壤土	块状	8.3	5.0	0.47	0.76	17.9	3	3.0	100	6.0			
					3	50—80	浅黄色	砂壤土	块状	8.1								5.3			
剖12	半水成土	草甸土	灰色草甸土	灰色草甸土	1	0—20	栗色	轻黏土	团粒状	7.3	17.5	1.24	0.70	28.8	10	11.5	830	8.3	河湖沉积物	E 113°17′22.6″ N 43°17′08.2″	90
					2	20—77	浅栗色	中壤土	块状	7.6	8.1	0.58	0.43	26.8	6	11.0	83	5.1			
					3	77—104	暗棕色	重壤土	块状	7.6								16.2			
剖13	初育土	风沙土	固定风沙土	固定风沙土	1	0—40	黄褐色	砂壤土	块状	8.3	6.8	0.51	0.39	28.1	6	2.0	83		风积沙	E 112°08′55.7″ N 43°08′19.3″	85
					2	40—110	浅黄色	砂壤土		8.5											
剖14	半水成土	草甸土	灰色灰化草甸土	盐化灰色草甸土	1	0—25	灰褐色	轻黏土	团粒状	9.3	14.3	0.75	1.02	23.4	9	1.0	700	15.7		E 113°12′13.7″ N 42°51′12.2″	85
					2	25—60	红棕色	轻黏土	块状	9.7	3.3	0.41	0.87	17.0	8	1.0	380	15.4			
剖15	干旱土	棕钙土	棕钙土	棕钙土	1	0—12		砂壤土	块状	8.3	6.5	0.33	0.46	22.8	5	6.0	79	6.5		E 112°10′28.9″ N 42°39′09.9″	73
					2	12—32		砂壤土	块状	7.8	3.6	0.34	0.17	12.0	3	1.0	33	4.1			
					3	32—82		砂壤土		8.2								7.5			

续表 Continued

剖面号 Soil profile	土纲 Soil order	土类 Soil great group	亚类 Soil subgroup	土属 Soil genus	土层码 Layer code	土层厚度 Depth/cm	颜色 Soil color	质地 Soil texture	土壤结构 Soil structure	pH	有机质 OM/(g/kg)	全氮 TN/(g/kg)	全磷 TP/(g/kg)	全钾 TK/(g/kg)	碱解氮 AN/(mg/kg)	有效磷 AP/(mg/kg)	速效钾 AK/(mg/kg)	阳离子交换量 CEC/(cmol/kg)	土壤母质 Parent material	剖面点坐标 Profile coordinate	匹配指数 Matching index/%
剖16	半水成土	潮土	潮土	潮土	1	0—26	栗色	重壤土	粒状	7.9	9.8	0.67	0.41	30.0	7	0.9	174	18.9	河湖相沉积物	E 112°23′52.1″ N 42°39′07.6″	73
					2	26—89	暗栗色	重壤土	块状	8.6	4.4	0.31	0.32	30.0	7	8.5	183	24.3			
					3	89—105	白色	砂壤土	粒状	8.7				15.9				12.6			
剖17	干旱土	棕钙土	淡棕钙土	淡棕钙土	1	0—20	棕色	砂壤土	块状	7.8	4.9	0.41	0.52	15.9	3	2.5	79	6.5	残积物	E 112°40′09.1″ N 42°35′52.8″	95
					2	20—80	黄色	砂壤土		8.1	3.7	0.36	0.48		4	3.0	39	5.1			
					3	80—90	灰白色	砂壤土		8.3								15.6			
剖18	钙层土	栗钙土	淡栗钙土	淡栗红土	1	0—25	浅栗色	轻壤土	粒状	7.8	10.4	1.00	0.94	39.0	6	6.5	195	7.4	红色或杂色泥岩	E 113°13′54.5″ N 42°38′37.3″	82
					2	25—60	灰褐色	中壤土	块状	8.4	7.7	0.56	0.67	34.4	9	1.5	216	9.7			
					3	60—80	红褐色	轻黏土	块状	8.5								17.1			
剖19	钙层土	栗钙土	栗钙土	栗钙土	1	0—38	栗褐色	轻壤土	粒状	7.6	11.7	0.86	0.35	34.9	8	2.0	166	7.0	红色或杂色泥岩	E 113°26′29.0″ N 42°35′03.5″	91
					2	38—70	浅黄色	砂壤土	块状	8.0	5.1	0.44	0.94	31.0	4	4.0	83	6.8			
					3	70—144	黄色	砂壤土	块状	8.5								5.8			
剖20	钙层土	栗钙土	栗钙土	栗砂土	1	0—16	黄褐色	轻壤土	粒状	8.2	11.7	0.70	0.38	15.0	7	3.0	112	12.0	冲积物、风积物	E 113°46′49.8″ N 42°33′56.5″	70
					2	16—60	棕褐色	砂壤土	块状	8.4	6.9	0.55	0.43	18.8	4	3.0	58	11.1			
					3	60—77	棕黄色	砂壤土		8.2								6.5			
剖21	钙层土	栗钙土	淡栗钙土	淡栗钙土	1	0—27	浅栗色	紧砂土	复粒状	8.0	5.7	0.57	0.42	25.4	3	3.3	44	6.9	残积物	E 112°52′31.4″ N 42°25′56.6″	80
					2	27—89	浅黄色	紧砂土	块状	8.1	1.7	0.11	0.32	22.8	8	3.3	37	3.6			
					3	89—121	浅黄色	紧砂土	复粒状	8.2								4.9			
剖22	钙层土	栗钙土	草甸栗钙土	草甸栗钙土	1	0—20	棕褐色	重壤土	块状	8.1	12.6	0.97	1.00	35.6	9	9.0	125	12.8	湖相沉积物	E 113°21′37.4″ N 42°22′18.5″	92
					2	20—70	灰褐色	重壤土	块状	8.6	6.3	0.54	0.68	29.9	5	3.5	112	14.3			
					3		褐色	轻壤土	粒状		15.3				121	3.0	110	9.9			
剖23	钙层土	栗钙土	暗栗钙土	暗栗钙土	1	0—30	暗栗色	砂壤土	块状	8.4	24.8	1.20	1.16		57	2.0	120	10.3	坡积物、残积物	E 113°02′01.7″ N 42°18′38.2″	93
					2	30—60	棕黄色	砂土		9.2	18.4	0.94	1.23		28	1.0	90				
					3	60—100	栗色	中壤土	粒状	7.6	11.6	0.85	0.26	25.8	9	4.5	361	7.2			
剖24	钙层土	栗钙土	栗淤土	栗淤土	1	0—41	栗色	砂壤土	块状	7.9	6.2	0.55	0.72	29.8	11	4.5	141	14.2	沉积物	E 113°21′39.3″ N 42°15′15.7″	97
					2	41—63	棕红色	砂壤土	块状	8.2								19.8			
					3	63—70	暗栗色	轻壤土	粒状	8.3	18.7	1.50	0.94	31.7	10	12.0	162	8.7			
剖25	钙层土	栗钙土	栗钙土	栗钙土	1	0—41	棕黄色	轻壤土	块状	7.8	7.4	0.63	0.57	29.0	5	4.5	95	4.5	残积物	E 113°05′03.5″ N 42°02′43.8″	87
					2	41—82	红黄色	中壤土	块状	7.7								8.5			
					3	82—103	棕黄色	砂壤土	粒状	8.0	14.5	1.03	0.92	26.0	134	4.0	239	14.9			
剖26	钙层土	栗钙土	暗栗钙土	暗栗红土	1	0—25	棕褐色	中壤土	块状	8.2	35.4	2.23	1.04		90	4.0	153	19.0	红色或杂色泥岩	E 113°07′10.4″ N 41°58′29.2″	71
					2	25—130	暗褐色	中壤土	块状	8.2											
					3	130—135	棕红色	砂质黏土		8.8	6.6	0.32	1.04		82	6.0	91	7.9			

西乌珠穆沁旗

主要土类说明

栗钙土是西乌珠穆沁旗主要土壤类型，占本旗地域面积的62%，是本旗分布最广泛的地带性土壤。自然植被主要为干草原植被，以禾本科为主。成土母质类型多样，有各种基岩的风化残积物、坡积物、洪冲积物，还有黄土及黄土状母质。栗钙土剖面层次发育明显，上层为腐殖质层，呈栗色或暗栗色，厚25—30cm；向下水平过渡到钙积层，厚20—40cm。该土壤全剖面有石灰反应，呈弱碱性至碱性。根据主要成土过程及附加成土过程对土壤属性的影响，本旗栗钙土分为暗栗钙土、栗钙土、草甸栗钙土等亚类。

黑钙土是西乌珠穆沁旗第二大土壤类型，占本旗地域面积的14%。黑钙土主要分布在大兴安岭山前的低山丘陵，上接灰色森林土，下接暗栗钙土。自然植被主要为草甸草原和杂类草草甸。成土母质多为黄土状母质、冲积物、洪积物。黑钙土剖面层次发育十分明显，上部为腐殖质层和舌状层，下部为钙积层和母质层，以具有粒状或团粒状结构的深厚黑色土层为特点。本旗黑钙土分为淡黑钙土和草甸黑钙土两个亚类。

草甸土是西乌珠穆沁旗第三大土壤类型，占本旗地域面积的11%。因所处地带地下水位较高，潜水参与土壤形成过程，受地下水升降与浸润作用，成土过程具有明显的腐殖质累积和铁锰氧化还原特征，土体出现锈色斑纹层。剖面构型为A-Cu或A-C-Cu。

风沙土占本旗地域面积的7%。风沙土发生于半干旱、干旱漠境地区及滨海地区，是在风沙移动堆积形成的多种形态的风沙沉积物上发育的初育土。由于成土时间短暂，该土壤无剖面发育，具C、（A）-C或A-C剖面构型，反映了风沙移动堆积与固定的不同阶段。

灰色森林土占本旗地域面积的4%，主要分布在本旗东部和南部。自然植被主要为次生林和灌丛草甸。成土母质为各类基岩的风化残积物和坡积物，但大部分被黄土状母质覆盖。由于碳酸钙受到强烈淋溶，土壤通体无石灰反应，腐殖质层淀积明显，呈舌状延伸，黏粒淋溶淀积明显，具有弱黏化的淀积层。腐殖质淋溶层结构体表面有二氧化硅粉末，构成本土类的诊断层。本旗灰色森林土分为暗灰色森林土、灰色森林土等亚类。

小于本旗地域面积3%的土壤类型有粗骨土、沼泽土、草甸盐土。

本区域中心区气候特征

本区域中心区气候特征值
Regional climate characteristics in central area of the region

气候带：中温带亚干旱气候 Climate region: Mid temperate subarid climate	
年平均气温 /℃ Annual average temperature /℃	1.8
年平均最高气温 /℃ Annual average maximum temperature /℃	8.6
年平均最低气温 /℃ Annual average minimum temperature /℃	-4.5
年降水量 /mm Annual precipitation /mm	339
≥10℃的积温 /℃ Daily temperature accumulated in a year (≥10℃) /℃	1566
年日照时数 /h Annual sunshine /h	2893
年平均相对湿度 /% Annual average relative humidity /%	59
干燥度 Dryness	0.36

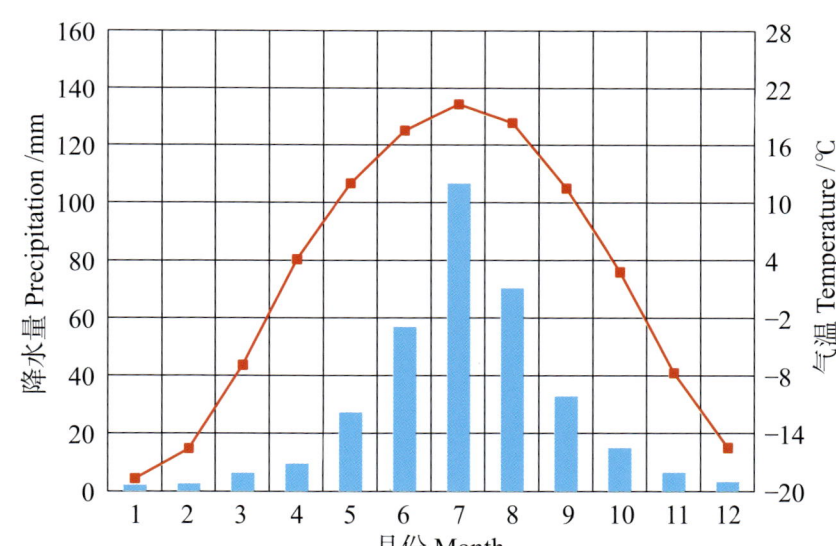

本区域中心区月平均气温与月平均降水量
Monthly temperature and precipitation in central area of the region

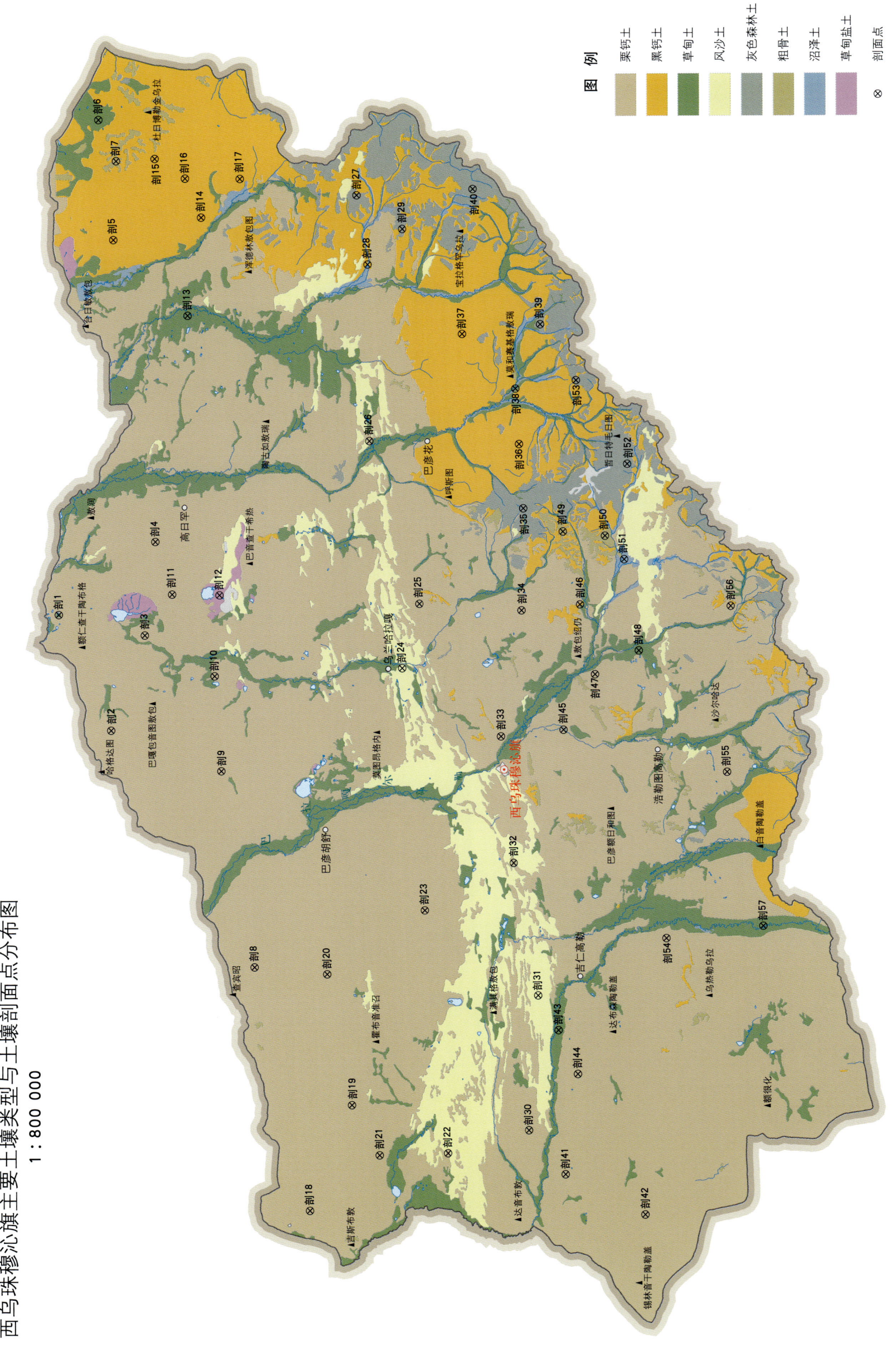

西乌珠穆沁旗土壤剖面理化性状表

剖面号 Soil profile	土纲 Soil order	土类 Soil great group	亚类 Soil subgroup	土属 Soil genus	土种 Soil species	土层码 Layer code	土层厚度 Depth/cm	颜色 Soil color	质地 Soil texture	土壤结构 Soil structure	pH	有机质 OM/(g/kg)	全氮 TN/(g/kg)	全磷 TP/(g/kg)	全钾 TK/(g/kg)	阳离子交换量CEC/(cmol/kg)	土壤母质 Parent material	剖面点坐标 Profile coordinate	匹配指数 Matching index/%
剖1	半水成土	草甸土	盐化草甸土	氯化物盐化灰色草甸土		1	0—20	褐色	中壤土	粒状	9.2	18.7	1.15					E 117°59′32.1″ N 45°20′36.5″	98
						2	20—60	灰棕色	轻壤土	粒状	9.8	4.2	0.26			24.2			
剖2	钙层土	栗钙土	暗栗钙土	钙层暗栗钙土	浅位钙层暗栗钙土	1	0—18	暗栗色	重壤土	粒状	8.5	44.1	3.14	0.29		26.1		E 117°42′33.3″ N 45°15′22.8″	77
						2	18—50	浅黄色	重壤土	核状	8.9	16.1	1.00	0.17		9.7			
						3	50—150	棕红色	轻黏土	核状	9.1	8.1	0.58	0.14					
剖3	钙层土	栗钙土	草甸栗钙土	壤质草甸栗钙土	薄层壤质草甸暗栗钙土	1	0—20	栗色	中壤土	粒状	8.9	30.3	2.63	0.37		16.3	冲积黄土状母质	E 117°56′23.3″ N 45°11′48.5″	74
						2	20—45	灰白色	轻壤土	粒状	9.2	5.9	0.66	0.18		11.3			
						3	45—80	棕色	轻壤土	粒状	9.4	5.1	0.38	0.14		9.7			
						4	80—150	棕黄色	砂壤土	粒状	9.5	3.3	0.29	0.11		9.3			
剖4	钙层土	栗钙土	暗栗钙土	粉砂质暗栗钙土	厚层粉砂质暗栗钙土	1	0—48	暗栗色	砂壤土	屑粒状	7.4	20.0	1.56	0.19	25.0	9.2	黄土状母质	E 118°09′51.8″ N 45°10′35.0″	71
						2	48—72	栗色	轻壤土	屑粒状	8.9	11.5	0.90	0.18	24.1	7.7			
						3	72—110	黄色	中壤土	粒状	9.0	8.4	0.58	0.24	18.0	15.7			
剖5	黑钙土	草甸黑钙土	砂质草甸黑钙土	中层砂质草甸黑钙土		1	0—55	暗栗色	紧砂土								洪冲积物	E 118°53′38.4″ N 45°14′14.6″	94
						2	55—90	黄棕色	紧砂土										
						3	90—150	黄色	砂土										
剖6	半水成土	草甸土	石灰性灰色草甸土	钙层石灰性灰色草甸土		1	0—30	栗色	轻壤土	粒状	10.2	14.8	1.16	0.26	30.0	18.4	湖积物	E 119°10′58.8″ N 45°15′26.5″	75
						2	30—50	棕色	中壤土	粒状	10.3	6.2	0.51	0.19	23.8	19.3			
						3	50—100	棕灰色	轻壤土	粒状	10.3	4.3	0.27	0.16	20.1	29.4			
						4	100—150	棕灰色	中壤土	粒状	9.9	3.3	0.14	0.16	27.1	11.9			
剖7	初育土	粗骨土	硅铝质粗骨土	硅铝质粗骨土		1	0—10	暗灰色	砂壤土		7.5	58.3	4.74	0.40	24.1	2.0	风化物	E 119°04′58.5″ N 45°13′46.0″	81
						2	10—												
剖8	钙层土	栗钙土	暗栗钙土	钙层暗栗钙土	中位钙层暗栗钙土	1	0—30	暗栗色	轻壤土	小粒状	7.7	41.0	2.86	0.33		21.3		E 117°08′14.2″ N 45°00′49.9″	97
						2	30—60	棕黄色	中壤土	小粒状	8.7	37.2	3.17	0.33		30.0			
						3	60—150	棕红色	黏土	核块状	9.1	13.9	1.25	0.15		29.4			
剖9	钙层土	栗钙土	暗栗钙土	粉砂质暗栗钙土	中层粉砂质暗栗钙土	1	0—40	暗栗色	轻壤土	粒状	7.5	20.9	1.87	0.24	18.8	13.1	黄土状母质	E 117°36′37.8″ N 45°04′07.7″	84
						2	40—85	浅栗色	轻壤土	粒状	8.7	14.4	1.27	0.28	20.5	12.7			
						3	85—110	黄色	轻壤土	粒状	9.8	6.5	0.55	0.20	23.2	11.2			
剖10	钙层土	栗钙土	草甸栗钙土	钙层草甸栗钙土	浅位钙层草甸栗钙土	1	0—25	灰белый棕色	轻黏土	核状	9.2	33.6	2.33	0.43			冲积黄土状母质	E 117°50′22.6″ N 45°04′43.0″	91
						2	25—55	红棕色	重黏土	核状	9.1	7.3	0.59	0.89					
						3	55—150	暗栗色	中黏土	核状	9.1	5.6	4.68	0.85					
剖11	钙层土	栗钙土	暗栗钙土	钙层暗栗钙土	深位钙层暗栗钙土	1	0—35	暗栗色	轻壤土	小粒状	7.8	23.1	1.80	0.22	27.2			E 118°02′14.3″ N 45°08′57.8″	75
						2	35—100	棕黄色	砂壤土	小粒状	8.7	16.7	1.38	0.20	25.0				
						3	100—120	灰白色	轻壤土	小粒状	8.9	11.8	0.93	0.18	17.1				
						4	120—150	浅栗色	中壤土	粒状	10.3	20.7	1.36						
剖12	盐碱土	草甸盐土	草甸盐土	氯化物草甸盐土		1	0—5	灰白色	轻黏土	核状	10.0	3.8	0.37				湖积物	E 118°02′00.6″ N 45°04′05.9″	73
						2	5—20	浅黄色	重黏土	粒状	10.6	2.1	0.28						
						3	20—50	青绿色	轻壤土	粒状	9.9	4.5	0.44	0.29					
						4	50—100	黑绿色	重黏土	粒状	9.6	3.9	0.31	0.31					
						5	100—150	暗栗色	轻壤土	粒状	8.9	22.1	1.99	0.32					
剖13	半水成土	草甸土	石灰性灰色草甸土	壤质石灰性灰色草甸土		1	0—15	棕栗色	中壤土	粒状	9.7	6.4	0.56				湖积物	E 118°42′22.3″ N 45°06′50.0″	73
						2	15—45	棕红色	中壤土	核状	9.5	6.0	0.52						
						3	45—150												

续表 Continued

剖面号 Soil profile	土纲 Soil order	土类 Soil great group	亚类 Soil subgroup	土属 Soil genus	土种 Soil species	土层码 Layer code	土层厚度 Depth/cm	颜色 Soil color	质地 Soil texture	土壤结构 Soil structure	pH	有机质 OM/(g/kg)	全氮 TN/(g/kg)	全磷 TP/(g/kg)	全钾 TK/(g/kg)	阳离子交换量CEC/(cmol/kg)	土壤母质 Parent material	剖面点坐标 Profile coordinate	匹配指数 Matching index/%
剖14	钙层土	黑钙土	淡黑钙土	硅铝质暗棕粉砂钙土	中层硅铝质覆粉暗黑钙土	1	0~35	暗灰色	中壤土	粒状	8.4	31.3	3.22	0.38	20.1	28.5	硅铝质覆黄土状母质	E 118°56′30.8″ N 45°05′12.8″	87
						2	35~50	浅灰色	中壤土	粒状	8.7	15.1	1.13	0.30	21.3	21.3			
						3	50~150	黄色	中壤土	粒状	8.8	7.3	0.59	0.32	20.8	18.5			
剖15	钙层土	黑钙土	草甸黑钙土	粉砂质草甸黑钙土	中层粉砂质草甸黑钙土	1	0~30	黑灰色	重壤土	粒状	7.2	61.1	3.98	0.51	27.0	28.6	洪冲积物	E 119°05′08.5″ N 45°09′48.8″	73
						2	30~70	浅黑灰色	重壤土	小块状结构	7.4	51.4	2.86	0.47	25.1	22.2			
						3	70~120	黄棕色	砂土	无明显结构	7.4	22.3	1.45	0.39	25.6				
剖16	钙层土	黑钙土	草甸黑钙土	粉砂质草甸黑钙土	厚层粉砂质草甸黑钙土	1	0~55	黑色	中壤土	粒状	6.5	100.1	5.48	0.78	26.5	37.3	黄土状母质	E 119°02′11.0″ N 45°06′45.4″	71
						2	55~115	黑灰色	重壤土	粒状	8.9	53.1	2.78	0.57	21.1	22.3			
						3	115~125	灰黄色	砂壤土	无明显结构									
剖17	钙层土	黑钙土	草甸黑钙土	粉砂质草甸黑钙土	覆砂粉砂质草甸黑钙土	1	0~20	暗灰色	砂壤土	屑粒状	9.1	22.5	1.58	0.41	24.1	10.6	黄土状母质	E 119°01′54.5″ N 45°01′08.0″	90
						2	20~40	青灰色	砂壤土	屑粒状	9.4	7.5	0.56	0.27	22.0	10.3			
						3	40~80	青灰色	砂壤土		9.5	12.1	1.09	0.37	20.3	13.1			
剖18	钙层土	栗钙土	草甸栗钙土	壤质草甸栗钙土	中层壤质草甸栗钙土	1	0~25	栗色	轻壤土	粒状	8.4	22.4	1.00	0.31	22.3	5.3	冲积黄土状母质	E 116°33′21.5″ N 44°55′07.1″	97
						2	25~120	棕黄色	中壤土	粒状	8.9	9.0	0.86	0.21	23.2	6.2			
						3	120~150	黄色	中壤土	块状	9.1	3.3	0.29	0.14	22.3	5.3			
剖19	钙层土	栗钙土	暗栗钙土	砂质暗栗钙土	中层砂质暗栗钙土	1	0~40	暗栗色	中壤土	粒状	8.1	26.7	2.30	0.35	22.3	16.5	风积物	E 116°48′27.0″ N 44°50′51.4″	73
						2	40~65	黄灰色	轻壤土	粒状	9.4	7.7	0.38	0.26	22.0	4.5			
						3	65~115	栗色	轻壤土	粒状	9.6	7.8	0.53	0.25	20.1	7.8			
剖20	钙层土	栗钙土	草甸栗钙土	砂质草甸栗钙土	厚层砂质草甸栗钙土	1	0~45	栗色	中壤土	粒状							冲积黄土状母质	E 117°07′12.4″ N 44°53′22.9″	74
						2	45~100	灰栗色	中壤土	粒状									
剖21	钙层土	栗钙土	栗钙土	钙层栗钙土	中位栗层栗钙土	1	0~30	栗色	轻壤土	粒状							黄土状母质	E 116°41′18.2″ N 44°47′59.3″	85
						2	30~70	浅黄色	轻壤土	粒状									
						3	70~120	青灰色	紧砂土										
剖22	钙层土	栗钙土	栗钙土	砂质栗钙土	覆砂质栗钙土	1	0~30	栗色	轻壤土	粒状	7.7	11.2	0.99	0.16	27.5	11.9	风积物	E 116°41′39.5″ N 44°40′59.2″	87
						2	30~55	黄色	中壤土	屑粒状	8.1	5.8	0.44	0.09	28.4	6.4			
						3	55~85	暗栗色	中壤土	屑粒状									
剖23	钙层土	栗钙土	暗栗钙土	砂质暗栗钙土	厚层暗质暗栗钙土	1	0~48	棕灰色	紧砂土		8.2	6.9	0.35	0.15	28.0		风积物	E 117°16′24.2″ N 44°43′22.8″	75
						2	48~120	棕黄色	紧砂土		8.6	6.0	0.35	0.12	31.4				
剖24	初育土	风沙土	固定风沙土	栗钙土型固定风沙土		1	0~10										风积物	E 117°51′11.9″ N 44°45′28.8″	85
						2	10~150												
						3	150~												
剖25	钙层土	栗钙土	暗栗钙土	砂质暗栗钙土	覆砂质暗栗钙土	1	0~35	浅栗色	砂壤土	屑粒状	9.1	10.8	0.83	0.14	27.2	7.6	风积物	E 118°00′22.0″ N 44°43′38.6″	74
						2	35~75	暗栗色	中壤土	屑粒状	8.7	19.4	1.56	0.23	26.3	12.2			
						3	75~150	灰栗色	砂壤土	屑粒状	9.0	10.2	0.79	0.19	24.6	11.9			
剖26	钙层土	栗钙土	草甸栗钙土	砂质草甸栗钙土	薄层砂质草甸栗钙土	1	0~15	栗色	紧砂土	粒状							风积物	E 118°23′49.6″ N 44°48′28.8″	91
						2	15~40	黄色	砂土										
剖27	半淋溶土	灰色森林土	灰色森林土	硅铝质粗灰色森林土	薄体硅铝质灰色森林土	1	0~1										酸性岩风化残积物、坡积物	E 118°59′05.6″ N 44°49′12.7″	93
						2	1~25	暗灰色	中壤土	粒状	7.4	64.2	4.42	0.60	24.4	33.2			
						3	40~60	暗灰色	中壤土	粒状	8.8	66.8	4.09	0.48	24.3				
剖28	水成土	沼泽土	草甸沼泽土	壤质草甸沼泽土		1	0~40	褐棕色	中壤土	粒状	8.5	24.2	2.12	0.41	25.1			E 118°49′08.4″ N 44°48′15.5″	93
						2	40~60												
						3	60~80	褐色	中壤土	粒状	7.8	21.1	1.53	0.32	24.9				
						4	80~100	灰黑色	轻壤土	粒状	7.2	20.8	1.54	0.39	24.0				
						5	100~120	灰色	轻壤土	粒状	7.4	17.1	0.97	0.32	23.0				

续表 Continued

剖面号 Soil profile	土纲 Soil order	土类 Soil great group	亚类 Soil subgroup	土属 Soil genus	土种 Soil species	土层码 Layer code	土层厚度 Depth/cm	颜色 Soil color	质地 Soil texture	土壤结构 Soil structure	pH	有机质 OM/(g/kg)	全氮 TN/(g/kg)	全磷 TP/(g/kg)	全钾 TK/(g/kg)	阳离子交换量 CEC/(cmol/kg)	土壤母质 Parent material	剖面点坐标 Profile coordinate	匹配指数 Matching index/%
剖29	半淋溶土	灰色森林土	暗灰色森林土	粉砂质暗灰色森林土	中层粉砂质暗灰色森林土	1	0—2	灰黑色	轻壤土	屑粒状	7.4	101.3	6.93	0.67	22.4	20.6	黄土状母质	E 118°54′06.5″ N 44°44′37.7″	96
						2	2—70	灰黑色	轻壤土		7.0	45.4	3.17	0.53	23.4	21.2			
						3	70—110	浅栗色	轻壤土		7.8	24.9	1.57	0.13	23.2	13.7			
剖30	钙层土	栗钙土	栗钙土	粉砂质暗栗钙土	厚层砂质栗钙土	1	0—50	浅栗色	砂壤土	屑粒状	8.2	17.0	1.20	0.26	22.5	6.0	黄土状母质	E 116°44′56.8″ N 44°32′42.0″	74
						2	50—120	浅栗色	砂壤土	屑粒状	9.1	7.7	0.51	0.17	22.8	7.2			
						3	120—150	浅栗色	砂壤土	屑粒状	9.2	2.6	0.22	0.08	23.2	4.6			
剖31	初育土	风沙土	固定风沙土	栗钙土型固定风沙土		1	0—10	棕黄色	紧砂土		8.3	8.3		0.22	26.2		风积物	E 117°04′03.7″ N 44°31′45.5″	80
						2	10—150	浅黄色	紧砂土	粒状	8.8	4.7	0.40	0.12	25.4				
剖32	钙层土	栗钙土	草甸栗钙土	砂质草甸栗钙土	中层砂质草甸栗钙土	1	0—40	暗栗色	砂壤土		7.4	12.8	1.01	0.21	25.4	3.5	冲积砂	E 117°23′06.0″ N 44°34′13.1″	99
						2	40—62	黄栗色	松砂土			0.8	0.16	0.07	31.4	2.8			
						3	62—100	黄栗色	砂土										
剖33	钙层土	栗钙土	暗栗钙土	砂质暗栗钙土	强度侵蚀砂质暗栗钙土	1	0—30	暗栗色	砂壤土	粒状	6.9	26.2	2.00	0.23	25.0	10.9	风积物	E 117°41′14.3″ N 44°35′26.9″	100
						2	30—150	暗栗色	松砂土	粒状	7.5	15.8	1.09	0.41	24.1	9.8			
剖34	钙层土	栗钙土	暗栗钙土	沉积岩硅质暗栗钙土	中体沉积质暗栗钙土	1	0—30	栗色	轻壤土	粒状							沉积岩残积物、坡积物	E 117°59′11.0″ N 44°33′10.1″	86
						2	30—150												
剖35	半淋溶土	灰色森林土	灰色森林土	粉砂质灰色森林土	中层粉砂质灰色森林土	1	0—5			粒状	6.9	51.0	2.19	0.43	24.4	22.1	黄土状母质	E 118°13′44.7″ N 44°32′49.3″	91
						2	5—45	黑灰色	轻壤土	粒状	7.5	34.1	2.05	0.40	24.5	19.6			
						3	45—100	暗灰色	中壤土	粒状									
						4	100—125	灰色	轻壤土	粒状									
剖36	钙层土	黑钙土	淡黑钙土	硅铝质覆粉砂淡黑钙土	薄层硅铝质覆粉砂淡黑钙土	1	0—25	暗灰色	轻壤土	粒状	8.5	45.6	3.17	0.46	19.1	26.4	硅铝质黄土状覆积母质	E 118°22′56.6″ N 44°33′09.0″	99
						2	25—50	浅黄色	中壤土	屑粒状	8.8	14.9	0.97	0.37	15.0	13.8			
						3	50—150	暗灰色	轻壤土	屑粒状	9.0	5.5	0.34	0.49	14.0	11.6			
剖37	钙层土	黑钙土	淡黑钙土	粉质暗淡黑钙土	厚层粉质淡黑钙土	1	0—20	暗黄色	中壤土	粒状	7.5	38.1	2.56	0.23	24.1	20.3	黄土状母质	E 118°38′50.6″ N 44°38′46.3″	84
						2	20—100	暗灰色	中壤土	粒状	8.6	24.0	1.64	0.22	21.4	24.4			
						3	100—150	暗灰色	中壤土	粒状	8.8	6.9	0.45	0.33	24.8	16.1			
剖38	水成土	沼泽土	草甸沼泽土	壤质草甸沼泽土		1	0—20	浅褐色	轻壤土	粒状	8.8	68.9	4.27	0.60	24.3		黄土状母质	E 118°30′51.8″ N 44°33′24.8″	94
						2	20—60	深褐色	中壤土	粒状	8.3	57.8	3.72	0.71	24.6				
						3	60—100	灰褐色	中壤土	粒状	8.3	32.0	2.04	0.46	24.6				
						4	100—120	褐色	轻壤土	屑粒状									
剖39	半淋溶土	灰色森林土	暗灰色森林土	粉砂质暗灰色森林土		1	0—5	灰黑色	轻壤土	粒状	6.6	133.4	8.02	0.65	20.7	37.8	黄土状母质	E 118°39′56.5″ N 44°30′44.1″	70
						2	5—50	暗棕灰色	轻壤土	小粒状	6.6	61.1	3.24	0.57	21.4	22.9			
剖40	半淋溶土	灰色森林土	暗灰色森林土	硅铝质粉砂覆暗灰色森林土	中层硅铝质覆粉砂暗灰色森林土	1	0—3	暗灰黑色	轻壤土	小粒状	8.0	113.6	5.65	0.17	31.7	29.1	酸性岩风化残积物、坡积物	E 118°59′30.8″ N 44°37′19.2″	87
						2	3—42	栗色	紧砂土	屑粒状	8.7	12.2	0.92	0.13	27.2	7.2			
						3	42—60	暗灰色	紧砂土	粒状	9.1	6.5	0.48	0.11	30.8	8.7			
剖41	钙层土	栗钙土	栗钙土	砂质栗钙土	中层砂质栗钙土	1	0—25	灰白色	砂壤土	无明显结构	8.6	2.8	0.16	0.38	22.9	6.6	风积物	E 116°38′44.2″ N 44°28′55.9″	93
						2	25—85	灰白色	轻壤土	屑粒状	9.0	24.4	1.98		13.2				
						3	85—150	灰黄色	砂壤土	屑粒状	9.0	9.0	0.75	0.23	21.1	10.6			
剖42	钙层土	栗钙土	栗钙土	粉砂质栗钙土	中层粉砂质栗钙土	1	0—25	灰黄色	砂壤土	屑粒状	9.5	1.3	0.20	0.11	21.3	3.9	黄土状母质	E 116°33′07.2″ N 44°20′44.2″	97
						2	25—70												
						3	70—150												
剖43	半水成土	草甸土	石灰性灰色草甸土	砂质石灰性灰色草甸土		1	0—60	黑灰色	砂壤土	屑粒状	7.6	10.8	0.56	0.15	26.1		冲积砂土	E 116°59′06.4″ N 44°29′40.2″	74
						2	60—100	灰黄色	砂壤土	屑粒状	8.9	8.9	0.58	0.33	26.3				
						3	100—140	灰黄色	紧砂土		9.4	2.8	0.25	0.20	25.4				
						4	140—150	灰黄色	砂土					0.30					

续表 Continued

剖面号 Soil profile	土纲 Soil order	土类 Soil great group	亚类 Soil subgroup	土属 Soil genus	土种 Soil species	土层码 Layer code	土层厚度 Depth/cm	颜色 Soil color	质地 Soil texture	土壤结构 Soil structure	pH	有机质 OM/(g/kg)	全氮 TN/(g/kg)	全磷 TP/(g/kg)	全钾 TK/(g/kg)	阳离子交换量CEC/(cmol/kg)	土壤母质 Parent material	剖面点坐标 Profile coordinate	匹配指数 Matching index/%
剖44	钙层土	栗钙土	栗钙土	砂质栗钙土	厚层砂质栗钙土	1	0—50	栗色	紧砂土	屑粒状	7.6	16.7	1.39	0.40	24.1	0.7	冲积黄土状母质	E 116° 52′ 55.6″ N 44° 27′ 41.8″	99
						2	50—100		紧砂土	粒状	8.4	6.0	0.44	0.13	27.4	12.8			
						3	100—150	浅黄色	紧砂土	粒状									
剖45	钙层土	栗钙土	草甸栗钙土	钙质草甸栗钙土	中位钙层草甸栗钙土	1	0—25	栗色	轻壤土	粒状	8.4	34.1	2.55	0.30	24.1	15.0	黄土状母质	E 117° 42′ 05.0″ N 44° 29′ 00.6″	97
						2	25—55	棕黄色	中壤土	粒状	8.8	21.9	1.65	0.28	20.5	10.8			
						3	55—150	棕灰色	砂壤土	粒状	9.3	4.4	0.31	0.09	25.7	4.6			
剖46	钙层土	黑钙土	淡黑钙土	粉质淡黑钙土	厚粉砂质淡黑钙土	1	45—85	灰黄色	中壤土	粒状	8.5	21.2	1.65	0.24	24.4	19.1	黄土状母质	E 117° 59′ 55.3″ N 44° 27′ 10.1″	90
						2	85—150	浅黄色	轻壤土	粒状	8.8	11.6	0.90	0.20	23.2	11.8			
剖47	钙层土	栗钙土	暗栗钙土	砂质暗栗钙土	薄层砂质暗栗钙土	1	0—20	暗栗色	砂壤土	粒状	8.3	20.7	1.43	0.24	25.1	12.9	风积质	E 117° 49′ 57.4″ N 44° 25′ 42.2″	100
						2	20—130	栗色	紧砂土		7.7	12.6	0.92	0.20	26.8	7.1			
剖48	半水成土	草甸土	盐化草甸土	苏打盐化灰色草甸土		1	0—17	暗棕色	中壤土	粒状	10.4	6.4	0.34		30.0			E 117° 53′ 15.0″ N 44° 21′ 11.9″	74
						2	17—50	灰白色	中壤土	粒状	10.5	3.4	0.22		23.7				
						3	50—90	黄色	中壤土	块状	10.5	4.1	0.38		22.9				
						4	90—150	棕黄色	轻壤土	块状	10.4	3.4	0.16		23.2				
						5	150—170		中壤土		10.5	12.5	0.19		25.0				
剖49	初育土	粗骨土	硅铝质粗骨土	硅铝质黑钙土型粗骨土	中层硅铝质覆粉砂质灰色森林土	1	0—15	棕灰色	轻壤土	粒状							风化残积物	E 118° 10′ 20.7″ N 44° 28′ 49.1″	100
						2	15—			屑粒状									
剖50	初育土	粗骨土	硅镁质粗骨土	硅镁质暗栗钙土型粗骨土		1	0—10	暗棕色	砂壤土	屑粒状							风化残积物	E 118° 09′ 38.5″ N 44° 24′ 29.2″	73
						2	10—	灰黄色	砂壤土	屑粒状									
剖51	水成土	沼泽土	草甸沼泽土	砂质草甸沼泽土		1	0—25	黑灰色	紧砂土								洪冲积物	E 118° 06′ 13.3″ N 44° 22′ 34.3″	71
						2	25—50	灰黄色	砂土										
						3	50—65	黄色	砂土										
剖52	半淋溶土	灰色森林土	灰色森林土	硅铝质覆砂灰色森林土	中层硅铝质覆粉砂质灰色森林土	1	0—30	暗灰色	轻壤土	屑粒状	6.8	93.6	5.79	0.67	20.4	21.1	硅铝质黄土状母质	E 118° 19′ 49.4″ N 44° 22′ 05.5″	83
						2	30—65	灰色	中壤土	屑粒状	7.2	63.6	4.16	0.54	22.5	20.1			
						3	65—150	浅灰色	轻壤土	粒状	7.3	37.5	2.70	0.51	21.7	24.4			
剖53	半淋溶土	灰色森林土	灰色森林土	粉砂质灰色森林土	厚层粉砂质灰色森林土	1	0—2		砂壤土	屑粒状	7.2	33.4	2.17	0.44	24.0	4.3	黄土状母质	E 118° 31′ 53.1″ N 44° 27′ 10.0″	77
						2	2—40	暗棕色	松砂土		7.6	0.2	0.31	0.08	27.4	1.9			
						3	40—150	黄色	中壤土	小粒状									
剖54	钙层土	栗钙土	暗栗钙土	粉砂质暗栗钙土	薄层粉砂质暗栗钙土	1	0—15	暗棕色	中壤土	小粒状	8.4	45.3	3.87	0.47	19.3	27.2	黄土状母质	E 117° 12′ 11.9″ N 44° 18′ 36.0″	80
						2	15—40	灰棕色	重壤土	小粒状	8.6	18.6	1.42	0.34	18.3	20.6			
						3	40—150	棕黄色	重壤土	小粒状	9.1	7.4	0.46	0.41	19.1	19.0			
剖55	钙层土	栗钙土	暗栗钙土	砂砾质暗栗钙土	薄体砂砾质暗栗钙土	1	0—20	暗栗色	轻壤土	粒状	6.9	29.9	2.51	0.19	25.8	8.5	砂砾岩风积物	E 117° 35′ 49.6″ N 44° 12′ 16.6″	76
						2	20—40	暗栗色	砂壤土										
						3	40—70	灰白色											
剖56	钙层土	栗钙土	暗栗钙土	沉积硅质暗栗钙土	薄沉积硅质暗栗钙土	1	0—10	暗栗色	砂壤土	屑粒状	8.4	37.7	3.08	0.45	24.6	17.4	沉积岩残积物、坡积物	E 117° 59′ 24.4″ N 44° 11′ 43.1″	99
						2	10—20	浅灰色	中壤土	粒状									
剖57	半水成土	草甸土	盐化草甸土	硫酸盐盐化灰色草甸土		1	0—5		中壤土	粒状	9.5	8.9	0.65	0.14	19.8			E 117° 13′ 54.8″ N 44° 08′ 39.1″	99
						2	5—20	暗栗色	中壤土	粒状	9.9	6.2	0.44	0.26	21.6				
						3	20—50	黑灰色	中壤土	粒状	9.8	7.1	0.48	0.32	19.1				
						4	50—100	灰色	重壤土	粒状	10.0	2.7	0.26	0.28	19.7				
						5	100—150	黄色	中壤土	粒状									

太 仆 寺 旗

主要土类说明

栗钙土是太仆寺旗主要土壤类型，占本旗地域面积的 86%。栗钙土是在温带半干旱草原下形成的具有栗色腐殖质层和灰白色钙积层的土壤。该土壤表层为栗色腐殖质层，厚 20—30cm，有机质含量为 15—45g/kg。其下，灰白色钙积层发育明显，钙积层见于 20—30cm 深处，厚 20—40cm，呈斑点状或层状积钙。石膏及易溶盐局部聚积。

草甸土是太仆寺旗第二大土壤类型，占本旗地域面积的 7%。草甸土是在冷湿条件下，受地下水浸润并在草甸植被下发育形成的土壤。因所处地带地下水位较高，潜水参与土壤形成过程，受地下水升降与浸润作用，成土过程具有明显的腐殖质累积和铁锰氧化还原特征，土体出现锈色斑纹层。剖面构型为 A-Cu 或 A-C-Cu。

黑钙土是太仆寺旗第三大土壤类型，占本旗地域面积的 3%。黑钙土是在温带半湿润草甸草原下形成的具深厚均腐殖质层和碳酸钙淋溶淀积层的土壤。该土壤均腐殖质层厚 50cm 左右，有机质含量为 50—80g/kg。其下，钙积层明显。土壤表层 pH 在 7.0 左右，往下 pH 逐渐升高为 8.0—8.5。冬季冻层厚 1.3—1.5m。

小于本旗地域面积 3% 的土壤类型有草甸盐土、碱土。

本区域中心区气候特征

本区域中心区气候特征值
Regional climate characteristics in central area of the region

气候带：中温带亚干旱气候 Climate region: Mid temperate subarid climate	
年平均气温 /℃ Annual average temperature /℃	3.4
年平均最高气温 /℃ Annual average maximum temperature /℃	10.2
年平均最低气温 /℃ Annual average minimum temperature /℃	-2.4
年降水量 /mm Annual precipitation /mm	351
≥10℃的积温 /℃ Daily temperature accumulated in a year (≥10℃) /℃	2078
年日照时数 /h Annual sunshine /h	3059
年平均相对湿度 /% Annual average relative humidity /%	58
干燥度 Dryness	0.59

本区域中心区月平均气温与月平均降水量
Monthly temperature and precipitation in central area of the region

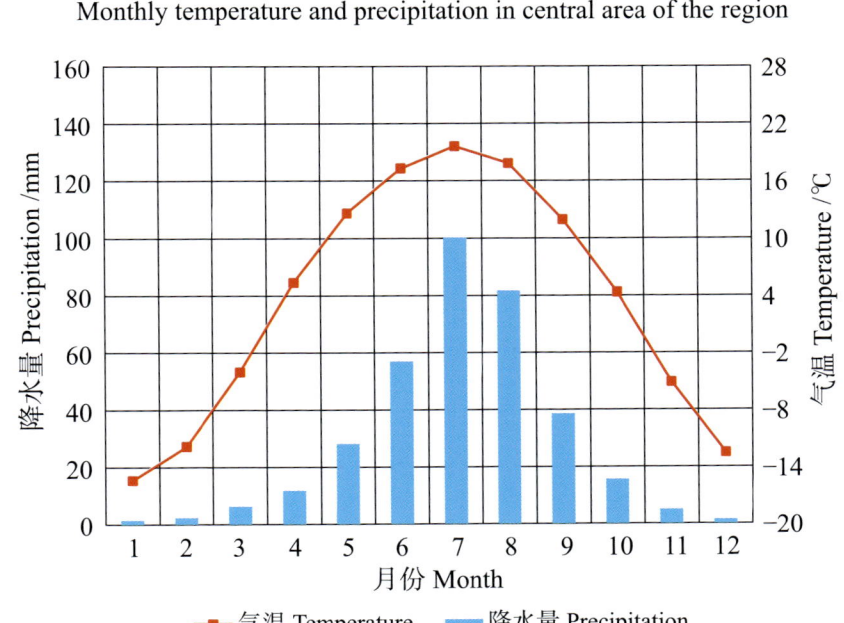

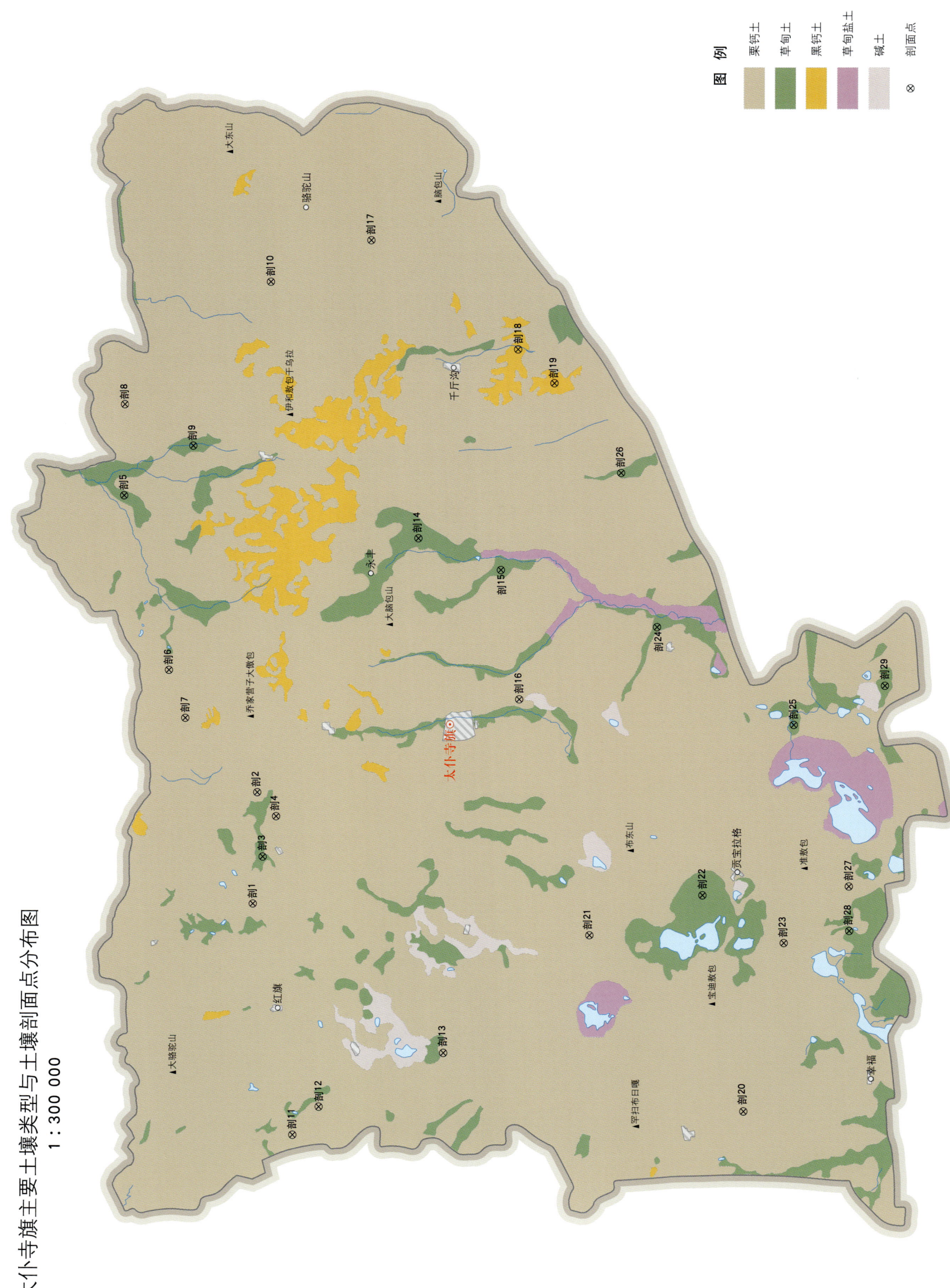

太仆寺旗土壤剖面理化性状表

剖面号 Soil profile	土纲 Soil order	土类 Soil great group	亚类 Soil subgroup	土属 Soil genus	土种 Soil species	土层码 Layer code	土层厚度 Depth/cm	质地 Soil texture	pH	有机质 OM/(g/kg)	全氮 TN/(g/kg)	全磷 TP/(g/kg)	全钾 TK/(g/kg)	阳离子交换量CEC/(cmol/kg)	剖面点坐标 Profile coordinate	匹配指数 Matching index/%
剖1	钙层土	栗钙土	暗栗钙土	暗栗黄土	中层暗栗黄土	1	0—30	轻壤土	8.3	15.1	0.71	0.43		9.0	E 115°07′20.3″ N 42°01′21.7″	84
						2	30—70	砂壤土	8.2	9.1	0.40	0.45		7.5		
						3	70—120	轻壤土	7.8					6.8		
剖2	钙层土	栗钙土	暗栗钙土	暗栗黄土	中层暗栗黄土	1	0—30	砂壤土	7.9	28.0	0.85	0.68		12.3	E 115°13′09.1″ N 42°01′17.8″	78
						2	35—70	轻壤土	8.0	19.8	0.82	0.65		11.0		
						3	70—100	轻壤土	8.2					7.5		
剖3	半水成土	草甸土	盐化草甸土	盐化草甸白干土	盐化草甸白干土	1	0—25	轻壤土	7.9	20.4	0.98	0.69		15.0	E 115°09′47.9″ N 42°01′01.2″	97
						2	25—50	轻壤土	8.1	2.9	0.12	0.43		11.3		
剖4	钙层土	栗钙土	暗栗钙土	暗栗黄土	中层暗栗黄土	1	0—25	轻壤土	8.1	49.2	2.44	1.16			E 115°11′55.3″ N 42°00′32.4″	95
						2	40—60	中壤土	9.2	15.6	0.33	0.50				
						3	70—85	砂壤土	8.1							
剖5	半水成土	草甸土	盐化草甸土	盐化草甸白干土	盐化草甸白干土	1	0—40		8.3	17.1	0.64	0.44			E 115°28′27.5″ N 42°06′43.7″	84
						2	40—60									
						3	60—80									
剖6	钙层土	栗钙土	暗栗钙土	暗栗红土	薄体暗栗红土	1	0—25	中壤土	8.4	7.8	0.52	0.38		19.1	E 115°19′25.0″ N 42°04′50.5″	85
						2	30—35	中壤土	8.0	34.4	2.21	0.90		17.9		
剖7	钙层土	栗钙土	暗栗钙土	暗栗红土	中层暗栗红土	1	0—35	砂壤土	7.9	14.9	0.53	0.43		11.2	E 115°16′56.3″ N 42°04′09.8″	72
						2	35—80	砂壤土	8.0	6.0	0.24	0.25		9.6		
						3	80—100	中壤土								
剖8	钙层土	栗钙土	暗栗钙土	暗栗黄土	中层暗栗黄土	1	0—25	轻壤土	8.2	17.8	0.88	0.64		11.5	E 115°33′12.2″ N 42°06′45.8″	81
						2	25—90	轻壤土	8.4	13.4	0.65	0.58		10.1		
						3	90—150	中壤土	8.5							
剖9	半水成土	草甸土	盐化草甸土	盐化草甸土	轻盐化草甸土	1	5—30	砂壤土	8.6	20.6	1.05	0.62			E 115°31′06.7″ N 42°04′04.4″	94
						2	40—60	砂壤土	8.8	10.1	0.37	0.51				
剖10	钙层土	栗钙土	暗栗钙土	暗栗黄土	中层暗栗黄土	1	0—25	砂壤土	8.4	16.6	0.66	0.55		10.5	E 115°39′42.8″ N 42°01′10.6″	93
						2	25—75	砂壤土	8.4	10.8	0.38	0.40		7.7		
						3	75—100	中壤土	9.1							
剖11	钙层土	栗钙土	暗栗钙土	暗栗黄土	中层暗栗黄土	1	50—60	轻壤土	8.3	34.0	1.86	0.86			E 114°55′24.6″ N 41°59′34.8″	80
						2	80—90	轻壤土	8.4	8.6	0.21	0.68				
						3	100—110	轻壤土	8.4							
剖12	钙层土	栗钙土	暗栗钙土	暗栗黄土	中层暗栗黄土	1	0—25	轻壤土	8.5	23.3	1.20	0.87			E 114°56′53.5″ N 41°58′35.0″	86
						2	25—90	中壤土	8.5	12.8	0.96	0.66				
剖13	钙层土	栗钙土	暗栗钙土	暗栗黄土	中体暗栗黄土	1	0—20	砂壤土	7.6	16.0	0.50	0.56		7.8	E 114°59′49.9″ N 41°53′48.1″	100
						2	20—50	砂壤土	7.8	5.3	2.50	0.53		7.5		
剖14	半水成土	草甸土	盐化草甸土	盐化砂土	轻盐化砂土	1	0—43	中壤土	8.2	13.7		0.42		8.4	E 115°26′32.0″ N 41°55′14.6″	71
						2	43—88	轻壤土	8.2	9.0		0.27		7.8		
						3	88—135									
剖15	半水成土	草甸土	灰色草甸土	灰砂壤土	灰砂壤土	1	10—20	中壤土	8.5	41.9	2.00	1.02	23.0		E 115°24′57.2″ N 41°52′00.8″	98
						2	30—40	中壤土		18.7	0.84	0.62	19.3			
剖16	钙层土	栗钙土	暗栗钙土	暗栗黄土	中层暗栗黄土	1	10—20	轻壤土	8.5	23.3	1.30	0.87			E 115°18′16.6″ N 41°51′11.9″	99
						2	50—60	轻壤土	8.6	12.8	0.86	0.66				
						3	100—110									

续表 Continued

剖面号 Soil profile	土纲 Soil order	土类 Soil great group	亚类 Soil subgroup	土属 Soil genus	土种 Soil species	土层码 Layer code	土层厚度 Depth/cm	质地 Soil texture	pH	有机质 OM/(g/kg)	全氮 TN/(g/kg)	全磷 TP/(g/kg)	全钾 TK/(g/kg)	阳离子交换量CEC/(cmol/kg)	剖面点坐标 Profile coordinate	匹配指数 Matching index/%
剖17	钙层土	栗钙土	暗栗钙土	暗栗黄土	厚层暗栗黄土	1	0—50	轻壤土	8.4	29.7	1.35	0.64			E 115° 41′ 56.8″ N 41° 57′ 17.2″	78
						2	50—80	中壤土	8.2	20.6	0.77	0.60				
						3	80—120	轻壤土								
剖18	钙层土	黑钙土	淋溶黑钙土	淋溶黑钙土	中层淋溶黑钙土	1	0—50	中壤土	7.9	44.6	1.91	0.94		22.0	E 115° 36′ 24.5″ N 41° 51′ 30.2″	83
						2	50—117	中壤土	8.2	33.8	1.56	0.88		24.8		
						3	117—130									
剖19	钙层土	黑钙土	淋溶黑钙土	淋溶黑钙土	中层淋溶黑钙土	1	30—40	中壤土	7.9	44.6	1.91	0.94		22.0	E 115° 34′ 41.2″ N 41° 50′ 04.2″	82
						2	80—90	中壤土	8.2	38.8	1.56	0.88		24.8		
剖20	钙层土	栗钙土	暗栗红土	暗栗红土	中层暗栗红土	1	25—40		8.5	17.6	1.03	0.60			E 114° 57′ 16.6″ N 41° 42′ 04.3″	97
						2	70—85		8.1	14.0	0.62	0.46				
剖21	钙层土	栗钙土	暗栗黄土	暗栗黄土	中层暗栗黄土	1	20—30	轻壤土	7.5	26.5	1.01	0.49		15.5	E 115° 06′ 06.8″ N 41° 48′ 14.4″	85
						2	50—60	中壤土	7.9	7.1	0.27	0.39		12.0		
剖22	半水成土	草甸土	盐化草甸白干土	盐化草甸白干土	盐化草甸白干土	1	5—20	砂壤土	8.5	29.8	1.56	0.58			E 115° 08′ 20.0″ N 41° 43′ 52.7″	88
						2	20—35	中壤土	8.5	16.1	0.60	0.44				
						3	35—									
剖23	钙层土	栗钙土	暗栗黄土	暗栗黄土	中层暗栗黄土	1	0—32	轻壤土	8.6	33.2	1.75	0.70		17.0	E 115° 05′ 57.5″ N 41° 40′ 40.8″	98
						2	32—67	中壤土	8.6	24.2	1.13	0.60				
						3	67—95	中壤土	8.7							
剖24	半水成土	草甸土	盐化草甸白干土	盐化草甸白干土	盐化草甸白干土	1	20—30	重壤土	8.2	33.9	1.15	0.68		10.4	E 115° 22′ 09.8″ N 41° 45′ 53.6″	94
						2	50—60	砂壤土	8.3	17.1	0.64	0.44		9.2		
剖25	半水成土	草甸土	灰色草甸土	灰砂壤土	灰砂壤土	1	0—20	砂壤土	9.0	21.7	0.94	0.42			E 115° 17′ 16.3″ N 41° 40′ 29.7″	95
						2	20—60	中壤土	8.6	16.0	0.60	0.34				
剖26	半水成土	草甸土	灰色草甸土	黄黏土	黄黏土	1	0—25	中壤土	7.9	40.0	1.71	0.90		18.5	E 115° 30′ 06.2″ N 41° 47′ 24.7″	98
						2	25—90	中壤土	8.1	32.7	1.42	0.78		17.5		
						3	90—110									
剖27	钙层土	栗钙土	暗栗黄土	暗栗黄土	中层暗栗黄土	1	0—40	中壤土	8.0	20.8	0.99	0.53		14.9	E 115° 08′ 58.6″ N 41° 38′ 11.8″	90
						2	40—80	重壤土	8.5	5.8	0.09	0.83		9.0		
剖28	半水成土	草甸土	灰色草甸土	灰砂壤土	灰砂壤土	1	0—25	中壤土		41.9	2.00	1.02	23.0		E 115° 06′ 40.8″ N 41° 38′ 08.4″	98
						2	25—70	中壤土		18.7	0.84	0.62	19.3			
						3	70—100									
剖29	半水成土	草甸土	盐化草甸土	盐化壤土	轻盐化壤土	1	0—40	轻壤土	8.0	33.7	1.64	0.62		13.5	E 115° 19′ 23.5″ N 41° 36′ 59.2″	87
						2	40—70	轻壤土	8.6	7.5	0.21	0.35		6.5		
						3	70—110									

镶 黄 旗

主要土类说明

栗钙土是镶黄旗主要土壤类型，占本旗地域面积的 90%。栗钙土是在温带半干旱草原下形成的具有栗色腐殖质层和灰白色钙积层的土壤。该土壤表层为栗色腐殖质层，厚 20—30cm，有机质含量为 15—45g/kg。其下，灰白色钙积层发育明显，钙积层见于 20—30cm 深处，厚 20—40cm，呈斑点状或层状积钙。石膏及易溶盐局部聚积。

风沙土是镶黄旗第二大土壤类型，占本旗地域面积的 7%。风沙土发生于半干旱、干旱漠境地区及滨海地区，是在风沙移动堆积形成的多种形态的风沙沉积物上发育的初育土。由于成土时间短暂，该土壤无剖面发育，具 C、(A)-C 或 A-C 剖面构型，反映了风沙移动堆积与固定的不同阶段。

小于本旗地域面积 3% 的土壤类型有石质土、潮土、草甸土、草甸盐土。

本区域中心区气候特征

本区域中心区气候特征值
Regional climate characteristics in central area of the region

气候带：中温带亚干旱气候 Climate region: Mid temperate subarid climate	
年平均气温 /℃ Annual average temperature /℃	2.8
年平均最高气温 /℃ Annual average maximum temperature /℃	9.5
年平均最低气温 /℃ Annual average minimum temperature /℃	-3.0
年降水量 /mm Annual precipitation /mm	288
≥10℃的积温 /℃ Daily temperature accumulated in a year (≥10℃) /℃	2179
年日照时数 /h Annual sunshine /h	3106
年平均相对湿度 /% Annual average relative humidity /%	55
干燥度 Dryness	0.68

本区域中心区月平均气温与月平均降水量
Monthly temperature and precipitation in central area of the region

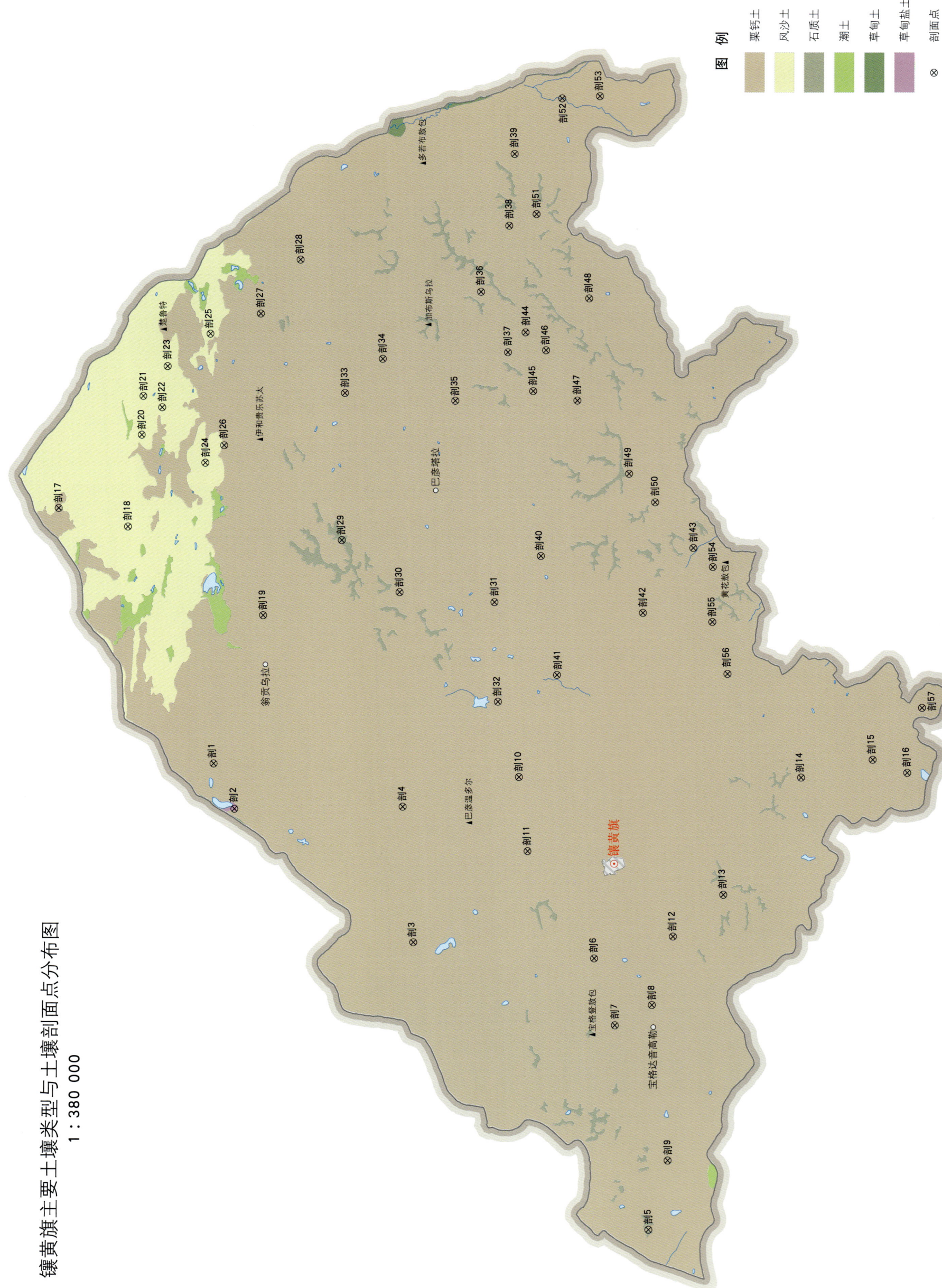

镶黄旗土壤剖面理化性状表

剖面号 Soil profile	土纲 Soil order	土类 Soil great group	亚类 Soil subgroup	土属 Soil genus	土层码 Layer code	土层厚度 Depth/cm	颜色 Soil color	质地 Soil texture	土壤结构 Soil structure	pH	有机质 OM/(g/kg)	全氮 TN/(g/kg)	全磷 TP/(g/kg)	全钾 TK/(g/kg)	碱解氮 AN/(mg/kg)	有效磷 AP/(mg/kg)	速效钾 AK/(mg/kg)	阳离子交换量CEC/(cmol/kg)	土壤母质 Parent material	剖面点坐标 Profile coordinate	匹配指数 Matching index/%
剖1	钙层土	栗钙土	草甸栗钙土	盐化草甸栗钙土	1	0—18		中壤土		8.3	30.0	1.53	0.38	24.6	134	4.0	287	15.9		E 113°56′16.9″ N 42°34′56.5″	100
					2	18—29		砂壤土		8.4	10.7	0.65	0.19	20.7				6.0			
					3	29—70		砂壤土		9.1	6.7			19.3							
					4	70—103		砂壤土		10.2											
剖2	盐碱土	草甸盐土	碱化盐土	碱化盐土	1	0—13	浅黄棕色	砂土	单粒状	10.0	2.0									E 113°53′12.0″ N 42°33′47.4″	89
剖3	钙层土	栗钙土	淡栗钙土	白干土	1	0—18	浅栗色	砂土	粒状	8.4	14.8	0.70	0.17	19.7				5.3	洪冲积物	E 113°44′26.0″ N 42°24′18.4″	84
					2	18—54	灰白色	黏土	复粒状	8.6	5.8			11.3							
					3	54—97	灰白色	黏土	复粒状、核状	8.7				8.6							
剖4	钙层土	栗钙土	淡栗钙土	淡栗砂土	1	0—35		砂壤土		8.6	13.0	0.82	0.19	24.5	65	5.0	137		风积物	E 113°53′47.8″ N 42°25′08.4″	99
					2	35—76		砂壤土		9.1	4.2	0.09	0.04	21.8				10.0			
					3	76—100		砂壤土		7.8	2.8			20.8							
剖5	钙层土	栗钙土	栗钙土	栗淤土	1	0—37		中壤土		8.6	51.3	2.63	0.50	22.9	193	6.0	275	19.3	洪冲积物	E 113°25′30.2″ N 42°11′36.2″	78
					2	37—56		轻壤土		8.7	11.2	0.75	0.26	3.0							
					3	56—95		中壤土		7.6	8.8			19.9							
剖6	钙层土	栗钙土	栗钙土	栗砂土	1	0—32		砂壤土		8.4	14.0	0.61	0.18	24.6	96	4.0	136	6.2	风积物	E 113°43′49.9″ N 42°15′00.1″	91
					2	32—60		砂壤土		8.5	11.6	0.63	0.18	23.9							
					3	60—110		砂壤土		8.1	9.7			21.8							
剖7	钙层土	栗钙土	草甸栗钙土	盐化草甸栗钙土	1	0—27		重壤土		8.2	14.7	0.82	0.36		42	5.0	261			E 113°39′18.0″ N 42°13′46.9″	73
					2	27—62		黏土		8.2		0.50	0.41								
					3	62—72		黏土		8.4											
					4	72—130															
剖8	钙层土	栗钙土	淡栗钙土	淡栗钙土	1	0—27	灰黄色	砂壤土	复粒状	7.6	17.4	0.95	0.21	24.6	73	3.0	129	12.6	洪冲积物	E 113°40′47.2″ N 42°11′56.0″	74
					2	27—76	浅灰黄色	砂壤土	复粒状	8.4		1.03	0.20	23.9							
					3	76—102	浅黄色	砂壤土	粒状												
剖9	钙层土	栗钙土	栗灰钙土	栗灰砂土	1	0—20		砂壤土		8.4	13.9	0.88	0.19	22.2	76	2.0	97		残积物、坡积物	E 113°30′17.3″ N 42°10′46.6″	90
					2	20—40		砂壤土		7.6	6.6										
					3	40—118		砂壤土		8.4	15.0	0.71	0.19	22.4							
剖10	钙层土	栗钙土	栗钙土	栗淤土	1	0—41		砂壤土		8.9	6.8	0.44	0.14	20.5	73	4.0	115	11.6	洪冲积物	E 113°56′08.9″ N 42°19′14.5″	87
					2	41—67		轻壤土		8.4	25.4	1.54	0.28	24.1							
					3	67—95		轻壤土		8.4	17.5	0.92	0.24	22.4							
剖11	钙层土	栗钙土	淡栗钙土	栗淤土	1	0—6		轻壤土		8.7	6.2	0.41	0.19	21.7	109	5.0	250	6.0	洪冲积物	E 113°51′04.7″ N 42°18′38.5″	99
					2	6—57		砂土		8.5	2.4										
					3	57—103		砂土		8.4	10.4	0.63	0.18	24.1							
					4	103—180		砂壤土		8.8	0.6			24.1							
剖12	钙层土	栗钙土	栗钙土	栗砂土	1	0—39	栗色	轻壤土	复粒状	8.3	29.0	1.59	0.38	22.7	92	5.0	96	5.1	风积物	E 113°45′34.2″ N 42°11′00.3″	79
					2	39—60	栗黄色	砂壤土	复粒状	8.6	19.2	1.28	0.30	23.2				12.6			
					3	60—110	黄灰色	砂壤土		9.0	10.4			24.1							
剖13	钙层土	栗钙土	栗钙土	栗灰黄土	1	0—31									117	2.0	227	12.3	残积物、坡积物	E 113°48′35.0″ N 42°08′30.5″	96
					2	31—63															
					3	63—101															

续表 Continued

剖面号 Soil profile	土纲 Soil order	土类 Soil great group	亚类 Soil subgroup	土属 Soil genus	土层码 Layer code	土层厚度 Depth/cm	颜色 Soil color	质地 Soil texture	土壤结构 Soil structure	pH	有机质 OM/(g/kg)	全氮 TN/(g/kg)	全磷 TP/(g/kg)	全钾 TK/(g/kg)	碱解氮 AN/(mg/kg)	有效磷 AP/(mg/kg)	速效钾 AK/(mg/kg)	阳离子交换量CEC/(cmol/kg)	土壤母质 Parent material	剖面点坐标 Profile coordinate	匹配指数 Matching index/%
剖14	钙层土	栗钙土	栗钙土	栗红土	1	0~27		砂壤土		7.5	9.5	0.65	0.11	25.2				6.5	红色泥岩	E 113°56′51.4″ N 42°04′45.8″	70
					2	27~69		轻壤土		8.4	12.2	0.57	0.17	24.9				11.0			
					3	69~103		重壤土		8.8	8.7			21.9							
					4	103~121		黏土		8.2	3.7			23.8							
剖15	钙层土	栗钙土	暗栗钙土	暗栗灰黄土	1	0~24	灰黄色	轻壤土	复粒状	8.4	44.1	2.07	0.35		164	3.0	130	14.2	花岗岩残积物、坡积物	E 113°58′16.3″ N 42°01′07.4″	98
					2	24~37	黄灰色	轻壤土	复粒状	8.3		1.36	0.26	23.2							
					3	37~72															
剖16	钙层土	栗钙土	暗栗钙土	暗栗淤土	1	0~42	灰黄色	轻壤土	复粒状	8.2	35.5	1.92	0.32	23.2	167	4.0	100	14.1	洪冲积物	E 113°57′28.1″ N 41°59′19.1″	97
					2	42~63	灰黄色	轻壤土	复粒状	8.4	23.8	1.18	0.29	23.0				12.8			
					3	63~84	灰黄色	轻壤土	粒状	8.3	15.6	0.88	0.23	22.0							
					4	84~98	灰白色	砂壤土	粒状	9.0											
剖17	钙层土	栗钙土	草甸栗钙土	盐化草甸栗钙土	1	0~37	灰黄色	轻壤土	核状、复粒状	8.4	25.4	2.05	0.38	25.4	111	4.0	244	15.3	洪冲积物	E 114°13′37.8″ N 42°43′22.4″	75
					2	37~95	暗黄灰色	中壤土	核状	8.6	11.4	0.60	0.25	22.6				17.2			
					3	95~135	黄灰色	黏土	块状	8.5	9.2			22.7							
剖18	初育土	风沙土	固定风沙土	生草固定风沙土	1	0~37		砂土		9.2	0.7			22.7						E 114°12′30.6″ N 42°39′47.2″	95
					2	37~65		砂土		8.5	15.6	0.93	0.16	19.4	69	4.0	142	7.3			
					3	65~115		砂土		8.6	9.4	0.64	0.13	21.2				7.8			
剖19	钙层土	栗钙土	淡栗钙土	淡栗淤土	1	0~40	黄棕色	砂壤土	复粒状	8.5	15.6	0.93	0.16	19.4	69	4.0	142	7.3			89
					2	40~60	棕黄色	砂壤土	复粒状	8.6	9.4	0.64	0.13	21.2				7.8			
					3	60~94	浅灰黄色	砂壤土	粒状	8.9	3.2			23.2							
剖20	初育土	风沙土	固定风沙土	灌林生草固定风沙土	1	0~20		砂土													70
					2	20~87		砂土		8.9	2.2			26.1							
					3	87~137		砂土													
剖21	初育土	风沙土	半固定风沙土	生草半固定风沙土	1	0~40		砂土			1.9		0.09	24.2	22	9.0	55			E 114°18′55.3″ N 42°39′14.2″	85
					2	40~110		砂土			2.3		0.10	24.6						E 114°21′37.4″ N 42°39′13.0″	
剖22	初育土	风沙土	固定风沙土	草甸风沙土	1	0~45	灰黄色	砂土		8.8	2.4	0.14	0.11	24.2	29	2.0	58	4.2		E 114°20′52.8″ N 42°38′13.6″	90
					2	45~128	浅灰黄色	砂土		8.6	2.3	0.01	0.09	24.1				4.8			
剖23	初育土	风沙土	固定风沙土	生草固定风沙土	1	0~33		砂土												E 114°23′43.8″ N 42°38′01.7″	72
					2	33~70		砂土		8.9	7.0			22.4							
					3	70~87		砂土		9.1	7.0			24.2							
					4	87~154		砂土													
剖24	初育土	风沙土	固定风沙土	灌林固定风沙土	1	0~25	浅灰黄色	中细砂土	粒状	7.2		0.04							风积物	E 114°17′06.7″ N 42°35′55.3″	70
剖25	初育土	风沙土	固定风沙土	生草固定风沙土	1	0~65		砂土		8.6	9.8	0.74	0.13	21.7	156	4.0	90	6.2		E 114°26′04.2″ N 42°35′52.8″	88
					2	65~120		砂壤土		8.7	5.7	0.44	0.10	23.6				4.9			
剖26	钙层土	栗钙土	淡栗钙土	淡栗砂土	1	0~34	棕黄色	砂土	粒状	8.7	5.1			22.2						E 114°18′22.3″ N 42°34′59.2″	86
					2	34~62	棕黄色	砂土	粒状	8.3	20.0	1.26	0.28	21.0	71		144	9.6			
					3	62~105	灰黄色	砂壤土	粒状	8.5	7.1	0.58	0.45	17.2				17.9			
剖27	钙层土	栗钙土	淡栗钙土	淡栗红土	1	0~33	浅栗色	中壤土	复粒状	8.5	3.8			19.1					红色泥岩	E 114°27′34.2″ N 42°33′19.4″	96
					2	33~75	浅褐色	重壤土	核状	8.7	14.5	0.76	0.02	24.2	61	3.0	103	7.6			
					3	75~106		砂壤土	块状	8.5	14.4	0.85	0.26	16.6				11.7			
剖28	钙层土	栗钙土	淡栗钙土	淡栗淤土	1	0~28		砂壤土		9.4	6.3		0.15	22.8					洪冲积物	E 114°31′23.5″ N 42°31′21.7″	94
					2	28~57		中壤土													
					3	57~113		砂壤土													
剖29	初育土	石质土	石质土	石质土	1	0~7	灰褐色	砂壤土	块状	8.5										E 114°12′04.7″ N 42°28′46.9″	88

续表 Continued

剖面号 Soil profile	土纲 Soil order	土类 Soil great group	亚类 Soil subgroup	土属 Soil genus	土层码 Layer code	土层厚度 Depth/cm	颜色 Soil color	质地 Soil texture	土壤结构 Soil structure	pH	有机质 OM/(g/kg)	全氮 TN/(g/kg)	全磷 TP/(g/kg)	全钾 TK/(g/kg)	碱解氮 AN/(mg/kg)	有效磷 AP/(mg/kg)	速效钾 AK/(mg/kg)	阳离子交换量CEC/(cmol/kg)	土壤母质 Parent material	剖面点坐标 Profile coordinate	匹配指数 Matching index/%
剖30	钙层土	栗钙土	淡栗钙土	淡栗灰黄土	1	0—40	栗色	轻壤土	复粒状	8.8	17.8		0.20	22.6	87	3.0	140	10.0	残积物、坡积物	E 114°08′37.0″ N 42°25′43.0″	95
					2	40—62	灰白色	轻壤土	复粒状	8.8	10.8	0.67	0.23	22.9				10.4			
					3	62—96	浅黄色	粒状		8.7	7.5	0.47		23.9				9.2			
剖31	钙层土	栗钙土	栗钙土	栗淤土	1	0—34	栗色	砂壤土	复粒状	8.3	18.8	1.30	0.27	23.6	78	2.0	106	8.3	洪冲积物	E 114°08′09.9″ N 42°20′50.1″	82
					2	34—63	栗黄色	砂壤土	复粒状	8.6	16.0	0.70	0.24	22.2							
					3	63—95	浅灰黄色	砂土	粒状	8.7	7.9			22.7							
					4	95—123	浅棕黄色	砂土	粒状	8.6	3.5			22.4							
剖32	钙层土	栗钙土	草甸栗钙土	盐化草甸栗钙土	1	0—8	浅灰黄色	重壤土	团块状	8.3	35.1	2.21	0.53	23.5	159	7.0	390	18.0	洪冲积物	E 114°01′18.1″ N 42°20′27.8″	88
					2	8—35	黄灰色	中壤土	核状、复粒状	8.3	27.9	1.71	0.42	25.1				11.7			
					3	35—99	灰白色	中壤土	核状	8.2	11.7	0.59	0.29	19.3							
					4	99—111	灰棕色	砂砾土	粒状	8.2	7.4			19.3							
剖33	钙层土	栗钙土	淡栗钙土	淡栗红土	1	0—20	浅栗黄色	中壤土	复粒状	8.4	26.3	1.59	0.33	21.7	112	3.0	246	16.4	红色泥岩	E 114°22′16.0″ N 42°28′52.7″	79
					2	20—46	黄灰色	重壤土	块状	8.8	14.7	0.65	0.24	19.3				18.5			
					3	46—92	栗黄色	砂壤土	块状	8.7	10.4			21.7							
剖34	钙层土	栗钙土	栗钙土	栗红土	1	0—35	栗黄色	砂壤土	复粒状	8.9	26.5	1.71	0.29	23.5	123	4.0	197		红色泥岩	E 114°24′43.2″ N 42°26′59.3″	90
					2	35—52	棕黄色	中壤土	复粒状	8.2	7.7			21.7							
					3	52—72	浅灰黄色	黏土	核状	8.3	47.6			23.8							
					4	72—113	栗红色		块状												
剖35	钙层土	栗钙土	栗钙土	栗土	1	0—45		砂壤土		8.2	16.5	0.74	0.16	25.9	116	4.0	167	7.0	洪冲积物	E 114°21′58.0″ N 42°23′11.0″	90
					2	45—68		砂壤土		8.7	3.7										
					3	68—87		砂土		8.3											
					4	87—125		砂土		8.3											
剖36	钙层土	栗钙土	栗钙土	栗淤土	1	0—28		轻壤土	复粒状	8.3	20.6	1.25	0.29	20.9	120	3.0	139	8.3	洪冲积物	E 114°29′32.6″ N 42°22′03.4″	85
					2	28—75		砂壤土	复粒状	8.3	7.1	1.24	0.24	22.0				6.5			
					3	75—105	灰黄色	砂壤土	复粒状	8.7	13.5			24.5							
剖37	钙层土	栗钙土	栗钙土	栗砂土	1	0—46	栗黄色	砂壤土	复粒状	8.4	10.0	0.81	0.19	23.9	60	2.0	66	7.2	风积物	E 114°25′25.7″ N 42°20′34.1″	81
					2	46—85	黄黄色	砂壤土		8.5	4.0	0.61	0.15	24.1				6.9			
					3	85—112		砂壤土		8.6											
剖38	钙层土	栗钙土	栗钙土	栗灰黄土	1	0—31		轻壤土		7.8	32.5	1.76	0.40	24.2	142	3.0	135	14.8	残积物、坡积物	E 114°34′08.6″ N 42°20′42.2″	74
					2	31—47		砂壤土		8.4	26.0	1.45	0.37	21.9				11.8			
					3	47—87		砂壤土		8.8	22.8	1.26		22.4							
					4	87—125		砂壤土		8.6	7.7			24.6							
剖39	钙层土	栗钙土	栗钙土	栗砂土	1	0—35		砂壤土		8.5	13.4	0.60	0.24	25.5	106	3.0	106	6.6	风积物	E 114°39′07.6″ N 42°20′32.3″	98
					2	35—62		砂壤土		8.4	8.8	0.50	0.21	22.2				6.0			
					3	62—88		砂壤土		9.0	2.2			24.9							
					4	88—120		砂壤土		8.4	9.9	0.65	0.25	20.8							
剖40	钙层土	栗钙土	栗钙土	栗砂土	1	0—24		砂壤土		8.8	14.9	0.86		24.0	63	5.0	87	8.3	风积物	E 114°11′26.9″ N 42°18′31.7″	70
					2	24—50		砂壤土		8.8	6.3	0.38		22.9							
					3	50—77		重壤土		8.4	13.2			25.2							
					4	77—138															
剖41	钙层土	栗钙土	草甸栗钙土	盐化草甸栗钙土	1	0—14		中壤土		7.6	55.7	3.07	0.58		204	19.0	470			E 114°03′16.8″ N 42°17′28.8″	75
					2	14—55		轻壤土		8.7		0.20									
					3	55—94		砂壤土		8.8											
					4	94—118		砂壤土		8.7											

续表 Continued

剖面号 Soil profile	土纲 Soil order	土类 Soil great group	亚类 Soil subgroup	土属 Soil genus	土层码 Layer code	土层厚度 Depth/cm	颜色 Soil color	质地 Soil texture	土壤结构 Soil structure	pH	有机质 OM/(g/kg)	全氮 TN/(g/kg)	全磷 TP/(g/kg)	全钾 TK/(g/kg)	碱解氮 AN/(mg/kg)	有效磷 AP/(mg/kg)	速效钾 AK/(mg/kg)	阳离子交换量CEC/(cmol/kg)	土壤母质 Parent material	剖面点坐标 Profile coordinate	匹配指数 Matching index/%
剖42	钙层土	栗钙土	栗钙土	栗砂土	1	0—21		砂壤土		8.6	11.2	0.50	0.16	21.6					风积物	E 114°07′47.3″ N 42°13′11.6″	94
					2	21—53		砂壤土		8.5	12.4			25.1							
					3	53—90		砂壤土		8.9	4.0			22.9							
剖43	钙层土	栗钙土	栗钙土	栗淤土	1	0—40		轻壤土		8.4	27.2	1.31	0.36	20.7	173	5.0	264	12.1	洪冲积物	E 114°12′21.2″ N 42°10′43.0″	93
					2	40—63		轻壤土		8.3	18.2	0.88		24.5							
					3	63—95		黏土		8.9	8.6			18.3							
剖44	钙层土	栗钙土	栗钙土	栗淤土	1	0—26		砂壤土		8.3	19.5	1.67	0.30	24.1	163	5.0	186	7.3	洪冲积物	E 114°26′49.9″ N 42°19′41.9″	94
					2	36—62		砂壤土		8.7	10.9	1.03	0.24	24.9	126	2.0	115	4.6			
					3	62—103		砂壤土		8.8	6.8	0.68	0.17	24.4				5.1			
					4	103—125		砂壤土		8.8	4.6										
剖45	钙层土	栗钙土	栗钙土	栗钙土	1	0—21		中壤土		8.8	32.5	1.82	0.43	21.0				15.3	洪冲积物	E 114°22′48.4″ N 42°19′12.7″	99
					2	21—42		轻壤土		9.8	22.9	1.49	3.62	23.2				10.1			
					3	42—58		中壤土		8.9	17.2	1.09	0.32	18.7							
					4	58—83		中壤土		9.1	14.8			18.3							
剖46	钙层土	栗钙土	栗钙土	栗砂土	1	0—46						0.49	0.13		175	2.0	47		风积物	E 114°25′39.0″ N 42°18′37.4″	78
					2	46—78															
					3	78—110															
剖47	钙层土	栗钙土	栗钙土	栗淤土	1	0—36	栗色	砂壤土	复粒状	8.4	22.6	1.22	0.35	20.7	97	4.0	226	8.2	洪冲积物	E 114°22′14.5″ N 42°16′55.6″	96
					2	36—75	浅灰黄色	砂壤土	复粒状	9.1	6.8	0.46	0.16	22.5				8.5			
					3	75—127	浅灰黄色	砂土	粒状	9.6	3.2			20.3							
剖48	钙层土	栗钙土	栗钙土	栗灰黄土	1	0—35		砂壤土		8.0	15.3	1.06	0.20	23.8	104	3.0	8	6.0	残积物、坡积物	E 114°29′18.2″ N 42°16′29.2″	87
					2	35—70		砂壤土		8.5	11.9	0.54	0.16	24.0							
					3	70—109	灰黄色	砂壤土	复粒状	8.4	9.3			25.2							
					4	109—133	灰黄色	砂壤土		8.9	9.6			25.1							
剖49	钙层土	栗钙土	栗钙土	栗灰黄土	1	0—41	黄灰色	轻壤土		8.6	28.1	1.43	0.28	19.5	100	2.0	445	11.7	残积物、坡积物	E 114°17′19.3″ N 42°14′08.5″	70
					2	41—64	浅灰黄色	中壤土	复粒状	8.7	14.6	0.80	0.24	22.2				10.3			
					3	64—97		砂壤土	复粒状	8.1	9.9			25.5							
					4	97—110		砂壤土	复粒状	8.9	13.3			26.0							
剖50	钙层土	栗钙土	栗钙土	栗灰黄土	1	0—50		砂壤土		8.5	10.3	0.63	0.19	24.8				6.4	残积物、坡积物	E 114°15′24.6″ N 42°12′45.6″	93
					2	50—112		砂壤土		8.7	12.5			22.2							
					3	112—141		砂壤土		8.3	47.6	2.54	0.52	25.5	238	7.0	431	16.6			
剖51	钙层土	栗钙土	草甸栗钙土	盐化草甸栗钙土	1	0—23		中壤土						22.8						E 114°43′02.3″ N 42°18′11.2″	96
					2	23—41		砂壤土		8.7	1.1										
					3	41—74		砂壤土													
					4	74—113		砂壤土													
剖52	钙层土	栗钙土	栗钙土	栗淤土	1	0—37	灰黄色	砂壤土		8.6	13.1	0.96	0.16	20.1	107	2.0	57	7.6	洪冲积物	E 114°35′00.1″ N 42°19′19.5″	95
					2	37—78	灰褐色	砂壤土	复粒状	8.6	13.6	0.76	0.16	22.7				7.8			
					3	78—90	褐灰色	轻壤土	复粒状	8.7	11.3			11.5							
剖53	钙层土	栗钙土	暗栗钙土	暗栗灰黄土	1	0—40		砂壤土											花岗岩残积物、坡积物	E 114°11′05.9″ N 42°09′41.0″	75
					2	40—71		砂壤土	复粒状											E 114°43′15.6″ N 42°16′14.2″	82
					3	71—99															

续表 Continued

剖面号 Soil profile	土纲 Soil order	土类 Soil great group	亚类 Soil subgroup	土属 Soil genus	土层码 Layer code	土层厚度 Depth/cm	颜色 Soil color	质地 Soil texture	土壤结构 Soil structure	pH	有机质 OM/(g/kg)	全氮 TN/(g/kg)	全磷 TP/(g/kg)	全钾 TK/(g/kg)	碱解氮 AN/(mg/kg)	有效磷 AP/(mg/kg)	速效钾 AK/(mg/kg)	阳离子交换量CEC/(cmol/kg)	土壤母质 Parent material	剖面点坐标 Profile coordinate	匹配指数 Matching index/%
剖55	钙层土	栗钙土	栗钙土	栗砂土	1	0—47		砂壤土		8.7	9.7	0.59	0.17	20.7	58	3.0	81	7.6	风积物	E 114°07′19.9″ N 42°09′36.4″	70
					2	47—86		砂壤土													
					3	86—105		砂壤土													
剖56	钙层土	栗钙土	栗钙土	栗砂土	1	0—31		砂壤土		8.2	16.1	1.04	0.19	25.1	92	2.0	96	10.7	风积物	E 114°03′46.8″ N 42°08′44.5″	79
					2	31—67		轻壤土		8.8	7.0	0.44	0.11	24.2				10.5			
					3	67—90		轻壤土		8.9	4.3	0.28		22.0							
					4	90—132		砂壤土		8.9	2.4			20.2							
剖57	钙层土	栗钙土	暗栗钙土	暗栗淤土	1	0—42		轻壤土		8.2	35.5	1.92	0.32	23.2	167	4.0	100	14.2	洪冲积物	E 114°01′57.9″ N 41°58′41.2″	84
					2	42—63		轻壤土		8.4	23.8	1.18	0.29	23.0				12.8			
					3	63—84		轻壤土		8.3	15.6	0.88	0.23	22.0							
					4	84—98		轻壤土		9.0				20.7							

正镶白旗

主要土类说明

风沙土是正镶白旗主要土壤类型，占本旗地域面积的 44%。风沙土发生于半干旱、干旱漠境地区及滨海地区，是在风沙移动堆积形成的多种形态的风沙沉积物上发育的初育土。由于成土时间短暂，该土壤无剖面发育，具 C、(A)-C 或 A-C 剖面构型，反映了风沙移动堆积与固定的不同阶段。

栗钙土是正镶白旗第二大土壤类型，占本旗地域面积的 38%。除北部沙区外，本旗各地均有栗钙土分布，以南部丘陵地区面积最大。自然植被主要为针茅、羊草、冷蒿、隐子草等草本植物。成土母质类型复杂：丘陵主要为灰紫色流纹岩、岩屑晶屑凝灰岩、粗安玢岩、酸性喷出岩、石英砂岩、中性喷出岩的风化物；丘间谷地、开阔地为含砾砖红色泥岩、灰黄色黏土岩的风化物；河谷平原则为冲积、洪积砂砾层。成土过程主要为腐殖质累积过程和钙积过程。根据所处生物气候条件和形态特征，本旗栗钙土分为暗栗钙土、栗钙土、草甸栗钙土、粗骨性栗钙土等亚类。

草甸土是正镶白旗第三大土壤类型，占本旗地域面积的 12%。草甸土广泛分布在本旗各地，分布地形为季节河两岸、山间谷地、低凹地及山前洪积平原。成土母质类型多样：河流两岸多为冲积物；山间谷地、低凹地为堆积物、冲积物和洪积物；山前洪积平原为洪积物；北部沙区还有零星的风积物。成土过程主要为土壤剖面质地层次化过程、表层的腐殖质累积过程和表层以下的潜育化过程。根据腐殖质含量、土壤颜色及盐分状况，本旗草甸土分为暗色草甸土、灰色草甸土、盐化草甸土、碱化草甸土等亚类。

灰褐土占本旗地域面积的 5%。灰褐土发生于温带干旱、半干旱山地云冷杉下，腐殖质累积与钙积作用明显，具 Ao-A-B-C 剖面构型。该土壤表层有机质含量可达 100g/kg，表层下见暗色腐殖质层，有弱黏淀特征。B 层呈棕褐色，钙积层在 40cm 以下出现，铁铝氧化物无移动现象。

小于本旗地域面积 3% 的土壤类型有碱土、沼泽土、草甸盐土。

本区域中心区气候特征

本区域中心区气候特征值
Regional climate characteristics in central area of the region

气候带：中温带亚干旱气候 Climate region: Mid temperate subarid climate	
年平均气温 /℃ Annual average temperature /℃	2.3
年平均最高气温 /℃ Annual average maximum temperature /℃	9.2
年平均最低气温 /℃ Annual average minimum temperature /℃	-3.6
年降水量 /mm Annual precipitation /mm	312
≥10℃的积温 /℃ Daily temperature accumulated in a year (≥10℃) /℃	1780
年日照时数 /h Annual sunshine /h	3078
年平均相对湿度 /% Annual average relative humidity /%	58
干燥度 Dryness	0.50

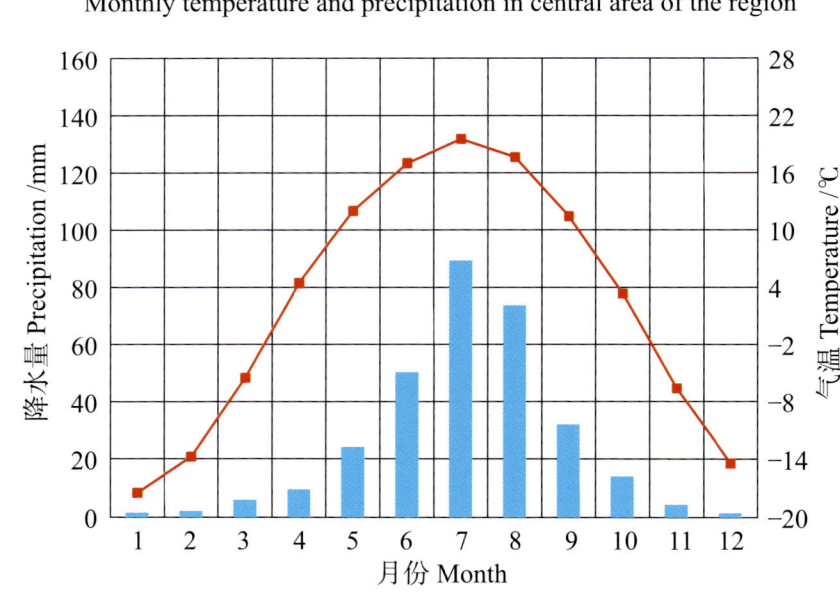

本区域中心区月平均气温与月平均降水量
Monthly temperature and precipitation in central area of the region

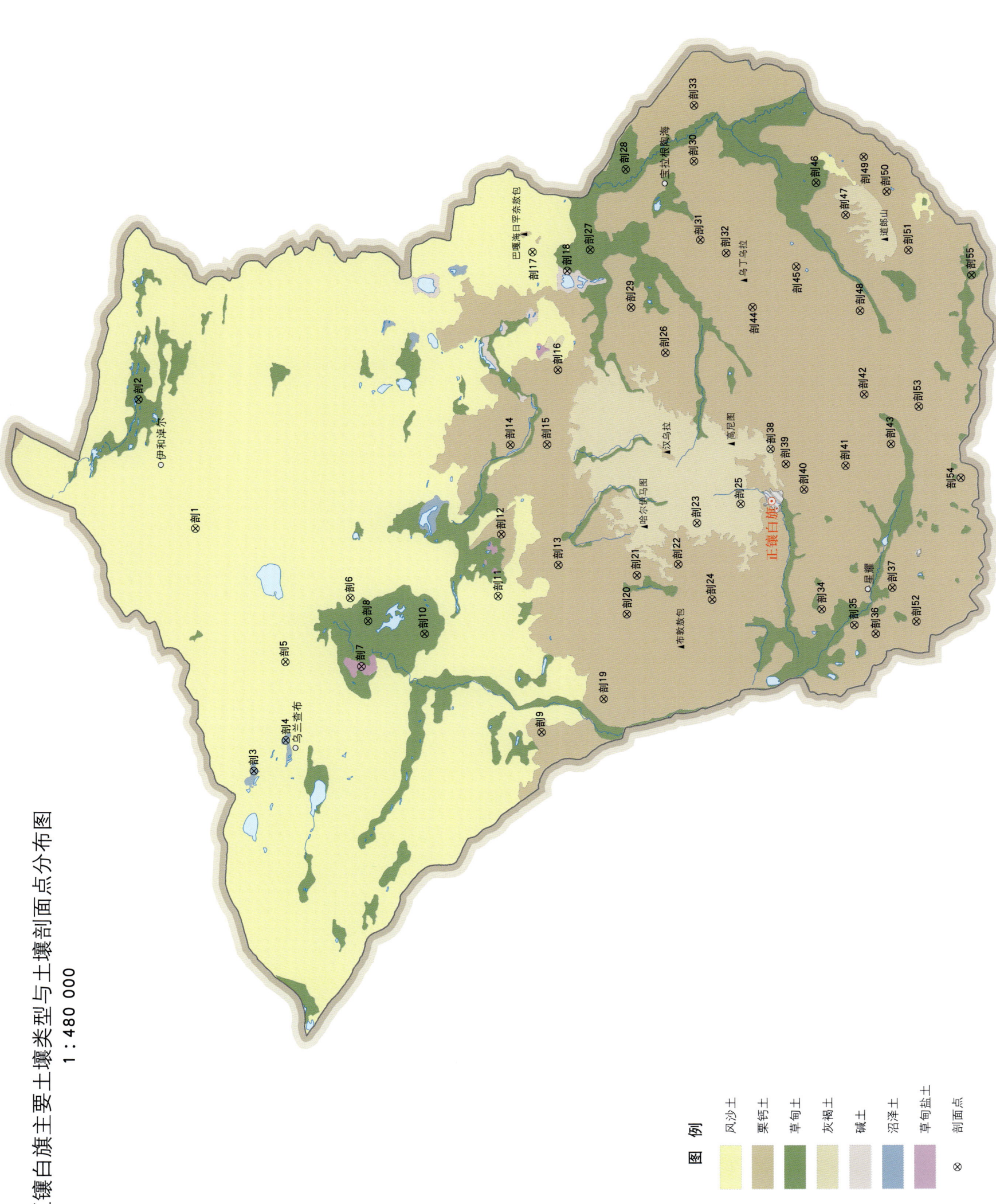

正镶白旗土壤剖面理化性状表

剖面号 Soil profile	土纲 Soil order	土类 Soil great group	亚类 Soil subgroup	土属 Soil genus	土种 Soil species	土层码 Layer code	土层厚度 Depth/cm	颜色 Soil color	质地 Soil texture	土壤结构 Soil structure	pH	有机质 OM/(g/kg)	全氮 TN/(g/kg)	全磷 TP/(g/kg)	全钾 TK/(g/kg)	阳离子交换量CEC/(cmol/kg)	土壤母质 Parent material	剖面点坐标 Profile coordinate	匹配指数 Matching index/%
剖1	初育土	风沙土	固定风沙土	林灌风沙土	林灌风沙土	1	0—19	灰黄色	紧砂土	单粒状	8.4	8.1	0.46	0.41			风积沙	E 114°56′22.6″ N 42°52′58.8″	96
剖2	半水成土	草甸土	盐化草甸土	氯化物盐化草甸土	重度盐化草甸土	1	0—14	暗栗色	轻壤土	粒状	9.1	31.0	2.22	0.65	19.9	14.1		E 115°06′41.4″ N 42°56′34.1″	80
						2	14—40	暗灰色	中壤土	块状	9.5	6.4	0.43	0.19	23.1	7.4			
						3	40—96	浅灰色	中壤土	块状	9.3	4.1	0.29	0.22	23.6	7.6			
						4	96—120	棕黄色	重壤土		9.0	1.8	0.13	0.29	24.1	9.0			
剖3	水成土	沼泽土	沼泽土	沼泽土	薄层沼泽土	1	0—10	褐灰色	中壤土	块状	8.7	72.5	4.03	0.72	21.1			E 114°36′52.2″ N 42°49′06.4″	94
						2	10—35	灰白色	轻壤土	粒状	9.0	11.2	0.80	0.62	26.9				
						3	35—95	黄灰色	紧砂土		9.0	3.3	0.23	0.31	31.6				
						4	95—152	浅灰色	紧砂土		9.0	3.1	0.16	0.31	30.3				
剖4	水成土	沼泽土	草甸沼泽土	草甸沼泽土	草甸沼泽土	1	0—7	灰白色	砂壤土	粒状	9.8	15.4	0.80	0.63	29.2			E 114°39′25.9″ N 42°47′13.9″	82
						2	7—30	灰白色	砂壤土	粒状	10.5	2.9	0.20	0.58	30.9				
						3	30—60	暗灰色	紧砂土	单粒状	9.4	6.6	0.38	0.15	31.9				
						4	60—		砂土										
剖5	初育土	风沙土	半固定风沙土	半固定风沙土	半固定风沙土	1	0—14	暗黄色	松砂土	单粒状	9.3	1.4	0.27	0.21			风积沙	E 114°45′47.5″ N 42°47′22.9″	96
						2	14—160	浅黄色	松砂土	单粒状	8.8	1.1	0.18	0.14					
剖6	初育土	风沙土	流动风沙土	流动风沙土	流动风沙土	1	0—150	浅黄色	松砂土	单粒状	9.1	1.4	0.17	0.18	30.8		风积沙	E 114°51′06.8″ N 42°43′36.1″	73
剖7	盐碱土	草甸盐土	草甸盐土	氯化物草甸盐土	氯化物草甸盐土	1	0—5	黄橙色	砂土	粒状	9.2	6.1	0.31	0.87		3.9		E 114°45′35.3″ N 42°42′49.3″	98
						2	5—20	绿橙色	黏土	块状	8.7	19.6	0.73	1.03		6.9			
						3	20—50	灰白色	黏土	块状	9.2	8.8	0.50	1.49		5.7			
						4	50—100	青灰色	黏土	块状	9.2	12.4	0.59	0.98		12.6			
剖8	半水成土	草甸土	盐化草甸土	氯化物盐化草甸土	中度盐化草甸土	1	0—29	栗色	重壤土	块状	8.2	32.9	2.03	0.72	5.7			E 114°49′16.2″ N 42°42′29.3″	86
						2	29—57	黄灰色	黄灰色	粒状	8.5	4.5	0.30	0.62	6.1				
						3	57—116	浅灰色	重壤土	块状									
						4	116—	灰白色	砂壤土										
剖9	钙层土	栗钙土	栗黄	栗黄	栗黄土	1	0—32	浅栗色	轻壤土	粒状	7.9	15.9	1.06	0.50		9.6	黄土状沉积物	E 114°40′40.0″ N 42°31′55.6″	88
						2	32—94	棕黄色	轻壤土	粒状	8.1	6.7	0.56	0.37					
						3	94—												
剖10	半水成土	草甸土	暗色草甸土	砂质暗色草甸土	夹黏砂土	1	0—26	暗栗色	砂土	小粒状	8.5	5.0	0.30	0.21	32.2		洪冲积物	E 114°48′21.2″ N 42°39′05.8″	93
						2	26—92	棕黄色	砂壤土	块状	8.4	7.2	0.46	0.33	28.4				
						3	92—												
剖11	初育土	风沙土	固定风沙土	生草风沙土	生草风沙土	1	0—30	浅黄色	砂壤土	单粒状	8.7	1.4	0.43	0.54	29.2		风积沙	E 114°51′33.5″ N 42°34′44.4″	95
						2	30—50	浅黄色	紧砂土	单粒状	8.6	12.3	0.87			8.3			
						3	50—150	浅栗色	紧砂土	粒状	8.9	9.9	0.75	0.51		10.9			
剖12	钙层土	栗钙土	栗红土	栗红土	砾质栗红土	1	0—21	栗色	黏壤土	粒状							泥岩夹黄黏土风化物	E 114°56′33.0″ N 42°34′38.6″	71
						2	21—46	棕红色					1.27	0.58	27.4	13.0			
						3	46—												
剖13	钙层土	栗钙土	黄砂土	黄砂土	厚层黄砂土	1	0—44	栗色	砂壤土	粒状		15.1						E 114°54′12.7″ N 42°31′10.9″	99
						2	44—75	灰黄色	轻壤土	粒状		10.2	0.67	0.45	24.8	9.7			
						3	75—	浅黄色	砂土										

续表 Continued

剖面号 Soil profile	土纲 Soil order	土类 Soil great group	亚类 Soil subgroup	土属 Soil genus	土种 Soil species	土层码 Layer code	土层厚度 Depth/cm	颜色 Soil color	质地 Soil texture	土壤结构 Soil structure	pH	有机质 OM/(g/kg)	全氮 TN/(g/kg)	全磷 TP/(g/kg)	全钾 TK/(g/kg)	阳离子交换量CEC/(cmol/kg)	土壤母质 Parent material	剖面点坐标 Profile coordinate	匹配指数 Matching index/%
剖14	钙层土	栗钙土	栗钙土	栗红土	厚层栗红土	1	0–47	栗色	轻壤土	粒状	8.6	10.2	0.66	0.36			泥岩夹黄黏土岩风化物	E 115°03′46.1″ N 42°34′14.2″	81
						2	47–136	紫黄色	紧壤土		8.6	11.7	0.13	0.13					
						3	136—	棕色											
剖15	钙层土	栗钙土	栗钙土	栗红土	薄层栗红土	1	0–9	浅栗色	轻壤土	粒状	8.5	13.7	0.95	0.73		16.2	泥岩夹黄黏土岩风化物	E 115°03′52.2″ N 42°32′01.7″	95
						2	9–72	栗色	黏土	块状	8.7	8.2	0.52	0.63		16.7			
						3	72—	棕色	黏土										
剖16	钙层土	栗钙土	草甸栗钙土	砂壤草甸栗钙土	砂质草甸栗钙土	1	0–74	栗色	砂壤土	粒状	9.0	18.0	1.15	0.56				E 115°09′54.4″ N 42°31′28.6″	91
						2	74–101	灰栗色	砂壤土	粒状	8.5	6.6	0.54	0.40					
						3	101–130	浅黄色	轻壤土	粒状									
剖17	初育土	风沙土	固定风沙土	栗土型风沙土	栗土型风沙土	1	0–12	栗黄色	砂壤土	粒状	8.5	9.9	0.72	0.30			风积沙	E 115°19′19.2″ N 42°33′10.1″	93
						2	12–41	浅栗色	砂壤土	粒状	8.5	3.3	0.26	0.32					
						3	41–120	灰白色	砂土	单粒状	8.9			0.17					
						4	120—	灰白色											
剖18	盐碱土	碱土	草原碱土	草原碱土	深位碱土	1	0–13	浅黄棕色	覆砂土	单粒状	10.2	3.7	0.18	0.23		3.3		E 115°17′53.0″ N 42°31′03.1″	76
						2	13–38	棕灰色	砂土	粒状	8.7	91.7	3.93	0.70		15.2			
						3	38–85	青灰色	中壤土	柱状	10.3	4.6	0.21	2.40		2.7			
						4	85–100	灰白色	淀积砂土		10.2	16.7	0.72	0.36		5.5			
剖19	钙层土	栗钙土	栗钙土	栗黄土	薄层栗黄土	1	0–43	栗色	砂壤土	粒状	9.0	15.8	1.10	0.70		12.4	黄土状沉积物	E 114°43′30.5″ N 42°28′15.8″	94
						2	43–71	浅栗色	轻壤土	粒状	8.6	13.8	0.90	0.27		15.4			
						3	71–143	褐灰色	黏土	块状									
						4	143—	浅黄色											
剖20	钙层土	栗钙土	暗栗钙土	暗栗红土	薄层暗栗土	1	0–18	栗色	中壤土	粒状	8.4	25.9	1.77	0.83		13.1	泥岩、灰黄色黏土岩风化物	E 114°50′24.7″ N 42°26′60.0″	99
						2	18–81	棕灰色	重壤土	块状	8.3	10.9	0.63	0.75		12.3			
						3	81—	棕色											
剖21	钙层土	栗钙土	栗钙土	黄砂土	薄层黄砂土	1	0–15	浅栗色	轻壤土	粒状	8.5	24.8	1.63	0.97		13.4		E 114°53′33.4″ N 42°26′27.2″	72
						2	15–38	栗色	轻壤土	粒状	8.5	17.6	1.15	0.56		11.6			
						3	38–60	浅黄色	轻壤土	粒状	8.7	3.0	0.25	0.26		7.4			
						4	60–115	浅黄色	轻壤土	粒状			0.84	0.59		8.8			
剖22	钙层土	栗钙土	草甸栗钙土	轻壤草甸栗钙土	底砂轻壤草甸栗钙土	1	0–30	暗栗色	轻壤土	粒状	8.4	17.8	1.01	0.60	30.4	18.5		E 114°54′32.4″ N 42°24′00.0″	93
						2	30–116	灰栗色	轻壤土	粒状	8.5	15.1	0.80	0.52	27.4	16.7			
						3	116–151	浅栗色	轻壤土		8.6	5.3	0.33	0.37	26.6	13.0			
						4	151–175	浅黄色	轻壤土	粒状	8.7	1.9	0.13	0.24	27.1	8.3			
剖23	半淋溶土	灰褐土	淋溶灰褐土	淋溶灰褐土	厚体淋溶灰褐土	1	0–5	灰栗色	轻壤土	粒状	8.6	95.9	4.87	1.58		37.2	残积物、坡积物	E 114°57′53.3″ N 42°22′56.3″	76
						2	5–62	黑栗色	轻壤土	粒状	8.7	50.6	2.31	1.08					
						3	62–160	灰栗色	砂壤土	粒状									
						4	160–185	灰栗色	砂壤土										
						5	185—		砂土										
剖24	钙层土	栗钙土	暗栗钙土	暗栗砂土	暗栗砂土	1	0–34	暗栗色	砂壤土	粒状	8.5	14.5	0.94	0.49		11.1	石英砂岩、硬砂岩、夹砂页岩、粗安岩风化物	E 114°51′47.2″ N 42°21′55.1″	84
						2	34–69	栗色	砂壤土	粒状	8.6	9.6	0.69	0.32		16.4			
						3	69—	浅栗色	砂土										
剖25	半淋溶土	灰褐土	灰褐土	褐淀土	厚体褐淀土	1	0–61	黑栗色	中壤土	粒状	8.3	29.2	1.76	0.92		19.8	洪冲积物、砂粒	E 114°59′30.5″ N 42°20′21.5″	83
						2	61–85	浅栗色	中壤土	粒状		29.2	1.76	0.92		19.8			
						3	85—	棕色	洪冲砂土				0.78	0.91		17.3			
剖26	钙层土	栗钙土	暗栗钙土	暗栗黄土	薄层暗栗黄土	1	0–19	浅栗色	轻壤土	粒状	8.3	21.3		0.75		13.3	黄土、黄土状母质	E 115°11′30.8″ N 42°25′04.1″	72
						2	19–70	浅黄色	轻壤土	块状	8.4	6.4	0.41	0.50		10.7			
						3	70—												

续表 Continued

剖面号 Soil profile	土纲 Soil order	土类 Soil great group	亚类 Soil subgroup	土属 Soil genus	土种 Soil species	土层码 Layer code	土层厚度 Depth/cm	颜色 Soil color	质地 Soil texture	土壤结构 Soil structure	pH	有机质 OM/(g/kg)	全氮 TN/(g/kg)	全磷 TP/(g/kg)	全钾 TK/(g/kg)	阳离子交换量CEC/(cmol/kg)	土壤母质 Parent material	剖面点坐标 Profile coordinate	匹配指数 Matching index/%
剖27	半水成土	草甸土	盐化草甸土	氯化物盐化草甸土	轻度盐化草甸土	1	0—25	暗栗色	轻壤土	粒状	8.7	11.1	0.65	0.47	0.4	10.4		E 115°19′36.8″ N 42°29′42.7″	98
						2	25—75	暗栗色	轻壤土	粒状	8.2	6.3	0.31	0.37	0.5	14.3			
						3	75—	棕栗色	砂土										
剖28	半水成土	草甸土	暗色草甸土	壤质暗棕色草甸土	夹壤砂质土	1	0—32	栗色	砂壤土	粒状	8.2	9.7	0.76	0.40				E 115°26′09.9″ N 42°27′40.8″	84
						2	32—60	浅栗色	轻壤土	粒状	8.3	6.2	0.50	0.29					
						3	60—	灰白色	砂壤土										
剖29	钙层土	栗钙土	栗钙土	栗红土	栗红土	1	0—21	栗色	轻壤土	粒状		18.3	1.28	0.77		13.4	泥岩夹黄黏土岩风化物	E 115°15′04.3″ N 42°27′10.8″	79
						2	21—45	浅棕色	中壤土	块状		17.4	1.23	0.79		10.3			
						3	45—92	红棕色	重壤土			9.6	0.70	0.85		13.2			
						4	92—												
剖30	钙层土	栗钙土	暗栗钙土	暗栗黄土	厚层暗栗浊土	1	0—45	暗栗色	轻壤土	微团粒状	8.2	12.7	0.63	0.45		13.5	洪冲积物	E 115°26′57.5″ N 42°23′36.2″	77
						2	45—88	浅灰色	砂壤土	粒状	8.4	7.8	0.48	0.36		13.8			
						3	88—	浅黄色											
剖31	钙层土	栗钙土	暗栗钙土	暗栗黄土	暗栗黄土	1	0—25	暗栗色	轻壤土	粒状	8.2	25.5	1.50	0.73			黄土、黄土状母质	E 115°20′38.4″ N 42°23′07.4″	77
						2	25—71	栗黄色	轻壤土	粒状	8.5	16.3	1.12	0.58					
						3	71—100	黄黄色	重壤土										
						4	100—												
剖32	钙层土	栗钙土	暗栗钙土	暗灰黄土	中体暗灰黄土	1	0—32	暗栗色	轻壤土	粒状	8.2	39.8	2.49	1.00		21.2	残积物、坡积物	E 115°19′37.9″ N 42°21′33.5″	77
						2	32—55	浅栗色	重壤土	块状	8.6	14.8	0.88	0.58		13.8			
						3	55—												
剖33	钙层土	栗钙土	暗栗钙土	暗灰黄土	薄层暗栗黄土	1	0—9	浅栗色	砂壤土	粒状	8.7	7.2	0.81	0.36		8.5	洪冲积物	E 115°31′27.5″ N 42°23′40.2″	89
						2	9—34	棕栗色	砂土	粒状	8.6	5.2	0.99	0.53		6.9			
						3	34—105	浅黄色	砂土										
						4	105—	灰白色											
剖34	钙层土	栗钙土	暗栗钙土	暗栗浊土	轻微度盐蚀暗栗黄土	1	0—41	栗色	轻壤土	粒状	8.3	13.6	1.01	0.66		12.8	黄土、黄土状母质	E 114°51′14.4″ N 42°15′21.2″	95
						2	41—69	浅栗色	轻壤土	粒状	8.3	9.5	1.14	0.51		10.6			
						3	69—	棕栗色											
剖35	钙层土	栗钙土	栗浊土	栗浊土	栗黄土	1	0—26	栗色	轻壤土	粒状	8.5	28.2	1.83	0.86		16.2		E 114°50′02.0″ N 42°13′21.7″	93
						2	26—53	浅棕黄色	轻壤土	粒状	8.4	12.4	0.85	0.56		10.1			
						3	53—81	栗黄色	砂壤土										
						4	81—	浅栗黄色											
剖36	钙层土	栗钙土	栗浊土	栗浊土	薄层栗浊土	1	0—19	栗色	轻壤土	粒状	8.4	18.6	1.26	0.86		14.7		E 114°49′21.8″ N 42°12′04.7″	79
						2	19—68	浅栗色	轻壤土	粒状	8.7	6.2	0.50			10.9			
						3	68—	棕栗色											
剖37	钙层土	栗钙土	栗浊土	黄砂土	砾质黄砂土	1	0—26	栗色	轻壤土	粒状	8.5	28.2	1.83	0.86		16.2		E 114°53′06.6″ N 42°11′09.1″	94
						2	26—54	浅棕黄色	轻壤土	粒状	8.4	12.4	0.85	0.56		10.1			
						3	54—	浅栗黄色											
剖38	半淋溶土	灰褐土	灰褐土	灰褐土	厚体灰褐土	1	0—25	暗栗色	轻壤土	粒状	8.9	17.5	1.10	0.22				E 115°03′59.0″ N 42°18′38.2″	83
						2	25—79	栗色	轻壤土	粒状	8.7	10.2	0.70	0.13					
						3	79—												
剖39	钙层土	栗钙土	暗栗钙土	暗栗红土	厚层栗红土	1	0—49	暗栗色	轻壤土	粒状	8.2	24.5	1.74	0.85		14.4	泥岩、灰黄色黏土岩风化物	E 115°02′48.1″ N 42°17′41.6″	76
						2	49—102	浅栗色	砂壤土	块状	8.2	6.7	0.59	0.43		10.1			
						3	102—												
剖40	钙层土	栗钙土	暗栗钙土	暗栗土	暗栗土	1	0—24	黄栗色	砂壤土	粒状	10.2	6.3	0.45	0.31				E 115°00′47.5″ N 42°16′34.7″	75
						2	24—71	棕栗色	砂壤土	粒状	9.6	8.4	0.35	0.35					
						3	71—	灰黄色	砂土										

续表 Continued

剖面号 Soil profile	土纲 Soil order	土类 Soil great group	亚类 Soil subgroup	土属 Soil genus	土种 Soil species	土层码 Layer code	土层厚度 Depth/cm	颜色 Soil color	质地 Soil texture	土壤结构 Soil structure	pH	有机质 OM/(g/kg)	全氮 TN/(g/kg)	全磷 TP/(g/kg)	全钾 TK/(g/kg)	阳离子交换量CEC/(cmol/kg)	土壤母质 Parent material	剖面点坐标 Profile coordinate	匹配指数 Matching index/%
剖41	钙层土	栗钙土	暗栗钙土	暗栗黄土	厚层暗栗黄土	1	0—52	暗栗色	轻黏土	粒状	8.2	35.1	1.91	1.12		20.0	黄土、黄土状母质	E 115°02′47.8″ N 42°14′07.8″	87
						2	52—145	栗色	轻黏土	粒状									
						3	145—												
剖42	钙层土	栗钙土	暗栗钙土	暗栗红土	暗栗红土	1	0—30	暗栗色	砂壤土	粒状	8.6	13.4	0.94	0.56	27.5	10.3	泥岩、灰黄色黏土岩风化物	E 115°08′32.3″ N 42°13′06.2″	91
						2	30—60	暗栗色	轻壤土	粒状	9.0	13.0	0.96	0.65	25.1	7.9			
						3	60—	棕色		块状									
剖43	钙层土	栗钙土	暗栗钙土	暗灰黄土	暗灰黄土	1	0—20	暗栗色	砂壤土	粒状							残积物、坡积物	E 115°04′37.6″ N 42°11′26.2″	85
						2	20—50	栗色	砂壤土	粒状									
						3	50—	暗栗色	粗砂碎石	块状									
剖44	钙层土	栗钙土	暗栗钙土	暗栗红土	薄体暗栗红土	1	0—27	栗色	轻壤土	粒状	8.2	22.4	1.61	0.66		14.9	泥岩、灰黄色黏土岩风化物	E 115°15′19.4″ N 42°19′54.5″	85
						2	27—100	棕色	重壤土	块状	8.3	22.8	1.17	0.53		16.8			
剖45	钙层土	栗钙土	暗栗钙土	暗栗砂土	薄层暗栗砂土	1	0—18	暗栗色	砂壤土	粒状							石英砂岩、硬砂岩，夹砂页岩，粗安粉岩风化物	E 115°18′39.6″ N 42°17′20.4″	75
						2	18—63	棕黄色	砂壤土	粒状									
						3	63—		砂土										
剖46	半水成土	草甸土	暗色草甸土	壤质暗色草甸土	砂底夹黏轻壤土	1	0—33	暗栗色	轻壤土	粒状	8.7	19.8	1.30	0.90		13.2	残积物、坡积物	E 115°25′26.8″ N 42°16′16.3″	92
						2	33—62	浅栗色	中壤土	粒状	8.6	12.2	0.90	0.41		15.3			
						3	62—118	黄灰色	中壤土	块状									
						4	118—	浅棕黄色	砂土										
剖47	钙层土	栗钙土	暗栗钙土	暗栗红土	中体暗栗红土	1	0—25	暗栗色	轻壤土	粒状	8.5	15.3	1.11	0.61		13.0	泥岩、灰黄色黏土岩风化物	E 115°22′54.1″ N 42°14′27.6″	71
						2	25—55	浅栗色	中壤土	粒状	8.8	13.8	0.96	0.51		17.0			
						3	55—												
剖48	钙层土	栗钙土	暗栗钙土	暗栗砂土	厚层暗栗砂土	1	0—65	栗色	砂壤土	粒状	8.3	15.7	1.00	0.63		22.0	石英砂岩、硬砂岩，夹砂页岩，粗安粉岩风化物	E 115°15′14.7″ N 42°13′27.8″	99
						2	65—112	浅栗色	砂土	粒状	8.0	6.7	0.47	0.42		10.6			
						3	112—	黄棕色	砂土										
剖49	钙层土	栗钙土	暗栗钙土	灰白干土	中位灰白干土	1	0—22	栗色	轻壤土	粒状	8.3	31.0	1.99	0.90				E 115°27′34.2″ N 42°13′26.8″	90
						2	22—72	灰白色	砂壤土	粒状	9.9	7.2	0.39	0.18		8.4			
						3	72—120	暗黄色	中壤土	粒状						8.5			
						4	120—	浅黄色	砂土										
剖50	钙层土	栗钙土	暗栗钙土	灰白干土	浅位灰白干土	1	0—19	栗色	砂壤土	粒状	7.0	31.0	1.91	0.66		8.8		E 115°24′51.5″ N 42°12′01.1″	70
						2	19—76	浅黄色	砂土	粒状	8.6	8.3	0.61	0.26		11.7			
						3	76—153	暗黄色	砂土		8.6	1.2	0.09	0.12		9.0			
剖51	钙层土	栗钙土	暗栗淤土	暗栗淤土	暗栗淤土	1	0—22	暗栗色	砂壤土	粒状		14.6	1.04	0.73			洪冲积物	E 115°20′11.7″ N 42°10′39.0″	96
						2	22—37	棕栗色	砂壤土	粒状		12.1	0.92	0.51					
						3	37—80	暗栗色	砂壤土	粒状									
						4	80—	浅栗色	砂土										
剖52	钙层土	栗淤土	栗淤土	栗淤土	厚体栗淤土	1	0—44	浅栗色	砂壤土	粒状	8.1	10.6	0.73	0.48		15.1	残积物、坡积物	E 114°50′27.0″ N 42°09′39.7″	80
						2	44—77	浅栗色	砂壤土	粒状	8.9	7.8	0.56	0.43		6.1			
						3	77—	暗栗色											
剖53	钙层土	栗钙土	暗栗钙土	暗灰黄土	厚层暗灰黄土	1	0—48	暗栗色	轻壤土	粒状	8.1	31.6	1.95	0.82		9.3		E 115°07′41.2″ N 42°09′50.0″	88
						2	48—67	黄灰色	紧砂土		8.4	4.0	0.33	0.19					
						3	67—		粗砂土										
剖54	钙层土	栗钙土	草甸栗钙土	中壤质草甸栗钙土	底黏草甸栗钙土	1	0—20	浅栗色	轻壤土	粒状	8.3	18.3	1.31	0.89		12.9		E 115°02′03.0″ N 42°07′12.0″	71
						2	20—46	浅棕黄色	轻壤土	粒状	8.7	19.1	1.35	0.66					
						3	46—84												
						4	84—												

续表 Continued

剖面号 Soil profile	土纲 Soil order	土类 Soil great group	亚类 Soil subgroup	土属 Soil genus	土种 Soil species	土层码 Layer code	土层厚度 Depth/cm	颜色 Soil color	质地 Soil texture	土壤结构 Soil structure	pH	有机质 OM/(g/kg)	全氮 TN/(g/kg)	全磷 TP/(g/kg)	全钾 TK/(g/kg)	阳离子交换量CEC/(cmol/kg)	土壤母质 Parent material	剖面点坐标 Profile coordinate	匹配指数 Matching index/%
剖55	半水成土	草甸土	暗色草甸土	壤质暗色草甸土	黏体砂壤土	1	0—23	暗黄色	砂壤土	粒状	8.6	7.7	0.51	0.48		10.7	淤积物	E 115°18′18.8″ N 42°06′50.2″	76
						2	23—75	浅黄色	砂壤土	粒状	8.3	4.8	0.37	0.41		0.4			
						3	75—170	暗灰色	中壤土	块状									
						4	170—												

正 蓝 旗

主要土类说明

风沙土是正蓝旗主要土壤类型，占本旗地域面积的 47%。风沙土发生于半干旱、干旱漠境地区及滨海地区，是在风沙移动堆积形成的多种形态的风沙沉积物上发育的初育土。由于成土时间短暂，该土壤无剖面发育，具 C、(A)-C 或 A-C 剖面构型，反映了风沙移动堆积与固定的不同阶段。

栗钙土是正蓝旗第二大土壤类型，占本旗地域面积的 42%。栗钙土是在温带半干旱草原下形成的具有栗色腐殖质层和灰白色钙积层的土壤。该土壤表层为栗色腐殖质层，厚 20—30cm，有机质含量为 15—45g/kg。其下，灰白色钙积层发育明显，钙积层见于 20—30cm 深处，厚 20—40cm，呈斑点状或层状积钙。石膏及易溶盐局部聚积。

草甸土是正蓝旗第三大土壤类型，占本旗地域面积的 7%。因所处地带地下水位较高，潜水参与土壤形成过程，受地下水升降与浸润作用，成土过程具有明显的腐殖质累积和铁锰氧化还原特征，土体出现锈色斑纹层。剖面构型为 A-Cu 或 A-C-Cu。

小于本旗地域面积 3% 的土壤类型有沼泽土、石质土、黑钙土。

本区域中心区气候特征

本区域中心区气候特征值
Regional climate characteristics in central area of the region

气候带：中温带亚干旱气候 Climate region: Mid temperate subarid climate	
年平均气温 /℃ Annual average temperature /℃	2.2
年平均最高气温 /℃ Annual average maximum temperature /℃	9.3
年平均最低气温 /℃ Annual average minimum temperature /℃	-3.9
年降水量 /mm Annual precipitation /mm	343
≥10℃的积温 /℃ Daily temperature accumulated in a year (≥10℃) /℃	1736
年日照时数 /h Annual sunshine /h	3047
年平均相对湿度 /% Annual average relative humidity /%	59
干燥度 Dryness	0.43

本区域中心区月平均气温与月平均降水量
Monthly temperature and precipitation in central area of the region

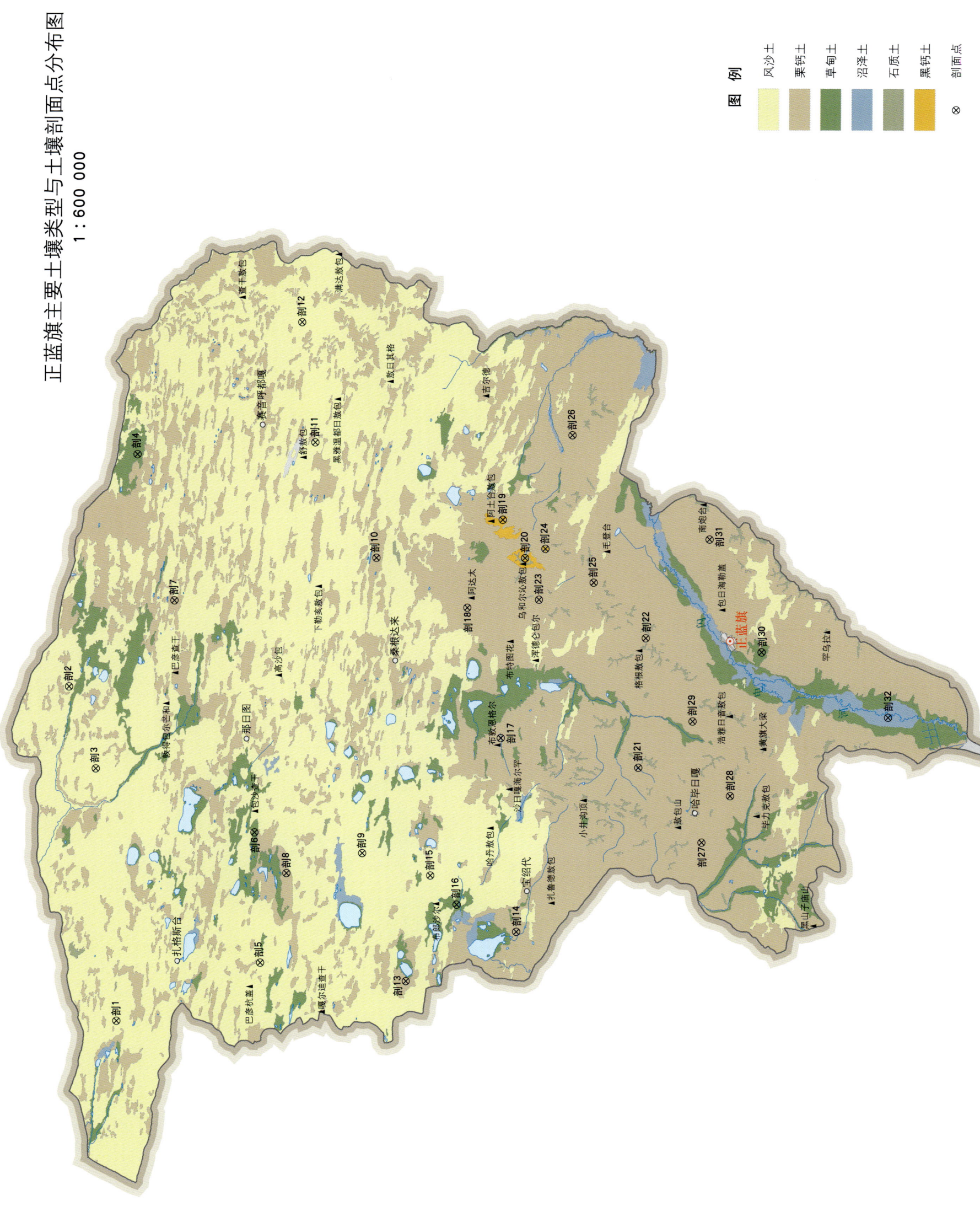

正蓝旗土壤剖面理化性状表

剖面号 Soil profile	土纲 Soil order	土类 Soil great group	亚类 Soil subgroup	土属 Soil genus	土层码 Layer code	土层厚度 Depth/cm	颜色 Soil color	质地 Soil texture	土壤结构 Soil structure	pH	有机质 OM/(g/kg)	全氮 TN/(g/kg)	全磷 TP/(g/kg)	全钾 TK/(g/kg)	碱解氮 AN/(mg/kg)	有效磷 AP/(mg/kg)	速效钾 AK/(mg/kg)	阳离子交换量 CEC/(cmol/kg)	土壤母质 Parent material	剖面点坐标 Profile coordinate	匹配指数 Matching index/%
剖1	初育土	风沙土	固定风沙土	草甸灰色风沙土	1	0—26	灰黄色	砂土	粒状										风积沙	E 115°18′33.9″ N 43°01′55.4″	79
					2	26—44	灰灰黄色	砂土	粒状												
					3	44—115	灰灰黄色	砂土	粒状												
剖2	初育土	风沙土	固定风沙土	生草风沙土	1	0—20	浅灰黄色	砂土	单粒状	7.9	8.2	0.51	1.33	23.0	49	1.3	83	4.0	风积沙	E 115°53′53.2″ N 43°06′10.1″	93
					2	20—46	棕黄色	砂土	单粒状	7.8	13.0	0.24	0.57	25.0	29		44	3.0			
					3	46—110	棕黄色	砂土	单粒状	7.8								2.4			
剖3	初育土	风沙土	固定风沙土	生草风沙土	1	0—10	灰黄色	砂土	单粒状	8.2	4.8	0.31	0.49	23.0	3	0.5	13	2.4	风积沙	E 115°45′16.2″ N 43°03′58.0″	91
					2	10—48	灰棕色	砂土	单粒状	8.2		0.31	0.49	23.0	34	5.7	133	3.5			
					3	48—145	浅灰棕色	砂土	单粒状	7.8								2.0			
剖4	半水成土	草甸土	灰色草甸土	砂质灰色草甸土	1	0—5	棕褐色	中壤土	团粒状											E 116°18′32.6″ N 43°01′06.7″	91
					2	5—39	暗黄棕色	砂土													
					3	39—54	灰色	砂土													
剖5	初育土	风沙土	固定风沙土	生草风沙土	1	0—20	暗棕黄色	砂土	粒状										风积沙	E 115°25′05.2″ N 42°50′50.6″	75
					2	20—100	棕黄色	砂土													
剖6	半水成土	草甸土	盐化草甸土	轻度盐化草甸土	1	0—6	灰褐色	砂壤土	团块状	8.5	66.0	2.78	1.45	25.0	188	9.2	822	12.6	风积沉积物	E 115°38′50.3″ N 42°51′31.0″	87
					2	6—20	灰褐色	轻壤土	块状	9.2	4.1	0.41	0.57	26.5	28	3.2	149	4.2			
					3	20—45	黄棕色	轻壤土													
					4	45—110	黄色	砂土													
剖7	钙层土	栗钙土	草甸栗钙土	潮栗钙土	1	0—22	黄灰色	砂壤土	复粒状	7.8	31.6	2.30	1.06	25.0	17	0.2	23	11.6	河湖或湖相沉积物	E 116°03′10.8″ N 42°58′04.1″	80
					2	22—51	浅灰黄色	中壤土	复粒状	8.3	5.1	0.40						5.3			
					3	51—100	深灰黄色	轻壤土	复粒状	8.0											
剖8	钙层土	栗钙土	草甸栗钙土	盐化潮栗钙土	1	0—13	浅灰黄色	砂壤土	复粒状	8.9	34.0	2.50	1.35	27.1	167	10.0	226	4.9	洪冲积物	E 115°34′36.8″ N 42°48′58.0″	72
					2	13—40	灰白色	中壤土	复粒状	9.5	12.7	0.60	0.70	27.9	43	3.5	101	5.6			
					3	40—60	灰灰黄色	砂壤土	复粒状	9.2	3.0							5.4			
					4	60—90	灰灰黄色	中壤土		8.9											
					5	90—110	灰灰黄色	砂黏相间		8.6											
剖9	初育土	风沙土	固定风沙土	灌木生草风沙土	1	0—33	灰黄色	砂土	粒状	7.5	9.4	0.40	0.44	27.8	50	2.1	45	5.6	风积沙	E 115°36′52.6″ N 42°43′07.0″	99
					2	33—63	棕黄色	砂土	粒状	8.1	5.2	0.20	0.13	30.2	28		37	2.5			
					3	63—100	黄棕色	砂土	粒状	8.6		0.20	0.21	27.0	28	0.2	49	2.9			
剖10	钙层土	栗钙土	草甸栗钙土	潮栗钙土	1	0—14	黄灰黄色	砂土	复粒状	7.4	29.8	1.70	6.83	28.6	16	0.1	24		河湖或湖相沉积物	E 116°07′57.0″ N 42°42′24.8″	92
					2	14—76	浅灰黄色	砂壤土	复粒状	7.9	15.3	0.60									
					3	76—115	黄棕色	砂壤土	复粒状	8.3											
剖11	初育土	风沙土	固定风沙土	灌林生草风沙土	1	0—25	浅灰黄色	砂土	粒状	7.2	6.7	0.40	0.31	29.2	53	1.4	48	4.4	风积沙	E 116°19′59.2″ N 42°47′16.1″	73
					2	25—56	浅灰棕色	砂土	粒状	7.8	3.3	0.30	0.30	28.1	32		28	3.7			
					3	56—97	浅灰棕色	砂土	粒状	7.8	2.5							4.2			
					4	97—120	浅灰棕色	中砂土	单粒状												
剖12	初育土	风沙土	固定风沙土	淋溶风沙土	Ao	0—2	灰黄色	细砂土	粒状	7.0	21.5	0.70	0.32	30.9	75	5.2	155	6.6	风积沙	E 116°32′37.7″ N 42°48′24.1″	83
					2	2—8	浅灰黄色	细砂土	粒状	6.7	16.0	0.40			49	0.5	71	6.6			
					3	8—39	浅灰黄色	细砂土	粒状	6.9	15.7	0.40						4.9			
					4	39—85	浅灰黄色	细砂土	粒状	7.6	5.4	0.30									
					5	85—120	浅灰黄色	中砂土	粒状												

续表 Continued

剖面号 Soil profile	土纲 Soil order	土类 Soil great group	亚类 Soil subgroup	土属 Soil genus	土层码 Layer code	土层厚度 Depth/cm	颜色 Soil color	质地 Soil texture	土壤结构 Soil structure	pH	有机质 OM/(g/kg)	全氮 TN/(g/kg)	全磷 TP/(g/kg)	全钾 TK/(g/kg)	碱解氮 AN/(mg/kg)	有效磷 AP/(mg/kg)	速效钾 AK/(mg/kg)	阳离子交换量 CEC/(cmol/kg)	土壤母质 Parent material	剖面点坐标 Profile coordinate	匹配指数 Matching index/%
剖13	钙层土	栗钙土	栗钙土	栗砂土	1	0—34	灰黄色	砂壤土	粒状	8.5	5.8	0.40	0.32	45.4	60	0.8	77	5.1	沉积砂	E 115°23′29.4″ N 42°39′29.5″	92
					2	34—83	灰白色	砂壤土	粒状	8.9	7.0	0.40	0.24	31.1	35	0.8	80	4.4			
					3	83—105	棕褐色	砂土										3.3			
剖14	钙层土	栗钙土	草甸栗钙土	盐化潮栗钙土	1	0—18	黄灰黄色	轻壤土	复粒状	8.1	36.9	2.30	0.54	28.1	95	1.4	195	8.1	堆质洪冲积物	E 115°28′56.3″ N 42°30′59.4″	79
					2	18—53	灰黄色	中壤土	团块状	9.1	12.8	0.30	0.50	28.6	39	0.8	106	3.9			
					3	53—90	棕黄色	中壤土	团块状	9.1								6.9			
剖15	初育土	风沙土	固定风沙土	灌林风沙土	1	0—19	浅棕黄色	中细砂土	粒状											E 115°34′41.2″ N 42°37′46.6″	93
					2	19—30	浅棕黄色	中细砂土	粒状												
					3	30—55	浅灰黄色	砂土	粒状												
					4	55—100	灰黄色	砂土	粒状												
剖16	半水成土	草甸土	灰色草甸土	砂质灰色草甸土	1	0—29	暗黄灰色	中壤土	复粒状	8.2	50.1	1.56	1.08	23.0	122	4.3	81	12.1	风积砂	E 115°31′41.2″ N 42°35′40.9″	89
					2	29—55	灰黄色	砂土	粒状	7.5	28.8	0.18	0.45	21.0	23	0.6	33	2.4			
剖17	钙层土	栗钙土	暗栗钙土	暗栗砂土	1	0—23	暗灰黄色	砂壤土	复粒状	7.7	26.0	1.20	0.51	27.7	113	2.8	104	10.5	冲积砂	E 115°49′14.2″ N 42°32′30.1″	70
					2	23—82	暗黄灰色	砂壤土	复粒状	7.9	11.8	0.60	0.29	25.5	94	3.5	97	7.1			
					3	82—130	浅黄灰色	砂土		8.1								5.5			
剖18	钙层土	栗钙土	暗栗钙土	暗栗砂土	1	0—29	黄褐色	砂壤土	复粒状	7.4	13.2	0.60	0.46	31.5	71	1.4	64	6.5	风积物	E 116°02′50.6″ N 42°35′17.2″	75
					2	29—70	浅黄灰色	砂土		7.9	3.5							2.9			
					3	70—100	黄灰色	砂土		7.9											
剖19	黑钙土	黑钙土	淡黑钙土	淋溶淡黑钙土	1	0—37	暗黄灰色	轻壤土	复粒状	7.4	38.8	1.60	0.23	23.0	11	2.6	18	15.4	二元母质	E 116°12′05.4″ N 42°32′37.0″	94
					2	37—90	浅灰黄色	砂壤土	复粒状	7.7	4.5	0.49	0.46	22.0	5	1.2	7	5.7			
					3	90—170	黄灰色	砂土	粒状	7.7								2.0			
剖20	黑钙土	黑钙土	淡黑钙土	淋溶淡黑钙土	1	0—21	暗黄灰色	砂壤土	复粒状	7.0	30.3	1.60	0.88	25.4	12	3.9	15	12.2	风积物	E 116°07′56.6″ N 42°30′50.8″	77
					2	21—59	暗黄灰色	砂壤土	复粒状	7.0	11.5	0.70	0.47	26.4	10	1.0	9	9.9			
					3	59—99	黄灰色	砂壤土	复粒状	7.3	12.3										
					4	99—115	灰灰色	砂土	粒状	7.5											
剖21	钙层土	栗钙土	暗栗钙土	暗栗砂土	1	0—30	黄灰色	砂壤土	复粒状	7.4	27.8	1.60	0.44	25.6	129	2.0	145	11.0	洪冲积物	E 115°46′23.2″ N 42°21′45.7″	95
					2	30—64	灰黄色	砂壤土	复粒状	7.6	10.0	0.40	0.25	26.5	83		86	10.2			
					3	64—100	灰灰棕色	砂土		8.7								8.4			
剖22	钙层土	栗钙土	暗栗钙土	暗栗黄土	1	0—20	黄灰黄色	砂壤土	团块状	7.9	24.9	1.40	0.44						花岗岩、花岗闪长岩及变质岩类	E 115°59′53.5″ N 42°21′21.5″	80
					2	20—40	暗黄灰色	砂壤土	团块状	8.1	17.0	0.60	0.25	26.5	83		86	10.2			
					3	40—60	暗黄灰色	砂土	团块状	8.0	11.4							8.4			
					4	60—100	暗黄灰色	砂壤土		8.1								5.5			
剖23	钙层土	栗钙土	暗栗钙土	暗栗黄土	1	0—32	栗色	轻壤土	团块状	8.2	25.6	1.50	0.69	29.7	130	2.4	161	12.7	花岗岩、花岗闪长岩及变质岩类风化物	E 116°03′47.4″ N 42°29′42.8″	100
					2	32—65	黄黄棕色	中壤土	复粒状	8.4	14.8	0.60	0.63	25.1	76	2.6	64	7.8			
					3	65—115	黄色	砂壤土	粒状	8.4								8.3			
剖24	钙层土	黑钙土	淡黑钙土	淋溶淡黑钙土	1	0—43	黄灰色	轻壤土	团粒状		15.7	0.70	0.70	25.0	6	4.3	15	6.6	花岗岩残积物、坡积物	E 116°09′06.8″ N 42°29′16.1″	92
					2	43—66	暗黄棕色	中壤土	弱团粒状												
					3	66—75	灰灰棕色	砂壤土													
					4	75—															
剖25	钙层土	栗钙土	暗栗钙土	暗栗黄土	1	0—34	暗栗色	轻壤土	团块状	8.2	28.9	1.40	0.64	28.5	121	1.3	140	12.9	黄土状母质	E 116°05′38.8″ N 42°25′28.9″	81
					2	34—87	浅灰黄色	砂壤土	团块状	8.2	19.0	1.00	0.54	27.9							
					3	87—110	红棕色	砂土		8.4											
剖26	钙层土	栗钙土	暗栗钙土	暗栗淤土	1	0—30	浅灰黄色	砂壤土	复粒状	7.9	29.9	1.80	1.01	27.3	135	3.1	248	16.4	洪冲积物	E 116°20′60.0″ N 42°27′16.6″	80
					2	30—68	浅灰黄色	砂壤土	复粒状	8.1	12.0	1.00	0.57	27.8				11.0			
					3	68—110	黄棕色	砂土		8.6											

续表 Continued

剖面号 Soil profile	土纲 Soil order	土类 Soil great group	亚类 Soil subgroup	土属 Soil genus	土层码 Layer code	土层厚度 Depth/cm	颜色 Soil color	质地 Soil texture	土壤结构 Soil structure	pH	有机质 OM/(g/kg)	全氮 TN/(g/kg)	全磷 TP/(g/kg)	全钾 TK/(g/kg)	碱解氮 AN/(mg/kg)	有效磷 AP/(mg/kg)	速效钾 AK/(mg/kg)	阳离子交换量 CEC/(cmol/kg)	土壤母质 Parent material	剖面点坐标 Profile coordinate	匹配指数 Matching index/%
剖27	钙层土	栗钙土	暗栗钙土	暗栗灰黄土	1	0—20	黄灰色	砂壤土	复粒状	7.8	19.9	1.10	0.63	29.3	155	2.5	147	16.4	花岗片麻岩，闪长岩残坡物	E 115°38′42.0″ N 42°16′44.4″	89
					2	20—50	暗栗色	砂壤土	复粒状	7.9	11.0	0.60	0.37	28.8	59	1.9	64	6.6			
					3	50—98	暗栗色	砂壤土	复粒状	8.0								6.4			
					4	98—125	暗黄灰色	砂壤土	粒状	8.0								4.9			
剖28	钙层土	栗钙土	暗栗钙土	暗栗淤土	1	0—19	黄灰色	砂壤土	复粒状	7.6	25.4	1.70	0.54	28.9	109	0.6	188	10.5	洪冲积物	E 115°43′35.8″ N 42°14′34.8″	99
					2	19—36	暗黄灰色	砂壤土	复粒状	7.6	14.3	0.80	0.40	27.5	72	1.4	103	2.7			
					3	36—70	棕褐色	砂土	粒状	7.6								7.1			
					4	70—100	红棕色	中壤土	大块状	7.6								14.7			
剖29	钙层土	栗钙土	暗栗钙土	暗栗黄土	1	0—16	黄灰色	轻壤土	复粒状	7.9	34.4	1.80	0.81	29.9	118	3.6	176	14.2	黄土状母质	E 115°51′18.4″ N 42°17′37.0″	71
					2	16—31	灰黄色	轻壤土	复粒状	7.8	19.2	1.10	0.63	28.6	100	2.9	111	13.9			
					3	31—58	浅灰黄色	轻壤土	复粒状	8.1								13.5			
					4	58—115	棕黄色	轻壤土	复粒状	8.3								11.5			
剖30	半水成土	草甸土	暗色草甸土	砂质暗色草甸土	1	0—20	黄灰色	砂土	复粒状	8.2	37.0	2.00	0.90	28.2	152	7.6	376	9.8		E 115°58′35.4″ N 42°12′20.2″	70
					2	20—40	灰黄色	砂土		9.0	7.5	0.90	0.23	24.6	31	2.7		8.4			
					3	40—120	浅灰黄色	砂土	复粒状	9.4								12.1			
剖31	钙层土	栗钙土	暗栗钙土	暗栗淤土	1	0—34	黄灰色	砂壤土	复粒状	8.1	24.3	1.60	0.74	30.8	39	0.8	94	11.1	洪冲积物	E 116°10′17.8″ N 42°16′30.0″	90
					2	34—90	浅灰黄色	砂土	复粒状	8.6								3.5			
					3	90—125	浅灰黄色	砂土	粒状	8.9											
剖32	水成土	沼泽土	草甸沼泽土	草甸沼泽土	1	0—20	暗灰色	中壤土	团粒状	8.1	128.4	5.90	1.66	18.8	295	3.7	206	30.6	河湖沉积物	E 115°52′02.7″ N 42°02′23.9″	88
					2	20—30	深灰色	中壤土	团粒状	7.7	89.0	1.80	0.70	24.2	98			17.4			
					3	30—66	浅灰黄色	砂壤土	复粒状	7.8	7.8	0.30						7.8			
					4	66—100	浅灰色	砂壤土	复粒状	7.4											

多 伦 县

主要土类说明

栗钙土是多伦县主要土壤类型，占本县地域面积的69%。栗钙土是本县分布最广泛的土壤类型，是农、林、牧业生产中重要的土壤资源。栗钙土剖面由腐殖质层、钙积层和母质层构成，剖面分化明显，层次过渡清晰。腐殖质层呈栗色、暗栗色或棕色，一般厚25—60cm，具粒状或团粒状结构，质地为砂壤土至轻壤土。钙积层呈灰白色，厚20—60cm，一般出现在30—70cm深处，以假菌丝状、网纹状或石灰结核在土体中淀积，碳酸钙含量平均为17.8g/kg，pH在7.8左右，剖面黏化现象不明显。本县栗钙土分为暗栗钙土、草甸栗钙土等亚类。

风沙土是多伦县第二大土壤类型，占本县地域面积的16%。风沙土发生于半干旱、干旱漠境地区及滨海地区，是在风沙移动堆积形成的多种形态的风沙沉积物上发育的初育土。由于成土时间短暂，该土壤无剖面发育，具C、（A）-C或A-C剖面构型，反映了风沙移动堆积与固定的不同阶段。

草甸土是多伦县第三大土壤类型，占本县地域面积的7%。除西干沟乡外，本县各地均有草甸土零星分布，中北部地表水丰富，分布面积多于南部。由于所处地形部位较低，受地下水的影响，全剖面处于氧化还原交替状态，出现较多的锈纹锈斑，青灰色潜育层潜育化过程明显。草甸土剖面一般由腐殖质层、锈色斑纹层和潜育层构成。腐殖质层以暗灰色为主，一般厚20—40cm，有机质含量一般为8.5—26.0g/kg。根据腐殖质累积情况和盐化现象，本县草甸土分为暗色草甸土、灰色草甸土、盐化草甸土等亚类。

黑钙土占本县地域面积的3%，分布在海拔1500m左右的低山丘陵上部。该地区夏季温和多雨，冬季寒冷，植被繁茂，有针茅、羊草、冷蒿等草本植物。根据所处地形部位和碳酸钙淀积深度等，本县黑钙土分为黑钙土、石灰性黑钙土等亚类。

小于本县地域面积3%的土壤类型有沼泽土、灰褐土、灰色森林土、草甸盐土。

本区域中心区气候特征

本区域中心区气候特征值
Regional climate characteristics in central area of the region

气候带：中温带亚干旱气候 Climate region: Mid temperate subarid climate	
年平均气温 /℃ Annual average temperature /℃	2.3
年平均最高气温 /℃ Annual average maximum temperature /℃	9.5
年平均最低气温 /℃ Annual average minimum temperature /℃	-3.9
年降水量 /mm Annual precipitation /mm	380
≥10℃的积温 /℃ Daily temperature accumulated in a year (≥10℃) /℃	1934
年日照时数 /h Annual sunshine /h	3038
年平均相对湿度 /% Annual average relative humidity /%	61
干燥度 Dryness	0.39

本区域中心区月平均气温与月平均降水量
Monthly temperature and precipitation in central area of the region

多伦县主要土壤类型与土壤剖面点分布图
1∶370 000

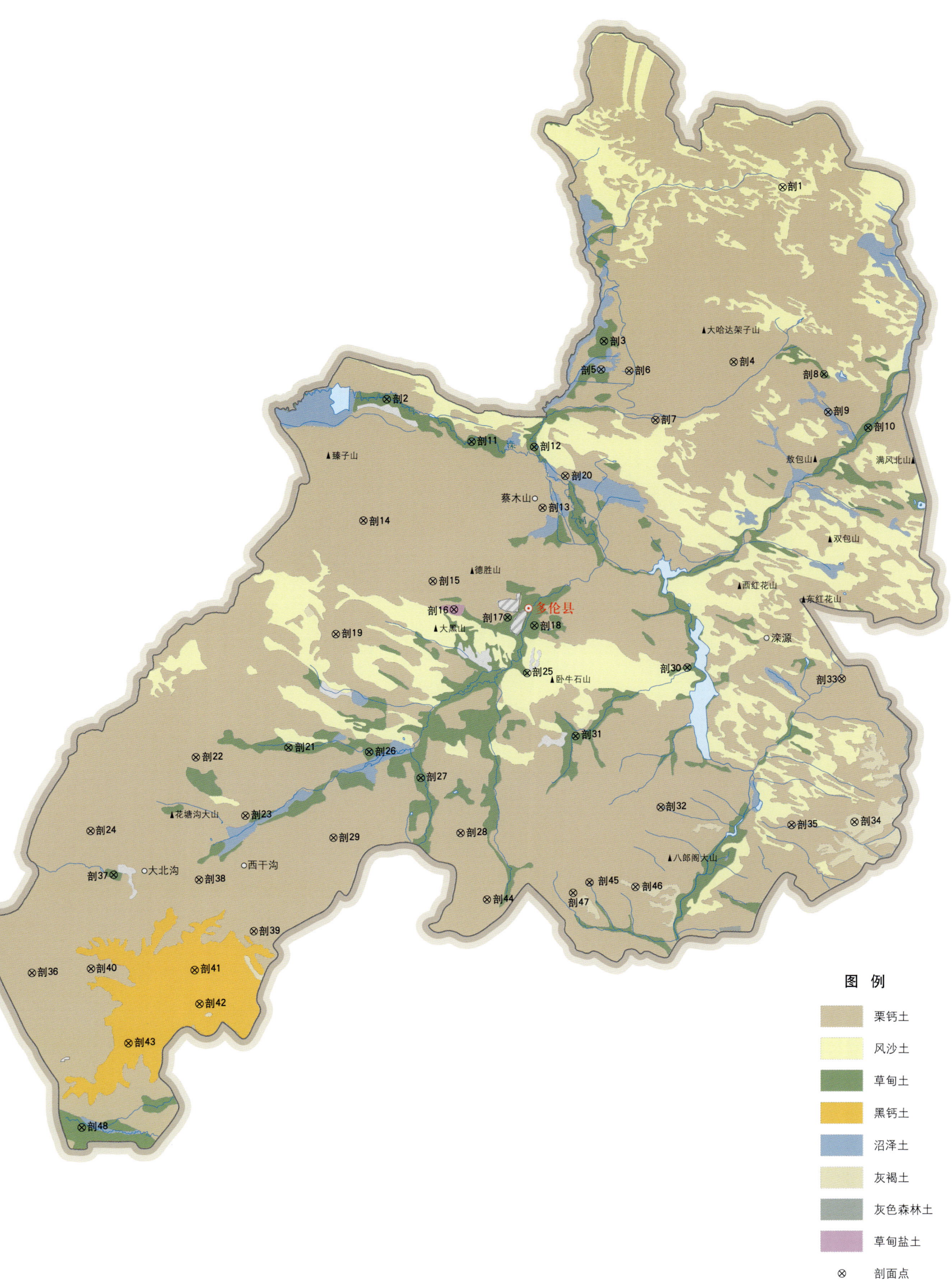

多伦县土壤剖面理化性状表

剖面号 Soil profile	土纲 Soil order	土类 Soil great group	亚类 Soil subgroup	土属 Soil genus	土种 Soil species	土层码 Layer code	土层厚度 Depth/cm	颜色 Soil color	质地 Soil texture	土壤结构 Soil structure	pH	有机质 OM/(g/kg)	全氮 TN/(g/kg)	全磷 TP/(g/kg)	全钾 TK/(g/kg)	阳离子交换量CEC/(cmol/kg)	土壤母质 Parent material	剖面点坐标 Profile coordinate	匹配指数 Matching index/%
剖1	初育土	风沙土	风沙土	风沙土		1	0—10		砂壤土	单粒状	7.0	0.3	0.02	0.01	25.0	5.7		E 116°44′59.7″ N 42°31′47.0″	83
						2	10—60		紧砂土	单粒状	7.3	0.1	0.01	0.01	19.0	3.2			
剖2	半水成土	草甸土	暗色草甸土	壤质暗色草甸土	漏砂暗淡涂壤土	1	0—25		多砾紧砂土		7.7	7.7	0.68			20.4	壤质冲积物	E 116°19′49.4″ N 42°21′37.4″	72
						2	25—30		砂壤土		7.7	4.8	0.53			7.7			
						3	30—60		紧砂土		6.7	5.1	0.41			5.6			
剖3	半水成土	草甸土	暗色草甸土	壤质暗色草甸土	漏砂暗淡涂壤土	1	0—15		砂壤土		8.2	42.8	2.33	1.29	24.0	24.6	壤质冲积物	E 116°33′38.9″ N 42°24′27.7″	89
						2	15—28		砂壤土		8.0	14.8	0.39	0.54	25.2	11.5			
						3	28—56		紧砂土		7.6	1.7	0.18			3.6			
剖4	钙层土	栗钙土	暗栗钙土	暗栗砂土	暗栗砂土	1	0—14		砂壤土		7.3	8.7	0.81	0.39	27.7	6.1	风积砂、冲积物	E 116°41′55.0″ N 42°23′32.6″	74
						2	17—20	灰黄色	紧砂土		8.8	4.5	0.53	0.26	28.6	4.3			
						3	38—60		紧砂土		8.0	0.4	8.00			3.1			
剖5	水成土	沼泽土	草甸沼泽土	草甸沼泽土		1	0—24	暗灰色	轻壤土	团粒状	8.3	44.2	0.96	2.40		46.4		E 116°33′29.2″ N 42°23′07.4″	95
						2	24—55	浅灰色	砂壤土	复粒状	7.7	13.2	0.97	0.71		12.8			
						3	55—80		紧砂土	复粒状	7.7	20.3	0.87	0.22		9.2			
剖6	钙层土	栗钙土	草甸栗钙土	潮栗土	潮栗漏砂土	1	0—14		砂壤土		7.9	42.3		2.10	19.6	59.5		E 116°35′16.1″ N 42°23′04.9″	86
						2	14—25		紧砂土		7.7	7.1	0.43	0.18		3.7			
						3	25—40		紧砂土		6.4	123.0	5.93	0.82		41.4			
						4	40—60		紧砂土		7.6	3.1	0.17	0.11	28.5	2.5			
剖7	栗钙土	栗钙土	草甸栗钙土	潮栗土		1	0—22		砂壤土		8.4	11.9	1.01	0.57	28.4	7.4		E 116°36′57.2″ N 42°20′47.0″	84
						2	22—32		砂壤土		8.6	1.9	0.24	0.26		4.9			
						3	32—47		砂壤土		9.0	1.0	0.13			4.4			
						4	50—80		砂壤土		8.7	0.9	0.11			4.9			
剖8	半水成土	草甸土	暗色草甸土	砂质暗色草甸土	腰壤暗淡涂砂土	1	0—16		中壤土		8.8	15.1	0.84	0.80		12.0	砂质冲积物	E 116°47′42.0″ N 42°22′59.2″	86
						2	20—30		紧砂土		9.2	1.2	0.12	0.78		1.5			
						3	40—				9.0	13.6	0.28	0.28		2.5			
剖9	水成土	沼泽土	泥炭沼泽土	草炭土		1	0—17	浅栗色	砂壤土	复粒状	9.3	65.3	2.89	0.47		15.4	河湖沉积物	E 116°47′58.9″ N 42°21′12.6″	77
						2	17—27	灰栗色	砂土	单粒状	9.1	26.2	1.44	2.20		6.4			
						3	27—87	灰栗色	砂土	单粒状	7.0	304.8	0.74			48.5			
剖10	半水成土	草甸土	暗色草甸土	砂质暗色草甸土		1	0—20	灰栗色	轻壤土	团粒状	7.5	26.3	1.87	0.59	26.2	11.5	砂质冲积物	E 116°50′31.6″ N 42°20′30.1″	88
						2	20—60		轻砾壤土	团粒状	7.5	21.6	3.29	0.95	22.7	32.3			
						3	60—110		多砾紧砂土		8.5	2.3	0.22	0.18		5.6			
剖11	半水成土	草甸土	灰色草甸土	壤质灰色草甸土	夹砂壤土	1	0—30		砂壤土		7.2	105.4	5.10	1.54		39.3		E 116°25′15.6″ N 42°19′40.4″	95
						2	40—50		砂壤土	复粒状	6.7	29.3	1.36	0.46		10.0			
						3	60—70		中壤土	块状	5.7	73.1	2.88			30.1			
剖12	半水成土	草甸土	暗色草甸土	砂质暗色草甸土	暗淀砂土	1	0—24	栗黑色	砂壤土	块状	9.1	31.6	2.11	1.26		11.1	砂质冲积物	E 116°29′15.4″ N 42°19′27.5″	89
						2	24—34	灰栗色	轻壤土	团粒状	8.6	41.2	2.50	0.93		17.1			
						3	34—90	灰栗色	中壤	块状	8.9	33.0	1.87	0.83		16.1			
						4	90—120	灰黑色	轻砂壤土		8.2								
剖13	钙层土	栗钙土	草甸栗钙土	潮土		1	0—35	栗黄色	砂壤土	复粒状	8.8	5.0	0.95	0.44	26.6	6.7		E 116°29′49.2″ N 42°16′35.8″	92
						2	35—75	栗黄色	砂壤土	复粒状	9.0	1.5	0.19	0.27		4.1			
						3	75—100	栗黄色	砾石砂壤土	复粒状	8.5	0.9	0.16	0.32		5.1			

续表 Continued

剖面号 Soil profile	土纲 Soil order	土类 Soil great group	亚类 Soil subgroup	土属 Soil genus	土种 Soil species	土层码 Layer code	土层厚度 Depth/cm	颜色 Soil color	质地 Soil texture	土壤结构 Soil structure	pH	有机质 OM/(g/kg)	全氮 TN/(g/kg)	全磷 TP/(g/kg)	全钾 TK/(g/kg)	阳离子交换量 CEC/(cmol/kg)	土壤母质 Parent material	剖面点坐标 Profile coordinate	匹配指数 Matching index/%
剖面14	钙层土	栗钙土	暗栗钙土	暗栗淤土	中层暗栗淤土	1	0—16		砾石轻壤土	复粒状	8.1	35.5	2.02	1.72		13.3		E 116° 18′ 25.2″ N 42° 15′ 54.0″	75
						2	16—34		砾石砂壤土	复粒状	8.2	42.3				9.9			
						3	34—65		砾石砂壤土	粒状	8.3	10.4				5.3			
剖面15	钙层土	栗钙土	暗栗钙土	暗栗黑土		1	0—23	灰栗色	黏壤土	复粒状	7.7	22.0	1.44	0.42		9.3		E 116° 22′ 52.7″ N 42° 13′ 05.5″	81
						2	23—35	灰栗色	黏壤土	复粒状	7.8	19.2	1.12	0.54		8.3			
						3	35—60	黄栗色	黏壤土	单粒状	8.2	3.2	0.22	0.14		3.0			
剖面16	盐碱土	草甸盐土	草甸盐土	白盐土	壤质中度白盐土	1	0—5		轻壤土		7.9	23.2	2.43	0.84		15.3	残积物、坡积物	E 116° 24′ 14.0″ N 42° 11′ 46.3″	75
						2	5—20		砂壤土		7.6	22.3	2.36	0.75		13.7			
						3	30—40		砂壤土		7.7	38.9	2.35			18.2			
						4	60—80		砂壤土		8.6	32.1	1.42			17.7			
剖面17	半水成土	草甸土	灰色草甸土	砂质灰色草甸土	暗色菜园土	1	0—18		紧砂土		8.4	32.4	2.15	5.06	27.0	7.4		E 116° 27′ 38.9″ N 42° 11′ 25.4″	75
						2	20—30		紧砂土		8.3	14.9	1.00	3.41	26.7	5.7			
						3	35—45		紧砂土		8.6	7.9	0.55	2.14	27.0	5.1			
						4	55—70		紧砂土		8.4	4.1	0.35			5.1			
						5	80—90		紧砂土		8.2	1.7	0.19			3.4			
剖面18	半水成土	草甸土	灰色草甸土	砂质灰色草甸土	灰色菜园土	1	0—26		紧砂土		8.3	28.3	1.79	2.23		5.4		E 116° 29′ 21.5″ N 42° 11′ 03.1″	82
						2	26—55		砂壤土	复粒状	8.4	32.6	1.75	1.29		8.7			
						3	60—80		砂壤土		8.3	11.1	0.85			4.1			
						4	90—100		砂壤土		7.9	16.5				29.5			
剖面19	钙层土	栗钙土	暗栗钙土	暗栗土		1	0—30		轻壤土	复粒状	7.8	15.0	0.71	0.53	26.2	12.8		E 116° 16′ 44.0″ N 42° 10′ 33.2″	87
						2	30—90		轻壤土	复粒状	7.3	14.0	0.68	0.50	27.2	13.3			
						3	90—164		砂壤土	复粒状	8.2	26.4	1.43	0.73	26.0	14.3			
剖面20	半水成土	草甸土	草甸栗钙土	潮土		1	0—40		砂壤土		8.0	12.4	1.31	0.46		7.2		E 116° 31′ 14.2″ N 42° 18′ 07.1″	82
						2	60—80	栗红色	松砂土	粒状	6.6	2.8	0.28	0.15		2.8			
						3	95—105	栗黄色	砂壤土	粒状	6.2	17.3	0.94			12.0			
						4	120—140	浅黄色	砂壤土	粒状	8.5	3.8	0.28			4.4			
剖面21	钙层土	栗钙土	盐化草甸土	盐砂质土	轻盐砂壤土	1	0—24		砂壤土		8.8	9.3	0.68	0.45		5.7		E 116° 13′ 48.0″ N 42° 05′ 12.1″	98
						2	30—40		砂壤土		8.8	5.1	0.32	0.41		4.4			
						3	50—60		砂壤土		8.4	22.7	2.49	0.85		16.0			
						4	60—		紧砂土		8.5	3.1	0.19	0.22		4.2			
剖面22	钙层土	栗钙土	暗栗钙土	暗栗砂土		1	0—37	栗红色	砂壤土	粒状	7.6	10.8	0.87	0.52	24.0	5.9		E 116° 07′ 56.3″ N 42° 04′ 41.9″	72
						2	37—86	栗黄色	砂壤土	粒状	8.0	2.2	0.19	0.21	25.7	3.6			
						3	86—159	浅黄色	砂壤土	粒状	8.4	2.7	0.18	0.23		3.6			
剖面23	钙层土	栗钙土	草甸栗钙土	白干土		1	0—24	棕灰色	轻壤土	团粒状	9.1	33.7	2.27	0.88	26.0	12.5		E 116° 11′ 06.4″ N 42° 01′ 58.8″	84
						2	24—84	褐灰色	中壤土	块状	8.5	17.0	1.04	0.48	26.4	8.2			
						3	84—105	灰黄色	砂壤土	块状	6.7	21.3	2.05	0.84	24.0	11.8			
剖面24	钙层土	栗钙土	盐化草甸土	暗栗砂土	厚层暗栗淤土	1	0—25		多砾砂壤土		7.8	2.8	1.58	0.71		11.8		E 116° 01′ 17.0″ N 42° 01′ 09.1″	87
						2	25—50		砂壤土		7.0	12.2	0.98	0.51		10.5			
						3	50—65		砂壤土		8.0	11.7	0.62	0.73		18.2			
						4	70—80		紧砂土		8.5	3.1		0.22					
剖面25	半水成土	草甸土	灰色草甸土	砂质灰色草甸土	灰壤淤砂土	1	0—35		砂壤土		8.9	11.2	0.57	0.32		7.4	风积砂、冲积砂	E 116° 28′ 55.6″ N 42° 08′ 49.2″	93
						2	45—50		紧砂土		8.8	23.5	0.17	0.32		3.3			
						3	65—		轻壤土		8.4	9.5	0.20		24.0	11.0			
剖面26	半水成土	草甸土	盐化草甸土	盐壤砂土	轻盐壤质土	1	0—25		中壤土		8.1	38.2	2.86	0.58	24.6	22.5		E 116° 18′ 55.8″ N 42° 05′ 02.0″	100
						2	55—60		砂壤土		8.6	8.5	0.91	0.45	25.2	12.4			
						3	65—80		中壤土		8.3	10.7	1.29	0.62	19.9	10.0			

剖面号 Soil profile	土纲 Soil order	亚类 Soil subgroup	土属 Soil genus	土种 Soil species	土层码 Layer code	土层厚度 Depth/cm	颜色 Soil color	质地 Soil texture	土壤结构 Soil structure	pH	有机质 OM/(g/kg)	全氮 TN/(g/kg)	全磷 TP/(g/kg)	全钾 TK/(g/kg)	阳离子交换量 CEC/(cmol/kg)	土壤母质 Parent material	剖面点坐标 Profile coordinate	匹配指数 Matching index/%
剖27	半水成土	灰色草甸土	壤质灰色草甸土		1	0–18	浅灰色	砂壤土	复粒状	9.1	16.9	1.22	0.67		7.6		E 116° 22′ 13.3″ N 42° 03′ 49.5″	70
					2	18–33	浅灰色	砂壤土	复粒状	8.8	15.9	1.13	0.82		7.4			
					3	33–50	灰黄色	砂壤土	复粒状	8.8	14.6	0.79	1.17		6.4			
					4	50–60	浅黄色	松砂土	粒状	7.9	1.3	0.21	0.22		3.5			
剖28	钙层土	暗栗钙土	暗栗砂土	厚层暗栗砂土	1	0–15		松砂土		6.7	28.7	1.44	0.32	26.2	7.1	风积砂、冲积砂	E 116° 24′ 45.4″ N 42° 01′ 14.9″	96
					2	20–30		松砂土		7.2	21.6	1.04	0.85	27.8	3.6			
					3	30–47		松砂土		7.9	1.2	0.12			1.3			
剖29	钙层土	暗栗钙土	暗栗黄土	厚层暗栗黄土	1	0–20		轻壤土		8.5	22.5	2.18	0.87	25.2	18.8	黄土	E 116° 16′ 42.6″ N 42° 00′ 57.8″	96
					2	20–30		轻壤土		8.4	19.7	2.31	0.93	24.6	20.0			
					3	50–60		中壤土		8.3	12.6	1.20	0.78	21.7	16.5			
					4	70–90		中壤土		8.7	7.5	0.56	0.73	24.6				
剖30	半水成土	灰色草甸土	砂质灰色草甸土	灰壤淤砂土	1	0–20		砂壤土		8.5	13.2	1.18	0.46		6.1			84
					2	22–33		轻壤土		8.3	13.2	1.08	0.46		8.6		E 116° 39′ 05.5″ N 42° 02′ 08.3″	
					3	33–55		轻壤土		9.0	6.1	0.46	0.31		6.4			
					4	55–80		轻壤土		9.0	2.4	0.29	0.29					
剖31	半水成土	灰色草甸土	砂质灰色草甸土	灰壤淤砂土	1	0–25	灰褐色	中壤土	团粒状	8.3	22.3	2.03	1.23	26.7	18.4		E 116° 32′ 01.3″ N 42° 05′ 52.8″	98
					2	25–59		中壤土	复粒状	8.5	21.9	1.87	1.19	26.0	18.6			
					3	59–		中壤土	复粒状	8.4	13.7	1.08	1.12	26.1	18.9			
剖32	钙层土	暗栗钙土	暗栗砂土	厚层暗栗砂土	1	0–20		砂壤土		7.3	9.2	0.62	0.33	27.8	4.9	风积砂、冲积砂	E 116° 37′ 27.5″ N 42° 02′ 32.3″	81
					2	26–35		砂壤土		7.6	4.1	0.45	0.31	28.0	4.2			
					3	65–75		砂壤土		8.0	6.3	0.38			4.6			
剖33	钙层土	草甸栗钙土	潮栗土	潮栗壤底砂土	1	0–18		砂壤土		8.3	13.6	0.97	0.53	28.2	8.6		E 116° 48′ 54.4″ N 42° 08′ 39.7″	100
					2	30–40		砂壤土		7.7	11.3	0.80	0.45	27.7	8.1			
					3	55–75		砂壤土		8.0	13.8	0.61			11.0			
					4	85–105		砂壤土		7.8	17.3	0.84			17.5			
剖34	半淋溶土	淋溶灰褐土	淋溶灰褐土		1	0–10		轻壤土		6.6	157.8	6.62	1.59		45.6	坡积物、残积物	E 116° 49′ 44.7″ N 42° 01′ 53.8″	74
					2	10–40		轻壤土		7.7	115.6	5.04	1.63		43.7			
					3	40–120		轻壤土		7.7	68.9	2.86	1.56		36.8			
					4	120–130		中壤土		6.9	25.2	1.31			26.7			
剖35	钙层土	暗栗钙土	暗栗砂土	厚层暗栗砂土	1	0–32		砂壤土		7.8	14.6	0.90	0.24		7.4	风积砂、冲积砂	E 116° 45′ 45.1″ N 42° 01′ 44.7″	89
					2	35–95		紧砂土		8.3	4.9	0.39	0.56		5.4			
					3	115–130		砂壤土		7.8	13.1	0.78	0.51		10.0			
剖36	钙层土	暗栗钙土	暗栗淤土	厚层暗栗淤土	1	0–27		砂壤土		7.8	17.4	1.60	1.01		9.2		E 115° 57′ 42.1″ N 41° 54′ 29.2″	98
					2	40–50		多砾砂壤土		8.2	3.4	0.28			2.6			
					3	70–80		多砾松砂土		8.3	1.8	0.23			2.6			
剖37	半水成土	灰色草甸土	黏质灰色草甸土	灰淤黏土	1	0–47		中壤土		8.0	43.3	2.47	1.15		17.9	黏质冲积物	E 116° 02′ 48.5″ N 41° 59′ 06.4″	89
					2	57–110		中壤土		8.0	57.4	2.98	1.02		26.9			
					3	130–140		重壤土		8.3	35.4	1.64			13.7			
剖38	钙层土	暗栗钙土	暗栗黄土	厚层暗栗黄土	1	0–20		砂壤土		7.9	12.1	1.01	0.47		8.6		E 116° 08′ 13.2″ N 41° 58′ 55.2″	81
					2	20–30		轻砾石砂壤土		7.5	13.8	1.15	0.49		8.2			
					3	40–45		砂壤土		7.8	11.3	0.68			10.6			
					4	55–65		砂壤土		7.7	6.5	0.56			12.1			
剖39	钙层土	暗栗钙土	暗栗黄土	薄层暗栗黄土	1	0–20		轻壤土		7.7	13.4	0.81	0.49	27.0	9.3	黄土	E 116° 11′ 43.1″ N 41° 56′ 32.6″	77
					2	35–45		轻壤土		7.3	11.8	0.73	0.42	26.3	10.8			
					3	75–90		轻壤土		7.8	3.5	0.28		25.7	9.8			

续表 Continued

剖面号 Soil profile	土纲 Soil order	土类 Soil great group	亚类 Soil subgroup	土属 Soil genus	土种 Soil species	土层码 Layer code	土层厚度 Depth/cm	颜色 Soil color	质地 Soil texture	土壤结构 Soil structure	pH	有机质 OM/(g/kg)	全氮 TN/(g/kg)	全磷 TP/(g/kg)	全钾 TK/(g/kg)	阳离子交换量CEC/(cmol/kg)	土壤母质 Parent material	剖面点坐标 Profile coordinate	匹配指数 Matching index/%
剖40	钙层土	栗钙土	暗栗钙土	暗栗钙土	厚层暗栗黄土	1	0–48		砂壤土		7.6	9.8	0.94	0.47		8.5	黄土	E 116°01′25.3″ N 41°54′42.5″	93
						2	60–80		砂壤土		7.8	8.0	0.54	0.36		9.8			
						3	120–130		砂壤土		7.8	4.5	0.29			9.2			
剖41	钙层土	黑钙土	石灰性黑钙土	灰黄土	中层灰黄土	1	0–20		中壤土		7.9	36.9	1.77	1.03		30.9	黄土	E 116°08′00.2″ N 41°54′42.3″	75
						2	20–28		中壤土		8.2	44.5	0.74	1.01		29.9			
						3	28–50		中壤土			37.2	1.82	1.14		28.8			
剖42	钙层土	黑钙土	黑钙土	黑黄土	厚层黑黄土	1	0–30		中壤土		7.7	68.2	3.17	1.40		35.2	黄土	E 116°08′19.6″ N 41°53′07.8″	92
						2	30–73		中壤土		7.3	64.4	2.79	1.37		37.0			
						3	73–90					17.6		0.58					
						4	90–140												
剖43	钙层土	黑钙土	石灰性黑钙土	灰黄土	厚层灰黄土	1	0–30		中壤土		7.7	21.3	2.08	1.00	26.4	22.8	黄土	E 116°03′51.8″ N 41°51′16.9″	86
						2	30–50		中壤土		7.9	14.4	1.93	1.00	25.9	23.6			
						3	50–70		中壤土		8.2	14.4	1.37	0.86	25.5	21.8			
剖44	钙层土	栗钙土	暗栗钙土	暗栗黄土	中层暗栗黄土	1	0–35		轻壤土		7.8	18.4	1.20	0.55		15.0	黄土	E 116°26′28.3″ N 41°58′06.7″	88
						2	45–60		轻壤土		7.7	10.0	0.58	0.38		14.3			
						3	75–80		轻壤土		8.0	2.7	0.25			9.0			
剖45	钙层土	栗钙土	暗栗钙土	暗栗黑土	砾石暗栗黑土	1	0–25		砂壤土		8.0	24.4	1.45	0.66	25.5	11.0	残积物、坡积物	E 116°32′58.0″ N 41°58′58.2″	71
						2	30–45		中壤土		8.0	19.3	1.24	0.76	25.0	11.3			
						3	55–65		紧砂土		9.0	1.5	0.52	0.21	25.7	1.5			
剖46	半淋溶土	灰褐土	灰褐土	灰褐土		1	0–3										黄土	E 116°35′51.7″ N 41°58′46.6″	74
						2	3–30	暗灰色	轻壤土	团粒状	8.0	15.3	1.50	0.94	27.0	14.0			
						3	30–60	灰褐色	轻壤土	复粒状	7.0	15.8	1.21	1.01	26.2	16.0			
						4	60–97	黄褐色	轻壤土	复粒状	8.0	18.0	1.57	1.36	25.5	19.8			
剖47	钙层土	栗钙土	暗栗钙土	暗栗黄红土		1	0–40	暗栗色	砂壤土	粒状	7.3	12.9	0.84	0.45	27.0	8.0	沉积岩	E 116°31′55.9″ N 41°58′27.8″	97
						2	40–70	黄棕色	砂壤土	粒状	8.3	3.6	0.22	0.24	26.2	4.8			
						3	70–94	栗红色	轻黏土	柱状	7.7	3.1	0.35	0.29	25.5	23.6			
剖48	半水成土	草甸土	暗色草甸土	黏质暗色草甸土		1	0–34	暗灰色	中壤土	复粒状	8.1	37.2	5.69	1.52	14.0	42.5	黏质冲积物、淤积物	E 116°00′58.1″ N 41°47′20.4″	79
						2	34–60	暗灰色	重壤土	复粒状	8.2	22.0	3.13	1.20	20.8	37.1			
						3	60–86	灰黄色	中壤土	块状	8.4	15.1	1.36	0.70	16.1	18.9			

阿 拉 善 盟

阿拉善左旗

主要土类说明

风沙土是阿拉善左旗主要土壤类型，占本旗地域面积的45%。风沙土发生于半干旱、干旱漠境地区及滨海地区，是在风沙移动堆积形成的多种形态的风沙沉积物上发育的初育土。由于成土时间短暂，该土壤无剖面发育，具C、（A）-C或A-C剖面构型，反映了风沙移动堆积与固定的不同阶段。

灰漠土是阿拉善左旗第二大土壤类型，占本旗地域面积的17%。灰漠土主要分布在本旗中部的高平原和低山丘陵。成土母质主要为酸性岩、基性岩、碳酸岩的风化残积物和坡积物，还有少量砂岩、砂砾岩的风化物。灰漠土剖面由结皮层、亚表层、紧实层和聚积层构成，无明显的腐殖质层。

灰棕漠土是阿拉善左旗第三大土壤类型，占本旗地域面积的15%。灰棕漠土是在温带极端干旱荒漠地区砾质化明显的土壤。该土壤地表见砾幂及褐色结皮，亦见干面包状结皮；石灰表聚，下见纤维状石膏聚积，亦见铁质黏化现象。

棕钙土占本旗地域面积的11%，集中分布在贺兰山西侧的山前洪积扇地带。成土过程主要为腐殖质累积过程和钙积过程。棕钙土剖面由浅棕色腐殖质层、钙积层和母质层构成，剖面分化明显。腐殖质层厚15—30cm，钙积层厚20—30cm，碳酸钙呈网纹或斑状淀积，剖面中下部还常伴有盐分淀积。

粗骨土占本旗地域面积的3%。粗骨土属于A-C型，甚至（A）-C型土壤，广泛分布在河谷阶地、丘陵、低山和中山等多种地貌单元和地形部位。A层发育不明显，与母质土层性状相似，略显有机质累积。

小于本旗地域面积3%的土壤类型有潮土、石质土、草甸盐土、漠境盐土、灰褐土、灰钙土、新积土、黑毡土。

本区域中心区气候特征

本区域中心区气候特征值
Regional climate characteristics in central area of the region

气候带：中温带干旱气候 Climate region: Mid temperate arid climate	
年平均气温 /℃ Annual average temperature /℃	8.5
年平均最高气温 /℃ Annual average maximum temperature /℃	16.0
年平均最低气温 /℃ Annual average minimum temperature /℃	1.8
年降水量 /mm Annual precipitation /mm	108
≥10℃的积温 /℃ Daily temperature accumulated in a year (≥10℃) /℃	5352
年日照时数 /h Annual sunshine /h	3222
年平均相对湿度 /% Annual average relative humidity /%	41
干燥度 Dryness	4.70

本区域中心区月平均气温与月平均降水量
Monthly temperature and precipitation in central area of the region

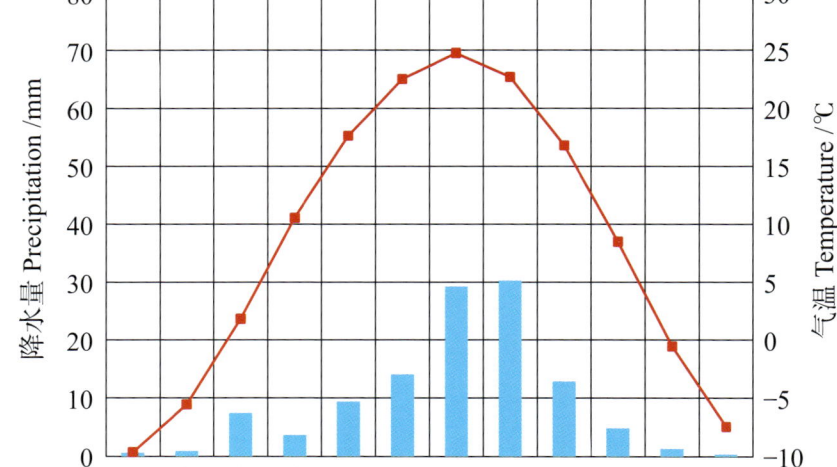

阿拉善左旗主要土壤类型与土壤剖面点分布图
1:1 640 000

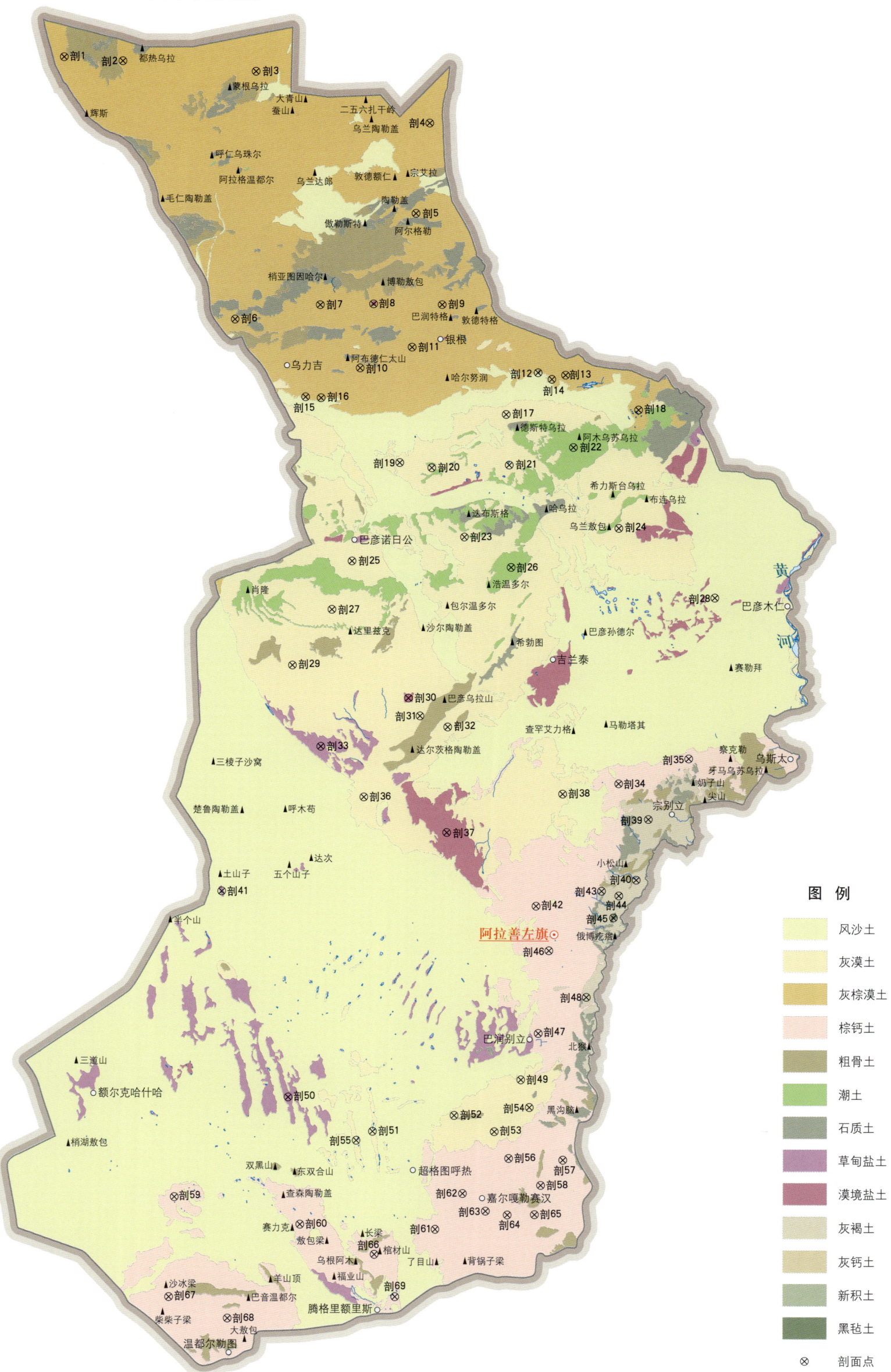

图例
- 风沙土
- 灰漠土
- 灰棕漠土
- 棕钙土
- 粗骨土
- 潮土
- 石质土
- 草甸盐土
- 漠境盐土
- 灰褐土
- 灰钙土
- 新积土
- 黑毡土
- ⊗ 剖面点

阿拉善左旗土壤剖面理化性状表

剖面号 Soil profile	土纲 Soil order	土类 Soil great group	亚类 Soil subgroup	土属 Soil genus	土种 Soil species	土层码 Layer code	土层厚度 Depth/cm	颜色 Soil color	质地 Soil texture	土壤结构 Soil structure	pH	有机质 OM/(g/kg)	全氮 TN/(g/kg)	全磷 TP/(g/kg)	全钾 TK/(g/kg)	阳离子交换量CEC/(cmol/kg)	土壤母质 Parent material	剖面点坐标 Profile coordinate	匹配指数 Matching index/%
剖1	漠土	灰棕漠土	石膏灰棕漠土	砂砾质石膏灰棕漠土		1	0～3	浅灰色	轻壤土	小粒状							砂岩、砂砾岩风化物	E 103°29′36.2″ N 41°45′53.0″	86
						2	3～25	棕色	轻壤土	片状									
						3	25～50	灰白色	砂壤土	片状									
剖2	漠土	灰棕漠土	硅铝质灰棕漠土			1	0～7		砂壤土		9.9	2.2	0.16	0.96	22.1	3.6	酸性岩风化残积、坡积物	E 103°45′26.9″ N 41°45′19.9″	82
						2	25～35		砂壤土		10.2	1.7	0.14	1.33	24.2	6.7			
剖3	漠土	灰棕漠土	泥质灰棕漠土			1	0～15	灰色	轻壤土	片状							泥页岩风化物	E 104°21′26.3″ N 41°43′41.2″	82
						2	15～60	浅灰色	轻壤土	块状									
						3	60～												
剖4	漠土	灰棕漠土	灰棕红土			1	0～3		砂壤土		10.1	1.7	0.09	1.11	22.2	6.3	沉积物	E 105°08′13.2″ N 41°33′36.0″	70
						2	27～37		中壤土		9.8	3.1	0.20	0.70	27.9	20.1			
						3	90～100		中壤土		9.8					22.0			
剖5	漠土	灰棕漠土	泥质灰棕漠土			1	2～12		轻壤土		10.9	4.1	0.13	2.57	24.2		泥页岩风化物	E 105°04′36.1″ N 41°15′22.7″	88
						2	32～42		轻黏土		10.2	7.0	0.25	1.21	19.3				
剖6	漠土	灰棕漠土	钙质灰棕漠土			1	0～5	灰色	砂壤土	屑粒状							碳酸岩风化残积物、坡积物	E 104°16′31.6″ N 40°53′49.6″	92
						2	5～15	灰棕色	中壤土	屑粒状									
						3	15～50	浅灰棕色	中壤土	屑粒状									
						4	50～110	浅灰色	轻壤土	粒状									
剖7	漠土	灰棕漠土	砂砾质灰棕漠土			1	0～5		砂壤土	屑粒状	10.4	3.1	0.19	0.76	24.2	7.0	砂岩、砂砾岩风化残积、坡积物	E 104°39′12.2″ N 40°56′54.6″	95
						2	28～38		重壤土	屑粒状	10.3	3.2	0.16	1.68	23.8	20.7			
						3	85～95	白色			10.6								
剖8	盐碱土	漠境盐土	氯化物硫酸盐漠境盐土			1	0～3	灰棕色	砂壤土	屑粒状								E 104°53′20.4″ N 40°57′09.4″	76
						2	3～50	灰棕色	轻壤土	小粒状									
						3	50～100	灰色	砂壤土	鳞片状									
						4	100～150	灰棕色	细砂土	屑粒状									
剖9	漠土	灰棕漠土	砂砾质灰棕漠土			1	0～5	灰棕色	细砂土								砂岩、砂砾岩风化残积、坡积物	E 105°11′36.2″ N 40°57′05.0″	97
						2	5～60	灰棕色	重壤土										
						3	60～120	灰棕色	中壤土	无明显结构									
剖10	漠土	灰棕漠土	钙质灰棕漠土			1	0～5	红棕色	砂壤土	鳞片状	9.5	5.2	0.32	1.08	22.1	5.0	碳酸岩风化残积物、坡积物	E 104°49′52.7″ N 40°44′16.4″	83
						2	5～15	棕红色	轻壤土	块状	10.5	5.9	0.27	0.93	22.1	7.4			
						3	28～38	暗棕色	中壤土	块状	8.9	2.8	0.11			5.6			
						4	85～95	暗棕色	砂壤土		9.1	4.7	0.23	0.84	20.1	3.8			
剖11	漠土	灰棕漠土	灰棕红土			1	0～3	红棕色	细砂土	无明显结构							沉积物	E 105°03′38.2″ N 40°48′33.1″	98
						2	3～60	暗棕色	细砂土	无明显结构									
						3	60～130	灰黄色	砂土	无明显结构									
剖12	漠土	盐化灰棕漠土	氯化物盐化灰棕漠土			1	0～20	灰黄色	砂壤土	鳞片状							湖相沉积物	E 105°37′04.8″ N 40°43′27.8″	95
						2	20～70	灰棕色	砂壤土	屑粒状									
						3	70～140	红棕色	砂壤土	鳞片状									
剖13	漠土	灰棕漠土	硅铝质灰棕漠土			1	0～3	红棕色	砂壤土	粒状	10.5	4.0	0.18	1.12	22.2		酸性岩风化残积物、坡积物	E 105°44′25.1″ N 40°42′56.2″	72
						2	3～50		砂壤土		10.3	3.6	0.18	1.09	22.2				
						3	50～70												
剖14	漠土	灰棕漠土	覆砂灰棕漠土			1	10～20											E 105°40′45.1″ N 40°42′06.1″	76
						2	50～60												
						3	100～110				10.1								

续表 Continued

剖面号 Soil profile	土纲 Soil order	土类 Soil great group	亚类 Soil subgroup	土属 Soil genus	土种 Soil species	土层码 Layer code	土层厚度 Depth/cm	颜色 Soil color	质地 Soil texture	土壤结构 Soil structure	pH	有机质 OM/(g/kg)	全氮 TN/(g/kg)	全磷 TP/(g/kg)	全钾 TK/(g/kg)	阳离子交换量CEC/(cmol/kg)	土壤母质 Parent material	剖面点坐标 Profile coordinate	匹配指数 Matching index/%
剖15	漠土	灰棕漠土	灰棕漠土	沉积钙质灰棕漠土		1	0—5	浅棕色	重壤土	鳞片状							细土沉积物	E 104°35′28.0″ N 40°38′26.9″	82
						2	5—60	棕色	重壤土	片状	9.6	4.0	0.28	1.22	24.5	25.7			
						3	60—130	棕色	砂壤土	片状	8.6	4.3	0.25	1.10	25.6	24.8			
剖16	漠土	灰棕漠土	灰棕漠土	沉积钙质灰棕漠土		1	0—5		重壤土								细土沉积物	E 104°39′36.5″ N 40°38′15.9″	74
						2	30—40		重壤土										
						3	90—100				10.2								
剖17	漠土	灰漠土	钙质灰漠土	沉积钙质灰漠化土		1	0—15	灰棕色	重壤土	小粒状							沉积物	E 105°28′37.2″ N 40°35′05.8″	79
						2	15—50	灰棕色	重壤土	粒状									
						3	50—130	灰棕色	砂壤土	屑粒结构									
剖18	漠土	灰棕漠土	灰棕漠土	覆砂灰棕漠土		1	0—30	棕色	砂壤土	无明显结构								E 106°03′40.0″ N 40°35′56.0″	95
						2	30—80	棕色	砂壤土	屑粒结构									
						3	80—130	棕色	砂壤土	无明显结构									
剖19	漠土	灰漠土	钙质灰漠土	钙质灰漠红土		1	0—23	暗灰棕色	轻壤土	小粒状							沉积物	E 105°00′27.5″ N 40°25′17.9″	94
						2	23—68		细砂土	块状									
						3	68—105		砂壤土	无明显结构									
剖20	漠土	灰漠土	钙质灰漠土	钙质灰漠红土		1	0—23		轻壤土		8.5	6.4	0.44	1.19	24.2	0.2	沉积物	E 105°08′55.0″ N 40°24′18.0″	75
						2	23—56				7.3	6.7	0.53	1.32	28.8				
剖21	漠土	灰漠土	钙质灰漠土	硅铝质钙质灰漠土		1	15—25		砂壤土		9.2	6.1	0.34	1.05	23.1	5.3	酸性岩风化残积物、坡积物	E 105°29′24.0″ N 40°24′52.6″	94
						2	45—55		砂壤土		9.0	3.0	0.18	0.79	20.6	5.7			
						3	65—75				8.6					10.9			
剖22	半水成土	潮土	盐化潮土	氯化物盐化潮土		1	0—30	棕色	松砂土								湖相沉积物	E 105°46′22.3″ N 40°28′24.3″	71
						2	30—70	浅棕色	紧砂土	无明显结构									
						3	70—110	浅棕色	紧砂土	无明显结构									
						4	110—140	棕黄色	紧砂土	无明显结构									
剖23	漠土	灰漠土	钙质灰漠土	沉积钙质灰漠土		1	2—12		中壤土		10.1	6.6	0.38	1.05	24.5		沉积物	E 105°17′31.9″ N 40°10′25.0″	88
						2	27—37		重壤土		9.4	5.9	0.44	1.38	25.7				
						3	85—95				9.4								
剖24	漠土	灰漠土	钙质灰漠土	砂砾质钙质灰漠土		1	5—15		轻壤土		8.8	4.9	0.33	0.99	27.4		砂砾岩	E 105°58′10.6″ N 40°12′09.7″	82
						2	25—35		砂壤土		9.3	3.6	0.27	0.87	26.7				
						3	47—57		砂壤土		9.6	3.6	0.21	0.82	27.9				
剖25	漠土	灰漠土	钙质灰漠土	覆砂钙质灰漠土		1	12—22		轻壤土		9.1	2.3	0.16	1.31	24.3		沉积物、坡积物	E 104°48′01.4″ N 40°05′29.4″	96
						2	52—62		轻壤土		8.8	4.3	0.23	1.28	25.5				
						3	95—105		重壤土		9.0	3.8	0.18	0.37	25.9				
剖26	半水成土	潮土	盐化潮土	氯化物盐化潮土		1	0—5	灰棕色	松砂土		10.2	3.3	0.15	0.41	22.2		湖相沉积物	E 105°29′49.0″ N 40°04′17.9″	89
						2	5—20		紧砂土	屑粒状	9.8	4.2	0.23	0.32	22.2	4.0			
						3	20—50		紧砂土	屑粒状	9.5	3.5	0.18	0.32	20.2				
						4	50—100		松砂土	无明团块状	9.5	0.9	0.07	0.43	22.2				
						5	100—140		砂土	弱团块状	9.3	0.9	0.05		20.2				
剖27	漠土	灰漠土	钙质灰漠土	硅铝质钙质灰漠土		1	0—40	灰白色	松砂土	屑粒状	9.5	1.6	0.12	0.50	22.0		酸性岩风化残积物、坡积物	E 104°42′49.0″ N 39°55′45.5″	77
						2	40—60	浅灰黄色	轻壤土	屑粒状									
						3	60—80	棕色	砂土	无明显块状									
剖28	初育土	风沙土	固定风沙土			1	0—14	黄色	松砂土		9.4	1.6	0.12	0.41	22.1			E 106°23′16.9″ N 39°57′57.5″	74
						2	14—70		松砂土	无明显结构									

续表 Continued

剖面号 Soil profile	土纲 Soil order	土类 Soil great group	亚类 Soil subgroup	土属 Soil genus	土种 Soil species	土层码 Layer code	土层厚度 Depth/cm	颜色 Soil color	质地 Soil texture	土壤结构 Soil structure	pH	有机质 OM/(g/kg)	全氮 TN/(g/kg)	全磷 TP/(g/kg)	全钾 TK/(g/kg)	阳离子交换量CEC/(cmol/kg)	土壤母质 Parent material	剖面点坐标 Profile coordinate	匹配指数 Matching index/%
剖29	漠土	灰漠土	钙质灰漠土	砂砾质钙质灰漠土		1	0-2	暗灰色	轻壤土	片状							砂砾岩	E 104°32′33.0″ N 39°44′30.1″	72
						2	2-20	灰棕黄色	轻壤土	块状									
						3	20-40	黄色	砂壤土	块状									
						4	40-65	棕黄色	砂壤土	粒状									
						5	65—												
剖30	盐碱土	漠境盐土	干旱盐土	氯化物硫酸盐干旱盐土		1	0-20	浅黄色	中壤土	小粒状								E 105°02′55.7″ N 39°38′00.6″	81
						2	20-50	黄色	中壤土	块状									
						3	50-90	灰色	重壤土	块状									
						4	90-120	灰白色	砂壤土	块状									
剖31	漠土	灰漠土	钙质灰漠土	洪积钙质灰漠土		1	0-20		砂壤土		9.4	4.7	0.28	1.64	27.3		洪积物	E 105°05′54.2″ N 39°34′24.6″	71
						2	30-50		轻壤土		8.8	5.2	0.20	1.46	27.4				
						3	70-90		中壤土		8.5	4.2	0.24	1.59	23.9				
剖32	漠土	灰漠土	钙质灰漠土	洪积钙质淡棕钙土		1	0-2	灰白色	砂壤土	鳞片状							洪积物	E 105°13′08.4″ N 39°32′10.0″	72
						2	2-20	棕黄色	砂壤土	无明显结构									
						3	20-60	棕色	砂壤土	小粒状									
						4	60-120	棕色	中壤土	块状									
剖33	盐碱土	草甸盐土	草甸盐土	氯化物硫酸盐草甸盐土		1	0-15	灰棕黄色	砂壤土	无结构	8.8							E 104°40′08.8″ N 39°28′10.2″	92
剖34	干旱土	棕钙土	淡棕钙土	覆砂淡棕钙土		1	0-30		松砂土		9.9	1.4	0.07	0.35	27.7	4.8	沉积物、坡积物	E 105°57′37.0″ N 39°20′42.6″	94
						2	30-60		紧砂土		9.8	3.4	0.26	0.49	24.6	5.5			
						3	60-125		中壤土		9.8	3.5	0.24	0.46	24.2				
剖35	干旱土	棕钙土	淡棕钙土	洪积淡棕钙土		1	5-15		轻壤土		9.2	7.8	0.32	0.67	27.3		洪积物	E 106°15′53.3″ N 39°25′37.9″	92
						2	35-45		中壤土		9.1	6.6	0.60	1.01	26.4				
						3	79-89		轻壤土		9.6	6.3	0.24	1.13	26.3				
剖36	漠土	灰漠土	钙质灰漠土	覆砂钙质灰漠土		1	0-25	棕黄色	紧砂土	无明显结构							沉积物、坡积物	E 104°51′23.4″ N 39°18′03.6″	90
						2	25-80	棕黄色	轻壤土	块状									
						3	80-120	黄棕色	重壤土	块状									
剖37	盐碱土	漠境盐土	干旱盐土	硫酸盐氯化物干旱盐土	氯化物硫酸盐干旱盐土	1	0-3	白色	砂壤土	粒状								E 105°12′55.1″ N 39°10′58.4″	93
						2	3-40	棕黄色	中壤土	块状									
						3	40-80	灰棕色	轻壤土	块状									
						4	80-110	暗棕色	轻壤土	粒状									
剖38	漠土	灌溉灰漠土	壤质灌溉灰漠土			1	0-20	黄色	砂壤土	粒状								E 105°43′04.2″ N 39°18′42.4″	83
						2	20-50	棕色	砂壤土	屑粒状									
						3	50-150	灰色	砂壤土	小粒状									
剖39	半淋溶土	灰褐土	石灰性灰褐土	硅镁质石灰性灰褐土		1	0-20	灰棕色	轻壤土	小粒状	8.5	46.2	2.28	1.88	28.3		基性岩风化残积物	E 106°05′16.6″ N 39°13′28.7″	91
						2	20-80	暗棕色	中壤土	小粒状	8.2	47.1	2.11	1.40	30.9				
						3	80-110	灰棕色	砂壤土		9.0	12.8	0.63	1.20	28.3				
剖40	半淋溶土	灰褐土	石灰性灰褐土	硅镁质石灰性灰褐土		1	5-15	暗棕色	轻壤土	粒状	9.1	26.4	0.59	0.84	24.2		基性岩风化残积物、坡积物	E 106°01′59.3″ N 39°01′14.2″	89
						2	40-50												
						3	80-100												
						4	120-130												
剖41	盐碱土	草甸盐土	草甸盐土	硫酸盐氯化物草甸盐土		1	0-2	白色	砂壤土	小粒状								E 104°14′42.8″ N 38°58′54.2″	93
						2	2-70	灰棕色	砂土	无明显结构									
						3	70-100	浅灰棕色	砂土	无明显结构									
						4	100-110	浅黄色											

续表 Continued

剖面号 Soil profile	土纲 Soil order	土类 Soil great group	亚类 Soil subgroup	土属 Soil genus	土种 Soil species	土层码 Layer code	土层厚度 Depth/cm	颜色 Soil color	质地 Soil texture	土壤结构 Soil structure	pH	有机质 OM/(g/kg)	全氮 TN/(g/kg)	全磷 TP/(g/kg)	全钾 TK/(g/kg)	阳离子交换量CEC/(cmol/kg)	土壤母质 Parent material	剖面点坐标 Profile coordinate	匹配指数 Matching index/%
剖42	干旱土	棕钙土	淡棕钙土	覆砂淡棕钙土		1	0–30	黄色	紧砂土	无明显结构							沉积物、坡积物	E 105°36′02.9″ N 38°56′05.6″	73
						2	30–60	灰黄色	紧砂土	无明显结构									
						3	60–125	灰棕色	砂壤土	无明显结构									
剖43	半淋溶土	灰褐土	石灰性灰褐土	砂砾质石灰性灰褐土		1	0–20	灰棕色	砂壤土	粒状	9.4	21.2	1.06	1.13	27.3	10.3		E 105°52′57.6″ N 38°59′04.9″	93
						2	20–												
剖44	半淋溶土	灰褐土	灰褐土	硅镁质灰褐土		1	0–10	灰棕色	轻壤土	小粒状							基性岩风化残积物、坡积物	E 105°57′27.1″ N 38°58′06.2″	100
						2	10–45	红褐色	中壤土	块状									
						3	45–100												
						4	100–												
剖45	高山土	黑毡土	亚高山灌丛草甸土			1	3–13		中壤土		8.5	110.0	8.47	0.63	26.4		残积物	E 105°56′02.4″ N 38°53′41.3″	95
						2	23–33		中壤土		8.4	85.3	2.81	1.14	22.7				
						3	50–60		砂壤土		8.0	107.9	5.14	1.26	26.6				
剖46	干旱土	棕钙土	淡棕钙土	洪积淡棕钙土		1	0–20	棕色	轻壤土	块状							洪积物	E 105°39′18.9″ N 38°47′05.7″	86
						2	20–60	灰棕色	中壤土	块状									
						3	60–105	棕黄色	轻壤土	块状									
剖47	干旱土	棕钙土	淡棕钙土	壤质灌溉淡棕钙土		1	0–12	棕灰色	中壤土	小块状	9.0	12.9	0.71	0.99	24.2		沉积物、洪积物	E 105°36′29.5″ N 38°30′32.8″	100
						2	12–35	棕色	中壤土	小块状	9.2	4.8	0.32	0.73	24.2	20.2			
						3	35–72		中壤土		9.1								
						4	72–82		中壤土										
剖48	半淋溶土	灰褐土	灰褐土	硅镁质灰褐土		1	0–10		中壤土		8.4	116.8	4.70	1.92	23.8	5.2	基性岩风化残积物、坡积物	E 105°48′49.5″ N 38°37′37.6″	70
						2	20–30		轻砂土		8.9	10.0	0.85	1.63	33.5	7.9			
						3	60–70		紧砂土		9.2	2.1	0.19	0.54	21.1				
剖49	灰漠土	灰漠土	钙质灰漠土	钙质灰漠土		1	5–35		轻砂土		9.5	2.8	0.21	0.78	20.2		碳酸盐岩风化残积物、坡积物	E 105°31′54.5″ N 38°21′18.0″	77
						2	45–58		砂壤土	无明显结构									
剖50	盐碱土	草甸盐土	草甸盐土	氯化物硫酸盐草甸盐土		1	0–15	浅黄色	砂壤土	无明显结构								E 104°32′19.8″ N 38°17′48.4″	80
						2	15–30	浅黄色	砂壤土	无明显结构									
						3	30–40	黄棕色	砂土		9.2	2.4	0.11	0.71	25.9	6.8			
						4	40–100	浅黄色	中壤土	小粒状									
						5	100–140	白色	紧砂土	粒状									
剖51	灰漠土	灰漠土	盐化灰漠土			1	0–1	灰色	砂壤土	块状							湖相沉积物	E 104°53′57.7″ N 38°11′01.0″	88
						2	1–20	灰棕色	砂壤土	无明显结构									
						3	20–70	灰棕色	砂壤土	无明显结构									
						4	70–140	灰棕色	砂壤土	无明显结构									
剖52	灰漠土	灰漠土	钙质灰漠土	钙质灰漠土		1	0–40	黄棕色	砂壤土	粒状							碳酸岩风化残积物、坡积物	E 105°14′50.3″ N 38°14′12.5″	84
						2	40–70	灰棕色	砂壤土	块状									
						3	70–95	砂土											
剖53	灰漠土	灰漠土	钙质灰漠土	硅镁质灰漠土		1	0–10	灰色	砂壤土	无明显结构	9.0	3.7	0.25	0.37	22.2	8.8	基性岩风化残积物、坡积物	E 105°25′04.0″ N 38°10′59.2″	73
						2	10–20	灰棕色	砂壤土	无明显结构	9.1	2.6	0.18	0.25	25.4	5.5			
剖54	灰漠土	灰漠土	钙质灰漠土	硅镁质灰漠土		1	0–25	棕黄色	砂壤土	无明显结构							基性岩风化残积物、坡积物	E 105°34′05.5″ N 38°15′47.3″	75
						2	25–60		轻壤土	小粒状									
剖55	漠土	盐化灰漠土	氯化物盐化灰漠土			1	0–1	棕黄色	砂壤土		10.0	6.4	0.28	1.15	23.2		湖相沉积物	E 104°49′46.1″ N 38°09′13.0″	82
						2	4–14		砂壤土		10.3	3.6	0.18	0.98	22.1				
						3	40–50		砂壤土		9.5	2.8	0.15	1.08	23.1	4.0			
						4	70–80		砂壤土		9.7	2.8	0.11	1.32	24.2				
						5	105–115		轻壤土		10.1	2.3	0.11	1.00	23.4	7.0			

续表 Continued

剖面号 Soil profile	土纲 Soil order	土类 Soil great group	亚类 Soil subgroup	土属 Soil genus	土种 Soil species	土层码 Layer code	土层厚度 Depth/cm	颜色 Soil color	质地 Soil texture	土壤结构 Soil structure	pH	有机质 OM/(g/kg)	全氮 TN/(g/kg)	全磷 TP/(g/kg)	全钾 TK/(g/kg)	阳离子交换量CEC/(cmol/kg)	土壤母质 Parent material	剖面点坐标 Profile coordinate	匹配指数 Matching index/%
剖56	干旱土	棕钙土	淡棕钙土	沉积淡棕钙土		1	0–25	棕色	紧砂土	粒状							沉积物、坡积物	E 105°28′43.8″ N 38°05′36.5″	74
						2	25–55	淡棕色	砂壤土	粒状									
						3	55–85	灰棕色	砂壤土	粒状									
						4	85–130	灰棕色	紧砂土	无明显结构									
剖57	干旱土	棕钙土	淡棕钙土	淡棕黄土		1	15–25		砂壤土		9.0	8.4	0.48	0.93	25.3	7.7	黄土、黄土状母质	E 105°42′33.5″ N 38°05′15.4″	77
						2	55–65		紧砂土		8.6	4.9	0.33	0.93	24.2	5.9			
						3	90–100		紧砂土			4.7	0.23	0.80	24.2	5.4			
剖58	干旱土	棕钙土	淡棕钙土	硅铝质淡棕钙土		1	0–30	浅灰棕色	砂壤土	小粒状							酸性岩风化残积物、坡积物	E 105°36′52.8″ N 38°00′14.5″	100
						2	30–65	浅灰棕色	轻壤土	小粒状									
						3	65–100	棕红色	轻壤土	小粒状									
剖59	干旱土	棕钙土	淡棕钙土	砂体壤质淡棕钙土		1	0–20	棕黄色	轻壤土	小块状							沉积物、洪积物	E 104°03′21.7″ N 37°57′43.8″	87
						2	20–45	黄棕色	中壤土										
						3	45–55		轻壤土		9.0	10.4	0.82	0.75	22.6				
						4	55–60				9.2	14.4	0.53	0.85	24.2	25.8			
						5	60–65												
剖60	干旱土	棕钙土	淡棕钙土	硅镁质淡棕钙土		1	0–20	暗棕色	砂壤土	粒状							基性岩风化残积物、坡积物	E 104°35′28.7″ N 37°52′27.0″	78
						2	20–58	灰棕色	轻壤土	粒状									
						3	58–												
剖61	干旱土	棕钙土	淡棕钙土	砂砾质淡棕钙土		1	0–25	灰棕色	砂壤土	小粒状							砂岩、砂砾岩风化残积物或坡积物	E 105°09′55.8″ N 37°51′31.5″	73
						2	25–65	棕黄色	轻壤土	小粒状									
						3	65–85		轻壤土	块状									
剖62	干旱土	棕钙土	淡棕钙土	淡棕红土		1	0–30	红棕色	松砂土	小块状							细土沉积物	E 105°16′58.1″ N 37°58′37.6″	98
						2	30–70	浅红棕色	紧砂土	小粒状									
						3	70–100	黄棕色	砂壤土	小粒状									
						4	100–110	棕红色	轻壤土	块状									
剖63	干旱土	棕钙土	淡棕钙土	淡棕红土		1	10–20		松砂土		9.4			0.44	23.1	3.4	细土沉积物	E 104°35′28.7″ N 37°55′07.9″	94
						2	45–55		砂壤土	粒状	9.2	3.8	0.28	0.50	24.2	8.7			
						3	80–90		紧砂土	粒状	9.1	1.9	0.11	0.43	23.2	5.4			
						4	100–110		轻壤土	粒状	8.9	2.0	0.13	0.42	24.2	7.8			
剖64	干旱土	棕钙土	淡棕钙土	淡棕黄土		1	0–35	棕黄色	砂壤土	小粒状							黄土、黄土状母质	E 105°28′17.0″ N 37°54′22.0″	94
						2	35–80	浅棕黄色	砂壤土		9.1	8.3	0.55	0.64	23.2	7.8			
						3	80–110	灰黄色	轻壤土		9.7	5.6	0.42	0.68	23.2	7.1			
剖65	干旱土	棕钙土	淡棕钙土	硅镁质淡棕钙土		1	5–15		砂壤土			7.0	0.41	0.83	24.1	6.0	基性岩风化残积物、坡积物	E 105°35′16.5″ N 37°54′25.2″	93
						2	35–45		轻壤土		9.3	6.5	0.34	0.70	23.2	10.2			
剖66	干旱土	棕钙土	淡棕钙土	硅铝质淡棕钙土		1	10–20		砂壤土		9.3	4.1	0.27	0.71	22.3	4.7	酸性岩风化残积物、坡积物	E 104°54′27.7″ N 37°46′35.2″	92
						2	40–50		轻壤土		9.4	4.2	0.36	0.68	23.2	4.6			
						3	75–85		轻壤土		10.0	2.8	0.16	0.54	26.8	7.4			
剖67	干旱土	棕钙土	淡棕钙土	沉积淡棕钙土		1	7–17		砂壤土		10.4	2.1	0.09	0.68	22.2	2.8	沉积物、坡积物	E 104°02′16.1″ N 37°37′56.4″	100
						2	35–45		轻壤土			2.3	0.13	0.61	24.1				
						3	65–75		紧砂土		9.2	4.6	0.33	0.65	22.2	6.1			
						4	100–110		砂壤土		9.4	3.9	0.24	0.46	21.2	5.2			
剖68	干旱土	棕钙土	淡棕钙土	砂砾质淡棕钙土		1	10–20		轻壤土		9.3	5.2	0.23	0.64	19.8		砂岩、砂砾岩风化残积物或坡积物	E 104°17′12.4″ N 37°33′45.6″	96
						2	40–50		轻壤土		9.1	3.8	0.20	0.41	21.2	6.3			
						3	70–80												
						4	95–105												

续表 Continued

剖面号 Soil profile	土纲 Soil order	土类 Soil great group	亚类 Soil subgroup	土属 Soil genus	土种 Soil species	土层码 Layer code	土层厚度 Depth/ cm	颜色 Soil color	质地 Soil texture	土壤结构 Soil structure	pH	有机质 OM/ (g/kg)	全氮 TN/ (g/kg)	全磷 TP/ (g/kg)	全钾 TK/ (g/kg)	阳离子 交换量CEC/ (cmol/kg)	土壤母质 Parent material	剖面点坐标 Profile coordinate	匹配指数 Matching index/%
剖69	干旱土	棕钙土	盐化棕钙土	氯化物盐化棕钙土		1	0—28	暗棕色	轻壤土	粒状							湖相沉积物	E 104°59′41.8″ N 37°38′12.0″	77
						2	28—58	棕黄色	轻壤土	粒状									
						3	58—83	青灰色	轻壤土	块状									
						4	83—100	棕灰色	轻壤土	块状									

阿拉善右旗

主要土类说明

风沙土是阿拉善右旗主要土壤类型，占本旗地域面积的50%。风沙土发生于半干旱、干旱漠境地区及滨海地区，是在风沙移动堆积形成的多种形态的风沙沉积物上发育的初育土。由于成土时间短暂，该土壤无剖面发育，具C、(A)-C或A-C剖面构型，反映了风沙移动堆积与固定的不同阶段。

灰棕漠土是阿拉善右旗第二大土壤类型，占本旗地域面积的24%。灰棕漠土是在温带极端干旱荒漠地区砾质化明显的土壤。该土壤地表见砾幂及褐色结皮，亦见干面包状结皮；石灰表聚，下见纤维状石膏聚积，亦见铁质黏化现象。铁铝结合的胡敏酸多于钙结合者，铁铝结合的富啡酸少于钙结合者是本土类特征。

灰漠土是阿拉善右旗第三大土壤类型，占本旗地域面积的12%。灰漠土曾称"荒漠灰钙土"，是在漠境地区初显石灰表聚及易溶盐与石膏分层累积的土壤。该土壤地表有明显的结皮层，下为浅棕色片状土层，含砾石；石灰表聚外，尚可见深层积钙；pH大于8.0。表层有机质累积较少且层薄，含量仅为6—15g/kg。

粗骨土占本旗地域面积的6%。粗骨土属于A-C型，甚至(A)-C型土壤。A层发育不明显，与母质土层性状相似，略显有机质累积。有时母质层富含砾石，很少出现剖面分异与发育特征。

石质土占本旗地域面积的6%。石质土是发育在各种基岩或砂砾岩的残积物、坡积物上的幼年土壤，广泛分布在龙首山、桃花拉山、雅布赖山的山地丘陵顶部，阳坡、陡坡以及山前洪冲积扇地带也有分布。该土壤风蚀较为严重，地表多覆有粗砂和碎砾石。由于气候干旱，植被稀疏而低矮，生物累积极微弱，母质类型复杂。该土壤土层薄，质地较粗，砂砾含量高，表土层不断被风、水侵蚀，成土过程极微弱，剖面分化不明显，基本上保留了母岩的特征，可利用价值低，改良困难。根据母质和成土条件对土壤形成发育的影响，本旗石质土分为硅铝质石质土、硅镁质石质土、钙质石质土、砂砾质石质土等亚类。

小于本旗地域面积3%的土壤类型有草甸盐土、龟裂土、潮土、漠境盐土。

本区域中心区气候特征

本区域中心区气候特征值
Regional climate characteristics in central area of the region

气候带：中温带极干旱气候 Climate region: Mid temperate extremely arid climate	
年平均气温 /℃ Annual average temperature /℃	7.5
年平均最高气温 /℃ Annual average maximum temperature /℃	15.0
年平均最低气温 /℃ Annual average minimum temperature /℃	0.7
年降水量 /mm Annual precipitation /mm	82
≥10℃的积温 /℃ Daily temperature accumulated in a year (≥10℃) /℃	3961
年日照时数 /h Annual sunshine /h	3191
年平均相对湿度 /% Annual average relative humidity /%	40
干燥度 Dryness	4.91

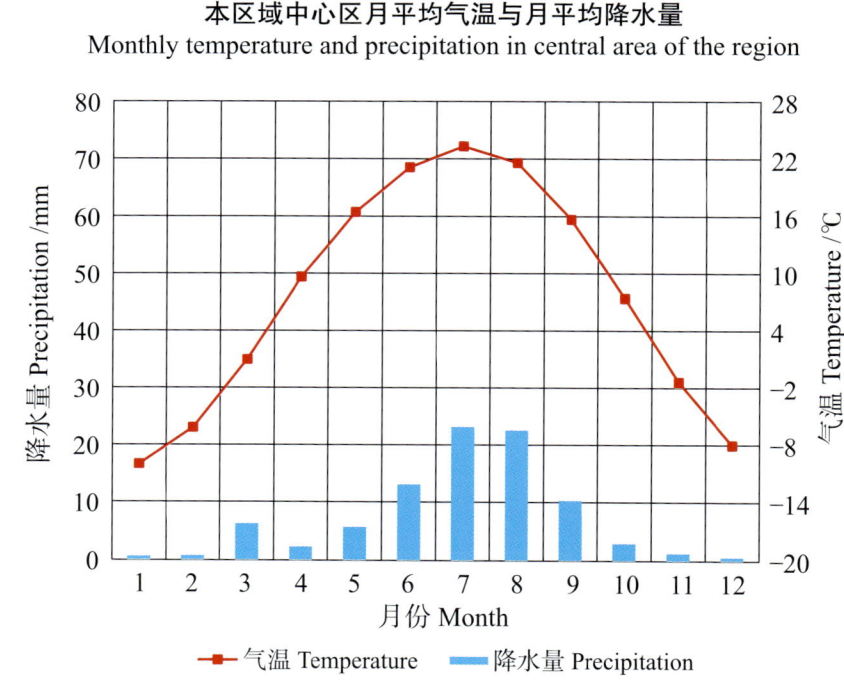

本区域中心区月平均气温与月平均降水量
Monthly temperature and precipitation in central area of the region

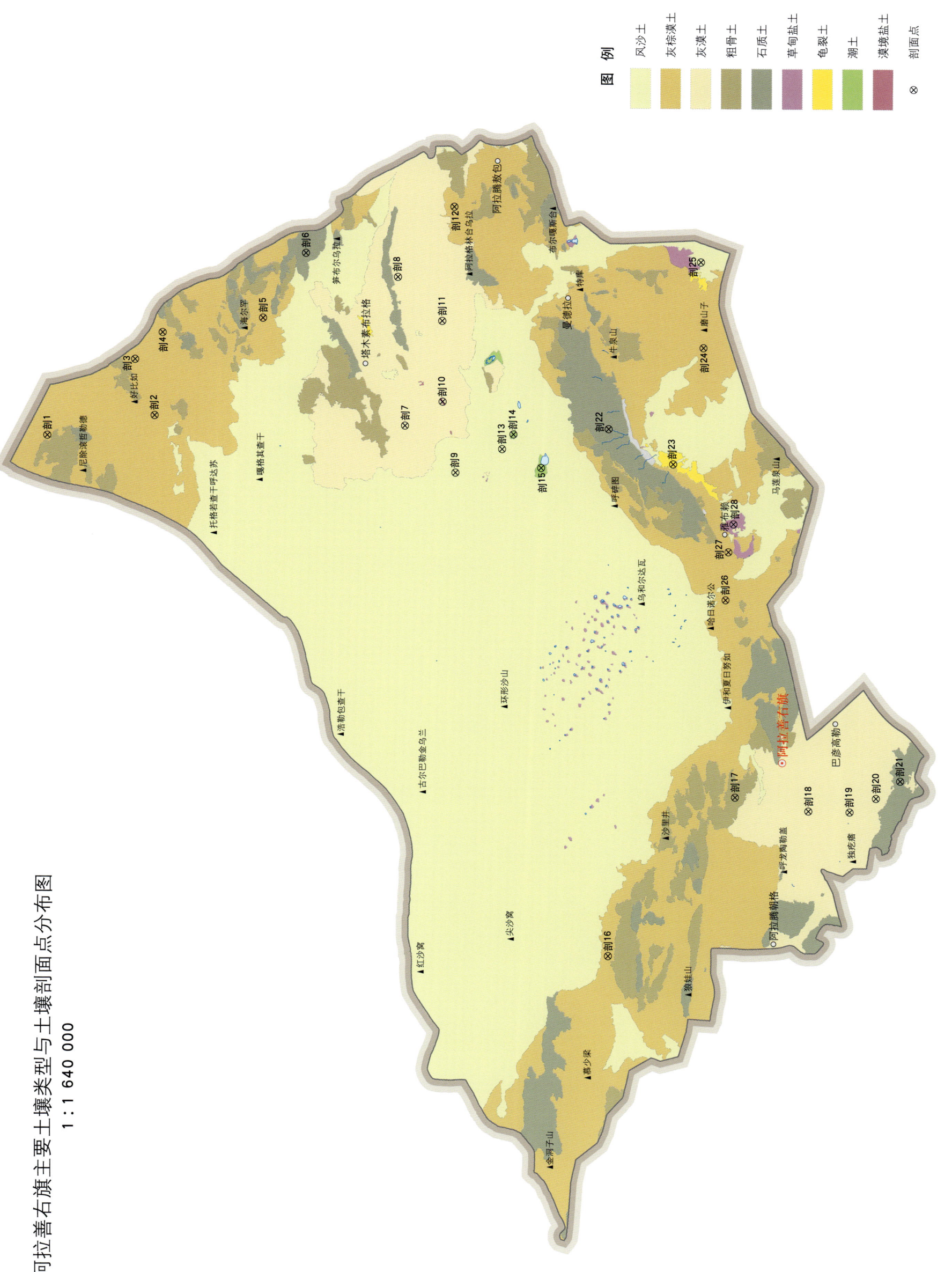

阿拉善右旗土壤剖面理化性状表

剖面号 Soil profile	土纲 Soil order	土类 Soil great group	亚类 Soil subgroup	土属 Soil genus	土层码 Layer code	土层厚度 Depth/cm	颜色 Soil color	质地 Soil texture	土壤结构 Soil structure	pH	有机质 OM/(g/kg)	全氮 TN/(g/kg)	全磷 TP/(g/kg)	全钾 TK/(g/kg)	碱解氮 AN/(mg/kg)	有效磷 AP/(mg/kg)	速效钾 AK/(mg/kg)	阳离子交换量 CEC/(cmol/kg)	土壤母质 Parent material	剖面点坐标 Profile coordinate	匹配指数 Matching index/%
剖1	漠土	灰棕漠土	灰棕漠土	硅铝质灰棕漠土	1	0–15	灰棕色	砂壤土	小块状	8.9	5.7	0.23	1.00	21.4	23	7.0	185	11.0	中性岩、酸性岩风化残积物、坡积物或洪积物	E 103°09′18.0″ N 41°53′41.7″	89
					2	15–35	红棕色	砂壤土	小块状	9.1	3.4	0.17	1.14	22.4							
					3	35–70															
剖2	漠土	灰棕漠土	灰棕漠土	砂砾质灰棕漠土	1	0–20	浅灰棕色	砂壤土	小粒状	8.9	4.3	0.24	1.05	25.1					砂岩、砂砾岩风化残积物或坡积物	E 103°15′47.2″ N 41°30′18.0″	87
					2	20–50	浅灰棕色	砂土	无明显结构	8.9	2.9	0.13	0.59	31.0							
					3	50–100	灰白色	砂砾土	无明显结构												
剖3	漠土	灰棕漠土	石膏灰棕漠土	砂砾质石膏灰棕漠土	1	0–5	灰棕色	砂壤土	小块状	8.5	3.0	0.28	1.00	20.6	50	2.0	83		砂砾岩残积物、坡积物	E 103°31′55.0″ N 41°34′53.3″	88
					2	5–11	灰白色	砂砾土	小粒状	8.6	4.3	0.23	0.43								
					3	11–20	灰棕色	砂砾土	无明显结构												
剖4	漠土	灰棕漠土	石膏灰棕漠土	砂砾质石膏灰棕漠土	1	0–12	灰棕色	砂壤土	小粒状	8.6	2.9	0.18	0.96	23.2	31	2.0	257		砂砾岩残积物、坡积物	E 103°39′50.2″ N 41°28′56.1″	94
					2	12–30	灰棕色	砂砾土	小粒状	8.5	3.0	0.15	0.74	19.8							
					3	30–40	灰棕色	砂砾土	无明显结构												
剖5	漠土	灰棕漠土	灰棕漠土	覆砂灰棕漠土	1	0–20	浅黄色	松砂土	无明显结构	9.3	1.5	0.09	0.77	21.2					残积物、坡积物、洪冲积物	E 103°44′31.9″ N 41°07′04.8″	94
					2	20–40	红棕色	松砂土	小粒状	9.5	1.4	0.13	0.66	23.1							
					3	40—	黄灰棕色	轻壤土													
剖6	初育土	石质土	硅镁质石质土		1	0–9	灰色	紧砂土	无明显结构	9.0	14.1	0.79	0.78	22.3	31	2.0	135			E 104°03′28.1″ N 40°57′50.4″	96
					2	9–30	黄色	紧砂土	无明显结构	9.5	2.3	0.14	0.78	22.3	26	3.0	198	4.5	砂岩、砂砾岩	E 103°14′32.3″ N 40°35′31.6″	81
剖7	漠土	灰漠土	灰漠土	砂砾质灰漠土	1	0–30	黄色	紧砂土	无明显结构	9.0	3.2	0.17	0.78	22.3				8.6			
					2	30–70	褐黄色	砂砾土	无明显结构	9.4	3.7	0.20	1.10	23.1				8.1			
					3	70–90	浅黄色	松砂土	无明显结构												
剖8	漠土	灰漠土	灰漠土	洪冲积灰漠土	1	0–25	浅灰棕色	轻砂土	小粒结构	8.9	8.3	0.47	1.51	24.2	94	5.0	196		洪冲积物、沉积物	E 103°57′00.7″ N 40°37′41.5″	88
					2	25–80	棕色	中黏土	小块状	9.2	6.6	0.34	1.32	25.9							
					3	80–150	棕灰色	松砂土	小块状	9.3	6.7	0.32	1.11	25.9							
剖9	初育土	风沙土	流动风沙土		1	0–20	灰棕色		无明显结构		1.0	0.04	0.45	22.0	32	1.0	173			E 103°01′31.6″ N 40°24′15.7″	97
					2	20–100	浅灰黄色		小块状		0.8	0.04	0.45	20.1							
剖10	盐碱土	漠境盐土	干旱盐土	氯化物硫酸盐干旱盐土	1	0–5		轻壤土											洪冲积物	E 103°21′37.4″ N 40°27′24.5″	81
					2	5–30	浅棕色	砂土	无明显结构	9.2	2.1	0.10	0.59	24.1	25	2.0	90	14.1			
					3	30–50	浅灰棕色	壤质砂土	无明显结构	9.3	3.9	0.16	0.75	23.1				13.9			
					4	50–100		砂砾土	无明显结构	9.7								13.6			
剖11	漠土	灰漠土	灰漠土	覆砂质灰漠土	1	0–2	浅灰棕色	砂土	小块结构	9.2	6.4	0.39	0.85	21.4	18	5.0	174		残积物、冲积物	E 103°44′34.4″ N 40°27′50.0″	77
剖12	漠土	灰棕漠土	灰棕漠土	硅铝质灰棕漠土	2	2–10	红棕色	砂壤土	小块结构	9.3	8.7	0.54	0.40	17.0					中性岩、酸性岩风化残积物、坡积物或洪积物	E 104°17′08.2″ N 40°25′32.5″	82
					3	10–30	灰棕色	砂土	无明显结构	9.7	8.7	0.57	0.31	13.7							
					4	30—															
剖13	初育土	风沙土	半固定风沙土		1	0–30	暗灰色	松砂土	无明显结构	9.0	2.3	0.19	0.46	0.1	38	9.0	390	4.7		E 103°08′33.0″ N 40°14′12.8″	88
					2	30–100	浅黄棕色	紧砂土	无明显结构	9.2	2.1	0.12	0.63	21.2				3.0			
剖14	半水成土	潮土	盐化潮土	硫酸盐化潮土	1	0–5	黄色	砂壤土	小粒状	9.4	3.4	0.11	0.60	21.3	32	2.0	509	2.5	河湖相沉积物	E 103°12′46.1″ N 40°11′44.2″	78
					2	5–20	灰黄色	砂壤土	小粒状	9.4	2.7	0.17	0.80	22.3				8.8			
					3	20–50	灰黄色	紧砂土	小粒状	8.6	3.0	0.15	0.76	21.3							
					4	50–100	灰色	砂壤土	小粒状	9.0	2.5	0.15	0.76	21.3							

续表 Continued

剖面号 Soil profile	土纲 Soil order	土类 Soil great group	亚类 Soil subgroup	土属 Soil genus	土层码 Layer code	土层厚度 Depth/cm	颜色 Soil color	质地 Soil texture	土壤结构 Soil structure	pH	有机质 OM/(g/kg)	全氮 TN/(g/kg)	全磷 TP/(g/kg)	全钾 TK/(g/kg)	碱解氮 AN/(mg/kg)	有效磷 AP/(mg/kg)	速效钾 AK/(mg/kg)	阳离子交换量CEC/(cmol/kg)	土壤母质 Parent material	剖面点坐标 Profile coordinate	匹配指数 Matching index/%
剖15	半水成土	潮土	盐化潮土	氯化物盐化潮土	1	0—5	浅黄色	中壤土	小粒状	7.9	69.5	3.63	9.78	17.7	173	4.0	460	28.7	河湖相沉积物	E 103°03′31.0″ N 40°05′31.2″	82
					2	5—20	暗黄色	轻壤土	小粒状	8.0	70.8	3.26	0.91	14.5							
					3	20—50	黄色	棕砂土	无明显结构	8.9	1.3	0.11	0.66	20.7							
					4	50—100	黄色	砂土	无明显结构	8.8	3.5	0.16	0.60	24.0							
					5	100—150				8.2	9.6	0.84	0.71	24.2							
剖16	漠土	灰棕漠土	覆砂灰棕漠土		1	0—20	棕黄色	砂土	无明显结构										残积物、坡积物、洪冲积物	E 100°46′18.1″ N 39°46′59.5″	74
					2	20—45	黄黄色	砂土													
					3	45—70	黄棕色	砂土													
剖17	初育土	粗骨土	硅铝质粗骨土		1	0—8	浅黄色	砂壤土	无明显结构	9.1	7.3	0.31	1.33	17.0	45	3.0	462	17.5		E 101°32′35.9″ N 39°20′48.1″	89
剖18	漠土	灰漠土		洪冲积灰漠土	1	0—20	浅黄色	砂壤土	小粒状	9.4	6.0	0.36	0.73	26.3	21	4.0	193		洪积物、沉积物	E 101°29′31.9″ N 39°04′38.6″	73
					2	20—55	黄棕色	砂壤土	小粒状	9.6	4.7	0.20	0.75	27.3							
					3	55—130	红棕色	棕砂土	无明显结构												
剖19	漠土	灰漠土		红黏土性灰漠土	1	0—0.2	灰黑色	轻壤土	片状						38	3.0	212		河湖相红黏土性沉积物	E 101°29′44.2″ N 38°55′39.7″	79
					2	0.2—32	浅灰色	轻壤土	粒状	8.9	9.8	0.65	1.27	24.6							
					3	32—50	浅灰棕色	重壤土	粒状、块状	9.5	5.0	0.29	0.84	26.3							
					4	50—150	棕红色	黏土	块状	8.7	7.6	0.37	1.09	29.0							
剖20	漠土	灰漠土		黄土状灰漠土	1	0—35	棕黄色	轻壤土	小粒状	8.7	18.2	1.86	1.46	22.2	33	7.0	268		洪冲积物、黄土状母质	E 101°33′50.3″ N 38°50′00.4″	92
					2	35—100	黄灰棕色	轻壤土	小粒状	9.7	4.3	0.37	0.94	20.1							
					3	100—150	黄灰棕色	轻壤土	小粒状	9.5	3.6	0.27	1.28	21.5							
剖21	初育土	石质土	钙质石质土		1	0—7	灰黄色	轻壤土	粒状	8.8	16.2	0.91	1.49	21.4	98	14.0	173	9.5		E 101°38′54.2″ N 38°44′51.4″	90
					2	7—30	灰黄色	中壤土	粒状	9.0	12.3	0.81	1.11	22.3							
剖22	初育土	石质土	硅铝质石质土		1	0—7	灰色	中壤土	粒状	9.0	12.3	0.81	1.11	22.3	13	7.0	228	9.8		E 103°14′58.6″ N 39°50′58.6″	82
					2	7—40															
剖23	初育土	龟裂土	龟裂土		1	0—19	暗黄棕色	轻黏土	小粒状	9.6	5.6	0.31	1.31	26.8	136	3.0	168	31.9		E 103°05′36.6″ N 39°36′39.2″	91
					2	19—42	浅红棕色	重壤土	小粒状	9.3	4.8	0.26	1.08	24.6							
					3	42—68	红棕色	轻壤土	小粒状	9.8	2.7	0.21	1.10	24.2							
					4	68—90	深红棕色	砂壤土	无明显结构	9.8	3.4	0.15	0.95	22.4							
剖24	漠土	灰棕漠土	洪冲积灰棕漠土		1	0—15	黄棕色	砂壤土	无明显结构	8.7	2.5	0.18	0.53	22.4	21	1.0	231	5.7	洪积物	E 103°38′28.0″ N 39°30′37.1″	77
					2	15—30	黄棕色	紧砂土	无明显结构	9.3	2.6	0.13	0.40	23.5				8.3			
					3	30—												7.5			
剖25	初育土	风沙土	固定风沙土		1	0—36	黄色	轻砂土	无明显结构	9.2	1.6	0.10	0.75	23.1					砂岩、砂砾岩风化残积物或砂积物	E 104°02′33.9″ N 39°31′26.9″	94
					2	36—46	浅黄色	壤质砂土	小粒状	9.5	2.2	0.13	0.64	23.0							
剖26	漠土	灰棕漠土	砂砾质灰棕漠土		1	0—10	灰棕黄色	壤质砂土	小粒状						13	2.0	205		砂砾岩洪冲积物、沉积物	E 102°27′49.8″ N 39°24′23.3″	94
					2	10—22	黄黑棕色	壤质砂土	小粒状	8.7	26.0	0.18	0.77	17.0							
					3	22—100	红灰色	中壤土	无明显结构	8.6	2.8	0.08	0.64	23.1							
剖27	漠土	灰棕漠土	盐化灰棕漠土	氯化物盐化灰棕漠土	1	0—5	棕黄色	砂壤土	无明显结构	8.6	3.2	0.42	0.77	21.4	16	5.0	366	8.1	洪冲积物	E 102°41′18.6″ N 39°24′05.0″	86
					2	5—20	黄棕色	紧砂土	小粒状	8.6	14.6	0.15	1.04	19.1							
					3	20—50	灰黄棕色	砂壤土	无明显结构	8.8	5.0	0.44	0.60	19.8							
剖28	盐碱土	草甸盐土	草甸盐土	硫酸盐氯化物草甸盐土	1	0—15	浅灰棕色	砂砂土	小粒状	8.7	2.6	0.18	0.55	20.4						E 102°49′13.1″ N 39°23′08.6″	79
					2	15—40	浅灰棕色	紧砂土	无明显结构	8.4	2.7	0.11	0.82	20.7							
					3	70—120		松砂土		8.6	1.5	0.09	0.43	21.3							
					4	120—140															

额济纳旗

主要土类说明

灰棕漠土是额济纳旗主要土壤类型，占本旗地域面积的60%。灰棕漠土在本旗分布较广泛，主要分布在东西戈壁和额济纳河两岸的波状高平原。自然植被属极端干旱的荒漠类型，以耐旱、深根、肉质的灌木和小半灌木为主。成土母质以粗骨性的砾石和砂质为主。土壤表层为发育较好的灰色或浅灰色多孔状结皮，厚1—2cm，碳酸钙表聚性明显。其下多为浅红棕色或褐棕色紧实层，厚度变化较大，并具有较明显的残余黏化现象，多具块状或团块状结构，结构体表面常出现碳酸钙斑块。石膏层厚度多为10—40cm，且有白色小粒状结晶或粗纤维状结晶，常夹在砾石间或附着在砾石背面。石膏聚积通常出现在10—40cm深处，也有偶见地表聚积石膏者，但为数甚少。本旗灰棕漠土分为灰棕漠土、石膏灰棕漠土、盐化灰棕漠土、碱化灰棕漠土等亚类。

石质土是额济纳旗第二大土壤类型，占本旗地域面积的18%，多分布在海拔1200—1500m的地区。由于常年干旱，多风少雨，风蚀、水蚀严重，基岩普遍裸露。石质土形态特征十分简单，多为岩石裸露或属薄层性结构，具A–R剖面构型，土体平均厚度一般小于10cm，最下层为基岩层，剖面分化极其微弱，生物累积不明显，物质组成表现出强烈的粗骨性特点，因此石质土在土壤性质和利用上均与地带性土壤有较大差别。本旗石质土分为硅铝质石质土、硅镁质石质土、钙质石质土、砂砾质石质土、泥页质石质土等亚类。

风沙土是额济纳旗第三大土壤类型，占本旗地域面积的11%，主要分布在巴丹吉林沙漠的西部边缘及额济纳河两岸的半固定和固定沙地。风沙土是一种幼年土，主要是在具备沙源和风动力的条件下形成的土壤类型。因成土作用经常被风蚀和沙压作用打断，风沙土成土过程十分微弱，一般很难见到较成熟和完整的土壤剖面，只有不明显的结皮、变紧的表土和松散的沙质层，基本上保留了母质的特征。一般情况下，从流动风沙土到固定风沙土，物理性砂粒（大于0.01mm）含量逐渐减少，物理性黏粒（大于0.01mm）含量有所增加，土壤有机质、碳酸钙及易溶盐含量也随着固定程度的加强呈现递增的趋势。

粗骨土占本旗地域面积的4%，主要分布在本旗西部和西南部海拔1000—1200m的低山残丘，常与石质土呈复区分布。由于极端干旱，多风少雨，风蚀和剥蚀作用极为强烈，岩石的物理风化作用明显，基岩裸露，腐殖化程度微弱。土壤有机质累积甚微，剖面分化不明显，基本上保留了母岩的特征。土层极其浅薄，一般厚10—15cm，土壤养分含量极低，粒径组成以粗骨性物质为主，细粒物质极少。本旗粗骨土分为硅铝质粗骨土、硅镁质粗骨土、钙质粗骨土、砂砾质粗骨土等亚类。

小于本旗地域面积3%的土壤类型有草甸盐土、林灌草甸土、新积土、潮土、漠境盐土。

本区域中心区气候特征

本区域中心区气候特征值
Regional climate characteristics in central area of the region

气候带：中温带极干旱气候 Climate region: Mid temperate extremely arid climate	
年平均气温 /℃ Annual average temperature /℃	8.8
年平均最高气温 /℃ Annual average maximum temperature /℃	16.4
年平均最低气温 /℃ Annual average minimum temperature /℃	2.1
年降水量 /mm Annual precipitation /mm	52
≥10℃的积温 /℃ Daily temperature accumulated in a year（≥10℃）/℃	3949
年日照时数 /h Annual sunshine /h	3199
年平均相对湿度 /% Annual average relative humidity /%	42
干燥度 Dryness	7.36

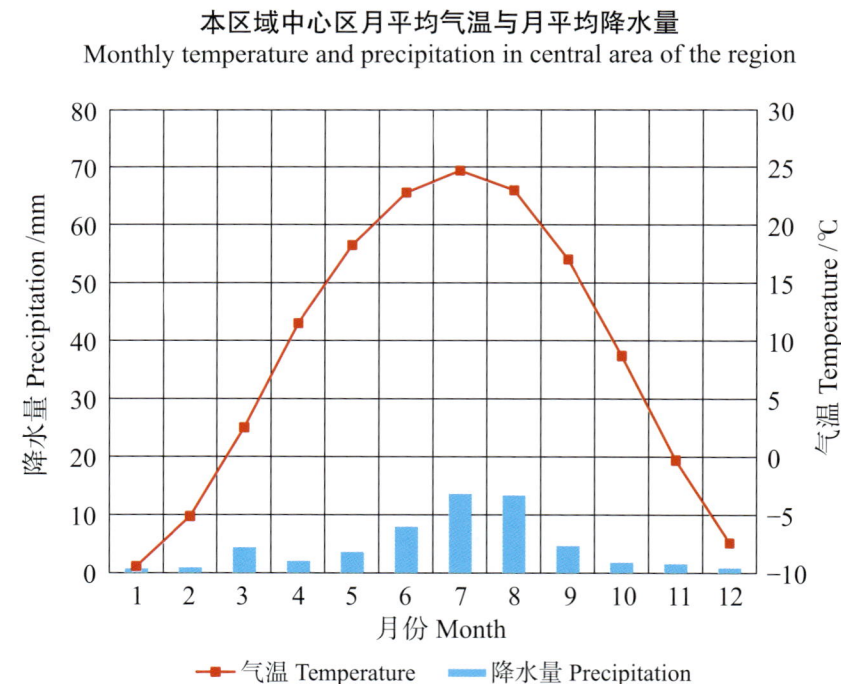

本区域中心区月平均气温与月平均降水量
Monthly temperature and precipitation in central area of the region

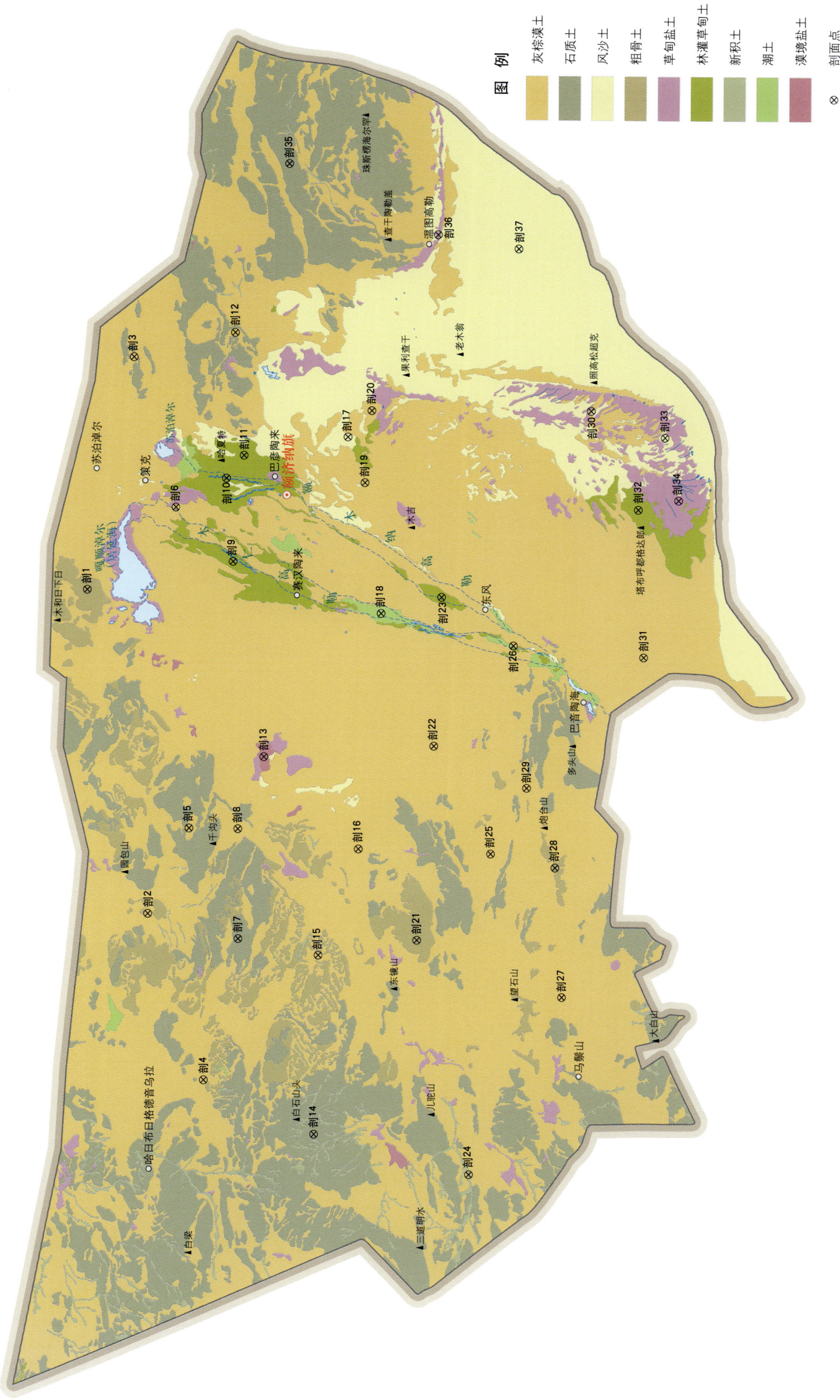

额济纳旗土壤剖面理化性状表

剖面号 Soil profile	土纲 Soil order	土类 Soil great group	亚类 Soil subgroup	土属 Soil genus	土层码 Layer code	土层厚度 Depth/cm	颜色 Soil color	质地 Soil texture	土壤结构 Soil structure	有机质 OM/(g/kg)	全氮 TN/(g/kg)	全磷 TP/(g/kg)	全钾 TK/(g/kg)	土壤母质 Parent material	剖面点坐标 Profile coordinate	匹配指数 Matching index/%
剖1	初育土	粗骨土	硅铝质粗骨土		1	0—2	灰棕色	砾质砂壤土	碎块状	3.2	0.19	1.48	22.1	残积物、坡积物	E 100°39′05.8″ N 42°33′54.4″	99
剖2	漠土	灰棕漠土	碱化灰棕漠土	硫酸盐碱化灰棕漠土	1	0—6	灰白色	轻黏土	小粒状	11.5	0.82	1.71	28.1	洪冲积物	E 99°13′48.4″ N 42°22′31.1″	100
					2	6—50	灰棕色	重壤土	块状	3.5	0.05	0.69	19.7			
					3	50—70		砾质紧砂土	块状	3.3	0.25	1.12	21.1			
剖3	漠土	灰棕漠土	灰棕漠土	钙质灰棕漠土	1	0—1	浅黄色	轻壤土	蜂窝状结皮					钙质岩类残积物、坡积物	E 101°39′51.1″ N 42°23′50.9″	89
					2	1—25	棕黄色	中壤土	块状、片状	4.4	0.67	1.37	22.6			
					3	25—40		中壤土		4.2	0.26	1.56	23.2			
					4	40—50		中壤土								
					5	50—60		中壤土								
剖4	漠土	灰棕漠土	石膏灰棕漠土	泥页质石膏灰棕漠土	1	0—2	灰黄色	中壤土	蜂窝状结皮	19.3	0.10	1.07	21.1	泥页岩残积物、沉积物	E 98°30′25.2″ N 42°11′27.6″	97
					2	2—20	浅黄棕色	砂壤土	小粒状	2.4	0.10	0.61	18.2			
					3	20—60		中壤土	粒状	3.1	0.12	0.59	22.2			
					4	60—120		轻壤土		4.1	0.29	0.67				
剖5	漠土	灰棕漠土	石膏灰棕漠土	砂砾质石膏灰棕漠土	1	0—2	黄灰色	砂壤土	蜂窝状结皮	1.9	0.11	0.77	22.8	砂砾岩风化物	E 99°36′18.4″ N 42°14′24.4″	98
					2	2—25	棕黄色	砂壤土	无明显结构	4.9	0.22	0.74	22.2			
					3	25—80		砂砾土	无明显结构							
剖6	漠土	灰棕漠土	灰棕漠土	覆砂石膏灰棕漠土	1	0—8	浅灰黄色	砂土	无明显结构					风积物	E 101°00′15.1″ N 42°16′19.6″	97
					2	8—23	棕黄色	砂土	粒状	3.7	0.29	1.63	23.7			
					3	23—40	灰棕色	砂壤土								
					4	40—59		砂砾土								
剖7	初育土	石质土	钙质石质土		1	0—7	棕红色	中壤土	蜂窝状	3.9	0.18	1.26	25.3	砂砾岩	E 99°07′13.1″ N 42°04′50.9″	86
					2	7—10	棕黄色	轻壤土	小块状	3.4	0.16	1.12	22.7			
剖8	漠土	灰棕漠土	石膏灰棕漠土	硅铝质石膏灰棕漠土	1	0—2	浅黄色	中壤土	无明显结构	3.8	0.26	1.38	26.4	硅铝质风化残积物	E 99°36′03.2″ N 42°04′53.8″	83
					2	2—7	棕黄色	砂土	小块状							
					3	7—17	灰黄色	中壤土	小粒状							
					4	17—25		砾石中壤土	无明显结构							
					5	25—100		重壤土								
剖9	半水成土	林灌草甸土	林灌草甸土	壤质林灌草甸土	1	0—5	灰棕色	重壤土	小粒状	8.5	0.50	1.22	25.1	河流冲积物	E 100°45′49.3″ N 42°05′20.0″	85
					2	5—20	浅灰棕色	砂壤土	小粒状	2.8	0.15	0.84	22.1			
					3	20—53	棕黄色	轻壤土	小块状	9.4	0.44	1.51	25.3			
					4	53—75	棕黄色	砂土	无明显结构	3.1	0.20	1.23	23.2			
剖10	半水成土	林灌草甸土	盐化林灌草甸土	硫酸盐盐化林灌草甸土	1	0—14	灰黄色	中壤土	小块状	11.2	0.50	1.26	25.3	冲积物	E 101°07′30.0″ N 42°06′20.5″	75
					2	14—20	棕黄色	中壤土、黏土	小粒状	11.2	0.50	1.17	23.2			
					3	20—50	棕黄色	中黏土	粒状	10.0	0.54	1.32	22.1			
					4	50—70	棕黄色	紧砂土	小粒状	5.0	0.30	1.25				
					5	70—110	棕黄色	重壤土	粒状							
剖11	半水成土	林灌草甸土	林灌草甸土	覆砂林灌草甸土	1	0—30	黄色	紧砂土	粒状	9.0	0.41	1.08	21.1	河流冲积物	E 101°13′24.2″ N 42°02′48.1″	84
					2	30—70		紧砂土	无明显结构	3.6	0.13	1.11	20.0			
					3	70—130		紧砂土	无明显结构	5.4	0.25	1.21	21.0			

续表 Continued

剖面号 Soil profile	土纲 Soil order	土类 Soil great group	亚类 Soil subgroup	土属 Soil genus	土层码 Layer code	土层厚度 Depth/cm	颜色 Soil color	质地 Soil texture	土壤结构 Soil structure	有机质 OM/(g/kg)	全氮 TN/(g/kg)	全磷 TP/(g/kg)	全钾 TK/(g/kg)	土壤母质 Parent material	剖面点坐标 Profile coordinate	匹配指数 Matching index/%
剖12	漠土	灰棕漠土	石膏灰棕漠土	硅镁质石膏灰棕漠土	1	0—1	灰棕色	轻壤土	蜂窝状结皮	2.0	0.10	1.22	21.8	基性岩残积物、坡积物	E 101°45′29.5″ N 42°03′56.5″	84
					2	1—7	浅棕色	砂壤土		2.8	0.21	1.09				
					3	7—40	浅棕色	轻壤土	粒状	2.6	0.15	1.03	25.3			
					4	40—80	红棕色									
剖13	盐碱土	漠境盐土	漠境盐土	氯化物漠境盐土	1	0—2	浅棕灰色	重壤土	蜂窝状	10.0	0.25	1.16	26.3	洪积物	E 99°54′47.9″ N 41°59′42.4″	92
					2	2—5	灰棕色	重壤土	粒状	20.3	0.39	1.16	29.3			
					3	5—20	浅棕色	轻黏土	颗粒状	18.9	0.74	1.09	36.5			
					4	20—50	浅灰色	轻黏土	块状	11.7	0.47	1.39	36.4			
					5	50—100	浅灰色	轻黏土	块状	7.5	0.46	1.60	31.8			
					6	100—120	灰棕色									
剖14	初育土	石质土	硅铝质石质土		1	0—1	红色	砾石土						硅铝质岩类	E 98°16′40.4″ N 41°49′46.9″	96
					2	1—2	白色		无明显结构	2.1	0.18	0.88	29.9			
					3	2—5	灰棕色	砂壤土	无明显结构							
					4	5—7										
剖15	漠土	灰棕漠土	石膏灰棕漠土	钙质石膏灰棕漠土	1	0—1	灰棕色	砂壤土	蜂窝状结皮	2.4	0.14	1.02	23.5	碳酸盐岩风化残积物、坡积物	E 99°02′56.8″ N 41°49′12.7″	96
					2	1—15	浅灰棕色	紧砂土	粒状	2.5	0.12	1.15	24.2			
					3	15—60	浅棕色	中壤土	无明显结构	4.7	0.43	0.91	23.2			
					4	60—100	红棕色	重壤土	无明显结构							
剖16	漠土	灰棕漠土	灰棕漠土	泥页质灰棕漠土	1	0—5	浅灰色	重壤土	鳞片状	12.6	0.05	0.90	27.3	泥页岩风化残积物、沉积物	E 99°30′43.9″ N 41°41′20.0″	86
					2	5—35	棕灰色	重壤土	小粒状	4.2	0.21	1.02	30.3			
					3	35—65	灰黄色	轻黏土	碎状	4.2	0.38	0.90	30.5			
					4	65—100	黄灰色		蜂窝状结皮							
剖17	初育土	风沙土	固定风沙土		1	0—1	灰黄色	砂壤土	层状	7.2	0.36	1.07	23.1	风积沙	E 101°17′39.5″ N 41°42′25.2″	71
					2	1—10	灰棕色	含砂轻壤土	无明显结构	6.1	0.24	1.06	22.3			
					3	10—60	灰棕色	砂土	无明显结构							
					4	60—										
剖18	半水成土	潮土	盐化潮土	硫酸盐盐化潮土	1	0—1	浅灰色	轻壤土		8.7	0.31	1.07	20.1		E 100°31′48.7″ N 41°36′33.1″	75
					2	1—5	灰棕色	轻壤土	小粒状	8.0	0.32	1.37	22.2			
					3	5—20	灰棕色	轻壤土、紧砂土	小粒状	8.4	0.40	1.26	23.2			
					4	20—50	红灰色	紧砂土	小粒结构	2.3	0.10	1.59	21.0			
					5	50—100	灰黄色	紧砂土	小粒状	1.9	0.15	0.88	21.0			
					6	100—150	黄灰色	壤质砂土	蜂窝状结皮	2.4	0.12	0.73	22.0			
剖19	漠土	灰棕漠土	石膏灰棕漠土	风积灰棕漠土	1	0—3	灰黄色	轻壤土	块状					风积物	E 101°05′39.5″ N 41°39′17.6″	78
					2	3—5	棕黄色	壤质砂土	无明显结构	3.7	0.20	1.20	21.1			
					3	5—10	浅灰棕色	砂壤土	无明显结构	3.7	0.16	0.86	18.5			
					4	10—60	棕色	砂壤土	无明显结构	4.5	0.29	0.77	28.1			
					5	60—120	浅黄棕色	砂壤土								
剖20	漠土	灰棕漠土	灰棕漠土	覆砂灰棕漠土	1	0—6	灰棕色	紧砂土	小粒状	3.4	0.23	0.98	25.1	风积物	E 101°24′21.2″ N 41°37′37.9″	77
					2	6—30	棕黄色	紧砂土	小粒状	3.9	0.23	1.07	25.1			
					3	30—50	棕黄色	紧砂土		3.3	0.25	1.18	25.1			
剖21	初育土	粗骨土	硅镁质粗骨土		1	0—10	灰白色	细砂土	无明显结构					残积物、坡积物	E 99°06′55.1″ N 41°29′54.6″	73
					2	10—25	棕黄色	轻壤土	无明显结构	8.3	0.15	1.59	24.1			
剖22	漠土	灰棕漠土	盐化灰棕漠土	硫酸盐盐化灰棕漠土	1	0—4	棕黄色	中壤土	小粒状	4.0	0.23	1.26	28.4	洪冲积物	E 99°57′18.4″ N 41°26′28.0″	94
					2	4—30	灰棕色	砂砾质紫砂土	无明显结构	2.3	0.17	0.93	24.0			
					3	30—100										

续表 Continued

剖面号 Soil profile	土纲 Soil order	土类 Soil great group	亚类 Soil subgroup	土属 Soil genus	土层码 Layer code	土层厚度 Depth/cm	颜色 Soil color	质地 Soil texture	土壤结构 Soil structure	有机质 OM/(g/kg)	全氮 TN/(g/kg)	全磷 TP/(g/kg)	全钾 TK/(g/kg)	土壤母质 Parent material	剖面点坐标 Profile coordinate	匹配指数 Matching index/%
剖23	半水成土	林灌草甸土	盐化林灌草甸土	氯化物硫酸盐林灌草甸土	1	0—15	灰黄色	中壤土	小粒状	9.2	0.37	1.12	23.1	冲积物	E 100°35′47.4″ N 41°24′39.6″	97
					2	15—30	棕黄色	轻壤土、砂壤土	小粒状	2.3	0.10	0.33	24.2			
					3	30—70	浅黄棕色	紧砂土	无明显结构	2.7		0.31	26.0			
					4	70—120	浅棕黄色	紧砂土	无明显结构	2.6	0.16	0.32	24.6			
剖24	初育土	新积土	粗骨性新积土		1	0—10	灰黄色	砂质砂壤土	无明显结构		0.21	1.15	25.5	洪冲积物	E 98°06′47.5″ N 41°19′27.1″	93
					2	10—100	棕黄色	砂壤土	无明显结构	1.7	0.13	1.25	23.1			
剖25	漠土	灰棕漠土	灰棕漠土	硅镁质灰棕漠土	1	0—2	灰黄色	砂壤土	多孔状结皮	2.5	0.14	1.20	23.2	硅镁质风化残积物、坡积物	E 99°29′26.5″ N 41°15′29.5″	95
					2	2—25	棕黄色	紧砂土	无明显结构							
					3	25—110	灰棕色	松砂土	蜂窝状	2.4	0.13	1.02	21.1			
剖26	漠土	灰棕漠土	灰棕漠土	洪冲积灰棕漠土	1	0—2	灰黄色	紧砂土	块状	2.2	0.23	1.03	27.0	洪冲积物	E 100°23′07.8″ N 41°10′46.6″	71
					2	2—40	棕黄色	松沙砾土	无明显结构	1.1	0.08	0.91	23.0			
					3	40—120	灰黄色	砂壤土	多孔状结皮	3.7	0.16	1.40	23.7			
剖27	漠土	灰棕漠土	灰棕漠土	硅铝质灰棕漠土	1	0—2	浅灰色	轻壤土	无明显结构	2.3	0.21	1.01	27.4	硅铝质风化物	E 98°52′22.1″ N 41°01′34.7″	89
					2	2—30	浅黄棕色	砂壤土	无明显结构							
					3	30—80	灰棕色									
					4	80—										
剖28	初育土	粗骨土	砂砾质粗骨土		1	0—2	棕黄色	紧砂土	无明显结构	2.1	0.09	1.59	22.6	碳酸盐坡积物	E 99°25′52.3″ N 41°02′57.1″	77
					2	2—10	浅红棕色	细砂土	蜂窝状结皮	1.9	0.18	0.76	28.3			
剖29	漠土	灰棕漠土	灰棕漠土	砂质灰棕漠土	1	0—1	浅红色	紧砂土	块状	2.0	0.81	0.56	21.6	砂砾岩残积物	E 99°46′21.9″ N 41°08′24.6″	90
					2	1—8	浅灰红色	松砂土	无明显结构	1.9	0.14	0.52	20.1			
					3	8—51	棕灰色	粗砂砾土	无明显结构							
					4	51—100	浅灰棕色	紧砂土	小粒状	2.0	0.09	0.97	20.2			
剖30	漠土	灰棕漠土	灰棕漠土	风积灰棕漠土	1	0—30	棕灰色	紧砂土	无明显结构	2.0	0.12	0.58	20.2	风积物	E 101°23′06.0″ N 40°54′49.0″	91
					2	30—60	灰黄色	细砂土	蜂窝状结皮	2.5	0.16	1.03	21.2			
					3	60—90	灰棕色	砂壤土	粒状	5.1	0.26	0.88	18.3			
剖31	漠土	灰棕漠土	石膏灰棕漠土	洪冲积石膏灰棕漠土	1	0—2	灰白色	轻壤土	小粒状	3.5	0.25	1.35	27.3	泥页岩沉积物	E 100°19′44.8″ N 40°45′22.0″	70
					2	2—45	棕黄色	壤质砂土	无明显结构	3.7	0.24	2.10	29.4			
					3	45—100	青灰色	砂壤土	无明显结构	1.7	0.08	1.21	21.0			
					4	100—120	灰棕色	砂壤土	无明显结构	2.6	0.19	1.06	25.0			
剖32	半水成土	林灌草甸土	林灌草甸土	砂质灌丛林灌草甸土	1	0—3	灰白色	紧砂土	无明显结构	1.5	0.10	0.91	21.0	河流冲积物、沉积物	E 100°57′31.3″ N 40°45′59.4″	99
					2	3—45	浅黄棕色	紧砂土	无明显结构	1.7	0.10	0.65	22.1			
					3	45—80	灰黄色	松砂土	小粒状	4.0	0.21	0.74	22.0			
					4	80—150	灰棕色	紧砂土	小粒状	5.9	3.20	1.01	23.1			
剖33	初育土	风沙土	半固定风沙土		1	0—30	灰黄色	轻壤土	块状	3.5	0.19	0.96	20.0	风积沙	E 101°15′49.7″ N 40°40′30.0″	87
					2	30—50	灰黄色	紧砂土	无明显结构	9.4	0.40	1.18	21.2			
					3	50—100	灰棕色	中壤土	小粒状	10.4	0.46	0.99	23.2			
剖34	盐碱土	草甸盐土	草甸盐土	硫酸盐草甸盐土	1	0—2	浅灰棕色	重壤土	小粒状	6.0	0.29	0.95	22.1	洪冲积物、湖积物	E 100°59′39.1″ N 40°38′05.3″	83
					2	2—18	灰棕色	中壤土	块状	5.2	0.22	0.11	23.1			
					3	18—40	灰棕色	轻壤土	无明显结构							
					4	40—90	青灰色	轻壤土	无明显结构							
					5	90—110	青色	壤土	蜂窝状	2.5	0.15	1.12	24.1			
剖35	初育土	石质土	砂砾质石质土		1	0—8								中性岩、基性岩风化物	E 102°28′57.4″ N 41°52′18.5″	86
					2	8—20										

续表 Continued

剖面号 Soil profile	土纲 Soil order	土类 Soil great group	亚类 Soil subgroup	土属 Soil genus	土层码 Layer code	土层厚度 Depth/cm	颜色 Soil color	质地 Soil texture	土壤结构 Soil structure	有机质 OM/(g/kg)	全氮 TN/(g/kg)	全磷 TP/(g/kg)	全钾 TK/(g/kg)	土壤母质 Parent material	剖面点坐标 Profile coordinate	匹配指数 Matching index/%
剖36	盐碱土	草甸盐土	草甸盐土	氯化物草甸盐土	1	0—2	灰白色	轻壤土	层状	11.6	0.21		21.2	洪冲积物、湖积物	E 102°09′18.4″ N 41°23′43.8″	73
					2	2—5	棕黄色	中壤土	粒状	5.3	0.13		22.6			
					3	5—20	棕黄色	中壤土	粒状	2.6	0.19		22.1			
					4	20—50	黄棕色	砂壤土	粒状	3.2	0.12		20.2			
					5	50—100	青灰色	中壤土	块状	5.6	0.27		20.3			
剖37	初育土	风沙土	流动风沙土		1	0—9	灰棕色	松砂土	无明显结构	0.5	0.04	0.61	22.0	风积沙	E 102°05′04.2″ N 41°08′06.4″	99
					2	9—200	灰黄色	松砂土								

中国土壤剖面数据集·内蒙古卷

附 录

附录1 内蒙古自治区县级行政区及分县主要土壤类型与土壤剖面点分布图地域名对照表

地级行政区划	县级行政区划[1]	分县主要土壤类型与土壤剖面点分布图地域名[2]	地级行政区划	县级行政区划[1]	分县主要土壤类型与土壤剖面点分布图地域名[2]
呼和浩特市	新城区	市辖区*	赤峰市	巴林左旗	巴林左旗
	回民区			巴林右旗	巴林右旗
	玉泉区			林西县	林西县
	赛罕区			克什克腾旗	克什克腾旗
	土默特左旗	土默特左旗		翁牛特旗	翁牛特旗
	托克托县	托克托县		喀喇沁旗	喀喇沁旗
	和林格尔县	和林格尔县		宁城县	宁城县
	清水河县	清水河县		敖汉旗	敖汉旗
	武川县	武川县	通辽市	科尔沁区	市辖区*
包头市	东河区	市辖区*		科尔沁左翼中旗	科尔沁左翼中旗
	昆都仑区			科尔沁左翼后旗	科尔沁左翼后旗
	青山区			开鲁县	开鲁县
	石拐区			库伦旗	库伦旗
	九原区			奈曼旗	奈曼旗
	白云鄂博矿区			扎鲁特旗	扎鲁特旗
	土默特右旗	土默特右旗		霍林郭勒市	
	固阳县	固阳县	鄂尔多斯市	东胜区	东胜区
	达尔罕茂明安联合旗			康巴什区	康巴什区、伊金霍洛旗
乌海市	海勃湾区	市辖区*		伊金霍洛旗	
	海南区			达拉特旗	达拉特旗
	乌达区			准格尔旗	准格尔旗
赤峰市	红山区	市辖区*		鄂托克前旗	
	元宝山区			鄂托克旗	鄂托克旗
	松山区			杭锦旗	杭锦旗
	阿鲁科尔沁旗	阿鲁科尔沁旗		乌审旗	乌审旗

续表

地级行政区划	县级行政区划[1]	分县主要土壤类型与土壤剖面点分布图地域名[2]	地级行政区划	县级行政区划[1]	分县主要土壤类型与土壤剖面点分布图地域名[2]
呼伦贝尔市	海拉尔区	市辖区*	乌兰察布市	凉城县	凉城县
	扎赉诺尔区	扎赉诺尔区、满洲里市		察哈尔右翼前旗	察哈尔右翼前旗
	满洲里市			察哈尔右翼中旗	察哈尔右翼中旗
	阿荣旗	阿荣旗		察哈尔右翼后旗	察哈尔右翼后旗
	莫力达瓦达斡尔族自治旗			四子王旗	四子王旗
	鄂伦春自治旗	鄂伦春自治旗		丰镇市	丰镇市
	鄂温克族自治旗	鄂温克族自治旗	兴安盟	乌兰浩特市	乌兰浩特市
	陈巴尔虎旗	陈巴尔虎旗		阿尔山市	阿尔山市
	新巴尔虎左旗	新巴尔虎左旗		科尔沁右翼前旗	科尔沁右翼前旗
	新巴尔虎右旗	新巴尔虎右旗		科尔沁右翼中旗	科尔沁右翼中旗
	牙克石市	牙克石市		扎赉特旗	扎赉特旗
	扎兰屯市	扎兰屯市		突泉县	突泉县
	额尔古纳市	额尔古纳右旗	锡林郭勒盟	二连浩特市	
	根河市	额尔古纳左旗		锡林浩特市	锡林浩特市
巴彦淖尔市	临河区	市辖区*		阿巴嘎旗	阿巴嘎旗
	五原县	五原县		苏尼特左旗	苏尼特左旗
	磴口县	磴口县		苏尼特右旗	苏尼特右旗
	乌拉特前旗	乌拉特前旗		东乌珠穆沁旗	
	乌拉特中旗			西乌珠穆沁旗	西乌珠穆沁旗
	乌拉特后旗	乌拉特后旗		太仆寺旗	太仆寺旗
	杭锦后旗	杭锦后旗		镶黄旗	镶黄旗
乌兰察布市	集宁区	市辖区*		正镶白旗	正镶白旗
	卓资县	卓资县		正蓝旗	正蓝旗
	化德县	化德县		多伦县	多伦县
	商都县	商都县	阿拉善盟	阿拉善左旗	阿拉善左旗
	兴和县	兴和县		阿拉善右旗	阿拉善右旗
				额济纳旗	额济纳旗

注:1)为民政部于 2022 年 3 月发布的《2021 年中华人民共和国行政区划代码》中的县级行政区名称。该名称也作为本数据集分县目录。分县排序按《2021 年中华人民共和国行政区划代码》中的地级、县级行政区排列。

2)分县主要土壤类型与土壤剖面点分布图地域名是全国第二次土壤普查中分县采样调查、制图的县级行政区名称。分县主要土壤类型与土壤剖面点分布图采用的县级行政域是从国家测绘局获取的 1:25 万 DLG（公众版）数据（使用许可协议编号：非 2011—1011）。附录 1 显示了全国第二次土壤普查时的县级行政区域名与《2021 年中华人民共和国行政区划代码》中的县级行政区名称之间的关联。附录 1 中仅有《2021 年中华人民共和国行政区划代码》中的县级行政区名称，而没有对应的分县主要土壤类型与土壤剖面点分布图地域名的分县，表示该县级行政区无土壤剖面数据，未纳入分县目录。

* 在附录 1 中，凡分县主要土壤类型与土壤剖面点分布图地域名表示为"市辖区"的地域，均指在全国第二次土壤普查中，在城市中心区及近郊区完成的采样调查和制图。此时，县级行政区名称与分县主要土壤类型与土壤剖面点分布图地域名不是完全的对应关系。如呼和浩特市市辖区主要土壤类型与土壤剖面点分布图代表土壤调查中呼和浩特市城区及近郊区的土壤分布状况。此时将"市辖区"作为这一节的标题。

附录2 专题图基础地理要素图例

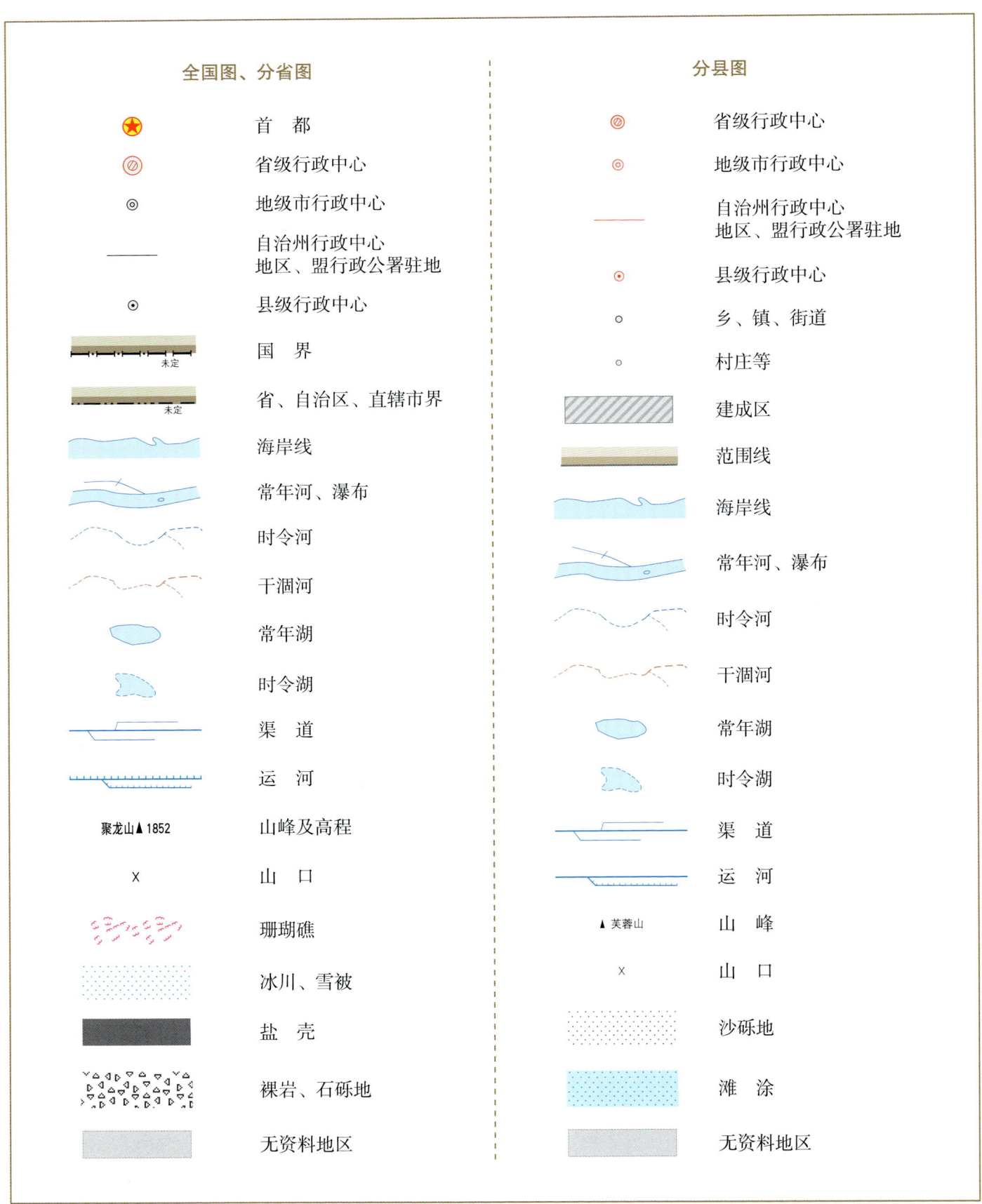

附录3 土壤图土类图例

图例	土类名	色码（RGB）	色码（CMYK）	图例	土类名	色码（RGB）	色码（CMYK）
	砖红壤	253，139，149	0，56，26，0		棕钙土	250，221，212	2，17，13，0
	赤红壤	253，160，170	0，47，17，0		灰钙土	230，214，165	11，15，40，1
	红　壤	252，199，209	1，29，6，0		灰漠土	246，237，182	4，6，36，0
	黄　壤	250，238，14	2，5，92，0		灰棕漠土	232，207，118	8，19，62，1
	黄棕壤	247，231，171	3，9，40，0		棕漠土	238，220，86	5，12，76，1
	黄褐土	249，236，121	2，5，64，0		黄绵土	249，223，2	1，13，93，0
	棕　壤	238，218，147	6，14，50，1		红黏土	247，149，143	1，52，33，0
	暗棕壤	226，181，98	9，33，68，2		新积土	184，199，156	30，11，44，2
	白浆土	223，226，205	15，7，22，0		龟裂土	254，252，55	0，7，86，0
	棕色针叶林土	206，169，142	18，35，40，4		风沙土	242，242，180	6，2，39，0
	灰化土	183，169，182	31，31，16，4		石灰（岩）土	176，175，85	28，21，75，9
	漂灰土*	220，219，162	15，9，44，1		火山灰土	223，167，170	11，41，19，2
	燥红土	250，161，9	0，46，95，0		紫色土	199，177，221	28，31，0，0
	褐　土	225，201，153	12，21，43，1		磷质石灰土	240，250，156	7，1，51，0
	灰褐土	228，219，186	12，12，30，0		石质土	171，181，150	35，18，43，5
	黑　土	142，164，151	46，21，38，8		粗骨土	196，187，132	23，21，53，4

续表

图例	土类名	色码（RGB）	色码（CMYK）	图例	土类名	色码（RGB）	色码（CMYK）
	灰色森林土	162, 178, 175	40, 19, 27, 4		草甸土	128, 171, 117	51, 14, 63, 7
	黑钙土	230, 188, 50	6, 30, 88, 1		潮　土	169, 219, 118	34, 1, 68, 0
	栗钙土	214, 195, 161	17, 22, 37, 2		砂姜黑土	191, 202, 188	29, 13, 26, 1
	栗褐土	240, 213, 157	5, 18, 43, 1		林灌草甸土	171, 191, 44	31, 12, 93, 5
	黑垆土	201, 204, 125	22, 12, 60, 3		山地草甸土	132, 184, 161	52, 9, 42, 3
	沼泽土	144, 183, 212	49, 14, 8, 2		灌漠土	158, 184, 110	39, 12, 67, 6
	泥炭土	150, 140, 173	46, 41, 10, 6		草毡土	150, 172, 169	45, 20, 29, 6
	草甸盐土	222, 145, 201	21, 49, 0, 0		黑毡土	129, 157, 106	48, 19, 63, 14
	滨海盐土	232, 206, 217	10, 22, 5, 0		寒钙土	198, 214, 203	26, 8, 21, 1
	酸性硫酸盐土	187, 159, 184	29, 38, 9, 3		冷钙土	194, 194, 96	23, 15, 72, 5
	漠境盐土	209, 130, 159	16, 58, 11, 3		冷棕钙土	183, 186, 169	31, 20, 32, 3
	寒原盐土	187, 159, 184	29, 38, 9, 3		寒漠土	235, 223, 181	9, 12, 33, 0
	碱　土	227, 211, 211	13, 18, 11, 0		冷漠土	223, 197, 102	11, 22, 68, 2
	水稻土	107, 176, 107	59, 9, 72, 3		寒冻土	196, 171, 79	19, 29, 77, 8
	灌淤土	136, 146, 47	38, 24, 90, 21				

注：* 漂灰土，《中国土壤分类与代码》（GB/T 17296—2009）中无此土类，在全国第二次土壤普查中完成的中国 1∶100 万土壤图和分县土壤图中含漂灰土，主要分布于西藏自治区南部，总面积约为 112 km²。

附录4 中国主要土壤类型简表

土纲名[1]	土类名[2]	主要成土条件及特征[3]	分布区域	WRB 土组名[4]	MR[5]/%	百分比[6]/%
铁铝土纲 Ferrallisols	砖红壤 Latosols	热带雨林或季雨林下，强烈脱硅富铝化，游离铁占全铁的80%，土壤呈砖红色，具A-Bs-Bv-C剖面构型	海南、广东等	Acrisols	29	0.46
	赤红壤 Latosolic red soils	南亚热带季雨林下，脱硅富铝化程度次于砖红壤、强于红壤，铁的游离度介于二者之间，土壤呈赤红色，具A-Bs-C剖面构型	广东、云南、广西、福建等	Acrisols	40	2.23
	红壤 Red soils	中亚热带常绿阔叶林下，中度脱硅富铝化，具有深厚红色土层，具A-Bs-Bv 或 A-Bs-C剖面构型	南部的江西、福建、湖南等	Cambisols	35	6.79
	黄壤 Yellow soils	亚热带湿润气候条件下，多见于海拔700—1200m的山区，中度富铝化，土壤有机质累积较多，土壤呈黄色，具O-A-AB-B-C剖面构型	贵州、四川、云南、西藏、台湾等	Cambisols	45	2.65
淋溶土纲 Alfisols	黄棕壤 Yellow-brown soils	北亚热带暖湿落叶阔叶林下，弱度富铝化，母质多为砂页岩及花岗岩风化物，黏化特征明显，土壤呈黄棕色，具A-B-C 或 A-(B)-C剖面构型	长江中下游沿江低山丘陵区，以及云南、贵州、四川、陕西、西藏等	Cambisols	39	2.37
	黄褐土 Yellow-cinnamon soils	北亚热带地区，黄土状母质，无游离碳酸钙，黏化淀积明显，土壤呈灰黄棕色，具A-B-C 或 A-Bt-C剖面构型	河南、安徽面积最大，陕南、鄂北、江苏、川东北、江西等地也有分布	Luvisols	58	0.59
	棕壤 Brown soils	湿润暖温带地区，处于硅铝风化阶段，盐基已淋失，土体见黏粒淀积，土壤呈棕色，具O-A-Bt-C剖面构型	辽东至苏北低山丘陵，以及内蒙古、河南、西藏、云南、湖北等地的山地垂直带	Luvisols	51	2.73
	暗棕壤 Dark brown soils	湿润温带地区，针阔叶混交林下，弱酸性淋溶，有机质富集明显，土体B层呈棕色，具O-A-B-C剖面构型	黑龙江、吉林、内蒙古等	Cambisols	48	4.12

续表

土纲名[1]	土类名[2]	主要成土条件及特征[3]	分布区域	WRB 土组名[4]	MR[5]/%	百分比[6]/%
淋溶土纲 Alfisols	白浆土 Bleached baijiang soils	湿润温带平缓岗地森林草原下，上层土壤周期性滞水，还原铁、锰，漂洗形成灰黄色至灰白色白浆土层 E，具 Ah-E-Bt-C 剖面构型	黑龙江、吉林等	Luvisols	46	0.49
	棕色针叶林土 Brown coniferous forest soils	寒温带针叶林下，酸性淋溶，表层盐基饱和度降低，B 层呈棕色，具 O-A-AB-B-C 剖面构型	内蒙古、黑龙江、四川、云南、吉林、新疆等	Cambisols	47	1.15
	灰化土 Podzolic soils	寒冷湿润针叶林下，表层有机质层深厚，强烈淋溶和 SiO_2 淀积形成灰化层 A_2，具 A_1-A_2-B-BC 剖面构型	西藏	Podzols	100	<0.01
半淋溶土纲 Semi-alfisols	燥红土 Torrid red soils	热带、亚热带干旱河谷与雨区稀树草原下形成的盐基饱和的红色土壤，具 A-B-C（D）剖面构型	海南、贵州、云南、四川等	Luvisols	100	0.08
	褐土 Cinnamon soils	暖温带半湿润，黏化与钙质淋移淀积，盐基饱和，B 层呈棕褐色，具 A-B-Bk-C 剖面构型	河北、山西、北京等	Cambisols	48	2.88
	灰褐土 Gray-cinnamon soils	温带干旱、半干旱山地云冷杉下，腐殖质累积与钙积作用明显，弱黏淀特征，具 Ao-A-B-C 剖面构型	甘肃、内蒙古、新疆、西藏、青海、宁夏等地的山地垂直带	Cambisols	43	0.65
	黑土 Black soils	温带半湿润草甸草原下，具深厚的腐殖质层，无石灰性的黑色土壤，底层轻度淋溶，具 A-ABh-BhC-C 剖面构型	东北平原	Phaeozems	31	0.68
	灰色森林土 Gray forest soils	温带森林植被下，腐殖质层深厚，弱度淋溶，剖面下部见硅粉，具 O-A-AB 或（B）-BC-C 剖面构型	内蒙古、新疆、河北	Phaeozems	77	0.34
钙层土 Pedocals	黑钙土 Chernozems	温带半湿润草甸草原下，具深厚的腐殖质层、碳酸钙淋溶淀积层	内蒙古、新疆、吉林、黑龙江、青海、甘肃	Chernozems	50	1.51
	栗钙土 Castanozems	温带半干旱草原下，具有栗色腐殖质层和灰白色钙积层	内蒙古、新疆、河北、山西、吉林等	Kastanozems	61	4.18
	栗褐土 Castano-cinnamon soils	暖温带半干旱草原及灌木下，弱度黏化和弱度淋溶，通体有石灰反应	山西、内蒙古、河北	Cambisols	40	0.47
	黑垆土 Dark loessial soils	黄土高原上，由黄土母质发育，有机质含量低，腐殖质层深厚，无明显黏化层	甘肃面积最大，其次为陕北和宁南地区	Cambisols	59	0.21
干旱土 Aridisols	棕钙土 Brown caliche soils	温带干旱草原向荒漠过渡区，具浅棕色薄腐殖质层、灰白色薄钙积层，钙积层接近地表	内蒙古、甘肃、青海、新疆	Cambisols	36	2.81
	灰钙土 Sierozems	暖温带干旱草原下，母质多为黄土，低腐殖质、弱淋溶，具腐殖质层和钙积层	甘肃、宁夏、新疆、青海、内蒙古、陕西	Cambisols	63	0.50

续表

土纲名[1]	土类名[2]	主要成土条件及特征[3]	分布区域	WRB 土组名[4]	MR[5]/%	百分比[6]/%
漠土 Desert soils	灰漠土 Gray desert soils	温带干旱漠境边缘区	宁夏、内蒙古、甘肃、新疆等	Cambisols	44	0.72
	灰棕漠土 Gray-brown desert soils	温带干旱中心	新疆、内蒙古等	Cambisols	78	3.11
	棕漠土 Brown desert soils	暖温带极干旱漠境中心	新疆、甘肃等	Cambisols	65	2.69
初育土 Amorphic soils	黄绵土 Loessial soils	黄土高原上，由黄土母质直接翻耕形成，具 A-C 剖面构型	陕西、甘肃、山西、宁夏等	Cambisols	33	1.97
	红黏土 Red primitive soils	由第三纪红色黏土及部分第四纪老黄土发育	陕西、甘肃、河南、山西、辽宁等	Regosols	48	0.07
	新积土 Neo-alluvial soils	新近冲积、洪积、坡积、塌积或人工堆垫，具 A-C 或（A）-C 剖面构型	全国各地，以吉林、陕西面积最大，其次为黑龙江、宁夏、四川等	Fluvisols	51	0.57
	龟裂土 Takyr	干旱、漠境地区山前细土洪积微弱发育，表层为不规则龟裂结皮	新疆、甘肃、内蒙古、宁夏	Cambisols	72	0.06
	风沙土 Aeolian soils	半干旱、干旱及滨海地区，由风成沙性母质发育	新疆、内蒙古、甘肃、青海等	Arenosols	75	7.03
	石灰（岩）土 Limestone soils	由热带、亚热带石灰岩母质发育	贵州、广西、四川、湖南等	Cambisols	80	1.73
	火山灰土 Volcanic ash soils	由火山喷发碎屑、粉尘状堆积物发育，具 A-C 剖面构型	黑龙江、江苏、海南等	Andosols	53	0.04
	紫色土 Purplish soils	由热带、亚热带紫红色岩层侵蚀发育，土层浅薄，具 A-C 剖面构型	四川、云南、湖南、贵州、广西等	Cambisols	68	2.44
	磷质石灰土 Phospho-calcic soils	热带珊瑚岛礁上，由海鸟粪与珊瑚礁风化物形成	南海的西沙、南沙、东沙、中沙诸岛	Arenosols	81	<0.01
	石质土 Lithosols	石质山地岩石风化残积物，风化层厚度一般小于 10cm，具 A-R 剖面构型	西北和华北山地	Leptosols	100	1.87
	粗骨土 Skeletal soils	基岩风化残积物、坡积物，属于 A-C 或（A）-C 剖面构型	辽宁、内蒙古、山东、浙江等地的河谷阶地、丘陵、低山和中山	Regosols	93	1.76
水成土 Aqueous soils	沼泽土 Bog soils	所处地势低洼，长期地表积水，还原作用形成潜育层 G，泥炭层或腐泥层厚度小于 50cm，具 H-G 剖面构型	黑龙江、青海、内蒙古等地的沟谷、平原河湖滨低洼地均有分布，主要分布于东北	Gleysols	53	1.53
	泥炭土 Peat soils	泥炭层 H 厚度大于 50cm，其下为潜育层 G，具 H-G 剖面构型	青海、四川、黑龙江、吉林等	Histosols	48	0.06

续表

土纲名[1]	土类名[2]	主要成土条件及特征[3]	分布区域	WRB 土组名[4]	MR[5]/%	百分比[6]/%
半水成土 Semi-aqueous soils	草甸土 Meadow soils	冷湿条件下受地下水浸润并在草甸植被下发育，有明显腐殖质累积，铁、锰氧化还原形成锈纹层 Cu，具 A-Cu 或 A-C-Cu 剖面构型	黑龙江、内蒙古、新疆、四川等	Cambisols	92	3.54
	潮土 Fluvo-aquic soils	河流冲积平原或低平阶地耕作土壤，地下水位高，底土氧化还原交替形成锈纹层 Cu，具 A_{11}-A_{12}-Cu 或 A_{11}-C-Cu 剖面构型	主要分布于黄淮海平原，内蒙古、辽宁、湖北等地的河谷平原，滨湖低地与山间谷地也有分布	Cambisols	85	3.71
	砂姜黑土 Lime concretion black soils	河湖沉积物经脱沼与长期耕作形成，底土见砂姜	主要分布于安徽、河南、山东、江苏等，河北、湖北、广西等地也有分布	Cambisols	79	0.54
	林灌草甸土 Shrubby meadow soils	漠境河谷平原沿河一带的胡杨林下发育，有交替氧化还原作用，具 Ao-AC-C 剖面构型	新疆、内蒙古、甘肃等	Cambisols	87	0.24
	山地草甸土 Mountain meadow soils	中海拔山顶平台草甸植被下发育的薄层土壤，草皮层 As 下见铁锰锈纹、胶膜，具 As-A-C-D 剖面构型	除青藏高原及西北高山区以外，各省、自治区、直辖市均有分布，以西部为多，西南部次之	Cambisols	60	0.04
盐碱土 Alkali-saline soils	草甸盐土 Meadow solonchaks	草甸土、潮土、沼泽土地区，盐分累积量大于 6g/kg，有盐化表土层 Az，具 Az-C 剖面构型	从长江口到松辽平原均有分布	Solonchaks	55	1.21
	滨海盐土 Coastal solonchaks	母质为滨海沉积物，盐分来自海水和高矿化潜水，通常含盐量为 10g/kg，具 Az-Cz 剖面构型	山东、浙江、福建等沿海地区	Solonchaks	47	0.31
	酸性硫酸盐土 Acid sulphate soils	热带、南亚热带滨海低平原的海潮可及处，红树林残体形成的硫化物经氧化形成硫酸，土壤呈强酸性	海南、广东、广西、福建、台湾等	Solonchaks	36	<0.01
	漠境盐土 Desert solonchaks	极端干旱的漠境条件，含盐量通常在 100g/kg 以上	新疆、青海、甘肃等	Solonchaks	50	0.31
	寒原盐土 Frigid plateau solonchaks	青藏高寒地区退缩内陆湖盆、河间洼地	西藏	Solonchaks	88	0.10
	碱土 Solonetzes	碱化度（交换性钠占阳离子交换量百分比）大于 20%	零星分布于东北、华北、西北的内陆地区	Solonetz	50	0.06
人为土 Anthrosols	水稻土 Paddy soils	长期季节性淹灌、排水，水下翻耕，氧化还原交替，形成多种发生层分异：淹育层 Aa、犁底层 Ap、渗育层 P、潴育层 W 与潜育层 G	全国各地，以四川、江西、湖南等地面积为大	Anthrosols	83	4.93
	灌淤土 Irrigated warped soils	引用高泥沙含量灌溉水淤灌，加厚土层大于 50cm	新疆、宁夏、甘肃、河北、青海、西藏等	Anthrosols	70	0.22

续表

土纲名[1]	土类名[2]	主要成土条件及特征[3]	分布区域	WRB 土组名[4]	MR[5]/%	百分比[6]/%
人为土 Anthrosols	灌漠土 Irrigated desert soils	干旱荒漠地区，坎儿井水长期耕灌	新疆、甘肃、宁夏、青海等地的荒漠绿洲地带	Anthrosols	68	0.12
高山土 Alpine soils	草毡土 Felty soils	高寒区平缓高原面上，强度生草腐殖质累积与弱度氧化还原形成草毡层	青海、西藏、四川、新疆等	Cambisols	69	5.46
	黑毡土 Dark felty soils	高寒区略较温湿的原面上，草毡层初步分解，色泽较暗，有机质含量较高	西藏、四川、新疆、甘肃等	Cambisols	61	2.73
	寒钙土 Frigid calcic soils	高寒半干旱区，弱度腐殖质累积，底层积钙	西藏、青海、新疆、甘肃等	Calcisols	70	7.88
	冷钙土 Cold calcic soils	高寒区冷凉半干旱原面下，具弱腐殖质累积与钙积特征	新疆、西藏、甘肃等	Cambisols	45	1.43
	冷棕钙土 Cold brown calcic soils	高寒区温凉的半干旱河谷处，土壤弱腐殖质累积，弱度淋溶与积钙	西藏	Cambisols	67	0.09
	寒漠土 Frigid desert soils	高寒干旱条件下成土	青藏高原西北部海拔4000m以上地区，涉及新疆、四川、西藏、青海等	Cryosols	87	0.29
	冷漠土 Cold desert soils	亚高山冷凉干旱条件下成土	西藏海拔4500m以下的湖盆、河谷及山地中下部	Cambisols	42	0.03
	寒冻土 Frigid frozen soils	高山冰川冰缘地带条件下，以物理风化为主	青藏高原冰缘地区，涉及新疆、西藏、甘肃等	Leptosols	100	3.23

注：1）中国土壤分类系统中土纲名及土纲英译名。
2）中国土壤分类系统中土类名及土类英译名。
3）本栏所用土层及后缀代码释义。
　　自然土壤：A 表土层，As 草根层、草毡层，A_2 灰化层，B 母质特征消失的表下层，C 受成土作用影响小的母质层，D 未受成土作用影响的碎屑层，R 坚硬岩石层，E 漂白层、白浆层，H 泥炭状有机质层，Hi 纤维状泥炭层，He 半分解泥炭层，O 凋落物有机质层。
　　旱地土壤：A_{11} 旱耕层，A_{12} 亚耕层，C_1 心土层，C_2 底土层。
　　水田土壤：Aa 耕作层（淹育层），Ap 犁底层（淹育层），P 渗育层，W 潴育层，G 潜育层，Gw 脱潜层，M 腐泥层。
　　土层后缀代码：d 漂灰特征，c 铁结核或硬结核，f 冰冻特征，h 有机质淀积，k 石灰聚积，n 碱化特征，q 硅聚积，t 黏粒淀积，v 网纹特征，x 脆盘，z 易溶盐聚积，su 硫化物聚积，b 埋藏或重叠，e 漂洗特征，g 潜育特征，i 弱分解有机质，m 胶结或固结，p 人工扰动，s 三氧化二物聚积，u 锈色斑纹，w 色泽或结构发育，y 石膏聚积，mo 铁锰胶膜。
4）世界土壤资源参比基础（world reference base for soil resources，WRB）工作组发布土组名，WRB 土组划分原则与中国土壤分类系统中土纲接近。
5）WRB 土组对中国土壤分类系统中各土类的最大可参比性（maximum referencibility，MR）。
6）该土类面积占各土类总面积的百分比。

附录5　内蒙古自治区主要土壤类型表

土纲名[1]	土类名[2]	WRB 土组名[3]	MR[4]/%	百分比[5]/%
淋溶土纲 Alfisols	棕壤 Brown soils	Luvisols	51	0.4
	暗棕壤 Dark brown soils	Cambisols	48	6.5
	棕色针叶林土 Brown coniferous forest soils	Cambisols	47	5.1
半淋溶土纲 Semi-alfisols	褐土 Cinnamon soils	Cambisols	48	0.3
	灰褐土 Gray-cinnamon soils	Cambisols	43	1.0
	黑土 Black soils	Phaeozems	31	0.9
	灰色森林土 Grayforest soils	Phaeozems	77	2.2
钙层土 Pedocals	黑钙土 Chernozems	Chernozems	50	5.1
	栗钙土 Castanozems	Kastanozems	61	21.2
	栗褐土 Castano-cinnamon soils	Cambisols	40	2.1
干旱土 Aridisols	棕钙土 Brown caliche soils	Cambisols	36	10.1
	灰钙土 Sierozems	Cambisols	63	0.2
漠土 Desert soils	灰漠土 Gray desert soils	Cambisols	44	3.2
	灰棕漠土 Gray-brown desert soils	Cambisols	78	6.9
初育土 Amorphic soils	新积土 Neo-alluvial soils	Fluvisols	51	0.1
	风沙土 Aeolian soils	Arenosols	75	17.3
	石质土 Lithosols	Leptosols	100	2.7
	粗骨土 Skeletal soils	Regosols	93	2.1
水成土 Aqueous soils	沼泽土 Bog soils	Gleysols	53	2.0
半水成土 Semi-aqueous soils	草甸土 Meadow soils	Cambisols	92	6.8
	潮土 Fluvo-aquic soils	Cambisols	85	1.4
	林灌草甸土 Shrubby meadow soils	Cambisols	87	0.2
	山地草甸土 Mountain meadow soils	Cambisols	60	0.1
盐碱土 Alkali-saline soils	草甸盐土 Meadow solonchaks	Solonchaks	55	1.1
	漠境盐土 Desert solonchaks	Solonchaks	50	0.1
	碱土 Solonetzes	Solonetz	50	0.1
人为土 Anthrosols	灌淤土 Irrigated warped soils	Anthrosols	70	0.4

注：1）中国土壤分类系统中土纲名及土纲英译名。
2）中国土壤分类系统中土类名及土类英译名。
3）世界土壤资源参比基础（world reference base for soil resources, WRB）工作组发布土组名，WRB 土组划分原则与中国土壤分类系统中土纲接近。
4）WRB 土组对中国土壤分类系统中各土类的最大可参比性（maximum referencibility, MR）。
5）该土类面积占内蒙古自治区区域面积百分比，土类面积不足本自治区区域面积 0.05% 的土类未列入本表。

附录6　分省土壤有机质含量图有机质含量分级图例

图例	分级序号	色码（CMYK）	色码（RGB）	图例	分级序号	色码（CMYK）	色码（RGB）
	1	2, 2, 17, 0	255, 255, 220		8	38, 0, 74, 0	157, 218, 104
	2	4, 1, 35, 0	248, 255, 190		9	42, 0, 80, 0	146, 210, 90
	3	8, 0, 47, 0	238, 255, 165		10	48, 1, 85, 0	132, 200, 80
	4	17, 0, 53, 0	220, 249, 150		11	52, 4, 89, 1	123, 190, 70
	5	23, 0, 60, 0	203, 242, 135		12	54, 11, 94, 3	115, 175, 55
	6	28, 0, 62, 0	185, 235, 130		13	61, 18, 98, 7	92, 158, 37
	7	34, 0, 68, 0	169, 225, 118		14	64, 24, 100, 15	70, 138, 20

附录7 内蒙古自治区典型剖面0—20cm土层土壤理化性状中位数与平均数

土壤理化性状[1]	内蒙古自治区[2]			华北地区[3]			全国[4]		
	中位数	平均数	样本量*	中位数	平均数	样本量*	中位数	平均数	样本量*
有机质/（g/kg）	14.8	24.2	2797	10.8	16.9	12113	18.6	25.4	53243
pH	8.3	8.2	2701	8.1	7.9	11290	6.8	6.8	54014
全氮/（g/kg）	0.89	1.30	2756	0.70	0.99	11933	1.06	1.37	49409
全磷/（g/kg）	0.72	0.87	2631	0.62	0.79	11529	0.60	0.78	50185
全钾/（g/kg）	23.0	23.2	1977	22.2	23.2	2998	18.0	17.5	29736
碱解氮/（mg/kg）	72	110	542	50	65	3453	90	114	19316
有效磷/（mg/kg）	3.1	5.0	1273	3.9	6.1	3783	4.4	7.5	23100
速效钾/（mg/kg）	120	157	1187	103	124	4841	90	110	23841
阳离子交换量/（cmol/kg）	12.0	14.7	1978	12.8	14.2	7432	13.1	14.8	22361

注：1) 土壤全氮、全磷、全钾、碱解氮、有效磷、速效钾含量均以N、P、K纯养分量计。
2) 本卷收录的内蒙古自治区典型土壤剖面共计3517个。通过对剖面数据的土层厚度转换，附录7给出了这些典型剖面0—20cm土层土壤理化性状中位数与平均数。全国第二次土壤普查剖面采样为典型土类采样，而非网格化采样。0—20cm土层土壤理化性状中位数与平均数不代表本自治区土壤理化性状平均状况。但全国第二次土壤普查是我国最早的大样本量调查，附录7所示的0—20cm土层土壤理化性状中位数与平均数对了解内蒙古自治区20世纪80年代土壤肥力性状量化指标具有一定参考价值。
3) 华北地区包括北京、天津、河北、河南、山东、山西和内蒙古7个省、自治区、直辖市，本数据集收录该地区的剖面共计13828个。
4) 本数据集全集收录的剖面共计63792个。
* 样本量的单位为"个"。

附录8 内蒙古自治区主要土地利用类型 0—30cm 土层土壤有机质含量[1]

土地利用类型	内蒙古自治区		华北地区[2]		全国	
	占自治区区域面积百分比[3]/%	有机质/(g/kg)	占地域面积百分比/%	有机质/(g/kg)	占地域面积百分比/%	有机质/(g/kg)
耕地	10.08	21.74	19.51	14.14	13.52	18.65
园地	0.04	12.37	1.93	11.05	2.13	16.68
林地	21.35	41.68	24.52	29.75	30.04	26.96
草地	47.48	16.72	32.56	16.48	27.97	19.18
湿地	3.34	21.41	2.36	20.15	2.48	17.56

注：1）各土地利用类型 0—30cm 土层土壤有机质含量由本卷编制的内蒙古自治区土壤有机质含量图和自然资源部土地科学数据中心编制的 2019 年 1∶100 万比例尺全国土地利用缩编图通过叠加、计算生成。其中，耕地包括水田、水浇地和旱地；园地包括果园、茶园和其他园地；林地包括有林地、灌木林地和其他林地；草地包括天然牧草地、人工牧草地和其他草地；湿地包括沼泽地、沿海滩涂和内陆滩涂。
2）华北地区包括北京、天津、河北、河南、山东、山西和内蒙古 7 个省、自治区、直辖市。
3）土地利用类型占自治区区域面积百分比根据第三次全国国土调查发布的 2019 年土地利用现状分类面积汇总数据计算生成。

附录9 内蒙古自治区耕地、园地、林地和草地中主要土壤类型占比[1]

内蒙古自治区								华北地区[2]								全国							
耕地		园地		林地		草地		耕地		园地		林地		草地		耕地		园地		林地		草地	
土类名	占比/%	土类名	占比/%	土类名	占比/%	土类名	占比/%	土类名	占比/%	土类名	占比/%	土类名	占比/%	土类名	占比/%	土类名	占比/%	土类名	占比/%	土类名	占比/%	土类名	占比/%
栗钙土	25.6	新积土	23.8	棕色针叶林土	22.8	栗钙土	30.4	潮土	33.5	褐土	42.1	褐土	17.2	栗钙土	28.6	水稻土	14.9	水稻土	14.3	红壤	16.7	栗钙土	21.8
草甸土	18.1	栗钙土	13.6	暗棕壤	19.7	棕钙土	16.9	褐土	16.7	粗骨土	19.7	棕色针叶林土	12.5	棕钙土	15.5	潮土	14.3	红壤	13.1	暗棕壤	10.3	草毡土	14.4
暗棕壤	8.6	风沙土	12.4	风沙土	12.5	风沙土	13.9	栗钙土	8.5	棕壤	15.3	暗棕壤	10.8	风沙土	12.8	草甸土	9.1	砖红壤	11.5	黄壤	7.0	栗钙土	9.7
风沙土	8.2	栗褐土	10.6	栗钙土	7.2	栗钙土	6.7	草甸土	4.9	潮土	13.8	粗骨土	9.0	黑钙土	6.1	褐土	6.1	褐土	10.5	黄棕壤	6.3	棕钙土	7.4
栗褐土	7.3	棕钙土	6.3	灰色森林土	7.0	灰棕漠土	6.7	砂姜黑土	4.8	栗褐土	1.6	棕壤	8.5	灰棕漠土	6.1	紫色土	4.8	赤红壤	9.6	棕壤	5.8	寒冻土	5.3
黑钙土	6.1	潮土	5.9	草甸土	6.0	草甸土	5.7	栗褐土	4.3	石质土	1.6	风沙土	7.1	草甸土	5.3	红壤	4.7	紫色土	5.6	赤红壤	5.1	风沙土	4.8
潮土	5.7	石质土	5.5	沼泽土	5.5	灰漠土	4.7	棕壤	3.9	黄绵土	1.5	栗钙土	4.9	灰漠土	4.3	黑土	3.4	粗骨土	5.0	褐土	4.6	灰棕漠土	4.4
黑土	5.2	棕壤	3.4	黑钙土	3.4	暗棕壤	2.2	黄褐土	3.7	黄褐土	0.6	灰色森林土	4.0	褐土	3.3	黑钙土	3.2	潮土	4.8	紫色土	4.5	黑钙土	4.0
合计	84.8	合计	81.5	合计	84.1	合计	87.2	合计	80.3	合计	96.2	合计	74.0	合计	82.0	合计	60.5	合计	74.4	合计	60.3	合计	71.8

注：1）耕地、园地、林地和草地中主要土壤类型占比由本卷编制的内蒙古自治区土壤图和自然资源部土壤科学数据中心编制的2019年1:100万比例尺全国土地利用缩编图通过叠加、计算生成。其中，耕地包括水田、水浇地和旱地；园地包括果园、茶园和其他园地；林地包括有林地、灌木林地和其他林地；草地包括天然牧草地、人工牧草地和其他草地。当某省、自治区、直辖市中某土地利用类型所对应土壤类型较多时，本表仅列出占比较大的土壤类型。

2）华北地区包括北京、天津、河北、河南、山东、山西和内蒙古7个省、自治区、直辖市。

附录10 《中国土壤剖面数据集》参编单位

国家科技基础性工作专项重点项目"我国1:5万土壤图籍编撰及高精度数字土壤构建"主持与参加单位	
中国农业科学院农业资源与农业区划研究所	湖南农业大学
中国科学院南京土壤研究所	西北农林科技大学
中国农业科学院农业环境与可持续发展研究所	沈阳大学
中国科学院地理科学与资源研究所	山东省国土测绘院
国家基础地理信息中心	辽宁省基础测绘院
全国农业技术推广服务中心	黑龙江省农业科学院土壤肥料与环境资源研究所
中国农业大学	海南省农业科学院
华中农业大学	上海市农业科学院生态环境保护研究所
中国地质大学（北京）	城信迪赛（北京）科技有限公司
参加数据集各分卷审核和修订工作的单位	
北京市农林科学院植物营养与资源研究所	广西农业科学院农业资源与环境研究所
河北省农林科学院农业资源环境研究所	重庆市农业技术推广总站
山西省农业科学院农业环境与资源研究所	贵州省农业科学院土壤肥料研究所
辽宁省农业科学院植物营养与环境资源研究所	云南省农业科学院农业环境资源研究所
吉林省农业科学院农业资源与环境研究所	甘肃省农业科学院土壤肥料与节水农业研究所
江苏省农业科学院农业资源与环境研究所	青海省农林科学院土壤肥料研究所
福建省农业科学院	宁夏农林科学院农业资源与环境研究所
江西省土壤肥料技术推广站	新疆农业科学院土壤肥料与农业节水研究所
山东省农业科学院农业资源与环境研究所	西藏自治区农牧科学院
湖南省土壤肥料研究所	

续表

参加分县大比例尺纸质土壤图与土种志收集的单位	
北京市耕地建设保护中心	福建省农田建设与土壤肥料技术总站
天津市农田建设管理处	山东省土壤肥料总站
河北省土壤肥料总站	河南省土壤肥料站
山西省耕地质量监测保护中心	湖北省耕地质量与肥料工作总站（湖北省土壤肥料调查测试中心）
内蒙古自治区土壤肥料和节水农业工作站	湖南省土壤肥料工作站
辽宁省土壤肥料总站	广东省农业科学院农业资源与环境研究所
吉林省土壤肥料总站	河池市土壤肥料工作站
黑龙江八一农垦大学	成都土壤肥料测试中心
上海市农业技术推广服务中心	云南省土壤肥料工作站
江苏省农业科学院	陕西省耕地质量与农业环境保护工作站
扬州市土壤肥料站	甘肃省耕地质量建设保护总站
安徽省土壤肥料总站	

注：表中各参编单位仅出现一次，参与多项工作的单位不重复列出。

参考文献

[1] 张维理，徐爱国，张认连，等.土壤分类研究回顾与中国土壤分类系统的修编[J].中国农业科学，2014，47（16）：3214-3230.

[2] 张维理，KOLBE H，张认连，等.世界主要国家土壤调查工作回顾[J].中国农业科学，2022，55（18）：3565-3583.

[3] MCBRATNEY A B，MENDONÇA SANTOS M L，MINASNY B. On digital soil mapping[J]. Geoderma，2003（117）：3-52.

[4] USDA. Natural Resources Conservation Service[EB/OL]. Soils National Soil Information System（NASIS）[2021-12-01]. http://www.nrcs.usda.gov/wps/portal/nrcs/detail/soils/survey/cid=nrcs142p2_053552.

[5] CSIRO Land and Water. Australian Soil Resource Information System（ASRIS）[EB/OL].[2021-12-01]. http://www.asris.csiro.au/asris.

[6] European Soil Data Centre[EB/OL].[2021-12-01]. http://eusoils.jrc.ec.europa.eu/.

[7] 全国土壤普查办公室.全国第二次土壤普查暂行技术规程[M].北京：农业出版社，1979.

[8] 张维理，张认连，徐爱国，等.中国1∶5万比例尺数字土壤的构建[J].中国农业科学，2014，47（16）：3195-3213.

[9] 张维理，傅伯杰，徐爱国，等.中国土壤调查结果的地统计特征[J].中国农业科学，2022，55（13）：2572-2583.

[10] 张维理.海量空间数据提取、整合与制图表达方法概要[J].中国农业科学，2014，47（16）：3231-3249.

[11] 张维理.智能化海量空间信息分析与地图制图软件包IMAT设计及构建[J].中国农业科学，2014，47（16）：3250-3263.

[12]《第一次全国地理国情普查地图集》编纂委员会.第一次全国地理国情普查地图集[M].北京：中国地图出版社，2019.

[13] 中国地图出版社.中国地图集[M].3版.北京：中国地图出版社，2022.

[14] 全国土壤质量标准化技术委员会.土壤制图1∶25 000 1∶50 000 1∶100 000中国土壤图用色和图例规范：GB/T 36501—2018[S].北京：中国标准出版社，2018.

[15] 张维理，KOLBE H，张认连.土壤有机碳作用及转化机制研究进展[J].中国农业科学，2020，53（2）：317-331.

[16] 周北燕，石家星.中国地形图[M].北京：中国地图出版社，2009.

[17]《中华人民共和国气候图集》编委会.中华人民共和国气候图集[M].北京：气象出版社，2002.

[18] 中国标准化与信息分类编码研究所，全国农业技术推广服务中心.中国土壤分类与代码：GB/T 17296—1998[S].

[19] 中国标准研究中心.中国土壤分类与代码：GB/T 17296—2000[S].

[20] 全国信息分类编码标准化技术委员会.中国土壤分类与代码：GB/T 17296—2009[S].北京：中国标准出版社，2009.

[21] ISSS，ISRIC，FAO. World Reference Base for Soil Resources. Wageningen/Rome，1998.

［22］SHI X Z, YU D S, XU S X, et al. Cross-reference for relating Genetic Soil Classification of China with WRB at different scales［J］. Geoderma, 2010（155）: 344-350.
［23］全国土壤普查办公室. 中国土种志　第一卷［M］. 北京：中国农业出版社，1993.
［24］全国土壤普查办公室. 中国土种志　第二卷［M］. 北京：中国农业出版社，1994.
［25］全国土壤普查办公室. 中国土种志　第三卷［M］. 北京：中国农业出版社，1994.
［26］全国土壤普查办公室. 中国土种志　第四卷［M］. 北京：中国农业出版社，1995.
［27］全国土壤普查办公室. 中国土种志　第五卷［M］. 北京：中国农业出版社，1995.
［28］全国土壤普查办公室. 中国土种志　第六卷［M］. 北京：中国农业出版社，1996.
［29］全国土壤普查办公室. 中国土壤［M］. 北京：中国农业出版社，1998.